中国植物保护百科全书

杂草卷

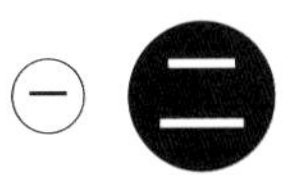

ISBN
978 7 112 26 366-0

中国林業出版社

P

蓬蘽 *Rubus hirsutus* Thunb.

林地披散状灌木状杂草。主要分布在南方，常连片发生，又名覆盆子、陵蘽。英文名 fruit of greywhitehair raspberry。蔷薇科悬钩子属。

形态特征

成株 高 1～2m（图①）。披散状灌木，枝红褐色或褐色，被柔毛和腺毛，疏生皮刺。小叶 3～5 枚，卵形或宽卵形，长 3～7cm、宽 2～3.5cm，顶端急尖，顶生小叶顶端常渐尖，基部宽楔形至圆形，两面疏生柔毛，边缘具不整齐尖锐重锯齿；叶柄长 2～3cm，顶生小叶柄长约 1cm，稀较长，均具柔毛和腺毛，并疏生皮刺；托叶披针形或卵状披针形，两面具柔毛。花常单生于侧枝顶端，也有腋生；花梗长（2）3～6cm，具柔毛和腺毛，或有极少小皮刺；苞片小，线形，具柔毛；花大，直径 3～4cm；花萼外密被柔毛和腺毛；萼片卵状披针形或三角状披针形，顶端长尾尖，外面边缘被灰白色茸毛，花后反折；花瓣倒卵形或近圆形，白色，基部具爪；花丝较宽；花柱和子房均无毛（图①②③）。

子实 果实近球形，横径比纵径稍大，纵径约 1.6cm，平均单果重 2g，最大单果重 3g，果实红色，外观艳丽，无毛，成熟时花托和果实分离，呈明显的空心状（图④）。

生物学特性 蓬蘽喜光、喜湿润、较抗寒，在光照充足、土壤湿润的条件下生长较好，在光照不足和炎热干旱条件下生长不良。常生长于山坡、路旁或灌丛中。3～4 月开花，5 月初果实变成红色趋于成熟。

蓬蘽植株形态（喻勋林摄）

①②花枝；③花；④果枝

P

分布与危害 中国分布较为广泛，产河南、江西、安徽、江苏、浙江、福建、台湾、广东。生山坡路旁阴湿处或灌丛中，海拔达1500m。蓬蘽对南方大部分的人工林都能产生危害，如马尾松林、杉木林、桉树林、杨树林等，但蓬蘽喜光，林分一旦郁闭则危害减少，一般是在林缘、疏林地、幼龄林地上有连片发生，抑制苗木生长。由于蓬蘽枝叶上生有皮刺，能阻碍人畜进入，对杂草的清除产生不利影响。

防除技术 对蓬蘽的防治主要采用农业防治的方法。

农业防治 蓬蘽喜光，在林阴下不易生长，农业防治可采取合理密植，在蓬蘽果实成熟前结合人工拔除和翻耕土地来减少发生，拔除或挖除植株，并翻耕土地，消灭遗存的种子，可减少来年发生。

综合利用 全株及根入药，能消炎解毒、清热镇惊、活血及祛风湿。香味独特，味甜。蓬蘽果实中水分含量80.43%，总糖含量7.97%，总酸含量1.93%，粗蛋白质含量2.03%，维生素C含量145.50μg/g，糖酸比4.13。含有14种矿质营养，其中钾含量高达1.87mg/g，还含有谷氨酸等17种氨基酸。果实可用来加工饮料、果酱、果酒、罐头等。蓬蘽绿化观赏价值较高。

参考文献

陈国文，袁虹，杨全生，等，2008. 祁连山区林业有害植物调查及杂草防除技术 [J]. 甘肃科技 (5): 144-145, 143.

强胜，2010. 我国杂草学研究现状及其发展策略 [J]. 植物保护 (4): 1-5.

王勇，胡天印，郭水良，2008. 上海地区早春非耕地杂草分布与环境因子关系的统计生态学研究 [J]. 生物数学学报 (3): 525-533.

邬美玉，2011. 山莓化学成分研究 [J]. 药学实践杂志 (4): 287-290.

张琰，刘松虎，2007. 豫南山区野生果树资源蓬蘽 [J]. 中国果树 (1): 66-67, 71.

赵伟伟，2014. 蓬蘽悬钩子生物学特性及主要成分研究 [D]. 北京：中国农业科学院.

周双德，彭晓英，谭斌，等，2007. 山莓生态习性与叶的解剖结构观察 [J]. 湖南农业大学学报(自然科学版)(3): 285-286.

（撰稿：喻勋林；审稿：张志翔）

频度 frequency

即某种杂草在调查范围内出现的频率。常按包含该种杂草个体的样方数占全部样方数的百分比来计算，即：

频度 = 某种杂草出现的样方数 / 样方总数 ×100%

杂草频度反映了杂草在群落中分布的均匀程度，某种杂草的频度高，表明其在群落中分布均匀；反之亦然。但杂草频度不能完全反映某种杂草在群落中的优势度，有时两者是统一的，频度高的，优势度也高。但是，有时则不然，频度高，优势度则不一定高。因此，要全面反映杂草发生危害程度，需要将频度和优势度结合起来。这在杂草草害调查中被广泛采用。

丹麦学者C. Raunkiaer在欧洲草地群落中，用0.1m^{2}的小样圆任意投掷，将小样圆内的所有植物种类加以记载，就得到每个小样圆的植物名录，然后计算每种植物出现的次数与样圆总数之比，得到各个种的频度。C. Raunkiaer根据8000多种植物的频度统计（1934）编制了一个标准频度图解（见图）。

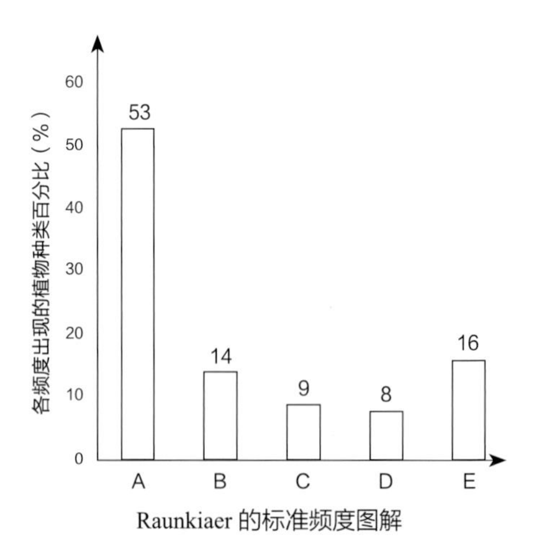

Raunkiaer 的标准频度图解

在这个图中，凡频度在1%～20%的植物种归入A级，21%～40%者为B级，41%～60%者为C级，61%～80%者为D级，81%～100%者为E级。在他统计的8000多种植物中，频度属A级的植物种类占53%，属于B级者有14%，C级有9%，D级有8%，E级有16%，这样按其所占比例的大小，5个频度级的关系是：A>E>B>C>D。此即所谓的C. Raunkiaer频度定律。这个定律说明：在一个种类分布比较均匀一致的群落中，属于A级频度的种类通常是很多的，它们多于B、C和D频度级的种类。这个规律符合群落中低频度种的数目比高频度种的数目多的事实。E级植物是群落中的优势种和建群种，其数目也较大，因此占有较高的比例，所以E>D。

实践证明，上述定律基本上适合于任何稳定性较高而种数分布比较均匀的群落，群落的均匀性与A级和E级的大小成正比。E级越高，群落的均匀性越大。如若B、C、D级的比例增高时，说明群落中种的分布不均匀，暗示着植被分化和演替的趋势。

调查得到的杂草频度是否反映了杂草在群落中分布的真实情况，与样方的代表性和数量密切相关。取样的样方大一些、数量多一些，固然能很好地反映杂草在群落中分布的真实情况，但浪费劳力和时间；取样的样方小一些、数量少一些，能节省劳力和时间，但不能很好地反映杂草在群落中分布的真实情况，造成误差。只有用合适大小和数量的样方来取样时，才能保证取样既有代表性，又不至于浪费劳力和时间。

参考文献

李博，2000. 生态学 [M]. 北京：高等教育出版社：120-121.

倪汉文，1998. 杂草调查适宜样方的确定 [J]. 杂草科学 (2): 35.

QIANG S, 2005. Multivariate analysis, description, and ecological interpretation of weed vegetation in the summer crop fields of Anhui Province, China [J]. Journal of integrative plant biology, 47: 1193-1210.

（撰稿：李儒海；审稿：强胜）

平车前　*Plantago depressa* Willd.

果园、路埂一二年生常见杂草。英文名 depressed plantain。车前科车前属。

形态特征

成株　高 5～20cm（图①②）。具圆柱状直根。叶基生，平铺或直立，卵状披针形、椭圆状披针形或椭圆形，长 4～10（14）cm、宽 1～3（5.5）cm，边缘疏生小齿或不整齐锯齿，稍被柔毛或无毛，纵脉 5～7 条；叶柄长 1～3cm，基部具较宽叶鞘及叶鞘残余。花葶少数，长 4～17cm，疏生柔毛；穗状花序直立，长 4～10（18）cm，上端花密生，下部花较疏；苞片三角状卵形，长 2mm，边缘常成紫色；花萼裂片 4，椭圆形，长约 2mm，和苞片均有绿色龙骨状突起，边缘膜质；花冠裂片 4，椭圆形或卵形，先端有浅齿；雄蕊稍伸出花冠（图④）。

子实　蒴果圆锥状，长约 3mm，黄褐色，成熟时在中下部周裂；种子 5，长圆形，长约 1.5mm，黑棕色。

幼苗　子叶长椭圆形，长约 0.7cm，先端稍钝，基部楔形（图③）。初生叶 1，长椭圆形，长约 1cm，先端锐尖，基部渐狭至柄；柄与叶片近等长或稍短，叶片及叶柄均有稀疏长毛。上、下胚轴均不发达。

生物学特性　草本，根圆柱状，粗壮，少分枝，茎短。种子繁殖或自根茎萌生。秋季或早春出苗，花期 6～8 月，果期 8～10 月。种子边熟边脱落，适宜生长在酸性土壤中。

分布与危害　分布几遍中国；朝鲜、俄罗斯（西伯利亚至远东）、哈萨克斯坦、阿富汗、蒙古、巴基斯坦、克什米尔地区、印度也有分布。生于草地、河滩、沟边、草甸、田间及路旁，海拔 5～4500m。喜湿润，耐干旱，亦耐践踏。为果园、路埂常见杂草，有时也侵入菜地和夏熟作物田中。

防除技术　应采取包括农业防治、生物和化学防治相结合的方法。此外，可考虑综合利用等措施。

农业防治　平车前草虽株小，但根深耗营养，严重妨碍农田作物的生长，因此在农田耕作前须拔除，包括田埂、路旁边所有的植株；或是在不同时期进行深耕翻耙、中耕松土等措施除草，或刈割或铲除杂草。在果园中还可在杂草种子萌发前撒麦壳或是铺稻草或是玉米秸秆来抑制平车前草种子萌发及幼苗生长；在旱田作物行间套种白三叶草，白三叶草植株相对矮小，对作物产量影响较小，其生长迅速，很快形成群落，可抑制其他杂草的生长。

生物防治　若在空闲地，可通过污色白粉菌或是间坐壳属真菌防除车前科的车前或平车前，污色白粉菌主要危害其叶片，导致植株无法进行光合作用而枯萎致死。

化学防治　在萌芽前可选用土壤处理剂氟乐灵、嗪草酮等进行防除；在果园、桑园、茶园可选择草甘膦、草铵膦、莠去津等进行定向喷雾防除；在果园、桑园也可选用敌草快、敌草隆、氨氯吡啶酸等单剂或混剂进行定向喷雾防除。

综合利用　全草和种子入药，有清热利水、止泻、明目、凉血、祛痰之功效。车前草嫩苗、嫩叶可作蔬菜食用，还可用作饲料。

参考文献

郭米娟，余成群，钟华平，等，2010. 覆膜对青饲玉米生长发育及杂草的影响 [J]. 安徽农业科学，38(35): 19975-19976, 20002.

李扬汉，1998. 中国杂草志 [M]. 北京：中国农业出版社.

梁艳，涂怀妹，崔朝宇，等，2012. 车前草穗枯病菌分子鉴定 [J]. 生物灾害科学，35(3): 258-260.

刘迎，2007. 白三叶草对杂草化感作用的初步研究 [D]. 泰安：山东农业大学.

（撰稿：叶照春；审稿：何永福）

平车前植株形态（①②周小刚摄；③④强胜摄）
①发生危害状况；②植株；③幼苗；④花序

平卧藜　*Chenopodium karoi* (Murr) Aellen

秋熟旱作物田一年生杂草。异名 *Chenopodium prostratum* Bunge。英文名 prostrate goosefoot。藜科藜属。

形态特征

成株　高 20～40cm。茎平卧或斜升，多分枝，圆柱状或有钝棱，具绿色色条（图①②）。单叶互生，叶片卵形至宽卵形，通常 3 浅裂，长 1.5～3cm、宽 1～2.5cm，上面灰绿色，无粉或稍有粉，下面苍白色，有密粉，具互生浮凸的离基三出脉，基部宽楔形；中裂片全缘，很少微有圆齿，先端钝或急尖并有短尖头；侧裂片位于叶片中部或稍下，钝而全缘；叶柄长 1～3cm，细瘦。花数个簇生，再于小分枝上排列成短于叶的腋生圆锥状花序；花被裂片 5，较少为 4，卵形，先端钝，背面微具纵隆脊，边缘膜质并带黄色，果时通常闭合；雄蕊与花被同数，开花时花药伸出花被；柱头 2，很少为 3，丝状（图③）。

子实　果皮膜质，黄褐色，与种子贴生。种子横生，双凸镜状，直径 1～1.2mm，黑色，稍有光泽，表面具蜂窝状细洼。

生物学特性　种子繁殖。花果期 8～9 月。

分布与危害　中国分布于新疆、西藏、四川西北部、青海及甘肃西部和西南部，河北北部也有发现。河北承德地区玉米田、甘肃定西地区胡麻田有发生，危害较轻。生于海拔 1500～4000m 的山地，多见于畜圈、荒地、村旁、菜园农田及地头、沟渠边、水库湿地、牲畜圈周围，低山草原和河滩沙地也有分布。

平卧藜植株形态（朱鑫鑫摄）

①②植株；③花序

防除技术　主要采取农业防治、化学防治与综合利用相结合的方法。

农业防治　结合种子处理清除杂草种子，并结合耕翻、整地，消灭土表的杂草种子。实行单双子叶作物轮作，减少杂草的发生。在其开花结实之前，人工拔除或铲除。

化学防治　玉米田的平卧藜可用莠去津、硝磺草酮或两者的复配剂等进行茎叶喷雾处理。农田边的平卧藜可用灭生性除草剂草甘膦、草铵膦茎叶喷雾处理。

综合利用　平卧藜全草入藏药，发汗，散风寒，治皮疹。

参考文献

甘肃植物志编辑委员会, 2005. 甘肃植物志 : 第二卷 [M]. 兰州 : 甘肃科学技术出版社 .

李扬汉, 1998. 中国杂草志 [M]. 北京 : 中国农业出版社 : 219-220.

马文兵, 2017. 玛曲县药用植物资源及多样性研究 [D]. 兰州 : 西北师范大学 .

马占仓, 2020. 准噶尔盆地南部城乡离瓣花类杂草植物区系研究 [D]. 石河子 : 石河子大学 .

魏守辉, 张朝贤, 翟国英, 等, 2006. 河北省玉米田杂草组成及群落特征 [J]. 植物保护学报 (2): 212-218.

中国科学院中国植物志编辑委员会, 1979. 中国植物志 : 第二十五卷 第二分册 [M]. 北京 : 科学出版社 : 90.

（撰稿：刘胜男；审稿：宋小玲）

苹　*Marsilea quadrifolia* L.

稻田多年生蕨类杂草。又名蘋、田字萍、田字苹、田字蘋、四叶萍、四叶苹、四叶蘋、四叶菜、破铜钱。苹科苹属。

形态特征

成株　株高 5～20cm（图③）。根状茎细长横走，分枝，顶端被有淡棕色毛，茎节远离。叶发自茎节，不育的营养叶，挺水或浮水，叶柄长 5～20cm，叶片由 4 片倒三角形的小叶组成，呈"十"字形，长、宽各 1～2.5cm，外缘半圆形，基部楔形，全缘，幼时被毛，草质，叶脉从小叶基部向上呈放射状分叉，组成狭长网眼，伸向叶边，无内藏小脉。孢子囊果斜卵形或椭圆状肾形，长 2～4mm，被毛，褐色，于叶柄基部侧出，通常 2、3 个丛集，柄长 1cm 以下，基部多少毗连；每个孢子囊果内含约 15 个大、小孢子囊，同生于孢子囊托上，其中有少数大孢子囊，其周围有数个小孢子囊，每个大孢子囊内仅有 1 个大孢子，而小孢子囊内存多数小孢子。

幼苗　幼叶初生从根状茎萌出，叶片拳卷成球形，被绒毛。

生物学特性　以根状茎和孢子繁殖；多年生；冬季叶枯死，根状茎宿存，翌春分枝出叶，自春至秋不断生叶和孢子囊果；喜生于静止浅水里（图①②）。长江流域 3 月下旬至 4 月上旬从根茎处长出新叶，5～9 月继续扩展或形成新的根芽和根茎，9～10 月产生孢子囊果，10～12 月孢子成熟。

研究发现大豆、玉米和苹的叶片的可见近红外反射光谱

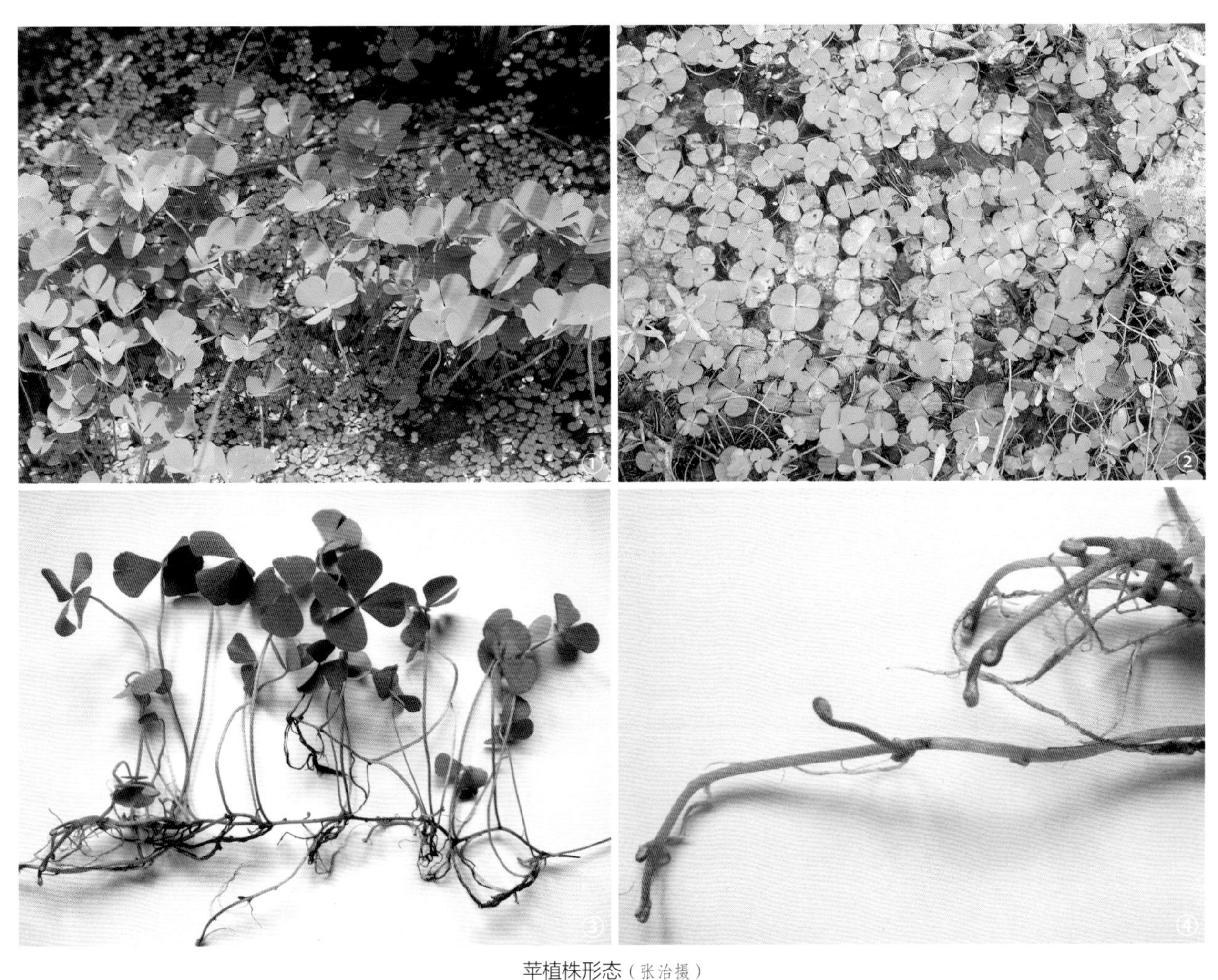

苹植株形态（张治摄）

①②生境；③植株；④地下茎与未展开叶

特性不同，采用 ASD Fieldspec 便携式光谱仪进行光谱采集，可以用于分析和检测苹危害程度。

分布与危害 苹常见于水湿处或稻田中，为稻田较难防治的恶性杂草；也在湿润的小麦、油菜田晚期以及玉米、大豆、甘蔗、烤烟等田地发生和危害。中国主要分布于长江流域及其以南的江苏、上海、浙江、安徽、江西、福建、湖北、湖南、重庆、四川、广东、广西、海南、贵州、云南等地；东北的黑龙江、吉林、辽宁以及华北的河北、河南、山东、陕西、宁夏、新疆、西藏等地也有。

苹的繁殖能力强，竞争试验对水稻损失率在 50% 左右，当杂草密度 10 株 /m^2 时，水稻损失率在 20% 以上。

为水稻白叶枯和斜纹夜蛾等重要农作物病虫害的越冬宿主或取食寄主。

防除技术 应采取包括农业防治、生物和化学除草相结合的方法。此外，也应该考虑综合利用等措施。

农业防治 稻田秋季冬闲耕翻，暴露根状茎；也可实行定期的水旱轮作，减少杂草的发生。

生物防治 通过稻田养鸭技术，利用鸭啄食幼苗以及浑水抑制萌发等可以一定程度控制苹的危害。

化学防治 化学防治最常用的除草剂是苄嘧磺隆或吡嘧磺隆、丁草胺·西草净复配剂在水稻播后苗前或移栽后拌土或随化肥撒施，土壤处理，也可以在幼苗早期使用，均有效。出苗后的茎叶处理，可以选择氟吡磺隆、五氟磺草胺、苯达松、氯氟吡氧乙酸和 2 甲 4 氯喷雾。

综合利用 苹全草可食用；常作猪、牛、羊等饲料。全草入药，性味甘、寒，有清热、利水、解毒和止血功效。主治风热目赤、肾炎、肝炎、疟疾、消渴、吐血、衄血、热淋、尿血、痈疮和瘰疬。

苹生长快，整体形态美观，可在水景园林浅水、沼泽地中成片种植供观赏；也可以种植以净化水质。其孢粉可以作为地质年代和环境变迁研究的化石生物学证据。

参考文献

何占祥，何永福，2000, 贵州稻田主要杂草发生情况调查报告 [J]. 贵州农业科学 (1): 21-24.

何占祥，李照荣，秦立新，1993, 泽泻等稻田常见杂草对水稻产量的影响 [J]. 贵州农业科学 (5): 27-31.

胡萃，刘强，龙婉婉，等，2011, 水生植物对不同富营养化程度水体净化能力研究 [J]. 环境科学与技术 (10): 6-9.

李淑顺，张连举，强胜，2009. 江苏中部轻型栽培稻田杂草群落特征及草害综合评价 [J]. 中国水稻科学，23 (2): 207-214.

李扬汉, 1998. 中国杂草志 [M]. 北京 : 中国农业出版社 .

宋之琛, 王开发, 1961, 江苏南通滨海相第四系的孢粉组合 [J]. 古生物学报 (3): 234-265.

魏开炬, 王永明, 杨林, 2009, 九阜山食用蕨类植物资源 [J]. 中国林副特产 (4): 71-73.

郑宏海, 罗浚清, 范谷鸣, 1991, 丁西混剂防除稻田眼子菜和四叶萍试验 [J]. 农药 (6): 61.

朱文达, 陈耕, 李林, 等, 2011. 10% 环庚草醚·苄嘧磺隆可湿性粉剂防除水稻抛秧田杂草效果 [J]. 湖北农业科学 (15): 3074-3077.

（撰稿：强胜；审稿：纪明山）

婆婆纳　*Veronica polita* Fries

夏熟作物田一二年生杂草。又名大婆婆纳、双肾草。异名 *Veronica didyma* Tenore。英文名 field speedwell、wayside speedwell。玄参科婆婆纳属。

形态特征

成株　高 10～25cm。茎自基部分枝成丛，匍匐或先端向上斜生，有白色细柔毛，长 10～55cm（图①）。叶对生，具短柄；叶片三角状卵形，长 8～15mm、宽 10～18mm，先端钝，基部截形至心形，边缘有稀钝锯齿。总状花序顶生（图

婆婆纳植株形态（①～④吴海荣摄；⑤⑥强胜摄）

①植株；②花序；③果实；④⑤种子；⑥幼苗

②）；苞片叶状，互生；花生于苞腋，花梗细长，结果后下垂；花萼4深裂，淡紫红色，辐状，直径4～8mm，筒部极短。

子实　蒴果近肾形，稍扁，顶端2裂，裂口呈直角，中央残存花柱与凹口平齐或略过之，各部略成球形，密被柔毛，间有线毛，外包宿萼；成熟时果实2瓣裂，内含多数种子（图③）。种子阔卵形，长1～2mm、宽约1mm；背面拱圆腹面深凹，边缘向腹面卷曲；种皮黄褐色，表面有明显的横向波状纵皱纹；种脐小，其周围黄褐色，位于种子腹面凹陷底面中央处，有时可见有白色的残存种柄；种子含有肉质胚乳，胚直生（图④⑤）。

幼苗　下胚轴较发达，略带紫色。子叶卵形，先端钝，基部渐狭，柄与叶近等长。初生叶柄极短，有白色柔毛（图⑥）。

生物学特性　陕西渭河流域9～10月萌生，早春发生数极少。种子繁殖，种子于4月渐次成熟，经3～4个月休眠后萌发。花期3～5月。

分布与危害　婆婆纳很早就已经传入中国，最初的记载见于《救荒本草》（1406），现已经广泛分布于北京、河北、山东、山西、河南、安徽、江苏、上海、浙江、江西、福建、湖北、湖南、甘肃、陕西、广西、新疆、青海、西藏、四川、重庆、贵州、云南、台湾等地。婆婆纳喜湿润肥沃的土壤，生长于海拔2200m以下的荒地、林缘、路旁，主要危害小麦、大麦、蔬菜、果树和草坪等。婆婆纳是中国秦岭—淮河一线以北的华北暖温带冬小麦田的重要杂草，局部为优势种，严重可达156株/m^2，小麦一般减产10%～30%，重者减产50%以上，已成为小麦生产的严重障碍。婆婆纳也是狗牙根草坪和绿地上的常见甚至是优势杂草。

防除技术

农业防治　由于该杂草处于作物的下层，通过作物的适度密植，可在一定程度上控制这种杂草。制定合理的种植轮作制度，将旱—旱轮作改为旱水轮作，可以控制婆婆纳等喜旱性杂草的发生。

化学防治　见阿拉伯婆婆纳。

参考文献

郭水良, 1997. 长江下游地区婆婆纳属 (*Veronica* L.) 杂草及其综合治理的研究 [D]. 南京 : 南京农业大学 : 77-79.

李建波, 2003. 麦田婆婆纳生态经济阈值的研究 [J]. 安徽农业科学, 31(6): 1062-1064.

李扬汉, 1997. 中国杂草志 [M]. 北京 : 中国农业出版社 .

万方浩, 刘全儒, 谢明, 等, 2012. 生物入侵 : 中国外来入侵植物图鉴 [M]. 北京 : 科学出版社 .

徐海根, 强胜, 2018. 中国外来入侵生物 [M]. 修订版 . 北京 : 科学出版社 .

于胜祥, 陈瑞辉, 2020. 中国口岸外来入侵植物彩色图鉴 [M]. 郑州 : 河南科学技术出版社 .

（撰稿：吴海荣、李盼畔；审稿：宋小玲）

铺地黍　*Panicum repens* L.

秋熟旱作田根茎粗壮发达的多年生杂草。又名硬骨草。英文名torpedo grass、creeping panic。禾本科黍属。

形态特征

成株　高50～100cm（图①②）。根茎粗壮发达，茎秆稍直立，坚挺。叶鞘光滑，边缘被纤毛，叶舌长约0.5mm，被纤毛，叶片质硬，坚挺，线形，长5～25cm、宽2.5～5mm，干时常内卷，先端渐尖，腹面粗糙或被毛。圆锥花序开展（图③④），通常长10～20cm；分枝斜升，粗糙，具棱；小穗有小花2朵，长圆形，长约3mm，无毛，先端尖；第一颖薄膜质，长约为小穗的1/4，基部包卷小穗，顶端截平或圆钝，脉常不明显；第二颖约与小穗近等长，顶端喙尖，具7脉，第一小花雄性，其外稃与第二颖等长；雄蕊3枚，花丝极短，花药暗褐色，长约1.6mm；第二小花结实，长圆形，长约2mm，平滑光亮，先端尖。

子实　颖果椭圆形，淡棕色，长约1.8mm、宽约0.8mm（图⑤）。

生物学特性　多年生草本，以根状茎和种子繁殖。其根茎粗壮，具有很强的伸展能力和再生能力，常在小范围内成为群落的优势种。铺地黍为二倍体植物，染色体2n=40。苗期一般4～7月，6～11月抽穗开花，结籽率很低，采收种子比较难，通常以根茎繁殖。铺地黍喜温暖湿润气候，适生在热带和亚热带年降水量800～1500mm的地区。在水分充足、日温22℃以上时生长迅速。具有较强的耐旱、抗寒能力，能耐受-4～-2℃的低温和霜冻。对土壤要求不严，从较贫瘠的酸性红黄壤土到海滨砂土上均能生长，但最适宜在肥沃的潮湿沙地或冲积土壤上生长。

分布与危害　中国主要分布于东南部的广东、广西、福建、浙江及台湾等地。在全世界热带和亚热带地区也广泛分布。铺地黍在旱地作物田危害较重，也在稻田沟边、果园、茶园、桑园和少数橡胶园中发生。由于铺地黍繁殖力特强，根系发达，粗大的根茎深入土层，能刺穿作物根部，争夺田间大量肥分，地上部分则遮盖作物茎叶，使田间通风透光性降低，从而影响作物的生长和发育，是难除杂草之一。

防除技术　铺地黍为多年生恶性杂草，对多种除草剂表现出耐药性。应采用农业防治与化学防治相结合的防除策略，同时发掘综合利用。

农业防治　作物播种或移栽前清洁田园，清除田间铺地黍，减轻多年生杂草危害。对铺地黍发生严重的田块选用分蘖强、前期生长快的作物品种，可利用其生长快、分蘖多的特性在苗期提早封行，形成群体优势，抑制铺地黍的发生和生长，减轻其危害。间套作物，采用作物套种种植的方式，利用行间作物群体优势，控制杂草的发生和生长。利用田间管理如中耕培土清除铺地黍危害。

化学防治　发生在田埂、果园的铺地黍，采用草甘膦、草铵膦或其混剂产品，适当提高使用剂量均匀茎叶喷雾处理。发生在阔叶作物田中的铺地黍，在幼苗期可用芳氧苯氧基丙酸类除草剂精吡氟禾草灵、高效吡氟氯禾灵等茎叶喷雾处理。玉米田用磺酰脲类除草剂烟嘧磺隆有较好的防除效果。

综合利用　铺地黍有较强的抗污染和快速繁殖能力，具有生态修复污染土壤和水体的潜力与优势，可构建铺地黍生态修复系统。繁殖力特强，根系发达，可作为高产牧草。全草可药用，有清热平肝、通淋利湿之功效。

P

铺地黍植株形态（强胜摄）

①②所处生境及植株；③④花序；⑤子实

参考文献

陈默君，贾慎修，2002. 中国饲用植物 [M]. 北京：中国农业出版社：226-227.

国家中医药管理局《中华本草》编委会，1999. 中华本草 [M]. 上海：上海科学技术出版社.

李扬汉，1998. 中国杂草志 [M]. 北京：中国农业出版社：1285-1286.

HOSSAN M A, ISHIMINE Y, AKAMING H, et al, 2004. Effect of nitrogen fertilizer application on growth, biomass production and N-uptake of tropedograss (*Panicum repens* L.) [J]. Weed biology and management(4): 86-94.

ZENG X L, GAO G J, YANG J Z, et al, 2015. The integrated response of torpedo grass (*Panicum repens*) to Cd-Pb co-exposures [J]. Ecological engneering(82): 428-431.

（撰稿：冯莉；审稿：黄春艳）

蒲儿根 *Sinosenecio oldhamianus* (Maxim.) B. Nord.

园地一二年生杂草。又名猫耳朵、肥猪苗。英文名 oldham groundsel。菊科蒲儿根属。

形态特征

成株　高 40～80cm（图③④）。茎直立，下部及叶柄着生处被蛛丝状绵毛或近无毛，多分枝。下部叶有长柄（图⑤），干后膜质，叶片近圆形，基部浅心形，长宽 3～5cm，稀达 8cm，顶端急尖，边缘有深及浅的重锯齿，上面近无毛，下面多少被白色蛛丝状毛，有掌状脉；上部叶渐小，有短柄，三角状卵形，顶端渐尖。头状花序复伞房状排列（图⑥）；常多数，梗细长，有时具细条形苞叶；总苞宽钟状，直径 4～5mm、长 3～4mm，总苞片 10 余个，顶端细尖，边缘膜质；舌状花 1 层，舌片黄色，条形；筒状花多数，黄色。植株大小及叶形常有变异，但舌状花瘦果无毛及无冠毛极易识别。

子实　瘦果圆柱形，长 1.5mm，舌状花瘦果无毛，管状花被短柔毛；冠毛在舌状花缺，管状花冠毛白色，长 3～3.5mm。

生物学特性　蒲儿根常生于林缘、溪边、潮湿岩石边及草坡、田边，海拔 360～2100m。花期 1～12 月。

分布与危害　主要发生在西藏、山西、陕西、甘肃、湖北、四川、贵州、云南、河南、安徽、浙江、福建、湖南、江苏、广东、香港、广西、江西等地的人工林（图①②）。是分布区内人工林最常见和广布的杂草之一。常与幼苗期的或浅根系的人工林争夺水分和养分（图②）。

蒲儿根植株形态（闫双喜摄）

①②危害状况；③④植株；⑤叶形；⑥花序；⑦幼苗

防除技术 应采取包括物理、生物和化学防治相结合的方法。此外，也应该考虑综合利用等措施。

物理防治 通过人工和机械方法，如拔除、刈割、锄草等措施来清理蒲儿根杂草。也可通过火力、电力、微波、覆盖薄膜等方法来去除。

综合利用 蒲儿根以全草入药。春、夏、秋采收，鲜用或晒干。辛、苦、凉，有小毒。可用于清热解毒、痈疖肿毒。蒲儿根株形整齐，花色艳丽，适宜做花坛或背景材料。

参考文献

强胜, 2009. 杂草学 [M]. 2 版. 北京: 中国农业出版社.

王彩芳, 杨茹, 曾献磊, 等, 2013. 蒲儿根花的化学成分研究 [J]. 北京师范大学学报 (自然科学版), 49(4): 357-359.

闫双喜, 李永, 王志勇, 等, 2016. 2000 种观花植物原色图鉴 [M]. 郑州: 河南科学技术出版社.

闫双喜, 刘保国, 李永华, 2013. 景观园林植物图鉴 [M]. 郑州: 河南科学技术出版社.

（撰稿：闫双喜；审稿：张志翔）

蒲公英 *Taraxacum mongolicum* Hand.-Mazz.

夏熟作物田、草坪多年生草本杂草。又名蒲公草、黄花地丁、婆婆丁、尿床草、羊奶奶草、鬼灯笼。英文名 mongolian dandelion。菊科蒲公英属。

形态特征

成株 高 10～25cm（图①②）。根圆柱状，黑褐色，粗壮。叶基生，排列成莲座状，叶倒卵状披针形、倒披针形或长圆状披针形，长 4～20cm、宽 1～5cm，先端钝或急尖，羽裂或倒向羽裂，每侧裂片 3～5 片，裂片三角形或三角状披针形，全缘或有齿，裂片间夹生小齿，两面疏被蛛丝状毛或无毛，基部渐狭成叶柄，叶柄及主脉常带红紫色。花葶数个，与叶等长或长于叶，上部紫红色，密被蛛丝状白色长柔毛；头状花序单生于顶端（图②）；总苞钟状，长 12～16mm，淡绿色；总苞片 2～3 层，外层苞片卵状披针形至披针形，内层呈长圆状或线形，长 10～16mm、宽 2～3mm，先端紫红色，

蒲公英植株形态（①②强胜摄；③④马小艳摄）

①生境；②成株；③果实；④幼苗

长 8～10mm、宽 1～2mm，边缘宽膜质，基部淡绿色，上部紫红色，顶端常有角状突起；花冠舌状，黄色，舌片长约 8mm、宽约 1.5mm，背面有紫红色条纹；花药和柱头暗绿色。

子实　瘦果椭圆形至倒卵形，暗褐色，长 4～5mm、宽 1～1.5mm，上部具小刺，下部具成行排列的小瘤，常稍弯曲；横切面菱形或椭圆形；具纵棱 12～15 条，并有横纹相连，棱上有小突起，顶端逐渐收缩为长约 1mm 的圆锥至圆柱形喙基，喙长 6～10mm，纤细；顶端冠毛羽状，白色，长约 6mm；果脐凹陷（图③）。

幼苗　下胚轴不发达。子叶对生，倒卵形，叶柄短（图④）。初生叶 1 片，宽椭圆形，顶端钝圆，基部阔楔形，边缘有微细齿。

生物学特性　种子及地下芽繁殖。花果期 3～7 月。蒲公英种子细小，千粒重约 0.377g，种子含水量约 4.32%。蒲公英种子不存在休眠现象，在 10～30℃均能发芽，发芽适宜温度为 15～25℃，不同的光照强度对蒲公英种子发芽没有明显影响，覆盖土壤有利于幼苗生长，适宜的覆土厚度为 0.5～1.0cm。中国东北温带地区 1990—2009 年 52 个监测点的数据显示，蒲公英的生长季开始日期以 2.1 天 /10 年的速度显著提前，而平均生长季结束日期以 3.1 天 /10 年的速度显著延迟，同时，平均生长季持续天数以 5.1 天 /10 年的速度显著延长。监测区域内春季平均气温升高 1℃导致蒲公英平均生长季开始日期提前 2.1 天，平均秋季温度升高 1℃导致平均生长季结束日期延迟 2.3 天，年平均气温升高 1℃导致平均生长季长度延长 8.7 天。

光照强度影响蒲公英的生长，正常光照条件或适当的低光照条件可促进蒲公英的生长，但过低的光照条件会造成蒲公英生育期延缓、水分含量增加，植株抗逆性变差，从而影响产量。

蒲公英种群具有较大的表型可塑性。叶片是光合器官，植物生长所需的营养物质主要依靠叶来合成和贮存，有性繁殖是蒲公英种群实现其扩展和延续的最重要手段之一，因此，其投入较多的生物量用于叶和花，蒲公英各器官生物量分配表现为叶 > 花 > 根 > 茎。

分布与危害　中国广泛分布于东北、华北、华东、华中、西北及西南等地。蒲公英是草坪草极有力的竞争者，同草坪草竞争水肥、光照，使草坪长势衰弱，易感病，且蒲公英因其根系深，极耐旱，天气干旱时危害尤其严重。蒲公英种子可随风远距离传播，极易蔓延危害。也入侵农田，危害小麦、油菜等夏熟作物以及生长初期的秋熟旱作物如玉米、大豆、花生等。

防除技术　作为多年生杂草，蒲公英的防治应坚持预防为主、综合防治的原则，农业防治和化学防治等多种杂草防治方法相结合，尽可能降低蒲公英在田间的发生基数。

农业防治　及时清除田块四周、路旁、田埂、渠道内外的植株，特别是在杂草种子尚未成熟之前可结合耕作或人工拔除等措施及时清除，防止种子扩散。在蒲公英严重发生的农田和荒地，在作物收获后或播种前进行深翻，将杂草种子深翻至土壤深层，同时将杂草根茎翻至地表，被风干或冻死，减少杂草萌发危害。

化学防治　小麦田可选用 2 甲 4 氯、氯氟吡氧乙酸、苯磺隆、双氟磺草胺、唑草酮或其复配剂进行茎叶喷雾处理。油菜田可选用二氯吡啶酸、氨氯吡啶酸或其复配剂进行茎叶喷雾处理防除。

综合利用　蒲公英药食兼用，既是一种营养价值很高的野生蔬菜，也具有很多方面的药用价值，富含黄酮、多糖、多酚等活性物质，具有广谱抑菌、抗肿瘤、对胃肠道作用、保肝利胆、免疫调节、抗氧化和抗螨等生物活性。

参考文献

谢小翌，张喜春，2019. 不同遮阴处理对蒲公英生长及总黄酮含量的影响 [J]. 北京农学院学报，34(2): 47-50.

许先猛，董文宾，卢军，等，2018. 蒲公英的化学成分和功能特性的研究进展食品安全质量检测学报，9(7): 1623-1627.

叶景学，齐义杰，王大伟，等，2013. 蒲公英种子发芽特性研究 [J]. 北方园艺 (5): 30-32.

张丽辉，倪秀珍，汤庆莲，2017. 蒲公英花期种群构建的生物量结构与异速生长分析 [J]. 杂草科学，35(1): 20-24.

赵新强，王万峰，2020. 北华大学野生蒲公英种子生态学特性研究 [J]. 林业勘查设计，49(3): 93-95.

赵英明，范文丽，2010. 光照强度对蒲公英生长的影响 [J]. 辽宁农业科学 (3): 89-91.

CHEN X, TIAN Y, XU L, 2015. Temperature and geographic attribution of change in the *Taraxacum mongolicum* growing season from 1990 to 2009 in eastern China's temperate zone [J]. International journal of biometeorology, 59(10): 1437-1452.

（撰稿：马小艳；审稿：宋小玲）

漆姑草 *Sagina japonica* (Sw.) Ohwi

夏熟作物田一二年生杂草。又名波斯草、瓜槌草、猪毛草、腺漆姑草等。英文名 Japanese pearlwort。石竹科漆姑草属。

形态特征

成株 高 5～10cm。茎由基部分枝，绿色，有光泽，节膨大，多数簇生，通常紧贴地面，上部疏生腺柔毛，其余无毛（图①）。叶对生，叶片圆柱状线形，长 5～20mm，宽约 1mm，顶端锐尖，基部近膜质且连成短鞘状。花小，白色，单生于枝端或叶腋；花瓣 5，卵形，稍短于萼片，全缘，花梗细长，直立，长 1～2cm，疏生短柔毛；萼片 5，卵形，背面疏生短柔毛，边缘膜质（图④）；雄蕊 5，较花瓣为短；子房卵圆形，花柱 5，短线形。

子实 蒴果广卵形，略长于宿萼，成熟后 5 裂，有多数种子。种子呈圆肾形，长约 0.4mm、宽 0.3mm，没有明显的棱角，表面深褐色，密生成行的瘤状突起；种脐位于侧面弯曲处，不甚明显（图⑤）。

幼苗 苗矮小，稍呈肉质，光滑无毛（图②③）。子叶出土，线形，先端钝，无脉，也无叶柄，基部连合。初生叶 2 片，圆柱状线形，叶脉不显，基部连合抱茎。后生叶与初生叶相似。

生物学特性 常生长于海拔 600～1500m 的田间、路旁、水塘边、阴湿山地。种子繁殖。秋冬季至翌年早春出苗，花期 4～6 月，果期 5～8 月。漆姑草为二倍体植物，染色体

漆姑草植株形态（④郝建华提供；其余张治摄）

①成株；②③幼苗；④花；⑤种子

数目为 n=23 或 32。

分布与危害　中国大部分地区均有分布；朝鲜、日本、印度、尼泊尔和俄罗斯（远东地区）也有分布。漆姑草常生长于庭院、路旁、池塘边及农田中，常侵入夏熟作物及蔬菜园危害，但发生量小，危害轻。

防除技术

农业防治　作物播种前采用深翻耕可以有效减少其出苗。

化学防治　麦田可用 2 甲 4 氯、氯氟吡氧乙酸、氟氯吡啶酯、双氟磺草胺、吡氟酰草胺、双唑草酮或它们的混配剂等进行茎叶喷雾处理；也可用异丙隆和绿麦隆进行土壤封闭处理。油菜田可用草除灵、二氯吡啶酸、氨氯吡啶酸进行茎叶喷雾处理。

综合利用　全草可入药，有清热利湿、消肿解毒的功效。鲜叶揉汁涂漆疮有效。嫩时可作猪饲料。其石油醚提取物对人白血病 K562 细胞株的生长具有微弱的抑制作用。

参考文献

李扬汉, 1998. 中国杂草志 [M]. 北京: 中国农业出版社: 173-174.

辽河流域高等植物图鉴编委会, 2018. 辽河流域高等植物图鉴 [M]. 北京: 中国环境出版社: 169.

刘启新, 2015. 江苏植物志: 第 2 卷 [M]. 南京: 江苏凤凰科学技术出版社: 261-262.

王开金, 强胜, 2007. 江苏麦田杂草群落的数量分析 [J]. 草业学报, 16(1): 118-126.

张素英, 何林, 2010. 漆姑草石油醚提取物化学成分分析及抗肿瘤活性筛选 [J]. 安徽农业科学, 38(28): 15590-15591, 16082.

（撰稿：郝建华；审稿：宋小玲）

奇虉草　*Phalaris paradoxa* L.

夏熟作物田一二年生外来杂草。又名奇异虉草。英文名 hood canarygrass、bristle-spiked canarygrass。禾本科虉草属。2002 年被列入中国主要外来入侵物种名录。

形态特征

成株　高 30～120cm（见图）。茎秆直立，基部屈曲，叶舌长 2～3mm，膜质，截头形；叶片长达 15cm、宽 3～5mm，线形，先端渐尖。圆锥花序紧密，长 2～9cm，部分藏在上部叶鞘内；小穗有 6～7 个，簇生，成熟时整簇脱落，无柄的中间的为孕性小穗，其余的 5～6 个为有柄不孕小穗；孕性小穗的颖长 5.5～8.2mm，不孕小穗的颖长 9mm，上部具翼，翼具齿状突起；孕花外稃长 2.5～3.5mm。

子实　颖果椭圆形，先端具宿存花柱，长 2～2.5mm、宽 0.6mm、厚约 1.2mm，深褐色。胚长约占颖果的 1/3。

生物学特性　依靠种子进行繁殖，种子具有休眠现象，随着风、水流以及人事活动传播。种子萌发的最适温度是 25～30℃，有较强的 pH 适应性，在 pH4～10 的环境下均能萌发，种子萌发的土壤含水量范围是 10%～25%，种子被埋深 0～5mm 时发芽率最高，在埋深 30mm 时种子不能萌发。幼苗在 3 叶期开始分蘖，冬前以根蘖为主，春后产生大量的茎蘖，单株的分蘖能力强。

奇虉草植株形态（梁帝允提供）

由于过分依赖化学方法进行防治，1979 年以色列路边首先发现了对 PSII 抑制剂类除草剂莠去津表现出抗性的奇虉草种群，随后又在澳大利亚、伊朗、以色列、墨西哥和叙利亚等国家演化出对 ACCase 抑制剂类除草剂的抗药性种群，2012 年，在澳大利亚新南威尔士州的春大麦和小麦田中发现该杂草已经进化出同时对 ACCase 抑制剂类和 ALS 抑制剂类除草剂的抗性。

分布与危害　中国广泛分布在云南昆明、玉溪、大理、保山、楚雄。除麦田外，也发生于油菜田等春季旱作田。奇虉草属于外来入侵植物，原产于欧洲、非洲、美洲和亚洲泛热带地区，20 世纪 70 年代随麦类引种传入中国，由于其形态特征和生长习性与麦类作物相似，常对麦类作物的产量和品质造成严重的影响，危害较轻的麦田产量损失为 3%～5%，中度危害的麦田损失 5%～20%，危害严重的麦田产量损失 20%～50%，甚至有的田块已因无法种植而冬闲。危害区域集中在海拔 1200～2000m 的滇中温带地区。

防除技术

农业防治　因为奇虉草是入侵杂草，所以应该加强宣传培训，提高防控意识和防控水平。在拔节期和抽穗期，可人工拔除尚未抽穗或已经抽穗但种子还未成熟的植株，带出田间销毁，杜绝种子落入土壤。由于奇虉草的种子在 0～5mm 埋藏深度就能发芽，且随埋藏深度增加，发芽率下降，在 30mm 时完全不萌发，有条件的地区在整田时深翻土壤，使大量的种子深埋于地下，降低其出苗率，破坏其种群的建立，减轻危害。有研究发现油菜对奇虉草具有较强的种间竞争作用，因此在奇虉草入侵地区大面积种植油菜有抑制其发生的作用。

化学防治　麦田可采用异丙隆、精噁唑禾草灵、唑啉草酯等除草剂，在奇虉草 3～4 叶期进行茎叶喷雾处理，其中唑啉草酯效果最好。油菜田可用烯禾定、烯草酮等进行茎叶喷雾处理。

参考文献

李宏玉, 2015. 小子虉草和奇异虉草的识别与防除 [J]. 云南农业科技 (5): 48-50.

李扬汉, 1998. 中国杂草志 [M]. 北京: 中国农业出版社: 1297-1299.

徐高峰，张付斗，李天林，等，2010. 奇异虉草和小子虉草生物学特性及其对小麦生长的影响和经济阈值研究 [J]. 中国农业科学，43(21): 4409-4417.

徐高峰，张付斗，李天林，等，2011. 环境因子对奇异虉草和小子虉草种子萌发的影响 [J]. 西北植物学报，31(7): 1458-1465.

许薇，王磊，2016. 保山市外来入侵生物奇异虉草发生情况及防控对策 [J]. 农业开发与装备 (5): 46.

CRUZ-HIPOLITO H, DOMÍNGUEZ-VALENZUELA J A, OSUNA M D, et al, 2012. Resistance mechanism to acetyl coenzyme A carboxylase inhibiting herbicides in *Phalaris paradoxa* collected in Mexican wheat fields [J]. Plant soil, 355: 1121.

FINOT V L, PEDREROS J A, 2012. *Phalaris paradoxa* L. (Poaceae: Phalaridinae), a new introduced weed species in Central Chile [J]. Gayana botany, 69(1): 193-196,

HOCHBERG O, SIBONY M, RUBIN B, 2009. The response of ACCase-resistant *Phalaris paradoxa* populations involves two different target site mutations [J]. Weed research, 49: 37-46.

TYLOR I N, WALKER S R, ADKINS S W, 2005. Burial depth and cultivation influence emergence and persistence of *Phalaris paradoxa* seed in an Australian sub-tropical environment [J]. Weed research, 45: 33-40.

（撰稿：唐伟；审稿：宋小玲）

畦畔飘拂草 *Fimbristylis squarrosa* Vahl

水田一年生杂草。又名曲芒飘拂草。英文名 curved-awn fimbristylis。莎草科飘拂草属。

形态特征

成株　高 6～20cm（见图）。无根状茎。秆密丛生，纤细，矮小，扁的，基部具少数叶。叶短于秆，极细，宽不及 1mm，平展，两面均被疏柔毛，鞘淡棕色，密被长柔毛。苞片 3～5 枚，短于或稍长于花序，丝状。长侧枝聚伞花序简单或近于复出，具少数至十几个辐射枝，长达 3cm；小穗单个着生于第一次或第二次辐射枝顶端，卵形或披针形，长 3～6mm、宽 2～3mm，具十数朵小花；鳞片稍松，螺旋状排列，膜质，长圆形或长圆状卵形，顶端钝，长 1.5～2mm，背面具 3 条脉，绿色，呈龙骨状突起，中肋延伸出鳞片顶端呈较长的芒，芒外弯，长约为鳞片的 1/2，两侧淡黄色，有时稍带黄棕色；雄蕊 1，花药长圆形，顶端具短尖；花柱长而扁平，基部膨大，具下垂的丝状长柔毛，上部有疏缘毛，柱头 2。

畦畔飘拂草植株形态（强胜摄）

子实　小坚果倒卵形，双凸状，长约 1mm，基部具短柄，淡黄色，表面几平滑。花期 9 月间。

幼苗　幼苗与成株形态相似。

生物学特性　花果期 6～10 月。以种子繁殖，繁殖力强，适宜环境较特殊。

分布与危害　中国主要分布在安徽、江苏、河北、福建、山东、广西、海南、四川、云南、西藏等地。畦畔飘拂草常混生于低洼潮湿地带，多生于浅水和阴暗潮湿区域。常危害秋熟作物豆类、蔬菜、棉花等多种作物，亦生田边；发生量小，危害轻，是一般性杂草。不过，畦畔飘拂草在直播稻田发生量大、危害较重，已成为阻碍世界水稻轻型栽培技术推广和水稻高产、优质、高效生产的主要因子之一。

防除技术

农业防治　主要是人工拔除。

化学防治　结合化学药剂，或涂抹、或喷施。水稻田畦畔飘拂草防治用氯吡嘧磺隆和硝磺草酮有较好的防效，但因其高温下或使用剂量不均易产生药斑。2 甲 4 氯 · 灭草松是目前在水稻田防除畦畔飘拂草的优异组合药剂，安全性高，可根除畦畔飘拂草。五氟磺草胺对水稻安全，杀草谱广，药效突出，对畦畔飘拂草较好防效，与其他药剂互补的混配组合应是未来的趋势。

参考文献

侯宽昭，等，1956. 广州植物志 [M]. 北京：科学出版社.

李扬汉，1998. 中国杂草志 [M]. 北京：中国农业出版社.

强胜，2001. 杂草学 [M]. 北京：中国农业出版社.

张朝贤，张跃进，倪汉文，等，2000. 农田杂草防除手册 [M]. 北京：中国农业出版社.

KRAL R, 1971. A treatment of Abildgaardia, Bulbostylis and *Fimbristylis* (Cyperaceae) for North America [J]. SIDA, contributions to botany, 4(2): 57-227.

TAN K, BIEL B, SCHULER A, 2007. The occurrence of *Fimbristylis bisumbellata* and *F. squarrosa* (Cyperaceae) in Greece [J]. Phytol balcan, 13(1): 81-82.

（撰稿：赵灿；审稿：刘宇婧）

器官或组织水平测定 organ or tissue level bioassay

利用植物的某一器官或组织对除草剂的反应，通过除草剂剂量和某种可量化的指标之间的关系，建立剂量反应曲线，测定除草剂活性或测定植物对除草剂敏感性的方法。该方法是常用的除草剂生物测定方法。与整株生测法相比，器官或组织测定法具有快速、灵敏的特点。常用的器官或组织有花粉、种子、茎、叶片、根或愈伤组织等。

种子检测法　是根据种子萌发情况测定除草剂活性或

杂草对除草剂敏感性的方法。催芽露白的种子放置在含有除草剂的培养基或滤纸上，封口培养，待种子发芽1～3周后观察及测定种子的发芽数量、根长、芽长及鲜重等生长参数。该方法种子需进行预试验，保证出芽率良好。该方法已成功用于三嗪类、二硝基苯类、ACCase抑制剂类等除草剂的生物活性。如采用该方法测定了日本看麦娘对高效氟吡甲禾灵的敏感性。

玉米根长法 是以玉米初生根根长作为评价指标的除草剂活性或杂草对除草剂敏感性的测定方法。将均匀一致的玉米种子在25℃水中浸泡12小时，在28℃条件下催芽至露白，胚根长度达到0.8cm时备用。选取10粒发芽一致的玉米种子摆放于烧杯底部，加入3cm石英砂将种子充分覆盖。用定量系列浓度的药液将种子充分浸着，保鲜膜封口后，25℃培养箱内黑暗条件下培养一定时间，测量根长并计算根长抑制率。本方法适用于磺酰脲类、咪唑啉酮类、酰胺类等除草剂的活性测定。如采用该方法测定了磺酰脲类除草剂在土壤中的残留动态。

烟草叶片法 是利用烟草叶片中的淀粉含量与某些除草剂浓度呈负相关的原理，来检测除草剂活性的生物测定方法。选取4～6叶期烟草幼叶，在其中脉一侧背面两条侧脉之间，用注射器将除草剂药液注入叶肉细胞与薄壁细胞。温室光照条件下培养5小时后，切下叶片，立即用沸丙酮提取，以碘测定淀粉反应评价除草剂的活性。本方法适用于敌草隆、西玛津等光合作用抑制剂的活性测定。

分蘖检测法 可以利用培养至三叶期的植株分蘖，放在供试除草剂的系列浓度溶液中培养。培养一段时间后比较第三叶受害程度判断杂草对除草剂的敏感性。该方法仅适用于禾本科杂草对除草剂的生物测定，使用该方法实现了稗草对敌稗和精噁唑禾草灵敏感性的快速检测。

茎切面再生苗法 利用培养至三叶一心期的植株，在使用一定剂量除草剂进行茎叶处理后，沿第二叶部位切除上部植株，通过测定再生茎段长度检测杂草抗性。该方法可用于禾本科杂草对内吸传导型除草剂的活性检测。

萝卜子叶法 利用在一定范围内除草剂剂量与萝卜子叶生长的抑制程度成正相关的原理，检测除草剂活性。把消毒后的萝卜种子放在铺有2层湿润滤纸的培养皿里，于27℃恒温培养箱中培养，约30小时后从幼苗上切下子叶备用；把大小一致的10片萝卜子叶放在预先加入5～10ml系列浓度除草剂溶液的培养皿中，加盖后置于24～26℃的恒温培养箱中培养，2000～3000 lx荧光灯连续照射3天后，称量子叶鲜重，计算鲜重抑制率，评价除草剂活性。该方法适用于杂草对触杀型除草剂的活性检测。

叶圆片漂浮法 是测定光合作用抑制剂的方法。其原理是植物在进行光合作用时，叶片由于产生较高浓度的氧气容易漂浮，但当光合作用受抑制产生氧气时，叶片就会沉入水中。根据单位时间内上浮叶圆片数或上浮所需时间来比较光合作用的强弱程度，以此来确定供试植物对除草剂敏感性。选取健康的叶片用打孔器打取相同面积的叶片（以水培6周的黄瓜叶片、生长3周已充分展开的蚕豆叶片或展开10天的南瓜子叶片为宜），打取的叶片立即转入到含有系列浓度除草剂磷酸缓冲溶液的容器中，加入适量的碳酸氢钠以提供光合作用所需的CO_2，抽真空使叶片全部沉底；黑暗处理5分钟后，恢复光照并使用秒表记录全部叶片漂浮所需要的时间。通过计算处理组叶片漂浮时间与对照组叶片漂浮时间的比值判断其生物活性，该方法只适用于杂草对光合作用抑制剂类除草剂的活性测定。如使用该方法快速检测了欧洲千里光、藜和绿穗苋对三嗪类除草剂的敏感性。

花粉粒萌发法 剪取测试杂草即将开裂的雄蕊的花药；将花粉震落于含系列浓度除草剂的0.25%固体琼脂培养基上，在一定条件下培养一段时间后，用显微镜（200倍）观察花粉萌发情况。萌发花粉计数以花粉管长度至少达半个花粉粒长度为准。根据花粉萌发率判定杂草对除草剂的敏感性，该方法可实现对田间正在生长的杂草对除草剂的敏感性的快速生物测定。曾用该种方法检测假高粱对乙酰辅酶A羧化酶（ACCase）抑制剂类除草剂的生物活性。

植物愈伤组织测定法 利用植物愈伤组织来测定除草剂活性的一种方法。利用植物愈伤组织较整株进行生物测定具有作用直接的特点，试验结果能够反映除草剂的内在毒杀能力。除草剂在其到达作用位点之前需要经过吸收、渗透或传导，才能达到作用靶标，在此过程中，在外界环境条件下除草剂可能会分解。由于愈伤组织是在黑暗无菌的条件下培养的，就避免了紫外线及微生物的影响。此外，愈伤组织没有角质层、细胞壁等阻碍除草剂到达作用位点的结构，药剂可以直接作用于细胞。采用愈伤组织进行除草剂生物测定时，通常将其鲜物质量或干物质量作为测定指标，在细胞悬浮培养情况下可测定浓缩细胞量，或用微电极测培养基的电导率等。该方法在麦草畏对大豆愈伤组织生长抑制试验及抗苯磺隆烟草愈伤组织筛选试验中得到应用。

器官或组织水平测定方法多种多样，均能较快速实现杂草对除草剂的生物活性测定，实际操作中可结合实际情况选择合适的方法。其中，花粉粒萌发法、分蘖检测法、叶圆片漂浮法、植物愈伤组织测定法可以在不损害植物的情况下，实现植物对除草剂的生物活性测定；种子检测法可以相对快速、廉价地实现大量杂草种群对除草剂的生物测定，但是对供试种子要求较高的发芽率及发芽势。分蘖检测法、茎切面再生苗法仅适用于禾本科植物；烟草叶片法、叶圆片漂浮法仅适用于光合作用抑制剂类除草剂。要根据所选杂草种类及除草剂的使用方式、作用机理综合考虑，选用合适的生物测定方法。

参考文献

慕立义, 1994. 植物化学保护研究方法 [M]. 北京 : 中国农业出版社 .

彭学岗, 段敏, 郁志博, 2008. 杂草抗药性生物测定方法概述 [J]. 农药科学与管理 (6): 41-45.

强胜, 2009. 杂草学 [M]. 2 版 . 北京 : 中国农业出版社 .

沈晋良, 2013. 农药生物测定 [M]. 北京 : 中国农业出版社 .

宋小玲, 马波, 皇甫超河, 等, 2004. 除草剂生物测定方法 [J]. 杂草科学 (3): 3-8.

杨彩宏, 董立尧, 李俊, 等, 2007. 油菜田日本看麦娘对高效氟吡甲禾灵抗药性的研究 [J]. 中国农业科学 (12): 2759-2765.

BURKE I C, HOLLAND J B, BURTON J D, et al, 2007. Johnsongrass (*Sorghum halepense*) pollen expresses ACCase target-site

Q

resistance [J]. Weed technology, 21: 384-388.

HENSLEY J R, 1981. A Method for identification of triazine resistant and susceptible biotypes of several weeds [J]. Weed science, 29(1): 70-73.

KIM D S, CASELEY J C, BRAIN P, et al, 2000. Rapid detection of propanil and fenoxaprop resistance in *Echinochloa colona* [J]. Weed science, 48(6): 695-700.

（撰稿：刘伟堂、孙鹏雷；审稿：王金信、宋小玲）

千金子 *Leptochloa chinensis* (L.) Nees

稻田一年生恶性杂草。又名千两金、续随子。异名 *Poa chinensis* L.。英文名 Chinese sprangletop。禾本科千金子属。

形态特征

成株　高 30～90cm（图①②）。秆直立，基部膝曲或倾斜，茎秆、叶鞘、叶片均无毛。叶鞘大多短于节间；叶舌膜质，长 1～2mm，常撕裂具小纤毛；叶片扁平或多少卷折，先端渐尖，两面微粗糙或下面平滑，长 5～25cm、宽 2～6mm。圆锥花序长 10～30cm，分枝及主轴均微粗糙（图③）；小穗多带紫色，长 2～4mm，含 3～7 小花；颖具 1 脉，脊上粗糙，第一颖较短而狭窄，长 1～1.5mm；第二颖长 1.2～1.8mm；外稃顶端钝，无毛或下部被微毛，第一外稃长约 1.5mm；花药长约 0.5mm。

子实　颖果呈椭圆形或倒卵形（图④⑤），种子柱状至卵球状，长 6～8mm、直径 4.5～6mm，表面灰棕色或灰褐色，具不规则网状皱纹，网孔凹陷处灰黑色，形成细斑点；一侧有纵沟状种脊，顶端为突起的合点，下端为线形种脐，基部有类白色突起的种阜或具脱落后的种脐。种皮薄脆，种仁白色或黄白色，富油质。

幼苗　子叶留土。第一片真叶长椭圆形，有 7 条直出平行脉，长 3～7mm、宽 1～2mm，先端急尖，具 7 条直出平行叶脉，叶鞘甚短，边缘膜质，叶片与叶鞘均被着极细的短柔毛，两者之间有 1 环状膜质叶舌，叶舌顶端齿裂，叶鞘短，边缘白色膜质。随后出现的真叶呈带状披针形，其他与第一片真叶相似，叶交互对生，于茎下部密集，于茎上部稀疏。茎基部单一，略带紫红色（图⑥）。

生物学特性　千金子为春夏发生型杂草，该杂草种子属越冬休眠型，种子落地后即进入休眠，至翌年 1～2 月打破休眠，此时只要温度和湿度合适，种子即可萌发出苗。一般 4 月中旬开始出苗，5～6 月达到发生高峰期，到夏、秋开花、结果、死亡。花期 5～7 月，果期 6～9 月。

在水稻稻苗 2～3 叶期，土壤处于湿润水分状态，无水层，利于千金子的萌发，萌发出芽后，露出一片较宽短的子叶，叶片细小，千金子前期生长量较小，植株矮小，到 3 叶期植株高度仅为 0.8cm，自 6～7 叶期起长出匍匐茎，每 3 天左右长 1 茎，平均每株可长出 6 条茎左右。匍匐茎下部茎节生有不定根，上部茎节长有分枝。千金子生活力、繁殖力极强，曲膝茎节着地后，可长出新根，分枝重新生长出新的千金子，因此繁殖很快。千金子在逆境（水淹和旱地）环境中也有很好的生长和生存能力，具有较强的分蘖能力以及较高的成株

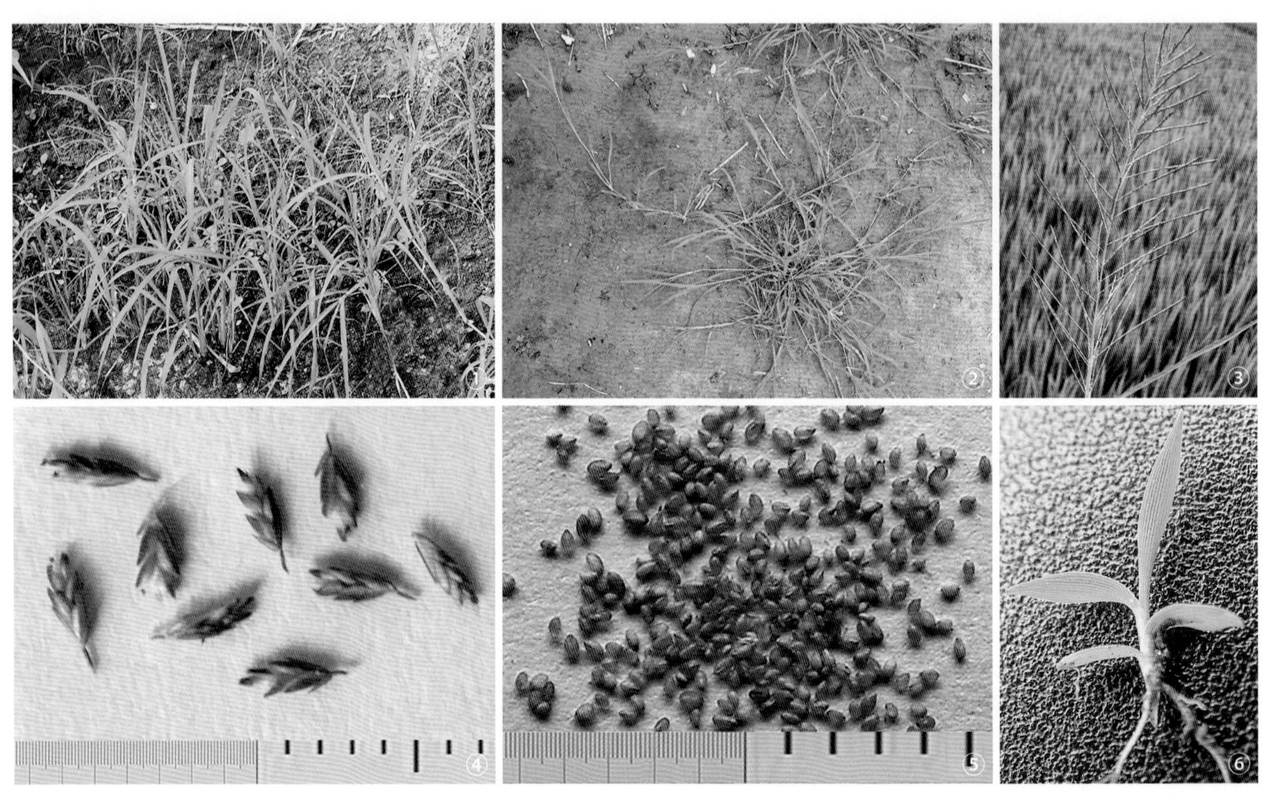

千金子生境及植株形态（张治摄）

①生境；②植株；③花序；④⑤子实；⑥幼苗

率。千金子染色体 2n=40。

分布与危害 中国多分布于华东、华中、华南和西南及陕西等地。生于水田、低湿旱田及地边。多发生在旱直播稻田和水直播稻田，以中、晚稻田发生最严重。千金子是水稻田的恶性杂草，对水稻生长和产量构成严重威胁。在缺水的稻田往往危害严重。若前期没有防好，在水稻生长中后期千金子匍匐茎浮于冠层之上迅速蔓生，导致全田危害。据报道，以千金子为主的恶性杂草导致泰国中部及南部 80.3% 稻区产量降低。在马来西亚地区超过 50% 的水稻种植区都有千金子的发生。千金子在中国江苏、广东、湖南等地均发生严重，在直播田已成为仅次于稗草的恶性杂草，在部分直播稻田的危害甚至已经超过稗草。千金子也危害玉米、豆类、棉花等旱田作物，主要分布在中国长江流域及以南地区。

千金子在逆境（水淹和旱地）环境中也有很好的生长和生存能力，具有较强的分蘖能力以及较高的成株率，且对常用除草剂不敏感导致千金子防治困难。千金子防治药剂很少，一旦产生抗药性，防控难度将进一步加大。中国大部分地区已经发现千金子对多种除草剂（精噁唑禾草灵、丁草胺、氰氟草酯）产生了抗性或者有潜在的交互抗性风险，主要集中在江西、湖南、广东、浙江、江苏等地。目前千金子对氰氟草酯的抗药性机理是由于乙酰辅酶 A 羧化酶（ACCase）的 CT 结构域中 2027 位的色氨酸（Trp）被半胱氨酸（Cys）取代。此外，千金子抗性种群对氰氟草酯产生抗性可能与 GSTs、SOD、POD 和 CAT 活力增强有关。

防控技术 采用农业防治、生物防治和化学防治相结合的综合防治措施。

农业防治　栽培措施影响千金子的发生，结合耕翻、整地，消灭土表的杂草种子；保持适当的深水层，抑制千金子出苗；实行定期的水旱轮作，减少杂草的发生；施用苜蓿或水稻秸秆、稻壳等可以抑制出苗，达到较好的防治效果。

生物防治　在水稻抽穗前，通过人工放鸭、养鱼等技术，利用鸭子或鱼取食株、行间种子或幼芽、幼苗，降低土壤杂草种子库的密度，减少千金子的发生基数，控制其危害。

化学防治　仍然是防除千金子最主要的技术措施。田间前期封闭是控制千金子的主要技术措施。在水直播田选用丙草胺（加安全剂），旱直播田选用丁草胺、噁草酮或丙草胺等，进行土壤封闭处理。而移栽稻田多采取一次性使用复配的广谱和高效的乙・苄、乙・吡、丁・苄、丁吡、异丙・苄、苯噻・苄和丙・苄等，于水稻移栽后 3～5 天，拌毒土或化肥撒施。茎叶处理可以选用氰氟草酯、噁唑酰草胺或双环磺草酮进行茎叶均匀喷雾处理。

综合利用　千金子既可作为优等牧草，也具有很高的药用价值，可逐水消肿，破血消症。用于水肿、痰饮、积滞胀满、二便不通、血瘀经闭；外治顽癣、疣赘。

参考文献

文马强，周小毛，刘佳，等，2017. 直播水稻田千金子对氰氟草酯抗性测定及抗性生化机理研究 [J]. 南方农业学报，48(4): 647-652.

武向文，王法国，曹青，2019. 华东部分稻区水稻田千金子对氰氟草酯的抗性 [J]. 农药学学报，21(3): 285-290.

夏向东，马洪菊，许孟涵，等，2013. 杂草对芳氧苯氧丙酸类 (APPs) 除草剂的抗性分子机理研究进展 [J]. 农药学学报，15(6): 609-614.

颜玉树，1990. 水田杂草幼苗原色图谱 [M]. 北京：科学技术文献出版社 .

中国科学院中国植物志编辑委员会，1990. 中国植物志：第十卷 第一分册 [M]: 北京：科学出版社 .

RAHMAN M M, ISMAIL S, SOFIAN A M, 2011. Identification of resistant biotypes of *Leptochloa chinensis* in rice field and their control with herbicides [J]. African journal biotechnology, 10(10): 2904-2914.

（撰稿：柏连阳、李祖任；审稿：纪明山）

千里光 *Senecio scandens* Buch.-Ham. ex D. Don

林地多年生杂草。又名九里光、箭草、九里香。英文名 groundsel。菊科千里光属。

形态特征

成株　茎曲折，攀缘，长 2～5m，多分枝（图①），初常被密柔毛，后脱毛，直径 2～3mm（稀达 5mm）。叶有短柄，叶片长三角形，长 6～12cm、宽 2～4.5cm，顶端长渐尖，基部截形或近斧形至心形，边缘有浅或深齿，或叶的下部有 2～4 对深裂片，稀近全缘，两面无毛或下面被短毛。头状花序多数（图②③），在茎及枝端排列成复总状的伞房花序，总花梗常反折或开展，被密微毛，有细条形苞叶；总苞筒状，长 5～7mm，基部有数个条形小苞片；总苞片 1 层，12～13 个，条状披针形，顶端渐尖；舌状花黄色，8～9 个，长约 10mm；筒状花多数。植物有很大的变异，有时叶下部或全部羽状深裂（深裂变种 var. *incisus* Franch.）。

子实　瘦果圆柱形，长 3mm，有纵沟，被柔毛；冠毛白色，约与筒状花等长，长 7.5mm。

生物学特性 千里光喜光耐阴、耐湿、耐温、耐酸、水生速生。对环境条件要求不严，生活力强，耐旱耐涝，一般土壤都能种植。幼苗喜阴凉天气（图④）。以种子和地下芽繁殖。千里光 3 月初发芽、出苗，8～10 月开花，10～11 月果实逐渐成熟、结籽，12 月枯萎。常生于森林、灌丛中，攀缘于灌木、岩石上或溪边，海拔 50～3200m。

分布与危害 中国危害地区为西藏、陕西、湖北、四川、贵州、云南、安徽、浙江、江西、福建、湖南、广东、广西、台湾等地。千里光为其分布区内人工林常见的杂草之一。常与幼苗期的或浅根系的人工林争夺水分和养分。

防除技术 应采取包括物理防治、生物防治和化学防治相结合的方法。此外，也应该考虑综合利用等措施。

物理防治　通过人工和机械方法，如拔除、刈割、锄草等措施来有效清理蒲儿根杂草。也可通过火力、电力、微波、覆盖薄膜等方法来去除。

综合利用　作为一种分布广泛、资源丰富、多用途的药用植物，有着广阔的市场应用价值。中草药千里光具有清热解毒、明目退翳、杀虫止痒、散瘀消肿等功效，被用于广谱抗菌药物在临床上广泛使用。且全草入药治畜病，能清热解毒、清肝明目，兼可清利湿热。千里光含有肝毒性成分吡咯里西啶类生物碱，其存在的潜在风险受到普遍关注。因此采集人工林内的千里光用作药材是一项减少人工林杂草的重要措施。

千里光植株形态（闫双喜摄）

①植株；②花序；③开花植株；④幼苗

千里光是一种低等饲用植物。早春牛、羊采食，夏秋一般不食，冬季枯叶各种家畜喜食。嫩茎叶煮熟可喂猪。营养期的嫩茎叶的粗蛋白质含量占干物质的13.02%、粗脂肪3.58%、粗纤维9.12%、无氮浸出物59.78%、粗灰分15.50%、钙2.23%、磷0.40%。千里光作为新型绿色饲料添加剂。因此，在生长有千里光的人工林内放牧或采集千里光用以提取千里光中的没食子酸作为新型绿色饲料添加剂，也是清理人工林内杂草的有效手段。

参考文献

强胜, 2009. 杂草学 [M]. 2 版 . 北京 : 中国农业出版社 .

闫双喜 , 李永 , 王志勇 , 等 , 2016. 2000 种观花植物原色图鉴 [M]. 郑州 : 河南科学技术出版社 .

闫双喜 , 刘保国 , 李永华 , 2013. 景观园林植物图鉴 [M]. 郑州 : 河南科学技术出版社 .

（撰稿：闫双喜；审稿：张志翔）

茜草　*Rubia cordifolia* L.

园地多年生攀缘性草质藤本常见杂草。又名鸡蛋根、染蛋草、七家旗（浙江），八仙草、大麦珠子（江苏），小活血（江西），挂拉豆、拉拉秧、辽茜草（东北），哲木苏韧（内蒙古），入骨丹、红藤子（福建），女儿红、锯锯草、小血藤（湖北），红丝线、染染草。英文名 India madder。茜草科茜草属。

形态特征

成株 根状茎和其节上的须根均红色（图①）。茎数至多条，从根状茎的节上发出，细长，1.5～3.5m，方柱形，有四棱，棱上生倒生皮刺，中部以上多分枝。叶通常4片轮生（图②），纸质，披针形或长圆状披针形，长0.7～3.5cm，顶端渐尖，有时钝尖，基部心形，边缘有齿状皮刺，两面粗糙，脉上有微小皮刺；基出脉3条，极少外侧有1对很小的基出脉；叶柄长1～2.5cm，有倒生皮刺。聚伞花序腋生和顶生（图③），多回分枝，有花10余朵至数十朵，花序和分枝均细瘦，有微小皮刺；花冠淡黄色，干时淡褐色，盛开时花冠檐部直径3～3.5mm，花冠裂片近卵形，微伸展，长约1.5mm，外面无毛。

子实 浆果球形，直径通常4～5mm，果瓣双生，常1室发育，成熟时橘黄色、红色或紫黑色，具种子1粒（图④）。

幼苗 属地下萌发方式，子叶包于种皮内，在土壤表面直接长出茎。初生叶4片轮生，卵状披针形，长约0.5cm，先端锐尖，基部近圆形，叶上面有短毛，叶缘生有睫毛，具短柄或近无柄。

生物学特性 适应性较强，生于海拔300～2800m的疏林、林缘、草丛、灌丛、村边、路旁。种子及根茎繁殖。花期8～9月，果期10～11月。

茜草含有蒽醌、苷类、醌类、萘醌类、萜类、环己肽类、烯萜类、多糖类等化合物，还含有铁、钙、锌等多种微量元素。根含茜紫素（purpurin, $C_{14}H_8O_5$），为橙色针形体，熔点256℃；茜根酸（rubierythrinic acid, $C_{26}H_{28}O_{14}$），为黄色针状结晶，熔点258～260℃；茜素（alizarin, $C_{14}H_8O_4$），为红色针形体，熔点289～290℃，一部分能升华，化学构造为1,2羟基蒽醌（1,2-Dioxy- anthrachinon）。根含茜素在新鲜的茜草根中常以配糖体（原茜素 ruberythrinsaure, $C_{26}H_{28}O_{14}$）的形式存在，微溶于冷水，易溶于热水、酒精及醚中，溶于碱性液内呈血红色，在130℃时升华成茜素；与稀酸作用时，分解成茜素及醣类。

茜草植株形态（强胜摄）

①所处生境；②植株；③花序；④果实

分布与危害 中国分布于安徽、甘肃、河北、湖南、青海、山东、山西、四川、云南、西藏等地；日本、韩国、蒙古、俄罗斯（远东）、南亚和东南亚至斯里兰卡和爪哇也有分布，广布喜马拉雅山至阿富汗，热带、亚热带非洲。为果园、桑园、茶园、橡胶园常见杂草，对果树危害较重，缠绕在果树上，可使果树生长不良，以致减产。

防除技术

人工或机械防治 在幼龄期至开花前人工锄草，或机械中耕除草，深耕掩埋种子。

生物防治 在果园可用覆盖植物替代控制，以草治草。

化学防治 在萌发前或萌发后早期，可用土壤封闭处理除草剂莠灭净、莠去津等防治。在幼龄期至开花前，选用茎叶处理除草剂麦草畏、草甘膦、草铵膦、氯氟吡氧乙酸等防除，注意定向喷施。

综合利用 根入药，有利尿、通经、行血及止血、通经活络、止咳祛痰之效，对咯血、吐血及月经困难、月经闭止等有效。四川民间用作跌打损伤药，并有行经活血的功效。浙江南部民间用根煎水与酒同服，有活血、破血之效；煎水服有通筋、祛风寒、退热的作用。取新鲜嫩叶略加食盐捣烂后，敷治疔疮，有吸脓消肿之效。根又作兽药，用于消炎、镇痉以及肾虚、频尿等症。根可作红色染料。茎叶还可制土农药，杀虫、抑菌和控草。饲用，茎叶青贮喂养猪、牛、羊。

参考文献

李扬汉, 1998. 中国杂草志 [M]. 北京 : 中国农业出版社 : 880-881.

刘谦光, 除战国, 高永吉, 1990. 茜草地上部分微量元素的研究 [J]. 中国中药杂志, 15(10): 39-40.

王素贤, 华会明, 吴立军, 等, 1990. 中药茜草的研究进展 [J]. 沈阳药学院学报, 7(4): 303-308.

王兆玺, 1981. 杂草茜草对小麦的危害及防除 [J]. 陕西农业科学 (1): 39, 42.

肖烽, 杨红红, 吕中, 等, 2010. 中药茜草的研究进展 [J]. 华中师范大学学报 (自然科学版), 44(1): 62-69, 75.

中国科学院中国植物志编辑委员会, 1999. 中国植物志 : 第七十一卷 第二分册 [M]. 北京 : 科学出版社 : 315.

（撰稿：范志伟；审稿：宋小玲）

强（生长）势性 strong growth vigor

杂草生长发育旺盛，通常生长量大、个体健壮、生长快速，生长势较强。农田杂草对人工环境的长期适应，不断形成多种多样的生物学特性，在与作物竞争水、光、养分等有限资源过程中，表现出更强的生长势，更能忍受复杂多变或较为不良的环境条件，导致作物产量降低、品质下降。

表现 杂草中的 C_4 植物明显较高，全世界 18 种恶性杂草中，C_4 植物有 14 种，比植物界中的 C_4 植物比例高 17 倍，也远高于主要农作物中 C_4 植物比例，因为 C_4 植物具有光能利用率高、CO_2 补偿点和光补偿点低、饱和点高、蒸腾系数低、净光合效率高等特点，因此很多恶性杂草具有极强的营养、水和光的竞争能力，表现出顽强的生命力。如无论在强光还是在弱光下，水稻田稗草利用光能效率比水稻强，需肥量是水稻的 2～3 倍，且与水稻共生时对氮、磷、钾的吸收量均最高。杂草稻通常早于栽培稻萌发，苗期光合效能、株高、生物量均显著高于栽培稻，杂草稻幼苗期生长迅速，维管束长宽和数目、中央泡状细胞长宽、中央大气腔、气孔长宽及密度、净光合速率和气孔导度都显著大于栽培稻，因此杂草稻苗期具有强光合性能和较快生长速度。反枝苋种子产量高、寿命长且萌发时期广，具有 C_4 植物属性，生长力强，能适应多种生境。还有许多杂草种类具有多样的繁殖方式，不仅可以通过有性生殖产生数以万计的种子，在与作物长期竞争中占据优势，而且可以利用营养器官根、茎、叶或其一部分进行传播、繁衍，如马唐的匍匐枝、蒲公英的根、香附子的球茎、狗牙根的根状茎等都能产生大量的芽，并形成新个体，生长势很强。外来入侵植物强生长势往往伴随快速萌发和生长、提前的生殖生长、较高的繁殖分配和资源竞争力。

成因 有性生殖过程中，杂草一般既可异花受精，又能自花或闭花受精，且多数杂草具有远源杂交亲和性和自交亲和性，因此导致后代的变异性、遗传背景复杂，因此杂草的多样性、多型性和多态性丰富，在与作物竞争中适应性、耐逆性和竞争力较作物更强。在杂草入侵农田过程中，当种子繁殖受阻时，营养繁殖不仅可以避开逆境，而且当其营养器官受伤时也能快速恢复生长，从而形成竞争优势，因此强大的无性繁殖能力通常被认为是杂草入侵、适应、定植人工环境过程中不断进化的生存策略。菊科和禾本科植物通过无融合生殖表现出极其复杂的种间、种内差异性和多变性，更容易在少量甚至单株情况下快速繁衍，建立种群；杂草借助在有性生殖和无性生殖之间的灵活调节实现不同选择压力下的适应、繁衍和进化，如薇甘菊在光照适宜时主要进行无性生殖，而在光照强度较弱时则通过有性生殖产生大量种子；加拿大一枝黄花的营养器官具有内多倍化现象，且多倍性种群的生长势、耐逆性等与倍性成显著正相关，因此多倍化被部分学者认为是部分杂草生长势显著高于作物的另一个重要原因，

防除与利用 生产中可通过品种选择、轮作换茬、合理密植、地表覆盖、化学除草等措施促进作物生长势，抑制杂草生长势，是现代杂草综合治理技术体系的重要组成。杂草诱萌、错时播种等对降低杂草竞争优势也有一定的作用。同时，杂草强生长势、耐受性强、适应范围广等特点也可作为生物修复资源，用于土壤修复；部分杂草在食用、饲用及药用方面具有重要的潜在价值。

参考文献

强胜, 2009. 杂草学 [M]. 2 版 . 北京 : 中国农业出版社 : 10-11.

DAI L, SONG X L, HE B Y, et al, 2017. Enhanced photosynthesis endows seedling growth vigour contributing to the competitive dominance of weedy rice over cultivated rice [J]. Pest management science, 73(7): 1410-1420.

SARDANA V, MAHAJAN G, JABRAN K, et al, 2017. Role of competition in managing weeds: An introduction to the special issue [J]. Crop protection, 95: 1-7.

（撰稿：李贵；审稿：宋小玲）

Q

青蒿 *Artemisia apiacea* Hance

危害轻的一种秋熟作物田和果园、桑园、茶园及路埂一年生草本杂草。药用价值高于农田杂草危害性。又名香蒿。英文名 celery wormwood。菊科蒿属。

形态特征

成株　高 30～150cm（见图）。植株有香气。主根单一，垂直，侧根少。茎单生，上部多分枝，幼时绿色，有纵纹，下部稍木质化，纤细，无毛。叶互生，叶常为二回羽状分裂，叶轴上有小裂片，呈栉齿状，而不同于黄花蒿；基部和下部叶在花期枯萎，中下部叶裂片较黄花蒿宽，宽 1～2mm，两面无毛。头状花序半球形或近半球形，黄色，直径 4～6mm，具短梗，下垂，基部有线形的小苞叶，在分枝上排成穗状花序式的总状花序，并在茎上组成中等开展的圆锥花序；总苞片 3 层，无毛，外层总苞片椭圆形，背面绿色，边缘宽膜质，中层总苞片稍大，宽卵形或长卵形，边宽膜质，内层总苞片较长而宽，膜质，边缘较宽；花序托平坦或突起；外层花雌性，内层花两性，均结实。

子实　瘦果长圆形或倒卵形，长 2～2.5mm、宽 0.5mm，表面有纵肋。

幼苗　子叶阔卵形，顶端钝圆，具短柄；下胚轴发达，呈淡红色，上胚轴不发育；初生叶 2 片，对生，椭圆形，顶端急尖，叶基楔形，具长柄。第一后生叶羽状深裂，有 1 条中脉，具长柄，第 2 后生叶与第 1 后生叶相似。

青蒿植株形态（张治摄）

生物学特性　种子繁殖。花果期 6～9 月。常星散生于低海拔、湿润的河岸边沙地、山谷、林缘、路旁等，也见于滨海地区，少见于农田中。

分布与危害　中国分布于吉林、辽宁、河北（南部）、陕西（南部）、山东、江苏、安徽、浙江、江西、福建、河南、湖北、湖南、广东、广西、四川（东部）、贵州、云南等地；朝鲜、日本、越南（北部）、缅甸、印度（北部）及尼泊尔等也有。模式标本采自喜马拉雅山脉东南部地区。青蒿可危害果园、茶园、棉花、玉米、大豆及甘薯等秋熟作物，发生量小，危害较轻。

防除技术

农业防治　见黄花蒿。

化学防治　玉米、大豆化学防治见黄花蒿。棉花田可用丙炔氟草胺做土壤封闭处理；出苗后的杂草可在 4～5 叶期前，用乙酰乳酸合成酶抑制剂三氟啶磺隆喷雾处理，但要避开棉花心叶。也可在棉花株高较高时，用灭生性除草剂草甘膦、草铵膦或二苯醚类除草剂氟磺胺草醚、乙羧氟草醚定向喷雾。

综合利用　青蒿含挥发油，也含艾蒿碱（abrotanine，$C_{21}H_{22}N_2O$）及苦味素等。将叶片晒干后可以入药，但非中药“青蒿”之正品。该种有清热、凉血、退蒸、解暑、祛风、止痒之效，作阴虚潮热的退热剂，也止盗汗、中暑等，在夏天可以多用晒干后的青蒿来泡脚，能预防感冒，清除体内寒气。但该种不含“青蒿素”，无抗疟作用。还可用于间作防治病虫害，烟草—青蒿间作模式可防控部分烟草病虫害，如烟草花叶病、烟草曲叶病和烟草黑胫病的田间发病率明显降低；烟蚜、烟粉虱等半翅目昆虫种群相对密度有所下降。

参考文献

高志梅，李拥军，谷文祥，2007. 青蒿化感作用的初步研究 [J]. 华南农业大学学报，28(1): 122-124.

李清，2008. 青蒿研究及应用概况 [J]. 中国医药导报，5(36): 25, 46.

潘磊，陈云松，杨晓东，2017. 青蒿间作防控多种烟草病害效果及田间互作影响 [J]. 广东农业科学，44(11): 116-121.

屠呦呦，1987. 中药青蒿的正品研究 [J]. 中药通报 (4): 4-7.

吴叶宽，李隆云，钟国跃，2004. 青蒿的研究概况 [J]. 重庆中草药研究 (2): 58-65.

赵生芳，张瑞琴，2003. 青蒿研究的现状 [J]. 中国药师，6(11): 733-735.

中国科学院中国植物志编辑委员会，1991. 中国植物志：第七十六卷 第二分册 [M]. 北京：科学出版社：60.

（撰稿：黄春艳；审稿：宋小玲）

青绿薹草 *Carex breviculmis* R. Br.

园地、林地多年生杂草。又名青菅、短茎宿柱薹。英文名 blue-green sedge。莎草科薹草属。

形态特征

成株　高 8～40cm（图①）。根状茎短。秆丛生，纤细，三棱形，上部稍粗糙，基部叶鞘淡褐色，撕裂成纤维状。叶

青绿薹草植株形态（赵良成摄）
①植株；②雄花序；③雌花序

短于秆，宽 2～3（5）mm，平张，边缘粗糙，质硬；苞片最下部的叶状，长于花序，具短鞘，鞘长 1.5～2mm，其余的刚毛状，近无鞘。小穗 2～5 个，上部的接近，下部的远离，顶生小穗雄性（图②），长圆形，长 1～1.5cm、宽 2～3mm，近无柄，紧靠近其下面的雌小穗；侧生小穗雌性（图③），长圆形或长圆状卵形，少有圆柱形，长 0.6～1.5（2）cm、宽 3～4mm，具稍密生的花，无柄或最下部的具长 2～3mm 的短柄。雄花鳞片倒卵状长圆形，顶端渐尖，具短尖，膜质，黄白色，背面中间绿色；雌花鳞片长圆形，倒卵状长圆形，先端截形或圆形，长 2～2.5mm（不包括芒）、宽 1.2～2mm，膜质，苍白色，背面中间绿色，具 3 条脉，向顶端延伸成长芒，芒长 2～3.5mm。

子实　果囊近等长于鳞片，倒卵形，钝三棱形，长 2～2.5mm、宽 1.2～2mm，膜质，淡绿色，具多条脉，上部密被短柔毛，基部渐狭，具短柄，顶端急缩成圆锥状的短喙，喙口微凹。小坚果紧包于果囊中，卵形，长约 1.8mm，栗色，顶端缢缩成环盘；花柱基部膨大成圆锥状，柱头 3 个。花果期 3～6 月。

生物学特性　生于山坡草地、路边、山谷沟边，海拔 470～2300m。一般喜生于山坡草地、灌丛林下、沟谷阴坡和路边的杂草丛中。在一些湿润的阴坡，它常以优势种的地位形成天然的草坪群落。在暖温带南缘及其以南的亚热带地区可四季常绿。

青绿薹草花葶的生长从 3 月 2 日花穗破土开始，至 4 月 9 日坚果的青熟而终止，5 月 19 日地上部枯死。此后，处于果后营养期的株丛进入快速生长，至 7 月 8 日。以后生长基本停止，分蘖速度加快，株丛最大高度达 67mm，以绿色的株丛度过冬季。分蘖力和再生力强。由于其芽点分布于地下，而叶的分生组织又处于近地表的基部。因此，无论刈割或放牧，其生长点不易受损害，只要水肥保证，再生力非常强。适应的生态幅度比较宽，广泛分布于暖温带北界以南，黄土高原和青藏高原东界以东的湿润、半湿润地区，既可在砂壤土上定居，也可在强酸性黏土上生长，适应的土壤 pH4.5～8。在冬季 -26℃的条件下，能安全越冬，在夏季 35℃以上的持续高温下，能正常生长。青绿薹草适应的降水范围是 400～1300mm。耐阴蔽，喜欢湿润环境，也非常耐水渍。既耐高温，也耐干旱。

分布与危害　中国主要发生在黑龙江、吉林、辽宁、河北、山西、陕西、甘肃、山东、江苏、安徽、浙江、江西、福建、台湾、河南、湖北、湖南、广东、四川、贵州、云南等地。是农田田埂、旱地和人工林地等的主要杂草之一。

防除技术　青绿薹草生活力强，应采取农业防治为主的防除技术和综合措施，不宜使用化学除草剂。

农业防治　在春耕时铲除田岸、路边、旱地的青绿薹草丛，并挖掘其根系，彻底清除残留在土壤中的大、小根系，以达到彻底清除的目的。

综合利用　青绿薹草是一种四季常绿的薹草（在暖温带以南地区），尤其在冬季野草枯黄，而生于路旁的青绿薹草更是青绿醒目。其新叶与老叶的更替规律是，在夏、秋、冬三季尽管其株丛不断分蘖形成新株，但原有的叶片并不凋枯，只是在每年春季 2 月底至 3 月初，新叶不断生出情况下，越冬的老叶逐渐枯死，这个过程一般延续半个月，对放牧利用甚为有利，对建立人工常绿草地或城镇草坪，具有重大意义。青绿薹草具有耐修剪、耐践踏、种源丰富、栽种简便的特点，可作为建设城镇常绿草坪和花坛植物。

参考文献

萧运峰，孙发政，高洁，1995. 野生草坪植物——青绿薹草的研究 [J]. 四川草原 (2): 29-31.

杨学军，温海峰，罗弦，等，2010. 青绿薹草种子萌发特性研究 [J]. 湖北农业科学 (1): 115-117.

杨学军，武菊英，滕文军，等，2014. 青绿薹草光合作用日变化及季节动态 [J]. 草业科学 (1): 102-107.

（撰稿：赵良成；审稿：张志翔）

青葙　*Celosia argentea* L.

秋熟旱作物田一年生杂草。又名鸡冠花、野鸡冠花。英文名 feather cockscomb。苋科青葙属。

形态特征

成株　高0.3～1m（图①②）。全株光滑无毛。茎直立，有分枝，绿色或红色，具显明条纹。叶互生，矩圆披针形、披针形或披针状条形，少数卵状矩圆形，长5～8cm、宽1～3cm，绿色常带红色，顶端急尖或渐尖，具小芒尖，基部渐狭；叶柄长2～15mm，或无叶柄。花多数，密生，在茎端或枝端成单一、无分枝的塔状或圆柱状穗状花序，长3～10cm（图③）；每花有苞片1和小苞片2，披针形，长3～4mm，白色，光亮，顶端渐尖，延长成细芒，具1中脉，在背部隆起；花被片5，矩圆状披针形，长6～10mm，初为白色顶端带红色，或全部粉红色，后成白色，顶端渐尖，具1中脉，在背面凸起；雄蕊5，花丝长5～6mm，花丝下部合生成环状，花药紫红色；子房有短柄，花柱长圆形，紫红色，柱头2～3裂。

子实　胞果卵形，盖裂，长3～3.5mm，包裹在宿存花被片内。种子黑色有光泽，肾形，扁平，双凸，直径约1.5mm，周缘无带状条纹（图④）。种脐明显，位于缺刻内。

幼苗　子叶出土，椭圆形，全缘，具短柄（图⑤）。初生叶1，近菱形，先端尖，全缘，羽状脉明显，具柄。全株光滑无毛。

生物学特性　种子繁殖。苗期5～7月，花期7～8月，果期8～10月。通常在碰触植株时胞果开裂，散落种子于土壤中，亦随收获作物，散落于粮食或秸秆等中，再随有机肥回到农田。生于平原、田边、丘陵、山坡，高达海拔1100m。青葙喜温暖，耐热不耐寒，生长适温25～30℃，20℃以下生长缓慢，遇霜凋萎。青葙有一定的耐旱力，对二

青葙植株形态（①③⑤周小刚摄；②④张治摄）

①②成株；③花序；④种子；⑤幼苗

氧化硫、氟化氢及氯气的抗性都较强。种子为缓萌型，表现为萌发开始时间较晚，且持续时间较长，萌发率适中或较低。青葙生长快速，具有较大的生物量，对镉、锰等重金属具有很强的耐受和富集能力。

分布与危害 青葙是原产于印度的入侵物种，现分布几遍中国，为玉米、花生、大豆、蔬菜、果园等旱作田的主要杂草。有些地区发生普遍，危害较重。在安徽淮北玉米田，青葙为主要杂草，与稗草一起约占总杂草的95%；河南南阳大豆田的青葙是较为难除的恶性杂草之一，且危害面积逐年扩大；湖北花生田内青葙的相对多度介于15～45，为局部优势种，在有些田块危害重，应作为防除重点。

青葙对自身、油菜、萝卜和烟草具有化感作用，应控制田间青葙的大量生长。

作为外来入侵物种，青葙可以导致入侵地生物多样性降低，造成经济损失。

防除技术 应采取农业防治、生物防治和化学防治相结合的方法。此外，也应考虑综合利用等措施。

农业防治 结合种子处理清除杂草种子，并结合耕翻、整地，消灭土表的杂草种子。实行定期的水旱轮作或是单双子叶作物轮作，减少杂草的发生。提高播种质量，一播全苗，以苗压草。施用腐熟的有机肥，防止散落的种子回到田间。青葙植株较大，可以采用拔、铲、锄等人工方式防除，也可以通过中耕除草机、除草施药机等进行机械除草。

化学防治 见反枝苋。

综合利用 青葙幼嫩茎叶可作野菜食用，全株可作饲料。种子榨油可食用。种子称青葙子，也称草决明，系药典收载品种，具有保肝、抗肿瘤、抗糖尿病等作用，尤其对脂肪肝、化学性肝损伤等具有良好的防治作用。

青葙花序宿存经久不凋，可供观赏。由于青葙生长快速，具有较大的生物量，对镉、锰等重金属具有很强的耐受和富集能力，在土壤重金属污染修复中具有应用价值。青葙根乙酸乙酯提取物对烟草、丁香蓼、千金子和鳢肠的生长具有显著抑制作用；对油菜菌核病、烟草灰霉病、小麦赤霉病和杨树溃疡病病菌生长也有抑制作用；青葙甲醇提取物对螺旋粉虱成虫具有毒性，还能影响红脉穗螟的化蛹，降低羽化率、延长羽化时间且能导致产生畸形个体。因此具有开发为生物农药的潜力。

参考文献

李扬汉，1998. 中国杂草志 [M]. 北京：中国农业出版社：94-95.

梁笑婷，林熠斌，宋圆圆，等，2018. 青葙的自毒作用及对其他植物的化感作用 [J]. 华南农业大学学报，39(5): 32-38.

余轲，刘杰，尚伟伟，等，2015. 青葙对土壤锰的耐性和富集特征 [J]. 生态学报，35(16): 5430-5436.

钟宝珠，吕朝军，韩超文，等，2016. 青葙提取物对红脉穗螟化蛹和羽化的影响 [J]. 中国南方果树，45(1): 79-81.

钟宝珠，吕朝军，孙晓东，等，2010. 青葙提取物对螺旋粉虱的杀虫活性研究 [J]. 热带作物学报，31(11): 2025-2029.

周兵，闫小红，肖宜安，等，2010. 青葙根乙酸乙酯相提取物化感活性及抑菌活性的研究 [J]. 江西师范大学学报（自然科学版），34(4): 391-396.

（撰稿：周小刚、朱建义；审稿：黄春艳）

苘麻 *Abutilont heophrasti* Medicus

秋熟旱作物田、蔬菜、果园常见一年生亚灌木状直立草本杂草，是秋熟旱作田恶性杂草。又名车轮草、白麻、青麻、塘麻、孔麻。英文名 velvetleaf、chingma abutilon、piemarker。锦葵科苘麻属。

形态特征

成株 株高1～2m（图①）。茎直立，上部有分枝，具柔毛。叶互生，圆心形，长5～10cm，先端尖，基部心形，边缘具细圆锯齿，两面均密生星状柔毛；叶柄长3～12cm，被星状细柔毛，托叶早落。花单生于叶腋，花梗长1～3cm，被柔毛，近顶端具节；花萼杯状，密被短茸毛，裂片5，卵形，长约6mm；花黄色，花瓣5，倒卵形，长约1cm（图②）；雄蕊多数，花丝合成柱状，雄蕊柱平滑无毛；心皮15～20，长1～1.5cm，顶端平截，具扩展、顶端有2长芒，排列成轮状，密被软毛。

子实 蒴果半球形、直径约2cm，长约1.2cm，分果瓣15～20，被粗毛，顶端具2长芒（图③）。种子肾形，被星状柔毛，成熟时褐色（图④）。

幼苗 全株被毛（图⑤）。子叶心形，长1～1.2cm，先端钝，基部心形，具长柄。初生叶1片，卵圆形，先端钝尖，基部心形，叶缘有钝齿，叶脉明显。下胚轴发达。

生物学特性 适生于较湿润而肥沃的土壤，原为栽培植物，后逸为野生。种子繁殖。4～5月出苗，花期6～8月，果期8～9月。苘麻种子量巨大，单株可产生约28 000粒种子。成熟的种子掉落在植株附近后可以通过水、风或农业操作传播。种子具有坚实的种皮，可抵抗土壤微生物的分解；种皮具致密角质层与厚实栅栏层，阻碍吸水，使种子在土壤中休眠50年后仍具有活力；家禽或家畜取食种子排出后仍具有活力，这些都有利于苘麻形成庞大的土壤种子库，一旦形成土壤种子库便难以根除。种子千粒重8.5600～9.1440g，种子在田间萌发不整齐，给防控造成困难。苘麻挥发油抑制小麦、玉米、大豆种子萌发，具有化感物质。苘麻对草甘膦的耐受性显著高于藜、马齿苋、反枝苋和苍耳。

分布与危害 遍布中国。主要危害玉米、棉花、豆类、蔬菜等作物。路旁、荒地也有生长。苘麻生长速度快、竞争能力强，显著降低农作物产量。在北方玉米产区苘麻种子于春夏萌发，7月中下旬开花。在营养生长阶段，因具有强大的根系，其高度和叶面积增长迅速，株高甚至超过玉米，并可在玉米田连片生长，导致玉米减产达70%；大豆田苘麻密度达到4～25株/m^{2}时，可使大豆减产40%～50%；苘麻也是棉田中最具竞争力的杂草，严重危害棉花生长，当苘麻密度达1～8株/m行长时，杂草竞争导致棉花生育期延迟，棉花铃重、单铃种子数和衣分降低。

防除技术

农业防治 施用充分腐熟的堆肥，杀死草种，减少发生率。清理田埂苘麻，防止杂草种子传入田间。种植苜蓿或覆盖水稻秸秆、稻壳等抑制出苗。北方玉米或大豆田的“三铲三趟”对除草剂防治不了的大龄苘麻效果比较好。

化学防治 苘麻在5叶后，茎开始木质化，不利于药液

苘麻植株形态（张治摄）

①成株；②花；③果实；④种子；⑤幼苗

传导，最佳防除时期是5叶之前。首先在苘麻未出苗前进行土壤封闭处理，秋熟旱作田常用土壤处理剂乙草胺、异丙甲草胺、二甲戊灵均对苘麻出苗有抑制效果。玉米田还可用异噁唑草酮或与噻酮磺隆的复配剂，对苘麻防效理想。玉米和大豆田可用唑嘧磺草胺。大豆和棉花田可用丙炔氟草胺。棉花田可用乙羧氟草醚、氟啶草酮，特别是氟啶草酮对苘麻等阔叶杂草以及禾本科杂草马唐、狗尾草等均有较好的防除效果。对于没有完全封闭防除的残存植株可进行茎叶喷雾处理，大豆、花生田可用氟磺胺草醚、乙羧氟草醚等以及有机杂环类除草剂灭草松。玉米田可用氯氟吡氧乙酸、2甲4氯、烟嘧磺隆、氟嘧磺隆、砜嘧磺隆、氯吡嘧磺隆以及硝磺草酮、苯唑草酮等。棉花田可用三氟啶磺隆，或在棉花生长到一定高度，用草甘膦、乙羧氟草醚定向喷雾。在果园、非耕地用灭生草甘膦、草铵膦、敌草快均有较高的防除效果。

综合利用 苘麻的茎皮纤维色白，具光泽，可作为编织麻袋、搓绳索、编麻鞋等纺织材料。种子含油量15%～16%，供制皂、油漆和工业用润滑油。种子作药用称“冬葵子”，润滑性利尿剂，并有通乳汁、消乳腺炎、顺产等功效。全草也作药用。

参考文献

贾芳，2020. 玉米田主要阔叶杂草对草甘膦耐受水平及耐受机理研究 [D]. 北京：中国农业科学院.

李春英，田瑶，于美婷，等，2020. 苘麻挥发油对小麦、玉米和大豆萌发及幼苗生长的化感作用 [J]. 应用生态学报，31(7): 2251-2256.

李扬汉，1998. 中国杂草志 [M]. 北京：中国农业出版社：694-695.

孟帅帅，2021. 苘麻不同种群种子萌发特性及相关基因的差异表达分析 [D]. 北京：中国农业科学院.

杨晋燕，2015. 鳢肠和苘麻对棉田生态影响及化学防除 [D]. 北京：中国农业科学院.

（撰稿：崔海兰；审稿：宋小玲）

Q

秋熟旱作田杂草 autumn crop weeds

是适应秋熟作物田并持续发生造成危害的杂草。秋熟旱作包括玉米、棉花、大豆、甘薯、高粱、花生、杂粮、甘蔗以及夏秋季蔬菜等。秋熟旱作田杂草一般是春夏季出苗，秋季结实的杂草。根据形态特征，秋熟旱作田杂草可分为禾草类、莎草类和阔叶草类等3大类型。

发生与分布 中国秋熟旱作物种植面积约6000多万 hm^2，由于生长条件、管理方式和生长季节的生态条件趋于相似，同一地区秋熟旱作田杂草种类基本相似或相同，主要杂草约40种，属禾本科、菊科、苋科、莎草科、茄科、大戟科杂草最多，包括马唐、牛筋草、狗尾草、大狗尾草、稗、光头稗、千金子、虮子草、野黍、香附子、碎米莎草、刺儿菜、鳢肠、苍耳、苣荬菜、铁苋菜、地锦、反枝苋、野苋、马齿苋、空心莲子草、龙葵、酸浆、苘麻、鸭跖草、田旋花、打碗花等。其中，马唐、香附子、刺儿菜、空心莲子草等繁殖能力强，防治困难，成为恶性杂草。如马唐，节上生根、蔓延成片，发生数量、分布范围在旱地杂草中均居首位，以作物生长的前中期危害为主，主要危害玉米、豆类、棉花、花生、瓜类、薯类、谷子、高粱、蔬菜和果树等作物，是棉实夜蛾和稻飞虱的寄主，并能感染粟瘟病、麦雪腐病和菌核病等。

除了农田杂草一般生物学特性外，秋熟旱作田杂草发生与分布有很强的地域性，杂草发生时间长、速度快、种类多、竞争力强、危害严重。

秋熟旱作物在中国均有分布，其中玉米、大豆分布范围广泛，按照杂草种类、气候条件和种植区域差异，秋熟旱作田杂草的分布和危害大致可以分为6个区。①东北、华北及内蒙古区：该区秋熟旱作物主要有春玉米、春大豆和蔬菜，禾本科、藜科、蓼科、苋科、菊科等杂草为优势种杂草，其中刺儿菜、苣荬菜、鸭跖草等危害严重。②黄淮流域区：该区秋熟旱作物主要有玉米、大豆和蔬菜田以及棉花，禾本科、苋科、菊科等杂草为优势种，其中苘麻、苍耳、铁苋菜、香附子、田旋花、打碗花、刺儿菜、苣荬菜等危害严重。③长江流域区：该区秋熟旱作物主要有玉米、大豆和蔬菜田以及棉花，禾本科、苋科、菊科杂草为优势种，其中双穗雀稗、空心莲子草等危害严重。④华中、华南杂草区：该区秋熟旱作物主要有玉米、大豆和多种蔬菜，禾本科、菊科、苋科为优势种，其中香附子、胜红蓟、空心莲子草等危害严重。⑤云贵川区：该区秋熟旱作物主要有玉米和蔬菜，由于该地区地形差异明显，杂草种类繁多，铺地黍、叶下珠、小飞蓬、铁苋菜、空心莲子草等成为不同地区优势种，另外，双穗雀稗、狗牙根、胜红蓟、牛膝菊、香附子等较难防除。⑥西北内陆区：该区秋熟旱作物主要有棉花、玉米和蔬菜，由于该地区地形、气候差异悬殊，降雨量小，其中藜、龙葵、灰绿藜、稗草、田旋花、刺儿菜、苣荬菜、萹蓄等为优势种。

防除技术 秋熟旱作田杂草发生前期的治理措施明显受天气、土壤等因素影响，因此作物生长前期至中期的杂草防治尤为重要，且防治措施需要根据不同地区杂草发生种类及规律、耕作栽培技术以及环境条件，合理运用多种治理措施，提倡农业生态措施为主、化学防治为辅。

化学防治 与其他秋熟旱作物相比，玉米、大豆等分布较广泛，其杂草治理技术相对起步较早，化学除草剂配套品种及其应用技术相对较成熟，一般采用作物播后苗前土壤封闭与苗后茎叶处理相结合的化学防治措施，但其他秋熟旱作物种植面积较小、地域性强、栽培方式多样，其杂草化学治理技术相对较薄弱，缺乏适宜的除草剂品种及配套使用技术。秋熟旱作田杂草防除一般采用播前或播后苗前土壤处理，常用的除草剂有酰胺类、二苯醚类、二硝基苯胺类、取代脲类等除草剂。出苗后的杂草采用茎叶处理除草剂，不同作物田除草剂种类差异较大，应根据作物类型进行选择；另外，相同作物在不同种植区使用的除草剂也不完全相同；相同作物不同品种对同种除草剂的敏感性也不同，应认真阅读除草剂使用说明，以免产生药害。常用除草剂有乙酰乳酸合成酶抑制剂类、对羟基苯丙酮酸双加氧酶抑制剂类、激素类等除草剂。还可在播种前用灭生性除草剂进行灭茬处理，降低杂草基数。

农业防治 及时清除田边、路旁的杂草，防止杂草侵入农田。轮作换茬、播种前浅旋耕、适时早播、合理密植、秸秆覆盖、薄膜覆盖、行间套种等措施也可减少伴生杂草发生。强化肥水管理，提高秋熟旱作物对杂草的竞争力。机械中耕培土防除行间杂草。

生物防治 通过种养结合，玉米田人工养鸡、鹅等措施，来取食株、行间杂草幼芽，减少杂草的发生基数。利用微生物、昆虫以及引入天敌进行针对性的恶性杂草防控也有成功的范例，中国先后共利用80余种生防菌成功防除70多种杂草，主要集中于镰孢菌属、盘孢菌属、尾孢菌属和链格孢属4个属。

抗药性杂草及其治理 随着化学除草剂的持续使用，秋熟旱作物各种植区的杂草群落都有不同程度的变化，例如东北地区的鸭跖草、苣荬菜、问荆等杂草数量逐年上升，东北和华北的玉米田马唐、狗尾草、稗草对烟嘧磺隆敏感性明显降低。目前全球报道的秋熟旱作物田抗药性杂草种类有40多种，主要集中于禾本科、菊科、苋科、大戟科，涉及乙酰乳酸合成酶抑制剂类、乙酰辅酶A羧化酶类抑制剂、激素类、PSII抑制剂类、PSI抑制剂类、长链脂肪酸合成抑制剂类、微管组装抑制剂类和烯醇式丙酮酰莽草酸磷酸合成酶抑制剂类除草剂，可见，几乎对所有作用方式的除草剂都有抗药性杂草产生，其中中国报道了马唐、稗草、牛筋草、铁苋菜、反枝苋产生抗药性。科学混用和轮换使用不同作用机制的除草剂，尽量避免使用杂草普遍已经产生抗药性的除草剂种类，以免产生交叉抗药性，同时配合使用除草剂增效剂，降低除草剂用量、提高杂草防效，这些均是延缓抗药性杂草产生的主要手段。因地制宜采取不同作物轮作，有利于不同种类除草剂的轮换使用，遏制抗药性杂草的快速演化。除化学除草剂外，各种农业措施如种植前灭茬、精选作物种子、清洁作业等，以及生物防除措施均能有效延缓抗性杂草的产生和蔓延。

参考文献

李香菊，王贵启，段美生，2003. 免耕夏玉米田马唐的生物学特性与治理措施[J]. 河北农业科学，7(1): 16-21.

李扬汉，1998. 中国杂草志[M]. 北京：中国农业出版社.

强胜，2009. 杂草学[M]. 2版. 北京：中国农业出版社.

王英姿，纪明山，祁之秋，等，2008. 辽宁省大豆田杂草群落分析及防除策略[J]. 杂草科学，26(1): 33-44, 60.

（撰稿：李贵；审稿：宋小玲、郭凤根）

球果蔊菜 *Rorippa globosa* (Turcz.) Hayek

夏熟作物田常见一二年生杂草。又名圆果蔊菜、风花菜。英文名globe yellowcress。十字花科蔊菜属。

形态特征

成株 高20～80cm（图①②）。直立粗壮草本，植株被白色硬毛或近无毛。茎单一，基部木质化，下部被白色长毛，上部近无毛分枝或不分枝。叶互生，茎下部叶具柄，上部叶无柄，叶片长圆形至倒卵状披针形，长5～15cm、宽1～2.5cm，

球果蔊菜植株形态（②～④⑥⑦张治摄；①⑤陈国奇摄）

①②植株及所处生境；③④花果序；⑤果实；⑥种子；⑦幼苗

基部渐狭，下延成短耳状而半抱茎，边缘具不整齐粗齿，两面被疏毛，尤以叶脉为显。总状花序多数，呈圆锥花序式排列，果期伸长（图③④）；花小，黄色，具细梗，长4～5mm；花萼、花瓣4，离生；萼片长卵形，长约1.5mm，开展，基部等大，边缘膜质；花瓣黄色，倒卵形，与萼片等长或稍短，基部渐狭成短爪；雄蕊6，4强或近于等长。

子实　短角果，近球形，径约2mm，果瓣隆起，平滑无毛，有不明显网纹，顶端具宿存短花柱（图⑤）；果梗纤细，呈水平开展或稍向下弯，长4～6mm。种子多数，淡褐色，极细小，扁卵形，一端微凹（图⑥）。

幼苗　子叶椭圆形（图⑦），长约6mm，先端钝圆，具柄，光滑。初生叶1片，椭圆形，长约1.6cm，先端锐尖，基部楔形，叶缘有稀疏小牙齿，具柄，叶上面及叶柄被短毛。下胚轴发达，上胚轴不发达。

生物学特性　种子繁殖。苗期10月下旬至翌年3月，花果期4～9月。生于河岸、湿地、路旁、沟边或草丛中，也生于干旱处，海拔30～2500m均有分布。

分布与危害　中国分布于黑龙江、吉林、江宁、河北、山西、山东、安徽、江苏、浙江、湖北、湖南、江西、广东、广西、云南等地；俄罗斯、朝鲜、韩国、美国等地区也有分布。常见于夏熟作物田，可在麦类、油菜、蔬菜作物田造成草害，通常危害较轻。

防除技术　见碎米荠。

综合利用　嫩株可作饲用，种子可榨油。球果蔊菜为镉超富集植物，具有用于镉—砷复合污染土壤植物修复的应用潜力。

参考文献

李扬汉, 1998. 中国杂草志 [M]. 北京 : 中国农业出版社 .

孙约兵, 周启星, 任丽萍, 2007. 镉超富集植物球果蔊菜对镉－砷复合污染的反应及其吸收积累特征 [J]. 环境科学, 28(6): 1355-1360.

中国科学院中国植物志编辑委员会, 1987. 中国植物志 : 第三十三卷 [M]. 北京 : 科学出版社 : 306.

（撰稿：陈国奇；审稿：宋小玲）

球穗扁莎　*Pycreus flavidus* (Retzius) T. Koyama

水田一年生杂草。又名球穗扁莎草、扁莎、黄毛扁莎、球穗莎草。异名 *Pycreus globosus* Retz.。英文名 globularspike pycreus。莎草科扁莎属。

形态学特征

成株　高7～50cm（见图）。根状茎短，具须根。秆丛生，细弱，钝三棱形，一面具沟，平滑。叶少，短于秆，宽1～2mm，折合或平展；叶鞘长，下部红棕色。苞片2～4枚，细长，较长于花序；简单长侧枝聚伞花序具1～6个辐射枝，辐射枝长短不等，最长达6cm，有时极短缩成头状；每一辐射枝具2～20余个小穗；小穗密聚于辐射枝上端呈球形，辐射展开，线状长圆形或线形，极压扁，长6～18mm、宽1.5～3mm，具12～34（～66）朵花；小穗轴近四棱形，两侧有具横隔的槽；鳞片稍疏松排列，膜质，长圆状卵形，顶端钝，长1.5～2mm，背面龙骨状突起，绿色；具3条脉，两侧黄褐色、红褐色或暗紫红色，具白色透明的狭边；雄蕊2，花药短，长圆形；花柱中等长，柱头2，细长。

球穗扁莎植株形态（强胜摄）

子实　小坚果倒卵形，顶端有短尖，双凸状，稍扁，长约为鳞片的1/3，褐色或暗褐色，具白色透明有光泽的细胞层和微突起的细点。

生物学特性　种子繁殖。在华北地区3～4月出苗，花果期6～10月。一株发育好的球穗扁莎能产生种子数千粒至数万粒，种子细小，脱落后，当年处于休眠状态，越冬后才能发芽出苗。

分布与危害　中国主要分于安徽、福建、广东、贵州、海南、河北、黑龙江、吉林、江苏、辽宁、山东、山西、陕西、四川、云南、浙江等地。球穗扁莎常见长生于水边湿地、田边、沟边，在台湾经常出现在稻田的边缘。主要危害水稻，尤其长江以南地区受害较重；种植在低湿田块的棉花、豆类、瓜类、玉米、甘蔗、果树、蔬菜等亦常受害。据测定，与稻苗同时出土生长的异型莎草，每增加0.5万株/亩，可使稻谷减产25.31kg；在稻苗4～5叶期时出土，可使稻谷减产20～40kg。

防除技术　以化学除草为主，结合农业防治及综合利用等措施。在稻田和秋熟旱作物田，可选用酰胺类除草剂作为土壤处理除草剂，另外，稻田还可以使用氯吡嘧磺隆、乙氧磺隆等磺酰脲类除草剂。此外，水稻田中可选用苯达松、2甲4氯、2甲4氯·灭草松、五氟磺草胺等作为茎叶除草剂。玉米和棉花田可选用氯吡嘧磺隆、烟嘧·莠去津作为茎叶处理除草剂。

翻耕深度大于5cm可有效抑制出苗。水稻田中增加灌水深度至10cm可显著降低种子的萌发率及生物量。此外，球穗扁莎的甲醇水溶液提取物多花黑麦草、稗草、梯牧草等杂草幼苗及根的生长，具有作为化感作用的潜力。

参考文献

强胜, 2001. 杂草学 [M]. 北京 : 中国农业出版社 .

张朝贤, 张跃进, 倪汉文, 等, 2000. 农田杂草防除手册 [M]. 北京 : 中国农业出版社 .

CHEEMA P, SIDHU M K, 1993. Chromosomal variabilities in Cyperus Linn II. Section Pycreus (Beauv.) Griseb. from NW India [J]. Cytologia, 58(4): 345-349.

PARKER C, 2002. Weed risk assessment-an attempt to predict future invasive weeds of USA [J]. Expert consultation on weed risk assessment, 33.

（撰稿：赵灿；审稿：刘宇婧）

球序卷耳 *Cerastium glomeratum* Thuill.

夏熟作物田一二年生杂草。又名粘毛卷耳、婆婆指甲菜、圆序卷耳等。异名 *Cerastium viscosum* L.。石竹科卷耳属。

形态特征

成株 高 10～20cm（图①②）。茎单生或丛生，密被长柔毛，上部混生腺毛。叶对生；茎下部叶匙形，顶端钝，基部渐狭成柄状；上部茎生叶倒卵状椭圆形，长 1.5～2.5cm、宽 5～10mm，顶端急尖，基部渐狭成短柄状，两面皆被长柔毛，边缘具缘毛，中脉明显。二歧聚伞花序呈簇生状或呈头状（图③）；花序轴密被腺柔毛；苞片草质，卵状椭圆形，密被柔毛；花梗细，长 1～3mm，密被柔毛；萼片 5，披针形，长约 4mm，顶端尖，外面密被长腺毛，边缘狭膜质；花瓣 5，白色，线状长圆形，与萼片近等长或微长，顶端 2 浅裂，基部被疏柔毛；雄蕊明显短于萼；花柱 5。

子实 蒴果长圆柱形，长于宿存萼 0.5～1 倍，顶端 10 齿裂。种子褐色，卵圆形而略扁，表面具疣状突起（图④）。

幼苗 子叶出土，阔卵形，先端钝圆，光滑无毛，具柄。上、下胚轴明显，上胚轴密被柔毛。2 片初生叶椭圆形，有 1 条明显的中脉，下具长柄，基部相连抱轴，密被长柔毛。后生叶倒卵状披针形，缘具睫毛，余被长柔毛（图⑤）。

生物学特性 主要依靠种子进行繁殖，苗期秋冬季至翌年春季。花期 3～4 月，果期 5～6 月。球序卷耳的乙醇提取物对绿豆象的触杀和熏蒸活性较高，具备开发植物源农药的潜力。

分布与危害 中国广泛分布于河南、山东、江苏、安徽、上海、浙江、湖北、湖南、江西、福建、云南、西藏（亚东）等地；全世界几乎全有分布。经常出现在小麦田、春季蔬菜、油菜、玉米等作物田，同时也是一种草坪杂草。在长江沿岸冲积平原灰潮土农田尤其发生较重。它具有较发达的根系，根深 10cm，可生长于多种不同的土壤，但对水肥反应敏感，通过着生在匍匐茎上的不定根，从土壤大量摄取氧分，生活力旺盛，繁殖和侵占力极强，一般于早春 3 月即可迅速形成单优势种小片居群。球序卷耳也常常与牛繁缕、阿拉伯婆婆纳、荠菜、早熟禾等混生。在地势低洼、水肥充足的局部地区，蔓延扩展尤为明显，生长也旺盛。此外，黏毛卷耳还是棉红

球序卷耳植株形态（①③唐伟摄；②④⑤张治摄）

①所处生境；②成株；③花序；④种子；⑤幼苗

蜘蛛的寄主。

防除技术

农业防治 可在作物播种前采取深耕的方式进行防治，或人工拔除田间、田埂和路边的球序卷耳。菜地覆盖薄膜或采取间套作减轻杂草数量。

生物防治 柑橘皮水浸液对球序卷耳的幼苗根抑制效果明显。

化学防治 小麦田可在冬前或早春小麦拔节前，选用2甲4氯、苯磺隆、氯氟吡氧乙酸、双氟磺草胺、苯达松或其复配剂进行喷雾处理。春玉米田用2甲4氯、乙氧氟草醚、西玛津、赛克津进行茎叶喷雾处理可有效防除球序卷耳。

综合利用 全草入药，有治疗乳痈、咳嗽的功效，并有降压的作用。

参考文献

安雪花，王彦华，李刚，等，2011. 废弃柑橘皮对杂草的毒性评价研究 [C]// 中国第五届植物化感作用学术研讨会论文摘要集.

李儒海，褚世海，魏守辉，等，2014. 湖北省冬小麦田杂草种类与群落特征 [J]. 麦类作物学报，34(11): 1589-1594.

彭日民，肖自勇，朱赞江，等，2018. 2种化学除草剂防除球序卷耳试验初报 [J]. 湖南文理学院学报，30(2): 20-22, 48.

中国科学院中国植物志编辑委员会，1996. 中国植物志：第二十六卷 [M]. 北京：科学出版社：83.

钟茂程，管杨洋，杨燕红，2018. 入侵植物提取物的杀虫活性分析与安全评价 [J]. 丽水学院学报，40(2): 48-53.

朱晶晶，强胜，2005. 气象因子对南京市草坪冬季杂草发生规律的影响 [J]. 草业学报，14(2): 33-37.

（撰稿：唐伟；审稿：宋小玲）

区域性恶性杂草 regional worst weed

根据危害性程度划分的一类杂草。群体数量虽然巨大，但仅在局限地区发生或仅在一类或少数几种作物上发生、不易防除、对该地区或该类作物造成严重危害的杂草。

中国农田的区域性恶性杂草共有100余种，其中禾本科最多，有22种，如硬草、棒头草、金狗尾、节节麦等；其次为菊科，有10余种，如苍耳、苣荬菜、匍茎苦荬菜等；石竹科6种，如繁缕、雀舌草、球序卷耳等；蓼科5种，如绵毛酸模叶蓼、卷茎蓼、水蓼等；十字花科4种，如碎米荠菜、遏蓝菜；莎草科4种，如小碎米莎草等。另有20多科各1～3种。与恶性杂草不同的是虽然群体数量巨大，但仅在局限地区人工生境发生或仅在一类或少数几种作物上发生，如硬草主要发生危害于华东的土壤pH较高的稻茬麦田或油菜田；鸭跖草虽分布较广，但主要是在东北和华北的部分地区于农田造成较重危害；菟丝子和列当虽是有害的寄生性杂草，分别在大豆和向日葵田发生严重时会导致绝产，而且分布发生地理范围较广，但是其危害的作物分别主要仅是大豆、亚麻和向日葵等经济作物，因而被划作为区域性恶性杂草。中国另有加拿大一枝黄花、薇甘菊、大米草和裸柱菊等外来入侵区域性恶性杂草，如薇甘菊局限分布于广东、海南、广西及云南南亚热带气候条件下的人工林、热带作物种植园等。

生物学特性 可分为一年生杂草、二年生杂草和多年生杂草3种类型，有直立、平卧、匍匐、缠绕和攀缘等多种生长习性，生活在水体和旱地两大生境，菟丝子等区域性恶性杂草营寄生生活。它们与恶性杂草一样，也存在抗逆性强、可塑性大、生长势和竞争能力强、惊人的多实性、种子寿命长、种子成熟时间与萌发时期参差不齐、营养繁殖能力强、传播途径广泛等生物学特性。

分布与危害 圆叶节节菜、雨久花、萍等区域性恶性杂草主要危害水稻；双穗雀稗、苍耳、胜红蓟、反枝苋、野苋、菟丝子、鸭跖草等区域性恶性杂草主要危害玉米、棉花、大豆、高粱、甘蔗、烟草等秋熟旱田作物；而节节麦、日本看麦娘、硬草、早熟禾、阿拉伯婆婆纳、广布野豌豆、遏蓝菜、卷茎蓼、水蓼、苣荬菜、麦家公等区域性恶性杂草主要危害大麦、小麦和油菜等夏熟旱田作物；狗牙根、葎草、乌蔹莓、野胡萝卜等主要危害茶桑果园。区域性恶性杂草的危害主要表现在以下方面：①通过与农作物争水、争肥、争阳光，导致作物减产或品质下降。②有些区域性恶性杂草是作物病虫害的中间寄主，助长了病虫害的发生和传播。③外来入侵区域性恶性杂草的大量发生导致当地生物多样性的丧失和生态失衡。④藤本类区域性恶性杂草影响农事操作等。

防除技术 需要采取综合的管理措施。

物理防治 在发生初期可人工防除；在有条件的地区也可采用机械除草；覆盖有色膜和药膜也能有效地抑制杂草的生长。

农业及生态防治 实施水旱轮作或旱旱轮作、合理灌溉、深耕、施用腐熟的有机肥、精选种子、减少秸秆还田时杂草种子的传播、清除田边地头杂草、清洁灌溉水等措施都有助于区域性恶性杂草的防除；开展替代种植也能收到较好的效果。

生物防治 如用“鲁保一号”真菌孢子生物防治菟丝子，用胜红蓟黄脉病毒防治胜红蓟等。

加强检疫 菟丝子、列当、独脚金等都是检疫性区域性恶性杂草，通过加强检验检疫来防止从国外输入或省与省之间、地区与地区之间区域性恶性杂草的传播。

化学防治 这是目前控制区域性恶性杂草的主要手段。对发生于不同作物田的鸭跖草，在玉米田可用HPPD抑制剂类硝磺草酮、苯唑草酮，激素类氯氟吡氧乙酸等；在大豆田可用二苯醚类除草剂氟磺胺草醚和乙羧氟草醚，以及乙酰乳酸合成酶抑制剂氯酯磺草胺等，均有良好防效。

综合利用 许多区域性恶性杂草具有食用、药用和工业用等多方面的经济价值，可通过开发利用来达到控制的目的。

参考文献

樊晓继，2016. 麦田恶性杂草节节麦的发生与防治 [J]. 种业导刊 (9): 22-23.

李学宏，2012. 恶性杂草鸭跖草的危害与防除 [J]. 陕西农业科学 (4): 266-267.

李扬汉，1998. 中国杂草志 [M]. 北京：中国农业出版社.

强胜，2009. 杂草学 [M]. 2版. 北京：中国农业出版社.

曲耀训，2016. 麦田难治恶性杂草发生与化学防除 [J]. 山东农

Q

药信息 (2):38-41.
苏少泉, 1993. 杂草学 [M]. 北京 : 农业出版社 .
徐正浩, 朱丽青, 袁侠凡, 等, 2011. 区域性外来恶性杂草裸柱菊的入侵扩散特征及防治对策 [J]. 生态环境学报, 20(5): 980-985.

（撰稿：郭凤根；审稿：宋小玲）

全寄生杂草 holoparasitic weed

根据叶绿素的有无来划分的一类寄生杂草，是不含叶绿素、不能进行光合作用、靠吸器从寄主植物获得生长发育所需的全部营养的杂草。

形态特征 列当属和菟丝子属是最常见的全寄生杂草，它们不具有正常的根和叶片，不含叶绿素，不能独立地同化碳素，其导管和筛管分别与寄主植物的木质部导管和韧皮部筛管相通，从寄主植物获取自身生活需要的全部营养物质。全寄生杂草根据寄生部位可分为根寄生杂草和茎寄生杂草两类，如列当属杂草是根寄生杂草，而菟丝子属杂草属于茎寄生杂草。

生物学特性 列当属杂草为一年生至多年生直立草本，依靠种子繁殖，其种子寿命长达11年，只有在寄主根的分泌物作用下才能萌发，萌发后胚根向外生长，当接触到寄主根后形成吸器并开始寄生生活，而且仅在幼苗时期具有寄生能力。菟丝子属杂草为无根无叶的一年生草质藤本，主要进行种子繁殖，其种子在常温下能存活3～5年，当气温在15℃以上、土壤相对含水量在15%以上时种子便能萌发，温度过高或多雨潮湿都不利于萌发。萌发后的菟丝子幼苗能右旋缠绕寄主并形成吸器，如遇不到寄主则死亡，其藤茎在生活史的各个时期都具备寄生能力；细胞分裂素在诱导菟丝子吸器发生过程中起主导作用，赤霉素和脱落酸有增效作用，生长素和乙烯有拮抗作用，吸器的形成与钙调素也密切相关。除种子繁殖外，菟丝子属杂草还能利用断裂的藤茎进行营养繁殖；在热带地区生长的日本菟丝子和大花菟丝子还能通过吸器组织再生出藤茎，表现出多年生的习性。全寄生杂草种子量大，花果期长且成熟期不一致，先后落入土壤或随机械、牲畜、风、水流、人为因素或混杂在作物种子中广泛传播，扩大了危害范围。

分布与危害 种类多、分布广、寄主范围大，对农林业生产造成了巨大的损失。如列当属有些种类的寄主多达百种；菟丝子、日本菟丝子和大花菟丝子的寄主也都在百种以上。全寄生杂草从作物中吸取水分、矿物质和光合产物，其中的茎寄生杂草还通过缠绕覆盖影响寄主光合作用的进行，从而降低寄主生长和竞争的能力，导致寄主作物生长缓慢甚至死亡。同时全寄生杂草还会显著降低粮食和果实的品质，如大麻列当侵染番茄后引起番茄鲜质量、干质量、还原糖的降低，果色变差，严重影响果实品质，降低市场价值。

防除技术 要严格执行检疫制度，严禁从疫区调运混有杂草的农作物种子，防止蔓延；同时采取物理防治、化学防治、生物防治、农业及生态防治和综合利用等综合防治手段。

人工防治 有时连同寄主作物一起拔除，以控制蔓延；通过调整寄主的播期，实行早播或晚播，可以使萌发后的杂草不能完成生活史；实施作物轮作和旱改水轮作，降低发生率；培育抗性品种，降低寄生率；还可用人工合成的类似寄主根分泌物诱导杂草种子的自杀式萌发或轮作诱捕作物消灭杂草；用乙烯熏蒸列当危害严重的田块或用聚乙烯塑料菌膜覆盖列当发生严重的田块并暴晒40天可减少90%列当种子。

生物防治 “鲁保一号”真菌孢子能有效防除菟丝子；列当蝇幼虫能以向日葵列当为食，在田间割茎涂沫镰刀菌等真菌的孢子液也可有效防除列当。

化学防治 是全寄生杂草防除的手段，对大豆田的菟丝子属杂草可用二硝基苯胺类除草剂仲丁灵土壤封闭处理；对菟丝子属杂草发生较普遍的果园和高大的果株，可用草甘膦茎叶处理防除，如进行除草剂复配和低剂量多次喷施效果更佳。防除列当，作物播前或播后苗前用二硝基苯胺类除草剂氟乐灵进行土壤封闭处理，或用草甘膦稀释液涂作物茎可获得较好的防除效果。

综合利用 菟丝子、列当等全寄生杂草的种子或植株都有很高的药用价值。

参考文献

黄建中, 李扬汉, 1990. 寄生杂草的适应性 [J]. 杂草科学 (2): 1-3.
黄建中, 姚东瑞, 李扬汉, 1992. 中国寄生杂草研究进展 [J]. 杂草科学 (4): 8-11.
李扬汉, 1998. 中国杂草志 [M]. 北京 : 中国农业出版社 .
罗淋淋, 韦春梅, 吴华俊, 等, 2013. 寄生杂草的防治方法 [J]. 中国植保导刊, 33(12): 25-29.
强胜, 2001. 杂草学 [M]. 北京 : 中国农业出版社 .
桑晓清, 孙永艳, 杨文杰, 等, 2013. 寄生杂草研究进展 [J]. 江西农业大学学报, 35(1): 84-91.
宋文坚, 曹栋栋, 金宗来, 2005. 我国主要根寄生杂草列当的寄主、危害及防治对策 [J]. 植物检疫, 19(4): 230-232.
王靖, 崔超, 李亚珍, 等, 2015. 全寄生杂草向日葵列当研究现状与展望 [J]. 江苏农业科学, 43(5): 144-147.
王亚娇, 纪莉景, 栗秋生, 等. 2015. 寄生性杂草列当的种类调查及鉴定 [J]. 杂草科学, 33(3): 6-10.

（撰稿：郭凤根；审稿：宋小玲）

雀麦 *Bromus japonicus* Thunb. ex Murr.

夏熟作物田一二年生杂草。又名爵麦、燕麦、杜姥草。英文名 Japanese brome。禾本科雀麦属。

形态特征

成株 高40～90cm（图①②）。秆直立。叶鞘闭合，被柔毛；叶舌先端近圆形，长1～2.5cm；叶片长12～30cm，宽4～8cm，两面生柔毛。圆锥花序疏展，长20～30cm，宽5～10cm，具2～8分枝，向下弯垂（图③）；分枝细，长5～10cm，上部着生1～4枚小穗；小穗黄绿色，密生7～11小花，长12～20mm，宽约5mm；颖近等长，脊粗糙，边缘膜质，第一颖长5～7mm，具3～5脉，第二颖长5～7.5mm，具7～9脉；外稃椭圆形，草质，边缘膜质，长 8～10mm，一侧宽约 2mm，具 9 脉，微粗糙，顶端钝三角形，芒自先端下部伸出，长 5～10mm，基部稍扁平，成熟后外弯；内稃长 7～8mm，宽约 1mm，两脊疏生细纤毛；小穗轴短棒状，长约 2mm；花药长 1mm。

子实 颖果线状，长 7～8mm，暗红褐色，顶端圆形有毛茸，基部尖，胚细小（图④）。

幼苗 幼苗细弱，胚芽鞘淡绿色或淡红紫色。第一片叶达到正常大小时，多皱缩死亡；叶片狭线状，常扭曲，被白色长柔毛；叶鞘闭合，有毛；叶舌膜质透明，先端具不规则齿裂。

雀麦植株形态特征（①～③张治摄；④许京旋摄）
①群体；②成株；③花序；④子实

生物学特性 种子繁殖。春季出苗，花果期 5～7 月。雀麦种子的萌发对光不敏感，最适萌发温度在 25～30℃。种子萌发对酸碱度、水分胁迫与盐胁迫有着广泛的适应性，在 pH5.0～10.0 的条件下，种子均能萌发且没有受到明显影响。雀麦种子处于土壤表面时，出苗率最高，随着埋藏深度的增加，出苗率逐渐下降，大于 6cm 后，则不能出苗。雀麦在冬小麦田有两个出苗高峰期，第一个高峰期出现在 10 月中旬至 11 月上旬，第二个出苗高峰期为 3 月下旬至 4 月上旬。11 月上旬，小麦先进入冬前分蘖期，11 月中旬左右，雀麦开始分蘖，直至 12 月上旬，翌年 3 月上旬，雀麦与小麦进入春季分蘖期，直至 3 月末，其分蘖能力强于小麦。雀麦的密度与小麦的穗密度呈负相关，随着雀麦密度的增加，小麦每平方米的有效穗数逐渐减少。

雀麦颖果随熟随落，可借助风力、灌溉浇水、农事操作、小麦秸秆和作物种子进行传播。雀麦远距离传播主要是通过小麦收割机跨区域作业携带杂草种子、异地调种和农户自行串种进行传播。

分布与危害 在中国辽宁、内蒙古、河北、山西、山东、河南、陕西、甘肃、安徽、江苏、江西、湖南、湖北、新疆、西藏、四川、云南、台湾分布。欧亚温带广泛分布，北美引种。雀麦对小麦，特别是旱茬麦田的危害是很严重的，对小麦产量的影响主要是通过影响其穗密度来实现的，当雀麦密度为 640 株 /m^2 时，小麦的产量损失率为 36.73%。

防除技术

农业防治 可以通过精选麦种的方法减少通过种子传播。雀麦发生较重的田块，可以实行轮作换茬的方法防控雀麦的发生。

化学防治 麦田可用氟唑磺隆、啶磺草胺、氟噻草胺、甲基二磺隆、异丙隆、磺酰磺隆、丙苯磺隆 7 种药剂对雀麦的防效较好。其中，氟唑磺隆对雀麦有特效，防治杂草的关键期为：气温 8℃以上，杂草开始分蘖前即杂草 1～3 叶期，小麦 2～4 叶期。

综合利用 茎叶可作饲料。全草入药，具止汗作用。

参考文献

车晋滇 , 袁志强 , 金东红 , 等 , 2010. 雀麦生物学特性研究初报 [J]. 北京农业 (36): 41-43.

高亚青 , 2011. 小麦田禾本科杂草——雀麦防除技术 [J]. 农药市场信息 , 29: 45.

李琦 , 2017. 麦田雀麦生物生态学特性与遗传多样性研究 [D]. 泰安 : 山东农业大学 .

李扬汉 , 1997. 中国杂草志 [M]. 北京 : 中国农业出版社 .

赵祖英 , 2015. 防除雀麦高效除草剂的筛选及氟唑磺隆的应用研究 [D]. 泰安 : 山东农业大学 .

（撰稿：陈景超；审稿：贾春虹）

雀舌草 *Stellaria alsine* Grimm

夏熟作物田一二年生区域恶性杂草。异名 *Stellaria uliginosa* Murray。又名葶苈子、天蓬草。英文名 bog stitchwort、bog chickweed。石竹科繁缕属。

形态特征

成株　高15～25（35）cm（图①②）。草本，全株无毛。须根细。茎丛生，稍铺散，上升，多分枝。单叶全缘对生，叶无柄，叶片披针形至长圆状披针形，长5～20mm、宽2～4mm，顶端渐尖，基部楔形，半抱茎，边缘软骨质，呈微波状，基部具疏缘毛，两面微显粉绿色。聚伞花序通常具3～5花，顶生或花单生叶腋（图③④）；花梗细，长5～20mm，无毛，果时稍下弯，基部有时具2披针形苞片；萼片5，披针形，长2～4mm、宽1mm，顶端渐尖，边缘膜质，中脉明显，无毛，宿存；花瓣5，白色，短于萼片或近等长，2深裂几达基部，裂片条形，钝头；雄蕊通常5枚，微短于花瓣；子房卵形，花柱3（有时为2），短线形。

子实　蒴果卵圆形，与宿存萼等长或稍长，6齿裂，含多数种子。种子肾脏形，微扁，褐色，具皱纹状凸起（图⑤）。

幼苗　直立，纤弱，全株无毛，下胚轴不发达，上胚轴较发达。子叶长约4mm，披针形，先端尖，基部楔形。初生叶2片，对生，卵形，全缘，先端尖，基部渐狭至叶柄，主脉明显；后生叶与初生叶同形。

生物学特性　种子繁殖，出苗期10月下旬至翌年2月，花果期4～7月，果后即枯，种子散落。喜湿，常生于田间、溪岸、菜田等。雀舌草的染色体数目为2n=24；核型公式为2n=2x=24=4m+4sm+12st+4t，染色体相对长度组成为2n=24=4L+6M2+8M1+6S，属于3B型。全组染色体总长144.25m，长臂总长为108.90m，核型不对称系数为74.93%，染色体总体积为641.45m^3。

分布与危害　中国分布于内蒙古、甘肃、河南、安徽、江苏、浙江、江西、台湾、福建、湖南、湖北、广东、广西、贵州、四川、云南、西藏等地；欧洲、亚洲、北美洲、南美洲、北非、新西兰等地区均有分布。稻茬油菜田或麦田和冬

雀舌草植株形态（③陈国奇摄；其余张治摄）

①生境；②植株；③花枝；④花序；⑤种子

春菜田常见杂草，砂壤土发生严重。尤其在长江流域以南地区危害严重，常和禾本科看麦娘、䓣草等构成杂草群落。

防除技术 见牛繁缕。

综合利用 雀舌草含有丰富的黄酮类化学成分。全草入药，味微苦、酸、甘，性凉，具有祛风散寒、续筋接骨、活血止痛、解毒等功效，临床用于治疗伤风感冒、风湿骨痛、疮疡肿毒、跌打损伤、骨折、蛇咬伤。

参考文献

陈顺乐, 邹和建, 2009. 风湿内科学 [M]. 北京: 人民卫生出版社: 111-123.

李国泰, 2008. 雀舌草染色体的核型分析 [J]. 通化师范学院学报, 29(4): 37-38.

李扬汉, 1998. 中国杂草志 [M]. 北京: 中国农业出版社: 180-181.

中国科学院中国植物志编辑委员会, 1996. 中国植物志: 第二十六卷 [M]. 北京: 科学出版社: 128.

（撰稿：陈国奇；审稿：宋小玲）

R

人工除草 manual weed control

通过人工拔除，或依靠锄、犁耙等简单工具进行除草作业的方法，是一种最原始、最简便的除草方法。其优点是没有技术含量，工具简单，无需投入人力以外的其他过多成本。但随着农业现代化的发展，人工除草主要是在采用其他措施除草后，作为去除局部残存杂草的辅助手段。

形成过程 从石器时代人们学会播种作物开始，就饱尝了杂草的危害之苦，实践使人变得聪明起来，他们开始用手拔草。在古人遗留下来的画有农业劳动情景的岩画中，就有除草的描绘。在埃及金字塔和古代美索不达米亚的浅浮雕上，都刻有人们弯腰屈膝从事除草劳动的图案。

手工拔草或用脚踩草抑草毕竟是最低形式的除草活动。人们为了提高劳动生产效率，不断地探寻着各种工具用于除草。最初的工具是石头、棍棒。用它们击草比手拔省力，也减少了弯腰勾背，但有时会伤及作物，除草效率仍然很低。

“钱”“镈”一类的金属锄头的发明和应用于农业生产中的中耕除草技术使农业生产第一次大大地向前进了一步。钱和镈是运用手腕力量贴地平铲以除草的工具，类似于现今的锄头。锄头亦已被人使用了几千年，至今仍有很多地区使用锄头除草。稻田中所用的耘耙是和锄头类似的除草松土工具。

犁和耙是农民耕翻土地、抗御杂草危害的基本工具。最初用人力拖、拉犁和耙，后来发展到马或牛力牵拉。现代发展使用电力牵引而称之为“电犁”“电耙”，以及使用柴油机作为动力，对土地的耕翻效率和对杂草的破坏力更大，除草效果也更好。犁和耙的耕作方式，不仅能迅速大量地切断或拉断杂草的植株（包括正在萌发的杂草种子和已出土的杂草幼苗），破坏杂草的地下块根、块茎或根状茎，而且能将杂草的植株、残体或种子深埋于地下，达到防治杂草，减少杂草对农业生产的干扰和影响。

直至近代，中国农田杂草的防除仍然以人工除草为主，而20世纪50年代以来，随着中国各地垦荒而建立起的大型农场，开始利用除草机械除草，以及之后化学除草剂的广泛应用，使除草技术有了较大发展，但人工除草在有些情况下仍起到的除草作用。

基本内容 ①人工除草主要是在采用其他措施除草后，作为去除局部残存杂草的辅助手段，有时也被作为一种补救除草措施应用。在农田环境下即使多种除草措施配合下，仍可能有少量大草穿过作物层，这部分杂草尽管株数不多，但对作物的危害和结籽繁殖的能力很大，在尚未开花前人工清除这些大草，可有效防止成熟种子落入土壤形成土壤种子库。移栽稻田中由秧田带入的“夹棵稗”也主要靠人工拔除。②某些检疫性杂草即使经过严格的检疫和选种，也可能有个别漏网的个体侵入农田发生危害。因此，播种引进种子的田块，在作物生长期检查并人工清除偶发个体，可防患于未然，避免形成大规模种群。③人工除草在不发达地区仍然是主要的除草手段。同时在发达地区，在某些特种作物上也主要以人工除草为主。2019年广东茶叶主产区控草策略调查中，人工除草的使用率最高达93%，其次为机械除草使用率43%。④在一些经济作物田如中药材，尚无安全有效的除草剂时，人工除草也是防除杂草的主要方法。如丹参育苗地杂草种类繁多，阔叶杂草和禾本科杂草并存，无明显的优势种群，无专用除草剂，杂草防除只能采用人工拔除。在这种情况下应该采取科学方法，促草提前出苗，及时人工耕锄。

存在问题与发展趋势 人工除草中无论是手工拔草，还是锄、犁和耙等都很费工、费时，劳动强度大，除草效率低，且单次人工除草效果差。如在天然麻黄地或柴胡地，人工除草3次才能有效控制杂草，药材产量才能有明显的提升，但提高了劳动强度和成本。有的情况下即使在作物生长期内多次进行，仍不能有效防除杂草，特别是在杂草发生量大的作物田，如直播水稻田。另外，人工除草维持不长草的时间较短，如在茶园中在人工除草措施下，茶园中持续不长杂草的时间仅为10～20天。最后，随着城镇化的进一步发展，大批量的农村青壮劳力流入城市，劳动力短缺，人工除草成本也越来越高。在红麻地中，人工除草产值最低，主要是由于人工除草成本过高所致。在青海云杉苗圃中，与化学除草、机械除草、地膜除草相比，人工除草成本最高、效率最低，且由于青海云杉易受干旱等因素的影响，人工除草后杂草被拔除，地表覆盖物短时减少，土壤蒸发一定水分，土壤温度和相对含水量较低，青海云杉的生长量反而与化学除草和机械除草相比较小。

因此应科学开展不同作物田高效绿色防控技术，结合当地环境条件，制定操作性强的绿色杂草防控技术规程，加大绿色控草技术的基层推广力度，指导农户科学防控杂草，尽量避免使用成本高、效率低的人工除草，促进农业经济和生态效益共赢。

参考文献

陈常理，骆霞虹，张加强，等，2015. 播种量与除草方式对红麻生长和土壤速效养分的影响及其效益分析 [J]. 浙江农业学报，27 (10): 1692-1697.

何义川，汤智辉，李光新，等，2018. 葡萄园除草技术研究现状与发展趋势 [J]. 中国农机化学报，39(9): 34-37.

林威鹏，郜礼阳，凌彩金，等，2019. 广东省茶叶主产区杂草防控技术及成本研究 [J]. 广东农业科学，46(12): 147-152.

强胜，2009. 杂草学 [M]. 2 版. 北京：中国农业出版社：132-133.

田亚，胡云鹏，张伟，等，2021. 不同除草次数和方式对柴胡产量及品质的影响 [J]. 植物医生，34(3): 49-57.

杨新鹏，2020. 除草方式对云杉苗圃微环境及苗木生长的影响 [J]. 福建林业科技，47(4): 56-59.

ZHANG Z, LI R, ZHAO C, et al, 2021. Reduction in weed infestation through integrated depletion of the weed seed bank in a rice-wheat cropping system [J]. Agronomy for sustainable development, 41(1): 1-14.

（撰稿：陈勇、安静；审稿：宋小玲）

人工林地杂草 forest plantation weeds

非耕地杂草的一部分，是根据杂草的生境特征划分的一类杂草，可适应林地环境，干扰目的树种生长。林地杂草在形态特征上存在着丰富的多样性，主要分为木本杂草和草本杂草两类。木本杂草主要以桃金娘科、锦葵科和大戟科植物占优，草本杂草以菊科、茜草科和禾本科植物为主要优势种。

分布与危害 种类繁多，从南到北，从东到西都有分布，不同林地、不同生态区和不同管理水平的杂草种类各有不同特点。人工林为草本、灌木的发育和植物群落的演替提供了必要的场所。不同类型的退耕还林地的林下植被的物种组成差异较大。包括一年生杂草和多年生杂草，主要以白茅、香附子、田旋花、狗尾草、稗草、灰藜、苋菜、蒲公英、芨芨草和芦苇为主。白茅、香附子等多年生杂草既能进行种子繁殖，也能进行营养繁殖。它们在一生中可开花结实多次，开花结实后地上部分死亡，但其根状茎、块茎等地下器官能存活多年，翌年春季又可从地下器官再生出新的植株。一年生杂草有两类，春季一年生杂草在春季萌发，经低温春化，初夏开花结实并形成种子，如繁缕、阿拉伯婆婆纳等；夏季一年生杂草在初夏种子发芽，生长发育时经过夏季高温，当年秋季产生种子并成熟越冬，如狗尾草、牛筋草等。有些人工林地杂草生长于水生或湿生环境，如牛毛毡、眼子菜、问荆、矮慈姑、野慈姑等；更多的人工林地杂草则生长于旱地，如牛繁缕、葎草、乌蔹莓、艾蒿、刺儿菜、蒲公英、田旋花、打碗花、双穗雀稗、香附子等；有些人工林地杂草既可生长于水中，也可发生于旱地，如空心莲子草等。针叶林及针叶混交林的林下植被类型是以苔藓为主体的耐阴湿植物，苔藓的平均盖度均在 45% 以上，如苔藓、蕨麻、问荆、东方草莓、早熟禾、老鹳草等。阔叶林的林下植被类型为喜光性杂草，而且耐旱植物居多，如蒲公英、耧斗菜、美头火绒草等。阔叶混交林以及针叶阔叶混交林的林下植被类型为喜阴性杂草，如林地风毛菊、粗糙西风芹、华马先蒿、粗野马先蒿、轮叶马先蒿等。

人工林地杂草对林地危害严重，种类繁多，据统计中国林地杂草有 1000 余种，主要包括影响林木生长的草本、灌木，特别是绞杀作用的藤本植物，也还包括寄生性植物等。主要有阔叶杂草飞机草、紫茎泽兰、假臭草、胜红蓟、薇甘菊、艾蒿、藜、繁缕、刺苋、葎草、马齿苋、蒿蓄、龙葵、苍耳、婆婆纳、问荆、刺儿菜、毛茛、皱叶酸模、田旋花、金钟藤、碱草、车前草、盐肤木、悬钩子、广寄生、油杉矮槲寄生、日本菟丝子、蕨类等，禾本科杂草白茅、铺地黍、狗尾草、牛筋草、马唐、狗牙根、画眉草、弓果黍、看麦娘、稗草、早熟禾、芦苇、斑茅、芒、五节芒、冰草、针茅、山竹子等，莎草科香附子等，危害林地苗圃、幼林和成林，主要是竞争光、水、肥，影响苗木生长和产量，传播病虫鼠害，引起森林火灾等。尤其是在幼龄林时期林地郁闭度较低，光线充足，杂草种类多，主要分布相对喜光种类，比如早熟禾，狗尾草、狗牙根、马唐等。后期郁闭度较大，主要是相对耐阴耐湿的种类，如蕨类、小叶樟、问荆等。北方林地年平均气温较低，降水量少，常见杂草有毛缘薹草、水金凤和东方草莓等；而南方林地降水量多，年平均气温比北方高，有狗尾草、菟丝子、飞机草等。杂草与树木争夺水分、矿物质、有机肥料，严重影响目的树种的正常生长，并传播病虫害。尤其是一些藤本和寄生植物不仅抢夺养分，还遮挡阳光，严重时致目的树种死亡，如葎草、菟丝子和桑寄生等。

东北林区苗圃稗草萌发高峰在 5 月下旬至 6 月下旬，严重危害的苗床达 1000 株 /m^2 以上；狗尾草萌发高峰在 5 月下旬，7 月中旬开花，8 月下旬和 9 月上旬结籽，每穗草籽达 1000～1500 粒；藜萌发高峰在 5 月下旬，长 10～12 片叶时开始分枝，能结出 3 种类型的种子，第一类粒大，落土 3～5 天即萌发，第二类粒小，第二年萌发，第三类粒最小，第三年萌发；春蓼一般 5 月中旬出土，每株可结籽 2000 粒左右；马齿苋 6 月上旬萌发出土；苋 5 月中下旬出土，分枝多，每株种子达 20 万～30 万粒，最多达 50 万粒；假苍耳快速生长在早春至初夏，在 6 月初至 7 月末达到生长高峰期，单株结籽 55 290 粒。华东林区苗圃杂草在整地后 3～5 天出苗，7～10 天出现第一个出苗高峰；杂草在 3～11 月都能发生危害。

东北林区苗圃杂草种群结构在不同覆盖物、不同时期有差异，遵循“S”形曲线变化规律；杂草种群高发生期在 10 天左右，一般在 6 月中旬大量发生。西北林区人工除草区杂草有 9 科 20 种，化学除草区有 5 科 15 种，人工除草 + 化学除草区有 6 科 16 种，对照区有 14 科 30 种，化学除草对杂草群落和多样性影响最大。华中幼林全刈抚育，植被物种组成未发生明显变化，草甘膦化学抚育则多数杂草和灌木的重要值发生了根本改变，高大、严重危害的植被（如五节芒）被矮小、危害轻的植被（如野茼蒿）取代，林地生产力得到恢复。海南橡胶园 1963 年报道有杂草杂木 154 科 571 属 1034 种，分 11 种植被类型，主要有白茅、飞机草、铺地黍、芒萁等；2012 年报道有植物 106 科 339 属 505 种，分 9 种植被类型，主要是白茅、飞机草、假蒟和蕨类群落等，50 年间减少了 48 科 232 属 529 种。

R

防除技术 人工林地杂草是随人类开始有意抚育经济林木而在其生境中出现的，林地杂草的防治是为了目的树种更好更快地生长。对于移栽幼树和生长优势潜力低的树种，防除杂草能增加幼树的竞争能力。人工林地杂草的防除有人工机械防治、化学防治、生物防治法除草、开发利用等多种策略。

机械防治 物理和机械控草主要是试验、示范地膜覆盖、机械割草、电场及电磁场灭草等。该法除草保持时间短，劳动强度大，效率低，费用高，每年需在杂草生长繁殖季节进行 2 次人工除草，损伤幼树。

生物防治 是利用真菌、昆虫、食草动物控制林间杂草，如用锈病属的冬孢子防除加州蓟，用夜蛾和螟蛾控制蒲草，在林中放牧山羊、菜牛、绵羊等食草动物控制杂草。间套作物控草：种植花生、大豆、黄花菜、番薯等经济作物，或者种植麦冬、当归、黄芩、金银花等中药材控草。以林控草：种植青冈树、紫穗槐、黑荆、石楠、竹等替代控制紫茎泽兰等杂草，种植黄荆替代控制飞机草，种植血桐、幌伞枫、尾叶桉、盆架子替代控制薇甘菊。以草控草：种植白三叶、决明、平托花生、紫花苜蓿、印度豇豆、毛蔓豆、拉巴豆、三裂叶野葛、阔叶丰花草、百喜草、宽叶雀稗、黑麦草、南非马唐、无芒雀麦等牧草绿肥控草。以虫治草：用泽兰实蝇、东方行军蚁防治紫茎泽兰，紫红短须螨防治薇甘菊。以菌治草：用黑粉菌菌株防治狗牙根，双曲孢霉菌防治马唐、狗尾草、稗草等，胶孢炭疽菌菌株防治婆婆纳、猪殃殃等阔叶杂草。以畜禽治草：即可在林地养鸡、鸭、鹅、兔、羊、牛等食草控草。秸秆枯草覆盖控草：用紫茎泽兰等植株秸秆覆盖核桃等控草。

化学防治 化学除草按照恰当的剂量施药，成本费用普遍低于人工除草，且除草效果较好，药效持久，能起到幼林抚育的效果，操作得当，对目的树种安全，同时降低了劳动强度，提高了生产效率。选择恰当的除草剂对新植林地进行化学除草，具有对环境适应性强、使用方便、投资少、成本低、不破坏土壤结构、有利于保持水土等优点。在杂草萌发前或萌发后早期，施用莠去津、莠灭净、敌草隆、乙草胺、乙氧氟草醚等土壤处理除草剂防除；在杂草营养生长期，施用草甘膦、草铵膦、三氯吡氧乙酸、氯氟吡氧乙酸、氨氯吡啶酸等茎叶处理除草剂防除。但应注意对栽培林木的保护，以免产生药害。苗圃杂草防除：在杂草萌发前或萌发后早期，施用莠去津、莠灭净、敌草隆、乙草胺、乙氧氟草醚等土壤处理除草剂防除；选择性防除禾本科杂草的除草剂有精吡氟禾草灵、高效氟吡甲禾灵、精喹禾灵和烯禾啶等；选择性防除阔叶杂草的除草剂有麦草畏、氟磺胺草醚、三氯吡氧乙酸、氯氟吡氧乙酸、氨氯吡啶酸等。

综合利用 林地杂草大部分可以用作饲料、野菜、医药、农药、基质或新材料等，也具有保持水土、改良土壤和调节林地小气候的生态意义，所以要变草为宝，加以利用，才是最好的控制。

图 1 络石植株形态（强胜摄）

图 2 五节芒植株形态（强胜摄）

参考文献

孔红娃，刘书成，陈福平，1999. 论林地杂草防治中的生态学原理 [J]. 森林工程，15(4): 18-19.

李建国，陈国海，1993. 林地杂草生物控制综述 [J]. 世界林业研究 (6): 45-50.

李燕军，1986. 管涔山北部寒温性针叶林下草本植物分布特点分析 [J]. 植物生态学与地植物学学报，10(3): 218-227.

彭石冰，江祖森，徐声杰，1993. 林地化学除草应用技术研究 [J]. 林业科学研究，6(4): 444-449.

王泳，高智慧，柏明娥，等，2001. 我国化学除草剂发展近况及其在林业上的应用 [J]. 浙江林业科技，21(6): 61-64.

徐存宝，张伟，宋国华，等，2000, 小兴安岭阔叶红松林下草本植物分布特点分析 [J]. 林业科技，25(5): 4-6.

（撰稿：戴伟民、范志伟；审稿：宋小玲、郭凤根）

日本看麦娘 *Alopecurus japonicus* S.

夏熟作物田一二年生区域性恶性杂草。又名棒棒草。英文名 Japanese foxtail。禾本科看麦娘属。

R

形态特征

成株 高20～50cm（图①②）。秆多数丛生，直立或基部膝曲，具3～4节。叶鞘松弛抱茎，叶舌膜质，长2～5mm；叶片上面粗糙，下面光滑，长3～12mm、宽3～7mm。圆锥花序圆柱状，长3～10cm、宽4～10mm（图③④）；小穗长圆状卵形，长5～6mm；颖仅基部互相连合，具3脉，脊上具纤毛；外稃略长于颖，厚膜质，下部边缘互相连合，芒长8～12mm，近稃体基部伸出，上部粗糙，中部稍膝曲；花药淡黄色或白色，长约1mm。

子实 颖果半椭圆形，长2～2.5mm、厚1～1.3mm，淡褐色（图⑤）；脐明显，腹面拱起；胚近圆形，约占颖果的1/3，色稍浅。

幼苗 胚芽鞘长4～5mm，松弛，无色（图⑥）；幼苗第一片真叶长7～11cm，叶缘两侧有倒向刺状毛；幼叶片3脉，具无色而光滑的叶鞘。

生物学特性 日本看麦娘以种子或幼苗越冬，一般9月中旬开始出苗，10～11月为出苗高峰期。日本看麦娘一生有10～11片叶，冬前可长6片叶，越冬后于翌年2月开始返青，3月中下旬拔节，4～5月抽穗开花，5月下旬种子成熟，整个生育期约220天。

日本看麦娘在5～20℃范围内均能出苗，但10～15℃出苗率最高，达72.8%～89.4%。出苗能力随土壤深度增加而减小，在0～1cm土层下，7天即可出苗，9天进入出苗高峰期；在3cm土层下，9天开始出苗，13～21天进入出苗高峰期；7cm以下基本不能出苗。出苗对土壤湿度的要求较高，当土壤含水量15%以下时，出苗率仅为20.6%，而

日本看麦娘植株形态（①③④强胜摄；②⑥张治摄；⑤许京璇摄）

①群体；②成株；③④花序；⑤子实；⑥幼株

在湿度较高时出苗率可提高到40%左右。种子有2～3个月的原生休眠期，在湿润环境下可存活2～3年，在干旱条件下成活期缩短至1年。

长期以来，除草剂的使用对日本看麦娘起到了良好的防控效果，但是，随着除草剂的长时间使用，其抗药性问题也日益凸显。1990年中国就已经在小麦田发现抗绿麦隆的日本看麦娘，随后相继发现了对氯磺隆、高效氟吡甲禾灵、精吡氟禾草灵、精噁唑禾草灵、唑啉草酯、百草枯等的抗性生物型。

分布与危害 中国南北地区均有分布，但主要分布在长江中下游地区稻茬麦田和油菜田及广东、广西、贵州、云南、陕西、河南等地。为夏熟作物田杂草，麦类和油菜田中发生量大，危害较重。常与茼草、看麦娘、大巢菜、猪殃殃等构成杂草群落，危害率达25.5%～55.3%。在小麦田，日本看麦娘360株/m^{2}以下，每增加10株将造成小麦减产5.3kg。危害时间越长，密度越高对小麦产量的影响越大。

日本看麦娘的发生危害与种子在土层中的分布深度、耕作方式、温湿度等因素密切相关。当种子分布在0～3cm表土层，气温在10～15℃，土壤较湿润时最易发生并造成危害。套种和免耕麦田中的危害程度要重于耕作麦。

防除技术 化学防治仍是日本看麦娘最主要的防除措施，对重发田块一般采用土壤封闭处理和茎叶处理相结合的方法加以防除。

农业防治 见看麦娘。

化学防治 小麦田首先进行土壤封闭处理。小麦播种后2～3天内用绿麦隆与异丙隆或异丙隆、丙草胺与氯吡嘧磺隆的复配剂进行土壤封闭处理，可防除大多数麦田单子叶和双子叶杂草，从而大大降低杂草发生基数。稻套免耕麦田通常可以在套播小麦前1～2天，将除草剂与肥、土混匀后撒施，进行土壤封闭处理。绿麦隆、异丙隆等药均可以使用，含乙草胺成分的除草剂不宜使用。施药前后注意保持土壤湿润，以促进除草剂在地表扩散，形成严密的封闭药层。

小麦田出苗后的日本看麦娘进行茎叶处理。主要用异丙隆、甲基二磺隆、唑啉草酯、啶磺草胺及其混配剂防除日本看麦娘。施药后杂草很快停止生长，一般2～4周后死亡，掌握在麦苗3～6叶期，杂草出齐后，越早用药越好。小麦拔节后不能使用。异丙隆和唑啉草酯施药前后要尽量避免出现大幅度降温寒潮天气，以免出现冻药害。甲基二磺隆对日本看麦娘等主要常见的禾本科杂草都有效，一般在小麦3～6叶期，禾本科杂草基本出齐、处于3～5叶期时及早施药，但甲基二磺隆对施药技术要求较高，生产上需要严格按照用药说明施药。

油菜田先作土壤封闭处理。直播油菜可在播后杂草出苗前用精异丙甲草胺和敌草胺土壤喷雾；移栽后1～2天可用精异丙甲草胺、敌草胺土壤喷雾。出苗后的日本看麦娘可用炔草酯、唑啉草酯、烯草酮茎叶喷雾处理。但要注意已产生抗药性的田块，应轮换使用其他除草剂并采取其他防除措施。长江流域稻—油菜一年两熟制作物田，油菜收获后，如果田间该草发生量大，下茬作物播种前，可以选用灭生性除草剂草甘膦进行茎叶喷雾处理。

参考文献

曹春田，李国宇，刘新峰，等，2003. 麦田恶性杂草日本看麦娘的发生防治[J]. 河南农业科学(10): 73.

曹立耘，2016. 恶性杂草日本看麦娘和看麦娘的合理防除[J]. 农药市场信息(26): 59.

方雅琴，2020. 防除抗性大龄日本看麦娘要选高效药[J]. 农药市场信息(4): 55.

李宜慰，梅传生，李永丰，等，1996. 麦田罔草和日本看麦娘对绿黄隆抗性的初步研究[J]. 江苏农业学报(2): 37-41.

沈国辉，管丽琴，石鑫，等，2000. 日本看麦娘生物学、生态学特性[J]. 上海农业学报(16): 37-40.

TANG H, LI J, DONG L, et al, 2012. Molecular bases for resistance to acetyl-coenzyme A carboxylase inhibitor in Japanese foxtail (*Alopecurus japonicas*) [J]. Pest management science, 68(9): 1241-1247.

MOHAMED I A, LI R Z, YOU Z G, et al, 2012. Japanese foxtail (*Alopecurus japonicas*) resistance to fenoxaprop and pinoxaden in China [J]. Weed science, 60(2): 167-171.

（撰稿：马小艳；审稿：宋小玲）

日本菟丝子 *Cuscuta japonica* Choisy

果园一年生寄生性草本杂草。又名菟丝子、大菟丝子、大粒菟丝子、金灯藤、黄丝藤、无根藤、无娘藤。英文名Japanese dodder。旋花科菟丝子属。

形态特征

成株 无根，具吸盘(图①②)。茎肉质，较粗壮，多分枝，缠绕，形似细麻绳，直径1～3mm，黄白色至枯黄色或稍带紫红色，上具有突起紫斑。叶已退化成鳞片状。花几无柄，小而多，长达8mm，聚集成穗状花序（图③）；苞片和小苞片鳞状，卵圆形；花萼碗状或杯状，深裂几达基部；裂片三角形至卵圆形，平展、稍立或微反折，中部加厚，肉质，边沿膜质，背面常有紫红色瘤状突起；花冠钟形，绿白色或淡红色，5浅裂；鳞片着生于花冠筒基部，长圆形，边缘具短流苏。雄蕊5，着生于花冠裂片之间；花药卵圆形，黄色或带红色；花丝无或几乎无；花柱合生为一，细长，柱头2裂。

子实 蒴果（图④），卵圆或椭圆形，近基部周裂，内有种子（图⑤）1～2粒，较大，直径约3mm，近圆锥形，略扁有棱角，一面稍平，有明显的喙，种皮黄褐色，具光泽，种脐线形，稍弯曲，乳白色。

幼苗 幼根极短，不明显伸长，幼苗生存时间一般10天左右，从基部向上萎缩，胚轴较粗，最初弯曲呈钩状，以后逐渐伸直，茎尖细长，无子叶。

生物学特性 一年生茎寄生缠绕杂草。苗期生长对温度和水分特别敏感，高温高湿对生长有利，如寄生在杞柳的日本菟丝子，当气温28℃，相对湿度70%时，生长十分迅速，平均每天生长达27cm，分枝多，当气温在40℃时，较正常温度生长缓慢，茎粗1.3倍。多雨、积水和低温，不利于幼苗生长。对阳光、水分充足的开阔环境及树木有所偏好，绿篱、乔木、路肩的护坡到海边的灌木丛，都是日本菟丝子理想的寄生环境。菟丝子有向顶覆盖特性，夏秋季是其生长高峰期。花果期北方7～11月，南方9～12月。

繁殖和传播 繁殖方法有种子繁殖和藤茎繁殖2种。远

日本菟丝子植株形态（马跃峰摄）

①危害状；②藤茎；③花及花穗；④蒴果；⑤种子

距离传播主要靠种子通过混杂在农作物、粮食、种苗、树木和其他商品调运中传播，风力、水流、鸟类和其他动物也是传播种子的重要途径之一；园林树木种苗携带菟丝子藤茎长距离跨区运输也是远距离转播的重要途径。近距离成熟种子脱落土壤，再经人为耕作进一步扩散。另一种传播方式是借寄主树冠之间的接触由藤茎缠绕蔓延到邻近的寄主上，或人为将藤茎扯断后有意无意抛落在寄主上。

侵染循环　日本菟丝子以成熟种子脱落在土壤中休眠越冬，在广东、广西、海南、云南也有以藤茎在寄主上过冬，翌年春温湿度适宜时即可继续生长攀缠危害。经越冬后的种子，翌年春末初夏，当温湿度适宜时种子在土中、枯枝落叶、树木的枝干裂缝中萌发；利用自身肉质胚乳储藏的养分，首先是下胚轴伸长，向下形成不分枝的棒状"根"，伸入土表或枯枝落叶中吸收水分，不形成根系；再上胚轴长出淡黄色细丝状的幼苗，随后不断生长，上端部分作旋转向四周伸出，随风摆动，当碰到寄主时，便紧贴其上缠绕，不久在与寄主的接触处形成吸盘，并伸入寄主体内吸取水分和养分，建立寄生关系，不断生长、缠绕、产生吸器循环往复。

分布与危害　日本菟丝子被列为中国二级危险性有害生物和检疫对象。中国主要分布在南方，江西、江苏、安徽、上海、福建、浙江、广东、广西、海南、云南、贵州、四川、湖南、湖北、河南、香港、台湾等地，北方黑龙江、辽宁、吉林、内蒙古、新疆、青海、宁夏、甘肃、山西、山东、河北、陕西有分布报道；国外分布于日本、朝鲜、俄罗斯、越南等国家和地区。

寄主范围相当广，多数草本、灌木及木本植物都可能成为日本菟丝子的寄生对象，是桑园、果园、茶园、绿化带的恶性寄生杂草。日本菟丝子在云南的寄主有55科128属144种，其中90种是木本植物种；在广西的寄生多达33科68种，如各种榕树、福建茶、紫薇、荔枝、桂花、龙眼、柑橘等多种果树和林木。日本菟丝子的寄主还有芝麻、大豆、向日葵等作物。日本菟丝子寄生后，以藤茎缠绕寄主茎干和枝条，被缠的枝条产生缢痕，藤茎在缢痕处形成吸盘，吸取树体的营养物质，藤茎生长迅速，不断分枝攀缠寄主，藤茎彼此交织覆盖整个树冠，形似"狮子头"。寄主受到不同程度的危害，轻者抑制生长，果树花少、花小，造成减产或减低品质，严重者整株成片枯死。如荔枝、龙眼被寄生后虽有花有果，但无产量；杞柳被寄生后，枝条变成褐色，不能用于编织；鹅掌柴被寄生后，枝茎形成"癌瘤"，上部黄枯；黄素梅及福建茶，严重时布满菟丝子，使受害植株生长不良，致茎枝畸形。很多寄主从吸器处枝条死亡，最后全株成片死亡。

防除技术

人工防治　春末夏初，常检查苗圃和果园，一旦发现日本菟丝子幼苗，应及时拔除烧毁。每年5～10月，常巡视果园，或结合修剪，剪除有菟丝子寄生的枝条，或将藤茎拔除干净，或移除带藤茎植株；不随意将菟丝子藤茎乱挂乱丢于农作物或园林树木上。

农业防治　种子、种苗、粮食及其他商品运输应严格执行检疫法，按程序进行，以免造成扩散和危害。结合苗圃和果园的栽培管理，掌握在日本菟丝子种子萌发期前进行中耕除草，将种子深埋在3cm以下的土壤中，使其难以萌芽出土。

生物防治　从患病的大花菟丝子藤茎上分离得到的4种能够防除日本菟丝子的生防菌，能使日本菟丝子致病而死，致病力由强到弱的顺序是：腐皮镰孢（*Fusarium solani*）>半裸镰孢（*Fusarium semitectum*）>茶褐斑拟盘多毛孢（*Pestalotiopsis guepinii*）>细交链孢（*Alternaria tenuis*）。

日本菟丝子天敌有5种昆虫，分别为女贞细卷蛾（*Eupoecilia ambiguella*）、小卷蛾（*Acroclita* sp.）、花翅小卷蛾（*Lobesia reliquana*）、菟丝子黑潜蝇（*Melanagromyza cuscutae*）和菟丝子小爪象甲（*Smicronyx* ssp.），能取食多种菟丝子的茎、花和果实，对菟丝子生长有抑制作用。

化学防治　对日本菟丝子发生较普遍的果园和高大的果株，一般于5～10月酌情喷药1～2次。草甘膦加硫酸铵、地乐胺加硫酸铵或仲丁灵均能有效防除日本菟丝子。草甘膦需慎重，不同植物要做安全性试验，确定浓度。果树新梢嫩叶期、开花结果期不能喷药，以免产生药害。

综合利用　种子是用于滋补肝肾、固精缩尿、益精壮阳，安胎、明目和止泻的草药。能治黄疸和各种疮毒肿毒，又能滋养强体，故亦为一种中医良药。菟丝子黄酮对实验性大鼠心肌缺血具明显的预防和治疗作用。

参考文献

李扬汉, 1998. 中国杂草志 [M]. 北京 : 中国农业出版社 : 489-490.

梁帝允, 张治, 2013. 中国农区杂草识别图册 [M]. 北京 : 中国农业科学技术出版社 : 287.

马跃峰, 郭成林, 马永林, 等, 2013. 广西园林菟丝子发生危害情况调查与分析 [J]. 南方农业学报, 44(12): 2001-2006.

许军, 杨明艳, 万静, 等, 2013. 日本菟丝子茎段的离体培养 [J]. 仲恺农业工程学院学报, 26(1): 61-63.

杨思霞, 黄旭光, 陆仟, 等, 2015. 黄金榕上日本菟丝子防除药剂筛选及其安全性评价 [J]. 南方农业学报, 46(10): 1828-1833.

中国科学院植物研究所, 1974. 中国高等植物图鉴 : 第三册 [M]. 北京 : 科学出版社.

（撰稿：马跃峰；审核：范志伟）

柔弱斑种草　*Bothriospermum zeylanicum* (J. Jacquin) Druce

夏熟作物田一二年生杂草。又名细茎斑种草。异名 *Bothriospermum tenellum* (Hornem.) Eisch.et Mey。英文名 tender bothriospermum。紫草科斑种草属。

形态特征

成株　高10～30cm（图①②）。茎细弱，直立或渐斜升，

柔弱斑种草植株形态（①④⑤张治摄；②③叶照春摄）

①群体；②植株；③花序；④果实；⑤幼苗

多分枝，有贴伏的短糙毛。单叶互生，叶片卵状披针形或椭圆形，长 1～4cm、宽 0.5～2cm，疏生紧贴的短糙毛，下部叶有柄，上部叶无柄。花序狭长，苞片椭圆形或狭卵形（图③）；聚伞花序柔弱细长；花小，具短柄，腋生或近腋生；花萼裂片线形或披针形，宿存，生糙伏毛；花冠淡蓝色或近白色，径约 2mm，喉部有 5 个附属物；雄蕊 5；子房 4 裂，花柱内藏。

子实　小坚果 4 个，肾形，长约 1.5mm，表面密生小疣状突起，腹面具纵椭圆状凹陷（图④）。种子长 0.5mm。

幼苗　子叶出土，近长圆形，具睫毛，腹面密生糙毛，具短柄（图⑤）。下胚轴明显，具直生短毛；上胚轴不发育。初生叶 1 片，阔卵形，两面均密被粗糙毛。

生物学特性　苗期秋冬季或少量至翌年春季。种子繁殖。花果期 4～5 月。

分布与危害　中国分布于长江中下游地区、华南、西南；日本也有。为小麦、油茶等夏熟作物田常见杂草。长江中下游地区的局部发生数量较大，有一定的危害性。

防除技术　应采取包括农业防治、生物防治和化学防治相结合的方法。此外，也可考虑综合利用。

农业防治　可采取人工或机械割除，果园等地发生也可采用地膜或防草布进行覆盖防除。

生物防治　果园等地发生时，可饲养鸡、鸭、鹅等进行防除。

化学防治　麦田可用 2 甲 4 氯、辛酰碘苯腈、苯达松、氯氟吡氧乙酸、唑嘧磺草胺等进行防除。油菜田则可用异丙甲草胺、乙草胺、乙氧氟草醚、甲草胺、二甲戊灵等土壤封闭处理；茎叶处理可选草除灵、二氯吡啶酸等。

综合利用　柔弱斑种草全草可入药，能止咳；炒焦治吐血。

参考文献

李扬汉, 1998. 中国杂草志 [M]. 北京: 中国农业出版社: 123-124.

（撰稿：叶照春；审稿：宋小玲）

柔枝莠竹　*Microstegium vimineum* (Trin.) A. Camus

秋熟旱作物田和人工林中一年生杂草。英文名 vimineous microstegium。禾本科莠竹属。

形态特征

成株　高约 1m（图①）。茎秆下部匍匐状，节上生根，分枝，无毛。叶鞘短于其节间，鞘口具柔毛；叶舌截形，长 0.6mm，背面生毛；叶片长 4～8cm、宽 0.5～0.9cm，边缘粗糙，顶端渐尖，基部狭窄，中脉白色。总状花序 2～6 枚，长 5cm，近指状排列于长 0.6cm 的主轴上，总状花序轴节间稍短于其小穗，边缘疏生纤毛（图②）；有柄小穗相似于无柄小穗或稍短，小穗柄短于穗轴节间，无柄小穗长 0.5cm，基盘具短毛或无毛；第一颖披针形，背部有凹沟，贴生微毛，先端具网状横脉，沿脊有锯齿状粗糙，内折边缘具丝状毛，顶端尖或有时具二齿；第二颖中脉粗糙，顶端渐尖，无芒；雄蕊 3 枚，花药长 0.1cm（图③）。

子实体　颖果长圆形，长 0.3cm（图⑤）。

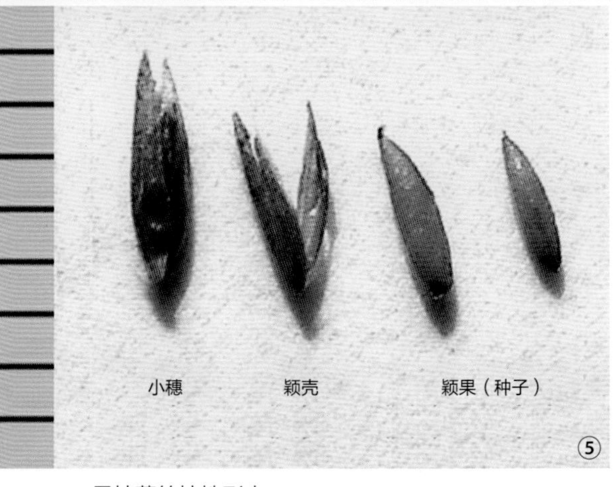

柔枝莠竹植株形态（②强胜摄；其余张治摄）

①成株；②花序；③花；④幼株；⑤子实

生物学特性　适宜水田、阴湿水沟、沼泽、田边或路边，在撂荒水田或耕作旱地危害较严重。以种子繁殖为主，兼有很强的营养器官繁殖特性，能迅速通过茎节产生不定根和芽而繁殖。花果期8～11月。水稻田经过多次中耕将全株翻起、踩压于泥土中，使其腐熟成为有机肥，有利于禾苗生长发育。因此耕作方式对柔枝莠竹的发生、扩展有较大的影响。

分布与危害　中国主要分布于河北、河南、山西、江西、湖南、福建、广东、广西、贵州、四川及云南等地。是水稻田、小麦、甘薯和人工林地的主要杂草之一。

防除技术　应采取农业防治为主的防除技术和综合利用等措施，不宜使用化学除草剂。

农业防治　在春耕时通过翻耕或铲草工作，将其翻压在土壤中，并通过多次中耕将其全株翻起压于土壤下，使其形成有机肥料，既节约成本又促进作物生长发育，以达到彻底清除的目的。

综合利用　6月以前柔枝莠竹是牛的幼嫩、可口的青饲料，因此结合农田管理培育柔枝莠竹饲料青草，发展养牛业，增加农业收入。

参考文献

罗瑞献，2000. 实用中草药彩色图集：第五册 [M]. 广州：广东科技出版社：160.

中国科学院中国植物质编辑委员会，1997. 中国植物志：第十卷 第二分册 [M]. 北京：科学出版社.

（撰稿：刘仁林；审稿：张志翔）

肉根毛茛　*Ranunculus polii* Franch. ex Hemsl. et Hemsley

夏熟作物田多年生杂草。又名上海毛茛、内根毛茛、肉质毛茛。英文名 fleshyroot buttercup。毛茛科毛茛属。

形态特征

成株　高5～15cm（图②③）。须根条状肥厚、肉质（图④）。茎匍匐或斜升，茎节着地生不定根，逐渐肉质化，另成新株。基生叶有长柄，通常二回三出式羽状分裂，小叶裂片线状披针形或匙形，全缘，少有1～2齿，长达8mm、宽约2mm；茎生叶具短柄或无柄，细裂。花稀疏，单生于茎或枝顶端，直径1～6cm（图①）；萼片5，淡绿色，长卵形，长约3.5mm，背面疏生柔毛；花瓣5，黄色或上部略显白色，倒卵形，长约7mm，蜜槽点状；雄蕊多数，花药矩圆形；心皮多数，无毛，花柱短而弯曲。

子实　聚合果球形，直径4～6mm；瘦果椭圆形，长2mm、宽1.5mm，先端略尖，基部宽楔形，表面被毛或光滑，有纵肋及短喙。

幼苗　子叶出土，宽卵形，先端钝圆，全缘，基部圆形，具柄。上、下胚轴均不发育。初生叶1片，互生，三出式羽状分裂，裂片边缘全缘，基部圆形或浅心形，具长柄。第一片后生叶与初生叶相似。全株光滑无毛。

生物学特性　冬季或早春萌发。一般以种子及肉质根生不定芽繁殖。花期2～3月，果期3～4月，果后即枯萎。

肉根毛茛植株形态（张治摄）
①花；②③植株；④须根

分布与危害　中国分布于长江中下游各地。上海为其模式产地。多局限于丘陵地区的石灰性土壤田块，为夏熟作物田早春杂草，冬春交季时节大量发生，对油菜的前期生长危害性较大。

防除技术　见禺毛茛。

综合利用　肉根毛茛全草有消暑解热、疏风解痒之效。而块根的效果则是散结消肿。

参考文献

郭普，2006. 植保大典 [M]. 北京：中国三峡出版社：1170.

江纪武，2015. 世界药用植物速查辞典 [M]. 北京：中国医药科技出版社：779.

李扬汉，1998. 中国杂草志 [M]. 北京：中国农业出版社：840-841.

（撰稿：郝建华；审稿：宋小玲）

软毛虫实　*Corispermum puberulum* Iljin

夏熟作物田一年生杂草。又名棉蓬。英文名 pubescent tickseed。苋科虫实属。

形态特征

成株　植株高15～35cm（图①②）。茎直立，圆柱形，直径约3mm，分枝多集中于茎基部，最下部分枝较长，上升，上部分枝较短，斜展。叶互生，无柄，条形，长2.5～4cm、宽3～5mm，先端渐尖具小尖头，基部渐狭，1脉。穗状花序顶生和侧生，圆柱形或棍棒状，紧密，长1～8cm，通常长3～5cm、直径约0.8cm，直立或略弯曲（图③④）；苞

软毛虫实植株形态（林秦文摄）

①②植株；③④花序

片披针形至卵圆形，长 1.5～0.5cm、宽 3～4mm，先端渐尖或骤尖，基部圆形，1～3 脉，具白膜质边缘，掩盖果实；花被片 1 或 3，近轴花被片 1，宽椭圆形或近圆形，顶端弧形具不规则细齿；远轴 3，较小或不发育；雄蕊 1～5，较花被片长。

子实　果实宽椭圆形或倒卵状矩圆形，长 3.5～4mm、宽 3～3.5mm，顶端具明显的宽的缺刻，基部截形或心形，背部凸起中央扁平，腹面凹入，被毛；果核椭圆形，背部有时具少数瘤状突起或深色斑点；果喙明显，喙尖为喙长的 1/3～1/4，直立或叉分，果翅宽，为核宽的 1/2～2/3，薄，不透明，边缘具不规则细齿。

生物学特性　中国特有种。生于河边沙地或海滨沙滩。喜温暖、半干旱生境，具有耐旱、耐盐和耐贫瘠等特点。其叶呈线形，能减少水分蒸发，同时叶片具有吸收凝结水的能力；地下部分特别发达，根中在正常维管组织外产生了环状排列的异常维管组织，利于吸收或储藏水分。每年 4 月下旬至 5 月初萌发，5 月中、下旬现蕾，6 月下旬至 7 月上旬开花，8 月中、下旬结果，9 月下旬至 10 月上旬枯死。花果期 7～9 月。

分布与危害　中国分布于黑龙江、辽宁、内蒙古、河北、山东、江苏、宁夏、甘肃、青海、新疆等地。生长于海拔 500m 的地区，见于河边沙地及海滨沙滩。入侵玉米、马铃薯、棉花田。1988 年报道青海农田中有发生；2019 年报道宁夏六盘山区中药材基地田边有发生。

防除技术　见藜。

综合利用　茎叶可做饲草。可刈割调制干草，冬春贮用，种子是牲畜的精饲料。

参考文献

李明，李吉宁，刘华，等，2019. 六盘山中药材田间杂草种类及药用植物资源 [J]. 宁夏农林科技，60(9): 54-63.

李扬汉，1998. 中国杂草志 [M]. 北京：中国农业出版社：215-216.

涂鹤龄，辛岳，陈照礼，等，1988. 青海农田草害调查研究 [J]. 青海农林科技 (1): 4-20.

辛华，曹玉芳，周启河，等，2000. 山东滨海盐生植物根结构的比较研究 [J]. 西北农业大学学报，28(5): 49-53.

中国科学院中国植物志编辑委员会，1979. 中国植物志：第二十五卷 第二分册 [M]. 北京：科学出版社：69.

（撰稿：宋小玲、黄兆峰；审稿：贾春虹）

R

赛葵 *Malvastrum coromandelianum* (L.) Gurcke

园地多年生亚灌木状常见杂草。又名黄花草、黄花棉。英文名 coromadel coast falsemallow、coast falsemallow。锦葵科赛葵属。

形态特征

成株 高达 1m（图①）。亚灌木状草本，疏被单毛和星状粗毛。单叶互生，卵形或卵状披针形，长 2～6cm，先端钝尖，基部宽楔形或圆，边缘具粗锯齿，上面疏被长毛，下面疏被长毛和星状长毛；叶柄长 0.5～3cm，密被长毛；托叶披针形，长约 5mm。花 1～2 朵，单生叶腋（图②）。花梗长约 5mm，被长毛；小苞片（副萼）3，线形，长约 5mm、宽约 1mm，疏被长毛；花萼浅杯状，长约 8mm，5 裂，裂片卵形，渐尖头，基部合生，疏被星状长毛和单长毛；花冠黄色，径约 1.5cm，花瓣 5，离生，倒卵形，长约 8mm、宽约 4mm；雄蕊柱长约 6mm，无毛；子房多室，每室 1 胚珠；花柱分枝 8～15，柱头头状。

子实 分果扁球形，直径约 6mm（图③④）；分果瓣 8～15，肾形，近顶端具芒刺 1 条，背部被毛，具芒刺 2 条。种子肾形（图⑤）。

幼苗 子叶出土，初生叶卵形，掌状分裂或有齿缺（图⑥）。

生物学特性 茎直立、分枝、多年生亚灌木状草本，散生于干热草坡、荒地、路旁，终年开花。种子繁殖，地下芽也行营养繁殖。赛葵在云南北热带和南亚热带两种气候带中均有出现，赛葵的密度在高干扰公路两侧呈"单峰"扩散格局，但扩散趋势不显著；密度和频度在高光水平下大于中光水平，但变化趋势不显著；坡向对赛葵的频度没有影响。赛葵入侵植物的特征不明显。

分布与危害 原产于南美洲，是中国归化植物，分布于澳门、香港、海南、广东、广西、福建、四川、云南、贵州、江西、上海、浙江等地；世界热带地区广布种。一般性杂草，发生于草坡、荒地、路旁或果园、茶园、咖啡园、胡椒园、芦笋园、甘蔗田等。该种最早入侵香港及广东沿海，为一种热带常见杂草，能排挤本地植物，散生于干热草坡，危害轻。在表现黄脉的赛葵上发现了很多双生病毒的种类，如云南赛葵黄脉病毒（malvastrum yellow vein Yunnan virus, MYVYNV）、番茄黄化曲叶病毒（tomato yellow leaf curl China virus, TYLCCNV）、广东赛葵曲叶病毒（malvastrum leaf curl Guangdong virus, MLCuGdV）等。双生病毒是植物病毒中唯一一类具孪生颗粒形态的单链环形病毒，已经在全世界范围内的多种作物上引起了严重的危害。在云南双生病毒病害适发区调查发现，带病赛葵在田间可周年繁殖、生长。赛葵是这些双生病毒重要的中间寄主和初始侵染源。

防除技术 应采取农业防治和化学防治相结合的方法。此外，应考虑综合利用等措施。

农业防治 由于该种主要靠其多年生地下根为优势来侵占作物田，可在作物播种前、出苗前及各生育期等不同时期进行翻耕、耙地、中耕除草，将其地下部分翻出地面晒干。对赛葵刚入侵的园地，首先在早期人工拔除是最有效的方法；已经入侵的园地，可人工或机械割草去除杂草地上部，再翻耕清除地下部分。同时要清除路旁、田边的杂草，以防止其种子的传播。覆盖秸秆、木屑、薄膜等，以及与豆科经济植物如白三叶或禾本科牧草如多花黑麦草间作方式，提高栽培植物的竞争能力，抑制赛葵萌发和生长。在茶园等行间距较大的园地进行畜禽养殖，啄食杂草种子和幼苗。

化学防治 针对苗圃、果园、茶园、甘蔗田等，可在赛葵出苗前用莠去津进行土壤封闭处理，甘蔗田还可用原卟啉原氧化酶（PPO）抑制剂甲磺草胺土壤封闭处理。针对出苗后的赛葵，果园、茶园等可用灭生性除草剂草甘膦、草铵膦或草甘膦与草铵膦的复配剂；苹果园和柑橘园可用原卟啉原氧化酶（PPO）抑制剂苯嘧磺草胺茎叶喷雾处理；柑橘园还可用草甘膦与 2,4- 滴的复配剂，注意定向喷雾，避免对作物造成伤害。非耕地可用草甘膦、草铵膦或激素类 2 甲 4 氯或 2,4- 滴丁酯、氯氟吡氧乙酸、氨氯吡啶酸等茎叶喷雾处理，也可用草甘膦与草铵膦，或草甘膦与 2 甲 4 氯、2,4- 滴丁酯、氯氟吡氧乙酸、氨氯吡啶酸、三氯吡氧乙酸、草铵膦与氯氟吡氧乙酸、草甘膦与苯嘧磺草胺等复配剂茎叶喷雾处理。

综合利用 赛葵可以全草入药，秋季采挖，洗净，分别切碎晒干。清热利湿，解毒散瘀。可祛除内伤、旧伤，用于感冒、肠炎、痢疾、黄疸型肝炎、风湿关节痛；外用治跌打损伤、疔疮、痈肿。赛葵根和茎提取物在体外对 α- 淀粉酶的抑制效果明显高于阿卡波糖，有潜力成为治疗糖尿病的药物。

参考文献

陈森，贾楠，许铭宇，等，2018. 茶园覆盖木屑与间作作物的生态循环模式效应 [J]. 仲恺农业工程学院学报，31(3): 1-8.

李扬汉，1998. 中国杂草志 [M]. 北京：中国农业出版社：698-699.

万方浩，刘全儒，谢明，等，2012. 生物入侵：中国外来入侵植物图鉴 [M]. 北京：科学出版社：104-105.

赛葵植株形态（覃建林、马永林摄）

①群体；②花；③④果实；⑤种子；⑥幼苗

于云奇, 2012. 四川攀枝花赛葵上双生病毒的检测与鉴定 [D]. 重庆: 西南大学.

赵金丽, 马友鑫, 朱华, 等, 2008. 云南省南部山地 7 种主要入侵植物沿公路两侧的扩散格局 [J]. 生物多样性, 16(4): 369-380.

中国科学院中国植物志编辑委员会, 1984. 中国植物志: 第四十九卷 第二分册 [M]. 北京: 科学出版社: 14-15.

DINLAKNONT N, PALANUVEJ C, RUANGRUNGSI N, 2014. In vitro antidiabetic potentials of *Sida acute*, *Abutilon indicum* and *Malvastrum coromandelianum* [J]. International journal of current pharmaceutical research, 12(4): 87-89.

（撰稿：覃建林；审核：宋小玲）

三裂蟛蜞菊 *Sphagneticola trilobata* (L.) Pruski

果园、草坪多年生杂草。又名南美蟛蜞菊、穿地龙。异名 *Wedelia trilobata* (L.) Hitche。英文名为 trailing daisy、bay biscayne creeping-oxeye。菊科蟛蜞菊属。

形态特征

成株　株高可达 2m 以上。浅根系，常匍匐生长。茎圆，常呈紫红色，近顶端被茸毛（图①②）。叶对生，厚革质，卵状披针形，先端短尖或钝，边近全缘或有锯齿（常呈明显 3 裂，即有一对侧裂片），基部狭而近无柄，主脉 3 条。黄色头状花序（图③④⑤），具长柄，腋生或顶生，花序直径 1.5～4cm；总苞 2 层。边缘 1 层舌状花，鲜黄具柄，中央管状花先端 5 裂齿（图⑥～⑧）。

子实　瘦果倒卵形或楔状长圆形（图⑨），长约 4mm，宽近 3mm，具 3～4 棱，基部尖，顶端宽，截平，被密短柔毛，无冠毛及冠毛环。有两型，Ⅰ型饱满可育，Ⅱ型扁平瘦小不育。

生物学特性　三裂蟛蜞菊生境广泛，具有较高的表型可塑性，能较好地适应各种环境，生长快速，喜阳，但荫蔽条件下仍可生长良好；耐旱、耐湿、耐贫瘠与盐碱，但不耐寒；具有较高的抗病虫害的能力，野外种群极少发现有病虫害发生。花期全年，以无性克隆生长为主要繁殖方式，但仍保留有性繁殖，种子常散落于浓密枝条下方，因光线不足以及凋落物的化感作用，而导致发芽率不高，同时也因自身化感自毒作用影响，幼苗生长缓慢，因此野外种群的实生苗数量极低。但其无性克隆繁殖能力极强，匍匐茎长到一定长度后，在其茎节上长出不定根，萌发出新的幼枝，能够在较短时间内大量繁殖蔓延，形成浓密的地被，占领新的空间。三裂蟛蜞菊还通过化感作用抑制其他植物的生长，其化感物质主要包括 2 种半倍萜内酯：oxidoisoyrilobolide-6-0-isnbutyrate 和 trilobolide-6-0-isnbutyrate。

分布与危害　三裂蟛蜞菊原产南美洲及中美洲地区，其环境适应性强，繁殖快，易形成覆盖植被，因而许多国家作为地被绿化植物引进，现已广泛分布于东南亚和太平洋许多国家和地区，定居后很快逃逸为野生。三裂蟛蜞菊已经在许多热带、亚热带国家和地区形成危害，澳大利亚、巴拿马、美国等国家把其列为有害入侵杂草。早在 20 世纪 80 年代中国香港首先作为地被绿化植物引进栽培，以后迅速在华南地区发展蔓延，目前在中国的东部、南部以及沿海、岛屿等多见分布，主要生长于路边、田边，湿润草地等处，攀缘于公园、住宅绿地等，逐渐成为农业、林业、园林业和环境危害严重的杂草。

因其具有快速的无性克隆生长能力及强烈的化感作用，三裂蟛蜞菊能在短时间内排挤当地植物（包括农作物）并覆盖灌草层，形成单一植被，特别是在海南、广东、福建，近年有发现其逐渐扩散到农田、林地，影响作物生长。

防除技术

物理防治　在三裂蟛蜞菊影响严重的区域，宜采用人工或机械清除的办法。在每年植物生长旺季和雨季来临之前，利用人工或机械进行地毯式清除。人工拔掉或割断根茎，及时清除土壤中残留茎段。在园林景观绿地、果园等处可结合日常管理进行清除。在自然山体、人工林、风景区等受保护自然景观，集中时间和人力清除。清除后及时选择一些生长迅速、适应性强的经济作物或观赏植物种植替代。

化学防治　果园、茶园等可在其幼苗期和营养生长期，利用灭生性除草剂草甘膦、草铵膦或草甘膦与草铵膦的复配剂茎叶喷雾处理，注意定向喷雾，避免对作物造成伤害。非耕地可用草甘膦、草铵膦或激素类氯氟比氧乙酸、二氯吡啶酸、氨氯吡啶酸等茎叶喷雾处理，也可用草甘膦与草铵膦，或草甘膦与氯氟比氧乙酸、氨氯吡啶酸、三氯吡氧乙酸、草铵膦与氯氟比氧乙酸等复配剂茎叶喷雾处理。

综合利用　三裂蟛蜞菊的匍匐茎能在节上生出新的植株，迅速繁殖，能够很好地覆盖地表，常年大量开花且生长稳定从而非常漂亮吸引人，适当修剪保持其低矮度和整形，常用于地被绿化，也适于花坛或者吊盆栽培作为悬垂绿化利用。三裂蟛蜞菊生性粗放，能够适应不同的环境，可以在多种土壤环境下生长，可以作为加强堤坝、边坡防护的地被植物，也可以作为废矿山或矿井附近的煤矸石土、垃圾填埋场植被恢复和重建的材料。在中国民间，三裂蟛蜞菊植株全草还具有清热解毒、凉血止血、消炎退肿等功效，被用于治疗咽喉肿痛、百日咳、跌打扭伤等。

参考文献

李希娟，漆萍，谢春择，2006. 南美蟛蜞菊的繁殖研究 [J]. 韶关学院学报（自然科学版）(9): 99-101.

祁珊珊，贺芙蓉，汪晶晶，等，2020. 丛枝菌根真菌对入侵植物南美蟛蜞菊生长及竞争力的影响 [J]. 微生物学通报，47(11): 3801-3810.

吴彦琼，胡玉佳，廖富林. 2005. 从引进到潜在入侵的植物——南美蟛蜞菊 [J]. 广西植物，25(5): 413-418.

张彬，何伟杰，周羽新，等，2020. 外来植物南美蟛蜞菊对模拟盐胁迫的响应 [J]. 江苏农业科学，48(4): 105-111.

QI S S, DAI Z C, MIAO S L, et al, 2014. Light limitation and litter of an invasive clonal plant, *Wedelia trilobata*, inhibit its seedling recruitment [J]. Annals of botany, 114(2): 425-433.

QI S S, LIU Y J, DAI Z C, et al, 2020 Allelopathy confers an invasive *Wedelia* higher resistance to generalist herbivore and pathogen

三裂蟛蜞菊植株形态（戴志聪、祁珊珊摄）

①枝条及叶片；②茎及茎上被毛；③花序；④花序顶面观；⑤花序底面观；⑥总苞；⑦舌状花；⑧管状花；⑨果实（左边败育，右边正常）；⑩种群入侵现状

enemies over its native congener [J]. Oecologia, 192(2): 415-423.

SI C C, DAI Z C, LIN Y, et al, 2014. Local adaptation and phenotypic plasticity both occurred in *Wedelia trilobata* invasion across a tropical island [J]. Biological invasions, 16(11): 2323-2337.

（撰稿：戴志聪；审稿：宋小玲）

三裂叶薯 *Ipomoea triloba* L.

秋熟旱作物田一年生杂草。又名小花假番薯、红花野牵牛，英文名 three-lobe morning glory、little bell。旋花科番薯属。

形态特征

成株　茎缠绕或有时平卧，无毛或散生毛，且主要在节上（图①③）。单叶，互生，叶宽卵形至圆形，长 2.5～7cm、宽 2～6cm，全缘或有粗齿或深 3 裂，基部心形，两面无毛或散生疏柔毛；叶柄长 2.5～6cm，无毛或有时有小疣。花序腋生（图②④），花序梗短于或长于叶柄，长 2.5～5.5cm，较叶柄粗壮，无毛，明显有棱角，顶端具小疣，1 至数朵花成伞形状聚伞花序；花梗多少具棱，有小瘤突，无毛，长 5～7mm；苞片 2，较小，披针状长圆形；萼片 5，近相等或稍不等，长 5～8mm，外萼片稍短或近等长，长圆形，钝或锐尖，具小短尖头，背部散生疏柔毛，边缘明显有缘毛，内萼片有时稍宽，椭圆状长圆形，锐尖，具小短尖头，无毛或散生毛；花冠漏斗状，长约 1.5cm，无毛，淡红色或淡紫红色，冠檐裂片短而钝，有小短尖头。雄蕊 5，内藏，花丝丝状，基部常扩大而稍被毛，花药卵形至线形，有时扭转；花粉粒球形，有刺；子房 2 室，4 胚珠，花柱 1，线形，不伸出，花盘环状。

三裂叶薯植株形态（宋小玲摄）

①植株；②花（示意花冠）；③缠绕本地物种；④花序及花（示意苞片及花萼）

子实 蒴果近球形，长5～6mm，具花柱基形成的细尖，被细刚毛，2室，4瓣裂。种子4，褐色，宽倒卵形，长3.5mm，无毛。

幼苗 子叶出土，倒梯形，先端凹缺，全缘，叶基心形，3出脉，具长柄。初生叶1，呈卵形，互生，密被茸毛。

生物学特性 适生于田边、路旁、果园、山坡、苗圃等。繁殖方式主要为种子繁殖，有缠绕特性，自然条件下的出苗能力与降雨量密切相关。花期5～10月，果期8～11月。为二倍体植物，染色体数目为2n=16。土壤中40%～80%的含水量最有利于三裂叶薯发芽。种子具有休眠性；种子萌发对光不敏感；对温度的需求不严格，在25/15℃、30/20℃和35/25℃的变温下均有很高的萌发率；适宜的出土深度为0.5～4cm，以0.5cm发芽率最高，土层深度为2.8cm时，萌发抑制率达50%，超过6cm种子不能萌发；幼苗在10℃以上气温即可生长。0.5g/ml的三裂叶薯水浸液对白菜、莴笋、芥菜和萝卜幼苗根生长均具有一定的抑制，说明三裂叶薯具有一定的化感作用。

分布与危害 原产美洲热带地区，现广泛分布在世界热带地区，在40多个国家危害40多种作物。由于自身的杂草性、入侵性，该草有快速蔓延的趋势。在中国已报道分布于台湾、广东、深圳、福建、广西、湖南、浙江、江苏、安徽、江西、云南、河南、陕西、山东崂山、黑龙江齐齐哈尔、大连旅顺。生丘陵路旁、荒草地或田间，能轻松排挤、缠绕、覆盖本地物种，危害棉花、大豆、高粱、花生、玉米等秋熟旱作物。由于其缠绕性质，三裂叶薯不仅与农作物争夺养分和水分，对农作物产生危害，也对参与收割的人或机器造成妨害。在菲律宾的调查表明：三裂叶薯是根结线虫和爪哇根结线虫的替代宿主。另外三裂叶薯也可充当害虫引诱剂加重大豆田和玉米田中害虫的伤害。

防除技术

农业防治 严格执行植物检疫制度，防止三裂叶薯种子通过粮食、苗木等夹带传到尚没有分布的地区。精选作物种子，防止通过作物种子传入田间。作物种植之前，对三裂叶薯种子进行诱发后杀灭，达到竭库目的，减少三裂叶薯的危害。随着土层深度的增加，三裂叶薯出苗率逐渐降低，通过深翻把掉落在土壤表层的三裂叶薯种子埋至土层深处，减少田间出苗数。采用稻草、稻壳和木屑等覆盖能够抑制三裂叶薯种子的萌发。在幼苗尚没有缠绕作物之前进行人工或机械清除，植株残体带出田间集中销毁。

化学防治 国外文献报道原卟啉原氧化酶抑制剂甲磺草胺（sulfentrazone）和氨唑草酮（amicarbazone）土壤封闭处理对三裂叶薯有优秀的防除效果。甲磺草胺在中国目前登记用于甘蔗田，国外也用于玉米、大豆、花生、高粱、向日葵；氨唑草酮在中国登记用玉米田。根据作物类型选择这2种除草剂进行土壤封闭处理。茎叶处理应在三裂叶薯4叶期前进行，超过6叶期后防效显著下降。茎叶处理剂中，玉米田可用烟嘧磺隆、硝磺草酮、莠去津单剂及复配剂进行茎叶喷雾处理；也可在玉米10叶期后用灭生性除草剂草铵膦定向喷雾。大豆、花生田可用乙羧氟草醚、氟磺胺草醚进行茎叶喷雾处理。非耕地、柑橘园、苹果园可用苯嘧磺草胺，或苯嘧磺草胺与草铵膦的复配剂，对旋花科杂草有较好防效。

综合利用 嫩叶可以用来喂猪羊兔。叶可入药，有治头痛胃痛功效。三裂叶薯基因组测序于2018年完成，它是栽培甘薯（*Ipomoea batatas*）的二倍体近缘野生种，具有抗旱、抗病等优良性状，对培育抗性甘薯具有重要价值。

参考文献

陈树文，苏少范，2007. 农田杂草识别与防除新技术[M]. 北京：中国农业出版社.

石晓雯，贺立恒，焦晋华，等，2018. 甘薯二倍体近缘野生种三裂叶薯MYB转录因子全基因组分析及逆境胁迫响应[J]. 核农学报，32(7): 1338-1348.

宋鑫，沈奕德，黄乔乔，等，2013. 五爪金龙、三裂叶薯和七爪龙水浸液对4种作物种子萌发与幼苗生长的影响[J]. 热带生物学报，4(1): 50-55.

中国科学院中国植物志编辑委员会，1979. 中国植物志：第六十四卷 第一分册[M]. 北京：科学出版社：90.

CAMPOS L H F, FRANCISCO M O, CARVALHO S J P, et al, 2009. Susceptibility of *Ipomoea quamoclit*, *I. triloba* and *Merremia cissoides* to the herbicides Sulfentrazone and Amicarbazone [J]. Planta daninha, 27(4): 831-840.

CHAUHAN B S, ABUGHO S B, 2012. Threelobe morningglory (*Ipomoea triloba*) germination and response to herbicides [J]. Weed science, 60(2): 199-204.

WU S, LAU K H, CAO Q H, et al, 2018. Genome sequences of two diploid wild relatives of cultivated sweet potato reveal targets for genetic improvement [J]. Nature communications, 9(1): 4580.

（撰稿：宋小玲、毛志远；审稿：强胜）

三裂叶豚草 *Ambrosia trifida* L.

原产北美的一年生粗壮直立草本外来入侵杂草。又名大破布草。英文名giant ragweed。菊科豚草属。

形态特征

成株 直根系。茎直立，绿色有纵条棱，基部木质化，高50～450cm，有分枝或不分枝，被短糙毛，有时近无毛。单叶对生，少部分高大植株顶端少数叶互生，具叶柄，长2.5～9cm，有腺斑，被短糙毛，基部膨大，边缘有窄翅，被长缘毛；中下部叶片掌状3～5裂，上部叶片3裂或有时不裂，裂片卵状披针形或披针形，顶端急尖或渐尖，边缘有锐锯齿，上面深绿色，背面灰绿色，粗糙，两面被短糙伏毛，有三或五基出脉（图②）。雌雄同株异花，雄头状花序多数，圆形，直径约5mm，有长2～3mm的细花序梗，下垂，在枝端密集成（穗状或）总状花序（图④）；总苞浅碟状，绿色，总苞片结合，外面有3肋，边缘有圆齿，被疏短糙毛；每个头状花序有20～30朵雄花（图⑤a）；花药黄色，长1～2mm，花冠钟形，上端5裂，外面有5紫色条纹（图⑤b），花药离生，卵圆形（图⑤c, d）；退化雌蕊的花柱不分裂，顶端膨大成画笔状（图⑤c）；雌头状花序在雄头状花序下方叶状苞叶的腋部聚成团伞状（图⑤e）；每个雌花序下有叶状苞片，其内为含一个无被雌花的总苞，总苞倒

S

卵形，长 6～8mm，宽 4～5mm，顶端具圆锥状短嘴，嘴部以下有 5～7 肋，每肋顶端有瘤或尖刺，无毛，花柱 2 深裂，丝状，上伸出总苞的嘴部之外（图⑤ f）。

子实　瘦果为总苞所包被；总苞倒卵形，长 6～12mm，宽 3～7mm，苞体周围有 5～10 个显著隆起的纵脊，近顶部常具 5～7 钝刺，顶端具圆锥状喙，长 2～4mm；瘦果倒圆锥形，无毛，果皮灰褐色至黑色，藏于坚硬的总苞中（图⑤ g）。

幼苗　子叶匙状椭圆形，长 10～15mm，宽 9～15mm，基部逐渐过渡为子叶柄，二者长度相同。下胚轴粗壮，长 20～50mm，直径可达 5～6mm，光滑无毛，上部绿色，近地面处黑紫或红色，有时长不定根；上胚轴具棱和开展的毛，长 20～30mm。初生叶对生，长卵圆形，三个裂片，两个侧裂片较小，顶裂片较大，叶背淡绿色，正面鲜绿色，具伏生毛，羽状网脉，后生叶有三个大齿或三浅裂，对生（图③）。

生物学特性　适应能力强，在不同温度、光照、水分和土壤条件下均能生存，偏好被干扰的湿润环境，常见于废弃地、农田、果园、林缘、沟渠、河边湿地、公路路边、铁路边、建筑工地等，在河岸、草地和废弃地等生境常形成大面积单优群落，取代当地植物（图①）。风媒传粉，单株种子产量达 5000 粒，甚至超过万粒；种子萌发受生长环境的影响，在高纬度地区（如黑龙江）其种子具有休眠特性，低温层积 8～12 周萌发率可达 95%，在低纬度地区（如江西）部分种子（10%）不经过休眠即可萌发，新成熟的种子，需经 5～6 个月的休眠期，低温层积 8 周萌发率可达 95%。从早春到仲春种子可大量萌发，在土壤中，5℃时种子开始发芽，在土壤温度 20～30℃、土壤湿度不小于 52% 的条件下，种子萌发率可达 70%。花期 7～8 月，果期 8～9 月。已经发现对乙酰乳酸合成酶抑制剂型除草剂具有抗性的三裂叶豚草生物型（biotypes）。

分布与危害　原产北美东部地区，现主要分布于全球温带地区。中国最早于 1935 年在辽宁铁岭地区发现，20 世纪 50 年代初出现于沈阳，50 年代开始在北京和河北大量发生。截至 2020 年，黑龙江、吉林、辽宁、北京、天津、河北、湖北、湖南、内蒙古、安徽、江西、浙江、上海、四川、山东、贵州和新疆等地均有分布。三裂叶豚草主要通过种子随着粮食调运、交通往来、水流、沙土搬运、鸟类和食草动物活动等传播，是中国危害最严重的外来入侵植物之一，2010 年 1 月被列入《中国第二批外来入侵物种名单》，2013 年被列入《中国首批重点管理外来入侵物种名录》。

三裂叶豚草是危害严重的农田杂草，能入侵高粱、向日葵、大豆、豌豆、玉米、小麦和棉花等农田，竞争空间、阳光、水分和养分等环境资源，抑制农作物生长，导致作物产量下降。在自然生态系统，三裂叶豚草种子产量大，萌发早，生长旺盛，具有起始竞争优势，能成功入侵当地群落并取代土著植物，成为优势种，降低生物多样性，并逐渐改变生态系统的物种组成和功能，为中国危害最严重的环境害草之一。三裂叶豚草的花粉是夏秋季花粉过敏症（枯草热症，hay fever）的主要致病原，能引起鼻炎、发热或皮炎，严重

三裂叶豚草植株形态（王维斌、曲波、高凡凡摄）

①危害状况；②植株；③幼苗；④雄总状花序；⑤花及其解剖结构

（a 雄头状花序；b 雄花外观；c 雄花内部（中为花柱）；d 雄花花药；e 雌头状花序；f 雌总苞；g 果实）

S

者会出现并发肺气肿、肺心病甚至死亡，严重威胁人类健康。

防除技术

机械防治　人工割除应在开花结实之前进行，因为7月下旬和8月，割断的三裂叶豚草可长出新茎和花序；多次刈割可有效降低其种子产生量，但仍不能根除三裂叶豚草。翻耕可有效控制三裂叶豚草幼苗。人工拔除花园等小地块中的三裂叶豚草也可。

生物防治　利用专一性的自然天敌是控制三裂叶豚草的可持续策略。豚草锈菌（*Puccinia xanthii* f. sp. *ambrosiae-trifidae*）能干扰三裂叶豚草的光合作用。豚草条纹叶甲（*Zygogramma suturalis*）可取食三裂叶豚草叶片，豚草卷蛾（*Epiblema strenuana*）成虫可蛀食茎秆，二者均已用于生物防治。还发现有取食根部的三裂叶豚草的地下天敌、取食种子的地上天敌。

化学防治　见豚草。

综合利用　三裂叶豚草应用价值研究较少。在原产地，其叶片可用于止血、催吐和退烧，也可作为装饰植物。

参考文献

董合干，周明冬，刘忠权，等，2017. 豚草和三裂叶豚草在新疆伊犁河谷的入侵及扩散特征[J]. 干旱区资源与环境，31(11): 175-180.

关广清，高东昌，崔宏基，等，1983. 辽宁省两种豚草的考察初报[J]. 植物检疫(6): 16-18.

曲波，杨红，陈旭辉，等，2011. 豚草锈菌对三裂叶豚草光合生理特性的影响[J]. 生物安全学报，20(3): 227-231.

王志西，刘祥君，高亦珂，等，1999. 豚草和三裂叶豚草种子休眠规律研究[J]. 植物研究，19(2): 161-164.

魏守辉，曲哲，张朝贤，等，2006. 外来入侵物种三裂叶豚草(*Ambrosia trifida* L.)及其风险分析[J]. 植物保护，32(4): 14-19.

IQBAL M F, FENG W W, GUAN M, et al, 2020. Biological control of natural herbivores on *Ambrosia* species at Liaoning Province in Northeast China [J]. Applied ecology and environmental research, 18(1): 1419-1436.

WU Z Y, RAVEN P H, HONG D Y, 2011. Flora of China Volumes 20-21 (Asteraceae) [M]. Beijing: Science Press and Missouri Botanical Garden Press: 353.

ZHAO Y Z, LIU M C, FENG Y L, et al, 2020. Release from below- and aboveground natural enemies contributes to invasion success of a temperate invader [J]. Plant and soil, 452: 19-28.

（撰稿：王维斌、鲁萍；审稿：冯玉龙）

三穗薹草　*Carex tristachya* Thunb.

林地多年生草本杂草。英文名 three spicate sedge。莎草科薹草属。

形态特征

成株　秆丛生，高20～45cm（图①②）。根状茎短。纤细，钝三棱形，平滑，基部叶鞘暗褐色，碎裂成纤维状。叶短于或近等长于秆，宽2～4（5）mm，平张，边缘粗糙。苞片叶状，长于小穗，具鞘，鞘长6～12mm。小穗4～6个（图③），上

三穗薹草植株形态（①顾余兴摄；②③杜巍摄；④⑤张宏伟摄）
①生境；②植株；③花序；④果序；⑤种子

部接近，排成帚状，有的最下部1个远离，顶生小穗雄性，线状圆柱形，长1～4cm、宽1～1.5mm，近无柄；侧生小穗雌性，圆柱形，长1～3（3.5）cm、宽2～3mm，花稍密生；上部的小穗柄短而包藏于苞鞘内，最下部的柄伸出，长2.5～3.5（5.5）cm，直立，纤细；雄花鳞片宽卵形，基部二侧边缘分离至稍合生，花丝扁化，但不合生；雌花鳞片椭圆形或长圆形，长约2mm，顶端钝，截形或急尖，具短尖，背面中间绿色，两侧淡黄色。

子实　果囊长于鳞片，直立，卵状纺锤形，三棱形，长3～3.2mm，膜质，绿色，具多条脉，被短柔毛，基部渐狭，具短柄，上部渐狭成喙，喙口具微2齿。小坚果紧包于果囊中，卵形，长2～2.5mm，淡褐色，顶端缢缩成环状；花柱基部膨大呈圆锥状，柱头3个（图④⑤）。花果期3～5月。

生物学特性　在野外分布较广，适应性较强，对土壤类型要求不严，主要生长郁闭度较低的常绿阔叶林林缘、针叶林下、落叶林下、路边坑边草丛中、山坡灌丛或草丛中，海拔600m以下。野生状态下呈不连续的孤丛生长或零星分布，喜潮湿环境，在自然条件下以种子繁殖为主。

分布与危害　主要发生在江苏、湖南、安徽、海南、浙江等地。是路边田埂、农田湿地常见杂草之一。

防除技术　三穗薹草适应性较强，生长期长，应采取农业技术为主的防除技术和综合措施，不宜使用化学除草剂。

农业防治　在春耕时铲除路边、田埂、湿地的三穗薹草丛，并挖掘其根系，清除残留在土壤中的大、小根系，以达到彻底清除的目的。

综合利用　丛生植物，生长期长，四季常绿，翌年返青早，可栽培观赏。但三穗薹草叶子较软，相对凌乱，其观赏期主要集中在春季新叶期。

参考文献

张春桃，朱小楼，沈波，等，2009. 低温胁迫对4种薹草植物生理生化的影响[J]. 安徽农业科学，37(35): 17469-17472.

（撰稿：赵良成；审稿：张志翔）

三叶朝天委陵菜　*Potentilla supina* L. var. *ternata* Peterm.

夏熟作物田一二年生杂草，是朝天委陵菜的变种。又名东北委陵菜、灰白老鹳筋、三数老鹳筋、田野老鹳筋、小花委陵菜、小瓣委陵菜。英文名ternateleaf cinquefoil。蔷薇科委陵菜属。

形态特征

成株　植株分枝极多，矮小铺地或微上升，稀直立（图①）。基生叶有小叶3枚，顶生小叶有短柄或几无柄，常2～3深裂或不裂。茎下部花为单花，腋生，上部者呈伞房状聚伞花序（图②）；花梗长0.8～1.5cm，被短柔毛；萼片三角状卵形，先端急尖，副萼片长椭圆形或椭圆状披针形，先端急尖，与萼片等长或稍长；花瓣5，黄色，倒卵形，先端微凹，与萼片近等长或稍短。

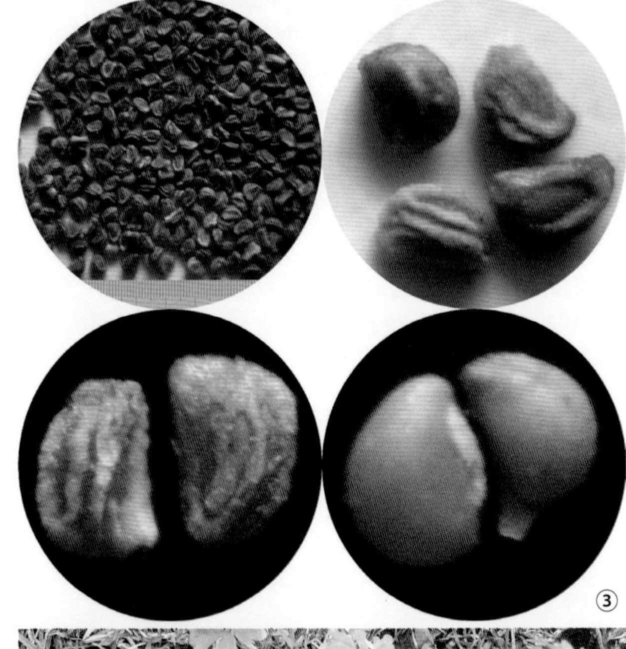

三叶朝天委陵菜植株形态（张治摄）

①成株；②花；③果实；④幼苗

子实　瘦果，长圆形，先端尖，一侧具翅，有时不明显（图③）。

生物学特性　三叶朝天委陵菜以种子进行繁殖。花果期3～10月。

分布与危害　中国分布于黑龙江、辽宁、河北、山西、陕西、甘肃、新疆、河南、安徽、江苏、浙江、江西、广东、四川、贵州、云南等地，多生于水湿地边、荒坡草地、河岸沙地及盐碱地及林下阴湿处，海拔300～2100m。发生于夏熟作物小麦、油菜等作物田，为常见杂草。

防除技术

化学防治　见朝天委陵菜。

综合利用　三叶朝天委陵菜兼具食用和药用价值，具清热解毒、散瘀止血等功效。

参考文献

李鹏业，曾阳，马祥忠，等，2012. 委陵菜属植物的化学成分及药理作用研究进展 [J]. 青海师范大学学报 (自然科学版)(3): 61-64.

李扬汉，1998. 中国杂草志 [M]. 北京：中国农业出版社：861.

闽运江，杜忠笔，2008. 安徽产委陵菜属四种可食用野菜的成分分析 [J]. 中国林副产品，95(4): 4-6.

朱长山，李贺敏，万四新，2003. 蔷薇科植物二新异名 [J]. 植物研究，23(3): 276-277.

（撰稿：马小艳；审稿：宋小玲）

三叶崖爬藤　*Tetrastigma hemsleyanum* Diels et Gilg

林地多年生草质藤本杂草。又名三叶青、石老鼠、石猴子、蛇附子。葡萄科崖爬藤属。

形态特征

成株　草质藤本（图①）。小枝纤细，有纵棱，无毛或被疏柔毛。卷须不分枝，相隔2节间断与叶对生。叶为3小叶，小叶披针形、长椭圆披针形或卵状披针形，长3～10cm、宽1.5～3cm，顶端渐尖，稀急尖，基部楔形或圆形，侧生小叶基部不对称，近圆形，边缘每侧有4～6个锯齿，锯齿细或有时较粗，上面绿色，下面浅绿色，两面均无毛；侧脉5～6对，网脉两面不明显，无毛；叶柄长2～7.5cm，中央小叶柄长0.5～1.8cm，侧生小叶柄较短，长0.3～0.5cm，无毛或被疏柔毛。花序腋生（图②），长1～5cm，比叶柄短、近等长或较叶柄长，下部有节，节上有苞片，或假顶生而基部无节和苞片，二级分枝通常4，集生成伞形，花二歧状着生在分枝末端；花序梗长1.2～2.5cm，被短柔毛；花梗长1～2.5mm，通常被灰色短柔毛；花蕾卵圆形，高1.5～2mm，顶端圆形；萼碟形，萼齿细小，卵状三角形；花瓣4，卵圆形，高1.3～1.8mm，顶端有小角，外展，无毛。雄蕊4，花药黄色；花盘明显，4浅裂；子房陷在花盘中呈短圆锥状，花柱短，柱头4裂。

子实　浆果，近球形或倒卵球形，直径约0.6cm，熟时红色，有种子1颗；种子倒卵状椭圆形，顶端微凹，基部圆钝，表面光滑，种脐在种子背面中部向上呈椭圆形，腹面两侧洼穴呈沟状，从下部近1/4处向上斜展直达种子顶端。

生物学特性　种子繁殖或借助茎节的不定根行无性繁殖。花期4～6月，果期8～11月。适生海拔300～1300m的沟谷溪边湿润处，喜温暖，耐阴性强。生长适温10～28℃，每年春、秋两季生长旺盛，盛夏生长减缓，冬季休眠停止生长。15%光照条件有利于三叶崖爬藤维持较高的光合作用。在露地无遮阴条件下，三叶崖爬藤的成活率、生长量最差。

分布与危害　中国分布于长江流域以南及西南各地。借助卷须攀缠于马尾松、湿地松、肉桂、八角、油茶、厚朴、樟树等林木枝叶上，到过树冠时枝叶繁茂，覆盖林木树冠，削弱林木的光合作用，影响林木生长。对人工林造成一定的潜在影响。三叶崖爬藤具有极强的耐阴性，在半阴环境下，能较快生长，形成的荫蔽环境对幼树或天然林更新幼苗也造成较大影响。

防除技术

农业防治　林地清理时炼山或用除草剂消除林地上的三叶崖爬藤茎蔓。加强对幼林的抚育管理，清除三叶崖爬藤幼苗，疏枝透光，抑制其生长。

三叶崖爬藤植株形态（秦新时摄）

①枝叶和花序；②花序

人工防治 对已受害的林木，可于每年4～10月采用人工将覆盖于树冠的藤蔓清理干净，将地面上的藤茎挖除，可达到治理的效果。

综合利用 块根或全草入药，性味微苦，具清热解毒，消肿止痛，化痰功效，可用于小儿高热惊风、百日咳、疔疮痈疽、淋巴结结核、毒蛇咬伤、肺炎、支气管炎、肝炎及病毒性脑膜炎等症。块根的平均总黄酮含量为10.1601mg/g，具有很好的抗菌、抗病毒、抗肿瘤的活性。

参考文献

陈通旋，张璇，刘作福，等，2016. 三叶崖爬藤在贵州地区的引种试验研究 [J]. 现代农业科技 (21): 54, 56.

吉庆勇，程文亮，吴华芬，等，2014. 三叶青生物学特性研究 [J]. 时珍国医国药 (1): 219-221.

江苏新医学院，1977. 中药大辞典 [M]. 上海：上海科学技术出版社 .

李瑛琦，陆文超，于治国，等，2003. 三叶青的化学成分研究 [J]. 中草药 (11): 34.

魏克民，丁刚强，浦锦宝，等，2007. 中草药三叶青抗肿瘤作用机制实验研究和临床应用 [J]. 医学研究杂志，36(11): 41-43.

杨华，宋绪忠，陈磊，2010. 不同遮阴处理的三叶崖爬藤光合作用特性 [J]. 林业科技开发 (5): 57-59.

杨学楼，罗经，孙松柏，等，1989. 中药三叶青抗病毒作用的研究 [J]. 湖北中医杂志 (4): 40-41.

浙江省食品药品监督管理局，2006. 浙江省中药炮制规范 [M]. 杭州：浙江科学技术出版社 .

（撰稿：冯志坚；审稿：张志翔）

涩荠 *Malcolmia africana* (L.) R. Br.

夏熟作物田一二年生杂草。又名离蕊芥、硬果涩荠、马康草、千果草、麦拉拉、大麦荠菜。英文名 acerbity mustard。十字花科涩荠属。

形态特征

成株 高8～35cm（图①）。密生单毛或叉状硬毛；茎直立或近直立，多分枝，有棱角。叶长圆形，长2～8cm、宽0.5～1.8cm，先端圆钝，基部楔形，具波状齿或全缘，叶柄长5～10mm或近无柄。总状花序有10～30朵花，疏松排列，果期长达20cm（图②③）；萼片长圆形，长4～5mm；花瓣紫色或粉红色，长8～10mm。长角果（线细状）圆柱形或近圆柱形，长3.5～7cm、宽1～2mm，近四棱，倾斜、直立或稍弯曲，密生短或长分叉毛，或二者间生，或具刚毛，少数几无毛或完全无毛；柱头圆锥状；果梗加粗，长1～2mm。

子实 长角果近四棱柱形，长3.5～7cm。种子长圆形，长约1mm，浅棕色（图④）。花果期6～8月。

涩荠植株形态（魏有海提供）

①成株；②③花；④花果；⑤幼苗

幼苗　子叶近椭圆形（图⑤），长4mm、宽2mm，先端急尖，具叶柄。下胚轴发达，上胚轴不发育。初生叶1片，叶长圆形、倒披针形或近椭圆形，顶端圆形，有小短尖，基部楔形，全缘；叶柄长1～2mm；密被分叉柔毛。

生物学特性　种子繁殖。苗期秋冬至翌年春季，花期5～7月，果期6～8月。种子经3～4个月休眠后萌发。

分布与危害　中国分布于河北、山东、山西、河南、安徽、江苏、陕西、甘肃、宁夏、青海、新疆、四川。生在路边荒地或田间。是秦岭—淮河一线以北地区麦类、油菜、菜地等夏熟作物田极常见的杂草，部分麦类作物田受害严重。

防除技术

农业防治　精选良种，避免作物种子中夹带该草种子；春小麦与春油菜轮作，有利于防治涩荠；结合耕翻、整地，消灭土表的杂草种子；提高播种的质量，以苗压草。

化学防治　小麦或青稞田可选用苯磺隆、唑嘧磺草胺、唑草酮、啶磺草胺，在作物3～5叶期茎叶喷雾处理。春油菜田在油菜2～4片真叶时可用草除灵茎叶喷雾处理。

综合利用　全株入药，具有祛痰定喘，泻肺行水，治咳逆痰多，脾虚肿满，胸腹积水、胸肋胀满，肺痈。全株也可做饲料，种子可榨油。此外涩荠植株低矮，具有较强的生态适应性和抗逆性，特别适合在自然式园林中应用。

参考文献

李扬汉, 1998. 中国杂草志 [M]. 北京 : 中国农业出版社 : 460-461.

刘慧平, 韩巨才, 任青平, 等, 1993. 苯黄隆防除麦田杂草 [J]. 农药 (4): 12.

肖国举, 任万海, 刘一祖, 1999. 海原县麦田杂草种类及危害情况调查 [J]. 宁夏农林科技 (6): 38-40.

周太炎, 郭荣麟, 陆莲立, 等, 1980. 中国十字花科药用植物简报 [J]. 中草药, 11(7): 315-320.

（撰稿：魏有海；审稿：宋小玲）

沙蓬　*Agriophyllum squarrosum* (L.) Moq.

秋熟旱作物地一年生杂草。又名沙米。英文名 saphon agriophyllum。藜科沙蓬属。

形态特征

成株　高14～60cm（图①②）。茎直立，坚硬，浅绿色，具不明显的条棱，幼时密被分枝毛，后脱落；由基部分枝，最下部的一层分枝通常对生或轮生，平卧，上部枝条互生，斜展。叶无柄，披针形、披针状条形或条形，长1.3～7cm、宽0.1～1cm，先端渐尖具小尖头，向基部渐狭，叶脉浮凸，纵行，3～9条。穗状花序紧密，卵圆状或椭圆状，无梗，腋生（图③）；苞片宽卵形，先端急缩，具小尖头，后期反折，背部密被分枝毛；花被片1～3，膜质；雄蕊2～3，花丝锥形，膜质，花药卵圆形。

子实　果实卵圆形或椭圆形，两面扁平或背部稍凸，幼时在背部被毛，后期秃净，上部边缘略具翅缘；果喙深裂成2个扁平的条状小喙，微向外弯，小喙先端外侧各具一小齿突。种子近圆形，光滑，有时具浅褐色的斑点。

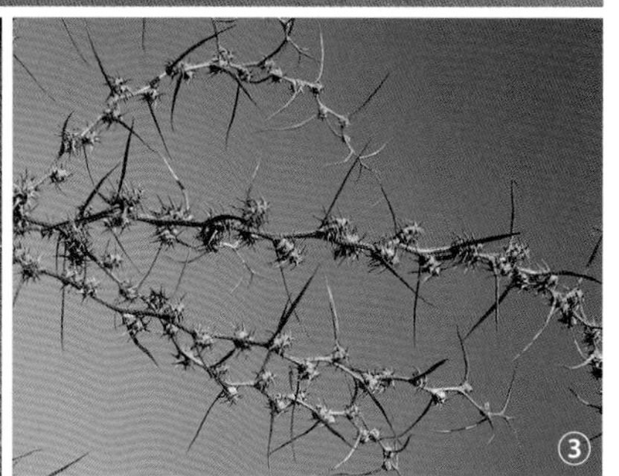

沙蓬植株形态（林秦文摄）

①成株；②茎叶；③花；④幼苗

生物学特性　一年生浅根型草本。种子繁殖。花果期8～10月。具有极强的抗旱、抗寒、抗盐碱能力，生命力顽强、繁育周期短、光合效率高、繁殖速度快。喜生于沙丘或流动沙丘背风坡上，为中国北部沙漠地区常见的沙生植物。

分布与危害　中国分布于东北、河北、河南、山西、内蒙古、陕西、甘肃、宁夏、青海、新疆和西藏等地。沙蓬是北方作物田主要杂草，危害不重。

防除技术

化学防治　根据发生的生境可选用2甲4氯、氟乐灵防除。

综合利用　为西北荒漠地区"固沙先锋"。其地上部分入蒙药，具有清热、解毒的功效；种子营养丰富，为一种天然的减肥食品；由于含有黄酮、三萜、香豆素、甾醇、生物碱等次生代谢产物，具有抗糖尿病、抗氧化、降血脂等作用。

参考文献

陈树文，苏少范，2007. 农田杂草识别与防除新技术 [M]. 北京：中国农业出版社.

强胜，2009. 杂草学 [M]. 2 版. 北京：中国农业出版社.

许海燕，冯鑫红，张金玉，等，2020. 沙蓬的研究进展 [J]. 食品科学，41(13): 346-354.

《中国高等植物彩色图鉴》编辑委员会，2016. 中国高等植物彩色图鉴 [M]. 北京：科学出版社.

中国科学院中国植物志编辑委员会，1979. 中国植物志 [M]. 北京：科学出版社.

（撰稿：贺俊英；审稿：宋小玲）

山莓 *Rubus corchorifolius* L. f.

林地直立灌木杂草。又名树莓、三月泡。英文名 raspberry。蔷薇科悬钩子属。

形态特征

成株 高 1～2（3）m。直立灌木（南方冬季不落叶），枝具皮刺，幼时被柔毛。单叶，卵形至卵状披针形，长 5～12cm、宽 2.5～5cm，顶端渐尖，基部微心形，有时近截形或近圆形，上面色较浅，沿叶脉有细柔毛，下面色稍深，幼时密被细柔毛，逐渐脱落至老时近无毛，沿中脉疏生小皮刺，边缘不分裂或 3 裂，通常不育枝上的叶 3 裂，有不规则锐锯齿或重锯齿，基部具 3 脉；叶柄长 1～2cm，疏生小皮刺，幼时密生细柔毛；托叶线状披针形，具柔毛。花单生或少数生于短枝上（图①）；花梗长 0.6～2cm，具细柔毛；花直径可达 3cm；花萼外密被细柔毛，无刺；萼片卵形或三角状卵形，长 5～8mm，顶端急尖至短渐尖；花瓣长圆形或椭圆形，白色，顶端圆钝，长 9～12mm、宽 6～8mm，长于萼片。雄蕊多数，花丝宽扁；雌蕊多数，子房有柔毛。

子实 果实由很多小核果组成，近球形或卵球形，直径 1～1.2cm，红色，密被细柔毛（图②～④）；核具皱纹。

生物学特性 山莓多生长于向阳山坡、溪边、山谷、荒地和灌丛中，海拔 2000m 以下。山莓是荒地的一种先锋植物，耐贫瘠，适应性强，属阳性植物，在阴坡和森林内少有山莓分布。其繁殖方式除种子繁殖外，亦可根蘖成苗。一般 2～3 年就可开花结果。花期 1～3 月，果期 3～5 月。

分布与危害 中国分布范围广泛，除了东北、甘肃、青海、新疆、西藏外，全国均有分布。山莓在路旁荒地、采伐迹地、火烧迹地、未成林造林地和一些灌木林地上多有发生，在一些砍伐迹地与未成林造林地上常常成片分布，对植树造林与幼树的生长形成阻碍；枝叶上有皮刺，对植株有保护作

山莓植株形态（喻勋林摄）

①花；②③④果枝

用，在清理杂草与森林抚育时常常造成不便。

防除技术 主要采取农业防治，亦可采取生物防治及化学防治相结合的方法。

农业防治 首先是对造林地进行清理，在短时间内迅速清除杂草灌木，去除杂草根系，为人工林的营造创造条件；然后是合理密植，增加郁闭度，以减少林下杂草的滋生。幼林阶段，由于林地光照充足，山莓易迅速繁殖，且可根蘖繁殖，难以除尽，可于夏、秋季结合林地抚育进行挖除。林地郁闭后，山莓危害即可逐步消失。

生物防治 可在造林前放养牛羊等牲畜，采食山莓和其他杂草的叶片与果实。

化学防治 采用草甘膦、2,4- 滴丁酯，进行茎叶喷雾，持效期达 60 天以上，除草效果在 98% 以上。除草要掌握除早、除小、除了的原则。

综合利用 果味甜美，含糖、苹果酸、柠檬酸及维生素 C 等，可供生食、制果酱及酿酒。果、根及叶入药，有活血、解毒、止血之效；根皮、茎皮、叶可提取栲胶。

参考文献

陈炳华, 刘剑秋, 黄晓明, 1999. 福建省山莓营养成分分析及利用价值 [J]. 福建师范大学学报 (自然科学版)(3): 79-83.

陈炳华, 余望, 2000. 山莓资源及其开发利用 [J]. 资源开发与市场 (5): 286-287.

刘海仓, 黄志龙, 朱永安, 等, 1999. 山莓生物学特性及人工驯化栽培初步研究 [J]. 湖南林业科技 (1): 29-34.

刘盼, 2014. 秦岭南坡森林抚育间伐对林地土壤养分的影响 [D]. 咸阳: 西北农林科技大学.

王秉术, 1996. 落叶松人工林采伐前后下层植被的演替 [J]. 东北林业大学学报 (5): 82-86.

邬美玉, 2011. 山莓化学成分研究 [J]. 药学实践杂志 (4): 287-290.

周双德, 彭晓英, 谭斌, 等, 2007. 山莓生态习性与叶的解剖结构观察 [J]. 湖南农业大学学报 (自然科学版)(3): 285-286.

（撰稿：喻勋林；审稿：张志翔）

蛇床 *Cnidium monnieri* (L.) C.

夏熟作物田一二年生杂草。又名山胡萝卜、蛇米、蛇粟、蛇床子。英文名 common cnidium。伞形科蛇床属。

形态特征

成株 高 10～60cm（图①②）。根圆锥状，较细长。茎直立或斜上，多分枝，中空，表面具深条棱，粗糙。叶互生；下部叶具短柄，叶鞘短宽，边缘膜质，上部叶柄全部鞘状；叶片轮廓卵形至三角状卵形，长 3～8cm、宽 2～5cm，二至三回三出式羽状全裂，羽片轮廓卵形至卵状披针形，长 1～3cm、宽 0.5～1cm，先端常略呈尾状，末回裂片线形至线状披针形，长 3～10mm、宽 1～1.5mm，具小尖头，边缘及脉上粗糙。复伞形花序直径 2～3cm（图③）；总苞片 6～10，线形至线状披针形，长约 5mm，边缘膜质，具细睫毛；伞辐 8～20，不等长，长 0.5～2cm，棱上粗糙；小总苞片多数，线形，长 3～5mm，边缘具细睫毛；小伞形花序具花 15～20，萼齿无；花瓣 5，白色，先端具内折小舌片；花柱基略隆起，花柱长 1～1.5mm，向下反曲。

子实 双悬果长圆状，长 1.5～3mm、宽 1～2mm（图④），横剖面近五角形，主棱 5，均扩大成翅。

幼苗 子叶矩圆形，长约 9mm，先端渐尖，具小尖突，基部楔形，主脉明显，具长柄（图⑤）。初生叶 1，轮廓近肾形，掌状深裂，缘有钝齿，齿端有小尖头，叶上面被短毛，有明显掌状脉，具长柄。

生物学特性 多分布于海拔较低的河谷、田边、湿地、草地、丘陵及山区。喜生于开阔向阳、湿润、排水良好的砂质土壤中。种子繁殖。生长期因地理位置不同有差异，一般在 5～6 月开花，6～7 月结果；在江苏、浙江一带，出苗期 11 月，生长旺盛期为翌年 4 月，开花期 4 月中旬至 5 月上旬，果熟期 5 月中旬。

分布与危害 蛇床分布几遍全中国，很多地区作为中药材栽培。作为侵入农田的杂草，在江苏南京、苏州、常熟等地的小麦田，蛇床发生的频度较高，但主要分布在田埂上，杂草种子散落田间，导致草相变化，增加杂草防治成本，同时田埂杂草也会影响机械收获等生产管理操作。在四川、湖北等地的小麦和油菜田，蛇床为一般性杂草，发生数量和危害程度不严重。在烟草田、果园和茶园中也有发生，危害程度轻。

防除技术 应采取包括农业防治、化学防治、综合利用相结合的方法。

农业防治 在蛇床结实之前，及时清理田埂杂草，减少落入田间的种子量，以达到控草的目的。水旱轮作的地区，可在前茬种植水稻时，结合网捞等方式，减少田间杂草种子总量，减少夏熟作物田杂草发生。

化学防治 小麦田可用噻吩磺隆、异丙隆或两者的复配剂，以及吡氟酰草胺在播后苗前进行土壤封闭处理。对于没有完全封闭住的残存个体，小麦田选用双氟磺草胺、唑草酮、氟氯吡啶酯、氯氟吡氧乙酸或它们的复配制剂进行茎叶处理。油菜田可用酰胺类除草剂作土壤封闭处理：直播油菜可在播后杂草出苗前用精异丙甲草胺和敌草胺土壤喷雾；移栽油菜在移栽前 1～3 天可用乙草胺或乙草胺与异噁草松的复配剂土壤喷雾，移栽后 1～2 天可用精异丙甲草胺、敌草胺。油菜田出苗后的蛇床可用草除灵、二氯吡啶酸进行茎叶处理。

综合利用 果实“蛇床子”，主要化学成分为香豆素类化合物和挥发油类，在医学上具有抗炎、抗变态反应及抗心律失常的作用。果实中提取的蛇床子素可制成生物农药，用于防治水稻纹枯病菌和小麦赤霉病菌及发生在草莓、黄瓜上的白粉病，对水稻细菌性褐条病原菌和甜豌豆带化病菌等病原菌也显示出较高的生物活性。从蛇床根茎提取的化合物有望成为控制烟粉虱、果蝇、腐酪食螨的控制剂或先导化合物；蛇床对黏虫有良好的毒杀和拒食活性，其丙酮果实提取物对黏虫 24 小时的拒食率为 100%，72 小时的死亡率为 63.3%。果实和根茎提取物具有开发成生物源农药的潜力。

参考文献

黄韵, 罗鸣, 王瑛, 等, 2020. 蛇床子植物学相关研究进展 [J]. 热带亚热带植物学报, 28(6): 644-650.

蛇床植株形态（周小刚、刘胜男摄）

①生境；②成株；③花序；④果实；⑤幼苗

霍国伟, 2007. 蛇床子素农用抗菌剂的研究 [D]. 武汉：华中农业大学.

李儒海, 褚世海, 魏守辉, 等, 2014. 湖北省冬小麦田杂草种类与群落特征 [J]. 麦类作物学报, 34(11): 1589-1594.

李扬汉, 1998. 中国杂草志 [M]. 北京：中国农业出版社: 978-979.

沈晴, 杨平俊, 李俊, 2016. 苏州市小麦田杂草调查及防除对策 [J]. 上海农业科技 (6): 147-149.

吴娇, 张卫云, 周利娟, 2015. 伞形科杀虫抑菌活性及其活性成分研究进展 [J]. 农药, 54(1): 6-13.

张巧艳, 郑汉臣, 秦路平, 等, 2001. 蛇床的生物学特性及资源分布 [J]. 中国野生植物资源 (6): 25-26, 35.

朱建义, 郑仕军, 赵浩宇, 等, 2018. 不同耕作方式对小麦田杂草发生规律及产量的影响 [J]. 中国农学通报, 34(33): 12-16.

（撰稿：刘胜男；审稿：宋小玲）

生化选择性 biochemical selectivity

利用除草剂在植物体内生物化学反应的差异产生的选择性。这种选择性在作物田应用，安全性高，属于除草剂真正意义的选择性。这些反应可分为活化反应与钝化反应两大类型。活化主要通过酶促反应使无活性的化合物转化为具除草活性的化合物从而对杂草起杀灭作用，而钝化则主要通过脱氯反应、谷胱甘肽轭合反应、N-脱烷基反应和N-脱丙基反应等使除草剂在植物体内降解从而对作物安全。

除草剂在植物体内活化反应差异产生的选择性 这类除草剂本身对植物并无毒害或毒害较小，但在植物体内经过代谢而成为有毒物质。因此，此类除草剂的毒性强弱，主要取决于植物转变药剂的能力，即转变能力强者将被杀死，而转变能力弱者则得以生存。如2甲4氯丁酸或2,4-滴丁酸本身对植物并无毒害，但经植物体内β-氧化酶系的催化产生β-氧化反应，生成杀草活性强的2甲4氯或2,4-滴。由于不同植物体内所含β-氧化酶活性的差异，因而转化2甲4氯丁酸或2,4-滴丁酸的能力也有不同。大豆、芹菜与苜蓿等植物含β-氧化酶活性很低，不能将药剂大量转变成有毒的2甲4氯或2,4-滴，故不会受害或受害很轻。一些β-氧化能力强的杂草如荨麻、藜与蓟等，将药剂大量地转变为有毒的2甲4氯或2,4-滴，故被杀死。新燕灵在野燕麦体内则是通过羧酸酯酶转变为生物活性酸，对野燕麦起作用的；而其在小麦体内分解率低，其分解物还能很快与糖轭合，从而对小麦安全。

除草剂在植物体内钝化反应的差异产生的选择性 这类除草剂本身虽对植物有毒害，但经植物体内酶或其他物质的作用，则能钝化而失去其活性。由于药剂在不同植物中的代谢钝化反应速度与程度的差别，而产生了选择性。如莠去津对玉米安全，而对大多数杂草有毒害，其原因是由于玉米根系中含有一种特殊解毒物质——玉米酮（2,4-二羟基-7-甲氧基-1,4-苯并噁嗪-3-酮），使莠去津迅速产生脱氯反应，生成毒性低的羟基衍生物，继而由于玉米叶部谷胱甘肽轭合成酶的作用，使莠去津产生谷胱甘肽轭合物，从而丧失活性。水稻和稗草对敌稗的选择性差异，主要是由于它们叶中含有的酰胺水解酶活性差异造成的。水稻能迅速地水解钝化敌稗，生成无杀草活性的3,4-二氯苯胺和丙酸，而稗草含有酰胺水解酶的活性很低，难以分解钝化敌稗，故仍能维持敌稗的毒性。有机磷酸酯类和氨基甲酸酯类药剂对酰胺水解酶有一定抑制作用。因此，敌稗在水稻田应用不能与上述两类药剂混用或前后间隔应用，否则，易造成水稻药害。同样道理，敌稗可以同上述两类药剂混用，用于果园除草，具有增效作用。

另外，磺酰脲类除草剂在植物体内解毒作用主要是在谷胱甘肽转移酶的作用下与谷胱甘肽发生轭合反应。如氯嘧磺隆在大豆幼苗内发生谷胱甘肽轭合反应，从而丧失活性。氟乐灵可安全地用于胡萝卜地除草。这是由于氟乐灵在胡萝卜体内易产生N-脱丙基反应，而迅速失去其活性，而多种杂草反应能力差，能被氟乐灵杀死。

参考文献

贺字典，王秀平，2017. 植物化学保护[M]. 北京：科学出版社.

徐汉虹，2018. 植物化学保护学[M]. 北京：中国农业出版社.

赵善欢，2000. 植物化学保护[M]. 3版. 北京：中国农业出版社.

HATHWAY D E, 1989. Molecular Mechanisms of Herbicide Selectivity [M]. Oxford: Oxford University Press.

Grossmann K, Hutzler J, Caspar G, et al, 2011. Saflufenacil (Kixor ™): biokinetic properties and mechanism of selectivity of a new protoporphyrinogen IX oxidase inhibiting herbicide [J]. Weed science, 59(3): 290-298.

GROSSMANN K, EHRHARDT T, 2007. On the mechanism of action and selectivity of the corn herbicide topramezone: a new inhibitor of 4-hydroxyphenylpyruvate dioxygenase [J]. Pest management science: formerly pesticide science, 63(5): 429-439.

PARKER E T, WEHTJE G R, MCELROY J S, et al, 2015 Physiological basis for differential selectivity of four grass species to aminocyclopyrachlor [J]. Weed science, 63(4): 788-798.

RUIZ-SANTAELLA J P, HEREDIA A, DE PRADO R, 2006. Basis of selectivity of cyhalofop-butyl in Oryza sativa L [J]. Planta, 223(2): 191-199.

NIÑA G D, SATOSHI I, 2020. Cytochrome P450-mediated Herbicide Metabolism in Plants: Current Understanding and Prospects. [J]. Pest management science: 6040.

MORELAND D E, CORBIN F T, FLEISCHMANN T J, et al, 1995. Partial characterization of microsomes isolated from mung bean cotyledons [J]. Pestic biochem physiol, 52: 98-108.

SIMINSZKY B, CORBIN F T, WARD E R, et al, 1999. Expression of a soybean cytochrome P450monooxygenase cDNA in yeast and tobacco enhances the metabolism of phenylurea herbicides [J]. Proceedings of the National Academy of Sciences of the United States of America, 96: 1750-1755.

PAN L, YU Q, WANG J, et al, 2021. An ABCC-type transporter endowing glyphosate resistance in plants [J]. Proceedings of the National Academy of Sciences of the United States of America, 118(16): 136.

（撰稿：毕亚玲、张风文；审稿：刘伟堂、宋小玲）

生活史多型性 polymorphism of life history

杂草从种子萌发产生新个体，历经生长发育、开花结实最终形成新一代种子的过程。杂草种类的不同，其完成生活史的方式和生活史周期历经的时间也不尽相同。根据杂草当年开花一次结实成熟，隔年开花一次结实成熟和多年多次开花结实成熟的习性，将杂草的生活史过程分为一年生、二年生和多年生三类。

一年生杂草 在一年中完成从种子萌发到产生种子直至死亡的生活史全过程，可分为春季一年生杂草和夏季一年生杂草。春季一年生杂草在春季萌发，初夏开花结实并形成种子，如繁缕、阿拉伯婆婆纳等，主要发生于夏熟作物田。秋季一年生杂草在初夏萌发，生长发育时经过夏季高温，当年秋天产生种子并成熟越冬，多发生于秋熟旱作田和水田，如大豆田的狗尾草、牛筋草等；稻田中的稗草、千金子等。

二年生杂草 生活史在跨年度中完成，又称越年生杂草。在第一年秋季杂草萌发生长莲座状叶丛，第二年春后抽薹、开花、结实，如野胡萝卜。这类杂草在莲座状叶期对除草剂敏感。春季一年生杂草中不少种类也是二年生杂草，如看麦娘、硬草、野老鹳草等，这些杂草萌发出苗时间长，很难一次性防除。多年生杂草可存活两年以上，不但能结实传代，而且能通过地下变态器官生存繁衍，如蒲公英、狗牙根、空心莲子草等。在一定条件下，同一杂草的生活习性可以发生改变，如草坪中的短叶马唐通常是一年生杂草，不断地修剪可使其转变成多年生杂草。

杂草种子的萌发出苗有地上萌发出苗、地下萌发出苗和半地上地下萌发出苗三类。地上萌发出苗，形成子叶出土幼苗。种子萌发时，胚根首先突破种皮生长，接着下胚轴迅速伸长，将子叶带离种壳并推出地面，子叶出土后展开并变为绿色，可短暂进行光合作用。地下萌发出苗，形成子叶留土幼苗。种子萌发时，仅上胚轴或中胚轴与胚芽向上生长，使子叶和种皮藏留于土壤中，如禾本科杂草等。半地上地下萌发出苗，形成的杂草兼有子叶出土和子叶留土的特点。

一年生杂草和二年生杂草主要进行有性繁殖，开花结实产生种子。有些杂草也有一定的营养繁殖能力，如禾本科杂草马唐、千金子等可通过节处生根繁殖。多年生杂草同时具有有性繁殖和营养繁殖能力，依靠种子和营养繁殖器官进行繁殖，并度过不良气候条件。根据芽位和营养器官的不同可分为：①地下芽杂草。越冬或越夏芽在土壤中。其中还可分为地下根茎类如刺儿菜、苣荬菜、双穗雀稗等；块茎类如香附子、扁秆藨草等；球茎类如野慈姑等；鳞茎类如小根蒜等；直根类如车前。②半地下芽杂草。越冬或越夏芽接近地表，如蒲公英。③地表芽杂草。越冬或越夏芽在地表，如蛇莓、艾蒿等。④匍匐茎克隆繁殖。如火柴头兼有克隆繁殖、气生有性生殖、贴地有性生殖和地下有性生殖多种方式。克隆繁殖是指火柴头基株不断形成匍匐茎，其上产生克隆株，形成若干无性繁殖系，单株成丛成群，若植株遭受人为或自然因素损伤以及动物与家畜的啃食等，则各克隆株均可存活独立生长，并迅速扩散成片生长。贴地有性生殖，是指近基部茎节侧芽形成贴地生殖枝，其上两性花均为闭花受粉型，正常结实成熟。地下有性生殖是其近地面芽形成的生殖枝入土后，在地表下 3～5cm 土层中穿行，节上不产生不定根，生殖枝上的顶芽和侧芽在地下开花结实，形成可育种子。3 类生殖枝发育成熟均能形成大、中、小粒种子，并在其形态、萌发出苗特性及其对环境反应均有所不同。

杂草不同的类型的生活史过程中各种繁殖方式都是对其生存的人工生境适应性的表现，在人类的频繁农事操作过程中，杂草不断演化，逐渐形成与作物种植方式相适应的生活史。

参考文献

金银根，2006. 植物学 [M]. 北京：科学出版社.

李扬汉，1998. 中国杂草志 [M]. 北京：中国农业出版社.

强胜，2009. 杂草学 [M]. 2 版. 北京：中国农业出版社.

（撰稿：朱金文、金银根；审稿：宋小玲）

S

生理选择性 physiological selectivity

指不同植物根系、茎叶、幼芽、胚轴对除草剂吸收与传导的差异而产生的选择性。除草剂药效的发挥最终取决于到达靶标位点的有效剂量。然而，有许多因素影响着除草剂分子从叶片外部通过表皮和底层细胞到达作用部位。如角质层的理化性质、除草剂剂型、植物生理状况等都会影响除草剂的药效，土壤处理剂的药效同样受到影响除草剂吸收到根部并传导至作用位点的因素的影响。

吸收和传导除草剂剂量越多的植物，植物常表现为敏感，越易被杀死，反之植物则表现为不敏感。如豌豆对 2,4-滴有耐受性，而番茄则对 2,4- 滴敏感，因为豌豆仅仅在药后 24 小时内吸收 2,4- 滴，而番茄在药后 7 天内吸收了更多的药量；小麦和玉米吸收 2,4- 滴的速度比豆科植物慢，单子叶植物吸收 2,4- 滴的速度慢是其选择性的一个重要原因；耐草铵膦大麦和敏感狗尾草的活性差异主要由于吸收和传导差异造成的。

吸收的差异 不同植物的发芽、出土特性不同，根芽形态特性等存在差异；除草剂被植物吸收要通过一系列屏障，这些屏障包括气孔、角质层、表皮和细胞壁，每种屏障的作用因除草剂—植物—环境的组合而异。气孔在不同物种之间以及在不同环境中生长的同一物种的植物间有所不同，气孔是一个明显的入口，但其并不对吸收产生重要影响，因为气孔的开放会随着田间环境条件和除草剂的施用时间而变化，当除草剂被正确配制和施用时，无论气孔是否存在或孔径大小，都会发生表皮渗透。角质层是植物叶片表面的一层蜡质层，是一种膜状疏水性脂类物质。不同种类植物角质层的结构与厚度存在差异，亲油性除草剂进入叶片组织受到表面角质层的阻隔，会首先扩散到含水非原生质体，然后通过质膜进一步渗透到共质体中；亲水性农药可能通过叶片表皮的气孔或亲水小孔等进入叶片内部，进而分布在细胞质或细胞间隙内。角质层特性又因植物种类、年龄及环境条件而异，幼嫩叶片及遮阴处生长的叶片角质层比老龄叶片及强光下生长的叶片薄，易吸收除草剂，表现为更敏感。不同植物对除草剂的吸收部位及同种植物的不同生育阶段对除草剂的吸收程度不同。如黄瓜易从根部吸收草灭畏，故表现敏感，用黄瓜作砧木，无论接穗是黄瓜还是接穗南瓜，均表现 ^{14}C- 草灭畏的大量吸收，而某些南瓜品种，其根部吸收草灭畏的能力极弱，用南瓜作砧木，无论接穗是黄瓜还是南瓜，均表现 ^{14}C- 草灭畏极微弱的吸收，表现为较高的耐药性。就同一种植物而言，幼小、生长快的比年老、生长慢的对除草剂更敏感，例如使用杀草丹处理作物水稻和稗草，稗草在幼龄期比水稻吸收药剂快，而水稻不仅吸收少，还能很快将杀草丹分解成无毒物，但随着稗草苗龄增大，就与水稻的耐药程度相当。

传导的差异 对于具有传导性能的除草剂（见除草剂的吸收传导分类，内吸传导型除草剂），其在不同种类植物体内输导速度的差异是其选择性因素之一。不同植物施用同一除草剂或同种植物施用不同除草剂在植物体内的传导性均存在差异。传导速度快的植物对该除草剂相对敏感。利用 ^{14}C 标记的 2,4- 滴除草剂试验证明，在双子叶植物体内的传导速度高于单子叶植物。例如，用菜豆与甘蔗试验，用局部叶片施药测定生长点中的 2,4- 滴浓度，菜豆较甘蔗的浓度约高 10 倍。利用 ^{14}C 标记的苯嘧磺草胺试验证明，土壤处理苯嘧磺草胺被玉米根系吸收后向其他部位输导的速度显著低于杂草，是苯嘧磺草胺土壤处理在玉米和杂草之间具有选择性的机理之一。

虽然大多数情况下除草剂在植物体内传导快，常表现毒性强。但也有例外，如双苯酰草胺在田旋花植株内，由根部输导至茎部的速度较快，但茎部是其代谢解毒的部位，因而田旋花对双苯酰草胺具有较强的耐药性。燕麦对双苯酰草胺表现敏感，这是由于药剂不能快速传导离开根，而根部是双苯酰草胺的主要作用部位。

参考文献

贺字典，王秀平，2017. 植物化学保护 [M]. 北京：科学出版社.

刘婷婷，刘尚可，李北兴，2021. 农药在植物中的内吸和传导行为与施药技术研究进展 [J]. 农药学学报，23(4): 607-616.

徐汉虹，2018. 植物化学保护学 [M]. 5 版 . 北京：中国农业出版社 .

赵善欢，2000. 植物化学保护 [M]. 3 版 . 北京：中国农业出版社 .

CHRISPEELE M J, CRAWFORD N M, SCHROEDER J I, 1999. Proteins for transport of water and mineral nutrients across the membranes of plant cells [J]. Plant cell, 11(4): 661-675.

HATHWAY D E, 1989. Molecular Mechanisms of Herbicide Selectivity [M]. Oxford: Oxford University Press.

Grossmann K, Hutzler J, Caspar G, et al, 2011. Saflufenacil (Kixor ™): biokinetic properties and mechanism of selectivity of a new protoporphyrinogen IX oxidase inhibiting herbicide [J]. Weed science, 59(3): 290-298.

LI Q, LI Y, ZHU L, et al, 2017. Dependence of plant uptake and diffusion of polycyclic aromatic hydrocarbons on the leaf surface morphology and micro-structures of cuticular waxes [J]. Scientific reports, 7: 46235.

MÜLLER F, 1988. Plant pharmacology (behaviors and modes of action of plant protectants) [M]. Beijing: Beijing Agricultural University Press.

PAN L, YU Q, WANG J, et al, 2021. An ABCC-type transporter endowing glyphosate resistance in plants [J]. Proceedings of the National Academy of Sciences of the United States of America, 118(16).

YU H, HUANG S, CHEN P, et al, 2021. Different leaf-mediated deposition, absorbed and metabolism behaviors of 2, 4-D isooctyl ester between Triticum aestivum and Aegilops tauschii Coss [J]. Pesticide biochemistry and physiology, 175: 104848.

（撰稿：毕亚玲、张凤文；审稿：刘伟堂、宋小玲）

生态防治 ecological control

指在充分研究认识杂草的生物学特性、杂草群落的组成和动态以及“作物—杂草”生态系统特性与作用的基础上，利用生物的、耕作的、栽培的技术或措施等限制杂草的发生、生长和危害，维护和促进作物生长和高产，而对环境安全无害的杂草防除实践。通过各种措施的灵活运用，创造一个适于作物生长、有效地控制杂草的最佳环境，保障农业生产和各项经济活动顺利进行。

形成和发展过程 农业防治措施中包涵生态治草的原理。最早文字记载生态防治要追叙到大约1500多年前的《齐民要术》中相关水稻栽培育秧措施是确保在早期使作物与杂草竞争中处于优势以苗抑草的生态防治的描述。现代有关生态防治杂草的系统论述可以在20世纪中叶作物栽培学教科书中发现，其中不乏通过栽培措施控水抑草。在20世纪70年代，系统阐述化感作用概念，并开始有意识利用其机制控草杂草。在中国，早在20世纪80年代初，在文献中，详细报道中国新疆通过深开沟降地下水等生态技术控制稻田多年生莎草。同时，李扬汉提出了“以生态防除为中心，结合化学除草，实行田园杂草综合防除”的杂草治理策略。此后，王健曾提出用耗散结构理论解释构建稳定的作物群落抵御杂草危害的生态途径。

基本内容

化感作用治草 指利用某些植物及其产生的有毒分泌物质有效抑制或防治杂草的方法。例如，用豆科植物小冠花种植在公路斜坡与沟渠旁，生长覆盖地面，可防止杂草蔓延和土壤侵蚀。小麦可防除白茅，雀麦可防除匍匐冰草，冰草防除田旋花，苜蓿防除灯芯草粉苞苣和田蓟，三叶草防除金丝桃属杂草等。利用化感作用治草的方法主要有两种：一种是利用化感植物间合理间（套）轮作或配置，趋利避害，直接利用作物或秸秆分泌、淋溶化感（克生）物质抑制杂草。如在稗草、反枝苋和白芥严重的田块种植黄瓜，在白茅严重的田块种大麦，在马齿苋、马唐等杂草严重的田块种植高粱、大麦、燕麦、小麦、黑麦等，都可以起到既能治理杂草，又能提高作物产量的作用。另一种是利用化感物质人工模拟全天然除草剂治理杂草。依据化感作用开发的除草剂具有结构新、靶标新，对环境安全、选择性强等特点。例如环庚草醚就是化感物质1,8-桉树脑（鼠尾草属植物的化感物质）结构基础上人工合成的除草剂。此外，香豆素、胡桃醌、蒿毒素以及需要光激活的激光除草剂ALA（氨基酸-δ-氨基-r-酮戊酸）、噻吩类的α-三噻吩（α-terthienyl）和海棠素（hypercin）等已受到人们的重视，并将在杂草的治理中发挥越来越大的作用。

以草治草 指在作物种植前或在作物田间混种、间（套）种可利用的草本植物（替代植物）；改裸地栽培为草地栽培或被地栽培（被地栽培是指在有植被分布的农田种植某种作物的方式），确保在作物生长的前期到中期田间不出现大片空白裸地，或被杂草所侵占，大大提高单位面积上可利用植物的聚集度和太阳能的利用率，减轻杂草的危害；以及用价值较大的植物替代被有害杂草侵占的生境。例如，以阔叶丰花草控制华南果园菊科杂草胜红蓟和白花鬼针草效果显著。目前生产上采用较多的替代植物通常有豆科的三叶草、苜蓿，十字花科的荠菜以及蕨类植物如满江红等，这些植物有如下一些优点：①生长以固氮，是优质绿肥植物，能增加土壤肥力。②生物量较大，抑草效果好。③与作物争光、争肥少，可防止土壤返盐，并可保持水土。④营养丰富，可当优质饲料，发展畜牧业。⑤可当特种蔬菜，增加食谱和口味。

利用作物竞争性治草 选用优良品种，早播早管，培育壮苗，促进早发，早建作物群体，提高作物的个体和群体的竞争能力，使作物能够充分利用光、水、肥、气和土壤空间，减少或削弱杂草对相关资源的竞争和利用，达到控制或抑制杂草生长的目的。例如：中国北方的春大豆或江淮流域的夏大豆，可通过精选粒大饱满的种子适度浸种，适墒早播。力争出苗早、齐、匀、壮。在播期田间湿度较小的情况下，或将大豆种子包衣，或播后灌“跑马水”，促进早出苗、出齐苗。然后，立足早施适量氮肥等，加强苗期田间管理，促进早生快发，形成壮苗，能有效地控制杂草的发生和生长，减轻大豆作物生长压力，为其稳定高产奠定基础。

种植替代植物的关键，既要控草，又要防止替代植物群体过大影响作物的产量。因此，在实际运用过程中，必须根据不同的土壤、气候、种植制度和习惯及当地栽培管理模式特点合理选配种植，并在试验成功的基础上推广应用。值得注意的是利用替代植物不可能完全控制杂草，可在综合选用其他杂草防除的策略和技术基础上，适当选用除草剂，但应用量少、成本低、对生态环境影响小，能较好地治理田间多数一年生或越年生杂草。江苏广大农村，在以草治草、肥田高产方面有着成功的实践和丰富的经验可供借鉴。国外有些农场，把大面积混播或轮作三叶草、苜蓿、田菁和黧豆等绿肥控制杂草、培肥地力作为一项农业基本措施，取得了可喜的成效，值得借鉴。

稻田中放养满江红，使其布满水面，产生遮光和降低水层与地表温度的效应，大大地减少了节节菜、水苋菜、异型莎草、苹、槐叶苹、牛毛毡以及其他稻田杂草的发生和危害，经轻度搁田耘耥，可将满江红埋入土中，其中鱼腥藻固定的氮素，可达到改土培肥的目的。

以水控草　水层覆盖控制或抑制杂草是在一定的持续时间内，通过建立一定深度的水层，一方面使正在萌发或已经萌发和生长的杂草幼苗窒息而死，另一方面抑制杂草种子的萌发或迫使杂草种子休眠，或使其吸胀腐烂死亡，从而减少土壤中杂草种子库的有效数量，减少杂草的萌发和生长，减轻杂草对作物生产的干扰和竞争。在水稻田中，前期适当深灌则能有效控制牛毛毡、节节菜、稗和水苋菜等杂草的发生。

水旱轮作可以极大地改变种植时的水分状况，从而创造一种不利于土壤中杂草繁殖体存留和延续的生态条件。如稻麦连作，水稻种植期的水层会导致喜旱性杂草如野燕麦、麦仁珠和播娘蒿等子实的腐烂死亡。双季稻种植区，由于水稻种植时灌水期较长，下茬油菜和麦田中猪殃殃、大巢菜等杂草亦很少有发生。

值得注意的是随着轻型节水栽培技术在水稻生产中的推广应用，稻田环境的改变使杂草的草相、群落结构等发生了显著变化，一些湿生型、半旱生型的杂草如通泉草、马唐等已能适应生长繁衍。一些原本生长在中生或旱生条件下的麦田杂草（如野燕麦）等的种子在原有的水旱轮作制条件下腐烂死亡，但在节水栽培条件下，却能很快适应、延续下来。在华东地区，野燕麦已成为麦田重要杂草之一。所以，从控草角度考虑，既能遏制这些重要杂草的危害又最大限度节水是值得研究的课题。

此外，加强农田基本建设，改善作物生境、破坏杂草生境亦能有效治理杂草。例如，加强低洼田农田水利建设，降低地下水位，促进土壤形成旱田性状，有利于大豆、棉花、小麦等旱作物的生长，减轻湿生杂草的发生和危害。沿海季内陆盆地稻区加强水利建设，修筑海堤挡盐水，并引淡水洗盐，同时种植绿肥等培肥改土，可促进杂草群落的演替，逐年减轻乃至汰除耐盐碱杂草如扁秆藨草等的发生与危害。

杂草传播途径控草　杂草子实通过各种途径进行传播扩散，其中，在稻田生态系统中发生的杂草，大多通过灌溉水流进行传播。例如在中国长江中下游地区稻—麦（油）连作田，90% 以上杂草种类的子实是适应水流传播的，通过净化水源，在进水口拦截漂浮杂草子实进入农田内，也可采取网捞田间漂浮的子实。减少输入土壤种子库的种子量，可以持续减轻草害。

杂草的生态治理涉及的范围或内容很广，从某种意义上讲，物理性措施、农业措施、生物的方法、杂草的检疫等都能改变杂草的生长环境或改变杂草繁殖体（种子或营养器官）在土壤中的分布格局、生长和危害，其中都有属于杂草的生态治理范畴的内容。

存在问题及展望　杂草生态治理是通过调控农田生态环境因子，一定程度上控制或抑制杂草的萌发和生长，减轻杂草对作物生长的干扰和危害，或是促进作物的生长，增强作物对杂草竞争温、光、水、肥、气和土壤空间的能力。因此，在实践中还需要与其他杂草防治措施配合起来，才能达到理想的防治效果。深入开展杂草传播扩散规律、杂草生理生态、环境适应机制等研究，揭示杂草生态学规律，将有助于发展基于生态学原理的防治技术，构建杂草可持续防治技术体系。

参考文献

陈小军，张志祥，徐汉红，2005. 植物源他感除草剂的研究进展 [J]. 世界农药 (1): 15-19.

孔垂华，胡飞，王朋，2016. 植物化感（相生相克）作用 [M]. 北京：高等教育出版社，

李扬汉，1982. 杂草生态和生态防除 [J]. 生态学杂志 (3): 24-29.

刘健华，1981. 新疆稻田杂草群落及其生态防除 [J]. 新疆农业科学 (2): 9-12.

王健，1994. 耗散结构理论在农田杂草防除中的应用 [J]. 杂草科学 (3): 1-4.

张泰劼，田兴山，张纯，等，2020. 阔叶丰花草与 2 种菊科植物之间的化感作用 [J]. 应用生态学报，31(7): 2211-2218

周千里，杨建英，梁淑娟，等，2016. 河岸生态护坡措施水土保持效益的模拟试验研究 [J]. 水土保持通报，36(6): 15-20, 25.

DUKE S O, 2015. Proving allelopathy in crop-weed interactions [J]. Weed science, 63 (SI): 121-132.

HELLYER R O, 1968. The occurrence of β-triketones in the stream-volatile oils of some myrtaceous Australian plants [J]. Australian journal of chemistry, 21(11): 2825-2828

LI R H, QIANG S, 2009. Composition of floating weed seeds in lowland rice fields in China and the effects of irrigation frequency and previous crops [J]. Weed research, 49: 417-427

RICE E L, 1984. Allelopathy [M]. Orland, Florida: Academic Press.

SHI X L, LI R H, ZHANG Z, et al, 2021. Microstructure determines floating ability of weed seeds [J]. Pest management science, 77: 440-454.

ZHANG Z, LI R, WANG D, et al, 2019. Floating dynamics of *Beckmannia syzigachne* seed dispersal via irrigation water in a rice field [J]. Agriculture, ecosystems & environment, 277: 36-43.

ZHANG Z, LI R H, ZHAO C, et al, 2021. Reduction in weed infestation through integrated depletion of the weed seed bank in a rice-wheat cropping system [J]. Agronomy for sustainable development, 41: 10.

（撰稿：强胜；审稿：宋小玲）

生物除草剂　bioherbicide

指利用自然界中的生物（包括微生物、植物和动物）或其组织，通过生物工程技术大批量生产的用于除草的生物制剂，通过淹没式释放，迅速防治杂草的生物制剂产品，它是杂草生物防治的主要技术方法之一。由于目前生物除草剂多是利用真菌，故将利用真菌发展的生物除草剂也称之为真菌除草剂。相较于化学除草剂，生物除草剂具有不易使杂草产生抗药性、对环境更友好的绿色可持续的特点，开发生物除草剂被认为是未来除草剂发展的重要方向之一。

形成和发展过程　化学除草剂的使用极大地改变了农业劳动生产方式，促进了农业的现代化，为保障全球粮食生产安全做出了巨大贡献。但随着社会文明的进步和公众健康意识的提高，广泛、长期、大量使用化学除草剂所带来的负面影响亦日益显现，倍受全球关注。目前，全世界已经有100余种化学除草剂在30多个国家被禁用或取消登记。另一方面，过度依赖和长期大量使用单一除草剂，导致了杂草产生和增强抗药性，直接威胁到除草剂的继续使用和农业生产安全。因此，开发绿色环保的生物除草剂被认为是未来除草剂发展的重要方向之一。尤其是中国在农业“十三五”规划中提出了“双减（减化肥和农药）”目标，要想顺利实现这个目标，必须大幅降低化学除草剂的用量，而发展生物除草剂是替代和减少化学除草剂使用的重要途径。中国在20世纪60年代开发的“鲁保一号”（胶孢炭疽菌防治大豆田菟丝子）是世界上较早应用于生产实践的生物除草剂之一。20世纪80年代，新疆哈密植物保护站还研制出“生防剂798”，用于控制西瓜田的列当。自从1981年第一个生物除草剂产品DeVine™在美国注册和商业化以来，迄今为止，全球有15种生物除草剂产品获得登记。这些产品中，除了Camperico™和SolviNix™的活性成分是细菌和病毒外，其他都是利用真菌病原体开发的产品。

DeVine™是利用美国佛罗里达州的棕榈疫霉菌的厚垣孢子开发的悬浮剂，用于防除该州橘园杂草莫伦藤，防效达90%，且持效期可达2年。就此拉开了利用真菌孢子开发生物除草剂的序幕。1982年，合萌盘长孢状刺盘孢的干孢子可湿性粉剂产品Collego™在美国获得登记，对水稻和大豆田的弗吉尼亚合萌的防效超过85%。之后，在近15年的时间里，生物除草剂的发展出现了一个断层，这期间没有一个新的商业化生物除草剂产品推出。但是，这一时期生物除草剂的研发工作并未停止，而且取得了一大批研究成果，特别是对限制生物除草剂发展的因素进行了深入的总结和分析，明确了生物除草剂未来努力攻克的目标。生物除草剂发展的主要限制因素包括被控制杂草的丰富遗传多样性、生物除草剂产品作用的高度专一性、对环境条件（温度、湿度和土壤等）的苛刻要求、配方研究技术的落后、工业化生产技术和设备不配套、登记环境的试验条件和管理不完善、市场规模较小、生产和应用成本高等。例如，1992年在加拿大注册的BioMal™，该产品是锦葵盘长孢状刺盘孢的孢子悬浮剂，主要用于防除圆叶锦葵，这是一种很难被现有化学除草剂防除的杂草。但由于其市场规模太小，没能成功商业化。

经过多年的沉淀和积累，1997年开始生物除草剂终于迎来了第二个发展的高潮。1997年，荷兰Koppert生物系统公司利用银叶菌开发的木本杂草腐烂促进剂获得商业化许可，它能抑制和控制野黑樱和许多其他木本杂草的萌发和生长。同年，利用光柱担菌开发的Stumpout™在南非获得正式登记，该产品只要用于防除豆科杂草黑荆树和金合欢。这一年，由日本烟草公司利用细菌 *Xanthomone campestris* pv. *poae* (JT-P482)研制出的生物除草剂Camperico™在日本成功登记，主要防除高尔夫球场的草坪杂草，这是生物除草剂研发史上首次利用细菌作为除草活性成分的案例。此后的20余年，共有9个生物除草剂产品（Warrior™、Myco-Tech™、Chontrol™、Smolder™、LockDown™、Sarritor®、Phoma™、SolviNix™和Bio-Phoma™）在美国和/或加拿大获得登记。为了克服孢子制剂的生产和使用的缺陷，直接利用真菌菌丝研制生物除草剂开始成为一个重要的选择。例如，利用核盘菌 *Sclerotinia minor*（IMI 344141）菌丝开发的Sarritor® 2009年在加拿大获得登记，用于防除草坪阔叶杂草尤其是蒲公英。2014年，BioProdex公司利用烟草绿花叶病毒 *Tobacco mild green mosaic virus*（U2）开发的SolviNix™在美国获得登记和商业化，用于防治美国茄属杂草，这是唯一一个利用植物病毒作为活性成分开发的生物除草剂产品。此外，2018年在澳大利亚登记的Di-Bak® Parkinsonia是用三种真菌（*Lasiodiplodia pseudotheobromae*、*Neoscytalidium novaehollandia* 和 *Macrophomina phaseolina*）复配的产品，用于防除豆科扁轴木属植物，这开启了利用多种不同真菌复配开发生物除草剂的思路，有利于克服单一真菌杀草谱过于单一的局限。SolviNix™和Di-Bak® Parkinsonia是目前世界上正在商业化应用的2个产品。南京农业大学杂草研究室利用加拿大一枝黄花致病菌齐整小核菌（*Scleritium rolfsii* SC64）的菌核开发的生物除草剂产品——齐整小核菌已完成新农药登记所需资料，正在申请农药登记证，有望成为中国第一个具有自主知识产权的生物除草剂。它可有效防除水稻田一年生阔叶杂草和异型莎草，以及非耕地的恶性杂草加拿大一枝黄花。

此外，在已经商业化的除草剂中，茴香霉素是第一个被作为模板开发商品除草剂的微生物毒素。茴香霉素是由链霉菌产生的一种代谢产物，对稗草和马唐具有较强除草活性，但对芜菁和其他阔叶植物没有影响。研究表明，许多微生物代谢产物都显示出优良的除草潜力。如吸水链霉菌产生的除草霉素，放线菌产生的phosalacine，链格孢菌产生的环肽物质tentoxin和细交链格孢菌酮酸，假单胞菌产生的万寿菊毒素tagetztoxin，平脐蠕孢产生的bipolaraxin等。这些化学结构丰富和生物活性多样的微生物代谢物为开发全新的生物源除草剂提供了绝佳的机会。

基本内容　生物除草剂具有两个显著的特点：一是经过人工大批量生产而获得大量生物接种体。二是淹没式应用，以达到迅速感染，并在较短时间里杀死杂草。由于这些产品多数是利用微生物特别是真菌，故亦称微生物除草剂或真菌除草剂。另一类是利用生物的次生代谢产物开发的制剂，称为生物源除草剂或者生物化学除草剂。天然活性产物来源主要分为动物来源、植物来源、微生物源等。这些化合物往往具有化学结构新颖、作用靶点独特、广谱、低毒、低残留等特点，是生物除草剂研发的一个重要途径和未来发展方向。目前全球已经成功商业化或正式获得登记的生物除草剂产品有20余种，主要在美国和加拿大，其次是南非、日本和澳大利亚。它们的除草活性成分包括利用真菌、细菌甚至病毒活体的产品以及利用天然产物的产品两大类。其中，利用微生物次生代谢产物开发的产品有4个，分别是防除园林景观地杂草的壬酸铵，防除湖泊和池塘的绿藻的四水过硼酸钠，除草坪中阔叶杂草、苔藓和绿藻的*N*-羟乙基乙二胺三乙酸铁（Iron HEDTA），以及防除建筑物上苔藓的牛至油（oregano oil）；1个利用细菌*Xanthomone campestris* pv. *poae* (JT-P482)开发的产品Camperico™；1个利用烟草绿花叶病毒（TMGMV U2）开发的产品SolviNix™；其余都是利用植物致病真菌开发的生物除草剂。

研究内容 主要包括除草活性菌株或天然产物的发掘、除草药效和杀草机理、寄主专一性、配方和剂型、工业化生产工艺和大田应用技术。

针对重要杂草开展致病生物调查，发掘优秀的除草活性菌株和天然产物是生物除草剂研发的基础。自然界中植物致病微生物（真菌、细菌、病毒）是开发生物除草剂的重要来源，其中利用最多的是植物病源真菌。至今为止，已经有超过40个属的真菌已经或者正在被考虑开发成生物除草剂，其中包括盘孢菌属、疫霉属、镰刀菌属、交链孢菌属、柄锈菌属、尾孢霉属、叶黑粉菌属、壳单孢菌属和核盘菌属等。近50年，在全球18个国家共有36个真菌被批准用于杂草的生物防治。具有除草潜力的细菌包括假单胞菌属、肠杆菌属、黄杆菌属、柠檬酸细菌属、无色杆菌属、产碱杆菌和黄单胞杆菌等。在天然产物方面，已经发现醋酸、真菌毒素（如细交链格孢菌酮酸、胶霉毒素、棒曲霉素等）、脂肪酸（如辛酸和壬酸等）和植物芳香油（如松油、丁香油、柠檬香草油、香茅油、桉树油等）都具有良好的除草活性。杂草生防有机体筛选的主要依据是有效性（药效）和专一性（安全性），其中有效性是生物除草剂发展的最关键因素。生物除草剂的药效包括控制杂草的水平、速度以及施用操作的难易度等。生物除草剂的杀草机理主要涉及它对防除对象的侵染能力、侵染速度和对杂草的损害等。只有当除草剂对杂草的侵害速度高于杂草的生长速度时，才能够有效控制杂草。因此，通过基因工程技术提高微生物的致病能力、复配化学除草剂或调节剂削弱杂草的抵御机制是增强生物除草剂防效的有效手段。生物除草剂的寄主专一性常与寄主专一性植物毒素的产生有关，对专一性毒素的研究有可能发掘新的生物源除草剂。但生物除草剂过度的寄主专一性却是影响其商业化和大规模应用的缺点，实践中可以考虑通过几种专一性生物除草剂的复配或与某些化学除草剂的混配来解决。

S

生产工艺是影响生物除草剂商业化成功与否的重要因素之一。目前已经商品化的生物除草剂多是经发酵技术生产的，包括液体发酵和液体—固体联合发酵。已登记的生物除草剂多是以真菌的孢子生产的，这是因为传统的观念认为孢子在稳定性、寿命、活性、侵染力上都比真菌其他部分更优越。但越来越多的研究和实践表明，直接利用菌丝或菌核，其侵染能力和生活力更强，不仅能克服孢化难、产孢量低等问题，而且相同量的培养基能生产更多的生物除草剂产品。

生物除草剂配方和剂型研究的目的在于能使有机体成活，并保持除草活性尽可能长的时间，改善对环境条件的依赖性，易保藏、包装、运输以及操作和施用，增加对杂草的亲和力和附着力。生物除草剂有机体的除草活性是随着时间降低的。而从生产、销售到使用又需要一定的时间，这就需要根据接种物的不同生物特性，筛选出最优储存介质，以延缓其衰退。生物除草剂的另一个缺陷是对环境条件的苛刻需求。充足的水分、适宜的温度、合适的土壤酸碱度，才能保证良好的萌发、充分的侵染，引起杂草伤害，达到好的防效。这需要通过配方和用药技术的研究来解决。

科学意义与应用价值 随着社会文明的进步和公众健康意识的提高，广泛、长期、大量使用化学除草剂所带来的负面影响日益显现，倍受全球关注。农业绿色发展是关乎国计民生的重大需求，已成为未来农业发展的必然趋势。而以高效、生态、可持续和高附加值为标志的现代绿色农业生产必然要求安全、环保、高效的生物除草剂。21世纪以来，随着人民生活水平的提高和食品安全意识的增强，有机农产品的研发和消费市场显示出巨大的潜力。因此，生物除草剂的发展是替代和减少化学除草剂的使用并有效控制草害、保证农作物稳产高产、保障食品安全和公众健康的重要基础，也是现代有机农业生产的基本要求和重要保障。生物除草剂研发和应用的实践经验证明，生物除草剂的研究方向是正确的。21世纪，减肥减药已成为很多国家农业发展的基本国策，能否以生物除草剂替代和减少占农药市场份额一半的化学除草剂的使用量，是关系这项计划实现的关键。而生物除草剂研发工作的迅速发展，是必要的前提条件。

此外，对生物除草剂的开发研究，势必驱动相关科学的研究。对自然界中植物的致病菌、病毒等资源的广泛挖掘和对具有生物活性的代谢产物的分离研究，有利于全新除草作用靶点的发现和新型除草剂的开发，对农业科学进步和发展具有极为重要的价值；同时，一些新靶点化合物也可以用作研究植物的生理生化机制的有力工具。

存在问题和发展趋势 生物除草剂的发展对农业生产的影响会越来越明显，与化学除草剂相比有不可比拟的优点，例如研制周期短、研发费用相对低廉等。但其也有一些挑战需要克服。微生物除草剂本身的生态适应相对较窄，要发挥其除草的有效性，必须满足比较苛刻的环境条件，这是微生物除草剂研发和商业化过程中面临的最主要难题；其次，多数微生物除草剂过度的专一性导致该除草剂的杀草谱较窄，直接影响实用性，因而进入市场较为困难；此外，生物除草剂的贮藏和运输过程中保质期短，不能保证其除草活性也是生物除草剂面临的主要问题。

随着生命科学的发展，通过开展菌草相互作用机制的深入研究，人们将会更深刻地理解天敌生物对杂草侵染和控制的机理，将有更多的材料可供选择，用于发展高效、安全的生物除草剂。

生物技术尤其是基因工程的介入，可以重组自然界存在的优良除草基因，提供改良生物除草剂品种、提高防效和改良寄主专一性的可能性。

配合低量化学除草剂，不仅能充分发挥生物除草剂的防效，而且可以弥补化学除草剂对付某些抗性杂草上的不足，实现化学除草剂的减量使用，降低环境污染。

随着科技的发展，可供用于生物除草剂配方的物质将会更多、更优良，可以通过研制配方来解决生物除草剂的稳定性和对水分的依赖性。

完善优化液体—固体联合发酵技术，以生产生物除草剂或直接使用发酵培养生产的菌丝体做生物除草剂，克服那些不能在液体发酵中产生孢子的生物除草剂种类的工业化生产问题。

随着社会经济的发展，以及农业可持续发展战略的实施，给生物除草剂的研究和发展提供了良好的契机和动力。在中国，生物除草剂的发展必须面向现代有机农业生产需要，瞄准针对主要作物农田恶性杂草、重大入侵杂草、林地杂草、水生杂草的国际生物除草剂研发的前沿，立足国内在生物除草剂技术方面的重大需求，开阔思路，改变和创新研究方法，创制具有中国自主知识产权的生物除草剂技术和产品，积极开展推广应用，为农业绿色生产做出积极的贡献。

参考文献

陈世国，强胜，2015. 生物除草剂研究与开发的现状及未来的发展趋势 [J]. 中国生物防治学报，31(5): 770-779.

马娟，董金皋，2006. 微生物除草剂与生物安全 [J]. 植物保护，32(1): 9-12.

强胜，2009. 杂草学 [M]. 2 版 . 北京：中国农业出版社 .

DAYAN F E, DUKE S O, 2014, Natural compounds as next-generation herbicides [J]. Plant physiology, 166(3): 1090-1105.

MORIN L, 2020. Progress in biological control of weeds with plant pathogens [J]. Annual review of phytopathology, 58(1): 201-223.

（撰稿：陈世国；审稿：强胜）

生物工程技术方法 biological engineering technology

主要包括基因工程、细胞工程、发酵工程、酶工程和蛋白质工程等发展杂草防治技术的方法。广义的生物工程技术方法大致可分为以发酵等为主的传统生物工程技术和以基因工程为中心的高新生物技术，后者包括转基因技术、基因编辑技术以及植物化感育种等。

形成和发展过程 自 1983 年首次通过农杆菌介导法获得转入外源基因的转基因植物即抗除草剂转基因烟草后，转基因植物得到迅速发展，1986 年抗虫和抗除草剂的棉花进入田间实验。至今已培育出的转基因作物，涵盖了大部分粮食作物及经济作物，如水稻、玉米、棉花、烟草、番茄、辣椒、大豆、杨树等，目的基因主要为抗除草剂基因。

随着基因编辑技术的出现，使得可以通过编辑作物内源基因提高对除草剂的抗性水平。基因编辑技术的发展目前主要历经了 3 个阶段：第一代为 1996 年的锌指核酸酶技术（zinc-finger nuclease, ZFN）、第二代为 2011 年的转录激活因子样效应物核酸酶技术（transcription activator-like effector nuclease, TALENs）和第三代为 2013 年的成簇规律间隔短回文重复序列技术（Clustered regularly interspaced short palindromic repeats, CRISPR）。此外，2016 年的单碱基基因编辑技术（Base Editor，BE，有研究组将其称为 3.5 代或第四代基因编辑技术）和 2019 年引导编辑技术（Prime Editors，PE）的问世更是将基因编辑技术推向了新高潮。

植物化感作用是自然界中普遍存在的现象，最初化感作用是指生物通过向周围环境释放一些化学物质，为自身创造有利的生存条件。公元前，人们发现黑胡桃树下一些植物如苹果、松、杂草等不能正常生长，而其他树下却杂草丛生。直到 1928 年，Davis 从胡桃的果实和根中提取了胡桃醌，才解释了此现象。1938 年后，德国科学家 Molish 首次提出了化感作用这一概念，即植物或微生物之间存在一定的有益或者有害的生物化学关系。1974 年，Rice 出版了植物化感作用的经典著作 *Allelopathy*，该书对化感作用的定义进行了完善。1984 年，Rice 最终定义化感作用为：植物或微生物的代谢分泌物对环境中其他植物或微生物有利或不利的作用。目前，这一概念被人们广泛接受。1970 年代初美国科学家在更新黄瓜种质资源时发现作物品种抑制杂草的化感作用现象，自 2000 年以来，作物化感育种在世界范围展开，目前已有一些品种被培育出来。

基本内容

基因工程技术 基因工程又称基因拼接技术和 DNA 重组技术，是在分子水平上对基因进行操作的复杂技术，是将外源基因通过体外重组后导入受体细胞内，使这个基因能在受体细胞内复制、转录、翻译表达的操作。

抗除草剂转基因作物的种植不仅降低了杂草的防除成本，从而增加了作物产量，同时也减少了除草剂对当茬和后茬作物的残留药害，降低了环境污染。最早广泛应用的抗除草剂基因为 1983 年的美国孟山都公司（Monsanto Company US）从鼠伤寒沙门氏菌（*Salmonella typhimurium* strain TA831）克隆获得了编码 EPSPS 合成酶的 *aroA* 基因，其编码的氨基酸能够合成 5- 烯醇式丙酮酰莽草酸 - 3- 磷酸合成酶（Class Ⅰ 5-enolpyruvyl-3-phosphoshikimate synthetase），此酶与草甘膦的亲和力低，产生对草甘膦的抗性。进而通过 DNA 的体外重组，实现不同物种之间基因的转移，或者在基因的水平上设计和改造基因结构和功能，最终获得具有除草剂抗性的生物个体或表达产物。

目前，已发现和克隆了对草甘膦、草丁膦、磺酰脲类、溴苯腈、2,4- 滴、麦草畏、咪唑啉酮类、苯并呋喃类、吡啶甲酸酯类、原卟啉原氧化酶（PPO）抑制剂类、对羟基苯丙酮酸双加氧酶（HPPD）抑制剂类、芳氧苯氧丙酸酯类（包括喹禾灵）和环己烯酮类等除草剂有抗性基因。当前，抗除草剂转基因作物的性状依然主要集中在抗草甘膦、草丁膦。

基因编辑技术 基因编辑技术是对受体自身内源的基

因组进行定点修饰，对自身内源目标DNA序列进行改造的新技术。它不仅可以对受体本身内源的某一目的基因序列进行插入、删除或替换等操作，探究其结构与功能，而且基因编辑有性繁殖的植物，可以对其后代进行高效的筛选，从而使得转基因的元件可以通过后代的孟德尔分离而去除，实现无任何载体的基因编辑后代。这些植物的后代类似于自然和化学突变而来一样。

杂草对除草剂抗性机制的研究，为基因编辑提供了内源目标。目前全世界注册的除草剂活性成分超过200个，具有29种作用机制。由于其作用靶标不同，因而杂草对其产生抗性原因与速度差异亦大，如杂草对乙酰乳酸合成酶（ALS）抑制除草剂抗性发展比较迅速，而对激素类除草剂抗性发展缓慢。杂草对ALS抑制剂类除草剂的抗性大多数是因靶标突变造成，致使酶对除草剂敏感性下降。

植物化感育种 一些植物的化感作用能有效抑制杂草生长。以化感作用为基础点进而研究开发新型环保高效的除草剂正成为当下研究热点。例如有些作物能产生某些他感物质抑制杂草的生长，如大麦释放的他感化合物克胺在低浓度时可抑制繁缕的生长等。一定浓度的五爪金龙的水浸提取液对黄帚橐吾具有抑制作用，可以为控制黄帚橐吾扩散提供新的方法。白羽扇豆和玉米的分泌物对藜和反枝苋有害；小麦、燕麦和大麦能强烈抑制田芥菜的生长。

通过植物化感育种把植物的化感作用基因引入到栽培品种中，培育出抑制杂草的生长或促进产量提高的作物新品种。如果其化感作用的植物不能与理想的栽培品种杂交，则可采用原生质体融合技术、基因工程、基因编辑等手段，使栽培作物提升抗抑杂草危害的化感物质，达到治理杂草，确保农业生产顺利进行的目的。

科学意义与应用价值 自20世纪90年代以来，通过载体将外源基因（特别是除草剂抗性基因）导入受体中表达的基因工程技术，已经在全球大面积应用和产业化，给人类社会带来了巨大的经济和社会影响。对受体自身内源基因的基因编辑技术，和通过选育能抑制杂草生长的作物化感育种技术，陆续已有产品走向应用。

全球转基因作物种植面积在1996年为170万hm^2，2018年已累计达到253 120万hm^2。2016年全球单一抗除草剂转基因作物、抗虫/抗除草剂复合性状转基因作物分别占总转基因作物种植面积的47%和41%，使得抗除草剂转基因作物的总种植面积达到了88%，几乎全部为抗草甘膦转基因作物。

随着除草剂抗性基因的研究，已出现一批针对除草剂抗性内源基因的基因编辑报道。ALS抑制剂类除草剂通过抑制ALS而破坏植物体内支链必需氨基酸的合成，进而导致植物组织失绿、黄化，植株生长受抑，最后逐渐死亡。植物自身内源的乙酰乳酸合成酶（Acetolactate Synthase，ALS），存在于植物生长过程中，它能以高度专一性和极高的催化效率催化丙酮酸为乙酰乳酸，从而导致支链必需氨基酸的生物合成。Zhang等（2019）通过对小麦的ALS基因的TaALS-P174密码子进行基因编辑，筛选得到抗性乙酰乳酸合成酶抑制剂类的小麦，有利于小麦田杂草的防治。

虽然目前作物化感育种主要还集中在对作物的化感种质资源进行筛选和鉴定，还较少涉及对植物化感作用遗传机理的深入解析，但中国已经培育出在生产上使用的水稻化感新品种‘化感稻3号’，并于2015年获得国家作物新品种权证书。

存在问题和发展趋势 生物工程技术的发展一方面带给人类带来巨大利益的同时，也产生了巨大的安全隐患，在植物研究方面主要包括食品安全和环境安全。在生物技术产品释放前，必须对其进行全面、充分研究和客观、具体评价，从而使其在造福于人类的同时，能有效地减少或避免对人类健康及其生存环境可能产生的潜在危害。为此，2020年《中华人民共和国生物安全法》的第四章中明确规定了生物技术研究、开发和应用安全的法规要求。

与转基因作物相比，基因编辑作物并没有导入外源抗性基因，具有更高的生物安全性。研究人员可以在作物品种里模拟天然突变，把相同的基因定点敲除，而且完全不留下任何外源核酸序列，和天然突变体情况一样。因此，基因编辑技术将可能比转基因技术走得更远，对于植物、农作物、畜牧业产品，也可能进行相当的改造，会产生很大的经济价值。目前各国在基因编辑产品监管方面的进展不一，全球尚未就此达成共识。首款基因编辑高油酸大豆油已于2019年在美国上市销售，大量基因编辑作物实验已取得成功。尽管基因编辑技术在育种中具有巨大应用前景，但由于欧美国家掌控了基因编辑技术的核心专利并已初步形成了从基础研究到技术开发服务再到育种应用等完整的产业技术链布局，未来中国相关产业的发展面临较大威胁。

植物化感育种未来可能通过对植物化感作用遗传机理的深入解析，找出控制植物化感作用的某个或某些基因，进而通过基因编辑技术或转基因技术对该基因序列进行遗传操作。实现对那些具有高产、优质、抗病等优良性状的作物品种进行化感性状改变，从而增强对其他植物（如对杂草）和减少对自身（如对黄瓜）的化感作用，最大限度地减少农田生态系统中化学农药使用，避免杂草抗药性增强和减少连作障碍危害等具有重要的作用。

参考文献

陈云伟，陶诚，周海晨，等，2021. 基因编辑技术研究进展与挑战[J]. 世界科技研究与发展，43(1): 8-23.

姜涛，张建春，2017. 植物化感作用在农业生产中的应用[J]. 园艺与种苗(5): 74-76.

金银根，高红明，吴晓霞，等，1999. 生物工程技术在杂草治理中的应用[J]. 杂草科学(3): 2-4.

金银根，黄春华，吴晓霞，等，2002. 关于植物杂草化的思考[J]. 杂草科学(1): 10-13.

李寿田，周健民，王火焰，等，2002. 植物化感育种研究进展[J]. 安徽农业科学，30(3): 339- 341.

李燕敏，祁显涛，刘昌林，等，2017. 除草剂抗性农作物育种研究进展[J]. 作物杂志(2): 1-6.

强胜，宋小玲，戴伟民，2010. 抗除草剂转基因作物面临的机遇与挑战及其发展策略[J]. 农业生物技术学报，18 (1): 114-125.

苏少泉，滕春红，2013. 杂草对除草剂的抗性现状、发展与治理[J]. 世界农药，35(6): 1-6.

王崇云，党承林，1999. 植物的交配系统及其进化机制与种群适

应 [J]. 武汉植物学研究 , 17(2): 163-172.

岳勇志 , 李祖任 , 肖珑 , 等 , 2017. 植物化感作用在植保领域的研究进展 [J]. 湖南农业科学 (3): 117-119, 124.

张玉池 , 王晓蕾 , 徐文蓉 , 等 , 2017. 国内外抗除草剂基因专利的分析 [J]. 杂草学报 , 35(2): 1-22.

周志红 , 骆世明 , 牟子平 , 1997. 番茄 (*Lycopersicon*) 的化感作用研究 [J]. 应用生态学 , 8(4): 445-449.

GAJ T, GERSBACH C A, BARBAS III C F, 2013. ZFN, TALEN, and CRISPR/Cas-based methods for genome engineering [J]. Trends in biotechnology, 31(7): 397-405.

GIANESSI L, REIGNER N, 2007. The value of herbicides in U. S. crop production [J]. Weed technology, 21: 559 -566.

HALL L, TOPINKA K, HUFFMAN J, et al, 2000. Pollen flow between herbicide resistant *Brassica napus* is the cause of multiple-resistant *B. napus* volunteers [J]. Weed science, 48: 688-694.

HSU P D, LANDER E S, ZHANG F, 2014. Development and applications of CRISPR/Cas9 for genome engineering [J]. Cell, 157(6): 1262-1278.

URNOV F D, REBAR E J, HOLMES M C, et al, 2010. Genome editing with engineered zinc finger nucleases [J]. Nature reviews genetics, 11(9): 636.

ZHANG R, LIU J, CHAI Z, et al, 2019. Generation of herbicide tolerance traits and a new selectable marker in wheat using base editing [J]. Nature plants, 5: 480-485.

（撰稿：戴伟民；审稿：强胜）

胜红蓟　*Ageratum conyzoides* L.

秋熟旱地作物田、果园一年生草本外来入侵杂草。又名藿香蓟。英文名 tropic ageratum。菊科藿香蓟属。

形态特征

成株　高 0.5～1.0m（图①②）。茎直立，无明显主根，茎粗壮，不分枝或自基部或自中部以上分枝，或下基部平卧而节常生不定根，全株被毛，节间常见气生根。全部茎枝淡红色或上部绿色，稍有香味。叶对生，有时上部互生，叶片卵形、椭圆形或长圆形。叶基部钝或宽楔形，基出三脉或不明显五出脉，顶端急尖，边缘圆锯齿，叶柄长 1～3cm。头状花序 4～18 个在茎顶排成伞房状花序，花梗长 0.5～1.5cm，被短柔毛（图③）；总苞钟状或半球形，宽 5mm。总苞片 2 层，长圆形或披针状长圆形，急尖，具刺状尖头，背面被疏柔毛或无毛，边缘栉齿状或燧状；花冠管状，长 1.5～2.5mm，外面无毛或顶端有微柔毛，檐部 5 裂，白色到淡紫色。

子实　瘦果黑褐色，5 棱，长 1.2～1.7mm，被白色稀疏细柔毛（图④⑤）。冠毛膜片 5 或 6 个，长圆形，全部冠毛膜片长 1.5～3mm。

幼苗　子叶 2 片，椭圆形，第 1～2 片真叶卵圆形，腹面被白色小柔毛，下胚轴长约 5mm（图⑥）。

生物学特性　一年生草本，喜较湿润、温暖及阳光充足的生境，适应性强，以种子繁殖。花果期全年。节上可产生不定根，扦插也能生根成活。染色体 n=20，40。

胜红蓟具有较广的生态幅与较强的环境适应力，在低山、丘陵及平原地带的农田、路旁、荒地、橘园、茶园等普遍生长；土壤 pH5～8 均适宜植株生长，在偏酸性土壤生长较好。胜红蓟既有有性生殖，又有无融合生殖，且具有高度的自交亲和性；有性繁殖能力强，每株有 20～600 多个头状花序，每个头状花序有 30～50 枚种子。种子质量极小，千粒重为 0.13g。瘦果具冠毛，可随风进行近距离飘移扩散。刚成熟的胜红蓟种子遇到合适的环境就能萌发，在不适应的环境中种子萌发的时间延长，甚至不萌发，一旦遇到适合的环境，种子又能迅速萌发。种子萌发需要光照，无光照种子不萌发；在温度低 10℃或高于 35℃基本不萌发；渗透势为 –0.6MP 时不能萌发。适宜条件下，成熟种子的萌发率可高达 70%。胜红蓟果实成熟期为 8～11 月；在广州地区有越年生植株，即冬天出苗，第二年春天开花结实。在生育期间遇不利生长环境，生育期会自动缩短，植株能尽早开花结实。

分布与危害　原产地为南美洲中部，世界性恶性杂草，为严重入侵中国的外来物种之一，主要分布于长江以南地区，发生于西南及华南的热带和亚热带地区。常见于山谷、林缘、河边、茶园、草地和荒地等生境，在玉米、花生、甘薯、甘蔗等秋熟旱作物田发生量大，危害较严重，属于区域性恶性杂草，对部分旱作田橡胶幼林造成较严重的危害。胜红蓟繁殖能力强，生长迅速，对环境适应能力强，在入侵地极易形成单一优势群落，严重降低本地生态系统的生物多样性。胜红蓟能产生和释放多种化感物质，其水溶物和挥发物对黄瓜、玉米、萝卜、小麦、大蒜种子萌发与幼苗生长均有显著抑制作用。

防除技术

农业防治　及时清除路边、田埂边的胜红蓟，减少自然传播和扩散。因种子萌发深度较浅，且种子萌发需要光，通过深耕和深翻，将胜红蓟种子深埋，能有效抑制其萌发；覆膜和秸秆覆盖，抑制种子萌发和幼苗生长。在成熟前将植株拔除，减少当年结实，降低土壤种子库数量，减轻翌年危害。进行水旱轮作抑制发生，创造不利于种子生存的环境，降低种子库数量。

化学防治　秋熟旱作田在胜红蓟种子萌芽前，或者萌发早期，根据作物选择安全有效的除草剂进行土壤封闭，可选用酰胺类除草剂乙草胺、异丙甲草胺和二硝基苯胺类氟乐灵、二甲戊灵以及有机杂环类除草剂异噁草松。大豆还可在播前或播后苗前用唑嘧磺草胺；玉米田还可用异噁唑草酮作土壤封闭处理。防除已经出苗的胜红蓟，需进行茎叶喷雾处理。大豆田可用嗪草酮、灭草松、氟磺胺草醚、三氟羧草醚、乳氟禾草灵、氯酯磺草胺等。花生田可用灭草松、氟磺胺草醚和三氟羧草醚或其混配剂。玉米田可用莠去津、烟嘧磺隆、噻吩磺隆、砜嘧磺隆、异噁唑草酮、硝磺草酮以及苯唑草酮及其复配剂等。甘蔗田中可用氯吡嘧磺隆，在甘蔗 7～9 叶期，处于分蘖盛期时采用定向喷雾进行防除。果园可采用草甘膦、草铵膦等灭生性除草剂定向喷雾。

生物防治　胜红蓟黄脉病毒引起胜红蓟呈现黄色叶脉病变；双生病毒以胜红蓟为中间寄主；胜红蓟还可以被黄色

胜红蓟植株形态（⑤张治摄；其余黄红娟、刘延摄）

①②植株及所处生境；③头状花序；④⑤瘦果；⑥幼苗

花叶病毒和番茄曲叶病毒感染，因此这些病毒具有作为胜红蓟生物防治的潜力。

综合利用 胜红蓟具有观赏价值，用作花卉观赏植物，不过要防范其泛滥成灾。鱼农将其作为鱼苗的饲料，因此它又被称作养鱼花。胜红蓟可抑制田间杂草和病害，引种胜红蓟已在中国南方柑橘园中普遍实践，胜红蓟可以迅速排除其他杂草成为统治种，且对柑橘树并不产生明显的竞争作用。胜红蓟产生并释放到土壤中的黄酮类物质对疮痂病菌、炭疽病菌、白粉病菌和烟煤病菌等柑橘园主要病原真菌具有抑制活性。胜红蓟曾被推广套种于橘园内作为捕食螨的中间寄主植物和绿肥。以胜红蓟为主药的中成药如胜红抗炎素、胜红清热片、胜红清热胶囊，现已被广泛地用于临床。胜红蓟的抗菌杀虫作用显著，且抗菌种类较多，能杀死或抑制病原菌，如抗乙型链球菌、抗肺炎链球菌等，具有进一步开发的潜力。

参考文献

郝建华，强胜，2005. 外来入侵性杂草——胜红蓟 [J]. 杂草科学 (4): 54-58.

李红松，2006. 兴安县旱地杂草胜红蓟发生危害特点及防除对策 [J]. 广西植保，19(4): 32-33.

李扬汉，1998. 中国杂草志 [M]. 北京：中国农业出版社：237- 238.

李振宇，解焱，2002. 中国外来入侵种 [M]. 北京：中国林业出版社：155.

农永前，罗志霞，卢柳珊，等，2014. 75% 氯吡嘧磺隆防治甘蔗田恶性杂草防除效果试验 [J]. 甘蔗糖业 (3): 36-40.

吴海荣，胡学难，强胜，等，2010. 广州地区胜红蓟物候学观察与调查研究 [J]. 杂草科学 (3): 18-21.

闫小红，周兵，王宁，2014. 外来入侵植物胜红蓟种群构件生物量结构特征 [J]. 井冈山大学学报 (自然科学版)，35(3): 101-106.

印丽萍，颜玉树，1997. 杂草种子图鉴 [M]. 北京：中国农业科技出版社：209.

张玉环，郝建华研究，吴海荣，等，2020, 外来入侵植物胜红蓟的胚胎学观察及繁殖系统 [J]. 植物科学学报，38(2): 162-172.

中国科学院中国植物志编辑委员会，1985. 中国植物志：第七十四卷 [M]. 北京：科学出版社：53.

钟军弟，周宏彬，刘锴栋，等，2016. 3 种菊科入侵植物白花鬼针草，胜红蓟和假臭草的种子生物学特性比较研究 [J]. 杂草学报，34(2): 7-11.

（撰稿：黄红娟、吴海荣；审稿：宋小玲）

石胡荽 *Centipeda minima* (L.) A. Br. et Aschers.

秋熟旱作物田及水田一年生矮小草本杂草。又名鹅不食草、球子草、地胡椒、鸡肠草。英文名 small centipeda。菊科石胡荽属。

形态特征

成株 高 5～20cm（图①）。茎多分枝，匍匐状，着地后易生根，微被蛛丝状毛或无毛。叶互生，楔状倒披针形，长 0.7～1.8cm，先端钝，基部楔形，边缘有少数锯齿，无毛或下面微被蛛丝状毛。头状花序小，直径 3mm，扁球形，单生于叶腋，花序梗无或极短（图②）；总苞半球形，总苞片 2 层，椭圆状披针形，绿色，边缘透明膜质，外层较大；花托平，无托片；边花雌性，多层，花冠细管状，淡绿黄色，2～3 微裂；盘花两性，花冠管状，4 深裂，淡紫红色，下部有明显的窄管。

子实 瘦果椭圆形，长 1mm，具 4 棱，棱有长毛，无冠状冠毛（图④）。

幼苗 子叶小，椭圆形，长 1～1.5mm，先端圆，基部渐狭，全缘（图③）。初生叶 2，对生，披针形，基部楔形，有明显的叶柄，全缘，先端锐尖。

生物学特性 适生路旁、荒野、阴湿地。多地旱作物田和水稻田也有发生。种子繁殖。苗期 3～6 月，花果期 6～10 月。在烟草、玉米、花生等作物田，石胡荽 3～4 月开始萌发，植株矮小，贴近地面生长，处于光竞争弱势，生态位与其他杂草仅有较少重叠。

分布与危害 中国分布于山东、河南、陕西、安徽、江苏、浙江、江西、湖南、湖北、四川、重庆、贵州、云南、福建、台湾、广东、广西、海南等地。石胡荽是常见杂草，常发生于玉米、烟草、花生、蔬菜等秋熟旱作物田，也危害水稻。

随着化学除草剂应用的增加，石胡荽的危害性有所降低，在烟草田、花生田、蔬菜田等，被划分为一般杂草，在玉米田发生量也较少。

防除技术 应采取农业防治和化学防治相结合的方法，也应考虑综合利用等措施。

农业防治 结合种子处理清除杂草种子，并结合耕翻、整地，消灭土表的杂草种子。实行单双子叶作物轮作，减少杂草的发生。提高播种质量，一播全苗，以苗压草。

化学防治 在花生、大豆、棉花等秋熟旱作田，选用乙草胺、异丙甲草胺、精异丙甲草胺、氟乐灵、二甲戊灵、丙炔氟草胺等进行土壤封闭处理。烟草田可在移栽前选用敌草胺进行土壤喷雾处理。对于没有完全封闭防除的残存植株，花生、大豆田可用乳氟禾草灵、氟磺胺草醚、乙羧氟草醚以及灭草松进行茎叶处理。玉米田还可用二氯吡啶酸、氯氟吡氧乙酸、烟嘧磺隆、氟嘧磺隆、砜嘧磺隆、硝磺草酮、苯唑草酮等进行茎叶处理。棉花田可用三氟啶磺隆进行茎叶处理；烟草田可用砜嘧磺隆进行茎叶处理。

综合利用 该种即中草药“鹅不食草”，能通窍散寒、祛风利湿，散瘀消肿，主治鼻炎、跌打损伤等症。

参考文献

陈国奇，冯莉，田兴山，2015. 广东中部地区高温季节蔬菜田杂草群落特征 [J]. 生态科学，34(5): 115-121.

李频道，徐劲松，王宝卿，等，2007. 杞柳田夏季杂草种群调查 [J]. 杂草科学，25(2): 42-43.

刘胜男，李斌，许多宽，等，2014. 四川省德阳市烟田杂草种类、危害及出苗特点调查 [J]. 杂草科学，32(4): 16-19.

路兴涛，张勇，马士仲，等，2008. 山东省泰安市苗圃杂草调查 [J]. 杂草科学，26(2): 37-39.

朱建义，周小刚，陈庆华，等，2012. 二氯吡啶酸防除夏玉米田和冬油菜田阔叶杂草的药效试验 [C]// 中国植物保护学会成立 50 周年庆祝大会暨 2012 年学术年会论文集：284-288.

（撰稿：周小刚、刘胜男；审稿：黄春艳）

石胡荽植株形态（周小刚摄）

①植株；②花序；③幼苗；④果实

石龙尾 *Limnophila sessiliflora* (Vahl) Blume

水田多年生两栖杂草。又名菊藻。英文名 sessile marshweed。车前科石龙尾属。

形态特征

成株　茎细长，沉水部分无毛或几无毛；气生部分长 6～40cm，简单或多少分枝，被短柔毛，稀几无毛。沉水叶长 0.5～3.5cm，多裂，裂片细而扁平或毛发状，无毛；气生叶全部轮生，椭圆状披针形，具圆齿或羽状分裂，长 0.5～1.8cm，无毛，密被腺点，有 1～3 脉。花无梗或稀具长不超过 1.5mm 之梗，单生于气生茎和沉水茎的叶腋；小苞片无或稀具 1 对长不超过 1.5mm 的全缘的小苞片；花萼长 4～6mm，被短柔毛，在果实成熟时不具凸起的条纹，萼齿长 2～4mm，卵形，长渐尖；花冠长 0.6～1cm，紫蓝或粉红色（见图）。

子实　蒴果近球形，两侧微扁，长约 4mm，两心皮之腹合缝下凹，种子多数，可达 150 粒种子，短柱状，微弯。

幼苗　出土萌发。子叶呈棒状或阔椭圆形，长 2mm，宽 1mm，先端钝圆，全缘，叶基楔形，有 1 条中脉，无叶柄。下胚轴及上胚轴均较明显。初生叶 2 片，对生，单叶，叶片呈卵形，先端钝尖，全缘，叶基楔形，具叶柄。第 1 对后生叶与初生叶相似。第 2 对后生叶开始，叶片变为裂叶。幼苗茎上有细白毛。

生物学特性　兼有性繁殖和无性繁殖。以有性繁殖为主，每朵花可结 200～300 粒种子，发芽率高达 96%。花果期 7 月至翌年 1 月。喜日光充足之处，喜温暖，怕寒冷，在 22～28℃的温度范围内生长良好，越冬温度不宜低于 10℃。茎组织中存在的毒素可以阻止食草性鱼类。商业上常以扦插法繁殖为主，多在春夏二季进行；亦可采用播种、组织培养等方法进行育苗。

分布与危害　中国分布于辽宁、河南、江苏、上海、安徽、浙江、福建、江西、湖北、湖南、广东、广西、四川、贵州、云南等地；朝鲜、日本、印度、尼泊尔、不丹、越南、马来西亚及印度尼西亚也有分布。喜生于水塘、沼泽、水田或路旁、沟边湿处，是印度、中国、日本和菲律宾稻田的主要杂草。

防除技术

农业防治　以人工除草和机械除草为主。

化学防治　用吡嘧磺隆、乙氧磺隆、氯吡嘧磺隆等防治，茎叶处理剂主要包括扑草净、氯氟吡氧乙酸、2 甲 4 氯、2,4-滴、苯达松、氯氟吡啶酯等。

综合利用　可以作为一些鱼类的饲料。株形极为美观，常作为公园水景区栽培的沉水观赏植物以及水簇箱的中、后景装饰植物，观赏价值较高。

石龙尾植株形态（强胜摄）

参考文献

顾福根, 孙丙耀, 韵宇飞, 等, 2008. 石龙尾(*Limnophila sessiliflora* Bl.)的组织培养与快速繁殖技术研究[J]. 武汉植物学研究, 26(6): 639-643.

李扬汉, 1998. 中国杂草志[M]. 北京: 中国农业出版社.

韦三立, 2004. 水生花卉[M]. 北京: 中国农业出版社: 16-17.

颜玉树, 1989. 杂草幼苗识别图谱[M]. 南京: 江苏科学技术出版社.

中国科学院中国植物志编辑委员会, 1994. 中国植物志: 第四十四卷 第一分册[M]. 北京: 科学出版社.

中国医学科学院药用植物资源开发研究所云南分所, 1991. 西双版纳药用植物名录[M]. 昆明: 云南民族出版社.

SCHER J L, WALTERS D S, 2010. Federal noxious weed disseminules of the U. S. California Department of Food and Agriculture, and Center for Plant Health Science and Technology, USDA, APHIS, PPQ [J]. *Limnophila sessiliflora* (Vahl) Blume: 23.

SPENCER W, BOWES G, 1985. *Limnophila* and *Hygrophila*: a review and physiological assessment of their weed potential in Florida [J]. Journal of aquatic plant management, 23: 7-16.

WANG G X, WATANABE H, UCHINO A, et al, 2000. Response of a Sulfonylurea (SU)-resistant biotype of *Limnophila sessiliflora* to selected SU and alternative herbicides [J]. Pesticide biochemistry and physiology, 68(2): 59-66.

（撰稿：刘宇婧；审稿：强胜）

石荠苎（石荠苧） *Mosla scabra* (Thunb) C. Y. Wu et H. W. Li

果园、茶园、路边一年生草本一般性杂草。又名母鸡窝、痱子草、叶进根、紫花草、小苏金。英文名 scabrous mosla。唇形科石荠苎属。

形态特征

成株　株高 20～100cm（图①②）。茎直立，多分枝，分枝纤细，茎、枝均四棱形，具细条纹，密被短柔毛。叶对生，卵形或卵状披针形，长 1.5～3.5cm、宽 0.9～1.7cm，先端急尖或钝，基部圆形或宽楔形，边缘近基部全缘，自基部以上为锯齿状，上面被灰色微柔毛，下面灰白色，密布凹陷腺点，近无毛或被极疏短柔毛。总状花序生于主茎及侧枝上，长 2.5～15cm（图③⑤）；苞片卵形，长 2.7～3.5mm，先端尾状渐尖。花时及果时均超过花梗；花梗花时长约 1mm，果时长至 3mm，与序轴密被灰白色小疏柔毛。花萼钟形，长约 2.5mm、宽约 2mm，外面被疏柔毛，二唇形，上唇 3 齿呈卵状披针形，先端渐尖，中齿略小，下唇 2 齿，线形，先端锐尖，果时花萼长至 4mm、宽至 3mm，脉纹显著。花冠粉红色，长 4～5mm，外面被微柔毛，内面基部具毛环，冠筒向上渐扩大，冠檐二唇形，上唇直立，扁平，先端微凹，下唇 3 裂，中裂片较大，边缘具齿。雄蕊 4，后对能育，药室 2，叉开，前对退化，药室不明显。花柱先端相等 2 浅裂；花盘前方呈指状膨大。

子实　小坚果黄褐色，球形，直径约 1mm，种子表面具较密网状纹饰，网脊较平滑，网眼圆形或不规则椭圆形（图④）。

幼苗　子叶倒肾形，长 3mm、宽 4.5mm，先端微凹，叶基戟形，无毛，具柄；上胚轴较下胚轴发达，均带紫红色，密被短柔毛；初生叶三角状卵形，先端急尖，叶基圆形，边缘具粗锯齿，叶脉明显，具叶柄，无毛，后生叶与初生叶相似。

生物学特性　种子繁殖。花期 5～11 月，果期 9～11 月。体细胞染色体数 2n=18。石荠苎是一种适应性强、分布较广的具有特殊芳香气味的植物。生长适温为 20～30℃。高温抑制石荠苎种子的萌发，光照条件对种子的萌发有影响，全日照和黑暗条件都不利种子的萌发。石荠苎的理想水分生态位是 40%～80% 田间持水量，营养生长发达，植株高，对光的竞争能力比较强；当光照或营养不足时，石荠苎具有较高的可塑性，能够进行自身调节而尽量减小不利环境的影响；石荠苎的高表型可塑性使其在高水分条件下具有很强的竞争能力，在低水分条件下则具有很强的耐受能力。石荠苎分泌的化感物质，抑制作物生长。

分布与危害　中国分布于辽宁、陕西、甘肃、河南、江苏、安徽、浙江、江西、湖南、湖北、四川、福建、台湾、广东、广西；在全球许多国家也有分布，近几年在亚洲越来越多的国家发现石荠苎，如韩国、日本、马来西亚。生于海拔 50～2900m 的开阔耕地、小灌木丛、林缘、路旁、沟旁、溪涧边及山坡树丛下，为果园、茶园及路埂常见杂草。

防除技术

农业防治　施用充分沤制腐熟的有机肥，防止种子传入

石荠苎植株形态（张治摄）

①②植株；③⑤花序；④果实

果园、茶园。深耕或深翻土壤，把种子埋在土壤深层，能显著抑制出苗。出苗后结实前进行人工或机械清除，防止产生种子，减轻翌年危害。新建茶园，可采用不同深度的中耕培土除草，且采用割草加上覆盖的控草效果最好。茶树可与豆科植物，如白三叶、红三叶等套作，通过作物群体的竞争能力，也能很好地控制茶园杂草发生。覆盖薄膜或稻草等能抑制杂草种子萌发，降低杂草发生量。茶园还可养鸭，啄食杂草幼苗。

化学防治　针对果园、茶园，用莠去津作土壤封闭处理，抑制石荠苎出苗。出苗后的石荠苎，可用茎叶处理除草剂，果园、茶园等可用草甘膦、草铵膦、莠去津、西玛津、扑草净，或者灭草松茎叶喷雾处理；果园还可用2甲4氯与草甘膦的复配剂，柑橘园可用丙炔氟草胺或其与草铵膦的复配剂，柑橘园和苹果园还可用苯嘧磺草胺茎叶喷雾处理。注意定向喷雾，以免产生药害。

综合利用　石荠苎主要含有挥发油、黄酮、木脂素等化合物，具有抗菌、抗病毒、抗氧化、抗炎、镇痛等多种药理活性，石荠苎总黄酮对流感病毒性肺炎小鼠肺组织具有保护作用，还具有抗肝纤维化的作用。全草入药，气清香浓郁，味辛、凉，治感冒、中暑发高烧、痱子、皮肤瘙痒、疟疾、便秘、内痔、便血、疥疮、湿脚气、外伤出血、跌打损伤。此外全草又能杀虫，根可治疮毒。石荠苎全株可提制薄荷油、薄荷脑，广泛用于饮料、牙膏、医药、食品及化妆品等的芳香剂和调味剂。

参考文献

关保华, 2004. 石荠苧属 (*Mosla*) 四种植物响应土壤水分的表型可塑性比较研究 [D]. 杭州: 浙江大学.

李扬汉, 1998. 中国杂草志 [M]. 北京: 中国农业出版社: 565.

林正奎, 华映芳, 1989. 石荠苧精油化学成分研究 [J]. 植物学报英文版 (4): 320-322.

王湘, 郭玉芳, 王爽, 2020. 石荠苧总黄酮对流感病毒性肺炎小鼠肺组织的保护作用 [J]. 中国临床药理学杂志, 36(20): 3224-3227.

王勇, 姚沁, 任亚峰, 等, 2018. 茶园杂草危害的防控现状及治理策略的探讨 [J]. 中国农业通报, 34(18): 138-150.

周世良, 1995. 石荠苎属的系统学与进化 [D]. 北京: 中国科学院植物研究所.

邹晓燕, 2007. 石荠苧属六种植物生态分化的化学计量学研究 [D]. 杭州: 浙江大学.

YU C H, YU W Y, FANG J, et al, 2016. *Mosla scabra* flavonoids ameliorate the influenza A virus-induced lung injury and water transport abnormality via the inhibition of PRR and AQP signaling pathways in mice [J]. Journal of ethnopharmacology, 179: 146-155.

（撰稿：杜道林、游文华；审稿：宋小玲）

S

石香薷 *Mosla chinensis* Maxim.

一种危害轻的秋熟旱作田一年生草本杂草。人工栽培品种主要为药用和香料用植物。又名野香薷、土香薷、细叶香薷、华荠苧。英文名 Chinese mosla。唇形科石荠苧属。

形态特征

成株　茎高 9～40cm（图①）。纤细，自基部多分枝，或植株矮小不分枝，被白色疏柔毛。叶对生，线状长圆形至线状披针形，长 1.3～2.8（3.3）cm、宽 2～4（7）mm，先端渐尖或急尖，基部渐狭或楔形，边缘具疏而不明显的浅锯齿，上面榄绿色，下面较淡，两面均被疏短柔毛及棕色凹陷腺点；叶柄长 3～5mm，被疏短柔毛。总状花序头状或假穗状，长 1～3cm（图②）；苞片覆瓦状排列，偶见稀疏排列，圆倒卵形，长 4～7mm、宽 3～5mm，先端短尾尖，全缘，两面被疏柔毛，下面具凹陷腺点，边缘具睫毛，5 脉，自基部掌状生出；花梗短，被疏短柔毛。花萼钟形，长约 3mm、宽约 1.6mm，外面被白色绵毛及腺体，内面在喉部以上被白色绵毛，下部无毛，萼齿 5，钻形，长约为花萼长的 2/3，果时花萼增大。花冠紫红、淡红至白色，长约 5mm，上唇微缺，下唇 3 裂，中裂片较大，具圆齿；花冠略伸出于苞片，外面被微柔毛，内面在下唇的下方冠筒上略被微柔毛，余部无毛；雄蕊 4，后对能育，前对药室不明显；柱头前端近等 2 浅裂，花盘前方呈指状膨大。

子实　小坚果球形，直径约 1.2mm，灰褐色，具深雕纹，无毛。

生物学特性　种子繁殖。花期 6～9 月，果期 7～11 月。生长于海拔至 1400m 的草坡或林下，喜温暖湿润、阳光充足、雨量充沛的环境。为长江流域的秋熟旱作田杂草及果园、茶园及路边杂草，对棉花、甘薯及蔬菜有轻度危害。人工栽培的石香薷，对土壤适应性较强，一般土壤均可种植，但以肥沃的黏质土或红壤土为好。最适生长温度为 25～28℃。

分布与危害　中国分布于山东、江苏、浙江、安徽、江西、湖南、湖北、贵州、四川、广西、广东、福建及台湾；越南北部也有。

防除技术　见薄荷。

综合利用　全草入药，性温，味辛凉，是发汗解表、和中利湿去暑良药。主治中暑发热、感冒恶寒、胃痛呕吐、急性肠胃炎、痢疾、跌打瘀痛、牙龈肿痛、下肢水肿、颜面浮肿、消化不良、皮肤湿疹搔痒、多发性疖肿，此外亦为治毒蛇咬伤要药。石香薷挥发油含有百里香酚、香荆芥酚等天然活性抑菌成分，还含有金合欢烯、芳樟醇等香气成分，具有抗流感病毒作用，也可作为糕点、饮料、果冻等天然食品的防腐剂和罐头、饮料、奶制品等的添香剂；同时也可以作为化妆品和洗涤香精、空气清新剂的添加剂。在医药、食品、香料工业和洗涤行业具有很高的开发利用价值。此外，石香薷精油对白纹伊蚊幼虫及成虫均有较强的生物活性，具有从中发现新的灭蚊天然活性化合物和研发成环保型蚊虫控制剂的潜力。

石香薷植株形态（陈炳华摄）

①植株及生境；②花序

参考文献

陈飞飞，彭映辉，曾冬琴，等，2010. 石香薷精油对白纹伊蚊的生物活性研究及其成分分析 [J]. 中国媒介生物学及控制杂志，21(3): 211-214.

李扬汉，1998. 中国杂草志 [M]. 北京：中国农业出版社：562-563.

林文群，刘小芬，2002. 药用香料植物——石香薷 [J]. 植物杂志 (2): 26.

王放银，2005. 石香薷的研究现状及其应用前景展望 [J]. 饲料工业，26(22): 21-24.

严银芳，陈晓，杨小清，等，2002. 石香薷挥发油抗流感病毒活性成分的初步研究 [J]. 青岛大学医学院学报，38(2): 155-157.

中国科学院中国植物志编辑委员会，1977. 中国植物志：第六十六卷 [M]. 北京：科学出版社：289.

（撰稿：黄春艳；审稿：宋小玲）

时差和位差选择性　time and location difference selectivity

指人为利用作物与杂草在发芽及出苗期早晚的时间差异以及空间分布不同，使作物不接触或少接触除草剂，而使杂草大量接触除草剂实现的选择性。

时差和位差选择性是土壤处理中实现选择性的土壤处理主要途径，如播前土壤处理利用的是时差选择性，播后苗前土壤处理利用的是位差选择性。在茎叶处理中也常用位置选择在高大的作物田如棉花、玉米中，在作物生产后期实行行间喷施灭生性除草剂防除杂草。

时差选择性　利用杂草出苗和农作物播种、发芽及出苗时间的差异而形成的选择性，称为除草剂的时差选择性。例如，广谱性除草剂草甘膦、草铵膦等，由于其药效迅速，残效期短，可用于作物播种、移栽之前，杀死已萌发的杂草，而草甘膦、草铵膦在土壤中很快失活或钝化，从而达到除草不伤害农作物的目的；在水稻插秧或抛秧前施用噁草酮防除一年生杂草，在大豆播种前施用氟乐灵防除一年生杂草，也是利用除草剂的时差选择性。同时，土壤处理剂还可封闭未出土的杂草，达到控制杂草种子萌发的目的。

位差选择性　在施药时可利用杂草与作物在土壤内或空间中位置的差异而获得选择性，称为除草剂的位差选择性，分为土壤位差选择性和空间位差选择性。

土壤位差选择性　利用作物和杂草的种子或根系在土壤中位置的不同，施用除草剂后，使杂草种子或根系接触药剂，而作物种子或根系不接触药剂，来达到杀死杂草保护作物安全的目的，即土壤位差选择性。有两种方法可达到此目的：①播后苗前土壤处理法。在作物播种后出苗前施用除草剂，利用除草剂仅固着在表土层（1～2cm），不向深层淋溶的特性，杀死或抑制表层土壤中能够萌发的杂草种子，而作物种子因有覆土层保护，可以正常发芽生长。例如利用利谷隆、敌草隆防除大豆田杂草，由于大豆播种较深，而一年生杂草多在土壤表层发芽，从而杀死杂草实现除草剂的选择性。生产中需要特别注意防止土壤位差选择性的失败：浅播的小粒种子作物（如谷子、部分蔬菜）易造成药害；一些淋溶性强的除草剂，药剂易到达作物种子层，导致药害产生，如扑草净等；此外，砂性、有机质含量低的地块易使除草剂向下淋溶，造成作物药害。同样，一些大粒种子的杂草，如苍耳、苘麻等，由于分布在较深的土层，除草剂对其作用减弱，往往药效较差。②深根作物生育期土壤处理法。利用除草剂在土壤中的位差，杀死表层浅根杂草，而无害于已经出苗的深根作物。例如，敌草隆、利谷隆等除草剂，溶解度小吸附性强，易吸附地表而形成药膜层，杀死表土层0～2cm处的小粒种子的杂草，而对玉米、棉花、大豆等植株安全，原因是这些农作物播种深度5cm左右，根系分布也较深，从而实现除草剂的选择性。

空间位差选择性　一些行距较宽且作物与杂草有一定高度差的作物田或果园、橡胶园等，可采用定向喷雾或保护性喷雾措施，使药液只喷在杂草上，而作物接触不到药液或仅仅是非要害部位接触到药液，从而达到防除杂草，保护作物或果树的目的。例如在果园、玉米田、棉田等应用传导性较差的草铵膦、敌草快防除行间杂草，便是利用了除草剂的空间位差选择性。

参考文献

贺字典，王秀平，2017. 植物化学保护 [M]. 北京：科学出版社.

刘长令，2002. 世界农药大全：除草剂卷 [M]. 北京：化学工业出版社.

苏少泉，宋顺祖，1996. 中国农田杂草化学防治 [M]. 北京：中国农业出版社.

徐汉虹，2018. 植物化学保护学 [M]. 5版. 北京：中国农业出版社.

赵善欢，2000. 植物化学保护 [M]. 3版. 北京：中国农业出版社.

HATHWAY D E, 1989. Molecular Mechanisms of Herbicide Selectivity [M]. Oxford: Oxford University Press.

（撰稿：李伟；审稿：刘伟堂、宋小玲）

使用方法的分类　classification of herbicides by applying methods

按照除草剂的使用方法分类，可将除草剂分为茎叶处理剂、土壤处理剂以及茎叶兼土壤处理剂。

茎叶处理剂　是指直接喷洒到已经出苗杂草茎、叶上，被杂草吸收后杀死杂草的除草剂。茎叶处理剂一般采用喷雾法，常用压力稳定带扇形喷头的喷雾器，保证药剂均匀分布在杂草上。茎叶处理剂可在作物播前和作物苗后进行处理，防治已经出苗的杂草，但对后期出苗的杂草没有防治效果。茎叶处理除草剂可在这几个时期施用：①播前茎叶处理。是在作物尚未播种或移栽前，用药剂喷洒已出苗的杂草。②作物苗后茎叶处理。作物出苗后施用除草剂喷洒于作物田，防除已经出苗的杂草。药剂不仅喷洒到杂草上，也能喷洒到作物上，因此要求除草剂要具有较高的选择性。对作物毒性强的除草剂可以通过定向喷雾或保护装置，保护作物免受药害（具体见茎叶处理）。

土壤处理剂　将除草剂施用于作物田土壤表面，杀死未出土杂草的除草剂。土壤处理除草剂可采用喷雾法、药土（药肥）法、瓶甩法等施用于土壤表面。土壤处理除草剂可在3个时期施用。①播前土壤处理。作物播种或移栽前用除草剂处理土壤。②播后苗前土壤处理。作物播种后尚未出苗时土壤处理。③苗后土壤处理。作物出苗后处理土壤或移栽缓苗后处理土壤（见土壤处理）。

茎叶兼土壤处理剂　除草剂既可用作茎叶处理，防除已经出苗的杂草，又可用作土壤处理，防除尚未出苗的杂草，这类除草剂称为茎叶兼土壤处理剂。例如：取代脲类除草剂中的异丙隆，既可在小麦苗后防除已经出苗的杂草也可在小麦播后苗前防除尚未出苗的杂草，抑制细胞光合作用的电子传递，导致杂草死亡。

影响茎叶处理剂和土壤处理剂药效的因素除了使用方法、施药技术、除草剂本身特性外，还与作物、杂草种类、叶龄以及环境因素等有关。①作物。作物种类和生长状况对除草剂药效有一定影响，同一种除草剂在不同作物上的药效不一样。因为不同作物和杂草的竞争力强弱不同。竞争力强、长势好的作物能有效抑制杂草的生长，防止杂草的再出苗，从而提高除草剂的防效。在竞争力弱、长势差的作物田里，施用除草剂残存的杂草受作物的影响小，很快恢复生长。另外在土壤中的杂草种子也可能再次发芽、出苗，造成伤害。②杂草。不同杂草种类或同一种杂草的不同叶龄对某种除草剂的敏感程度不同，因此，杂草群落结构、杂草大小对除草剂的药效影响极大，此外杂草的密度对除草剂田间药效也有一定影响。杂草大小主要是对茎叶处理剂的影响。③环境因素。土壤条件：土壤质地、有机质含量、pH 和墒情直接影响除草剂在土壤中的吸附、降解速度、移动和分布状态，从而影响土壤处理除草剂的药效，也影响除草剂对作物的安全性。如磺酰脲类除草剂在酸性土壤中降解速度快，而在碱性土壤中降解慢，在碱性土壤更易对后茬作物产生药害。温度：在生理范围内，温度每上升 10℃，除草剂的吸收速度提高 1 倍。在适宜的高温条件下，许多除草剂向角质层的渗透作用增强，也有利于除草剂传导。但是，过高温度又会促进除草剂蒸发，不利于除草剂的吸收，通常中等温度促进大多数除草剂的吸收。相对湿度：较低的湿度引起雾滴迅速干燥，促进植物内水势升高，导致气孔关闭，从而显著影响叶片对除草剂的吸收。高湿度下雾滴的挥发能够延缓，水势降低，促使气孔开放，有利于对除草剂的吸收与传导。降雨：降雨会导致除草剂被雨水冲刷，从而影响除草剂吸收。降雨还影响除草剂的淋溶，影响对作物的安全性。喷药后降雨对茎叶处理除草剂的影响因除草剂品种而异，有的除草剂吸收迅速，而另一些除草剂吸收缓慢。因此，应考虑除草剂吸收与施药后降雨时间。

参考文献

刘长令, 2002. 世界农药大全：除草剂卷 [M]. 北京：化学工业出版社.

强胜, 2009, 杂草学 [M]. 2 版. 北京：中国农业出版社.

徐汉虹, 2018. 植物化学保护学 [M]. 5 版. 北京：中国农业出版社.

中国农业百科全书总编辑委员会农药卷编辑委员会，中国农业百科全书编辑部, 1993. 中国农业百科全书：农药卷 [M]. 北京：农业出版社.

（撰稿：刘亦学；审稿：刘伟堂、宋小玲）

市藜 *Chenopodium urbicum* L.

田边、路旁和盐碱地一年生草本杂草。英文名 city goosefoot。藜科藜属。

形态特征

成株　株高 20～100cm（见图）。全株无粉，幼叶及花序轴有时稍有绵毛。茎直立，较粗壮，有条棱及色条，分枝或不分枝。叶互生，叶片三角形，长 3～8cm，宽度与长度相等或较小，稍肥厚，先端急尖或渐尖，基部近截形或宽楔形，两面近同色，边缘具不整齐锯齿；叶柄长 2～4cm。花两性兼有雄蕊不发育的雌花，少数团集并形成以腋生为主的直立穗状圆锥花序；花被裂片 5，花药矩圆形，花丝稍短于花被。胞果双凸镜形，果皮黑褐色。

子实　种子横生，直径约 1mm，红褐色至黑色，有光泽，表面具不清晰的点纹，边缘钝。

生物学特性　种子繁殖。花期 8～9 月，果期 10 月。市藜植株和种子中的酚含量均较高，且根部和种子中含有大量的游离多酚，具有较好的抗氧化活性，可作为天然抗氧化剂来源，用于制药工业和食品添加剂生产。

分布与危害　中国分布于黑龙江、吉林、辽宁、内蒙古、河北、山西、山东、陕西、新疆、江苏，生于戈壁、田边等处。为新疆北部棉田常见杂草，在河北等地局部发生，优势度和频度较小，对玉米等作物田影响极微，为一般杂草。

市藜为泌盐盐生植物，具有较强的耐盐性。在中国分布较广的是市藜的亚种东亚市藜（*Chenopodium urbicum* L. subsp. *sinicum* Kung et G. L. Chu），中国分布于黑龙江、吉林、辽宁、河北、山东、江苏北部、山西、内蒙古、陕西北部、新疆准噶尔。市藜喜盐碱、耐高湿，适宜在盐土或盐碱土低洼湿润区生长。

防除技术　在新疆地膜覆盖种植条件下，对市藜等杂草的防除应因地制宜，合理应用农业、物理、化学等一系列防治措施，有机地组合成防治的综合体系，将危害性杂草有效地控制在生态经济阈值水平以下，确保作物的安全生产。

农业防治　一是在草荒严重的农田和荒地，在作物收获后或播种前进行深翻，将市藜等一年生杂草种子深翻至土壤深层，减少杂草萌发危害。二是清除田块四周、路旁、田埂、渠道内外的杂草，特别是在杂草种子尚未成熟之前可结合耕地、人工拔除等措施及时清除，防止其扩散。

物理防治　一是结合放苗等田间作业拔除膜上和行间杂草，并及时用土封洞，充分发挥地膜覆盖的灭草效果。二是入秋后在杂草种子成熟前人工拔除田间草龄较大的杂草，并带离作物田，避免成熟杂草种子落入田间，增加土壤中杂草种子量，加重来年杂草防除难度。

化学防治　新疆棉花田市藜等阔叶杂草的防除仍以化学防治为主，可在棉花播种前，选用二甲戊灵、扑草净、乙氧氟草醚，也可选用内炔氟草胺・二甲戊灵、甲戊・扑草净、甲戊・异丙甲、甲戊・敌草隆、甲戊・乙草胺等混剂，进行机械土壤喷雾处理。

市藜植株形态（马小艳摄）

对市藜等阔叶杂草发生过严重的棉田，可采取棉花与玉米、棉花与小麦轮作，在种植玉米或小麦时，选用相应的除草剂防除阔叶杂草。

综合利用 全草可入药，具有清热、利湿、杀虫的作用。为藏药的一种，全草可治皮疹。

参考文献

阿依古丽·阿不都热苏力, 2014. 阿勒泰地区药用植物区系研究 [D]. 乌鲁木齐: 新疆大学.

努尔古丽·阿木提, 2013. 新疆藜科植物系统分类学研究 [D]. 乌鲁木齐: 新疆大学.

王春海, 2015. 中国藜属及近缘属植物的系统学研究 [D]. 曲阜: 曲阜师范大学.

魏守辉, 张朝贤, 翟国英, 等, 2006. 河北省玉米田杂草组成及群落特征 [J]. 植物保护学报, 33(2): 212-218.

周三, 韩军丽, 赵可夫, 2001. 泌盐盐生植物研究进展 [J]. 应用与环境生物学报, 7(5): 496-501.

NOWAK R, SZEWCZYK K, GAWLIK-DZIKI U, et al, 2016. Antioxidative and cytotoxic potential of some *Chenopodium* L. species growing in Poland [J]. Saudi journal of biological sciences, 23: 15-23.

（撰稿：马小艳；审稿：宋小玲）

蔬菜地杂草 vegetable field weed

根据杂草的生境特征划分的、属于秋熟旱作物田中非常重要的一类杂草，能够在旱作蔬菜田中不断自然延续其种群。

发生与分布 蔬菜地肥水充沛，在满足蔬菜生长的同时也为杂草的生长发育提供了适宜的生境，加之蔬菜种类繁多、栽培方式复杂、轮作倒茬频繁、间作套种普遍等原因，使伴生的蔬菜地杂草种类更趋于多样化，同时，除草剂的使用也会诱导杂草群落发生变化。中国蔬菜播种面积约 2100 万 hm^2，其中江苏、山东、河南、湖北、湖南、广东、广西、四川、贵州、云南等地蔬菜播种面积超过 100 万 hm^2，但杂草危害面积占蔬菜种植面积的 90% 以上，其中中等以上杂草危害面积超过 65%。蔬菜田间杂草发生和分布各有不同，按照气候条件和种植区域，蔬菜田大致可以分为：①东北温带一年一熟蔬菜田，主要杂草有马唐、马齿苋、稗草、藜、灰绿藜、凹头苋、反枝苋、龙葵等。②华北暖温带一年两熟蔬菜田，主要杂草有马齿苋、牛筋草、凹头苋、灰绿藜、稗草、狗尾草、马唐、藜等。③长江中下游亚热带一年三熟蔬菜田，主要杂草有马唐、牛筋草、稗草、千金子、凹头苋、看麦娘、牛繁缕、繁缕、早熟禾、小藜、空心莲子草、香附子等。④华南热带一年多熟蔬菜田，主要杂草有牛筋草、稗草、马唐、马齿苋、凹头苋、香附子、千金子、碎米莎草、白花蛇舌草、习见蓼、刺苋、黄穗臭草、草龙、龙爪茅、胜红蓟、裸柱菊等。⑤西北内陆一年一熟蔬菜田，主要杂草有藜、灰绿藜、马齿苋、反枝苋、稗草、凹头苋等。⑥云贵高原夏秋蔬菜田，主要杂草有马唐、凹头苋、牛繁缕、小藜、田旋花、马齿苋、牛膝菊、龙爪茅、两耳草、胜红蓟、尼泊尔蓼等。中国地域性危害的蔬菜田杂草有马唐、凹头苋、稗草、马齿苋。另外，暖温带以南的牛筋草，亚热带以南的千金子、香附子、双穗雀稗、空心莲子草以及部分区域性危害的杂草如胜红蓟、藜、小藜、反枝苋、田旋花等均有较大的发生面积。

按照发生季节，蔬菜地杂草大致可以分为：①冬春季发生，主要杂草有繁缕、雀舌草、漆姑草、卷耳、蚊母草、早熟禾、看麦娘、婆婆纳等，主要危害包心菜、花椰菜、莴苣笋、芹菜、菠菜、小葱、马铃薯等。②夏秋季发生，主要杂草有马唐、画眉草、牛筋草、空心苋、香附子、陌上菜、反枝苋、马齿苋、狗尾草、狗牙根、繁缕等，主要危害菜豆、豇豆、瓢瓜、黄瓜、冬瓜、丝瓜、辣椒、毛豆、苋菜、花菜、葱韭及大蒜等。分布较为广泛的蔬菜地主要杂草有稗草、马唐、牛筋草、狗尾草、千金子、狗牙根、画眉草、看麦娘、早熟禾、繁缕、牛繁缕、婆婆纳、藜、蓼、马齿苋、通泉草、铁苋菜、反枝苋、猪殃殃、荠、附地菜、刺苋、凹头苋、空心莲子草、香附子、碎米莎草等，其中稗草、藜、马齿苋、凹头苋、牛筋草、狗尾草、香附子等在各类蔬菜田中均占优势。

蔬菜地杂草种类繁多，且常年不断发生，杂草不仅与蔬菜争夺养分、水分，造成田间郁闭，还是病原体和虫害的中间寄主。同一地区蔬菜地杂草发生种类类似，但播种季节、耕作方式的不同使田间杂草种类及其发生会有所不同，通常气温低时以耐寒性杂草为主，发生慢，而温室和保护性栽培条件下田块温湿度明显上升，喜温性杂草发生期提前，发生时间长，萌发速度快，生长茂盛。另外，蔬菜地间作、套种普遍，水肥充足，管理精细，以一年生杂草为主。随着蔬菜栽培生产由粗放栽培向精耕细作发展、由露地栽培向保护地栽培发展、由单季栽培向周年栽培发展、由单一种植向多层次种植发展，蔬菜地杂草呈现出物种丰富度高、季相变化差异下降、生活型多样化、本地种比例高等特征。

水生蔬菜主要有藕、茭白、慈姑、荸荠、菱、水芹等，水生蔬菜田杂草与旱地蔬菜田不同，主要是稗草、异型莎草、鸭舌草、瓜皮草、眼子菜、水莎草、扁秆藨草、鳢肠等。

防除技术

化学防治 蔬菜品种多、生产期短、复种指数高、茬口比较复杂，化学防治措施使用不当，容易造成药害，甚至绝收，因此蔬菜地杂草防除对化学除草剂的选择性、持效期、残留期及使用技术等要求严格。与水稻、小麦等大田作物相比，蔬菜田可供选择的化学除草剂品种较少，且基本参照相关品种在其他旱作物田的使用方法，播后苗前以乙草胺、异丙草胺、异丙甲草胺、二甲戊灵、氟乐灵、乙氧氟草醚、噁草酮等土壤封闭处理为主，苗后以精喹禾灵、高效氟吡甲禾灵、精吡氟禾草灵、精噁唑禾草灵、烯草酮、烯禾啶、噁草酸等茎叶喷雾为主。①瓜类、十字花科、茄果类、伞形科、以及马铃薯、姜、茼蒿、菠菜、莴苣等蔬菜田播后苗前可使用二甲戊灵、异丙草胺、异丙甲草胺、扑草净、乙氧氟草醚、噁草酮，禾本科杂草 2～4 叶期可使用精喹禾灵、高效氟吡甲禾灵、精吡氟禾草灵、精噁唑禾草灵、噁草酸等。②豆科蔬菜田除上述品种外，茎叶处理还可使用氟磺胺草醚、苯达松防除铁苋菜、打碗花、鸭跖草等杂草。③百合科蔬菜田，大蒜播后苗前可使用乙草胺、二甲戊灵、乙氧氟草醚、噁草酮，禾本科杂草 2～4 叶期可使用精喹禾灵、高效氟吡甲禾灵、精吡氟禾草灵、精噁唑禾草灵、噁草酸等，阔叶杂草2～5叶期可选用氯氟吡氧乙酸。洋葱播后苗前可使用扑草净、二甲戊灵、仲丁灵、噁草酮，洋葱3叶期后可使用乙氧氟草醚、灭草松，禾本科杂草2～5叶期时可使用精喹禾灵等。韭菜、香葱田播后苗前可使用二甲戊灵，禾本科杂草2～5叶期时可使用精喹禾灵等。④莲藕田移栽活棵后可使用扑草净、丁草胺、噁草酮、苄嘧磺隆，禾本科杂草2～4叶期可使用精喹禾灵、高效氟吡甲禾灵、精吡氟禾草灵、烯禾啶；茭白田可使用丁草胺、噁草酮、苄嘧磺隆、高效氟吡甲禾灵。在单作蔬菜或菜—粮、菜—果、菜—棉间套作蔬菜区，可采用耕翻灭茬盖草，深埋表层杂草种子，或种植前耕耙诱杀，配合化学防治控制草害。总体看，蔬菜田阔叶杂草的防治存在品种不足、安全性差、效果不稳定等，尤其同一品种同样剂量在温室和保护性栽培条件下药害发生概率更高，因此蔬菜地杂草化学防治应注意除草剂对作物的安全性，因地制宜采用适宜的除草剂品种和施药方法。

农业防治　施足基肥，早施氮肥，合理密植，早建群体优势，以苗抑草，适时轮作配合人工拔除控制草害。

杂草抗性及治理　据报道，目前全球报道蔬菜田有21种杂草对一种或几种除草剂具有抗性，如抗百草枯的凹头苋、苏门白酒草、野茼蒿、通泉草、龙葵；抗西玛津、咪唑乙烟酸的绿穗苋；抗利谷隆、西玛津的反枝苋；抗西玛津的小藜；抗吡氟禾草灵、氟吡甲禾灵、咪唑乙烟酸的马唐；抗吡氟禾草灵、噁草酸、百草枯、草铵膦的牛筋草；抗莠去津、利谷隆的马齿苋。生产中需要轮换使用作用靶标不同的除草剂种类，结合中耕、轮作、覆盖及水肥管理等措施进行杂草控制。

参考文献

李扬汉，1998. 中国杂草志 [M]. 北京：中国农业出版社.

强胜，2009. 杂草学 [M]. 2版. 北京：中国农业出版社.

石鑫，1999. 中国蔬菜田杂草以及化学防除的现状与问题 [C]// 第六次中国杂草科学学术研讨会论文集：19-25.

张夕林，杨慕林，2007. 水生蔬菜田杂草发生特点及控制技术 [J]. 杂草科学，25(3): 35-36.

（撰稿：李贵、沈国辉；审稿：宋小玲、郭凤根）

鼠麴草　*Pseudognaphalium affine* (D. Don) Anderberg

夏熟作物田二年生常见杂草。又名鼠曲草、佛耳草。异名 *Gnaphalium affine* D. Don。英文名 jersey cudweed、haha-go-husa。菊科鼠麴草属。

形态特征

成株　株高10～50cm（图①②）。草本，茎直立，簇生，基部常有匍匐或斜向上的分枝。茎、叶均密被白色绵毛。叶互生，基部叶花期枯萎，上部叶和中部叶匙形或倒披针形，长2～7cm、宽4～12mm，顶端有小尖头，基部渐狭并下延，无柄，全缘。头状花序多数，在顶端密集成伞房状，总苞球状钟形，直径约3mm（图③）；总苞片3层，金黄色，干膜质，顶端钝，外层宽卵形，内层长圆形；花黄色，外围雌花花冠丝状，中央两性花管状，长约2mm，顶端5裂。

子实　瘦果椭圆形，长约0.5mm，有乳头状突起（图④）；冠毛污白色，长约1.5mm，基部连合成2束。

生物学特性　种子繁殖。秋冬季出苗，花果期4～6月。喜湿耐旱，生于路边、荒地、水稻田埂及多种旱作物田。在不同施肥方式条件下稻茬麦和油菜田杂草群落中鼠麴草在土壤有机碳和全磷含量明显低、pH值较高的不施肥区和纯氮肥区的密度较高，表明鼠麴草适应有机碳和磷肥贫瘠且pH值较高的土壤，因此鼠麴草属于耐贫瘠的杂草种类。

分布与危害　中国分布于华东、华中、华南、西南、华北及台湾等地；朝鲜、韩国、日本、越南和印度也有。可在麦类、油菜、马铃薯、蔬菜等夏熟作物田发生，通常危害较轻。

防除技术　由于危害较轻，不需采取针对性措施防控。在发生量大的田块可采取农业防治或化学防治措施控制其危害。

农业防治　可在作物播种前采用深翻耕控制其出苗。在发生量大的阔叶类作物田块，下一季夏熟作物可轮作禾本科作物，以便于进行有效防除。免耕覆盖稻草也能有效抑制杂草出苗，降低危害。

化学防治　根据除草剂产品标签，麦田可选用吡氧酰草胺、噻吩磺隆、氯吡嘧磺隆等单剂或相关复配剂在播后苗前进行土壤封闭处理。麦田在冬前或早春杂草齐苗后，可用氯氟吡氧乙酸、2甲4氯、麦草畏、苯磺隆、双氟磺草胺、唑嘧磺草胺，或者它们的复配剂进行茎叶喷雾处理。油菜田出苗后的鼠麴草在3～5叶期可用二氯吡啶酸、氨氯吡啶酸或者二氯吡啶酸与氨氯吡啶酸的复配剂进行茎叶喷雾处理。二氯吡啶酸能用于甘蓝型、白菜型油菜，氨氯吡啶酸只用于甘蓝型油菜。

综合利用　中国民间已有数千年的菜、药兼用历史。嫩叶可食，全株汁液常被用于做“清明粿”等糯粑饼。全草地上部分入药，具有止咳化痰、平喘、降血压、祛风湿等功效，并具有促进尿酸排泄和抑制尿酸生成以及保护肾功能活性。全草含黄酮类、三萜类、植物甾醇类、蒽醌类及咖啡酰奎宁酸类、脂肪酸及酚酸类等化合物，以及蛋白质、脂肪、碳水化合物、水分、灰分、粗纤维、总膳食纤维，且富含氨基酸、矿物质、维生素及微量元素，具有高营养价值和保健及疾病治疗作用。

参考文献

陈加蓓，李贵，陈璇，等，2021. 湘西“蒿菜粑粑”原料植物鼠麴草营养评价及抗氧化活性分析 [J]. 食品与发酵工业，47(18): 165-174.

李儒海，强胜，邱多生，等，2008. 长期不同施肥方式对稻油两熟制油菜田杂草群落多样性的影响 [J]. 生物多样性，16(2): 118-125.

李扬汉，1998. 中国杂草志 [M]. 北京：中国农业出版社：319-320.

袁方，李勇，李粉华，等，2016. 不同施肥方式对稻麦两熟制小麦田杂草群落的影响 [J]. 应用生态学报，27(1): 125-132.

张伟，2017. 鼠麴草降尿酸活性成分研究 [J]. 上海：上海医药工业研究院.

（撰稿：陈国奇；审稿：宋小玲）

鼠麴草植株形态（①②陈国奇提供；③④⑤张治摄）

①②植株；③花序；④子实；⑤幼苗

双穗雀稗　*Paspalum distichum* L.

水田、秋熟旱作物田多年生杂草。又名红拌根草、过江龙、游水筋。异名 *Paspalum paspalodes* (Michx.) Scribn.。英文名 knotgrass。禾本科雀稗属。

形态特征

成株　高 20～40cm（图①②）。匍匐茎横走、粗壮，长达 1m，顶部斜向上生长，节生一圈柔毛。叶鞘短于节间，背部具脊，边缘或上部被柔毛（图③）；叶舌长 2～3mm，无毛；叶片披针形，长 5～15cm、宽 3～7mm，无毛。总状花序 2 枚，两叉状生于秆顶，长 2～6cm（图④）；穗轴宽 1.5～2mm；小穗倒卵状长圆形，长约 3mm，顶端尖，疏生微柔毛；第一颖退化或微小；第二颖贴生柔毛，具明显的中脉；第一外稃具 3～5 脉，通常无毛，顶端尖；第二外稃草质，等长于小穗，黄绿色，顶端尖，被毛。

子实　带稃颖果长倒卵状长圆形，约 3mm，顶端尖，基部圆形（图⑤）。颖果圆形，紫褐色。

幼苗　子叶留土。种子萌发时，首先裹着棕色膜质胚芽鞘的胚芽伸出地面，随后从其顶端穿出第一片真叶。第一片真叶线状披针形，较短宽，先端尖锐；叶舌三角状，顶端齿裂，叶耳处有茸毛；叶鞘边缘一侧有长柔毛；第二片真叶渐长，叶鞘无毛，压扁，或近鞘口处有纤毛；叶舌极短。

生物学性状　双穗雀稗的茎、秆匍匐地面，节节生根，种子和根茎都可繁殖而以根茎繁殖为主。在最适宜的生长条件下，双穗雀稗每平方米可产生 10 万粒种子，但只有 5%～10% 的花产生可育种子，且在最适温度下，种子萌发率不超过 40%。但是，用 H_2SO_4 处理双穗雀稗的种子，可使萌发率提高 60%～95%，可见谷壳和种皮膜是调节双穗雀稗种子萌发的关键因素。双穗雀稗地上地下均有节，节上均可产生芽，发育成新株。出芽后茎在地表及浅土中匍匐生长，由节生根，分枝繁殖，再生力极强。双穗雀稗侵入稻田后，可依附水稻生长，直立茎长可达 1m 以上，超过水稻高度。其喜湿润，耐干旱，耐遮阴，在沟边、田边及低湿旱田均可生长。

分布与危害　双穗雀稗原产南美，现已广泛分布于世界热带和亚热带地区；中国主要分布于河南、江苏、上海、安徽、浙江、江西、湖南、湖北、福建、广东、广西、海南、重庆、贵州、云南等地。双穗雀稗常通过灌溉沟渠和沟堤入侵农田，也普遍危害茶园、果园及草坪等。该草在田间生物群落的生存竞争中占绝对优势，生长速度快，生长量大，匍匐茎长达 1m 以上。据发生田块田间多点调查，杂草鲜重 300～3150g/m^2，严重影响作物产量和品质。

防除技术 应采取化学防治与生物防治相结合的方法。此外，也应该考虑综合利用等措施。

生物防治 玉米田放养鹅，啄食双穗雀稗；果园中除放鹅，还可以放羊啃食。

化学防治 根据其发生危害的作物不同，应用的除草剂有差异。在水稻田，可用丙草胺、丁草胺及噁草酮进行土壤封闭处理，有一定的抑制作用。苗后可用双草醚加助剂、嘧啶肟草醚、氰氟草酯或噁唑酰草胺等防除。在棉花、大豆等阔叶作物田可选用精吡氟禾草灵、高效氟吡甲禾及精喹禾灵茎叶处理剂，进行双穗雀稗苗后防除。玉米田可使用莠去津作为土壤封闭除草剂及烟嘧磺隆作为茎叶处理除草剂进行双穗雀稗的防除。

综合利用 双穗雀稗生长发育迅速、利用期长、产草量高、营养丰富等，常作为家畜、禽及鱼的饲料。在澳大利亚，双穗雀稗也被用于稳固堤坝。

参考文献

曹晓利, 2008. 双穗雀稗的综合防治 [J]. 现代农业科技 (18): 145.

傅得月, 1993. 双穗雀稗的栽培与利用 [J]. 草与畜杂志 (4): 20-21.

强胜, 2001. 杂草学 [M]. 北京 : 中国农业出版社 .

李扬汉, 1998. 中国杂草志 [M]. 北京 : 中国农业出版社 .

苏少泉, 宋顺祖, 1996. 中国农田杂草化学防治 [M]. 北京 : 中国农业出版社 .

王修慧, 陆永良, 廖冬如, 等, 2011. 稻田双穗雀稗生物学特性、发生危害及防控 [J]. 江西农业报, 23(10): 121-124, 127.

余柳青, 陆永良, 玄松南, 2010. 稻田杂草防控技术规程 [M]. 北京 : 中国农业出版社 : 75-87.

颜玉树, 1989. 杂草幼苗识别图谱 [M]. 南京 : 江苏科学技术出版社 .

《中国农田杂草原色图谱》编委会, 1990. 中国农田杂草原色图谱 [M]. 北京 : 农业出版社 : 412.

DUNCAN R R, CARROW R N, 2000. In: Seashore paspalum the environmental turfgrass [M]. Michigan: Ann Arbor Press, Chelsea: 15.

HOLM L, DOLL J, HOLM E, et al, 1997. World weeds-natural histories and distribution [J]. Home & Garden, 47(1): 1152.

HOLM L, PLUCKNETT G D L, PANCHO J V, et al, 1977. The

双穗雀稗植株形态（③强胜摄；其余张治摄）

①群落；②成株；③茎节；④花序；⑤子实

S

world's worst weeds distribution and biology [M]. Honolulu: University Press of Hawaii: 609.

HUANG W Z, HSIAO A I, JORDAN L, 1987. Effects of temperature, light and certain growth regulating substances on sprouting, rooting and growth of single-node rhizome and shoot segments of *Paspalum distichum* L [J]. Weed research, 27: 57-67.

KARNOK K J, 2020. Turfgrass management information directory [M]. Chelsea, Michigan: Ann Arbor Press.

MANUEL J S, MERCADO B L, 1977. Biology of *Paspalum distichum*. I. Pattern of growth and asexual reproduction [J]. Philippine agriculturist, 61: 192-198.

OKUMA M, CHIKURA S, 1984. Ecology and control of a subspecies of *Paspalum distichum* L. growing in creeks in the paddy area on the lower reaches of Chikugo River in Kyushu [J]. Weed research, 29: 45-50.

XUAN T D, YUICHI O, JUNKO C, et al, 2003. Kava root (*Piper methysticum* L.) as a potential natural herbicide and fungicide [J]. Crop protection, 22(6): 873-881.

（撰稿：强胜、高平磊；审稿：刘宇婧）

水稗 *Echinochloa phyllopogon* (Stapf) Koss.

稻田危害一年生恶性杂草。又名水稗草、稻稗。异名 *Echinochloa oryzicola* (Vasinger) Vasinger。英文名 water barnyardgrass。禾本科稗属。

形态特征

成株　高 50～150cm（图 2）。秆直立或基部稍倾斜。叶鞘口被簇毛，2～4 叶期其根出叶鞘及叶鞘口密生柔毛；叶片扁平，线形，长 10～20cm。圆锥花序狭窄，直立或垂头，长约 10cm、宽 2.5cm；圆锥花序分枝互生或偶有轮生，分枝互生，分枝上不具小枝；小穗卵状椭圆形，长 4～6mm，脉上具有硬刺毛或有时稀疏被疣基毛，无芒或具有 0.5～2cm 的芒，第一颖片三角形，长约为小穗的 1/2，先端渐尖，具 3 脉，脉上粗糙或疏被刺毛；第二颖片等长于小穗，先端渐尖具 5 脉，脉上稀疏被刺毛；第一朵小花常中性，具雄蕊或不育；第一外稃革质或至少中间革质凸起，有光泽，有时草质，扁平；第一小花的内稃膜质，狭窄；第二外稃椭圆形，平滑，光亮，成熟后变硬，顶端具小尖头，尖头上有一圈细毛，边缘内卷，包着同质的内稃，但内稃顶端露出；浆片 2 枚，膜质；雄蕊 3，黄色；羽毛状柱头，紫红色。

子实　与稗草相似，无芒或具有 0.5～2cm 的芒，谷粒较大，长 4～5mm，种子成熟时易落粒。

幼苗　第一片真叶带状披针形，具 10～15 条直出平行脉，无叶舌、叶耳，第 2 片叶类同。2～4 叶期其根出叶鞘及叶鞘口密生柔毛。

生物学特性　水稗是水稻的伴生植物（图 1）。由于经受人类灌溉、施肥、中耕除草、收获、脱粒、风选等措施，使其具有与水稻的拟态性。水稗具有发达的根系，喜水喜肥，密蘖型，叶片垂直生长，叶鞘呈青绿色，子粒较大，风选时不易筛出的类型能保存下来，无论其幼苗、成株及种子都能与水稻相混杂，长期危害水稻。苗期 5～8 月，花果期 4～11 月。以种子越冬繁殖为主。

分布与危害　中国主要水稻产区农田几乎均有发生，为水稻伴生性杂草，具有拟态性，其形态特征、生育规律和对环境条件的要求都与水稻相近。同时稗属植物属于 C_4 植物，其光合能力、抗逆性均优于水稻，竞争能力强，共生时导致水稻减产，是稗草主要种类中危害最大的之一。

防除技术　应采取包括农业防治、生物和化学防治相结合的方法。此外，也应该考虑综合利用等措施。

农业防治　建立良好的水稻生产环境；减少种子库的种子；水旱轮作；提高播种的质量。

生物防治　通过稻鸭、稻鱼、稻虾共作等技术，可以有效控制水稗危害。吸水链霉菌、尖角突脐孢菌和内齐蠕孢菌对稗草也有很强的生长抑制效果和致病性；稗草团粒黑粉菌对稗草种子的寄生专一性很强，也是防除稗草的有效措施之一。齐整小核菌和禾长蠕孢菌稗草专化型开发的生物除草剂菌克阔和克稗霉，能够有效防除阔叶草、莎草和稗属杂草。

图 1　水稗危害状（张峥提供）

图 2　水稗植株形态（①②强胜摄；③④⑤韦佳佳摄）

①生境；②植株；③圆锥花序；④总状花序及其小穗的精细解剖：a. 小穗；b. 第一颖片；c. 第二颖片；d. 第一小花；e. 第二小花正反面；f. 第二小花的内外稃片；g. 雄雌蕊；⑤成熟的种子

化学防治　仍然是防除水稗最主要的防除措施。最常用的除草剂是丁草胺、丙草胺，在水稻播后苗前或移栽后土壤处理；）噁草酮、杀草丹 + 敌稗、二氯喹啉酸、氰氟草酯、氟吡磺隆、五氟磺草胺等，兑水喷雾，在秧苗一心一叶至三叶期前用药。

综合利用　水稗的种子较大，其颖果富含淀粉，在少数民族地区有水稗种子酒。也是上好的鸟食。

参考文献

胡进生，汤洪涛，缪松才，等，1991. 稻田稗草的发生危害及防除对策 [J]. 杂草学报 (3): 32-33, 48.

黄世文，余柳青，2000. 淡紫灰吸水链霉菌及其紫外诱变菌株用于有害物生防研究 [J]. 农业生物技术学报，8(1): 79-84.

黄世文，段桂芳，余柳青，等，2001. 三株病原真菌对稗草生防潜力的研究 [J]. 植物保护学报，28(4): 313-317.

强胜，2009. 杂草学 [M]. 2 版 . 北京：中国农业出版社 .

乔丽雅，王庆亚，张守栋，等，2002. 稗属 (*Echinochloa* Beauv.) 杂草的生物学特征研究进展 [J]. 杂草科学 (3): 8-12

中国科学院中国植物志编辑委员会，1990. 中国植物志：第九卷 [M]. 北京：科学出版社 .

庄超，张羽佳，唐伟，2015. 齐整小核菌和禾长蠕孢菌稗草专化型复配防除直播稻田杂草的实验研究 [J]. 中国生物防治学报，31(2): 242-249.

SPENCER C H, 1983. Crop mimicry in weeds [J]. Economic botany, 37: 255-262.

HOLM L G, 1977. The world's worst weed: distribution and biology [M]. Honolulu: University Press of Hawaii: 32-40.

（撰稿：韦佳佳、强胜；审稿：纪明山）

水蕨　*Ceratopteris thalictroides* (L.) Brongn.

稻田常见的一年生蕨类杂草。又名萱。英文名 water sprite、water fern。凤尾蕨科水蕨属。

形态学特征

成株　高 20～70cm（图①）。植株幼嫩时呈绿色，多汁柔软（图②③）。根状茎短而直立，以一簇粗根着生于淤泥。叶簇生，二型；不育叶的柄长 3～40cm，绿色，圆柱形，肉质，不膨胀，上下几相等，光滑无毛，干后压扁，叶片直立或幼时漂浮，有时略短于能育叶，狭长圆形，长 6～30cm、宽 3～15cm，先端渐尖，基部圆楔形，二至四回羽状深裂，裂片互生，斜展，彼此远离，下部一至二对羽片较大，长可达 10cm，宽可达 6.5cm；小裂片 2～5 对，互生，斜展，彼此分开或接近，有短柄，两侧有狭翅，下延于羽轴，深裂；末回裂片线形或线状披针形，长可达 2cm 基部均沿末回羽轴下延成阔翅，全缘，彼此疏离。能育叶的柄与不育叶的相同；叶片长圆形或卵状三角形，长 15～40cm、宽 10～22cm，先端渐尖，基部圆楔形或圆截形，羽状深裂；羽片 3～8 对，互生，斜展，具柄，下部 1～2 对羽片最大，长可达 14cm，柄长可达 2cm；第二对羽片距第一对 1.5～6cm，向上各对羽片均逐渐变小，一至二回分裂；叶干后为软草质，绿色，两面均无毛；叶轴及各回羽轴与叶柄同色，光滑。

子实　孢子囊沿能育叶的裂片主脉两侧的网眼着生，稀疏，棕色，幼时为连续不断的反卷叶缘所覆盖，成熟后多少张开，露出孢子囊。孢子四面体形，不具周壁，外壁厚，分内外层，外层具肋条状纹饰，按一定方向排列；孢子 3 裂缝，长度为半径的 1/2～2/3。

幼苗　幼孢子体叶圆形，边缘有缺刻或齿。后生叶片逐渐由羽状 3 裂至向多回羽状深裂转变（图④）。

生物学特性　孢子繁殖为主，亦以叶轴顶芽或产生繁殖芽行营养繁殖。喜湿生或水生。

分布与危害　中国常见于广东、台湾、福建、江西、浙江、山东、江苏、安徽、湖北、湖南、四川、广西、云南等地。

水蕨植株形态（①②陈国奇提供，③④强胜摄）

①生境；②③植株；④幼苗

S

广布于世界热带及亚热带各地；在综合种养稻田更为常见，通常危害轻。随除草剂大量使用，在稻田几乎绝迹。生于池沼、水田或水沟的淤泥中，有时漂浮于深水面上。

防除技术　危害轻，无需采取针对性防控措施。可供药用，茎叶入药可治胎毒，消痰积；嫩叶可做蔬菜。

参考文献

李扬汉，1998. 中国杂草志 [M]. 北京：中国农业出版社.

（撰稿：陈杰；审稿：纪明山）

水苦荬　*Veronica undulata* Wall.

夏熟作物田一年生至多年生水生杂草。又名水莴苣、水菠菜、芒种草。英文名 undulate speedwell。玄参科婆婆纳属。

形态特征

成株　高 15～40cm（图①）。根状茎倾斜，多节。茎圆，直立，无毛，有光泽，黄绿至淡绿色，基部常常暗紫色，肥壮多水分。叶对生，无柄，无托叶，黄绿至淡绿色，背面有光泽，长卵圆状披针形或卵圆形，长 4～7cm、宽 8～15mm；先端钝尖，基部呈耳状或圆，稍抱茎，全缘或具波状细齿；中脉明显，下陷，在背面隆起。穗形总状花序腋生，较叶为长，花柄短于苞片，果时近平展，和序轴成近直角（图②③）；萼深 4 裂，裂片狭椭圆形至狭卵圆形或倒卵形，绿色，长 2.5～4mm，覆瓦排列，宿存；花冠合瓣，直径约 4mm，冠管极短，易落，裂片 4～5，卵形或心状卵形，其中一片较小，白色带淡紫而具紫脉，覆瓦排列。雄蕊 2，插生于冠管上近轴 1 裂片之两侧；药白色，2 室顶端合生，内向直裂；子房上位，2 室，中轴胎座，胚珠多数；花柱白色，楔形，柱头膨大或仅微 2 裂，有毛，白色。

子实　蒴果近圆形，长度略大于宽度，具腺毛，对径约 6mm，具小突尖（图④⑤）。当害虫寄生时，则膨大成球形虫瘿；种子细小，长圆形，扁平，无毛（图⑥）。

幼苗　子叶阔卵形，长 2mm、宽 1.5mm，先端钝尖，叶基近圆形，具短柄（图⑦⑧）。下胚轴很短，上胚轴不发达。初生叶 2 片，对生，阔卵形、先端钝尖，叶基圆形，有 1 条明显主脉，具长柄。后生叶椭圆形，叶缘微波状，叶基楔形，具叶柄，其他与初生叶相似。

水苦荬植株形态（朱金文摄）

①植株；②花序；③花；④果实；⑤果实与种子；⑥种子；⑦小苗；⑧幼苗

生物学特性 早春出苗，苗生水中时，茎软，叶浮于水面，水干后，茎变粗壮而直立。茎的横切面现空腔，次生构造不发达，气孔多为不等式或不定式，含有长柄腺毛、小腺毛及少量的非腺毛；叶的组织中可见草酸钙簇晶；导管多为网纹及螺纹。初生茎平铺地面，节节生根，直立部分近地面的节也生根，根系比较发达。花果期4～6月，可延续至秋季。对强光耐受能力强，其最大潜在相对电子传递速率和半饱和光强的日变化均呈典型的单峰型曲线，最大光化学效率、PS Ⅱ实际光化学效率日变化均呈早晚高、中午低的近“V”形曲线。该草对重金属铅、铬和铜的耐受性较强，可作为重金属污染地段的植被恢复材料。

分布与危害 中国广布于各地，仅西藏、青海、宁夏、内蒙古未见标本；朝鲜、日本、尼泊尔、印度和巴基斯坦北部也有。湖北等地油菜田的主要杂草，是麦田一般性杂草。在春夏生长旺盛时正值春耕四犁四耙，在稻田危害不严重，也发生于果园。喜生浅水及湿地，为荒废水田中及污水沟较占优势的杂草之一。多分布于土壤黏重、通气性差、有机质含量较高的稻茬麦田、油菜、蔬菜田块，在浙江地区油菜田和小麦地的生态位宽度分别为0.1318和0.1249。

防除技术

农业防治 合理翻耕，每4年对土壤进行1次轮翻，将土表大量杂草种子翻入深土层。实行水旱或旱旱轮作，减少杂草的发生。提高播种质量，以苗压草。采用秸秆覆盖，在小麦播种后覆盖稻草等可以抑制其出苗。

化学防治 直播油菜田在播种盖土后出苗前喷施，翻耕移栽田在移栽前3天喷施乙草胺、异丙草胺、噁草酮·乙草胺、丁草胺·扑草净土壤封闭。在直播油菜4～6叶期、移栽后10天左右，阔叶杂草在2～3叶期喷施草除灵，该药可与烯草酮、精喹禾灵或者高效氟吡甲禾灵复配使用，同时防治禾本科和阔叶杂草。注意草除灵仅适用于甘蓝型油菜，芥菜型和白菜型油菜易产生药害。冬小麦在麦苗2.5叶到分蘖末期可施用苯磺隆、甲基二磺隆、吡氟酰草胺进行茎叶喷雾处理。

人工除草 水苦荬植株较大，少量发生时可人工拔除。

综合利用 水苦荬具有较高的营养价值，嫩苗可以作为蔬菜食用。带虫瘿的全草有和血、止血、通经止血的功效，主治闭经、跌打红肿及吐血，也用来治疗妇女产后风寒。其叶翠绿，花穗长，是园林水景布置的好材料，也可盆栽供观赏。

参考文献

刁正俗, 1983. 中国常见水田杂草 [M]. 重庆 : 重庆出版社 : 113-114.

郭水良, 黄朝表, 边媛, 等, 2002. 金华市郊杂草对土壤重金属元素的吸收与富集作用(Ⅱ)——杂草—土壤间重金属元素关系的主成分分析 [J]. 上海交通大学学报(农业科学版), 20(2): 137-140.

郭水良, 李扬汉, 赵铁桥, 1998. 浙江金华地区小麦—杂草群落中杂草生态位的研究 [J]. 植物生态学报 (1): 76-84.

杨成梓, 陈为, 陈丽艳, 2007. 水苦荬的性状及组织显微鉴定 [J]. 福建中医学院学报 (4): 32-33.

朱文达, 魏守辉, 刘学, 等, 2007. 油菜田杂草发生规律及化学防除技术 [J]. 湖北农业科学 (6): 936-938.

（撰稿：朱金文、刘婕；审稿：宋小玲）

水蓼 *Persicaria hydropiper* (L.) Spach

夏熟旱作物田、水田一年生杂草。又名辣蓼。异名*Polygonum hydropiper* L.。英文名 marshpeper smartweed、red-knees。蓼科蓼属。

形态特征

成株 高40～70cm（图①②）。具辛辣味。茎直立，多分枝，无毛，节部膨大。叶互生，披针形或椭圆状披针形，长4～8cm，宽0.5～2.5cm，顶端渐尖，基部楔形，边缘全缘，具缘毛，两面无毛，被褐色小点，有时沿中脉具短硬伏毛，具辛辣味；叶柄长4～8mm；托叶鞘筒状，膜质，褐色（图③），长1～1.5cm，疏生短硬伏毛，顶端截形，具短缘毛。总状花序呈穗状，顶生或腋生，长3～8cm，通常下垂，花稀疏，下部间断（图④）；苞片漏斗状，长2～3mm，绿色，边缘膜质，疏生短缘毛，每苞内具3～5花；花梗比苞片长；花被5深裂，稀4裂，绿色，上部白色或淡红色，被黄褐色透明腺点，花被片椭圆形，长3～3.5mm；雄蕊6，稀8，比花被短；花柱2～3，柱头头状。

子实 瘦果卵形，长2～3mm，双凸镜状或具3棱，密被小点，黑褐色，无光泽，包于宿存花被内（图⑤）。

幼苗 子叶出土。上、下胚轴均发达，红色。子叶阔卵形，长6mm、宽4.5mm，先端钝圆，具短柄。初生叶1片，倒卵形，叶基楔形，有1条红色中脉，具叶柄，托叶鞘筒状，鞘口截形，有短睫毛。后生叶披针形，其他与初生叶相似。全株光滑无毛。

生物学特性 喜水植物，土壤相对湿度低于70%便生长不良。春发冬死，一年发生一代，生育周期约240天。种子萌发生物学起点温度为12℃，最适温度为15℃；种子萌发适宜的土壤相对湿度70%～90%；种子萌发后，芽的耐水性强，5～7天真叶展开进入营养生长期。实生苗初期生长缓慢，每天平均长高0.1～0.2cm，当气温稳定到20℃后营养体生长加快，每天平均长高1～3cm。当气温达30℃后生长极慢。5月地下茎开始形成，此时分枝亦开始出现。整个营养生长期自3月中下旬开始，一直延续到10月底，约220天。水蓼5月进入生殖生长期。花期为9月中下旬至10月上中旬。种子成熟期为10月中旬至11月上旬。11月中旬起种子陆续散落。水蓼花苞开放一般在8:00左右，花瓣闭合在19:00左右，基本上是日出而开，日落而合。开放时全穗各部位均有花开，一般间一开一，每朵小花开放期15天左右。叶及嫩茎均具辣味。种子繁殖。花果期8～11月。

分布与危害 中国分布于南部各地；广布于北半球温带和亚热带，朝鲜、日本、印度尼西亚、印度、欧洲及北美也有分布。水蓼喜生湿地、水旁，因此在湿润农田、果园、桑园、茶园、水田常有发生。尤其在与水稻轮作的秋熟旱作物如烟草、玉米、蔬菜等作物田发生严重，有较大的危害性。

防除技术 应采取包括农业防治、化学防治相结合的方法。此外，也应考虑水蓼的综合利用。

农业防治 根据水蓼的习性与消长规律，采用开沟沥水、疏通河道、降低地下水、减少土壤水含量，可抑制水蓼的生长发育。也可通过人工拔除、刈割、火焰除草、秸秆或

水蓼植株形态（①③④强胜摄；②⑤张治摄）

①群体；②成株；③茎叶；④花序；⑤果实

地膜覆盖等措施防除。

化学防治　对于水蓼发生严重地块，在休耕期，水蓼生长旺盛时，可选用灭生性除草剂草甘膦、草铵膦、敌草快等单剂或复配制剂进行防除，减少田间种子量。玉米田可用2甲4氯、烟嘧磺隆、氯氟吡氧乙酸等进行防除，注意防除水蓼的最佳时期是3月下旬至4月中旬，也就是水蓼7叶期前；因为在水蓼7叶期后，虽地上部分受药叶片枯落，茎秆倒状，绝大部分死亡，但地下部分又生长出新的地下茎。在烟草田可用异丙甲草胺、敌草胺、甲草胺、乙氧氟草醚、二甲戊灵、乙草胺等土壤封闭处理。苗期可用砜嘧磺隆喷雾处理。

综合利用　水蓼为常用中药，应用历史悠久。全草含蛋白质、有机酸、糖类、鞣质、黄酮、挥发油，还可能含有蒽醌类物质。味辛、性温，归脾、胃、大肠经，具有行滞化湿、散瘀止血、祛风止痒、解毒之功效。临床多用于治疗脘闷腹痛、泄泻、菌痢、外伤出血、崩漏、皮肤瘙痒、足癣痈肿等症。水蓼在抑菌消炎、胃肠炎症、驱虫灭害方面具有显著疗效，其中在禽畜疾病治疗中有大量应用，具有广阔开发前景。

参考文献

李扬汉, 1998. 中国杂草志 [M]. 北京 : 中国农业出版社 .

梁帝允, 张治, 2013. 中国农区杂草识别图册 [M]. 北京 : 中国农业科学技术出版社 .

刘林红, 肖薇, 王龙, 等, 2019. 辣蓼及同属易混淆品种分析 [J]. 北京中医药, 38(8): 825-828.

罗晓韵, 程轩轩, 杨全, 等, 2017. 水蓼的性状及显微鉴定研究 [J]. 广东化工, 44(8): 24-25.

杨春生, 郭学福, 1994. 水蓼生物学特性及防除技术 [J]. 杂草科学 (4): 33-35.

中国科学院中国植物志编辑委员会, 1998. 中国植物志 : 第二十五卷 第一分册 [M]. 北京 : 科学出版社 .

（撰稿：叶照春；审稿：宋小玲）

水龙　*Ludwigia adscendens* (L.) Hara

水田常见的多年生杂草。又名玉钗草、草里银钗、过塘蛇、过江藤、猪肥草、鱼鳔菜。异名 *Jussiaea repens* L.。英文名 creeping waterprimrose。柳叶菜科丁香蓼属。

形态特征

成株　株高达60cm。根状茎浮水面或匍匐状，节上生根，浮水茎节上常簇生圆柱状或纺锤状白色海绵状贮气的根状浮器，具多数须状根，浮水茎长可达3m，无毛；生于旱生环境的枝上常被柔毛但很少开花。叶互生，倒卵状披针形至倒卵形，长3～6.5cm、宽1.2～2.5cm，侧脉6～12对，

水龙植株形态（强胜摄）

先端常钝圆，有时近锐尖，基部渐狭成柄，叶柄长3～15mm；托叶鳞片状，卵形至心形，长1.5～2mm、宽1.2～1.8mm。花两性，单生于上部叶腋，花梗长2.5～6.5cm，上部与子房相接处常有鳞片状小苞片2枚，长2～3mm、宽1～2mm；萼筒与子房贴生，萼片5，三角形至三角状披针形，长6～12mm、宽1.8～2.5mm，先端渐狭，被短柔毛；花瓣5，乳白色，基部淡黄色，倒卵形，长8～14mm、宽5～9mm；雄蕊10，花丝白色；花药卵状长圆形，长1.5～2mm；花盘隆起，近花瓣处有蜜腺；花柱白色，长4～6mm，下部被毛；柱头膨大，近球状，5浅裂，淡绿色，径1.5～2mm；子房下位，被毛，5室（见图）。

子实　蒴果淡褐色，圆柱状，具10条纵棱，长2～3cm、径3～4mm，果皮薄，不规则开裂；果梗长2.5～7cm，被长柔毛或变无毛。种子多数，在每室单列纵向排列，淡褐色，椭圆状，长1～1.3mm。

幼苗　子叶出土萌发，阔卵形，长4mm、宽3mm，先端钝，具微凹，全缘，基部宽楔形，具柄。下胚轴不发达，上胚轴很发达，均带绿色。初生叶2，对生，单叶，倒卵形，先端钝，微凹，全缘，叶基楔形，具叶柄；后生叶与初生叶相似，先端圆钝，并具有明显的叶脉。幼苗全株光滑无毛。

生物学特性　根状茎横走泥中或浮水面，生活力强，生长迅速。以种子及根状茎繁殖。花期5～8月，果期8～11月。

分布与危害　中国分布于长江以南各地；世界热带和亚热带其他地区亦广布。常生于水田、沟渠边湿地、浅水池塘等，主要危害水稻田，局部地区危害较重，可以成为优势杂草之一。

防除技术

人工防治　水龙植株较大，易于拔除，拔除后平摊暴晒。

农业防治　清理稻田田埂及水渠中的水龙植株，防止蔓延到稻田；水龙发生严重的田块可以通过合理进行深浅耕及水旱轮作等耕作方法，降低种群密度。

化学防治　常用的茎叶处理除草剂有2甲4氯钠、氯氟吡氧乙酸、苯达松等。

综合利用　全草入药，清热解毒，利尿消肿，也可治蛇咬伤；也可作猪饲料。

参考文献

刁正俗，1990. 中国水生杂草[M]. 重庆：重庆出版社.

李扬汉，1998. 中国杂草志[M]. 北京：中国农业出版社.

强胜，2009. 杂草学[M]. 2版. 北京：中国农业出版社.

颜玉树，1989. 杂草幼苗识别图谱[M]. 南京：江苏科学技术出版社.

中国科学院中国植物志编辑委员会，1974. 中国植物志：第五十三卷[M]. 北京：科学出版社.

（撰稿：张晶旭；审稿：纪明山）

水绵　*Spirogyra nitide* Link.

水田一年生水生藻类杂草。英文名spirogyra nitide。双星藻科水绵属。

形态特征

成株　藻体为丝状体，常群集成藻体团，漂浮水面或沉生于水（图①②）。藻体团生长初期为20～30cm的亮绿色絮状团聚物，生长中期呈黄绿色，块与块连接在一起，形成被状，很难拉断，生长后期为浅黄色，形成很厚的层片。丝状体由圆柱形细胞连接而成，不分枝，偶尔产生假根状分枝。细胞横壁平直，细胞外壁胶质化，手感黏滑；营养细胞宽19～22μm、长64～128μm，具一周生带状、螺旋状的盘绕色素体，中部有大液泡，其内有个细胞核。配子囊圆柱形，两端略尖，中胞壁平滑，成熟时黄色（图③）。

生物学特性　喜生于有机质丰富的静止水体中。可进行

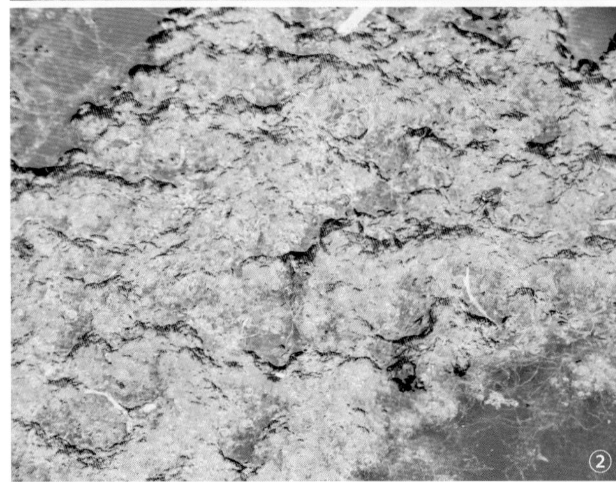

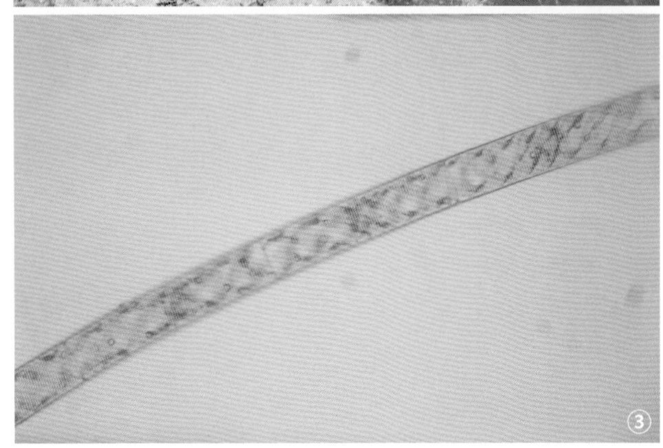

水绵植株形态（①③强胜摄；②张治摄）
①②藻体；③配子囊

无性繁殖和有性繁殖。无性繁殖由丝状体断脱成数节，通过细胞分裂，形成新的丝状藻体。有性生殖时，并列的丝状体相对的细胞，各产生一突起，变成接合管，接合管由配子囊构成，在雌配子囊内生成接合孢子。由孢子萌发成新的个体。在磷肥施用量大的情况下，水绵生长旺盛，繁殖速度快，盐碱土质 pH7.5 左右的稳静水体中水绵生长最为适宜。

分布与危害 中国各地均有分布。多生于稻田、水田、池塘、鱼塘中。一般危害较轻。部分地区由于农事操作、重视程度不够、防除措施不到位等原因，会造成水绵大量发生。当水绵覆盖面积达到 50% 时，可降低水温 2～3℃，影响作物生长的温度需求；当水绵附在作物的植株上，会影响植株的通透性，易引起植株及根部腐烂；与作物竞争养分，影响作物生长，降低产量。

防除技术

农业防治　人工打捞。控制肥料的施用量，避免营养过剩，尤其磷肥。合理灌排水，在不影响作物生长的前提下，采用浅、干、湿交替灌溉方法。及时晒田。

化学防治　在水绵发生区域，撒草木灰并保水 5 天。三苯基乙酸锡拌肥施用，施药后保水 3～4cm。硫酸铜、苯乙锡·硫酸铜、环丙嘧磺隆也常用于水绵的防治。

生物防治　水田可通过养殖鸭、鱼、虾、蟹等，抑制水绵生长。

综合利用　研究表明，水绵可以有效去除富营养化水体中的氮、磷、有机质等污染物；可有效抑制水体当中其他藻类的生长。水绵的表面积比水生植物大，因此具有更高的污染物去除效率。因此，水绵在富营养化水体的生物修复、水源水保护等方面具有广阔的应用前景。

参考文献

高爽，林长福，马宏娟，等，2007. 几种化学药剂对水绵的生物活性测定 [J]. 农药，46(5): 357-358.

李扬汉，1998. 中国杂草志 [M]. 北京：中国农业出版社.

梁帝允，张治，2013. 中国农区杂草识别图册 [M]. 北京：中国农业科学技术出版社.

刘春学，李华臣，2005. 稻田水绵的发生与防治技术 [J]. 垦殖与稻作 (2): 40-41.

刘桂英，金晨钟，王义成，等，2005. 7 种药剂对稻田水绵的防除效果评价 [J]. 湖南农业科学 (2): 58-59.

马军，雷国元，2008. 水绵 (*Spirogyra*) 的除磷特性及其对微藻生长的抑制作用 [J]. 环境科学学报，28(3): 476-483.

于雨生，2012. 稻田水绵的发生与综合防治技术 [J]. 现代农村科技 (15): 33.

张贵锋，2004. 水绵发生原因分析与防除技术 [J]. 农药科学与管理，25(8): 19-20.

（撰稿：姚贝贝；审稿：纪明山）

水生杂草　aquatic weed

根据杂草的生境特征划分的一类杂草，泛指在江河、沟渠、湖泊、池塘等淡水水域中不断自然繁衍其种群，对环境产生负面影响的植物，属于非耕地杂草。水生杂草所涉及的种类很多，其中藻类约16种，苔藓约3种，高等植物约466种。在形态特征上存在着极其丰富的多样性。

发生分布 根据生活方式的不同，可将水生杂草分为以下 5 类：①岸边杂草。指生长在水体岸边的杂草，这一杂草群落包括田间常见的所有杂草，如莎草属、黍属、雀稗属等。②挺水杂草。挺水型杂草植株高大，花色艳丽，绝大多数有茎、叶之分，直立挺拔，下部和基部沉于水中，根茎生于泥里，植株挺出水面，如莎草属、香蒲属等；挺水类杂草的根生泥中，下部或基部在水中，中上部或上部挺生在空气中，如泽泻、木贼、灯心草等。③沉水杂草。根茎生于泥中，整个植株沉入水中，具发达的通气组织，利于气体交换，叶多为狭长或丝状，能吸收水中部分养分，在水下弱光的条件下也能正常生长发育。沉水类杂草的茎叶均浸没在水中，有根或无根而浮游，花有时可挺出水面，如黑藻、苦草、菹草、金鱼藻等。④浮叶杂草。该类植物与沉水杂草一样把根扎在泥土里，根状茎发达，花大色艳，无明显的地上茎或茎细弱不能直立，叶片浮于水面，叶通常较大，遮住大部分阳光，从而防止其他水生杂草生长过于茂密，茎叶浮生在水面，根垂没水中，如凤眼蓝、大薸、槐叶苹、浮萍等。⑤漂浮水生杂草。这一类群杂草的根系自由悬浮在水中，它们对水中的营养元素含量要求很高，在死水及流动性小的水体中该类杂草生长地更为茂密，而在风或水流的影响下，漂浮杂草可以扩散蔓延，如水莴苣、水羊齿和藻类等。

大多数水生杂草主要进行营养繁殖，如：金鱼藻、狸藻、槐叶苹等杂草的植株易碎断，各段断体均可长成新植株；浮苔等杂草的前端不断生长而后端不断死腐，植株迅速增多；浮萍科杂草能进行出芽繁殖；菹草通过石芽繁殖；凤眼蓝、大薸等杂草用匍枝繁殖，速度惊人；木贼状荸荠于秋末在基部产生许多乌头状的小球茎，翌春分散并长成新植株。水生杂草的种子、果实、植株、断体、根茎、珠芽、石芽、冬芽等都以水为媒介，随波逐流，广布到各地。

水生杂草分布在各种水体中，且其危害方式多种多样。在水生作物田中，水生杂草直接与作物竞争空间、养分、阳光等，可使作物减产，严重时可导致绝收，危害较重的有稗草、千金子、异型莎草、扁秆藨草、水莎草、水苋菜、鸭舌草、矮慈姑、空心莲子草等10多种杂草。灌溉渠道中的水生杂草会使水流受阻，影响农田排涝和灌溉，如水花生、水葫芦等。池塘或水库中的水生杂草过多，长期积累下来的植物体会使水库的实际容量减小。江河、湖泊的浮游杂草过多，植物体死亡不但为细菌提供了滋生场所而且释放出的有害气体和有毒物质会使水质变坏，致使水生动物死亡，影响渔业、堵塞航道，如水花生、水葫芦等。

水生杂草生活在江河、沟渠、湖泊、池塘等淡水水域中，据刁正俗统计有61科155属437种（含变种）。凤眼蓝、大薸、眼子菜、空心莲子草、槐叶苹、浮萍、狐尾藻、金鱼藻、茨藻等水生杂草现已广布在中国各地，是最常见的水生杂草。水生杂草的危害体现在以下6个方面：①水生杂草的大量滋生常导致航道堵塞，影响水上运输和游船的航行或划行。如承德避暑山庄为中国十大旅游名胜之一，山庄内众多的湖泊是游客乘船游玩观光的重要资源，但每年春季水生杂草马来眼子菜大量滋生阻流，既影响了游客划船、游玩，又破坏了人们对风景名胜的观赏，尤其是在水心榭、银湖区域遍布湖区的马来眼子菜甚至影响了荷花的生长，山庄管理处每年要耗费大量的人力物力对其进行清捞。②凤眼蓝等水生杂草大量繁殖后常覆盖整个水面，它们与当地物种竞争并损耗氧气，降低了各地水体的生物多样性丰度，死亡、腐烂的动植物遗体又进一步污染了水体，引起严重的水污染问题。如云南著名湖泊滇池的水质因20世纪70年代的凤眼蓝大量滋生而受到严重污染，虽经30多年的治理并花费近千亿的资金后目前仍然处于劣五类。③水生杂草严重影响淡水养殖业，如：以水网藻和水绵为代表的绿藻类杂草可导致鱼池尤其是孵化池中的鱼苗全部死亡，因为它们不但与鱼类争夺氧气，而且密集而紊乱的藻丝网常留挂鱼苗使其落网而死，或黏附在鱼鳃上而降低了鱼类气体交换的机能；绿球藻附在鲤鱼等鱼类的皮肤或鳃部而使其化脓而死；微囊藻等大量繁殖能引起“水华”而使鱼类死亡；篦齿眼子菜等在连晴的日子里会使湖水的pH值增高而使鱼类大量死亡。④在沟渠中大量繁殖的水生杂草会影响水的流动，从而影响灌溉。⑤在水生杂草群体会大量滋生蚊蝇等害虫，影响人类健康。⑥有些水生杂草还是农作物病原菌的寄主，间接危害农业生产。

防除技术 可采用人工和机械防治、化学防治、生物防治和开发利用等技术。

人工和机械防治 指用人工或机械的方法拔出或捞出水中杂草，一般在浅水中可采用人工拔除方式，但消耗人力过多，在深水中可采用机械除草方式，但该法易破坏生态环境。

化学防治 此法简单、见效快，但易造成水体污染，也易对水体中其他生物造成生命威胁。水生作物在播种前选用草甘膦、草铵膦等灭生性除草剂杀灭老草。防除沉水杂草可使用西草净、扑草净防除。茭白移栽一周内，可选用丙草胺、苄嘧磺隆土壤处理防除。

生物防治 是利用各种不同的生物来减少或除去水生杂草，其优点是水域不受污染，能保持生态平衡，费用也低。水葫芦象甲是国际上最早也是最为成功控制水葫芦的天敌昆虫，已有28个国家或地区引进该虫，绝大多数获得成功，从释放象甲到获得80%的控制效果一般需要3～6年。丁建清等在浙江温州开展的试验从放虫到获得90%的防效历时3年时间，证明该象甲可成功地用于控制中国一些地区水葫芦的危害。在南非用水葫芦螟蛾、水葫芦盲蝽、叶螨等生防物种也能有效防除水葫芦。此外，美国自阿根廷引进跳甲来防治空心莲子草获得了成功；用象甲防治大薸和速生槐叶苹在澳大利亚和南非等地也取得了较好的效果。与化学和人工防治相比，生物控制水生杂草速度虽然较慢，但天敌昆虫一旦在野外建立种群并获得良好的控制效果后，它和杂草建立起相互抑制的动态平衡，因此防效就有较强的持久性；而人工和化学防治后，杂草种群却很容易再次暴发成灾，因而持久性较差。利用食草鱼类防除水生杂草也是行之有效的生防方法。如草鱼吃食水草是中国劳动人民早已熟知的，早在10世纪先辈们就从江河中把大量鱼苗放入池塘中进行养殖，其目的是提高鱼的产量，同时也起着抑制水草生长的作用；欧洲各国先后从中国引进草鱼等食草性鱼类，现在德国、荷兰、瑞典、英国、澳大利亚等国都在研究和利用食草鱼类，但目的各不相同，如西欧养草鱼完全是为了防除杂草，而澳大利亚用放养白鲢来防除藻类的蔓延。

开发利用 有些水生杂草如凤眼蓝、大薸、空心莲子草等具有较高的饲用价值，可打捞后作为家畜的饲料。穗花狐尾藻和金鱼藻等是供鱼、蟹、虾栖息和产卵的水草，黑藻、菹草、空心莲子草、马来眼子菜、苦草等水草是鱼蟹类的饵料，合理利用可促进淡水养殖业的发展。水生杂草死亡沉水后在水底形成大量淤泥，挖出后可做肥料来肥田。有些水生杂草可吸收和积累有毒元素，如凤眼蓝等可吸收污水中的汞、砷、镉等重金属元素，对酚、氰、油的清除率也很高，可用于水污染环境的治理。凤眼蓝等杂草的生物量较大，也是生产沼气的优良原料。

参考文献

ASIT K B, 2011. 水资源环境规划、管理与开发 [M]. 赵先富，米玮洁，胡俊，等译. 北京：中国水利水电出版社.

陈建国，张夕林，2005. 水生蔬菜田杂草发生规律及其控制技术 [J]. 安徽农学通报，11(7): 96, 108.

刁正俗，1990. 中国水生杂草 [M]. 重庆：重庆出版社.

丁建清，陈志群，付卫东，等，2001. 水葫芦象甲对外来杂草水葫芦的控制效果 [J]. 中国生物防治，17(3): 97, 100.

李扬汉，1998. 中国杂草志 [M]. 北京：中国农业出版社.

陆剑飞，宋会鸣，章强华，等，2001. 41%BIOFORCE 水剂防除河道水葫芦效果初报 [J]. 杂草科学 (1): 36-37.

强胜，2001. 杂草学 [M]. 北京：中国农业出版社.

赵佑柏，金晨钟，刘桂英，等，2006. 几种除草剂防除水生杂草水葫芦的效果初报 [J]. 湖南农业科学 (3): 98-99.

（撰稿：戴伟民、郭凤根；审稿：强胜）

水虱草 *Fimbristylis littoralis* Grandich

稻田一年生杂草。又名日照飘拂草、水蝨草、飘拂草、芝麻关草、笼帚草、鹅草、蝨篦草。异名 *Fimbristylis miliacea* (L.) Vahl、*Scirpus miliaceus* L.。英文名 grass-like fimbristylis、lesser fimbristylis。莎草科飘拂草属。

形态特征

成株　高 10～60cm（见图）。秆丛生，扁四棱形，具纵槽。叶基生，基部的叶鞘有 1～3 枚无叶片，叶鞘褶叠，扁平，相互套褶，背面呈锐龙骨状；叶片狭线形，也褶叠而相套褶，边缘有稀疏细齿，顶端渐狭成刚毛状。苞片 2～4，刚毛状；长侧枝聚伞花序复出或多次复出，辐射枝 3～6，长 0.8～5cm，小穗单生于末级辐射枝顶端；近球形或卵形，长 1.5～5mm、宽 1.5～2mm，鳞片卵形，长 1～1.3mm，背面有龙骨状突起，3 脉，中央绿色，两侧深褐色，有白色狭边。雄蕊 1～2；花柱三雄形，基部稍膨大，无缘毛，柱头 3。

水虱草植株形态（强胜摄）

子实　小坚果三棱状倒卵形或三棱状宽倒卵形，长 0.5～1mm，麦秆黄色，具疏生瘤状突起和横向长圆的网纹。

幼苗　子叶留土。第一片真叶线形，长 6mm、宽 0.3mm，有 3 条明显的直出平行脉，叶片横剖面呈波浪形；叶鞘有脉 9 条，叶片与叶鞘之间无明显界限。第二及第三片叶横剖面呈三角形，亦有 3 条明显的直出平行脉，其他与第一叶相似。全株光滑无毛。

生物学特性　种子通常无休眠期，条件适宜即可萌发，整个生长季节均可出苗，种子萌发温度较宽，平均气温 20℃（15～30℃）均可萌发，发芽以土壤含水量 20%～30% 出芽最为旺盛，但超饱和水分发芽显著减少，淹水条件下发生量减少。稻田田间最早 5 月出苗，6～8 月为发生高峰。移栽稻田前期保水有利于抑制水虱草的发生。水虱草是喜光植物，在阳光充足的月份生长迅速，特别是其根系，生长速度比水稻的要快，同水稻竞争阳光、养分以及生存空间。

水虱草开花对光照周期不敏感，一般 7～8 月开花，8～9 月成熟。在南方花期更长，种子数量多，单株结实可达几千粒。种子的生命力极强，牲畜食用后，粪便中的种子仍具发芽力。每年 10 月中下旬至 11 月中旬以后，水稻黄熟，气温降低，褐稻虱雌虫寻觅田边水虱草的嫩茎秆、中空或内部组织疏松的部位产越冬卵，所以水虱草成为褐稻虱的寄主，而褐稻虱是齿叶矮缩病的传毒媒介，因而也成为齿叶矮缩病的温床。

分布与危害　水虱草危害水稻、豆类、玉米等多种秋收作物，在水稻田中发生最为严重，也可危害草坪、草原。水虱草在世界水稻种植区具有广泛的分布，在中国分布广、发生量较大，除辽宁、黑龙江、山东、山西、甘肃、内蒙古及西藏无分布外，中国各地都有分布；在孟加拉国、斯里兰卡、圭亚那、印度、印度尼西亚、马来西亚、苏里南的水稻种植区域的杂草种类中是优势种；在中国、日本、韩国、菲律宾、柬埔寨、泰国、美国（包括夏威夷）、特立尼达和多巴哥、巴西等国家和部分地区是稻田杂草主要种，造成农业经济的巨大损失。

在 20 世纪 80 年代期间，水虱草只是常常生长于田边较湿润的地方或管理不善的稻田中，主要是作为稗草、千金子的伴生种存在。进入 90 年代，随水稻轻型栽培推广，发现水虱草在抛秧、水直播、旱直播稻田中发生的频度分别达到 76.67%、85% 和 64.29%，综合危害指数均大于 3，危害比较严重。

防除技术　防除应采取农业措施和化学除草相结合的方法。

农业防治　注意处理、清除杂草的种子，并结合耕翻、整地，消灭土表的杂草种子。如在水稻播种或移栽对土壤进行旋耕和翻耕，将种子翻入深层土中，可以有效减少水虱草种子的萌发。提高播种的质量，保证合理的水肥管理，在水稻第一次灌溉时保持 5cm 以上的水深 14～21 天也可以抑制水虱草的萌发和生长。

生物防治　通过稻田养鸭、稻田养鱼、养蟹等技术，通过鸭、鱼、蟹等的啄食可以有效控制水虱草的危害。有报道发现尖角突脐孢菌，可以用于防治水虱草。

化学防治　芽前封闭：在水稻直播田播种后 1～3 天内，

采用苄嘧磺隆或吡嘧磺隆进行喷雾处理。水稻抛秧田或机插秧田，在水稻定植返青后，用苄嘧磺隆·丁草胺、苄嘧磺隆·苯噻酰草胺或嘧磺隆·丙草胺，拌土或混底肥撒施。

茎叶处理：可采用苯达松水剂在抛栽或插植秧苗后20～30天喷施。喷药前1～2天排掉田水，喷药后1～2天复水，并保持3～5cm深的水层5～7天。此后按常规进行水稻的水肥管理。

综合利用 ①草药：《中华本草》记载，有清热利尿、活血解毒的功效。《全国中草药汇编》记载有祛痰定喘、活血消肿的功效。②用于造纸和作牧草。

参考文献

黄世文，余柳青，罗宽，2004. 稻田杂草生物防治研究现状、问题及展望[J]. 植物保护，30(5): 5-11.

李淑顺，张连举，强胜，2009. 江苏中部轻型栽培稻田杂草群落特征及草害综合评价[J]. 中国水稻科学，23(2): 207-214.

刘剑秋，2001. 中国飘拂草属植物果皮微形态特征及其系统学评价[J]. 西北植物学报，21(2): 351-359.

王青松，翁启勇，何玉仙，等，1997. 福州登云高尔夫球场草坪杂草种类及分布[J]. 草业科学，14(2): 48-50, 54.

魏守辉，强胜，马波，等，2006. 长期稻鸭共作对稻田杂草群落组成及物种多样性的影响[J]. 植物生态学报，30(1): 9-16.

颜玉树，1990. 水田杂草幼苗原色图谱[M]. 北京：科学技术文献出版社.

章超斌，马波，强胜，2012. 江苏省主要农田杂草种子库物种组成和多样性及其与环境因子的相关性分析[J]. 植物资源与环境学报，21(1): 1-13.

朱文达，魏守辉，张朝贤，2007. 稻油轮作田杂草种子库组成及其垂直分布特征[J]. 中国油料作物学报，29(3): 313-317.

BEGUM M, JURAIMI A S, AMARTALINGAM R, et al, 2006. The effects of sowing depth and flooding on the emergence, survival, and growth of *Fimbristylis miliacea* (L.) Vahl [J]. Weed biology and management, 6(3): 157-164.

CHAUHAN B S, JOHNSON D E, 2009. Ecological studies on *Cyperus difformis*, *Cyperus iria* and *Fimbristylis miliacea*: three troublesome annual sedge weeds of rice [J]. Annals of applied biology, 155(1): 103-112.

HUELMAA C C, MOODYA K, MEWA T W, 1996. Weed seeds in rice seed shipments [J]. A case study international journal of pest management, 42(3): 147-150.

（撰稿：张峥、强胜；审稿：刘宇婧）

水莎草 *Cyperus serotinus* Rottb.

稻田多年生恶性杂草。异名*Juncellus serotinus* (Rottb.) C. B. Clarke。英文名late juncellus。莎草科莎草属。

形态特征

成株 高35～100cm。根状茎细长，顶端生藕状芽。秆散生，粗壮，三棱状，略扁。叶基生，叶片少，线形，短于秆或有时长于秆，宽3～10mm，基部折合，上面平展，背面中肋呈龙骨状突起。苞片常3，叶状，长于花序1倍；长侧枝聚伞花序复出，4～7个辐射枝，向外展开，辐射枝长短不等，每辐射枝有1～4个穗状花序，每一穗状花序具5～17个小穗，排列稍松，小穗平展，有小花10～34朵，小穗轴有透明翅，鳞片2列，初期排列紧密，舟状，中肋绿色，宽卵形，顶端钝或圆，有时微缺，长2.5mm，背面中肋绿色，两侧红褐色或暗红褐色，边缘黄白色透明，具5～7条脉；雄蕊3，花药线形，药隔暗红色；花柱很短，柱头2，具暗红色斑（见图）。

子实 小坚果倒卵形或椭圆形，平凸状，腹背压扁，面向小穗轴，长1.5～2mm，棕色，表面具细小突起。

幼苗 子叶留土。第一片真叶线状披针形，横剖面呈近三角形，有5条明显的直出平行脉，叶片与叶鞘分界不明显；叶鞘膜质透明，也有5条淡褐色的脉；第二片真叶的横剖面三角形，腹面凹陷，有7条直出平行叶脉；第三片真叶横剖面是"V"字形，有9条直出平行叶脉，其他与第一片真叶相似。幼苗全株光滑无毛。

生物学特性 苗期一般在5～6月，花果期一般在9～11月；在平均气温22.8℃时开花，全生育期为180天。水莎草繁殖力强，兼行有性繁殖和营养繁殖，但主要以藕节状根茎行营养繁殖，占田间总苗数的95%，种子发芽仅占5%以下。植株当年结实的很少，小坚果边熟边落，种皮坚硬，有休眠期，不易发芽。根状茎9月开始形成，每个根状茎可以长出6～8个藕状根茎营养繁殖体，生有潜伏芽。根状茎是水莎草的最主要越冬器官。根状茎无休眠性，条件适宜直接萌发成苗，在平均气温15.6℃时出土，至7月下旬平均气温28.1℃，是水莎草的出苗高峰期，出苗数占总株数80%左右。一个根状茎可萌生约160株幼苗，如每亩稻田有100个根状茎，即可发生数万株水莎草苗，足以造成草荒。

分布与危害 水莎草发生量大，在世界水稻种植区域具有广泛的分布，主要集中于中国、朝鲜、日本、印度、欧洲等国家和地区，造成了水稻生产的巨大经济损失。特别是在中国的东北、华北、西北、华东、华中、西南和华南的水稻产区均有分布，以长江流域地区发生和危害重。其根状茎繁殖速度快，种子的抗逆性强。20株/m^2即可导致20%以上

水莎草植株形态（强胜摄）

S

的产量损失，重则绝收，已经成为推广水稻轻型栽培技术的一大障碍。由于采用浅旋或免耕，导致根状茎积累，水莎草的发生量有逐年加重之势。此外，水莎草对除草剂的敏感期短或有耐性也是原因。

防除技术 应采取人工、生态和化学防治相结合的方法。

农业防治 ①冬季翻耕、深耕将地下的根状茎翻至土表，使之干旱从而丧失发芽能力。深耕以后深埋土下，也会使根状茎腐烂。②在种植水稻前进行灌水耙地，使其块状茎漂浮在水面上，进行网捞清除。在水沟的进水口处设置过滤的水网，阻断其随水流进行传播扩散。③清除田埂、沟渠、田边的水莎草，从而减少种子的输入量以及地下根状茎的来源。

化学防治 化学防治仍然是防治多年生水莎草的最主要的技术措施之一。由于水莎草具有根状茎，所以控制水莎草的关键时期在于萌发期和幼苗期。常用的土壤处理除草剂是莎扑隆、苄嘧磺隆或吡嘧磺隆，在水稻播后苗前或移栽后土壤处理。苗期可用苯达松、氯氟吡氧乙酸、2 甲 4 氯、氟吡磺隆、五氟磺草胺等茎叶喷雾处理。

综合利用 水莎草具有止咳、破血、通经、行气、消积和止痛功效。可用于治疗慢性气管炎、产后瘀阻腹痛、消化不良、闭经及一切气血瘀滞、胸腹肋疼痛等。水莎草可用于治理环境污染，对土壤的 NO_3^-、NH_4^+、Cl^- 等均有吸附作用，对于重度污染的铀尾矿库土壤核素污染也具有修复作用。

参考文献

聂小琴，丁德馨，李广悦，等，2010. 某铀尾矿库土壤核素污染与优势植物累积特征 [J]. 环境科学研究，23(6): 719-725.

强胜，李扬汉，1994. 安徽沿江圩丘农区水稻田杂草区系及草害的研究 [J]. 安徽农业科学，22(2): 135-138.

强胜，马波，2004. 综观以化学除草剂为主体的稻田杂草防治技术体系 [J]. 杂草科学 (2): 3-6, 17.

王金其，陆善庆，1992. 水莎草对水直播稻产量的影响及其防除技术 [J]. 上海农业学报，8(3): 67-71.

颜玉树，1990. 水田杂草幼苗原色图谱 [M]. 北京：科学技术文献出版社.

周恒昌，吴竞仑，1998. 水莎草生物学特性研究 [J]. 杂草科学 (1): 9-11, 17.

LI G Y, HU N, DING D X, et al, 2011. Screening of plant species for phytoremediation of uranium, thorium, barium, nickel, strontium and lead contaminated soils from a uranium mill tailings repository in South China [J]. Bulletin of environmental contamination and toxicology, 86(6): 646-652.

（撰稿：张峥、强胜；审稿：刘宇婧）

水田杂草 paddy field weed

根据杂草的生境特征划分的、属于农田杂草中非常重要的一类杂草，能够在水田中不断自然延续其种群。水田杂草主要包括水稻田杂草，还包括水生蔬菜作物田杂草，因此，也常称之为稻田杂草。大多数属于被子植物，在形态特征上可分为禾草类、莎草类和阔叶草类等 3 大类型。少数杂草属于藻类、苔藓和蕨类。

发生与分布 中国水稻种植面积约 3000 万 hm^2，其中黑龙江、江苏、安徽、江西、湖北、湖南、广东、广西、四川等地种植面积超过 150 万 hm^2，但中等以上杂草危害面积占水稻种植面积约 50%。中国有水田杂草约 200 种，其中单子叶 15 科、双子叶 20 科，其余为藻类、苔藓和蕨类。常见恶性杂草有稗草、稻稗、旱稗、无芒稗、鸭舌草、千金子、矮慈姑、异型莎草、节节菜、空心莲子草、鳢肠、牛毛毡、水莎草、扁秆藨草和眼子菜等，其中稗属杂草是中国水稻田中分布最广、危害最重的主要水稻田杂草，种类多、密度大、生长旺盛、危害严重、防除难度大，稗属杂草发生和危害面积约占水稻总面积 45%；鸭舌草、野荸荠、慈姑、雨久花等阔叶杂草虽然发生时期较晚，但种类多、单株覆盖面积大、与水稻竞争激烈，严重影响水稻产量。

水稻田杂草通常在播种或移栽后约 10 天（秧田一般 5～7 天）出现第一个出草高峰期，此期杂草主要以禾本科的稗草、千金子和莎草科的异型莎草等一年生杂草为主，且发生早、数量大、危害重。播种或移栽后约 20 天出现第二个出草高峰期，此期杂草主要是莎草科杂草和阔叶杂草。由于中国种植水稻的范围较广，耕作、栽培制度不完全相同，各地区稻田杂草的发生规律不尽一致。①水直播稻田在水稻播种后 10～20 天出现第一次杂草出草高峰，在播后约 35 天出现第二次出草高峰，优势杂草为禾本科杂草，其中尤以千金子为甚，占杂草总发生量约 50%，阔叶杂草如鳢肠、鸭舌草、异型莎草、空心莲子草等，发生数量较少，仅占总发生量 20%～30%。②旱直播稻田杂草在水稻播种后 5 天开始出苗，8 天禾本科杂草及阔叶杂草开始进入第一个出草高峰，稗草和千金子出草数量占禾本科杂草总出草数量近 85%，阔叶杂草（陌上菜、耳叶水苋）出草量约占阔叶杂草总出草数量 83%，莎草（异型莎草）出草量约占莎草科杂草总出草数量 13%。水稻播种后约 20 天禾本科和阔叶杂草出草量开始下降。20 天后进入第二个出草高峰期，稗草、千金子进入分蘖高峰，异型莎草、野荸荠进入第二个出草高峰，数量多。③在麦田套种水稻田，第一次灌水后 3～5 天杂草开始萌发，出草时间长，部分田块由于稻苗长势弱、分蘖少，造成郁闭程度低，田间光照强，8 月中下旬仍有杂草萌发，因此麦套稻田出草高峰次数多，一般田块有 2 个出草高峰，第一个出草高峰于套播后 7～14 天，主要草相为禾本科杂草和多年生莎草及阔叶杂草；第二个出草高峰于小麦收割后，麦套稻 21～42 天，主要草相为一年生莎草、大部分阔叶杂草及少部分禾本科杂草。北方地区 4 月中旬稗草开始萌发，5 月进入危害期，5 月末至 6 月初莎草科杂草开始出土，6 月上中旬阔叶杂草大量发生。

根据杂草的种类和气候条件及种植区域差异，稻田杂草的分布和危害大致可以分为 3 个区：①华南热带和南亚热带稻田杂草区。包括海南、台湾、广东、广西、云南、福建南部等，以稗草为优势种，主要杂草还有鸭舌草、异型莎草、圆叶节节菜、水龙、尖瓣花、千金子、蛇眼、萤蔺、四叶萍、日照飘拂草、草龙等。②长江流域亚热带稻田杂草区。主要指长江流域各地。以稗草为优势种，主要杂草有鸭舌草、节节菜、牛毛毡、水苋菜、千金子、矮慈姑、水莎草、异型莎草等，杂草危害面积占水稻种植面积70%以上，其中中等以上杂草危害面积超过40%。③北方暖温带温带稻田杂草区。主要指黄淮海流域以及以北地区。以稗草和扁秆藨草为优势种，主要杂草有异型莎草、水莎草、野慈姑、眼子菜、雨久花、泽泻、芦苇、狼杷草、轮藻等。早、中、晚稻的种植制度不同，其杂草发生和危害各具有特点。稗草、无芒稗、硬稗、旱稗是早稻、中稻或单季晚稻田杂草群落的优势种，它们占据群落的上层空间，鸭舌草、节节菜、牛毛毡和矮慈姑占据群落的下层空间；在双季晚稻田，鸭舌草、节节菜、牛毛毡和矮慈姑是优势种。

近年随着水稻轻型栽培技术推广和化学除草剂持续使用，水稻田杂草种类及发生规律出现显著变化，主要表现为杂草发生速度快、杂草发生量大、发生密度高、杂草种类多、群落组成多样、杂草抗药性发展迅速。例如：①千金子、异型莎草日趋成为轻型栽培方式下优势种，马唐、狗尾草等中生杂草发生量上升，特别是杂草稻在主要水稻产区快速蔓延，多年生杂草发生量增大，小苗机插秧田杂草竞争力强、危害严重。②粳稻种植面积扩大，封行迟，为稗草和中后期杂草提供生态位。③稗草、千金子、水苋菜等抗性水平明显上升。④部分稻区双穗雀稗和稻李氏禾均为多年生杂草，由于缺乏有效的防除药剂，使其得以迅速蔓延，并且发生频率增高、密度加大、危害加重，对水稻生产已构成严重威胁。

防除技术

化学防治　水稻栽培方式较其他作物更为复杂，因此稻田杂草的化学防除措施应综合考虑草相、气候、土壤等条件，并需要根据稻田杂草发生规律、栽培品种以及耕作栽培管理特点等选用合适除草剂品种，适时用药。

移栽水稻田。以稗草、莎草为主的移栽田，移栽后3～5天药土法使用酰胺类丁草胺、乙草胺、苯噻酰草胺等。以稗草、莎草及阔叶杂草混生的移栽田，移栽后3～5天内药土法使用乙酰乳酸合成酶（ALS）抑制剂类除草剂与酰胺类的复配剂，如苄（吡）嘧磺隆＋乙草胺、苄（吡）嘧磺隆＋苯噻酰草胺、苄（吡）嘧磺隆＋丁草胺等；丙炔噁草酮在水稻移栽后4～7天使用，保3～5cm水层5～7天，可以防除多种一年生禾本科杂草、莎草科杂草和阔叶杂草，对某些多年生杂草也有显著的除草效果。以阔叶杂草为主的大田，移栽后3～5天内药土法使用苄嘧磺隆或吡嘧磺隆。秧苗返青后稗草3～5期，茎叶喷雾法使用五氟磺草胺、氰氟草酯或其复配剂；水稻移栽后10～20天，杂草2～4叶期施用乙氧磺隆可有效防除一年生阔叶杂草，如鸭舌草、丁香蓼、节节菜、泽泻、眼子菜、狼杷草等。硝磺草酮既有茎叶活性，也具有土壤活性，可以有效防治移栽稻田低龄稗草和对磺酰脲类除草剂产抗性的阔叶杂草及莎草科杂草，粳稻田移栽后5～7天水稻秧苗返青后药土法撒施，施药时田间3～5cm水层，药后保3～5cm水层5～7天，但籼稻及含有籼稻血缘的粳稻有药害风险，不宜使用。

直播水稻田。播种前用丁草胺＋苄嘧磺隆进行土壤封闭处理，或水稻播苗前用丙草胺＋苄嘧磺隆（水直播）、二甲戊灵或丁草胺＋噁草酮（旱直播）土壤封闭处理；杂草3～4叶期用丙草胺＋苄嘧磺隆或水稻3叶期后用二氯喹啉酸＋苄嘧磺隆或五氟磺草胺或氰氟草酯或ACCase抑制剂类噁唑酰草胺茎叶处理；乙氧磺隆于秧苗2～4叶、杂草2～3叶期使用，药后保持浅水层，或保持土壤湿润状态5～7天，能有效防除一年生阔叶杂草和部分莎草科杂草。氯吡嘧磺隆在水稻播后苗前进行土壤封闭处理或苗后茎叶处理，对稻田莎草防效好，对野荸荠、三棱草、香附子等球茎发达的杂草有除根效果，对野慈姑等部分阔叶杂草也有较好的防效。水稻2～4叶期、杂草3～5叶期施用嘧啶肟草醚，药后48小时内复水，保3～5cm水层5～7天，可防除一年生杂草，特别对双穗雀稗、稻李氏禾防效好。双草醚在水稻3～5叶期、杂草1～3叶期茎叶喷雾处理，药后1～2天后保3～5cm水层5～7天（以不淹没水稻心叶为准），能有效防除稻田稗草及其他禾本科杂草，兼治大多数阔叶杂草、一些莎草科杂草及对敌稗产生抗性的稗草。水稻播种30天后至分蘖期用噁唑酰草胺或灭草松或2甲4氯钠进行补充防除。

机插秧田。整田后机插前用丙草胺或噁草酮或丙炔噁草酮土壤封闭处理，活稞后用丙草胺＋苄嘧磺隆或吡嘧磺隆＋苯噻酰草胺再次封闭处理，拔节前用氰氟草酯或五氟磺草胺或噁唑酰草胺或苄嘧磺隆等补充防治。

农业防治　严格执行杂草检疫以及精选种子、人工拔除、水旱轮作、适时播种、合理密植、壮苗育秧、以水抑草等配套措施也在水稻田杂草治理方面发挥重要作用。在长江中下游稻麦（油）轮作区，采用拦网清洁灌溉水源（截流）和网捞漂浮杂草种子（网捞）2种简单的物理生态措施，不但能有效降低稻田杂草土壤种子库数量，降低稻田杂草危害，还能有效降低麦田或油菜田杂草的发生和危害，对杂草防除效果显著。该消减杂草群落的稻麦连作田生态控草技术入选农业农村部2021年中国农业主推技术，江苏省绿色防控产品和技术名录。

生物防治　通过稻田养鸭、鱼、蟹，利用鸭、鱼、蟹啄食杂草种子或幼苗，并利用这些动物的浑水作用抑制杂草萌发，不仅可有效降低稻田杂草的危害，更为重要的是降低土壤杂草种子库数量，从根源抑制杂草发生和危害的势头。利用杂草的自然生物天敌开发的生物除草剂防除稻田杂草，如利用齐整小核菌（*Sclerotium rolfsii*）开发的新型生物除草剂，可迅速侵染节节菜、水苋菜、鳢肠、鸭舌草等阔叶杂草和异型莎草等莎草科杂草的茎基部，使之腐烂，导致死亡，田间对目标杂草的防除效果可达75%。此外利用水稻品种的自身化感作用可抑制稻田稗草的危害。

关于抗性杂草及其治理，据报道，目前全球有52种水稻田杂草对乙酰乳酸合成酶抑制剂类、乙酰辅酶A羧化酶类抑制剂、激素类、PSII抑制剂类、纤维素合成抑制剂类、长链脂肪酸合成抑制剂类、微管组装抑制剂类和烯醇式丙酮酰莽草酸磷酸合成酶抑制剂等8大类除草剂产生了抗性，其中中国报道了11例，分别为抗丁草胺、杀草丹、二氯喹啉酸、五氟磺草胺、精噁唑禾草灵、禾草克的稗草；抗苄嘧磺隆和吡嘧磺隆的雨久花；抗苄嘧磺隆的鸭舌草；抗氰氟草酯的千金子；抗二氯喹啉酸的西来稗；抗苄嘧磺隆、吡嘧磺隆、双草醚、五氟磺草胺和嘧啶肟草醚的野慈姑。另根据文献报道节节菜、耳叶水苋对苄嘧磺隆也产生了抗药性。因此需要轮换使用作用靶标不同的除草剂种类，并加强不同作用靶标除草剂的混用。同时应结合其他防治措施，延缓抗性杂草的产生。

莲藕、慈姑、茭白等水生蔬菜田杂草治理目前还缺乏针对性的品种和技术，大多是借鉴使用其他作物田除草剂品种，但蔬菜种植种类多、换茬快，选择和使用化学除草剂需要综合考虑作物、土壤、水肥等多种因素，既要满足控制当茬杂草危害的要求，更要避免残留对后茬作物的影响。

参考文献

李扬汉，1998. 中国杂草志 [M]. 北京：中国农业出版社 .

强胜，2009. 杂草学 [M]. 2 版 . 北京：中国农业出版社 .

王兴国，许琴芳，朱金文，等，2013. 浙江不同稻区耳叶水苋对苄嘧磺隆的抗性比较 [J]. 农药学学报，15(1): 52-58.

魏守辉，强胜，马波，等，2005. 稻鸭共作及其它控草措施对稻田杂草群落的影响应用 [J]. 生态学报，16(6): 1067-1071.

张云月，卢宗志，李洪鑫，等，2015. 抗苄嘧磺隆雨久花乙酰乳酸合成酶突变的研究 [J]. 植物保护，41(5): 88-93.

赵灿，戴伟民，李淑顺，等，2014. 连续 13 年稻鸭共作兼秸秆还田的稻麦连作麦田杂草种子库物种多样性变化 [J]. 生物多样性，22(3): 366-374.

中国农业科学院植物保护研究所，2015. 中国农作物病虫害 [M]. 北京：中国农业出版社 .

PENG Y J, PAN L, LIU D C, et al, 2020. Confirmation and characterization of cyhalofop-butyl-resistant Chinese sprangletop (*Leptochloa chinensis*) populations from China [J]. Weed science, 68(3): 1-23.

ZHANG Z, LI R H, ZHAO C, et al, 2021. Reduction in weed infestation through integrated depletion of the weed seed bank in a rice-wheat cropping system [J]. Agronomy for sustainable development, 41(1): 10.

（撰稿：李贵、强胜；审稿：宋小玲）

水蜈蚣 *Kyllinga brevifolia* Rottb.

稻田一年生或多年生杂草。又名短叶水蜈蚣。异名

水蜈蚣植株形态（张治摄）

①生境；②③植株；④花果序；⑤种子

Kyllinga polyphylla Kunth。英文名 green kyllinga。莎草科水蜈蚣属。

形态特征

成株 高7～20cm（图①～③）。根状茎长而匍匐，外被膜质、褐色的鳞片，具多数节间，节间长约1.5cm，每一节上长一秆。秆成列散生，细弱，扁三棱形，平滑，基部不膨大，具4～5个圆筒状叶鞘，最下面2个叶鞘常为干膜质，棕色，鞘口斜截形，顶端渐尖，上面2～3个叶鞘顶端具叶片。叶柔弱，短于或稍长于秆，宽2～4mm，平展，上部边缘和背面中肋上具细刺。叶状苞片3枚，极展开，后期常向下反折。穗状花序单个，极少2或3个，球形或卵球形，长5～11mm、宽4.5～10mm，具极多数密生的小穗（图④）。小穗长圆状披针形或披针形，压扁，长约3mm、宽0.8～1mm，具1朵花；鳞片膜质，长2.8～3mm，下面鳞片短于上面的鳞片，白色，具锈斑，少为麦秆黄色，背面的龙骨状突起绿色，具刺，顶端延伸成外弯的短尖，脉5～7条。雄蕊1～3个，花药线形；花柱细长，柱头2，长不及花柱的1/2。

子实 小坚果倒卵状长圆形，扁双凸状，长约为鳞片的1/2，表面具密的细点（图⑤）。

幼苗 叶片线形，有5条明显的平行脉，叶鞘膜质透明，也有5条棕黄色叶脉。

生物学特性 匍匐枝和种子繁殖。花果期5～9月。在土壤中水蜈蚣种子主要位于表层土壤，绝大多数种子都储存在0～5cm层（位于土壤表层），小部分种子储存于5～10cm层，在10～15cm层只有极少数种子。水蜈蚣种子适宜在高温高湿的条件下萌发，当气温达到25℃，土壤含水量达到20%以上，水蜈蚣的萌发率可达到80%以上。其残留在土壤中的匍匐茎，一旦达到其再生繁殖条件，会快速萌发蔓延。

分布与危害 中国主要分布在东北、华东、华中、华南、陕西、河南、台湾、贵州、云南等地；也分布于非洲、印度、缅甸、越南、印度尼西亚、菲律宾、日本、朝鲜、北美洲、大洋洲。常见于河滩、沟渠边、田边等潮湿地。水蜈蚣在南方草坪上发生普遍，危害重，防除难。在水稻田发生量少，危害轻。

防除技术

农业防治 在杂草萌发初期选择人工拔除，注意匍匐茎清除。及时清除田边、水渠边杂草，减少土壤中可萌发种子数量。

生物防治 果园等可以种植覆盖性好的植物进行替代控制。水田可通过养殖鸭、鱼、虾、蟹等，抑制杂草萌发与生长。

化学防治 水稻等种植前用丙草胺、苄嘧磺隆、吡嘧磺隆等进行封闭，能在很大程度上减少种子的萌发。草坪可选用三氟啶磺隆、啶嘧磺隆等选择性除草剂进行防除。

综合利用 水蜈蚣全草及根可作草药入药。具有清热利湿、疏风解表、止咳化痰、祛瘀消肿等多种功效。

参考文献

李扬汉，1998. 中国杂草志[M]. 北京：中国农业出版社.

梁帝允，张治，2013. 中国农区杂草识别图册[M]. 北京：中国农业科学技术出版社.

刘俊武，杨少华，涂炳坤，等，2017. 短叶水蜈蚣的萌发特性及与气候因子的关系[J]. 中国园艺文摘(8): 16-17.

张琦，2009. 短叶水蜈蚣的化学防治及其环境影响研究[D]. 南京：南京林业大学.

（撰稿：姚贝贝；审稿：纪明山）

水苋菜 *Ammannia baccifera* L.

水田一年生杂草。又名还魂草、细叶水苋、浆果水苋等。异名 *Ammannia viridis* Willd. et Hornem.。英文名 common ammannia、water ammannia、monarch redstem。千屈菜科水苋菜属。

形态特征

成株 株高10～50cm（图①②）。茎直立，柔弱，多分枝，枝通常具四棱，略带淡紫色。叶对生，茎上部或侧枝上的叶有时略成互生；叶近无柄，叶片披针形、倒披针形或狭倒卵形，长15～75cm、宽3～15mm，先端短尖或钝形，全缘，叶基渐窄成短柄，侧脉不明显，到深秋茎叶全变成紫红色。花数朵组成腋生的聚伞花序，通常较密集（图③）；花序梗极短，长约1mm或近于无；苞片2，线状钻形；花极小，长1～2mm，紫红色；花萼筒浅钟状，4齿裂，裂片三角形，短于萼筒，无棱，结果时半球形；萼管钟形，4齿裂，裂片三角形；无花瓣；雄蕊4枚，贴生于萼筒中部，与萼裂片等长或稍短；子房球形，2室，花柱极短或无。

子实 蒴果球形，紫红色，下半部包被于宿存萼筒中，直径1～2mm，表面瘤状，不平，不规则开裂（图④）。种子多数，极小，近三角锥状，黑色，直径0.2～0.3mm（图⑤）。

幼苗 子叶出土，梨形，长6mm、宽2.5mm，叶尖圆形，全缘，叶基楔形，具叶柄（图⑥）。下胚轴较发达，上胚轴很发达，并呈四棱形。初生叶2片，对生，卵状披针形，先端渐尖，全缘，叶基阔楔形，具叶柄。后生叶与初生叶相似。全株光滑无毛。

生物学特性 种子具休眠期，在土壤水分超饱和或有薄水层时萌发较好。由于种子较小，只能浅层萌发，最适萌发稳定平均气温20℃以上。水苋菜在浅水中生长较好，耐阴，不耐强光照射。在水稻中后期发生的水苋菜，荫蔽在稻行中仍能开花结实，但结实量较少。花期8～10月，果期7～12月。染色体2n=24，26。

分布与危害 主要分布于中国亚热带地区的水稻田及部分低湿地，黄河流域河北、陕西、甘肃也有分布。

主要危害水稻。在灌水条件较好、田间常有浅水的稻田发生较多，常常与耳叶水苋和多花水苋等混生于稻田中，并与节节菜、陌上菜等构成群落，成为水稻生长后期的主要杂草。

防除技术

农业防治 合理组织作物轮作和换茬，加强水稻田的管理，适时中耕除草。

化学防治 是防除水苋菜最主要的技术措施。敏感除草

水苋菜植株形态（②何文月摄；其余张治摄）

①②植株；③④花果序；⑤种子；⑥幼苗

剂有丁草胺、丙草胺、苯噻草胺、噁草酮、苄嘧磺隆、吡嘧磺隆等土壤处理。苗后则可用五氟磺草胺、氟吡磺隆、氯氟吡啶酯进行防除。

参考文献

李扬汉, 1998. 中国杂草志 [M]. 北京 : 中国农业出版社 .

唐洪元, 1986. 水稻田化学除草技术 [M]. 北京 : 中国农业出版社 .

吴竞仑, 2008. 稻田杂草防除技术问答 [M]. 北京 : 中国农业出版社 : 155-159.

颜玉树, 1989. 杂草幼苗识别图谱 [M]. 南京 : 江苏科学技术出版社 : 149.

颜玉树, 1990. 水田杂草幼苗原色图谱 [M]. 北京 : 科学技术文献出版社 .

（撰稿：郝建华；审稿：宋小玲）

水竹叶 *Murdannia triquetra* (Wall. ex C. B. Clarke) Bruckn.

稻田常见的多年生杂草。又名肉草、细竹叶高草。英文名 triquetrous murdannia。鸭跖草科水竹叶属。

形态特征

成株 茎肉质，下部匍匐，节上生根，上部上升，通常多分枝，长达40cm，节间长8cm，密生一列白色硬毛。叶无柄，仅叶片下部有睫毛（图②），叶鞘合缝处有一列毛并与上一节节间的一列毛相连续，其他无毛；叶片线状披针形，近似竹叶形，平展或稍折叠，长2～8cm、宽5～10mm，顶端渐尖而头钝。花通常单生于分枝顶端叶腋内，花序梗长0.5～4cm，花序梗中部有一个条状或披针形苞片，长0.6～2cm（图③）；

水竹叶植株形态（③张晶旭摄；其余强胜摄）

①生境；②植株；③花；④子实

萼片3枚，绿色，狭长圆形，浅舟状，长4～7mm，无毛，果期宿存；花瓣蓝紫色或粉红色，倒卵圆形，长约7mm；可育雄蕊3枚，对萼而生，不育雄蕊3枚，顶端戟形，不分裂；花丝有长毛；子房长圆形，长2mm，无柄，被白色柔毛。

子实 蒴果卵圆状三棱形（图④），长5～7mm、直径3～4mm，两端钝或短急尖，3瓣裂，每室种子3颗，有时1～2颗。种子短柱状，表面有沟纹，红灰色。

幼苗 子叶留土，联结很短，不易看出，上、下胚轴均不发育。初生叶1片，互生，单叶，披针形，全缘，具平行脉；后生叶略呈卵状披针形，有明显的平行脉，叶鞘抱茎，无毛。

生物学特性 生于水稻田边或湿地上（图①）。稻麦连作田中，水竹叶种子3～4月萌发，5月中下旬小麦收割后匍匐茎随耕翻进入稻田开始无性繁殖；水稻种植3周后水竹叶进入生长旺期，产生大量一二级分枝，7月下旬和9月上中旬分别出现2个发生高峰。花期9～10月，果期10～11月，全生育期约210天。

分布与危害 中国分布于云南、四川、贵州、湖南、湖北、广东、广西、海南、江苏、安徽、浙江、江西、河南、福建、台湾等地。常生于溪边、水中或草地潮湿处，生长迅速、全年生长。普遍危害南方稻田，部分地区水稻田危害较重。

防除技术

农业防治 小麦收割后水稻种植前，可采用干耕晒垡的传统农业防治，通过机械翻压和日光暴晒的方法，可有效减轻水稻田水竹叶危害。

化学防治 水竹叶萌发前可使用苄嘧磺隆进行土壤处理；出苗后2～4叶期至2～3分枝期使用氯氟吡氧乙酸或2甲·灭草松进行茎叶处理；麦收后上水栽秧前，水竹叶发生严重的田块可使用草甘膦进行灭杀。

综合利用 水竹叶蛋白质含量颇高，可作为饲料；幼嫩茎叶可供食用。全草入药，有清热解毒、利尿消肿之效，亦可治蛇虫咬伤。

参考文献

李扬汉, 1998. 中国杂草志 [M]. 北京 : 中国农业出版社 .

陆明, 1991. 稻田水竹叶的发生危害与综合防除技术 [J]. 杂草科学 (2): 29-30.

田志慧, 沈国辉, 芦芳, 等, 2015, 麦稻田水竹叶发生特点及其化学防除技术研究 [J]. 上海农业学报, 31(4): 1-5.

颜玉树, 1990. 水田杂草幼苗原色图谱 [M]. 北京 : 科学技术文

S

献出版社.

中国科学院中国植物志编辑委员会, 1992. 中国植物志: 第十三卷 [M]. 北京: 科学出版社.

（撰稿：张晶旭；审稿：纪明山）

丝路蓟　*Cirsium arvense* (L.) Scop

秋熟旱作物田、园地多年生草本杂草。又名加拿大蓟、刺菜。英文名 creeping thistle。菊科蓟属。

形态特征

成株　高 30～160cm（见图）。根直伸。茎直立，上部分枝，无毛或接近头状花序处有稀疏的蛛丝状柔毛，枝下面的叶腋有短缩的不育枝。茎下部叶椭圆形或椭圆状披针形，长 7～17cm、宽 1.5～4.5cm，羽状浅裂或半裂，裂片偏斜三角形或偏斜半椭圆形，沿缘常有 2～3 个刺齿，齿端有长达 5mm 的小针刺，齿缘针刺较短，有短柄；向上叶渐小，与茎下部叶同形，无柄。叶上面绿色，下面淡绿色，两面无毛或下面多少被蛛丝状柔毛，质地软或硬。头状花序少数或多数在茎枝顶端排列成圆锥伞房状；总苞卵形或卵状长圆形，直径 1～2cm；总苞片约 5 层，覆瓦状排列，绿色或暗紫红色或淡黄色，外层和中层总苞片卵形或卵状披针形，顶端具直立或反折的短针刺，沿缘有细蛛丝状柔毛，内层总苞片线状披针形或线形，先端膜质，渐尖。小花紫红色，雌性

丝路蓟植株形态（强胜摄）

花花冠长 1.7cm，细管部长于檐部 3～4 倍，两性花花冠长 1.8cm，细管部长 1.2cm，檐部长 6mm，2 种花冠的檐部都 5 裂几达基部。

子实　瘦果近圆柱形，顶端截形，淡黄色或棕褐色，长 2.5～4mm；冠毛多层，污白色或淡褐色，刚毛长羽状，长达 2.8mm，明显长于小花花冠。

生物学特性　适生于荒漠戈壁、沙地、荒地、河滩、路旁、田间以及砾石山坡等，海拔 700～4250m。花果期 6～9 月。丝路蓟喜生于腐殖质多的微酸性至中性土壤中，生活力、再生力很强。主要靠根茎繁殖，根茎极发达，深入地下 2～3m，根上生有大量的芽，每个芽均可发育成新的植株，机械中耕断根后仍能成活。易在田间蔓延，形成群落后难以清除。

分布与危害　中国主要分布于新疆青河、阿勒泰、奇台、乌鲁木齐等地，甘肃河西走廊、青海、西藏；远东地区、中亚地区也有分布。

丝路蓟属多年生杂草，主要靠种子和地下根传播蔓延。在国外很多地区亦是严重入侵物种，一般是作为粮食种子的污染物而被引入这些地区。该草严重危害农田牧场，每年引起美国农业上的直接损失达上千万美元；在加拿大使小麦减产 60%，并严重影响苜蓿及农作物的生长，对各国农田生态系统的破坏相当严重。在中国，该草在部分农田、菜地和牧场造成危害，分布呈逐渐扩大的趋势。主要危害棉花、大豆、苜蓿等。山地草原、河谷林缘、农田防风林、果园、苗圃常见。繁殖力强，生长迅速，争夺水肥、生存空间，对农林作物可造成排挤性危害。

防除技术

农业防治　精选作物种子，清除丝路蓟种子，防止通过作物种子传播。以深翻深松为基础，深浅交替，垄平结合，采取翻、耙、松等综合运用的土壤耕作制度以及轮作制度，可以有效控制多年生杂草的发生密度。伏秋翻地，播前整地均可减少丝路蓟数量，并可切断某些多年生宿根杂草地下根茎，同时能诱导杂草出苗均匀，为化学除草创造条件。适时推迟播种，可防除部分已出芽或出土的杂草。丝路蓟植株较大，可以采用拔、铲、锄等人工方式防除，也可以通过中耕除草机、除草施药机等进行机械除草。

生物防治　中国从 20 世纪 90 年代开始对丝路蓟进行生物防治研究。丝路蓟绿叶甲（*Trycophysa* sp.）是一种寄主专一性强的单食性天敌，仅取食丝路蓟，有望成为控制丝路蓟的生防天敌。欧洲方喙象（*Clenous piger* Scopoli）仅危害菊科部分种类，如丝路蓟、甜叶菊等，具有开发为生防天敌的潜力。

化学防治　见菊苣。

综合利用　丝路蓟具有凉血止血、祛瘀止痛之功效，临床主要用于治疗咳血、吐血、咯血、尿血以及外伤出血等症，具有重要的药用价值。

参考文献

刘爱萍, 徐林波, 王慧, 2006. 丝路蓟的天敌昆虫——欧洲方喙象 *Cleonus piger* Scopoli 的营养生态学特性及控制效果研究 [A]. 中国植物保护学会. 科技创新与绿色植保——中国植物保护学会 2006 学术年会论文集 [C]// 中国植物保护学会: 中国植物保护学会: 5.

刘爱萍, 徐林波, 王慧, 等, 2008. 丝路蓟天敌——丝路蓟绿叶

甲的寄主专一性 [J]. 草业科学 (11): 98-102.

新疆林业有害生物防治检疫局, 2012. 新疆林业有害生物图谱：病害、有害植物及鼠(兔)害卷 [M]. 北京：中国林业出版社.

新疆植物志编辑委员会, 1999. 新疆植物志：第五卷 [M]. 乌鲁木齐：新疆科技卫生出版社.

中国科学院中国植物志编辑委员会, 1987. 中国植物志：第七十八卷 第一分册 [M]. 北京：科学出版社.

（撰稿：马德英；审稿：黄春艳）

四川黄花稔 *Sida szechuensis* Matsuda

果园、茶园、桑园和胶园一般性杂草。药用名拔毒散、尼马庄可、小粘药、巴掌叶。英文名 szechwan sida。锦葵科黄花稔属。

形态特征

成株　高约 1m（图①）。直立亚灌木，全株被星状柔毛。叶互生，异形，下部叶宽菱形或扇形，长、宽均 2.5～5cm，先端尖或圆，基部楔形，边缘具 2 齿；茎上部叶长圆状椭圆形或长圆形，长 2～3cm，两端钝或圆，上面疏被糙伏毛或近无毛，下面密被灰色星状茸毛；叶柄长 0.5～1.5cm，被星状柔毛，托叶钻形，短于叶柄。花单生叶腋或簇生枝端（图②）。花梗长约 1cm，密被星状茸毛，中部以上具节；无小苞片（副萼）；花萼杯状，长约 7mm，5 裂，裂片三角形，疏被星状毛；花冠黄色，径约 1cm，花瓣 5，离生，倒卵形，长约 8mm。雄蕊柱短于花瓣，被长硬毛；花柱分枝 8 或 9。

四川黄花稔植株形态（李晓霞、杨虎彪摄）

①植株；②花枝

子实　蒴果近球形，径约 6mm，果柄长达 2cm；分果瓣 8 或 9，疏被星状柔毛，具 2 短芒。种子黑褐色，平滑，种脐被白色柔毛。

生物学特性　多年生直立半灌木。种子繁殖。花果期 5～11 月。常见于荒坡灌丛、林边、路旁和沟谷边。

分布与危害　中国云南、贵州、四川、广西、广东、海南、浙江、福建、江西、湖北、湖南、西藏、台湾、香港均有发生。多见于果园、茶园、桑园和胶园，危害小。

防除技术　见赛葵。

综合利用　四川黄花稔的成分以甾醇化合物为主，生物碱、黄酮和单萜少量。全草入药，有解毒消肿、调经通乳功效，常用于急性扁桃体炎、急性乳腺炎、乳汁不通、闭经、腹泻、痢疾；外用于跌打损伤，痈肿。茎皮含纤维，可用于编织绳索、麻袋等。

参考文献

李维峰, 2006. 拔毒散和广州蛇根草化学成分及抗菌活性研究 [D]. 西双版纳：中国科学院研究生院(西双版纳热带植物园).

李扬汉, 1998. 中国杂草志 [M]. 北京：中国农业出版社：702-703.

中国科学院中国植物志编辑委员会, 1984. 中国植物志：第四十九卷 第二分册 [M]. 北京：科学出版社：20.

（撰稿：范志伟；审稿：宋小玲）

四籽野豌豆 *Vicia tetrasperma* (L.) Schreb.

夏熟作物田常见一二年生草本杂草。又名小乔菜、乔乔子、野苕子、野扁豆、鸟喙豆、苕子、四籽草藤、丝翘翘。英文名 fourseed vetch、sparrow vetch。豆科野豌豆属。

形态特征

成株　高 20～60cm（图①②）。茎纤细，柔软有棱，多分枝，被微柔毛。偶数羽状复叶，长 2～4cm，顶端为卷须；小叶 2～6 对，线状长椭圆形，长 0.6～0.7cm、宽约 0.3cm，先端钝或具短尖头，基部楔形；托叶箭头形或半三角形，长 0.2～0.3cm（图③）。总状花序长约 3cm，花 1～2 朵着生于花序轴先端，花甚小，仅长约 0.3cm（图④）；花萼斜钟状，萼齿三角状卵形，近等长；花冠明显长于萼，淡蓝色或带蓝、紫白色，旗瓣长圆倒卵形，长约 0.6cm、宽 0.3cm，翼瓣与龙骨瓣近等长；子房长圆形，无毛，有柄，胚珠 4，花柱上部四周被毛。

子实　荚果长圆形，扁平，无毛，长 0.8～1.2cm、宽 0.2～0.4cm，表皮棕黄色，近革质，具网纹（图⑤）。含种子 4 粒，偶有 3 粒，扁圆形，直径约 0.2cm；（图⑥）种皮褐色，平滑无光泽；种脐白色，长相当于种子周长 1/4。

幼苗　子叶留土（图⑦）。下胚轴不伸长，上胚轴不发达；有 2 片不育鳞片叶，第 1 片真叶为 2 小叶的复叶，小叶片阔椭圆形，先端尖，全缘；具长总叶柄，托叶披针形，第

四籽野豌豆植株形态（①⑥⑦张治摄；②～⑤黄红娟摄）

①②成株；③托叶；④花序；⑤⑥果实及种子；⑦幼苗

2、3 片真叶与第 1 片真叶相似。全株光滑无毛。

生物学特性 种子繁殖。秋冬季出苗，花期 3～4 月。染色体 2n=14，28。

分布与危害 中国分布于河南、陕西、宁夏、甘肃、新疆、华东、华中及西南、台湾等地；亚洲其他地区、欧洲、北非、北美洲也有。生于海拔 50～1950m 山谷、草地阳坡。生于麦田、油菜田、苗圃、路边荒地等，常与大巢菜、小巢菜等混生，发生量小，危害不重。

防除技术 采用化学防治和农业防治相结合的方式进行防除（见大巢菜）。

参考文献

李扬汉, 1998. 中国杂草志 [M]. 北京 : 中国农业出版社 : 666-667.

中国科学院中国植物志编辑委员会, 1998. 中国植物志 : 第四十二卷 第二分册 [M]. 北京 : 科学出版社 : 263.

（撰稿：黄红娟；审稿：贾春虹）

苏门白酒草　*Conyza sumatrensis* (Retz.) Walker.

果园、农田、路边常见一二年生草本外来入侵杂草。又名苏门白酒菊。英文名 sumatran fleabane。菊科白酒草属。

形特征态

成株　高 80～150cm（图①②）。纤维状根，纺锤状。茎粗壮，直立，绿色或下部红紫色，中部以上有长分枝。叶互生，基部叶花期凋落，下部叶倒披针形或披针形，基部渐狭成柄，边缘上部每边常有 4～8 个粗齿，基部全缘；中部和上部叶渐变细小，狭披针形或近线形，具齿或全缘，两面特别下面被密短糙毛。头状花序多数，径 5～8mm，在茎枝端排列成大而长的圆锥花序（图③④）；花序梗长 3～5mm；总苞卵状短圆柱状，总苞片 3 层，灰绿色，线状披针形或线形，顶端渐尖，背面被糙短毛，外层稍短或短于内层之半，内层长约 4mm，边缘干膜质；花托稍平，具明显小窝孔，径 2～2.5mm；雌花多层，长 4～4.5mm，管部细长，舌片淡黄色或淡紫色，极短细，丝状，顶端具 2 细裂；两性花 6～11 个，花冠淡黄色，长约 4mm，檐部狭漏斗形，上端具 5 齿裂，管部上部被疏微毛。

子实　瘦果线状披针形，长 1.2～1.5mm，扁压，被贴微毛（图⑤⑥）；冠毛 1 层，初时白色，后变黄褐色。

幼苗　茎粗壮，具灰白色上弯短糙毛和开展的疏柔毛（图⑦⑧）。

苏门白酒草植株形态（①～③⑦⑧强胜摄；④～⑥张治摄）

①②植株；③④花序；⑤⑥果序和果实；⑦⑧幼苗

生物学特性 以种子越冬繁殖为主。苗期3～6月，花果期6～10月。苏门白酒草具有自交和异交并存的混合交配机制以及非专化型的动物传粉系；不同交配方式产生的种子均具有产生量大、成熟期短、萌发率高、萌发期短等特征，有助于其成功入侵。苏门白酒草的入侵不仅增加了土壤碳库和氮库，而且还使土壤酶活性和微生物数量显著增加，微生物群落结构发生相应变化，从而加速了土壤碳氮循环过程，土壤碳氮过程的加快增加了土壤硝态氮的供应，促进其快速生长。国外苏门白酒草已对除草剂如草甘膦、百草枯、氯嘧磺隆产生了多抗性。

分布与危害 原产于南美洲，现已成为一种热带和亚热带地区广泛分布的杂草。19世纪中期引入中国。苏门白酒草高适生区主要分布在中国南部、西南部，如云贵高原、东南丘陵及海南和台湾，此外在藏南地区有部分分布；中适生区主要分布在中国华中地区及山东半岛一带。根据预测，苏门白酒草在中国西南部及广西、广东沿海一带的地区有较高的入侵风险。常生在茶园、农田边、果园、山坡草地、路边和天然群落等秋熟旱作物田地，现为一种常见的区域性恶性杂草，严重影响了农作物的产量。其生命力极强，繁殖速度快，产生大量的种子，成熟期短、萌发率高、萌发期短，因此很难取得理想的防治效果。同时，苏门白酒草具有化感作用，抑制本地物种萌发和生长。

防除技术

农业防治 严格执行植物检疫，防止通过种子、苗木等传播，并加强具有较高入侵风险地的监测与防范措施，有效防控苏门白酒草的入侵。在影响严重的区域，在每年种子成熟前，采用人工拔除或利用专门设计制造的机械设备清除，这种方法对于经济价值高的农田、果园和草地具有很好效果，但该方法劳动强度大，劳动效率低，难以在大范围内应用，土地上遗留的残根仍可萌生新的幼苗，使防除的成功率不高。采用地膜覆盖技术抑制种子萌发。在果园套种经济植物如白三叶等，占据生存空间，抑制苏门白酒草的生长。

生物防治 利用强致病力的病原真菌浸染植株引起叶斑病，能将苏门白酒草植株致死。如水葫芦生防真菌拟盘多毛孢（*Pestalotiopsis crassipes*），其菌体制剂和毒素液对苏门白酒草具有较强致病杀草作用。巨腔茎点霉（*Phoma macrostoma*）能引起苏门白酒草叶斑病，具有生防潜力。

化学防治 非耕地可用乙羧氟草醚、苯嘧磺草胺，灭生性除草剂草甘膦、草铵膦茎叶喷雾处理，或者用乙羧氟草醚与草甘膦或草铵膦的复配剂。果园、茶园等亦可用草甘膦、草铵膦、莠去津、西玛津、扑草净，或者有机杂环类灭草松茎叶喷雾处理；果园还可用2甲4氯与草甘膦的复配剂茎叶喷雾处理，柑橘园和苹果园还可用苯嘧磺草胺茎叶喷雾处理。果园和茶园注意喷雾时避开果树和茶树。

综合利用 作为中药可温肺止咳、祛风通络、温经止血。用于寒痰壅滞所致的咳嗽、气喘、胸满胁痛等症，寒凝阻滞经络所致的肢体关节疼痛、麻木不仁、筋骨疼痛等症，以及妇女子宫出血、崩漏、出血量多、淋漓不尽、色淡质清、畏寒肢冷、小便清长、舌质淡、苔薄白、脉沉细等症。可作果园绿肥。苏门白酒草浸提液对黄瓜靶斑病菌（*Corynespora cassiicola*）菌丝生长均有抑制作用，具有进一步开发为植物源农药的潜力。

参考文献

高志亮，过燕琴，邹建文，2011. 外来植物水花生和苏门白酒草入侵对土壤碳氮过程的影响 [J]. 农业环境科学学报，30(4): 797-805.

郝建华，2008. 部分菊科入侵种的有性繁殖特征与入侵性的关系 [D]. 南京：南京农业大学.

王岑，党海山，谭淑端，等，2010. 三峡库区苏门白酒草 (*Conyza sumatrensis*) 化感作用与入侵性研究 [J]. 武汉植物学研究，28(1): 90-98.

邢东辉，2019. 苏门白酒草在中国的适生区分布及其在气候变化下的空间变动 [D]. 昆明：云南大学.

许桂芳，王鸿升，王润豪，等，2015. 白酒草属3种外来植物对黄瓜靶斑病菌的抑菌作用 [J]. 中国农学通报，31(4): 213-216.

中国科学院中国植物志编辑委员会，1985. 中国植物志 [M]. 北京：科学出版社：350.

ALBRECHT A J P, THOMAZINI G, ALBRECHT L P, et al, 2020. *Conyza sumatrensis* resistant to paraquat, glyphosate and chlorimuron: confirmation and monitoring the first case of multiple resistance in Paraguay [J]. Agriculture, 10(12): 582.

LIU J, LUO H D, TAN W Z, et al, 2012. First report of a leaf spot on *Conyza sumatrensis* caused by *Phoma macrostoma* in China [J]. Plant disease, 96(1): 148.

（撰稿：孙见凡；审稿：宋小玲）

苏少泉 Su Shaoquan

苏少泉（1929—），著名农药学家，东北农业大学农学院农药学科教授，黑龙江大学化工学院特聘教授。

个人简介 1929年生于河南南召，1955年东北农学院毕业，毕业后留校任教，从助教到教授，1996年起至今，任黑龙江大学化工学院特聘教授。

长期从事除草剂及杂草科学教学与研究工作。先后在黑龙江、吉林、内蒙古、河北、河南、山西、陕西、江苏、浙江等地教授有关除草剂知识，对于推动中国除草剂普及发挥了积极的作用。

在中国农药企业向哈萨克斯坦出口2,4-滴丁酯与乙草胺，向澳大利亚出口2,4-滴原酸中起到了重要而积极的作用。对于中国一些农药企业生产除草剂品种方面起到了引导作用。

从1980年至今，先后受邀到瑞士、美国、英国、日本、新加坡、泰国、马来西亚、澳大利亚、俄罗斯、哈萨克斯坦、乌克兰等国家进行除草剂考察、参会及讲学等活动，加深了相互了解，促进了除草剂领域的发展与交流。

从1995年起至今，先后担任大连松辽化工公司、国家农药南方创制中心浙江基地、江苏长青化工公司、加拿大龙灯公司等多家农药生产企业技术顾问，在新品种开发及其他方面做出了一定的贡献。

成果贡献 在中国高等校农业院校首创"农药学"学科，并首先给研究生开设除草剂作用机制与除草剂使用原理等课程。长期从事除草剂与杂草方面系统研究工作，在从国外向国内引进三氮苯类除草剂及磺酰脲类除草剂方面发挥了积极引导作用。先后在国内外刊物发表论文187篇，主要著作有：《除草剂概论》（1989，科学出版社）；《英拉汉杂草名称》（1989，科学出版社）；《杂草学》（1993，中国农业出版社）；《中国农田杂草化学防治》（1996，中国农业出版社）；《除草剂靶标与新品种创制》（2001，化学工业出版社）；《生物技术与抗除草剂作物》（2002，化学工业出版社）；《英汉·汉英除草剂词汇》（2004，化学工业出版社）；参编《农业英汉大词典》（1998，中国农业出版社）；《北方农垦稻作新技术》（2000，东北大学出版社）；《俄汉农业词典》（1987，农业出版社）。

所获荣誉 美国杂草学会评选他为1995年度全球唯一荣誉会员；在中国开创的"杂草学"新学科，获黑龙江省教育委员会1989年优秀教学成果二等奖；农药合理使用准则（GB8321.1—2—87）获1990年度国家科技进步二等奖及国家技术监督局科技进步一等奖；历任《农药》《植物保护》《植物保护学报》《农药译丛》《现代化农业》编委。

性情爱好 不仅在事业上取得了诸多建树，同时精通文学、书法、绘画、摄影、武术以及美食等诸多领域。年轻时，还学过中医、法律、木工。精通英语、俄语、日语等多门外语。同时他亦热衷于体育活动：乒乓球、足球、太极拳等。他曾深有感触地说，正是这些业余爱好，放松了身心，可以更好地把精力投入到工作当中去，为中国的农药发展贡献自己的力量。

注：本文资料参考于东北农业大学校史馆相关文献及材料。

（撰稿：陶波；审稿：强胜）

粟米草 *Trigastrotheca stricta* (L.) Thulin

秋熟旱作物田及湿润地一年生铺散草本杂草。又名地麻黄、地杉树、鸭脚瓜子草。异名 *Mollugo stricta* L.。英文名 strict carpetweed。番杏科粟米草属。

形态特征

成株 高10～30cm（图①②）。全株光滑无毛。茎纤细，多分枝，铺散，具棱，老茎常淡红褐色。叶3～5片近轮生或对生，茎生叶披针形或线状披针形，长1.5～4cm、宽2～7mm，顶端急尖或长渐尖，基部渐狭，全缘，中脉明显；叶柄短或近无柄。花极小，二歧聚伞花序，顶生或与叶对生（图③④）；花序梗细长，1.5～6mm；花小，花萼片5，淡绿色，椭圆形或近圆形，长1.5～2mm，脉达花萼片2/3，边缘膜质，宿存；缺花瓣；雄蕊通常3，花丝基部稍宽；子房宽椭圆形或近圆形，3室，花柱3，短，线形。

子实 蒴果卵圆形或近球形，直径约2mm，与宿存花萼等长，3瓣裂（图⑤⑥）；种子多数，细小，肾形，扁平，黄褐色或红色，具多数颗粒状突起（图⑦）。

幼苗 全体光滑无毛，下胚轴不发达，略带紫色（图⑧）；子叶长椭圆形，长约3mm，有细短柄。初生叶1片，倒卵形，基部楔形，全缘，具短柄，叶片有蜡质光泽。

生物学特性 生于空旷荒地、农田和海岸沙地。花期6～8月，果期8～10月。种子繁殖，结实量大。喜阳光及湿度中等的土壤，但亦耐旱，在丘陵山区坡岗砂质耕地尤为多见。

分布与危害 中国分布于秦岭、黄河以南，东南至西南各地，亚洲热带和亚热带地区有分布。为淮河、秦岭以南各地秋熟旱作田极为常见的杂草，对作物有一定的危害，局部地区危害较重。如安徽池州大豆田、河南信阳红麻田、海南南繁区玉米田，粟米草的多度与频度均较高，为优势种。湖北花生田粟米草的相对多度介于5～15，为次要杂草，但有可能上升为主要杂草，在防除中也应予以关注。

防除技术 应采取农业防治和化学防治相结合的方法。此外，也应考虑综合利用等措施。

农业防治 精选作物种子，清除杂草种子。结合耕翻、整地，消灭土表的杂草种子。实行单双子叶作物轮作，减少杂草的发生。提高播种质量，一播全苗，以苗压草。采用拔、铲、锄等人工方式防除，也可以通过中耕除草机、除草施药机等进行机械除草。

化学防治 在秋熟旱作田，选用酰胺类乙草胺、异丙甲草胺、氟乐灵、二甲戊灵以及异噁草松进行土壤封闭处理。不同秋熟旱作物可以有针对性选取不同的除草剂品种：玉米田还可用异噁唑草酮，玉米和大豆田可用唑嘧磺草胺，大豆和棉花田可用丙炔氟草胺，棉花田可用扑草净，以及新型除草剂氟啶草酮。对于土壤封闭没有完全防除的残存植株，可用茎叶处理除草剂进行茎叶喷雾处理，花生、大豆田可用乳氟禾草灵、氟磺胺草醚、乙羧氟草醚等以及灭草松；玉米田还可用氯氟吡氧乙酸、烟嘧磺隆以及辛酰溴苯腈、硝磺草酮等；棉花田可用乙羧氟草醚。

综合利用 全草入药，有清热解毒、收敛的功效，主治腹痛、泄泻、中暑、疮疖等症。其含有的三萜类化学成分有抑制癌细胞的作用，具有进一步开发的潜力。

参考文献

李儒海，褚世海，黄启超，等，2017. 湖北省花生主产区花生田杂草种类与群落特征[J]. 中国油料作物学报，39(1): 106-112.

李为花，李丹，张震，等，2014. 不同种植方式对田间杂草群落的影响[J]. 贵州农业科学，42(1): 89-93.

李晓霞，沈奕德，黄乔乔，等，2017. 南繁区玉米田杂草调查与防治概述[J]. 杂草学报，35(4): 8-12.

李扬汉，1998. 中国杂草志[M]. 北京：中国农业出版社：76-77.

王洁雪，杨敏，邓国伟，等，2020. 粟米草三萜类化学成分及其活性研究[J]. 中草药，51(4): 902-907.

（撰稿：周小刚、宋小玲、朱建义；审稿：黄春艳）

粟米草植株形态（①③强胜摄；②④⑧周小刚摄；⑤~⑦宋小玲摄）

①②植株及所处生境；③④花序和花；⑤未开裂的蒴果－示意宿存的花萼；⑥开裂的蒴果；⑦种子；⑧幼苗

酸浆 *Physalis alkekengi* L.

秋熟旱作物田多年生直立宿根草本杂草。可食用、药用，亦可作观赏植物。又名泡泡草、洛神珠、灯笼草、打拍草、红姑娘、香姑娘、酸姑娘、菠萝果、戈力、天泡子、金灯果、菇茑。英文名 franchet groundcherry。茄科酸浆属。

形态特征

成株 株高 40～80cm（图①②）。基部常匍匐生根。基部略带木质，地上茎分枝稀疏或不分枝，有纵棱，茎节不甚膨大，常被有柔毛，尤其以幼嫩部分较密。根状茎白色，横卧地下，多分枝，节部有不定根。叶互生，有短柄，长 1～3cm，叶片卵形，长 6～9cm、宽 5～7cm，先端渐尖，基部不对称狭楔形、下延至叶柄，全缘而波状或者有粗牙齿，有时每边具少数不等大的三角形大牙齿，两面被有柔毛，沿叶脉较密，上面的毛常不脱落，沿叶脉亦有短硬毛。花梗长 6～16mm，开花时直立，后来向下弯曲，密生柔毛且果时也不脱落；花 5 基数，单生于叶腋内，每株 5～10 朵（图③）。

花萼阔钟状绿色，5浅裂，密生柔毛，萼齿三角形，边缘有硬毛，花后自膨大成卵囊状，基部稍内凹，长2.5～5cm、直径2.5～3.5cm，薄革质，果实成熟时花萼成为果萼，橙红色或火红色；花冠辐射状，白色，直径1.5～2cm，裂片开展，阔而短，顶端骤然狭窄成三角形尖头，外面有短柔毛，边缘有缘毛；雄蕊5，花药黄色，长3～3.5mm，子房上位，2心皮2室，柱头头状，长1～1.1cm，雄蕊及花柱均较花冠为短。

子实　果梗长2～3cm，多少被宿存柔毛（图④⑤）；果萼卵状，长2.5～4cm、直径2～3.5cm，薄革质，网脉显著，有10纵肋，橙色或火红色，被宿存的柔毛，顶端闭合，基部凹陷；萼内浆果球形，橙红色，柔软多汁，直径1～1.5cm。种子肾形，淡黄色，长约2mm（图⑥）。

幼苗　光滑无毛，下胚轴发达，上胚轴极短，均为紫红色（图⑦）；子叶卵形，具柄，叶脉明显。初生叶1片，阔卵形，全缘，无毛。后生叶叶缘呈微波状，其余特征与初生叶相似。

生物学特性　多年生宿根草本杂草。适应性很强，耐寒、耐热，喜凉爽、湿润气候，喜阳光，不择土壤，在3～42℃的温度范围内均能正常生长。花期5～9月，果期6～10月。单果重2.5～4.3g，每果内含种子210～320粒，千粒重约1.12g。种子和根状茎营养繁殖。

分布与危害　中国分布于甘肃、陕西、黑龙江、河南、湖北、四川、贵州和云南；欧亚大陆也有分布。常生于田边、路旁、空旷地和山坡。为蔬菜、果园、路旁常见杂草，危害不重。

防除技术

农业防治　果园如甘蔗园，地膜覆盖是防治酸浆出苗的有效措施。在果实成熟前人工或机械连根清除，带出田间销毁，防止结实传播。

化学防治　果园、路旁可用灭生性除草剂草甘膦、草铵膦等进行茎叶喷雾处理。大多数蔬菜对除草剂均较敏感，可选用的除草剂种类较少。一般采用播种前或移栽前土壤处理，在十字花科、葫芦科、茄科、百合科、伞形花科蔬菜田，可选用二甲戊灵、仲丁灵、异丙甲草胺、精异丙甲草胺；豆科蔬菜耐药性相对较强，可选用乙草胺、精异丙甲草胺等进行土壤处理，或选用氟磺胺草醚、乙羧氟草醚、灭草松进行苗后茎叶处理。

综合利用　酸浆根、宿萼或带有成熟果实的宿萼均可入药，具有清热、解毒、利尿、降压、强心、抑菌等功效，主治热咳、咽痛、音哑、急性扁桃体炎、小便不利和水肿等疾病。果实有清热利尿功效，外敷可消炎，对治疗再生障碍性贫血有一定疗效。酸浆全株可配制杀虫剂。酸浆果实不但香味浓郁，味道鲜美，更富含维生素、矿质元素和氨基酸，其中钙含量约是西红柿的73倍、胡萝卜的14倍，维生素C的含量约是西红柿的6倍、胡萝卜的5倍，是加工饮料、果酒等饮品的好原料；也可生食、糖渍、醋渍或制作干浆。酸浆生长势强，可耐-25℃低温，繁殖生长速度快，适合庭院栽培，果实成熟时挂满枝头，如同一串串灯笼，别具特色，极具观赏价值，也可作切花插花，城市园林做多年生花坛。

酸浆植株形态（张治摄）

①植株；②茎秆；③花；④⑤果实；⑥种子；⑦幼苗

参考文献

李扬汉, 1998. 中国杂草志 [M]. 北京: 中国农业出版社: 946.

杨洪昌, 2012. 不同地膜全覆盖处理对甘蔗及蔗田杂草的影响 [D]. 北京: 中国农业科学院.

中国科学院中国植物志编辑委员会, 1978. 中国植物志: 第六十七卷 第一分册 [M]. 北京: 科学出版社: 53.

（撰稿：黄春艳；审稿：宋小玲）

酸模叶蓼 *Persicaria lapathifolia* (L.) S. F. Gray

夏熟作物田、秋熟旱作田一年生杂草。异名 *Polygonum lapathifolium* L.。英文名 dockleaved knotweed。蓼科蓼属。

形态特征

成株　高 40～90cm（图①②）。茎直立，具分枝，无毛，节部膨大。叶互生，披针形或宽披针形，长 5～15cm、宽 1～3cm，顶端渐尖或急尖，基部楔形，上面绿色，常有一个大的黑褐色新月形斑点，两面沿中脉被短硬伏毛，全缘，边缘具粗缘毛；叶柄短，具短硬伏毛；托叶鞘筒状，长 1.5～3cm，膜质，淡褐色，无毛，具多数脉，顶端截形，无缘毛，稀具短缘毛。总状花序呈穗状，顶生或腋生，近直立，花紧密，通常由数个花穗再组成圆锥状，花序梗被腺体（图③④）；苞片漏斗状，边缘具稀疏短缘毛；花被 4～5 深裂，淡红或白色，花被片椭圆形，外面两面较大，脉粗壮，顶端叉分，外弯。雄蕊通常 6，花柱 2。

子实　瘦果宽卵形，双凹，长 2～3mm，黑褐色，有光泽，包于宿存花被内（图⑤）。

幼苗　全株被白色粗硬毛（图⑥）。子叶长椭圆形，背面紫红色，有短柄。初生叶 1，卵形，叶脉明显，上面有新月形褐斑，下面密生白色硬毛，具短柄。

生物学特性　一年生多次开花结实。发芽适温 15～20℃，出苗深度 5cm。黑龙江 4 月下旬开始出苗，6～7 月下旬开花，7～9 月种子开始成熟。在长江流域及以南地区 9 月至翌年春出苗，花果期 4～9 月。先于作物果实成熟。适应性较强。上海 3 月上旬出苗，5 月开花结果。广东 12 月出苗，2 月开花结果。

分布与危害　中国在东北、华北、华东、华中、华南都有分布。在东北、河北、山西、河南及长江中下游地区水旱轮作或土壤湿度较大的油菜或小麦有轻度危害，为常见杂草；但河北在个别地区的相对多度、发生频度较高，对小麦产量有较严重的影响，属于麦田区域性优势杂草；在广东、福建、广西等水旱轮作的烟草、玉米田为主要杂草，危害较重。也发生于水稻、湿度较大的豆类、薯类、大葱、油菜、芝麻、棉花等农作物田，其对芝麻危害较重，一般造成芝麻减产 10%～25%。

防除技术

农业防治　应在杂草萌发后或营养生长期进行人工拔

酸模叶蓼植株形态（①～⑤张治摄；⑥黄兆峰提供）

①所处生境；②成株；③④花序；⑤子实；⑥幼苗

除或铲除，或结合中耕施肥等农耕措施，彻底清除并带出田间集中销毁。应将含有杂草种子的农家肥经过堆沤腐熟后使用，避免种子萌发，减少田间杂草来源。根据酸模叶蓼的习性，采用开沟沥水、疏通河道、降低地下水、减少土壤水含量，可抑制其生长发育。

化学防治　小麦田可选用双氟磺草胺、唑草酮、氯氟吡氧乙酸、苯磺隆、2甲4氯钠、氟氯吡啶酯等进行茎叶喷雾处理。油菜田可用草除灵、二氯吡啶酸、丙酯草醚等茎叶喷雾处理。大豆田可用苯达松、乙羧氟草醚、氟磺胺草醚、乳氟禾草灵等。玉米田可用莠去津、烟嘧磺隆、硝磺草酮等防治。在烟草田可用异丙甲草胺、敌草胺、甲草胺、乙氧氟草醚、二甲戊灵、乙草胺等土壤封闭处理。苗期可用砜嘧磺隆喷雾处理。

对于酸模叶蓼发生严重地块，在休耕期，生长旺盛时，可选用灭生性除草剂草甘膦、草铵膦、敌草快等单剂或复配制剂进行防除。

综合利用　酸模叶蓼性温，味辛、苦，果实、茎叶入药，具有除湿化滞、杀虫解毒、活血之功效，外敷可治疗虫蛇叮咬，内服可治疗疮毒湿疹、痢疾肠炎、瘰疬结核等症。

参考文献

国家中医药管理局《中华本草》编委会, 1999. 中华本草 [M]. 上海: 上海科学技术出版社.

黄红娟, 黄兆峰, 姜翠兰, 等, 2021. 长江中下游小麦田杂草发生组成及群落特征 [J]. 植物保护, 47(1): 203-211.

李秉华, 王贵启, 魏守辉, 等, 2013. 河北省冬小麦田杂草群落特征 [J]. 植物保护学报, 40(1): 83-88.

李扬汉, 1998. 中国杂草志 [M]. 北京: 中国农业出版社: 783-784.

（撰稿：黄兆峰、宋小玲；审稿：贾春虹）

碎米荠　*Cardamine hirsuta* L.

夏熟作物田常见一二年生杂草。又名宝岛碎米荠。英文名 hairy bittercress、bittercress。十字花科碎米荠属。

形态特征

成株　高15～35cm（图①②）。小草本，茎直立或斜升，分枝或不分枝，下部有时淡紫色，被较密柔毛，上部毛渐少。奇数羽状复叶，叶分基生和茎生二型；基生叶具柄，有小叶2～5对，顶生小叶肾形或肾圆形，长4～10mm、宽5～13mm，边缘有3～5圆齿，小叶柄明显，侧生小叶卵形或圆形，较顶生的形小，基部楔形而两侧稍歪斜，边缘有2～3圆齿，有或无小叶柄；茎生叶互生，具短柄，有小

碎米荠植株形态（②陈国奇摄；其余张治摄）

①群体；②单株；③花果序；④种子；⑤幼苗

叶3～6对，生于茎下部的与基生叶相似，生于茎上部的顶生小叶菱状长卵形，顶端3齿裂，侧生小叶长卵形至线形，多数全缘；全部小叶两面稍有毛。总状花序生于枝顶，花小，直径约3mm，花梗纤细，长2.5～4mm（图③）；花萼4，萼片绿色或淡紫色，长椭圆形，长约2mm，边缘膜质，外面有疏毛；花瓣4，分离，“十”字形排列，花瓣白色，倒卵形，长3～5mm，顶端钝，向基部渐狭；花丝稍扩大；雌蕊柱状，花柱极短，柱头扁球形。

子实　长角果线形，稍扁，无毛，长达30mm；果梗纤细，直立开展，长4～12mm（图③）。种子椭圆形，宽约1mm，顶端具明显的翅（图④）。

幼苗　子叶出土，近圆形或阔卵形，先端钝圆，具微凹，基部圆形，具长柄（图⑤）。下胚轴不发达，上胚轴不发育。初生叶互生，单叶，三角状卵形，全缘，基部截形，具长柄；第一后生叶与初生叶相似，第二后生叶羽状分裂。

生物学特性　种子繁殖。秋冬季出苗，翌年春季开花，花果期2～6月。多生于海拔1000m以下的耕地、山坡、路旁、荒地、田埂等，有时在油菜田发生量较大。常和弯曲碎米荠混生危害。

分布与危害　分布几遍全中国；在全世界各大洲均有分布。在长江流域及其以南地区稻茬麦和油菜、蔬菜作物田有时发生量较大，与作物竞争光照及水肥资源，导致作物减产或品质下降。

防除技术　应采取包括农业防治、化学防治、综合利用相结合的方法。

农业防治　可在作物播种前采用深翻耕，控制碎米荠出苗。碎米荠发生严重的油菜田，可与禾本科作物如小麦轮作，改变田间环境，降低碎米荠发生量；同时用小麦田防除阔叶杂草的除草剂种类多，选择余地大。提高播种质量，提高作物出苗率和整齐度，培育壮苗，抑制杂草萌发和生长。覆盖稻秸秆抑制碎米荠发生量，能显著降低发生危害。

化学防治　根据除草剂标签，麦田可选用乙草胺、噻吩磺隆、氯吡嘧磺隆在播后苗前进行土壤封闭处理。小麦田出苗后的碎米荠可用氯氟吡氧乙酸、2甲4氯、麦草畏、苯磺隆、双氟磺草胺、唑嘧磺草胺，或者它们的复配剂如苯磺隆与氯氟吡氧乙酸、双氟磺草胺与唑嘧磺草胺、2甲4氯与双氟磺草胺等的复配剂进行茎叶喷雾处理，对碎米荠有较好的防效。油菜田可用酰胺类除草剂作土壤封闭处理：直播油菜可在播后杂草出苗前用精异丙甲草胺和敌草胺土壤喷雾；移栽油菜在移栽前1～3天可用乙草胺、乙草胺或异噁草松的复配剂土壤喷雾，移栽后1～2天可用精异丙甲草胺、敌草胺。油菜田出苗后的碎米荠在3～5叶期可用二氯吡啶酸、氨氯吡啶酸或者二氯吡啶酸与氨氯吡啶酸的复配剂进行茎叶喷雾处理。二氯吡啶酸能用于甘蓝型、白菜型油菜，氨氯吡啶酸只用于甘蓝型油菜。

综合利用　碎米荠富含糖类、蛋白质、氨基酸，以及人体所需的矿物质及维生素等，且具有超强的硒富集能力，可作叶菜食用或饲用。碎米荠根茎性平、味苦、辛，具有止咳化痰、活血、止泻等功效，可用于治疗百日咳、慢性支气管炎、小儿腹泻、跌打损伤等症。

参考文献

李冬琴，杨萌，文笑雨，等，2021. 碎米荠属植物营养成分和功能因子的研究进展[J]. 湖南文理学院学报(自然科学版), 33(3): 28-35.

李扬汉，1998. 中国杂草志[M]. 北京：中国农业出版社：436-437.

向极钎，李亚杰，杨永康，等，2011. 碎米荠的研究现状[J]. 湖北民族学院学报(自然科学版), 29(4): 440-443.

尹志刚，李刚，徐洪乐，等，2021. 河南省南部稻麦轮作区除草剂的筛选及其对小麦安全性[J]. 农药，60(1): 74-78.

（撰稿：陈国奇；审稿：宋小玲）

碎米莎草　*Cyperus iria* L.

秋熟旱作田一年生恶性杂草。又名三方草。英文名ricefield flatsedge。莎草科莎草属。

形态特征

成株　高8～85cm（图①②）。具须根，无根状茎。秆丛生，扁三棱形，基部具少数叶，叶短于秆，宽2～5mm，平张或折合，叶鞘红棕色或棕紫色。叶状苞片3～5枚，下面的2～3枚常较花序长；长侧枝聚伞花序复出，很少为简单的，具4～9个辐射枝，辐射枝最长达12cm，每个辐射枝具5～10个穗状花序，或有时更多些；穗状花序卵形或长圆状卵形，长1～4cm，具5～22个小穗（图③④）；小穗排列松散，斜展开，长圆形、披针形或线状披针形，压扁，长4～10mm、宽约2mm，具6～22花；小穗轴上近于无翅；鳞片排列疏松，膜质，宽倒卵形，顶端微缺，具极短的短尖，不突出于鳞片的顶端，背面具龙骨状突起，绿色，有3～5条脉，两侧呈黄色或麦秆黄色，上端具白色透明的边；雄蕊3，花丝着生在环形的胼胝体上，花药短，椭圆形，药隔不突出于花药顶端；花柱短，柱头3。

子实　小坚果倒卵形或椭圆形、三棱形，与鳞片等长，褐色，具密的微突起细点（图⑤）。

幼苗　幼苗第一片叶线状披针形，具平行脉5条，其中3条较粗，其间有横脉，而构成网格状（图⑥）。

生物学特性　一年生草本。以种子越冬繁殖。春夏季出苗，花果期6～10月。碎米莎草是秋熟旱作物田恶性杂草，生长于田间、山坡、路旁阴湿处，水稻田中也有发生。光照是碎米莎草萌发的必需条件；最佳萌发温度为光照条件下20℃/35℃或25℃/35℃；种子具有浅度生理休眠，变温、氟啶酮和褪黑素处理均可有效破除其休眠；低温可诱导次生休眠。

分布与危害　碎米莎草分布极广，遍布中国各地；在俄罗斯远东地区、朝鲜、韩国、日本、越南、印度、伊朗、大洋洲、非洲以及美洲均有发生。喜湿润环境，但能耐旱，常发生于棉花、玉米、大豆等作物地以及果园、菜园等，有时在直播水稻田发生也比较普遍。植株繁殖蔓延迅速，难以根除，是危害秋熟旱作物的恶性杂草。

防除技术

农业防治　清除田边、沟渠的杂草，减少杂草的自然传

碎米莎草植株形态（①~④魏守辉摄；⑤⑥张治摄）
①危害；②成株；③④花序；⑤种子；⑥幼苗

播和扩散。提早播种，碎米莎草种子萌发需要有30℃以上的温度，提早播种可创造不利于碎米莎草种子萌发的条件，提高作物的竞争能力。深耕土壤，碎米莎草种子萌发需要光，通过深耕，把种子埋在土壤深层，抑制其萌发。人工拔除或割除，在开花结实前，拔除整株或割去花序，减少结实量，减轻翌年危害。合理密植能有效抑制杂草生长，降低杂草发生量。

化学防治　碎米莎草的防控主要使用化学除草，因作物类型不同可选择合适的除草剂。未出苗的碎米莎草可进行土壤封闭处理防除，大豆、玉米、水稻、果园、茶和禾本科草坪可用丙酮酸脱氢酶系的强抑制剂氯酰草膦；大豆田可用原卟啉原氧化酶抑制剂丙炔氟草胺；大豆、棉花、甘薯、向日葵播前可以用莎扑隆。出苗后的碎米莎草，玉米、高粱、甘蔗、禾本科草坪可用2甲4氯、灭草松、氯吡嘧磺隆或2甲4氯与灭草松复配剂等；玉米田还可用氟嘧磺隆、2甲4氯与原卟啉原氧化酶抑制剂唑草酮的复配剂，或硝磺草酮、烟嘧磺隆与莠去津复配剂。大豆和花生田可用灭草松、二苯醚类除草剂氟磺胺草醚和三氟羧草醚或其混配剂；大豆田还可用磺酰脲类氯嘧磺隆；花生田还可用甲咪唑烟酸。棉花田可在棉花5叶期用三氟啶磺隆喷雾处理，但要避开棉花心叶。

稻田可使用苄嘧磺隆、吡嘧磺隆以及乙·苄、丁·苄、丁·吡、异·丙·苄和苯噻·苄等除草剂拌毒土或化肥撒施，茎叶生长期可用氟吡磺隆、五氟磺草胺、灭草松、氯氟吡氧乙酸、2甲4氯等除草剂进行茎叶处理。

综合利用　碎米莎草全草可入药，味辛，性微温，主治风湿筋骨疼痛、瘫痪、月经不调、闭经、痛经、跌打损伤。

参考文献

李欣勇，黄迎，金雪，等，2021. 碎米莎草种子休眠与萌发特性研究[J]. 热带作物学报，42(7): 2001-2007.

李扬汉，1998. 中国杂草志[M]. 北京：中国农业出版社.

强胜，2001. 杂草学[M]. 北京：中国农业出版社.

王名林，席春虎，2010. 50%速收WP防除大豆田杂草田间药效试验[J]. 安徽农学通报，16(17): 141-142.

中国科学院中国植物志编辑委员会，1961. 中国植物志：第十一卷[M]. 北京：科学出版社.

DAI L K, TUCKER G C, SIMPSON D A, 2010. Flora of China [M]. Beijing: Science Press: 219-241.

（撰稿：魏守辉；审稿：宋小玲）

S

莎草类 sedge weed

根据杂草的形态特征划分的一类杂草，主要泛指莎草科杂草。

形态特征 莎草类杂草为一年生或多年生草本，须根系，多数具地下变态茎。地上茎三棱形或扁三棱形，无节与节间的区别，常实心。莎草植株细长、直立、挺拔。叶基生或秆生，常3列，呈放射状伸展，叶片狭窄而长，平行叶脉，无柄，叶鞘闭合，无叶舌，形态多变。芽被叶鞘包裹。由小穗组成穗状、总状、圆锥状、头状或聚伞状花序，长在叶簇的末端，花期在夏季和秋季，能结出褐色的果实，花序下面通常有1至多枚叶状、刚毛状或鳞片状的总苞片；小穗由2至多数具鳞片的花组成；花小，两性或单性，基部常具膜质鳞片（颖片），鳞片在小穗轴上螺旋状排列或2列；花被缺或退化为下位刚毛；雄蕊1～3枚，常为3枚；1枚复雌蕊由2～3心皮组成，子房上位，1室1胚珠，花柱1，柱头2～3。坚果，有时为苞片所形成的囊苞所包裹，三棱形或球形。胚具1枚子叶。

生物学特性 莎草按生物学特性可被分为一年生莎草和多年生莎草。一年生莎草靠种子繁殖，一般在春夏季出苗，在夏秋季开花结果，每年能产生大量的子实，成熟后即脱落，如异型莎草、碎米莎草等。多年生莎草的寿命在两年以上，能进行种子繁殖，一生中能多次开花结实；还依靠地下器官越冬，翌年春季从地下器官又长出新的植株，营养繁殖是其主要的繁殖方式，如扁秆藨草、香附子等。由于对土壤水分的适应性不同，不同莎草的生境差异较大，如异型莎草、水莎草、扁秆藨草、萤蔺、牛毛毡等常发生于水田或湿生生境中，而香附子等则多生长于旱地。

莎草类杂草适应能力突出，分布广泛，繁殖能力极强，在生长季节2～3天可快速出苗，条件适宜时呈暴发性生长，且种子和地下茎都能生成新植株，蔓延生长很快。农业和化学药剂仅防除地上部分，不足以控制其地下部分的生长和危害，一周左右便可达到原植株的高度，给彻底防除带来了难度。

分布与危害 常见的莎草类杂草约30种，大多生长在潮湿处或沼泽中，也生长在山坡草地或林下，因此主要发生在水稻田、秋熟旱作田以及草坪、林地等，其中莎草属、荸荠属、飘拂草属、藨草属等杂草是重要的农田杂草。水稻田主要莎草类杂草有异型莎草、碎米莎草、野荸荠、牛毛毡、日照飘拂草、水莎草、萤蔺、扁秆藨草等，随着水稻直播田、机插秧田等轻型栽培技术的推广，水稻田多年生莎草类杂草发生日趋严重，它们通过种子、地下根茎、球茎等多种方式繁殖，在水稻田群体密度可达150～300株/m^2，水稻明显减产甚至绝收。玉米、大豆、棉花等旱地发生的莎草类杂草主要有香附子、碎米莎草、水蜈蚣等，随着玉米田酰胺类、三氮苯类除草剂及复配剂的广泛使用，香附子在部分地区玉米田危害日趋加重。由于莎草类杂草叶片狭窄而长，不利于化学除草剂在叶片的滞留，加之多数种类又具有块茎、球茎、根状茎等变态茎，大多数药剂防除效果不理想。

防除技术 目前生产上通常根据不同作物类型选择使用光合作用抑制剂类除草剂如灭草松；激素类如2甲4氯；乙酰乳酸合成酶抑制剂类如苄嘧磺隆、吡嘧磺隆、乙氧磺隆、氯吡嘧磺隆、嘧苯胺磺隆、双草醚；有机磷类除草剂莎稗磷等防除莎草类杂草。

此外，有的莎草类杂草利用价值，如香附子的块茎可药用，也可提取香附子油作香料。扁秆藨草的茎叶可用于造纸或编织，块茎含有的淀粉可供酿酒或作麝鼠的饲料等，因此，可考虑综合利用莎草类杂草。

参考文献

冯建国, 沈亚明, 袁小勇, 等, 2017. 我国稻田除草剂使用中存在的问题及应对措施[J]. 农药, 56(1): 6-10.

李扬汉, 1998. 中国杂草志[M]. 北京: 中国农业出版社.

强胜, 2009. 杂草学[M]. 2版. 北京: 中国农业出版社.

庄治国, 徐娜娜, 庄占兴, 等, 2016. 除草剂氯吡嘧磺隆的开发与应用[J]. 农药, 55(5): 316-319+336.

（撰稿：李贵；审稿：郭凤根、宋小玲）

T

唐洪元 Tang Hongyuan

唐洪元（1935—），中国著名杂草学家，上海市农业科学院研究员。

个人简介 上海市宝山人。1935年生于上海市宝山区，1960年毕业于上海师范大学生物系，1960—1962年任上海农学院教师，1962—1997年在上海市农业科学院工作，1987年晋升为研究员。曾先后任上海市农业科学院植物保护研究所室主任、所长，兼任上海市科协常委，中国植物保护学会杂草学分会副主任委员、顾问，美国杂草学会会员。

成果贡献 曾先后主持获得研究成果9项，系统开展中国农田杂草发生危害调查及防治技术研究，其中“上海主要农田杂草发生消长研究”1980年获农业部技术改进一等奖；“中国农田杂草种类、分布危害及防除策略”1990年获上海市科技进步一等奖。著有《中国农田杂草》《稻田化学除草》《中国农田杂草彩图》，编著《除草剂应用技术》《除草剂》，创办《杂草学报》，兼任副主编，成为中国农田杂草研究的开拓者之一。在各类专业期刊上发表学术论文76篇。

所获奖誉 1977年被评为上海市科技先进工作者，1978年被评为上海市先进工作者，1985年被评为中国优秀科技工作者，并获“五一”劳动奖章。被列入《中国当代名人录》。1992年享受国务院特殊津贴。曾先后当选上海市第七届、第八届人民代表大会代表、主席团成员。

参考文献

《中国大百科全书》总编辑委员会, 2009. 中国大百科全书: 卷18[M]. 2版. 北京: 中国大百科全书出版社.

（撰稿：沈国辉；审稿：张朝贤）

糖芥 *Erysimum amurense* Kitagawa

夏熟作物田一二年生杂草。异名 *Erysimum bungei* (Kitag.) Kitag.、*Cheiranthus aurantiacus* Bunge。英文名 orange erysimum。十字花科糖芥属。

形态特征

成株 株高30～60cm（图①～③）。密生伏贴二叉毛，茎不分枝或上部分枝，具棱角。基生叶披针形或圆状线形，长5～15cm，全缘，两面被“丁”字毛，柄长1.5～2cm；茎生叶互生，上部叶无柄，基部近抱茎，具波状浅齿或近全缘，茎下部叶有柄，长1.5～2mm。总状花序顶生，花梗长3～6mm，短于花萼（图④）；萼片4，长圆形，长5～8mm，密生二叉状毛，边缘膜质；花瓣4橘黄色，倒披针形，长约1cm，有细脉纹，基部具长爪；雄蕊6枚，近等长。

子实 长角果线形，长4.5～8.5cm，稍呈四棱形，贴生“丁”字毛；宿存花柱长约1mm，柱头2裂；果瓣具隆起中脉；果柄长5～9mm，斜展；种子每室1行，长圆形，扁，长1～1.5mm，深红褐色，无翅。

幼苗 见小花糖芥。

生物学特性 糖芥以种子繁殖，出苗有3个高峰。小麦出苗后23～25天糖芥开始出土，至10月下旬出现冬前出苗高峰，占总出草数的25%；第二个高峰出现在翌年3月中旬，约占60%；第三个高峰出现在4月上旬，约占15%。冬前和翌年早春糖芥生长缓慢，4月上中旬主茎迅速伸长，4月下旬株高开始超过小麦，5月中旬至6月上旬种子相继成熟（比当地冬小麦早7～15天），种子一旦成熟，果实极易开裂，种子散落到地表进入土壤。

分布与危害 中国分布于东北、华北、江苏、陕西、四川等地。生于果园、荒地、山坡、旱作物田及田边，对麦类、油菜等作物有危害，为夏熟作物田一般性杂草。

防除技术

农业防治 清除田边的杂草，减少杂草的自然传播和扩散。播前深耕，把土表的草籽埋入土壤深层，利用土壤缺氧达到灭草目的。播前灭茬，在播种春播作物前，糖芥已出苗，可提前采用灭生性除草剂将其灭除。精选种子，加强作物种子种前精选是防止杂草种子进入农田的重要手段之一，通过风选、水选或过筛等，可汰除大部分混入麦种内的糖芥等杂草种子。通过增加作物种植密度提高作物的群体竞争能力，抑制杂草的生长。利用秸秆覆盖、织物覆盖，如除草地膜、药膜及有色地膜等，控制糖芥的发生。人工或机械除草，可在糖芥开花前采取机械中耕除草或人工拔除，不仅可以减轻危害，而且还可防止糖芥等杂草种子的散落或再度传播。

化学防治 麦田可用苯磺隆、双氟磺草胺、啶磺草胺，2甲4氯、麦草畏、氯氟吡氧乙酸等茎叶处理。直播油菜在播种前可用氟乐灵、精异丙甲草胺进行土壤封闭处理，移栽油菜在移栽后可用乙草胺、精异丙甲草胺、敌草胺进行土壤

糖芥植株形态（①吴棣飞摄；其余薛凯摄）

①成株；②③幼株；④花序

封闭处理；油菜田出苗后的糖芥可用草除灵、二氯吡啶酸进行茎叶喷雾处理。

综合利用　糖芥全草入药，性味酸苦，具有强心利尿、健脾和胃、消食的功效。主治心悸和消化不良。因糖芥花为橙色，具有较高的观赏性，可作为观赏植物栽培种植。

参考文献

曹元德，陈德胜，1999. 阜阳市麦田杂草发生危害现状调查及防除技术探讨 [J]. 安徽农业科学 (4): 383-385.

陈琳，张长江，1994. 陇东冬小麦田优势种杂草的发生特点 [J]. 杂草科学 (2): 17-18.

李扬汉，1998. 中国杂草志 [M]. 北京：中国农业出版社：452.

滕崇德，李继瓒，杨懋琛，等，1976. 糖芥 [J]. 山西医药杂志 (S1): 66-67.

中国科学院中国植物志编辑委员会，1987. 中国植物志：第三十三卷 [M]. 北京：科学出版社：383.

中华人民共和国农业部农药检定所，日本国（财）日本植物调节剂研究协会，2002. 中国杂草原色图鉴 [M]. 日本国世德印刷股份公司：80.

（撰稿：付卫东、宋小玲；审稿：贾春虹）

天蓝苜蓿　*Medicago lupulina* L.

夏熟作物田一、二年生或多年生杂草。又名天蓝、黑荚苜蓿、接筋草。英文名 black medic。豆科苜蓿属。

形态特征

成株　高 10～60cm（图①②）。全株被柔毛或有腺毛。主根浅，须根发达。由短根茎发出多数分枝，匍匐或斜向上。羽状三出复叶互生；小叶倒卵形、阔倒卵形或倒心形，长 5～20mm、宽 4～16mm，纸质，先端钝圆、微凹，具细尖，基部楔形，边缘在上半部具不明显尖齿，侧脉近 10 对，平行达叶边，上、下均平坦；顶生小叶较大，小叶柄长 2～6mm，侧生小叶柄甚短；托叶卵状披针形，长可达 1cm，先端渐尖，基部圆或戟状，常齿裂。总状花序具花 10～15 朵，密集成头状；总花梗细，挺直，比叶长，密被贴伏柔毛（图③）；苞片刺毛状；花长 2～2.2mm；花梗短，长不到 1mm；萼钟形，长约 2mm，密被毛，萼齿线状披针形，比萼筒略长或等长；蝶形花冠黄色，旗瓣近圆形，顶端微凹，翼瓣和龙骨瓣近等长，均比旗瓣短；子房阔卵形，被毛，花柱弯曲，胚珠1粒。

子实　荚果肾形，长3mm、宽2mm，表面具同心弧形脉纹，被稀疏毛，熟时变黑，无刺（图④）；有种子1粒。种子倒卵形或肾状倒卵形，褐色，近平滑（图⑤）。

幼苗　子叶椭圆形，长约5mm、宽3mm，先端圆，全缘，叶基圆形，无柄（图⑥）。下胚轴较发达，上胚轴有毛。初生叶1，单叶，近菱形，上部叶缘有不规则锯齿，主脉先端有小突尖，基部微圆或截形，具长柄。柄及叶片均被毛。托叶披针形，亦有毛。第二真叶起为三出复叶，小叶形状与初生叶相似。

生物学特性　种子繁殖或以短根茎营养繁殖。一年生天蓝苜蓿，在温带以北地区，5月中旬出苗，8月中旬种子成熟；在亚热带地区，除在春季3月中旬出苗外，还能在秋季9月中旬出苗，以其绿色植株越冬，翌年5月下旬种子成熟。多年生类型，在亚热带地区，每年2月下旬至3月上旬返青，种子10月中旬成熟。

天蓝苜蓿的生长习性特殊，在植被稀疏的开阔地匍匐生长，在有伴生种或杂草密集的草山、草坡及河边、水沟边直立或半直立生长。天蓝苜蓿具有独特的开花、结实和萌发特性，在枝条伸长的同时，从茎基部到枝梢依次开花结实，种子陆续成熟，不断脱落，陆续出苗；在高温高湿条件下，天蓝苜蓿种子在母株上发芽；在温室条件下，可以连续三、四年不断生长开花。

分布与危害　中国分布于东北、华北、华东、华中、西北及贵州、重庆、四川、云南等地。适于凉爽气候及水分良好土壤，但在各种条件下都有野生，常见于河岸、路边、田野及林缘。西藏林芝地区天蓝苜蓿是对油菜危害最大的杂草种类之一。油菜田内天蓝苜蓿一般在5月上旬开始萌发生长，6月下旬密度达到最大，之后逐渐降低；从时间、水平空间和垂直空间等角度比较，天蓝苜蓿的综合生态位宽度大，与油菜竞争水分、养分和生长空间比较激烈。在拉萨郊区青稞田杂草土壤短暂种子库中，天蓝苜蓿为2种主要组成种类之一；持久种子库中也为优势杂草，且主要分布在深度11～15cm土层。在云南的小麦、蚕豆、大蒜、冬亚麻等夏熟作物田也有天蓝苜蓿发生，但发生量小，危害程度较轻。

防除技术　应采取包括农业防治、化学防治和综合利用相结合的方法。

农业防治　对于天蓝苜蓿种子库庞大的作物田，夏熟作物播种前采用15～20cm的深翻耕作可将持久种子库中的种子翻到地面上，打破种子休眠并促进其种子萌发和幼苗生长，再结合其他措施防除杂草，可有效降低种子库中杂草总量。水旱轮作或禾本科作物与阔叶作物轮换种植，改变天蓝苜蓿的生存环境，降低危害。

化学防治　在麦类作物田，可选用异丙隆、氟噻草胺、吡氟酰草胺，或者氟噻草胺与吡氟酰草胺的复配剂在播后苗前进行土壤封闭处理。麦类作物田在冬前或早春杂草齐苗后，可用氯氟吡氧乙酸、2甲4氯、麦草畏、苯磺隆、双氟磺草胺、唑嘧磺草胺，或者它们的复配剂如苯磺隆与氯氟吡氧乙酸、双氟磺草胺与唑嘧磺草胺、2甲4氯与双氟磺草胺等的复配剂进行茎叶喷雾处理。油菜田可用酰胺类除草剂乙草胺、精异丙甲草胺和有机杂环类除草剂异噁草松，或其混配制剂进行土壤封闭处理。油菜苗后、杂草基本出齐时可用草除灵、二氯吡啶酸等进行茎叶处理。大蒜田选用辛酰溴苯腈进行茎叶处理。

天蓝苜蓿植株形态（①④周小刚摄；②③⑤⑥张治摄）

①②成株；③花序；④果实；⑤种子；⑥幼苗

综合利用　为优良绿肥及牧草。全草入药，清热利湿，凉血止血，舒筋活络；外用于疮毒及毒虫、蛇咬伤。

参考文献

冯毓琴，曹致中，2004. 天蓝苜蓿特征特性的研究进展 [J]. 草业科学 (9): 33-38.

李扬汉，1998. 中国杂草志 [M]. 北京：中国农业出版社：634-635.

尼玛曲珍，方江平，郑维列，等，2015. 西藏林芝地区油菜田杂草群落动态及生态位 [J]. 生态学杂志，34(5): 1320-1324.

土艳丽，文雪梅，央金卓嘎，等，2013. 拉萨郊区农田土壤种子库特征 [J]. 西藏科技 (4): 63-67.

中国科学院中国植物志编辑委员会，1998. 中国植物志：第四十二卷 第二分册 [M]. 北京：科学出版社：314.

（撰稿：刘胜男；审稿：宋小玲）

田葛缕子　*Carum buriaticum* Turcz.

夏熟作物田二年生或多年生杂草。又名山胡萝卜缨子、田页蒿。英文名 field caraway。伞形科葛缕子属。

形态特征

成株　高达 30～60cm（图①②）。全体无毛或有柔毛。根圆柱状，长达 15cm（图③）。茎直立，具细棱，有分枝，枝互生或上部呈叉状分枝，乳绿色或微带紫色。基生叶呈莲座状，具长柄，二至四回羽状全裂，第一次羽片对生，第二次羽片基部的一对羽片与上部羽片明显远离，最终小裂片线形，先端尖锐；茎生叶少数，与基生叶相似而较小，茎下部叶有柄，叶柄基部加宽成鞘抱茎，上部叶叶柄完全成鞘状，边缘狭膜质，白色，叶片简化成二回羽状全裂。复伞形花序，总苞片 5～6，线形或线状披针形（图④⑤）；伞辐 6～10，开展上升，不等长；小总苞片 5～8，披针形，短于伞形花序，边缘无纤毛；小伞梗 12～15 个；萼齿 5，短小而钝；花瓣 5，白色，先端内折。雄蕊 5；雌蕊花柱基约与花柱等长。

子实　双悬果宽椭圆形，长 2～4mm、宽 1～2mm，两侧压扁，黑褐色，分果果棱钝；每棱槽 1 油管，合生面 2 油管。

生物学特性　田葛缕子抗寒性强。种子或根茎繁殖。春季生长迅速，4 月中、下旬返青，花期 6～7 月，果期 7～8 月。

田葛缕子植株形态（张治摄）

①群体；②根；③花序；④花

种子随熟随落。田葛缕子根尖染色体数目为 2n=20，核型公式为 2n=2x=20=16m+4sm，核型属于 2A 型，核型不对称系数为 57.69%。

分布与危害 中国分布于东北、华北、西北，西藏和四川西部；在大兴安岭西麓，内蒙古高原东部、阴山和鄂尔多斯高原的林缘、草甸、湿地均有其分布；蒙古、俄罗斯也有分布。危害不重。田葛缕子是森林草原带和草原带的旱中生杂类草。多生于田边、路旁、河边湿地，也伴生于草原或草甸群落中。

防除技术 田葛缕子是自然植被的组成部分，偶然入侵农田或田边，一般不需要专门的防除措施。

化学防治 路旁、林地、牧场、草原、非耕地等可用二氯吡啶酸和氨氯吡啶酸的复配剂进行茎叶喷雾处理。

综合利用 田葛缕子具有较高的药用价值，据《本草纲目》记载，田葛缕子的根果均可入药，味微辛、性温，具有行气散寒、消食健胃、镇静祛风的功效，常用于治疗停食纳呆、脘腹胀满、嗳酸反胃、痫证等症。

田葛缕子地上部分含有丰富的粗蛋白、可溶性糖、总酚、生物碱、粗纤维，作为中国北方的山野蔬菜，食用历史悠久。将田葛缕子的嫩茎叶漂烫后凉拌食用，清香可口、滑而不黏，外观如碧玉、营养丰富，有益于人类健康。

田葛缕子生长快，再生性强，粗纤维少，适口性好，牛、羊、猪均喜食。可以青饲，也可青贮或调制干草。

参考文献

程占红，牛莉芹，2008. 五台山南台山地草甸种群对旅游干扰响应的识别 [J]. 应用与环境生物学报，14(3): 324-327.

李扬汉，1998. 中国杂草志 [M]. 北京：中国农业出版社：973-974.

马宏荣，沈宁东，朱惠琴，2020，田葛缕子根尖染色体压片技术及核型分析 [J]. 分子植物育种，18(24): 8233-8239.

石玉龙，2020. 田葛缕子的主要次生代谢物质和营养成分的测定分析 [J]. 青海农技推广 (4): 47-53.

王天超，2010. 黄土塬沟头典型植被群落特征及其对土壤性质的影响 [J]. 草业学报，19(1): 50-58.

中国科学院中国植物志编辑委员会，1989. 中国植物志：第五十五卷 第二分册 [M]. 北京：科学出版社：26-28.

中国饲用植物志编辑委员会，1997. 中国饲用植物志：第六卷 [M]. 北京：中国农业出版社：329-331.

（撰稿：宋小玲、付卫东；审稿：贾春虹）

田间菟丝子 *Cuscuta campestris* Yuncker.

秋熟旱作物田一年生茎寄生杂草。又名原野菟丝子、田野菟丝子。英文名 field dodder。旋花科菟丝子属。

形态特征

成株 茎缠绕，细丝状，淡黄色至橙黄色，直径 0.3～1.8mm（图①②）。无叶。花 3～8 朵簇生成较疏散的球状团伞花序（图③④）；花萼杯状，包围花冠筒，裂片宽卵形，先端钝，背面无脊；花冠白色，钟形，长 2～3mm，5 深裂，裂片宽三角形，先端急尖，微向内折，宿存。雄蕊短于花冠裂片，花丝比花药长或与之相等；鳞片大，与冠筒等长或略长，上端不裂，边缘具长流苏；子房近球形，花柱 2，细长，柱头球形。

子实 蒴果近球形，顶端微凹，基部有宿存花冠。种子卵形，一侧扁平，褐色，长约 1.5mm；种脐小，近圆形，黄褐色。

幼苗 淡黄色，早期具极短的初生根，在土壤中起短期吸水作用，当固着于寄主的茎后即停止生长，逐渐萎蔫死亡。胚轴和幼茎纤细，与寄主接触后在茎上产生吸器，侵入寄主体内吸收水分和养料。

生物学特性 一年生茎寄生和全寄生性杂草。以种子繁殖为主，断茎也能进行营养繁殖。在福州，当年成熟的种子在翌年的 3～4 月萌发，最适萌发温度为 26℃，多雨高湿不利于种子萌发。在生长期间较抗高温，秋末来临时的低温影响其生长、开花、结实，甚至提早死亡。花果期 6～10 月底，具有连续结实性，且结果时间长，数量多，一株田间菟丝子能结数千粒种子。

分布与危害 在中国的福建、广东和新疆有分布；欧洲、中亚、南美洲、北美洲、太平洋诸岛、大洋洲及日本等地也有分布。寄主作物有大豆、四季豆、甜菜、紫花苜蓿、小茴香、亚麻等，野生植物寄主有马齿苋、藜、喜旱莲子草等。其幼苗遇到适宜寄主就缠绕在上面，在接触处形成吸器伸入寄主，吸器进入寄主组织后部分组织分化为导管和筛管，分别与寄主的导管和筛管相连，自寄主吸取养分和水分，另外其藤茎的覆盖也影响寄主的正常光合作用，加剧寄主的营养亏损，造成寄主生长不良或死亡。田间菟丝子也是传播某些植物病害的媒介或中间寄主。田间菟丝子寄生苜蓿后，苜蓿植株被缠绕，生长矮小，严重影响干草的产量和质量。在打种田，轻者结荚数减少，子粒瘦秕，千粒重大为降低，严重者植株枯萎不能结荚，早期死亡。

防除技术 应采取包括农业防治、生物防治、化学防治相结合的方法，同时考虑综合利用等措施。

农业防除 见南方菟丝子。

化学防治 土壤处理可用地乐胺或甲草胺、乙草胺、异丙甲草胺进行土壤封闭处理，均有较好的防效。在苜蓿和亚麻等作物田中的田间菟丝子开始转株危害时，使用地乐胺均匀喷雾于寄生在植株上的田间菟丝子，用药要及早且要喷透、喷匀。用扑草净和地乐胺复配剂能抑制小茴香田间菟丝子的转株危害，施药效果最佳适期在小茴香田间菟丝子发生前期。

综合利用 种子可药用，为滋养性强壮收敛药，有滋补肝肾、固精缩尿、安胎、明目、止泻、调节免疫力、保护心血管、抗氧化、抗衰老等众多功效。田间菟丝子能危害入侵植物薇甘菊，用田间菟丝子可有效防治入侵红树林的薇甘菊；也可利用田间菟丝子的寄生能力来防控紫茎泽兰。

参考文献

杜燕春，曹公利，张玉玲，等，2010. 平播小茴香田间菟丝子化学防治试验 [J]. 农村科技 (7): 48.

郭琼霞，黄可辉，1996. 田野菟丝子形态、特性与危害的研究 [J]. 福建稻麦科技，14(4): 45-46.

郭琼霞，黄可辉，1999. 田野菟丝子 *Cuscuta campestris* 的研究

T

田间菟丝子植株形态（强胜摄）
①②植株及所处生境；③④花

[J]. 武夷科学 (12): 82-84.

李扬汉 , 1998. 中国杂草志 [M]. 北京 : 中国农业出版社 : 484.

林积秀 , 2010. 田野菟丝子生活习性及防治措施 [J]. 农业科技通讯 (12): 94-95.

侍泰山 , 施永春 , 2006. 亚麻田间菟丝子的防除 [J]. 农村科技 (5): 27.

宋雪 , 蒋露 , 郭强 , 等 , 2018. 应用田野菟丝子防治薇甘菊对其他植物的影响 [J]. 广西师范大学学报 (自然科学版), 36(4): 139-150.

（撰稿：郭凤根；审稿：黄春艳）

T

田旋花　*Convolvulus arvensis* L.

夏熟作物、秋熟旱作物田多年生草本杂草。又名田福花、燕子草、小旋花、三齿草藤、面根藤、白花藤、扶秧苗、扶田秧、箭叶旋花、中国旋花、狗狗秧。英文名 field bindweed。旋花科旋花属。

形态特征

成株　高 30～60cm（图①②）。根状茎横走，茎平卧或缠绕，有条纹及棱角，无毛或上部被疏柔毛。叶互生卵状长圆形至披针形，长 1.5～5cm、宽 1～3cm，先端钝或具小短尖头，基部大多箭形及心形、有时戟形，全缘或 3 裂，侧裂片展开，微尖，中裂片卵状椭圆形，狭三角形或披针状长圆形，微尖或近圆；叶柄较叶片短，长 1～2cm；叶脉羽状，基部掌状。花序腋生，总梗长 3～8cm，1 或有时 2～3 至多花，花柄比花萼长数倍（图③④）；苞片 2，线形，长约 3mm，远离萼片；萼片有毛，长 3.5～5mm，稍不等，2 个外萼片稍短，长圆状椭圆形，钝，具短缘毛，内萼片近圆形，钝或稍凹，或多或少具小短尖头，边缘膜质；花冠宽漏斗形，长 15～26mm，白色或粉红色，或白色具粉红或红色的瓣中带，或粉红色具红色或白色的瓣中带，5 浅裂。雄蕊 5，稍不等长，较花冠短一半，花丝基部扩大，具小鳞毛；雌蕊较雄蕊稍长，子房有毛，2 室，每室 2 胚珠，柱头 2，线形。

子实　蒴果卵状球形，或圆锥形，无毛，长 5～8mm。种子 4，卵圆形，无毛，长 3～4mm，暗褐色或黑色。

幼苗　子叶近方形，长约 1cm，先端微凹，基部截形，有柄，叶脉明显。上、下胚轴均发达。初生叶 1，互生，近矩圆形，先端圆，基部两侧向外突出成戟形，有短柄。

生物学特性　喜潮湿肥沃土壤，常生长于农田内外、荒

田旋花植株形态（①②强胜摄；③④黄兆峰摄）

①所处生境；②植株；③④花

地、草地、路旁沟边，枝多叶茂，相互缠绕。5～8月开花，8～9月成熟。以种子和不定根芽繁殖。种子可随风、随水传播，也可由鸟类或哺乳动物取食进行远距离传播。田间主要以不定根的无性繁殖为主。根下茎质脆易断，人工锄断或机械耕作下切断后，每个带节的断体都能长出新的植株。由于田旋花具有发达的根系，种子具有休眠特性，抗逆能力极强，有较强的耐瘠薄、耐旱和耐盐碱的特性，非常适应极端干旱气候、土壤盐渍化及土地贫瘠的生境，人工及除草剂极难根除。

分布与危害 在中国黑龙江、吉林、辽宁、内蒙古、河北、北京、天津、河南、山东、山西、江苏、安徽、湖北、陕西、甘肃、宁夏、青海、新疆、四川、青海、西藏等地均有分布。田旋花是小麦、玉米、大豆、棉花等旱作物田的主要杂草，且对草甘膦具有天然耐受性。

在麦田中，尤其是夏闲地，田间没有遮挡，光照、雨量充足，田旋花的生长繁殖速度加快。通常在8～9月连续覆盖地面，一般田块达40%～50%，部分田块达90%以上。整个生育期与小麦争光、争水、争肥，其生长过程大量消耗土壤养分和水分，影响小麦的正常生长发育，严重影响小麦机播质量和产量。在棉田中，田旋花一旦侵染形成种群很难彻底清除，防控不及时就会缠绕在棉株上，造成郁闭，严重影响棉株的光合作用，还会与棉花争夺养分和水分而致产量下降。后期更是影响脱叶、催熟效果，降低品质，增加劳动强度，影响棉农收入。

防除技术

农业防治　深翻冬耕。冷冻、定期中耕以及在棉花播前耙地都是防除田旋花的有效措施。在新疆棉田，冬小麦与棉花的倒茬，能有效控制田旋花的扩散蔓延，破坏田旋花单一优势种群的稳定性，有效控制田旋花的发生危害。

化学防除　小麦田防除田旋花可选用唑草酮、氯氟吡氧乙酸、2甲4氯、麦草畏等茎叶喷雾处理。

参考文献

毛鹏志，刘政，刘志中，等，2020. 田旋花对新疆机采棉的影响及防治技术 [J]. 现代农业科技 (6): 118+121.

毛鹏志，马小艳，王少山，2020. 北疆棉田恶性杂草田旋花与棉花的竞争作用 [J]. 中国植保导刊，40(7): 17-21.

孙军仓，燕鹏，王敬昌，等，2020. 关中地区麦田杂草田旋花和打碗花的发生特点及防治对策 [J]. 农技服务，37(4): 81-82.

郑庆伟，2020. 喷施噻苯·敌草隆加草甘膦异丙胺盐对棉花田田旋花有较好的防效且安全 [J]. 农药市场信息 (13): 50.

（撰稿：黄兆峰；审稿：贾春虹）

T

甜麻　*Corchorus aestuans* L.

秋熟旱作物田一年生一般性杂草。又名假黄麻、针筒草。英文名 acuteangular jute。椴树科黄麻属。

形态特征

成株　矮小，株高不及1m（图①）。分枝延长，茎红褐色，稍有毛。叶互生，卵形，长4.5～6.5cm，先端尖，基部圆，两面疏被长毛，边缘有锯齿，基部有1对线状小裂片，基出脉5～7条（图②③）；叶柄长1～1.5cm。花单生或数朵组成聚伞花序，生叶腋，花序梗及花梗均极短（图④）；萼片5，窄长圆形，长5mm；上部凹陷呈角状，先端有角，外面紫红色；花瓣5，与萼片等长，倒卵形，黄色；雄蕊多数，长3mm，黄色，全部能育；子房长圆柱形，花柱圆棒状，柱头喙状，5裂。

子实　蒴果长筒形，长2.5cm、径5mm；具纵棱6～8条，其中3～4条呈翅状，顶端有3～4裂直立或广展的喙；成熟时3～4瓣裂，果瓣有横隔，具多数种子。

生物学特性　甜麻为一年生亚灌木植物。种子繁殖。生长于荒地、旷野、村旁。花期夏季。染色体2n=14。甜麻高抗茎腐病和叶螨，耐干旱。

分布与危害　中国分布于海南、广东、广西、云南、四川、江西、湖南、湖北、浙江、安徽、江苏、台湾，为南方各地常见的杂草；国外分布于越南、老挝、缅甸、孟加拉国、不丹、尼泊尔、印度、斯里兰卡、巴基斯坦、马来西亚、非洲热带地区、澳大利亚、中美洲、西印度群岛。甜麻为秋熟作物田一般性杂草，危害轻。

防除技术

化学防治　根据作物种类不同，在甜麻种子萌芽前，或者萌发早期，选择安全有效的土壤处理除草剂；在甜麻萌发后早期，选择安全有效的茎叶处理除草剂喷施。非耕地可用灭生性除草剂草甘膦、草铵膦、激素类除草剂三氯吡氧乙酸或其与草甘膦的复配剂茎叶喷雾处理。

综合利用　纤维可作为黄麻代用品，用作编织及造纸原料；嫩叶可供食用；入药可作清凉解热剂。甜麻是一年韧皮纤维作物长果黄麻栽培种（*Corchorus olitorius* L.）的野生种，被用于构建长果黄麻遗传连锁图谱。

参考文献

陈晖，陈美霞，陶爱芬，等，2011. 长果种黄麻SRAP标记遗传连锁图谱的构建及3个质量性状基因定位[J]. 中国农业科学，44(12): 2422-2430.

李扬汉，1998. 中国杂草志[M]. 北京：中国农业出版社：966-967.

TANG Y, GILBERT M G, DORR L J, 2007. Flora of China [M]. Beijing: Science Press: 249.

（撰稿：范志伟；审稿：宋小玲）

甜麻植株形态（强胜摄）

①②植株；③果实；④花

T

铁苋菜 *Acalypha australis* L.

秋熟旱作物田一年生草本恶性杂草。又名海蚌含珠、榎草。英文名 copperleaf。大戟科铁苋菜属。

形态特征

成株 株高 30～60cm（图①②）。茎直立。单叶互生，卵状披针形或长卵圆形，先端渐尖，基部楔形，基三出脉明显，叶片长 2.5～6cm、宽 1.5～3.5cm，叶缘有钝齿，茎与叶上均被柔毛；叶柄长 1～3cm。穗状花序腋生；花单性，雌雄同株且同序（图③④）；雌花位于花序下部，花萼 3 裂，子房 3 室，球形，有毛，花柱 3 裂，全花包藏于三角状卵形至肾形的苞片内，苞片靠合时形如蚌，边缘有细锯齿；雄花序较短，位于雌花序上部，萼 4 裂，紫红色；雄蕊 8 枚，花药圆筒形，弯曲。

子实 蒴果小，钝三棱状，直径 3～4mm，3 室，每室具 1 粒种子（图⑤）。种子卵球形，灰褐色，长约 2mm，表面有极紧密、细微、圆形的小穴；种脐在种阜上方，种阜为一个垂长条状的隆起，白色而透明，约占种子长的 1/3；腹面具有 1 条纤细的棱，直达顶端合点区的中央；合点呈圆点状突起。

幼苗 子叶出土，长圆形，先端平截，基部近圆形，脉三出，具长柄（图⑥）；上、下胚轴均发达，前者密被斜垂弯生毛，后者密被斜垂直生毛。初生叶 2 片，对生，卵形，先端锐尖，叶缘钝齿状，基部近圆形，密生短柔毛，具长柄。

生物学特性 在中国中北部，4～5 月出苗，6～7 月也常有出苗高峰，7～8 月陆续开花结果，8～9 月果实渐次成熟。果实成熟开裂，散落种子，种子边熟边落。种子繁殖。铁苋菜可以在酸性、中性或碱性的砂质土、壤土和黏土中生长，铁苋菜喜湿，种子经冬季休眠后萌发，地温稳定在 10～16℃时萌发出土。可借风力、流水向外传播，亦可混杂于收获物中扩散。中国部分铁苋菜种群对草甘膦产生了抗药性。

分布与危害 分布几乎遍及全中国；朝鲜、越南、菲律宾也有。秋熟旱作物田主要杂草。在棉花、甘薯、玉米、大豆及蔬菜田危害较重，局部地区成为优势种群。在各地大豆、棉花田杂草群落的演变调查中发现铁苋菜种群数量及危害程度均呈上升趋势。在一些长期使用草甘膦的果园中，铁苋菜的种群数量有增多的趋势。此外，还是棉铃虫、红蜘蛛、蚜虫的中间寄主。

防除技术

农业防治 精选作物种子，去除种子所携带的杂草种子，防止扩散。清除田埂、沟渠边和田边生长的杂草，特别是在杂草结实前及时清除，防止草种扩散进入田间。中耕除草在棉花、大豆、甘薯生产上广泛采用，能有效控制铁苋菜危害。地膜覆盖，创造高温湿的环境，抑制杂草萌发或将萌发的杂草幼芽闷死。合理密植，增加作物的竞争优势，抑制铁苋菜生长。科学轮作、间作和套作，使作物占据生长空间，抑制杂草生长，如玉米间作大豆模式下，许多杂草的生长受到抑制。

铁苋菜植株形态（张治摄）

①②植株；③④花序及花；⑤种子；⑥幼苗

化学防治 玉米田防除铁苋菜可选用异噁唑草酮与乙草胺、异丙甲草胺和莠去津的复配剂作土壤封闭处理；出苗后的铁苋菜可用硝磺草酮、苯唑草酮，烟嘧磺隆、莠去津，以及激素类二氯吡啶酸、氯氟吡氧乙酸、2 甲 4 氯等除草剂的复配剂进行防除。棉田可用二甲戊灵、异丙甲草胺、氟啶草酮与丙炔氟草胺的复配剂作土壤封闭处理，这些除草剂对铁苋菜均具有良好封闭效果；也可用乙羧氟草醚或草甘膦在棉花生长到一定高度进行定向喷雾。大豆田铁苋菜可选用双氯磺草胺、乙草胺或二甲戊灵与扑草净的复配制剂进行土壤喷雾处理，也可用氟磺胺草醚、乙羧氟草醚、三氟羧草醚等茎叶喷雾处理进行防除，其中氟磺胺草醚对大龄铁苋菜防效最好。

综合利用 铁苋菜幼苗可作饲料。全草入药，能清热解毒、利水消肿、治痢止泻。铁苋菜含有鞣质、醌类、有机酸、黄酮、挥发性成分、萜类和甾体化合物等，具有抗炎、抗氧化活性、抗癌活性、抑菌、抗感染、平喘、止血、解痉等作用，药用价值和经济价值应深度开发和利用。

参考文献

高兴祥，李美，房锋，等，2015. 硝磺草酮与二氯吡啶酸复配应用于玉米田除草效果测定 [J]. 玉米科学，23(3): 143-148.

何付丽，代丽婷，曲春鹤，等，2011. 防除大豆田铁苋菜的茎叶处理除草剂筛选 [J]. 植物保护，37(6): 202-205.

李欢欢，马小艳，姜伟丽，等，2019. 棉田化学除草现状及对策 [M]. 中国棉花，46(5): 1-10.

李扬汉，1998. 中国杂草志 [M]. 北京：中国农业出版社：495-496.

梁建丽，韦丽富，周婷婷，等，2015. 铁苋菜有效成分及药理作用研究概况 [J]. 亚太传统医药，11(3): 45-47.

刘胜男，朱建义，赵浩宇，等，2017. 84% 双氯磺草胺水分散粒剂对大豆田阔叶杂草的防效及对后茬作物的安全性 [J]. 杂草学报，35(3): 50-54.

刘小龙，2016. 铁苋菜 (*Acalypha australis* L.) 对草甘膦的耐受性机理研究 [D]. 北京：中国农业科学院.

余艳芳，王强，雷海霞，等. 5 种土壤封闭除草剂对棉田杂草的防除效果 [J]. 中国棉花，48(4): 29-31.

张卓亚，郭世俭，章振，等，2021. 氟啶草酮与丙炔氟草胺混用对棉田杂草的防除效果 [J]. 农药，60(6): 450-454.

（撰稿：刘小民、宋小玲；审稿：王贵启）

通泉草 *Mazus pumilus* (N. L. Burman) Steenis

夏熟作物田一年生杂草。又名脓泡药、汤湿草、猪胡椒、野田菜。异名 *Mazus japonicus* (Thunb.) O. kuntze。英文名 Japanese mazus。玄参科通泉草属。

形态特征

成株 株高 3～30cm（图①②）。茎直立或倾斜，通常基部分枝，分枝 1～5 或有时更多而披散，节上生根，少不分枝。叶大部分基生，有柄，有时成莲座状或早落，倒卵状匙形至卵状倒披针形，膜质至薄纸质，长 2～6cm，顶端全缘或有不明显的疏齿，基部楔形，下延成带翅的叶柄，边缘具不规则的粗齿或基部有 1～2 片浅羽裂；茎生叶对生或互生，少数，与基生叶相似或几乎等大。总状花序生于茎、枝顶端（图③）；花萼萼齿 5 枚，钟状，长约 6mm，萼片与萼筒近等长；花冠唇形，白色、紫色或蓝色，长约 10mm，上唇短直，2 裂，裂片尖，裂片卵状三角形，下唇 3 裂，中裂片较小，稍突出，倒卵圆形，平头；雄蕊 4 枚，2 强，着生于花冠筒上；子房无毛，柱头 2 片状。

子实 蒴果球形，无毛，稍露于萼筒外（图④）。种子小而多数，淡黄色，种皮上有不规则的网纹（图⑤）。

通泉草植株形态（张治摄）

①生境群体；②植株；③花序；④果序；⑤种子；⑥幼苗

幼苗　子叶 1 对，阔卵状三角形，全缘，具有短柄。初生叶 2 片，对生，单叶，长椭圆形，叶缘微波状。全株除下胚轴外，均密生极微小的腺毛，茎短，几乎都是根出叶。

生物学特性　种子繁殖。苗期秋冬季，花果期 4～5 月，自花授粉，开花结实后即死亡。

通泉草喜潮湿环境，生态位宽度较大，有良好的适应性，同时也很耐贫瘠。作物田施氮量影响通泉草的生物量及发生危害，随着施氮量的增加，通泉草的多度和地上部生物量逐渐降低。

分布与危害　中国除内蒙古、宁夏、青海及新疆未见分布外，几乎遍及中国。生于海拔 2500m 以下的湿润草坡、沟边、路旁及林缘，为麦类、油菜、玉米、大豆等旱作田常见杂草，也侵入稻田，危害小。通泉草是长江中下游地区稻茬小麦田的常见杂草，偶尔会密集发生；发生频度较高，但由于其植株相对矮小，对小麦生长影响较小。

防除技术

农业防治　使用机械中耕除草，如多功能中耕施肥机除草。合理密植，培育壮苗，适当地加大作物的种植密度，及早形成田间郁闭，抑制杂草生长。在长江中下游地区，稻油轮作的油菜田，土壤湿度较大，可采用开深沟，降低田间湿度，干扰通泉草的生境，降低其危害。

化学防治　对于通泉草发生较重的油菜田，可在整地后、移栽前选用乙氧氟草醚进行土壤封闭处理，也可将乙氧氟草醚与乙草胺混用，以提高防效，减少用药成本。油菜生长期，可在通泉草幼苗期选用草除灵进行茎叶喷雾处理，有一定的防治效果。

通泉草发生量较大的田块，宜改种小麦，在麦田选用含有苯磺隆、苄嘧磺隆、唑草酮或它们的复配剂等进行茎叶喷雾处理。若通泉草在田埂及空地上发生量较大，可使用草甘膦定向喷雾防除，以防止其蔓延进入农田。

综合利用　全草入药，用于治疗偏头痛，消化不良；外用治疗疮、脓疱疮、烫伤。

参考文献

陈庆华，2014. 四川小麦田不同耕作方式杂草的发生规律及防治研究 [D]. 成都：四川农业大学.

高兴祥，李美，房锋，等，2019. 黄淮海地区稻茬小麦田杂草组成及群落特征 [J]. 植物保护学报，46(2): 472-478.

黄红娟，黄兆峰，姜翠兰，等，2021. 长江中下游小麦田杂草发生组成及群落特征 [J]. 植物保护，47(1): 203-211.

左然玲，强胜，2008. 稻田水面漂浮的杂草种子种类及动态 [J]. 生物多样性，16(1): 8-14.

MI W, GAO Q, SUN Y, et al, 2018. Change in weed community with different types of nitrogen fertilizers during the fallow season [J]. Crop protection, 109: 123-127.

（撰稿：马小艳；审稿：宋小玲）

铜锤玉带草　*Lobelia angulata* Forst.

稻田多年生杂草。又名地钮子、地浮萍。英文名 common pratia。桔梗科半边莲属。

形态学特征

成株　茎纤细，匍匐地面，长 30～50cm（图①②），略呈四棱形，绿紫色，有细柔毛，不分枝或在基部分枝，于节处生不定根。叶互生，叶片卵圆形、心形或卵形，长 0.8～1.6cm，基部斜心形，边缘有钝齿，两面疏生短毛；叶柄长 2～5mm。花单生叶腋，花梗长 0.7～3cm，无毛（图③）。花萼无毛，裂片 5，线状披针形，长 2～4mm；花冠紫色，近二唇形，长 6～7mm，无毛，上唇裂片 2，下唇裂片 3；雄蕊 5，花药围绕花柱合生，有短毛；子房下位，2 室。

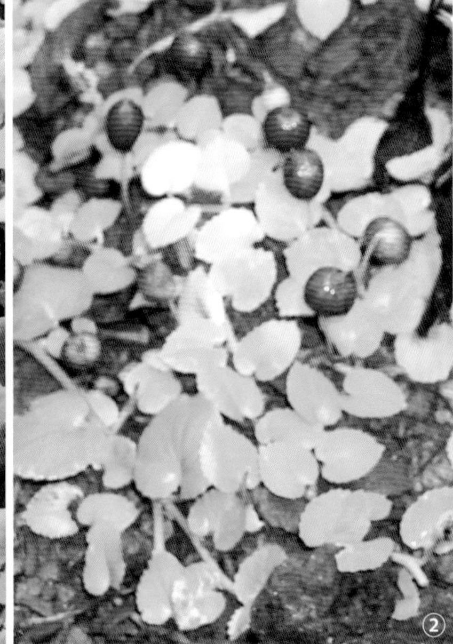

铜锤玉带草植株形态（②强胜摄；其余陈国奇、张斌摄）

①群体；②植株；③花；④果实

T

子实　浆果紫红色，椭圆状球形，长1～1.3cm（图④）。种子长圆形或圆球形，棕黄色，表面有小疣状突起。

幼苗　上胚轴细长。子叶肾形，顶端微凹，宽约1cm，叶脉不明显，全缘，边缘有短睫毛。初生叶宽卵形，对生，中脉凹陷，展开后叶缘有微齿。

生物学特性　主要以种子繁殖，也可无性繁殖。花果期在夏秋季，在南亚热带和热带地区全年可开花结实。

分布与危害　中国分布于西南、华南、华中，江西、浙江、福建、台湾等地；国外主要分布在东南亚、新西兰等地，欧洲也有分布。生于田边、荒地、丘陵、低山草地等生境。有时在果园、茶园发生，通常危害轻。

防除技术　通常危害轻，无需采取针对性防控措施。

参考文献

李扬汉，1998. 中国杂草志 [M]. 北京：中国农业出版社.

（撰稿：陈杰；审稿：纪明山）

透茎冷水花　*Pilea pumila* (L.) A. Gray

夏熟作物田、秋熟旱作物田一年生常见杂草。又名胖婆娘腿、肥肉草。英文名 mongolian clearweed。荨麻科冷水花属。

形态特征

成株　高5～50cm（图①～③）。茎肉质，直立，光滑透亮，常分枝，无毛。叶对生，叶片菱状卵形或宽卵形，长1～8.5cm、宽0.8～5cm，先端渐尖、短渐尖或微钝（尤其在下部的叶），基部常宽楔形，有时钝圆，叶缘在基部以上密生牙齿，钟乳体密、小，狭条形，叶柄长0.5～4.5cm。花雌雄同株并常同序，雄花常生于花序的下部，花序蝎尾状，密集，生于叶腋，长0.5～5cm，雌花枝在果时增长（图④）。雄花具短梗或无梗，在芽时倒卵形，长0.6～1mm；花被片常2，有时3～4，近船形，外面近先端处有短角突起；雄蕊2；退化雌蕊不明显；雌花花被片3，近等大，或侧生的2枚较大，中间的一枚较小，条形，在果时长不过果实或与果实近等长，而不育的雌花花被片更长；退化雄蕊在果时增大，椭圆状长圆形，长及花被片的一半。

子实　瘦果三角状卵形，扁，长约1.5mm，初时光滑，常有褐色或深棕色斑点，熟时色斑多少隆起（图⑤）。

幼苗　子叶出土。子叶2片，阔卵圆形至圆形，叶基圆形，顶端微凹。下、上胚轴均发展，带淡紫红色。初生叶2片，对生，卵圆形，基部楔形，顶端圆突，全缘，具短睫毛（图⑥）。

生物学特性　春季种子萌芽生长成幼苗，花期6～8月，果期8～10月。果落后植株枯死，种子繁殖。

分布与危害　中国除新疆、青海、台湾和海南外，分布

透茎冷水花植株形态（③叶照春摄；其余张治摄）

①②植株；③茎；④花序；⑤果实；⑥幼苗

儿遍及全国；俄罗斯西伯利亚、蒙古、朝鲜、日本和北美温带地区广泛分布。为常见杂草，生长在小麦、油菜、春玉米等作物以及果园、茶园等，对作物造成一定危害。

防除技术 应采取包括农业防治、生物防治和化学防治相结合的方法。此外，也可考虑综合利用等措施。

农业防治 可采取人工或机械割除，果园、茶园等地发生也可采用地膜或防草布进行覆盖防除。

化学防治 麦田可用防除阔叶杂草的除草剂如苯磺隆、氯氟吡氧乙酸、2甲4氯、麦草畏等进行茎叶处理。

综合利用 透茎冷水花根、茎药用，有利尿解热和安胎之效。其水提取物可提高污染土壤铅、锌和镉的淋洗效率。

参考文献

陈月, 2017. 植物材料水提取剂对土壤铅、锌和镉的淋洗研究[D]. 雅安：四川农业大学.

李扬汉, 1998. 中国杂草志[M]. 北京：中国农业出版社：995-996.

（撰稿：叶照春；审稿：宋小玲）

透明鳞荸荠 *Eleocharis pellucida* J. Presl & C. Presl

水田一年生或多年生杂草。又名穗生苗荸荠。英文名 scabrousscale spikesedge。莎草科荸荠属。

形态特征

成株 株高2～27cm（图①）。无根状茎。秆丛生或密丛生，少数或多数，细弱，五棱柱状，近圆柱形，暗绿色，直径0.3～0.5mm。叶片缺如，秆基部有2个叶鞘，鞘口斜，稍尖，内鞘下部血红色，上部土黄色，长3～4.5cm，外鞘血红色，长约1cm，鞘上常见褐色斑点。

小穗直立或稍斜升，卵形或长卵形，顶端渐尖或钝，锈色或棕色，具20～30多小花，长3～7mm、直径1～2mm（图②）；小穗最下部鳞片绕秆近一周，宿存，三角状卵形，长2mm、宽1mm，顶端圆或钝，边缘宽膜质透明，腹面有3条白色脉，鳞片内有腋芽，常由此生出小植株；其余鳞片紧密螺旋状排列于小穗轴上，舟状，卵形或长卵形，顶端圆或钝，长1.2～2mm、宽0.8～1mm，1脉，中部绿色，边缘宽膜质透明，近顶端常为紫红色；每鳞片皆有1花，花两性，雌蕊1，柱头3；雄蕊1，花药椭圆形；下位刚毛6，白色，具倒刺，与小坚果（包括花柱基）等长或稍短，不外展；花柱基长为小坚果1/3～1/2，宽为小坚果1/2～1/3，三棱锥形，三条棱分别与小坚果棱对应，顶端渐尖，偶有长尾尖。

子实 小坚果倒卵形，三棱形，棱有狭边，三面凸起呈膨胀状，一面大，两面小（图③）。初淡麦粒黄色或橄榄绿色，干后淡黄白色，长1～1.2mm、宽0.5～0.7mm。

幼苗 留土萌发。幼苗第1片真叶不育，长仅0.8mm，叶片横剖面形状呈圆形，无叶脉，无大气腔，叶鞘膜质，有时表面有红线点。第2片真叶呈线形，叶片横剖面形状呈近肾形或椭圆形，具3条直出平行叶脉和2个大气腔，叶鞘半透明膜质，叶片与叶鞘之间无叶耳、叶舌，甚至无明显的相接处。第3片真叶与前者相似。幼苗全株光滑无毛。

生物学特性 花果期4～11月。以种子及小穗基部生长的穗生苗进行繁殖。

分布与危害 中国主要水稻产区几乎均有发生，大陆除新疆、甘肃、西藏外，各地均有分布；分布在缅甸、中印半岛、印度尼西亚、印度、日本、朝鲜。生长于海拔1000m以下的水稻田中、水塘和湖边湿地；发生量小，危害轻。

防除技术

农业防治 人工或者机械除草。

化学防治 水稻田可以用五氟磺草胺、吡嘧磺隆、苄嘧

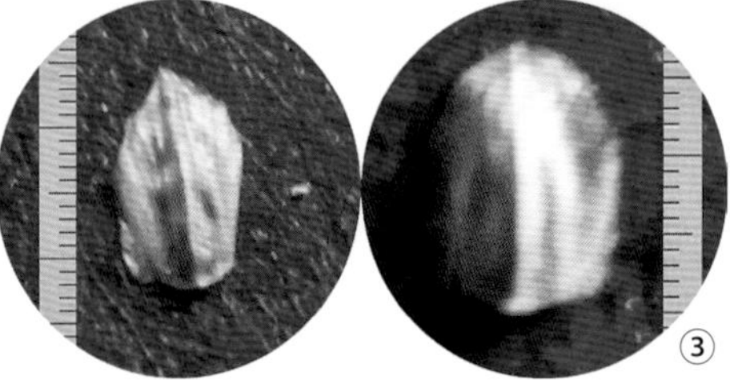

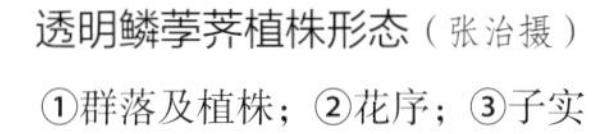

透明鳞荸荠植株形态（张治摄）

①群落及植株；②花序；③子实

磺隆、莎稗磷等防除。

参考文献

董士香，郭成勇，周广明，等，2013. 山东莎草科一新记录植物——透明鳞荸荠 [J]. 广西植物，33(2): 279-282.

傅立国，陈谭清，朗楷永，等，2009. 中国高等植物：第十二卷 [M]. 青岛：青岛出版社.

蒋露，王晖，杨蕾蕾，等，2017. 深圳野生植物识别手册 [M]. 郑州：河南科学技术出版社.

李扬汉，1998. 中国杂草志 [M]. 北京：中国农业出版社.

（撰稿：陈勇；审稿：刘宇婧）

秃疮花 *Dicranostigma leptopodum* (Maxim.) Fedde

夏熟作物田、果园常见越年生或多年生杂草。又名秃子花、兔子花、勒马回、红茂草。英文名 slenderstalk dicranostigma。罂粟科秃疮花属。

形态特征

成株　株高 25～80cm（图①～③）。全体含淡黄色液汁，被短柔毛，稀无毛。基生叶有柄，呈莲座状，长

秃疮花植株形态（马小艳摄）

①②③成株；④花

T

10～15cm、宽2～4cm，叶片狭倒披针形，羽状深裂，裂片4～6对，再次羽状深裂或浅裂，小裂片先端渐尖，顶端小裂片3浅裂，表面绿色，背面灰绿色，疏被白色短柔毛；叶柄条形，疏被白色短柔毛，具数条纵纹；茎生叶少数，生于茎上部，羽状深裂、浅裂或二回羽状深裂，裂片具疏齿，先端三角状渐尖；无柄。花1～5朵于茎和分枝先端排列成聚伞花序（图④）；萼片2，卵形，长0.6～1cm，先端渐尖成距，距末明显扩大成匙形，无毛或被短柔毛，早落；花瓣4，长1～1.6cm、宽1～1.3cm，倒卵形至回形，黄色；雄蕊多数，花丝丝状，花药长圆形，黄色；子房狭圆柱形，绿色，密被疣状短毛，花柱短，柱头2裂，直立。

子实 蒴果线形，长4～7.5cm、粗约2mm，绿色，无毛，2瓣自顶端开裂至近基部。种子卵形至肾形，长0.7～0.8mm、宽约0.5mm，红棕色至黑色，具粗网纹，无毛。

幼苗 上、下胚轴均不发达。子叶2，长卵形。初生叶1，宽卵形，先端3裂，后生叶3～5齿裂至羽状浅裂。幼苗灰蓝绿色（子叶除外），全体疏生长柔毛。

生物学特性 以种子进行繁殖，幼苗越冬。8月下旬种子发芽，9～10月萌发出苗，翌年春季3～5月开花，5月果实渐次成熟落地，植株自然干枯死亡。体细胞2n=12。

秃疮花种子发芽受温度影响较大，10℃条件下种子不能发芽，15～30℃种子均可发芽，且随着温度的升高发芽率、发芽势和发芽指数也随之提高，在20℃时种子发芽率最高，20℃以上随着温度的升高种子发芽受到抑制；变温有利于秃疮花种子的萌发，25℃/15℃处理下种子发芽最好；100mg/L赤霉素浸种可显著提高秃疮花种子的发芽率。

新成熟的秃疮花种子具有短暂的休眠期，从7月开始经过1～2个月低温和沙藏处理后，不能解除秃疮花种子的休眠，只有少量种子可以发芽，但是，经过1个多月的室内储藏秃疮花种子的休眠即可解除。

分布与危害 中国分布于河北、河南、山西、陕西、宁夏、青海、甘肃、云南、四川、西藏等地。生于海拔400～2900m的草坡或路旁，田埂、墙头、屋顶也常见，喜阳，极耐干旱，耐瘠薄，抗逆性强，可危害麦田、果园等，但不属于优势杂草。

防除技术 秃疮花不属于麦田的优势杂草，应以预防为主，同时采用农业防治和化学防治相结合的方法进行防除。

农业防治 在小麦播种前通过整地等耕作措施防除已出苗的秃疮花；在小麦生长期，若杂草发生较轻的田块可采用人工拔除的办法。

化学防治 小麦田可选用苯磺隆、唑草酮、2甲4氯、氯氟吡氧乙酸或其复配剂进行茎叶喷雾处理。

综合利用 秃疮花全草入药，其性寒味苦、涩，具有清热解毒、消肿止痛及杀虫的功效。秃疮花含有异紫堇碱、原阿片碱、紫堇碱、异紫堇啡碱、木兰碱等生物碱，具有抗菌、抑菌、抗溶血和改善微循环等作用，其中异紫堇碱还有抗癌活性，开发为各类药物的潜力广阔。秃疮花花色鲜黄，花朵美观，且花葶较长，摇曳多姿，可以引种在园林中做花境，是较好的观花地被植物。秃疮花具有保墒、增加土壤有机质含量、改善土壤理化性质及招蜂引蝶有助于授粉的作用，可作为果园的优良草种。秃疮花对镉和锌具有较强的耐性和富集能力，对铜和铅也有一定的耐性和富集能力，可作为矿区、农田、河道等重金属污染土壤的修复植物。

参考文献

龙凤来，岳正刚，余鸽，等，2017. 秃疮花化学成分、药理作用及毒性研究进展[J]. 河北医药，39(22): 3492-3495.

施海燕，呼丽萍，李武刚，2010. 提高秃疮花种子萌发率初探[J]. 种子，29(11): 87-90.

王兵，朱玉菲，刘冬云，2014. 秃疮花种子萌发特性研究[J]. 河北农业大学学报，37(5): 67-70, 76.

向春雷，董洪进，胡国雄，等，2015. 中国秃疮花属和海罂粟属的细胞学研究（英文）[J]. 植物分类与资源学报，37(6): 721-726.

赵强，2019. 我国秃疮花属植物资源及利用[J]. 中兽医医药杂志，38(1): 28-31.

朱荣，2011. 秃疮花在Zn、Cd、Cu和Pb胁迫下的耐性和富集特征研究[D]. 成都：四川农业大学.

（撰稿：马小艳；审稿：宋小玲）

涂鹤龄 Tu Heling

涂鹤龄（1938—2004），著名杂草科学家，青海省农林科学院研究员。

个人简介 江苏如皋人。1938年1月5日生于江苏如皋，中共党员，九三社员，1956年6月参加工作。1958—1962年就读青海农牧学院农学系植保专业，1962年毕业后分配到青海省农林科学院植物保护研究所工作。历任青海省农林科学院植保所所长、青海省第八届人大代表，青海省植保学分会理事长、荣誉理事长，中国植物保护学会杂草学分会副主任委员、顾问，青海省科技专家委员会副主任，国际杂草学会终身会员。

成果贡献 在青海高原农业科研第一线工作40余年，在农田杂草治理技术研究与推广上取得重大成就。主持国家“七五”“八五”“九五”农田杂草治理子专题、专题及省部级重大课题9项，取得成果18项；率先在中国研究农田野燕麦发生规律和防治技术，推广防治6838万亩，增值7.7亿元。主持国家“八五”科技攻关重大专题，在中国首次系统地研究水稻、小麦、玉米、大豆、棉花5大作物农田杂草群落演替规律，开创一次性化学防治技术与生态调控相结合的治理技术体系，单位面积除草剂用量减少20%，有效控制杂草群落危害。研制麦草光、麦草净、稻草畏等10种复配剂，一次施药，实现农田无草害，是除草技术的飞跃。“八五”成果中国示范3340万亩，增值11.76亿元。1999年以来，中国每年化学防治9亿亩，一次性化学防治约占50%。创立“深埋药，加助剂，狠抓水，促生长”的使用技术原理，解决了旱田除草剂使用效果不稳的难题。发表论文

T

102 篇，获优秀论文奖 9 篇，出版著作（含合著）12 部，其中独著的《麦田杂草化学防除》被列为国家“十五”重点图书，2003 年 6 月化学工业出版社出版。学风正派，治学严谨，培养中青年科技人员约 20 名。

所获奖誉　作为第一贡献者，获国家科技进步二等奖 1 项、三等奖 1 项；省（部）级一、二、三等奖 9 项，省科学大会奖 2 项。1992 年经国务院批准为享受政府特殊津贴专家；1994 年评为青海省劳动模范；1996 年被授予中国“五一”劳动奖章；2001 年 12 月被授予全省农业科技工作突出贡献者。因在青海省农业科研领域做出了突出贡献，曾于 1999 年、2001 年、2003 年被推荐申报中国工程院院士。

（撰稿：郭青云、郭良芝；审稿：强胜）

屠乐平　Tu Leping

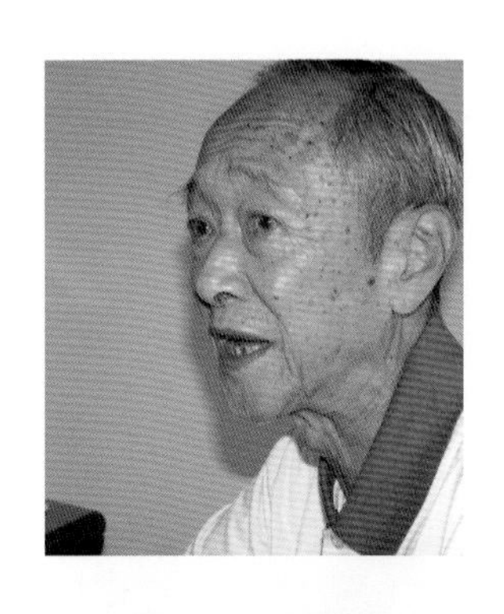

屠乐平（1929—2014），农药学家、农田杂草科学家，云南省农业科学院植物保护研究所研究员。

个人简介　江苏常州人。1929 年 2 月出生于吉林长春。1948—1949 年就读于上海教会学校圣约翰附中和圣约翰大学建筑系，1949 年考取清华大学农学院，后院系调整为北京农业大学（即现在中国农业大学）土壤农化系农药专业，1953 年毕业后即分配到西南农科所，1958 年随西南农科所迁入云南，一生从事化学农药、除草剂筛选和杂草科学研究。屠乐平曾担任云南省农业科学院植物保护研究所杂草室主任，1986 年云南省首次职称改革试点就被评聘为研究员。兼任云南省植保学会副理事长，参与筹建和组建中国植物保护学会杂草分会，以及云南植保学会杂草学分会，为中国及云南省杂草科学事业的创始人之一，并担任云南省植保学会杂草分会理事长，第 1～5 届中国植物保护学会杂草学分会委员，国际杂草协会终生会员，云南省第 5～7 届（1990—1998）政协经科委委员、九三学社云南省省委常委和云南省农业科学院副主委。

成果贡献　屠乐平发表学术论文 40 余篇，编著专业书籍 9 部，获省部级科技成果奖 6 项，技术革新 1 项、国家专利 2 项，技术转让 2 项。退休后创建民营“云南南南生物实用技术研究所”，自任法人代表兼所长，继续研发果蔬、切花和鲜花保鲜剂，发明多项保鲜方面的专利，合作开发生物杀虫剂。曾任省高新开发区、高新技术企业协会理事，国家专家库成员，载入《楚雄州志》及《世界名人录（WHO'S WHO IN THE WORLD）》多部辞典。

于 20 世纪 50～60 年代主要从事农药配方筛选、杀虫剂和杀菌剂应用技术的研究项目。1959 年参加云南省大面积开展航空植保工作，应用飞机喷施化学农药防治小麦锈病和蚕豆锈病，以及大面积防治黏虫、水稻螟虫等工作。针对安 -2 型飞机喷雾装置存在的问题，研制和改进了飞机喷雾装置“旋流柱”，提高了喷雾效率和防治效果，该项成果作为国家民航局技术革新在中国推广应用。

1969 年，云南省“革委会”科技组成立了“省化学除草领导小组”，屠乐平作为技术负责人，参加云南省化学除草小组开展稻田化学除草的试验、示范和推广工作，是云南省农田化学除草工作的先行者。1975 年，根据农田化学除草技术推动的需要，作为技术负责人，编写科教片脚本，协助珠江电影制片厂摄制组拍摄《稻田化学除草》科教片，该科教片在中国放映，对农田化学除草起到一定推动作用。

设计创建云南第一家生产除草剂敌草隆工厂。20 世纪 70 年代初，根据云南省农田杂草和选用除草剂的需要，屠乐平起草向云南省革委会提出建厂生产除草剂敌草隆的建议，并主持策划建厂设计方案，工艺流程和技术路线等。“年产 100 吨敌草隆原药厂建设方案”获准，农药厂顺利试车投产，最终屠乐平被记载入《楚雄州志》史料。

调查研究鉴定明确云南农田杂草种类，制定云南农田杂草区划。1980 年，负责中国稻田草害资料总结整理工作的同时，主持“云南农田草害调查研究”专项，历经 5 年的工作，系统调查了云南各类农田 19 863 个样方，获得 26 万个数据，经整理和分类鉴定，共有杂草种类包括 102 科 626 种，其中水田杂草 147 种，加上排水后作期的杂草共有 224 种；旱地杂草包括短期作物和经济林木共有杂草 402 种，种类数量居中国之冠。

根据云南立体农业的特点，在复杂的自然生态和耕作栽培制度下，农田杂草种类繁多，屠乐平参考农业气候区划和农业地理区划等资料，划分了云南农田杂草区划，从低热区到高寒区分为热带大春作物主熟区、南亚热带双季稻及小麦三熟区、中亚、热带单季稻及小春两熟区、北亚热带至暖温带水稻及小春两熟区以及温带至寒温带夏作熟区 5 个农田杂草区划。并以主要农作物为主体，列出了不同区划内主要危害杂草和有特点的指示杂草种类，概述了农田杂草种群的危害与危害规律，并首次整理编撰出《云南省农田杂草名录及其分布、危害》，建立了云南农田杂草标本库，为云南杂草科学的研究提供科学依据，坚实了云南杂草科学事业的基础，对农田杂草防除具有指导意义和应用价值。根据农田生态环境和杂草群里构成及其危害情况，屠乐平又将农田杂草归纳为 3 大类：水田杂草群落，主要有 146 个，多数是一年生杂草，包括水生杂草和湿生杂草群落；旱地作物杂草群落有 143 个，以一年生杂草为主，该类杂草群落受作物种类和耕作变化较大，多为旱生育湿生杂草混合群落；经济林园杂草群落，有约 70 个，这类群落相对稳定，以多年生旱生型为主构成。

屠乐平在果园化学除草及人工植被替代控制草害研究方面，特别对山区生态果园免耕或种植白花三叶草等豆科作物作为替代植被，进行活覆盖的果园杂草综合治理研究及示范，受到国内外同行专家高度评价；在旱地化学除草方面，根据云南山区缺水的现状，研究一年生杂草种子萌发出土规律，筛选出一些节水拌土、安全简便的除草剂，为云南山区农业生产发展做出积极贡献。

（撰稿：陈宗麒；审稿：傅杨）

T

土牛膝　*Achyranthes aspera* L.

园地、林地多年生草本杂草。又名倒钩草、倒梗草。英文名 prickly chaff-flower。苋科牛膝属。

形态特征

成株　高 20～120cm（见图）。根细长，直径 3～5mm，土黄色。茎四棱形，有柔毛，节部稍膨大，分枝对生。叶对生，叶片纸质，宽卵状倒卵形或椭圆状矩圆形，长 1.5～7cm、宽 0.4～4cm，顶端圆钝，具突尖，基部楔形或圆形，全缘或波状缘，两面密生柔毛，或近无毛；叶柄长 5～15mm，密生柔毛或近无毛。穗状花序顶生，直立，长 10～30cm；总花梗具棱角，粗壮，坚硬，密生白色伏贴或开展柔毛；花长 3～4mm，疏生，花后花向下折与总花梗贴近；苞片披针形，长 3～4mm，顶端长渐尖，小苞片刺状，长 2.5～4.5mm，坚硬，光亮，常带紫色，基部两侧各有 1 个薄膜质翅，长 1.5～2mm，全缘，全部贴生在刺部，但易于分离；花被片披针形，长 3.5～5mm，长渐尖，花后变硬且锐尖，具 1 脉；雄蕊 5，长 2.5～3.5mm，花丝带状，基部连合成筒；退化雄蕊顶端截状或细圆齿状，背面具流苏状鳞片 1 个。

子实　胞果卵形，长 2.5～3mm。种子卵形，不扁压，长约 2mm，棕色。

生物学特性　种子繁殖，也可通过宿根上的不定芽进行营养生殖。花期 6～8 月，果期 10 月。土牛膝为喜光植物，光饱和点、光补偿点分别为 1270mol/(m^2·s)和 15.86mol/(m^2·s)，表观量子效率达到 0.0523mol/(m^2 · s)，说明其对弱光的利用能力较强，对遮阴环境有一定的适应能力；在较强的光能辐射和 CO_2 浓度下其光合效率较低，最大净光合速率、表观羧化效率仅为 9.84mol/(m^2 · s) 和 0.0299mmol/mol。土牛膝对干旱环境的耐性较差，随着有效光合辐射的增强，其气孔导度和蒸腾速率呈快速上升趋势，不利于保持体内水分。

分布与危害　中国分布于湖南、江西、福建、台湾、广东、广西、海南、四川、云南和贵州等地。多生长于山坡疏林或村庄附近的空旷地，偶见于果园、苗圃、幼林和茶园，不侵入农田，发生量少，危害轻。

土牛膝植株形态（强胜摄）

防除技术　应采取农业防治为主的防控手段，也应考虑综合利用等措施。

农业防治　土牛膝零星或少量发生的田块可在其开花前进行人工拔除。

综合利用　在中国、印度、巴基斯坦、菲律宾、斯里兰卡、孟加拉国、埃塞俄比亚、肯尼亚等多个国家和地区的传统医学记载里，土牛膝有重要的药用价值。土牛膝含有降低血糖、抗关节炎、抗心血管疾病、抗细胞衰老的活性物质，能够治疗牙痛、眼炎、关节炎、疖疮、痔疮、癫痫、肾水肿、腹部肿瘤等疾病，也可用于避孕和流产。土牛膝含有的皂苷类化合物具有较强的抗氧化活性，土牛膝茎和叶的乙醇提取物注射治疗患糖尿病小鼠，能显著降低小鼠肝脏中的丙二醛和 NO 水平，恢复过氧化氢酶活性。土牛膝叶片的甲醇提取物对多种肿瘤细胞具有细胞毒性。土牛膝根与桐叶千金藤［*Stephania japonica* var. *discolor* (Blume) Forman］叶片的混合乙醇提取物能降低精子的活力，且该过程不可逆。此外，地上部分的正己烷提取物对绿豆象成虫有一定的触杀毒性和趋避活性；茎秆的正己烷提取物对埃及伊蚊四龄幼虫有显著的杀虫活性。

参考文献

卢佳佳，孙艺钦，龙顺悦，等，2016. 4 种中草药对绿豆象的生物活性 [J]. 贵州农业科学，44(3): 141-144.

朱慧，马瑞君，2009. 入侵植物马缨丹 (*Lantana camara*) 及其伴生种的光合特性 [J]. 生态学报，29(5): 2701-2709.

ANUJA M M, NITHYA R S, SWATHY S S, et al, 2011. Spermicidalaction of a protein isolated from ethanolic root extracts of *Achyranthes aspera*: an invitro study [J]. Phytomedicine, 18: 776-782.

HE X R, WANG X X, FANG J C, et al, 2017. The genus *Achyranthes*: A review on traditional uses, phytochemistry, and pharmacological activities [J]. Journal of ethnopharmacology, 203: 260-278.

KUMAR S, WAHAB N, MISHRA M, et al, 2012. Evaluation of 15 local plant species as larvicidal agents against an Indian strain of dengue fever mosquito, *Aedes aegypti* L. (Diptera: Culicidae) [J]. Frontiers in physiology, 3: 1-6.

SUBBARAYAN P R, SARKAR M, IMPELLIZZERI S, et al, 2010. Anti-proliferative and anti-cancer properties of *Achyranthes aspera*: specific inhibitory activity against pancreatic cancer cells [J]. Journal of ethnopharmacology, 131: 78-82.

TALUKDER F Z, KHAN K A, UDDIN R, et al, 2012. In vitro free radical scavenging and anti-hyperglycemic activities of *Achyranthes aspera* extractin alloxan-induced diabetic mice [J]. Drug discoveries & therapeutics, 6: 298-305.

（撰稿：周小刚、刘胜男；审稿：黄春艳）

土壤处理　soil application

是将化学除草剂直接施到土壤表面或混入土壤之中的

一种化学除草剂使用方法。在杂草出苗前，将除草剂加水喷施或拌成毒土撒施于土壤表层，或喷洒后通过混土操作，将除草剂拌入土壤中，以杀死未出土杂草。土壤处理将除草剂施用于土壤中后，在土表形成一层除草剂封闭层或在土壤团粒空隙中形成除草剂蒸汽，处于或穿过封闭层或蒸汽层的杂草种子萌发过程中，通过根、胚芽鞘或下胚轴等部位吸收除草剂受到毒害而死亡。

土壤处理是最常见的化学除草剂使用方法之一，广泛用于水稻、小麦、玉米、蔬菜、甘蔗等作物田的控草处理。用于土壤处理的除草剂必须具有一定的持效期，才能有效地控制杂草，落入土壤立即钝化或降解的除草剂如敌稗、草甘膦等茎叶处理剂，则不宜用于土壤处理。

根据土壤处理剂使用时间，可分为：①播前土壤处理。种植前施用是在播前或移栽前，杂草未出苗时将除草剂喷施或拌毒土撒施于田中。施用易挥发或易光解的除草剂（如氟乐灵）必须在施药后及时耙地混土 3～5cm 左右，防止药剂光解失效。有些除草剂虽然挥发性不强，但为了使杂草根部接触到药剂，施用后也需混土，以保证药效。②播后苗前土壤处理。在作物播种后出苗前，杂草未出苗时将除草剂均匀喷施于土表。适用于经杂草的根和幼芽吸收的除草剂如酰胺类、三氮苯类、取代脲类。③作物苗后土壤处理。作物生育期处理土壤或移栽缓苗后处理土壤，称为苗后土壤处理。如在水稻移栽田，可在水稻移栽缓苗后杂草出苗前，使用丙草胺、丁草胺、二甲戊灵等土壤处理剂，一般采用毒土法施药，即将除草剂与一定质量的细土混匀后均匀撒施到具有水层的田中，并保水数天。

不同化学类别的土壤处理剂杀灭杂草的原理也不尽相同，如莠去津等三氮苯类土壤处理剂，易被植物根部吸收并传导至分生组织和叶面，抑制杂草光合作用中的电子传递最终导致杂草死亡；乙草胺、异丙甲草胺等酰胺类土壤处理剂，主要靠植物的幼芽吸收，单子叶杂草以胚芽鞘吸收为主，双子叶杂草以下胚轴吸收为主，吸收后向上传导。种子和根也吸收传导，但吸收量较少，传导速度慢。其主要作用机制是抑制发芽种子 α- 淀粉酶及蛋白酶的活性，破坏蛋白质的合成，使幼芽、幼根停止生长；二甲戊灵、氟乐灵等二硝基苯胺类土壤处理剂，不影响杂草种子的萌发，而是在杂草种子萌发过程中幼芽、茎和根吸收药剂后起作用，抑制分生组织细胞分裂，幼芽和次生根停止生长；氨基甲酸酯类除草剂禾草丹，杂草自根部和幼芽吸收后转移到植株体内，影响细胞有丝分裂和生长点的生长，导致萌发过程中的杂草种子和幼芽枯死。

土壤处理的选择性原理主要有以下几种：一是时差选择性，种植前土壤处理就是利用作物和杂草的时间差异来实现选择性的。在作物未播种前，通过土壤处理建立土表除草剂封闭药膜，土壤中的杂草在萌动过程中，接触除草剂而受到毒害。二是位差选择性，利用作物和杂草的种子或根系在土壤中的位置不同，一般来讲，杂草种子处于土壤表层，作物种子处理土壤深层。土壤处理后，浅层的杂草种子或根系接触药剂，而作物种子或根系不接触药剂可以正常萌发，因而能杀死杂草，保护作物安全。播后苗前土壤处理就是利用了位差选择性，如利用乙草胺防除玉米或大豆田杂草，由于大豆和玉米播种较深，而一年生杂草多在表层发芽，故杂草得以防除。一些深根作物在生育期内进行土壤处理也可利用除草剂在土壤中的位差获得选择性，如西玛津与敌草隆防除果园杂草，药剂可杀死表层浅根杂草，而无害于深根的果树等作物。三是生理生化选择，即作物和杂草对除草剂的吸收传导能力的差异以及除草剂在植物体内钝化反应的差异产生的选择性。如氯嘧磺隆在大豆幼苗内可发生谷胱甘肽耦合反应而丧失活性。氟乐灵可安全用于胡萝卜田除草，主要是由于氟乐灵在胡萝卜体内易产生 *N*- 脱丙基反应而迅速失去活性，而多数杂草反应能力差，能被氟乐灵杀死。此外也能利用安全剂获得选择性。如在水稻田使用的丙草胺制剂，一般是添加了安全剂解草啶的混剂，因此可安全地用于水稻秧田、直播田、抛秧田和移栽田。通常甲草胺或异丙甲草胺不宜用在高粱田，但在使用安全剂处理种子后，则能够安全地应用在高粱田。

土壤处理的药效和对作物的安全性受土壤质地、有机质含量、土壤含水量和土壤微生物等多种因素的影响。①土壤质地。砂土吸附除草剂的能力比壤土差，所以除草剂在砂土地的使用量比在壤土地应适当减少。从对作物的安全性考虑，除草剂在砂土地易被淋溶到作物种子层，从而产生药害。②有机质含量。有机质含量高的土壤对除草剂吸附能力强、淋溶性差。同样除草剂用量下，有机质含量高的土壤表现出的防效通常低于有机质含量低的土壤。③土壤含水量。除草剂只有在土壤中处于溶解状态，才能被杂草吸收而发挥除草作用，土壤含水量越大，被解吸到水分中的除草剂越多，土壤颗粒间的空隙就会被更多的除草剂溶液占据，杂草的根、芽或胚轴就会充分吸收除草剂，有利于药效发挥。反之，土壤含水量低，土壤干燥，不利于药效发挥，在干旱季节施用土壤处理剂，应加大用水量，保证除草效果。④土壤微生物。土壤微生物主要通过对除草剂的降解来影响药效。一般认为，土壤有机质含量高、微生物类群丰富，对除草剂的降解快、持效期短。

采用土壤处理应注意：在砂土地使用土壤处理剂要特别注意掌握好用药量，以免产生药害。有机质含量高的田块，为保证药效，应适当加大除草剂的使用量，有机质含量超过 6% 时，不宜用作土壤处理。施药前注意关注土壤含水量和天气预报，土壤含水量较低时，应适当加大用水量以发挥药效；土壤含水量较高或未来 1～2 天内有降雨时，应适当减小用水量；土壤水分饱和或短期内有大暴雨时应避免进行土壤处理。根据土壤处理剂使用时间的不同，应注意其使用方法：如丁草胺、嗯草酮等在水稻移栽田使用时，若移栽前用药，则采用土壤喷雾法或药土法均可；若移栽后使用，则应采用药土法施药，不可进行喷雾处理，以减少药剂在秧苗叶片的附着，避免产生药害。有些除草剂（如氟乐灵）易挥发和光解，施用于土壤后还需做混土处理。

参考文献

倪汉文，姚锁平，2004. 除草剂使用的基本原理 [M]. 北京：化学工业出版社 .

强胜，2001. 杂草学 [M]. 北京：中国农业出版社 .

徐汉虹，2018. 植物化学保护学 [M]. 5 版 . 北京：中国农业出版社 .

（撰稿：郭文磊；审稿：王金信、宋小玲）

土壤处理剂 pre-emergence herbicide

在杂草未出苗前，通过喷洒于土壤表层或喷洒后通过混土操作将除草剂拌入如层中，建立起一层除草剂封闭层，以杀死未出土杂草的除草剂称为土壤处理剂，也称芽前除草剂或封闭除草剂。主要是在种子萌发出土的过程中，经胚芽鞘或幼芽吸收，进而发挥除草作用。主要土壤处理剂见表。例如：二硝基苯胺类除草剂中的氟乐灵，单子叶植物的主要吸收部位为胚芽鞘，双子叶植物的吸收部位为下胚轴，进入植物体内，抑制细胞分裂而使杂草死亡；酰胺类除草剂中的异丙甲草胺，靠植物的幼芽吸收，抑制植物的蛋白酶活性，破坏蛋白质的合成。

主要土壤处理剂

除草剂种类	作用机制	结构类型	代表除草剂
乙酰乳酸合成酶抑制剂类除草剂	抑制乙酰乳酸合成酶，阻碍支链氨基酸合成	咪唑啉酮类	甲氧咪草烟
		磺酰胺类除草剂	双氯磺草胺
PSII 抑制剂类除草剂	抑制光合作用中的电子传递	三氮苯类	敌草净、西玛净
PPO 抑制剂类除草剂	抑制原卟啉原氧化酶，阻碍叶绿素的合成	二唑酮类	丙炔噁草酮
八氢番茄红素抑制剂类除草剂	抑制植物体内类胡萝卜素生物合成	吡啶酰胺类	氟吡酰草胺
HPPD 抑制剂类除草剂	抑制对羟基苯丙酮酸双加氧酶活性	异噁唑类	异噁唑草酮
番茄红素环化酶抑制剂类除草剂	抑制原卟啉原氧化酶，阻碍叶绿素的合成	二苯醚类	苯草醚
维管束组装抑制剂类除草剂	抑制分生组织细胞分裂	二硝基苯胺类	仲丁灵、二甲戊灵、氟乐灵
超长链脂肪酸合成抑制剂类除草剂	抑制植物体内类胡萝卜素生物合成	酰胺类	乙草胺、甲草胺、丁草胺、异丙甲草胺、丙草胺、异丙草胺、精异丙甲草胺

土壤处理剂除了利用生理生化选择外，也利用时差和位差选择性除草保苗。土壤处理剂通常具有以下优点：①持效期较长，能够长期控制杂草。②在杂草萌发之前用药，能够早期控制杂草。但也具有以下缺点：①由于杂草未出苗，不清楚杂草具体种类，不能够因草施药，选择除草剂有一定的盲目性。②除草效果和对作物的安全性受土壤性质的影响较大。

影响土壤处理剂药效的主要因素为土壤类型、有机质含量、土壤含水量和整地质量等。①土壤类型。由于砂土吸附除草剂的能力比壤土差，所以，除草剂的使用量在砂土上应比在壤土上少。从作物安全性来考虑，在砂土上除草剂易被淋溶到作物根层，从而产生药害，所以在砂土使用除草剂要掌握好用药量，以免发生药害。②有机质含量。影响除草剂在土壤中的吸附性与淋溶性。由于有机质对除草剂的吸附能力强，从而降低除草剂活性。有机质含量高的黏性土壤较有机质含量低的砂性土壤吸附除草剂的量多，需要较多的药量才能达到相同的防除效果。由于降雨或土壤水分引起除草剂向下层渗透的现象即淋溶性也与有机质含量有关，有机质含量高的黏性土壤较有机质含量低的砂性土壤淋溶性小。淋溶到作物播种层可能会引起作物药害，因此土壤处理剂用药后降大雨及在砂土地、低洼地上应用易发生药害，淋溶到地下水还会污染地下水。③土壤含水量。土壤含水量对土壤处理除草剂活性影响极大。土壤含水量高，被解吸附到水中的除草剂越多，杂草吸收的就会越多，药效就高。④整地质量。除草剂施用到土壤中，不可避免的被土壤微生物降解，不同除草剂在土壤中与土壤微生物的作用程度不一，因此药效也有差异。土壤处理剂对大粒种子的杂草和多年生杂草效果不好。土壤处理防治杂草失败或引起药害的原因有很多，例如浅播小粒种子作物（如谷子、部分小粒种子蔬菜），难以选择土壤处理剂，使用后难以保证对作物安全性；一些淋溶性强的除草剂，如扑草净等安全性较差；砂性、有机质含量低的地块易使药剂向下淋溶导致位差选择性失败，引起作物药害；低洼凹凸不平的地块降雨后容易积水导致积水处药害；一些大粒种子杂草或多年生杂草地下营养繁殖器官分布在较深的土层，除草剂对其作用减弱，往往药效较差，如苍耳、苘麻、芦苇土壤处理较难防除。

土壤处理剂施药时间可分为播前、播后苗前、作物苗后土壤处理 3 种处理类型。①播前土壤处理。即在作物播种前或移栽前将除草剂施于土壤表面的方法。部分除草剂由于易挥发和光解需要播前混土处理，如氟乐灵。另外，在地表墒情差的情况下，混土处理除草效果好。②播后苗前土壤处理。即在农作物播种后出苗前施用除草剂进行土壤处理。目前生产中使用的大多数土壤处理剂都是采用这种方法进行施药。③作物苗后土壤处理。即在作物生育期或移栽缓苗后处理土壤，称为苗后土壤处理。例如稻田在移栽后使用丁草胺、杀草丹等。

参考文献

刘长令，2002. 世界农药大全：除草剂卷 [M]. 北京：化学工业出版社.

徐汉虹，2018. 植物化学保护学 [M]. 5 版. 北京：中国农业出版社.

中国农业百科全书总编辑委员会农药卷编辑委员会，中国农业百科全书编辑部，1993. 中国农业百科全书：农药卷 [M]. 北京：农业出版社.

（撰稿：李琦；审稿：刘伟堂、宋小玲）

菟丝子属 *Cuscuta* L.

秋熟旱作物田一年生缠绕寄生检疫性杂草。又名金丝藤、无根草等。英文名 dodder。旋花科菟丝子属。据《中国植物志》记载，菟丝子约 170 种，广泛分布于世界暖温带地区，主产美洲，中国有 11 种。

形态特征

成株 无根，叶片无或退化为小鳞片，茎纤细，线形，直径 1～2mm，光滑无毛，左旋缠绕，茎上长出吸器，固着于寄主植物，寄生后呈黄色至橙黄色，有时为褐色或紫红色。花小，白色或淡红色，无梗或具短梗，为穗状、紧缩总状或簇生团伞花序；苞片小或缺，膜质。花萼杯状，5 裂，花冠白色或淡红色，顶端 5 裂，裂片三角状卵形（图①）。雄蕊 5，花丝短，着生花冠裂片弯缺稍下处；鳞片 5，近长圆形，边缘细裂成长流苏状；子房近球形，2 室，每室 2 胚珠，花柱 2，分离或连合为 1，柱头 2，球形或伸长。

子实　蒴果近球形，有时稍肉质，成熟时被宿存花冠包住，周裂或不规则破裂；种子 1～4，无毛，卵形，表面光或粗糙，有头屑状附属物，种脐线形，位于腹面一端（图②～④）；胚在肉质胚乳中，线形，成圆盘状或螺旋状弯曲，子叶无或仅有细小的鳞片状遗痕。

幼苗　刚出土的菟丝子有初生根，初生根的生长仅是细胞的伸长和中柱的分化，没有细胞分裂。幼苗呈浅黄色的线状体，出土后先端向四周旋转，缠上寄主后即在接触部产生吸器穿入寄主维管组织获取营养，不断生长，吸器产生后，根自下而上逐渐死亡。

生物学特性　菟丝子寄主范围广，包括豆科、菊科、蓼科、苋科、藜科等草本植物，还有蔷薇科、茄科、无患子科等灌木，甚至乔木。菟丝子种子休眠期较长，种子在土壤中寿命很长，4～6 年后仍可达到最大萌发率，休眠甚至可达 10 年。种皮的不透水性及种子中抑制物质的存在是造成菟丝子种子休眠的主要原因。温度、湿度及埋土深度影响菟丝子种子的萌发，气温 15℃ 时，菟丝子种子开始萌发，萌发的最适温度为 20～26℃，所需的土壤相对湿度为 15%～30%。幼苗从出土到缠绕寄主植物约需 3 天，从产生吸器到建立寄生约 1 周，长出新茎到现蕾需 1 个月以上，现蕾到开花约 10 天，开花到果实成熟约 20 天。菟丝子果小而多，单株种子产量 3000～5000 粒。也能进行营养繁殖，一般离体的活菟丝子茎再与寄主植物接触，仍能缠绕，长出吸器，再次与寄主植物建立寄生关系，吸收寄主的营养，继续迅速蔓生。主要是以种子进行传播扩散。菟丝子种子小而多，寿命长，易混杂在农作物、商品粮以及种子或饲料中作远距离传播。缠绕在寄主上的菟丝子片断也能随寄主远征，蔓延繁殖。

分布与危害　2007 年，中国将菟丝子属所有种都列入进境植物检疫性有害生物名录。菟丝子完全从寄主植物获取水分和养分，为常见农田杂草。菟丝子一旦侵入群落，可迅速蔓延，严重抑制寄主的光合作用和生长发育，导致寄主叶片黄化、脱落，枝梢枯萎，长势衰弱，不能正常开花结实，甚至整株或成片死亡。菟丝子难以清除，危害持久，降低作物产量和品质，破坏园林景观，给农牧业生产及城市绿化造成巨大损失。菟丝子属植物也是一些植物病原物的中间寄主，促进病害传播。

防除技术　预防是应对菟丝子不利影响的最好策略。中国已将菟丝子列为检疫杂草，禁止被菟丝子污染的作物种子输入。

人工防治　出苗前，翻耕可深埋菟丝子种子，抑制其发芽；出苗后，及时清除农田杂草，尤其是农作物周围的杂草，减少寄主，可降低菟丝子幼苗的成活率；定期巡查，一旦发现菟丝子寄生，连同寄生植物及时清除，避免菟丝子茎继续扩散，降低其种子库；注意检查清理农田机械，避免其携带

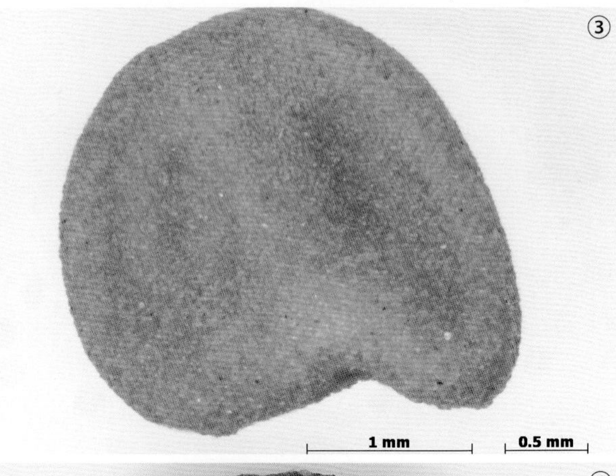

菟丝子属代表种（徐瑛摄）

①田野菟丝子花；②田野菟丝子种子；③单株菟丝子种子；④中国菟丝子种子

菟丝子茎段向别处扩散。

化学防治 菟丝子种子出苗前可用酰胺类除草剂乙草胺、精异丙甲草胺进行土壤封闭处理。在大豆、苜蓿等作物田中菟丝子开始寄生危害时，使用地乐胺均匀喷雾，用药要及早且要喷透、喷匀。果园和高大的果株，用草甘膦、地乐胺等除草剂茎叶处理可有效防除。

生物防治 寄生在大豆上的中国菟丝子能被真菌感染而自然死亡，并于1963年研制成功“鲁保一号”真菌除草剂，对菟丝子的防效达85%以上，且对作物安全，在多地推广。但长期培养过程中，该菌种出现变异退化，几乎丧失了应用价值。1981年起，高昭远等人研究真菌菌种退化原因，经连续5年150代的传接培养和观察，筛选出性状稳定的S22单孢变异株，形成了商品化的防除菟丝子生物制剂。

综合利用 南方菟丝子及日本菟丝子的种子也可用于制备中药材“菟丝子”，传统上用中国菟丝子种子制得，具有补益肝肾、固精缩尿、安胎、明目、止泻之功效，外用具有消风祛斑之功效。菟丝子寄生也可抑制甚至导致外来入侵寄主植物的死亡。从生态学角度，菟丝子也可作为控制外来入侵杂草的生物手段之一。如田野菟丝子易寄生外来恶性杂草薇甘菊，并导致其死亡，表现出大面积控制该入侵植物的生态潜能。王维斌等发现南方菟丝子成功寄生并明显抑制入侵植物瘤突苍耳的生长和繁殖。

参考文献

白瑞霞，胡明明，孙晓晓，等，2017. 防除菟丝子的土壤处理除草剂初步筛选 [J]. 河北农业科学，21(1): 49-52.

郭凤根，李扬汉，2000. 检疫杂草菟丝子生物防治研究的进展 [J]. 植物检疫 (1): 31-33.

李扬汉，1998. 中国杂草志 [M]. 北京：中国农业出版社.

吴广荣，2013. 菟丝子的发生与防治 [J]. 现代农村科技 (10): 37.

许志刚，2008. 植物检疫学 [M]. 3版. 北京：高等教育出版社.

印丽萍，2018. 中国进境植物检疫性有害生物：杂草卷 [M]. 北京：中国农业出版社.

印丽萍，颜玉树，1997. 杂草种子图鉴 [M]. 北京：中国农业科技出版社.

中国科学院中国植物志编辑委员会，1979. 中国植物志 [M]. 北京：科学出版社.

WANG W B, AN M N, FENG Y L, et al, 2019. First report of dodder (*Cuscuta australis*) on the invasive weed *Xanthium strumarium* var. *canadense* in China [J]. Plant disease, 103(3): 591-591.

YU H, YU F H, MIAO S L, et al, 2008. Holoparasitic *Cuscuta campestris* suppresses invasive *Mikania micrantha* and contributes to native community recovery [J]. Biological conservation, 141(1): 2653-2661.

（撰稿：伏建国、徐瑛；审稿：冯玉龙）

推荐剂量 recommended dose

能有效防除目标杂草且对作物安全的除草剂使用剂量。一般是经过多点的除草剂田间药效试验验证而得出的，经过农药管理部门认证，作为除草剂产品标签的重要内容之一，是指导除草剂的科学安全使用的主要依据，因此，推荐剂量也称之为商业剂量。由于杂草生长的不同时期敏感性不同，早期敏感性高而后期敏感性低，因此，推荐剂量一般是一个剂量范围，通常苗期用低剂量，往后选择中或高剂量。

通过田间药效试验获得的推荐剂量是除草剂登记管理的重要指标，是制定除草剂产品标签的重要依据，适用于除草剂产品登记和田间应用。推荐剂量需要开展的除草剂田间药效试验应在多点不同生态区域农田开展，不良环境和极好的环境条件下的试验结果不应作为推荐用量的依据。苗后除草剂应在适宜温度、空气相对湿度65%～90%、风速4m/s以下及杂草敏感期等开展；严重干旱、高温低湿等不良环境条件下还应严格规范喷洒技术。苗前封闭除草剂应在不同质地（砂质土、壤质土、黏质土）、有机质含量（土壤有机质含量3%以下、3%～5%、6%以上），pH＜6、pH＞7等不同理化性质的试验地开展田间试验；在干旱条件下采取混土施药等技术开展试验。

除草剂以杀死杂草，保护目标作物为目的，但作物和杂草两者均是植物，因此除草剂的作用具有特异的选择性。化学除草剂是通过植物形态、时差与位差、生理生化和人为等各种选择性来实现的，而这些选择性是在一定范围内的选择性，超出了范围，也会对作物产生药害。另外除草剂的用量还受作物种类、土壤质地、气候条件等因素的影响。在除草剂田间药效试验中，一般试验药剂设置高、中、低及中剂量的倍剂量4个剂量，倍剂量是为了评价作物安全性，最终获得除草效果好，对作物安全的剂量。除草剂经过田间药效试验提出推荐使用剂量必须准确、可靠。

通过除草剂田间药效试验，综合分析供试除草剂在低、中、高剂量下对目标杂草的防治效果、对作物的安全性以及经济效益，提出合适的推荐剂量。如低剂量已达到满意的防治效果，推荐剂量可为低剂量到中剂量；如低剂量防治效果较低，推荐剂量可为中剂量到高剂量。根据对不同杂草的防治效果不同，还可提出针对不同草相的推荐剂量，如对一年生杂草推荐剂量为低剂量到中剂量，对多年生杂草推荐为中剂量到高剂量。

此外还应根据作物生长状况及生育期、靶标杂草草相状况，确定除草剂的推荐剂量，作物幼苗对除草剂的耐药性水平与其叶龄大小及健康状况直接相关，小苗、弱苗对除草剂的耐药性通常会下降，因此应推荐低剂量，推荐剂量较高时容易产生药害。同时杂草群落的组成、杂草密度、杂草群体的叶龄等与除草剂防效也直接相关，杂草植株较大，密度较大、分蘖较多等对除草剂的耐药性也会增强，因此需要推荐较高的剂量。根据土壤质地、墒情和天气情况等确定使用剂量。如土壤砂质较重或有机质含量较高时会导致多种除草剂药效下降，因此应推荐高剂量。

参考文献

强胜，2009. 杂草学 [M]. 2版. 北京：中国农业出版社.

农业部农药检定所，2004. 农药田间药效试验准则：GB/T 17980[S]. 北京：中国标准出版社.

（撰稿：陈杰；审稿：宋小玲）

豚草 *Ambrosia artemisiifolia* L.

原产北美的秋熟旱作物田一年生草本外来入侵杂草。又称普通豚草、艾叶破布草、美洲艾。英文名 common ragweed。菊科豚草属。

形态特征

成株 直根系。茎直立，粗 0.3～3cm，株高 5～90cm，偶有高达 2m。不分枝或丛状分枝，茎具纵条棱，较粗糙，通常为绿色或暗红色，常生有瘤基毛。下部叶对生，上部叶互生，叶柄 2～4cm，叶片近等腰三角形，底宽和长可达 15～20cm，一回羽状全裂到三回羽状全裂或深裂，裂片 0.2～1cm，植株上部叶渐小，柄渐短至无柄，有时上部叶不裂呈披针形，叶伏毛有粗糙感（图①、图②a）。雌雄同株，雄花序有短柄，几十至上百个呈总状排列在枝梢或叶腋，花序柄端着生浅杯状或盘状绿色总苞，5～12 个总苞片联合为一体，总苞片具糙伏毛，直径 3～4mm，总苞内着生 5～30 个黄色雄花（图③、图④a）；雄花无舌状花，管状花花冠上部膨大为球形，下部为楔形囊状，以一短柄着生于总花轴上，雄蕊 5 枚，离生，花丝短，花药肥大，顶端有一钩状附属物，散粉后附属物呈尾状外伸（图④bcd）；中央一退化雌蕊，圆柱状，顶端具圆盘状退化柱头似"扫帚"，雄花开放时，花药外伸并开裂，退化雌蕊外伸，将花药中残留花粉粒扫出；雌花序生于总状雄花序轴基部叶腋，单生或数个丛生（图④e），每个雌花序下有叶状苞片，其内有椭圆形囊状总苞，总苞内含一无被雌花，柱头二裂，伸出总苞外（图④f）。

子实 雌花总苞成熟后呈倒圆锥形，木质化，坚硬，内包果实，具 6～8 个纵条棱，棱顶端突出呈尖头状，顶部中央具喙，连同周围的尖状突起而呈王冠状，长 4～5mm，宽 2～3mm（图④g）。总苞内含一个椭圆形的瘦果，果皮黑褐色。种皮灰白色，较薄，子叶白色，肉质。

幼苗 种子萌发时子叶出土。子叶阔椭圆形，长 6～8mm，宽 3～5mm，先端钝圆，全缘，叶基阔楔形，无毛，具短柄。下胚轴非常发达，紫红色，上胚轴不发达，亦紫红色，并有斜升的刺状毛。初生叶 2 片，对生，单叶，叶片羽状分裂，有明显叶脉，两面被短毛，具长柄，柄上被长柔毛（图②b）；后生叶为二回羽状复叶，其他与初生叶相似。

生物学特性 适生田边、河边、路边、森林等多种生境。以种子越冬繁殖。豚草为二倍体植物，染色体 2n=36。

典型的短日照、喜光植物，苗期 2～5 月，营养生长期 5 月至 7 月中旬，蕾期 7 月初至 8 月初，开花期 7 月下旬至 8 月末，果熟期 8 月中旬至 10 月初。生长发育对低温敏感，发芽最低温度为 5℃，最适温度 10～20℃，自然环境下，21℃ 以上不再发芽，高纬度地区出苗晚。短日照能促进豚草开花，长日照有利于雄花的生长发育，短日照则利于雌花形成，在长日照高纬度下，仅在生长季末期开花，形成大量花粉。早期开花的植株上晚期发育的枝条以及晚期开花的植株，雌花数增加，极端短日照可导致雄花发育无效，形成雌雄异株。

早期刈割后，植株能形成大量种子，每株种子可达 3 万～4 万粒，刈割高度越高，茎基部形成的腋芽越多，在蕾期低割，还能从根上发出新芽。在 8 月中旬，刈割高度在 5cm 和 10cm 时，植株最终生长高度显著降低，但还能开花结实，重复刈割时，可再生 4～5 次。

刚成熟的种子当年在任何温度下均不发芽，4～5℃ 或 16 ℃ /5 ℃ 低温层积 8 周以上或经过冬季 1～3 个月低温，可诱导豚草种子发芽。经低温层积的种子在光下发芽率显著高于持续黑暗中的种子。豚草种子的生命力极强，在土表下 9cm 以内的种子均可发芽，以 1～5cm 为最适，即使在土表，仍有 3.3% 的发芽率，10cm 以下不发芽。团粒结构好、疏松、肥力较好的土壤条件利于豚草生长。

分布与危害 原产北美洲，20 世纪 30 年代传入中国，现广泛分布于黑龙江、吉林、辽宁、内蒙古、河北、北京、天津、山东、安徽、江苏、上海、浙江、江西、福建、湖北、湖南、广东、广西、海南、重庆、四川、贵州、新疆、西藏。现已形成了长江中下游、辽宁、青岛、秦皇岛和新疆共 5 个传播中心，除西藏外，遍布中国各地。2003 年 1 月被列入《中国第一批外来入侵物种名单》，2013 年被列入《中国首批重点管理外来入侵物种名录》。

豚草是大豆、玉米、甜菜、向日葵等旱作田地的重要害草之一，发生于中国大部分旱田。遮盖和压抑作物，阻碍农业操作，影响作物产量。

豚草花粉是人类花粉病的主要病原，体质过敏者便发生哮喘、打喷嚏、流清水样鼻涕等症，一般患者在散粉季结束后就解除症状，每年周期性发病，体质弱者能发生其他合并症甚至死亡。肠草能向环境中排放 4- 聚乙炔、倍半萜烯烃等化学物质，抑制其他植物种子萌发、幼苗生长。可感染甘蓝菌核病原菌，并作为中间寄主感染甘蓝，是万寿菊、向日葵叶斑病原菌的转主寄主，大豆和向日葵害虫的寄主。

防除技术 应形成以环境保护、自然资源、农业和农村等多部门参与的防治管理体系。技术上以生物防治为主，配合区域性相应措施进行综合治理。

物理防治 苗期拔除效果最好。在 8 月中旬，在 5～10cm 高度刈割，能显著降低植株高度，重复刈割 4～5 次。

化学防治 选择安全、有效、低毒的除草剂是秋熟旱作物田豚草防除的主要措施。豚草对取代脲类和二苯醚类除草剂最为敏感，在作物播后苗前土壤处理。茎叶处理的最适时期为豚草 2～4 叶期，大豆田可用氟磺胺草醚、乙氧氟草醚、苯达松等。玉米田土壤处理可用莠去津，茎叶处理可用 2 甲 4 氯、氯氟吡氧乙酸、烟嘧磺隆、硝磺草酮等。不同作物需要选用不同除草剂配方，田边和路旁可以用草甘膦、草铵膦和氯氟吡氧乙酸。

生物防治 从原产地引入的多种专一性天敌：广聚萤叶甲、豚草条纹叶甲和豚草卷蛾等均可取食豚草。尤其是前者效果最为明显，在豚草花期摄食叶，致花而不实，直至植株死亡，所到之处几乎完全根绝了豚草。还可用有经济价值、观赏价值或生态效益的多年生植物进行替代控制豚草。

综合利用 开花期，全株榨取汁液可用于局部止血；成熟期，种子水煎液浸杀钉螺 48 小时，杀螺率 100%。种子

豚草植株形态（曲波摄）

①豚草群落；②幼苗（a 示 4 对叶期；b 示子叶与初生叶）；③花序；④花序、花与果实（a 示雄花序正面观；b 示未散粉雄花序；c 示雄花中退化雌蕊；d 示雄蕊花药顶端钩状附属物；e 示雌聚合团伞花序；f 示雌花序；g 果实）

含油量达 18%，干燥性较好，可作家具油漆和清漆，也可提取香精油。

参考文献

关广清, 1987. 专食豚草的昆虫——豚草条纹叶甲 [J]. 生物防治通报, 3(4): 175-178.

关广清, 韩亚光, 尹睿, 等, 1995. 经济植物替代控制豚草的研究 [J]. 沈阳农业大学学报, 26(3): 277-283.

万方浩, 关广清, 王韧, 1993. 豚草及豚草综合治理 [M]. 北京: 中国科学技术出版社.

徐海根, 强胜, 2018. 中国外来入侵生物 [M]. 修订版. 北京: 科学出版社.

张风娟, 郭建英, 龙茹, 等, 2010. 不同处理的豚草残留物对小麦的化感作用 [J]. 生态学杂志, 29(4): 669-673.

周忠实, 陈红松, 郑兴汶, 等, 2011. 广聚萤叶甲和豚草卷蛾对广西来宾豚草的联合控制作用 [J]. 生物安全学报, 20(4): 267-269.

周忠实, 郭建英, 万方浩, 等, 2008. 豚草防治措施综合评价 [J]. 应用生态学报, 19(9): 1917-1924.

（撰稿：曲波、鲁萍；审稿：冯玉龙）

外来入侵植物 invasive alien plants

原生地的植物经人类活动介导的跨越原有自然地理隔离到新生境，并定植、扩散和蔓延，威胁当地生物多样性的外来植物，称为外来入侵植物。外来植物是指受人类活动影响离开原地理分布区域进入新生境的植物，因此，也简称为非原生地的植物。

早在1859年，达尔文就注意到了外来植物入侵现象，但一般认为，入侵生物学始于1958年Elton的动植物入侵生态学。作为一门新兴的交叉学科，入侵生物学的早期研究者来自不同研究领域，常将非本地种（non-indigenous/non-native species）、外来种（exotic/alien species）和归化种（naturalized species）作同义词使用；“非本地种”也简单地等同于“入侵种（invasive species）”。21世纪初，为避免学术界和公众对入侵生物的过分解读，入侵生物学界从入侵术语的科学应用和社会含义的角度给出外来入侵物种的概念。外来种到达与其原产地气候相匹配的生态系统中并成功归化，对新环境进行适应、甚至发生进化响应，最终，这些外来物种在新地区形成野化种群（feral population），并广泛扩散，乃至造成明显的生态或经济后果，最终成为非本地入侵物种（invasive non-native species），现多称为外来入侵物种（invasive alien species），其中的植物种被称为“外来入侵植物”。人类为了经济社会的发展，不停地从世界各地相互引进植物，其中，绝大多数植物的引进没有引起严重的生态后果，只有约10%的外来物种能成功进入下一个入侵过程（引入、归化和入侵），与此一致，引入一个地区的所有外来植物最终成为入侵植物的只有约0.1%，称之为“十数定律”（ten rules）。

外来入侵物种引入的途径主要有两种：一是无意引入，一般是随国际贸易或旅行混杂于货物或行李裹挟带入，比如随进口粮油、货物或行李裹挟偶然带入的假高粱。另一种是有意引进，包括作为蔬菜引进的尾穗苋、苋、茼蒿，作为观赏物种引进的加拿大一枝黄花；作为药用植物引进的洋金花；作为草坪草或牧草引进的空心莲子草、凤眼莲、白三叶、地毯草、扁穗雀麦等；还有为改善环境而引入的大米草。此外，还有少数是人为引入邻国，再通过自然扩散越过国境进入，如从东南亚邻国自然扩散进入中国的紫茎泽兰，从东北亚邻国经过交通运输引入的豚草等。

截至2017年，中国有368种外来入侵植物。其中，双子叶植物306种，单子叶植物55种，藻类5种，蕨类2种。菊科植物种类最多，共72种，豆科次之，共51种，禾本科植物共45种，其余依次为苋科20种，茄科19种，大戟科和柳叶菜科各13种。从生活型看，草本植物种类最多，共280种，占种总数的76%，其中一年生（或两年生）草本168种，水生草本11种；木本植物64种，其中亚灌木和灌木分别为25和23种，乔木15种。12种中国外来入侵植物列入了世界自然保护联盟（International Union for the Conservation of Nature, IUCN）公布的100种全球恶性外来入侵生物名录，其中9种陆生植物，如飞机草；3种水生植物，如大米草。从来源和传入途径看，中国半数以上的外来入侵植物种源自美洲；半数以上的外来入侵植物是作为资源有意引入后的逸生种，自然传入的种类很少。外来入侵植物在中国的分布格局既受环境条件也受人类活动的影响，东部沿海种类明显多于西部内陆，南方明显多于北方，其中云南种类最多，宁夏最少。

外来植物入侵是内禀优势、生态位机遇和人类干扰等共同作用的结果，天敌逃逸、适应性进化、化感作用和种间互利共生等均是外来植物成功入侵的重要原因。与在原产地美国相比，在入侵地中国三裂叶豚草种子遭受地上天敌的危害，以及种子萌发和幼苗生长遭受地下天敌的危害程度均更轻微；在中国，47种外来入侵植物叶片受天敌危害程度低于共存本地植物，较好地证实了天敌逃逸假说。世界恶性外来入侵植物紫茎泽兰入侵种群以降低细胞壁氮含量为代价，进化增加光合机构的氮投入，提高叶光合能力、氮和能量利用效率，降低了叶片成本偿还时间。热带外来植物飞机草入侵中国后进化提高了飞机草素的含量，中国本地共存植物对飞机草素的化感抑制作用更敏感，促进其成功入侵。在上海崇明岛，加拿大一枝黄花根系的丛枝菌根真菌侵染率随潮汐带开垦史的延长显著增加，与当地土壤微生物建立更紧密的共生。

外来植物入侵是全球变化的重要组成部分，严重影响人类赖以生存的生态系统的物种组成、结构与功能，危及生物多样性安全，给农林牧渔业生产造成了巨大的经济损失。此外，一些外来入侵植物还能通过花粉、种子、刺危害人畜健康，水生外来入侵植物可以缠绕船只螺旋桨，阻塞航道，影响水上交通运输。但目前还没有防治外来入侵植物的有效方法，人工或机械清除、化学防治、替代控制、开发利用、综合治理等仍是外来入侵植物防除的常用手段。各级政府已制定了相关法律法规，加强对公众的宣传教育、普法、执法，提高公众对生物入侵危害的认识，并自觉参与到生物入侵防控工作中，可以有效遏制外来入侵植物的传播、扩散。预防

中国典型性 4 种外来植物的入侵种群（①~③王维斌摄；④曲波摄）
①刺萼龙葵；②瘤突苍耳；③三裂叶豚草；④少花蒺藜草

是最有效的防治手段，完备的海关检验检疫体系是中国外来入侵植物管理的第一道屏障，环保、农业、林草等相关主管部门需进一步加强外来植物监控体系建设，提高风险评估能力及应急处理能力。此外，生态系统管理以及构建隔离带、缓冲区等，也是防止外来植物扩散的有效手段。

如图所示在被干扰生境大量扩散，形成高密度单一优势种群的 4 种典型外来入侵植物为：①大面积侵占河滩地的刺萼龙葵斑块状种群。②侵占河边沙洲的瘤突苍耳单一优势种群。③入侵到农田边的高大三裂叶豚草种群。④侵占大片沙地生境的少花蒺藜草种群。

参考文献

徐海根，强胜，2018. 中国外来入侵生物 [M]. 修订版 . 北京：科学出版社 .

闫小玲，刘全儒，寿海洋，等，2014. 中国外来入侵植物的等级划分与地理分布格局分析 [J]. 生物多样性，22(5): 667-676.

ELTON C, 1958. The ecology of invasions by animals and plants [M]. London: Methuen (reprinted 2000, Chicago: University of Chicago Press).

FENG Y L, LEI Y B, WANG R F, et al, 2009. Evolutionary tradeoffs for nitrogen allocation to photosynthesis versus cell walls in an invasive plant [J]. Proceedings of the National Academy of Sciences of the United States of America, 106: 1853-1856.

FENG Y L, LI Y P, WANG R F, et al, 2011. A quicker return energy-use strategy by populations of a subtropical invader in the non-native range: a potential mechanism for the evolution of increased competitive ability [J]. Journal of ecology, 99(5): 1116-1123.

JIN L, GU Y J, XIAO M, et al, 2004. The history of *Solidago canadensis* invasion and the development of its mycorrhizal associations in newly-reclaimed land [J]. Functional plant biology, 31: 979-986.

RICHARDSON D M, PYŠEK P, REJMÁNEK M, et al, 2000. Naturalization and invasion of alien plants: concepts and definitions [J]. Diversity and distributions, 6: 93-107.

WILLIAMSON M, BROWN K C, 1986. The analysis and modelling of British invasions [J]. Philosophical transactions of the royal society London B, 314: 505-521.

WILLIAMSON M, 1996. Biological invasions [M]. London: Champman & Hall.

ZHENG Y L, FENG Y L, ZHANG L K, et al., 2015. Integrating novel chemical weapons and evolutionarily increased competitive ability in success of a tropical invader [J]. New phytologist, 205(3): 1350-1359.

（撰稿：王维斌；审稿：冯玉龙）

W

外来杂草 invasive alien weeds

指由于人为因素被引入的、能在新的人工生境中自然延续其种群的非原产地的外来植物。具有3个基本特性：适应性、持续性和危害性，其中持续性是以上特性的主体。中国外来杂草的确切数据尚没有明确统计，根据中国外来入侵生物的报道，目前，中国外来入侵植物包括被子植物和单子叶植物纲55种，双子叶植物纲306种，蕨类植物2种，藻类植物5种，其中大部分属于外来杂草。出于牧草、饲料、纤维、观赏、药用、蔬菜、草坪或环境植物等利用目的有意引入一些外来植物，其中小部分物种成功逃逸，最终成为杂草；也有部分外来植物是无意引入后逃逸成为杂草的，如由国际农产品和货物的输入裹挟带入或随植物引种带入；还有部分外来植物是从邻国自然或随人类的交通工具传播进入本国，最后逃逸为杂草。外来杂草的有意引入占比要高于无意带入，通常有意引入的外来观赏植物最多，其次为饲料牧草、绿肥、食用与药用植物等。但也有无意带入的恶性外来杂草种，例如刺萼龙葵等。

外来植物是否能逸生成为外来杂草，取决于下列因素：①外来杂草在原产地的固有生态条件下形成的适应能力，决定其在新生境的环境条件下的定植。②其自身传播扩散能力，决定其在新生境分布范围，菊科外来杂草的瘦果带有冠毛，会借助风力远距离传播。③外来植物能否成为外来杂草还与其能否不断进化以适应入侵地区的环境有密切关系，外来植物可通过表型可塑性或遗传变异来适应入侵地的不同生境。

中国位于欧亚大陆东南部，跨越了50个纬度和5个气候带，气候类型多样，适合世界各地大多数外来植物的生长和定殖。中国不同区域的外来杂草的来源地常不同，来源于美洲的种类最多，来源于欧洲的外来杂草多适宜于温凉气候条件，小部分来源于欧洲和亚洲西部共同发源的。此外还有来源于亚洲其他国家以及非洲的外来杂草。

中国的外来杂草引入史具有明显的时代特点。16世纪前，人类跨区域活动有限，外来杂草扩散途径少，引入种多来自欧亚大陆；16世纪，原产美洲大陆的外来植物不断输入中国，受该期中国闭关政策限制，外来杂草的数量不多；19世纪中期，鸦片战争开启中国贸易大门，外来杂草的传入频率与数量大大增加；20世纪80年代，新出现了大量的外来杂草；随全球一体化的不断发展，国际间粮食贸易在不断增加，外来杂草正大量进入中国。 如1985年在北京发现的原产于美国西南部至墨西哥北部的恶性杂草长芒苋，目前已在北京、天津、河北等的多个地点有入侵记录且呈扩散蔓延趋势。

根据所处生境及生态学特性，外来杂草大致可分为耕地和非耕地杂草2大类。耕地杂草包括农田杂草和果园、桑园、茶园、胶园杂草及人工林地杂草。其中农田杂草包括，水田杂草、秋熟旱作田杂草（如玉米田杂草、棉田杂草、豆田杂草、蔬菜地杂草等）、夏熟作物田杂草（如麦田杂草、油菜田杂草、甘蔗田杂草等）。非耕地杂草包括水生杂草、草地杂草、林地杂草和环境杂草等。

外来杂草造成的危害体现在多个方面。一是对农业生产的危害，其中包括对农田作物生产和果园、桑园、茶园等经济植物以及观赏草坪的危害。外来杂草对水稻和棉花、大豆、玉米等旱作产量和品质均有不同程度影响，有的还是恶性杂草，如空心莲子草由于其有发达的地下根状茎，难以用现有的防除方法有效防除，严重危害水稻田、秋熟旱作田、草坪等；菊科外来杂草一年蓬、小飞蓬、苏门白酒草严重危害果园，使果树减产、肥力下降；薇甘菊形成的覆盖层，会阻碍森林植物的光合作用，致其死亡。二是对景观环境造成影响。中国除西北地区外，菊科外来杂草一年蓬、苏门白酒草以及加拿大一枝黄花等已经成为道路、宅旁、裸地、荒地等的景观。三是改变了原有区系成分和群落结构。外来杂草削减了中国原有的植物区系成分和群落类型，外来杂草入侵后，本地物种数量显著减少。四是影响了生产和生活。如凤眼莲大量滋生影响航运和水产养殖；有些外来杂草的花粉是过敏原，引起过敏者发生哮喘、皮炎、鼻炎等过敏症等。外来杂草控制方法有人工、机械防除、化学防除、生物防除、生境管理和生态控制，以及综合治理。人工和机械防除只能针对零星发生的外来杂草；生境管理及生态控制针对裸地、撂荒地、耕作和农作间隔时间长的农田、果园以及路边和宅旁等，通过及时恢复植被、种植经济植物，占据空间，阻止外来杂草入侵。化学防除具有高效、速效的特点，且灭生性除草剂草甘膦以及选择性除草剂如氯氟比氧乙酸具有内吸传导性，可以杀死地下根状茎和根，防除效果显著。但应注意使用频率，防止抗性杂草产生，对已经产生抗性的杂草，应采取其他防除措施。生物防治正成为外来杂草防治研究的重点和热点，也有成功的案例，如用广聚萤叶甲防除豚草；用齐整小核菌S64防除加拿大一枝黄花。除防除外来杂草外，还应加强完善现有的外来入侵生物控制相关法律体系，深入开展外来杂草生物生态学和危害性规律的研究，建立外来杂草生物信息库和信息系统，加强检疫制度和外来植物的风险性评价，减轻外来杂草入侵的风险，并降低其在中国的危害。

参考文献

曹晶晶，王瑞，李永革，等，2020. 外来入侵植物长芒苋在中国不同地区的表型变异与环境适应性 [J]. 植物检疫，34(3): 25-31.

吕飞南，2020. 外来入侵植物刺萼龙葵潜在分布区预测及化学成分研究 [D]. 沈阳：沈阳农业大学.

唐伟，2011. 齐整小核菌菌株SC64开发作为生物除草剂的潜力研究 [D]. 南京：南京农业大学.

徐海根，强胜，2018. 中国外来入侵生物 [M]. 修订版. 北京：科学出版社.

CHENG J L, LI J, ZHANG Z, et al, 2020. Autopolyploidy-driven range expansion of a temperate-originated plant to pan-tropic under global change [J]. Ecological monographs, 91(2): e01445.

LU H, XUE L F, CHENG J L, et al, 2020. Polyploidization-driven differentiation of freezing tolerance in *Solidago canadensis* [J]. Plant cell and environment, 43(6): 1394-1403.

TANG W, KUANG J, QIANG S, 2013. Biological control of the invasive alien weed Solidago canadensis: combining an indigenous fungal isolate of *Sclerotium rolfsii* SC64 with mechanical control [J]. Biocontrol science and technology, 23(10): 1123-1136.

（撰稿：王维斌、严婧；审稿：宋小玲）

W

外来杂草的危害 harm of invasive alien weeds

指外来杂草入侵干扰了人类生产、生活活动以及对生态系统和生物多样性造成了负面影响的总和。

外来杂草的不利影响主要有3大方面：①对生态环境的危害。外来杂草通过竞争，进而占据本地植物的生态位，降低当地生物多样性，威胁生态系统。如藤本植物薇甘菊通过竞争或化感作用抑制作物或自然植被的生长，可改变被入侵生态系统植物群落的物种组成和空间结构，减少植物多样性。快速侵入中国西南地区的紫茎泽兰的分布海拔可达2900m，侵占了除固定耕地、密林、河流和水塘外的大部分荒山草坡，以及废弃地等。原产北美洲的加拿大一枝黄花入侵荒地、果园、桑园、茶园、田间、地头、河岸、山坡林地、高速公路和铁路沿线，通过竞争，占据本地物种生态位，危及本地植物物种多样性和遗传多样性。此外，部分进入中国的外来杂草可与近缘本地种发生基因交流，逐渐侵蚀并最终污染本地物种的遗传多样性。对环境的影响还涉及景观，外来入侵杂草加拿大一枝黄花、一年蓬、小飞蓬和苏门白酒草成片发生，形成景观效应，特别是在它们枯熟期对景观的影响尤其明显。总之，由此导致的生态影响产生的间接损失年均约1000亿元。②对经济的危害。侵入到农业、园艺、畜牧业、水产业等的外来杂草可造成直接的经济损失，也可改变生态系统造成间接的经济损失。外来入侵种在美国引起的经济损失年均1380亿美元。外来入侵种在中国导致的直接经济损失约300亿元，其中导致农业的损失100亿元，就紫茎泽兰一种引起畜牧业的损失就达10亿元。首先是对种植业的危害，它们侵入农田、果园等，与作物竞争养分、阳光、水分等，造成作物产量和品质下降。例如，野燕麦危害发生面积500万hm^2，粮食损失17.5亿kg。节节麦扩散蔓延迅速，在小麦主产区危害发生面积大，严重影响小麦的产量和品质。恶性外来杂草空心莲子草在中国分布发生和危害范围广泛，危害水稻和秋熟旱作大豆、玉米、棉花等，其地下根状茎难以清除，现有的化学除草剂对其无明显作用，严重影响作物生长，降低作物产量。阿拉伯婆婆纳是长江流域和华北地区的区域性恶性杂草，繁殖力强，防除较为困难，危害性较大。五爪金龙和三裂叶薯生长迅速，攀缘于乔木、灌木和草本植物，可在短时间内覆盖农田和果园，大大降低作物和果树的产量。其次是对畜牧业的危害。外来杂草与牧草竞争，直接或间接危害牲畜，如北美刺龙葵全株有毒，能引起牲畜中毒；银毛龙葵植株各部分，尤其是果实对动物有毒。第三是对渔业的危害。生长在水面的外来杂草过多时覆盖水面，死亡的植株沉入水体，影响渔业生产。如凤眼莲覆盖水面，降低光线的穿透力，影响水体生物的生长；死亡的凤眼莲植株沉入水下，与泥沙混合沉积，抬高河床，造成河道、池塘和湖泊的沼泽化，水体逐渐丧失原有生态功能。此外，吸附大量重金属的凤眼莲在死亡后可对水体造成二次污染。③对社会的危害。外来杂草也会不同程度地影响当地社会和文化，如凤眼莲在中国部分地区阻塞河道和水库，限制当地居民和牲畜的用水和出行；紫茎泽兰侵占草场、农场，限制一些奶农和果农的农事生产。部分外来杂草可威胁人类健康，如豚草和三裂叶豚草花粉引起的“枯草热”等。毒莴苣全株有毒，混杂在蔬菜中极易引起人畜中毒。

根据危害程度和分布范围，外来杂草可分为恶性外来杂草、区域性外来恶性杂草、常见外来杂草、一般性外来杂草。恶性外来杂草有空心莲子草、紫茎泽兰、藿香蓟、加拿大一枝黄花、飞机草、一年蓬、小飞蓬、苏门白酒草、反枝苋、凤眼莲等；区域性恶性外来杂草有皱果苋、豚草、三裂叶豚草、节节麦、含羞草、阿拉伯婆婆纳、长芒毒麦、薇甘菊和互花米草等。其余外来杂草属于常见杂草和一般性杂草，发生局限或发生数量较少，危害较轻。

参考文献

马金双，李惠茹，2018. 中国外来入侵植物名录[M]. 北京：高等教育出版社.

强胜，2009. 杂草学[M]. 2版. 北京：中国农业出版社.

万方浩，郑小波，郭建英，2005. 重要农林外来入侵物种的生物学与控制[M]. 北京：科学出版社.

徐海根，强胜，2018. 中国外来入侵生物[M]. 修订版. 北京：科学出版社.

徐海根，王健民，强胜，等，2004.《生物多样性公约》热点研究：外来物种入侵 生物安全 遗传资源[M]. 北京：科学出版社.

（撰稿：李惠茹、王维斌；审稿：宋小玲）

外来植物的风险性评价 risk assessment of alien plants

对外来物种引进过程中产生的不确定事件进行识别、评估和处理，以求用最小的管理成本将各种不利后果减少到最低程度的科学管理技术。风险评价是开展外来植物风险管理的基础，是防止外来入侵物种引入的有效手段之一。

外来入侵物种的风险评估受到许多国际公约和国际组织重视。《生物多样性公约》（CBD）、联合国粮食及农业组织（FAO）、世界自然保护联盟（IUCN）对“关于预防外来入侵物种引起生物多样性丧失的指导原则”等都有明确阐述。美国开展了一系列外来杂草和外来水生生物的风险评估工作。中欧开发了环境杂草评价系统，该系统根据外来种的生物地理学和生态学差异对符合风险评估条件的物种进行风险等级分类。澳大利亚检验检疫局开发了外来杂草风险评价系统，并在多个国家和地区进行了测试，被广泛认为是预测外来植物入侵风险的一种准确方法。

面临巨大生物安全防控压力的中国也制定了一系列外来入侵种风险评估的法规和政策，并成立专门机构。2002年，中国国家质检总局颁布了《进境植物和植物产品风险分析管理规定》和《进境动物和动物产品风险分析管理规定》，对进出境检疫工作中的进境动植物、动植物产品和其他检疫物传带检疫性有害生物的风险分析作了系统规定，包括风险分析启动、风险评估和风险管理等。学者根据自身国情提出了外来种的风险评估标准。蒋青等（1994）针对中国当时的检疫情况建立了以生物因子为起点的综合评估体系，包括该物种在中国是否有分布、潜在的危害性、受害作物的经济重要性、移植的可能性和危险性管理难度等五方面内容，初步确立了中国有害生物危害性评价体系。李振宇和解焱（2002）根据外来入侵种的普遍特点，从遗传特性、有害特征、适应性特征、物种类型、被控制特点和入侵历史等七个方面提出了"外来物种入侵风险指数评估体系"，由于本系统适用范围广（包括植物、动物、微生物），许多指标并不适用于某一具体外来植物的风险评估。此外，丁晖等（2006）制定了外来植物杂草化的风险评估体系，并设置了目标层（外来植物的风险），准则层（入侵性、适应性、建立种群及扩散的可能性和危害性），及指标层参数，并提出了指标量化、权重设置、综合模型建立和风险等级划分的方法。强胜（2009）提出了操作性更强的中国外来植物杂草化风险"五阶评估法"的指标体系，分 5 个一级指标，分别是分布情况，传入可能性，建立种群及扩散的可能性，危害程度和危险性管理的难度；一级指标下设二级指标，分布情况分为国内和国外分布情况；传入可能性分为自然传播和人为传播；种群建立及扩散的可能性分为繁殖能力、遗传特性和生态适应性；危害程度分为间接经济危害、直接生态环境危害、人类健康危害和社会危害；危险性管理的难度分为除害处理难度和根除难度。二级指标下设三级指标，并给出判断标准和赋值大小。据这一评价体系，计算杂草风险值 R，若 $R>61$，该植物应禁止引入；若 $29.5<R<61$，严格限制引入的目的、区域、数量和次数；若 $11<R<29.5$，应限制引入的目的、区域、数量和次数；$R<11$ 的植物可以引入。

中国气候类型和生态系统多样，同一外来植物对不同地区的生态影响存在差别。例如，凤眼莲在长江以南危害严重，在东北地区只存活于温室；马缨丹严重入侵华南地区，但是在华东地区则是观赏花卉。中国外来入侵植物物种多，且在不断增多，加之多样的入侵特征与传入方式，固定统一的风险评估体系恐难准确量化某一外来植物的潜在入侵风险。选取中国特定生态类型的外来植物开展系统性的风险评估研究，针对不同地区提取不同的生境指标，利于获得准确预测结果，可为入侵植物的防控提供理论支撑。

物种的背景信息是开展外来植物风险评估的重要依据，定量分析评估体系可得到客观评估结果。然而，定量数据的获得需要大量入侵植物的本底信息。目前中国范围内的入侵植物调查资料大多是基于前人工作的总结，现缺乏全面细致的入侵植物普查工作。此外，中国的外来植物风险评估研究大多是针对某些危害严重的入侵种，缺乏对新近外来植物的评估。部分新发现的外来植物扩散速度快，如白花金钮扣、长芒苋等，已威胁到中国生态和经济安全，然而，这些植物的入侵风险评估研究仍有限。当前，中国需加强对外来植物杂草化的系统性风险评估。

参考文献

丁晖，石碧清，徐海根，2006. 外来物种风险评估指标体系和评估方法 [J]. 生态与农村环境学报，22(2): 92-96.

蒋青，梁忆冰，王乃杨，等，1994. 有害生物危险性评价指标体系的初步确立 [J]. 植物检疫，8(6): 331-334.

李惠茹，汪远，闫小玲，等，2017. 上海植物区系新资料 [J]. 华东师范大学学报（自然科学版）(1): 132-138.

李振宇，解焱，2002. 中国外来入侵种 [M]. 北京：中国林业出版社.

强胜，2009. 杂草学 [M]. 2 版. 北京：中国农业出版社.

徐海根，王健民，强胜，等，2004.《生物多样性公约》热点研究：外来物种入侵　生物安全　遗传资源 [M]. 北京：科学出版社.

徐晗，李振宇，2019. 中国苋科苋属新记录种——鲍氏苋和布氏苋 [J]. 广西植物，39(10): 1416-1419.

闫小玲，寿海洋，马金双，2012. 中国外来入侵植物研究现状及存在的问题 [J]. 植物分类与资源学报，34(3): 287-313.

严靖，汪远，马金双，2018. 中国 2 种归化植物新记录 [J]. 热带亚热带植物学报，26(5): 541-544.

郑景明，李俊清，孙启祥，等，2008. 外来木本植物入侵的生态预测与风险评价综述 [J]. 生态学报，28(11): 5549-5560.

BACHER S, BLACKBURN T M, ESSL F, et al, 2018. Socio-economic impact classification of alien taxa (SEICAT) [J]. Methods in ecology and evolution, 9(1): 159-168.

BLACKBURN T M, ESSL F, EVANS T, et al, 2014. A unified classification of alien species based on the magnitude of their environmental impacts [J]. PLoS biology, 12(5): e1001850.

MCCLAY A, SISSONS A, WILSON C, et al, 2010. Evaluation of the Australian weed risk assessment system for the prediction of plant invasiveness in Canada [J]. Biological invasions, 12(12): 4085-4098.

WEBER E, GUT D, 2004. Assessing the risk of potentially invasive plant species in central Europe [J]. Journal for nature conservation, 12(3): 171-179.

YAN X L, WANG Z H, MA J S, 2019. The checklist of the naturalized plants in China [M]. Shanghai: Shanghai Scientific and Technical Publishers.

（撰稿：李惠茹、王维斌；审稿：宋小玲）

弯齿盾果草 *Thyrocarpus glochidiatus* Maxim.

夏熟作物田一二年生杂草。又名盾荚果。英文名 curvedtooth thyrocarpus。紫草科盾果草属。

形态特征

成株　高达 10～30cm（图①）。茎 1 条至多条，细弱，斜升或外倾，常自下部分枝，被伸展长硬毛和短糙毛。基生叶有短柄，匙形或狭倒披针形，长 1.5～6.5cm、宽 3～14mm，两面都有具基盘硬毛；茎生叶互生，下部的叶有柄，形状与基生叶相似；中部以上叶较小，无柄，卵形或狭椭圆形。蝎尾状聚伞花序长可达 15cm（图②）；苞片卵形至披针形，长 0.5～3cm，花生苞腋或腋外；花梗长 1.5～4mm；花萼长约 3mm，裂片狭椭圆形至卵状披针形，先端钝，两面都有毛；花冠淡蓝色或白色，花冠筒直立，比花萼短，檐部比筒部长 1.5 倍，檐部直径约 2mm，裂片倒卵形至近圆形，稍开展，喉部具有 5 个附属物，长约 1mm，先端截形或微凹；雄蕊 5，着生花冠筒中部，内藏，花丝很短，花药宽卵形，长约 0.4mm。花托矮金字塔形。

子实　小坚果略呈盘状，长约 2.5mm，密生瘤状突起，黑褐色，外层突起色较淡，齿的先端明显膨大并向内弯曲，

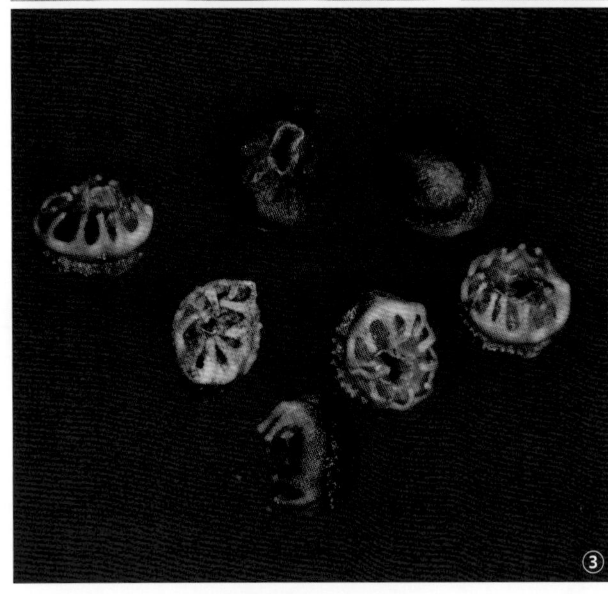

弯齿盾果草植株形态（强胜摄）
①植株；②花序；③果实

内层碗状突起向里收缩，齿长约与碗状突起等高（图③）。

幼苗　下胚轴较发达，有毛，上胚轴不发育；子叶宽卵形，1大1小，具短柄，宽卵圆形，两面有糙毛。后生叶与初生叶相似。

生物学特性　种子繁殖。花果期5～7月。种子于6月上旬渐次成熟脱落，秋季或早春出苗。染色体数2n=24。

分布与危害　中国特有种，分布于辽宁、北京、河南、甘肃、四川北部、陕西、江西、安徽、江苏、广东等地。多生长于丘陵草地、路旁和田边，为路埂杂草。偶尔侵入农田，危害麦类、烟草等，对作物产量影响很小；有时也危害果树，但发生量很小，危害轻。

防除技术

农业防治　因弯齿盾果草田间发生量少，不需要用专门的措施进行防除。发生稍多的田块可用农业措施防除，如精选种子，对清选出的草籽及时收集处理，切断种子传播。施用经过高温堆沤处理的堆肥。及时清理田边、路边、沟渠边等，防止传入田间。烟草田间覆盖地膜，抑制杂草种子萌发和生长。田间零星生长的弯齿盾果草可在结实前人工拔除。

化学防治　麦田可用防除阔叶杂草的除草剂如苯磺隆、氯氟吡氧乙酸、2甲4氯、麦草畏、双氟磺草胺等进行茎叶喷雾处理。烟草田可用砜嘧磺隆茎叶喷雾处理。

在果树和苗木林中的弯齿盾果草可用灭生性除草剂草甘膦、草铵膦或其混配剂定向茎叶喷雾处理。

综合利用　全草入药，具清热解毒，消肿功能；主治疮痈肿毒、咽喉肿痛、痢疾等。此种为中国特有物种，应加以保护和利用。

参考文献

李扬汉, 1998. 中国杂草志[M]. 北京: 中国农业出版社: 142.

徐炳声, 翁若芬, 栗田子郎, 1994. 东亚植物区系中若干双子叶植物的染色体新计数及其系统学和进化意义[J]. 植物分类学报(5): 411-418, 489.

闫瑞亚, 蒋纯, 郝加琛, 等, 2014. 弯齿盾果草(紫草科)花序及花的形态发生[J]. 西北植物学报, 34(11): 2233-2242

赵浩宇, 李斌, 向金友, 等, 2016. 四川省烟田杂草种类及群落特征[J]. 烟草科技, 49(8): 21-27.

赵士洞. 1981. 东北地区一新记录属——盾果草属[J]. 植物研究(3): 78-80.

中国科学院中国植物志编辑委员会, 1985. 中国植物志: 第五十五卷 第二分册[M]. 北京: 科学出版社: 233-234.

（撰稿：宋小玲、付卫东；审稿：贾春虹）

弯曲碎米荠　*Cardamine flexuosa* With.

夏熟作物田常见一二年生杂草。又名高山碎米荠、卵叶弯曲碎米荠、柔弯曲碎米荠、峨眉碎米荠。英文名wavy bittercress。十字花科碎米荠属。

形态特征

成株　高10～30cm（图①）。小草本，茎直立，从基部多分枝，上部稍呈"之"字形弯曲，下部常被柔毛。奇数羽状复叶，叶分基生和茎生二型；基生叶小，顶生小叶菱状卵形，3齿裂；茎生叶互生，长2.5～9cm，具柄，有小叶4～6对，顶生小叶稍大，卵形，长0.4～3cm、宽0.3～1.5cm，侧生小叶卵形或线形，小叶全缘或有1～3圆裂，有缘毛。总状花序有花10～20朵，花序轴左右稍弯曲（图②）；花梗长约5mm，绿色或淡紫色，边缘膜质；花萼、花瓣4，分离，"十"字形排列，花瓣白色，倒卵状楔形，长3～4mm。

子实　长角果线形，斜长，扁平，长1～2cm，直径1～2mm，无毛（图③）；果序轴左右弯曲呈"之"字形；果梗长约5mm。种子1行，长圆形，扁平，长约1mm，平滑，褐色，顶端有极窄的翅（图④）。

幼苗　光滑无毛（图⑤）。下胚轴不发达。茎基部带黑色，茎上有棱。子叶长约0.3cm，椭圆形或近圆形，先端钝，叶柄与叶片几等长。初生叶1枚，全缘，基出；最初3枚叶片近心形或三角状卵形，先端钝圆，边缘浅波状，具长柄，以后的叶为羽状复叶。

生物学特性　种子繁殖。苗期10～12月，花期3～5月，果期4～6月。喜生于沟边、草丛、潮湿菜田、路旁、农田等生境。常成片生长，出现单优势种群。

分布与危害　分布范围与碎米荠相似，几遍中国。在全世界各大洲均有分布。有时在作物田内成片生长，形成明显草害，为常见夏熟作物田杂草，轻度危害麦类及油菜等作物。以稻茬小麦和油菜田为主。

防除技术　见碎米荠。

综合利用　可作叶菜食用或饲用。全草入药，能清热、利湿、健胃、止泻。

参考文献

李扬汉, 1998. 中国杂草志 [M]. 北京 : 中国农业出版社 : 435-436.

弯曲碎米荠植株形态（张治摄）

①植株；②花序；③果序；④种子；⑤幼苗

向极钎，李亚杰，杨永康，等，2011. 碎米荠的研究现状 [J]. 湖北民族学院学报（自然科学版），29(4): 440-443.

中国科学院中国植物志编辑委员会，1987. 中国植物志：第三十三卷 [M]. 北京：科学出版社：216.

（撰稿：陈国奇；审稿：宋小玲）

王枝荣 Wang Zhirong

王枝荣（1930—2002），农田杂草及防除专家。

1930年1月出生，山西五台人。西北农学院毕业。陕西省农垦科研中心高级农艺师（现为陕西省杂交油菜研究中心）。长期从事植物学教学和农田杂草的调查研究工作。

参编《植物学》教材，主编《陕西农田杂草图志》《中国农垦农田杂草及防除》《中国农田杂草原色图谱》（获中国第六届优秀科技图书二等奖）等著作6本。先后获陕西省农牧业科技进步二、三等奖各1项，陕西省科技进步三等奖2项。发表论文6篇。被评为陕西省先进教育工作者、陕西省有突出贡献专家，享受政府特殊津贴。

先后从事农林教育、农田杂草及防除研究推广工作，对杂草普查、杂草幼苗识别和化学除草剂的应用推广做出突出贡献，多次被评为单位先进工作者、优秀党员。

参考文献

农牧渔业部农垦局农业处，1987. 中国农垦农田杂草及防除 [M]. 北京：农业出版社.

陕西省农牧厅渭南农垦科研所，1984. 陕西农田杂草图志 [M]. 西安：陕西科技出版社.

《中国农田杂草原色图谱》编委会，1990. 中国农田杂草原色图谱 [M]. 北京：农业出版社.

（撰稿：孔健、张宗俭；审稿：强胜）

网脉酸藤子 *Embelia vestita* Roxb.

园地、林地田边危害的多年生常绿木质藤本杂草。又名网脉酸果藤。英文名 reticulate embelia。紫金牛科酸藤子属。

形态特征

成株 常绿攀缘灌木，枝条无毛，密布皮孔，幼时被微柔毛（图①）。叶长圆状卵形（图②），顶端急尖或渐尖，基部宽楔形或圆钝，长5～10cm、宽2～4cm，边缘具不整齐的齿或具重锯齿，两面无毛，叶面中脉下凹，背面隆起，侧脉多数且直达齿尖，网脉明显隆起而清晰，腺点疏而不明显；叶柄长0.6～0.8cm。总状花序腋生（图③），长1～3cm，被微柔毛；花梗长0.2～0.5cm；小苞片钻形，长0.1cm；花5数，花萼基部连合，萼片顶端急尖，长0.1cm，具缘毛，里外无毛，具腺点；花瓣分离，淡绿色或白色，长0.1cm，卵形，顶端圆钝，外面无毛，里面具腺点；雄蕊在雌花中退化，长达花瓣的1/2，在雄花中与花瓣等长或较长，着生于花瓣的1/3处，花丝基部具乳头状突起，花药背部具腺点；雌蕊与花瓣等长，子房上位，花柱柱头细尖。

子实 浆果核果状球形（图④），直径0.4cm，淡红色，具腺点，宿存萼紧贴果。种子1枚，近球形，胚横生。

生物学特性 适生于南方农田岸边。以种子传播繁殖为主，兼有根、茎营养繁殖，如人工铲、伐后翌年春天由根茎处或保留在土壤中的根产生芽而再生。营养生长期5～9月，花期10～12月，果期翌年4～7月。

分布与危害 在中国南方农田田岸均有分布，主要发生在浙江、江西、福建、台湾、湖南、广西、广东、四川、贵州及云南。网脉酸藤子植株形成的局部小环境是农业害虫产卵、越冬的场所，危害农作物和林木。

防除技术 应采取农业技术为主的防除技术和综合措施，不宜使用化学除草剂。在南方山区森林中网脉酸藤子分布较常见，没有危害作用，不需要采取防治措施。

农业防治 在春耕时节铲除农田岸边的杂草和杂灌，对网脉酸藤子这类多年生木本植物还应挖掘其根系，以达到彻底清除的目的。

综合防治 网脉酸藤子的根、茎之皮可供药用，有清凉解毒、滋阴补肾的作用，治经闭、月经不调、风湿等症；因此可采用药用植物的规范管理技术，清除其周围杂草，松土、修剪，收获茎皮或嫩叶，增加收入。

参考文献

刘仁林，朱恒，2015. 江西木本及珍稀植物图志 [M]. 北京：中国林业出版社.

罗瑞献，2000. 实用中草药彩色图集：第五册 [M]. 广州：广东科技出版社：240.

中国科学院中国植物志编辑委员会，1999. 中国植物志：第五十八卷 [M]. 北京：科学出版社.

（撰稿：刘仁林；审稿：张志翔）

网脉酸藤子植株形态（刘仁林摄）

①植株；②叶背；③花；④果实

菵草　*Beckmannia syzigachne* (Steud.) Fern.

夏熟作物田一二年生恶性杂草。又名水稗子。英文名 American sloughgrass。禾本科菵草属。

形态特征

成株　高 15～90cm（图①）。秆直立。叶鞘无毛，具较宽白色膜质边缘，多长于节间；叶舌透明膜质，长 3～8mm，顶端圆锥形，撕裂状；叶片长 5～20cm，宽 3～10mm，粗糙或下面平滑。圆锥花序由贴生或斜升的穗状花序组成（图②③）；小穗近圆形，两侧压扁，双行覆瓦状排列于穗轴一侧，含 1 小花，节脱于颖之下；颖半圆形，两颖对合，等长，背部灰绿色，草质或近革质成囊状，边缘质薄，白色，有 3 脉，顶端钝或锐尖，有淡绿色横纹；外稃披针形，有 5 脉，其短尖头伸出颖外；成熟时颖包裹颖果，内稃稍短于外稃。

子实　颖果黄褐色，长圆形，长约 1.5mm，顶端具丛生毛（图④）。

幼苗　子叶留土（图⑤）。幼苗第一片真叶带状披针形，先端锐尖，具 3 条直出平行脉，叶鞘略呈紫红色，亦有 3 脉；叶舌白色膜质，顶端 2 裂，无叶耳；第二片真叶具 5 条平行脉，叶舌三角形。

生物学特性　全生育期 215～240 天。种子在 10 月初至翌年 2 月间均可出苗，其中 11 月初为出苗高峰。开花期在 4～5 月，种子通常在 5～6 月成熟，种子从穗的顶部向下依次成熟，边熟边落。一般在小麦收割前 3～7 天种子几乎全部脱落。菵草在 3 月初气温回升时生长迅速，是防除的关键时期。

菵草种子在 5～25℃的温度范围内均可萌发，最适温度 10～15℃。适宜土层深度 0～2cm，深度大于 3cm 时萌发率迅速降低。干旱显著降低种子萌发率，浸水和湿生环境能大大提高种子萌发数量。种子对土壤酸碱度和盐胁迫有一定的耐受能力，在 pH 4～10 或 NaCl 浓度小于 40mmol 时，其萌发率可达 80% 以上。长江中下游地区土壤一般在 pH4～7，盐分比较低，土壤湿度也较大，并且秋冬气温在 15℃左右，

茵草植株形态（①～③强胜摄；④⑤张治摄）

①成株；②花序；③花（放大）；④子实；⑤幼苗

这些环境生态条件非常适合茵草的萌发生长，这可能是其在该地区危害日益加剧的重要原因。

茵草种子成熟后有4～5个月或更长时间的越夏休眠期。夏季高温、秋冬季节土壤干燥均能诱导种子进入休眠。不同成熟度的种子休眠程度不同，使茵草在田间具有持续的出苗能力，难以进行集中防控。茵草种子适宜常温土壤浸水保存或加湿贮存，此条件恰好符合水稻种植的农田环境，有利于种子的越夏休眠。

分布与危害　广布于中国各地，是麦田恶性杂草，每年使小麦减产达10%～20%，严重时可达50%以上甚至颗粒无收。茵草种子主要依靠水流传播。种子千粒重仅0.83g，并且有气囊包裹，使茵草种子能长时间漂浮于水面，随水流四处传播。在稻麦连作区，茵草种子通过稻田自流灌溉、沟渠串灌或大水漫灌，可迅速扩散蔓延。此外，茵草种子常常会黏附在鞋底、衣服和收获机械上传播，还可以随鸟、畜及交通工具传播。在长江流域发生较严重，喜生于地势低洼、土壤黏重的田块。

在长江中下游地区的稻茬麦田，多年来生产上一直使用精噁唑禾草灵、炔草酯、异丙隆、唑啉草酯防除茵草，导致防效不断下降，一些种群已经产生抗药性，因此，茵草已经演化为小麦田杂草群落优势种。

防除技术

根据茵草的发生危害规律，在合理采用农作生态控草措施的基础上，结合高效化学除草技术的应用，可有效控制茵草的危害，实现小麦生产的可持续发展。

农业防治　降低种源基数。茵草的发生危害主要来源于种子，因此要采取各种农作措施降低种子基数。应精选作物种子，汰除草籽，防止种子进入农田。下茬水稻灌溉整田时清洁水源，在灌、排水口加尼龙滤网（孔径<0.45mm，40目），滤除通过水流传播的茵草种子。冬闲田块要提早翻耕，在4月上旬茵草未开花结籽前将其根除。及时清理田间地头和沟边生长的茵草，减少种源。轮作换茬。茵草历年发生严重或草荒的田块，可以合理安排作物轮作，如将下茬水稻改种大豆、玉米或芝麻等旱地作物，恶化茵草种子的储藏和休眠环境，促进种子消亡，减轻草害发生；还可适当改种油菜、豌豆等阔叶作物，抑制茵草生长。在冬季休闲地可通过土壤翻耕灭除田间茵草。采用作物高产栽培技术，适当密植，配方施肥，争取作物早苗、匀苗、壮苗，增强作物竞争能力，抑制茵草生长。加强作物田间管理，深沟窄厢，保持排水通畅，

降低土壤湿度，可显著减少菵草发生数量。

化学防治　一是播前灭茬。前茬水稻收获后作物播种前，若菵草发生早、数量大，可在小麦播种前3～5天，用草甘膦异丙胺盐进行化学防除，防效可达90%以上。二是播后苗前土壤处理。在小麦播后苗前，可用异丙隆进行土壤封闭处理。猪殃殃、大巢菜较多的麦田，可以选用加高渗助剂的异丙隆，不仅能有效防除菵草等禾本科杂草，而且可兼治其他阔叶杂草。对防效下降的田块，可用吡氟酰草胺、氟噻草胺、呋草酮三元复配剂，土壤封闭效果好。油菜田可用乙草胺、精异丙甲草胺等进行土壤封闭处理。三是苗后茎叶处理。小麦出苗后，可在田间菵草1叶1心至3叶1心期，使用炔草酯、精噁唑禾草灵、异丙隆或甲基二磺隆进行茎叶喷雾处理。对于防效下降的田块，在冬小麦返青至拔节前，杂草2～5叶期茎叶喷雾环吡氟草酮与异丙隆的复配剂，防除效果好。菵草茎叶处理应在越冬前菵草基本出齐，植株2～4叶期施药，根据田间发生情况和草龄大小确定合理的防除方案。如果冬前菵草发生量较大，则应在菵草2～3叶期用药，以后根据发生情况，考虑是否再次用药；如果菵草发生较迟，可以待杂草基本出齐时集中施药防除。对春季草龄偏大的田块，宜及时在早春施药。油菜田用乙酰辅酶A羧化酶抑制剂类除草剂精喹禾灵、高效氟吡甲禾灵、烯草酮、烯禾啶茎叶处理防除。

参考文献

李扬汉，1998. 中国杂草志[M]. 北京：中国农业出版社：1171-1172.

张朝贤，张跃进，倪汉文，等，2000. 农田杂草防除手册[M]. 北京：中国农业出版社.

中国科学院中国植物志编辑委员会，1987. 中国植物志[M]. 北京：科学出版社，9(3): 256.

中华人民共和国农业部农药检定所，日本国（财）日本植物调节剂研究协会，2000. 中国杂草原色图鉴[M]. 日本国世德印刷股份公司.

ZHANG Z, LI R H, WANG D H, et al, 2019. Floating dynamics of *Beckmannia syzigachne* seed dispersal via irrigation water in a rice field [J]. Agriculture, ecosystems and environment, 277: 36-43

ZHANG Z, LI R H, ZHAO C, et al, 2021. Reduction in weed infestation through integrated depletion of the weed seed bank in a rice-wheat cropping system [J]. Agronomy for sustainable development, 41: 10.

（撰稿：魏守辉；审稿：宋小玲）

微孔草　*Microula sikkimensis* (Clarke) Hemsl.

夏熟作物田一年生杂草。又名野菠菜。英文名 sikkim microula。紫草科微孔草属。

形态特征

成株　株高6～80cm（图①②）。茎直立或渐升，常自基部起有长或短的分枝，或不分枝，被刚毛，有时还混生稀疏糙伏毛。基生叶和茎下部叶具长柄，卵形、狭卵形至宽

微孔草植株形态（①强胜摄；②～④魏有海摄）

①②成株；③花序；④幼苗

W

披针形，顶端急尖、渐尖，稀钝，基部圆形或宽楔形，中部叶卵形或椭圆状卵形，上部叶渐变小，具短柄至无柄，狭卵形或宽披针形，基部渐狭，边缘全缘，两面有短伏毛，下面沿中脉有刚毛，上面还散生带基盘的刚毛；茎生叶互生。聚伞花序密集，直径 0.5～1.5cm，有时稍伸长，长约达 2cm，生茎顶端及无叶的分枝顶端，基部苞片叶状，其他苞片小，长 0.5～2mm（图③）；花梗短，密被短糙伏毛；花萼长约 2mm，果期时长达 3.5mm，5 裂近基部，裂片线形或狭三角形，外面疏被短柔毛和长糙毛，边缘密被短柔毛，内面有短伏毛；花冠蓝色或蓝紫色，花冠筒直，檐部直径 5～9（～11）mm，无毛，裂片近圆形，筒部长 2.5～3.8（～4）mm，无毛，喉部附属物 5，无毛或有短毛，子房 4 裂。

子实　小坚果卵形，长 2～3mm、宽约 1.8mm，有小瘤状突起，背孔位于背面中上部，狭长圆形，长 1～1.5mm，着生面位子腹面中央。

幼苗　子叶卵形，具长柄（图④）。初生叶 1，阔卵形，叶脉明显，先端急尖，具长柄，叶片表面及叶缘有短粗毛。

生物学特性　种子繁殖。春季出苗，花果期 5～9 月。微孔草种子出苗深度 0～10cm，20cm 处的出苗率显著下降；微孔草抗寒性强，可在 -5～26℃较广的温度范围内生存，繁殖生产的温度界限在 1～26℃。微孔草在田间成片生长，是青藏高原常见的杂草。

分布与危害　中国分布于陕西西南部、甘肃、青海、四川西部、云南西北部、西藏东南部、新疆等。微孔草分布在高海拔地区，最高可达 6000m，通常在 2600～3700m 的海拔范围内，适宜生长在降水量 400～800mm，≥ 0℃的年积温 900～2000℃，极端最高温 19～29℃，极端最低温 -36～-26℃以上的地区。生于山坡、田间、路边等。危害麦类、油菜、蚕豆、玉米、大豆、杂粮等作物。在局部地区发生量大，危害重。

防除技术

农业防治　精选种子，并在播种前清选，切断种子传播；根据不同茬口选择春耙灭草、翻前耙灭草、翻后耙灭草 3 种方法，将微孔草种子消灭在萌芽状态；深耕能有效地抑制微孔草的出苗，翻地深度要达到 20cm 以上；合理轮作倒茬，采用休闲—油菜—禾本科作物的倒茬方式，利用禾本科高秆作物抑制微孔草的生长。施用经过高温堆沤处理堆肥和厩肥；及时清理田边、路边、沟边、渠埂杂草。

化学防治　麦类作物田可选用苯磺隆、唑嘧磺草胺、唑草酮、茎叶喷雾处理。油菜田可选用、草除灵、二氯吡啶酸在微孔草 1～3 叶时茎叶喷雾处理。

综合利用　微孔草是中国特有的珍稀油料植物。富含 γ-亚麻酸，是开发特色营养保健食品、保健食用油、新型化妆品和医药产品的理想原料。

参考文献

韩发，程大志，师生波，等，2007. 中国优质野生植物微孔草资源的研究与开发利用进展 [J]. 中国野生植物资源 (5): 5-9.

李扬汉，1998. 中国杂草志 [M]. 北京：中国农业出版社：139.

孙明德，冀旺荣，1994. 微孔草及其综合防治措施 [J]. 青海草业，3(1): 27-29.

王钦，任继周，郭朝霞，等，2003. 微孔草的特征及利用价值研究 [J]. 自然资源学报 (2): 247-251.

吴素萍，2009. 特种油料——微孔草的开发利用现状 [J]. 粮油加工 (3): 44-46.

（撰稿：魏有海；审稿：宋小玲）

薇甘菊　*Mikania micrantha* K.

林地多年生草质或木质藤本外来入侵杂草。又名小花假泽兰、小花蔓泽兰。英文名 mile-a-minute weed。菊科假泽兰属。

形态特征

成株　茎细长（图①），匍匐或攀缘，多分枝，被短柔毛或近无毛，幼时绿色，近圆柱形，老茎淡褐色，具多条肋纹。叶对生，三角状卵形至卵形（图②），长 4～13cm、宽 2～9cm，基部心形，偶近戟形，先端渐尖，边缘浅波粗锯齿，两面无毛，基出 3～7 脉；叶柄长 2～8cm。头状花序多数，在枝端常排列成复伞房花序状（图③），花序梗纤细，头状花序长 4.5～6mm，含小花 4 朵，全为结实的两性花，总苞片 4 枚，狭长椭圆形，顶端渐尖，部分急尖，绿色，长 2～4.5mm，总苞基部有一线状椭圆形的小苞叶（外苞片），长 1～2mm，花有香气；花冠白色，脊状，长 3～4mm，檐部钟状，5 齿裂。

子实　瘦果长椭圆形，有 5 纵棱，长 1.5～2mm，黑色，被毛，被腺体，冠毛由 32～40 条刺毛组成，白色，长 2～4mm。

幼苗　生长较慢，后期生长较快，3～8 月为生长旺盛期，9～11 月为花期，12 月至翌年 2 月为结实期。

生物学特性　原产于南美洲和中美洲，喜生长于光照和水分条件较好的地区，年均温度在 21℃以上，对土壤生态环境的要求很低。薇甘菊种子微小，顶端具冠毛，可以借风远距离传播，营养体的茎节处可以随时长出不定根进行繁殖，而且较种子苗生长快得多，使得对其防除极其困难。薇甘菊在旧大陆的最早记录是 1884 年采自香港动植物公园，而非 1907 年采于斐济。它在中国的传播始于 19 世纪末，由原产地引种栽培于香港动植物公园，并于 1919 年在该园附近发现逸生的薇甘菊。20 世纪 50～60 年代，薇甘菊在香港地区蔓延开来。1984 年在广东深圳银湖地区发现逸生的薇甘菊，80 年代末到 90 年代已蔓延至广东沿海地区，目前蔓延趋势不减。而目前薇甘菊在中国香港和广东境内南亚热带地区的迅速蔓延或许与全球气候变化相关。已广泛扩散到热带、亚热带地区并成为危害最严重的杂草之一，如印度、马来西亚、泰国、印度尼西亚、尼泊尔、菲律宾等国家。已入侵中国香港、台湾、广东、深圳和云南等地。薇甘菊多定居在空旷和具有丰富有机质的潮湿环境，富含有机质的垃圾场、公路和铁路沿线、人工林地、天然林次生林地及交通工具经过频繁的林区或区域，常常是薇甘菊首先出现的区域（图④）。对灌木的危害最大，受人为干扰的次生林在一定程度上受其危害，果园的人工除草和施肥加速了薇甘菊的危害。

水分是影响薇甘菊生长的重要环境因子。薇甘菊幼苗对不同的光强梯度具有不同的可塑性和适应性。苗高、节间长、比叶面积、叶面积比、总叶面积、净同化速率、支持结构生物量比、根生物量比和根冠比随着光照强度的变化而改变；比茎长、比叶柄长、总生物量、相对生长速率和叶片生物量比却保持相对的稳定。土壤肥力越高，花数较多，花期较长，结实率较高，种子千粒重较大；若土壤肥力过高则虽然种子千粒重大，花期长，但花数少，结实率低。光照、湿度和土壤肥力对薇甘菊的影响相互制约又相对独立。

薇甘菊挥发油主要成分是单萜和倍半萜及其醇和酮的衍生物，其中多数化学成分也存在于其他的植物挥发油中。其中，薇甘菊挥发油对萝卜蚜虫有一定的触杀毒力，且随着浓度的增加而加强，但对萝卜蚜虫、小菜蛾、黄曲条跳甲不同世代虫态却无熏蒸毒杀作用。薇甘菊挥发油的气味能干扰这些害虫对十字花科寄主植物的侵害。薇甘菊地上部分水提液能够显著影响受体植物生长，根水提液的抑制作用程度稍低，其枯枝叶水提液基本无作用。薇甘菊地上部分的石油醚和乙醇提取物均对受体植物幼苗生长表现出一定的抑制作用，但是乙酸乙酯提取物的作用最强烈，可使种子发芽过程受阻，幼苗生长受抑制程度高达 90% 以上。

分布与危害 中国主要发生在香港、台湾、广东、海南、广西和云南等地。主要危害天然次生林、人工林，管理粗放的果园和农田发生与危害严重，例如甘蔗、橡胶、菠萝、咖啡、香蕉、荔枝、龙眼、人心果、刺柏、苦楝和番石榴等。

防除技术

生物防治 可用柄锈菌、安婀珍蝶、紫红短须螨等专一性寄生菌和天敌寄生或取食；替代控制可用田野菟丝子、幌伞枫、血桐和甘薯等本地物种竞争抑制。

物理防治 可在薇甘菊营养生长期，特别在其补偿反应水平低的阶段进行机械损伤。

化学防治 可用草甘膦、甲嘧磺隆和 2 甲 4 氯等除草剂在其生长旺盛期喷雾进行防治。

综合利用 薇甘菊被广泛作为传统药物，可从中开发有生产价值的药物。同时薇甘菊还是植物源杀虫剂的潜在开发对象。土壤肥力对薇甘菊生长影响不大，可以作为退化生态环境恢复的先锋植物，对恢复废旧矿区，垃圾场的植被有一定帮助。

薇甘菊植株形态（张志翔摄）

①全株；②叶和花序；③花序；④危害状

参考文献

冯惠玲，曹洪麟，梁晓东，等，2002. 薇甘菊在广东的分布与危害 [J]. 热带亚热带植物学报，10(3): 263-270.

廖文波，凡强，王伯荪，等，2002. 侵染薇甘菊的菟丝子属植物及其分类学鉴定 [J]. 中山大学学报（自然科学版），41(6): 54-56.

邵华，彭少麟，王继栋，等，2001. 薇甘菊的综合开发与利用前景 [J]. 生态科学 (2): 132-135.

邵华，彭少麟，张弛，等，2003. 薇甘菊的化感作用研究 [J]. 生态学杂志，22(5): 62-65.

王伯荪，廖文波，昝启杰，等，2003. 薇甘菊 *Mikania micrantha* 在中国的传播 [J]. 中山大学学报（自然科学版），42(4): 47-50+54.

杨逢建，张衷华，王文杰，等，2005. 水分胁迫对入侵植物薇甘菊幼苗生长的影响 [J]. 植物学报，22(6): 673-679.

杨期和，冯惠玲，叶万辉，等，2003. 环境因素对薇甘菊开花结实影响初探 [J]. 热带亚热带植物学报，11(2): 123-126.

张付斗，岳英，季梅，等，2015. 薇甘菊在云南省的入侵危害及其防控 [M]. 昆明：云南科技出版社.

张茂新，凌冰，孔垂华，等，2003. 薇甘菊挥发油的化学成分及其对昆虫的生物活性 [J]. 应用生态学报，14(1): 93-96.

张炜银，王伯荪，李鸣光，等，2002. 不同光照强度对薇甘菊幼苗生长和形态的影响 [J]. 中山大学学报，22(1): 222-226.

周先叶，昝启杰，王勇军，等，2003. 薇甘菊在广东的传播及危害状况调查 [J]. 生态科学，22(4): 332-336.

（撰稿：张付斗；审稿：强胜）

W

蚊母草　*Veronica peregrina* L.

夏熟作物田一二年生常见杂草。又名水蓑衣、仙桃草（带虫瘿全草）。英文名 purslane speedwell。玄参科婆婆纳属。

形态特征

成株　株高10～25cm（图①～③）。通常自基部多分枝，主茎直立，侧枝披散，全体无毛或疏生柔毛。叶对生，无柄，下部的倒披针形，上部的长矩圆形，长1～2cm、宽2～6mm，全缘或中上端有三角状锯齿。总状花序长，果期达20cm；

蚊母草植株形态（①③陈国奇摄；②④～⑦张治摄）

①麦田生境；②单株；③群体；④花序；⑤种子；⑥果实；⑦幼苗

苞片与叶同形而略小（图④）；花梗极短；花萼裂片长矩圆形至宽条形，长 3～4mm；花冠白色或浅蓝色，花冠管短，4 深裂，裂片近等长，长矩圆形至卵形；雄蕊 2，短于花冠。

子实　蒴果倒心形，明显侧扁，长 3～4mm，宽略过于长，边缘生短腺毛，宿存的花柱不超出凹口（图⑥）。种子矩圆形（图⑤）。

幼苗　子叶卵形，长 2mm、宽 1mm，先端钝圆，叶基楔形，有明显的离基三出脉，具叶柄（图⑦）。下胚轴发达，上胚轴不明显。初生叶 2 片，对生，叶片卵形，先端钝尖，叶基阔楔形，无明显叶脉，具长柄；后生叶与初生叶同形。

生物学特性　种子繁殖。苗期 10 月下旬至翌年 3 月，花果期 5～6 月。喜湿，常见于菜园、茶园、果园、林下、荒地等生境。果实常因虫瘿而肥大。

分布与危害　中国《本草纲目》中已有记载，在黑龙江、吉林、辽宁、江苏、上海、安徽、浙江、江西、福建、湖北、湖南、重庆、四川、贵州、云南等地均有分布；原产于美洲，在南美洲、欧洲、亚洲、澳大利亚、新西兰归化。油菜田、蔬菜田常见杂草，发生量小，危害轻。

防除技术　通常危害较轻，不需采取针对性措施进行防控，常规除草措施顺带防控即可。

农业防治　在发生量大、需专门防除的作物田，可在作物播种前采用深翻耕，控制其出苗。

化学防治　见阿拉伯婆婆纳。

综合利用　带虫瘿的全草药用，已被《中国药典》（1977 年版）收录，具有活血化瘀、行气止痛、止血补血、消肿等作用。单味药用于月经不调、痛经、崩漏、产后恶露不尽等病症。其主要化学成分为木樨草素、金圣草素、原儿茶酸、香草酸、甘露醇等。嫩苗味苦，水煮去苦味，可食。

参考文献

李扬汉，1998. 中国杂草志 [M]. 北京：中国农业出版社.

徐海根，强胜，2018. 中国外来入侵生物 [M]. 修订版. 北京：科学出版社.

（撰稿：陈国奇；审稿：宋小玲）

问荆　*Equisetum arvense* L.

作物田常见多年生草本杂草。又名头草、土麻黄、马草、接骨草、马虎刚。英文名 field horsetail。木贼科木贼属。

形态特征

成株　高 15～60cm。中小型蕨类植物。根状茎长而横走；地上茎二型，软草质；营养茎在孢子茎枯萎后生出，具 6～12 条纵棱，分枝轮生，中实，鲜绿色，表面粗糙；叶退化成鞘，鞘齿披针形，黑褐色，边缘灰白色，厚草质，不脱落（图①）；孢子茎早春先发，高 5～20cm，常呈紫褐色，肉质，粗状，单一，不具分枝；鞘筒栗棕色或淡黄色，长约 0.8cm，鞘齿 9～12 枚，栗棕色，长 4～7mm，狭三角形，鞘背仅上部有一浅纵沟；孢子囊顶生，椭圆形，钝头；孢子叶（孢囊柄）

问荆植株形态（强胜摄）

①植株；②孢子

盾状，下面生 6～8 个孢子囊；孢子一型，孢子成熟后孢子茎即枯萎（图②）。孢子散落后萌发后长成丝状体，然后长成叶状体，形成配子体。配子体基部宽大，其腹面具有多数假根，以及直立的叶状部分，除假根外都有叶绿体。雄配子体在裂片顶端长出精子器，雌配子体在 2 个裂片之间的基部形成颈卵器，雄配子体较雌配子体小很多。颈卵器发育成熟后，顶端细胞开裂，精子器中的精子借助水游动到颈卵器中与卵子受精，形成合子，合子发育成胚；胚深埋在配子体组织中发育逐渐长大，胚的茎向上突破颈卵器，其在顶端出现轮生的叶片，接着出现节和节间的分化，每个节上 3 叶轮生，这就是问荆的初生枝；胚的根向下穿过配子体的组织，形成根，最后发育为幼孢子体。

生物学特性 问荆生于溪边或阴谷，海拔 0～3700m。常见于河道沟渠旁、疏林、荒野和路边，潮湿的草地、砂土地、耕地、山坡及草甸等处。以根状茎繁殖为主，也可进行孢子繁殖，孢子没有休眠性。问荆根茎的各个节位都有芽原基和根原基，都有萌发的潜力；问荆根茎在较低温度（7.2℃）和较高温度下（32℃）萌发率都比较低，25℃左右时问荆根茎的萌发率达到最高。对气候、土壤有较强的适应性。喜湿润而光线充足的环境，生长适温白天为 18～24℃，夜间 7～13℃，要求中性土壤。问荆能分泌化感物质，其水浸液对大豆和小麦生长均有化感效应，但问荆春枝、夏枝和根茎的化感效应对不同作物及品种有一定差异。

分布与危害 问荆生活在北半球的寒带和温带地区，中国分布于黑龙江、吉林、辽宁、内蒙古、北京、天津、河北、山西、陕西、宁夏、甘肃、青海、新疆、山东、江苏、上海、安徽、浙江、江西、福建、河南、湖北、四川、重庆、贵州、云南、西藏；国外包括日本、朝鲜半岛、俄罗斯、欧洲、北美洲等地有分布。喜潮湿多肥的黑土，生于田间、果园、沟旁、荒地、路边。因根茎发达，蔓延迅速，难以清除。危害大豆、玉米、向日葵、马铃薯等作物及果园。

防除技术

农业防治 人工除草结合农事活动，中耕施肥等农耕措施剔除杂草。

利用农机具或大型农业机械进行各种耕翻、耙、中耕松土等措施进行播种前、出苗前及各生育期等不同时期除草，直接杀死、刈割或铲除杂草。对于问荆严重的地块，可以采用深翻犁翻地作业或采用带有断根部件的深松机，进行深翻、深松作业，实现 25～30cm 深度的全耕层断根，然后通过耙地作业，使耕层内问荆根茎处于疏松、比较干燥的土壤环境，使其脱水、干枯而失去再生能力，达到铲除、防治的目的。利用覆盖、遮光等原理，用塑料薄膜覆盖或播种其他作物（或草种）等方法进行除草抑草。问荆喜中性和微酸性土壤，施用碱性肥料而少用或不用酸性肥料，可减少其发生。

化学防治 大豆田苗前可用 2,4- 滴异辛酯、异噁草松、唑嘧磺草胺进行土壤封闭处理，苗后选用氟磺胺草醚，以及异噁草松或唑嘧磺草胺进行茎叶喷雾处理。玉米田可用唑嘧磺草胺进行土壤封闭处理，苗后可用 2,4- 滴异辛酯、2 甲 4 氯等进行茎叶喷雾处理。在温度 13℃以下吸收传导性差，对地下部分无效。单纯依赖除草剂难以控制危害。防治问荆必须采取综合措施。

综合利用 问荆含有酚酸类、黄酮类、糖苷及生物碱等多种化学成分。在医学方面，问荆具有清热解毒、疏风明目的功效，用于治疗高血压、冠心病和贫血等；还能抑制神经中枢，可用于治疗神经衰弱、忧郁症、精神分裂症等。问荆提取物对由灰葡萄孢菌（*Botrytis cinerea* Pers.）引起的灰霉病具有很强的抑制效果，具有开发为新型植物源杀菌剂的潜力。问荆营养茎枝碧绿，形态奇特，具有较高观赏性，宜盆栽观赏或园林中沟边水旁成片种植。

参考文献

李少华，仲嘉伟，莫海波，等，2014. 问荆活性物质的提取及对番茄灰霉病菌的抑制作用 [J]. 中国农业大学学报，19(4): 61-66.

李树春，杨芳，王险峰，2010. 大田作物难治杂草问荆防治技术 [J]. 现代化农业 (9): 30.

李扬汉，1998. 中国杂草志 [M]. 北京：中国农业出版社：47-48.

曲贵财，陈建慧，张尚贵，等，2012. 多年生杂草问荆的机械防治技术 [J]. 现代化农业 (5): 53-54.

王戈，2012. 问荆配子体发育及卵发生的细胞学研究 [D]. 上海：上海师范大学.

张宏军，刘学，张佳，2004. 多年生恶性杂草问荆的防治 [J]. 农药科学与管理，26(7): 25-29.

张宏军，赵长山，江树人，2002. 多年生杂草问荆生物学特性的研究进展 [J]. 杂草科学 (2): 8-11, 14.

张宏军，2000. 问荆 (*Equisetum arvense*) 的生物学特性和化学防除 [D]. 哈尔滨：东北农业大学.

中国科学院中国植物志编辑委员会，2004. 中国植物志：第六卷 第三分册 [M]. 北京：科学出版社：232-233.

（撰稿：于惠林、李香菊；审稿：宋小玲）

乌蔹莓 *Cayratia japonica* (Thunb.) Gagnep.

果园、桑园、茶园危害较严重的多年生草质藤本杂草。又名乌蔹草、五叶藤、五爪龙、母猪藤。英文名 Japanese cayratia、bushkiller。葡萄科乌蔹莓属。

形态特征

成株 茎带紫红色，有纵棱，具卷须，幼枝被柔毛，后变无毛。叶互生掌状复叶，排成鸟足状，小叶 5，椭圆形至狭卵形，长 2.5～7cm、宽 1.5～3.5cm，中间小叶较大，先端急尖或短渐尖，基部宽楔形，边缘疏生锯齿，两面中脉具毛（图①）。伞房状聚伞花序腋生，具长总花梗（图②）；花小，黄绿色，具短梗；花萼浅杯状，花瓣 4，三角状卵形；花盘肉质，橘红色，4 裂。雄蕊 4，与花瓣对生；子房陷于花盘内，2 室，每室有 2 胚珠。

子实 浆果倒卵形，长 6～8mm，成熟时黑色（图②）。

幼苗 子叶阔卵形，长 2.4cm、宽 1.6cm，先端钝尖，叶基圆形，有 5 条主脉，具柄（图③）。下胚轴极发达，上胚轴不发达。初生叶为掌状复叶，小叶 3，叶片卵形，先端渐尖，叶缘有大小不一的疏锯齿，具长柄；第一后生叶与初生叶相似，第二后生叶开始为鸟足状掌状复叶，小叶 5。

生物学特性 蔓生藤本杂草，多生于海拔 300～2500m

山谷林中或路旁、沟边及灌丛中。种子繁殖，蔓延快。花期6～7月，果期8～9月。15℃以上开始出苗，20℃为出苗适宜温度，4月为出苗高峰期；植株20℃以下生长较慢，25℃生长最快。侧枝生长与光照有关，光照强，主茎生长较慢，侧枝较多；反之，主茎生长快，侧枝少。降霜时节，藤蔓、叶片枯死。常显现单体生长优势，不与其他杂草形成群落。

一般在管理粗放的果园、桑园、茶园发生较为严重，其中以果园危害最重，频度达70%～80%，盖度达20%～30%；桑园频度最高达50%～70%，盖度最高15%～25%；茶园精耕细作程度高，密度与频度均较低。在果园、桑园乌蔹莓在多雨年份发生较为严重，在果树、桑树遮阴的树冠下呈密集性生长，严重的达100～160株/m^2，可将整个地表覆盖。5月中旬后植株加剧生长，借卷须攀爬果树、桑树，仅1个月内，可将30年生大树或多株桑树全部覆盖，致使果树大量落叶、烂果，影响果树花芽的形成，桑树叶片减产，给果、桑生产带来巨大损失。一般在湿度高的砂土、砂壤土地区发生较为严重，极易形成单一优势杂草；干旱地带发生迟、生长慢、分枝少。

乌蔹莓植株形态（叶照春摄）

①植株；②花序及花果；③幼苗

分布与危害 在中国陕西、河南、山东、安徽、江苏、浙江、湖北、湖南、福建、台湾、广东、广西、海南、四川、贵州、云南等地均有分布；日本、菲律宾、越南、缅甸、印度、印度尼西亚和澳大利亚也有分布。为果园、桑园、茶园和路埂常见杂草，发生量较大，危害较重。对绿篱植物、观赏灌木、草坪等也有较大的危害。

防除技术 应采取包括农业防治、生物防治和化学防治相结合的方法。此外，也可考虑综合利用等。

农业防治 乌蔹莓主要危害旱田作物，可实行水旱轮作以减轻其发生。春季进行2～3次中耕除草，并对其匍匐茎带出烧毁处理。在果园、桑园、茶园、橡胶园等地行间可进行铺草或锯末覆盖控制。

生物防治 在花期和果期可释放一定量的乌蔹莓鹿蛾，幼虫主要取食花、果实及嫩叶，尤其对繁殖器官取食量大，以防止乌蔹莓的蔓延。

化学防除 乌蔹莓抗药性强，常用的化学除草剂对其防除效果较差。在种子萌发前，可用氟乐灵和仲丁灵进行芽前土壤处理；在果园、桑园乌蔹莓苗期可选用2,4-滴二甲胺盐、苯嘧磺草胺、氯氟吡氧乙酸、氨氯吡啶酸、莠去津、敌草快等单剂或混剂进行定向喷雾防除；在果园、桑园、茶园乌蔹莓生长旺盛期可选用草甘膦、草铵膦等进行定向喷雾防除。

综合利用 全草入药，有清热解毒、活血散瘀，消肿利尿的功效，主治蛇虫咬伤、痈肿、疥疮、痄腮和丹毒等，对溶血性葡萄球菌、痢疾杆菌、大肠杆菌均有抑制作用。乌蔹莓提取液制成注射液，在临床上用于治疗病毒性上呼吸道感染，对流感病毒和细胞感染单纯疱疹病毒也有明显的抑制作用。浆果富含天然色素——花色苷，具有抗氧化、抗癌、抗炎等多种生理活性，可作为天然食用色素开发利用。南方用作猪饲料植物。

参考文献

傅立国, 2001. 中国高等植物: 第八卷 [M]. 青岛: 青岛出版社.

李扬汉, 1998. 中国杂草志 [M]. 北京: 中国农业出版社.

王勇, 周福才, 陆自强, 2007. 乌蔹莓鹿蛾的生物学特性 [J]. 昆虫知识, 44(5): 716-718.

（撰稿：叶照春、何永福、覃建林；审稿：范志伟）

乌毛蕨 *Blechnum orientale* L.

南方林地缘常见多年生高大草本杂草。英文名blechnoid。

乌毛蕨科乌毛蕨属。

形态特征

成株　高 0.5～2m（图①②）。根状茎直立，粗短，黑褐色，先端及叶柄下部密被狭披针形鳞片。叶簇生于根状茎顶端（图③④）；柄长 3～80cm、粗 3～10mm，坚硬，基部常为黑褐色，向上为棕禾秆色或棕绿色，无毛；叶片卵状披针形，长达 1m 左右，宽 20～60cm，一回羽状；羽片多数，无柄，下部羽片不育，极度缩小为圆耳形，长仅数毫米，彼此远离，向上羽片突然伸长，疏离，能育，至中上部羽片最长，斜展，线形或线状披针形，长 10～30cm、宽 5～18mm，先端长渐尖或尾状渐尖，基部圆楔形，全缘或呈微波状，干后反卷，上部羽片向上逐渐缩短，基部与叶轴合生并沿叶轴下延，顶生羽片与其下的侧生羽片同形，但长于其下的侧生羽片。叶脉上面明显，主脉两面均隆起，上面有纵沟，小脉分离，单一或二叉。叶近革质，干后棕色，无毛。

子实　孢子囊群线形（图③），连续，紧靠主脉两侧，与主脉平行；囊群盖线形，开向主脉，宿存。

生物学特性　乌毛蕨喜温暖阴湿环境，抗逆性、耐热性强。生长适温 16～24℃，耐高温多雨，适应性较强，在夏季高温条件下生长良好；不耐寒，冷时生长不良。常生长于较阴湿的水沟旁及坑穴边缘，也见于山坡灌丛中或疏林下，为热带和亚热带的酸性土指示植物。

乌毛蕨在自然界以孢子繁殖为主。孢子于夏末秋初成熟后从孢子囊中脱落，待条件合适即萌发为配子体，受精后生长为新的植株。

分布与危害　中国广布于四川、重庆、湖南、浙江、贵州、江西、福建、广东、广西、海南、台湾、云南、西藏等长江流域及以南地区。是中国热带亚热带地区林缘及水沟旁边常见的杂草之一，危害较大。

防除技术　主要采取包括人工和化学防治相结合的方法。此外，也应该考虑综合利用等措施。

人工防治　除阴雨连绵和连续干旱前期不宜刈割外，适时地抓紧刈割就能有效防治该种杂草。

化学防治　一般采用的除杂草剂有草甘膦、五氯酚钠、

乌毛蕨植株形态（张钢民摄）

①②植株；③孢子囊群；④幼叶，拳卷

除草醚等。

综合利用　乌毛蕨的幼叶可食，含有丰富的维生素，是山野菜中的极品。根状茎可药用，有清热解毒、活血散瘀除湿健脾胃之功效。此外，乌毛蕨叶色翠绿，形态优美，被广泛应用于插花艺术，亦可作园林绿化。

参考文献

胡景平，黄勇，杨荣信，等，2008. 乌毛蕨植物研究及其保护利用 [J]. 热带农业科学，28 (6): 63-66.

中国科学院中国植物志编辑委员会，1999. 中国植物志：第四卷 第二分册 [M]. 北京：科学出版社 .

（撰稿：张钢民；审稿：张志翔）

无瓣繁缕　*Stellaria pallida* (Dumortier) Crepin

夏熟作物田一二年生杂草。又名小繁缕。异名 *Stellaria apetala* Ucria。英文名 little starwort。石竹科繁缕属。

形态特征

成株　高 5～15cm（图①）。全株鲜绿，茎偃卧，多分枝，疏被一行短柔毛，逐渐至茎上部光滑无毛。叶对生，叶片呈倒卵形至倒卵状披针形，长 0.5～1mm，基部下延至柄，叶柄两侧有少数较长的柔毛，叶顶端突尖。二歧聚伞花序，花梗光滑无毛，长约 1cm（图②）；萼片 5，光滑无毛，具极狭膜质边缘，果时宿存；无花瓣；雄蕊 3～5 枚，多 3 枚；子房卵形，1 室，特立中央胎座，胚珠多数，花柱 3。

子实　蒴果长卵形，6 瓣裂；种子细小，红褐色，圆肾形，表面具疣状突起（图③）。

幼苗　子叶出土（图④）。子叶椭圆状披针形，叶基楔形，具短柄，先端锐尖。上下胚轴明显。初生叶 2 枚，倒卵圆形，具短柄，柄上疏生长柔毛。

生物学特性　二年生草本，苗期 10～11 月，花期 3～4 月，果期 4～5 月。种子随果实成熟散落于土壤中。通过种子繁殖。

分布与危害　中国分布于北京、新疆、安徽、江苏、浙江、

无瓣繁缕植株形态（张治摄）

①成株；②花序；③种子；④幼苗

江西、湖北、云南（中部和西部）等地；原产地中海地区，为典型的干扰生境物种，分布于欧洲、亚洲、北美等地区。北京于2009年首次报道。常生于路边、宅旁、荒地和农田。主要发生于夏熟旱地作物，在蔬菜、小麦田危害严重。

防除技术

农业防治　精选种子，避免作物种子中夹带无瓣繁缕种子，切断种子传播；在无瓣繁缕发生严重的田块应清洁农具和耕作机械，避免种子通过农事操作传播；中耕除草，在无瓣繁缕营养生长早期中耕除草，避免结实造成更严重的危害。对于发生数量比较少的地块可采用人工拔除或机械防除。

化学防治　见繁缕。

参考文献

李扬汉, 1998. 中国杂草志 [M]. 北京 : 中国农业出版社 : 181.

强胜, 陈国奇, 李保平, 等, 2010. 中国农业生态系统外来种入侵及其管理现状 [J]. 生物多样性, 18(6): 647-659.

申时才, 张付斗, 徐高峰, 等, 2012. 云南外来入侵农田杂草发生与危害特点 [J]. 西南农业学报, 25(2): 554-561.

（撰稿：宋小玲、魏守辉；审稿：贾春虹）

无瓣蔊菜　*Rorippa dubia* (Pers.) Hara

夏熟作物田常见二年生杂草。英文名 petalless rorippa。十字花科蔊菜属。

形态特征

成株　高10～30cm（图①）。小草本，植株较柔弱，光滑无毛，直立或呈铺散状分枝，表面具纵沟。单叶互生，基生叶与茎下部叶倒卵形或倒卵状披针形，长3～8cm、宽1.5～3.5cm，多数呈大头羽状分裂，顶裂片大，边缘具不规则锯齿，下部具1～2对小裂片，稀不裂，叶质薄；茎上部叶卵状披针形或长圆形，边缘具波状齿，上下部叶形及大小均多变化，具短柄或无柄。总状花序顶生或侧生，花小，多数，具细花梗（图②）；萼片4，直立，披针形至线形，长约3mm、宽约1mm，边缘膜质；无花瓣（偶有不完全花瓣）；雄蕊6，2枚较短。

子实　长角果线形，长2～3.5cm、宽约1mm，细而直（图③）；果梗纤细，斜升或近水平开展。种子每室1行，多数，细小，种子褐色、近卵形，一端尖而微凹，表面具细网纹。

幼苗　子叶近圆形，长2.5mm、宽2.5mm，先端钝圆或具微凹，叶基圆形，具柄。下胚轴不甚发达，上胚轴不发育；初生叶1枚，阔卵形，先端钝圆，有1条中脉，具长柄；第一后生叶与初生叶相似，第二后生叶开始叶缘具疏锯齿，全株光滑无毛（图④）。

生物学特性　种子繁殖。苗期10～12月，花果期4～8月。生于山坡路旁、山谷、河边湿地、园圃及田野较潮湿处。无瓣蔊菜对镉有很强的耐性，可吸收土壤中的镉，并转运积累到地上部分，具有作为镉污染土地修复植物的潜力。

分布与危害　中国分布于华东、华中、华南、西南以及陕西、西藏、甘肃等地；亚洲、欧洲、北美洲、南美洲、非

无瓣蔊菜植株形态（①～③陈国奇摄；④⑤张治摄）

①单株；②花；③种子；④幼苗

洲均有分布。可在夏熟作物田发生，通常危害轻。

防除技术 见碎米荠。

综合利用 嫩株可作饲用，种子可榨油。

参考文献

李扬汉, 1998. 中国杂草志 [M]. 北京 : 中国农业出版社 : 466-467.

刘鲕, 陈杨晗, 周莉君, 等, 2018. 无瓣蔊菜对镉的积累特性研究 [J]. 核农学报, 32(5): 1009-1015.

中国科学院中国植物志编辑委员会, 1987. 中国植物志 : 第三十三卷 [M]. 北京 : 科学出版社 : 303.

（撰稿：陈国奇；审稿：宋小玲）

无根藤 *Cassytha filiformis* L.

林地多年生草质寄生藤本杂草。寄主范围广，造成寄主生长不良乃至死亡，是人工林及天然林的重要杂草。又名无头草、无爷藤、罗网藤。英文名 no root vine。樟科无根藤属。

形态特征

成株 茎线形，绿色或绿褐色，稍木质，幼嫩部分被锈色短柔毛，老时毛被稀疏或变无毛（图①）。藤茎吸盘呈圆形或近圆形，直径约 1mm、厚约 5mm，吸盘间相距 1～3mm，或互连成串。吸盘边缘隆起，中央长出吸器。叶退化为微小的鳞片。穗状花序长 2～5cm，密被锈色短柔毛；苞片和小苞片微小，宽卵圆形，长约 1mm，褐色，被缘毛。花小，白色，长不及 2mm，无梗。花被裂片 6，排成 2 轮，外轮 3 枚小，圆形，有缘毛，内轮 3 枚较大，卵形，外面有短柔毛，内面几无毛。能育雄蕊 9，第一轮雄蕊花丝近花瓣状，其余的为线状，第一、二轮雄蕊花丝无腺体，花药 2 室，室内向，第三轮雄蕊花丝基部有一对无柄腺体，花药 2 室，室外向；退化雄蕊 3，位于最内轮，三角形，具柄。子房卵珠形，几无毛，花柱短，略具棱，柱头小，头状。

子实 果小，卵球形，包藏于花后增大的肉质果托内，但彼此分离，顶端有宿存的花被片，内含种子 1 粒（图②～④）。种子黑褐色，坚硬，表面稍具皱纹，梨形或近球形，直径 3～4mm，千粒重 37.5g。在海南岛，花期一般为 6 月至翌年 1 月，但以 7～10 月为多。

幼苗 幼苗无叶，根系不发达，主根通常退化，仅长出 3～4 条侧根，侧根长 2～5mm。幼茎浅绿色，基部直径 2～3mm，向上渐细，草绿色，当幼茎生长至 2～3cm 时即开始在空中向右旋绕，开始缠绕寄生生活。

生物学特性 适生于阳光充足、气候干热、郁闭度低的林分，海拔 400m 以下。6～10 月开花，果实于 10～12 月或延至翌年 2 月成熟。当幼茎生长约 15cm 时，藤茎开始分枝，并继续生长。藤茎吸器自木质部长出，穿透寄主表皮后，直达寄主木质部，形成藤茎与寄主之间水分及无机盐流通的自然通道。种子发芽极不整齐，在自然条件下，经 2～3 个月

无根藤植株形态（秦新生摄）

①植株；②果序；③④果实

甚至更长的时间才能萌发。在温暖地区，无根藤连年危害寄主，在稍寒冷的地区，无根藤在冬季死亡，翌年由种子萌发继续危害。

分布与危害 无根藤对寄主的生长产生危害，严重时可致寄主死亡。无根藤的影响，一方面靠吸器吸取寄主植物的营养，影响寄主植物的正常生长，另一方面对寄主枝叶的缠绕，影响到寄主植物的光合作用和寄主枝叶的自然伸长。

防除技术

预防措施 选择造林地时，应尽量避免在无根藤发生严重的地方，若无法避免时，应在无根藤开花结实前进行清山整地作业，彻底清除杂草、灌丛及无根藤藤蔓，可大大减轻以后的危害。加强对幼林的抚育管理，清除林地杂草，避免无根藤经杂草攀缠至林木，促进幼林提早郁闭，达到减轻受害的目的。对已受害的林木，可采用砍伐处理，每年3～5月用刀修除带有无根藤茎的寄主枝条，保留未受害的寄主枝叶，同时对寄主树种施肥管理，促其萌发新枝。

综合利用 种子及全草均可入药，药性味甘苦、寒；具清热利湿，凉血止血等功效。常用于感冒发热，疟疾，急性黄疸型肝炎、咯血、尿血、泌尿系结石、肾炎水肿等多种疾病。近年研究表明无根藤具有抗肿瘤、抗病毒、抗寄生虫、抑制血小板凝集等多种药理活性。无根藤在非洲民间用来治疗锥虫病。

参考文献

程涛, 2011. 无根藤生物碱对小鼠肝癌 (H22) 的作用 [D]. 福州 : 福建师范大学 .

程涛 , 张福华 , 何珊 , 2011. 无根藤的药学研究概况 [J]. 海峡药学 , 23(5): 36-38.

弓明钦 , 1986. 无根藤生物学特性及其危害的初步研究 [J]. 热带林业科技 (2): 7-13.

李扬汉 , 姚东瑞 . 1991. 寄生杂草无根藤 [J]. 植物杂志 , 18(1): 34-35.

王缉健 , 1994. 八角树上无根藤的除治 [J]. 广西林业 (5): 23.

Neuwinger H D, 2000. African traditional medicine; a dictionary of plant use and applications [J]. Stuttgart: medpharm: 61-63.

Sara Hoet, Caroline Stevigny, 2004. Alkaloids from *Cassytha filiformis* and related aporphines; antitrypanosomal activty, cytotoxicity, and in-teraction with DNA and topoisomerases [J]. Planta med, 70(5):407-413.

（撰稿：冯志坚；审稿：张志翔）

W

无芒稗 *Echinochloa crusgalli* (L.) Beauv. var. *mitis* (Pursh) Petermann

稻田一年生恶性杂草。异名 *Echinochloa spiralis* Vasinger。禾本科稗属。

形态特征

成株 高50～120cm（图①⑤）。秆基部略带紫红色，直立，粗壮，秆光滑无毛。叶条形，叶片长17～40cm、宽8～10mm。圆锥花序直立，近尖塔形（图②③），长10～20cm，分枝斜上举而开展，长3～6cm，一般10个以上，呈总状花序，互生或近对生，轮生状，再有小分枝，着生小穗3～10个；主轴具棱，粗糙或具疣基长刺毛；穗轴粗糙或生疣基长刺毛；小穗卵状椭圆形，长约3mm，无芒或具极短芒，芒长常不超过0.5mm，脉上被疣基硬毛，具短柄或近无柄，密集在穗轴的一侧；第一颖三角形，长为小穗的1/3～1/2，具3～5脉，脉上具疣基毛，基部包卷小穗，先端尖；第二颖与小穗等长，先端渐尖或具小尖头，具5脉，脉上具疣基毛；第一小花通常中性，其外稃草质，上部具7脉，脉上具疣基刺毛，顶端延伸成一粗壮的芒，芒长0.5～1.5（～3）mm，内稃薄膜质，狭窄，具2脊；第二外稃椭圆形，平滑，光亮，成熟后变硬，顶端具小尖头，尖头上有一圈细毛，边缘内卷，包着同质的内稃，但内稃顶端露出。

子实 颖果椭圆形（图④），长2.5～3.5mm，凸面有丛脊，黄褐色。

幼苗 无芒稗幼苗的叶鞘包裹着真叶，第一片真叶具有21条直出平行叶脉，其中3条较粗，18条较细，真叶竖直生长；叶鞘近乳白色，较短，基部有次级侧根产生。无芒稗在萌发时胚轴比胚根的伸长速度更快。

生物学特性 在长江中下游地区一般4月初开始出苗，苗期3～7月，花果期6～11月。种子繁殖。无芒稗在7～8月高温条件下生长速度最快。在中国银川北部河滩地上，5月初出苗，7月中旬抽穗，从出苗到抽穗需70天，8月底成熟，从抽穗到成熟需40天，生育期为110天，为中熟品种。多生于稻田、田边及荒地。

在长期使用除草剂的田块，无芒稗会产生抗药性。在南美报道了抗咪唑啉酮类和在中国的江苏和安徽抗二氯喹啉酸的无芒稗。

分布与危害 无芒稗在全球暖温带和亚热带地区均有。在中国主要分布于东北、华北、西北、华东、西南及华南等地。是中国水稻田危害最严重的杂草之一，也经常发生于玉米、甘蔗、大豆、棉花等旱作物田。稗草与水稻争夺阳光、养分、水分等，使水稻的生长受到抑制而导致严重减产。在无芒稗干扰下，水稻的每穗粒数和千粒重显著降低，导致产量降低。1株水稻和4株稗草共生时，水稻减产86%。拔除稗草及其他杂草80%时，水稻的平均产量为4485kg/hm^2，减产32.5%；拔除稗草及其他杂草60%时，水稻的平均产量为3720kg/hm^2，减产44.0%；拔除稗草及其他杂草40%时的平均产量2925kg/hm^2，减产56.0%；拔除稗草及其他杂草20%时的平均产量2805kg/hm^2，减产57.8%；不除草的平均产量在2055kg/hm^2，减产69.1%。

防控技术 采用生物防治、化学防治与农业防治相结合的综合防治措施，加强监测、科学防治。

农业防治 ①稻种净选。通过稻种过筛、风扬、水选等措施，汰除杂草种子，防止杂草种子远距离传播与危害。②耕作除草。利用农业机械进行翻耕、旋耕除草。③人工除草。利用人工拔草、锄草、中耕除草等方法直接杀死杂草。④清洁田园，对田间沟渠、地边和田埂生长的杂草结实前及时清除，防止杂草种子扩散入水稻田危害。⑤施用腐熟粪肥。使其中的杂草种子经过高温氨化丧失活力。⑥水层管理。保持田间水层，抑制杂草出苗和生长，提高水稻的竞争力。⑦清洁收割机。对联合收割机中杂草种子进行清除，严重发

无芒稗植株形态（④张治摄；其余强胜摄）

①植株；②③花序；④子实；⑤群体

生区禁用跨区联合收割机，实施单独收割或人工收割。

生物防治 在水稻抽穗前，通过人工放鸭、综合种养等措施，任其取食株、行间杂草幼芽。以降低田间杂草基数，减少其危害。

化学防治 仍然是防除无芒稗最主要的技术措施。在水稻播后苗前或移栽后早期进行土壤处理。在直播稻田，播种后2～5天，水直播田选用丙草胺复配的苄嘧磺隆或者丙·苄等；旱直播田选用丁草胺、二甲戊灵、噁草酮或丁草胺与噁草酮复配等，进行土壤喷雾处理。在移栽稻田，多使用复配的广谱和高效的乙·苄、乙·吡、丁·苄、丁吡、异丙·苄、苯噻·苄和丙·苄等，于移栽后3～5天，拌毒土或化肥撒施。可以有效防除稗草。茎叶处理可选用五氟磺草胺、二氯喹啉酸、氯氟吡啶酯、氰氟草酯、噁唑酰草胺或双草醚进行均匀喷雾处理。

综合利用 无芒稗为优等牧草。其分布广，株丛大，叶量多，产量高，草质好，生长快，再生性能强。多为打草利用。适口性很高，马、牛、羊、驼、鸡均喜食，并优先在草群中选食，如调制干草，茎叶保存良好，牲畜仍然喜食。

参考文献

徐正浩，谢国雄，周宇杰，等，2013. 三种栽植方式下不同株型和化感特性水稻对无芒稗的干扰控制作用 [J]. 作物学报，39(3): 537-548.

张纪利，吴尚，石绪根，2015. 稗草对双季稻生长的影响及其防除经济阈值研究 [J]. 草业学报，24(8): 44-52.

张自常，李永丰，张彬，等，2014. 稗属杂草对水稻生长发育和产量的影响 [J]. 应用生态学报，25(11): 3177-3184.

中国科学院中国植物志编辑委员会，1990. 中国植物志：第十卷 [M]. 北京：科学出版社：255.

BONOW J F L, LAMEGO F P, ANDRES A, et al, 2018. Resistance of *Echinochloa crusgalli* var. *mitis* to imazapyr+imazapic herbicide an alternative control in irrigated rice [J]. Planta daninha, 36.

HAQ M Z, ZHANG Z, WEI J, et al, 2020. Ethylene biosynthesis inhibition combined with cyanide degradation confer resistance to quinclorac in *Echinochloa crusgalli* var. *mitis* [J]. International journal of molecular sciences, 21(5): 1573.

YANG X, ZHANG Z C, GU T, et al, 2017. Quantitative proteomics reveals ecological fitness cost of multi-herbicide resistant barnyardgrass (*Echinochloa crusgalli* L.) [J]. Journal of proteomics, 150: 160-169.

（撰稿：马国兰；审稿：纪明山）

五节芒 *Miscanthus floridulus* (Lab.) Warb. ex Schum et Laut.

农田、旱地和林地多年生草本杂草。英文名 manyflower silvergrass。禾本科芒属。

形态特征

成株 高 200～400cm（图①）。多年生草本，具发达根状茎。秆无毛，节下具白粉。叶鞘无毛，鞘节具微毛，长于或上部者稍短于其节间；叶舌长 0.2cm（图②③），顶端具纤毛；叶片披针状线形，长 25～60cm、宽 1.5～3cm，基部渐窄或呈圆形，顶端长渐尖，中脉粗壮隆起，两面无毛或上面基部有柔毛。小穗颖片背部平滑无毛（图⑦⑧），小穗长 0.3～0.4cm（图④⑤），圆锥花序大型，长 30～50cm，其主轴延伸达花序的 2/3 以上，长于其总状花序分枝，无毛；

五节芒植株形态（刘仁林摄）

①植株；②③叶、叶鞘特征；④⑤花序；⑥成熟果序（部分）；⑦成熟小穗；⑧小穗，小穗基盘具长于小穗的丝状毛

分枝较细弱，长15～20cm，通常二至三回小枝；总状花序轴的节间长0.3cm，无毛，小穗短柄长0.1cm，长柄向外弯曲，长20.3cm；小穗长0.3cm，基盘具较长于小穗的丝状柔毛；第一颖无毛，顶端渐尖；第二颖等长于第一颖，顶端渐尖；第一外稃稍短于颖，顶端钝圆；第二外稃长约0.2cm，顶端尖，无毛，芒长0.7～1cm；内稃微小；雄蕊3枚；花柱极短，柱头紫黑色，自小穗中部之两侧伸出。

子实 颖果，花果期5～10月。

生物学特性 适宜农田边、路边，在撂荒农田或耕作旱地危害较严重，对新造林地或人工林地危害大。花果期5～10月。以营养器官繁殖为主，有很强的营养器官繁殖特性，能迅速通过根产生不定根和芽而繁殖。耕作方式对芒的发生、扩展有较大的影响，撂荒或间断性耕作常常引起五节芒群落的扩展。森林边缘空旷地或路边也常见分布，但没有危害。

分布与危害 中国主要发生云南、贵州、四川、江苏、浙江、江西、湖南、福建、台湾、广东、海南、广西、海南等地。是农田田埂、旱地等的主要杂草之一。五节芒植株高大，生长快，繁殖能力强，扩展速度快，对人工林生长影响很大。

防除技术 应采取农业防治为主的防除技术和综合利用等措施；对森林危害可使用化学除草剂。

农业防治 在春耕时节或林地抚育时及时铲除田岸、路边、旱地和林地中的五节芒丛，并挖掘其根系，彻底清除残留在土壤中的大、小根系，以达到彻底清除的目的。

化学防治 对次生林和人工林产生的危害可用除草剂草甘膦防治，嫩草期喷施。

综合利用 五节芒的嫩叶是牛可口的青饲料，因此结合田边管理，培育芒青草饲料，发展养牛业，增加农业收入。此外，秆纤维用途较广，作造纸原料等。根状茎有利尿之效，因此结合农田管理形成中药种植模式，增加收入。

参考文献

罗瑞献，1993. 实用中草药彩色图集：第三册[M]. 广州：广东科技出版社：203.

中国科学院中国植物志编辑委员会，1997. 中国植物志：第十卷 第二分册[M]. 北京：科学出版社.

（撰稿：刘仁林；审稿：张志翔）

五爪金龙 *Ipomoea cairica* (L.) Sweet

林地多年生草质藤本外来入侵杂草。又名五爪龙、假土瓜藤。英文名 messina creeper。旋花科番薯属。

形态特征

成株 多年生缠绕草质藤本（图①），全株无毛，老时根上具块根。茎细长，有细棱，有时有小疣状突起。叶掌状5深裂或全裂，裂片卵状披针形、卵形或椭圆形，中裂片较大，长4～5cm、宽2～2.5cm，两侧裂片稍小，顶端渐尖或稍钝，具小短尖头，基部楔形渐狭，全缘或不规则微波状，基部1对裂片通常再2裂；叶柄长2～8cm，基部具小的掌状5裂的假托叶（腋生短枝的叶片）。聚伞花序腋生（图③④），花序梗长2～8cm，具1～3花，或偶有3朵以上；苞片及小苞片均小，鳞片状，早落；花梗长0.5～2cm，有时具小疣状突起；萼片稍不等长，外方2片较短，卵形，长5～6mm，外面有时有小疣状突起，内萼片稍宽，长7～9mm，萼片边缘干膜质，顶端钝圆或具不明显的小短尖头；花冠紫红色、紫色或淡红色、偶有白色，漏斗状，长5～7cm。雄蕊不等长，花丝基部稍扩大下延贴生于花冠管基部以上，被毛；子房无毛，花柱纤细，长于雄蕊，柱头2，球形。

子实 蒴果近球形，多棱，直径约1cm，2室，4瓣裂，每蒴果具1～5粒种子。种子黑色，长约5mm，边缘被褐色柔毛。结实期集中在11月到翌年2月。

幼苗 五爪金龙幼苗为子叶出土型。

生物学特性 花期5月至翌年2月，果期6月至翌年2月，在温暖地区全年均可开花结实。植株生长迅速，种子发芽后在28℃的温度条件下一周内可发育为高4cm的幼苗。3个月龄幼苗的生物量鲜重可达674g；6个月龄达到2125g，茎长可达5m。根冠比约5.2%，根茎长度比值12.23%。地上部分完全枯萎期为翌年的1月上旬到2月上旬，但木质化的茎仍然保持生命力，在接近1个月的休眠期后，翌年2月可从茎萌芽，开始另一个生长季。种子的种皮厚，自然条件下较难发芽，但种子寿命长，在土壤中可逐年发芽。无性繁殖能力强，在地面匍匐生长的茎在节处可长出不定根，形成新的植株。

分布与危害 原产热带亚洲或非洲，喜温暖湿润气候，在中国南方各地均可见危害（图②）。植株缠绕灌木或小乔木向上生长，其叶片形成厚覆盖层，被缠绕与覆盖的植物因受光不足而生长减慢、生产力低，甚至因为不能正常进行光合作用而死亡。适应性强，生长迅速，有较广的生态域，常形成单优群落，对其他物种严重影响。对本地植物的排斥效应明显。有研究表明，五爪金龙导致入侵地土壤中蔗糖酶、脲酶、磷酸酶及硝酸还原酶的酶活性均明显升高，增幅为26.91%～55.52%，并提高入侵地土壤的全氮、碱解氮、全钾及有效钾含量，降低全磷、有效磷及有机质含量；五爪金龙通过改变其入侵地的植物群落结构，从而形成对自身生长发育和种群扩张有利的微生态环境。

防除技术

农业防治 造林前进行林地清理，中幼林每年进行林木抚育，促进林地郁闭。

生物防治 在天气晴朗的时节，采用人工清理方法，将五爪金龙的植株割除，晒干后清理出林地。人工割除应在其开花未结实时进行，这样可以防止结出新的种子。

化学防治 运用2,4-滴丁酯、氨氯吡啶酸、麦草畏、氯氟吡氧乙酸等化学除草剂采用注入其茎基部的方式对攀爬于乔木树冠的五爪金龙有较好的灭除效果。对覆盖于地面的五爪金龙植株可用草甘膦等除草剂防除。

综合利用 花较大，紫色，可作观赏植物栽培，作垂直绿化植物。五爪金龙含有的香豆素类中的2种次生物质具有毒杀福寿螺的活性，有利于防治福寿螺对稻田的危害。五爪金龙叶中的黄酮类化合物主要有黄酮、黄酮醇、氢黄酮等，

五爪金龙植株形态（张志翔摄）

①植株；②危害状；③花（正面观）；④花（侧面观）

且具有抗肿瘤、抗菌、抗病毒、扩张血管等生理活性，用于治疗癌症、心血管系统疾病等药理作用。五爪金龙的粗黄酮得率为 8.75%；粗黄酮的总黄酮含量为 187.508±2.033mg/g，总黄酮提取率为 1.2160。

参考文献

黄萍，陆温，郑霞林，2015. 五爪金龙的生物学特性、入侵机制及防治技术防除技术研究进展 [J]. 广西植保，28(2): 36-39.

李振宇，解焱，2002. 中国外来入侵种 [M]. 北京：中国林业出版社.

廖宜英，林金哲，郑灿钟，2006. 农林业入侵杂草五爪金龙生活史特性研究 [J]. 江西农业大学学报，18(6): 112-115.

潘洁桃，李洁洪，杨雄辉，等，2016. 五爪金龙化学成分研究 [J]. 广东化工，43(7): 46-47.

王宇涛，麦菁，李韶山，等，2012. 华南地区严重危害入侵植物薇甘菊和五爪金龙入侵机制研究 [J]. 华南师范大学学报（自然科学版），44(4): 1-5.

吴彦琼，胡玉佳，2004. 外来植物南美蟛蜞菊、裂叶牵牛和五爪金龙的光合特性 [J]. 生态学报，24(10): 2334-2339.

犹昌艳，杨宇，胡飞，等，2014. 五爪金龙中香豆素类物质含量及其对福寿螺、水稻和稗草的影响 [J], 生态学报，34(7): 1716-1724.

赵则海，韦昌挺，陈庆华，等，2008. 五爪金龙总黄酮的超声提取方法及其鉴定 [J]. 林业工程学报，22(6): 88-90.

朱慧，马瑞君，2006. 入侵植物五爪金龙生物学特性研究 [J]. 生态科学，25(6): 517-520.

（撰稿：冯志坚；审稿：张志翔）

物理性除草 physical weed control

指用物理性措施或物理性作用力，如机械、人工以及电、热等，致使杂草个体或器官受伤受抑或致死的杂草防治方法。它可根据草情、苗情、气候、土壤和人类生产、经济活动的特点等，运用人力、机械以及物理措施如火焰、蒸汽、电力和微波、薄膜覆盖等手段，因地制宜地适时防治杂草。物理性治草对作物、环境等安全、无污染，同时还兼有松土、保墒、培土追肥、灭病虫等有益作用。

形成和发展过程 人类自有农耕史以来，就不断与杂草做斗争，从石器时代学会播种作物开始，就饱尝了杂草的危害之苦，开始用手拔草。《诗经》反映了从西周到春秋五百多年的生产和生活情况，其中对杂草的防除，开始有了明确的记载，《诗·周颂·良耜》中有："其镈斯赵，以薅荼蓼，荼蓼朽止，黍稷茂止。""薅"是除去田间杂草的意思，"荼"和"蓼"是对庄稼有害的苦菜和蓼属杂草，用锋利的镈，除荼和蓼，它们死后腐烂又成了肥料使黍稷茂盛。北魏贾思勰在《齐民要术·种谷第三》详细记载了锄地可以增肥："苗出垅则深锄，锄不厌数，周而复始，勿以无草而暂停。"在作物的幼苗期，锄地的次数越多越好，不要认为没有杂草，就不锄。"锄者非止除草，乃地熟而实多"。锄地不是单纯为了除草，这样做有利于土壤增肥。其次，"锄得十遍，便得八米也"。这是说锄草对保持地力是十分有效的，还可以增加收获。人工除草在人类发展历史长河中占据重要的地位，直到近代中国农田杂草的防除仍然以人工除草为主。为了改善农业操作和生产环境，减轻农民劳动强度，提高作业质量，20世纪中期，欧美等发达国家全面实现了包括机械除草在内的农业机械化。20世纪50年代以来，随着中国各地垦荒而建立起的大型农场，开始利用除草机械除草。除草机械首先发展起来的是传统机械除草机—中耕除草机；随着液压技术、电子技术的发展，出现了除草施药机，实现了中耕松土、机械除草和化学除草三者合一，以及采用飞机喷施化学除草剂；随着对杂草生物、生态学特性的深入了解，认识到在作物收获期间通过防止种子输入农田来防除靶标杂草的可能，开发了杂草子实碾碎机。

自古以来基本上采取火烧垦荒除草，《齐民要术·耕田第一》对此方法做了精辟的总结："凡开荒山泽田，皆七月芟艾之。草干，即放火。至春而开。根朽省功。"火不但能清除荒地上草木，把它们化为灰烬，增加土壤的肥料，还能把新生出枝芽的杂草烧死。随着科技的发展开发了利用热处理（火焰、蒸汽、微波）进行除草的技术，主要为机械驱动的火焰、蒸汽以及微波除草机。20世纪60年代开始了除草机器人的研究，并于20世纪90年代迅速发展。当今，随着系统控制技术、导航定位技术、机器视觉技术的快速发展，融合环境分析、路径导航、视觉识别和运动控制等多技术的智能除草机器人成为研究热点，可以实现农业生产中的精准除草作业。但是智能机器人的商业化发展还处于初级阶段。

基本内容

人工除草　通过人工拔除、割刈、锄草等措施来有效治理杂草的方法。该方法虽然费工费时，劳动强度大，但其在有些情况下仍起到重要作用。如在采用其他措施除草后作为去除局部残存杂草的辅助手段；清除漏网的侵入农田发生危害检疫性杂草个体；在不发达地区仍然是主要的除草手段，在发达地区，在某些特种作物田由于缺乏安全有效的除草剂，也主要以人工除草为主。

机械除草　运用机械驱动的除草机械（装置）进行除草的方法。它具有省时省力的特点，能改善农业操作和生产环境，减轻农民劳动强度，提高作业质量。

传统机械除草：①机械除草。中耕除草机：通过将杂草连根拔起、切割损伤杂草叶片、在杂草上覆土等多种方式治理杂草。传统的机械除草方式难以解决撒播作物生产中杂草问题，且在作业过程中扰动土层，引发新的杂草萌发。除草施药机：可使中耕松土、机械除草和化学除草三者合一，使除草效率大大提高。中国各地种植模式差异巨大，作物种类繁多，田地面积大小不一，有的地方会采用无人机或动力机械驱动结合化学除草方式来提高除草效率，减少人力成本。②杂草子实碾碎机。在收获过程中分离谷壳中的杂草种子，粉碎杂草种子防止返回土壤种子库，达到控制下季杂草的目的。其优点是不依赖化学除草剂，对抗药性杂草治理非常有效。但是针对边熟边落的杂草作用较小，机器投入和运行过程中消耗能源，因此成本较高。

除草机器人：是将人工智能和除草机械结合起来，通过人工智能进行杂草定位和识别，精确控制机械或除草剂喷头实现自动除草的机器。包括锄草机器人和除草剂喷施机器人两种。

物理防治　指利用物理的方法如火焰、高温、电力、辐射、薄膜覆盖抑草等手段灭杀控制杂草的方法。

火力除草：采用动力机械驱动火焰发生器来治理杂草。因火焰除草不铲除杂草因而不扰动土层，因此不受田间土壤类型和土壤湿度，也不受杂草抗药性的影响。但它对作物的要求比较高，耐热性作物才不易受高温损伤。

蒸汽除草：指利用蒸汽通过传递热能杀死土壤中杂草种子，包括休眠的种子，对降低杂草土壤种子库有重要作用。

电力和微波除草：通过瞬时高压（或强电流）及微波辐射等破坏杂草组织、细胞结构而杀灭杂草的方法。近些年发展了激光除草技术，该技术能提高劳动效率，保护农业生产环境，减少能源浪费。但目前尚没有激除草机商业化生产。

薄膜覆盖除草：采用常规无色或有色膜覆盖，通过保湿、增温和遮光能极大地削弱已出苗杂草的光合作用，有效地控抑或杀灭杂草。园艺地布解决了传统地膜不透气不透水的缺点。此外还有药膜（含除草剂）或双降解药（色）膜的推广应用，对农作物的早生快发和杂草的有效治理有明显作用。

存在问题和发展趋势　物理性除草中的不同除草方法有着各自的优势，其中人工除草副作用小，但耗时太长、工作强度大、作业效率低。机械除草用工少、工效高、防效尚好；且成本低，不污染环境。但由于机械笨重机器轮子辗压土地，易造成土壤板结，影响作物根系的生长发育，且对作物种植和行距规格及操作驾驭技术要求较严。还需进一步改进技术，发展集合人工智能、大数据和全球定位系统的更加精准可靠的智能除草机器人。物理防治中的火力、蒸汽、电力、微波除草受外部环境影响较大且对操作者素质和安全操作的要求较高，应用中存在难度。相比而言薄膜覆盖抑草包括药膜或双降解药（色）膜的推广应对农作物的早生快发和对杂草的有效防治发挥着越来越大的作用。随着科学技术的迅速发展，各个领域都在积极与除草技术结合。通过热力、电相关技术与除草技术紧密结合，研发更为高效、安全的除草设备，特别是研发以杂草种子控制为主的机械将是重要的发展方向。

参考文献

陈祥，2020.《齐民要术》生态农业思想及其当代价值研究 [D]. 杨凌：西北农林科技大学.

强胜，2009. 杂草学 [M]. 2 版. 北京：中国农业出版社.

阎万英，1982. 古代杂草防除的措施与原则 [J]，中国农史 (2): 58-63.

FONTANELLI M, FRASCONI C, MARTELLONI L, et al, 2015. Innovative strategies and machines for physical weed control in organic and integrate vegetable crops [J]. Chemical engineering transactions, 44: 211-216.

JACOBS A, KINGWELL R, 2016. The Harrington Seed Destructor: Its role and value in farming systems facing the challenge of herbicide-resistant weeds [J]. Agricultural systems, 142 : 33-40.

PERUZZI A, MARTELLONI L, FRASCONI, et al, 2017. Machines for non-chemical intra-row weed control in narrow and wide-row crops: a review [J]. Journal of agricultural engineering, 48(2): 57-70.

WALSH M J, AVES C, POWLES S B, 2017. Harvest weed seed control systems are similarly effective on rigid ryegrass [J]. Weed technology, 31: 178-183.

（撰稿：宋小玲；审稿：强胜）

雾水葛 *Pouzolzia zeylanica* (L.) Benn.

旱作物田一年或多年生杂草。英文名 pouzolzia。荨麻科雾水葛属。

形态特征

成株 高 12～40cm（图①②）。茎直立或渐升，有钝棱，被多数白色横出直生毛，下部绿色带紫红色，上部灰绿色，通常在基部或下部有 1～3 对对生的长分枝，枝条不分枝或有少数极短的分枝。单叶互生；叶卵形或宽卵形，长 1.2～3.8cm、宽 0.8～2.6cm，短分枝的叶很小，长约 6mm，顶端短渐尖或微钝，基部圆形，边缘全缘，两面有疏毛，或有时下面的毛较密，叶柄长 0.3～1.6cm。团伞花序通常两性，直径 1～2.5mm（图③）；苞片三角形，长 2～3mm，顶端骤尖，背面有毛。雄花有短梗：花被片 4，狭长圆形或长圆状倒披针形，长约 1.5mm，基部稍合生，外面有疏毛；雄蕊 4，长约 1.8mm，花药长约 0.5mm；退化雌蕊狭倒卵形，长约 0.4mm。雌花花被椭圆形或近菱形，长约 0.8mm，顶端有 2 小齿，外面密被柔毛，果期呈菱状卵形，长约 1.5mm；柱头长 1.2～2mm。

子实 瘦果卵球形，长约 1.2mm，淡黄白色，上部褐色，或全部黑色，有光泽。

幼苗 子叶 2，出土萌发，圆形，先端凹，具长短不一的白色缘毛，子叶刚平展叶柄不发达，后伸长（图④）。下胚轴发达，绿色，被较多的白色斜垂直生毛。根细、少。初生叶 2，对生，刚伸出时近圆形，主脉明显，叶两面及缘有白色硬毛。

生物学特性 种子繁殖。春季出苗，花果期 5～9 月。

雾水葛植株形态（周小刚、刘胜男摄）

①生境；②植株；③花序；④幼苗

雾水葛在一年生作物田内主要表现为一年生，在果园、茶园、荒地等常为多年生，可根茎繁殖。

分布与危害 中国主要分布在浙江西部、安徽南部、云南南部和东部、广西、广东、福建、江西、湖北、湖南、四川、甘肃南部。常生于草地或田边、丘陵或低山的灌丛中或疏林中、沟边，现侵入油菜、小麦、玉米、烟草、棉花、茶园、果园等旱地作物田，危害夏熟、秋熟旱地作物，为一般性杂草。

防除技术 应采取包括农业防治、化学防治、综合利用相结合的方法。

农业防治 在雾水葛开花结实之前，及时清理田边、路边、水渠边的植株，减少散落入田内的种子数量。结合种子处理清除杂草的种子，并结合耕翻、整地，消灭土表的杂草种子。提高播种的质量，一播全苗，以苗压草。在作物种植前或行间混种、间（套）种可利用的草本植物，抑制杂草。

化学防治 根据作物类型，选用不同的除草剂种类。玉米田选用乙草胺、精异丙甲草胺和异噁草松、莠去津土壤封闭处理；小麦田用异丙隆、吡氟酰草胺等除草剂进行土壤封闭处理。对于没有完全封闭住的残存个体，麦类作物田选用2,4- 滴二甲胺盐、氯氟吡氧乙酸、双氟磺草胺、唑草酮等进行茎叶处理。油菜田选用激素类草除灵、二氯吡啶酸茎叶喷雾处理。果园、非耕地则可选用灭生性除草剂草甘膦、草铵膦进行茎叶处理，定向喷雾。

综合利用 全草入药，清热利湿，解毒排脓。

参考文献

陈前武，郭镁，淦城，等，2010. 赣北棉田杂草调查 [J]. 中国棉花，37(11): 23-25.

李扬汉，1998. 中国杂草志 [M]. 北京：中国农业出版社：996-997.

赵浩宇，向金友，谢冰，等，2014. 宜宾市烟田杂草的发生及危害调查 [J]. 杂草科学，32(4): 20-23.

中国科学院中国植物志编委会，1995. 中国植物志：第一十三卷 第二分册 [M]. 北京：科学出版社：364.

（撰稿：刘胜男；审稿：宋小玲）

西伯利亚滨藜 *Atriplex sibirica* L.

旱地一年生杂草。英文名 siberian saltbush。藜科滨藜属。

形态特征

成株 高 20～50cm（图①②）。茎通常自基部分枝；枝外倾或斜伸，钝四棱形，有白粉粒，具条纹。叶互生，有短柄，叶柄长 3～6mm，叶片卵状三角形至菱状卵形，长 3～5cm、宽 1.5～3cm，先端微钝，基部圆形或宽楔形，边缘具疏锯齿，近基部的 1 对齿较大而呈裂片状，或仅有 1 对浅裂片而其余部分全缘，上面灰绿色，无粉或稍有粉，下面灰白色，有密粉。团伞花序腋生（图③）；雄花花被 5 深裂，

西伯利亚滨藜植株形态（林秦文摄）

①植株及生境；②茎叶；③花序；④果实；⑤幼苗

裂片宽卵形至卵形；雄蕊5，花丝扁平，基部连合，花药宽卵形至短矩圆形，长约0.4mm；雌花无花被，苞片2连合成筒状包围雌花，仅顶缘分离，果时鼓胀，略呈倒卵形，长5～6mm（包括柄）、宽约4mm，木质化，表面具多数不规则的棘状突起，顶缘薄，牙齿状，基部楔形。

子实 胞果扁平，卵形或近圆形（图④）；果皮膜质，白色，与种子贴伏。种子直立，红褐色或黄褐色，直径2～2.5mm。

生物学特性 属C_4植物。种子繁殖。花期6～7月，果期8～9月。染色体2n=18。

西伯利亚滨藜为泌盐植物，叶片的上、下表面具有排列紧密的盐囊泡，将表皮细胞完全覆盖，盐囊泡外有一层很厚的角质层，其皱折高低不一，可以有效地减少蒸发量。幼嫩的盐囊泡顶端呈圆球形，随着盐囊泡的发育，其顶端产生凹陷和皱折，盐囊泡枯萎时顶端破裂。

分布与危害 中国分布于黑龙江、吉林、辽宁、内蒙古、河北北部、陕西北部、宁夏、甘肃西北部、青海北部至新疆。生于盐碱荒漠、湖边、渠沿、河岸及固定沙丘等处。

侵入农田、中药材田时，零星发生，轻度危害。

防除技术 见中亚滨藜。

综合利用 可作牧草，羊和骆驼喜食，也可采集作猪饲料。果实可入中药，有清肝明目、祛风消肿的功效。乙醇提取物对反枝苋、紫花苜蓿、野燕麦和多年生黑麦草的幼根、幼芽生长具有较强的抑制作用，可作为潜在的植物源除草剂。

参考文献

冯缨，段士民，牟书勇，等，2012. 新疆荒漠地区C_4植物的生态分布与区系分析[J]. 干旱区地理，35(1): 145-153.

郭金春，郝双红，江志利，等，2004. 31种植物提取物除草作用研究初报[J]. 西北农林科技大学学报（自然科学版），32(11): 37-40.

郝双红，马志卿，张强，等，2004. 48种不同植物的异株克生作用研究初报[J]. 西北植物学报，24(5): 859-864.

滕红梅，苏仙绒，崔东亚，2009. 运城盐湖4种藜科盐生植物叶的比较解剖研究[J]. 植物科学学报，27(3): 250-255.

中国科学院中国植物志编辑委员会，1979. 中国植物志：第二十五卷 第二分册[M]. 北京：科学出版社：39.

（撰稿：刘胜男；审稿：强胜）

西伯利亚蓼 *Knorringia sibirica* (Laxm.) Tzvelev

夏熟和秋熟旱作物田多年生杂草。又名剪刀股。异名*Polygonum sibiricum* Laxm.。英文名siberian polygonum。蓼科西伯利亚蓼属。

形态特征

成株 株高10～25cm（图①）。根状茎细长，黄色，先端可分生成新的植株。茎外倾或近直立，自基部分枝，无毛；茎实心、绿色。叶互生，叶片长椭圆形或披针形，茎叶紫红色，无毛，长5～13cm、宽0.5～1.5cm，顶端急尖或钝，基部戟形或楔形，全缘，叶柄长8～15mm；托叶鞘筒状，膜质，上部偏斜，开裂，无毛，易破裂。花序圆锥状，顶生，花排列稀疏，通常间断（图②）；苞片漏斗状，无毛，通常每1苞片内具4～6朵花；花梗短，中上部具关节；花被5深裂，黄绿色，花被片长圆形，长约3mm。雄蕊7～8，稍短于花被，花丝基部较宽，花柱3，较短，柱头头状。

子实 瘦果卵形，具3棱，黑色，有光泽，包于宿存的花被内或凸出。

生物学特性 西伯利亚蓼是典型的盐生植物，具有很强的耐盐碱性，主要特征为茎和根中的导管分布率高，导管端壁不具梯状穿孔板，管间纹孔互列式，单穿孔的导管数目多。西伯利亚蓼具有特殊的叶脉，由2个木质部相对排列的维管束组成。

西伯利亚蓼返青期2～3月，生长旺盛期4～6月，花果期5～9月。以种子繁殖为主，兼有以根茎繁殖，可多次开花结实，传播速度快。抗寒性、抗旱性强，生长环境pH 5.5～5.6；再生性和侵占性强，耐刈割，不耐践踏，分蘖数10～49个，能够严重影响人工草地生产能力和牧草产品质量。西伯利亚蓼在中国贵州毕节地区危害严重，给草地生态畜牧业带来了极大的经济损失。茎叶有涩味，适口性差，牛羊厌食。

分布与危害 中国分布于黑龙江、吉林、辽宁、内蒙古、河北、山西、甘肃、山东、江苏、四川、云南和西藏等地。适生盐碱荒地或砂质盐碱土壤、盐化草甸、盐湿低地及路旁或田边。西伯利亚蓼是常见夏熟和秋熟旱作田杂草，主要危害麦类、油菜、甜菜、马铃薯、棉花、玉米、大豆、谷子等。

防除技术 应采用化学防治和考虑综合措施进行防治。

西伯利亚蓼植株形态（张利辉摄）

①群体；②开花植株

化学防治　麦田可用内吸传导型除草剂苯磺隆、氯氟吡氧乙酸、2甲4氯、麦草畏等进行茎叶处理。4～6月是西伯利亚蓼防除的关键期，可用选择性除草剂配合农业防治进行防除，如2甲4氯+刈割等。油菜田可用草除灵、二氯吡啶酸、丙酯草醚等茎叶喷雾处理。

综合利用　根茎入药，具有疏风清热、利水消肿的功效。用于目赤肿痛、皮肤湿痒、水肿、腹水。

参考文献

熊先勤，王明进，王海，等，2010. 西伯利亚蓼防除技术研究[J]. 草业科学，27(6): 158-162.

熊先勤，王明进，王海，等，2010. 西伯利亚蓼生态分布调查及特征特性鉴定[J]. 贵州农业科学，38(4): 155-158.

李扬汉，1998. 中国杂草志[M]. 北京：中国农业出版社：796.

陆静梅，李建东，1994. 西伯利亚蓼解剖结构的扫描电镜观察[J]. 东北师大学报自然科学版(3): 83-87.

（撰稿：张利辉；审稿：宋小玲）

西来稗　*Echinochloa crus-galli* (L.) Beauv. var. *zelayensis* (Kunth) Hitchcock

稻田一年生恶性杂草。又名锡兰稗。英文名 alkali barnyardgrass。禾本科稗属。

形态特征

成株　秆高50～120cm（图1）。光滑无毛，基部紧凑直立。叶鞘疏松裹秆，光滑无毛，下部者长于节间而上部者短于节间；叶舌缺；叶片扁平，线形，长5～20cm，宽4～12mm；无毛，边缘粗糙。圆锥花序直立（图3），近尖塔形，长11～19cm，花序分支单纯；穗轴与小穗脉上有毛，但毛不坚硬，且毛基部常不膨大成疣状；浆片2枚，膜质；雄蕊3，黄褐色；羽毛状柱头，紫红色。此变种与原种区别的主要特征为：圆锥花序直立，长11～19cm，分枝总状花序整齐，不再分枝；小穗卵状椭圆形，长3～4mm，顶端具小尖头而无芒，脉上无疣基毛，但疏生硬刺毛。

图1 西来稗植株形态及小穗解剖图（韦佳佳摄）

①幼苗；②植株；③圆锥花序；④总状花序及其小穗的精细解剖：a. 小穗；b. 第一颖片；c. 第二颖片；d. 第一小花；e. 第一外稃；f. 第一内稃；g. 第二小花；h. 第二小花的外稃、内稃；i. 雄雌蕊；⑤成熟的种子

子实　子实卵状椭圆形（图4），长3～4mm，顶端具小尖头而无芒，脉上无疣基毛，但稀生硬刺毛，极易落粒；第一颖片三角形，长为小穗的1/3～1/2，具3～5脉，脉上被硬刺毛，基部包卷小穗，先端尖；第二颖片与小穗等长，先端渐尖具小尖头，具5脉，脉上具硬刺毛；第一朵小花常中性，其外稃草质，上部具7脉，脉上具硬刺毛，内稃薄膜质，狭窄，具2脊；第二外稃椭圆形，平滑，光亮，成熟后变硬，顶端具小尖头，边缘内卷，包着同质的内稃，但内稃顶端露出；颖果乳白色。

幼苗　子叶留土。首先外面裹着膜质胚芽鞘的胚芽伸出地面，胚芽鞘呈三角形，先端尖锐，白色半透明。之后，从胚芽鞘顶端窜出第一片真叶，叶片带状，长1.5cm、宽2mm，先端急尖，具19条明显的直出平行脉，叶鞘有9条脉，无毛，叶片与叶鞘之间无叶舌、叶耳，甚至无明显相接处。第2片真叶呈带状披针形，具有15条直出平行脉，其他与第一片真叶相同。幼苗全株光滑无毛。

生物学特性　多生于水边或稻田中。中国在华东、华中、

图2 西来稗群体（强胜摄）

图3 西来稗花序（强胜摄）

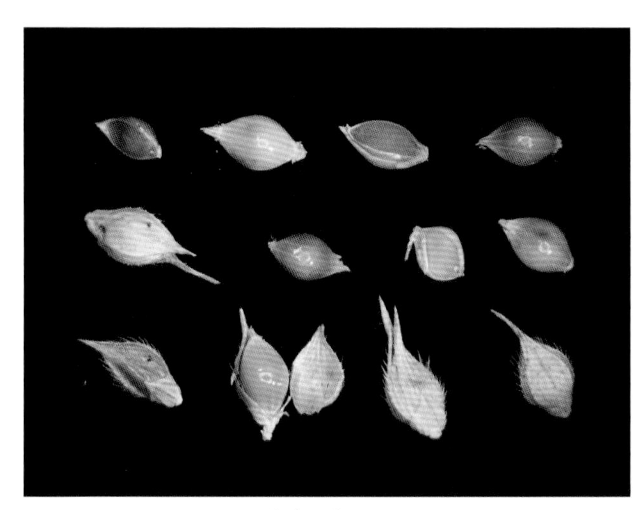

图 4 西来稗子实（许京璇摄）

华南及西南各地的稻作区均有发生（图 2）。自 1991 年以来，中国辽宁、广东、湖北、黑龙江等地均有抗丁草胺稗草的报道。江苏、上海地区的部分西来稗生物型已经对二氯喹啉酸产生了不同程度的抗药性，其相对抗性倍数从 3.3～66.9 不等。研究发现乙烯生物合成途径受阻与西来稗对二氯喹啉酸抗药性密切相关。

分布与危害 西来稗主要危害水稻田，在中国长江稻作区、西南稻作区、华南稻作区均有发生。抗性西来稗的大量发生会导致抗性稗草在水稻前期不能科学控制，发展到中后期会造成化学除草成本加大、预期效果达不到理想、减产严重等。

防除技术

应采取包括农业防治、生物防治和化学防治相结合的方法。此外，也应该考虑综合利用等措施。

农业防治 ①建立良好的水稻生产环境。②减少种子库的种子。③水旱轮作。④提高播种的质量。

生物防治 通过稻田养鸭和稻田养鱼技术可以有效控制西来稗的危害。吸水链霉菌、尖角突齐孢菌和内齐蠕孢菌对稗草也有很强的生长抑制效果和致病性。另外，稗草团粒黑粉菌对稗草种子的寄生专一性很强，也是防除稗草的有效措施之一。

化学防治 是防除西来稗最主要的防除措施。丁草胺、丙草胺、噁草灵芽前封闭处理。苗后可用五氟磺草胺、二氯喹啉酸、氯氟吡啶酯、氰氟草酯等除草剂进行茎叶处理。

综合利用 西来稗植株可作牧草，种子可作鸟食。

参考文献

胡进生，汤洪涛，缪松才，等，1991. 稻田稗草的发生危害及防除对策 [J]. 杂草学报 (3): 32-33.

黄世文，余柳青，2000. 淡紫灰吸水链霉菌及其紫外诱变菌株用于有害物生防研究 [J]. 农业生物技术学报，8(1): 79-84.

黄世文，段桂芳，余柳青，等，2001. 三株病原真菌对稗草生防潜力的研究 [J]. 植物保护学报，28(4): 313-317.

强胜，2009. 杂草学 [M]. 2 版. 北京：中国农业出版社.

徐江艳，2013. 稻田西来稗 (*Echinochloa crusgalli* var. *zelayemis*) 对二氯喹啉酸的抗药性及其机理研究 [D]. 南京：南京农业大学.

庄超，张羽佳，唐伟，等，2015. 齐整小核菌和禾长蠕孢菌稗草专化型复配防除直播稻田杂草的实验研究 [J]. 中国生物防治学报，31(2): 242-249.

GAO Y, PAN L, SUN Y, et al, 2017. Resistance to quinclorac caused by the enhanced ability to detoxify cyanide and its molecular mechanism in *Echinochloa crus-galli* var. *zelayensis* [J]. Pesticide biochemistry and physiology, 143: 231-238.

GAO Y, LI J, PAN X, et al, 2018. Quinclorac resistance induced by the suppression of the expression of 1-aminocyclopropane-2-carboxylic acid (ACC) synthase and ACC oxidase genes in *Echinochloa crus-galli* var. *zelayensis* [J]. Pesticide biochemistry and physiology, 146: 25-32.

（撰稿：韦佳佳、强胜；审稿：纪明山）

豨莶 *Siegesbeckia orientalis* L.

农田、果园、桑园、茶园一年生草本一般性杂草。又名粘糊菜、虾柑草。英文名 common ST. paulswort。菊科豨莶属。

形态特征

成株 高 30～100cm（图①②）。茎直立，分枝斜升，上部的分枝常成复二歧状；全部分枝被灰白色短柔毛。叶对生；基部叶花期枯萎；中部叶三角状卵圆形或卵状披针形，长 4～10cm、宽 1.8～6.5cm，基部阔楔形，下延成具翼的柄，顶端渐尖，边缘有不规则的浅裂或粗齿，纸质，上面绿色，下面淡绿，具腺点，两面被毛，三出基脉，侧脉及网脉明显；上部叶渐小，卵状长圆形，边缘浅波状或全缘，近无柄。头状花序径 15～20mm，多数聚生于枝端，排列成具叶的圆锥花序（图③）；花梗长 1.5～4cm，密生短柔毛；总苞阔钟状；总苞片 2 层，叶质，背面被紫褐色头状具柄的腺毛；外层苞片 5～6 枚，线状匙形或匙形，开展，长 8～11mm、宽约 1.2mm；内层苞片卵状长圆形或卵圆形，长约 5mm、宽 1.5～2.2mm。外层托片长圆形，内弯，内层托片倒卵状长圆形；花黄色；舌状花雌性，很短，黄色；管状花两性，黄色。

子实 瘦果倒卵圆形，有四棱，顶端有灰褐色环状突起，长 3～3.5mm、宽 1～1.5mm（图④）。

幼苗 除子叶外，全株密被褐色毛（图⑤）。子叶近圆形，长约 0.6cm，全缘，具短柄。初生叶 2 片，呈三角状卵形，长约 1.5cm，先端锐尖，基部楔形，叶缘呈浅波状，有 3 条明显的基出脉，具柄。上胚轴和下胚轴均发达。后生叶卵状三角形，边缘有不规则锯齿。

生物学特性 生长于海拔 110～2700m 的山野、荒草地、灌丛、林缘及林下，也常见于耕地中。适应性较强，但在温暖潮湿环境生长较好。土壤以富含腐殖质、肥沃、疏松的夹砂土生长较好。花期 4～9 月，果期 6～11 月。以种子繁殖。

分布与危害 中国分布于陕西、甘肃、江苏、浙江、安徽、江西、湖南、四川、贵州、福建、广东、海南、台湾、广西、云南等地；广泛分布于欧洲、俄罗斯（高加索）、朝鲜、日

豨莶植株形态（张治摄）

①群体；②成株；③花序；④果实；⑤幼苗

本、东南亚及北美热带、亚热带及温带地区。常危害棉花、玉米、大豆、甘薯、蔬菜及果园、桑园、茶园等经济作物，是广东、贵州茶园常见杂草，但对茶树影响小。发生量小，由于其扩散性不强，在农业生产上尚未造成严重危害。

防除技术

农业防治　深耕或深翻土壤，把种子埋在土壤深层，能显著抑制出苗。出苗后结实前可用人工或机械清除。茶园可与豆科植物间作，抑制杂草生长；茶园还可养鸭，啄食杂草幼苗。针对盖膜栽培地，可选用深黑膜覆盖于移栽作物地，如烟苗、蔬菜移栽后覆盖，不仅有增温、保水作用，而且有助于控制豨莶的发生。

化学防治　针对果园、茶园，用莠去津作土壤封闭处理，抑制豨莶出苗。出苗后的豨莶，可用茎叶处理除草剂，果园、茶园等可用草甘膦、草铵膦，三氮苯类莠去津、西玛津、扑草净，或者有机杂环类灭草松茎叶喷雾处理；果园还可用激素类2甲4氯与草甘膦的复配剂，柑橘园可用酰亚胺类触杀型除草剂丙炔氟草胺或其与草铵膦的复配剂，柑橘园和苹果园还可用原卟啉原氧化酶抑制剂苯嘧磺草胺茎叶喷雾处理。注意定向喷雾，以免产生药害。农作田中的豨莶防除见秋熟旱作田菊科一年生阔叶杂草的防除措施。

综合利用　豨莶化学成分主要包括二萜及其苷类、倍半萜类、黄酮及其他类，其中二萜及其苷类成分被认为是豨莶草最主要的活性成分，药理活性有抗炎镇痛、舒张血管作用、抗肿瘤、钙通道阻滞作用、促皮肤创伤愈合、免疫抑制作用、镇静催眠作用、降血糖作用。作为中国传统中药，叶和梗入药，可祛风湿、利筋骨、降血压，治四肢麻痹、筋骨疼痛、腰膝无力、疟疾、急性肝炎、高血压病、疔疮肿毒、外伤出血等。豨莶草临床用于风湿性关节炎、血瘀型腰椎间盘突出、脑梗死、急性肠炎等疾病的治疗。豨莶草在乡村可以用来喂猪，帮助其增长体重，民间又叫肥猪草。

参考文献

陈仕红，兰献敏，冉海燕，等，2020. 贵州省茶园杂草群落组成

及发生特点 [J]. 杂草学报, 38(1): 14-22.

李扬汉, 1998. 中国杂草志 [M]. 北京：中国农业出版社: 369.

李莺, 张玉琴, 李煌, 等, 2019. 豨莶草化学成分、药理活性及临床应用研究进展 [J]. 江西中医药大学学报, 31(4): 102-107.

徐丽伟, 徐帅, 王菁, 等, 2021. 豨莶草药理作用研究进展 [J]. 长春中医药大学学报, 37(3): 704-708.

中国科学院中国植物志编辑委员会, 1979. 中国植物志：第七十五卷 [M]. 北京：科学出版社: 339.

WANG L L, HU L H, 2006. Chemical Constituents of *Siegesbeckia orientalis* L. [J]. Journal of integrative plant biology, 48(8): 991-995.

XIANG Y, ZHANG H, FAN C Q, et al, 2004. Novel diterpenoids and diterpenoid glycosides from *Siegesbeckia orientalis* [J]. Journal of natural products, 67(9): 1517-1521.

ZHANG S, LIN H, DENG L, et al, 2013. Cadmium tolerance and accumulation characteristics of *Siegesbeckia orientalis* L. [J]. Ecological engineering, 51: 133-139.

（撰稿：杜道林、游文华；审稿：宋小玲）

细胞或细胞器水平测定 cell or cellular organ level bioassay

利用除草剂在抑制细胞或细胞器生理生化过程中的特定功能时，通过除草剂剂量和某种可量化的生理生化指标之间的关系，建立剂量反应曲线，测定除草剂活性的方法。

在细胞水平上，科学家用小麦、玉米和油菜的细胞进行悬浮培养，加入除草剂抑制细胞分裂，之后用微电极测培养基的电导率，电导率的减少与细胞生长和细胞分裂量的增加成反比，结果以相对于对照组的生长抑制率表示，从而比较不同除草剂的活性大小；比如，在小麦细胞悬浮培养液中分别加入磺酰脲类和咪唑啉酮类除草剂，结果发现磺酰脲类除草剂抑制小麦细胞分裂的活性显著高于咪唑啉酮类除草剂。此外，科学家开发了一种基于比色测定的细菌全细胞筛选系统，实现了对羟基苯丙酮酸双加氧酶（4-hydroxyphenylpyruvate dioxygenase, HPPD, EC1.13.11.27）抑制剂的高通量筛选。原理如下：在植物体内，HPPD 参与酪氨酸代谢途径，催化 4- 羟基苯丙酮酸（4-hydroxyphenylpyruvate, HPPA）生成尿黑酸（homogentisic acid, HGA）。因此，科学家通过在大肠杆菌（*Escherichia coli*）中表达 HPPD 将 HPPA 转化为 HGA，而 HGA 会自动氧化和聚合，生成可溶性黑色素，呈现出明显的红棕色，在 405nm 处有特征吸收峰，且十分灵敏，用酶标仪进行比色测定，吸光度的减少和被筛化合物的活性成正比，结果以相对于对照组的吸光值减少率表示；比如，采用该方法比较了硝磺草酮、尼替西农、磺草酮和环磺酮对 HPPD 的抑制活性，计算出吸光值减少率，采用逻辑斯蒂四参数非线性模型进行回归分析，求出 IC_{50} 值，结果发现磺草酮对 HPPD 的抑制活性最高，环磺酮的抑制活性最低。

在细胞器水平上，则通常是针对特定作用机制的除草剂，如呼吸作用抑制剂类除草剂和光合作用抑制剂类除草剂。针对呼吸作用抑制剂类除草剂，可以在离体线粒体中，通过瓦式呼吸装置测定磷氧比和氧气的吸收，进而可以确定此类除草剂的活性。针对光合作用抑制剂类除草剂，如三氮苯类除草剂莠去津、氰草津、嗪草酮等和取代脲类除草剂异丙隆、绿麦隆等作用于光系统Ⅱ中的 D1 蛋白，竞争性地抑制质醌 Q_B 与 D1 蛋白的结合，导致光合电子传递受阻，对于这类除草剂可以通过测定希尔反应得知其抑制活性的大小，该方法通过测定铁氰化钾光还原，折算成放氧活力，间接测定希尔反应的活性，可以很好地测定除草剂活性，例如通过提取豌豆叶片中的叶绿体，发现莠去津和取代脲类除草剂 DCMU 对其放氧活性表现出显著的抑制活性，呈现出良好的剂量—效应关系；同时，对于这类除草剂还可以通过测定敏感植物的叶绿素荧光参数，实现快速测定除草剂活性。例如，通过测定燕麦叶片的叶绿素荧光诱导动力学曲线，计算出曲线拐点荧光值 I 与最大荧光值 P 比值，可以分别在 8 小时、12 小时和 48 小时以内快速区分不同剂量的嗪草酮、敌草隆和莠去津。此外，还可以选用细胞器中特定物质的含量作为指标，常用的有叶绿素含量。例如，HPPD 抑制剂类除草剂硝磺草酮、环磺酮、苯唑草酮、三唑磺草酮等和尿黑酸茄尼酯转移酶（homogentisate solanesyltransferase, HST, EC2.5.1.117）抑制剂类除草剂 cyclopyrimorate 对敏感植物叶绿素的含量有显著影响，叶片中的叶绿素含量随着药剂浓度的增加而下降，表现出良好的剂量 - 效应关系；磺草酮施药剂量与莴苣叶片中叶绿素含量和类胡萝卜素含量均呈现出良好的逻辑斯蒂四参数曲线关系。

在细胞或细胞器水平的除草剂生物测定方法可以观察除草剂对细胞或细胞器的综合作用，包括细胞生长、细胞分裂分化和某些细胞内的生理生化进程，但不能反映除草剂作用的具体途径和作用机制。

参考文献

强胜, 2001. 杂草学 [M]. 北京：中国农业出版社.

宋小玲, 马波, 皇甫超河, 等, 2004. 除草剂生物测定方法 [J]. 杂草科学 (3): 3-8.

谭惠芬, 刘华银, 1998. 希尔反应测定中新型抑制剂活性的鉴定方法 [J]. 植物生理学报, 34(2): 126-129.

DAYAN F E, DUKE S O, SAULDUBOIS A, et al, 2007. p-Hydroxyphenylpyruvate dioxygenase is a herbicidal target site for β-triketones from *Leptospermum scoparium* [J]. Phytochemistry, 68(14): 2004-2014.

GROSSMANN K, BERGHAUS R, RETZLAFF G, 1992 Heterotrophic plant cell suspension cultures for monitoring biological activity in agrochemical research. Comparison with screens using algae, germinating seeds and whole plants [J]. Pesticide science, 35: 283-289.

NEUCKERMANS J, MERTENS A, DE W D, et al, 2019. A robust bacterial assay for high-throughput screening of human 4-hydroxyphenylpyruvate dioxygenase inhibitors [J]. Scientific reports, 9: 14145.

SHAW D R, PEEPER T F, NOFZIGER D L, 1985. Comparison of chlorophyll fluorescence and fresh weight as herbicide bioassay techniques [J]. Weed science, 33(1): 29-33.

SHINO M, HAMADA T, SHIGEMATSU Y, et al, 2020. In vivo and in vitro evidence for the inhibition of homogentisate solanesyltransferase by cyclopyrimorate [J]. Pest management science, 76(10): 3389-3394.

（撰稿：王恒智；审稿：王金信、宋小玲）

细柄黍　*Panicum sumatrense* Roth ex Roemer se schultes

秋熟旱作田一年生杂草，危害轻。异名 *Panicum psilopodium* Trin.。英名 slenderstalk panicgrass。禾本科黍属。

形态特征

成株　高 20～60cm（图①②）。秆直立或基部稍膝曲，具 3～4 节，通常有分枝；叶鞘光滑，无毛，压扁，松弛，下部者长而上部者短于节间；叶舌膜质，截形，长约 1mm，先端具细纤毛。叶片线形，质地较软，长 8～15cm、宽 4～6mm，顶端渐尖，基部圆钝，两面无毛。圆锥花序开展，长 10～20cm、宽可达 15cm（分枝上的花序较小，基部常为顶生叶鞘所包），花序分枝纤细，微粗糙，倾斜上升或开展；小穗柄细长，顶端膨大，大都长于小穗，小穗卵状长圆形，长约 3mm，顶端尖，无毛（图③）；第一颖宽卵形，顶端尖，长约为小穗的 1/3，具 3～5 脉，或侧脉不明显，基部包卷小穗基部；第二颖长卵形，与小穗等长，顶端喙尖，具 11～13 脉；第一小花外稃与第二颖近相等长，卵状椭圆形，近具 9～11 脉；内稃薄膜质，具脊，约与外稃等长但远较其狭窄；第二小花外稃狭长圆形，革质，表面平滑，光亮，长约 2.5mm；鳞被纸质，细小，多脉，长约 0.3mm、宽约 0.38mm，局部折叠，肉质。

细柄黍植株形态（樊英鑫提供）
①植株及生境；②茎叶；③花果序

子实　颖果乳白色，椭圆形，长 1.8mm、宽约 0.9mm。

生物学特性　一年生草本，C_4 植物，花果期 7～10 月，喜光、耐旱，也耐潮湿，适宜不同 pH 的土壤环境。以种子繁殖，种子出苗深度为 1.1～2.8cm，单株结实数 382～2368，平均单株结实数为 1584。染色体 2n=54。

分布与危害　中国分布于东南部、西南部和西藏等地；印度至斯里兰卡、菲律宾等地也有分布。模式标本采自印度。细柄黍生长于河边、河谷、林中溪边潮湿草丛中、路边、路边草甸、丘陵灌丛中或荒野路旁，田间少见，是秋熟旱作田一般性杂草，危害较轻。

防除技术　应采取农业防治、生物和化学防治相结合的方法防控。此外，应考虑综合利用等措施。

农业防治　细柄黍的种子出苗深度浅，因此整田时深翻土壤，把掉落在表层土壤的种子深翻至土层深处，可以减少其出苗数量，同时也能灭除田间已经出苗的细柄黍。在土壤表面保留上一年作物秸秆如小麦秸秆，可以减少出苗量。在作物生长期，特别是玉米田，结合机械施肥和中耕培土，防除行间杂草，可有效抑制细柄黍的危害。利用牛、羊等草食动物，或鸭、鹅啄食种子或幼苗。

化学防治　秋熟旱作田见马唐。非耕地可用灭生性除草剂敌草快、草甘膦、草铵膦及环嗪酮等防控细柄黍的大量蔓延。

综合利用　细柄黍嫩可做饲料及牛、羊等草食动物的牧草。

参考文献

陈其本，1983. 玉米田间杂草及其防除策略 [J]. 云南农业科技 (3): 22-26.

郭水良，李扬汉，1998. 金华地区秋旱作物田杂草生态相似关系研究 [J]. 武汉植物学研究，16(1): 39-46.

李扬汉，1998. 中国杂草志 [M]. 北京：中国农业出版社：1283-1284.

马奇祥，常中先，李正先，等，2001. 农田杂草化学防除图谱 [M]. 修订版 . 郑州：河南科学技术出版社 .

苏少泉，宋顺祖，1996. 中国农田杂草化学防治 [M]. 北京：中国农业出版社 .

中国科学院中国植物志编辑委员会，1984. 中国植物志：第十卷　第一分册 [M]. 北京：科学出版社：19-20.

（撰稿：马永林；审稿：宋小玲）

细柄野荞麦　*Fagopyrum gracilipes* (Hemsl.) Damm. ex Diels

夏熟作物田一年生杂草。又名细柄野荞麦、野荞麦。英文名 slender buckwheat。蓼科荞麦属。

形态特征

成株 高 20～70cm（见图）。茎直立，常自基部分枝，具纵棱，疏被短糙伏毛。单叶互生，叶片戟形或卵状三角形，长 2～4cm、宽 1.5～3cm，先端渐尖或急尖，基部心形或戟形，两面疏生短糙伏毛；下部叶叶柄长 1.5～3cm，具短糙伏毛，上部叶叶柄较短或近无梗；托叶鞘膜质，偏斜，具短糙伏毛，长 4～5mm，顶端尖。总状花序腋生或顶生，花稀疏，长 2～4cm，花序梗细弱，俯垂；苞片漏斗状，卵形，绿色边缘膜质，每苞内具 2～3 花；花梗细弱，长 2～3mm，比苞片长，顶部具关节；花较小，直径约 4mm，花被 5 深裂，红色或淡红色，稀白色，花被片椭圆形，长 2～2.5mm；雄蕊 8 枚，两轮，内 3 外 5，比花被短；花柱 3。

子实 瘦果卵圆状三棱形，长约 3mm，分有翅和无翅 2 种类型，1/3～1/2 露出宿存花被外；中部膨大，具三棱脊，棱脊突起，表面光滑具光泽，黄褐色或黑褐色，具瘤状颗粒和细条纹纹饰，细条纹纹饰多。

生物学特性 种子繁殖。苗期秋冬至翌春，花果期为 6～10 月，单花序和单花的花期分别为 13～21 天和 1～3 天。细梗荞麦花粉胚珠比为 371±16.40，杂交指数为 2，套袋实验显示其自交、异交亲和，表明其繁育系统为兼性自交，部分异交亲和。细柄野荞麦的访花昆虫较少，主要为膜翅目、双翅目和鞘翅目 7 个科的 9 种昆虫，食蚜蝇科昆虫是其主要传粉昆虫。细柄荞麦果实存在有翅和无翅 2 种类型，有利于其适应不同的传播方式，种子较小，千粒重约 1.05g，萌发率较低，播种后 30 天的累积萌发率约 19.60%，但萌发整齐，主要集中在前 5 天。体细胞染色体数目为 2n=32，核型为 2n=4x=32=32M，核不对称系数为 50%，最长染色体长度是最短染色体长度的 2 倍。

花期细柄野荞麦构件特性在植株个体间存在一定的差异。可形成三级分枝，一级分枝数相对稳定，三级分枝不稳定，两者的变异系数分别 35.02% 和 462.38%；其花序数为 6～79 个，平均为 32.73 个，变异系数为 54.56%。

分布与危害 中国分布于陕西、湖北、四川、贵州、云南、西藏等地。常生长于草坡、湿山谷、田边。果园、茶园、玉米和烟草等旱作田发生量较大，危害严重。黔西地区和部分高寒山地，年平均气温 10～15℃，一年一熟种植玉米、豆类、马铃薯、荞麦等作物，细梗荞麦是常见杂草，甚至是玉米田主要杂草。

防除技术

农业防治 通过轮作倒茬、精耕细作、施用充分腐熟的农家肥、合理密植等农业措施控制细柄野荞麦的发生。少量发生的田块可采取人工拔除方法，也可采取地膜覆盖法有效控制细柄野荞麦的发生和生长。

化学防治 作物播前进行土壤封闭处理，可根据作物不同选择甲草胺、乙草胺、异丙甲草胺，或扑草净，或氟乐灵、二甲戊灵、仲丁灵，乙氧氟草醚进行土壤封闭处理。出苗后细柄野荞麦根据作物不同可选择光合作用抑制类除草剂灭草松、乙羧氟草醚、氟磺胺草醚、乳氟禾草灵、莠去津、砜嘧磺隆、烟嘧磺隆等进行茎叶喷雾处理。发生在路埂的细柄野荞麦，可用灭生性除草剂草甘膦、草铵膦进行茎叶喷雾处理。

细柄野荞麦植株形态（张治摄）

综合利用 全株有清热解毒、活血散瘀、健脾利湿的作用；种子开胃、宽肠。

参考文献

陈庆富, 2012. 荞麦属植物科学 [M]. 北京 : 科学出版社 .

程琍, 柏大全, 邵继荣, 等, 2009. 四川省阿坝州野生荞麦资源分布考察 [J]. 西南农业学报, 22(1): 36-39.

李青, 李鹤翔, 贺红早, 2016. 党参大田杂草生长调查初探 [J]. 贵州科学, 34(6): 6-9.

李扬汉, 1998. 中国杂草志 [M]. 北京 : 中国农业出版社 : 762.

刘毅, 王承星, 张卫书, 等, 2012. 几种除草剂防除玉米田杂草的田间药效对比 [J]. 贵州农业科学, 40(1): 82-85.

刘毅, 徐聪, 何顺志, 1996. 贵州药用植物补遗 [J]. 中央财经大学学报, 19(12): 606-608.

史建强, 李艳琴, 张宗文, 等, 2016. 荞麦野生种的核型及进化特征分析 [J]. 植物遗传资源学报, 17(3): 455-460.

王安虎, 夏明忠, 蔡光泽, 等, 2006. 四川省凉山州东部野生荞麦资源的特征特性和地理分布研究 [J]. 作物杂志 (5): 25-27.

王莉花, 2004. 云南野生荞麦资源的地理分布的考察研究 [J]. 西南农业学报, 17(2): 156-159.

赵佐成, 周明德, 罗定泽, 等, 2000. 中国荞麦属果实形态特征 [J]. 植物分类学报, 38(5): 486-489.

周兵, 闫小红, 苏启陶, 等, 2019. 野生荞麦细柄野荞麦的繁殖生物学特性研究 [J]. 广西植物, 39(5): 590-599.

OHNISHI O, MATSUOKA Y, 1996. Search for the wild ancestor of buckwheat II. Taxonomy of *Fagopyrum* (Polygonaceae) species based on morphology, isozymes and cpDNA variability [J]. Genes and genetic systems, 71(6): 383-390.

（撰稿：周兵；审稿：宋小玲）

细风轮菜 *Clinopodium gracile* (Benth.) Matsum.

夏熟作物田、茶园、果园一年生常见杂草。俗名瘦风轮菜、小叶仙人草、苦草、野仙人草等。英文名 slender wild basil。唇形科风轮菜属。

形态特征

成株　高 8～30cm。纤细草本（图①②）。茎多数，自匍匐茎生出，柔弱，上升，不分枝或基部具分枝，四棱形，具槽，被倒向的短柔毛。叶对生，圆卵形，细小，长约 1cm、宽 0.8～0.9cm，先端钝，基部圆形，边缘具疏圆齿或疏牙齿，但茎上、下部在大小和叶缘有变异，薄纸质，上面榄绿色，近无毛，下面较淡，脉上被疏短硬毛，侧脉 2～3 对，与中肋两面微隆起但下面明显呈白绿色，叶柄长 0.3～1.8cm，基部常染紫红色，密被短柔毛；上部叶及苞叶卵状披针形，先端锐尖，边缘具锯齿。轮伞花序分离，或密集于茎端成短总状花序，疏花（图③④）；苞片针状，远较花梗为短；花梗长 1～3mm，被微柔毛；花萼管状，基部圆形，花时长约 3mm，果时下倾，基部一边膨胀，长约 5mm，13 脉，外面沿脉上被短硬毛，内面喉部被稀疏小疏柔毛，上唇 3 齿，短，三角形，果时外反，下唇 2 齿，略长，先端钻状，平伸，齿均被睫毛。花冠白至紫红色，超过花萼长约 1/2 倍，外面被微柔毛，内面在喉部被微柔毛，冠筒向上渐扩大，冠檐二唇形，上唇直伸，先端微缺，下唇 3 裂，中裂片较大；雄蕊 4，前对能育，与上唇等齐，花药 2 室；花柱先端略增粗，2 浅裂；花盘平顶；子房无毛。

子实　小坚果卵球形，褐色，光滑（图⑤）。

幼苗　子叶出土，子叶倒肾形，长 1.5mm、宽 3mm，先端微凹，叶基近圆形，具柄；下胚轴发达，带紫红色，上胚轴极发达，密被柔毛，也呈紫红色；初生叶三角状卵形，先端急尖，叶缘有 1～2 个小锯齿，叶基近截形，背面紫红色，腹面疏生短柔毛；后生叶卵圆形，先端钝；叶缘有圆锯齿。

生物学特性　一年生纤细草本。种子繁殖。花果期 6～10 月。生于路旁、沟边、空旷草地、林缘、灌丛中，分布地海拔可达 2400m。

分布与危害　中国分布于江苏、浙江、福建、台湾、安徽、江西、湖南、广东、广西、贵州、云南、四川、湖北、陕西；东亚、东南亚、欧洲、北美地区均有分布。在叶菜田、茶园和果园常见，发生量小，危害轻。

防除技术　由于危害轻，通常不需采取针对性措施防除。

化学防治　在茶园和果园发生量大时可用灭生性除草剂草甘膦、草铵膦定向喷雾处理防除。

综合利用　全草入药，治感冒头痛、中暑腹痛、痢疾、乳腺炎、痈疽肿毒、荨麻疹、过敏性皮炎、跌打损伤等症。

参考文献

李扬汉, 1998. 中国杂草志 [M]. 北京 : 中国农业出版社 : 541-542.

细风轮菜植株形态（①④⑤张治摄；②③陈国奇、张斌摄）

①②生境及植株；③④花序；⑤果实

王素丽，陈莉媚，金彤，等，2018. 细风轮菜两种提取物的镇痛抗炎作用及其机制研究 [J]. 中药药理与临床，34(3): 93-98.

中国科学院中国植物志编辑委员会，1977. 中国植物志：第六十六卷 [M]. 北京：科学出版社：235.

（撰稿：陈国奇；审稿：宋小玲）

细果角茴香 *Hypecoum leptocarpum* Hook. f. et Thoms.

夏熟作物田一年生杂草。又名节裂角茴香、中国角茴香、红果角茴香、黄花草角茴香、咽喉草、野茴香等。英文名 thinfruit hypecoum。罂粟科角茴香属。

形态特征

成株 （图①②）高达 60cm。茎丛生，多分枝。基生叶窄倒披针形，长 5～20cm，叶柄长 1.5～10cm，二回羽状全裂，裂片 4～9 对，宽卵形或卵形，长 0.4～2.3cm，近无柄，羽状深裂，小裂片披针形、卵形、窄椭圆形或倒卵形，长 0.3～2mm；茎生叶同基生叶，互生，具短柄或近无柄。花茎多数，高达 40cm，常二歧分枝；苞叶轮生，卵形或倒卵形，长 0.5～3cm，二回羽状全裂；花小，花径 5～8mm，每花具数枚刚毛状小苞叶。萼片 2，卵形或卵状披针形，长 2～3（～4）mm，边缘膜质；花瓣淡紫色或白色，外面 2 枚宽倒卵形，长 0.5～1cm，内面 2 枚 3 裂近基部，中裂片匙状圆形，侧裂片较长，长卵形或宽披针形；雄蕊 4，与花瓣对生，长 4～7mm，花丝丝状，扁平，基部宽，花药卵圆形；子房圆柱形，长 5～8mm，无毛，柱头 2 裂，裂片外弯。

子实 蒴果直立，圆柱形，长 3～4cm，两侧扁，在关节处分离成数小节，每节具 1 种子。种子扁平，宽倒卵形或卵形，被小疣。

幼苗 子叶出土，2 片，狭倒披针形（图③④），长 1～2cm，全缘，基部楔形，先端锐减。第一片真叶互生，阔卵形，先端 3 裂，叶柄长 1～2cm。

生物学特性 种子繁殖。春季出苗，花果期 5～10 月。对油菜、萝卜、小麦和黄瓜 4 种受体植物具有较强的化感作用，主要化感物质存在于地上部位的果、茎、叶中，化感活性物质主要释放途径是地上部挥发，其次是土壤残体分解，地上部浸提液和根系分泌。

分布与危害 中国分布于内蒙古、河北西北部、山西、甘肃、青海、西藏、四川西南部及云南西北部。生于农田、路旁、荒地等生境，危害麦类、油菜、亚麻、胡麻、春马铃薯等作物；为青藏高原春小麦、春油菜田间优势杂草，青海及川西北部分农田重度危害。

防除技术

农业防治 精选种子，切断种子传播；合理轮作，可采

细果角茴香植株形态（魏有海摄）

①②成株；③④幼苗

用小麦与油菜、马铃薯、豆类、蔬菜轮作，创造不利于细果角茴香生长的环境。适时晚播，作物推迟 7～10 天左右，可使土壤中的杂草种子提前萌发，通过耕翻措施暴晒在阳光下，导致部分杂草死亡。

化学防治 小麦田可采用溴苯腈、唑酮草酯、苯磺隆、啶磺草胺、唑嘧磺草胺等茎叶喷雾处理；油菜田、马铃薯田可选用氟乐灵、二甲戊灵、精异丙甲草胺等进行土壤封闭处理。

综合利用 全草入药，治感冒、咽喉炎、急性结膜炎、头痛、关节痛、胆囊炎，能解食物中毒。还可开发利用细果角茴香的化感作用以及对黏虫、二斑叶螨等的杀虫活性。

参考文献

李扬汉, 1998. 中国杂草志 [M]. 北京 : 中国农业出版社 : 740-741.

张君霞, 杨晓华, 杨顺义, 等, 2013, 节裂角茴香几种溶剂提取物对粘虫的作用方式研究 [J]. 草业学报, 22(6): 167-172.

张小云, 张新虎, 沈慧敏, 等, 2018. 节裂角茴香的化感作用及化感物质释放途径研究 [J]. 甘肃农业大学学报, 53(5): 69-78, 86.

中国科学院中国植物志编辑委员会, 1999. 中国植物志 : 第三十二卷 [M]. 北京 : 科学出版社 .

（撰稿：魏有海；审稿：宋小玲）

细叶百脉根 *Lotus tenuis* Waldst. et Kit. ex Willd.

秋熟旱作田一年生草本杂草。英文名 narrow-leaved bird's-foot trefoil，littleleaf deervetch。豆科百脉根属。

形态特征

成株 高 10～30cm（图①③）。茎自基部分枝，斜生或近直立。叶互生，羽状复叶，小叶 5，基部 2 个小叶较顶端 3 个小叶为小。小叶披针形或倒披针形，长 5～15mm、宽约 3mm，先端急尖，基部圆形，叶柄长约 4mm，小叶近无柄。花 1～3 朵排为伞形花序而不同于百脉根，具叶状总苞（图②）；花萼宽钟形，萼齿为狭三角形，外面有长硬毛；

细叶百脉根植株形态（①～③朱鑫鑫摄；④刘冰摄）

①植株；②花序；③枝条；④果实

花冠黄色，长约7mm，旗瓣顶端圆形，基部楔形，翼瓣与龙骨瓣几等长。

子实　荚果圆柱形，长15～25mm、径2mm，干后为棕褐色，含多数种子（图④）。种子细小，近圆形，径约1mm，棕色或褐色。

生物学特性　种子繁殖。花期5～8月，果期7～9月。种子具有较高的硬实率，擦破种皮和低温冷藏能增加种子的萌发率。细叶百脉根耐盐碱和水淹，具有较强的生态适应性，能在不同的环境下采取不同的生存策略。如在半淹没状态下，根生长停滞，茎伸长显著，且根和茎中的通气组织更为发达，通过伸长的茎来避免被完全淹没；在完全淹没的状态下，则保持不生长的静止状态，通气组织也没有增加，而通过消耗存储的水溶性碳水化合物和淀粉来维持生命，这是细叶百脉根能在不同水淹程度下生存的主要原因。

分布与危害　中国主要分布于新疆、甘肃、陕西、山西、贵州等地；欧洲南部、东部、中东和西伯利亚均有分布。适生草地、水边、农田或荒地。部分农作物受害较重。

防除技术　见百脉根。

综合利用　全草入药，性甘、微涩，平，具有清热止血的功效。细叶百脉根是反刍动物优质饲料，最新研究表明，盐胁迫能触发细叶百脉根细胞壁多糖的增加，提高其可消化多糖含量，从而提高反刍动物的消化率。

参考文献

李扬汉，1998. 中国杂草志[M]. 北京：中国农业出版社：631-632.

CLUA A A, GIMENEZ D O, 2003. Environmental factors during seed development of narrow-leaved bird's-foot trefoil (*Lotus tenuis*) influences subsequent dormancy and germination [J]. Grass and forage science, 58: 333-338.

ELENA V M, GUSTAVO J, ESTEVEZ J M, et al, 2021. Salt stress on *Lotus tenuis* triggers cell wall polysaccharide changes affecting their digestibility by ruminants [J]. Plant physiology and biochemistry, 166: 405-415.

MANZUR M E, GRIMOLDI A A, INSAUSTI P, et al, 2009. Escape from water or remain quiescent? *Lotus tenuis* changes its strategy depending on depth of submergence [J]. Annals of botany, 104: 1163-1169.

TOME G A, JOHNSON I J, 1945. Self-and cross-fertility relationships in *Lotus corniculatus* L. and *Lotus tenuis* Wald. et Kit [J]. Journal of the American Society of Agronomy, 37: 1011-1023.

STRIKER G G, IZAGUIRRE R F, MANZUR M E, et al, 2012. Different strategies of *Lotus japonicus*, *L. corniculatus* and *L. tenuis* to deal with complete submergence at seedling stage [J]. Plant biology, 14: 50-55.

（撰稿：刘小民、宋小玲；审稿：王贵启）

细叶旱稗　*Echinochloa crusgalli* (L.) Beauv. var. *praticola* Ohwi

水田、秋熟旱作物田一年生杂草。又名稗草。异名*Panicum crusgalli* var. *submuticum* Hack.。禾本科稗属植物。

形态特征

成株　秆高20～70cm（图①②）。基部和茎节略带紫色，光滑无毛，基部倾斜或膝曲。叶鞘平滑无毛；叶舌和叶耳缺；叶片线形，宽5～10mm。圆锥花序，稍下垂，长8～15cm（图③④）；总状花序分枝斜上贴向主轴，稍短，宽松；小穗卵形，略带紫色，长2.5～3mm，沿脉被糙硬毛或疣基刚毛，具1～2mm短柄，密集在穗轴一侧；第一颖三角形，长为小穗的1/3～1/2，具3脉，基部包卷小穗，先端尖；第二颖与小穗等长，先端渐尖或具小尖头，具5脉，脉上具刚毛；第一小花通常中性，顶端延伸成一短尖头，内稃薄膜质，狭窄，具2脊；第二小花外稃卵圆形，具5脉，平滑，有光泽，顶端具小尖头，紧包同质的内稃；柱头羽毛状，紫红色。

子实　子实成熟时小穗自颖之下脱落，第一小花仅存内、外稃，外稃草质，顶端具短尖头；第二小花外稃革质，光亮，坚硬，顶端成小尖头，紧包同质的内稃。颖果椭圆形，长1.5～2.5mm、宽约1mm，凸面有纵脊，黄褐色。

幼苗　胚芽鞘基部带紫色，叶色稍深。第一片真叶带状披针形，具10条直出平行叶脉，无叶耳、叶舌，第二片叶类同，柔软下垂。

生物学特性　见稗。

分布与危害　中国主要发生分布于黑龙江、吉林、辽宁、

细叶旱稗植株形态（强胜摄）

①群体；②成株；③花序；④分枝花序

内蒙古、北京、河北、河南、山东、山西、陕西、宁夏、甘肃、青海、新疆、西藏、江苏、上海、浙江、安徽、江西、湖北、湖南、重庆、四川、贵州、云南等地。广泛发生于水稻、大豆、棉花、玉米、小麦等农作物田和果园中，发生量大，危害较为严重。

其他见稗。

防除技术　应采取包括农业措施、生物和化学除草相结合的方法。此外，也应该考虑综合利用等措施，见稗。

参考文献

陆永良, 刘德好, 余柳青, 等, 2014. 中国主要农区稻田稗草分类与多样性研究 [J]. 植物科学学报, 32(5): 435-445.

宋小玲, 强胜, 徐言宏, 等, 2002. 稗类 (*Echinochloa* spp.) 植物的开花生物学特性 [J]. 植物资源与环境学报, 11(3): 12-15.

中国科学院中国植物志编辑委员会, 1979. 中国植物志: 第九卷 [M]. 北京: 科学出版社.

邹满钰, 陆永良, 印丽萍, 等, 2017. 中国境内稗 (*Echinochloa crusgalli*) 形态变异及其遗传和地理背景分析 [J]. 植物研究, 37(2): 227-235.

（撰稿：强胜；审稿：刘宇婧）

细虉草　*Phalaris minor* Retz.

夏熟作物田一二年生杂草。又名小虉草。英文名 littleseed canarygrass。禾本科虉草属。2002 年被列为中国主要外来入侵物种名录。

形态特征

成株　成株高 30～200cm（图①②）。簇生，每丛 3～6 株。地上茎秆直立，基部屈曲，茎秆圆柱形，直立，共 7 节，主茎 2～4 节发生分蘖。叶片线形，光滑、柔软、淡绿色，先端渐尖，长 12～24cm、宽 4～20mm；有叶舌，膜质、透明、三角形或圆形，长 2～5mm。花序圆锥形，部分藏在上部叶鞘内，穗长 3～10cm、穗粗 0.6～1cm（图③④）；小穗 10～20 个，小穗全部相似，单生，单独脱落，而不同于奇异虉草；两颖相等，颖长 4～6.5mm，上部有翼，其上有齿状突起；每小穗有 1 可孕小花，孕花外稃 2.5～4mm。

子实　颖果长圆锥形，深褐色，光滑，长 4～7mm，子实千粒重 1.5～2.4g（图⑤⑥）；成熟后从上至下从颖壳中脱落，但颖壳留在穗轴上。

幼苗　茎基部淡紫色，这是虉草幼苗的鉴别特征。

生物学特性　从种子出苗到植株孕穗需要经历 85～100 天，从抽穗扬花到种子成熟仅需 30～40 天。细虉草的生育期大约 130 天。其生育期与麦类作物相似，通常在每年的 9 月至 11 月萌发，成熟期翌年 3～5 月。

细虉草依靠种子进行繁殖，种子萌发的最适温度为 10～20℃，通常在温度高于 30℃和低于 5℃时种子不能萌发，土壤的酸碱度也影响细虉草种子的休眠与萌发，在土壤 pH6，细虉草的萌发率最高，达到 92.7%，后随着土壤酸碱度的增加和降低，细虉草的种子萌发也显著降低，在土壤 pH 低于 3 或大于 9 时，种子不能萌发。种子的土壤埋藏

细虉草植株形态（①④郭怡卿摄；②③⑤⑥强胜摄）

①②成株；③④花序；⑤⑥子实

深度也是影响种子休眠与萌发的重要因素，在土层深度超过5cm时细藕草种子不能萌发，而当土层深度大于10cm时，细藕草种子长期保持休眠。

细藕草的分蘖能力极强，在没有竞争的条件下，每株的分蘖可达到42个，而每个分蘖还可以产生若干分枝，在土壤水肥条件较好的麦田，1株细藕草可产生30～50个有效穗，每穗有300～450粒种子，总种子量达到约10 000粒。

由于化学除草剂的选择压力，已经在澳大利亚、印度、伊朗、以色列、墨西哥、巴基斯坦和美国等国家演化出了对ACCase抑制剂类除草剂的抗性。同时，印度除了发现对ACCase抑制剂类除草剂抗性种群外，还分别在1991年和2013年发现了对PS Ⅱ抑制剂（脲类和酰胺类）类除草剂和ALS抑制剂类除草剂表现出抗性的种群。2006年，在印度小麦田还发现了对ACCase抑制剂类、PS Ⅱ抑制剂（脲类和酰胺类）类和ALS抑制剂类除草剂表现出复合抗药性的种群。

分布与危害 细藕草是世界公认的麦田恶性杂草，原产于地中海区域，20世纪70年代随麦类引种传入中国，主要在云南危害，但是已扩散到四川成都市温江区、广汉市等地区；不丹、印度北部、巴基斯坦、非洲北部、亚洲西南部、欧洲等均有。它主要通过种间竞争和化感作用影响伴生物种。在小麦、油菜田等夏熟作物田均有发生。细藕草具有强的竞争能力，整个生长周期与入侵地冬春农作物激烈竞争光、肥、水等资源，造成农作物营养不良，植株矮小，产量降低。当田间细藕草的幼苗密度为160株/m^{2}时，小麦产量受到严重的影响，几乎绝收。另外，细藕草也可通过根系分泌化感物质而改变入侵地植物及微生物群落原有的种间关系，抑制伴生农作物和杂草的生长，使其在竞争中处于优势而逐渐演变为优势种，故它的危害程度不可小视。

防除技术 应该采取农业防治、化学防治和生物防治等相结合的方法进行防治。

农业防治 通过调整小麦的播种方法、播种时间和进行土壤深耕处理来控制细藕草的危害，与撒播方式播种小麦相比，采用条播方式播种小麦可显著降低细藕草的危害。另外，将小麦提前播种可有效降低细藕草的发生。因为土层的埋藏深度可以影响细藕草种子的休眠与萌发，在整田时可以深翻土壤（>5cm），抑制种子的出苗率，从而减轻危害。

化学防治 麦田可用肟草酮、精噁唑禾草灵、炔草酯和唑啉草酯等除草剂进行茎叶喷雾处理，均可有效防治细藕草。油菜田可用烯禾定、烯草酮等进行茎叶喷雾处理。

生物防治 催眠睡茄和曼陀罗的甲醇提取物对细藕草的种子萌发和幼苗生长有较好的抑制效果。

参考文献

李扬汉，1998. 中国杂草志[M]. 北京：中国农业出版社：1297-1298.

徐高峰，张付斗，李天林，等，2010. 奇异藕草和小子藕草生物学特性及其对小麦生长的影响和经济阈值研究[J]. 中国农业科学，43(21): 4409-4417.

徐高峰，张付斗，李天林，等，2011, 环境因子对奇异藕草和小子藕草种子萌发的影响[J]. 西北植物学报，31(7): 1458-1465.

周小刚，赵浩宇，刘胜男，等，2018. 小子藕草的危害及防控对策[J]. 四川农业与农机(3): 40.

HARI O M, DHIMAN S D, HEMANT K, et al, 2003. Biology and management of *Phalaris minor* in wheat under a rice/wheat system [J]. Weed research, 43(1): 59-67.

KASHIF M S, CHEEMA Z A, FAROOQ M, et al, 2015. Allelopathic interaction of wheat (Triticum aestivum) and little seed canary grass (*Phalaris minor*) [J]. International journal of agriculture & biology, 17(2): 363-368.

MEHRA S P, GILL H S, 1988. Effect of temperature on germination of *Phalaris minor* Retz. and its competition in wheat [J]. Journal research of punjab agricultural university, 25: 529-533.

NISHU R, RAJENDER S, DAVINDER S, et al, 2018. Molecular analysis for target site resistance in isoproturon resistant little seed canary grass (*Phalaris minor* Retz.) [J]. Romanian biotechnological letters, 23(1): 13271-13275.

SMIT J J, 2000. Resistance of little seeded canary grass (*Phalaris minor* Retz.) to ACC-ase inhibitors. [J]. South African journal of plant and soil, 17(3): 124-127.

WALIA U S, BRAR L S, 2006. Effect of tillage and weed management on seed bank of *Phalaris minor* Retz. in wheat under rice-wheat sequence [J]. Seventeenth Australasian weed conforence, 83(1/2): 67-70.

（撰稿：唐伟；审稿：宋小玲）

细子蔊菜 *Rorippa cantoniensis* (Lour.) Ohwi

夏熟作物田一二年生常见杂草。又名广州蔊菜、广东葶苈。英文名Chinese yellowcress。十字花科蔊菜属。

形态特征

成株 高10～30cm（图①②）。小草本。植株无毛；茎直立或呈铺散状分枝。基生叶具柄，基部扩大贴茎，叶片羽状深裂或浅裂，长4～7cm、宽1～2cm，裂片4～6，边缘具2～3缺刻状齿，顶端裂片较大；茎生叶互生，渐缩小，无柄，基部呈短耳状，抱茎，叶片倒卵状长圆形或匙形，边缘常呈不规则齿裂，向上渐小。总状花序顶生，花黄色，近无柄，每花生于叶状苞片腋部（图③）；花萼、花瓣4，“十”字形排列；萼片宽披针形，长1.5～2mm、宽约1mm；花瓣，倒卵形，基部渐狭成爪，稍长于萼片、雄蕊6，近等长，花丝线形；柱头短，头状。

子实 短角果圆柱形，长6～8mm、宽1.5～2mm，裂瓣无脉，平滑，果柄极短（图④）。种子数量极多，细小，扁卵形，红褐色，表面具网纹，一端凹缺（图⑤）。

幼苗 子叶阔卵形，长2～2.5mm、宽约2mm，先端钝圆，叶基圆形，具长柄（图⑥）。下胚轴不甚发达，上胚轴不发育；初生叶互生，阔卵形，先端钝圆，叶基阔楔形，全缘，无明显叶脉，具长柄；第一后生叶开始递变为椭圆形，叶片下部呈羽状深裂或全裂，全株光滑无毛。

生物学特性 种子繁殖。花果期3～6月。生于夏熟作物田及路边、荒地等潮湿生境下。

分布与危害 中国广布于华东、华南、华中、华北及辽宁、四川、云南、台湾等地；朝鲜、韩国、日本、越南、美

细子蔊菜植株形态（②陈国奇摄；其余张治摄）

①植株及其群落；②茎叶；③花序；④果实；⑤种子；⑥幼苗

国等地也有分布。常见于夏熟作物田，可在麦类、油菜、蔬菜作物田造成草害，通常发生量小，危害较轻。在湖北油菜田仅在局部地区发生，综合优势度小于1，对油菜的生长影响极微。

防除技术 见碎米荠。

参考文献

李扬汉，1998. 中国杂草志 [M]. 北京：中国农业出版社：465-466.

朱文达，魏守辉，张朝贤，2008. 湖北省油菜田杂草种类组成及群落特征 [J]. 中国油料作物学报，30(1): 100-105.

（撰稿：陈国奇；审稿：宋小玲）

狭果鹤虱 *Lappula semiglabra* (Ledeb.) Gurke

农田一年生草本杂草。英文名 narrowfruit stickseed。紫草科鹤虱属。

形态学特性

成株 茎高15～30cm（图①②）。多分枝，有白色糙毛。单叶互生；基生叶多数，呈莲座状，匙形或狭长圆形或线状披针形，无柄，扁平，长2～3cm、宽2～4mm，先端钝，基部渐狭，全缘，上面通常无毛或有时被稀疏的糙毛，下面密被开展的白色糙毛，毛基部有基盘；茎生叶互生，与基生叶相似，通常狭长圆形或倒披针形。聚伞花序在花期较短，果期急剧伸长，长可达12cm（图③④）；叶状苞片披针形或狭卵形；花有短梗，结果后果梗通常弯曲，长达3mm；花萼5深裂，裂片长圆形，被糙毛，长1～1.5mm，果期伸长可达3mm、宽约0.5mm；花冠淡蓝色，钟状，长约3mm，檐部直径约2mm，裂片圆钝。

子实 小坚果4，皆同形，狭披针形，长3～4mm（图⑤），背面散生疣状突起，沿中线的龙骨突起上通常具短刺或疣状突起，边缘具1行锚状刺，刺长4～5mm，基部略增宽且相互邻接，腹面具疣状突起或平滑；雌蕊基隐藏于小坚果之间。

生物学特性 种子繁殖。花果期6～9月。狭果鹤虱为典型的春季或秋季萌发的短命植物，在干旱区其叶片被毛的存在能显著增加叶片吸附凝结水的量，可以吸收并利用凝结水，形态性状对水分极度敏感且具有较高变异性，主要通过改变地上性状、不改变地下性状的策略吸收利用大气凝结水。狭果鹤虱的净光合速率日变化在生长中后期均是双峰型，而蒸腾速率日变化则是单峰型，属于非蒸腾午休型，生长中期净光合速率为生长后期的2倍；与暖温带其他植物相比，狭果鹤虱对低光强和低摩尔分数的CO_2有较高的利用率。对水分和CO_2较高的利用效率使得狭果鹤虱在戈壁滩、沙地等干旱区分布广泛、覆盖度较大。

分布与危害 中国分布于东北、华北、西北、西藏及四川的西北部。主要生于山前洪积扇碎石坡、沙丘间及荒漠地带。偶侵入农田，对作物危害轻。

防除技术 侵入农田的狭果鹤虱，防治方法见鹤虱。

综合利用 狭果鹤虱作为荒漠区一类独特的短命植物，是稳定沙面的主要贡献者和某些极端环境的开拓者。

参考文献

李扬汉，1998. 中国杂草志 [M]. 北京：中国农业出版社：133.

狭果鹤虱植株形态（⑤迟建才摄；其余刘新华摄）

①生境；②植株；③花序；④花果序；⑤果实

刘志东，冉启洋，陈悦，等，2018. 凝结水对荒漠区短命植物狭果鹤虱的生态作用 [J]. 干旱区研究，35(6): 1290-1298.

袁素芬，李薇，唐海萍，2009. 准噶尔盆地荒漠区短命植物——狭果鹤虱光合与蒸腾特性研究 [J]. 北京师范大学学报（自然科学版），45(2): 188-193.

中国科学院中国植物志编辑委员会，1989. 中国植物志：第六十四卷 第二分册 [M]. 北京：科学出版社：190.

（撰稿：刘胜男；审稿：宋小玲）

狭叶母草 *Lindernia micrantha* D. Don

秋熟旱作田低湿处的一年生草本杂草。又名窄叶母草、羊角草、羊角桃、田素香、田香蕉、蛇舌草。英文名 narrowleaf falsepimpernel。玄参科母草属。

形态特征

成株　茎下部弯曲上升，长达 40cm 以上，根须状而多（见图）；茎枝有条纹而无毛。叶对生，几无柄，叶片条状披针形至披针形或线形，长 1～4cm、宽 2～8mm，顶端渐尖而圆钝，基部楔形成极短的狭翅，全缘或有少数不整齐的细圆齿，脉自基部发出 3～5 条，中脉变宽，两侧的 1～2 条细，两面无毛。花单生于叶腋，有长梗，果时伸长达 4mm，顶端圆钝或急尖，花冠唇形，紫色、蓝紫色或白色，长约 6.5mm；花冠管圆筒状，上唇 2 裂，卵形，圆头，下唇开展，3 裂，仅略长于上唇；雄蕊 4，全育，前面 2 枚花丝的附属物丝状，花柱宿存，形成细喙。

子实　蒴果线形，长达 14mm，比宿萼长约 2 倍，种子

狭叶母草植株形态（强胜摄）

X

长圆形，浅褐色，有蜂窝状孔纹。

生物学特性 生于海拔1500m以下的秋熟旱作田、水田、河流旁等低湿处。种子繁殖。花期5～10月，果期7～11月。

早在1997年就确认狭叶母草对磺酰脲类除草剂产生了抗性，抗性产生的原因主要是ALS基因编码第197位脯氨酸的碱基发生突变。

分布与危害 中国分布于河南、湖北、安徽、江苏、浙江、江西、福建、广东、广西、湖南、贵州、云南等地；国外日本、朝鲜南部、越南、老挝、柬埔寨、印度尼西亚（爪哇）、缅甸、印度、尼泊尔、斯里兰卡等地也有分布。随着化学除草剂的使用，狭叶母草对秋熟旱作田危害轻或几无危害。调查发现，重庆市秀山县旱地农田中狭叶母草多分布于田坎、水沟、路旁等，偶见或轻度发生。

防除技术 主要采取农业防治和化学防治相结合的方法，也可综合利用。

农业防治 结合种子处理清除杂草种子，并结合耕翻、整地，消灭土表的杂草种子。可利用人工或农机具拔草、锄草、中耕除草等方法直接杀死田间及田坎、水沟、路旁的杂草。薄膜覆盖，抑制种子出苗和幼苗生长。因狭叶母草喜湿，因此保持田间排水畅通，降低田间湿度，控制其发生。

化学防治 在秋熟旱作田可选用乙草胺、异丙甲草胺、精异丙甲草胺和氟乐灵、二甲戊灵以及异噁草松进行土壤封闭处理。针对不同秋熟旱作物种类可选取针对性的除草剂品种，玉米田还可用异噁唑草酮。玉米、大豆和甘薯田可用唑嘧磺草胺。大豆、花生和棉花田可用丙炔氟草胺。出苗后的狭叶母草根据作物田不同可选用常规茎叶处理除草剂防除。大豆、花生田可用氟磺胺草醚、乙羧氟草醚等以及有机杂环类除草剂灭草松。玉米田还可用氯氟吡氧乙酸，烟嘧磺隆、氟嘧磺隆、砜嘧磺隆，以及硝磺草酮、苯唑草酮等。烟草田可用砜嘧磺隆定向茎叶喷雾。

综合利用 狭叶母草含有药用物质β-谷甾醇（Beta-sitosterol）和齐墩果酸外，还含有绿原酸。绿原酸具有抗菌消炎、抗病毒、保肝利胆、保护心血管、抗突变及抗癌的临床药理作用。全草可入药，中药名为羊角桃。具有清热解毒、化瘀消肿的功效。主治急性胃肠炎、痢疾、肝炎、咽炎；外用治跌打损伤。

参考文献

曹雨虹，2014. 四川母草属药用植物研究[D]. 成都：西南交通大学.

李扬汉，1998. 中国杂草志[M]. 北京：中国农业出版社：908-909.

肖晓华，刘春，吴洪华，等，2014. 重庆市秀山县农田杂草种类调查[J]. 杂草科学，32(4): 32-39.

（撰稿：周小刚；审稿：黄春艳）

夏熟作物田杂草 weeds in summer crop fields

是适应夏熟作物田并持续发生造成危害的杂草，包括一年生、越年生及多年生杂草。夏熟作物田包括麦类（小麦、大麦、燕麦、黑麦、青稞等）、油菜、蚕豆、绿肥等，夏熟作物田杂草一般是冬、春出苗，夏季结实的杂草。

发生与分布 根据农田类型以及区域不同，夏熟作物田杂草群落大致可以分为旱茬和稻茬2大类：秦岭—淮河一线以北地区旱茬夏熟作物田杂草群落主要是以播娘蒿、猪殃殃等阔叶杂草为优势种，亦或以野燕麦、节节麦、多花黑麦草、大穗看麦娘等外来杂草入侵形成的共优势群落，主要杂草有荠、遏蓝菜、荁英菜、刺儿菜、小花糖芥、泥胡菜、麦家公、麦瓶草、泽漆、婆婆纳、打碗花、田旋花等；秦岭—淮河一线以南地区主要是以野燕麦和猪殃殃为优势种的杂草群落，稻茬夏熟作物田杂草群落主要是以看麦娘、茵草、日本看麦娘等禾本科杂草为优势种，主要杂草有早熟禾、牛繁缕、雀舌草、硬草、棒头草、碎米荠、稻槎菜、波斯婆婆纳等。三北地区一年一熟夏熟作物田杂草还有藜、密花香薷、鼬瓣花、薄蒴草等。中国分布广、危害重的主要夏熟作物田杂草约有200余种，隶属于20余科。随着全球气候变暖，并在由南向北的夏熟作物跨区机械作业的助力下，以往部分有区域分布特点的杂草，目前已多在各小麦和油菜主产区均有分布。春麦播期与早春气温密切相关，通常为3月中旬至4月下旬。早春气温高，化雪解冻早，降雨多，其田间杂草发生就早而重，反之则晚而轻。不同地区小麦播种期不同，相应的麦田杂草的发生也略有不同，通常4月中旬出苗，出苗高峰在5月中、下旬。冬麦播期一般在9月下旬至11月中旬，通常以北早南晚。冬麦田杂草一般在小麦出苗后10～20天开始出苗，至播种后25～35天出现第一个出苗高峰，此期杂草出苗量占杂草总数的90%以上，翌年3月中下旬到4月中旬，还有少量杂草出苗。冬油菜（直播或移栽油菜）播期与冬小麦相近。冬油菜田杂草的第一个出苗高峰发生在10月初至11月中，占油菜全生育期杂草总量的70%～80%，第二个出苗高峰出现在春季，占全季杂草总量的20%～30%。据统计，夏熟作物田杂草发生面积占其播种面积的60%～90%，严重危害面积占播种面积的40%～50%。在正常防除年份，杂草危害造成小麦和油菜减产10%～20%，草害严重时减产可达50%以上，甚至造成颗粒无收。中国每年损失小麦和油菜达60多亿千克。为保障夏熟作物的丰产丰收，农业部门和杂草科学工作者一直十分关注夏熟作物田杂草的科学高效防控。

防除技术 须转变以化学除草为主的农田杂草防控理念和策略，树立和实施多措并举的多样化农田杂草防控理念和策略，充分运用多样化的农田杂草防控技术，尤其注重挖掘和发挥非化学措施（农艺、机械、物理及生物措施）的潜能，前移防控关口，最大幅度降低杂草密度，抑制杂草生长，同时，科学精确喷施精选除草剂，确保最佳除草防控效果，保障夏粮作物产业持续健康发展。

化学防治 改变连年使用相同化学除草剂的习惯，在同一生长季节、不同生长季节轮用杀草谱相同、作用机制不同的除草剂。除草剂混用须将作用机制不同、杀草谱相同、对靶标杂草高效、增效作用明显的除草剂进行混用。科学选择适宜增效剂，并与相应除草剂合理混用，能保障除草剂高效发挥除草作用，更重要的是能在确保理想防效的前提下，不同程度地减少化学除草剂的单位面积用量，既有利于降低除草剂选择压，还有利于环境保护。在适宜的环境条件下，最佳防控时期，选择正确除草剂和除草药械，运用正确的方法，准确均匀喷施最佳除草剂剂量，确保最佳除草防控效果。同时，积极稳定推进对靶喷施，定点清除，以有效降低除草剂单位面积用量，实现高效绿色防控杂草，护航产业健康永续发展。

麦田：以看麦娘、日本看麦娘、野燕麦、硬草、茵草等禾本科杂草为主的稻茬麦田，冬前在杂草齐苗后、麦苗2～3叶期，早春小麦拔节前，可使用炔草酯、炔草酸·唑啉草酯、精噁唑禾草灵、高渗异丙隆。以节节麦、雀麦、早熟禾等禾本科杂草为主的麦田，在小麦越冬期或早春，可使用啶磺草胺、氟唑磺隆、甲基二磺隆、甲基碘磺隆钠盐·甲基二磺隆等。以播娘蒿、荠菜、麦瓶草、猪殃殃、婆婆纳、大巢菜、繁缕等阔叶杂草为主的麦田，于小麦4叶期，杂草齐苗后可使用苯磺隆、氯氟吡氧乙酸、唑草酮、唑嘧磺草胺·双氟磺草胺、唑草酮·苯磺隆、氯氟吡氧乙酸·唑草酮、或双氟磺草胺·2,4-滴异辛酯等除草剂。以禾本科杂草与阔叶杂草混生的麦田，可用甲基碘磺隆钠盐·甲基二磺隆，或啶磺草胺，或高渗异丙隆。干旱、病害、田间积水、冻害等可能致小麦生长不良的条件下，易出现药害，严禁重喷、漏喷或超范围使用。

油菜田：进行土壤处理。播前3～7天施用氟乐灵、金都尔、野麦畏，对水均匀喷布土表，并立即混土。或播后苗前喷施乙草胺、乙草胺+胺苯磺隆于表土。施药时要求土壤湿润。

茎叶处理　以看麦娘、日本看麦娘、野燕麦、早雀麦、早熟禾等禾本科杂草为主的油菜田，使用烯禾啶、精吡氟禾草灵、精喹禾灵、高效氟吡甲禾灵、烯草酮，于杂草2～3叶期均匀茎叶喷雾。以猪殃殃、播娘蒿、牛繁缕、老鹳草、稻槎菜、麦仁珠、麦家公阔叶杂草为主的油菜田，使用草除灵、二氯吡啶酸、胺苯磺隆于杂草2～4叶期均匀茎叶喷雾。胺苯磺隆持效期较长，如油菜后茬是旱作物，则油菜田严禁使用；油菜后茬是水稻，冬前使用在推荐剂量下对后茬水稻安全。以看麦娘、日本看麦娘、野燕麦、狗尾草、马唐、苣荬菜、薄蒴草、刺儿菜和荠菜等单双子叶杂草混生的油菜田，可使用丙酯草醚、异丙酯草醚、草除·精喹禾、胺苯·喹禾·乙、草除灵·喹禾灵·胺苯磺隆、草除灵·二氯吡啶酸·烯草酮等在油菜4～8叶、杂草3～4叶时进行茎叶处理。

机械、物理措施　①实施清洁种植，播种前清除作物种子中的杂草种子，在杂草开花后种子成熟前及时清除田边、田埂、及田间杂草，最大限度地降低杂草种子生产量，阻止杂草种子和繁殖体在田中、田间的扩散，收获后可应用热力除草杀死落入表层土壤中的杂草种子，阻滞其进入土壤杂草种子库。各类农业机械，尤其是跨区作业的农业机械，在田块间转移前，应彻底对作业机械进行清洁，防止机械履带、轮胎、作业台将杂草种子在田块间或区域间携带。②秸秆覆盖和地膜覆盖，尤其是秸秆覆盖不仅有利于蓄水保墒，提高土壤肥力，稳定土壤温度的日变和季节性变化，防止水土流失，并且由于覆盖可窒息一些已萌发的杂草种子和幼苗，即使杂草幼苗勉强长出覆盖层，生长也会弱小，从而明显降低杂草密度并抑制其生长，减轻杂草危害。因此，充分发挥秸秆覆盖和地膜覆盖，尤其是秸秆覆盖的控草作用实为须关注的措施。

农业防治　①长期连作，势必导致特定杂草种类的土壤杂草种子库连年增加，造成杂草防控难度增加。尽管杂草适应性较强，但杂草和作物有一定的伴生性，因此通过作物轮作，运用作物“多样化”不仅能降低轮作作物生长期某些杂草的密度，还能有效消减相关地块的土壤杂草种子库。实施作物轮作，将利于不同耕作制度的实施，为多样化农田杂草治理提供更多选择。②间作套种能够合理的配置作物群体，使作物高矮成层，相间成行；有利于作物充分利用光能、空间和时间资源，改善作物的通风透光条件，提高光能利用率，发挥边行优势，提高农作物的单位面积产量。正是这种空间、时间水肥资源对杂草的挤压，发挥着优异的控草作用。③选育种植竞争力强的作物品种和抑草作用明显的化感作物品种，发挥作物自身的生长优势抑制杂草生长。④运用作物播期、播种密度、水肥管理、行距、苗床管理等农业防治措施，发挥作物自身的生长优势，农田生态环境的控草作用，抑制杂草危害。

生物防治　发挥天敌和抑草微生物的作用，以虫吃草，用菌控草。同时运用专一性强的微生物毒素研发生物除草剂。

抗药性杂草及其治理　长期以来，随着耕作方式向少耕免耕的转变，农村农业劳动力向城镇的转移，以及农村农业劳动力成本的提高，夏熟作物田化学除草依然占据主导地位。长期过于依赖化学除草剂，尤其是常年连续使用作用机制单一的化学除草剂，抗药性杂草已发展为夏熟作物可持续绿色发展阻碍之一。如麦田抗药性日本看麦娘、野燕麦、播娘蒿、猪殃殃，油菜田抗药性日本看麦娘已成为严重问题，部分麦区播娘蒿对苯磺隆的抗药性指数高达1594，荠菜对苯磺隆的抗药性指数更是高达3549。在抗药性杂草迅猛发展的今天，必须清醒地意识到，如果任由“以化学除草为主”的杂草防控策略发展，所有潜在的抗性基因均可被“选择”出来并得到强化，代谢抗药性也势必恶化，农田化学除草终将难以有效发挥其应有作用。构建“防火墙”，预防和延缓抗药性杂草发生发展。预防抗药性杂草发生的重点是降低农田杂草种群密度。预防和延缓抗药性杂草发生的最佳策略就是多样化农田杂草防控，尤其是多样化农业防治和多样化化学防治措施。科学合理地进行作物轮作和将作用机制不同的除草剂进行轮用混用，使用增效剂，有益于延缓抗药性杂草的发生发展。通常，抗药性杂草生物型对生态条件的反应相对敏感，作物轮作更有利于将其控制。因此，合理轮作、科学轮用或混用作用机制不同的除草剂又是有效治理抗药性杂草的重要措施。

参考文献

李扬汉，1998. 中国杂草志 [M]. 北京：中国农业出版社.

中国农业科学院植物保护研究所，中国植物保护学会，2015. 中国农作物病虫害 [M]. 3 版. 北京：中国农业出版社：1303-1489.

《中国农田杂草原色图谱》编委会，1990. 中国农田杂草原色图谱 [M]. 北京：中国农业出版社.

（撰稿：张朝贤、黄红娟、魏守辉；审稿：强胜）

夏天无 *Corydalis decumbens* (Thunb.) Pers.

夏熟作物田多年生杂草。又名伏生紫堇、落水珠。英文名 decumbent corydalis。罂粟科紫堇属。

夏天无植株形态（吴棣飞摄）

①植株及生境；②花序；③果实

形态特征

成株　茎高10～25cm（图①）。块茎小，圆形或多少伸长，直径4～15mm；新块茎形成于老块茎顶端的分生组织和基生叶腋，向上常抽出多茎。茎柔弱，细长，不分枝，具2～3叶，无鳞片。叶二回三出全裂，小叶片倒卵圆形，全缘或深裂成卵圆形或披针形的裂片。总状花序疏具3～10花（图②）；苞片小，卵圆形，全缘，长5～8mm；花梗长10～20mm；花近白色至淡粉红色或淡蓝色；萼片早落。外花瓣顶端下凹，常具狭鸡冠状突起；上花瓣长14～17mm，瓣片多少上弯；距稍短于瓣片，渐狭，平直或稍上弯；蜜腺短，末端渐尖；下花瓣宽匙形，通常无基生的小囊；内花瓣具超出顶端的宽而圆的鸡冠状突起。

子实　蒴果线形，多少扭曲（图③），长13～18mm，具6～14种子。种子具龙骨状突起和泡状小突起。

生物学特性　具有块茎。块茎和种子繁殖。花果期2～5月。繁育类型主要为自交亲和。生于海拔80～300m的山坡或路边。

分布与危害　中国分布于江苏、安徽、浙江、福建、江西、湖南、湖北、山西等地。夏熟作物田杂草，数量不多，危害不重。

防除技术　人工防治结合化学防治。

化学防治　对辛酰溴苯腈中度敏感，可在苗期使用。

综合利用　块茎含延胡索甲素、乙素等多种生物碱，有舒筋活络、活血止痛的功效。

参考文献

陈树文，苏少范，2007. 农田杂草识别与防除新技术[M]. 北京：中国农业出版社.

郭丽，夏青，周守标，2014. 药用植物伏生紫堇开花动态和繁育系统的研究[J]. 安徽师范大学学报，37(3): 265-269.

李扬汉，1998. 中国杂草志[M]. 北京：中国农业出版社.

强胜，2009. 杂草学[M]. 2版. 北京：中国农业出版社.

《中国高等植物彩色图鉴》编辑委员会，2016. 中国高等植物彩色图鉴[M]. 北京：科学出版社.

中国科学院中国植物志编辑委员会，1999. 中国植物志：第三十二卷[M]. 北京：科学出版社.

（撰稿：贺俊英；审稿：宋小玲）

鲜重防效 weed fresh weight control efficacy

指各种杂草防治措施实施后，如施用除草剂、生态控草措施等，对杂草的防除效果评价的定量评价指标。在措施实施后，通常在除草效果发挥最好时，取样调查除草剂处理区每种残存杂草地上部分的鲜重，通过与空白对照区同种杂草地上部鲜重的比较，计算鲜重防效抑制率，即为鲜重防效。鲜重防效是判断除草措施对不同杂草防治效果的指标，也体现对杂草抑制效果。按下式计算鲜重防效：

$$\text{鲜重防效}=\left(\frac{\text{对照区鲜草质量}-\text{处理区鲜草质量}}{\text{对照区鲜草质量}}\right)\times100\%$$

作用　在防治试验或示范应用中，评价杂草防除效果的调查分为绝对值调查法和目测调查法两种方法。在初步判断评价除草效果和大面积示范试验采用目测法即可，但在需要精确判断防治措施除草效果的试验中，则需要采用绝对值调查法，鲜重防效是绝对值调查法的主要指标。在试验评价调查中后期，应采用鲜重防效，结合采用株防效和目测防效等。总之，鲜重防效始终是评价杂草防治效果最重要的指标。

鲜重防效的调查时间和方法　鲜重防效的调查取样时间应根据防除措施的类型和要求不同而有所差异。施用除草剂后根据药剂的不同特性，选择合适的时间进行调查。夏季作物田杂草鲜重调查一般常在药后30～45天，冬季作物田调查一般在药后60～90天，与最后一次杂草株防效调查同时进行。调查时，在各个试验小区内随机选择3～5个样方，测定各种杂草的鲜重，计算杂草鲜重防效。取样点的多少和每点面积的大小根据试验区面积和杂草分布而定，尽量能够反映出田间杂草的实际情况，通常采取对角线五点取样法，每点面积常为0.25～1m^2。调查时以靶标杂草为重点考察对象，剪取点内各种杂草地上部分，称取鲜重。试验结果用邓肯氏新复极差法进行方差分析。

优缺点及注意事项　鲜重防效通常是评价杂草防治技术中最准确的一种方法，特别是在作物生长中后期。因为不同种类杂草个体大小差异较大，有些杂草，特别是禾本科杂草还存在节处生根难以判断株数的问题，掺杂一起难以统计株数。

杂草鲜重调查尤其对于抑制杂草生长的除草剂如激素类除草剂十分重要。这类除草剂可以杀死叶龄小的杂草，但对于叶龄大的杂草，主要是抑制其生长，使其丧失或减少和作物的竞争能力，不结实或少结实。如果只调查株数，杂草的株数并没有显著减少，不能真实反映除草效果，此时鲜重防效能体现除草剂对杂草的抑制效果。在最后一次调查时，如果除草剂的持效期已过，会长出新的杂草，这些杂草虽然数量较多，但重量较低，此时鲜重防效能够真实反映试验药剂的防治效果。

通过与对照药剂的鲜重防效比较，可以判断供试药剂与对照药剂剂量相当的情况下对目标杂草的防除效果，并得出供试药剂随剂量的增加防除效果的变化。

结合每种杂草的株防效和鲜重防效得到总杂草株防效与总杂草鲜重防效，两者相辅相成，共同体现供试除草剂的防除效果。一般情况下，株防效与鲜重防效的趋势是一致的。

参考文献

强胜, 2009. 杂草学 [M]. 2版. 北京: 中国农业出版社.

农业部农药检定所, 2004. 农药田间药效试验准则: GB/T 17980[S]. 北京: 中国标准出版社.

（撰稿：陈杰；审稿：宋小玲）

腺梗豨莶　*Siegesbeckia pubescens* Makino

农田、果园、桑园、茶园的一年生一般性杂草。又名珠草、棉苍狼、毛豨莶。英文名glandularstalik ST. paulswort。菊科豨莶属。

形态特征

成株　高40～100cm（图①）。茎直立，上部多分枝，被开展的灰白色长柔毛或糙毛。叶对生；基部叶卵状披针形，花期常枯萎；中部叶卵圆形或卵形，长3.5～12cm、宽1.5～6cm，基部楔形，下延成具翅的长柄，顶端尖，边缘有不整齐的粗齿；上部叶渐小，披针形或卵状披针形，基出三脉，侧脉及网脉明显，两面被短柔毛，沿脉具长柔毛。头状花序直径18～22mm，生于枝端，而排成疏散的圆锥状花序；花序梗细长，密生紫褐色头状具柄的腺毛或长柔毛（图②③）；总苞宽钟状，总苞2层，叶质，背面被密紫褐色头状具柄腺毛，外层线状匙形或宽线形，长7～14mm，通常5个，内层卵状长圆形，长3～3.5mm；舌状花管部长1～1.2mm，舌片顶端2～3齿裂，黄色；管状花长2.5mm，顶端4～5齿裂。

子实　瘦果倒卵圆形，具4棱，黑色或灰褐色，顶端具褐色环状突起（图④）。

生物学特性　生于海拔900～1600m的地方，常见于山坡路旁、村边河滩、荒地或林旁。种子繁殖。花期5～8月，果期6～10月，由于舌状花形成的瘦果常包于浅束状内层的总苞内，在瘦果成熟后，如人、畜接触密生腺毛的内层总苞时，总苞片于离层处脱落，由腺毛产生的黏液附着在人类的衣物或动物的皮毛传播种子。腺梗豨莶主要萌发特点是萌发率适中或较高，萌发速率较快，萌发开始时间较早且萌发持续时间长。

分布与危害　中国分布于吉林、辽宁、河北、山西、河南、甘肃、陕西、江苏、浙江、安徽、江西、湖北、四川、贵州、云南及西藏等地。主要危害旱作农田，常危害大豆、棉花、花生等矮秆作物，在山坡、路旁及果园也能发生。

防除技术　见豨莶。

综合利用　腺梗豨莶中主要含有二萜类、黄酮类、有机酸及酯类、植物甾醇以及其他类成分。从腺梗豨莶中分离得到的5,3′-二羟基-3,7,4′-三甲氧基黄酮（DTMF）具有保护神经和抗神经炎的活性，有开发应用于药物的潜力。全草药用，有解毒、镇痛作用，对风湿及中风有疗效。

参考文献

李黎, 胡奎, 牛俊凡, 等, 2015. 宜昌市柑橘园杂草种群分布特点 [J]. 长江大学学报(自然科学版), 12(33): 5-8, 28.

李扬汉, 1998. 中国杂草志 [M]. 北京: 中国农业出版社: 369-370.

张蕾, 张春辉, 吕俊平, 等, 2011. 青藏高原东缘31种常见杂草种子萌发特性及其与种子大小的关系 [J]. 生态学杂志, 30(10): 2115-2121.

赵凯华, 刘珂, 赵烽, 2012. 腺梗豨莶抗风湿化学成分研究 [J]. 亚太传统医药, 8(2): 40-42.

WANG F, MA H, HU Z, et al, 2017. Secondary metabolites from *Colletotrichum capsici*, an endophytic fungus derived from *Siegesbeckia pubescens* Makino [J]. Natural product research, 31(16): 1849-1854.

SANG W, ZHONG Z, LINGHU K, et al, 2018. *Siegesbeckia pubescens* Makino inhibits Pam3CSK4-induced inflammation in RAW 264.7macrophages through suppressing TLR1/TLR2-mediated NF-κB activation [J]. Chinese medicine, 13(1): 37.

X

腺梗豨莶植株形态（①~③张治摄；④许京璇摄）
①成株；②③花序；④果实

YAO Y, LIANG X, SUN X, et al, 2015. Rapid extraction and analysis method for the simultaneous determination of 21 bioflavonoids in *Siegesbeckia pubescens* Makino [J]. Journal of separation science, 38(7): 1130-1136.

（撰稿：杜道林、游文华；审稿：宋小玲）

相对毒力指数　index of relative toxicity

在除草剂生物测定中，以标准药剂有效中剂量除以被测药剂有效中剂量的比值乘以100，称为相对毒力指数。

在除草剂生物测定中，除草剂的活性受很多因素的影响，如被测试植物的大小、生长状况，环境条件温度、湿度、光照等，因此同一除草剂在不同条件下测定出来的LD_{50}和ED_{50}值会有变化，这种变化会影响以有效中剂量比较除草剂活性的准确性。1950年美籍华裔昆虫毒理学家孙云沛提出用毒力指数来比较供试药剂与标准药剂之间相对毒力的方法。该方法迄今仍在运用，目前在除草剂毒理学中可用于反映除草剂之间相对毒力关系，即每次试验均选用同一种除草剂作为标准药剂，求出标准药剂与被测药剂有效中剂量的比值，这个比值排除了通过有效中剂量判断除草剂活性受到来自植物和环境因素的影响，稳定性好，使得不同批次的试验结果可比性更强。相对毒力指数能较好反映药剂之间的相对毒力关系。相对毒力指数计算公式：

相对毒力指数 =（标准除草剂的有效中剂量 / 被测除草剂的有效中剂量）×100

式中获得标准除草剂的和被测除草剂的有效中剂量必须是同一条件下获得的结果。

相对毒力指数越大，表示被测药剂对供试植株的毒力越大。用相对毒力指数可以通过生物测定把以同一除草剂为标准药剂的其他药剂的相对毒力大小按顺序排列出来。

例如，除草剂 A 和除草剂 B 分别在不同时间与标准除草剂 C 对植株进行毒力测定；药剂 A 的毒力与标准药剂 C 一同测定，药剂 A（相对毒力指数）=（标准药剂 C 的有效中剂量 / 药剂 A 的有效中剂量）×100。药剂 B 的毒力与标准药剂 C 一同测定，药剂 B（相对毒力指数）=（标准药剂 C 的有效中剂量 / 药剂 B 的有效中剂量）×100。药剂 A 和 B 的毒力测定是不同时间分批进行的没有可比性，但是可以通过相对毒力指数进行比较。

参考文献

沈晋良，2013. 农药生物测定 [M]. 北京：中国农业出版社.

徐汉虹，2018. 植物化学保护学 [M]. 5 版. 北京：中国农业出版社.

中国农业百科全书总编辑委员会农药卷编辑委员会，中国农业百科全书编辑部，1993. 中国农业百科全书：农药卷 [M]. 北京：农业出版社.

SUN Y P, 1950. Toxicity index-an improved method of comparing the relative toxicity of insecticides [J]. Journal of economic entomology(1): 45-53.

（撰稿：张超；审稿：王金信、宋小玲）

香附子　*Cyperus rotundus* L.

秋熟旱作物田多年生草本恶性杂草。又名香头草、回头青。英文名 nutgrass。莎草科莎草属。

形态特征

成株　高 15～95cm（图①）。具椭圆形块茎或匍匐根

香附子植株形态（②魏守辉摄；其余强胜摄）

①群体；②聚伞花序；③子实；④块茎

状茎。秆锐三棱形，平滑，基部呈块茎状（图④）。叶鞘棕色，常裂成纤维状。叶基生，短于秆；鞘棕色，老时常裂成纤维状。叶状苞片2～3(～5)枚，常长于花序，或有时短于花序；长侧枝聚伞花序简单或复出，具3～10个辐射枝；辐射枝最长达12cm；穗状花序轮廓为陀螺形，稍疏松，具3～10个小穗（图②）；小穗斜展开，线形，长1～3cm、宽约1.5mm，具8～28朵花；小穗轴具较宽的、白色透明的翅；鳞片稍密覆瓦状排列，卵形或长圆状卵形，先端急尖或钝，长约3mm，中间绿色，两侧紫红或红棕色，5～7脉。雄蕊3，花药线形，暗血红色；花柱长，柱头3伸出鳞片外。

子实　小坚果长圆状倒卵形，三棱状，横切面三角形，两面相等，另一面较宽，角圆钝（图③），长为鳞片的1/3～2/5，具细点。果脐圆形至长圆形，黄色。

幼苗　第一片真叶线状披针形，有5条明显的平行脉，叶片横剖面呈"V"字形。第三片真叶具10条明显的平行脉。

生物学特性　多年生草本。种子或块茎繁殖，多以块茎繁殖。花果期为5～11月。地下块茎发芽最低温度为13℃，适宜温度为30～35℃，最高温度为40℃。香附子较耐热，不耐寒，冬天在–5℃以下开始死亡；块茎在土壤中的分布深度也因土壤条件而不同，通常有一半以上集中在10cm以下的土层中，个别的可深达30～50cm。且香附子的繁殖能力惊人，在适宜的条件下，1个块茎100天能繁殖100多株植株。在其生长季节，2～3天即可出苗，种子和块茎都能发芽，在铲除时如果只除掉地上部分，其地下部分会继续生长，一周左右便可达到原植株高度。种子还能借助风力、水流、人畜等的活动进行传播。

喜疏松的砂质土壤；也常见生长于荒地、山坡、草丛或水边潮湿处。

分布与危害　中国主要分布于陕西、甘肃、山西、河南、河北、辽宁、山东、江苏、湖北、湖南、浙江、江西、安徽、云南、贵州、四川、重庆、福建、广东、广西、台湾、海南、西藏等地；广布于世界各地。常发生于玉米、棉花、大豆等秋熟旱作物田，难以进行有效防除，是世界十大恶性杂草之一。

防除技术

农业防治　精选作物种子，培育壮苗。清除田边、路边、沟边的香附子防止传播到田间。夏播作物改免耕为深耕，改等行距条播为宽窄行距条播，施足基肥，适当密植，促使早封行，以苗压草。水旱轮作，根据香附子具有喜潮湿，怕水淹的特点，可进行水旱轮作抑制香附子发生。田间覆盖薄膜或使用作物秸秆、稻壳等抑制出苗。香附子集中发生的田块，可结合耕地或中耕松土时，人工捡拾香附子块茎，带出田间晒干销毁，减轻其块茎繁殖。香附子不耐寒，冬季深耕，冻死越冬块茎。在香附子开花结实前，拔除整株或割去花序，减少结实量，减轻翌年危害。

化学防治　香附子难以进行人工拔除，主要依赖于化学除草。玉米田可用异丙甲草胺、精异丙甲草胺、甲草胺进行土壤封闭处理；大豆、棉花、甘薯、向日葵播前可用取代脲类除草剂莎扑隆作土壤封闭处理。

但香附子的化学防除主要是出齐后进行茎叶喷雾处理，因作物类型不同可选择合适的除草剂。玉米、高粱、甘蔗、禾本科草坪可用2甲4氯，灭草松，氯吡嘧磺隆或2甲4氯与灭草松复配剂等，特别是氯吡嘧磺隆对香附子有特效。玉米田还可用2甲4氯与唑草酮复配剂，或硝磺草酮、烟嘧磺隆、莠去津复配剂，效果良好。当玉米生长到较高时，可以用草甘膦定向喷雾。大豆和花生田可用灭草松、二苯醚类氟磺胺草醚或其复配剂；花生田还可用甲咪唑烟酸防治香附子。棉花田可在棉花5叶期用三氟啶磺隆喷雾处理，但要避开棉花心叶；或棉花株高较高时，可用草甘膦定向喷雾。非耕地、果园、茶园可用2甲4氯·灭草松、草甘膦、草铵膦定向喷施，注意不能喷施到植株上。

综合利用　其块茎名为香附子，可供药用，主治偏正头痛、胸腹胀满、恶心、气逆、返酸、烦闷，心腹刺痛等，还可以治疗未老先衰及妇科各症。

参考文献

常伟, 甘欣, 李俊诚, 2017. 防除玉米田香附子的研究与应用[J]. 农业开发与装备(5): 90.

李扬汉, 1998. 中国杂草志[M]. 北京: 中国农业出版社: 1083-1084.

强胜, 2001. 杂草学[M]. 北京: 中国农业出版社.

尚成名, 2016. 香附子的发生与防治[J]. 安徽农学通报, 12(9): 79.

张树珍, 2017. 棉田杂草的发生与防治措施[J]. 现代农业科技(7): 136-139.

中国科学院中国植物志编辑委员会, 1961. 中国植物志: 第十一卷[M]. 北京: 科学出版社.

DAI L K, TUCKER G C, SIMPSON D A, 2010. Flora of China [M]. Beijing: Science Press: 219-241.

（撰稿：魏守辉；审稿：宋小玲）

香薷　*Elsholtzia ciliata* (Thunb.) Hyland

秋熟旱作物田一年生杂草。又名野苏麻、山苏子、小叶苏子、小荆芥。英文名common elsholtzia。唇形科香薷属。

形态特征

成株　高30～50cm（图①②）。具密集的须根。茎直立，钝四棱形，通常自中部以上分枝，常呈麦秆黄色，老时变紫褐色，被倒向白色疏柔毛，下部毛常脱落。单叶对生，卵形或椭圆状披针形，长3～9cm、宽1～4cm，先端渐尖，基部楔状下延成狭翅，边缘具锯齿，上面绿色，疏被小硬毛，下面淡绿色，沿主脉上疏被小硬毛，余部散布松脂状腺点，侧脉6～7对，与中肋两面稍明显；叶柄长0.5～3.5cm，背平腹凸，边缘具狭翅，疏被小硬毛。穗状花序长2～7cm、宽达1.3cm，偏向一侧，由多花的轮伞花序组成（图③④）；苞片宽卵圆形或扁圆形，长宽约4mm，先端具芒状突尖，尖头长达2mm，多半褪色，外面近无毛，疏布松脂状腺点，内面无毛，边缘具缘毛；花梗纤细，长1.2mm，近无毛，序轴密被白色短柔毛；花萼钟形，长约1.5mm，外面被疏柔毛，疏生腺点，内面无毛，萼齿5，三角形，前2齿较长，先端具针状尖头，边缘具缘毛；花冠唇形，淡紫色，长约为花萼3倍，外面被柔毛，上部夹生有稀疏腺点，喉部被疏柔毛，冠筒自基部向上渐宽，至喉部宽约1.2mm，冠檐二唇形，上唇直立，先端微缺，下唇开展，3裂，中裂片半圆形，侧裂片弧形，较中裂片短；雄蕊4，前对较长，外伸，花丝无毛，花药紫黑色；花柱内藏，先端2浅裂。

子实　小坚果长圆形，种子宿存于萼内，长约1mm，棕黄色，光滑。

生物学特性　种子繁殖。花期7～10月，果期10月至

香薷植株形态（周小刚、刘胜男摄）

①大苗期植株；②成株期植株；③花序正面；④花序背面

翌年 1 月。2n=18。

香薷抗逆性强，繁殖快，具有适于传播的植物学性状，如种子经过动物的消化后仍具有很强的发芽能力，可通过动物及其粪便传播蔓延。

分布与危害 中国除新疆外几乎产全国各地。适生于路旁、山坡、荒地、林内、河岸，也可侵入旱生作物田。在青海塘河地区的蚕豆田，香薷占总杂草的 41.9%，危害严重；在青海燕麦田内也为优势杂草，能大量存活。在其他地区，香薷多为一般杂草，危害程度轻至中等。

防除技术 应采取包括农业防治、化学防治、综合利用相结合的方法。

农业防治 结合种子处理清除杂草的种子，并结合耕翻、整地，消灭土表的杂草种子。实行定期的水旱轮作，减少杂草的发生。提高播种的质量，一播全苗，以苗压草。

化学防治 麦类作物田可选用 2,4- 滴二甲胺盐、氯氟吡氧乙酸、双氟磺草胺、唑嘧磺草胺、唑草酮等进行茎叶处理。油菜田选用激素类草除灵、二氯吡啶酸等进行茎叶处理。蚕豆田可在杂草出苗后用苯达松进行茎叶喷雾处理。

综合利用 全草入药，治急性肠胃炎、腹痛吐泻、夏秋阳暑、头痛发热、恶寒无汗、霍乱、水肿、鼻衄、口臭等症。嫩叶尚可喂猪。香薷精油具有一定的抗氧化和抑菌活性。

参考文献

柴继宽，慕平，赵桂琴，等，2018. 青海省不同地区燕麦田杂草组成及群落特征 [J]. 草地学报，26(2): 306-311.

贾民隆，梁峥，宋卓琴，等，2020. 不同培养条件对香薷种子萌发特性的影响 [J]. 山西农业科学，48(7): 1026-1028, 1032.

李扬汉，1998. 中国杂草志 [M]. 北京：中国农业出版社：543-544.

许生福，许建业，王发财，等，2019. 塘河地区蚕豆田化学除草的研究 [J]. 青海农林科技 (1): 70-72.

张义贤，上官铁梁，平俊爱，等，1993. 山西产 9 种野生植物的染色体观察 [J]. 广西植物，13(2): 159-163.

中国科学院中国植物志编委会，1977. 中国植物志：第六十六卷 第二分册 [M]. 北京：科学出版社：345.

（撰稿：刘胜男；审稿：宋小玲）

向日葵列当 *Orobanche cernua* Loefl. var. *cumana* (Wall.) Beck

秋熟旱作物田一年生全寄生型草本杂草。又名弯管列当、二色列当。异名 *Orobanche cumana* Wallr。英文名 sunfolwer broomrape。列当科列当属。

形态特征

成株 株高一般为 20～50cm（个别高度可达 80cm 以上），茎围为 1.5～5cm（个别粗度可达 10cm 以上）（图①）。茎直立，单生，肉质，黄褐色至褐色，无叶绿素，没有真正的根，靠短须状的吸器侵入向日葵须根组织内寄生。茎有纵棱，不分枝，被浅黄色腺毛。叶退化为鳞片状，螺旋状排列在茎上。穗状花序，小花排列紧密，一般每株 30～80 朵，多的可达百余朵（图②）。两性花，每朵花上均有一个小苞片；花萼钟状，2 深裂至基部，裂片顶端 2 浅裂；花色丰富，有蓝紫、粉红、褐色和米黄等颜色，花冠唇形，上唇 2 裂，下唇 3 裂。雄蕊 4 枚，2 长 2 短，2 个长的位于 2 个短的之间，着生在花冠内壁上；花丝白色，枯死后黄褐色。花药 2 室，下尖，黄色，纵裂；雌蕊 1 枚，柱头膨大呈头状，柱头多 2 裂，个别 3 裂。花柱下弯，子房上位。

子实 蒴果长圆形或长圆状椭圆形，3～4 纵裂，卵形或梨形，内含大量深褐色粉末状的微小种子（图③）。种子倒卵形或长椭圆形，坚硬，亮褐色，长 0.4～0.5mm、宽 0.2～0.3mm，表面网眼粗大，不规则，网眼底部具椭圆状的小穴，小穴排列紧密。

生物学特性 向日葵列当没有叶绿素不能制造有机物，没有根不能利用土中的无机物，借吸盘吸取栽培作物的汁液而生活。以种子繁殖，每株列当可产生 10 万粒种子。种子在土壤中或混在向日葵种子中越冬，种子落入地里以后，接触到寄主植物的根，寄主植物根部的分泌物即促使种子发芽，长出吸盘，深入寄主根内吸取养分和水分。在没有寄主植物的情况下种子能在土壤中生存保持发芽力 5～10 年，在土内 5～10cm 处最多，1～5cm 次之，最深 10～12cm。

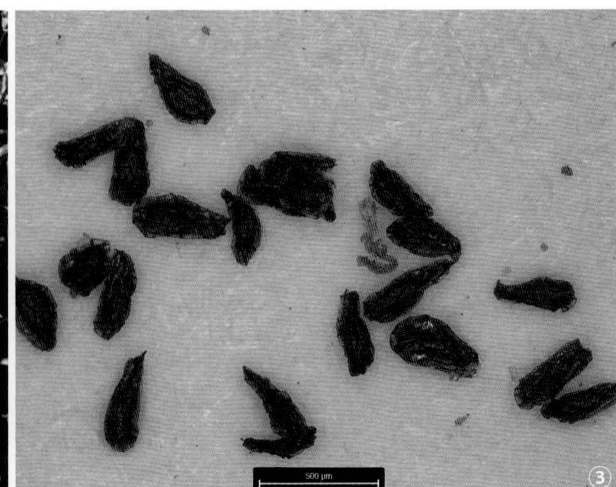

向日葵列当植株形态（吴海荣摄）

①开花植株；②花序；③种子

在向日葵5～10cm处的侧根上寄生的居多，受害重，主根或深根处寄生的幼芽、幼苗不易出土，重茬、迎茬田发生多。向日葵列当具有较强的变异性，存在生理小种的分化。1979年5个生理小种被鉴定并分别被命名为生理小种A、B、C、D、E，陆续又有3个生理小种被确定为小种F、G、H。

分布与危害　向日葵列当已经极大地威胁了占世界向日葵生产总量50%的地中海地区、东欧、美国和中国的向日葵生产。中国自1959年在黑龙江肇州首次发现向日葵列当以来，随着向日葵种植面积的增加，连作面积的增大，加之引种混乱、管理粗放、种子调运频繁等原因，向日葵列当在向日葵种植地区迅速蔓延并逐年加重，主要分布于新疆、内蒙古、黑龙江、吉林、辽宁、河北、山西、陕西、甘肃等地。向日葵列当是向日葵种植区重要的寄生杂草，除向日葵外，还可以危害西瓜、甜瓜、豌豆、蚕豆、胡萝卜、芹菜、烟草、亚麻、番茄等植物，寄主植物广泛。向日葵被寄生后，体内养分和水分被向日葵列当夺走，造成植株生长缓慢，茎秆又矮又细，花盘瘦小，瘪粒增多，大幅度降低产量和品质。受害严重的花盘凋萎干枯，整株枯死。受害重的地块，株寄生率达58%～82%，每株向日葵上平均寄生有29株向日葵列当，最多的达167株。被寄生后的向日葵株高降低10%左右，花盘直径缩小23%～36%，种子饱满度降低30%～40%，空壳率显著增加，向日葵产量低，含油量下降。向日葵列当种子极小，很容易黏附在寄主种子、果实、根茬、农机具、人或动物身上进行传播，也可借助土壤、风力、降水和流水等进行传播。向日葵列当种子一旦传播扩散，很难根除。

防除技术　应采用植物检疫、农业防治、生物防治及化学防治等，综合治理向日葵列当的危害。

植物检疫　严格执行检疫制度是预防向日葵列当蔓延最有效的防治方法。禁止从发生向日葵列当的区域调运向日葵种子，以杜绝向日葵列当蔓延传播；加强向日葵种子检疫和清选力度，严禁随意调运向日葵种子。发现向日葵列当应及时向主管部门上报，采取应急措施予以清除。

农业防治　采取合理的轮作倒茬制，由管理部门统筹管理，采取严格的轮作制，最好4～6年轮作，与麦类、甜菜、玉米、谷子等作物轮作，可以减少向日葵列当危害，在轮作种植其他作物的田间，必须彻底铲除向日葵自生苗。也可以将油葵和食葵进行倒茬,降低土壤中向日葵列当种子的含量。通过轮作诱捕作物，每年土壤种子库中的寄生杂草种子能够减少10%～40%。玉米轮作使后茬向日葵列当的寄生率较对照下降97%。加强田间管理，向日葵普遍开花时，也是向日葵列当出土的盛期，在向日葵列当出土盛期及时中耕锄草2～3次，开花前连根拔除或人工铲除并将其集中烧毁或深埋；同时在向日葵开花后到种子成熟前，进行中耕锄草2～3次，可有效减少向日葵列当危害。向日葵列当种子在干燥土壤中可生存8～10年，之后将失去生活能力，而在水稻田中只有1年的生活力，所以多灌水可降低向日葵列当种子的活力。根据向日葵列当种子在5～10cm土层中发芽最多的特点，实行深翻土壤28～30cm，抑制萌发。

生物防治　将向日葵列当割断后，用感染镰刀菌枯死的向日葵列当病株或欧化杆菌腐烂的病株花茎碎块覆盖断茬，再用土压埋，盖住全部残茬，覆土厚度2～4cm。使危害向日葵列当的菌类侵染蔓延达到防除目的。

化学防治　根据土壤质地和有机质含量不同选用不同的药剂，用草甘膦稀释液涂茎，在3～6天内能有效杀死向日葵列当。播前或播后苗前用氟乐灵、地乐胺喷施土壤，进行土壤封闭处理，注意施用氟乐灵后立即应用12cm左右钉子耙纵横2次混土防止光解；用2,4-滴丁酯在向日葵花盘直径超过10cm时喷施向日葵列当植株，也能有效杀死向日葵列当。

参考文献

阿勒腾·阿汗哈孜, 2019. 向日葵列当的发生特点及防治措施[J]. 农家参谋(14): 95.

邸娜, 崔超, 王靖, 等, 2019. 利用诱捕作物防除向日葵列当的研究现状及展望[J]. 江苏农业科学, 47(21): 84-88.

韩娟, 2018. 向日葵列当的症状及防治措施[J]. 河北农业(10): 36-37.

黄建中, 李扬汉, 1994. 检疫性寄生杂草列当及其防除与检疫[J]. 植物检疫(4): 7-9.

李永金, 2016. 列当属植物研究进展[J]. 青海草业, 25(1): 47-51.

马德甯, 万县贞, 2015. 2014年中国北方向日葵列当生理小种分布研究报告[J]. 宁夏农林科技, 56(7): 45-47.

马永清, 董淑琦, 任祥祥, 等, 2012. 列当杂草及其防除措施展望[J]. 中国生物防治学报, 28(1): 133-138.

王丽, 王佰众, 朱统国, 等, 2017. 向日葵列当生物学特性及防除研究[J]. 农业科技与信息(15): 61-64.

吴海荣, 强胜, 2006. 检疫杂草列当(*Orobanche* L.)[J]. 杂草科学(2): 58-60.

印丽萍, 颜玉树, 1997. 杂草种子图鉴[M]. 北京: 中国农业科技出版社: 185-187.

张金兰, 蒋青, 1994. 菟丝子属和列当属杂草重要种的寄主和分布[J]. 植物检疫, 8(2): 69-73.

（撰稿：吴海荣；审稿：宋小玲）

小巢菜　*Vicia hirsuta* (L.) S. F. Gray

夏熟作物田一年生蔓性草本杂草。又名硬毛果野豌豆、苕、薇、翘摇、雀野豆、小巢豆。英文名pigeon vetch、tare vetch、tiny vetch。豆科野豌豆属。

形态特征

成株　高15～90（～120）cm（图①）。攀缘或蔓生。茎细柔，有棱，近无毛。偶数羽状复叶，长5～6cm，末端卷须分枝；托叶半边戟形，下部裂片分裂为2～3个线形齿；小叶4～8对，线形或狭长圆形，长0.5～1.5cm、宽0.1～0.3cm，先端平截，具短尖头，基部楔形，无毛。总状花序腋生，明显短于叶（图②）；花2～4（～7）密集于花序轴顶端，长0.3～0.5cm；花萼钟形，约0.3cm，萼齿5，披针形，长约0.2cm；花冠白色、淡蓝青色或紫白色，稀粉红色，旗瓣椭圆形，长约0.3cm，先端平截有小尖头，翼瓣近勺形，与旗瓣近等长，龙骨瓣较短；子房无柄，密被褐色长硬毛，胚珠2，花柱上部四周被毛。

小巢菜植株形态（①②④强胜摄；③⑤~⑦张治摄）

①群落生境；②花序；③④果实；⑤种子；⑥⑦幼苗

子实 荚果长圆菱形，扁，长0.5～1cm、宽0.2～0.5cm，表皮密被棕褐色长硬毛（图③④）。含种子1～2粒，近球形，稍扁，直径0.15～0.25cm，两面突出，表面黄褐色或棕色，光滑有光泽，种脐长相当于种子圆周的1/3（图⑤）。

生物学特性 花果期2～7月。主要通过豆荚开裂脱落或同麦类作物一起收获传播。

分布与危害 中国分布于长江流域、陕西、台湾、河南等地。对部分地区麦田或豆类等作物田造成较严重危害，生于旱作地、路边、荒地；其种子常混杂在粮食如豆类种子中传播蔓延，为长江以南麦田重要杂草之一。

防除技术 宜采用化学防治和农业防治相结合的防除技术，以化学防治为主，具体见大巢菜。

参考文献

李扬汉, 1998. 中国杂草志 [M]. 北京: 中国农业出版社: 664.

中国科学院中国植物志编辑委员会, 1998. 中国植物志: 第四十二卷 第二分册 [M]. 北京: 科学出版社: 265.

（撰稿：黄红娟；审稿：贾春虹）

小茨藻 *Najas minor* All.

水田一年生沉水杂草。又名鸡羽藻、吉吉格－疏得乐吉、茨藻、小刺藻。英文名 brittle waternymph。水鳖科茨藻属。

形态特征

成株 株高4～25cm（见图）。植株纤细，易折断，下部匍匐，上部直立，呈黄绿色或深绿色，基部节上生有不定根，须根系，入土极浅。茎圆柱形，光滑无齿，茎粗0.5～1mm或更粗，节间长1～10cm，或有更长者；分枝多，呈二叉状；上部叶呈3叶假轮生，下部叶近对生，于枝端较密集，无柄；叶片线形，渐尖，柔软或质硬，长1～3cm、宽0.5～1mm，上部狭而向背面稍弯至强烈弯曲，边缘每侧有6～12枚锯齿，齿长约为叶片宽的1/5～1/2，先端有一褐色刺细胞；叶鞘上部呈倒心形，长约2mm，叶耳截圆形至圆形，内侧无齿，上部及外侧具十数枚细齿，齿端均有一褐色刺细胞。花小，单性，单生于叶腋，罕有2花同生；雄花浅黄绿色，椭圆形，长0.5～1.5mm，具1长颈瓶状佛焰苞，花被1，囊状，雄蕊1枚，花药1室，花粉粒椭圆形；雌花无佛焰苞和花被，雌蕊1枚，花柱细长，柱头2枚。

小茨藻植株形态（张治摄）

子实 瘦果黄褐色，狭长椭圆形，上部渐狭而稍弯曲，长2～3mm、直径约0.5mm。种皮坚硬，易碎，表皮细胞纺锤形，横向长于轴向，梯状排列，于两尖端连接处形成脊状突起。

幼苗 子叶出土，针状，长4mm，子叶鞘顶端呈倒心形；下胚轴较明显，其基部与初生根相接处有一明显的颈环，其表面密生根毛，上胚轴不发育。初生叶1片，互生，叶缘有疏细齿，无明显脉，叶鞘的顶端呈倒心形。后生叶与初生叶相似。

该种是本属内形态变异显著的种之一，其株高、直径，叶片长短、宽窄，叶齿大小等，因水体环境的不同而变异极为明显。较为稳定的识别标准首推种子外形及外种皮细胞结构，其次是叶耳的形状。

生物学特性 植株纤细易折断，常生长于相对静止水体。种子具休眠期，干燥条件下可保存数年，翌春休眠解除。种子萌发最适温度20～25℃。黑暗及长光照中均能发芽，发芽幼苗能漂浮水面，可随水传播。花期8～9月，水稻收割前种子已落入田间，随灌排水传播。

分布与危害 中国分布于黑龙江、吉林、辽宁、内蒙古、河北、山东、新疆、江苏、上海、安徽、浙江、江西、福建、台湾、河南、湖北、湖南、广东、海南、广西、贵州和云南等地；亚洲、欧洲、非洲和美洲各地也有分布。呈小丛生于池塘、湖泊、水沟和低洼积水稻田中，有时发生数量较大，对水稻生长发育有较大影响。在低洼积水稻田危害较重，常与轮藻、黑藻构成群落，与水稻抢夺营养，抑制水稻根系发育，严重影响水稻生长。

防除技术

农业防治 建立地平沟畅、灌溉自如的水稻生长环境，排水晒田利于控制小茨藻的发生。

化学防治 噁草酮、丙炔噁草酮、乙氧氟草醚、西草净、丙草胺以及多种磺酰脲类除草剂成分对小茨藻都具有一定的抑制作用，可根据水稻栽培方式选择合适的品种，在水稻种植前后施用。

综合利用 小茨藻被广泛应用于水体净化和景观展示，并可作为部分植食性鱼类饲料，全草亦可做肥料。

参考文献

康龙, 李守翠, 2014. 小茨藻防除药剂效果探讨 [J]. 新农村 (黑龙江)(10): 47.

孙坤, 王青峰, 陈家宽, 1997. 中国茨藻科植物种皮微形态特征及其系统学意义 [J]. 植物分类学报, 35(6): 521-526.

王宁珠, 1985. 中国茨藻科植物的初步调查及细胞学分类研究 [J]. 武汉植物学研究 (1): 29-44.

颜玉树, 1989. 杂草幼苗识别图谱 [M]. 南京: 江苏科学技术出版社.

中国科学院中国植物志编辑委员会, 1992. 中国植物志: 第八卷 [M]. 北京: 科学出版社: 111.

（撰稿：杨林；审稿：纪明山）

小飞蓬 *Conyza canadensis* (L.) Cronq.

秋熟作物、果园和茶园危害严重的一年生外来入侵杂草。又名小蓬草、加拿大蓬、小白酒草、小白酒菊、祁州一枝蒿、烟屎草。英文名 horseweed、canadian fleabane。菊科白酒草属。

形态特征

成株 株高 50～150cm（图①②）。根纺锤状，具纤维状根，根系乳白色，有明显主根。茎直立，圆柱形，具棱，具纵条纹，疏被长硬毛，上部分枝。叶互生，基部叶 5～12 片，花期常枯萎，卵状倒披针形或长椭圆形，长 3～7cm、宽 1～3cm，绿色，叶脉及柄常带紫红色，先端圆钝或突尖或渐尖，基部楔形或渐狭成柄，边缘疏锯齿或全缘，柄长 1.5～4cm；下部叶倒披针形，长 6～10cm、宽 1～2cm，先端急尖部或渐尖，基部渐狭成柄，边缘具疏锯齿或全缘；中部和上部叶较小，线状披针形或线形，两面疏被短毛，全缘或具 1～2 个齿，边缘有睫毛，近无柄或无柄。头状花序多数，小，径 3～4mm，排列成顶生多分枝的大圆锥花序（图③④）；花序总苞近圆柱状，长 2.5～4mm；总苞片 2～3 层，淡绿色，线状披针形或线形，顶端渐尖，外层约短于内层之半，背面被疏毛，内层长 3～3.5mm、宽约 0.3mm，边缘干膜质，无毛；花托平，径 2～2.5mm，具不明显的突起；雌花多数，舌状，白色，长 2.5～3.5mm，舌片小，稍超出花盘，线形，顶端具 2 个钝小齿；两性花淡黄色，花冠管状，长 2.5～3mm，上端具 4 或 5 个齿裂，管部上部被疏微毛，两性，结实。

子实 瘦果冠毛污白色，长圆形或线状披针形，长 1.2～1.5mm，扁平，淡褐色（图⑤）。

幼苗 主根发达，下胚轴不发达（图⑥）。子叶对生，阔椭圆形或卵圆形，长 3～4mm、宽 1.5～2mm。基部逐渐狭窄成叶柄；初生叶 1 枚，椭圆形，长 5～7mm、宽 4～5mm，先端有小尖头，两面稀疏生伏毛，边缘有纤毛，基部有细柄，第 2、3 叶与初生叶相似，但毛更密，两侧边缘有单个的小齿。

生物学特性 生于旷野、荒地、田边、路边、河谷，沟边、旱耕地、湿地等。花果期 5～10 月，果实 7 月渐次成熟，成熟后，即随风飞扬，落地后，作短暂休眠。在 10 月始出苗，除严寒季节外，直至翌年 5 月均可出苗，并在每年 10 月和 4 月出现 2 个出苗高峰。小飞蓬种子的单株产量可达 400 000 粒，种子千粒重 0.02～0.03g；种子萌发的适宜温度为 20～25℃。小飞蓬具有强大的有性繁殖能力、较广泛的生境范围以及明显的化感作用。国外小飞蓬对多种除草剂产生了抗药性，如草甘膦、百草枯、敌草快，甚至有的种群产生了复合和交互抗性；中国小飞蓬部分种群对草甘膦产生了抗药性。

分布与危害 1860 年在山东烟台发现，中国已分布于安徽、澳门、北京、福建、甘肃、广东、广西、贵州、海南、河北、河南、黑龙江、湖北、湖南、吉林、江苏、江西、辽宁、内蒙古、宁夏、青海、山东、山西、陕西、四川、台湾、天津、西藏、香港、新疆、云南、浙江、重庆，是中国分布最广的入侵物种之一；原产北美洲。瘦果产生量大，蔓延极

小飞蓬植株形态（强胜摄）

①群体；②植株；③④花果序；⑤果实；⑥幼苗

快，对秋熟作物、果园和茶园危害严重，在一些田块常形成优势杂草种群，造成作物减产。通过分泌化感物质抑制邻近其他植物的生长，破坏农田等生境的生物多样性。是棉铃虫和棉蚜的中间宿主，其汁液和捣碎的叶对皮肤有刺激作用。

防除技术

农业防治　加强植物检疫，对从发生区调出的种子、苗木、商品粮等及其包装物、运输工具等应按照有关规定严格检疫，防止小飞蓬扩散蔓延。深耕或深翻土壤，把种子埋在土壤深层，能显著抑制出苗。扦插育苗地可采用地膜覆盖技术用黑色地膜覆盖育苗厢面，覆盖时要求压紧压实地膜，控制发生和生长；在树苗定植后可采用秸秆覆盖技术，用作物秸秆（或干草）覆盖土表，控制小飞蓬的发生；抓住关键时期进行人工防除，如在小飞蓬出苗后的 2～3 叶期，选晴天及时进行中耕除草，或在种子成熟前，选晴天及时进行除草，减少翌年的发生量。在茶园间作绿肥如紫云英能显著抑制小飞蓬的发生。

化学防治　根据作物田不同，可选用氯氟吡氧乙酸、2 甲 4 氯、麦草畏，苯磺隆、莠去津、氰草津等除草剂茎叶喷雾处理防除。

果园、茶园等利用灭生性除草剂草甘膦、草铵膦或草甘膦与草铵膦的复配剂、莠去津、西玛津、扑草净，或者灭草松；苹果园和柑橘园可用苯嘧磺草胺茎叶喷雾处理；柑橘园还可用草甘膦与 2,4- 滴的复配剂，注意定向喷雾，避开果树和茶树，避免造成伤害。非耕地可用乙羧氟草醚、苯嘧磺草胺、草甘膦、草铵膦茎叶喷雾处理，或者用乙羧氟草醚与草甘膦或草铵膦的复配剂。在禾本科草坪可用 2 甲 4 氯、氯氟吡氧乙酸、苯磺隆、氨氯吡啶酸等进行茎叶喷雾处理防除。因小飞蓬部分种群已产生抗药性，应注意轮换使用除草剂。

综合利用　嫩茎、叶可作猪饲料。全草入药消炎止血、祛风湿，治血尿、水肿、肝炎、胆囊炎、小儿头疮等症。北美洲用作治痢疾、腹泻、创伤以及驱蠕虫；中部欧洲，常用新鲜的植株作止血药。小飞蓬提取物有抑制肿瘤细胞生长的作用，可进一步开发为药物。

参考文献

李扬汉 , 1998. 中国杂草志 [M]. 北京 : 中国农业出版社 : 295-296.

刘明久 , 许桂芳 , 张定法 , 等 , 2008. 小蓬草浸提液对 3 种植物病原菌的抑制作用 [J]. 西北农业学报 , 17(4): 173-176.

许佳芳 , 刘明久 , 晁慧娟 , 2007. 入侵植物小蓬草化感作用研究 [J]. 西北农业学报 , 16(3): 215-218.

张帅 , 2010. 外来植物小飞蓬入侵生物学研究 [D]. 上海 : 上海师范大学 .

MORETTI M L, BOBADILLA L K, HANSON B D, 2021. Cross resistance to diquat in glyphosate/paraquat-resistant *Conyza bonariensis* and *Conyza canadensis* and confirmation of 2, 4-D resistance in *Conyza bonariensis* [J]. Weed technology, 35(4): 1-22.

SONG X L, WU J J, ZHANG H J, et al, 2011. Occurrence of glyphosate-resistant Horseweed (*Conyza canadensis*) population in China [J]. Agricultural sciences in China, 10(7): 1049-1055.

（撰稿：宋小玲、陈勇；审稿：范志伟）

小花糖芥　*Erysimum cheiranthoides* L.

夏熟作物田一二年生阔叶杂草。又名野菜子、桂花糖芥。英文名 wormseed mustard。十字花科糖芥属。

形态特征

成株　高 15～50cm（图①②）。茎直立，分枝或不分枝，有棱角，具贴生 2～4 叉毛。基生叶莲座状，无柄，大头羽裂，平铺地面，早枯，叶片长 1～4cm、宽 1～4mm，有 2～3 叉毛；茎生叶互生，近于无柄，叶柄长 7～20mm，披针形或线形，长 2～6cm、宽 3～9mm，顶端急尖，基部楔形，边缘具深波状疏齿或近全缘，两面具 3 叉毛。总状花序顶生或腋生，花梗长 2～3mm；萼片 4，长圆形或线形，长 2～3mm，内轮基部稍成囊状，外面有 3 叉毛；花瓣 4，浅黄色，倒卵形到长圆形，长 4～5mm，顶端圆形或截形，下部具爪；雄蕊 6，近等长；子房无柄，花柱短，柱头头状，2 浅裂。

子实　长角果，四棱状长圆柱形（图③），长 2～4cm、宽约 1mm，侧扁，果瓣具隆起中肋，有散生星状毛；果梗粗，斜向伸展，长 4～6mm；种子每室 1 行，种子细小，扁卵圆形，长约 1mm，淡褐色。

幼苗　子叶长圆形，长 3.5mm、宽 3mm，先端微凹，全缘，具短柄；下胚轴尚发达，上胚轴不发育；初生叶 1 片，互生，单叶，菱形，先端微凹，叶基楔形，中脉明显，叶面密被星状毛，有柄；第一后生叶与初生叶相似，第二后生叶开始叶缘疏生圆齿，叶基狭窄，叶密生星状毛。

生物学特性　种子繁殖。花期 4～6 月，果期 5～7 月。田间小花糖芥出草呈现以第二峰为主的 3 个峰期：小麦出苗后 23～25 天小花糖芥开始出土，至 10 月下旬出现冬前出草高峰，第二峰在翌年 3 月中旬，是当年危害最重时期，第三峰出现在 4 月上旬；小花糖芥冬前和翌年早春生长缓慢，4 月上中旬主茎迅速伸长，日增长达 6cm，4 月下旬株高开始超过小麦，此后一段时期小花糖芥以和小麦相近的速度继续增高，5 月上旬开始分枝，5 月中旬开花，6 月上旬结籽，6 月下旬成熟，角果开裂、籽粒脱落，成熟期比小麦早 10 天。小花糖芥繁殖量大，生长迅速，在田间出现频率高、田间密度大，而且气孔导度、蒸腾速率和光合速率对光强的响应趋势同冬小麦一致，是小麦田中光、水资源的有力竞争者。

分布与危害　中国广布于吉林、辽宁、内蒙古、河北、山东、山西、河南、安徽、江苏、湖北、湖南、陕西、甘肃、宁夏、新疆、四川、贵州、云南。是麦田群体大、发生普遍、危害较重的阔叶杂草之一。是夏熟作物田常见杂草，对麦类和油菜有危害。生在海拔 500～2000m 山坡、山谷、路旁及村旁荒地。

防除技术　可采取包括农业防治、生物和化学防治相结合的方法。

农业防治　在杂草零星发生的田块，中耕结合人工拔除是经济有效的防治方法，在发生较轻的田块最好采用人工拔除的办法。春天杂草种子开始萌发后半个月，田间杂草种子的发生量占总发生量的 50%～80%。应抓住这个机会，及时开展中耕除草，防除效果最好。秸秆、塑料薄膜等覆盖耕作对小花糖芥的发生有一定抑制作用。

小花糖芥植株形态（强胜摄）

①生境；②成株；③花果序

化学防治　采用杂草秋治，在10月末至11月初、气温降至10℃时施药，防效最佳。此时小麦未封垄，杂草易着药，且草龄小，对除草剂更敏感。麦田可用苯磺隆、双氟磺草胺、啶磺草胺、2甲4氯、氯氟吡氧乙酸、氯氟吡啶酯等茎叶处理。添加助剂可以显著提高其速效性和防效。

综合利用　种子含油量较高，可供工业用；全草药用，有强心作用。

参考文献

冯冬艳，冯浩，魏永胜，2017. 不同覆盖方式对陕西关中地区冬小麦田杂草群落的影响 [J]. 西北农业学报，26(12): 1787-1796.

谷艳芳，丁圣彦，2009. 孕穗期冬小麦及田间优势杂草光合特性对模拟光强的响应 [J]. 河南大学学报(自然科学版)，39(6): 616-620.

李美，高兴祥，房锋，2016, 等. 氟氯吡啶酯和啶磺草胺复配制剂不同条件下除草效果评价 [J]. 山东农业科学，48(8): 120-127.

李扬汉，1998. 中国杂草志 [M]. 北京：中国农业出版社：452-453.

刘京涛，段培奎，张培贞，等，2007. 鲁北地区麦田杂草发生规律及防除对策 [J]. 中国植保导刊，27(4): 36-38.

中国科学院中国植物志编辑委员会，1993. 中国植物志：第三十三卷 [M]. 北京：科学出版社：18.

（撰稿：宋小玲、梁蓉；审稿：强胜）

小苦荬　*Ixeridium dentatum* (Thunb.) Tzvel.

夏熟作物田多年生杂草。又名齿缘苦荬。异名 *Ixeris dentata* (Thunb.) Nakai。英文名 dentata ixeris。菊科小苦荬菜属。

形态特征

成株　（见图）高25～50cm。茎无毛。基生叶倒披针形或倒披针状长圆形，长5～17cm、宽1～3cm，顶端急尖，基部下延成叶柄，边缘具钻状锯齿或近羽状分裂，稀全缘；茎生叶互生，2～3，披针形或长圆状披针形，长3～9cm、宽1～2cm，基部略呈耳状，无叶柄。头状花序多数，在枝

小苦荬植株形态（强胜摄）

端密集成伞房状，有细梗；总苞长 5～8mm；外层总苞片小，卵形，内层总苞片 5～8，线状披针形，长 5～8mm；舌状花黄色，长 9～12mm。

子实　瘦果纺锤形，略扁，有等粗的纵肋，黑褐色，长 4～5mm、喙长 1～2mm；冠毛浅棕色。瘦果喙的长度约为瘦果的 1/3。

幼苗　子叶出土，披针形。初生叶多发育完全，呈披针形，全缘。

生物学特性　花果期 5～7 月。喜温暖湿润性气候，抗旱耐涝性强。具有一定耐寒能力。种子发芽起始温度为 5～6℃，需 10 天以上才能出苗，最适生长温度为 25～35℃。耐热性很强，在 35～40℃的高温下也能正常生长。20℃以上时出苗快。在地势低洼，长期积水条件下，则易发生腐败病和受蚜虫危害。小苦荬的主根粗壮，根幅分布广，根部能产生不定芽，可行营养繁殖。茎有乳汁管，分泌乳状汁液，叶表有蜡质堆积，形成微薄的蜡被，可增强叶表不透水性。瘦果轻薄，借助冠毛，随风飘散，遇适宜环境，即能自然生长。生育期 200～250 天。

分布与危害　中国分布于华东、华南、西南、河南和台湾等地；朝鲜、日本也有。常在林下、路旁、溪边和田边。常通过不断长出新植株，并向周围扩展的方式入侵果园、夏熟作物田造成危害，但发生量不大，危害轻。

防除技术　见苦荬菜。

综合利用　小苦荬为保健型蔬菜，具有较高的营养价值。鲜嫩多汁的茎叶中，矿物质含量丰富。氨基酸种类齐全，有人体必需的蛋氨酸、赖氨酸等，还含有较多胡萝卜素、核黄素、维生素 C 等。小苦荬分枝期的干物质中含蛋白质 29.83%、蛋氨酸 0.18%、赖氨酸 0.78%、粗脂肪 5.26%、粗纤维 10.98%、无氮浸出物 42%、粗灰分 13.98%（其中钙 2.34%、磷 0.65%）。小苦荬主要食用部位为绿色的叶片及嫩茎。鲜茎、叶含有乳白色汁液，有促进食欲、助消化、祛火、消炎等作用。叶片脆嫩多汁，味微苦，商品性好，可炒、炝拌、蘸酱生食、做汤或做菜团、火锅食料。嫩叶可作饲料。

参考文献

崔潇杨，孙超，2012. 苦荬菜属植物药用及营养价值 [J]. 生物医药 (5): 44.

邸文静，徐舶，刘志江，等，2006. 齿缘苦荬菜的栽培 [J]. 特种经济动植物，9(5): 27-28.

李扬汉，1998. 中国杂草志 [M]. 北京：中国农业出版社：333-334.

强胜，2009. 杂草学 [M]. 2 版 . 北京：中国农业出版社 .

（撰稿：左娇、毛志远；审稿：宋小玲）

小藜　*Chenopodium ficifolium* Smith

夏熟作物田一年生杂草。又名苦落藜。异名 *Chenopodium serotinum* L.。英文名 small goosefoot。藜科藜属。

形态特征

成株　高 20～80cm（图①②）。茎直立，具条棱及绿色色条。叶互生，具柄，叶片卵状矩圆形或长圆形，长 2.5～5cm、宽 1～3.5cm，通常 3 浅裂（图③）；中裂片两边近平行，先端钝或急尖并具短尖头，边缘具深波状锯齿，中、下部叶片近基部有 2 个较大的裂片，叶两面疏生粉粒；侧裂片位于中部以下，通常各具 2 浅裂齿。花两性，淡绿色，腋生或顶生，数个团集，排列于上部的枝上形成较开展的穗状花序或顶生圆锥状花序（图④）；花被近球形，5 深裂，裂片宽卵形，不开展，背面具微纵隆脊并有密粉。雄蕊 5，

小藜植株形态（③贾春红摄；其余张治摄）

①②成株及生境；③叶和花；④花果序；⑤种子；⑥幼苗

开花时外伸，线形；柱头 2，丝形。

子实　胞果包在花被内，果皮与种子贴生，果皮膜质，上有明显的蜂窝状网纹，干后，密生白色粉末状干涸小泡。种子横生，扁圆形，双凸镜状，黑色，有光泽（图⑤），直径约 1mm，边缘微钝有棱，表面具六角形细洼；胚环形。

幼苗　子叶出土，2 片，条形，具短柄（图⑥）。初生叶 2，条形，基部楔形，全缘，叶背有粉粒；后生叶基部常有 2 个短裂片。

生物学特性　种子繁殖、越冬，1 年 2 代。第一代 3 月出苗，5 月开花，5 月底至 6 月初果实渐次成熟；第二代随着秋作物的早晚不同，其物候期不一，通常 7～8 月发芽，9 月开花，10 月果实成熟。成株产种子数万至数十万粒。生殖力强，在土层深处保持 10 年以上仍有发芽力，被牲畜食用后排出体外仍能发芽。

分布与危害　除西藏外，中国各地均有分布。生于荒地、道旁、垃圾堆等处。部分小麦、玉米、花生、棉花、蔬菜、果园等作物受害严重。小藜是作物田间的主要杂草，危害性较大，与作物争夺阳光、养分、水分等，也是病虫害的传播者，会造成农作物不同程度的减产。具有强大的繁殖能力、顽强的适应能力，生长发育快，种类多，传播途径广，容易蔓延和产生危害。

防除技术　见藜。

综合利用　幼嫩的茎叶可做家畜饲料。

参考文献

雷桂生，王五云，蒋智林，等，2014. 紫茎泽兰与伴生植物小藜的竞争效应及其生理生化特征 [J]. 生态环境学报，23(1): 16-21.

张亚楠，王玲玲，吕燕，等，2011. 盐生小藜对碱性土壤的修复作用研究 [J]. 资源开发与市场，27(1): 64-66.

（撰稿：黄兆峰；审稿：贾春虹）

小苜蓿　*Medicago minima* (L.) Grufb.

夏熟作物田一二年生杂草。又名野苜蓿。英文名 little medic，burr medic。豆科苜蓿属。

形态特征

成株　高 5～30cm（图①②）。全株被白色柔毛。主根粗壮，深入土中。茎铺散，平卧并上升，基部多分枝。羽状三出复叶互生；托叶卵形，先端锐尖，基部圆形，全缘或不明浅齿；叶柄细柔，长 5～10（～20）mm；小叶倒卵形，几等大，长 5～8（～12）mm、宽 3～7mm，纸质，先端圆或凹缺，具细尖，基部楔形，边缘 1/3 以上具锯齿，两面均被毛。花序头状，具花 3～6（～8）朵，疏松（图③）；总花梗细，挺直，腋生；苞片细小，刺毛状；花长 3～4mm；花梗甚短或无梗；萼钟形，密被柔毛，萼齿 5，披针形；蝶形花冠淡黄色，旗瓣阔卵形，明显比翼瓣和龙骨瓣长。

子实　荚果盘曲成球形，旋转 3～5 圈，直径 2.5～4.5mm，边缝具 3 条脊棱，棱上具长棘刺，通常长等于半径，水平伸展，尖端钩状（图④⑤）；种子每圈 1～2 粒。种子长肾形，长 1.5～2mm，棕色，平滑。

幼苗　子叶出土，椭圆形，长约 7mm、宽 3mm，先端圆，基部阔楔形，无毛，近无柄（图⑥）。下胚轴较发达，带紫红色，上胚轴不明显。初生叶 1，单叶，肾形，先端具突尖，叶缘具不规则微细齿和缺刻，两面均被毛，叶基圆形；具长柄，柄上有毛。后生叶为三出羽状复叶，小叶倒卵形，顶端微波状，中央具突尖，叶基阔楔形或圆形，总叶柄基部有锥状托叶。幼苗除下胚轴和子叶外，全株密被混杂毛。

生物学特性　种子繁殖。苗期秋冬季至翌年春季，花期 3～4 月，果期 4～5 月。

小苜蓿植株形态（①⑤⑥强胜摄；②③④周小刚摄）

①②生境及植株；③花序；④⑤果实；⑥幼苗

分布与危害 中国分布在内蒙古、陕西、山西、河南、湖北、江苏、安徽、四川等地。适生于荒坡、沙地、河岸、旱田、旷野、路旁。在油菜、小麦、燕麦、烟草、果园、草坪等旱田发生，危害程度较轻。

防除技术 应采取包括农业防治、化学防治和综合利用相结合的方法。因小苜蓿具有优良的固氮性能，是优良的绿肥及牧草，且发生量小，应以综合利用为主。如需防除，可见天蓝苜蓿。

综合利用 为优良绿肥及牧草。小苜蓿具有适应性广、抗逆性强、匍匐生长、耐践踏性好、固氮提高土壤肥力等优点；它的叶片小、颜色浅，可与叶片颜色较浅的禾本科草坪草混播，提高绿地草坪美观性。根入药，具有清热、利湿、止咳的功效。

参考文献

谷雪菲, 张笑宇, 赵桂琴, 等, 2011. 内蒙古武川地区燕麦田杂草发生情况 [J]. 中国农学通报, 27(24): 61-68.

李扬汉, 1998. 中国杂草志 [M]. 北京: 中国农业出版社: 635-636.

唐建明, 2010. 油菜田小苜蓿可用二氯吡啶酸除 [J]. 杂草学报 (3): 62.

赵海欣, 朱晓艳, 崔亚垒, 等, 2018. 禾本科草坪草混播天蓝苜蓿、小苜蓿的效果研究 [J]. 草地学报, 26(5): 1229-1234.

中国科学院中国植物志编辑委员会, 1998. 中国植物志: 第四十二卷 第二分册 [M]. 北京: 科学出版社: 326.

（撰稿：刘胜男；审稿：宋小玲）

小碎米莎草 *Cyperus microiria* Steud.

秋熟旱作田一年生草本杂草。又名具芒碎米莎草、黄颖莎草。英文名 Asian flatsedge。莎草科莎草属。

形态特征

成株 高 20～50cm（图①）。具须根，秆丛生，稍细，锐三棱形，平滑，基部具叶。叶鞘红棕色，表面稍带白色。叶状苞片 3～4 枚，长于花序；长侧枝聚伞花序复出或多次复出，稍密或疏展，具 5～7 个辐射枝，辐射长短不等，最长达 13cm；穗状花序卵形或近三角形，长 2～4cm、宽 1～3cm，具多数小穗（图②③）；小穗排列稍稀、斜展，线形或线状披针形，长 6～15mm、宽约 1.5mm，具 8～24 朵花；小穗轴直，具白色透明的狭边；鳞片排列疏松，膜质，宽倒卵形，顶端圆，长约 1.5mm，麦秆黄色或白色，背面具龙骨状突起，脉 3～5 条，绿色，中脉延伸出顶端呈短尖；雄蕊 3，花药长圆形；花柱极短，柱头 3。

子实 小坚果倒卵形、三棱形，几与鳞片等长，深褐色，具密的微突起细点。

幼苗 子叶出土。第一片真叶线状披针形，横剖面呈“U”字形，平行主脉间有横脉，构成方格状；叶片与叶鞘间界限不明显，叶鞘膜质。

生物学特性 一年生草本。以种子繁殖。花果期为 8～10 月。为秋熟旱作物田一般杂草，生长于田间、路旁、山坡、水边或草地湿润之处。

分布与危害 广布于中国各地；朝鲜、日本、泰国、越南、印度、澳大利亚及北美也有分布。常发生于湿润的玉米、棉花、大豆等秋熟旱作物地或果园、苗圃，危害不太严重。

防除技术 见碎米莎草。

综合利用 小碎米莎草全草可入药，味辛，性微温，具有祛风除湿、活血调经的功效。

参考文献

李扬汉, 1998. 中国杂草志 [M]. 北京: 中国农业出版社: 1080-1081.

强胜, 2001. 杂草学 [M]. 北京: 中国农业出版社.

小碎米莎草植株形态（魏守辉摄）

①成株；②穗状花序；③小穗

X

中国科学院中国植物志编辑委员会, 1961. 中国植物志 : 第十一卷 [M]. 北京 : 科学出版社 : 144.

DAI L K, TUCKER G C, SIMPSON D A, 2010. Flora of China [M]. Beijing: Science Press: 219-241.

（撰稿：魏守辉；审稿：宋小玲）

薤白 *Allium macrostemon* Bunge

夏熟作物田常见多年生杂草。又名小根蒜、密花小根蒜、团葱、羊胡子、山蒜、藠头、独头蒜。英文名 macrostem onion、longstamen onion。百合科葱属。

形态特征

成株　高达 70cm（图①②）。鳞茎近球状（图③），单生，粗 0.7～1.5（～2）cm，基部常具小鳞茎（因其易脱落，故在标本上不常见）；鳞茎外皮带黑色，纸质或膜质，不破裂，但在标本上多因脱落而仅存白色的内皮。叶 3～5 枚基生，半圆柱状，或因背部纵棱发达而为三棱状，中空，上面具沟槽，比花葶短，长 20～40cm、宽 2～5mm，先端渐尖，基部鞘状，抱茎。花葶由叶丛中抽出（图④），圆柱状，单一，直立，平滑无毛，高 30～70cm，1/4～1/3 被叶鞘；总苞 2 裂，比花序短，宿存；伞形花序密而多花，半球状至球状，顶生，或间具珠芽或有时全为珠芽；小花梗细，约 2cm，近等长，比花被片长 3～5 倍，基部具小苞片；珠芽暗紫色（图⑤），基部亦具小苞片；花淡紫色或淡红色；花被 6，矩圆状卵形至矩圆状披针形，长 4～5.5mm、宽 1.2～2mm，内轮的常较狭。雄蕊 6，长于花被，花丝细，比花被片稍长直到比其长 1/3，在基部合生并与花被片贴生，分离部分的基部呈狭三角形扩大，向上收狭成锥形，内轮基部较外轮基部宽 1.5 倍；雌蕊 1，子房上位近球状，3 室，有 2 棱，腹缝线基部具有宽的凹陷蜜穴；花柱线形，细长，伸出花被外。

子实　蒴果，种子近圆肾形，黑褐色。

幼苗　子叶出土，披针形。上下胚轴均不发育。初生叶 1 片，半圆柱，中空。

生物学特性　种子、鳞茎或珠芽繁殖。小根蒜的适应性强，喜凉爽湿润气候，鳞茎膨大适温 13℃左右。在夏季高温期休眠，春秋季节生长旺盛，冬季土壤冻结后小鳞茎在地下越冬。花果期 5～7 月。

分布与危害　中国除新疆、青海外，各地均产；日本、朝鲜、蒙古及俄罗斯有分布。多生长于海拔 1500m 以下的山坡、丘陵、山谷、干草地、荒地、林缘、草甸及农田，极少数地区（云南和西藏）在海拔 3000m 的山坡上也可见。常成片生长，形成优势种群。小根蒜虽为旱地农田常见杂草，

薤白植株形态（①强胜摄；其余张治摄）

①群体；②成株；③鳞茎；④花；⑤珠芽

并能成片生长形成优势小群落，但对大多数农作物的危害并不严重，个别地区危害较重。

防除技术 采用人工除草、机械灭草和化学除草技术相结合的综合防治措施。

农业防治 在蔬菜、经济作物、中草药等作物田，小根蒜发生不严重的情况下，可以结合中耕松土，采用人工拔除。传统的机械灭草措施是杂草防除的有效措施，如深耕深翻、机械中耕等，特别是深耕深翻可将多年生杂草地下根茎切断，经过耙地、晾晒，可消除大多数田间杂草，剩余杂草再进行化学除草，能大大提高除草效果。

化学防治 目前有记载的能有效防除薤白的除草剂很少。2甲4氯+赤霉素+尿素混合液，可以有效防除小麦田薤白，也可有效防除苗圃地小根蒜。

综合利用 营养价值：薤白全株含有丰富的营养成分。每100g鲜品含水分68g、糖类26g、蛋白质3.4g、脂肪0.4g、纤维0.9g、灰分1.1g、钙100mg、磷53mg、铁0.6mg、胡萝卜素0.09mg、维生素PP1mg、维生素$B_1$0.08mg、维生素$B_2$0.14mg、维生素C36mg、尼克酸1mg。含多种微量元素，每克干品含钾31.3mg、钙31.1mg、镁2.5mg、磷11.13mg、钠0.32mg、铁251μg、锰67μg、锌26μg、铜6μg。含17种氨基酸的总量约为7019.53mg，游离氨基酸788.13mg，必需氨基酸分别占总氨基酸和游离氨基酸的28.5%和18.3%。其中谷氨酸和精氨酸含量最高。

食用价值：薤白具有独特的葱蒜味，全株可食，具有白净透明、皮软肉糯、脆嫩无渣、香气浓郁的特点，自古被视为席上佐餐之佳品。民间食用具有悠久的历史。食用方法也很多，可生食、炒食、腌渍、做馅等。

药用价值：薤白的地下鳞茎可供药用，性温，味辛、苦。具有通阳散结，理气宽胸，健胃整肠的功效。有抑制血小板聚集作用，降脂及防治动脉粥样硬化症，抑菌活性，抗氧化作用，抗癌活性，解痉平喘作用，镇痛和耐缺氧作用。主治胸痛、胸闷、心绞痛、干呕、咳嗽、支气管炎、慢性胃炎、火伤、疮疖、痢疾等症，能解河豚中毒。小根蒜与桂枝、丹参、川芎等药物合用，能缓解心绞痛的发作。常吃薤白可改善冠状动脉粥样硬化病变，增加心肌血容量，有预防心绞痛和心肌梗死的功效。

参考文献

乔风仙，蔡皓，裴科，等，2016. 中药薤白的研究进展[J]. 世界中医药，11(6): 1137-1140.

苏丽梅，袁德俊，蒋红兰，2009. 薤白的药理研究进展[J]. 今日药学，19(1): 28-29, 18.

熊朝勇，陈霞，2019. 药食同源野生蔬菜小根蒜研究进展[J]. 现代食品(20): 103-105.

张廼忠，王作喜，杨忠胜，1989. 2甲4氯混用防除麦田小根蒜[J]. 植物保护，15(4): 50-51.

张占军，王富花，2012. 药食两用植物薤白研究进展[J]. 食品研究与开发，33(11): 234-237.

中国科学院中国植物志编辑委员会，1980. 中国植物志：第十四卷[M]. 北京：科学出版社.

（撰稿：郭玉莲；审稿：宋小玲）

星宿菜 *Lysimachia fortunei* Maxim.

夏熟作物田多年生草本杂草。又名红脚兰、大田基黄、散血草和红根草等。英文名fortune loosestrife。报春花科珍珠菜属。

形态特征

成株 高30～70cm（图①）。全株无毛。根状茎横走，紫红色。茎直立，高30～70cm，圆柱形，有黑色腺点，基部紫红色，通常不分枝，嫩梢和花序轴具褐色腺体。叶互生，近于无柄，叶片长圆状披针形至狭椭圆形，长4～11cm、宽1～2.5cm，先端渐尖或短渐尖，基部渐狭，两面均有黑色腺点，干后呈粒状突起。总状花序顶生，细瘦，长10～20cm（图②）；苞片三角状披针形，长2～3mm；花梗与苞片近等长或稍短，长1～3mm；花萼长约1.5mm，5深裂近达基部，裂片卵状椭圆形，先端钝，周边膜质，有腺状缘毛，背面有黑色腺点；花冠白色，长约3mm，基部合生部分长约1.5mm，5深裂，裂片椭圆形或卵状椭圆形，先端圆钝，有黑色腺点；雄蕊5，比花冠短，花丝贴生于花冠裂片的下部，分离部分长约1mm；花药卵圆形，长约0.5mm；花粉粒具3孔沟，长球形22～24μm×15～16μm，表面近于平滑；子房卵圆形，花柱粗，短于雄蕊，长约1mm。

子实 蒴果球形，直径2～2.5mm。种子倒角锥状，凹凸不平，长约0.9mm、宽0.5～0.6mm，表面黑褐色，粗糙，具网状纹，无光泽，种脐椭圆形（图③）。

生物学特性 春夏萌发，花期6～8月，果期8～11月。种子繁殖。植物在生长过程中，碳、氮与碳氮比在不同器官中是协同变化的。研究表明星宿菜的叶氮、碳含量均显著高于茎和根，茎与根的含量却无显著性差异；但叶的碳氮比显著低于茎和根，茎与根的碳氮比无显著性差异，这说明星宿菜向叶片投资更多的氮元素。染色体数目2n=24，核型公式2n=2x=24=20m+4sm。

分布与危害 产于中国华东、华南、华东各地；朝鲜、日本、越南也有分布。生于沟边、田边等低湿处，以及湿地草丛和林荫下。为油菜、麦类及旱作物田的常见杂草，危害不大。

防除技术 防除技术同珍珠菜。

综合利用 星宿菜是民间常用草药，功能为清热利湿、活血调经。主治感冒、咳嗽咯血、肠炎、痢疾、肝炎、风湿性关节炎、痛经、白带、乳腺炎、毒蛇咬伤、跌打损伤等，嫩时可作为饲料。星宿草化学成分主要有黄酮类、多糖类、甾体类，药理活性主要为抗炎、提高免疫力、抗氧化、抗肿瘤等作用，有进一步开发利用的价值。

参考文献

李萍，钟琪，廖圆月，2017. 星宿菜研究概述[J]. 江西中医药，48(6): 79-80.

李扬汉，1998. 中国杂草志[M]. 北京：中国农业出版社：821.

王沁言，陈延松，2018. 8种珍珠菜属植物碳氮生态化学计量特征[J]. 安徽农业科学，46(16): 1-3, 7.

易克贤，周省善，陈哲忠，等，1990. 化学防除“星宿菜”试验[J]. 江西农业大学学报，13(6): 262-264.

星宿菜植株形态（强胜摄）

①成株；②花序；③种子；④幼苗

中国科学院中国植物志编辑委员会, 1977. 中国植物志 [M]. 北京: 科学出版社.

（撰稿：唐伟；审稿：宋小玲）

形态选择性 morphological selectivity

指利用杂草和作物植株形态和内部解剖结构上的差异，使得它们接收除草剂药液量不同而实现的选择性。

不同植物在叶片形态、生长点位置等的差异，会导致植物对除草剂的接收量有差异，形成除草剂对作物和杂草的选择性；另一方面，由于不同植物的内部解剖结构的差异，也会导致部分作用机制的除草剂形成对作物和杂草的选择性。

禾本科植物，如作物小麦、水稻、玉米，杂草马唐、狗尾草等，叶片直立、狭窄，叶表面有较厚的蜡质层，构成叶表皮的硅细胞向外突出，呈齿状或成刚毛，使表皮坚硬而粗糙，叶表面还有很多乳突，使得喷洒在叶面的药剂不易附着，也不利于药剂吸收和渗透。而阔叶植物，如作物棉花、花生、大豆，杂草牛繁缕、藜、苋、荠菜、播娘蒿、鸭舌草等，叶片相对扁平宽大，叶片横展，幼苗期叶面角质层蜡质层一般较少，喷药时叶片能附着较多药剂，因而药剂易于吸收和渗透。禾本科植物幼苗期生长点位于植株的基部，芽和心叶被基部叶鞘叶片包围，着药面积小，不易遭受药剂的药害；而阔叶植物的芽和心叶在嫩枝的顶端，尤其是一年生的草本植物为裸芽，即芽的外面没有芽鳞片的保护，裸露在外，如大豆、棉花等，着药面积大，易于受到药剂的直接毒害。

利用外部形态选择性的除草剂基本是茎叶处理剂，例如苯甲酸类除草剂麦草畏和吡啶羧酸类除草剂氯氟吡氧乙酸防除小麦田一年生阔叶杂草，便是利用禾本科作物与阔叶杂草形态上差异而对除草剂吸和渗透的不同产生的选择性。麦冬与阔叶土麦冬、土麦冬对草甘膦耐药性的差异除与 EPSPS 基因结构、基因多拷贝以及表达量差异直接相关外，可能与叶片表面的气孔分布与气孔周围的表皮形态有关，麦冬叶片表皮细胞平周壁瘤状外突、气孔下陷最为明显，可能最有利于对草甘膦的吸收；土麦冬叶片表皮细胞平周壁也向外波浪状突起，也导致气孔一定程度的下陷，也会有利于对草甘膦的吸收；而阔叶土麦冬叶片表皮细胞平周壁突起不明显、气孔下陷也不明显，表面更加光滑，导致药液在叶表面存留减少，最终会导致对草甘膦吸收减少。角质层较厚的杂草通常具有较强耐药性，如鸭跖草叶面光滑，角质层较厚，因而对多种除草剂均有耐药性，是黑龙江大豆田危害严重的恶性杂草，且其叶龄愈大愈难防除。研究发现咪唑乙烟酸对不同叶龄鸭跖草防效的差异与其叶片显微结构的关系，随着叶龄的增大，叶片表皮气孔密度显著下降；叶片厚度、叶片上下表皮厚度、栅栏组织及海绵组织厚度显著增大；10 个栅栏组织细胞长度显著减小，栅栏组织排列由稀疏不规则向紧密规则的方向发展。

除利用外部形态差异，激素类除草剂可以利用植物输导组织结构的差异，实现选择性。例如，苯氧羧酸类除草剂 2,4- 滴、2 甲 4 氯防除玉米、小麦或甘蔗田的双子叶杂草即利用植物间输导组织结构的差异实现选择性的。当 2,4- 滴等激素型除草剂经双子叶植物的维管束系统到达形成层时，能刺激形成层细胞加速分裂，形成瘤状突起，破坏和堵塞韧皮部，阻止养分的运输而使植物死亡。而单子叶植物由于没有明显的形成层，因而对 2,4- 滴等除草剂不敏感。大多数激素类除草剂用来防除阔叶杂草，对禾本科杂草无效。

单独利用不同植物间的形态差异特性，多数除草剂很难获得独立的选择性，往往需要与具有其他选择性原理如生理选择、生化选择，以及时差和位差选择等的除草剂相配合，才能获得较理想的选择性。另外同种除草剂有多种选择性原理，除形态选择外，也有生理选择、生化选择，见生理选择性、生化选择性。

参考文献

谷涛，李永丰，张自常，等，2021. 杂草对激素类除草剂抗药性研究进展 [J]. 植物保护，47(1): 15-26.

贺字典，王秀平，2017. 植物化学保护 [M]. 北京：科学出版社.

刘长令，2002. 世界农药大全：除草剂卷 [M]. 北京：化学工业出版社.

毛婵娟，解洪杰，宋小玲，2016. 麦冬草对草甘膦耐药性的形态学机制 [J]. 杂草学报，34(1): 1-7.

苏少泉，宋顺祖，1996. 中国农田杂草化学防治 [M]. 北京：中国农业出版社.

徐汉虹，2018. 植物化学保护学 [M]. 5 版. 北京：中国农业出版社.

赵善欢，2000. 植物化学保护 [M]. 3 版. 北京：中国农业出版社.

HATHWAY D E, 1989. Molecular Mechanisms of Herbicide Selectivity [M]. Oxford: Oxford University Press.

（撰稿：李伟；审稿：刘伟堂、宋小玲）

熊耳草 *Ageratum houstonianum* Miller

秋熟作物田一年生外来入侵杂草。又名心叶藿香蓟、紫花藿香蓟。英文名 mexican ageratum、bluemink。菊科藿香蓟属。

形态特征

成株 主根不明显（见图）。茎不分枝，或下部茎枝平卧而节生不定根；茎枝被白色茸毛或薄绵毛，茎枝上部及腋生小枝毛密。叶对生或上部叶近互生，卵形或三角状卵形，中部茎叶长 2～6cm，或长宽相等；叶柄长 0.7～3cm，边缘有规则圆锯齿，先端圆或尖，基部心形或平截，两面被白色柔毛，上部叶的叶柄、腋生幼枝及幼枝叶的叶柄被白色长茸毛。头状花序在茎枝顶端排成伞房或复伞房花序：花序梗被密柔毛或尘状柔毛；总苞钟状，径 6～7mm，总苞片 2 层，窄披针形，长 4～5mm，全缘，外面被腺质柔毛；花冠管状，淡紫色，5 裂，裂片外被柔毛。

子实 瘦果熟时黑色；冠毛膜片状，5 个，膜片长圆形或披针形，顶端芒状长渐尖。

生物学特性 为一年生草本植物，适应于湿润的环境。种子繁殖。花果期全年。生于海拔 100～1500m 的草地、路边和沟谷斜坡上，常入侵农田。染色体 n=20，40。

熊耳草种子存在休眠期。种子发芽的基础温度为 6.4℃，发芽所需积温为 70℃ / 天，基础水势 Ψb（50）为 –0.436 MPa。种子萌发喜光性强，在黑暗条件下不能萌发。种子在恒温下发芽率不高，在变温下则易发芽。熊耳草种子耐旱性中等，在水压 0.51MPa 以上不能萌发。在中性到酸性条件下的萌发率高于碱性条件下。种子在土壤表面易萌发，埋入土壤超过 2mm 深不能萌发。种子萌发高峰期在每年 10 月。熊耳草单株所产生种子数差异极大，介于 3000～7000 粒。

分布与危害 中国分布于安徽、福建、广东、广西、贵州、海南、河北、黑龙江、江苏、山东、四川、台湾、云南、浙江；熊耳草原产热带美洲，栽培和归化于亚洲（印度、缅甸、尼泊尔、泰国、柬埔寨和越南等）、非洲和欧洲。全系栽培或栽培逸生种。对玉米、大豆、甘蔗和花生危害较大，在荒地和路边也常见。在尼泊尔成为严重入侵植物，危害作物和生物多样性。在台湾，当熊耳草 10 株 /m^2 时，秋作玉

熊耳草植株形态（强胜摄）

米产量减少 6%，但密度增加为 40 株 /m² 时则玉米产量减少达 25%。熊耳草 10 株 /m² 未减少秋作落花生种子产量，但 40 株 /m² 时则减产达 63%；10 株 /m² 使春作落花生种子产量减少 13%，40 株 /m² 时则减产 58%。

防除技术 见胜红蓟。

综合利用 熊耳草已有 150 年的引种栽培历史，有许多栽培园艺品种，可供观赏。全草药用，性味微苦、凉，有清热解毒之效。在美洲（危地马拉）居民中，用全草以消炎，治咽喉痛。熊耳草叶片提取液可以杀灭几种有害蚊虫的卵和幼虫。从种植在埃及的熊耳草叶和花分离出 11～32 种精油，部分精油对枯草芽孢杆菌和金黄色葡萄球菌具有的抗菌效果。

参考文献

侯金日, 2008. 藿香蓟种子发芽生态生理学及其田间建立之研究 [D]. 台北 : 台湾大学 .

侯金日, 郭华仁, 2008. 藿香蓟不同密度对落花生生育及产量之影响 [J]. 台湾杂草学会会刊, 29(1): 61-74.

侯金日, 郭华仁, 2008. 藿香蓟不同密度对玉米生育及产量之影响 [J]. 台湾杂草学会会刊, 29(1): 41-60.

LAMSAL A J, DEVKOTA M P, SHRESTHA D S, et al, 2019. Seed germination ecology of *Ageratum houstonianum*: A major invasive weed in Nepal [J]. PLoS ONE, 14(11): PPe0225430.

TENNYSON S, RAVINDRAN J, EAPEN A, et al, 2015. Ovicidal activity of *Ageratum houstonianum* Mill. (Asteraceae) leaf extracts against *Anopheles stephensi*, *Aedes aegypti* and *Culex quinquefasciatus* (*Diptera:* Culicidae) [J]. Asian Pacific journal of tropical disease, 5(3): 199-203.

（撰稿：范志伟；审稿：宋小玲）

续断菊 *Sonchus asper* (L.) Hill.

夏熟作物田、果园一二年生杂草。又名石白头、滇苦菜、花叶滇苦菜、大叶苦荬菜。英文名 prickly sowthistle。菊科苦苣菜属。

形态特征

成株 株高 30～70cm。单生或数个簇生，有纵纹，无毛或有时花序部分有头状具柄腺毛。基生叶与茎生叶同形而较小；茎生叶互生；茎下部叶的叶柄有翅，叶片长椭圆形或匙状椭圆形，长 7～13cm、宽 2～5cm，顶端渐尖至钝，叶基向茎延伸呈圆耳状抱茎；茎中、上部的叶无柄，上部茎生叶披针形，不裂，基部圆耳状抱茎；有时下部叶或全部茎生叶羽状浅裂、半裂或深裂，侧裂片 4 或 5 对；叶及裂片边缘有不等的刺状尖齿（图①）。头状花序数个呈伞房状排列；花序梗无毛或有头状腺毛；总苞钟状，总苞片暗绿，长约

续断菊植株形态（①～④郝建华摄；⑤⑥强胜摄）
①成株；②③花序和叶；④幼苗；⑤⑥果实

1.5cm，有2～3层，外层长披针形或长三角形，中、内层长椭圆状披针形至宽线形，顶端急尖，外面无毛；花冠舌状，黄色，两性（图②③）。

子实　瘦果，椭圆状倒卵形，稍扁，淡褐色，两面各有纵肋3条，肋间无横皱纹；冠毛白色，长6～6.5mm（图⑤⑥）。

幼苗　子叶阔卵形，长4.5mm、宽3mm，叶基圆形，具短柄；下胚轴明显，稍呈粉红色，上胚轴不发育；初生叶1片，椭圆形，先端急尖，叶缘细齿状，叶基阔楔形，具叶柄；后生叶椭圆形，先端钝尖；叶缘密生刺状尖齿，叶基楔形，羽状脉明显，具叶柄，全株无毛（图④）。

生物学特性　种子繁殖。苗期秋冬季至翌年春季，花果期5～10月。主要生长在路边、荒地及作物田，适生于疏松肥沃的土壤中，适应性强。其扩散途径为瘦果随风飘散，通过自然扩散、蔓延。

分布与危害　中国分布于长江流域各地；原产欧洲，现分布遍及各大洲，形成广布性的杂草。生于路边和荒野处，为果园、桑园、茶园和路埂常见的杂草，发生量小，危害一般。

防除技术　见苦苣菜。

综合利用　续断菊全草入药，有清热解毒、消肿止痛、祛瘀的功效，用于治疗带下病、白浊、痢疾、痈肿、肠痈、目赤红肿、产后瘀血腹痛、肺痨咯血、小儿气喘。

参考文献

李扬汉，1998. 中国杂草志[M]. 北京：中国农业出版社：374-375.

刘启新，2015. 江苏植物志：第4卷[M]. 南京：江苏凤凰科学技术出版社：341-342.

徐海根，强胜，2018. 中国外来入侵生物[M]. 修订版. 北京：科学出版社：591-592.

（撰稿：郝建华；审稿：宋小玲）

选择性除草剂　selective herbicide

在不同植物间具有选择性的除草剂，即能毒害或杀死杂草而不伤害作物，甚至只毒杀某种杂草，而不损害作物和其他杂草的除草剂。通俗地讲就是能用于某种作物，杀死其中的一部分杂草的除草剂。除草剂抑制或杀死杂草而不伤害作物主要是通过位差与时差选择性（见除草剂选择性）、形态选择性（见形态选择性）、生理选择性（见生理选择性）、生化选择性（见生化选择性）、利用保护物质或安全剂获得选择性（见除草剂选择性）5个方面的选择性机理实现的（见除草剂选择性）。

用于土壤处理的选择性除草剂主要是通过位差和时差选择，而茎叶处理的选择性除草剂主要是通过形态选择和生理生化选择性实现除草保苗。

生产中绝大部分的除草剂均属于选择性除草剂，如氰氟草酯、苯磺隆、莠去津等。这类除草剂的选择性是通过施药部位、时间、作物和杂草的形态特征及植物吸收传导等生理过程和植物体内多种酶参与的生物化学反应等实现的，其中

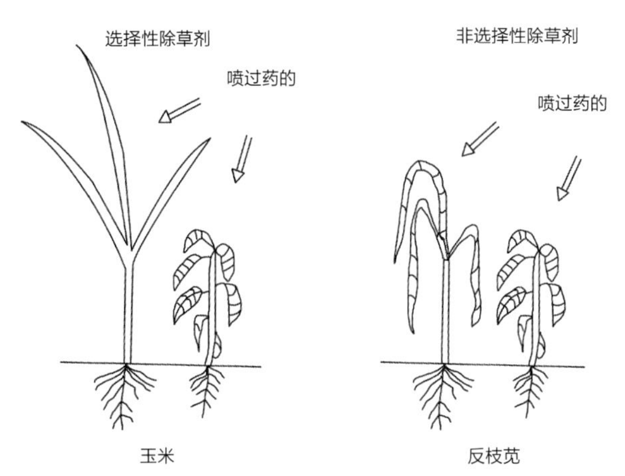

选择型除草剂与灭生性除草剂对植物毒害示意图

生化代谢是实现选择性的重要机制。

除草剂的选择性是相对的，超过除草剂用量范围、使用时期不当或不利的环境条件会影响作物的生长发育，甚至完全杀死作物。例如精喹禾灵能用于花生、大豆、西红柿等阔叶作物田防除狗尾草等禾本科杂草，而不能用于玉米田，否则它会将玉米当成禾本科杂草杀死，它也不能杀死阔叶杂草。再如莠去津能用于玉米田防除阔叶杂草和部分禾本科杂草，而即使用量稍高也不伤害玉米。精喹禾灵和莠去津的这种性质就叫选择性。但是选择性对用量是有要求的，如果提高莠去津的用量到一定程度，不仅对玉米有伤害，甚至可以杀死大片的灌木。

参考文献

强胜，2009. 杂草学[M]. 2版. 北京：中国农业出版社.

徐汉虹，2018. 植物化学保护学[M]. 5版. 北京：中国农业出版社.

于惠林，贾芳，全宗华，等，2020. 施用草甘膦对转基因抗除草剂大豆田杂草防除、大豆安全性及杂草发生的影响[J]. 中国农业科学，53(6): 1166-1177.

（撰稿：刘伟堂；审稿：王金信、宋小玲）

选择性指数　selective index

是评价除草剂在一定剂量下，杀灭有些植物，而对另一些植物无明显影响的特性的指标，通常用来评价除草剂对作物和杂草间的选择性，指的是除草剂能把杂草杀灭，又对作物生长无明显影响的特性称为除草剂的选择性。计算公式如下：

选择性指数 = 对植物A的有效中剂量（ED_{50}）/ 对植物B的有效中剂量（ED_{50}）

在评价除草剂对作物和杂草间的选择性时，常用如下方法计算：

选择性指数 = 对作物10%生长的有效剂量（ED_{10}）/ 对杂草90%生长的有效剂量（ED_{90}）

对作物和杂草的选择性指数反映的是除草剂对作物的安全性，除草剂的选择性指数越高，对作物的安全性越好，

通常选择性除草剂的选择性指数应不低于2.0。如氟噻草胺土壤喷雾处理对靶标杂草看麦娘、雀麦、播娘蒿、荠菜总体的 ED_{90} 为 33.36 g/hm^2，对小麦品种泰山27、济麦22、泰山28的 ED_{10} 分别为 153.05 g/hm^2、117.34 g/hm^2、98.73 g/hm^2，选择性系数分别为4.59、3.5、2.96；莠去津茎叶喷雾处理对靶标杂草苘麻、反枝苋总体的 ED_{90} 为 18.08 g/hm^2，对玉米品种郑单958、长城306、农大62 ED_{10} 分别为 230.69 g/hm^2、168.64 g/hm^2、259.34 g/hm^2，选择性系数分别为12.76、9.33、14.34，均大于2。

选择性指数需通过室内生物测定获得。相同除草剂对同种作物的不同品种的选择性存在差异，因此在评价除草剂对作物和杂草选择性时，不但要根据除草剂施用范围选择供试作物，每种作物还应选择3种以上代表性品种，同时选择易于培养、生育期一致的代表性敏感杂草3～5种，种子发芽率在80%以上。如应用于玉米田除草剂，玉米品种应选择不同的玉米品种如马齿形玉米、硬玉米、甜玉米、爆裂玉米和观赏玉米等，靶标为一年生杂草，可选择马唐、牛筋草、稗草、反枝苋、苘麻、马齿苋等杂草。

于可控日光温室，或人工气候室、光照培养箱等设备内，设置适宜的温度、光照、湿度等条件对作物和杂草进行培养。根据药剂特性，土壤处理剂于播种后24小时施药，茎叶处理剂选择适宜叶龄进行喷雾处理。按照除草剂生物测定的方法进行测定（见除草剂生物测定）。

除草剂可选用原药或制剂，选择化学结构或作用方式相近、已登记且生产中常用的除草剂作为对照药剂，各设置5～7个梯度剂量，按试验设计从低剂量到高剂量顺序进行药剂处理，喷施于土壤表面（土壤处理剂）或作物与杂草茎叶上（茎叶处理剂）。每处理不少于4次重复，并设不含药剂的处理作空白对照。处理后一定时间，调查各处理，对作物或杂草的抑制可用种子发芽率、根长、芽长、株高，根、芽、鲜重或干重，叶绿素含量、电导率、酶活性以及生理与形态变化等指标，其中长度和重量是最常用的指标。按下式计算抑制率。

$$抑制率=\frac{空白对照组长度或质量-处理组长度或质量}{空白对照区长度或质量}\times100\%$$

用标准统计软件对药剂剂量与抑制率进行回归分析，制作剂量反应曲线（具体见剂量反应曲线），计算作物 ED_{10} 值及95%置信限和杂草 ED_{90} 值及95%置信限，进而计算除草剂对作物的选择性指数。

选择性指数明确了除草剂对作物和杂草的选择性，为除草剂应用对象的选择提供了数据支撑，与其相关的生物测定是除草剂研发中必不可少的环节。

参考文献

强胜, 2001. 杂草学 [M]. 北京 : 中国农业出版社 .

徐汉虹, 2018. 植物化学保护学 [M]. 5版 . 北京 : 中国农业出版社 .

中国人民共和国农业部, 2006. 中国人民共和国农业行业标准 : 农药室内生物测定试验准则 除草剂第6部分 : 对作物的安全性试验 土壤喷雾法 .

中华人民共和国农业部, 2007. 中国人民共和国农业行业标准 : 农药室内生物测定试验准则 除草剂第8部分 : 作物的安全性试验 茎叶喷雾法 : NY/T 1155.8—2007[S]. 北京 : 中国标准出版社 .

（撰稿：吴翠霞；审稿：刘伟堂、宋小玲）

Y

鸭舌草 *Monochoria vaginalis* (Burm. F.) Presl ex Kunth

水田一年生恶性杂草。又名鸭仔菜、鸭舌头草等。异名 *Pontederia ovata* Hook. et Arn.。英文名 sheathed monochoria、pickerelweed。雨久花科雨久花属。

形态特征

成株　高 6～50cm（图②）。沼生或水生草本；根状茎极短，具柔软须根。茎直立或斜上，全株光滑无毛。叶基生和茎生；叶纸质，上表面光滑，形状和大小变化较大，有条形、披针形、矩圆状卵形、长卵形至宽卵形，顶端短突尖或渐尖，基部圆形、截形或浅心形，全缘，具弧状脉；叶柄长 10～20cm，基部扩大成开裂的鞘，鞘长 2～4cm，顶端有舌状体，长 7～10mm。总状花序（图③）从佛焰苞状的叶鞘抽出，有花 3～8 朵，蓝色；花序梗短，长 1～1.5cm，整个花序不超出叶的高度；花序在花期直立，果期下弯；花被片 6，深裂至基部，呈花瓣状，卵状披针形或长圆形，长 10～15mm；花梗长不及 1cm；雄蕊 6 枚，其中 1 枚较大；花药长圆形，其余 5 枚较小；花丝丝状；雌蕊由 3 心皮组成，子房上位，3 室，胚珠多数，中轴胎座。

子实　蒴果卵形至长圆形，长约 1cm（图④）。种子多数，椭圆形，长约 1mm，灰褐色，具 8～12 纵条纹（图⑤）。

幼苗　子叶留土。子叶伸长将胚推出种壳外，先端仍留在壳中，膨大成吸器，吸收胚乳的营养。下胚轴发达，其下端与初生根之间有节，甚至膨大成颈环，表面密生根毛；上胚轴不发育。初生叶 1 片，互生，披针形，先端渐尖，全缘，叶片基部两侧有膜质的鞘边，有 3 条直出平行脉。第一片后生叶与初生叶相似，但露出水面叶渐变成披针形至卵形。幼苗全株光滑无毛（图⑥）。

生物学特性　苗期 5～6 月，花期 8～9 月，果期 9～10 月。鸭舌草种子有较长的生理休眠，成熟后即使条件适宜也不能立即萌发，而且只能浅层萌发，能在水中缺氧条件下萌发。萌发的最适温度为 20～25℃，此时若水分适宜，每 3～4 天即可生长一枚真叶。鸭舌草植株肥大，根系较浅，需水肥较多；生长发育与温度、水分、光照、肥力及虫害等关系密切。鸭舌草在土壤水分饱和或略有薄水的条件下生长最好，植株较大，叶片呈卵圆形；土壤较干时，生长势弱；长期积水条件下，叶片较狭。鸭舌草叶片宽大，在稻田中漫射光照条件下生长最好，但过于荫蔽则生长较差。鸭舌草的浅根系喜施用的速效氮肥。鸭舌草叶片肥嫩，易受多种害虫侵袭，若稻田治虫频繁或过多过滥地使用广谱性杀虫剂，则将会杀灭了天敌而有利于鸭舌草的生长。鸭舌草已经对长期使用的乙酰乳酸合成酶（ALS）抑制剂类除草剂产生了靶标抗性，鸭舌草包含 5 个乙酰乳酸合成酶（ALS）等位基因，它们在苗期有除草剂选择压下都能翻译表达，原先认为不发生突变的 *MvALS1* 或 *MvALS3* 也能发生突变引起抗性，且引起抗性种群的 *ALS* 基因高水平表达。

鸭舌草为异源四倍体，2n=4x=52。

分布与危害　鸭舌草生于中国南北各地区的稻田、沟旁、浅水池塘等水湿处，属于典型的水田恶性杂草，尤以长江流域及其以南地区危害严重（图①）。在手插秧、旱直播、机插秧、抛秧、水直播、麦套稻等不同种植模式田中均有发生。鸭舌草适宜于散射光线，耐阴性较强，占据下层空间，即使水稻封行，仍能旺盛生长，争夺土壤养分；茎节易生长须根，严重时其须根盘踞在秧苗的根系上，大量吸收养分，可使秧苗缺少养分而枯死，严重影响水稻的正常生长。大田试验研究表明，当鸭舌草密度为 80 株 /m^2 时，鸭舌草积累的生物量（鲜重）达 17t/hm^2，地上部吸收的 N、P、K 养分分别为 32.66kg/hm^2、9.17kg/hm^2 和 58.17kg/hm^2。与无鸭舌草对照相比，水稻株高下降 20%，有效穗下降 46%，穗长下降 11%，水稻空粒数增加 3.5 倍，导致产量降低 55%。

防除技术　通过农业防治、化学防治等措施，实施"断源、截流、竭库"的杂草综合治理，同时开展鸭舌草的综合利用。

农业防治　清除田内沟渠、田埂、道旁滋生鸭舌草的场所，减少田间鸭舌草来源，保证沟渠通畅，清洁灌溉水，防止水流传播鸭舌草种子。采用风选、筛选，彻底清除混杂在稻种中的杂草种子。合理安排水旱轮作，鸭舌草种子在干旱条件下寿命较短，通过水旱轮作可有效地抑制鸭舌草种子的萌发，从而减轻其危害。一般 2～3 年进行水旱轮作 1 次。科学安排茬口，避免稻田连年少免耕，稻茬免少耕种麦 2～3 年后进行 1 次深翻耕作。要精细整地，掩埋麦草，使田面平整，无凸凹，泥浆软硬适中。这样能保证秧苗不漂不倒，既有利于水稻扎根活棵返青，又有利于杂草种子集中萌发，充分发挥土壤封闭处理剂的防治效果。在水稻拔节孕穗前，人工及时拔除田间残留杂草，减少田间种子基数，从而减轻第 2 年水稻田间鸭舌草发生量。选用生长势强的水稻品种，并且增加基肥用量，减少追肥和速效肥用量，促进水稻的竞争力，以水稻群体优势控制鸭舌草的危害。另外，由于鸭舌草根系浅、植株大，不耐鸭子的啄食和践踏，可采取稻田养鸭来减少其危害。

鸭舌草植株形态（①②强胜摄；③~⑥张治摄）

①生境群落；②成株；③花；④果实；⑤种子；⑥幼苗

化学防治 移栽稻田在水稻移栽后5～7天用苄嘧磺隆或吡嘧磺隆、丙炔噁草酮，或者苄嘧磺隆、吡嘧磺隆与苯噻酰草胺的复配剂药土法施药，对鸭舌草等一年生杂草具有较好防效。硝磺草酮与丙草胺的复配剂在水稻移栽返青后药土法均匀撒施对鸭舌草防效良好，但必须在水稻活棵后用药。以上均需保持3～5cm水层5～7天，但水层在水稻心叶以下。水稻移栽后10～20天，杂草2～4叶期施用乙氧磺隆、五氟磺草胺也可有效防除鸭舌草等一年生阔叶杂草。在水稻分蘖盛末期进行茎叶处理，选用2甲4氯或苄嘧磺隆与氯氟吡氧乙酸的复配剂茎叶喷雾处理。直播稻田可用噁草酮在播后苗前处理。苯达松、苄嘧磺隆、吡嘧磺隆、乙氧磺隆或五氟磺草胺于直播稻田杂草2～4叶期茎叶处理，施药前排田水，药后1～2天灌水保浅水层5～7天。

综合利用 鸭舌草既适合露地栽培，又适合浅水池塘等水湿处生长，可用于种植观赏以及水体净化植物。全草入药，具清热解毒、消痛止血之功效，用来治疗肠炎、痢疾等症；也可作猪饲料；其嫩叶可以作为蔬菜食用。而且，鸭舌草提取物富含黄酮类、酚酸类物质，可用于动植物油脂保鲜、水产品保鲜、果蔬保鲜，各类方便食品保鲜；还可以用于保健品添加剂，具有高效的抗癌、抗衰老、抗辐射、清除人体自由基、降血糖血脂等一系列药理功能。

参考文献

李淑顺，强胜，焦骏森，2009. 轻型栽培技术对稻田潜杂草群落多样性的影响 [J]. 应用生态学报，20 (10): 2437-2445.

强胜，2009. 杂草学 [M]. 2 版 . 北京：中国农业出版社 .

唐伟，朱云枝，强胜，2012. 室内模拟旱直播稻田环境下齐整小核菌 *Sclerotium rolfsii* 菌株 SC64 致病力的影响因子及除草效果的研究 [J]. 中国生物防治学报，28(1): 109-115.

温广月，钱振官，李涛，等，2015. 稻田鸭舌草田间发生消长规律及生态学特性 [J]. 江苏农业科学，43(11): 201-203.

中国科学院中国植物志编辑委员会，1997. 中国植物志 [M]. 北京：科学出版社 .

朱文达，张宏军，涂书新，等，2012. 鸭舌草对水稻生长和产量性状的影响及其防治经济阈值的研究 [J]. 中国生态农业学报（中文），20(9): 1204-1209.

SHINJI T, AKIRA U, SHIGENORI O, et al, 2021. Gene expression shapes the patterns of parallel evolution of herbicide resistance in the agricultural weed *Monochoria vaginalis* [J]. New phytologist, 232: 928-940.

XU L, CHEN S Y, ZHUANG P, et al, 2021. Purification efficiency of three combinations of native aquatic macrophytes in artificial wastewater in autumn [J]. International journal of environmental research and public health, 18(11): 6162-6162.

（撰稿：刘宇婧；审稿：宋小玲）

鸭跖草 *Commelina communis* L.

秋熟旱作田一年生草本杂草。又称竹叶草、鸭趾草、挂梁青、鸭儿草、竹芹菜。英文名 common dayflower。鸭跖草科鸭跖草属。

形态特征

成株 一年生披散草本（图①②）。节与节明显，多分枝，基部枝匍匐生根，上部枝上升，长可达1米，叶鞘及茎上部，被短毛。单叶互生，几无柄，基部有膜质短叶鞘；叶全缘，披针形至卵状披针形，长3～9cm，宽1.5～2cm。总苞片佛焰苞状（图③），有1.5～4cm的柄，与叶对生，边缘对合折叠，基部不相连，展开后为心形，顶端短急尖，基部心形，长 1.2～2.5cm，边缘常有硬毛；聚伞花序（图④），下面一枝仅有花 1 朵，具长 8mm 的梗，不孕；上面一枝具花 3～4 朵，具短梗，几乎不伸出佛焰苞；花梗花期长仅 3mm，果期弯曲，长不过 6mm；萼片 3 枚，膜质，长约 5mm，内面 2 枚常靠近或合生；花瓣 3 枚，侧生 2 枚较大，深蓝色；内面 2 枚具爪，长近 1cm；能育雄蕊 3 枚，位于一侧，退化雄蕊 2～3 枚，顶端 4 裂，裂片排成蝴蝶状，花丝均长而无毛；子房无柄，无毛，3 或 2 室，背面 1 室含 1 颗胚珠，有时败育或完全缺失；腹面 2 室每室含 2～1 胚珠。

子实　蒴果椭圆形，长 5～7mm，2 室，2 瓣裂，每室 2 种子（图⑤）。种子长 2～3mm，表面有不规则窝孔（图⑥）。

幼苗　胚芽鞘绿色，膜质，呈长方形，先端锐尖；中胚轴淡绿，无毛，圆柱状，有伸长能力，常生有不定根；子叶 1 片，第一片叶椭圆形，有光泽，先端锐尖，基部有鞘抱茎；叶鞘口有毛；第二至第四片叶为披针形，后生叶长圆状披针形。

生物学特性　适生于农田土壤、路旁、果园、山坡、苗圃等。多发生在玉米、大豆为主的旱作物田。生活史为 5～6 月出苗，7～8 月开花，8～9 月成熟，通过种子越冬。为二倍体植物，染色体数为 2n=22。繁殖方式主要为种子繁殖，带有节的茎亦可进行营养繁殖，茎节着地生根，繁殖能力强，在适宜环境中，枝最长可达 172cm，平均分枝数为 277 个。鸭跖草种子在地下埋藏 4 年半后仍保持 80% 的萌发率，发芽最适宜的温度为 15℃，培养 12 天便开始发芽，87 天萌发率达到 78.7%；发芽最低温度为 7℃；鸭跖草光补偿点和光饱和点较低，属于阴生植物，在弱光条件下亦可正常生长。

鸭跖草对除草剂具较高耐受性。主要是因为根系发达、水肥吸收能力强，具有较强的抗逆能力；叶片表面光滑，蜡质层较厚，阻碍了鸭跖草对除草剂的吸收；再生能力强，不易被除草剂杀死。辽宁地区大部分鸭跖草种群对莠去津产生了较高的抗药性，对硝磺草酮也不敏感；黑龙江地区随着氟磺胺草醚的不合理施用，鸭跖草的耐药性逐渐增加，防治效果下降，部分种群对咪唑乙烟酸产生了抗药性。

分布与危害　鸭跖草分布于云南、四川、甘肃以东的南北各省区。常见生于湿地。越南、朝鲜、日本、俄罗斯远东地区以及北美也有分布。是秋熟旱地作物田的主要杂草，危害棉花、大豆、花生、玉米等。鸭跖草在适宜条件下发芽时间短、速度快、发芽率高，生长速度快，在作物前中期株高超过作物，争夺营养，造成危害。鸭跖草是中国东北地区农田的恶性杂草之一，特别是在大豆田中的危害日益严重，其发生频率和危害指数均有较大幅度的提高；其（俗称兰花菜）与苣荬菜、刺儿菜并称为东北的“三菜”，逐渐取代禾本科杂草，在大豆田形成以“三菜”阔叶杂草为优势的杂草群落。鸭跖草也是淮北地区夏玉米田和内蒙古东部大豆产区的恶性杂草。

防除技术

农业防治　精选作物种子，播种前去掉混在种子里的鸭跖草种子。作物播种前对鸭跖草进行诱萌，减少土壤种子库中鸭跖草的种子量，达到截库目的，降低鸭跖草的危害。随着土层深度的增加，鸭跖草出苗率逐渐降低，通过深翻把表层土壤的鸭跖草种子埋在土层深处，减少鸭跖草田间出苗数。当土壤表土层水分含量较低，且 5～6 天内无降雨时，鸭跖草再生能力弱，此时进行除草作业能将鸭跖草彻底清除；同时清除的残株应带出田外集中处理，防治再生。鸭跖草二叶期以前无再生能力，应把握这一关键时期，开展中耕除草。

生物防治　从患病的鸭跖草上分离得到的病原真菌草

鸭跖草植株形态（⑥张治摄；其余宋小玲摄）

①群体；②植株；③花序总苞；④花序；⑤果实；⑥种子

茎点霉（*Phoma herbarum*），可以侵染鸭跖草，致其死亡。

化学防治　在秋熟旱作田，选用乙草胺、异丙甲草胺和氟乐灵、二甲戊乐灵以及异噁草松进行土壤封闭处理。大豆、玉米田施用乙草胺和唑嘧磺草胺的混配剂土壤封闭效果更好。由于鸭跖草对除草剂的耐性强，因此茎叶处理应在鸭跖草 3 叶期前进行。在玉米田，硝磺草酮、苯唑草酮、氯氟吡氧乙酸、烟嘧磺隆、莠去津及它们的复配剂均对鸭跖草有较好防治效果。在大豆田，咪唑乙烟酸在鸭跖草 2 叶期前效果较好，但注意对下茬敏感作物的残留药害；氟磺胺草醚和乙羧氟草醚以及氯酯磺草胺对鸭跖草均有良好防效，但要严格按照推荐剂量均匀施药，也要避免飘移到临近敏感作物田。因鸭跖草对莠去津、咪唑乙烟酸已经产生了抗药性，应注意轮换使用不同类型的除草剂，同时应加强增效助剂的使用，降低抗性产生的风险。

综合利用　鸭跖草主要含黄酮类、生物碱类、多糖、有机酸等多种成分，有抗流感病毒、抗炎镇痛、抗氧化作用，能够清热解毒、利尿，对常见的麦粒肿、咽炎、蝮蛇咬伤等有很好的疗效。它还能有效清除居室内的甲醛等有害气体，也是家中良好的观叶植物之一，易于养殖。

参考文献

陈扬, 2021. 东北地区大豆田化学除草剂减量技术研究 [D]. 沈阳 : 沈阳农业大学 .

李伟杰, 2014. 黑龙江省北部地区大豆田杂草发生危害调查及化学防治研究 [D]. 北京 : 中国农业科学院研究生院 .

李扬汉, 1998. 中国杂草志 [M]. 北京 : 中国农业出版社 : 1046-1047.

李祖成, 王月, 赵峰, 等, 2020. 鸭跖草镇痛活性部位筛选及作用机制研究 [J]. 中成药, 42(11): 3021-3024.

孙玉龙, 杜颖, 梁亚杰, 等, 2021. 辽宁地区鸭跖草对莠去津抗性水平检测 [J]. 农药, 60(5): 386-389.

王晶, 李洪鑫, 陈达, 等, 2015. 84% 氯酯磺草胺 WDG 对鸭跖草的防除效果及对大豆安全性评价 [J]. 东北农业科学, 40(6): 84-86, 93.

由立新, 2001. 鸭跖草生物学特性及防治技术的研究 [D]. 哈尔滨 : 东北农业大学 .

郑建波, 陈佳星, 张庆栋, 等, 2017. 12 种除草剂对玉米田鸭跖草的防效 [J]. 杂草学报, 35(1): 48-51.

中国科学院中国植物志编辑委员会, 1997. 中国植物志 : 第十三卷 第三分册 [M]. 北京 : 科学出版社 : 127.

（撰稿：宋小玲、毛志远；审稿：强胜）

芫荽　*Coriandrum sativum* L.

夏熟作物田一二年生杂草。又名胡荽、香菜、香荽。英文名 coriander。伞形科芫荽属。

形态特征

成株　高 20～100cm（图①）。有强烈气味的草本，

芫荽植株形态（张治摄）

①成株；②花序；③果序；④果实；⑤幼株

根纺锤形，细长，有多数纤细的支根。茎圆柱形，直立，多分枝，有条纹，通常光滑。基生叶有柄，柄长 2～8cm；叶片 1 或 2 回羽状全裂，羽片广卵形或扇形半裂，长 1～2cm、宽 1～1.5cm，边缘有钝锯齿、缺刻或深裂，上部的茎生叶互生，3 回以至多回羽状分裂，末回裂片狭线形，长 5～10mm、宽 0.5～1mm，顶端钝，全缘。伞形花序顶生或与叶对生，花序梗长 2～8cm（图②）；伞辐 3～7，长 1～2.5cm；小总苞片 2～5，线形，全缘；小伞形花序有孕花 3～9，花白色或带淡紫色；萼齿通常大小不等，小的卵状三角形，大的长卵形；花瓣 5，倒卵形，长 1～1.2mm、宽约 1mm，顶端有内凹的小舌片，辐射瓣长 2～3.5mm、宽 1～2mm，通常全缘，有 3～5 脉；花丝长 1～2mm，花药卵形，长约 0.7mm；花柱幼时直立，果熟时向外反曲。

子实　双悬果近圆球形，背面主棱及相邻的次棱明显（图③④）。胚乳腹面内凹。油管不明显，或有 1 个位于次棱的下方。

幼苗　子叶披针形（图⑤）。萌发将完成时，下胚轴带白色，有伸长能力，横切面呈圆形；将完成吸收功能的子叶带出土面。初生真叶多发育完全，呈披针形，全缘，对生。

生物学特性　适生于农田土壤。花果期 4～11 月，种子易脱落。繁殖方式主要是种子繁殖。秋冬季至翌年春季出苗。适宜生长温度为 17～20℃，超过 20℃生长不良，易抽薹、开花、结实。幼苗在 2～5 ℃低温下，经过 10～20 天，可完成春化，在长日照条件下抽薹。芫荽为浅根系，根吸收能力弱。土壤结构好，保水保肥力强，有机质丰富的土壤有利于芫荽生长。

芫荽提取液对黄瓜、南瓜、茄子 3 种蔬菜种子具有化感作用。浓度为 0.01g/ml 时，芫荽提取液显著地促进了黄瓜芽长和鲜重，当浓度高于 0.01g/ml 时，又抑制了黄瓜芽长和鲜重。随着芫荽提取液浓度的升高，3 种蔬菜的发芽率逐渐降低。芫荽提取液显著抑制了南瓜和茄子幼苗的生长，随着芫荽提取液浓度的升高抑制作用增强。

为二倍体植物，染色体数目为 2n=22。

分布与危害　芫荽原产于地中海沿岸及中亚地区，中国西汉时张骞从西域带回，现中国大部分地区均有分布。

该物种从种植中逃逸，在世界某些地区已归化，但尚未对该物种入侵本地栖息地的潜在环境或经济影响进行研究，也尚未对该物种进行入侵风险评估。考虑到它在世界各地长达数百年的栽培历史以及目前没有关于它入侵的报道，该物种不太可能在将来成为高威胁物种。部分麦田、油菜田、菜地、果园、草坪和路埂常见，为一般性杂草。

防除技术

农业防治　结种之前进行各种有效的人工、机械除草作业都能彻底除去芫荽。结种之后把掉落在表层土壤的芫荽种子深翻至土层深处，即可减少芫荽出苗数。

生物防治　一些小动物比如兔子、仓鼠喜欢吃芫荽，可以防除芫荽。

化学防治　麦田及禾本科草坪可用 2 甲 4 氯、麦草畏、氯氟吡氧乙酸、苯磺隆等进行茎叶喷雾处理。油菜田可用草除灵进行茎叶喷雾处理。

综合利用　芫荽每 100g 食用部分含维生素 C135mg、钙 184mg，还含有其他营养物质。因具香气，在中国芫荽用作调味品；实可入药，有祛风、透疹、健胃及祛痰的功效。种子含油量达 20% 以上，是提炼芳香油的重要原料。

参考文献

李扬汉，1998. 中国杂草志 [M]. 北京：中国农业出版社：979.

李仰锐，吴艳波，徐兴虎，2009. 芫荽浸出液对蔬菜萌发及幼苗生长的影响 [J]. 现代农业科技 (19): 92-93.

刘婷婷，董云，孙万仓，等，2018. 油菜化学除草剂的除草效应及对油菜产量的影响 [J]. 甘肃农业 (1): 44-47.

吴明荣，唐伟，陈杰，2013. 中国小麦田除草剂应用及杂草抗药性现状 [J]. 农药，52(6): 457-460.

张立微，2014. 芫荽种质资源引进及利用 [D]. 哈尔滨：东北农业大学.

中国科学院中国植物志编辑委员会，1979. 中国植物志：第五十五卷 [M]. 北京：科学出版社.

（撰稿：宋小玲、毛志远；审稿：强胜）

眼子菜　*Potamogeton distinctus* A. Bennett

水田多年生浮水杂草。又名鸭子草、水上漂、竹叶草、水案板、泉生眼子菜等。英文名 pondweed。眼子菜科眼子菜属。

形态特征

成株　根状茎匍匐，发达，多分枝，白色，埋于泥中，节上生有鳞片及不定根（图①）。开花结果后，随着气温逐渐下降，根状茎顶端的顶芽和数节侧芽开始变肥厚，侧芽并向一侧弯曲。由于根状茎前端的节间十分短，故常有 2～5 个芽聚集一起形成“鸡爪状”越冬芽，俗称“鸡爪芽”。茎近直立，节间较短，细弱，圆柱形，直径 1～2mm、长约 50cm。叶两型，沉水叶互生，草质，披针形或狭披针形，全缘，长约 13cm、宽约 1.5cm，叶柄长 3～6cm，常早落；浮水叶互生，黄绿色，略带革质，阔披针形、卵状披针形或近长椭圆形，长 4～13cm、宽 2～4cm，具 13～21 对侧脉（图②），顶端渐尖或钝圆，基部近圆形，叶柄长 3.5～13cm；托叶膜质，长 1～7cm，顶端尖锐，呈鞘状抱茎，早落。穗状花序顶生，密生黄绿色小花，长 2～5cm，开花时伸出水面，花后沉没水中；花序梗长 4～7cm，粗于茎，花时直立，花后自基部弯曲；花小，两性，花被片 4，圆形，基部爪状；雄蕊 4，无花丝；雌蕊 2，稀为 1 或 3 枚，无柄；子房 1 室，花柱缩短，柱头膨大，头状或盾形；胚珠 1 枚。

子实　小核果斜倒阔卵形，长约 3.5mm、宽约 2.5mm（图③）。背面拱形，具 3 条纵脊，中脊明显突起成窄翅状，2 条侧脊不明显；顶端近扁平而不成喙状；内含 1 粒种子；种子近肾形，种皮膜质，无胚乳，胚上端弯曲呈钩状（图④）。花果期 6～8 月。

幼苗　子叶出土。子叶针状，长 6mm。上胚轴不发育，下胚轴不甚发达。初生叶 1 片，互生，单叶，条形，先端急尖或锐尖，全缘，叶基两侧有顶端不伸长的膜质叶鞘。沉水叶亦均呈条形；后生叶亦为单叶，互生，叶片呈带状披针形，

眼子菜植株形态（强胜摄）

①成株；②花序；③果实；④种子

先端锐尖，全缘，托叶成鞘，顶端不伸长。叶片有3条明显叶脉，中脉较粗。浮水叶渐变成卵状披针形至卵形。

生物学特性　多年生水生漂浮杂草，生池塘、水田或水渠中。根状茎和种子均可繁殖，以根状茎无性繁殖为主。根状茎萌芽的适温20～35℃。以水层5cm萌发最快，10cm稍次，20cm显著减慢，水深1m虽能萌发，但生长慢。一般于插秧后半月左右其幼苗就可伸出水面，出苗后1个月左右，叶片相继迅速展开并铺满水面。种子萌发起点温度为20℃，25℃出现高峰。种子萌发的时间较"鸡爪芽"萌发迟10天左右。种子萌发均在表土层，水层不宜太深，每翻动一次土层，均有一次萌发高峰。2n=52。

分布与危害　在中国长江流域、黄河中下游及东北等地的广大稻田均有分布。是稻田的恶性杂草之一，生长迅速，盘根错节难以清除。特别是连作稻田、土壤黏重的稻田发生较重，与水稻争夺营养，使水稻生长不良，严重减产。是稻田较难防除的杂草之一，北方稻田危害尤重。此外，还危害莲藕。据测定，当眼子菜覆盖度达30%以上时，水稻减产即达10%～20%以上。

防除技术　防除应采取农业防治和化学防治相结合的方法。

农业防治　眼子菜"鸡爪芽"的鳞片占总重的80%以上，如将鳞片剥去，眼子菜生长很小，且容易死亡。当受到干旱、日晒，鳞片逐层发黑干枯，"鸡爪芽"生命力即受到削弱，直到死亡。水旱轮作有较好的防效。还可通过清除漂浮在水面的眼子菜种子和繁殖体，保持水层抑草，清洁作物种子，并结合耕翻、整地、壮苗，以苗压草。

生物防治　利用大麻鲜草翻耕后覆水耙田，进行插秧，使大麻在地下腐熟。浅水灌溉，田间保持薄水层，促进水稻尽快发苗。正处于萌发阶段的眼子菜根系及生长点接触大麻腐烂物，根叶就变黑腐烂，达到除草目的，而对水稻安全。另外，还可以通过稻田养鸭、养鱼或养蟹等，啄食种子、幼苗、根状茎、鸡爪芽以及浑水抑制种子萌发等控制眼子菜危害。

化学防治　化学防除仍然是防除眼子菜最主要的技术措施。稻田应用西草净、苯达松、2甲4氯、苄嘧磺隆、吡嘧磺隆、五氟磺草胺、氟吡磺隆、扑草净和敌草隆等除草剂防除。栽后7～13天用苄嘧磺隆混肥或细土撒施，对眼子菜有良好防效。另外，扑草净、五氟磺草胺和氟吡磺隆也可以在眼子菜出苗后进行防除。

综合利用　眼子菜全草入药，能清热解毒。也可以作为野生花卉，植于湿地或在庭院浅水池中种植观赏。还可作猪饲料、绿肥。

参考文献

陈树文，苏少范，2007. 农田杂草识别与防除新技术 [M]. 北京：中国农业出版社：100-101.

高永良，1990. 利用大麻防除眼子菜 [J]. 植物保护（增刊）：73.

管康林，2009. 种子生理生态学 [M]. 北京：中国农业出版社：125.

桂耀林，杨宝珍，杨肇驯，1974. 稻田杂草眼子菜的形态特征及化学防除 [J]. 生命世界 (2): 14-15.

李扬汉，1998. 中国杂草志 [M]. 北京：中国农业出版社.

刘启新，2015. 江苏植物志：第5卷 [M]. 南京：江苏凤凰科学技术出版社：16-17.

强胜，2009. 杂草学 [M]. 2版. 北京：中国农业出版社：46.

唐洪元，1986. 水稻田化学除草技术 [M]. 北京：农业出版社：16-17.

韦永保，1996. 稻田恶性杂草眼子菜的发生、危害及防除 [J]. 植物保护，22(4): 47-48.

吴竞仑，周恒昌，2003. 稻田杂草化学防除 [M]. 北京：化学工业出版社：77-79.

颜玉树，1989. 杂草幼苗识别图谱 [M]. 南京：江苏科学技术出版社：264-265.

印丽萍，颜玉树，1997. 杂草种子图鉴 [M]. 北京：中国农业科技出版社：226-227.

张玉涛，谭龙波，黄荣茂，等，2006. 10% 草威片剂对稻田眼子菜等主要杂草的防除效果 [J]. 贵州农业科学，34(2): 94-95.

（撰稿：郝建华；审稿：宋小玲）

羊蹄　*Rumex japonicus* Houtt.

夏熟作物田、田边及路埂多年生杂草。又名金不换、牛耳大黄、野大黄、羊蹄酸模等。英文名 Japanese dockroot。

羊蹄植株形态（强胜摄）

①植株；②花序；③果序；④果实；⑤幼苗

蓼科酸模属。

形态特征

成株　高35～120cm（图①）。主根粗大，长圆锥形，黄色。茎直立，粗壮，上部不分枝。基生叶具长柄，叶片长椭圆形，长10～25cm、宽3～10cm，先端稍钝或短尖，基部圆形或心形，边缘波状皱褶；茎生叶互生，较小，有短柄，狭长圆形，基部楔形，两面无毛；托叶鞘筒状，膜质。花序狭长，圆锥状，顶生，每节上轮生的花簇略下垂（图②）；花两性，花柄中下部具关节，略下垂；花被片6，淡绿色，排成2轮，内轮果时增大（图③），宽心形，表面具网纹，顶端渐尖，基部心形，边缘具不整齐的小齿，全部在中央有长卵形的瘤状突起；雄蕊6；子房卵形，有3棱；柱头3。

子实　瘦果宽卵形，具3棱，黑褐色，有光泽（图④）。

幼苗　子叶出土（图⑤）。下胚轴粗短，上胚轴不发育。子叶呈棒状，长12mm、宽4.5mm。初生叶1片，阔卵形，有1条明显叶脉，侧脉网状，具长柄。托叶鞘膜质，鞘口裂齿状。后生叶逐渐成为椭圆形。全株光滑无毛。

生物学特性　种子繁殖。秋冬季出苗，花期5～6月，果期6～7月。生于田边、路坝、湿地。羊蹄为二倍体植物，其染色体数目为n=42。

分布与危害　中国分布于东北、华北、华东、华中、华南及四川、贵州等地；朝鲜、日本、俄罗斯也有分布。生于海拔30～3400m田边路旁、河滩、沟边湿地。也见夏熟作物田、果园、菜地等，有时发生量较大，有一定的危害性。全草有毒，以根部毒性较大。

防除技术

农业防治　由于羊蹄果实具有宿存花被，因此具有很强的漂浮能力，在稻麦（油）连作田田间灌水初期，拦截漂浮的杂草种子并及时最大程度清除水面漂浮的杂草种子，阻止杂草种子的沉降，不断缩小土壤杂草种子库的规模。

化学防治　见齿果酸模。

综合利用　羊蹄根部含有大黄酚、大黄素以及大黄根酸等多种成分，可入药，有清热凉血、杀虫润肠之效。叶及果实也可药用。植株柔软，为优良饲草。

参考文献

李儒海, 2009. 稻麦(油)两熟田杂草子实的水流传播机制及杂草可持续管理模式的研究[D]. 南京: 南京农业大学.

李扬汉, 1998. 中国杂草志[M]. 北京: 中国农业出版社: 807.

刘启新, 2015. 江苏植物志: 第2卷[M]. 南京: 江苏凤凰科学技术出版社: 303-305.

冒宇翔, 沈俊明, 王晓琳, 2018. 不同耕作模式下麦田杂草发生规律[J]. 杂草学报, 36(3): 5-12.

（撰稿：郝建华；审稿：宋小玲）

样方法　quadrat plot method

是用样方调查取样杂草种群数量的调查取样方法。适用于杂草发生危害的群落生态学调查和除草技术防除效果的调查。在田间用一定规格的取样框选取一定数量的样方，统计样方中杂草植株数量、杂草盖度或计称杂草的鲜重。

样方法实际上是针对整个调查面积设置最少的代表性取样点的一种策略，因此，设计的样方的大小和数量直接关系到取样的代表性和准确性。通常样方越大和越多，代表性越好，也越准确，但是，耗费的人力和时间就会越多。因此，如何在理想的样方大小和数量与花费最少时间之间寻求平衡点，是样方法取样的关键。

一般可用最小面积曲线法确定合适的样方大小。用一个小样方（如0.25m×0.25m）取样，记下样方内的杂草种类。然后，将样方扩大到2倍，即0.25m×0.5m的样方，另记下扩大样方内的杂草种类。再将样方扩大到4倍、8倍、16倍……分别记下增加的杂草种类，直到杂草种类不再增加为止（图1）。以样方的面积为横坐标，杂草的种类为纵坐标作图，得到杂草种类—样方面积曲线。杂草种类—样方面积曲线在样方面积较小时，坡度较陡；随着样方面积的增加，坡度逐渐变小；当样方面积增到一定的时候，曲线变平，最后，杂草的种类不再随着样方面积的增加而增加。最合适的样方面积或最小样方面积即是在曲线由陡变平那一点（图2）。

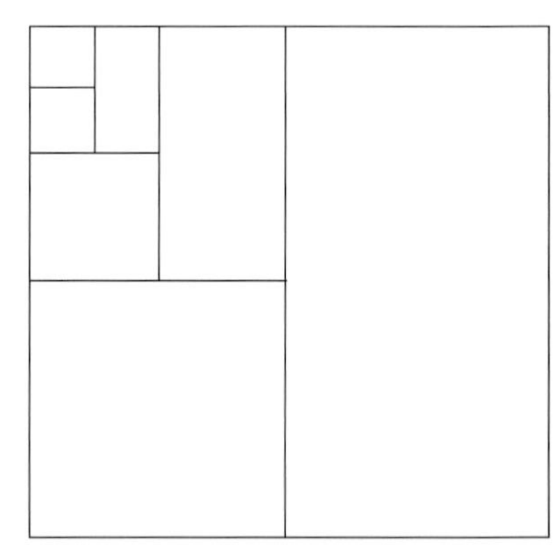

图1 确定最小样方面积的巢式取样

（引自强胜主编的《杂草学》，2009）

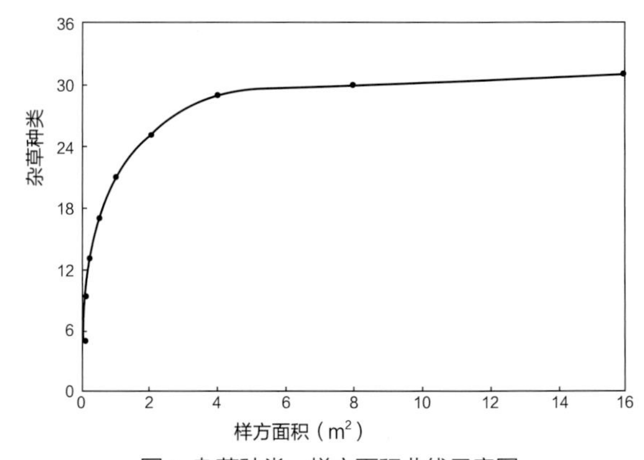

图2 杂草种类—样方面积曲线示意图

（引自强胜主编的《杂草学》第二版）

一般在实际调查中，不是每次调查均需要使用上述方法确定最小样方面积，而是根据长期调查积累的经验，确定样方的大小。还要根据设置样方的多少综合考虑样方的大小。

在研究杂草群落结构或进行除草剂田间药效试验时，

要在试验区或小区内取一定数量的样方来推算整个试验区或小区的杂草种类及发生量。因此，既要考虑样方的大小，还要考虑样方的数量，取样数量越多，代表性越好，但取样的目的是为了减少调查所花费的劳力和时间。实际上采用的数量是根据农田杂草的特点，对于种类组成和地上部生物量等的数量指标， 在进行农田杂草群落调查时，常用的取样法是倒置“W”9 点取样法（图 3），基本方法是：调查者在选定的大田，沿田边向前走 70 步，向右转向田里走 24 步，开始第一点取样；调查结束后，向纵深前方走 70 步，再向右转向田里走 24 步，开始第二点取样。以同样的方法完成九点取样。当田块面积较大时，可相应调整向前向右步数，以便尽可能使样方均匀分布于田间。每样方为 $0.25m^2$（50cm×50cm），每个样方调查的内容包括杂草种类、株数（为便于记载，杂草的株数以杂草茎秆数表示）、平均高度和调查田块及作物的有关情况。一般在农田杂草发生相对均匀的情况下，一块 1 亩左右的田块，5 个 $0.33m^2$ 或 3 个 $1m^2$ 的样方就可达到满意的效果。

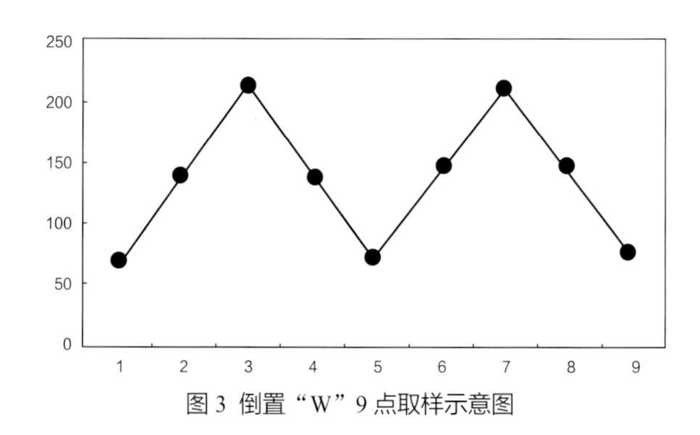

图 3 倒置“W”9 点取样示意图

在杂草防除试验中，$20m^2$ 大小的小区，可以用 $0.33m^2$ 的样方 3～5 个。

样方法是杂草定量调查取样中，相对较为精确的取样方法。不过，耗费的人力和时间也最多，有时很难兼顾精确和投入，而通过减少样方的数目，削弱精确性，获得效率。

参考文献

倪汉文, 1998. 杂草调查适宜样方的确定 [J]. 杂草科学 (2): 35.

强胜, 2009. 杂草学 [M]. 2 版 . 北京 : 中国农业出版社 : 260.

张朝贤, 胡祥恩, 钱益新, 等, 1998. 江汉平原麦田杂草调查 [J]. 植物保护, 24(3): 14-16.

（撰稿：李儒海、刘宇婧；审稿：强胜）

样线法　line transect method

是借助于样线调查取样杂草群落的一种定量取样方法，由于样线法还可调查一个面积上的杂草发生数量，实际上也是一种面积取样技术。适合应用于连续分布的杂草群落的定量调查取样。

通常先主观选定一块代表地段，并在该地段一侧设一基线，然后沿基线用随机或系统取样选出一些测点，这些点可作为通过该地段取样的起点。样线可使用 20～50m 或更长的卷尺，亦可用等距记号的绳子或电线等，借助其刻度可以区分为确定频度需要的任何区段，同时，也可记载被样线所截的每株植物的长度。

设好样线之后，先对群落一般特征和生境条件进行记载，然后开始样线测定和记载。具体做法：从一端开始，登记被样线所截（包括线上线下）植物。共计所得植物的 3 个测定数据：①样线的被截长度 L。②植物垂直于样线的宽度 M。③所截个体数目 N。

一般 1 亩左右的田块，可设计一条样线。数据的整理可首先统计和确定下列各值：每种植物的个体数（N）；所截长度的总和（$\sum L$）；登记有某种植物的区段数（BN）；植物最大宽度倒数的总和（$\sum 1/M$）。据此计算密度、盖度（优势度）、频度及相对密度、相对盖度（优势度）、相对频度和重要值。

样方内某种杂草的密度占全部杂草总密度的百分比称为相对密度。可用如下公式计算：

相对密度 = 某种杂草的密度 / 全部杂草的总密度 ×100%

计算某种杂草的相对密度依赖于样方内所有杂草的密度（见密度）数据。某种杂草的相对密度一般并不单独使用，而是作为一个指标，用于计算该种杂草的相对优势度（见优势度）或重要值。由于某种杂草的相对密度与样地内所有杂草的密度密切相关，因而样方的代表性和数量很重要。

样地内某一种杂草的频度占全部杂草频度总和的百分比称为相对频度。可用如下公式计算：

相对频度 = 某种杂草的频度 / 全部杂草的频度之和 ×100%

计算某种杂草的相对频度依赖于样地内所有杂草的频度（见频度）数据。某种杂草的相对频度一般并不单独使用，而是作为一个指标，用于计算该种杂草的相对优势度（见优势度）。由于某种杂草的相对频度与样地内所有杂草的频度密切相关，因而样方的代表性和数量很重要。

在杂草群落调查中，一般用相对优势度来确定群落中的优势种。

群落中各杂草的相对优势度 RA=(RD+RC+RF+RW)/4

其中 RD 为相对密度，即某种杂草的密度占总密度的比例；RC 为相对盖度，即某种杂草的盖度占总盖度的比例；RF 为相对频度，即某种杂草出现的样方数占所有杂草出现的总样方数的比例；RW 为相对鲜重，即某种杂草的鲜重占样方中杂草总鲜重的比例。

如果没有调查鲜重，则各杂草的相对优势度 RA=(RD+RC+RF)/3。

相对优势度大的几种杂草即为优势种，它们构成优势群落。还可以根据每种杂草的相对优势度，将杂草分为优势杂草、局部优势杂草、次要杂草和一般性杂草等。

杂草相对优势度综合了杂草相对密度、相对盖度、相对频度和相对鲜重等指标，能够反映每种杂草在群落中的地位和作用，即优势程度。在杂草群落调查中，广泛采用相对优势度来测度每种杂草的优势程度，进而确定杂草群落的优势种。杂草相对优势度的计算依赖于杂草调查所采集的杂草相对密度、相对盖度、相对频度和相对鲜重等数据，因而样方的数量和代表性、所采集数据的质量、调查人员的经验和熟练程度等均影响到杂草群落优势种的确定。

样线法在农田杂草群落调查中应用的案例不多，但在调查草坪和草地杂草群落中普遍采用。近几十年来，草地生态学家基于草地的特点改进和完善了样线法，形成了Daubenmire样线法、大样方—样线法、同心圆样线—样方法等取样方法。简要介绍如下，在调查杂草群落时可以参考使用。

Daubenmire样线法：多应用于大尺度的草地研究中，可以有效地平衡样地空间异质性。样线长可为30m，沿着样线每间隔1.5m设置一个0.2m×0.5m的样方，20个小样方均匀分布在样线的同侧。

大样方—样线法：结合样线和样方技术，应用于草地植被的监测。样线长可为100m，5个0.5m×1m的样方沿着样线随机设置，并且交替分布在样线两侧。

同心圆样线—样方法：在所选样地区域选一点为圆心，以圆心为起点，设置3条30m长的样线，样线之间所成角均为120°，沿着样线每隔10m设置一个1m×1m的样方，每条样线上3个，一个样地共9个1m×1m的样方。

不同样线法对植物多样性、优势种、外来种、稀有种的监测结果不尽相同，采样方法对不同类型草地生物多样性调查结果的准确性和可靠性具有较大影响，而且还因耗时及人力投入不同影响调查的工作效率。因此，对于特定草地群落，需要比较不同样线法，选择一种既能有效准确地监测杂草群落，又能节省人力和物力的调查方法。

参考文献

强胜, 2009. 杂草学 [M]. 2版. 北京: 中国农业出版社: 260-261.

任继周, 1998. 草业科学研究方法 [M]. 北京: 中国农业出版社: 11-16.

张晓蕾, 董世魁, 郭贤达, 等, 2015. 青藏高原高寒草地植物多样性调查方法的比较 [J]. 生态学杂志, 34(12): 3568-3574.

朱晶晶, 强胜, 2005. 气象因子对南京市草坪冬季杂草发生规律的影响 [J]. 草业学报, 14(2): 33-37.

DAUBENMIRE R, 1959. A canopy-coverage method of vegetation analysis [J]. Northwest science, 33: 43-64.

STOHLGREN T J, KELLY A B, OTSUKI Y, 1998. Comparison of rangeland vegetation sampling techniques in the Central Grasslands [J]. Journal of range management, 51(2): 164-172.

HANKINS J, LAUNCHBAUGH K, HYDE G, 2004. Rangeland Inventory as a tool for science education: Program pairs range professionals, teachers and students together to conduct vegetation measurements and teach inquiry-based science [J]. Rangelands, 26: 28-32.

（撰稿：李儒海；审稿：强胜）

Y

野荸荠 *Eleocharis dulcis* (N. L. Burman) Trinius ex Henschel

水田多年生杂草。又名荸荠、马薯、马蹄、地栗、光棍草。英文名thickculm spikesedge。异名：*Eleocharis plantagineiformis* T. Tang et F. T. Wang。莎草科荸荠属。

形态特征

成株 高30～100cm（图①）。具长的匍匐根状茎，茎端生球茎，球茎扁圆形，表面平滑，老熟后呈深栗色或枣红色。秆多数，丛生，直立，圆柱状，直径4～7mm，灰绿色，中有横隔膜，干后秆的表面现有节。叶缺如，只在秆的基部有2～3个叶鞘；鞘膜质，紫红色、微红色、深、淡褐色或麦秆黄色，光滑，无毛，鞘口斜，顶端急尖，高7～26cm。小穗圆柱状，长1.5～4.5cm，直径4～5mm，微绿色，顶端钝，有多数花；在小穗基部多半有两片、少有一片不育鳞片，各抱小穗基部一周，其余鳞片全有花，紧密地覆瓦状排列，宽长圆形，长5mm，宽大致相同，苍白微绿色，有稠密的红棕色细点，中脉一条，里面比外面明显；下位刚毛7～8条，较小坚果长，有倒刺；柱头3枚，花柱基从宽的基部向上渐狭而呈二等边三角形，扁，不为海绵质（图②）。

子实 小坚果宽倒卵形，扁双凸状，长2～2.5mm，宽约1.7mm，黄色，平滑，表面细胞呈四至六角形，顶端不卷缩（图④）。

幼苗 子叶留土，第一片真叶短小，针状；第二片真叶线状披针形，随后陆续抽出秆，鞘口斜（图③）。

生物学特性 多以块茎越冬。春夏季出苗，花果期夏秋季。以根状茎或块茎繁殖，种子也可繁殖。阳生杂草，生长期内需较强的光照，对水分的要求亦较高。其叶退化，仅于茎基部留有少数叶鞘。对光周期不敏感，初秋抽出花茎，于先端着生淡绿色圆柱状的花穗。种子大多不饱满，休眠期长，发芽率低。由于种子发芽率低，在繁殖上并不重要，田间很少见实生苗。球茎具休眠期，因成熟期不一，休眠期的解除亦有早有迟，使得萌发很不一致。出芽起点温度为12℃，最适为30℃，最高为40℃。出芽需较高的湿度，土壤水分饱和至薄有水层对萌发最有利，土壤湿度较低亦可出苗，但出苗慢，发生期长，长势差。野荸荠地下根茎范围较小，球茎向下深扎，呈垂直分布，可深层发芽。球茎上生有复数芽，当最初的芽发生的植株被切断或被除草剂杀死后，球茎上残存的芽能很快萌发。深埋在土中的球茎寿命可达5～6年。由于土下球茎寿命较长，且其在土中的分布深浅不一，故稻田中一旦发生野荸荠侵入，则很难彻底清除。

分布与危害 野荸荠仅生长在湿地、泥沼或浅溪中等较湿润环境，因此主要对水稻、慈姑、莲藕等作物产生危害。野荸荠广泛分布于热带和亚热带非洲、亚洲及太平洋诸岛，在中国安徽、福建、广东、广西、贵州、海南、河北、河南、湖北、湖南、江苏、江西、辽宁、内蒙古、山东、山西、陕西、上海、四川、云南、浙江、重庆等地均有发生，

野荸荠在田间自然生长情况下，茎秆发生量较大，每平方米内茎秆数可达1333.3株，同时茎秆生长量较大，每茎秆鲜重达1.2534 g。野荸荠球茎的再生能力强，即使连续11次人工割除地上部分也不能消除其发生，1个球茎在生长季节中可生产超过100个新球茎，当田间发生密度达到151株/m^{2}时，可引起水稻减产近40%。

防除技术

应采取化学除草与农艺和生物措施相结合的方法。此

野荸荠植株形态（①～③张治摄；④许京璇摄）

①群体；②花序；③幼苗；④种子

外，也应该考虑综合利用等措施。

化学防治　可使用苄嘧磺隆，拌湿润细土或结合追肥拌化肥撒施，作为土壤封闭除草剂防控野荸荠。另外，2甲4氯钠、2甲·唑草酮及吡嘧·唑草酮可作为茎叶处理剂防除野荸荠并抑制其球茎的形成。

农业防治　采用水旱轮作的耕作方式，可导致野荸荠生长力下降，繁殖力降低。秋季田块收割后，深翻后再进行耙田两次，然后人工捡拾其球茎，并带出田外晒干后焚烧，可大大减少野荸荠翌年发生量。另外，水稻覆膜栽培技术，可对野荸荠达到83.3%的防效。*Alternaria* sp.，*Fusarium* sp.和*Fusicoccum* sp.能够感染野荸荠受伤的种子，*Trichothecium* sp.能够同时感染未受伤和受伤的野荸荠种子，同时水稻收获后对农田施用这4种病原菌，可在一定程度上影响野荸荠球茎储存期的状况。

综合防治　野荸荠的球茎口感甜脆，营养丰富，含有蛋白质、脂肪、粗纤维、胡萝卜素，等可作为蔬菜，或作水果，也可制作淀粉；同时还具有止渴、消食、解热、消肿化痰的药用功能。

参考文献

曹端荣，廖冬如，王修慧，等，2011. 鄱阳湖区稻田杂草演替及防控中存在问题与防范对策[J]. 江西农业学报，23(4): 81-82.

范立志，1998. 稻田野荸荠上升原因及化除技术探索[J]. 杂草学报(3): 34, 39.

何永福，何占祥，2002. 稻田恶性杂草野荸荠的生长发育及其在贵州的分布[J]. 贵州农业科学，30(1): 37-39.

何永福，何占祥，聂莉，等，2003. 甲克粉剂防除野荸荠、眼子菜试验[J]. 贵州农业学，31(6): 38-40.

何永福，聂莉，1999. 野荸荠生物学特性研究[J]. 贵州农业科学，27(2): 3-5.

康听东，刘占山，柏连阳，等，2011. 野荸荠的生物学特性及防除策略[J]. 湖南农业科学(13):102-104.

李扬汉，1998. 中国杂草志[M]. 北京：中国农业出版社.

聂莉，何永福，1999. 野荸荠对水稻产量的影响 [J]. 贵州农业科学，27(1): 33-35.

沈国辉，梁帝允，2018. 中国稻田杂草识别与防除 [M]. 上海：上海科学技术出版社.

王振兰，2009. 哈利防除稻田杂草效果及安全性试验报告 [J]. 北方水稻，39(4): 60-61.

吴庭友，殷德林，张桥，等，2003. 野荸荠生物学特性研究初报 [J]. 杂草学报 (1):18-20.

张顺元，孙永军，2000. 稻田恶性杂草——野荸荠的化学防除 [J]. 植物医生 (2): 11.

郑晋元，孙百炎，2001. 稻田野荸荠的化学防除 [J]. 上海农业科技 (1): 74-86.

LI H, YE Z H, WEI Z J, et al, 2011. Root porosity and radial oxygen loss related to arsenic tolerance and uptake in wetland plants[J]. Environmental pollution, 159: 30-37.

LIU G H, ZHOU J, LI W, et al, 2005. The seed bank in a subtropical freshwater marsh: implications for wetland restoration[J]. Aquatic botany, 81: 1-11.

LIU W Z, ZHANG Q, LIU G H, 2009. Seed banks of a river–reservoir wetland system and their implications forvegetation development[J]. Aquatic botany: 7-12.

PENG L, YANG Z, LI Q, et al, 2008. Hydrogen peroxide treatments inhibit the browning of fresh-cut Chinese water chestnut[J]. Postharvest biology and technology, 47(2): 260-266.

SURIYAGODA L, ARIMA S, SUZUKI A, et al, 2007. Variation in growth and yield performance of seventeen water chestnut accessions (*Trapa* spp.) collected from Asia and Europe[J]. Plant production science, 10(3): 372-379.

WANG Q, YU D, XIONG W, et al, 2010. Do freshwater plants have adaptive responses to typhoon-impacted regimes: [J] Aquatic botny, 92(4): 285-288 .

ZHU X Q, WANG H X, QIN L, et al, 2009. Preliminary studies on pathogenic fungi of chestnut fruit rot and its control[J]. Acta horticulturae, 844: 83-88.

（撰稿：强胜、高平磊；审稿：刘宇婧）

野慈姑 *Sagittaria trifolia* L.

水田多年生杂草。又名剪刀草。异名 *Sagittaria trifolia* L. var *sinenses* (Sims) Makino f. *longiloba* (Tarcy.) Makino。英文名 oldworld arrowhead。泽泻科慈姑属。

形态特征

成株 高 15～70cm 或更高（图①）。地下根状茎横走，先端膨大成球形或卵形的球茎或否。茎极短，生有多数互生叶，叶柄长 20～50cm，基部扩大；叶形变化很大，通常为箭形，长达 20cm，先端钝或急尖，主脉 5～7 条，自近中部外延长为两片披针形长裂片，外展呈燕尾，裂片先端细长尾尖。花序总状或圆锥状，3～5 朵轮生轴上，单性，下部为雌花，具短梗（图②③）；苞片 3 枚；外轮花被片，萼片状，卵形，顶端钝；内轮花被片 3，花瓣状，白色，基部常有紫斑，早落；雄蕊多枚；心皮多数，密集成球状。该种植株高矮、叶片大小及其形状等变化异常复杂。

子实 聚合瘦果圆头状，直径约 1cm（图④）。瘦果斜倒卵形，长 3～5mm，扁平，不对称，背、腹面均有翅。种子褐色（图⑤）。

幼苗 子叶出土，针状，先端微弯（图⑥）。下胚轴发达，其下端与初生根相接处有一膨大球形的颈环，表面上密生细长根毛，上胚轴不发育。初生叶 1 片，互生，单叶，线状披针形，先端渐尖，全缘，叶基渐窄，叶片有数条纵脉及其之间的许多横脉，构成方格状网脉；无叶柄。后生叶与初生叶相似，但露出水面的后生叶逐渐变为箭形。全株光滑无毛。

生物学特性 野慈姑既可以通过地下球茎进行营养繁殖，亦可以通过蜜蜂、食蚜蝇等昆虫授粉完成有性生殖，且自交亲和。雌雄同株异花，花序基部为雌花，顶部为雄花，由基至顶依次开放，雌花一般在 1～2 天内开放完毕，雄花持续开放 4～10 天，雌雄花开花期均为 1 天（5: 30～15: 00）。苗期 4～6 月，花期 6～7 月，果期 8～9 月。

分布与危害 中国主要分布于东北、华北、西北、华东、华中、华南及四川、贵州等地，除西藏等少数地区未见到标本外，几乎中国各地均有分布。常生在湖泊、河湾、溪流、水塘的浅水带，沼泽、沟渠、浅水池沼或稻田。为稻田、莲藕田常见杂草，局部危害严重，导致减产。

防除技术

农业防治 主要通过耕作措施和调节水层。冬季深耕土层，将野慈姑的地下球茎翻至土表，使之因干旱或冻害而失去发芽能力，部分深埋土下，逐渐腐烂。对于发生量大的田块，水稻宜采用移栽方式进行种植，插秧前整地后灌足水泡田，多数没有附着土层的野慈姑球茎会漂浮在水面上，借助风力的作用，田埂边球茎数量会很多，在打捞水面和水边稻草的同时可一并将野慈姑球茎捞出，减少野慈姑发生基数。应选择生长量大、早生快发的优质水稻品种，适当密植，以群体优势降低野慈姑种群的竞争力。并提倡水旱轮作的种植模式，通过破坏野慈姑水生或沼生的生活习性，干湿交替、翻耕晒土等农耕措施降低野慈姑的发生量。

化学防治 ①土壤处理，在水稻移栽前 5～7 天，可选用吡嘧磺隆、乙氧氟草醚、丙炔噁草酮、乙氧氟草醚乳油 + 莎稗磷，采用毒土法施药，施药时水层 3～5cm，保水 5～7 天。②茎叶处理。移栽后 15～20 天，是野慈姑发生盛期，扑草净、西草净或吡嘧磺隆复配，拌细砂或细潮土撒施。每亩选用苯达松、2 甲 4 氯可湿性粉剂，放浅水层喷雾。已有报道，由于乙酰乳酸合成酶（ALS）酶基因上位点的突变或替代，导致野慈姑对磺酰脲类除草剂吡嘧磺隆和苄嘧磺隆存在抗性问题，应注意除草剂的轮换使用，不要盲目加大除草剂的用量，延缓野慈姑抗性的发生。

综合利用 球茎可食用；也可作家畜、家禽饲料。慈姑类植物叶形奇特秀美，可用于花卉观赏，将数株或数十株种植于河边，与其他水生植物搭配布置水面景观，对浮叶型水生植物可起衬景作用。

参考文献

纪明山，2016. 稻田杂草野慈姑的发生与防治 [J]. 新农业 (14): 32-33.

野慈姑植株形态（张治摄）

①植株；②③花；④果实；⑤种子；⑥幼苗

江苏省植物研究所，1977. 江苏植物志：上册 [M]. 南京：江苏人民出版社.

李扬汉，1998. 中国杂草志 [M]. 北京：中国农业出版社.

汪小凡，陈家宽，2000. 野慈姑自然群体异交率的定量估测 [J]. 遗传，22(5): 316-318.

颜玉树，1989. 杂草幼苗识别图谱 [M]. 南京：江苏科学技术出版社.

中国科学院中国植物志编辑委员会，1992. 中国植物志：第八卷 [M]. 北京：科学出版社.

DAI C, LI LN, WANG Z X, et al, 2018. Sequential decline in fruit resource allocation within inflorescences of *Sagittaria trifolia*: A test of non-uniform pollination hypothesis [J]. Plant species biology, 33: 259-267.

DAI C, LUO W J, GONG Y B,et al, 2018b. Resource reallocation patterns within *Sagittaria trifolia* inflorescences following differential pollination [J]. American journal of botany, 105: 803-811.

（撰稿：戴伟民；审稿：刘宇婧）

野葛 *Pueraria montana* var. *lobata* (Willd.) Maesen ScS. M. Almeida ex Sanjappa Se Predeep

林地多年生粗壮藤本杂草。异名 *Pueraria lobata* (Willd.) Ohwi。英文名 lobed kudzuvine。豆科葛属。

形态特征

成株　长可达 8m。全体被黄色长硬毛，茎基部木质，有粗厚的块状根（图①）。羽状复叶具 3 小叶（图④）；托叶背着，卵状长圆形，具线条；小托叶线状披针形，与小叶柄等长或较长；小叶 3 裂，偶尔全缘，顶生小叶宽卵形或斜卵形，长 7～15（～19）cm、宽 5～12（～18）cm，先端长渐尖，侧生小叶斜卵形，稍小，上面被淡黄色、平伏的疏柔毛。下面较密；小叶柄被黄褐色茸毛。总状花序长 15～30cm，中部以上有颇密集的花（图②）；苞片线状披针形至线形，远比小苞片长，早落；小苞片卵形，长不及 2mm；花 2～3 朵聚生于花序轴的节上；花萼钟形，长 8～10mm，被黄褐色柔毛，裂片披针形，渐尖，比萼管略长；花冠长 10～12mm，紫色，旗瓣倒卵形，基部有 2 耳及一黄色硬痂状附属体，具短瓣柄，翼瓣镰状，较龙骨瓣为狭，基部有线形、向下的耳，龙骨瓣镰状长圆形，基部有极小、急尖的耳；对旗瓣的 1 枚雄蕊仅上部离生；子房线形，被毛。

子实　荚果长椭圆形，长 5～9cm、宽 8～11mm，扁平，被褐色长硬毛（图③）。花期 9～10 月，果期 11～12 月。

生物学特性　葛有一定的耐寒耐旱能力，对土壤要求不甚严。但以疏松肥沃、排水良好的壤土或砂壤土为好。种子容易萌发，发芽适温在 20℃左右，15～30℃均可发芽，一般播后 4 天即可发芽，储藏年限 1～2 年，生产周期 2～3 年。葛根含有丰富的异黄酮类、葛根苷类、三萜类和生物碱类成分。

分布与危害　中国除新疆、青海及西藏外，分布几遍全国；东南亚至澳大利亚亦有分布。生于山地疏或密林中。野葛为多年生藤本，地上茎叶覆盖面积大，对周围林木生长非常不利。

防除技术　应采取包括物理、生物和化学防治草相结合

野葛植株形态（赵国明摄）

①全株；②花序；③果序；④叶

的方法。此外，也应该考虑综合利用等措施。

物理防治　通过人工和机械方法，如拔除、刈割、锄草等措施来清理葛根杂草。也可通过火力、电力、微波、覆盖薄膜等方法来去除杂草。

综合利用　葛根供药用，有解表退热、生津止渴、止泻的功能，并能改善高血压病人的头晕、头痛、耳鸣等症状。有效成分为黄豆苷元（daidzein）、黄苷（daidzin）及葛根素（puerarin）等。茎皮纤维供织布和造纸用。古代应用甚广，葛衣、葛巾均为平民服饰，葛纸、葛绳应用亦久，葛粉用于解酒。野葛也是一种良好的水土保持植物。

参考文献

强胜，2009. 杂草学 [M]. 2 版 . 北京：中国农业出版社 .

（撰稿：张志翔；审稿：刘仁林）

野胡萝卜　*Daucus carota* L.

果园、茶园以及夏、秋熟作物田二年生草本常见杂草。部分田块危害较重。英文名 queen anne's lace、wild carrot。伞形科胡萝卜属。

形态特征

成株　高 20～120cm（图①）。直根肉质，淡红色或近白色。茎直立，单一或分枝，有粗硬毛。基生叶丛生，茎生叶互生；叶片二至三回羽状全裂，末回裂片线形至披针形，长 5～12mm、宽 0.5～2mm。复伞形花序顶生，总花梗长 10～60cm（图②）；总苞片多数，叶状，羽状分裂，裂片线形，反折；伞幅多数；小总苞片 5～7，线形，不裂或羽状分裂；花梗多数；花瓣 5，白色或淡红色。

子实　双悬果长圆形，长 3～4mm、宽 2mm，灰黄色至黄色，4 次棱有翅，翅上有短钩刺（图③④）。

幼苗　除子叶外，全体有毛（图⑤⑥）。子叶近线形，长 7～9mm、宽约 1mm，先端钝或渐尖，基部稍狭。初生叶 1，具长柄；叶片 3 深裂，末回裂片线形；后生叶羽状全裂。下胚轴发达，淡紫红色；上胚轴不发育。

生物学特性　生于田边、路旁、渠岸、荒地、农田或果园中。喜湿润、亦较耐旱。种子繁殖。秋季或早春出苗，花果期 5～9 月。

分布与危害　中国各地均有分布；亚洲其他地区、欧洲、南北美洲、大洋洲也有分布。野胡萝卜为常见农田杂草之一，常生于果园、茶园、桑园中。在野外可通过化感作用影响本土植物的生长，部分作物受害较重。野胡萝卜果实常混入胡萝卜果实中传播，该种是胡萝卜的拟态杂草。

防除技术　应采取包括农业措施、生物和化学防治相结合的方法。此外，也可考虑综合利用等措施。

野胡萝卜植株形态（①～④强胜摄；⑤⑥叶照春、何永福摄）

①植株及生境；②花序；③④果实；⑤⑥幼苗

农业防治 在野胡萝卜发生较多的农田或地区，合理组织作物轮作换茬，加强田间管理及中耕除草工作，也可耙翻后耕层内种子萌发长出幼苗再进行深耕，减少耕层内杂草种子；因该物种以种子繁殖，故可在籽熟前人工拔除，秋季耕作时作深埋处理。还可采用玉米、小麦等秸秆覆盖还田，抑制杂草的生长。

化学防治 在果园、桑园、茶园可选用草甘膦、草铵膦、莠去津等进行定向喷雾防除；在果园、桑园也可选用敌草快、氯氟吡氧乙酸、氨氯吡啶酸、麦草畏等进行定向喷雾防除。

综合利用 全草入药，具有健脾化滞、凉肝止血、清热解毒的功效。有驱虫作用，果实提炼出来的精油对蚊幼虫的毒杀效果很好，可开发环保蚊虫杀幼剂；可提取芳香油及油脂。野胡萝卜还是优质饲料。

参考文献

李扬汉, 1998. 中国杂草志 [M]. 北京: 中国农业出版社: 980.

冒宇翔, 李贵, 沈建明, 等, 2014. 玉米秸秆覆盖还田结合化学除草剂对水稻田杂草的控制效果及对水稻产量的影响 [J]. 江苏农业学报, 30(6): 1336-1344.

秦巧慧, 彭映辉, 何建国, 等, 2011. 野胡萝卜果实精油对蚊幼虫的毒杀活性 [J]. 中国生物防治学报, 27(3): 418-422.

（撰稿：叶照春；审稿：何永福）

野老鹳草 *Geranium carolinianum* L.

夏熟作物田一二年生阔叶杂草。又名老鹳嘴、老鸦嘴、贯筋、老贯筋、老牛筋。英文名 carolina geranium。牻牛儿苗科老鹳草属。

形态特征

成株 高 20～60cm（图①）。根纤细，单一或分枝。茎直立或斜升，密被倒向短柔毛，有分枝。叶片圆肾形，长 2～3cm、宽 4～6cm，掌状 5～7 裂近基部，裂片楔状倒卵形或菱形，每裂又 3～5 裂，小裂片线形，先端急尖，表面被短伏毛，背面主要沿脉被短伏毛。基生叶早枯；茎生叶互生或最上部对生；托叶披针形或三角状披针形，长 5～7mm、宽 1.5～2.5mm，外被短柔毛；下部茎叶具长柄，柄长为叶片的 2～3 倍，上部叶柄等于或短于叶片。花成对集生于茎端或叶腋，花序长于叶，被倒生短柔毛和开展的长腺毛，顶生总花梗常数个集生，花序呈伞状（图②）；花梗与总花梗相似，等于或稍短于花；苞片钻状，长 3～4mm，被短柔毛；萼片 5，长卵形或近椭圆形，长 5～7mm、宽 3～4mm，先端急尖，具长约 1mm 尖头，外被短柔毛或沿脉被开展的糙柔毛和腺毛；花瓣 5，淡紫红色，倒卵形，等长或稍长于萼，雄蕊稍短于萼片，中部以下被长糙柔毛；雌蕊稍长于雄蕊，花柱 5，连合成喙状，密被糙柔毛。

子实 蒴果长约 2cm，被短糙毛，顶端有长喙，成熟时裂开，果瓣由喙上部先裂向下卷曲（图③④）。种子宽椭圆形，表面有网纹。

幼苗 子叶出土，下胚轴很发达，红色，上胚轴不发育，子叶肾形，长 6mm、宽 7mm，先端微凹，具突尖，叶基心形，叶缘有睫毛，具叶柄（图⑤）。初生叶与后生叶均为掌状深裂，有掌状脉，叶缘具睫毛，有长叶柄。幼苗除下胚轴外，全株密被短柔毛。

生物学特性 花期 4～7 月，果期 5～9 月。以种子繁殖，秋冬季至翌年春季出苗。传播途径主要是成熟时种子脱落土壤中，稻麦两熟地区，种植水稻收割后再播种小麦、油菜，草籽便从土壤中出草。无论水田或旱田，贮存在土壤中草籽都能出苗。种子通过风力、水力传播，另外，农家肥料的麦壳秸秆有大量草籽，麦种也混有此草种子传播。野老鹳草种子有 6 个月以上的休眠期。其种子萌发适宜的温度范围十分广泛，在 10～25℃均能很好萌发，长江流域各地区的温度十分适合其种子萌发，因此有进一步扩张的潜力；其次，野老鹳草对土壤酸碱度的适应性也较强，在 pH4～10，萌发率均可达 90% 以上，而中国大部分土壤的 pH5～8，因此土壤酸碱度也难以限制野老鹳草的发展与传播；并且野老鹳草具有一定的耐旱性，不需要过多水分就可以萌发，对光照、播种深度的适应性也较强。综合来看，野老鹳草种子适合在室温干储的条件下自然解除休眠，对温度的适应范围广泛，较不耐高温，光照和酸碱度对其影响较小，较耐干旱而不耐盐分，在土壤中垂直分布范围广。细胞的染色体数目为 2n=24，此外，还见到有 48 的混倍体。

分布与危害 原产美洲，中国为逸生农田杂草。中国分布于山东、安徽、江苏、浙江、江西、湖南、湖北、四川和云南。生于平原和低山荒坡杂草丛中。野老鹳草起初多在田埂、圩堤上零星发生。然而近年，由于农田长期大面积单一用药，田间草相发生很大变化，野老鹳草逐步侵入农田，发生范围逐渐扩大，危害程度逐渐升高，有越来越重的趋势。在局部地区的小麦田及油菜田内，野老鹳草已经上升为一种恶性杂草，在局部大麦田、茶园也有发生。

防除技术

农业防治 麦种子要过筛清除草籽。农家肥的麦壳秸秆有此类草籽不宜作肥料。铲除田埂、地边上野老鹤草，不让结籽传种。小麦与冬绿肥、油菜轮作换茬，切断传播途径。

化学防治 常用麦田除草剂对阔叶杂草野老鹳草效果均不甚理想，使用苯磺隆、苯磺隆 + 乙羧氟草醚进行防治，宜在冬前野老鹳草处于“绿茎期”时进行防除，防效较好；草龄较小时也可以采用 2 甲 4 氯、氯氟吡氧乙酸等；也可以采用异丙隆、异丙隆 + 氟唑磺隆土壤封闭进行防治。油菜田可采用草除灵进行防除。

参考文献

李扬汉, 1998. 中国杂草志 [M]. 北京: 中国农业出版社.

宋定礼, 张启勇, 王向阳, 2006. 油菜田野老鹳草的空间分布格局及其抽样技术研究 [J]. 安徽农业大学学报, 33(2): 226-229.

徐丹, 付瑞霞, 董立尧, 2020. 野老鹳草 *Geranium carolinianum* 种子的萌发条件 [J]. 植物保护学报, 47(5): 1048-1054.

徐海根, 强胜, 2011. 中国外来入侵生物 [M]. 北京: 科学出版社.

中国科学院中国植物志编辑委员会, 1998. 中国植物志: 第四十三卷 第一分册 [M]. 北京: 科学出版社: 29.

（撰稿：黄红娟；审稿：贾春虹）

野老鹳草植株形态（①②③⑤黄红娟摄；④张治摄）
①危害状生境；②花序；③果实；④种子；⑤幼苗

野牡丹　*Melastoma malabathricum* L.

果园、茶园、胶园多年生亚灌木一般性杂草。又名紫牡丹、豹牙兰、大金香炉、山石榴、猪古稔。英文名 common melastoma、malabar melastome。野牡丹科野牡丹属。

形态特征

成株　茎高 1.5m（图①）。全体无毛，当年生小枝草质，小枝基部具数枚鳞片。单叶，全缘，对生；卵形或广卵形，7 出基脉，两面被糙伏毛及短柔毛；叶柄长 5～15mm，密被鳞片状糙伏毛。花 2～5 朵，生枝顶和叶腋，直径 6～8cm（图②）；苞片 2，披针形，大小不等；萼片 3～4，宽卵形，大小不等；花瓣红色、红紫色，倒卵形，长 3～4cm、宽 1.5～2.5cm；雄蕊 10，5 长，5 短，干时紫色；花盘肉质，包住心皮基部，顶端裂片三角形或钝圆；心皮 2～5，无毛。蓇葖果长 3～3.5cm、直径 1.2～2cm。

子实　蒴果坛状球形，与宿存萼贴生，长 1～1.5cm、直径 8～12mm，密被鳞片状糙伏毛。种子镶于肉质胎座内。

生物学特性　种子秋、冬季成熟，种子繁殖。花期 2～8 月，果期 7～12 月。野牡丹喜温暖湿润的气候，稍耐旱和耐瘠，主要生长于海拔约 120m 以下的山坡松林下或开阔的灌草丛中，是酸性土的常见植物。

野牡丹染色体数目 70% 为 2n=24，染色体组总长度为 27.86μm，绝对长度范围 0.82～1.67μm，相对长度 2.93～5.67μm，

野牡丹植株形态（李晓霞、杨虎彪摄）
①种群；②花枝

为小染色体。野牡丹具有2种形态和功能不同的异型雄蕊，不存在无融合生殖和自交不亲和现象，为兼性异交。

分布与危害 中国云南、广西、广东、福建、台湾常见。为果园、桑园、茶园、胶园常见杂草，危害轻。

防除技术

人工或机械防治 在幼苗期或开花前，人工锄草或机械防除。

生物防治 在果园种植绿肥覆盖植物，以草控草。

化学防治 茎叶处理防除药剂有草甘膦、氯氟吡氧乙酸，在幼苗期或开花前喷施。萌发前至萌后早期，可用土壤封闭除草剂莠灭净、莠去津等防治。

综合利用 根、叶含有鞣质、酚类和黄酮类成分，可消积滞、收敛止血，治消化不良、肠炎腹泻、痢疾便血、肝炎等症；叶捣烂外敷或用干粉，作外伤止血药。叶含粗蛋白，可作饲料。还可作园林花卉。

参考文献

江鸣涛，兰思仁，吴沙沙，等，2016. 3种野牡丹属植物杂交特性[J]. 森林与环境学报，36(3): 301-305.

路国辉，武文华，王瑞珍，等，2009. 野牡丹异型雄蕊的功能分化[J]. 生物多样性，17(2): 174-181.

张媛，李燕，杨利平，2014. 野牡丹属植物的细胞学研究[J]. 湖北农业科学，53(11): 2558-2560.

中国科学院中国植物志编辑委员会，1979. 中国植物志：第二十七卷[M]. 北京：科学出版社：47.

（撰稿：范志伟；审稿：宋小玲）

野黍 *Eriochloa villosa* (Thunb.) Kunth

秋熟旱作物田一年生草本杂草。又名拉拉草、唤猪草。英文名 woolly cup grass。禾本科野黍属。

形态特征

成株 高30～100cm（图①②）。秆直立，基部分枝，稍倾斜。叶鞘无毛或被毛或鞘缘一侧被毛，松弛包茎，节具髭毛；叶舌具长约1mm纤毛；叶片扁平，长5～25cm、宽5～15mm，表面具微毛，背面光滑，边缘粗糙。圆锥花序狭长，长7～15cm，由4～8枚总状花序组成；总状花序长1.5～4cm，密生柔毛，呈双行覆瓦状排列于主轴一侧（图③④）；小穗单生，有2小花，卵状椭圆形，长4.5～5（～6）mm；基盘长约0.6mm；小穗柄极短，密生长柔毛；第一颖微小，短于或长于基盘；第二颖与第一外稃皆为膜质，等长于小穗，均被细毛，前者具5～7脉，后者具5脉；第二外稃革质，稍短于小穗，先端钝，具细点状皱纹；鳞被2，折叠，长约0.8mm，具7脉；雄蕊3；花柱分离。

子实 颖果卵圆形，长约3mm，淡黄褐色至黄褐色，胚大而显著，占颖果全长4/5（图⑤）。

幼苗 子叶留土。幼苗全株密被白色柔毛。第一片真叶长椭圆形，先端极尖，叶缘具睫毛，直出平行脉较多，约25条；叶鞘淡红色，无叶耳、叶舌；以后出现的真叶为线状披针形。

生物学特性 野黍种子依靠风力传播，具有休眠特性，可抵御外界不良环境。室温5cm土层下湿润、室温5cm土层下干燥和-20℃干燥储存条件都能解除野黍种子休眠性，其中5cm土层下湿润保存的野黍种子发芽率达到100%；温水浸泡野黍种子是打破野黍种子休眠比较成功的方法之一，其中80℃水温浸种24小时，野黍种子发芽率达到100%。染色体2n=54。

野黍对除草剂的耐性较强，一是野黍种子较稗草和狗尾草等一年生禾本科杂草的种子大，这可能是导致对酰胺类等土壤处理药剂对其防效不好的主要原因。二是野黍叶片及其叶鞘表面具微毛，可能会减少与茎叶处理除草剂的接触面积，从而使除草剂的吸收量减少，导致茎叶处理除草剂的防除效果也不理想。

分布与危害 中国分布于东北、华北、华东、华中、西南、华南等地区；日本、印度也有分布。喜光、喜湿，耐酸碱，生长于田边、荒地、山坡及林缘周边等地。因其种子粒大，靠风力传播距离短，因此在田间分布不均，造成部分区域过于集中，且因其分蘖强易形成地表及地下的种群优势，严重抑制作物生长。对秋熟旱作田大豆、玉米等宽行种植作物的危害极大。野黍是东北地区大豆－玉米轮作田的优势杂草，密度大、发生重，严重地块减产率高达70%。黑龙江农田种植结构改变，由种植大豆转变为种植玉米，除草剂烟嘧磺隆在玉米田连年大量单一的施用，导致野黍对其产生抗药性，开始大面积蔓延。

防除技术

农业防治 由于野黍的耐性强，目前生产中常用的酰胺类除草剂如乙草胺等防治禾本科杂草的除草剂进行土壤处理在常规用量下防除效果都很低，一般防效仅为20%～30%。环己烯酮类和芳氧苯氧基丙酸类等苗后茎叶处理剂正常用量下防效也不高，因此必须进行农业防治。首先精选作物种子，对清选出的草籽及时收集处理，切断种子传播途径；施用经过高温堆沤处理的堆肥，及时清理田边、路边、沟渠边的，防止种子传入田间；结合野黍分布集中的特点，在开花结实前通过机械耕作、中耕、人工除草等方法，清除植株，并带出田间集中销毁。有条件的田块可开展薄膜覆盖抑制野黍的发生和生长。

化学防治 由于野黍的耐药性强，应选择性使用除草剂。相比而言，精异丙甲草进行土壤封闭处理防效良好。阔叶作物田中出苗后的野黍可用烯禾啶、烯草酮和高效氟吡甲禾灵、精吡氟禾草灵进行茎叶喷雾处理，均可防治一叶期和二叶一心期的野黍，而精喹禾灵不适宜用于防治野黍。大豆田苗前可用精异丙甲草胺与有机杂环类除草剂异噁草松混配使用，可提高对野黍的防效。玉米田出苗后的野黍可用莠去津、烟嘧磺隆、砜嘧磺隆、异噁唑草酮、硝磺草酮以及苯唑草酮或其复配剂进行茎叶喷雾处理，其中硝磺草酮、烟嘧磺隆及莠去津三者复配防治效果较好。上述茎叶处理除草剂防治野黍的最佳时期为3叶期前，越晚施药，防治效果越差，到野黍4～6叶期施药，有的野黍仅表现为叶片失绿发黄，对生长基本没有抑制作用。

综合利用 野黍适应性强，适于栽培、收获，可培育成优质饲草和饲料作物品种。野黍可单播建成短期的人工草地，生长野黍的天然草地可以放牧，也可以刈割，当野黍种子成

野黍植株形态（①③～⑤张治摄；②纪明山摄）

①所处生境；②植株；③④花序；⑤子实

熟时，牛羊很贪食，是很好的抓膘精饲料。此外，种子可食用和酿酒用。野黍为弃耕地的先锋植物，在多年生人工草地建设中可作为混播成分，以保证多年生人工草地当年或翌年有较高的经济效益。

参考文献

郭玉莲，黄春艳，黄元炬，等，2014. 15 种除草剂对野黍的防治效果 [J]. 杂草学报，32(1): 127-129.

何付丽，陈丽丽，郭晓慧，等，2013. 烯禾啶、烯草酮等 6 种除草剂对不同叶龄期野黍的防治效果比较 [J]. 作物杂志 (1): 112-116.

贾金蓉，2017. 野黍休眠性及对除草剂烟嘧磺隆抗药性的研究 [D]. 哈尔滨：东北农业大学.

李文博，崔娟，徐伟，等，2019. 野黍对东北春大豆生长发育的影响及其经济阈值 [J]. 大豆科学，38(4): 584 -588.

李扬汉，1998. 中国杂草志 [M]. 北京：中国农业出版社：1238-1240.

刘方明，梁文举，闻大中，2005. 耕作方法和除草剂对玉米田杂草群落的影响 [J]. 应用生态学报，11(10): 1879-1882.

马红，马诚义，贾金蓉，等，2018. 野黍对烟嘧磺隆的抗性研究 [J]. 东北农业大学学报，49(1): 47-55, 73.

徐正浩，陈雨宝，陈謇，等，2019. 农田杂草图谱及防治技术 [M]. 杭州：浙江大学出版社.

中国饲用植物志编辑委员会，1989. 中国饲用植物志：第四卷 [M]. 中国农业出版社：53-54.

（撰稿：纪明山；审稿：宋小玲）

野塘蒿 *Conyza bonarinsis* (L.) Cronq.

果园、农田、路旁常见一二年生外来入侵杂草。又名香丝草、小山艾、小加蓬、火草苗、蓑衣草。英文名 hairy fleabane、flax-leaf fleabane。菊科白酒草属。

形态特征

成株　高 20～50cm（图①②）。双子叶植物。茎直立或斜升，中部以上常分枝，常有斜上不育的侧枝，密被贴短毛，杂有开展的疏长毛。叶互生；基部叶花期常枯萎，下部叶倒

Y

野塘蒿植株形态（张治摄）

①②植株；③花序；④果序；⑤果实；⑥幼苗

披针形或长圆状披针形，顶端尖或稍钝，基部渐狭成长柄，通常具粗齿或羽状浅裂；中部和上部叶具短柄或无柄，狭披针形或线形，中部叶具齿，上部叶全缘，两面均密被贴糙毛。头状花序，在茎端排列成总状或总状圆锥花序；花托稍平，有明显的蜂窝孔；外围雌花白色，花冠细管状，无舌片或顶端仅有3～4个细齿（图③）。中央两性花淡黄色，花冠管状，管部上部被疏微毛。

子实　瘦果线状披针形，长约1.5mm，扁压，被疏短毛，冠毛1层，淡红褐色，长约4mm（图④⑤）。

幼苗　幼苗子叶出土，卵形，先端钝圆，全缘，基部宽楔形，具柄，无毛（图⑥）。下胚轴不发达，上胚轴不发育。初生叶1片，卵圆形，先端急尖，有睫毛，基部圆形，腹面密布短柔毛，具柄。第1片后生叶呈宽卵形，第2片后生叶呈宽椭圆形，边缘均具疏微波和尖齿。

生物学特性　以种子繁殖为主。花果期5～10月。瘦果千粒重34.47±1.19mg，借助风力、雨水扩散传播，还通过农具、牲畜、车辆等附着传播、扩散。种子萌发的温度范围较宽，在白天/黑夜15/5℃～35/25℃下均具有较高的萌发率；种子在表土层的萌发率最高，在土层下1cm几乎不能萌发；秸秆覆盖等能显著抑制其种子萌发。国外野塘蒿已对多种除草剂，如草甘膦、百草枯、2,4-滴，乙酰乳酸合成酶抑制剂等产生了抗药性，有的种群产生了复合或交互抗性。

分布与危害　野塘蒿原产南美洲，现已扩散到中国的江苏、江西、河南、福建、台湾、湖北、湖南、广西、四川、贵州、云南及西藏等地，是区域性的恶性杂草。野塘蒿因种子量大、风力传播能力强，且具有较强的环境适应力及显著的化感作用，常分布在桑园、茶园及果园中，对园地的土壤结构和肥力影响很大，若不及时防除，果树产量大减，甚至会使整个果园荒废。还常形成较大规模的入侵种群成片出现在路边或荒地，对本地的物种形成了巨大的生存挑战。由于野塘蒿秋、冬季或在第2年春季出苗，作为棉铃虫的一种中间寄主，对一些秋熟作物的生长产生了较为严重的影响。中国除新疆、青海、内蒙古、宁夏、黑龙江、吉林和辽宁外，其他地区均被预测为野塘蒿的适生区。目前，野塘蒿的潜在入侵区仍大于实际分布区；四川西部、云南南部、陕西北部、山东西北部、山西北部和甘肃及河北的大部分地区非常靠近已经被入侵的区域，因此，应防止其进一步扩散入侵。

防除技术　见小飞蓬。

综合利用　全草入药，治感冒、疟疾、急性关节炎及外伤出血等症。亦可作果园绿肥。

参考文献

李扬汉, 1998. 中国杂草志 [M]. 北京: 中国农业出版社: 294-295.

谢登峰, 童芬, 杨丽娟, 等, 2017. MaxEnt 模型下的外来入侵种香丝草在中国的潜在分布区预测 [J]. 四川大学学报 (自然科学版), 54(2): 423-428.

CHARLOTTE A, JOHN B, LESLIE W, et al, 2020. *Conyza bonariensis* (flax-leaf fleabane) resistant to both glyphosate and ALS inhibiting herbicides in north-eastern Victoria [J]. Crop and pasture science, 71(9): 864.

DEEPAK L, SAHIL S, SINGARAYER F, et al, 2020. Germination ecology of Hairy fleabane (*Conyza bonariensis*) and its implications for weed management [J]. Weed science, 68(4): 411-417.

MORETTI M L, BOBADILLA L K, HANSON B D, 2021. Cross resistance to diquat in glyphosate/paraquat-resistant *Conyza bonariensis* and *Conyza canadensis* and confirmation of 2,4-D resistance in *Conyza bonariensis* [J]. Weed technology, 35(4): 1-22.

（撰稿：黄萍；审稿：宋小玲）

野茼蒿 *Crassocephalum crepidioides* (Benth.) S. Moore

荒地、田间、果园、茶园一年生常见杂草。别名革命菜、解放菜、山茼蒿、凉干菜。英文名 redflower ragleaf、hawksbeard velvetplant。菊科野茼蒿属。

形态特征

成株　高 20～100cm。茎直立，不分枝或少分枝，无毛或稀疏的短柔毛，茎有纵条纹（图①②）。叶互生，青绿，卵形或长圆状椭圆形，长 5～15cm、宽 3～9cm，先端渐尖，基部楔形，或渐狭延伸成叶柄，边缘有重锯齿或为琴状分裂，侧裂 1～2 对，两面近无毛或背面被短柔毛；叶柄柔弱，有极狭的翅，长 2～2.5cm。头状花序排成伞房状生于枝顶或叶腋，具长花序梗（图③④）；总苞钟形，基部平截，有数枚不等长的线形外苞片；总苞片 15～20 枚，条状披针形，等长，宽约 1.5mm，边膜质，顶端有小束毛，背部稀疏被短柔毛；花全为两性，管状，淡红色，花冠顶端 5 齿裂。

子实　瘦果圆柱形，长约 2mm，紫红色，具纵肋，肋间有白色短毛，冠毛极多数，白色，绢毛状，长约 12mm，易脱落（图⑤）。

生物学特性　野茼蒿常生于山坡林下、灌丛中或水沟旁阴湿地上，海拔 300～1800m。种子繁殖，瘦果借冠毛随风飘散。苗期 3～7 月，花果期 7～12 月。野茼蒿的种子成熟后即可萌发，且萌发率高达到 100%。在常温条件下储藏一年后种子仍然保持活力。这些特征可能使野茼蒿种子在不适宜时期萌发，导致大量幼苗死亡，从而限制了其种群的扩张。种子萌发适应温度为 15～30℃，萌发率达 98%，在 35℃或 10℃下依然有少量萌发；种子萌发需要光照；在 pH4～10 种子萌发率均高于 80%，说明对环境的酸碱性适应范围较宽；种子能够在相对干旱的环境中萌发，在土壤湿度 5% 时，最终萌发率仍然达到 66.67%。野茼蒿具有较高的光合效率、光补偿点和饱和点，是一种比较典型的阳生杂草。但野茼蒿对光照的适应幅不如小飞蓬和一年蓬。野茼蒿的出现频率和生态位宽度均低于常见杂草一年蓬、狗尾草、马唐，说明其杂草性不强。

在长期喷施除草剂百草枯的农田中逃生的野茼蒿，经过长时间的适应进化后，会对百草枯产生抗性。野茼蒿茎和叶浸提液中含有化学他感作用物质，对其他植物有一定的抑制作用，但能促进其幼苗的生长，说明其种子形成了适应自身分泌的化感物质的机制，这种机制可有效地保护其后代，为扩大种群奠定基础。

分布与危害　中国分布于陕西、甘肃、福建、湖南、湖北、江西、广东、广西、四川、贵州、云南、西藏等地；原产热带非洲，20 世纪 30 年代初从中南半岛蔓延入境，泰国、东南亚也有分布，是一种在泛热带广泛分布的杂草。常生于湿润的土壤上，为新荒地上极常见的先锋草类。

危害果园及蔬菜，常沿道路及河岸蔓延，还常侵入火烧迹地或砍伐迹地。发生量小，危害轻，属一般性杂草。

防除技术

农业防治　野茼蒿种子是典型的需光种子，对土壤进行深耕，可以遏制野茼蒿种子的萌发和出苗。结实前可人工拔除，防止瘦果成熟后传播，减轻翌年危害。茶园间作豆科植物、地膜覆盖可以抑制杂草发生。

化学防治　在野茼蒿危害严重的非耕地可用乙羧氟草醚、苯嘧磺草胺、灭生性除草剂草甘膦、草铵膦茎叶喷雾处理，或者用乙羧氟草醚与草甘膦或草铵膦的复配剂。果园、茶园等亦可用草甘膦、草铵膦，莠去津、西玛津、扑草净，或者灭草松茎叶喷雾处理；果园还可用 2 甲 4 氯与草甘膦的复配剂茎叶喷雾处理，柑橘园和苹果园还可用苯嘧磺草胺茎叶喷雾处理。果园和茶园喷雾时应注意压低喷头，避免药液接触作物，造成药害。避开果树和茶树。

综合利用　野茼蒿质地细嫩、甜滑可口、味道鲜美，营养丰富，可作为蔬菜食用。在解放战争时期，海南、福建等地的游击队把野茼蒿作为野菜充饥，因此得名革命菜和解放菜。野茼蒿也具有较高的药用价值，其味辛，性平，根入药，具有清热消肿、活血解毒的功效。野茼蒿挥发油具有抗枯草芽孢杆菌、伤寒沙门氏菌、金黄色葡萄球菌以及大肠埃希氏菌和抗人肝癌细胞株、人胃癌细胞株的活性。野茼蒿含有的异绿原酸可以抑制肝脏中一氧化氮合成酶的表达，使肝脏免受由氨基半乳糖 / 脂多糖诱导的对肝脏的毒害，具有一定的护肝功能力，因此具有开发为药物的潜力。此外，野筒篙对某些有害重金属如镉具有一定的富集效应，食用或栽培时应注意其可能存在的安全问题，同时也可以考虑利用野茼蒿对金属污染土壤进行植物修复。

参考文献

黄秋生, 2008. 外来植物野茼蒿的入侵生物学及其综合管理研究 [D]. 金华: 浙江师范大学.

兰亦全, 余世明, 2020. 47%2 甲 · 草甘膦水剂对桃园 4 种杂草的防效 [J]. 农业灾害研究, 10(4): 12-14.

李扬汉, 1998. 中国杂草志 [M]. 北京: 中国农业出版社: 324-325.

刘青, 肖俊伟, 危英, 等, 2020. 野茼蒿挥发油化学成分和生物

野茼蒿植株形态（强胜摄）
①②成株及生境；③④花序；⑤果实；⑥幼苗

活性研究 [J]. 贵州中医药大学学报 , 42(1): 40-44, 53.

徐正浩 , 戚航英 , 陆永良 , 等 , 2014. 杂草识别与防治 [M]. 杭州 : 浙江大学出版社 .

KONGSAEREE P, PRABPAI S, SRIUBOLMAS N, et al, 2003. Antimalarial dihydroisocoumarins produced by *Geotrichum* sp. , an endophytic fungus of *Crassocephalum crepidioides* [J]. Journal of natural products, 66(5): 709-711.

（撰稿：杜道林、游文华；审稿：宋小玲）

野西瓜苗 *Hibiscus trionum* L.

秋熟旱作田一年生草本杂草。又名香铃草、灯笼花（云南昆明）、小秋葵（贵州贵阳）等。英文名 venice mallow。锦葵科木槿属。

形态特征

成株 高 25～70cm（图①）。茎柔软，常横卧或斜生，被白色星状粗毛。叶互生，下部的叶圆形，不分裂或5浅裂，上部的叶掌状3～5深裂，直径3～6cm，中裂片较长，两侧裂片较短，裂片倒卵形至长圆形，通常羽状全裂，上面疏被粗硬毛或无毛，下面疏被星状粗刺毛；叶柄长2～4cm，被星状粗硬毛和星状柔毛；托叶线形，长约7mm，被星状粗硬毛。花单生于叶腋，花梗长约2.5cm，果时延长达4cm，被星状粗硬毛（图②）；小苞片12，线形，长约8mm，被粗长硬毛，基部合生；花萼钟形，淡绿色，长1.5～2cm，被粗长硬毛或星状粗长硬毛，裂片5，膜质，三角形，具纵向紫色条纹，中部以上合生；花淡黄色，内面基部紫色，直径2～3cm，花瓣5，倒卵形，长约2cm，外面疏被极细柔毛；雄蕊柱长约5mm，花丝纤细，长约3mm，花药黄色；花柱端5裂，柱头头状。

子实　蒴果长圆状球形，直径约1cm，被粗硬毛，果瓣5，果皮薄，黑色（图③）。种子肾形，表面灰褐色，具细颗粒状尖头瘤突起（图④）。

幼苗　子叶近圆形，长宽约1.1cm，先端钝圆，全缘，具睫毛，叶基圆形，三出脉，具长柄，柄上有短柔毛。下胚轴很发达，密被短柔毛（图⑤），上胚轴不发达。初生叶1片，单叶，近圆形，其顶部有粗圆齿，下部全缘，并疏生睫毛，具长柄，柄上有柔毛。第1后生叶卵形，先端钝，叶缘有粗圆锯齿和睫毛，叶基心形，第2后生叶3深裂，叶缘具睫毛。

生物学特性　一年生直立或平卧草本。种子繁殖。4～5月出苗，6～9月为花果期。适生于较湿润而肥沃的农田，亦较耐旱，为旱作物地常见杂草。野西瓜苗在没有竞争的条件下单株能产生约3000种子；种子具有休眠性。野西瓜苗精油植物醇对狼尾草、紫花苜蓿、反枝苋的胚根伸长均有抑制效果，具有化感作用。

分布与危害　中国各地均有分布。生长在棉花、玉米、豆类、蔬菜、果树等作物地，路旁、荒坡等。

防除技术　见苘麻。

综合利用　全草入药，常用于治疗风湿痹痛、急性关节炎、感冒咳嗽、肠炎、泄泻、痢疾等；种子外用治烧烫伤、疮毒。野西瓜苗提取物对枸杞蚜虫具有触杀活性，对小菜蛾具有触杀活性、拒食以及生长发育的抑制作用，具有开发为生物农药的潜力。种子含油量20%，可榨油供工业用。野西瓜苗花朵形态、颜色具有很高观赏价值。

参考文献

李扬汉，1998. 中国杂草志[M]. 北京：中国农业出版社：695-696.

野西瓜苗植株形态（④强胜摄；其余崔海兰摄）

①成株；②花；③果实；④种子；⑤幼苗

倪士峰，巩江，徐笑蓥，等，2009. 野西瓜苗的药学研究 [J]. 长春中医药大学学报，25(5): 777-778.

WESTRA P, PEARSON C H, RISTAU R, et al, 1996. Venice Mallow (*Hibiscus trionum*) seed production and persistence in soil in Colorado [J]. Weed technology, 10(1): 22-28.

ZHOU S X, ZHU X Z, WEI C X, et al, 2021. Chemical profile and phytotoxic action of *Hibiscus trionum* L. essential oil [J]. Chemistry & biodiversity, 18(2): e2000897.

（撰稿：崔海兰；审稿：宋小玲）

野燕麦　*Avena fatua* L.

夏熟作物田一二年生恶性杂草。又名铃铛麦、香麦、乌麦。英文名 wild oat。禾本科燕麦属。

形态特征

成株　株高 30～150cm（图①②）。直立，光滑。叶鞘松弛，疏被柔毛；叶舌透明膜质，长 1～5mm；叶片条形，长 10～30cm、宽 4～12mm。圆锥花序开展，长 10～25cm，分枝具棱，粗糙，小穗长 18～25mm，含 2～3 小花，小穗柄弯曲下垂，顶端膨胀（图③④）；小穗轴节间密生淡棕色或白色硬毛，具关节，易断落；颖具 9 脉；外稃质地硬，下半部被淡棕色或白色硬毛，第一外稃长 15～20mm，基盘密生短髭毛；芒自外稃中部稍下处伸出，长 2～4mm，膝曲，下部扭转，芒柱棕色；第二外稃与第一外稃相等，具芒。

子实　颖果纺锤形，被淡棕色柔毛，腹面具纵沟，长 6～8mm、宽 2～3mm（图⑤）。

幼苗　幼苗第一叶宽条形，初时卷成筒状，展开后细长、扁平，两面被柔毛，第 2、3 叶宽条形；叶舌膜质，齿裂，较短（图⑥）；叶鞘被毛。

另有 2 个变种：光稃野燕麦（变种）*Avena fatua* L. var. *glabrata* Peterm. 和光轴野燕麦（变种）*Avena fatua* L. var. *mollis* Keng。区别特征在于：光稃野燕麦外稃光滑无毛，小穗较大，长 18～25mm；小穗轴节间密生淡棕色或白色硬毛。光轴野燕麦外稃光滑无毛；小穗常较小，长约 17mm；小穗轴节间光滑无毛或微被贴生柔毛。中国分布于陕西、湖北、湖南、安徽、江苏、四川、广东等地。

生物学特性　西北地区的野燕麦在 3～4 月出苗，其花果期为 6～8 月；华北及以南地区的野燕麦在 10～11 月出苗，花果期为 5～6 月。冬小麦田野燕麦出苗有 2 个主要时期，一是秋季出苗期，主要在小麦播种后，于 10 月中旬至 11 月形成冬前出苗高峰。二是翌年 2 月下旬至 3 月，仍有部分出苗。一般秋季出苗数量占全年总发生量的 80%～90%，春季出苗数量占 10%～20%。野燕麦出苗参差不齐，一般较小麦出苗晚 4 天以上。

野燕麦主要通过种子传播，籽粒可随麦种调运而扩散，通常每千克麦种含野燕麦籽粒 10～146 粒，在收获的小麦中野燕麦混杂率达 14%。种子可随水流入田间，是灌区野燕麦向下游传播的重要途径。籽粒可混杂在未腐熟的农家肥中直接还田。小麦脱粒及扬、晒场地清捡出来的野燕麦籽粒，可随风雨再度进入路旁的农田。

野燕麦种子在砂性的松软土质中出苗早，在黏重紧密的土质萌芽慢而出苗晚。在土壤相对湿度 50%～70% 的条件下，种子可在 0～25℃的温度内萌芽，适宜温度为 10～20℃。野燕麦发芽率与发芽速度随着土壤湿度的增高而增加；土层深浅不同，出苗时间也不一致，适宜发芽的土层深度为 2～7cm，10～16cm 的土层出苗略晚，20cm 左右土层的种子虽能出苗，但生长不良。

野燕麦刚成熟的种子不能立即发芽，需经 2～3 个月的休眠期方可发芽。种子一般在当年秋天的第一场雨后萌发；当条件不适宜（缺氧或潮湿）时，可长期处于休眠状态；高温和土壤水分胁迫可显著降低种子休眠，耕作也能解除部分种子休眠。

部分油菜田野燕麦种群对高效氟吡甲禾灵产生了抗药性。

分布与危害　广布于中国南北各地。生于田间杂草或荒芜田野；也分布于欧洲、亚洲、非洲的温寒带地区，入侵美洲。在中国南岭以北地区的夏熟作物小麦、大麦、油菜等作物田成为恶性杂草，尤其以西北、东北地区危害最为严重，也是麦类作物田的世界恶性杂草。野燕麦与小麦形态相似、生长发育时期相近，具有拟态竞争特性，并且还是麦类赤霉病、叶斑病和黑粉病的寄主，给作物生产带来了严重威胁。野燕麦在中国冬麦区危害率达 15.6%，春麦区危害率达 25.3%，中国严重危害面积约 160 万 hm^2，每年导致粮食减产达 17.5 亿 kg。野燕麦影响油菜的株高、分枝数、角果数及千粒重，这些指标均随其密度的增加而显著降低。野燕麦密度为 5 株 /m^2 时油菜产量显著降低；当其密度达到 160 株 /m^2 以上时可使油菜减产达 90% 以上。

防除技术

农业防治　精选种子，野燕麦主要靠种子传播，控制其危害必须先严守种子关。在作物播种前，要采取风选、筛选、人工选种等方法严格精选种子，将混杂在麦种中的草籽淘汰掉，防止传入新区继续传播危害。采用轮作倒茬，在麦类作物连作区或常年野燕麦发生严重的地区，一定要注重农作物的合理布局，实行农作物轮作倒茬，强化田间除草管理，逐年消除和控制其危害。通过对耕地土壤暴晒，促使种子在农作物播种前大量发芽，再对幼苗进行机械或人工拔除，可显著减少田间杂草发生密度。提高作物播种量也可以有效减少田间野燕麦的危害。在野燕麦发生危害严重的地区，实行秋季深翻地，可将大量自然落地草籽翻入 20cm 下的土层内，翌年野燕麦种子因萌芽顶土能力不足会大量死亡，从而减轻危害。

化学防治　小麦田野燕麦防除，一是播种前土壤封闭处理，野燕麦发生严重的地块，用野麦畏进行土壤封闭处理，可喷雾或将野麦畏与细潮土拌匀后撒施。为了确保小麦全苗，施用野麦畏的田块用种量应加大 5%～10%。二是苗后茎叶喷雾处理，可用精噁唑禾草灵、甲基二磺隆、啶磺草胺、氟唑磺隆等及其复配剂进行茎叶喷雾处理。油菜田直播油菜在播种前可用氟乐灵进行土壤封闭处理，移栽油菜在移栽后可用乙草胺、敌草胺进行土壤封闭处理；油菜田出苗后的野燕麦可精喹禾灵、精吡氟禾草灵、高效氟吡甲禾灵、烯草酮、

野燕麦植株形态（①～④魏守辉摄；⑤⑥张治摄）
①生境危害状；②成株；③圆锥花序；④小穗；⑤子实；⑥幼苗

丙酯草醚、异丙酯草醚茎叶喷雾处理。但要注意已产生抗药性的田块，应轮换使用其他除草剂并采取其他防除措施。

参考文献

李扬汉, 1998. 中国杂草志 [M]. 北京 : 中国农业出版社 : 1169-1170.

张朝贤, 张跃进, 倪汉文, 等, 2000. 农田杂草防除手册 [M]. 北京 : 中国农业出版社 .

中华人民共和国农业部农药检定所, 日本国 (财) 日本植物调节剂研究协会, 2000. 中国杂草原色图鉴 [M]. 日本国世德印刷股份公司 .

中国科学院中国植物志编辑委员会, 1987. 中国植物志 : 第九卷第三分册 [M]. 北京 : 科学出版社 : 172.

（撰稿：魏守辉；审稿：贾春虹）

叶下珠 *Phyllanthus urinaria* L.

果园、茶园、苗圃及旱作物田常见一年生草本杂草。又名珍珠草、珠仔草。英文名 leafflower、chamberbitter。大戟科叶下珠属。

形态特征

成株　高 10～60cm（图①②）。茎直立，基部多分枝，枝倾卧而后上升；枝具翅状纵棱，上部被一纵列疏短柔毛，通常紫红色。单叶，2 列互生，叶片纸质，呈羽状排列，长圆形或倒卵形，长 4～10mm、宽 2～5mm，顶端圆、钝或急尖而有小尖头，下面灰绿色，近边缘或边缘有 1～3 列短粗毛；侧脉每边 4～5 条，明显；叶柄极短；托叶卵状披针形，长约 1.5mm。花雌雄同株，直径约 4mm；雄花 2～3 朵簇生于叶腋，通常仅上面 1 朵开花，下面的很小（图⑥）；花梗长约 0.5mm，基部有苞片 1～2 枚；萼片 6，倒卵形，长约 0.6mm，顶端钝。雄蕊 3，花丝全部合生成柱状；花粉粒长球形，通常具 5 孔沟，少数 3、4、6 孔沟，内孔横长椭圆形；花盘腺体 6，分离，与萼片互生。雌花单生于小枝中下部的叶腋内；花梗长约 0.5mm（图⑤）；萼片 6，近相等，卵状披针形，长约 1mm，边缘膜质，黄白色；花盘圆盘状，边全缘；子房卵状，有鳞片状突起，3 室，每室有 2 胚珠，花柱分离，顶端 2 裂，裂片弯卷。

子实　蒴果圆球状（图③④），直径 1～2mm，红色，表面具一小突刺，有宿存的花柱和萼片，开裂后轴柱宿存。

Y

叶下珠植株形态（①②冯莉摄；③～⑥⑧宋小玲摄；⑦强胜摄）

①植株；②群体；③花果；④幼果；⑤雌花；⑥雄花；⑦种子；⑧幼苗

种子长1.2mm，橙黄色（图⑦）。

幼苗 子叶出土，阔椭圆形，长4mm、宽2.5mm，先端钝圆，叶基圆形，具短柄，叶脉红色（图⑧）；下胚轴极发达，带红色，上胚轴不发达；初生叶互生，倒卵形，先端钝圆，具小突尖，叶基楔形，有明显红色叶脉，具短柄；后生叶与初生叶相似。全株暗红色。

生物学特性 生于海拔500m以下的旷野平地、旱地作物田、山地路旁或林缘，在云南海拔1100m的湿润山坡草地亦见有生长。花期4～6月，果期7～11月。种子繁殖，种子在25～35℃、光照12小时条件下萌发率可达82%，干旱条件会显著抑制叶下珠种子萌发。

分布与危害 中国分布于河北、山西、陕西、华东、华中、华南、西南等地；印度、斯里兰卡、中南半岛、日本、马来西亚、印度尼西亚至南美等地也有分布。常见于果园、茶园、苗圃地以及旱作物田，发生量小，危害轻。

防除技术 采取包括农业防治和化学防治相结合的综合防除措施。

农业防治 清除田埂、沟渠边和田边生长的杂草，特别是在杂草结实前及时清除，防止草种扩散进入旱作田，导致杂草种子库的大量积累。在作物苗期和生长中期，结合施肥，采取机械中耕培土，防除作物行间杂草。叶下珠种子萌发对光照较为敏感，利用可降解地膜或粉碎的作物秸秆、枯枝落叶、树皮，覆盖5cm左右，能有效控制叶下珠出苗危害。叶下珠种子萌发受土壤水分条件影响较大，因此可适当减少灌溉次数，抑制其萌发；叶下珠根系发达，定植后难以清除，因此可在幼苗期人工拔除或定点清除。茶园使用除草醋，对叶下珠有很好的防除效果，除草醋在土壤中完全分解为有机物被茶树利用，还有土壤消毒、杀菌的作用。

化学防治　旱地作物移栽前、播后苗前，果园春季杂草萌发出苗前，可有针对性地选用不同的土壤处理除草剂。花生田可使用丙炔氟草胺、噁草酮、甲咪唑烟酸；大豆、蒜、姜田可使用乙氧氟草醚或乙氧氟草醚与二甲戊灵的混配剂作土壤喷雾处理。大豆田还可用双氯磺草胺作土壤封闭处理可有效防除出苗后的叶下珠。使用选择性除草剂在苗后早期2～4叶期进行茎叶喷雾处理。大豆、花生田可使用乳氟禾草灵、氟磺胺草醚、三氟羧草醚与有机杂环类除草剂灭草松的复配剂。发生在田埂或非作物田生长后期的叶下珠，可使用草甘膦、草铵膦、敌草快等茎叶喷雾处理。

综合利用　叶下珠主要化学成分有没食子酸、阿魏酸、木脂素、槲皮素、鞣质、生物碱、芸香苷等，其中没食子酸为主要活性成分，具有抗菌、抗病毒作用。全草入药，具有解毒、消炎、清热止泻、利尿之效，可治赤目肿痛、肠炎腹泻、痢疾、肝炎、小儿疳积、肾炎水肿、尿路感染等。

参考文献

李扬汉, 1998. 中国杂草志 [M]. 北京 : 中国农业出版社 : 507.

孙永明, 李小飞, 俞素琴, 等, 2017. 茶园不同控草措施效果比较 [J]. 南方农业学报, 48(10): 1832-1837.

中国科学院中国植物志编辑委员会, 1994. 中国植物志 : 第四十四卷 第一分册 [M]. 北京 : 科学出版社 : 93.

GEETHANGILI M, DING S T, 2018. A review of the phytochemistry and pharmacology of *phyllanthus urinaria* L [J]. Front pharmacology, 9: 1109.

WEHTJE G R, GILLIAM C H, REEDER J A, 1992. Germination and growth of leafflower (*Phyllanth usurinaria*) as affected by cultural conditions and herbicides [J]. Weed technology, 6: 139-143.

（撰稿：冯莉、宋小玲；审稿：黄春艳）

一般性杂草　general weed

根据危害性程度划分的一类杂草，分布和发生范围较窄、暂时还不对作物生长构成危害或危害极轻的杂草。

中国农田的一般性杂草约900种，分属于藻类植物、苔藓植物、蕨类植物、裸子植物和被子植物，在形态特征上呈现丰富的多样性。轮藻、有芒松藻等藻类杂草没有根、茎、叶的分化，也无维管组织；钱苔、浮苔、悬藓等苔藓杂草也没有真正的根、茎、叶的分化，也无维管组织，但已经产生了胚；木贼、芒萁等蕨类杂草虽有真正的根、茎、叶的分化和维管组织，有胚但不产生种子；麻黄等裸子植物杂草和被子植物杂草都产生了种子，有较完善的器官构造。这些杂草由于其自身的杂草性较弱，对人工生境的适应性较差，在杂草群落中处于被支配地位，在经济上意义较小。不过，这些种类也有潜在演化成为恶性杂草的可能性，例如外来种节节麦在20世纪80年代属于夏熟作物田一般性杂草，但是，仅30余年收割机械的社会化服务带来的跨区作用，助长其大范围蔓延扩散，加之其自身对多种除草剂的耐药性，目前已经演化发展为夏熟作物田恶性杂草。相反的方向则是，随着人类生产社会活动的加剧，特别是农田中除草剂广泛而大量使用，某些种类逐渐减少甚至完全消失。如稻田中曾经可以见到的水筛 [*Blyxa japonica* (Miq.) Maxim.]，由于除草剂的使用，在稻田中已难觅踪迹。这样消失的种类会越来越多，因此，从物种生物多样性的角度，对这些杂草不是考虑如何防除，而是如何加强保护。

生物学特性　一般性杂草生活在水体和旱地两大生境，有些杂草营寄生生活。它们能进行营养繁殖、无性生殖和有性生殖，产生的孢子和种子可通过风、水、鸟类和人类的活动传播。

分布与危害　轮藻、有芒松藻、黄花狸藻、金鱼藻、钱苔、浮苔等杂草发生在水稻田、藕田等水生环境；芒萁、凤尾蕨、木贼、亚麻荠、葶苈、卷耳等杂草主要发生于旱地作物田或茶园、桑园和果园。但这些一般性杂草发生量小，危害轻。

防除技术　一般性杂草可通过人工防除或采取轮作或深耕等耕作措施便可防除，一般不需要开展化学防除和生物防治。

参考文献

李扬汉, 1998. 中国杂草志 [M]. 北京 : 中国农业出版社 .

梁帝允, 强胜, 2014. 中国主要农作物杂草名录 [M]. 北京 : 中国农业科学技术出版社 .

强胜, 2009. 杂草学 [M]. 2 版 . 北京 : 中国农业出版社 .

苏少泉, 1993. 杂草学 [M]. 北京 : 农业出版社 .

（撰稿：郭凤根；审稿：宋小玲）

一点红　*Emilia sonchifolia* (L.) DC.

园林、农田、荒地、果园、茶园等常见一年生草本杂草。又名红背叶、羊蹄草。英文名 red tasselflower。菊科一点红属。

形态特征

成株　高40cm以下（图①~③）。双子叶植物。茎直立或斜升，常基部分枝，无毛或疏被短毛，柔弱，粉绿色；叶互生；茎下部叶密集，大头羽状分裂，长5～10cm，下面常变紫色，两面被卷毛，边缘具钝齿；中部叶疏生，较小，卵状披针形或长圆状披针形，无柄，基部箭状抱茎，全缘或有细齿；上部叶少数，线形。头状花序长8mm，长达1.4cm，花前下垂，花后直立，常2～5排成疏散的伞房花序，花序梗无苞片（图④）；总苞绿色，圆筒形，长0.8～1.4cm，基部稍膨大，总苞片1层，8～9枚，长圆状线形或线形，黄绿色，约与花冠等长；花粉红或紫色，全部为两性能育管状花，花冠先端5齿裂。

子实　瘦果长2.5～3mm，圆柱形，有棱，肋间被微毛；冠毛白色，细软，极多（图⑤⑥）。

幼苗　子叶阔卵形，长9mm、宽6mm，先端钝尖，全缘，叶基近圆形，具长柄。下胚轴很发达，紫红色，上胚轴不发育。初生叶1片，单叶，近三角形，先端急尖，叶缘有疏齿，叶基近截形或阔楔形，叶片被疏柔毛（图⑦）。后生叶为单叶，互生，形态与初生叶相似。

一点红植株形态（①②强胜摄；③~⑦张治摄）

①②群体及生境；③成株；④花序；⑤果序；⑥子实；⑦幼苗

生物学特性 以种子繁殖。花果期7～10月。一点红喜温暖阴凉、潮湿环境，适宜生长温度为20～32℃，常生于疏松、湿润之处，但较耐旱、耐瘠，能于干燥的荒坡上生长，不耐渍。一点红具有线状披针形瘦果，大量的果实能够借助冠毛随风传播。一点红作为本地物种其繁殖能力不及外来入侵种假臭草、胜红蓟、三叶鬼针草，其单株总种子数量在高养分下为8525粒，在低养分下为285粒，均较外来入侵种少。

分布与危害 中国产云南、贵州、四川、湖北、湖南、江苏、浙江、安徽、广东、海南、广西、福建、台湾。常入侵果园和菜园危害，也是园林草坪常见的常见杂草，但发生量较小，危害轻。

防除技术

农业防治 深耕或深翻土壤，把种子埋在土壤深层，能显著抑制出苗。采用地膜覆盖或秸秆覆盖抑制出苗和生长。出苗后结实前的一点红可用人工或机械清除。茶园、剑麻园等可与豆科植物间作，抑制杂草生长。

化学防治 针对苗圃、果园、茶园，可以在苗圃或直播茶园种子播后苗前，用莠去津与细土混匀，均匀撒施在苗圃或直播茶园的土表上，甘蔗田可用甲磺草胺土壤喷雾，作土壤封闭处理抑制一点红出苗。出苗后的一点红，可用茎叶处理除草剂，果园、茶园等亦可用草甘膦、草铵膦、莠去津、西玛津、扑草净，或者灭草松茎叶喷雾处理；果园还可用激素类2甲4氯与草甘膦的复配剂茎叶喷雾处理，柑橘园和苹果园还可用苯嘧磺草胺茎叶喷雾处理。甘蔗田可用草甘膦、莠去津、西玛津、扑草净、敌草隆、氯吡嘧磺隆等单剂；也可用复配剂，如2甲4氯与莠灭净、2甲4氯与莠灭净及敌草隆、硝磺草酮与莠灭净、硝磺草酮与2甲4氯及莠灭净等复配剂茎叶喷雾处理。注意喷雾时避开果树和茶树、甘蔗等作物。

综合利用 一点红嫩枝叶所含粗蛋白、粗纤维、维生素C以及人体必需的微量元素铁、锌、锰等营养成分，属一级无公害野菜，是绿色健康食品，常作野菜食用。一点红富含黄酮、生物碱和甾体等具有医疗价值的化合物，具有拔毒止痒、增强免疫、抑菌抗炎等药理作用，其中具有高效抗炎的活性是一点红黄酮类化合物，并能治疗许多炎症。临床上可用来辅助治疗泌尿系感染、急性的呼吸道感染，还可以用来治疗肠炎、痢疾等肠道感染。一点红还具有活血、散瘀的作用，可以用来治疗一些体表的感染性疾病，比如化脓性的乳腺炎、疖肿等。一点红提取物对糖尿病大鼠具有降糖作用，对胰岛细胞具有保护作用，具有开发应用于临床治疗糖尿病药物的潜力。还可以用来治疗跌打损伤导致的皮肤肿痛。其花为粉红或紫色，亦可作栽培观赏用。

参考文献

黄玉妹，兰妹莲，卢娟，等，2020. 一点红本草考证及药食两用研究[J]. 亚太传统医药，16(12): 100-103.

田培燕，陈应康，杨小军，等，2016. 一点红对STZ诱导糖尿病大鼠的降血糖作用及机制研究[J]. 中央财经大学学报，39(8): 1873-1875.

王亚，王玮倩，王钦克，等，2021. 土壤养分对菊科一年生入侵种和本地种繁殖性状的影响[J]. 生物多样性，29(1): 1-9.

赵丹妮，孙欣，周欣，等，2019. 一点红属植物化学成分及药理作用研究进展[J]. 中成药，41(7): 1654-1661.

GILCY G K, KUTTAN G, 2016. Inhibition of pulmonary metastasis by *Emilia sonchifolia* (L.) DC: An *in vivo* experimental study [J]. Phytomedicine, 23(2): 123-130.

OGUNDAJO A L, EWEKEYE T, SHARAIBI O J, et al, 2021. Antimicrobial activities of Sesquiterpene-Rich essential oils of two medicinal plants, *Lannea egregia* and *Emilia sonchifolia*, from Nigeria [J]. Plants (Basel, Switzerland), 10(3): 488.

（撰稿：杜道林、游文华；审稿：宋小玲）

一年蓬　*Erigeron annuus* (L.) Pers.

果园、山坡、田野常见二年生草本外来入侵杂草。又名女菀、野蒿、牙肿消、治疟草。英文名 annual fleabane、eastern daisy fleabane。菊科飞蓬属。

形态特征

成株　高 30～100cm（图①②）。茎粗壮，直立，上部有分枝，下部被开展的长硬毛。基部叶长圆形或宽卵形，顶端尖或钝，基部狭成具翅的长柄，边缘具粗齿；茎生叶互生；下部叶与基部叶同形，但叶柄较短；中部和上部叶长圆状披针形或披针形，顶端尖，具短柄或无柄，边缘有不规则的齿或近全缘；最上部叶线形；全部叶边缘被短硬毛，两面被疏短硬毛，或有时近无毛。头状花序数个或多数（图③），排列成疏圆锥花序，总苞半球形，总苞片3层，草质，披针形，近等长或外层稍短，淡绿色或多少褐色，背面密被腺毛和疏长节毛；外围的雌花舌状，2层，上部被疏微毛，舌片平展，白色，或有时淡天蓝色，线形，顶端具2小齿，花柱分枝线形；中央的两性花管状，黄色，檐部近倒锥形，裂片无毛。

子实　瘦果倒窄卵形或长圆形（图④）；压扁，具浅色翅状边缘，长1～1.4mm、宽0.4～0.5mm。表面浅黄色或褐色，有光泽。顶端收缩，有花柱残留物。果脐周围有污白色小圆筒。

生物学特性　一年蓬能适应多种环境，喜欢土壤肥沃、光照充足的环境，但是在土壤贫瘠的地方如山崖、陡壁，甚至在土壤稀少的石缝中也可存活。种子在早春萌发，当年6～8月开花，8～10月结果。在高海拔和高纬度等生长期较短的地区，一年蓬通常在秋季萌芽，在冬季以莲座形式越冬，翌年的夏天开花结果。种子繁殖，具有强大的繁殖力，每株植物在1个生长期平均产生1万～5万粒种子；种子具有冠毛，可以随风传播，快速蔓延。一年蓬具有较强的表型可塑性和适应环境的能力，如入侵较早的东部浙江种群具有更强生长能力与繁殖表现，强于中部与西部种群；在增温条件下通过提前开花、增多开花量、延长花期持续时间、增加种子大小和质量，来增加繁殖投资，提高其适应性和入侵性。一年蓬在入侵的过程中通过释放化感物质，抑制本土植物的生长；还如会增加入侵地土壤的含水量、电导率，降低土壤容重和pH值；改变土壤微生物结构等使本土植物生长的环境发生改变，来影响本土植物的生长。一年蓬为蓼型胚囊，珠孔受精，胚乳发育为核型，胚胎发育为紫菀型；同时存在无融合生殖，提高其适应性。

分布与危害　中国分布于吉林、河北、山东、江苏、安徽、浙江、江西、福建、河南、湖北、湖南、四川及西藏等地；原产于北美东部，现广布于世界各地。广泛发生于农田、果园、荒地、路边及森林林缘等生境。因其强大的繁殖能力和适应性，一年蓬极易形成单一优势群落，破坏生态环境多样性。常危害果树、茶园和桑园等经济作物，亦能侵入草原、牧场及苗圃等处，且发生量大，危害重。一年蓬对果园的土

一年蓬植株形态（张治摄）

①群体；②植株；③花序；④果实；⑤⑥幼苗

壤结构和肥力影响很大，使果树大幅减产甚至使整个果园荒废，是东南沿海地区危害较为严重的杂草。

防除技术

农业防治　见小飞蓬。在高海拔1000m，刈割能够严重推迟一年蓬的物候性，阻碍一年蓬的繁殖生长。

化学防治　见小飞蓬。

综合利用　一年蓬全草入药，具有清热解毒、助消化的作用，主治消化不良、传染性肝炎、急性肠胃炎、淋巴结炎、痢疾、血尿，也可治毒蛇咬伤。根可捣烂敷牙根肿。茎、叶水提物能有效抑制醛糖还原酶的活性，达到有效降血糖作用。一年蓬中含有酚酸，能抑制小鼠肥胖，具有开发为治疗肥胖药物的潜力。此外，还可作果园绿肥。

参考文献

范建军，乙杨敏，朱珣之，2020. 入侵杂草一年蓬研究进展[J]. 杂草学报，38(2): 1-8.

黄衡宇，龙华，李鹂，2011. 一年蓬的胚胎学研究[J]. 西北植物学报，31(6): 1132-1141.

李扬汉. 1998. 中国杂草志[M]. 北京：中国农业出版社：312.

李振，2014. 中国不同地域入侵植物一年蓬的生长和繁殖特征适应性[D]. 武汉：华中农业大学.

徐丽珊，施恩琪，王利枝，等，2019. 一年蓬提取物的抗菌活性[J]. 浙江师范大学学报（自然科学版），42(1): 62-67.

中国科学院中国植物志编辑委员会，1991. 中国植物志：第七十四卷[M]. 北京：科学出版社：312.

ZHENG Y L, CHOI Y H, LEE J H, et al, 2021. Anti-obesity effect of *Erigeron annuus* (L.) Pers. extract containing phenolic acids [J]. Foods, 10(6): 1266.

（撰稿：杜道林、游文华；审稿：宋小玲）

一年生杂草　annual weed

按生物学特性划分的一类杂草，指在一年中完成从种子萌发到产生种子直至死亡生活史全过程的杂草。

形态特征　存在丰富的多样性，一般可将其分为一年生阔叶草、一年生禾草和一年生莎草等3大类。阔叶草的茎呈圆柱形或四棱形，有节和节间的区分，节上长叶和芽，节间实心或空心；叶片宽阔，常具网状脉和叶柄；花多为5基数或4基数；胚常具2枚子叶。禾草的茎呈圆柱形，有明显的节和节间的区分，节间中空；叶通常2列，由叶片和叶鞘等部分组成，叶鞘开张，叶片带形并具平行叶脉，无叶柄；颖果，胚具1片子叶。莎草的茎常呈三棱形，无节和节间的区分，茎常实心；叶基生或秆生，通常3列，由叶片和叶鞘组成，叶鞘闭合，叶片狭长并具平行脉，无叶柄；小坚果，胚具1枚子叶。

生物学特性　依靠种子繁殖，在其生活史中只开花结实一次，完成整个生命周期不到一年时间。根据生长季节的不同，一年生杂草可被分为夏季一年生杂草和春季一年生杂草2类。夏季一年生杂草在春季发芽，夏季是其主要发育阶段，在秋季种子成熟后死亡，它们的种子在土壤中维持休眠状态到翌年春季，如金色狗尾草、稗草、马唐、苋、苍耳等；春季一年生杂草在春季萌发，早夏植物死亡前成熟，种子常在土壤中保持休眠状态越夏，如早熟禾、繁缕等。这些杂草的大部分种子在冬季出苗，属于一二年生杂草。

分布与危害　是农田中最常见的杂草，它们种类多，分布广。由于杂草适应生长的环境条件不同，不同一年生杂草的生境差异较大。稗草、异型莎草、萤蔺、猪毛草、鸭舌草、雨久花、节节菜、丁香蓼、小茨藻等一年生杂草多发生于水田，主要危害水稻。早熟禾、繁缕、荠菜、波斯婆婆纳等春季一年生杂草主要危害夏熟旱作物田。牛筋草、狗尾草、马唐、千金子、反枝苋、青葙、马齿苋、野西瓜苗、铁苋菜、龙葵、胜红蓟、苍耳等夏季一年生杂草主要危害秋熟旱作物田。葎草、日本菟丝子和大花菟丝子等主要危害茶树、桑树、果树及园林观赏树木。有些春季一年生杂草还是某些昆虫和病原菌的越冬寄主。

防除技术　可采用物理防治、农业及生态防治、化学防治、生物防治和综合利用等多种策略。精选种子、合理轮作、中耕除草、覆盖治草、稻田养鸭等措施有助于一年生杂草的防治。

化学防治　常用土壤处理和茎叶除草剂防除。用酰胺类、三氮苯类、二硝基苯胺类、二苯醚类和取代脲类等除草剂进行土壤处理可防除不同作物田一年生杂草。茎叶处理除草时，用苯氧羧酸类和苯甲酸类可防除禾本科作物田的一年生阔叶草；乙酰辅酶A羧化酶抑制剂类可防除阔叶作物田的禾本科杂草；乙酰乳酸合成酶抑制剂类可防除不同作物田的一年生杂草；对羟基丙酮酸双加氧酶抑制剂类如硝磺草酮、甲基磺草酮能在玉米田防除一年生阔叶杂草和某些禾本科杂草。

综合利用　许多一年生杂草具有食用、药用等多方面的利用价值，如荠菜、藜、野苋、马齿苋、青葙、龙葵、鸭跖草等是中国各地广为食用的野生蔬菜，野苋、反枝苋、凹头苋、鸭舌草、雨久花、稗草、狗尾草、马唐等是很好的饲料，马齿苋等可药用，可通过对这些杂草的综合利用来达到防除的目的。

参考文献

关佩聪，刘厚诚，罗冠英，2013. 中国野生蔬菜资源[M]. 广州：广东科技出版社.

李扬汉，1998. 中国杂草志[M]. 北京：中国农业出版社.

强胜，2009. 杂草学[M]. 2版. 北京：中国农业出版社.

王宗训，1989. 中国资源植物利用手册[M]. 北京：中国科学技术出版社.

《全国中草药汇编》编写组，2000. 全国中草药汇编[M]. 北京：人民卫生出版社.

（撰稿：郭凤根；审稿：宋小玲）

异型莎草　*Cyperus difformis* L.

水田一年生杂草。又名碱草、球穗碱草、三棱草。英文名 difformed galingale。莎草科莎草属。

异型莎草植株形态（④张治摄；其余强胜摄）

①群体；②成株；③花；④子实；⑤幼苗

形态特征

成株　株高2～65cm（图①②）。秆丛生。稍粗或细弱，扁三棱形，平滑，下部叶较多。根具须根。叶基生，短于秆，宽2～6mm，平张或折合；叶鞘稍长，褐色。苞片2枚，少3枚，叶状，长于花序；长侧枝聚伞花序简单（图③），少数为复出，具3～9个辐射枝，辐射枝长短不等，最长达2.5cm，或有时近于无花梗；头状花序球形，具极多数小穗，直径5～15mm；小穗密聚，披针形或线形，长2～8mm、宽约1mm，具8～28朵花；小穗轴无翅；鳞片排列稍松，膜质，近于扁圆形，顶端圆，长不及1mm，中间淡黄色，两侧深红紫色或栗色边缘具白色透明的边，具3条不很明显的脉；雄蕊2，有时1枚，花药椭圆形，药隔不突出于花药顶端；花柱极短，柱头3。

子实　小坚果三棱形，倒卵状椭圆形，棱角锐，表面微突起，顶端圆形，花柱残留物呈一短尖头；果脐位于基部，边缘隆起，白色（图④）。

幼苗　子叶留土。第一片真叶线状披针形，有3条直出平行脉，叶片横剖面呈三角形，叶肉中有2个气腔，叶片与叶鞘处分界不明显，叶鞘半透明膜质，有脉11条，其中有3条较为显著（图⑤）。

生物学特性　种子繁殖。花果期7～10月，子实极多，每株可产生数万至数十万小坚果，小坚果8月起逐渐成熟脱落，由风、水传播，经冬季休眠后在春季萌发出苗，发芽的土层深度为2～3cm，发芽的最适温度为30～40℃，6月中下旬出现高峰期。成熟的种子经2～3个月的休眠后即可萌发，一年可以发生两代。

分布与危害　在中国分布很广，东北各地、河北、山西、陕西、甘肃、云南、四川、湖南、湖北、浙江、江苏、安徽、福建、广东、广西、海南岛均常见到；日本、朝鲜、印度、马来西亚、喜马拉雅山区、非洲、中美洲、大洋洲也有。喜生于水湿环境，为水稻田及低湿秋熟旱作物田的恶性杂草，常密集成片发生，尤其在低洼水田中发生量大，危害重。

有研究表明异型莎草水提物对水稻种子萌发率、发芽势、幼苗根长、苗高和鲜重均产生不同程度的抑制作用，可以延迟和降低水稻种子萌发，抑制水稻生长，有利于其对空间的占领和时间上的优先，从而更有利于自身的生长；受到显著抑制作用的水稻幼苗叶片出现黄化现象，对水稻叶片的光合作用产生抑制。

异型莎草在稻苗期密度可达150～200株/m^2，最密的可达600～1000株/m^2，严重危害水稻的生长，从而使水稻成穗率及产量受到严重的影响。研究表明，当千金子＋异型莎草密度增加至8株/m^2+8株/m^2，水稻产量仅2236.37kg/hm^2，与对照相比产量损失率为71.14%。

防除技术　防除应采取农业防治和化学防治相结合的方法。

农业防治　建立地平沟畅、保水性好、灌溉自如的水稻生产环境。结合种子处理清除杂草的种子，并结合耕翻、整地，消灭土表的杂草种子。实行定期的水旱轮作，减少杂草的发生。提高播种的质量，一播全苗，以苗压草。

生物防治　通过稻田养鸭或养鱼技术，利用鸭或鱼啄食种子或幼苗以及浑水抑制萌发等可以有效控制异型莎草危害。利用齐整小核菌（*Sclerotium rolfsii* Sacc.）发展的新型生物除草剂在田间应用可以达到 65% 以上的防效。

化学防治　采用一次性封杀，就是在水稻播前或播种（催芽）后 1～3 天内，用丙草胺·苄嘧磺隆或丁草胺·噁草灵复配剂等进行土壤封闭处理，均匀喷雾，施药时田板保持湿润，3 天后恢复正常灌水和田间管理。出苗后可用 2 甲 4 氯、五氟磺草胺、氯氟吡氧乙酸等茎叶处理，对异型莎草有良好的防除效果，水浆管理同上。

综合利用　可作饲料。

参考文献

高陆思, 崔海兰, 骆焱平, 等, 2015. 异型莎草对不同除草剂的敏感性研究 [J]. 湖北农业科学, 54(9): 2123-2126.

李扬汉, 1998. 中国杂草志. 北京: 中国农业出版社.

田志慧, 陆俊尧, 袁国徽, 等, 2020. 千金子与异型莎草对直播水稻产量的影响及其生态经济阈值研究 [J]. 中国生态农业学报(中英文), 28(3): 328-336.

朱文达, 曹坳, 李林, 等, 2011. 二甲四氯·氯氟吡氧乙酸防除稻田空心莲子草和异型莎草的效果 [J]. 湖北农业科学, 50(16): 3294-3296.

LI S S, WEI S H, ZUO R L, et al, 2012. Changes in the weed seed bank over 9 consecutive years of rice-duck cropping system [J]. Crop protection, 37: 42-50.

LI Z, LI X J, CHEN J C, et al, 2020. Variation in mutations providing resistance to acetohydroxyacid synthase inhibitors in *Cyperus difformis* in China [J]. Pesticide biochemistry and physiology, 166: 104571.

TANG W, ZHU Y Z, HE H Q, et al, 2011. Field evaluation of Sclerotium rolfsii, a biological control agent for broadleaf weeds in dry, direct-seeded rice [J]. Crop protection, 30: 1315-1320.

（撰稿：柏连阳、李祖任；审稿：纪明山）

抑制中浓度或剂量　median inhibition concentration or dose

抑制杂草生长 50% 的除草剂浓度或剂量叫做抑制中浓度或抑制中剂量。具体是指某杂草供试群体的生长发育（如发芽率、出苗率、幼苗高度、鲜物质量或干物质量等）或生理生化指标（如光合作用、呼吸作用、酶活性等）减少、抑制或伤害（伤害斑、死亡率）50% 所需的药剂浓度或剂量，以 IC_{50}（抑制中浓度，单位 mg/L）、EC_{50}（有效中浓度，mg/L）或 GR_{50}（生长抑制中量，单位 mg/L 或 g/hm^2）表示。

抑制中浓度或剂量来源于致死中量或有效中量的概念。除草剂生物测定中，一种生物种群中不同个体对一种药剂的忍受力是不同的，其忍受力与剂量或剂量对数的关系呈稍偏向一边的二项分布曲线或正态分布曲线。在测定一种药剂对杂草的毒力时，采用整个分布曲线来代表除草剂活性是不现实的，为此找出一个代表性数值尤为重要。早期人们使用最高致死剂量及最低致死剂量表示，而最高致死剂量、最低致死剂量是耐受力分布曲线的极端值，极容易由于取样或其他一些不可控因素而引起改变，因而代表性不足。理论上讲，从耐受力与剂量对数关系的正态分布曲线可看出，在同一生物群体中的大多数个体在某一剂量范围内起反应，但少数个体则具有较大的耐受力，也有少数个体只具有较小的耐受力。若生物群体数为无限个时，则极个别的个体的耐受力可小到剂量近于零或大到剂量近于无限大（如有极高抗性等）。因此用最低耐受剂量或最低致死剂量（即在一个生物群体中有极少数个体起反应的剂量）和最高耐受剂量或最高致死剂量（即在一个生物群体中几乎全部个体起反应的剂量）来表示某除草剂对生物效力的大小显然是不可靠的。致死中量才是表示药剂对生物效力的一个代表性数值。而除草剂生物测定与杀虫剂等其他类别农药生物测定不同点在于，除草剂的作用不一定要杀死杂草，相比于对照，能够抑制住杂草的生长，也能够表明该除草剂具有活性。与致死中量或剂量相类似的统计学原理，引入了抑制中浓度或剂量来代表除草剂的活性或毒力。

抑制中浓度或剂量的前期除草剂试验处理一般是采用等比梯度的剂量或浓度对同一批供试杂草进行处理，处理的剂量梯度应设置五个及以上，且应该包含全部致死剂量或浓度及轻微影响剂量或浓度，为寻找某除草剂的准确浓度或剂量梯度可先进行预试验处理（见除草剂生物测定）。试验处理一定时间后，当供试生物的反应和剂量之间的关系最为明显时进行原始数据采集，并进行分析。算法通常采用机率值分析法，测试浓度或剂量对数与抑制率机率值呈线性回归，置信区间一般在 95%，数据可信，相关系数需大于或等于 0.90。一般采用 Data Processing System (DPS) 软件分析即可（SPSS、Sigmaplot 及 R 语言包软件均可行）。但在除草剂测定中很多情况下可能不呈线性，于是要用到双逻辑非线性回归：$Y=C+(D-C)/[1+(X/GR_{50})^b]$ 来统计，式中，Y 为特定除草剂用量下所测杂草的相对质量、长度或发芽率等指标；C 为剂量反应下限；D 为剂量反应上限；X 为除草剂用量；GR_{50} 为生长抑制中量；b 为斜率。

参考文献

韩熹莱, 1995. 农药概论 [M]. 北京: 中国农业大学出版社.

强胜, 2001. 杂草学 [M]. 北京: 中国农业出版社.

SEEFELDT S, JENSEN J, FUERST E, 1995. Log-logistic analysis of herbicide dose-response relationships [J]. Weed technology, 9(2): 218-227.

（撰稿：董立尧、葛鲁安；审稿：王金信、宋小玲）

翼果唐松草　*Thalictrum aquilegifolium* L. var. *sibiricum* Regel et Tiling

园地、林地多年生草本杂草。又名唐松草、草黄连。英文名 siberia meadow rue。毛茛科唐松草属。

Y

形态特征

成株　高 60～150cm（图①）。植株全部无毛。茎粗壮，粗达 1cm，具分枝。基生叶在开花时枯萎，茎生叶为三至四回三出复叶；叶片长 10～30cm；小叶草质，顶生小叶倒卵形或扁圆形，长 1.5～2.5cm、宽 1.2～3cm，顶端圆或微钝，基部圆楔形或不明显心形，三浅裂，裂片全缘或有 1～2 齿，两面脉平或在背面脉稍隆起；叶柄长 4.5～8cm，有鞘，托叶膜质，不裂。圆锥花序伞房状（图②③），有多数密集的花；花梗长 4～17mm；萼片白色或外面带紫色，宽椭圆形，长 3～3.5mm，早落；雄蕊多数，长 6～9mm，花药长圆形，长约 1.2mm，顶端钝，上部倒披针形，比花药宽或稍窄，下部丝形；心皮 6～8，有长心皮柄，花柱短，柱头侧生。

子实　瘦果倒卵形（图④），长 4～7mm，有 3 条宽纵翅，基部突变狭，心皮柄长 3～5mm，宿存柱头长 0.3～0.5mm。花期 6～7 月，果期 8～9 月。

生物学特性　翼果唐松草喜阳又耐半阴，适应性强，对土壤要求不严，但排水需良好，较耐寒。生海拔 500～1800m 间草原、山地林边草坡或林中、林下或草甸的潮湿环境。

分布与危害　在中国分布于浙江（天目山）、山东、河北、山西、内蒙古、辽宁、吉林和黑龙江；在朝鲜、日本、俄罗斯西伯利亚地区也有分布。危害地区为东北、华北各地。翼果唐松草为其分布区内人工林常见的杂草之一，常与幼苗期的或浅根系的人工林争夺水分和养分。

防除技术　应采取包括农业防治、生物和化学防治相结合的方法。此外，也应该考虑其做药用、蜜源及绿化观赏综合利用等措施，以降低其对人工林的危害。

农业防治　使用机械工具，耕翻林内土地，使其植株连根拔起，达到根除的目的。

综合利用　由于翼果唐松草可以做药用、蜜源和绿化观赏等，通过综合利用可以不同程度的降低其对人工林的分布与危害。

翼果唐松草植株形态（周繇摄）

①植株；②③花序；④果实

参考文献

中国科学院中国植物志编辑委员会, 1974. 中国植物志: 第二十七卷 [M]. 北京: 科学出版社.

周繇, 2010. 中国长白山植物资源志[M]. 北京: 中国林业出版社.

（撰稿：郑宝江；审稿：张志翔）

银花苋　*Gomphrena celosioides* Mart.

秋熟旱作物田一年生外来入侵杂草。别名鸡冠千日红、假千日红、野生千日红、伏生千日红、野生圆子花。英文名silverflower。苋科千日红属植物。

形态特征

成株　高约35cm（见图）。直立或披散型草本，被有贴生白色长柔毛。叶对生，具短柄或几无柄，叶片长椭圆形至近匙形，腹面无毛或被伏贴毛，背面被柔毛。头状花序顶生，银白色，外形初呈球形或长圆形，长约2cm，无总花梗；苞片阔三角形，长约3mm，小苞片白色，长约6mm；花被片5，披针形，长约5mm，外被白色长柔毛，开花后变硬。雄蕊管稍短于花被，顶端5裂，裂片长约1mm，具缺口；花柱极短，柱头2裂。

子实　胞果圆梨形，果皮薄膜质。长约1.8mm、宽约1.3mm，棕色，光滑。

生物学特性　银花苋为宿根性草本或一年生草本，靠种子繁殖，种子千粒重约为2.63g。银花苋属于暴发型的杂草，具有萌发早、持续时间短、萌发速率快、萌发率高的特点。喜潮湿环境，生在路旁草地，多为田边杂草。生性强健，耐旱、耐瘠。春季至秋季开花。花期2～6月。银花苋具有化感物质，其花、叶水提液对萝卜、芥菜和菜心等种子的萌发率和根长生长具有抑制作用。

分布与危害　银花苋原产热带美洲，20世纪60年代作为观赏植物引入中国华南沿海一带，现分布于广东、海南、浙江、广西、福建、西沙群岛、香港和台湾。生于路旁草地，成为农田、果园、菜地、绿地等难以清除的恶性杂草，繁殖量大，为中国二级入侵植物。

银花苋植株（强胜摄）

防除技术　加强外来入侵种的检疫工作，控制银花苋的传播和扩散。适时开展人工机械防治，清除银花苋，防止其扩散蔓延。其他防除技术见反枝苋。

综合利用　银花苋可作为观赏类植物。全株可入药，具有清热利湿、凉血止血、降血糖功效，主治湿热、腹痛、痢疾、出血症、便血、痔血等症。银花苋提取物对金黄色葡萄球菌、枯草芽孢杆菌、铜绿假单胞菌、大肠杆菌和伤寒沙门氏菌具有良好的抑菌活性，具有开发为药物的潜力。

参考文献：

李扬汉, 1998. 中国杂草志 [M]. 北京: 中国农业出版社: 95.

缪绅裕, 郑倩敏, 陶文琴, 等, 2013. 入侵植物银花苋对3种蔬菜种子萌发的化感效应 [J]. 广东农业科学, 40(15): 36-39.

王桔红, 许泽璇, 陈文, 等, 2021. 不同入侵程度喜旱莲子草化学计量特征及其与共存种银花苋的比较 [J]. 草业学报, 30(2): 115-123.

中国科学院中国植物志编辑委员会, 1979. 中国植物志: 第二十五卷 第二册 [M]. 北京: 科学出版社: 239.

DUC L V, HONG D L, HOANG G D, 2020. Hypoglycemic activity of isolated compounds from *Gomphrena celosioides* Mart [J]. Pharmaceutical chemistry journal, 54: 484-489.

XU H, QIANG S, HAN Z, et al, 2006. The status and causes of alien species invasion in China [J]. Biodiversity and conservation, 15(9): 2893-2904.

（撰稿：解洪杰；审稿：宋小玲）

银胶菊　*Parthenium hysterophorus* L.

秋熟旱作物田一年生草本外来入侵杂草。又名银色橡胶菊。英文名parthenium weed、common parthenium。菊科银胶菊属。

形态特征

成株　高30～150cm，偶可高达2m（图①②）。茎直立，基部径约5mm，多分枝，具条纹，被短柔毛，节间长2.5～5cm。下部和中部叶二回羽状深裂，全形卵形或椭圆形，连叶柄长10～19cm、宽6～11cm，羽片3～4对，卵形，长3.5～7cm，小羽片卵状或长圆状，常具齿，顶端略钝，上面被基部为疣状的疏糙毛，下面的毛较密而柔软；上部叶无柄，羽裂，裂片线状长圆形，全缘或具齿，或有时指状3裂，中裂片较大，通常长于侧裂片的3倍。头状花序多数（图③），径3～4mm，在茎枝顶端排成开展的伞房花序，花序柄长3～8mm，被粗毛；总苞宽钟形或近半球形，径约5mm、长约3mm；总苞片2层，各5个，外层较硬，卵形，长2.2mm，顶端叶质，钝，背面被短柔毛，内层较薄，几近圆形，长宽近相等，顶端钝，下凹，边缘近膜质，透明，上部被短柔毛。舌状花1层，5个，白色，长约1.3mm，舌片卵形或卵圆形，顶端2裂。管状花多数，长约2mm，檐部4浅裂，裂片短尖或短渐尖，

银胶菊植株形态（吴海荣摄）

①幼苗；②开花植株；③花序；④果实；⑤种子

具乳头状突起；雄蕊 4 个。

子实　头状花序仅外层雌性花结实，每朵可产生 3～5 个瘦果，连萼瘦果倒卵形，干时黑色，长约 2.5mm，最宽处宽约 1.2mm，基部渐尖，被疏腺点（图④⑤）。背面扁平，腹面龙骨状，无毛，与内向左右侧 2 朵被托片包裹的两性花一同着生于总苞片的基部，并有黑色细丝相连，形成瘦果复合体。冠毛 2 枚，膜片状，长圆形，顶端截平或有时具细齿。

生物学特性　银胶菊生长迅速，种子萌发后 30～40 天即进入花期，从开花到种子成熟仅需约 15 天。每株银胶菊能产生约 10 万粒种子，种子在土壤表层能保持至少 6 年的生活力，适宜条件下种子萌发率可达 70% 以上。以种子繁殖。通常花果期 4～11 月。在广东、海南的部分地区，银胶菊

Y

全年均能开花结实，种子不经休眠即可萌发。银胶菊喜温喜光，夏季高温时（25～35℃）生长旺盛。该杂草叶面表面被有蜡质，可减少水分蒸发，发达的根系可吸收土层深处的水分和营养物质，对贫瘠土壤和干旱、高盐环境均有较强的抗性。

长期大量使用同种除草剂可导致银胶菊产生抗药性。巴西部分生物型对磺酰脲类除草剂氯嘧磺隆、甲酰胺磺隆、碘甲磺隆钠盐等产生了抗药性。在哥伦比亚、美国、墨西哥、多米尼加也陆续发现抗草甘膦的银胶菊种群，其抗性均由靶标酶5-烯醇式丙酮酰莽草酸-3-磷酸合成酶突变引起。

分布与危害 银胶菊是全球性的外来入侵有害生物，于1926年在中国首次发现，目前已扩散至南方多地，包括海南、广东、广西、云南、四川、福建、香港、台湾等地。该杂草易侵入弃耕地、果园和草场，也常发生于大豆、辣椒、番茄、胡椒、甘蔗等作物田。

银胶菊是一种化感植物，能够产生多种酚酸类和倍半萜烯内酯类化感物质，如香草酸、绿原酸、银胶菊素、香叶烯、罗勒烯、β-蒎烯等，通过化感作用影响土著种和农作物的生长。此外，银胶菊对动物也有毒害作用，羔羊在屠宰前4周内食用含银胶菊的草料，羊肉的风味和香气均会有一定程度的损失，该杂草一旦大规模入侵草场将会严重威胁当地畜牧业的安全生产。

银胶菊的生态适应性强，极易入侵城镇道路两侧、绿化带等生境，并出现在居民区的房前屋后，滋生蚊虫，传播病原菌，破坏园林景观。银胶菊植株或花粉能引起过敏性皮炎、鼻炎及支气管炎等，还可导致枯草热、哮喘等疾病的发生，严重危害人类健康。

防除技术 应加强检疫措施，并采取物理、化学防治与替代控制相结合的防控手段，也应考虑综合利用等措施。

农业防治 加强植物检疫，对从发生区调出的种子、苗木、商品粮等及其包装物、运输工具等应按照有关规定严格检疫，同时开展国外引种检疫审批，防止再次传入。采用秸秆覆盖法控制银胶菊种子萌发。对于零星发生区及新发生地，每年在春季银胶菊开花前实施人工拔除或机械铲除，然后统一集中烧毁，可基本控制其扩散危害。4～6月是银胶菊苗期，也是铲除银胶菊的最佳时期。在4月底5月初出苗期至7月末结籽之前加强调查，对零星发生、低密度地块，连根拔除，带出田外集中烧毁，做到斩草除根。对成片发生地区，可先割除植株，再耕翻晒根，拾尽根茬，将拔除的植株集中焚烧或用粉碎机粉碎。对未及时进行铲除的已成熟的银胶菊，要利用秋、冬季银胶菊植株枯萎的季节，也是银胶菊瘦果成熟的季节，收集其植物体集中焚烧。多种牧草品种在与银胶菊的竞争中有较大优势，可用于在草场替代种植控制该入侵物种。

化学防除 在银胶菊成片发生、危害严重的区域应使用化学除草剂进行防治。对于农田中的银胶菊，可进行土壤封闭处理，土壤处理除草剂异噁草松和砜嘧磺隆对银胶菊有较好的防除效果。在其3～4叶期喷施茎叶处理除草剂，对银胶菊有较好控制作用的有莠去津、嗪草酮、硝磺草酮、苯唑草酮，以及二氯吡啶酸、氨氯吡啶酸等。对银胶菊有一定控制效果的有乙羧氟草醚、三氟羧草醚、乳氟禾草灵、乙氧氟草醚、氟磺胺草醚、噻吩磺隆、砜嘧磺隆、灭草松，以及麦草畏、2甲4氯等，可根据不同的作物田进行选择。对于非耕地和果园，可选择灭生性除草剂草甘膦进行防除。

综合利用 银胶菊是一种极具发展潜力的产胶替代植物，所产橡胶的物理性能与三叶橡胶相似，可用于制造汽车轮胎和一般胶制品；制胶副产物的树脂可用于生产防腐剂、杀虫剂和黏合剂等，纤维渣可制纸浆或抗虫复合板、土壤改良剂等，具有广阔的开发前景。

参考文献

常兆芝, 张德满, 原永兰, 等, 2009. 恶性杂草银胶菊发生规律及综合除治措施初步研究 [J]. 中国植保导刊, 29(8): 26-27.

高兴祥, 李美, 高宗军, 等, 2013. 外来入侵杂草银胶菊种子萌发特性及无性繁殖能力研究 [J]. 生态环境学报, 22(1): 100-104.

纪亚君, ADKINS S, BOWEN D, 2008. 利用植物竞争防除恶性杂草银胶菊 [J]. 杂草学报 (2): 35-37.

李振宇, 解焱, 2002. 中国外来入侵种 [M] . 北京: 中国林业出版社.

韦家书, 2008. 外来入侵植物银胶菊的生物生态学特性及化学防除技术研究 [D]. 南宁: 广西大学.

中国科学院植物研究所, 1994. 中国高等植物图鉴 [M]. 北京: 科学出版社: 489.

中国科学院中国植物志编辑委员会, 1979. 中国植物志: 第八十卷 第一分册 [M]. 北京: 科学出版社: 333-335.

HSU L M, CHIANG M Y, 2004. Seed germination and chemical control of Parthenium weed (*Parthenium hysterophorus* L.) [J]. Weed society bulletin, 25(1): 11-21.

SINGH H P, BATISH D R, 2005. Phytotoxic effects of *Parthenium hysterophorus* residues on three Brassica species [J]. Weed biology and management, 5(3): 105-109.

SINGH H P, BATISH D R, 2003. Assessment of allelopathic properties of *Parthenium hysterophorus* residues [J]. Agriculture, ecosystems and environment, 5: 537-541.

TAMADO T, MILBERG P, 2000. Weed flora in arable fields of eastern Ethiopia with emphasis on the occurrence of *Parthenium hysterophorus* [J]. Weed research, 40: 507-521.

（撰稿：吴海荣、周小刚；审稿：宋小玲）

萤蔺 *Schoenoplectiella juncoides* (Roxb.) Lye

水田多年生杂草。又名灯心藨草。异名 *Scirpus juncoides* Roxb.。莎草科水葱属。

形态特征

成株 高15～70cm（图①②）。秆丛生，粗壮，圆柱形平滑，直立，秆基部有2～3个叶鞘，开口处为斜截形，无叶片。苞片1枚，圆柱形，为秆的延长，长5～15cm；小穗2～5个聚生成头状（图③），假侧生，卵形或长圆形卵状，棕色或淡棕色，多花；鳞片宽卵形或卵形，顶端钝圆具短尖，背面中央绿色，有1中肋，两侧浅棕色或有深棕色条纹；下位刚毛5～6条，与小坚果等长或较短，有倒刺。雄蕊3，药隔突出；柱头2，稀少3个。

子实 小坚果宽倒卵形或倒卵形或卵形（图④）；两侧扁而一面微突，具不明显的横皱纹；横长网状纹饰，熟时黑色或黑褐色，有光泽；刚脱落时带有倒刺的下位刚毛5～6条，与小坚果等长或较短。

幼苗 子叶留土。初生叶肥厚，线状锥形，绿色，叶背稍隆起，腹面稍凹，向基部变宽为鞘状。第一片真叶针状横剖面近圆形，其叶肉中有2个大气腔，叶片与叶鞘之间无明显界限；第二片真叶横剖面成椭圆形，亦具有2个大气腔，其他与第一叶相似。

生物学特性 根状茎短，有多数须根。种子繁殖。生育期5～11月，花期7～11月。萤蔺单个小穗平均结实30粒，每株能产生数百粒种子，从小穗基部向上逐步成熟并脱落。种子的发芽深度距土面0～3cm，主要出苗深度小于1cm。深埋的种子能保持几年不丧失其发芽力。种子成熟脱落后，借助于刚毛漂浮水面，随水流传播。

稻田中萤蔺主要靠种子繁殖，也有部分茎基芽，因而田间有实生苗和再生苗2种。但在免耕或浅耕田中，根茎再生苗较多。再生苗出土时间较早，一般3月上旬，日平均气温10℃以上就可抽出地面。再生苗的生长速度比实生苗快，且根系更为发达，植株也比实生苗健壮。6月中旬开花，7月下旬种子陆续成熟。实生苗的出苗时间晚，一般于5月上旬出苗，5月中下旬抽出花茎，6月中下旬开始抽穗，7月上、中旬开花，7月下旬至8月上旬种子逐渐成熟。在晚稻田，再生苗、实生苗的抽穗、开花、结实、种子成熟均较早稻田晚2个月左右。种子成熟在10月中下旬。

在长期使用磺酰脲类除草剂的田块，萤蔺会产生抗药性。其抗性产生的主要机制是乙酰乳酸合成酶基因突变引起的，在中国、日本和韩国均有报道。此外，非靶标的除草剂

茧蔺植株形态（①强胜摄；其余张治摄）

①群体；②植株；③花序；④子实

代谢抗性也是原因之一。

分布与危害 几乎遍及中国；日本、朝鲜、菲律宾、印度尼西亚、澳大利亚中南半岛，印度次大陆，俄罗斯、伊比利亚半岛、南非、美国北部直至加拿大也有。萤蔺喜生长在水田、池边、溪边、沼泽及荒地潮湿处，亦发生于水田边灌渠两侧。对水稻常造成危害，尤在耕作粗放、排水不良的老稻田中，常形成大片优势的群丛，发生量大，危害较重。萤蔺可以适应长期低养分（低氮、磷、钾素）的土壤条件，从而在低养分的稻田中造成危害。萤蔺为赤条纤盲蝽的寄主。

防除技术

农业防治　因萤蔺子实萌发出苗在浅土层 1～3cm，根茎深埋 10cm 以下就难以再抽出新芽；因此，深翻可将种子及根茎翻入深层土壤而减少萤蔺的发生基数。在萤蔺危害严重的田块，不应提倡免耕，以免根茎生萤蔺蔓延成灾。

生物防治　采用稻—鸭、稻—蟹、稻—鱼类等生物控草措施可减少杂草危害。人工除草也可取得较好的防除效果。

化学防治　可应用苄嘧磺隆、吡嘧磺隆等磺酰脲类除草剂进行土壤封闭或早期茎叶处理。茎叶处理可用苯达松、五氟磺草胺、2 甲 4 氯和氯氟吡氧乙酸等。施药时要根据产品使用方法，做好田水管理。

综合利用　全株可入药。具清热解毒、凉血利水、清心火、止吐血之功效。

参考文献

董海，王蔬，邹小瑾，等，2005. 辽宁省水稻田杂草种类及群落分布规律研究 [J]. 杂草科学 (1): 8 - 13.

广西壮族自治区革命委员会卫生管理服务站编，1970. 广西中草药：第二册 [M]. 南宁：广西人民出版社 .

何锦豪，王美玲，1989. 稻田杂草萤蔺的生物学特性及其防除 [J]. 杂草科学 (4): 4-5.

李儒海，强胜，邱多生，等，2008. 长期不同施肥方式对稻油轮作制水稻田杂草群落的影响 [J]. 生态学报，28(7): 3236-3243.

汪涛，邓云艳，杜颖，等，2021. 稻田杂草萤蔺对苄嘧磺隆的抗药性机理 [J]. 农药，60(3): 230-234.

魏守辉，强胜，马波，等，2005. 稻鸭共作及其它控草措施对稻田杂草群落的影响 [J]. 应用生态学报，16(6): 1067-1071.

颜玉树，1989. 杂草幼苗识别图谱 [M]. 南京：江苏科学技术出版社 .

KASHIN J, HATANAKA N, ONO T, et al, 2009. Effect of *Scirpus juncoides* Roxb. var. *ohwianus* on occurrence of sorghum plant bug, *Stenotus rubrovittatus* (Matsumura) (Hemiptera: Miridae) and pecky rice [J]. Japanese journal of applied entomology and zoology, 53(1): 7-12.

PONS T L, SCHRÖDER H F J M, 1986. Significance of temperature fluctuation and oxygen concentration for germination of the rice field weeds *Fimbristylis littoralis* and *Scirpus juncoides* [J]. Oecologia, 68: 315-319

SHIBAYAMA H, 2001. Weeds and weed management in rice production in Japan [J]. Weed biology and management, 1(1): 53-60.

YOSHINAO S, HAJIME I, SEIJI Y, et al, 2013. Characterization of sulfonylurea-resistant *Schoenoplectus juncoides* having a target-site Asp(376)Glu mutation in the acetolactate synthase [J]. Pesticide biochemistry and physiology, 107: 106-111.

（撰稿：张峥、强胜；审稿：刘宇婧）

营养方式多样性　diversity of nutrition mode

植物获得有机营养物质如碳水化合物的形式和途径多样，主要可分 3 类：自养型、异养型和兼性异养型。

含光合色素的植物直接利用太阳能，把二氧化碳、水转变成有机化合物，并释放出氧气，这一过程称为光合作用。完全通过光合作用获得养料的营养方式即为自养型。绝大部分农田杂草的营养方式均为自养型，如狗尾草、牛筋草等。

异养型或兼性异养杂草以寄生植物为多。寄生植物是指由于根系或叶片退化或缺乏足够的叶绿素而必须从寄主植物中掠夺营养物质和水分以满足自身生长发育需求的一类植物。寄生植物的种类繁多，全世界有 20 多个科 4000～5000 个种，广泛分布于各种生态环境中。在农田生态系统中，因其大量掠夺寄主的养分和水分，严重阻碍寄主作物的生长发育，甚至引起作物枯萎死亡，对农业生产造成严重危害。

异养型植物直接以环境中的有机物作为碳元素，即必须依赖其他生物或它们的产物来摄取现成的有机营养物质以完成生命周期。异养型植物主要有全寄生植物和腐生植物。全寄生植物没有叶片或叶片退化成鳞片状，不能进行正常的光合作用，自身所需的养料完全来自于其他植物，其具有特化的器官吸器，会穿过寄主的组织到维管束，以吸取养分和水分，例如菟丝子属的杂草菟丝子、日本菟丝子、大花菟丝子、南方菟丝子等，它们的种子经越冬后于翌年春末初夏，当温湿度适宜时种子在土中、枯枝落叶、树木的枝干裂缝中萌发；利用自身肉质胚乳储藏的养分使下胚轴伸长，向下形成不分支的棒状“根”，伸入土表或枯枝落叶中吸收水分，但不形成根系；上胚轴长出淡黄色细丝状的幼苗，随后不断生长，上端部分作旋转向四周伸出，随风摆动，当碰到寄主时，便紧贴其上缠绕，不久在与寄主的接触处形成吸盘，并伸入寄主体内吸取水分和养分。列当属的杂草如向日葵列当、分枝列当等，种子在适宜温、湿度条件下，在萌发刺激物质的诱导下萌发并长出芽管。芽管在吸器诱导物质的作用下形成吸器并吸附于周围的寄主根系上。吸器通过刺入寄主根系与寄主的维管组织连接并从寄主获取水分和营养物质，形成寄生关系。它们在寄主植物根部形成用于储存养分的块茎，再从块茎上长出茎，伸出土壤，形成花序并产生新的种子。腐生植物是一种没有叶绿素，从死亡生物体获取有机营养物质的植物，自然界比较少见，如水晶兰，其与一种真菌共生，依靠真菌的菌根吸收周围植物根系的营养物质得以共生。农田杂草中的异养型植物一般为全寄生植物，腐生植物极为少见。

兼性异养（也称半异养）自身也可进行光合作用，但仍需依靠其他生物体（植物或动物）获得养分来维持生命，主要包括半寄生植物和食肉植物。半寄生植物本身具有一定程度的光合作用能力，但根多退化，从寄主吸收水分和无机盐，甚至有机营养元素。食肉植物也能进行光合作用，但是会吸引和捕获其他动物或原生动物获得部分或大部分营养物质，如捕蝇草，用其特殊的叶子捕获昆虫纲和蛛形纲动物。农田杂草中的兼性异养杂草常见是半寄生杂草，主要有桑寄生科和玄参科独脚金属的杂草。桑寄生科中桑寄生、广寄生，以及槲寄生等，它们寄生于各类木本植物，如果树、桑树、茶树、胶树上，严重影响寄主植物的生长。独脚金属中的独脚金、大独脚金、狭叶独脚金和密花独脚金寄生于禾本科水稻、玉米、高粱、甘蔗等作物，它们出土后具光合能力，但在整个生长过程，利用吸器附着寄主根部获取自身生长所需的全部无机营养，造成寄主枯萎甚至死亡。杂草营养方式的多样性是杂草生物学特性的重要组成部分，也是其危害多样性的具体体现。

参考文献

张晓丽，赵静，2006. 高等植物营养方式的多样性 [J]. 生物学教学，31(10): 7.

HU L Y, WANG J S, YANG C, et al, 2020. The effect of virulence and resistance mechanisms on the interactions between parasitic plants and their hosts [J]. International journal of molecular sciences, 21: 9013.

WESTWOOD J H, YODER J I, TIMKO M P, et al, 2010. The evolution of parasitism in plants [J]. Trends in plant science, 15(4): 227–235.

YODER J I, SCHOLES J D, 2010. Host plant resistance to parasitic weeds; recent progress and bottlenecks [J]. Current opinion in plant biology, 13(4): 478–484.

YOSHIDA S, CUI S, ICHIHASHI Y, et al, 2016. The haustorium, a specialized invasive organ in parasitic plants [J]. Annual review of plant biology, 67(1): 643–667.

ZHOU W J, YONEYAMA K, TAKEUCHI Y, et al, 2004. *In vitro* infection of host roots by differentiated calli of the parasitic plant *Orobanche* [J]. Journal of experimental botany, 55 (398): 899-907.

（撰稿：胡露飏、周伟军；审稿：朱金文、宋小玲）

影响竞争的因素 competitive factors

影响杂草与作物或杂草间竞争能力的内在或环境因素。

了解和掌握影响杂草与作物竞争的因素，就可以有针对性地通过农业耕种栽培措施调控杂草与作物长势，达到抑草促苗的目的。

杂草的种类和密度 不同种类杂草植株高度及生长的习性差异较大，竞争能力则各不相同。如棉花田中反枝苋植株高大，而马齿苋较矮小，前者的竞争力则远大于后者。

作物种类、品种和密度 不同作物间的竞争性差异较大，同一作物、不同品种之间也存在很大差异。如传统的植株高大、叶片披散的水稻品种的竞争能力比现代的矮秆、叶片挺立的品种强，杂交稻又比常规稻竞争力强。合理密植是一种经济、有效的杂草防除措施之一。提高作物播种量或种植密度可提高对杂草的抑制作用。

相对出苗时间 杂草和作物的相对出苗时间影响杂草和作物的竞争力。早出苗的竞争者可提前占据空间，竞争能力较高，晚出苗者则在竞争中处于弱势。所以，出苗时间越晚，竞争力就越低。在农业生产中，保证作物早苗、壮苗则可使作物在与杂草竞争时处于优势地位。

水肥管理 一般来说，在有杂草的农田施用肥料，特别是施用底肥，会加重杂草的危害。因为杂草吸收肥料的能力比作物强。施肥能够促进杂草迅速生长而加重危害。但当杂草在竞争中处于劣势时，增施肥料可抑制杂草的生长。在稻田合理管水可有效抑制杂草的发生和生长，如在移栽后保持水层可有效地降低稗草出苗率，抑制水层下稗草的生长。

环境条件 环境条件如温度、光照、土壤水分含量、微生物等，影响杂草和作物生长和发育，必然会影响它们的竞争力。通过选择合适的播期、种植制度、栽培措施，创造有利于作物生长而不利于杂草生长的环境条件，可降低杂草的竞争力，减少其危害。有些外来入侵植物在入侵地可以招募有利于自身生长而抑制其他植物生长的微生物，达到在定植生境中处于竞争优势地位。

参考文献

付兴飞，胡发广，李贵平，等，2021. 绿肥对咖啡园杂草多样性及功能群的影响 [J]. 热带作物学报，42(4): 1166-1174.

刘小民，李杰，许贤，等，2021. 绿豆与夏玉米田 3 种优势杂草的竞争效应 [J]. 生态学杂志，40(5): 1324-1330.

强胜，2009. 杂草学 [M]. 2 版 . 北京：中国农业出版社 .

CALLAWAY R M, THELEN G C, RODRIGUEZ A, et al, 2004. Soil biota and exotic plant invasion [J]. Nature, 427(6976): 731-733.

（撰稿：郭辉；审稿：强胜）

优势度 degree of dominance

用以表示一种杂草在群落中的地位与作用的定量指标。杂草优势度综合了杂草密度、盖度、频度和鲜重等指标，能够反映每种杂草在群落中的地位和作用，即优势程度。在杂草群落调查中，广泛采用相对优势度来测度每种杂草的优势程度，进而确定杂草群落的优势种。杂草相对优势度是杂草相对密度、相对盖度、相对频度和相对鲜重等数量指标之和的平均值，杂草相对优势度是度量某种杂草危害程度最重要的定量指标。

杂草的相对优势度 RA=（RD+RC+RF+RW）/4，其中 RD 为相对密度，即某种杂草的密度占总密度的比例；RC 为相对盖度，即某种杂草的盖度占总盖度的比例；RF 为相对频度，即某种杂草出现的样方数占所有杂草出现的总样方数的比例；RW 为相对鲜重，即某种杂草的鲜重占样方中杂草总鲜重的比例。

在植物群落研究中，优势度具体定义和计算方法各家意见不一。J. Braun-Blanquet 主张以盖度、所占空间大小或重量来表示优势度，并指出在不同群落中应采用不同指标。苏联学者 B. H. Cykaqeb（1938）提出，多度、体积或所占据的空间、利用和影响环境的特性、物候动态均应作为某个种优势度指标。另一些学者认为盖度和密度为优势度的度量指标。也有的认为优势度即“盖度和多度的总和”或“质量、盖度和多度的乘积”等。而在杂草群落研究中，通常是以综合的数量指标来综合计算杂草优势度。

杂草相对优势度的计算依赖于杂草调查方法和所采集的数量指标。调查取样方法有样方法和样线法（见相关条目），根据杂草发生生境选择其中的一种方法。采集的数量指标包括杂草相对密度、相对盖度、相对频度和相对鲜重等数据，因而样方的数量和代表性、所采集数据的质量、调查人员的经验和熟练程度等均影响杂草群落优势种的确定。在目测法调查中，由于综合了杂草的盖度、相对多度和相对高度等数量指标，因此，由目测级别值计算综合草害指数，作为优势度的指标，评价某种杂草在杂草群落中的地位和重要性（见目测法）。

参考文献

黄红娟，黄兆峰，姜翠兰，等，2021. 长江中下游小麦田杂草发生组成及群落特征 [J]. 植物保护，47(1): 203-211.

李博，2000. 生态学 [M]. 北京：高等教育出版社：121.

李儒海，强胜，邱多生，等，2008. 长期不同施肥方式对稻油轮作制水稻田杂草群落的影响 [J]. 生态学报，28(7): 3236-3243.

强胜，2009. 杂草学 [M]. 2 版 . 北京：中国农业出版社 .

任继周，1998. 草业科学研究方法 [M]. 北京：中国农业出版社：11-16.

（撰稿：李儒海；审稿：强胜）

油菜田杂草 rapeseed field weed

能够在油菜田中不断自然繁衍其种群的植物，是根据杂草的生境特征划分的、属于夏熟作物田中非常重要的一类杂草。油菜田杂草以二年生禾本科和阔叶杂草为主，兼有一年生和多年生杂草。

发生与分布 由于中国油菜田分布广、耕作制度多样，导致杂草分布范围广、涵盖种类多。杂草与油菜存在对水、肥、气、热、光等的竞争，导致后者营养生长受抑制，使油菜形成弱苗、瘦苗和高脚苗，且在生殖阶段易因养分不足而导致结实率降低。杂草危害极大地影响了油菜的产量、品质以及油菜种植的经济效益。据统计，杂草危害一般可使油菜籽产量下降 15%，严重的甚至减产 50% 以上。同时，杂草还可以作为油菜害虫和病菌的宿主，增加了病虫害感染的概率，从而加重了油菜病虫害的发生。此外，随着各种类型除草剂的大面积推广和使用，越来越多的杂草种类对除草剂产生了不同程度的抗性。

由于不同地区油菜田杂草的种类和群落的组成存在一定的差异，因此油菜田杂草其生活习性和生境有很大的不同。土壤含水量是影响田间杂草群落结构和大小的直接原因，而耕作制度的不同导致土壤含水量的不同。根据耕作制度可将油菜田杂草分为以下两类：①稻油连作油菜田，以禾本科杂草为主、阔叶杂草为辅，其优势种为看麦娘、茵草、牛繁缕等，由于土壤湿度较大，喜湿的杂草种子更容易存活下来并大量发生。②旱旱连作（如玉米－油连作）油菜田，以阔叶杂草为主、禾本科杂草为辅，其优势种为播娘蒿、猪殃殃等，由于土壤湿度较小，以旱生杂草占主导地位。

综合中国各地自然条件和耕作制度的不同，油菜生产可划分为春油菜和冬油菜两个产区。

冬油菜占总种植面积的 90% 左右，主要分布在长江流域和华北地区。其杂草发生高峰主要在冬前，一般于 10～11 月间；由于此时油菜苗较小，草害常造成瘦苗、弱苗和高脚苗，对油菜生长和产量影响较大；春季虽还有一个小的出草高峰，但此时，油菜已封行，影响较小。

长江流域冬油菜区稻茬油菜田发生的杂草种类近百种，以喜湿性杂草看麦娘（属）为优势种，有时兼有茵草共优，局部地区有硬草、早熟禾以及棒头草和长芒棒头草等，阔叶杂草主要有牛繁缕、野老鹳草、雀舌草、稻槎菜、碎米荠等杂草，此外，水花生、通泉草、北水苦荬、多头苦荬、早熟禾、印度蔊菜、泥胡菜、藕蓄、小飞蓬、马兰、海滨酸模、齿果酸模、绵毛酸模叶蓼、雪见草、附地菜、细茎斑种草、通泉草、鼠麹草等也有发生。占优势的杂草群落，长江流域以南是看麦娘＋牛繁缕＋稻槎菜＋雀舌草或日本看麦娘＋茵草＋牛繁缕＋稻槎菜，到长江以北的日本看麦娘（或看麦娘）＋大巢菜＋猪殃殃＋茵草杂草群落。但长江下游地区临近沿海，以偏碱性土壤为主，硬草和棒头草常成为优势种，取代看麦娘或日本看麦娘。其他局部地区，则有早熟禾＋看麦娘＋茵草＋牛繁缕的杂草群落。旱茬油菜田杂草分为两类，一类是丘陵地区，该地区是由猪殃殃、野燕麦、大巢菜、粘毛卷耳、波斯婆婆纳等组成的杂草群落，此外还有看麦娘、刺儿菜、繁缕、荠菜、打碗花、雀舌草、广布野豌豆、萹蓄、野老鹳草、野塘蒿、刺儿菜、泽漆、通泉草、棒头草、小根蒜、半夏等。常见的杂草群落是猪殃殃＋野燕麦＋粘毛卷耳＋波斯婆婆纳。另一类是沿江沙地旱连作油菜田，该地区是由猪殃殃、粘毛卷耳、波斯婆婆纳、荠菜等组成的杂草群落。此外还有蚤缀、小巢菜、看麦娘、小根蒜和卷耳等。

黄淮流域冬油菜区都是旱茬油菜田，以阔叶杂草为主，偶也有野燕麦发生并成为优势，优势杂草为猪殃殃、麦仁珠、播娘蒿、麦家公，其他杂草还有遏蓝菜、麦蓝菜、打碗花、麦瓶草、泽漆、萹蓄、小花糖芥、婆婆纳等，这些杂草的普遍特点是耐干旱和盐碱。常见的杂草群落是猪殃殃＋麦仁珠＋播娘蒿＋麦家公杂草群落或野燕麦＋播娘蒿＋猪殃殃＋麦家公杂草群落。

春油菜仅占总种植面积的 10% 左右，大多分布于西北、华北北部和东北等地。主要发生的杂草有野燕麦、藜、小藜、薄蒴草、密花香薷、刺儿菜和萹蓄等。杂草发生的高峰期在 4 月中旬，出草量可占全生育期的一半左右。除了上述冬春型杂草外，还有夏秋型杂草如稗、反枝苋等，在随后的时间里出苗。但由于自然发生区域不同，杂草种类不同，杂草出苗动态差异很大。

防除技术 油菜田杂草可通过杂草检疫、农业防治、化学防治和引入转基因油菜等多种方式综合管理。

杂草检疫和种子精选 检查调入和调出种子中是否夹带杂草子实，并对播种前的种子筛选，清除杂草种子，有效控制杂草的远距离传播，从而减少杂草的发生。

农业措施 ①轮作措施，可采取油、绿肥或麦类轮作方式来防除，通过麦油轮作，在麦田选择防治阔叶杂草的除草剂，有效控制阔叶杂草的种群数量和子实产生，减少土壤中种子库数量，降低来年油菜田阔叶杂草的发生基数。另外可进行旱改水轮作措施，使旱作双子叶杂草在土壤种子库中因生境不适而减少，从而减少杂草的危害。②栽培措施，科学合理的密植，培育壮苗，施足基肥，及早追肥，加速油菜封行，增加田间郁闭度，压制杂草。采用合理密植的方式可以较早形成作物覆盖层，抑制某些喜光杂草的生长，提高油菜的整体竞争力，在与杂草的竞争中处于优势地位。进行田间栽培管理。③耕作措施：提前翻耕，引起杂草早生、快发，直播或移栽油菜前，再进行耕耙1次，或使用灭生性除草剂能消灭大量早生、快发的杂草。多年的免耕田可进行一次深翻耕，将土表的种子翻入下层土壤，减少杂草的出苗基数。在油菜的越冬期或杂草发生期进行中耕培土能有效减轻杂草危害。④合理施肥：使用堆沤后的农家肥料，使其充分腐熟，杂草种子丧失生命力。

化学防治　目前化学防治依然是最省时、省力、经济的治草手段，同时也是目前世界上应用最广泛的方法。

冬油菜。土壤处理：直播田和移栽田可用乙草胺、甲草胺、精异丙甲草胺、异噁草松与乙草胺以及扑草净与乙草胺的复配剂等进行土壤处理。免耕油菜田在种植前可用草甘膦+乙草胺处理。茎叶处理：防除禾本科杂草的除草剂：可用烯禾啶、烯草酮、精吡氟禾草灵、精喹禾灵、高效氟吡甲禾灵来防除。防除阔叶杂草的除草剂：可用草除灵、二氯吡啶酸来防除，但芥菜型油菜对这些药剂高度敏感，禁用。兼除单双子叶杂草的除草剂(包括混配制剂)：可用丙酯草醚、异丙酯草醚、草除灵与精喹禾灵的复配制剂、草除灵与二氯吡啶酸以及烯草酮的复配制剂等防除。

春油菜。土壤处理：可用乙草胺、精异丙甲草胺、异噁草松与乙草胺的复配剂等除草剂兑水均匀喷于土表。茎叶处理防除禾本科杂草：可用烯禾啶、精吡氟禾草灵、精喹禾灵、高效氟吡甲禾灵、烯草酮防除。茎叶处理防除阔叶杂草可用草除灵、二氯吡啶酸，以及二氯吡啶酸与氨氯吡啶酸混配制剂进行防除。兼除单双子叶杂草的除草剂可用草除灵与高效氟吡甲禾灵的混配制剂进行防除。

抗药性杂草及其治理　据报道，目前全球报道油菜田有55种杂草对一种或几种除草剂具有抗性，主要是对乙酰乳酸合成酶抑制剂类和乙酰辅酶A羧化酶抑制剂类以及长链脂肪酸抑制剂类除草剂产生了抗性。在中国可用于防除油菜田禾本科杂草的除草剂种类主要是芳氧苯氧基丙酸酯类除草剂，由于长时间使用，禾草类如日本看麦娘和棒头草已经产生了抗药性。由于油菜田除草剂种类相对较少，特别是控制阔叶杂草的除草剂的种类更少，因此应通过各种农业、生态等措施综合治理油菜田杂草。

参考文献

李扬汉, 1998. 中国杂草志 [M]. 北京 : 中国农业出版社 .

马小艳, 马艳, 彭军, 等, 2010. 我国棉田杂草研究现状与发展趋势 [J]. 棉花学报, 22(4): 372-380.

强胜, 2001. 杂草学 [M]. 北京 : 中国农业出版社 .

俞琦英, 周伟军, 2010. 油菜田的杂草发生特点及其防治研究概况 [J]. 浙江农业科学 (1): 123- 127.

张文芳, 2008. 5- 氨基乙酰酸对丙酯草醚胁迫下油菜和牛繁缕幼苗生长的影响及其调控机理 [D]. 杭州 : 浙江大学 .

赵延存, 2006. 稻茬移栽油菜田杂草群落发生规律及化学防除研究 [D]. 南京 : 南京农业大学 .

（撰稿：宋小玲、戴伟民；审稿：强胜）

诱导休眠　induced dormancy

具有活力的原来无休眠或解除休眠后的种子受高温、高湿、干旱、缺氧或黑暗等不良环境条件的影响而诱发的休眠。又名强迫休眠。

基本内容　诱导休眠是由外界环境因素诱导产生的非先天性休眠。大多是由于不良环境条件如高温或低温、干旱涝渍、除草剂、黑暗和高CO_2的比例等所引起，使已经解除原生休眠可以萌发的子实重新进入休眠状态。如豆科杂草在高温条件，以及夏秋性杂草在低温条件下都将进入休眠状态。豆科杂草的种子在干旱条件下，大量失水，致使种皮干缩，增加了不透性，诱发了休眠。埋入土壤深层，导致杂草种子强迫休眠，是杂草种子最常见的强迫休眠现象，鳢肠的子实埋于土壤中处于黑暗条件下，保持休眠状态，这不仅能避免小粒的杂草种子在深处萌发消耗完有限量营养物质而不能出苗，而且还能够维持土壤种子库规模的稳定性。在自然状况下，内因和外因以及各个内外因素之间常有相互作用，决定了杂草种子或繁殖体的休眠状态。

翻耕可以将处于强迫休眠的杂草种子暴露到土表，促进其萌发，减少杂草发生基数，是有效的农业控草措施。

存在问题和发展趋势　杂草诱导休眠受环境因素的制约，这也是保证杂草种群延续的重要条件。这可使种子处于休眠状态，安全度过不良环境，遇到适宜环境条件时重新萌发生长。对杂草种子休眠的诱导、维持和解除的分子调控机制有了进一步的认识，其中，有关诱导休眠的激素调控途径以及不同途径之间相互作用的研究取得了显著进展。目前已经克隆了诱导休眠相关的特异性基因，以及影响种子休眠诱导的染色质因子，一些重要休眠调节因子的作用机制也越来越清晰。9- 顺式环氧类胡萝卜素双加氧酶（NCED）基因家族在休眠诱导过程中被认为与胚或胚乳ABA的合成密切相关，是调控杂草种子热休眠的关键基因。

参考文献

付婷婷, 程红焱, 宋松泉, 2009. 种子休眠的研究进展 [J]. 植物学报, 44(5): 629-641.

强胜, 2009. 杂草学 [M]. 2 版 . 北京 : 中国农业出版社 .

杨荣超, 张海军, 王倩, 等, 2012. 植物激素对种子休眠和萌发调控机理的研究进展 [J]. 草地学报, 20(1): 1-9.

BASKIN C C, BASKIN J M, 2014. Seeds: ecology, biogeography, and evolution of dormancy and germination [M]. Amsterdam: Elsevier.

BASKIN J M, BASKIN C C, 2004. A classification system for seed dormancy [J]. Seed science research, 14 (1): 1-16.

Bewley J D, 1997. Seed germination and dormancy [J]. The plant cell, 9: 1055-1066.

BEWLEY J D, BRADFORD K J, HILHORST H W M, et al, 2013. Seeds: Physiology of development, germination and dormancy [M]. New York: Springer.

（撰稿：魏守辉；审稿：强胜）

鼬瓣花　*Galeopsis bifida* Boenn.

夏熟作物田一年生杂草。又名野芝麻、野苏子。英文名 galeopsis bifida boenn。唇形科鼬瓣花属。

形态特征

成株　通常高 20～100cm（图①）。茎直立，通常多分枝，粗壮，钝四棱形，具槽，在节上加粗但在干时则明显收缢，此处密被多节长刚毛，节间其余部分混生向下具节长刚毛及贴生的短柔毛，茎上部间或混杂腺毛。单叶对生，卵圆状披针形或披针形。轮伞花序腋生，多花密集（图②）；小苞片线形至披针形，长 3～6mm，基部稍膜质，先端刺尖，边缘有刚毛；花萼管状钟形，外面有平伸的刚毛，内面被微柔毛，5 齿，近等大，长约 5mm，与萼筒近等长，长三角形，先端为长刺状；花冠白、黄或粉紫红色，冠筒漏斗状，喉部增大，冠檐二唇形，上唇卵圆形，先端钝，具不等的数齿，外被刚毛，下唇 3 裂，中裂片长圆形，宽度与侧裂片近相等，紫纹直达边缘，基部略收缩，侧裂片长圆形，全缘；雄蕊 4，均延伸至上唇片之下，花丝丝状，下部被小疏毛，花药卵圆形，2 室，2 瓣横裂，内瓣较小，具纤毛；花盘前方呈指状增大；子房无毛，褐色；花柱 2 裂。

子实　小坚果倒卵状三棱形，褐色，有秕鳞（图⑤）。

幼苗　子叶阔卵圆形，基部凹陷，具 1 对狭裂片，叶片全缘，无毛（图③④）。真叶卵圆状披针形或披针形，通常长 3～8.5cm、宽 1.5～4cm，先端锐尖或渐尖，基部渐狭至宽楔形，边缘有规则的圆齿状锯齿，上面贴生具节刚毛，下面疏生微柔毛，间夹有腺点，侧脉 3～4 对，上面不明显，下面突出；叶柄长 1～2.5cm，腹平背凸，被短柔毛。

生物学特性　种子繁殖。苗期 4～5 月，花期 7～9 月，果期 8～10 月。种子有休眠习性，最适出苗深度为 1～3cm；幼苗抗寒性强，短时低温也不受害。主根系发达，侧根较多，根茎部受药害后易弯曲，可产生大量的不定根；单株结籽量平均约 322 粒，不脱落的种子混杂在作物中，使作物净度下降。鼬瓣花是典型的抗 2,4- 滴丁酯的杂草，连续使用 5 年后，2,4- 滴丁酯处理区比空白对照区鼬瓣花增加了 51.2%。成为杂草群落中的主要种群。

分布与危害　中国分布于西南、西北、华北、华东、东北地区及湖北西部；广布于欧亚大陆温带地区。为东北和西北地区部分农田的主要杂草之一，小麦、大麦、燕麦、荞麦、油菜等多种夏熟作物均有较重危害；也常生于林缘、路旁、灌丛草地等空旷处。

防除技术

农业防治　精选种子，并在播种前清选，切断种子传播；与甘蓝型油菜倒茬，利用油菜莲座期长的特点，覆盖土壤，抑制下层鼬瓣花生长。及早翻地，促进种子萌发，在出苗后将其翻压到耕层深处，杀灭鼬瓣花。

鼬瓣花植株形态（⑤许京璇摄；其余魏有海摄）

①成株；②花；③④幼苗；⑤果实

化学防治　小麦或青稞田可选用苯磺隆、苄嘧磺隆、唑嘧磺草胺、唑草酮，在青稞3～5叶期茎叶喷雾处理。在春油菜田选用氟乐灵、二甲戊灵、精异丙甲草胺土壤封闭处理；或在油菜2～4片真叶时选用草除灵、二氯吡啶酸茎叶喷雾处理。

综合利用　种子富含脂肪油，含油率40%～50.1%，油的比重（150℃）0.9368，折射率（200℃）1.4794，碱化值194.2～195.4，碘值131.1～159.8～161.0，酸值2.3～4.0，适于工业用。

参考文献

郭良芝, 2006. 油菜地鼬瓣花的生物学特性 [J]. 杂草科学 (1): 24-25.

郭良芝, 邱学林, 郭青云, 等, 2002. 青海省脑山地区鼬瓣花的发生与防除研究 [J]. 杂草科学 (4): 26-29.

李维德, 张永红, 2003. 鼬瓣花中的黄酮苷（英文）[J]. 西北植物学报, 32(4): 637-640.

李扬汉, 1998. 中国杂草志 [M]. 北京: 中国农业出版社: 547-548.

刘满仓, 1986. 鼬瓣花及其防治的研究 [J]. 内蒙古农业科技 (1): 35-37.

张永红, 汪涛, 芦志刚, 等, 2002. 鼬瓣花化学成分研究 [J]. 中国中药杂志, 27(3): 49-51.

（撰稿：魏有海；审稿：宋小玲）

禺毛茛　*Ranunculus cantoniensis* DC.

夏熟作物田一至多年生杂草。又名自扣草、水辣菜。英文名 canton buttercup。毛茛科毛茛属。

形态特征

成株　高25～50cm（图①②）。须根伸长簇生。茎直立，中空，上部有分枝，与叶柄均密生黄白色糙毛。叶为三出复叶，基生及茎生，茎生叶互生；基生叶和下部叶片宽卵形至肾圆形，长3～6cm、宽3～9cm，叶柄长可达15cm；小叶卵形至宽卵形，宽2～4cm，2～3中裂，边缘有较细密锯齿，顶端稍尖，两面贴生糙毛，小叶柄长1～2cm，生开展糙毛，基部有膜质耳状宽鞘；上部叶渐小，3全裂，有短柄或无柄。花生茎顶和分枝顶端，花直径1～1.2cm，呈疏散的聚伞花序，花梗长2～5cm（图③）；萼片卵形，长3mm，开展，有糙毛。花瓣5，椭圆形，长5～6mm，约为宽的2倍，基部狭窄，蜜槽上有倒卵形小鳞片；花药长约1mm，花托长圆状，生白色短毛。

子实　聚合瘦果近球形，直径约1cm。瘦果扁平无毛，长约3mm、宽约2mm，边缘有宽约0.3mm的棱翼，喙基部宽扁，顶端弯钩状，长约1mm（图④⑤）。

幼苗　子叶呈阔卵形，长1cm、宽0.6cm，先端钝圆，具微凹，羽状脉明显，具长柄（图⑥）。上、下胚轴均不发育。初生叶为掌状3浅裂，具长柄，叶柄基部两侧有半透明膜质边缘。后生叶为掌状3深裂，叶柄密生长柔毛。

生物学特性　苗期秋冬季，花期4～5月，果期4～6月。禺毛茛自交亲和，性器官中雄蕊先成熟。以种子繁殖，种子存在休眠现象，在储藏1个月后休眠得到解除。种子的发芽适温为15℃/25℃变温。该温度每天光照8小时条件下，种子的发芽率为63%，而黑暗条件下萌发率只有33%。

禺毛茛生境类型多样，在相对地理隔离的条件下，由于对生长环境长期适应，导致居群间和居群内的变异性。居群内，瘦果扁平度、花瓣长宽比、萼片长宽比变异最为稳定；居群间，随着纬度的增加，这3个繁殖器官的相对性状呈现逐渐增大的趋势，并且核型不对称系数呈现不断增加而染色体总长不断减少的趋势，可知禺毛茛在中国大陆地区的地理变异即其进化迁移路线很可能是从南到北方向。

禺毛茛遗传背景复杂，江西采集的禺毛茛叶绿体基因组全长155119bp，共鉴定出131个基因，其中蛋白质编码基因84个，转运RNA（tRNA）基因37个，核糖体RNA（rRNA）基因8个。系统发育关系分析表明，禺毛茛与*Ranunculus macranthus*亲缘关系密切。日本学者M. Tamura将禺毛茛及其形态相近的近缘种作为一个复合分类群，即禺毛茛复合体，包括禺毛茛、茴茴蒜、扬子毛茛、钩柱毛茛等其他毛茛属植物。中国西南地区4个禺毛茛复合体二倍体类群可以相互杂交，由不同的亲本对形成了7种不同的杂种基因型，包括杂种1代、回交类型和一个3个亲本杂交形成的杂种。4个近缘类群同域共存的杂交带，可以形成异常丰富的杂种群，增加该地区的基因型多样性。

分布与危害　中国分布于北京、山东、山西、河南、安徽、江苏、浙江、江西、福建、湖北、湖南、四川、重庆、贵州、云南、广西、广东、台湾等地；日本、朝鲜、印度、越南也有。生于海拔20～2500m的平原或丘陵、田野、沟边、湿地等生境。常见于麦类、油菜田等地，是夏熟作物田常见杂草，但发生量小，危害轻。该草有毒，不能食用。

防除技术　采取包括农业防治和化学防治与综合利用相结合的方法。

农业防治　采用轮作改变生境，如采用小麦—水稻、水稻—大豆、玉米—大豆等多种轮作方式。通过翻耕等耕作措施改善农田生态环境，抑制禺毛茛的萌发和生长。采用秸秆覆盖技术，小麦播种后，覆盖稻草等秸秆，有很好的控制效果。合理密植，可以较早形成作物覆盖层，在一定程度上提高作物的整体竞争能力，减轻杂草的发生危害。

物理防治　在苗期人工拔除，或机械铲灭，或中耕剔除田间杂草。

化学防治　在小麦田，于小麦2～3叶期，可用双氟磺草胺、2甲4氯钠盐、氯氟吡氧乙酸进行茎叶喷雾处理。对于油菜田可用草除灵进行茎叶喷雾。

综合利用　禺毛茛含原白头翁素、白头翁素及少量生物碱、不饱和甾醇、黄酮类化合物及鞣质等化学成分，全草捣敷发泡，可治黄疸、目疾。禺毛茛丙酮粗提物具有抑菌活性，对香蕉枯萎病菌、杧果炭疽病菌的保护作用稍强于治疗作用。

参考文献

李同建, 徐玲玲, 廖亮, 等, 2013. 禺毛茛多倍体复合体多物种

禺毛茛植株形态（①~④朱金文提供；⑤⑥张治摄）

①植株；②茎与叶柄；③花；④⑤瘦果；⑥幼苗

杂交带杂交模式研究 [C]// 中国植物学会 . 中国植物学会八十周年学术年会论文集 : 57-57.

李扬汉 , 1998. 中国杂草志 [M]. 北京 : 中国农业出版社 : 836-837.

聂谷华 , 汪小飞 , 刘志金 , 等 , 2009. 禺毛茛居群地理变异研究 [J]. 安徽农业科学 , 37(1): 173-176.

聂谷华 , 2007. 禺毛茛复合体物种新缘关系地理变异规律研究 [D]. 南京 : 南京林业大学 .

潘春柳 , 黄燕芬 , 陈韵 , 2011. 禺毛茛种子贮藏与萌发特性的研究 [J]. 种子 , 30(11): 101-104.

王雪影 , 金岩 , 刘守柱 , 2020. 不同群落结构麦田杂草的化学防治及药剂敏感性 [J]. 中国农学通报 , 36(9): 117-121.

LI T J, FU X C, DENG H S, et al, The complete chloroplast genome of *Ranunculus cantoniensis* [J]. Mitochondrial DNA Part B, 4(1): 1095-1096.

OKADA H, KUBO S, 1998. Differentation of breeding systems in the *Ranunculus cantoniensis* group (Ranunculaceae) in Japan [J]. Acta phytotaxonomica et geobotanica, 49(2): 81-88.

TAMURA M, 1978. *Ranunculus cantoniensis* group in Japan [J]. Journal of geobotany, 26: 34-40.

（撰稿：朱金文、杨思雨；审稿：宋小玲）

雨久花 *Monochoria korsakowii* Regel et Maack

水田一年生沼生杂草。又名浮蔷、蓝花菜、蓝鸟花。英文名 korsakow monochoria。雨久花科雨久花属。

形态特征

成株 高 30～70cm。直立水生草本；根状茎粗壮，具柔软须根。茎直立，全株光滑无毛，基部有时带紫红色。叶基生和茎生；基生叶宽卵状心形，长 4～10cm、宽 3～8cm，顶端急尖或渐尖，基部心形，全缘，具多数弧状脉；叶柄长达 30cm，有时膨大成囊状；茎生叶叶柄渐短，基部增大成鞘，抱茎。总状花序顶生，花序梗长，高过叶片，有时花序分枝，再聚成圆锥花序；花 10 余朵，具 5～10mm 长的花梗；花被片椭圆形，长 10～14mm，顶端圆钝，蓝色；雄蕊 6 枚，其中 1 枚较大，花药长圆形，浅蓝色，其余各枚较小，花药黄色，花丝丝状（图②）。

子实 蒴果长卵圆形，长 10～12mm（图③）。种子长圆形，长约 1.5mm，有纵棱。

幼苗 子叶留土，伸长将胚推出种壳外，先端仍留在壳中，膨大成吸器，吸收胚乳，供胚营养。下胚轴较明显，其下端与初生根之间有明显的界限，下胚轴与初生根之间有节，甚至膨大成颈环；上胚轴缺。初生叶 1 片，互生，单叶，叶片带状披针形，先端锐尖，全缘，叶基楔形，有 3 条明显的直出平行脉及其之间的横脉所构成的方格状网脉。第一片后生叶与初生叶不同，后生叶除了 3 条粗的纵脉外，还有 4 条细的纵脉及其之间的横脉构成方格状网脉，但露出水面的后生叶逐渐变成披针形至卵形。幼苗全株光滑无毛。

生物学特性 花期 7～8 月，果期 9～10 月。雨久花属

雨久花植株形态（①②强胜摄；③许京璇摄）
①生境群落；②成株及花；③种子

于单子叶植物，种子繁殖，种子较小，只能浅层萌发，有4～6个月的休眠期。萌发时需要较多的水分，饱和、超饱和水分以及在有水层的条件下都有利于雨久花种子萌发。可以通过低温和赤霉素处理，解除其休眠，提高种子发芽率，即把经低温处理的种子再在1%赤霉素中浸泡24小时，种子发芽率可达72.3%左右。

分布与危害 分布于中国东北、华北以及江苏、上海、安徽、浙江、江西、湖北、湖南等地。喜生于池塘、湖沼靠岸的浅水处以及水稻田和莲藕田中（图①）。能在较短时间内成为群落的唯一优势种，对水稻造成郁蔽、遮光和降低水温，导致水稻等作物严重减产。是东北地区稻田的恶性杂草。磺酰脲类除草剂自20世纪90年代开始在黑龙江水稻田大面积应用，杂草抗药性问题凸显，已经发现对苄嘧磺隆产生较高剂量的抗性。

防除技术 应采取包括生物和化学除草相结合的方法。此外，也应该考虑综合利用等措施。

化学防治 是防除雨久花最主要的措施，最常用的除草剂是苄嘧磺隆、吡嘧磺隆等磺酰脲类除草剂。耐药性雨久花可用四唑草胺与醚磺隆混用可有效地防治。

综合利用 雨久花的花大而美丽，常用于园林水景布置，可供观赏。全草入药，有清热解毒，止咳平喘，祛湿消肿的功效。全草叶可作家畜、家禽饲料。嫩茎叶可作蔬菜食用，营养丰富。雨久花的氯仿提取物和乙酸乙酯提取物具有较强的抗氧化作用。

参考文献

黄元炬, 2013. 黑龙江省雨久花对磺酰脲类除草剂抗性测定及治理 [D]. 北京 : 中国农业科学院 .

康学耕, 王学文, 1994. 松辽生态区稻田雨久花的初步研究 [J]. 吉林农业大学学报, 16(2): 50-53.

李扬汉, 1998. 中国杂草志 [M]. 北京 : 中国农业出版社 .

卢宗志, 傅俊范, 李茂海, 等, 2008. 抗苄嘧磺隆雨久花的田间鉴定与替代药剂的筛选 [J]. 杂草学报 (2): 31-32.

卢宗志, 张朝贤, 傅俊范, 等, 2009. 稻田雨久花对苄嘧磺隆的抗药性 [J]. 植物保护学报, 36(4): 354-358.

卢宗志, 2009. 雨久花对磺酰脲类除草剂抗药性研究 [D]. 沈阳 : 沈阳农业大学 .

罗宝君, 2017. 齐齐哈尔市稻田杂草群落演替及影响因子分析 [J]. 中国农学通报, 33(23): 89-94.

强胜, 2009. 杂草学 [M]. 2 版 . 北京 : 中国农业出版社 .

孙奇男, 于锡洋, 2011. 雨久花防除药剂效果分析 [J]. 农民致富之友 (14): 80-80.

唐新霖, 胡小三, 2010. 雨久花的繁殖栽培与应用 [J]. 特种经济动植物, 13(12): 32.

田永富, 王茂光, 宁岩, 2009. 不同药剂防除雨久花效果试验 [J]. 北方水稻, 39(3): 55.

颜玉树, 1989. 杂草幼苗识别图谱 [M]. 南京 : 江苏科学技术出版社 .

赵洪颜, 朴仁哲, 叶强, 等, 2006. 雨久花对水星、农得时耐性的早期诊断研究 [J]. 杂草科学 (2): 13-15.

中国科学院中国植物志编辑委员会, 1997. 中国植物志 [M]. 北京 : 科学出版社 .

（撰稿：刘宇婧；审稿：宋小玲）

玉米田杂草 corn field weed

根据杂草的生境特征划分的、属于秋熟旱作物田中非常重要的一类杂草，能够在玉米田中不断自然延续其种群的植物。玉米田杂草包括春播玉米和夏播玉米田杂草。根据形态特征，玉米田杂草可分为禾草类、莎草类和阔叶草类等3大类型。

发生与分布 中国玉米种植面积约4100万 hm^2，其中河北、山西、内蒙古、辽宁、吉林、黑龙江、安徽、山东、河南、四川、云南、陕西等地种植面超过100万 hm^2，但中度以上杂草危害面积约占玉米播种面积70%。

玉米田杂草发生通常有2个高峰期：春播玉米田杂草发生期长，通常5月和6～7月分别出现阔叶杂草和禾本科杂草萌发高峰，因此萌发持续时间长，出苗不整齐；夏播玉米田杂草生长较快，一般玉米播后1周和3～4周出现2次萌发高峰，且明显受到降雨的影响，杂草集中发生易形成草荒。

包括黑龙江、吉林、辽宁、内蒙古中北部及河北、山西、陕西北部，问荆、水棘针、香薷、鼬瓣花在局部地区发生。包括山东、河南、河北及北京、天津和江苏北部、安徽北部，反枝苋、包括江苏东部、上海和浙江部分地区，包括广东、福建、江西、湖北、湖南等地，青葙、包括四川、云南、贵州和广西，辣子草、刺儿菜、蕺包括新疆、甘肃、宁夏、陕西及青海、西藏。

玉米田杂草生命力极其旺盛，一些种子埋在土壤中20年仍可发芽，如香附子、藜、蓼、马齿苋、田旋花等。杂草具有成熟早且不整齐、分段出苗等特点，不利于防治，尤其是多年生杂草，兼有性繁殖和营养繁殖能力，且具有较强的再生能力，如马齿苋在人工拔除后于田间晒3天，遇雨仍可恢复生长。此外，杂草还具有惊人的繁殖能力，绝大多数杂草的结实数是作物的几倍、几百倍甚至上万倍，如一株马唐能结出22万粒种子。随着免耕和化除技术的推广，香附子、铁苋菜、打碗花等恶性杂草在部分地区发生趋于严重；稗草、马唐、狗尾草、反枝苋等杂草抗药性逐渐上升；秸秆还田、干旱影响土壤处理剂效果，导致玉米苗期受杂草危害严重，减产幅度可达35%左右。

防除技术

化学防治 通常采用玉米播后苗前土壤封闭与苗后茎叶处理相结合的化学防治措施，播后苗前土壤处理以复配剂为主，单剂为辅，主要为酰胺类（乙草胺、丁草胺、异丙草胺、异丙甲草胺）、二甲戊灵、硝磺草酮和三氮苯类（莠去津、莠灭净、特丁津）、噻吩磺隆、唑嘧磺草胺、嗪草酮及其复配制剂等，这些复配剂杀草谱较广，能有效防除玉米田大多数杂草，但含有莠去津成分的复配剂不可超量或用药太晚，注意玉米品种的敏感性和茬口衔接，避免对当茬玉米和后茬小麦、油菜等作物的药害；苗后茎叶处理主要有三氮苯类、磺酰脲类单剂（烟嘧磺隆、噻吩磺隆、砜嘧磺隆、氯吡嘧磺隆）或复配剂以及苯氧羧酸类（2,4-异辛酯、2甲4氯钠）、氯氟吡氧乙酸、溴苯腈、苯唑草酮、硝磺草酮、磺草酮等，在玉米2～4叶期、杂草2～5叶期茎叶喷雾可防除玉米田大部分已出苗杂草，但同样需要注意莠去津用量和玉米品种安全性问题。

农业防治 严格执行杂草种子检疫以及精选种子、合理轮作、及时清理田边路旁杂草、结合小麦（油菜）秸秆覆盖、薄膜覆盖、行间套种等措施，减少伴生杂草发生。在玉米苗期和中期，结合施肥，采取机械中耕培土，防除行间杂草。

生物防治　通过种养结合，玉米田人工养鸡、鹅等措施，来取食株、行间杂草幼芽，减少杂草的发生基数。

但化学除草剂长期使用导致的玉米田杂草抗药性、作物药害、环境残留等问题日益突出。据报道，目前全球报道玉米田有 63 种杂草对一种或几种除草剂具有抗性，例如苘麻对莠去津的抗性，反枝苋对莠去津和噻吩磺隆的抗性，藜、马唐对莠去津的抗性，马唐、狗尾草、稗草对烟嘧磺隆的抗性。其中中国报道了马唐对烟嘧磺隆的抗性。生产上需科学合理轮用化学除草剂，杂草早期治理技术完善、科学混用除草剂以及抗除草剂作物品种选育等是抗性杂草治理的有效手段。

参考文献

李扬汉，1998. 中国杂草志 [M]. 北京：中国农业出版社.

刘洋，2014. 恶性杂草香附子的发生和防治 [J]. 农药市场信息 (18): 44-46.

强胜，2001. 杂草学 [M]. 北京：中国农业出版社.

魏守辉，张朝贤，翟国英，等，2006. 河北省玉米田杂草组成及群落特征 [J]. 植物保护学报，33(2): 212-218.

（撰稿：李贵、李香菊；审稿：宋小玲、郭凤根）

玉叶金花　*Mussaenda pubescens* W. T. Aiton

林地多年生落叶蔓生灌木杂草。英文名 buddha's lamp。茜草科玉叶金花属。

形态特征

成株　落叶攀缘状灌木，嫩枝被贴伏短柔毛（图①）。叶对生或轮生，卵状披针形，长 5～8cm、宽 2～2.5cm，顶端渐尖，基部楔形，上面近无毛或疏被毛，下面密被短柔毛；叶柄长 0.3～0.9cm，被柔毛；托叶三角形，长 0.6cm，2 深裂，裂片钻形。聚伞花序顶生（图②）；苞片线形，有硬毛，长 0.5cm；花梗极短或无梗；花萼管长 0.3cm，陀螺形，被柔毛，萼裂片 5 枚线形，约为花萼管长的 2 倍，基部密被柔毛，其中有些花的萼裂片中有 1 枚较大而呈花瓣状，白色具长柄，通常称花叶，长 2.5～5cm、宽 2～3.5cm，纵脉 5～7 条，顶端钝或短尖，基部狭窄，柄长 1～2.8cm，两面被柔毛；花冠黄色，花冠管长 2cm，高脚碟状，外面被贴伏短柔毛，内面喉部密被棒形毛，花冠裂片 5 枚，在芽内镊合状排列。雄蕊 5 枚，着生于花冠管的膨胀部位，内藏，花丝很短或无，花药线形；花柱短丝状，2 型，内藏，柱头 2 个，细小；子房 2 室。

子实　浆果近球形（图③④），长 1cm、直径 0.8cm，顶部有萼檐脱落后的环状疤痕，干时黑色，果柄长 0.5cm，疏被毛。

生物学特性　适生于南方田边。以种子传播繁殖为主，兼有根、茎营养繁殖，如人工铲、伐后第二年春天由根茎处或保留在土壤中的根产生芽而再生。营养生长期 5～9 月，花期 6～7 月，果期 10～11 月。

玉叶金花植株形态（刘仁林摄）

①开花时的植株；②花序具白色花瓣状总苞；③果序一枚白色花瓣状萼片；④未成熟的果序

分布与危害　中国南方农田均有分布，主要分布在广东、香港、海南、广西、福建、湖南、江西、浙江和台湾。通过攀缘占据人工林树冠空间，影响林木的生长发育。

防除技术　应采取农业防治为主的防除技术和综合利用措施，不宜使用化学除草剂。

农业防治　在春耕时节铲除农田岸边的杂灌，对玉叶金花这类多年生木本植物还应挖掘其根系，以达到彻底清除的目的。

综合防治　玉叶金花既可药用又可园林观赏。茎叶味甘、性凉，有清凉消暑、清热疏风的功效，供药用或晒干代茶叶饮用，因此可采用规范管理技术，清除其周围杂草，松土、修剪，收获茎皮或嫩叶，增加收入。另外，玉叶金花花色艳丽，适合园林配置，且营养繁殖容易，可结合挖掘清除工作将植株移植苗圃栽培、管理。

参考文献

刘仁林，朱恒，2015. 江西木本及珍稀植物图志 [M]. 北京：中国林业出版社.

罗瑞献，1993. 实用中草药彩色图集：第二册 [M]. 广州：广东科技出版社.

中国科学院中国植物志编辑委员会，1999. 中国植物志：第七十一卷 第一分册 [M]. 北京：科学出版社.

（撰稿：刘仁林；审稿：张志翔）

原生休眠 primary dormancy

杂草种子离开母株时，由于种子胚或胚乳本身所固有的生理生化特性和自身结构原因，导致具有活力的种子在适宜条件下不能萌发的现象。

产生原因 杂草原生休眠是先天性的休眠，受母株物理、化学因子和内部遗传因素等的影响。导致杂草种子产生原生休眠的原因主要有：①胚未完全发育。有些杂草种子离开母体时虽然表面看起来已成熟，但是并不能萌发，因种子的胚仍需经过一段时间的后熟作用，才能生长发育为成熟的胚。如蓼属、茵草属和伞形科的许多杂草均有这种特点。②种子、腋芽或不定芽中含有生长抑制物质。生长抑制物含量主要受环境因子的季节性影响，如野燕麦种子的休眠就是由于子实稃片中存在一种抑制物。③果皮或种皮不透水、不透气或机械强度很高。如牵牛、菟丝子和野豌豆属杂草的种皮透性差。上述因素导致的休眠都是杂草自身的生理学特性决定的，故也被称为固有休眠。

原生休眠的解除 种子原生休眠的影响因子包括后熟、温度、光和硝酸盐等，种子能灵敏地感受和响应这些因子的变化。

后熟作用 通过后熟作用可以解除种子的原生休眠，使种子萌发温度变宽，速率加快，降低种子对 ABA 的敏感性，增加对 GA 或光的敏感性或消除相关需求。种子的后熟与种子含水量、含油量以及温度密切相关，主要涉及萌发抑制物质和活性氧的清除、抗氧化剂和膜结构的改变等。

温度处理 大多数非热带地区杂草的种子经历低温（1～10℃）于湿沙中层积处理，通常能解除休眠，其休眠在低温下通过水合作用被缓慢地释放。在胚或种皮因素导致的原生休眠中，针对杂草种子的不同，冷处理释放休眠所需的时间存在差异，并且适宜温度随着种子含水量而发生变化。

光的作用 许多杂草种子原生休眠的解除需要光的作用，并且光照长短和光质对休眠也有影响。光主要通过调节种子内部活跃型（Pfr）和非活跃型（Pr）光敏色素比例来发挥作用，前者促进种子萌发，后者则抑制萌发，而光质则影响这种转换。郁闭的作物田，杂草不再萌发出苗，就是由于冠层透过的光含更多的远红光，可以将种子中的光敏素促变为非活跃型。

存在问题和发展趋势 杂草的原生休眠通常与母体环境和内在遗传因素有关，植株成熟时胚的发育状态直接影响种子的原生休眠水平。从激素调控角度来看，种子的原生休眠状态和程度主要取决于种子成熟时内部 ABA 和 GA 的相对含量和比例，但有学者认为，延迟萌发基因 *DOG1*（*DELAY OF GERMINATION 1*）是调控种子原生休眠的特异基因，其表达水平与种子休眠程度密切相关。目前，有关种子原生休眠的分子机制研究取得了一定进展，但有些问题仍未得到解释，如种子层积过程中如何感受温度？导致种子原生休眠的内在分子机制是什么？影响休眠的因素间如何相互作用和交联？随着分子生物学技术突飞猛进的发展，通过系统研究休眠相关基因功能及其调控路径，有望深入揭示种子原生休眠的分子机制。

参考文献

付婷婷，程红焱，宋松泉，2009. 种子休眠的研究进展 [J]. 植物学报，44(5): 629-641.

强胜，2009. 杂草学 [M]. 2 版. 北京：中国农业出版社.

杨荣超，张海军，王倩，等，2012. 植物激素对种子休眠和萌发调控机理的研究进展 [J]. 草地学报，20(1): 1-9.

BASKIN C C, BASKIN J M, 2014. Seeds: ecology, biogeography, and evolution of dormancy and germination [M]. 2nd ed. Amsterdam: Elsevier.

BASKIN J M, BASKIN C C, 2004. A classification system for seed dormancy [J]. Seed science research, 14 (1): 1-16.

BEWLEY J D, 1997. Seed germination and dormancy [J]. The plant cell, 9: 1055-1066.

BEWLEY J D, BRADFORD K J, Hilhorst H W M, et al, 2013. Seeds: Physiology of development, germination and dormancy [M]. 3rd ed. New York: Springer.

（撰稿：魏守辉；审稿：强胜）

圆叶节节菜 *Rotala rotundifolia* (Buch.-Ham. ex Roxb.) Koehne

水田常见的一年生杂草。又名水松叶、水豆瓣、豆瓣菜、指甲叶、上天梯、水瓜子、过塘蛇、猪肥菜、水酸草、禾虾菜、假桑子。英文名 roundleaf rotala。千屈菜科节节菜属。

形态学特征

成株 株高 10～30cm（图①②）。茎上无毛，常为紫色。叶对生，近圆形，边缘无软骨质的边，长与宽 4～10mm，无毛，近无柄。花小，长 1.5～2.5mm，两性，穗状花序（图③④），顶生，1～7 个着生在枝顶；苞片卵形，与花近等长，小苞片 2 枚，钻形，长约为苞片的一半；花萼钟形，膜质，半透明，长 1～1.5mm，顶端有 4 齿；花瓣 4，倒卵形，淡紫色，长约为花萼裂片的 2 倍；雄蕊 4；子房上位，近梨形，柱头盘状。

子实 蒴果，椭圆形，长约 2mm，3～4 瓣裂。种子细小，倒卵形，背腹压扁，背面圆突，腹面微凹；浅黄色（图⑤）。

幼苗 全株肉质，无毛，下胚轴不发达，叶对生，全缘，长卵形、无柄。茎基现紫红色。

生物学特性 种子繁殖，常成片发生，花、果期 12 月至翌年 6 月。

圆叶节节菜植株形态（张治摄）

①生境群落；②植株；③④花序；⑤种子

分布与危害　中国南方大部分地区都有，华南地区极为常见，分布在福建、江西、广东、广西、海南、贵州、云南等地；也分布于印度、马来西亚、斯里兰卡、中南半岛及日本。适生于水田、池塘边或比较潮湿的地方等。有些稻田，发生较多，危害比较严重，造成农业经济的巨大损失。

防除技术

农业防治　建立地平沟畅、保水性好、灌溉自如的水稻生产环境；结合种子处理清除杂草的种子，并结合耕翻、整地，消灭土表的杂草种子；实行定期的水旱轮作，减少杂草的发生；提高播种的质量，一播全苗，以苗压草。

化学防治　目前多数地方采用一次性封杀，就是在播种（催芽）后1～3天内，苄嘧磺隆+丙草胺复配剂均匀喷雾，施药时田板保持湿润。3天后恢复正常灌水和田间管理。通过化除后，如果后期仍有一定量的杂草，可采取针对法进行补除，可用吡嘧磺隆+2甲4氯、苯达松+2甲4氯水剂喷雾处理。

参考文献

李扬汉, 1998. 中国杂草志 [M]. 北京 : 中国农业出版社 .

强胜, 2001. 杂草学 [M]. 北京 : 中国农业出版社 .

谭钦刚, 赖春华, 王恒山, 2013. 圆叶节节菜的化学成分研究 [J]. 广西植物 (6): 870-873, 816.

张朝贤, 张跃进, 倪汉文, 等, 2000. 农田杂草防除手册 [M]. 北京 : 中国农业出版社 .

（撰稿：赵灿；审稿：刘宇婧）

圆叶牵牛　*Ipomoea purpurea* Lam.

果园、蔬菜、旱作物田常见一年生缠绕草本杂草。又名牵牛花、喇叭花。异名 *Pharbitis purpurea* (L.) Voisgt。英文名 common morning-glory、tall morning glory。旋花科虎掌藤属。

形态特征

成株　茎上被倒向的短柔毛杂有倒向或开展的长硬毛（图①）。茎缠绕，多分枝，有水状乳汁。叶互生，圆心形或宽卵状心形，长4～18cm、宽3.5～16.5cm，基部圆，心形，顶端锐尖、骤尖或渐尖，通常全缘，偶有3裂，两面疏或密被刚伏毛；叶柄长2～12cm，毛被与茎同。花腋生，单一或2～5朵着生于花序梗顶端成伞形聚伞花序，花序梗比叶柄短或近等长，长4～12cm，毛被与茎相同（图②）；苞片2，线形，长6～7mm，被开展的长硬毛；花梗长1.2～1.5cm，被倒向短柔毛及长硬毛；萼片5，近等长，长1.1～1.6cm，外面3片长椭圆形，渐尖，内面2片线状披针形，外面均被开展的硬毛，基部更密；花冠漏斗状，长4～6cm，紫红色、红色或白色，花冠管通常白色，瓣中带于内面色深，外面色淡；雄蕊5，与花柱内藏；雄蕊不等长，花丝基部被柔毛；子房3室，每室2胚珠，柱头头状，3裂；花盘环状。

子实　蒴果近球形，直径9～10mm，3瓣裂（图③）。种子卵状三棱形，长约5mm，黑褐色或米黄色，表面粗糙（图④）。

幼苗　与裂叶牵牛的幼苗相似，只是初生叶叶片为卵圆状心形（图⑤）。

生物学特性　一年生草本。华北地区4～5月出苗，6～9月开花，9～10月为结果期。以种子繁殖。适应性广，多生于田边、路旁、平原、山谷和林内。种子在20℃/12.5℃～35℃/25℃（白天/黑夜）的温度下均有较高的萌发率；在30℃/20℃的萌发率最高；种子在表土和2cm土层中的的萌发率分别达到83%和94%，在4cm土层中下降为76%。圆叶牵牛生活力强，适应性广泛。国外裂叶牵牛已经对草甘膦产生了不同程度的抗性。

分布与危害　原产热带美洲，是中国有意引进的栽培供观赏植物，逸为野生。中国大部分地区有分布，作庭园观赏或作绿篱。有时入侵农田（旱作物地）、果园，缠绕栽培植物，和栽培植物竞争水分、养分和光，且还可以通过淋溶、挥发或者根系分泌物等方式释放化感物质，造成危害。圆叶牵牛缠绕覆盖柑橘，能降低柑橘坐果率，全部覆盖柑橘后甚至不能坐果。

防除技术　见裂叶牵牛。

生物防治　甘薯乔治亚曲叶病毒（Sweet potato leaf curl Georgia virus）能侵染圆叶牵牛。褐黄水灰藓（*Hygrohypnum ochraceum*）水提液能显著圆叶牵牛种子萌发和幼苗生长。田野菟丝子（*Cuscuta campestris*）能寄生圆叶牵牛。

综合利用　圆叶牵牛花朵颜色艳丽多样，形态优美，花期长；植株花繁叶茂，覆盖力强；耐旱和贫瘠、耐粗放管理，是园林绿化、人造景观、家庭院落绿化美化的好材料。作为野生药用植物，其种子及全草均可入药，含有牵牛子苷、色素、脂肪油、有机酸和生物碱等成分，具有活血止痛、解毒消肿、泻下利尿功效。圆叶牵牛具有极强的生命力，对其适应逆境的抗逆生理机制研究能为植物抗逆的机制提供理论依据。

参考文献

李扬汉，1998，中国杂草志[M]. 北京：中国农业出版社：413-414.

圆叶牵牛植株形态（张治摄）

①群体；②花；③果实；④种子；⑤幼苗

刘俊华，陈印平，2018. 褐黄水灰藓对圆叶牵牛种子萌发和幼苗生长的化感作用 [J]. 生物学杂志，35(6): 46-49.

ETTEN M L, KUESTER A, CHANG SM, et al, 2016. Fitness costs of herbicide resistance across natural populations of the common morning glory, *Ipomoea purpurea* [J]. Evolution, 70(10): 2199-2210.

QU X J, FAN S J, 2020. First report of the parasitic invasive weed field dodder (*Cuscuta campestris*) parasitizing the confamilial invasive weed common morning-glory (*Ipomoea purpurea*) in Shandong, China [J]. Plant disease, 105(4): 1-6.

SINGH M, RAMIREZ AHM, S. SHARMA S D, et al, 2012. Factors affecting the germination of tall morningglory (*Ipomoea purpurea*) [J]. Weed science, 60(1): 64-68.

ZHANG S B, DU Z G, WANG Z, 2014. First report of sweet potato leaf curl Georgia virus infecting tall morning glory (*Ipomoea purpurea*) in China [J]. Plant disease, 98: 1588.

（撰稿：崔海兰；审稿：宋小玲）

Z

杂草 weed

指人工或人为干扰生境中目的植物以外、使人类生产和生活环境受到妨碍和干扰的各种植物类群。杂草是一类具有强的适应性、持续性和危害性等杂草特性的植物。主要为草本植物，也包括木本、蕨类及藻类。杂草不是经典植物分类学的类群，而是人类基于目的意识人为划分的，最初仅因生长在人类不需要其生长的生境而认作为无用或有害的植物总称，但有些则具有利用价值。

概念来源及形成发展过程 杂草概念的形成发展史是与农业形成和发展史一样悠久，但作为杂草的许多植物，早在人类形成之前就已经产生了，人们已经在60万年前的中更新世地下沉积中发现了杂草植物繁缕、萹蓄等的化石。杂草的形成大约可以追溯到距今12 000年前的新石器时期，最近以色列的考古发现甚至追溯到23 000年前，人类开始有意识的种植业活动时，创造出了人工生境，给这些已存在的杂草植物提供了广阔的生存空间。人类活动所产生的选择压力，又进一步影响着这些杂草性植物，使之杂草性更趋稳定或增强，其间可能发生的进化方式包括自然杂交、染色体加倍、基因突变、种群基因型和表现型的多样化选择等。农业活动一开始就面临杂草的危害，产生对杂草的认识，开始了除草活动，考古中发现的石铲就是最早除草工具的物证。稍后发展出锄头，已经对杂草及其危害的防除上升到一定技术高度。最早文字甲骨文中就已经有相关对杂草及其防除记载。至春秋战国时代，《吕氏春秋》中专门记述农业生产中的“三盗”即3种弊害，其中之一即是草害。

基本内容 杂草具有显著的适应性、持续性和危害性等杂草生物学特性，称之为杂草性。适应性主要表现在杂草具有超强的适应能力、抗逆性和竞争能力，旺盛的生长势；杂草具有繁殖与再生力强，可以广泛的传播和扩散，各种逃避人类活动的方式，如子实成熟不整齐，强的落粒性，杂草与作物的拟态性，强的可塑性等，导致在人工生境中持续存在，无论如何防除均难以根绝；杂草的发生与作物争夺养料、水分、阳光和空间，侵染交通运输线、河道以及人类活动的周边环境，产生大量花粉，滋生病虫害。使农作物减产，影响景观，干扰交通运输和河道通畅，降低生物多样性和生态系统功能，加重病虫害发生，影响人类健康等。

全世界约有杂草8000种，对农业生产造成较大危害的主要约有250种。中国有杂草106科1400余种，其中有不少系发生广、危害重、防除难的恶性杂草，如水田中的稗、鸭舌草、扁秆藨草、眼子菜等，旱地的马唐、狗尾草、牛筋草、茵草、看麦娘、野燕麦、白茅、香附子、藜、刺儿菜、牛繁缕、打碗花、猪殃殃、田旋花、菟丝子等。

杂草类别多样，可采用植物学分类方法进行分类，但从应用角度可按其发生生境或危害对象分为水田杂草、秋熟旱作田杂草、夏熟作物田杂草、园地杂草、草地杂草（草坪杂草、草场杂草、草原杂草）、环境杂草等；按发生危害程度分为恶性杂草、区域性恶性杂草、常见杂草、一般性杂草；按形态特征及化学除草剂的选择性分为禾草、莎草和阔叶草；此外还可根据杂草对生态环境的适应性、营养类型、生长习性、繁殖方式以及其起源等进行分类。

一个杂草种的个体集合成种群存在，并与其他种杂草种群有机组合成杂草群落造成危害性。

科学意义与应用价值 杂草是主要的农业有害生物之一，杂草对作物的危害是渐进的和微妙的。据统计，每年因杂草危害造成的农作物减产约10%，全球大约减产达2亿t。而中国导致作物的减产约3700万t，经济损失达2200亿元。此外，杂草还影响人类健康和环境景观，干扰交通运输、河道畅通，外来杂草入侵导致生物多样性降低，生态系统功能下降。因此，杂草引起的经济、生态及环境损失巨大。

为了有效控制草害，人类已经发展了多样的防除措施。传统的是人工防除，有效但费时费工劳动强度大；利用栽培和耕作措施的农业防除，调节水等生态因子或进行覆盖的生态防除；利用生物天敌的生物防除；利用除草机械、火焰高温的物理防除；不过，最为经济有效的是利用化学除草剂的化学防除，这已经成为杂草防除的主导技术。此外，通过草害调查，在明确其发生的种类，危害的程度和面积，加之进行生物学和生态学特性深入研究的基础上，因地制宜地采取有效的防除方法进行综合防除，实现杂草的可持续治理（见杂草防治）。

杂草也有其利用价值，在保持水土、增加土壤有机质、绿化环境等发挥作用，作为野生和饲养动物饲料，还具有食用、药用、生物能源价值而成为有用的生物资源，有的还是作物育种的种质资源。

杂草在人类活动及自然因子双重因素选择下，发生迅速的演化，是理解生物快速进化的极好的研究材料。杂草稻与栽培水稻同种，但是，其杂草性分化机制，外来杂草入侵的快速适应性演化机制均是尚待阐明的重要科学问题。这对制定有效的杂草防除策略以及作物育种等均有理论价值。

杂草常伴生作物生长，狗尾草常伴生谷子，稗伴生水稻，这可能作为农业考古的依据，通过这些伴生杂草的残存子实了解农业种植活动及交往。

许多除草剂作为植物生理代谢过程的抑制剂已经广泛应用于植物科学研究中，如敌草隆（DCMU）作为光合作用抑制剂在研究植物光合作用代谢过程的发挥重要作用。在生物基因工程研究中抗草丁膦基因被作为标记基因，利用草丁膦可以筛选转基因个体。

存在问题及发展趋势 杂草的定义和范畴还存在争议，主要原因是长期以来人类看待杂草是经济学角度的判断，带有浓厚的人为主观色彩。随着现代组学技术的发展，从杂草特性形成的内在遗传学机制角度深入开展研究，揭示导致杂草特性演化的内在遗传学规律，使杂草从植物中加以科学区分，明确杂草的科学范畴。

杂草防除过度依赖化学除草剂也引起了抗性杂草种群的迅速演化，甚至出现抗多种除草剂的超级杂草，使得杂草防除面临新的挑战。深入开展杂草抗药性机制的研究，将为解决杂草抗性问题提供理论依据。

外来杂草的入侵已经给经济、生态、社会带来一系列严重后果，还将随全球经济一体化以及交通运输技术的发展有愈演愈烈的趋势，深入开展外来杂草入侵规律的研究，建立切实可行的预警防控技术及管理体制，是当前及未来最紧迫的任务之一。

参考文献

李扬汉，1981. 田园杂草和草害——识别、防除与检疫 [M]. 南京：江苏科学技术出版社 .

BARKER H G, STEBBINS G L, 1965. Characteristics and mode of origin of weeds [M]. The Genetics of Colonizing Species. New York: Academic.

HOLM L, PANCHO J V, HERBERGER J P, et al, 1965. A Geographical Atlas of World Weeds [M]. New York: A Wiley-Interscience Publication: 588.

HOLZNER W, NUMATA M, 1982. Biology and Ecology of Weeds [M]. The Hague Boston London: Dr. W. Junk Publisher.

LABRADA R, CASELEY J C, PARKER C, 1994. Weed management for developing countries [J]. FAO plant production and protection paper: 120.

RADOSEVICH S R, HOLT J S, Ghersa C, 1997. Weed Ecology: Implications for Management [M]. New York: John Wiley & Sons, Inc.

（撰稿：强胜；审稿：宋小玲）

杂草稻

稻田类似栽培水稻的一年生恶性杂草。又名鬼稻、落粒稻、红稻。英文名 weedy rice、red rice。禾本科稻属。

形态特征

成株 高 50～150cm（图④）。一年生草本，秆直立或斜展致植株松散。叶二列互生，线状披针形，常披散下垂，叶舌膜质，2 裂，叶耳常呈紫红色；叶鞘基部淡紫色。圆锥花序疏松（图⑤）；小穗长圆形，两侧压扁，含 3 朵小花；颖极退化，仅留痕迹；顶端小花两性，外稃舟形，有芒，芒长 0.1～5cm。雄蕊 6；退化 2 花仅留外稃位于两性花之下，常误认作颖片；雌蕊 2 心皮构成，1 室，柱头羽毛状。

子实 颖果（图③），长 4～10mm、宽 2～7mm，成

杂草稻植株形态特征及危害状况（①②③强胜摄；④⑤张峥摄）

①江苏杂草稻危害情况；②幼株；③子粒形态；④杂草稻的形态特征比较；⑤杂草稻抽穗情况及稃片特征

杂草稻与栽培稻和野生稻的主要特征比较

特征	栽培稻	杂草稻	野生稻
授粉方式	自花授粉	自花授粉	常异花授粉
繁殖方式	种子	种子	种子和营养繁殖
土壤种子库	少量	有	有
种子萌发	同步性强	参差不齐	参差不齐
出苗	同步性强	参差不齐	参差不齐
花期	同步性强	总体参差不齐，多数在伴生栽培稻之前开花	参差不齐
种子成熟	同步性强	总体参差不齐，多数在伴生栽培稻之前成熟	参差不齐
种子落粒性	多不落粒	变异大	强
种子休眠性	无	变异大	强
成熟颖壳色	多浅黄色，少黑色	黄褐色到深褐色	褐色
果皮色	多白色少红色和紫色	多红色，少白色	多红色
芒长	多无芒，少有芒	无芒到长芒	长芒
株高	整齐	有一定变异，常比伴生栽培稻高	变异较大

熟时被稃片紧包，成熟稃片呈暗草色至褐色，果皮色深，多呈紫红色。籼型杂草稻颖果长宽比大于3，而粳型杂草稻在2.8以下。

幼苗　叶鞘厚膜质，乳白色，基部呈紫红色（图②）；第一片针叶带状披针形或倒披针形，具7条直出平行叶脉，中脉明显，背折，叶舌白色膜质，长1mm，叶耳白色膜质或带紫色；第2片叶带状披针形，略下垂。

生物学特性　杂草稻与栽培水稻形态和生长发育时期相似，但早熟、落粒，子实具有休眠性，早期竞争性强。杂草稻的颖果果皮红色，也是其重新获得的一个偏野生型的性状。控制红色果皮的等位基因 *RC* 相对于白色果皮等位基因 *rc* 是一个显性性状，*RC* 比 *rc* 多 14bp。在栽培稻驯化过程中红色果皮性状被人类舍弃，可能是由于红色果皮和种皮比白色果皮更厚，在碾磨过程中比白色水稻更难去除种皮，在烹制过程中需要更多的燃料和更长的时间。杂草稻适应不良生境的另一特征是休眠性，即落入土壤中的杂草稻种子库可自我控制非连续萌发。休眠期时间长短各不相同，从几乎无休眠到数个月，这会严重影响双季稻种植区的第二茬稻；也有休眠期更长的，可以在野外环境下度过漫长寒冷的冬季，翌年发芽的杂草稻通常具有抗寒性，对北方稻作区的危害更大。

杂草稻类型多样，中国发生的杂草稻大致地可以分为粳型和籼型杂草稻2种主要类型，其间有偏粳型和偏籼型的中间变异类型。杂草稻与栽培稻一样，属于AA基因组型，与亚洲栽培稻在形态学上几乎一致。杂草稻起源有以下几种假说：①与现代野生稻和栽培稻独立平行进化的稻类品系。②野生稻与栽培稻自然杂交的产物。③籼粳水稻杂交后代。④栽培稻的遗弃或逃逸品系。⑤栽培稻在较短时间内经脱驯化（dedomestication）回复某些野生性状。通过对美国2种具有代表性的杂草稻品种（SH和BHA）共38个样品基因组测序，并与145个先前公布的水稻基因组序列进行对比发现，相比普通野生稻，美国杂草稻与栽培稻具有更近的亲缘关系。对中国辽宁、宁夏、江苏、广东4个地区的杂草稻、栽培稻进行基因组测序发现，相比普通野生稻，中国地区的杂草稻也与栽培稻具有更近的亲缘关系。

分布与危害　杂草稻与栽培稻相伴生，分布极为广泛，几乎存在于世界上所有的稻作生产区，尤其是热带、亚热带地区。东亚地区的中国、韩国，东南亚地区的越南、泰国、老挝、马来西亚、菲律宾等，南亚的斯里兰卡、印度、不丹，拉丁美洲地区的巴西、委内瑞拉、哥斯达黎加等，以及欧洲的意大利、西班牙等均报道有杂草稻的发生，而且在某些地区杂草稻的发生已经到了相当严重的程度。

杂草稻在形态和生理特性上与栽培水稻十分相似，尚无特效安全的化学除草剂，加上耕作栽培方式的改变，杂草稻已经成为世界水稻田恶性杂草。密度达到2～40株/m^2时可使水稻减产19%～89%，全季度干扰可使水稻减产61%，且蔓延速度不断加快，危害程度不断升级。

自2005至今对中国主要水稻产区大范围的广泛调查后发现，杂草稻已经在黑龙江、吉林、辽宁、内蒙古、河北、山东、河南、宁夏、陕西、山西、甘肃、新疆、江苏、安徽、浙江、湖北、湖南、江西、广东、广西、云南、四川、海南和上海、重庆等25个省（自治区、直辖市）均有不同程度发生。其中有东北、西北、华东和华南4个杂草稻发生危害中心。杂草稻在各种栽培稻田均有发生，但以套播、直播、免耕连作稻田发生最严重（图①）。10株/m^2杂草稻就可以造成水稻20%以上的产量损失，100株/m^2就致绝收。每年有1万hm^2农田被迫抛荒。中国年发生面积600万hm^2，每年杂草稻造成27亿kg水稻产量的损失，经济损失60亿元以上。防除杂草稻中国年投入劳力6000万个工日，防除和损失费用相加超过100亿元。杂草稻混杂后的稻米品质降低，影响市场价格。由于对杂草稻认识上的不足，农民常误以为是水稻种子混杂，怪罪于种子公司，索赔、投诉的民事纠纷年均上百起，从一定程度上影响了社会和谐和新农村的建设。

造成杂草稻发生危害的主要原因是：①麦套稻、直播稻，及免耕或少耕等水稻轻型栽培措施的广泛推广应用，水分、温度、氧气等条件利于存留土壤表面的杂草稻种子萌发生长所致。不过，东北地区尽管以移栽为主，但是，杂草稻也很严重。②收割机械的连片和跨区作业加速杂草稻不断扩散蔓延。③稻种中混有杂草稻种子，随着种子的调运而传播。④由于杂草稻与栽培水稻的相似程度高，除草剂在其间的选择性程度很低。目前，有效的除草剂种类少，防效不稳定或会导致药害。⑤最有效的方法是在分蘖期间进行人工拔除，但是，平均每亩耗时3～5个工日，劳力缺乏也是导致杂草稻危害的一个因素。⑥农民和基层技术人员对杂草稻的认识存在误区，普遍认为杂草稻是稻种不纯或混杂引起的，加之没有掌握早期识别鉴定方法，不能在杂草稻生长的前、中期进行主动而有效的防除，直至延误时机，导致危害，甚至绝产。⑦对杂草稻的发生分布、发生规律、生物多样性、种群动态、与水稻的相互竞争等方面均缺乏深入研究，防除技术不成熟，农民缺乏技术指导。

防除技术

农业防治　对于杂草稻的防除首先应控制种源，保证栽培用种子绝对纯净，这种措施可有效控制杂草稻的传播。对于已经有杂草稻发生的稻田，水旱轮作，并加相应的除草剂处理，可以较好的控制杂草稻。在稻茬田块上种植阔叶作物如大豆、玉米、高粱等，大豆田可以利用禾本科杂草除草剂如烯禾定、精吡氟禾草灵、精喹禾灵等防除。在玉米和高粱地可以用乙・莠合剂、烟嘧磺隆等控制。然而，轮作制度的利用需要配套良好的排水系统，因为像玉米、大豆等阔叶类作物不耐高湿环境。

改变直播稻方式，利用移栽秧苗技术可以在整地时去除已经萌发的杂草稻，并且移栽苗可以对移栽后萌发的杂草稻起到抑制作用。移栽稻田仅有0.2%的杂草稻侵染率，而高垄旱播稻田的感染率则高达11.0%。但是随着社会发展，人力成本的提高，直播稻代替移栽稻是未来水稻耕作制度发展的必然趋势。目前美国及欧洲等经济发达的国家稻作已经全部实现直播。如何在直播田实现杂草稻的控制是今后研究一个方向。

苗期、分蘖期、抽穗期均是人工拔除杂草稻的适宜时期。幼苗期的鉴别主要是看叶形和叶色，相对于栽培稻杂草稻叶披散，有时下垂，叶色稍淡。分蘖期则分蘖数明显较多，基部紫色或浅褐色，叶披散。抽穗期，箭叶平展，方向不一致，稃片带色，常有芒。

生物防治　通过稻田养鸭和稻田养鱼技术，利用鸭或鱼啄食种子或幼苗以及浑水抑制萌发等可以有效控制杂草稻危害。

化学防治　杂草稻与栽培稻在生理和形态上的相似性，目前还没有安全而有效的化学除草剂在实践上广泛的应用。通常需要结合其他栽培、耕作等农业措施才能奏效。移栽稻田在移栽后3～5天，使用丙草胺、噁草酮拌土或返青肥撒施，后者也可以进行甩施。直播稻田，可以采用诱萌灭杀的办法，水稻栽培前，通过灌水诱萌杂草稻，待杂草稻出苗后，用草甘膦喷雾处理，间隔3～5天后播种。此外，也可以在旱直播稻田使用噁草酮或水直播稻田使用丙草胺，不过效果有限，对水稻的安全性也比较低。

利用0.25%～0.75%马来酰肼在开花前11天喷施可以完全抑制杂草稻的生殖器官的发育。但这种生长调剂对栽培稻同样有抑制作用，所以只能在栽培稻成熟后喷施，它所能防除的只是成熟期较晚的杂草稻，对于较栽培稻成熟早的杂草稻无法防除。

利用从栽培水稻中演化出的抗咪唑啉酮类除草剂的特性，开发出常规抗除草剂水稻Clearfield Rice，可以在种植该品种水稻时，使用咪唑乙烟酸、甲咪唑烟酸等，可以有效控制杂草稻等杂草。转基因抗草甘膦或草胺膦水稻，也是考虑的途径，在栽培转基因水稻后，并可以使用草甘膦或草胺膦等灭生性除草剂。不过，抗除草剂水稻的抗性基因向杂草稻的飘流十分容易发生，这是值得考虑的风险问题。

综合利用　虽然杂草稻的危害性大，但它也是一种重要的可供利用的水稻种质资源。杂草稻可以被收获，用作家禽家畜饲料。杂草稻有较强的适应性和竞争力，应具有大量的抗性基因，正可满足杂交水稻育种所需要的亲本间遗传背景差异的要求。水稻穗上发芽现象可以通过利用杂草稻的休眠基因而克服。杂草稻种子的低温萌发能力以及其种苗对低温的耐受性可以被利用在北方高寒地区耐冷水稻品种培育中。杂草稻在自然环境中的生存需要面对各种自然选择压力，保存下来的杂草稻种群可能含有各种抗性基因如耐寒、抗虫性、耐盐碱等，这些优良基因的利用需要进一步收集材料进行研究挖掘。

参考文献

陈晓锋，强胜，杨金玲，等，2015. 江苏省杂草稻的相互传播和籼粳分化[J]. 中国水稻科学，29(1): 82-90.

李潇艳，强胜，宋小玲，等，2014. 江苏省杂草稻RC基因的单体型分析[J]. 中国水稻科学，28(3): 304-313.

孙敬东，肖跃成，黄秀芳，等，2005. 中粳稻田杂草稻发生特点及控制技术初探[J]. 杂草科学(2): 21-23.

王洋，张祖立，张亚双，等，2007. 国内外水稻直播种植发展概况[J]. 农机化研究(1): 48-50.

杨金玲，强胜，张帮华，等，2017. 中国杂草稻种群的发芽期耐冷性研究[J]. 植物遗传资源学报，18(1): 1-9.

张峥，戴伟民，章超斌，等，2012. 江苏沿江地区杂草稻的生物学特性及危害调查[J]. 中国农业科学，45(14): 2856-2866.

CHUNG N, CHOI K, LEE J, 2001. Weedy rice control by maleic hydrazide (MH). I. Effect of MH on heading, fertility, and maturity of rice [J]. Korean journal of weed science, 21: 22-26.

DAI L, DAI W M, SONG X L, et al, 2014. A comparative study of competitiveness between different genotypes of weedy rice (*Oryza sativa*) and cultivated rice [J]. Pest management science, 70: 113-122.

DELOUCHE J C, BURGOS N R, GEALY D R, et al, 2007. Weedy rices-origin, biology, ecology and control [J]. Food and Agriculture Organization (FAO) of the United Nations, Rome, Italy: 188.

Z

FERRERO A, 2003. Weedy rice, biological features and control [J]. FAO-Plant production and protection paper, 120: 89-107.

GEALY D R, 2015. Gene movement between rice (*Oryza sativa*) and weedy rice (*Oryza sativa*): A US temperate rice perspective. In: Gressel J, ed. Crop ferality and volunteerism [M]. Boca Raton: CRC Press: 323-354.

GRESSEL J, VALVERDE B E, 2009. A strategy to provide long-term control of weedy rice while mitigating herbicide resistance transgene flow, and its potential use for other crops with related weeds [J]. Pest management science, 65(7): 723-731.

LI L F, LI Y L, JIA Y, et al, 2017. Signatures of adaptation in the weedy rice genome [J]. Nature genetics, 49(5): 811-814.

LIU S N, SONG X L, HU Y H, 2016. Fitness of hybrids between two types of transgenic rice and six Japonica and Indica weed rice accessions [J]. Crop science, 56: 2751-2765.

QIU J, ZHOU Y, MAO L, et al, 2017. Genomic variation associated with local adaptation of weedy rice during de-domestication [J]. Nature communications, 8(1): 15323.

SWEENEY M T, THOMSON M J, PFEIL B E, et al, 2006. Caught red-handed: Rc encodes a basic helix-loop-helix protein conditioning red pericarp in rice [J]. Plant cell, 18: 283-294.

WANG H, VIEIRA F G, CRAWFORD J E, et al, 2017. Asian wild rice is a hybrid swarm with extensive gene flow and feralization from domesticated rice [J]. Genome research, 27: 1029-1038.

ZHANG Z, DAI W M, SONG X L, et al, 2014. A model of the relationship between weedy-rice seed bank dynamics and rice-crop infestation and damage in Jiangsu Province [J]. China pest management science, 70: 716-724.

（撰稿：强胜、戴伟民；审稿：刘宇婧）

杂草的营养生长期　weed vegetative growth phase

杂草的根、茎、叶等营养器官建成、增长的量变过程。表现为叶片增多，植株长高，出现分枝或分蘖，根系生长发育旺盛，根状茎、匍匐茎快速生长。此时是杂草与当季作物竞争生存空间、生活物质、影响作物产量和品质的最关键时期。实际工作中可通过记载出叶速率，测定株高、叶片大小、叶色和长势、长相、节间长度、分枝和分蘖数量、根系发达程度，统计根量和杂草鲜、干重，计算杂草死亡率或伤害率等指标来描述生长发育状况。

基本内容　杂草营养生长期表现出强大的竞争优势，主要表现为：①极强的营养、水和光的竞争能力。全世界18种恶性杂草中，C_4植物有14种，较植物界中C_4植物比例高17倍，也远高于主要农作物中C_4植物比例，因为C_4植物具有光能利用率高、CO_2补偿点和光补偿点低而饱和点高、蒸腾系数低、净光合效率高等特点，因此很多恶性杂草表现出顽强生命力，如稗草、碎米莎草、马唐、狗尾草、反枝苋、马齿苋、香附子等。还有许多杂草能以地下根茎等营养器官繁衍扩散，快速蔓延，如水葫芦以无性繁殖为主，40天内每株分枝数由2.5增加至5.6，显示较强的增殖能力。②可塑性强。在不同环境条件下生物量可向杂草植株不同部位分配，异速生长。同时，杂草尤其是外来入侵杂草在对逆境适应过程中表现出更多表型可塑性和抗逆性，有利于入侵初期种群的建立。黄顶菊营养生长期可塑性调节，为不同时间出苗的植株能产生成熟种子奠定了基础；长芒苋开花时间与年平均温度呈正相关；豚草、千屈菜等也具有高纬度种群较低纬度开花早的适应特性；藜和反枝苋的营养生长期随播种延迟均显著缩短。③在与其伴生作物形态特征、生长发育规律以及生态因子需求等方面表现强烈的拟态性，如稻田稗草、麦田看麦娘不仅其苗期形态特征与水稻、小麦相似，而且生育期也非常相近，给杂草防除特别是人工除草带来了极大的困难。因此这个时期的杂草抗逆性强、防除难度大，往往给生产带来明显危害，抑制作物生长发育，妨碍田间通风透光，增加局部气候温度，导致作物产量和品质下降。有些杂草是病虫中间寄主，促进病虫害发生。寄生性杂草直接从作物体内吸收养分，从而降低作物的产量和品质。有的杂草植株或种子或花粉含有毒素，能使人畜中毒，如狼毒、醉马草、豚草。④营养繁殖。有些杂草种类的营养生长期还伴随着匍匐茎、根状茎、分蘖而发生营养繁殖，增加个体数量和种群密度。

管理策略　基于杂草营养生长期的危害，生产中侧重杂草的源头治理和综合治理。以生态调控为主导的"断源、截流、竭库"逐渐应用于生产实践，旨在切断杂草发生与转换的纽带，减少农田杂草发生基数和种子库输入量，降低土壤种子库规模甚至耗竭种子库，最终将杂草危害控制在生态经济阈值水平之下。同时，可通过品种选择、轮作换茬、合理密植、地表覆盖、化学除草等措施促进作物生长势，抑制杂草生长势，是现代杂草综合治理技术体系的重要组成。另外，杂草营养生长期的某些性状也可用于作物品种改良，如将营养生长早期生长势较旺盛的性状应用于育种，培育出迅速立苗并建立种群直播水稻品种。

参考文献

管康林，葛惠华，1998. 田园杂草种子的休眠和需光萌发 [J]. 植物生理学通讯，34(5): 377-380.

李扬汉，1998. 中国杂草志 [M]. 北京：中国农业出版社.

强胜，2009. 杂草学 [M]. 2版. 北京：中国农业出版社.

（撰稿：李贵；审稿：强胜）

杂草对除草剂的抗药性与耐药性　herbicide resistance or tolerance in weeds

杂草抗药性是在指长期大量使用除草剂的选择压下，一种杂草生物型在对其野生型致死剂量除草剂处理下，仍能存活并繁殖的可遗传能力。杂草耐药性是指杂草天然具有的耐受除草剂的可遗传能力。

抗药性和耐药性都指杂草在常用剂量除草剂后仍可生存并繁衍后代的可遗传的能力，但抗药性与耐药性有本质的区别。抗药性是由于杂草种群存在遗传差异，在除草剂的选择压的作用下，原本对除草剂敏感的杂草种群在多次接触到除草剂后逐渐进化而来的；耐药性是杂草在接触除草剂前就天然存在的，与除草剂的选择作用无关。杂草抗药性的产生与发展可能导致除草剂防效下降，使过去能有效防除某种杂草的除草剂效果降低，甚至完全失去作用；杂草耐药性则限制了除草剂的杀草谱。

抗药性的产生和发展影响因素：杂草抗药性是伴随着除草剂应用产生的，抗药性杂草产生的条件一是杂草种群内存在遗传差异，二是存在除草剂选择压。杂草种群中本就存在极少数抗药性个体，随着除草剂的连续使用，敏感个体不断被杀死，使种群中抗药性个体的比例不断增加，当抗药性个体的比例达到一定程度时，除草剂对杂草种群的防治效果明显下降，即杂草种群进化出了对除草剂的抗药性。抗药性杂草形成的速度和许多因素有关，抗性基因突变的启始频率、除草剂选择压力、杂草种子库寿命、杂草繁殖能力均有关。

抗药性发展及现状 20 世纪 40 年代，2,4- 滴等合成激素类除草剂开始广泛应用于农业生产，1957 年在北美就发现了抗 2,4- 滴的野胡萝卜和铺散鸭跖草。50 年代末期，西玛津、莠去津等作用于光系统 II（PhotoSystem II，PS II）的除草剂上市，随着大规模使用，1970 年美国报道了抗西玛津的欧洲千里光，此后十余年间，杂草对光系统抑制剂类除草剂的抗药性快速发展。进入 1980 年代，乙酰乳酸合成酶（Acetolactate Synthase，ALS）抑制剂类除草剂上市，因其具有超高的生物活性、良好的选择性、较宽的防治谱等优点，在全球广泛使用。但 ALS 抑制剂作用位点单一，导致抗药性杂草迅速发展。1982 年报道澳大利亚的硬直黑麦草对甲磺隆产生了抗药性。进入 1990 年代后，抗 ALS 抑制剂的杂草生物型数量迅猛增长，目前已成为抗药性事例报道最多的一类除草剂。国际抗药性杂草数据库的资料显示，截至 2021 年 12 月 23 日，全球已有 266 种杂草对 164 种除草剂产生了抗药性。

中国第一例抗药性杂草报道是 1980 年台湾发现的抗百草枯的苏门白酒草，大陆地区于 1990 年发现日本看麦娘和反枝苋分别对绿麦隆和莠去津产生了抗药性。随着中国除草剂应用面积扩大、应用时间变长，随着杂草抗药性呈不断上升趋势，中国水稻田已有 26（变）种杂草对 8 种作用机理的除草剂产生了抗药性，稗属杂草对五氟磺草胺、双草醚、丁草胺、二氯喹磷酸、噁唑酰草胺等水稻田常用除草剂都产生了抗药性，千金子对氰氟草酯、野慈姑对苄嘧磺隆的抗药性在局部地区也比较严重。小麦田杂草抗药性也比较突出，中国已公开报道了有 18 种麦田抗药性杂草。长江中下游地区日本看麦娘和菵草对炔草酯、精噁唑禾草灵等 ACCase 抑制剂和甲基二磺隆等 ALS 抑制剂，黄河中下游地区播娘蒿、荠菜对苯磺隆等 ALS 抑制剂等抗药性频率较高。具有交互抗药性和复合抗药性的杂草也已出现，如水稻田的稗草对五氟磺草胺、双草醚、嘧啶肟草醚等不同结构类型的 ALS 抑制剂产生了交叉抗药性，甚至进化出了对二氯喹啉酸、五氟磺草胺、双草醚的复合抗药性。江苏、安徽多地小麦田菵草、日本看麦娘等则对 ACCase 抑制剂精噁唑禾草灵、ALS 抑制剂甲基二磺隆产生了复合抗药性。

抗药性机制 杂草的抗药性机制有：靶标抗药性机制和非靶标抗药性机制。

靶标抗药性机制 包括两个方面：①靶标酶对除草剂敏感性下降。靶标酶某个特定氨基酸的改变，可降低靶标酶对除草剂的敏感性，光系统 II D1 蛋白第 264 位丝氨酸替换为甘氨酸会使其对莠去津的敏感性严重下降，糙果苋原卟啉原氧化酶（protoporphyrinogen oxidase，PPO）第 210 位甘氨酸丢失后，可使其对乳氟禾草灵产生抗药性。②杂草过量表达靶标酶，使得除草剂不能完全抑制靶标酶的生物活性及其催化的生理生化代谢过程。地肤染色体上 *EPSPS* 基因的多拷贝串联可使 EPSPS 表达量增加 10 倍以上，致使常规剂量草甘膦不能完全抑制 EPSPS 的催化活性，从而产生对草甘膦的抗药性。长芒苋一个额外的环状染色体 DNA 上携带多达上百个 *EPSPS* 基因拷贝，可使 EPSPS 过量表达，抵消草甘膦的作用。

非靶标抗药性 主要包括 3 个方面：①对除草剂代谢作用增强。这是常见的非靶标抗药性机制，主要是通过细胞色素 P450（cytochrome P450）或借助谷胱甘肽 -S 转移酶（glutathione S-transferases，GSTs）快速代谢除草剂，使达到靶标部位的除草剂分子减少，并对相应除草剂产生抗药性。②降低对除草剂的吸收和 / 或转运效率。除草剂被杂草吸收，转运至靶标部位才能起到作用。硬直黑麦草在吸收草甘膦后，可将其限制在叶片边缘，避免运输到分生组织，从而对草甘膦产生抗药性。③将除草剂隔离到特定场所。如小蓬草吸收草甘膦后，可将进入到共质体系的草甘膦隔离至液泡，使到达作用靶标部位的草甘膦分子减少，不足以严重抑制靶标酶的活性。杂草对除草剂的抗药性并不总是单一的机制，有时是多种机制共同作用的结果。西班牙南部地区的小蓬草可以通过限制草甘膦的转运和加速对草甘膦的代谢产生抗药性，对甲基二磺隆产生抗药性的日本看麦娘则同时存在靶标酶敏感性降低和代谢作用增强两种抗性机制。

耐药性机制 杂草对除草剂的耐药性机制与抗药性机制相似，有靶标机制，也有非靶标机制。

靶标机制 包括两个方面：①不同于敏感杂草的靶标酶形式。阔叶杂草对高效氟吡甲禾灵等 ACCase 抑制剂的耐药性源于其不敏感的 ACCase 同工酶。高等植物有两种形式的 ACCase 同工酶，即同质型和异质型。在大多数植物同时具有同质型和异质型的 ACCase，分别定位于胞质溶胶和质体中，但禾本科植物例外，其质体中的 ACCase 是同质型。高效氟吡甲禾灵等除草剂仅能抑制同质型 ACCase 的活性，而不能抑制阔叶植物异质型 ACCase 的活性，故阔叶类杂草对 ACCase 抑制剂表现出耐药性。②杂草能通过过量表达靶标酶形成对除草剂的耐药性，如阔叶山麦冬 EPSPS 基因有 3 个拷贝，可使基因转录水平提升数十倍，从而产生对草甘膦的耐药性。

非靶标机制 包括 3 个方面：①对除草剂的快速代谢作用。*Vulpia bromoides* 在吸收氯磺隆后可将其快速代谢为无毒物质，从而获得耐药性。②减少对除草剂的吸收。大龄鸭舌草叶片气孔密度下降，叶片上下表皮厚度增加，可减少其对咪唑乙烟酸的吸收，加强对咪唑乙烟酸的耐药性。③降低对除草剂的转运或将除草剂隔离在特定部位。野燕麦对合成生长素类除草剂2,4-滴的吸收速度比大豆更快，但转运到处理叶片以外部位的2,4-滴不足大豆的10%，从而使其生长点、根系等免受2,4-滴毒害，形成对2,4-滴的耐受性。这也是禾本科植物对2,4-滴产生耐药性的重要原因。

抗药性杂草的发生与发展，可能使除草剂防效明显下降，甚至基本失去作用，进而造成作物大幅减产。交叉抗药性和复合抗药性的出现，则使可用于防治抗性杂草的除草剂品种锐减，对农业生产具有更严重的威胁。如果某种杂草具备了对特定除草剂的耐药性，该除草剂对这种杂草就没有理想的防治效果，因此耐药性限制了除草剂的杀草谱和使用范围。研究杂草抗药性，可以为延缓杂草抗药性发生发展和抗药性杂草治理提供科学指导。深入研究杂草抗药性和耐药性的分子机理，还可以为抗除草剂作物育种提供基因资源。

中国农田杂草对除草剂的抗药性快速发展，单一化学结构或相同作用机理除草剂的连续使用是重要原因。预防和治理杂草对除草剂的抗药性，必须坚持杂草综合治理，在合理使用除草剂的前提下，综合利用农业、生物、物理等多样化的措施治理杂草，降低除草剂选择压，逐步恢复农田杂草种群对除草剂的敏感性，实现杂草可持续治理。

参考文献

董立尧，高原，房加鹏，2018. 我国水稻田杂草抗药性研究进展 [J]. 植物保护，44(5): 69-76.

李香菊，2018. 近年我国农田杂草防控中的突出问题与治理对策 [J]. 植物保护，44(5): 77-84.

强胜，2009. 杂草学 [M]. 2版. 北京：中国农业出版社.

张朝贤，黄红娟，崔海兰，等，2013. 抗药性杂草与治理 [J]. 植物保护，39(5): 99-102.

左平春，纪明山，臧晓霞，等，2017. 稻田稗草对噁唑酰草胺的抗药性水平和ACCase活性 [J]. 植物保护学报，44(6): 1040-1045.

左平春，臧晓霞，陈仕红，等，2016. 稻稗对噁唑酰草胺的非靶标抗药性和对氰氟草酯的交互抗药性 [J]. 杂草学报，34(4): 28-32.

BI Y L, LIU W T, LI L X, et al, 2013. Molecular basis of resistance to mesosulfuron-methyl in Japanese foxtail, *Alopecurus japonicus* [J]. Journal of pesticide science, 38: 74-77.

CHEN G Q, XU H L, ZHANG T, et al, 2018. Fenoxaprop-P-ethyl resistance conferred by cytochrome P450s and target site mutation in *Alopecurus japonicus* [J]. Pest management science, 74: 1694-1703.

CHEN J C, HUANG H J, WEI S H, et al, 2020. Glyphosate resistance in *Eleusine indica*: EPSPS overexpression and P106A mutation evolved in the same individuals [J]. Pesticide biochemistry and physiology, 164: 203-208.

DENG W, YANG M T, LI Y, et al, 2021. Enhanced metabolism confers a high level of cyhalofop-butyl resistance in a Chinese sprangletop (*Leptochloa chinensis* (L.) Nees) population [J]. Pest management science, 77(5): 2576-2583.

HAN HP, YU Q, BEFFA R, et al, 2021. Cytochrome P450 CYP81A10v7 in *Lolium rigidum* confers metabolic resistance to herbicides across at least five modes of action [J]. The plant journal, 105(1): 79-92.

KONISHI T, SASAKI Y, 1994. Compartmentalization of two forms of acetyl-CoA carboxylase in plants and the origin of their tolerance toward herbicides [J]. Proceedings of the National Academy of Sciences of the United States of America, 91: 3598-3601.

LI L X, DU L, LIU W T, et al, 2014. Target-site mechanism of ACCase-inhibitors resistance in American sloughgrass (*Beckmannia syzigachne* Steud.) from China [J]. Pesticide biochemistry and physiology, 110: 57-62.

LI X, LIU W T, CHI Y C, et al, 2015. Molecular mechanism of mesosulfuron-methyl resistance in multiply-resistant American sloughgrass (*Beckmannia syzigachne*) [J]. Weed science, 62(4): 781-787.

LIU X Y, AUSTIN M, XIANG S H, et al, 2020. Managing herbicide resistance in China [J]. Weed science, 69(1): 4.

MAO C J, XIE H J, CHEN S G, et al, 2016. Multiple mechanism confers natural tolerance of three lilyturf species to glyphosate [J]. Planta, 243: 321-335

MUHAMMAD Z, ZHANG H, WEI J J, et al, 2021. Ethylene biosynthesis inhibition combined with cyanide degradation confer resistance to quinclorac in *Echinochloa crus-galli* var. *mitits* [J]. International journal of molecular sciences, 21(5): 1573-1595.

PATZOLDT W, HAGER A, MCCORMICK J, et al, 2006. A codon deletion confers resistance to herbicides inhibiting protoporphyrinogen oxidase [J]. Proceedings of the National Academy of Sciences of the United States of America, 103(33): 12329-12334.

PETERSON M, MCMASTER S, RIECHERS DEAN, et al, 2016. 2, 4-D past, and future: a review [J]. Weed technology, 30(2): 303-345.

SINGH S, SINGH V, LAWTON-RAUH A, et al, 2018. EPSPS gene amplification primarily confers glyphosate resistance among Arkansas Palmer amaranth (*Amaranthus palmeri*) populations [J]. Weed science, 66(3): 293-300.

SPAUNHORST D, NIE H, TODD J, et al, 2019. Confirmation of herbicide resistance mutations Trp574Leu, ΔG210, and EPSPS gene amplification and control of multiple herbicide-resistant Palmer amaranth (*Amaranthus palmeri*) with chlorimuron-ethyl, fomesafen, and glyphosate [J]. PLoS ONE, 14(3): e0214458.

SUN Z H, LI X W, WANG K, et al, 2021. Molecular basis of cross-resistance to acetohydroxy acid synthase-inhibiting herbicides in *Sagittaria trifolia* L [J]. Pesticide biochemistry and physiology, 173: 104795.

YAN B J, ZHANG Y H, LI J, et al, 2019. Transcriptome profiling to identify cytochrome P450 genes involved in penoxsulam resistance in *Echinochloa glabrescens* [J]. Pesticide biochemistry and physiology, 158: 112-120.

YANG Q, DENG W, LI X F, et al, 2016. Target-site and non-target-site based resistance to the herbicide tribenuron-methyl in flixweed (*Descurainia sophia* L.) [J]. BMC genomics, 17: 551

YANG X ZHANG Z C, GU T, et al, 2017. Quantitative proteomics reveals ecological fitness cost of multi-herbicide resistant barnyardgrass (*Echinochloa crus-galli* L.) [J]. Journal of protemics, 150(6): 160-169.

YU Q, FRIESIN S, ZHANG X Q, et al, 2004. Tolerance to acetolactate synthase and acetyl-coenzyme A carboxylase inhibiting herbicides in *Vulpia bromoides* is conferred by two co-existing resistance mechanisms [J]. Pesticide biochemistry and physiology, 78: 21-30.

ZHAO N, YAN Y Y, GE L A, et al, 2019. Target site mutations and cytochrome P450s confer resistance to fenoxaprop-P-ethyl and mesosulfuron-methyl in *Alopecurus aequalis* [J]. Pest management science, 75: 204-214.

（撰稿：李凌绪；审稿：王金信、宋小玲）

杂草多实性 weed fecundity

在频繁受到干扰的农田环境，杂草生存适应的一个主要策略是具有强大的有性繁殖能力，大量结实。正因为具有多实性，在生长过程中或结实后，在受到外界伤害或被取食后，仍有一定数量的个体能够保持种群繁衍。

结实数量特点 相对于作物而言，杂草结实数量庞大。一株稻或麦的种子量，为数百或千余粒，但杂草的种子量可多达数万粒，甚至更多，如农田常见的杂草藜单株结籽量可高达7万多粒，反枝苋单株结实近12万粒，新疆三肋果的种子单株可达30万粒以上，稻田恶性杂草耳基水苋一株的种子量可超过80万粒。另一方面，外来入侵恶性杂草相对于近缘种，其种子量往往更多，如加拿大一枝黄花的种子量可达2万粒，远远超过本土的一枝黄花种子量。

结实相关的形态与生理基础 经过长期的进化，杂草适应多结实具有一些特点，一是杂草植株高大，如稻田恶性杂草稗、千金子的株高远远超过稻，丁香蓼、耳基水苋、长叶水苋菜也高过稻，三裂叶豚草可高过玉米，长芒苋可高过大豆。二是分枝或分蘖多，为多结果奠定基础，如一株稗和异型莎草的分蘖数都可超过20个，单株耳基水苋的一级分枝62.5个，二级分枝217.2个，能结3800多个蒴果。三是种子往往细小，有限的物质积累产生更多的种子。主要粮食作物稻、大麦、小麦、玉米、大豆田间杂草的种子几乎都远小于相应的作物种子。如稻田恶性杂草稗、千金子、丁香蓼、异型莎草等的种子都远小于稻谷。杂草种子千粒重，稻稗只有3.2～3.9g，千金子仅为55mg，加拿大一枝黄花45～50mg。耳基水苋种子长约0.5mm，直径约3mm的一个蒴果内种子量可达200多粒。四是连续结实性和后熟性，许多杂草的营养生长和生殖生长常常同时进行，可边开花，边结实，边成熟，边落粒，如一种耳基水苋生物型开花从水稻直播后41天一直持续到水稻成熟，直播后90天开始就有种子陆续成熟。特别是C_4杂草，如稗、反枝苋、马唐、狗尾草等，相比C_3植物有更高的光能利用率，能合成更多的同化产物，在长时间内持续地分配给结实，批量地源源不断地产生种子，这是杂草种子总量超人的重要生理基础。此外，稗等杂草还有后熟性，即植株被割除后其完成受精的胚珠依然能形成成熟的种子。

结实影响因素 影响杂草有性繁殖的因素很多，首先，如温度、光照等因素的影响很大，在不适宜条件下快速结实。如耳基水苋在温度较低时株高仅十厘米即开花，而夏季该草可株高1m以上再开花结实；藜在不适宜环境结实少的仅5粒，适宜环境下可多达百万粒。当然，杂草对外界环境变化也有调节机制，如在温度25～28℃，无芒稗和细叶旱稗的开花高峰期都在6：00～7：00；温度为33～34℃时两者的开花高峰期都在6：00之前。在南京地区7月，稗和无芒稗开花的高峰在7：00之前；随着日照减少，8月开花的高峰提前至6：00之前；而9月开花时间提前至4：30左右。

其次，种间竞争和种内竞争作用，如种植的作物种类、密度以及杂草的密度，这些因素影响对光、水分和营养的竞争。种植植株高大、叶面积指数高的作物如玉米、棉花，田间马唐等杂草植株细弱，分蘖少，结实少，而种植较低矮的甘薯、马唐等往往生长旺盛，结实多。作物的适当密植也抑制杂草的生长和结实。在群落中处于竞争弱势的杂草，生长和结实受到很大抑制甚至死亡，如在加拿大一枝黄花、紫茎泽兰、豚草、假高粱等入侵地，农田常见的杂草种类难以生存。有时杂草密度过高，种内竞争剧烈，也会导致群落生物量减少，结实量下降。

再者，农田栽培管理措施的影响，比如灌溉、施肥、除草剂使用等对杂草的营养生长和生殖生长都有影响。在水分适宜、养分充足条件下，杂草生长旺盛，往往结实多，反之结果数量减少。在生长因素不足时，杂草也能调整能量分配，如紫茎泽兰种群由于氮主要分配到叶片从而满足了光合作用构建的需要，增强了光合效率而在瘠薄的云南山区成功入侵，进一步深入研究发现紫茎泽兰入侵种群演化出更高的光饱和光合效率和光能利用率，使入侵种群生长更快，同化产物增加为多结实奠定基础。除草剂抑制杂草体内的光合作用，或氨基酸、脂类等合成，或打破激素平衡，化学除草后未完全死亡的植株，通常结实量也大大下降或不能形成成熟的种子。在农田环境，上述因素往往综合起作用，直接或间接影响到杂草的生长和结实。

参考文献

宋小玲，强胜，徐言宏，等，2002. 稗类(*Echinochloa* spp.)植物的开花生物学特性[J]. 植物资源与环境学报，11(3): 12-15.

FENG Y L, LI Y P, WANG R F, et al, 2011. A quicker return energy-use strategy by populations of a subtropical invader in the non-native range: a potential mechanism for the evolution of increased competitive ability [J]. Journal of ecology, 99: 1116-1123.

JELBERT K, STOTT I, MCDONALD R A, et al, 2015. Invasiveness of plants is predicted by size and fecundity in the native range [J]. Ecology and evolution, 5: 1933-1943.

NORRIS R F, 2007. Weed fecundity: Current status and future needs [J]. Crop protection, 26: 182-188.

（撰稿：朱金文、朱敏；审稿：宋小玲）

杂草多样性 weed diversity

是杂草与环境形成的生态复合体以及与此相关的各种生态过程的总和，包括杂草所拥有的基因以及它们与其生存环境形成的复合生态系统。

杂草多样性的层次 杂草多样性可分为群落多样性、种类多样性和遗传多样性等层次。

杂草群落多样性　指杂草群落的组成、结构和动态方面的多样化（见杂草群落多样性）。

杂草种类多样性　是指一定区域内杂草物种的总和，一般通过区域调查来完成（见杂草种类多样性）。

杂草遗传多样性　是指杂草种内不同种群间或同一种群内不同个体间的遗传变异的总和（见杂草遗传多样性）。

杂草多样性的表现　杂草多样性体现在形态结构的多样性、营养方式的多样性、生活史的多样性、繁殖方式的多样性、繁殖体传播方式的多样性和危害的多样性等多个方面。

形态结构的多样性　杂草分布在藻类、苔藓、蕨类、裸子植物和被子植物等5大类群中，它们在营养器官和维管组织的分化程度上存在着丰富的多样性。被子植物类杂草是目前最进化的一类杂草，其形态结构也呈现出多样性，可分为阔叶杂草、禾草类杂草和莎草类杂草等3大类。

营养方式的多样性　杂草具有自养和异养2种营养方式，绝大多数杂草是光能自养的绿色植物，少数杂草营寄生生活，又可分为全寄生和半寄生两类。

生活史的多样性　杂草具有丰富多样的生活史类型：水绵、轮藻等藻类杂草的生活史属于合子减数分裂型；而高等植物类杂草的生活史均为孢子囊减数分裂型，在生活史中存在世代交替现象，且孢子体和配子体的发达程度在不同大类杂草间变化多端。被子植物类杂草根据完成生活史所需的时间和季节的不同又可分为一年生杂草、二年生杂草和多年生杂草等3种类型。

繁殖方式的多样性　杂草具有营养繁殖、无性生殖、有性生殖和无融合生殖等4大类繁殖方式，其中有性生殖又有同配生殖、异配生殖、卵式生殖和接合生殖等4种类型，体现了繁殖方式的多样性。

繁殖体传播方式的多样性　杂草繁殖体有人类传播、动物传播、风力传播、水流传播、机械力传播等5种传播方式。

杂草危害的多样性　杂草与农作物争肥、争水、争空间，导致农作物的产量和品质下降；有些杂草是病虫害的中间寄主和传播媒介；紫茎泽兰等外来杂草的入侵会降低乡土植物群落的物种多样性；杂草防除增加了管理用工和生产成本，并且有可能污染耕地等环境。

影响杂草多样性的因素　杂草多样性受到了环境因子和人类活动的双重影响。环境因子包括地形地貌、土壤和气候等众多的因子，它们深刻地影响着杂草的分布和多样性。人类的各种生产和生活活动也严重地影响着杂草的多样性，如粮食和经济作物品种的引进常伴随着一些外来杂草的无意引进；一些引进的经济作物因疏于管理或入侵性强而成为了难以防除的杂草；许多杂草通过黏附在人的身体上，靠人类的活动而传播；耕作方式（连作、轮作、间作套种、免耕等）、施肥、灌溉、中耕除草和化学除草等农艺活动极大地影响了杂草的多样性。

参考文献

郭水良，王勇，曹同，2016. 杂草繁殖方式的多样性及其对环境的适应[J]. 上海师范大学学报（自然科学版），35(3): 103-110.

李扬汉，1998. 中国杂草志[M]. 北京：中国农业出版社.

强胜，2001. 杂草学[M]. 北京：中国农业出版社.

（撰稿：郭凤根；审稿：宋小玲）

杂草多样性的生态学效应　ecological eflect of weed diversity

杂草物种多样性、群落多样性或基因多样性在生态系统中扮演着重要的生态效应，参与维持农业生物多样性，为人类提供了重要的生态服务功能，如病虫害防治、降低水体污染、水分涵养、土壤肥力保持、生物多样性保护、原料供给等，有助于农田生态系统的健康可持续发展。

形成和发展过程　杂草是一类持续存在于农田生态系统中最重要的生物组成部分之一，严重影响农作物生长，过去在除草务净的观念下，一直被当作“有害植物”，对杂草的研究往往也更多地注重其危害性和防治途径。然而，随着20世纪中叶化学除草剂广泛应用，至本世纪初叶，农田杂草多样性急剧降低，许多敏感的杂草逐渐成为濒危植物。保护农业生产区域中杂草等野生植物的多样性以及发挥其在维持生态平衡中的作用逐渐为人们所重视。

基本内容　生态系统的性质在很大程度上取决于生物多样性、土壤微生物及其酶活性与植物有不同程度的相关性，适量的杂草与作物共生可以为农田生态系统中生物多样性（土壤微生物和水生生物）的形成提供条件，有助于提高农业生产力。而且，大量研究成果表明，农田生物多样性下降会引发更高频率和更大范围的虫害，最终导致农田生态系统变得不稳定。

除此之外，越多越多的经验证据表明杂草多样性的生态学效应体现在：①提高作物产量。杂草多样性的积极影响和不同资源获取利用策略可能会降低杂草的竞争特性，使得杂草多样性和作物产量呈显著正相关或没有负面影响。②病虫害防治。农田长期保留一定数量的杂草与作物共存，对害虫的防治和土壤肥力的提高都有着重要的作用。1997年，在亚洲发展银行的资助下，国际水稻研究所建立了有中国、越南、泰国、菲律宾等国家为期5年的“利用生物多样性稳定控制水稻病虫害”的研究项目，其中的研究内容之一即是利用杂草多样性控制稻田害虫。而且，已有的大量研究成果表明，农田生物多样性下降会引发更高频率和更大范围的虫害，最终导致农田生态系统变得不稳定。③降低水体污染。老百姓常在农田灌溉沟渠保持一定的杂草，对农田径流水及其土壤有效氮磷进行拦截和吸附，清除稻田水体环境污染；另外许多杂草对重金属有较强的富集能力，缓解水体污染对土壤微生物和土壤酶活性的影响，还可促进食物链平衡，某种意义上帮助整个生态实现循环。④水分涵养。农民常在森林和稻田之间通过有意地保留杂草或种草，人为地设置成宽窄不等的浅草带，起到水分涵养的作用。⑤土壤肥力保持。在农村，有很多以草肥田的实践，其丰富的经验值得借鉴，比如当地农民通过保留杂草，特别是豆科植物，以草养地；在杂草发生量过高时，割倒就地覆盖以增加土壤的肥力，实现免施肥，常用满江红和凤眼莲作为稻田优质绿肥，既能实现持效控抑杂草，又能作绿肥养护农田，还可作为青饲料发展养殖业。⑥生物多样性保护。生态系统的性质在很大程度上取决于生物多样性，土壤微生物及其酶活性与植物有不同程度的相关性，适量的杂草与作物共生可以为稻田生态系统中生物多样性（土壤微生物和水生生物）的形成提供条件，有助于提高农业生产力。⑦原料供给。杂草作为农村寻常易得又熟悉好认之物，永远是乡民最便利的选择，历史上化害为利、通过不同途径利用农田杂草，以草肥田、以草救荒、以草为药、以草饲畜、以草改土等经验，使之服务于人类生活也相当广泛，鉴于杂草在资源获取特性方面具有高度的功能多样性，其与作物之间的竞争将会不那么明显。

科学意义和应用价值 杂草多样性的生态学效应是生物多样性保护领域的重要研究内容。杂草物种多样性或基因多样性对于相应的生态系统功能的发挥起着十分重要的作用，目前在保证作物产量、保护天敌、控制害虫、防止土壤侵蚀、促进养分循环、保护土壤有益微生物、消除环境污染等方面都提供了新的思路与科学依据。

存在问题和发展趋势 杂草在农田生态系统中，曾经一直被当作“有害植物”；然而，过去在研究生态系统功能与环境之间的关系时，只注重生态过程，而非物种的组成，事实上，近些年，现在越来越多的研究表明，农业生态系统中保持合理的杂草群落结构可以促进农田生态系统良性循环。因此，了解农业生态系统中杂草等非目标生物的生态学效应，探讨既不影响农业产量又能利用杂草多样性生态学效应是杂草生态学值得深入研究的内容。

参考文献

白可喻，戎郁萍，张英俊，等，2011. 农业生态系统中生物多样性管理 [M]. 北京：中国农业科学技术出版社.

陈欣，唐建军，2000. 农业生态系统杂草多样性保持的生态学功能 [J]. 生态学杂志，19(4): 50-52.

陈欣，唐建军，赵惠明，志水胜好，2003. 农业生态系统中杂草资源的可持续利用 [J]. 自然资源学报，18(3): 340-346.

国良，2000. 野生水芹用处多 [J]. 中国食品 (16): 17.

何明珠，夏体渊，李立池，等，2012. 滇池流域农田生态沟渠杂草氮磷富集效应的研究 [J]. 华东师范大学学报（自然科学版）(4): 157-163.

王振家，2011. 关于稗草相关研究论述 [J]，产业与科技论坛，10(1): 249-250.

魏树，周启星，王新，2003. 18 种杂草对重金属的超级累特性研究 [J]. 应用基础与工程科学学报，11(2): 152-153.

杨庭硕，杨成，2008. 侗族文化与生物多样性维护 [J]. 怀化学院（自然科学），27(6): 1-3.

张丹，刘某承，闵庆文，等，2009. 稻鱼共生系统生态服务功能价值比较——以浙江省青田县和贵州省从江县为例 [J]. 中国人口·资源与环境，19(6): 30-36.

赵怀斌，1992. 农田杂草利用途径之历史回顾 [J]. 中国农史 (1): 59-62.

CIERJACKS A, POMMERANZ M, SCHULZ K, et al, 2016. Is crop yield related to weed species diversity and biomass in coconut and banana fields of northeastern Brazil [J] Agriculture, ecosystems & environment, 220: 175-183

EHRENFELD J G, RAVIT B, ELGERSMA K, 2005. Feedback in the plant-soil system [J]. Annual review of environment and resources, 30(1): 75-115

EPPERLEIN L R F, ALBRECHT H, KOLLMANN J, et al, 2014. Reintroduction of a rare arable weed: competition effects on weed fitness and crop yield [J]. Agriculture, ecosystems & environment, 188: 57-62.

HOOPER D U, CHAPIN F S, EWEL J J, et al, 2005. Effects of biodiversity on ecosystem functioning: a concensus of current knowledge [J]. Ecological monographs, 75(1): 3-35.

MCLAUGHLIN A, MINEAU P, 1995. The impact of agricultural practices on biodiversity[J]. Agriculture, ecosystems & environment 55(3): 201-212.

POLLNAC F W, MAXWELL B D, MWALLED F D, 2009. Weed community characteristics and crop performance: a neighbourhood approach [J]. Weed research: 49(3): 242-250.

SMITH R G, MORTENSEN D A, RYAN M R, 2009. A new hypothesis for the functional role of diversity in mediating resource pools and weed-crop competition in agroecosystems [J]. Weed research 50: 37-48.

STEFANO B, FRANCESCA B, 2017. Agro-biodiversity restoration using wildflowers: What is the appropriate weed management for their long-term sustainability [J]. Ecological engineering, 102: 519-526.

XIE J, HULL, TANG J J, et al, 2011. Ecological mechanisms underlying the sustainability of the agricultural heritage rice-fish coculture system [J]. PNAS, 108(50): 1381-1387.

YANG R Y, TANG J J, CHEN X, et al, 2007. Effects of coexisting plant species on soil microbes and soil enzymes in metal lead contaminated soils[J]. Applied soil ecology, 37(3): 240-246.

ZAHARABY A K M, MIA M M, REZA A, et al, 2014. Agricultural weeds as alternative feed resource for ruminants in bangladesh [J]. Indian journal of animal sciences, 71: 398-401.

ZHU J W, WANG J, DITOMMASO A, et al, 2018. Weed research status, challenges, and opportunities in China [J]. Crop protection: 134: 104.

（撰稿：刘宇婧；审稿：强胜）

杂草发生规律 weed occurrence pattern

植物受遗传因素和外界环境因素影响而在发生时间、种类、分布状态等方面反复出现的周期性变化。包括时间和空间的发生规律 2 个方面。杂草是适应人工生境并在其中自然繁衍的植物，因此杂草的出苗、分布等发生规律同样呈现明显的地域特点，并与作物种类、复种指数、栽培方式等密切相关。揭示杂草发生规律对杂草防治实践具有重要指导意义。

发生时间及其影响因素 在发生时间上，受气温变化影响，通常杂草一年之中有 2 个发生高峰期，即 3～6 月为春夏杂草发生高峰期，9～11 月为秋冬季杂草发生高峰期，7～8 月和 12 月至翌年 2 月杂草基本不发生。具体可归纳为：①早春发生型。每年 2 月下旬至 3 月上旬开始发生，3 月中下旬达到发生高峰期，如春蓼、萹蓄、藜等。②春夏发生型。每年从 3 月中旬至 5 月初开始发生，6 月中下旬达到发生高峰，如稗草、狗尾草、马唐、千金子、马齿苋、香附子、鸭舌草等。③秋冬发生型。每年 8 月下旬至 9 月上旬开始发生，

11月达到发生高峰，如看麦娘、繁缕、猪殃殃、一年蓬、小飞蓬等。④春秋发生型。也称四季发生型，除了12月至翌年2月很少发生外，其余各月一般都能发生，其中以春秋两季发生量最大，如小藜、荠菜、灰绿藜等。

水稻田杂草通常在播种或移栽后约10天（秧田一般5～7天）出现第一个出草高峰期，此期杂草主要以稗草、千金子和异型莎草等为主。播种或移栽后约20天出现第二个出草高峰期，此期杂草主要是莎草科杂草和阔叶杂草。但由于中国种植水稻的范围较广，耕作、栽培制度不完全相同，各地区稻田杂草的发生规律不尽一致，总体上从南到北水稻田杂草种类减少，群落结构趋于简化。水直播稻田在水稻播种后10～20天出现第一次杂草出草高峰，在播后约35天出现第二次出草高峰，优势杂草为禾本科杂草，其中尤以千金子为甚，阔叶杂草如鳢肠、鸭舌草、空心莲子草等及异型莎草，发生数量较少。旱直播稻田杂草在水稻播种后5天开始出苗，8天时禾本科杂草及阔叶杂草开始进入第一个出草高峰，稗和千金子出草数量占禾本科杂草总出草数量近85%，20天后进入第二个出草高峰期。

冬麦田杂草通常分为冬前和春季2个出苗高峰，第一次发生高峰通常在秋季的10月上中旬，主要杂草有麦家公、播娘蒿、荠菜、猪殃殃、繁缕、大巢菜、泽漆等，均为越年生杂草，这些杂草除少部分在冬季自然死亡之外，大多数能安全越冬，翌年4～5月开花结实。第二次发生高峰在春季的3月底至5月初，除上述几种杂草能继续发生外，还有灰灰菜、萹蓄、马齿苋、苍耳等发生，这些杂草在麦收前开花、结实并成熟。一般年份，杂草发生以秋季为主，秋季发生的杂草数量约占总发生量的80%。

由于生长条件、管理方式和生长季节的生态条件趋于相似，同一地区秋熟旱作田杂草种类基本相似或相同，常见杂草约40种，主要是禾本科、菊科、苋科、莎草科、茄科、大戟科杂草。一般春夏季出苗，秋季开花结实，如马唐、狗尾草、鳢肠、铁苋菜、牛筋草、马齿苋等。

温度和降雨是影响杂草发生时间的重要外界因素。在最适温度下，杂草发芽率高、发芽速度快，过低或过高温度下则发芽率低、发芽速度慢，如稗草在30～35℃时2天即发芽，3天发芽率超过50%，但12～14℃或者45℃以上时发芽率都低于20%。同时，杂草通常在变温条件下发芽率高，发芽速度快，如牛繁缕在低于5℃和高于30℃均不发芽，但在5～20℃和20～30℃的变温情况下发芽良好。因此适宜温度和季节性的温度变化决定了不同杂草在不同时期发生，生产中可以推测不同季节气温条件下某种杂草发生的时间，从而选择防除杂草的适宜时间。

降雨主要通过改变土壤水分影响杂草的发生时间，例如小麦播种较早，气温较高，如播种后雨水充沛，墒情良好，则冬前杂草出草量较大，冬后气温回升后出草量相对较少；反之，雨水较少，墒情较差，则冬前出草量较少。油菜田土壤含水量增加，禾本科杂草发生量明显增加，而当土壤含水量较低时，荠菜、泥胡菜等阔叶杂草则成为优势杂草。因此杂草长期适应耕作环境，伴随作物呈现的时间分布规律有利于建立针对性的杂草治理策略。

发生空间及其影响因素 杂草发生种类、分布状态、群落组成及其演替直接受土壤性质、土壤耕作、气候条件、轮作和种植制度等生态环境因子和农业措施的制约和影响，呈现出地带性的发生特点。

轮作制度对土壤性质、土壤水分等生态因子产生影响，同时影响土壤杂草种子库的输入与输出动态，从而影响杂草种子库组成结构和寿命，决定了不同轮作制度下的杂草群落类型，如喜湿性的看麦娘、日本看麦娘、硬草、棒头草、菵草可以在水分饱和或超饱和土壤中保持活力，成为稻茬夏熟作物田优势种，而喜旱性的波斯婆婆纳、猪殃殃种子可在低水分土壤中历经2年仍有良好的发芽率，成为旱茬夏熟作物田优势种，北方地区和南方山坡地多以野燕麦为优势种。喜湿性和喜旱性杂草种子对土壤水分的不同适应性可以用于生产中的杂草控制，通过不同轮作方式缩短土壤种子库中杂草种子寿命，减少杂草种子库的规模，实现科学、长效的杂草治理。

在发生区域上，受地理、海拔和地貌的影响，播娘蒿、麦瓶草、麦蓝菜和麦仁珠等喜温凉性气候条件，发生和危害在秦岭和淮河一线以北地区以及西南高海拔地区夏熟作物田，扁秆藨草只发生危害偏盐碱性的北方地区水稻田，圆叶节节菜喜好暖性气候，主要发生于华南及长江以南山区水稻田，胜红蓟、龙爪茅等适应热带、亚热带气候条件的杂草，主要发生于华南地区旱地，薄蒴草主要发生于西北高海拔地区的麦类和油菜田。

气候从南向北的梯度性变化是影响江苏麦田杂草地带性发生的最主要因素，江南稻茬麦田、宁镇扬丘陵旱茬麦田、沿海旱茬麦田、徐淮旱茬麦田和沿江及苏北稻茬麦田的优势种杂草各有不同。长江以南的稻茬麦田土壤湿度大，偏酸性，适宜看麦娘、日本看麦娘、菵草、稻槎菜、牛繁缕等喜温喜湿杂草生长；播娘蒿、麦家公、麦仁珠等耐旱喜温凉的阔叶杂草主要发生于徐淮旱茬麦田，具有典型温带特征；波斯婆婆纳、猪殃殃、大巢菜等适应性强，在全省的旱茬麦田或稻茬麦田均有分布；沿江和苏北稻茬麦田土壤偏碱性，适宜硬草、棒头草生长；沿海旱茬麦田土壤盐渍化程度高，其杂草以旱生且耐盐性的黏毛卷耳、波斯婆婆纳、猪殃殃、刺儿菜等为主。

杂草管理策略 根据杂草发生规律，实时实施防除措施，是保证杂草防治效果的关键。一般，土壤处理除草剂应该选择在出苗高峰期前施用；而茎叶处理除草剂则应该在出苗高峰期之后施用，如果有2个高峰，则还应该在第二高峰期之后，再追加使用一次除草剂。

不同作物由于杂草群落不同，需要应用不同除草剂。不过，同一作物在不同地区杂草群落发生分布规律不同，应根据杂草群落优势种的不同，在除草剂市场营销和应用种类要针对性地科学准确选择。例如，长江中下游地区稻茬麦田以菵草和看麦娘等禾本科为优势种，选择的除草剂应以异丙隆作土壤处理，以乙酰辅酶A羧化酶抑制剂类除草剂作茎叶处理；而华北地区旱茬麦田则应以防除阔叶草除草剂如乙酰乳酸合成酶抑制剂类、激素类等除草剂为主导。

参考文献

李扬汉，1998. 中国杂草志 [M]. 北京：中国农业出版社.
强胜，2009. 杂草学 [M]. 2 版. 北京：中国农业出版社.

王开金，强胜，2007. 江苏麦田杂草群落的数量分析 [J]. 草业学报，16(1): 118-126.

QIANG S, 2002. Weed diversity of arable land in China [J]. Journal of Korean weed science, 22: 187-198.

（撰稿：李贵；审稿：强胜）

杂草防治 weed control

是将杂草对人类生产和经济活动的有害性减低到人们能够承受的范围之内的各种操作。又名杂草防除。杂草防治目的不是彻底地消灭杂草，而是在一定的范围内控制杂草的危害。实际上“除草务尽”，从经济学、生态学观点看，既没有必要也不可能。

形成和发展过程 杂草是伴随人类农业栽培活动而出现的，因此，自从那时起人类一直在探索着治理杂草的各种途径、技术和方法。公元前 1 万年早期农业中，人类通过手工拔草，逐渐发展出利用手工工具锄、铲、耘耙除草。期间，刀耕火种也是人类利用火的高温物理除草。至公元前 1000 年，人类开始用动物（牛或马）作动力牵拉锄头（一种原始的犁）、建制床苗过程中控制杂草。到了公元 1731 年后，用马（牛）拉锄进行垄式栽培，进而埋盖杂草。20 世纪 20 年代机械除草得到应用，40 年代有机除草剂的合成和使用，标志着人类对杂草的治理进人新纪元。大面积、快速而有效地治理多种杂草已成为现实，农业生产效率亦显著提高。农田杂草的化除水平，已成为衡量农业现代化程度的重要标志之一。

基本内容 纵观人类治草的历史，归纳其来用的除草方式大致包括物理防治、农业治草、化学防治、生物防治、生态治草、杂草检疫等，为农业丰收、作物高产做出贡献。随着现代生物工程技术的诞生和发展，控制杂草的新途径、新方法不断形成和应用将对现代化农业产生革命性影响。

杂草检疫 人们依据国家制定的植物检疫法，运用一定的仪器设备和技术，科学地对输入或输出本地区、本国的动、植物或其产品中夹带的立法规定的有潜在性危害的有毒、有害杂草或杂草的繁殖体（主要是种子）进行检疫监督处理的过程。其主要目的是阻止外来杂草的输入和传播扩散。

物理性除草 用物理性措施或物理性作用力，如机械、人工等，导致杂草个体或器官受伤受抑或致死的杂草防除方法。它可根据草情、气候、土壤和人类生产、经济活动的特点等条件，运用机械、人力、火焰、电力等手段，因地制宜地适时防治杂草。物理性防治对作物、环境等安全、无污染，同时，还兼有松土、保墒、培土、追肥等有益作用。①人工除草。人工除草是通过人工拔除、刈割、锄草等措施来有效治理杂草的方法。也是一种最原始、最简便的除草方法。②机械除草。机械除草是在作物生长的适宜阶段，根据杂草发生和危害的情况，运用机械驱动的除草机械进行除草的方法。③物理防治。物理除草是指利用物理的方法如火焰、高温、电力、辐射等手段杀灭控制杂草的一种方法。物理除草包括火力除草、电力除草、薄膜覆盖抑草等治草方式。其中，火力除草是指利用火焰或火烧产生的高温使杂草被灼伤致死的一种除草方法；电力除草是指通过瞬时高压（或强电流）及微波辐射等破坏杂草组织、细胞结构而杀灭杂草的方法；薄膜覆盖抑草：地膜化已广泛应用于棉花、玉米、大豆和蔬菜。生产上采用有色薄膜覆盖，不仅可以有效抑制刚出土的杂草幼苗生长，而且通过有色膜的遮光能极大地削弱已有一定生长年龄的杂草的光合作用，在薄膜覆盖条件下，高温、高湿，杂草又是弱苗，能有效地控抑或消灭杂草。

农业防治 利用农田耕作、栽培技术和田间管理措施等控制和减少农田土壤中杂草种子基数，抑制杂草的成苗和生长，减轻草害，降低农作物产量和质量损失的杂草防治的策略方法。是杂草防除中重要的和首要的一环。其优点是对作物和环境安全，不会造成任何污染，联合作业时，成本低、易掌握、可操作性强。但是，难以从根本上削弱杂草的侵害，从而确保作物安全生长发育和高产、优质。

生态防治 在充分研究认识杂草的生物学特性、杂草群落的组成相动态以及“作物—杂草”生态系统特性与作用的基础上，通过水分、作物群落等生态环境因子调控，抑制杂草的发生、生长和危害，抑草保苗的杂草防除技术。通过各种措施的灵活运用，创造一个适于作物生长、有效地控制杂草的最佳环境。

生物防治 就是利用不利于杂草生长的生物天敌，像某些昆虫、病原真菌、细菌、病毒、线虫、食草动物或其他高等植物来控制杂草的发生、生长蔓延和危害的杂草防除方法。生物防治杂草的目的是通过干扰或破坏杂草的生长发育、形态建成、繁殖与传播，使杂草的种群数量和分布控制在经济阈值允许或人类的生产、经营活动不受其太大影响的水平之下。生物防治与化学除草剂相比，具有不污染环境、不产生药害、经济效益高等优点；比农业防治、物理防治要简便。生物防治包括经典生物防治和生物除草剂防治。其中，经典生物防治是指利用专性植食性动物、病原微生物，在自然条件下，通过生物学途径，将杂草种群控制在经济上、生态上与美学上可以接受的水平。生物除草剂是指在人为控制条件下，选用能杀死杂草的天敌，进行人工培养繁殖后获得的大剂量生物制剂。

化学防治 是一种应用化学药物（除草剂）有效治理杂草的快捷方法。其作为现代化的除草手段在杂草的治理中发挥了主导作用（见化学防治）。

生物工程技术方法 生物工程是一门综合性的新兴边缘学科。生物工程也叫生物技术，指以现代生命科学为基础，结合其他基础学科如生物化学、分子生物学、微生物学、遗传学等的科学原理，采用先进的工程技术手段，按照预先的设计改造生物体或加工生物原料，为人类生产出所需产品或达到某种目的的一门新兴的综合性科学技术。根据操作的对象及操作技术不同，生物工程包括基因工程、细胞工程、酶工程、发酵工程、蛋白质工程等，其中，基因工程是现代生物工程的核心。生物工程技术，尤其是基因工程技术的发展已经给人类社会带来了巨大的社会和经济效益，也正在引发一场农业革命。

基因工程也称DNA重组技术或转基因技术。它主要是通过限制内切酶和连接酶的作用，使个别基因和作为基因载体的质粒或病毒分子相结合，成为重组DNA分子。并将这个人工分离和修饰过的基因导入到目的生物体的基因组中，当转入的基因整合到基因组中以后，这些基因就会与寄主生物的遗传物质一起向子代传递，并产生应有的生物学功能。运用转基因技术进行杂草防除的方法包括抗（耐）除草剂育种、植物生化化感育种和生物除草剂的基因改良。

综合利用　杂草防治的方法有很多，然而，任何一种方法（或措施）都不可能完全有效地防治杂草。只有坚持"预防为主，综合防治"的生态防治方针才能真正积极、安全、有效地控制杂草，保障农业生产和人类经济活动顺利进行。

杂草的综合防治是在对杂草的生物学、种群生态学、杂草发生与危害规律、杂草一作物生态系统、环境与生物因子间相互作用关系等全面、充分认识的基础上，因地制宜地运用物理的、化学的、生物的、生态学的手段和方法，有机地组合成防治的综合体系，将危害性杂草有效地控制在生态经济阈值水平之下，保障农业生产，促进经济繁荣。

科学意义与应用价值　杂草会严重影响作物的产量和品质，在很多情况下，杂草造成的经济损失要比病害、虫害和其他有害生物高的多。杂草防除已经成为现代农业生产过程中不可替代的重要技术，在提高农产品产量和质量，方便人类生产方面发挥着重要作用，对保障国家粮食安全具有重要的意义。

提高农产品产量和品质　杂草主要是通过与农作物争夺水、肥、光、生长空间和克生作用等抑制农作物的生长发育导致减产的。同时，农田中的杂草会恶化田间小气候，杂草的覆盖和遮光作用，使农田的气温和地温下降；杂草利用CO_2，释放O_2，使CO_2减少，O_2增多；杂草的存在使农田环境密闭，不通风，增加田间湿度。杂草对作物的危害是渐进和微妙的。每年由于杂草的危害，作物产量损失近10%。

杂草入侵草原和草地，使草场的产草量、草的品质下降，从而使载畜量降低。如狼毒侵害草地，由于竞争力强，抑制牧草生长，造成草场退化，其植株适口性差并且有毒。

夹杂杂草种子的农产品品质明显下降。混有较多量的毒麦子实的小麦将不能作为粮食使用或饲喂畜禽。染上龙葵浆果汁液的大豆和棉花其等级显著降低。缠有苍耳和牛蒡子实的羊毛，很难进行加工处理，因而其等级显著降低。

方便人类生产活动　混生有大量杂草的农作物，在收获时，会给收获机械或人工带来极大的不便，轻者影响收割的进度，浪费大量的动力燃料和人工，重者可损坏收割机械。此外，水渠及其两旁长满了杂草，会使渠水流速减缓，影响正常的灌溉，且淤积泥沙，使沟渠使用寿命减短。河道长满凤眼莲、空心莲子草等杂草，会严重阻塞水上船运。

然而，杂草是伴随着人工生境的产生而出现的，是生态系统中一个组成部分，对人类生存有其有害一面，也有其有益的一面。因此对于杂草既要控制也要利用。例如，许多杂草是中草药的重要原植物；还可以作为野菜供人类食用。

存在问题和发展趋势　杂草防治的方法有很多，但这些方法大多存在某些局限性。例如，人工除草费工费时，劳动强度大，除草效率低，随农业劳动力向城市转移，现已经很少在生产中采用；机械除草由于机器轮子笨重，碾压在土壤上容易造成板结，影响作物根系的生长发育，株间杂草难以防除，难以普及。物理防治如火力除草、电力和微波除草与薄膜覆盖抑草，都只适用于一些特定的作物田，加之成本较高，也难以成为主流。农业防治可以从源头上削弱杂草的侵害，但是随生产上采用轻简化栽培而越来越少淡化其在杂草防治中的作用。化学防治见效快、经济高效、易于掌控，在当今轻简化栽培大趋势下，已经成为杂草防治主导的技术方法。但由于对除草剂的过度依赖，导致杂草群落演替、杂草抗药性与除草剂药害等一系列负面效应。目前，杂草抗药性已成为全球农业生产的巨大挑战；而且，因盲目加大除草剂用量及不合理混用，进一步加速了抗药性发展，同时导致作物药害频发、农药残留和环境污染加重，已严重威胁中国粮食生产安全。抗药性杂草发生蔓延，对中国以现有除草剂为主体的作物田杂草综合治理体系提出了新挑战。生物除草剂是以后的发展趋势，研究十分活跃，也有相当力量的投入，但至今只有屈指可数的几个生物除草剂产品可用。抗除草剂转基因作物能产生极大经济和社会效益，但也存在一定的风险，如抗除草剂转基因作物自身杂草化，抗除草剂转基因作物的抗性基因飘流；同时，由于许多老百姓还不能科学的认识转基因作物，使其推广应用方面仍然存在一些问题。

杂草是一个长期存在的问题，抗除草剂生物型数量的持续增加对人类是一个教训，即杂草防控技术必须不断进步，才可能领先于杂草进化和对环境的适应。随着科学技术的不断进步和突破，杂草防治出现了一些新的方法，笔者认为杂草防除在为存在以下几个方向。①研发新作用机制的除草剂。由于杂草抗药性的不断发展，传统化学防控能否继续发挥其优势取决于能否发现具有新作用机制的除草剂。2018年，中国科学家与美国科学家合作以抗性基因为导向的基因组挖掘技术成功发现了一种新型天然产物除草剂aspterric acid，其通过靶向抑制植物支链氨基酸合成途径中的二羟酸脱水酶而干扰植物的生长。②生物除草剂大规模研发和商品化。21世纪，许多国家都计划在若干年内将逐渐降低化学除草剂用量一半，能否以生物除草剂作为替代品，是关系这一计划实现的关键。③RNAi除草剂和利用RNA通过RNA干扰（RNAi）沉默杂草体内的关键基因，从而提高杂草对除草剂的敏感性或使杂草彻底死亡。RNAi除草剂可以作为一种喷雾剂，在杂草防治方面有很大的潜力，因为可以通过设计序列来选择性地针对特定的杂草物种或一组亲缘关系相近的杂草物种进行防除。科学家推测，虽然RNAi可能抑制传统除草剂的作用靶标，但是不会存在交互抗性，因为二者发挥作用的机制不同。伴随科研进展，有害生物的基因序列不断被发现，人们对RNAi的作用机理有越来越多的认识。随着RNAi生产成本及功效进一步改善，将在有害生物防治领域发挥越来越重要的作用。④基因编辑育种。农作物基因编辑技术已经逐渐成为全球作物育种的发展方向，全球的农业大国高度重视。中国政府在“十四五规划”也明确提出瞄准生物育种等前沿领域，有序推进生物育种产业化应用。因此,可以通过基因编辑育种定向提高作物的竞争力或耐药性。⑤精准施药。传统施药机械普遍采用较大药量对整个地块粗放式地统一喷施，这种施药方式存在施药参数不准确、作业规划不合理的弊端，导致中国农药用量居高不下，重喷、漏喷现象频发，引发的农产品农药残留超标、环境污染、生态破坏等问题愈发严重，农药减量增效离不开精准施药。⑥除草机器人。除草机器人的出现减少了人力需求，降低化学除草剂用量，这对缓解劳动力短缺和保护生态环境具有重要意义，除草机器人有着巨大的应用和推广价值。基于杂草图像识别、精准导航、人工智能技术，结合实时测定数据，控制除草刀具的开合，研发精准机器人。针对杂草可持续防控技术体系的构建应是草害治理的关键，这对杂草的环境适应性、演替规律及成灾机制的阐明，草情早期监测预警、杂草早期识别和对靶精准施药等智慧系统装置研发等提出了更高要求。

参考文献

强胜, 2009. 杂草学 [M]. 2 版 . 北京 : 中国农业出版社 .

LEE W S, SLAUGHTER D C, GILES D K, 1999. Robotic weed control system for tomatoes [J]. Precision agriculture, 1: 95-113.

PÉREZ-RUÍZ M, SLAUGHTER D C, FATHALLAH F A, et al, 2014. Co-robotic intra-row weed control system [J]. Biosystems engineering, 126: 45-55.

THOMAS A, MONACO, STEVE C. et al, Weed science: Principles and Practices [M]. 4th ed. Hoboken: John Wiley & Sons Inc.

WESTWOOD J H, CHARUDATTAN R, DUKE S O, et al, 2018. Weed management in 2050: Perspectives on the future of weed science [J]. Weed science, 66(3): 275-285.

YAN Y, LIU Q, ZANG X, et al, 2018. Resistance-gene-directed discovery of a natural-product herbicide with a new mode of action [J]. Nature, 559(7714): 416.

（撰稿：王金信；审稿：强胜）

杂草防治效果　weed control efficacy

指在人类农业生产和经济活动中采用化学、物理或生物等各种防治手段防治杂草危害的效果。杂草的防治不是完全消灭杂草，而是在一定范围内控制杂草危害，将杂草对人类农业生产和经济活动的有害性降低到人们能够承受的范围之内。杂草防治效果可以通过估计值法和绝对值法来评估。通过杂草防治效果可以评价利用除草剂等各种防治方法的防效以指导农业生产。

基本内容

估计值（目测）法　即在杂草施药后观察其植株受害症状及严重程度，通常是采用分级法或覆盖率法。

分级法：在每个（药剂或其他防治方法）处理区同本重复的空白对照区进行比较，估计相对杂草种群量。这种调查方法包括杂草群落总体和分草种调查，可用杂草数量、覆盖率、高度和长势（例如实际的杂草量）等指标。估计结果可以用简单的百分比表示（0 为无草，100% 为与空白对照区杂草同等），也可等量换算成表示杂草防除百分比效果（0 为无防治效果，100% 为杂草全部防治）。还应记录空白对照区杂草种类和杂草覆盖率。为了克服准确估计百分比和使用齐次方差的困难，可以采用下列分级标准进行调查：

1 级：无草（全部死亡）；

2 级：相当于空白对照区的 0～2.5%；

3 级：相当于空白对照区的 2.6%～5%；

4 级：相当于空白对照区的 5.1%～10%；

5 级：相当于空白对照区的 10.1%～15%；

6 级：相当于空白对照区的 15.1%～25%；

7 级：相当于空白对照区的 25.1%～35%；

8 级：相当于空白对照区的 35.1%～67.5%；

9 级：相当于空白对照区的 67.6%～100%。

调查人员使用这种分级准则前须进行训练。本分级范围可直接应用，不需转换成估计值百分数的平均值。

覆盖率法：即每个小区杂草的总覆盖率和各种杂草的覆盖率（覆盖率指的是单位面积的杂草覆盖面积），药后估计残活草覆盖率，通过公式计算减退率和防效。

根据调查数据，按公式（1）和（2）计算各处理的减退率和目测防效，单位为百分率（%），计算结果保留小数点后两位。

$$Y=\frac{(A-B)}{A}\times100\% \qquad (1)$$

式中，Y 为减退率；A 为药前覆盖率；B 为药后覆盖率。

$$E=\frac{(Y_c \pm Y_t)}{100 \pm Y_t}\times100\% \qquad (2)$$

式中，E 为防除效果；Y_c 为处理区减退率；Y_t 为对照区减退率。

绝对值（数测）法　在每个（药剂或其他防治方法）处理区同本重复的空白对照区进行比较，调查杂草样方内的目标杂草，计算其株防效和鲜重防效。计算样方内目标杂草总株数或地上部鲜重，样方可以是整个小区进行调查或在每个小区随机选择 3～4 个点，每点 0.25～1.00m^2 方块进行抽样调查。在某些情况下，也可调查杂草的特殊器官（例如禾本科杂草以分蘖数计，大龄阔叶草分枝较多又容易区分开的以分枝计）等。

根据调查数据，按公式（3）计算各处理的鲜重防效或株防效，单位为百分率（%），计算结果保留小数点后两位。

$$E=\frac{C-T}{T}\times100\% \qquad (3)$$

式中，E 为鲜重防效（或株防效）；C 为对照区杂草地上部分鲜重（或杂草株数）；T 为处理区杂草地上部分鲜重（或杂草株数）。

药害综合指数法　一般是在温室用盆钵、培养皿或小杯如玻璃杯或一次性塑料杯培养供试的指示杂草，根据不同要求用供试除草剂处理，待药害症状明显后进行观察评价。

如果是用杂草种子或幼苗作为试材，根据杂草出现的药害症状进行分级，如果是离体叶片出现的药害症状斑的大小，从无症状至症状最重可分为5～7级，分级后统计每一培养皿或杯内供试生物的药害症状并记录，之后计算药害综合指数，最后根据药害综合指数确定除草剂活性。

$$药害综合指数=\sum\left[\frac{每皿或每杯各受害级别株数\times级别}{每皿株数\times最高级别}\right]\times100\%$$

植株个体大的供试材料用大盆钵培养，采用测定株高或重量的方法以及分级方法进行评价都可以取得好的结果。而用培养皿或小杯培养的供试材料，由于苗小，测定株高或重量，特别是测定鲜重时，由于植株带水或泥土，对实验结果影响大，测定的误差也相应增大，所以采用目测分级的方法较好。

各方法的优势和不足 不同计算防效的方法有着各自的显著优势，其中绝对值（数测）法测定其杂草防治效果的数据比较准确，但是测定数据工作量大；相反估计值（目测）法测定简单，速度快，但是观察其杂草植株受害症状及严重程度主观性、随意性较大，不同对象的观测结果往往不同，因此在采用目测法调查时，需统一调查标准，之后对调查人员进行培训，熟练后才可开展调查工作。

参考文献

李琦，于金萍，刘亦学，等，2020. 48% 异噁唑草酮 · 精异丙甲草胺可分散油悬浮剂防治玉米田一年生杂草效果与安全性评价 [J]. 中国农学通报，36(34): 129-133.

李向红，2003. 除草剂田间试验药效计算方法分析 [J]. 江西棉花，25(4): 33-34.

宋小玲，马波，皇甫超河，等，2004. 除草剂生物测定方法 [J]. 杂草科学 (3): 3-8.

农业部农药检定所，2004. 农药田间药效试验准则：GB/T 17980[S]. 北京：中国标准出版社.

（撰稿：陈勇、安静；审稿：宋小玲）

杂草分布规律 weed distribution pattern

杂草适应环境条件而形成的空间分布格局。不过，也包括由于农田耕作制度而导致的杂草的时间分布格局。杂草群落分布不仅受地形地貌、气候条件等因素的影响具有地带性分布规律，而且受土壤性质、农业措施等因素的制约具有区域性分布规律。研究掌握杂草分布规律，可以科学制定杂草防除策略。

地带性分布规律 中国从北到南，温度逐渐升高，形成不同气候带，每个气候带有不同的代表性杂草类型，东北湿润气候带一年一熟作物田以稗草、狗尾草、野燕麦、马唐为优势种；华北暖温带夏熟作物田以播娘蒿、猪殃殃、麦仁珠、麦蓝菜等为优势种，秋熟旱作物田则以马唐、稗草、牛筋草、狗尾草、香附子等为优势种；西北高原盆地一年一熟作物田以野燕麦、藜属杂草为优势种；中南亚热带稻茬冬季作物和旱茬冬季作物分别以看麦娘、茵草和猪殃殃和野燕麦为优势种，水稻田以稗草为优势种，秋熟旱作物田以马唐为优势种；华南热带南亚热带稗草和马唐分别为稻田和旱作田杂草优势种。

中国从沿海到内陆，降水量逐渐减少，出现了杂草随经度而变化的规律，例如华北暖温带，黄淮海平原主要特征杂草有麦仁珠、大巢菜、马齿苋、刺儿菜和反枝苋等，而黄土高原主要杂草为问荆、藜、大刺儿菜等。中南亚热带的长江流域冬季作物田以看麦娘、猪殃殃为优势种杂草，西南丘陵冬季作物田以看麦娘、雀舌草为优势种杂草，云贵高原冬季作物田则以看麦娘、棒头草为优势种杂草。

同一地区海拔越高，温度越低，湿度越大，杂草分布具有垂直地带性。例如西北盆地绿洲以藜、芦苇、扁秆藨草、稗草、灰绿碱蓬、西伯利亚滨藜等为特征种杂草，而青藏高原则以薄蒴草、萹蓄、密花香薷、田旋花、苣荬菜、二裂叶委陵菜等为优势种或特征种杂草。

区域性分布规律 马齿苋、刺苋、藜等在高氮土壤生长茂盛，球穗扁莎、萤蔺在低肥力土壤长势良好；眼子菜、扁秆藨草、野慈姑需要土壤长期淹水，马唐、牛筋草、虮子草、猪殃殃、野燕麦要求较低的土壤含水量，而千金子、看麦娘、日本看麦娘、雀舌草则要求较高含水量的土壤条件，稗草则对土壤水分敏感性较低；盐碱地多有藜、小藜、眼子菜、扁秆藨草、硬草等，蓼则需要较低pH的土壤。农业措施也在杂草区域性分布上有重要作用，稻麦连作制麦田以看麦娘为优势种，而旱茬麦田以波斯婆婆纳、猪殃殃、野燕麦为优势种；水旱轮作的旱作田以稗草、马唐、鳢肠、千金子为主，而旱旱轮作的旱作田以马唐、狗尾草为优势种；深耕可显著减少多年生杂草数量，增加一年生或越年生杂草数量，免耕麦田杂草萌发早、高峰明显、禾本科杂草发生密度大。因此，不同区域，土壤性质、种植制度、气候条件以及不同作物类型，直接影响了杂草种群的分布和杂草群落的组成。

在同一区域，不同作物生长于不同季节，造成了与之相适应的杂草分布规律。如看麦娘、日本看麦娘、菵草、棒头草、硬草、野燕麦、播娘蒿、猪殃殃、牛繁缕、荠和打碗花等分布于麦类、油菜、蚕豆等夏熟旱作物田；马唐、狗尾草、鳢肠、铁苋菜、牛筋草和马齿苋等分布于玉米、棉花、大豆和甘薯等秋熟旱作物田；稗草、鸭舌草、节节菜、矮慈姑、扁秆藨草、水莎草、异型莎草、牛毛毡和眼子菜等杂草分布于水稻田；甚至同是水稻，早、中、晚稻的生长季节差异也会影响杂草种群的分布状况和种群的冠层分布，如双季晚稻田稗草数量较少。另外，杂草除了伴随不同作物呈现不同分布之外，同一区域同一季节的旱田或水田，因为生长条件、管理方式和生态条件趋于相似，从而表现出杂草种群发生、分布相似或相同的特点，如夏熟旱作物田或秋熟旱作田杂草发生种类和发生时间类似。

杂草管理策略 根据同一作物在不同地区杂草群落分布规律的不同，应将杂草群落优势种作为防除的主要对象，在除草剂市场营销和应用种类的选择上要科学准确。例如，长江中下游地区稻茬麦田以菵草和看麦娘等禾本科为优势种，选择的除草剂应以异丙隆作土壤处理，以乙酰辅酶A羧化酶抑制剂类除草剂作茎叶处理；而华北地区旱茬麦田则应以防除阔叶草除草剂如乙酰乳酸合成酶抑制剂类、激素类等除草剂为主导。

参考文献

李扬汉, 1998. 中国杂草志 [M]. 北京: 中国农业出版社.

强胜, 2009. 杂草学 [M]. 2版. 北京: 中国农业出版社.

QIANG S, 2002. Weed diversity of arable land in China [J]. Journal of Korean weed science, 22: 187-198.

（撰稿：李贵；审稿：强胜）

杂草分子生态适应机制 weed molecular ecological adaption mechanism

杂草在其适应人类强烈干扰的生境中，快速改变其形态结构、生理生化和行为特征，使其能在独特环境保持种群较高适合度（生存能力和繁殖能力），产生适应性进化。杂草进化和适应的分子基础是杂草种群内和种群间的遗传变异，即种群中不同个体之间在DNA水平上的差异［也称“分子变异（molecular variation）”］，新变异或者现成遗传变异中等位基因的选择可以使得杂草对环境变化产生适应性。杂草对环境产生发生适应性的另一前提是选择压力，由当地自然条件和农业活动产生的选择压力时，就可能会导致适应当地环境的杂草类群的形成。

在作物体系或农业措施快速变更的农田系统，杂草种群可能会在更狭小的空间（田块对田块）和更短的时间（年度对年度）尺度上发生适应性进化，以迅速应对由强烈的人类活动所产生的选择压力。例如，由于除草剂如草甘膦（glyphosate）短期的大量使用，打破了Hardy-Weinberg平衡定律，杂草种群在较短的时间对除草剂产生适应性，形成耐除草剂的基因型类型。研究表明，除草剂草甘膦的作用靶标是杂草体内的5-烯醇式丙酮酰莽草酸-3-磷酸合成酶（EPSPS），抗草甘膦的杂草种群（如牛筋草）的EPSPS在106位脯氨酸突变为丝氨酸外或苏氨酸，这些位点突变会影响草甘膦靶标酶EPSPS的结构和功能，致使草甘膦不能与磷酸烯醇丙酮酸（PEP）位点结合，从而导致抗药性。此外，杂草的机械控制方法，也使杂草发生相应的适应性进化，形成早熟或生活周期缩短的基因类型。例如与栽培水稻同属同种的杂草稻具有早熟特性，因而杂草稻能逃脱收获。研究表明，与其伴生的栽培稻相比，在胚乳细胞发育过程中，杂草稻胚乳细胞核降解的比例明显高于栽培稻，且胚乳细胞比其相应的栽培稻早2～6天失去活性。

外来杂草在入侵地的迅速扩张和建立种群，是杂草快速适应性进化的另一表现。许多外来杂草通过形态和生理生化的改变来更好利用资源，而这些形态和生理生化变化过程常常伴随着遗传结构和遗传水平上的变化，是复杂的内在分子机制调控的结果。许多研究发现，外来杂草在入侵地的扩散过程可能发生了杂交、多倍化、基因渗入等，遗传多样性和可遗传的表型变异均高于其在原产地。科学家正在探讨入侵杂草成功入侵的遗传基础（适应性进化的变异来源），鉴定与入侵性相关的功能基因。研究已发现，原分布于欧洲的虉草在入侵地早期生长较快，这一生长特征与其在入侵地基因组变小相关；研究还发现，原分布于热带和南亚热带地区的紫茎泽兰，在入侵地适应形成了耐较低温度的种群，其抗寒性增加和一个抗寒基因*ICE*的甲基化有关。

分子标记技术是20世纪80年代逐渐发展起来的一系列基于DNA分子序列的遗传标记技术，包括随机扩增多态性DNA（random amplified polymorphism DNA，RAPD）、扩增片段长度多态性（amplified fragment length polymorphism，AFLP）、核苷酸多态性（single nucleotide polymorphism，SNP）和简单重复序列（simple sequence repeat，SSR）等。分子标记主要用于研究物种的遗传变异和适应进化问题，也是用于分析杂草种群遗传变异和分子适应的重要手段之一。此外，由于杂草在农田环境适应人类高强度和高频率干扰的过程中，形成了许多特异性状，如生长期短、苗期生长快、结实率高、间断休眠以及多种繁殖方式等，杂草学家正试图通过功能基因组学、比较基因组学以及基因编辑技术等多学科手段研究控制这些性状的遗传机制、基因及序列特征，以进一步揭示杂草快速适应生态环境背后的分子机理。例如，通过基因组学方法研究杂草对除草剂耐药性进化中非靶点耐药（NTSR）的特定遗传基础，发现NTSR通常是由一个基因超家族的多个成员和多个基因超家族共同作用的结果，主要包括细胞色素P450单加氧酶（Cytochrome P450 Monooxygenases）、谷胱甘肽S-转移酶（Glutathione S-Transferases）、ATP结合盒式转运蛋白（ATP-Binding Cassette Transporters）、MFS转运蛋白（MFS Transporters）、糖基转移酶（Glycosyl transferases）。此外，通过基因组学研究所获得的相关信息，可以揭示杂草进化的不同起源，提供杂草在人为干预后快速响应的信息，准确地分析杂草的优劣势，从而有针对性地进行控制和制定能够抑制杂草除草剂耐药性的策略方法和管理手段。

参考文献

万开元, 潘俊峰, 陶勇, 等, 2012. 长期施肥对农田杂草的影响及其适应性进化研究进展 [J]. 生态学杂志, 31(11): 2943-2949.

CAMPBELL L G, SNOW A A, RIDLEY C E, 2006. Weed evolution after crop gene introgression: greater survival and fecundity of hybrids in a new environment [J]. Ecology letters, 9: 1198-1209.

KANE N C, RIESEBERG L H, 2008. Genetics and evolution of weedy *Helianthus annuus* populations: adaptation of an agricultural weed [J]. Molecular ecology, 17: 384-394.

KREINER J M, GIACOMINI D A, BEMM F, et al, 2019. Multiple modes of convergent adaptation in the spread of glyphosate-resistant *amaranthus tuberculatus* [J]. Proceedings of the National Academy of Sciences of the United States of America, 116(42): 21076-21084.

MARTIN S L, PARENT J S, LAFOREST M, et al, 2019. Population genomic approaches for weed science [J]. Plants, 8(9): 354-395.

ZHAO C, XU W R, LI H W, et al, 2021. The rapid cytological process of grain determines early maturity in weedy rice [J]. Frontiers in plant science, 12: 711321.

（撰稿：陈欣；审稿：宋小玲）

杂草个体生态学　weed autecology

以杂草个体及其生长环境为研究对象，研究各种环境因子对杂草个体生长发育的影响，以及杂草个体在形态、生理、生化和生长习性方面的生态适应机制，阐明杂草个体与其生长环境之间的相互关系和作用规律。

杂草个体生态　杂草个体生态是从杂草个体的角度去研究杂草与环境的相互关系，主要包括环境条件与环境因子的分析，以及从环境生理学的角度来研究杂草生态问题。农田生境中对杂草发生分布、生长发育和传播扩散有直接或间接影响的环境要素包括非生物因素及生物因素，这些因素共同构成了杂草的个体生态环境。

杂草生境中的非生物因素包括气候因子如光照、温度、湿度、降水、氧气、二氧化碳、风、气压或雷电等，土壤因子包括土壤结构、土壤有机或无机成分的理化性质如 pH、盐度、肥力及土壤生物等，地形因子如海拔高度、纬度、坡度或阴坡阳坡等。生物因素包括生物因子和人为因子，生物因子包括生物之间的竞争、寄生、捕食和互惠共生等关系，人为因子强调人类活动的特殊性和重要性，如人类除草活动对杂草发生分布的影响越来越显著。

主要内容　杂草个体是杂草生态学研究的起点和基础，农田生态环境在长期演变过程中限制了杂草个体形态、生理、生化和生态习性等的进化，而杂草的生长又会带来周围环境的改变。杂草个体生态学主要揭示杂草如何通过特定的生物化学、形态解剖学、生理学和生态学机制去适应其生存环境，具体包括杂草个体休眠萌发、营养生长、开花结实及传播扩散等阶段的形态、生理生化反应及其与环境的关系。

休眠萌发　休眠和萌发是杂草种群延续和适应环境变化的重要特征，主要受外界环境因子影响和内在遗传因子调控。环境因子如光照、温度、水分等对启动休眠种子的萌发进程有重要作用，其中光照和温度是最关键的环境信号。种子中存在着以远红光吸收型（Pfr）和红光吸收型（Pr）两种形式互变的光敏色素，可以接收不同波段的光照参与种子萌发的光信号响应。温度影响种子的休眠程度，种子可以通过感知温度及其变化来判断季节变化及环境差异，选择合适的时机进行萌发，如低温通过上调赤霉素（GA）合成代谢基因和下调 GA 分解代谢基因来提高种子内活性 GA 的含量进而促进种子萌发。

营养生长　杂草的植株生长和种群动态受环境生态条件的显著影响。长江中下游地区稻茬麦田多以茵草和牛繁缕为优势种，而旱茬麦田多以野燕麦和波斯婆婆纳为优势种。土壤含氮量高时，马齿苋和藜等喜氮杂草生长茂盛，土壤缺磷时，反枝苋则发生较少。在不同的光照、温度、水分或营养等环境生态条件下，杂草可以产生不同的生长反应。杂草响应各种环境信号的关键物质是植物激素，如生长素不仅能够响应生长发育信号，而且能够介导多种环境信号，通过生长素的极性运输和信号转导，参与杂草向地性、向光性和庇荫反应的调控。生长素也可参与营养元素的转运，进而介导根的伸长生长和侧根形成，在杂草根系的生长调控中发挥重要作用。

开花结实　开花在杂草生活史和种群延续过程中占有重要地位，受环境中光周期、温度和植物激素等多个因子诱导。不同杂草对光周期的敏感性存在差异，短日照杂草如水苋菜、节节菜等一般在短日照条件下开花结实；日照中间型杂草开花与光周期无关，而与温度、积温关系密切，如异型莎草从种子萌发到开花结实必须达到一定积温，开花时间长短与温度高低有关。杂草响应各种内源和外源信号启动开花的途径主要有光周期途径、春化途径、自主途径、赤霉素途径和年龄途径等。杂草开花通常是多条途径共同作用的结果，由许多开花相关的基因参与调控，如长日照可以削弱 CDF 基因对 CO 和开花基因 FT 的抑制，春化作用和自发途径可以解除 FLC（或 VRN3）对 FT 的抑制，而 GA 通过抑制 *DELLA* 的表达，可以缓解对 *SOC1* 和 *LFY* 的抑制，从而促进杂草开花。

传播扩散杂草的传播扩散主要依赖于其种子、果实或营养繁殖体。将种子远离杂草母株，可以减少后代种内竞争，有利于种群的生存繁衍和拓展个体生存空间，这是杂草长期演化形成的对环境的适应能力。杂草的传播分为主动传播和被动传播。有些杂草可通过果皮吸胀和失水产生的应力弹射种子进行主动传播，如大巢菜、野大豆和野老鹳草等。大多数杂草主要通过外部媒介进行被动传播，这些媒介包括风力、水流、动物及人类活动等，如狼杷草、苍耳和窃衣等杂草的子实具有芒、刺或钩，能黏附在动物皮毛和人的衣服上传播。目前，对杂草适应传播的机理仅限于钩刺、气囊或冠毛等形态结构的研究，相关组织器官发生及其遗传调控机理的研究尚不多见。

存在问题和发展趋势　生态因子与杂草的生长发育、繁殖和扩散有着密切的联系。生态因子对杂草的作用不是单一的而是综合的，它们彼此联系、互相促进、互相制约，任何一个单因子的变化，必将引起其他因子不同程度的变化和反作用。生态因子的作用有直接和间接、主要和次要之分，但在一定条件下又可以相互转化。目前研究表明生态因子中的光照和温度及其信号途径在种子萌发过程中存在复杂的交联，二者通过共同调控下游激素代谢通路和信号通路实现信号整合。如低温和光照通过对 GA 氧化酶编码基因的转录调控来提高 GA 的合成从而影响种子萌发，其中温度信号通路中的 *SPT*（*SPATULA*）和光信号途径中的 *PIF5*（*Phytochrome Interacting Factors 5*）共同参与调控 *GA3ox1* 和 *GA3ox2* 的转录，从而使种子萌发对光照和低温层积作出响应。

随着生理生化和分子生物学技术的快速发展，杂草个体生态及其环境适应机理的研究已取得了一些进展，但其中还存在很多亟待解决的问题，如杂草个体如何感知温度及通过 PIFs 感应光照调控种子萌发、植物激素如何响应环境生态因子季节变化进行精准、系统生长调控等。今后的研究将重点揭示杂草个体感知环境生态因子的分子机理、个体生长发育过程中环境信号的转导机制等，以期全面了解杂草个体生长与环境因子的互作机理及其生态适应性机制。

参考文献

李儒海, 强胜, 2007. 杂草种子传播研究进展 [J]. 生态学报, 27(12): 5361-5370.

刘永平, 杨静, 杨明峰, 2015. 植物开花调控途径 [J]. 生物工程学报, 31(11): 1553-1566.

强胜, 2009. 杂草学 [M]. 2 版. 北京: 中国农业出版社.

颜安, 吴敏洁, 甘银波, 2014. 光照和温度调控种子萌发的分子机理研究进展 [J]. 核农学报, 28(1): 52-59.

杨荣超, 张海军, 王倩, 等, 2012. 植物激素对种子休眠和萌发调控机理的研究进展 [J]. 草地学报, 20(1): 1-9.

杨允菲, 祝廷成, 2011. 植物生态学 [M]. 2 版. 北京: 高等教育出版社.

BASKIN C C, BASKIN J M, 2014. Seeds: ecology, biogeography, and evolution of dormancy and germination [M]. 2nd ed. Amsterdam: Elsevier.

BEWLEY J D, BRADFORD K J, HILHORST H W M, et al, 2013. Seeds: Physiology of development, germination and dormancy [M]. 3rd ed. New York: Springer.

（撰稿：魏守辉；审稿：强胜）

杂草花期 weed flowering phase, weed florescence

杂草整株上第一朵花的始花到最后一朵花的终花为止的时期。可分为初花期、开花盛期、开花末期。此前，还有花（序）芽出现期，这也是杂草对除草剂敏感时期。具体工作中可记载花（序）芽出现期、初花期、盛花期和终花期，统计分析杂草的开花总数、开花率，花茎或花序轴的长度、长势、长相等特征。开花期的早晚、时间长短，与当地气候条件和杂草种类有关。气温高，开花早，花期短；气温低或阴雨天多，开花迟，花期也随之延长。通常杂草花期延续较长的时间，这不仅表现在种群中的不同个体之间，还主要表现在统一个体上。此外，较之危害的作物花期要早，从而确保在作物收获之前完成生活史，种子落粒，逃避收获。

基本内容 光照是影响杂草开花进程的重要因素，根据开花习性与光照的关系可将杂草分 3 种类型：①日照中间型。大多数越冬杂草均属这种类型，它们开花与光照长短关系不大，而与气温、积温密切相关，如蒲公英、酢浆草、朝天委陵菜、牛繁缕、雀舌草、硬草、看麦娘、荠菜等，遇低温或高温时，这类杂草零星开花、花期长、结实率低。②长日照型。这类杂草开花结实需要一定的长日照，如猪殃殃。③短长日照型。这类杂草需先经过短日照，而后进入长日照开花结实，如大巢菜、小飞蓬、野塘蒿等。

不同杂草种类甚至同株杂草的不同花序、同一花序不同小花表现出不同的开花期。石竹科、十字花科杂草春秋季均有开花高峰，而禾本科杂草一般秋季花期短，春季形成开花高峰，夏熟豆科杂草一般只在夏初开花，玄参科杂草四季均能开花，但以春季高峰为主。菊科杂草较为复杂，二年生的野塘蒿、一年蓬等夏末至秋初均能开花，多年生蒲公英四季开花，一年生或越年生泥胡菜以春季开花为主。外来入侵植物刺苍耳雌花和雄花的花期持续时长均显著长于本地同属植物苍耳，二者花期时长相差一个月左右，长花期可降低由于外界条件影响导致的传粉失败，显著提高刺苍耳成功传粉受精的机会。加拿大一枝黄花始花期早晚与倍性呈显著正相关关系，入侵地种群始花期显著晚于同倍性的原产地种群，多倍体种群开花时间晚，使得多倍体种群有更多的时间进行营养生长，为有性生殖积累更多的物质量和能量，还能够避让高温，在更温凉的适宜气候下产生更多种子。不同纬度种群的花期、种子萌发活力、结实量均与该种群在北美原产地的纬度成显著的负相关关系。杂草同一植株的一个花序第一朵小花开放到最后一朵，可以持续较长的时间，这样可以使种子在不同时间成熟，并边熟边落。看麦娘开花始于花序顶端，并逐渐向下渐次开放，子实边熟边落，延续长达月余。

另外，不同生境下、不同季节杂草种群开花结实数量及繁殖能力不同。银胶菊在草地、疏林和路旁生境下秋季头状花序数较夏季和春季多，产生的种子数也多；而在耕地中，其冬季的头状花序数比夏季和秋季多，因此冬季的繁殖能力最强。杂草防治措施均可通过影响杂草生长发育进程而影响杂草的结果率甚至杂草的育性。

管理策略 ①日照中间型杂草有秋季和春季 2 个开花高峰，应注意作物适期播种和越冬杂草的防除，减少土壤中种子累积数量。长日照与短长日照型的杂草如猪殃殃、大巢菜等，花期较迟，开花集中，可以通过轮作绿肥或种植成熟期较早的作物品种减轻杂草危害。②开花期早的杂草，如荠菜、牛繁缕等，种子成熟较早，进入土壤，看麦娘、硬草等开花较迟，花期较长，种子较轻，成熟后可通过风、水、土壤传播，传播速率、扩散范围更大。生产中可以通过清洁水源、截留随灌溉进入田块的杂草种子、阻断杂草种子水传播途径，降低杂草发生量。③看麦娘、硬草开花与光照关系不大，后期防除难度大，需要重视萌发期防除。猪殃殃、大巢菜与光照关系较大，较早发生的随麦苗攀缘到中上部，有较高的结实率。因此，麦苗的长势、密度、施肥水平能影响杂草的开花结实和危害水平，应结合田间水肥管理安全高效防除。④利用花粉败育等手段，阻断加拿大一枝黄花开花结实过程的完成，使其种子不能形成或者不具有繁殖力，降低其种群数量和扩散能力。

参考文献

李扬汉, 1998. 中国杂草志 [M]. 北京: 中国农业出版社.

强胜, 2009. 杂草学 [M]. 2 版. 北京: 中国农业出版社.

赵玉信, 杨惠敏, 2015. 作物格局、土壤耕作和水肥管理对农田杂草发生的影响及其调控机制 [J]. 草业学报, 24(8): 199-210.

CHENG J L, LI J, ZHANG Z, et al, 2021. Autopolyploidy-driven range expansion of a temperate-originated plant to pan-tropic under global change [J]. Ecological monographs, 71(2): e01445.

（撰稿：李贵；审稿：强胜）

杂草化感作用 weed allelopathy

一些植物可以通过产生和释放次生代谢物质影响邻近植物的生长和种群建立，这一自然的化学生态现象被定义为植物化感作用。目前普遍接受的植物化感作用基本定义是：一种活或死的植物通过适当的途径向环境释放特定的化学物质从而直接或间接影响邻近或下茬（后续）同种或异种植物萌发和生长的效应，而且这种效应绝大多数情况下是抑制作用，同种植物种内发生的抑制常称作自毒作用。在农业生态系统中，大多数杂草具有化感特性，即所谓的杂草化感作用。

名称来源 植物化感作用这一概念是由奥地利科学家Hans Molish在1937年首次提出，并使用allelon（互作植物）和pathos（痛苦，忍受对方）2个希腊词根构成allelopathy这一专有词汇表达植物化感作用的概念。早期allelopathy一词有过“异株克生作用”“他感作用”和“相生相克作用”等诸多中文译称，1992年国家自然科学名词审定委员会公布allelopathy的中文译称为“植物化感作用”。

形成和发展过程 植物化感作用现象已经被发现记载2000多年了，但确认这一自然生态现象是由植物释放的化学物质所致并给出明确定义则不足100年，而对其全球性的关注并进行系统深入的研究则是近50年的事。东西方的古农典籍和百科全书均有大量的植物化感作用现象记载，尤其是有着5000年文明史的中国不仅在农业生产实践发现并记载了大量杂草和作物化感作用现象，而且还建立了间套作等相应农耕措施应对。自1970年代以来，农业和自然生态系统中的植物化感作用被广泛研究并不断取得重要进展。目前，对杂草化感作用的认识已不再是简单的种间或种内抑制或促进关系，而是涉及杂草及其耕作系统中各个层次的自然化学相互作用关系。

基本内容 杂草化感作用主要涉及杂草化感特性及其化感作用物质鉴定；杂草产生和释放化感物质的途径及其在环境中的行为；杂草尤其是外来植物入侵耕作地的化感作用机制；杂草化感作用和杂草竞争作用两者的关系；杂草化感作用对侵入耕作地生物群落动态变化和演替的影响；杂草对作物的化感作用及其机制；杂草化感作用及其化感物质的合理利用等方面。另外，大气CO_2浓度和气温上升、紫外线和干旱加剧等全球变化因子对杂草化感作用的影响在近些年也引起广泛的关注。

科学意义与应用价值 杂草危害作物生长，过去一直认为是杂草对作物空间和资源竞争所致，很少考虑杂草的化感作用，而许多杂草的化感作用对作物的生长和产量甚至起到决定性的影响。事实上，杂草化感作用是杂草对所处生物和非生物环境的一种化学响应策略。杂草的化感作用危害作物生长，但对其合理利用也可以调控其他杂草和有害生物、达到“以草治草”的目的。如华北地区的黄顶菊能通过化感作用排挤反枝苋、狗尾草和藜等主要农田杂草，华南地区的马樱丹落叶在水体中通过缓慢释放化感物质抑制水葫芦和铜绿微囊藻，尤其是引种到柑橘园的胜红蓟向土壤中释放化感物质抑制柑橘园中杂草和病原菌，同时，胜红蓟还向柑橘园中释放挥发性化感物质以吸引和稳定天敌捕食螨，从而使害螨红蜘蛛的种群下降到非危害的水平。因此，揭示并合理利用杂草化感作用及其化感物质不仅能拓宽认识杂草和作物相互作用关系的视野，而且能开拓生态安全条件下的有害生物自然化学调控的新途径，实现农业的可持续发展。

存在问题和发展趋势 近30年来，大量人工合成除草剂的使用导致杂草抗除草剂生物型日益增加，但目前的杂草化感作用几乎不涉及这些抗性杂草。未来杂草化感作用必须面对除草剂抗性杂草挑战，区分除草剂抗性杂草和非抗性杂草的化感作用，尤其是除草剂抗性杂草化感作用对农业生态系统生物群落的影响。

参考文献

孔垂华，胡飞，王朋，2016. 植物化感（相生相克）作用[M]. 北京：高等教育出版社.

DUKE S O, 2015. Proving allelopathy in crop-weed interactions [J]. Weed science, 63 (SI): 121-132.

KONG C H, 2010. Ecological pest management and control by using allelopathic weeds (*Ageratum conyzoides*, *Ambrosia trifida* and *Lantana camara*) and their allelochemicals in China [J]. Weed biology and management, 10(2): 73-80.

（撰稿：孔垂华；审稿：强胜）

杂草基因变异及演化 genic variation and evolution of weeds

在自然选择和人工选择下，杂草基因会发生变异并演化。自然选择对植物生存和演化影响巨大，植物通过基因组倍增等一系列遗传机制适应环境。稗属杂草作为农田（特别是稻田）最重要的杂草，目前优势种群是异源六倍体物种（如*Echinochloa crusgalli*）。自然界中，包括二倍体、四倍体稗属物种，但形成比较大的种群并造成危害的目前仅有四倍体和六倍体物种。稗草通过基因组加倍，增加了环境适应相关基因拷贝数量，平衡了抗性相关基因，如NBS（nucleotide binding site）类抗性基因数量，使其适应性代价降低，增强了其群体总体生存和环境适应能力。这一趋势与作物育种的人工选择方向完全不同。与小麦（同样为异源六倍体）基因组比较发现，小麦NBS类抗性基因数量在多倍化过程中急剧扩张，该基因数量是六倍体稗草的数倍。

在农田中，人工选择或人类无意识的选择下，杂草基因组也在不断变化，以适应农田环境。人类持续的除草过程（如拔草），使许多杂草株形等特征与作物非常类似，发生所谓拟态现象。杂草拟态作物（即作物拟态或瓦维诺夫拟态）可以避免其被清除，是农田环境适应的策略之一。这样的拟态过程，杂草基因组发生了显著变化。通过对来自长江流域拟态和非拟态稗草基因组分析发现，拟态稗草（苗期拟态，即稻苗和稗草难以区分）与非拟态稗草群体发生了明显分化，形成2个独立系统分支。同时，2个群体遗传学分析，拟态群体中，发现大量与株形等苗期拟态相关性状同源基因受到明显选择，发生碱基突变、序列插入或删除等一系列变异。

这些与拟态相关基因包括重力感应、生长素合成、感应等相关基因（如 *LAXY1*）。上述由于人类无意识的选择导致的拟态遗传变异应该在主要杂草中都存在，包括小麦田中的黑麦草、野燕麦等。除草剂发明后，人们通过大量喷洒除草剂进行除草，这是一个人为的化学选择。为了适应这种选择压，杂草抗性基因发生快速进化，以适应该环境。杂草稻是一个全球稻区恶性杂草，为了防治该杂草，国外发明大量抗除草剂水稻品种（如‘Clean Field’），通过喷洒除草剂进行除草。通过全球杂草稻基因组调查，发现在巴西和意大利等抗除草剂水稻品种种植区域，杂草稻群体迅速进化，其乙酰乳酸合成酶抑制剂类除草剂抗性相关基因发生特有突变（杂草稻特有），对除草剂产生抗性。这是一个典型杂草基因快速变异适应环境的案例。

参考文献

YE C Y, WEI T, D Y WU, et al, 2019. Genomic evidence of human selection on Vavilovian mimicry [J]. Nature ecology & evolution, 3: 1474-1482.

（撰稿：樊龙江；审稿：宋小玲）

杂草检疫　weed quarantine

检疫机构依据植物检疫法律法规以及相应的文件（规程和标准等），对进出本国或本地区的动植物及其产品、其他相关管制物（regulated article）所夹带的外来危险性杂草的植株、种子等繁殖体进行检疫和监督处理的法定程序。杂草检疫工作包括风险评估、查验取样、分类鉴定、无害化处理、监测调查、防治根除等。杂草检疫是植物检疫的重要组成部分，是防止危险性杂草传入传出，控制外来入侵杂草的扩散和危害，保护农牧业生产和生态环境安全的重要措施。

形成和发展过程　在植物有害生物检疫发展历史中，杂草检疫的发展历史相对较短。20 世纪初，原产美洲的 3 种豚草属杂草传入原苏联，给原苏联的农业生产造成巨大危害。1935 年苏联颁布了包括杂草在内的检疫性有害生物名录，这是世界上首次对外来杂草进行立法管理。一些东欧国家如波兰、原南斯拉夫、罗马尼亚等随后也建立了与原苏联相似的检疫性杂草名录和检疫制度。原苏联解体后，由俄罗斯、白俄罗斯、哈萨克斯坦、亚美尼亚和吉尔吉斯斯坦五国组成欧亚经济联盟，2016 年制定的《欧亚经济联盟检疫性有害生物统一清单》中列出 18 种 / 属的检疫性杂草。

美国在早年遭受假高粱、独脚金等外来有害杂草引起了巨大损失，1957 年的独脚金根除行动是美国最早的杂草检疫措施，但美国直到 1974 年才通过了旨在防止外来入侵杂草传入美国的《联邦有害杂草法》，1976 年颁布了《联邦有害杂草名录》（相当于检疫性杂草名录）。2010 年版的联邦有害杂草名录列出了水生、寄生、陆生共 112 种（属）杂草。此外美国各州也制定了各自州的有害杂草名录。

中国杂草检疫起步较晚。新中国成立后，与苏联和东欧等国家保持贸易往来，由于苏联和东欧国家的杂草检疫要求，在农产品出口时实施杂草检疫，但是在 1954 年颁布的第一个《输出入植物应实施检疫种类与检疫对象名单》却未列入杂草。20 世纪 60 年代初因粮食短缺，中国开始进口粮食，在进口粮食中发现杂草 300 余种。1966 年制订的第二个《进口植物检疫对象名单（草案）》首次增加了杂草，但只有毒麦 1 种。经过 1980 年、1986 年、1992 年、2007 年的四次修订，2007 年版的《中华人民共和国进境植物检疫性有害生物名录》确定检疫性杂草 41 种（属），并于 2011 年增列 1 种（属），使中国管控的进境检疫性杂草种类大大增加，并实施动态调整。除检疫性有害生物名录外，中国在农产品检疫准入的双边协定中，根据具体国别和有害生物状况，经风险评估，确定该农产品中关注的有害生物，包括杂草，入境时参照检疫性有害生物进行检疫管理。

在国内农业植物检疫方面，1957 年中国颁布第一个《国内植物检疫对象和应施检疫的植物、植物产品名单》，包含杂草 2 种；1966 年修改后的《国内植物检疫对象名单》包含杂草 1 种；1983 年颁布的第 3 个《农业植物检疫对象和应施检疫的植物、植物产品名单》和 1995 年修订后的第四版包含杂草 1 种；2006 年第五版 3 种，2009 年第六版 5 种，2020 年第七版 3 种。

在国内林业检疫方面，1984 年、1996 年、2004 年、2013 年发布的 4 版《中国林业检疫性有害生物名单》中没有杂草，但在 2003 年发布的《林业危险性有害生物名单》首次包含了杂草，2013 年《中国林业危险性有害生物名单》列有杂草 6 种 / 类，危险性有害生物名单的制定旨在加强苗圃苗木有害生物防控和产地检疫保障造林安全。

基本内容　外来杂草通常以种子、果实和其他繁殖体的形式传带，实现跨省、跨境、跨洋传播。个别情况下也会以幼苗或植株的形式传带、传播。外来杂草的传入渠道多种多样。一是植物产品，粮谷类如大豆、玉米、小麦、高粱、油菜籽、大麦等，主要携带农田杂草；苗木种子类产品，如草坪草种子、林木花卉等主要携带苗圃杂草；其他植物产品，如饲草、中药材，甚至水果类等，也可能携带杂草。二是动物产品，如活动物、皮张、羊毛则多携带具钩刺的牧场杂草。三是交通工具、集装箱、非动植物产品（如矿石、矿砂、煤炭、机电产品、废旧工业原料等），也可携带杂草。四是旅客携带和国际邮件也是重要的传播途径。

根据不同的传播渠道和不同种类杂草的形态特性，科学制订相应的技术标准供检疫人员实施采用。以粮食中假高粱检疫为例，在进口粮食指定入境口岸按照《SN/T 0800.1-2016 进出口粮油、饲料检验 抽样和制样方法》和《SNT 1362-2011 假高粱检疫鉴定方法》实施检疫；在入境口岸和定点加工存储企业周边及运输路线沿线按照《SN/T4981-2017 外来杂草监测技术指南》开展定期监测；一旦鉴定或监测发现假高粱等检疫性杂草的，必须因地制宜地采取无害化处理措施：包括销毁、禁止入境、灭活、加工、根除等。

中国制定了检疫性杂草或外来杂草的风险评估、检疫鉴定、监测调查、防控处理的国家标准和行业标准 100 多项，这其中大部分为杂草的具体鉴定方法，包括 42 种（属）的检疫性杂草和部分外来杂草，以及少量通用技术要求，如《SN/T 1893-2007 杂草风险分析技术要求》《NY/T 2155-2012 外来入侵杂草根除指南》等，为杂草检疫提供了技术支撑。

科学意义与应用价值 中国外来生物入侵越来越成为影响中国经济可持续发展、生态环境安全和农业生产安全的重要问题，其中外来植物占外来生物的一半以上。防范外来植物传入重在预防，杂草检疫能提前预警、及早发现、尽快控制疫情，守卫国家生物安全，起到事半功倍的作用。

存在问题和发展趋势 随着中国进出口产品数量剧增，来源地区日趋多样，传入渠道层出不群，中国面临着日益严重的外来植物入侵威胁，口岸杂草检疫越来越不局限于检疫性杂草名录的有限范畴，杂草检疫工作面临更加严峻的挑战。

传统的杂草检疫工作对检疫人员的专业技能和经验要求很高，且需要储备大量的植物分类鉴定资料、标本数据库进行辅助，即便如此，由于杂草检疫的特殊性，即杂草种子分类特征的不完整性，仍然存在截获的部分外来植物检不了、检不准、检不快的问题，但随着分子生物学和人工智能等新技术的进一步发展和应用，杂草检疫、鉴定、监测将更加快速、高效、精准且自动化。

外来生物入侵不仅是口岸检疫和农林检疫部门的法定职责，也是相关企业和从业人员的社会责任，特别是加工使用进口农产品的企业和引进国外种质资源的单位，因此进一步完善法规制度、技术规程体系，使各相关部门和企业都承担起各自应有责任，依法依规办事，做好杂草检疫工作，保护中国的生物安全。

参考文献

黄宝华, 1982. 杂草检疫及部分国家的杂草检疫对象 [J]. 世界农业 (1): 35-40.

黄宝华, 1983. 我国的杂草检疫工作 [J]. 植物检疫 (4): 12-13.

李娟, 崔永三, 宋玉双, 等, 2013. 我国林业检疫性和危险性有害生物新名单的特点 [J]. 中国森林病虫, 32(5): 42-47.

刘慧, 赵守歧, 2020. 基于风险管理的全国农业植物检疫性有害生物名单制修订思考 [J]. 植物检疫, 34(1): 44-48.

曲能治, 1996. 杂草检疫的重要性及检疫工作者的历史责任 [J]. 植物检疫 (5): 49-50.

徐文兴, 王英超, 2019. 植物检疫原理与方法 [M]. 北京: 科学出版社.

周文娟, 王晓丹, 张有才, 等, 2017. 欧亚经济联盟新发布检疫对象统一清单对中国出口贸易的影响 [J]. 植物检疫, 31(5): 72-80.

TIMMONS F L, 2009. A History of weed control in the United States and Canada1[J]. Weed science, 53: 748-761.

（撰稿：范晓虹、徐瑛；审稿：王金信、宋小玲）

杂草检疫方法 methods of weed quarantine

涵盖现场抽样、杂草检验与鉴定、杂草检疫处理、杂草检疫处置、杂草检疫监督管理等。

现场抽样

以进口粮谷饲料为例说明。

船运散装粮食取样

表层抽样：参照 SN/T 0800.1—2016《进出口粮油、饲料检验 抽样和制样方法》、SN/T 2504—2010《进出口粮谷检验检疫操作规程》、SN/T 2546—2010《进境木薯干检验检疫规程》等标准，使用清洁卫生的取样工具如金属双套管取样器、取样铲等，在距离船舱四壁至少 1m 远的全舱范围内至少均匀布点 50 个，从各个抽样点货物表面 10cm 以下扦取原始样品。每舱抽取一份不少于 5kg 的复合样品。

卸货过程取样：对需实施法定品质检验、安全卫生风险监控、计算杂草籽等含量的，在表层扦取第 1 份小批样品后，每 1000t 增加 1 个抽样批，不足 1000t 的按 1000t 计算。如为机械自动扦样的，依据卸粮流速度，按每卸 1000t 扦一个样，扦样频次按照设备参数设定。除上述情况以外的，可按上、中、下分舱分层取样。

中下层取样参照表层抽样。

集装箱装载粮食取样

确定原始样品扦取数量：散装粮食，同一报检号、同一品种、同一等级的粮食报检数量少于 10 000t 的，每 500t 扦取 1 个原始样品，样品量不少于 8kg，不足 500t 的按 500t 计，扦取 1 个原始样品；报检批数量大于 10 000t 的，以 10 000t 扦取 20 个原始样品为基数，每个样品量不少于 8kg，每超过 1 000t，增加 1 个原始样品，不足 1 000t，按 1 000t 计扦取 1 个原始样品。

袋装粮食——

报检总件数 10 袋（件）下，逐袋（件）扦取。

报检总件数 10～100 袋（件），随机取 10 袋（件）。

报检总件数 100 袋（件）以上，500t 以下，按一个小批货物总袋数（件）数的平方根扦取。

计算见以下公式：$n=\sqrt{N}$，式中，N 为该报检批一批货物的总袋（件）数；n 为应抽取袋（件）数（n 值取整数，小数部分向上修约）。

取样方法的选择：应根据集装箱粮食的装载、包装等情况，在过筛检疫的同时分别采取相应的方法抽取样品。

当集装箱内粮食为散装且箱内剩余空间较大，海关工作人员可以正常进入并能随机扦取到箱内任何部位样品时，可选择人工双套管取样法。

当集装箱内粮食为散装且箱内剩余空间较小，海关工作人员无法正常进入集装箱时：

①若封装挡板采用纸质或其他易于取样工具穿透的材料，可选择深层扦样器取样法；

②若封装挡板采用木板或其他取样工具难以穿透的材料，可选择集装箱立箱机配合机械、半机械深层扦样法。

③将粮食卸至指定场所仓库，参照 SN/T 2504—2010 等标准中散装库房粮食的方法取样。

若集装箱内粮食为袋装，进入箱内或者通过掏箱随机抽取具有代表性的 3～5 袋粮食倒包取样；无法进入箱内或者无法现场掏箱的，可将粮食卸至指定场所仓库，参照 SN/T 2504—2010 等标准中库房堆垛粮食的方法取样。

抽取样品：5 个集装箱以下的，应全部开箱抽取样品。如果超过 5 个集装箱，则每增加 5 个集装箱增加抽检 1 个，余数不足 5 个集装箱的，应抽检 1 个。

人工双套管取样法：参照 SN/T2504—2010、SN/T 0800.1—

2016 执行。在抽检的集装箱内随机选取 7 个点抽取样品，尽量保证采样点在集装箱内分布均匀。

深层扦样器取样法：将合适长度的扦样管沿水平方向穿透挡板插入集装箱内，当取样管顶端到达预先确定的第一个取样点后启动深层扦样器电源抽取样品，以后各取样点依此操作。抽样点数量同“人工双套管取样法”。

取样铲、单管扦样器取样法：参照 SN/T2504—2010、SN/T 0800.1—2016 执行。

送样　现场检疫发现疑似检疫性杂草籽、有毒杂草籽等，应送实验室鉴定，并连同抽取的粮食样品一并送实验室检测。

杂草检验及鉴定　通过现场检验和抽样、实验室检验鉴定，确定管制物是否带有检疫杂草的过程。

杂草检验方法主要以下几种。

过筛检验　过筛检验适用于对进出境的植物种子实施现场检疫时使用。应根据不同粮食种类选择不同孔径的圆孔筛，大粒用 4.5～5.0mm 圆孔筛、中粒用 3.0mm 圆孔筛、小粒用 1.0mm 圆孔筛筛检。重点检查筛上物大粒杂草籽、有毒杂草籽等有害生物及其他禁止进境物等。将筛上挑出物、筛下物装入样品袋，将杂草籽入指形管，做好标记后送实验室作进一步鉴定。

挑拣检验　对不能过筛的饲草饲料、棉麻类、动物皮毛中的杂草子实的检验，要以人工挑选为主，挑取夹杂在杆状饲料、棉麻、动物皮毛中的籽粒大小不同的杂草籽，留待鉴定。

冲洗法检验　对微小粒的杂草种子，可采用冲洗法检验。如独脚金属的微小粒的杂草子实的冲洗法：将样品倒入 60 目和 120 目叠放的套筛，在自来水龙头下充分冲洗、过筛后，将 120 目筛上物晾干，并置体视显微镜下 30 倍以上放大观察。

杂草的鉴定方法　主要有种子形态学鉴定方法、萌发和种植鉴定法、分子生物学鉴定方法和其他方法。

种子形态学鉴定方法

①目测法。主要是用肉眼或借助扩大镜、低倍解剖镜对一些杂草子实个体较大的、外表形状、颜色、附属物等特征明显的形态特征进行观察，并与其近似种的特征比较，根据这些特征确定杂草的分类单位：科、属、种。

②解剖法。解剖法适用于根据外观特征难以鉴定的种子或果实。方法是先将种子浸泡在温水中，待其吸水充分、膨胀变软，用解剖刀或刀片将种子纵向或横向剖开，置于双目解剖镜或放大镜下观察其内部形态、结构、颜色，胚乳的有无、质地，胚的形状、大小、位置和子叶的数目等，然后进行比较鉴别。

③显微切片法。通过外部形态的一般解剖法不能鉴定的某些杂草种子或果实可用显微切片法进行鉴定。在进行显微观察之前，首先将一粒种子全部或部分的组织制成能供显微镜检视用的切片，然后将切片置于显微镜下进行观察鉴定。

萌发和种植鉴定法

①萌发鉴定。根据种子的形态不易鉴别的杂草种子可以采用种子萌芽生长检验。发芽基质可采用纸床、砂床、土壤等。由于杂草幼苗的形态具有相对稳定的属和种的特征，可为鉴别提供依据。杂草幼苗的鉴定主要以萌发方式、子叶、初生叶（或称真叶）及上胚轴和下胚轴的形态特征为依据。幼苗有 3 种萌发方式：地下萌发、地上萌发和半地上萌发。单子叶植物只有一片子叶而双子叶植物则有两片子叶，子叶的大小、形状、颜色、质地等各不相同，都有其各自的特征，可用来鉴定不同种。另外，幼苗期间的气味、分泌物的有无等也是重要的鉴定特征。

②种植鉴定。对于不常见和不能确定的杂草种子可播种于具有隔离条件的专用检疫苗圃，栽培观察整个植株茎、叶、花等的形态特征，这是最准确的鉴定方法。

分子生物学鉴定方法

①分子标记法。分子标记是以个体间 DNA 碱基序列的变异为基础的遗传标记，相比其他遗传标记，具有不受环境、组织类别、发育阶段等方面影响的优点，而且多态性高、数量多，可作为形态学分类的一个重要补充。分子标记技术有限制性内切酶片段长度多态性（RFLP, Restriction Fragment Length Polymorphism）、随机扩增多态性（RAPD, Random Amplified Polymorphic DNA）、扩增片段长度多态性（AFLP, Amplified Fragment Length Polymorphism）、简单重复序列（SSR, Simple Sequence Repeat）、单核苷酸多态性（SNP, Single Nucleotide Polymorphisms）等技术。

② DNA 条形码鉴定法。DNA 条形码技术是利用一段至几段标准的、易扩增的、种间差异显著大于种内差异的 DNA 片段来鉴别物种的新技术。可利用的基因有 *atpF-atpH* 间隔区、*matK*、*rbcL*、*rpoB*、*rpoC1*、*psbK-psbI*、*trnH-psbA* 间隔区、*ITS*，或者是基因的组合。

其他鉴定方法　除了以上几种方法外，还有组织培养法、细胞学鉴定法、光谱学鉴定法等用于杂草种子的鉴定研究，但平时检疫过程中并不常用。随着信息技术的发展，人工智能识别技术在杂草鉴定领域正在研究和完善，将来可能会取代以上的传统识别方法。

杂草检疫处理　对于危险杂草籽粒，或带有杂草的动植物产品等，以适当技术方式进行处理，以灭活杂草或销毁杂草。

进口农作物种子或种质用种子的检疫处理　进口农作物种子或种质用种子，一般批量小，如含有毒麦，可采用选种机汰除，效果可达 95% 左右，使混杂率自 0.23% 降到 0.07%；也可水选，使用饱和硫酸铵或硝酸铵溶液（比重达 1.19 以上）浸泡，捞去浮起的毒麦。

进口食用、饲料和工业用粮食的检疫处理　食用或饲料用的粮食，在毒杂草籽不超标的情形下，连同各杂草种子直接磨碎，则存在完整草籽的可能性不大。作工业原料的粮食，其生产过程为粉碎、掺水拌和，120～130℃蒸煮 30 分钟，60℃发酵 3 天，再蒸馏，杂草种子经过这一流程显然难以存活。

粮食下脚料的检疫处理　绝大多数大宗进口粮食进行面粉加工，从小麦进入面粉厂到面粉产生过程中，整理车间的下脚料中疫情最严重，所以对杂草籽的处理关键在下脚料。

对含有假高粱的下脚料，可采用氨化法处理，其方法是：每千克脚料用尿素或碳铵 20g，兑水 300ml 的溶液均拌下脚料，密封5～7天（夏天5天，冬天7天），然后再作饲料用。此方法不仅可以杀灭假高粱，提高饲料的营养价值，对其他杂草也有灭活作用，且花费不大。

对各种毒杂草籽不超标的下脚料，可用“锤片式粉碎机”将其加工成混合饲料。据有关数据分析，这样的混合饲料中完整杂草籽的含量仅为万分之三，而各种下脚料中完整杂草籽的含量达1. 1%～35. 6%，且混合饲料的经济效益明显高于各种下脚料的直接出售。因此，从检疫处理的需要，面粉厂必须配置“锤片式粉碎机”。

其他管制物检疫处理　旅客携带物、邮寄物、羊毛、棉花、包装物、铺垫物等易携带杂草，另外从轮船、集装箱和各类托盘等运输工具中检出的杂草籽占截获杂草疫情的比例较高，运输工具的杂草检疫工作不能忽视，特别应注意集装箱底部和角落隐藏的杂草疫情。对此，可采取蒸汽热或干热处理，以杀灭杂草籽粒，疫情严重者或者采取焚烧等销毁方式。

检疫处置　经检验发现有中国关注的杂草，若有有效除害处理方法的，则在海关监督下进行除害处理，处理合格后方可销售或使用；无有效除害处理方法的，作退运或销毁处理。

杂草检疫监督管理　对含有杂草种籽的粮食运输、加工过程、汰除物处理进行监管。输运要求密封，不得撒漏。

原粮不得直接去农村，不得作种用，应集中在城镇加工。各装卸区与粮库的粮源比较复杂，所有清扫出来的地脚粮，都应归类于疫粮作检疫处理。

对港口、车站、铁路与公路沿线，进口矿石、煤炭堆货场，以及粮库、面粉厂、饲料厂等，进行杂草疫情监测。发现检疫杂草的，及时拔除，或以除草剂除治。

参考文献

伏建国，杨静，安榆林，等，2007. 江苏口岸杂草检疫及监管 [J]. 植物检疫，21(6): 386-387.

郭琼霞，2014. 重要检疫性杂草鉴定、化感与风险研究 [M]. 北京：科学出版社.

郭琼霞，刘小慧，邹满钰，等，1992. 杂草检疫鉴定方法 [J]. 植物检疫，6(4): 245-246.

国家质量监督检验检疫总局，2012. 中国质检工作手册：动植物检验检疫管理 [M]. 北京：中国质检出版社.

魏霜，魏霜，袁俊杰，等，2014. 检疫性杂草分子鉴定研究进展 [J]. 检验检疫学刊 (5): 71-74.

徐文兴，王英超，2019. 植物检疫原理与方法 [M]. 北京：科学出版社.

张伟，范晓虹，邵秀玲，等，2013. DNA 条形码在检疫性杂草银毛龙葵鉴定中的应用研究 [J]. 植物检疫，27(3): 60-65.

（撰稿：叶保华；审稿：王金信、宋小玲）

杂草结实期　weed seed-setting phase

杂草植株开花后产生果实或种子过程的时期。可分为果实成熟期、果实脱落或开裂始期、果实脱落或开裂末期。对于主要以种子繁殖的大多数杂草来说，结实期是其延续的最重要环节，结实伴随落粒形成种子雨，反馈土壤，构成土壤种子库的新成分。该期产生种子的有效数量、成熟程度、百粒重或千粒重，影响到杂草下一生活周期的萌发率、发芽势、立苗速度和竞争能力。观察研究果实成熟期、开裂或脱落始期和末期规律、结实率和落粒性等指标，阻止种子雨形成，降低回馈土壤种子库的量，有助于降低杂草发生基数，减轻草害。

基本内容　杂草结实期通常具有以下特征：①种子早熟性和易脱落性。杂草稻的抽穗期及成熟期分化明显，均明显早于栽培稻，且多数具有落粒性，边成熟边落粒，杂草稻开始落粒时间平均为开花后15天，开始落粒的种子水分含量约为25%，而且其百粒重较轻，有利于产生更多的种子用于繁殖。②种子成熟不整齐性。同一种杂草，有的植株已经开花结实，另一些植株则刚刚出苗，如黄顶菊，其生物量及繁殖力与出苗时间密切相关，出苗越早，植株越高，其生物量及产生的种子数多。甚至有的同一株杂草上种子的成熟期能延续数月，不论是顶向还是基向发育的花序，较早开的花比较晚开的花表现出较高的坐果率、结实率和种子重。黄帚橐吾结实率和种子平均粒重表现出顶部头状花序大于基部头状花序，顶部种子扩散距离更远，拓展到新生境的能力更强。③种子数量多、易传播。杂草种子产量和它的生物量成正相关，个体越大，结籽量越高。而且有些杂草具有冠毛、刺毛、翅、囊等适应于散布的结构或附属物。加拿大一枝黄花每棵成株可以产生约2万粒种子，连萼瘦果上具白色冠毛，传播距离远，易以无性生长方式暴发扩张。④同时存在有性繁殖和无性繁殖。如马唐等匍匐枝、蒲公英根、香附子球茎、狗牙根根状茎等都可以形成新个体。五爪金龙的营养生长期、开花期、结实期的分界不明显，开花期仍然伴有营养生长，结实期仍能观察到花的开放，虽然全年开花，但结实期集中，同时通过不断的分枝和克隆生长，扩散种群。水葫芦以无性繁殖为主，但也能进行有性繁殖。⑤外来入侵植物结实期的资源分配更有利于在入侵地的迅速定殖与扩散繁衍，刺苍耳繁殖器官的生物量（干重）占其总生物量（干重）的比重明显高于苍耳的繁殖分配比例，且刺苍耳单株产生的种子数量远远多于苍耳。⑥杂草种子通常具有长久的萌发能力，如有50%的菊苣种子能保持长达10年的发芽力，锦葵种子57年后仍能保持发芽力6%，草木樨种子77年后仍有18.2%有发芽力。⑦麦仙翁、毒麦等以及草木樨、野蒜或苦艾等的种子中含有毒性或刺激性的次生代谢物质，也是它们延续其种群的手段之一。

管理策略　①针对杂草种子早熟性、易脱落性、萌发时间跨度长、适应幅度广、抗逆性强等的特点，需要重视化学除草剂的土壤封闭作用以及杂草苗后早期治理，避免杂草顺利完成生活史，进入结实期，降低杂草生长势和抗逆性。②延迟萌发将有效降低牛筋草等的结实量，及时铲除早期萌发的种群，减少杂草种子库的输入。同时尽量控制风媒传播种子的扩散，阻断种子随水传播途径，花期以后不宜人工或机械铲除加拿大一枝黄花。③利用花粉败育等手段，阻断结实期的正常完成，使其种子不能形成或者不具有繁殖力，降低其种群数量和扩散能力。④研究杂草结实期的规律，预防、阻止杂草子实通过收获机械传播扩散，应倡导机械收获过程中转田时，注意清洁收获仓和车轮或履带上的杂物，清除杂草子实。

参考文献

李扬汉, 1998. 中国杂草志 [M]. 北京 : 中国农业出版社 .

强胜, 2009. 杂草学 [M]. 2 版 . 北京 : 中国农业出版社 .

章超斌, 马波, 强胜, 2012. 江苏省主要农田杂草种子库物种组成和多样性及其与环境因子的相关性分析 [J]. 植物资源与环境学报, 21(1): 1-13.

GAO P L, ZHANG Z, SUN G J, et al, 2018. The within-field and between-field dispersal of weedy rice by combine harvesters [J]. Agronomy for sustainable development, 38: 55.

（撰稿：李贵；审稿：强胜）

杂草进化　weed evolution

杂草物种或群体响应自然选择和人类活动影响，其基因频率在世代之间发生改变的过程。在自然选择与人类活动的共同作用下，产生了杂草物种和群体的特殊适应类型，使杂草具备了某些稳定的可遗传性状和生物学特性，如广泛的环境适应能力、强大的生存竞争能力以及较强的繁殖（有性与无性）和传播能力。这些特性也是杂草物种和群体响应环境变化产生适应性进化的结果。

概念来源及形成发展过程　进化也称演化，是英文"evolution"一词的翻译，起源于拉丁文"evolvere"，其原意是将一个卷裹的东西打开，也指事物生长、变化或发展，包括恒星演变、化学演变、文化演变或观念的演变等。起初，evolution 的生物学意义是胚胎发育的过程，在当时的用语中有"进步"含义。在达尔文 1859 年出版的《物种起源》第一版中，并未使用"evolution"这个词，而使用了"经过改变的继承"（descent with modification）、"改变过程"（process of modification）或是"物种改变的原理"（doctrine of the modification of species）等词来描述进化。19 世纪以后，进化通常用来指生物学中不同世代之间外表特征与基因频率的改变。后来英国哲学家赫伯特·史宾赛在许多著作里进行了名词统一，包括达尔文在内的学者才开始改用 evolution 来描述生物进化现象。严复在翻译赫胥黎的《天演论》（*Evolution and Ethics and Other Essays*）时引入了演化的思想，即物竞天择，适者生存。后来《物种起源》的译者马君武在《社会主义与进化论比较》中，将 evolution 译成了进化并沿用至今。虽然，进化的意思中包含了生物由低级到高级、由简单到复杂的过程，而实际上生物进化没有特指的方向性，主要表现了生物适应环境产生的变化。因此，有些学者更喜欢使用演化一词。

基本内容　杂草进化的本质是杂草物种或群体的基因频率在不同世代之间发生了改变，从而导致杂草可遗传表型性状的变化。这些变化主要受遗传变异、自然和人工选择、基因流和遗传漂变等因素的影响。研究表明，表观遗传修饰和表型可塑性也可能会对杂草进化产生一定影响。

遗传变异包括染色体数目和结构变异、遗传重组以及基因突变等，在杂草进化过程中起着非常重要的作用。染色体组的整体加倍是植物进化的重要推动因素，在被子植物中，约 70% 的物种在进化中曾发生过一次或多次染色体组整体加倍（多倍化）的过程。多倍化之后，基因组的结构与功能发生改变，最终影响杂草的表型，这些改变将在杂草生活史各阶段产生作用，影响物种或群体生存竞争能力和繁殖扩散能力，从而改变杂草群体的适应性，赋予多倍体杂草植物以进化潜力。Holm 等（1977）列出世界危害最严重的 18 种杂草，其中 16 种均为多倍体。例如稗草原产于亚洲，目前广泛分布于世界稻田的稗草均为四倍体和六倍体。目前入侵中国且猖獗的加拿大一枝黄花全部是多倍体（主要是六倍体），而原产地则以二倍体为主，二倍体种群仅能入侵欧洲和东亚的温带地区。深入研究发现该物种的倍性水平与纬度分布呈显著负相关，与温度呈显著正相关，这种分化是由于同源多倍化驱动的该物种耐热性增强的结果。

核酸序列的变异（突变）是造成基因组差异的重要原因以及生物进化的基础。突变不仅包括狭义上的碱基突变，即转换和颠换，还包含能造成移码的一个或多个碱基插入及缺失，导致基因组中新基因的产生。在自然界中，单个基因的突变率在 $10^{-7} \sim 10^{-5}$，大多不适应环境的突变将被淘汰，只有对环境适应的突变才会在杂草群体中保留下来。突变为杂草进化提供了原材料，是杂草进化的重要基础。许多作物的同种杂草（conspecific weed），在其关键驯化性状（如种子落粒休眠等）的回复突变，将导致这些作物通过去驯化（de-domestication）而变成农田杂草。

自然和人工选择过程使有利于生存与繁殖的遗传性状变得更为普遍，使有害性状变得更稀少。因为杂草大多分布在受人工干扰的环境，因此自然选择和人工选择对于杂草的进化同等重要。选择是针对表型性状来实现，其核心是生物体功能基因编码的表型性状是否更适合环境，主要体现在生存和繁殖能力（适合度）。杂草个体的表型性状具有选择优势，则具有较高的适合度，因此能将编码该性状的基因型传递给更多后代。经过了许多世代之后，自然选择会将最适合的个体保留下来，即发生了适应性进化。

对于杂草群体而言，自然选择是一个持续而不断变化的过程，杂草群体能否适应与生存，取决于选择的强度以及杂草群体的遗传变异丰富度。随着栽种技术的提高，杂草群体面临的选择压力也随之发生了变化。新作物品种的引进、施肥方式的改变、播种时间和方式的变化、除草剂的施用以及作物种植间距的变化等，都会在一定程度上影响杂草群体的生存和进化。例如从 20 世纪 40 年代开始，除草剂的广泛使用对杂草形成了高强度选择的环境，导致大量杂草群体通过抗性进化而产生了抗除草剂的类型。目前全世界范围内已经发现约 266 种抗除草剂杂草，其中双子叶 153 种，单子叶 113 种；涉及 31 个已知的除草剂作用位点中的 21 个位点，共对 164 种除草剂产生了抗性。此外，持续灌溉技术应用也导致杂草群落的物种组成的改变，例如在美国加利福尼亚州，长叶水苋菜和稗草等杂草因为不适应深水环境导致群体大量减少，从而被其他杂草群体所取代。农田杂草群体也会通过拟态选择响应人工选择，适应人类干扰的环境不断产生具有遗传差异的基因型和表型，产成多态现象，导致与作物在形态上差异较大的杂草被人类剔除，而与作物形态更相似的个体更容易被保存下来。这些案例充分体现了在自然和人工选择的共同作用下，杂草群体在生存与繁殖方式方面的适应性进化策略。

基因流指基因从一个物种或群体通过媒介转移到另一个物种或群体所有机制的统称。基因流也被称为天然杂交和广义的基因渐渗，普遍存在于生物世界，而且对生物进化具有深远影响。Lu（2008）根据传播媒介的不同，又将基因流划分为花粉介导、种子介导和无性繁殖器官介导的基因流。

基因流对杂草群体的进化效应是多方面的。①基因流可以影响杂草群体的遗传结构和多样性水平，这种影响取决于杂草群体的大小以及基因流的频率。例如杂草稻群体的遗传结构和遗传多样性就在很大程度上受到栽培稻基因流的影响。②基因流可以产生新的适应性，通过天然杂交产生新的基因组合，增强杂草的适应性。例如北美的杂草向日葵与原野向日葵之间的基因流产生了 3 个杂交物种，通过遗传重组对不同生境产生了新的适应性。③基因流可以在群体和物种之间传递适应性。例如，抗除草剂转基因可以通过基因流从转基因油菜转移到杂草芜菁或野芥菜，从而改变了这些杂草群体的进化潜力，导致其入侵性和危害性的增强。④基因流可以降低杂草群体之间的隔离障碍，抑制群体分化或物种形成。⑤能导致多倍体化的基因流也可能形成新的生态型与物种。例如美国的越年生杂草婆罗门参属的 3 种二倍体植物通过天然杂交和杂种染色体加倍，产生了 2 种四倍体新杂草物种，适应更广泛的环境。另外，在各国之间的运输流通过程中，通过种子以及无性繁殖体介导的基因流，也导致杂草在全球广为传播，许多杂草群体入侵到新的栖息地并适应当地环境，产生了新的生态型甚至物种。

遗传漂变指在小群体中，由于不同基因型个体产生的子代个体数有所变动而导致基因频率随机波动的现象，即群体中等位基因频率在不同世代之间随机波动的状况。通常当群体规模较大时，遗传漂变的概率比较低，当群体规模较小时，群体就容易发生遗传漂变。当一个很小的群体从原先群体中分离出来，且两者的基因频率有所不同，而分离出的小群体与原先群体的基因无法继续交流时，两者的基因频率将渐行渐远，向着不同的方向进化。杂草入侵问题越来越引起世界各地的广泛重视。入侵到新栖息地的杂草群体一般会经历快速进化过程，适应新的环境并成功定殖和扩散。除了种内或种间杂交以及新环境带来的选择压，遗传漂变和奠基者效应是杂草物种在新栖息地发生快速进化的重要原因。

表观遗传修饰是在基因的核苷酸（DNA）序列不发生改变的情况下，基因功能发生了可遗传的变化，并最终导致表型产生遗传变化的现象。导致表观遗传的原因有很多，目前已知的有：核苷酸的甲基化、基因组印记、母性效应、基因沉默、核仁显性、休眠转座子激活、以及核糖核酸编辑等。强胜（2015）研究了 34 个紫茎泽兰群体的耐冷性与纬度、极端最低温度、最冷月平均温度和入侵年限之间的密切关系，发现群体发生耐冷性分化，而 *ICE1* 去甲基化上调了 CBF 转录途径表达，从而导致了上述进化过程，说明表观遗传变异可以影响外来植物的入侵扩散。沈瑾等（2018）利用甲基化敏感扩增多态性技术，分析了华南地区 21 个薇甘菊群体的表观遗传变异，发现群体间存在显著甲基化变异，并鉴定出了 4 个表观适应性的位点，其中有 1 个位点与锰、锌和磷呈正相关性，为研究表观遗传修饰对薇甘菊的入侵机制提供了理论依据。

表型可塑性是同一基因型对不同环境条件应答而产生的不同表型特性，包括形态和生理的相应变化。多数表型可塑性变异的发生与个体发育过程中由不同环境因素诱导的选择性基因表达密切相关。这种选择性基因表达则受到 DNA 修饰状态的表观遗传信息调控，从而选择表达的时空和方式。例如在环境胁迫诱导的可塑性反应中，miRNA 能通过对 DNA 甲基化和组蛋白修饰的指导作用参与表型可塑性的表观遗传调控。越来越多的证据表明，这种由环境诱导的表型可塑性背后的表观遗传变化是可遗传的。杂草群体在适应环境的过程中，往往在形态、生理和生活史相关性状上发生变异，因此有时在杂草群体中观测到较高的表型多样性并不一定代表其遗传多样性。例如凤眼莲为了适应不同的光照和营养条件，在植株大小、叶型和叶柄隆起处可以产生极大变异；喜旱莲子草可以通过表型可塑性适应不同水分条件的生境，形成密集的优势群落；而北美的稗草群体为了适应季节性洪涝的多变陆生环境，地上生物量和种子结实能力的差异接近 10 000 倍。

科学意义与应用价值　杂草是粮食生产的最大危害，根据联合国粮农组织（FAO）2009 的统计，全世界每年因杂草导致的粮食损失高达 950 亿美元，约等于 3.8 亿 t 小麦，超过全球小麦产量的一半，其中约 70% 的经济损失是在发展中国家。虽然人类针对杂草采取了各种防治措施，包括人工、物理以及化学防治等，但由于杂草物种长期生活在人类干扰的环境中，具有快速适性应进化的特点，因而全球对于杂草的治理效果仍然有限。对于杂草进化机制的深入研究和揭示，将对杂草的综合治理提供有效的理论指导。同时，目前大部分杂草在特定区域的发生历史以及受人类活动干扰的情况较为清楚，因而杂草也成为研究适应性进化和微进化的理想材料。此外，通过研究杂草进化还可以挖掘重要的遗传资源，杂草群体经过长期自然和人工选择已进化出很多与适应和抗逆相关基因，可供人类育种利用。

存在问题及发展趋势　对于杂草进化的研究应该与全球广受关注的生物入侵、生物栖息地丧失、气候变化、农业耕作方式改变和转基因生物商品化应用等过程相联系。首先，全球变化及人类活动导致栖息地丧失改变了生物分布格局，使某些杂草可以通过种子和无性繁殖体入侵到新的栖息地并产生快速适应性进化，对农业生产和土著种的生存带来严重危害。其次，气候变化在一定程度上影响农业耕作方式，例如节水灌溉农业、免耕技术和抗旱作物品种推广，也对杂草群体带来了新的环境胁迫并影响其进化。再者，栽种技术的提高，施肥方式的改变、除草剂的使用和作物种植间距的变化等，也不断影响杂草群体的生存和进化。最后，新兴生物技术如转基因和基因编辑在挖掘种质遗传潜力及加速新产品开发的同时，也会导致新的作物基因通过基因流逃逸到具有杂交亲和性的杂草群体，为其进化提供了机会。

未来杂草进化研究的核心问题：①利用分子标记以及高通量序列分析，揭示杂草群体起源与遗传多样性产生的遗传基础。②通过研究杂草群体所面临的人工和自然选择变化，阐明导致杂草群体发生进化的模式及其选择动力。③研究由于表观遗传修饰和表型可塑性导致的杂草群体进化的机制与进化动力。④结合新技术，从基因组、转录组、蛋白组及代谢组等多组学方面入手，分析杂草适应性性状产生的遗传和表观遗传基础。上述研究将建立合理的治理措施来有效控制杂草发生，减轻其入侵及危害，同时也为挖掘有益基因用于作物育种提供科学依据。

参考文献

沈瑾，王艇，苏应娟，2018. 恶性外域杂草薇甘菊基因组甲基化MSAP分析 [C]// 中国植物学会八十五周年学术年会论文摘要汇编.

CHENG J L, LI J, ZHANG Z, et al, 2020. Autopolyploidy-driven range expansion of a temperate-originated plant to pan-tropic under global change [J]. Ecological monographs, 91(2): e01445.

HOLM L G, PLUCKNETT D L, PANCHO J V, et al, 1977. The World's Worst Weeds [D]. Honolulu: Distribution and Biology University Press.

LU B R, 2008. Transgene escape from GM crops and potential biosafety consequences: An environmental perspective. International Centre for Genetic Engineering and Biotechnology (ICGEB) [J]. Collection of biosafety reviews, 4: 66-141.

SONG X L, YAN J, ZHANG Y C, et al, 2021. Gene flow risks from transgenic herbicide-tolerant crops to their wild relatives can be mitigated by utilizing alien chromosomes [J]. Frontiers in plant science, 12: 670209.

XIE H J, LI H, LIU D, et al, 2015. *ICE1* demethylation drives the range expansion of a plant invader through cold tolerance divergence [J]. Molecular ecology, 24: 835-850.

（撰稿：卢宝荣；审稿：宋小玲）

杂草竞争

2个或2个以上的有机体或物种彼此相互妨碍、相互抑制的关系。严格来说，在资源（光、CO_2、水、养分等）充足的条件下，个体间不存在竞争，竞争只发生在共同利用的资源出现短缺时。资源越有限，竞争就越激烈。

同种植物的不同个体间的竞争，称种内竞争（intraspecific competition），如不同稗草个体间的竞争；不同种类植物间的竞争叫种间竞争（interspecific competition），如稗草与水稻（杂草与作物）间的竞争。竞争是杂草影响作物产量和品质的主要途径，因此，杂草与作物间的竞争是杂草科学研究的重点。

杂草与作物间的资源竞争

地上竞争　杂草与作物间的地上竞争主要通过生长空间影响对光和CO_2资源的竞争。杂草与作物竞争光是非常普遍的现象，杂草和作物叶片相互遮盖，导致对方的光合作用下降，干物质积累减少，最终降低产量。

杂草与作物对光的竞争能力主要取决于它们对地上空间的优先占有能力、株高、叶面积及叶片的着生方式。作物早发、早封行，就可能优先占有空间，抑制杂草的生长。反之，作物幼苗生长慢，被快速生长的杂草所遮盖，吸收阳光就少，生长就受到抑制，出现草欺苗现象。一般来说，植株高大，竞争光的能力强。杂草和作物的叶面积指数（leaf area index）是反映它们光竞争能力的一个很重要的指标，叶片多，叶面积指数大，接收光多，竞争力就强。此外，C_4杂草的光能利用率要显著优于C_3作物，展示更强的竞争力。不过，虽然杂草稻与栽培稻属同一物种，前者在苗期则具有更强的光合作用能力和生长势，处于竞争优势地位。

在一般情形下，空气中的CO_2充足，杂草与作物间不存在对CO_2的竞争。但在植物冠层内CO_2浓度下降时，杂草与作物间可能发生对CO_2的竞争。一般来说，在杂草与作物竞争CO_2时，作物处于劣势。因为，很多杂草是C_4植物，而大多数作物是C_3植物。

地下竞争　地下竞争包括营养和水分竞争。杂草和作物的地下竞争常常严重于地上竞争。作物生产中的一个很重要的限制因子是土壤中的养分不足，特别是3种大量元素氮、磷和钾。很多杂草吸收养分的速度比作物快，而且吸收量大，更降低了土壤中作物可利用的营养元素的含量，这样加剧了作物营养缺乏。

在旱地，作物生长常常受水分胁迫的影响，由于杂草吸收大量水分，从而加重水分胁迫程度。很多研究表明，在土壤水分含量较低时，杂草比作物能更好地利用水分，叶片保持较高的水势。C_4植物的杂草水分利用率高于C_3植物的作物而处于竞争优势。

杂草和作物对地下资源的竞争能力受它们的根长度、密度、分布、吸收水肥能力的影响。竞争能力强的植物具有发达的根系，如稗草与水稻相比，前者的根系比后者发达，竞争力比后者强。

此外，杂草还通过产生化感物质或通过募集根际微生物影响作物及周围其他杂草的生长，使其在竞争中处于优势地位。

不同资源竞争的互作　杂草和作物间竞争不同资源是同时发生的。由于不同资源间相互联系，所以，它们竞争不同资源是一个很复杂的过程。竞争地上资源必然影响到地下资源的竞争。一般来说，竞争一种资源将加剧对另一种资源的竞争；对一种资源竞争占优势，将导致对另一种资源的竞争也占优势。

影响杂草与作物间竞争的因素

杂草种类和密度　不同种类杂草植株高度及生长习性差异较大，竞争能力各不相同。如玉米田反枝苋植株高大，而马齿苋较矮小，前者的竞争力比后者大得多。

作物种类、品种和密度　不同作物间的竞争性差异较大，同一作物不同的品种之间也存在很大的差异。如传统的植株高大、叶片披散的水稻品种的竞争力比现代的矮秆、叶片挺立的品种强，杂交稻又比常规稻竞争力强。合理密植是一种经济、有效的杂草防除措施之一，提高作物播种量或种植密度可提高对杂草的抑制作用。

相对出苗时间　杂草和作物的相对出苗时间影响杂草和作物的竞争力。早出苗的竞争者可提前占据空间，竞争力提高，晚出苗者则在竞争中处于弱势。在农业生产中，保证作物早苗壮苗可使作物在与杂草竞争时处于优势地位。

水肥管理　一般来说，在有杂草的农田施用肥料，特别是施用底肥，会加重杂草的危害，因为杂草吸收肥料的能力比作物强，施肥后，促进杂草迅速生长而加重危害。但当杂草在竞争中处于劣势时，增施肥料可抑制杂草的生长。在稻田合理灌水可有效地抑制杂草的发生和生长，如在移栽后保持水层可有效地降低稗草出苗率，抑制水层下的稗苗生长。

环境条件　温度、光照、土壤水分含量等环境条件，影响杂草和作物的生长和发育，必然会影响它们的竞争力。通过选择适合的播期、种植制度、栽培措施，创造有利于作物生长而不利于杂草生长的环境条件，可降低杂草的竞争力，减少其危害。

参考文献

姜汉侨，段昌群，杨树华，等，2010. 植物生态学[M]. 2版. 北京：高等教育出版社.

强胜，2009. 杂草学[M]. 2版. 北京：中国农业出版社.

DAI L, SONG X L, HE B Y, et al, 2017. Enhanced photosynthesis endows seedling growth vigour contributing to the competitive dominance of weedy rice over cultivated rice [J]. Pest management science, 73(7): 1410-1420.

（撰稿：李儒海；审稿：强胜）

杂草抗逆性　weed stress resistance

杂草在长期的系统发育中逐渐形成了对逆境的适应和抵抗能力，如抗寒、抗旱、抗盐碱、抗病虫害、抗环境污染等。杂草对人工干扰等也有很强的耐受能力。抗逆性一般分为两种：避逆性和耐逆性。避逆性是植物通过在时间或空间上调整来避开逆境造成的干扰，在相对适宜的环境中完成生活史。耐逆性是植物体通过对自身形态和代谢变化，阻止、降低甚至修复外部不利条件对植物的伤害。杂草的抗逆性使得杂草较农作物可以忍受更加复杂和不良的环境条件，影响农作物的生长，也给杂草治理带来了很大挑战。

杂草的避逆性　很多农田杂草的种子在不良环境条件下会产生诱导休眠，其种子能安全度过不良环境，在合适的时机萌发生长，使得农田中存在持久性的种子库。一年生杂草可以短时间内开花结果，完成生活史周期，以种子越冬，避免低温、旱涝及人为干扰的影响，如向日葵列当从嫩茎出土至开花约10天，开花至结实只需6天；多年生杂草越冬时地上部分死亡，通过地下茎、根度过冬天，如加拿大一枝黄花有地下根茎，香附子有地下块茎。C_4杂草淀粉储藏在维管束周围，草食动物就会选择性地不进食此类杂草，从而避免被啃食，如马唐、稗、狗尾草等。有些杂草会散发特殊的气味，如天名精、黄花蒿等，可以趋避禽畜和昆虫的采食。曼陀罗等杂草具有毒素或刺毛，可以保护自身免受食草动物伤害。有些杂草在盐碱环境下可通过稀盐或被动拒盐降低细胞内盐浓度来避免盐害，如碱蓬。

杂草的耐逆性　在寒冷的环境下，杂草通过代谢及结构的改变减轻活性氧带来的伤害，保护性物质含量升高以清除细胞产生的自由基，维持生物膜结构的完整性。杂草的抗旱生理机制主要表现为细胞原生质结构和组分的改变、水解酶活性的改变、植物逆境激素的调节剂渗透调节物质含量的变化等，如杂草稻随着干旱胁迫强度增加，叶片和根系清除过氧化氢的酶活力增强，从而防止膜脂过氧化发生。有些杂草可以主动泌盐，依靠盐腺或盐囊泡将盐排出植物体外来增强对盐胁迫的适应能力，如滨藜属杂草。很多杂草对长期使用的除草剂也产生了适应性，在除草剂诱导及自然选择压力下，耐药性的个体因具有抗药性的遗传变异被保留，并迅速繁殖发展为较大的群体。中国抗药性杂草已超过30种，主要作物的恶性杂草稗、千金子、马唐、牛筋草、看麦娘、雨久花等都对常用除草剂产生抗药性，看麦娘甚至抗10多种除草剂。抗药性问题是全球杂草治理面临的严峻挑战。

杂草抗逆性的分子机理　杂草为了适应逆境，会在分子、细胞、器官各种水平上及时做出调节。杂草多实性、易变性和多型性、遗传多样性及对环境的高度适应性是产生抗逆性的内因。逆境胁迫会诱导杂草相关基因的表达，通过一系列的信号分子对相关蛋白表达进行调节，引起某些物质的积累和代谢途径发生改变，进而改变自身的形态和生理水平来适应逆境环境，如水分胁迫促进杂草稻活性氧清除剂的形成，有利于维持细胞正常新陈代谢。杂草对除草剂的抗性机制主要涉及靶标酶基因位点突变、靶标酶基因过量表达、杂草对除草剂的代谢解毒能力增强、杂草对除草剂的吸收与传导减少以及屏蔽作用。如杂草对乙酰乳酸合成酶（ALS）抑制剂类除草剂的抗性，ALS基因上至少5个位点发生突变。植物对逆境的应答是非常复杂的生命过程，迄今尚未完全清楚。

参考文献

李合生，2002. 现代植物生理学[M]. 北京：高等教育出版社.

刘志民，蒋德明，高红瑛，等，2003. 植物生活史繁殖对策与干扰关系的研究[J]. 应用生态学报，14(3): 418-422.

钱希，1997. 杂草抗药性研究的进展[J]. 生态学杂志，16(3): 59-63, 11.

强胜，2009. 杂草学[M]. 2版. 北京：中国农业出版社.

沈亚欧，林海建，张志明，等，2009. 植物逆境miRNA研究进展[J]. 遗传，31(3): 227-235.

赵福庚，何龙飞，罗庆云，2004. 植物逆境生理生态学[M]. 北京：化学工业出版社.

BECKIE H J, HEAP I M, SMEDA R J, et al, 2000. Screening for herbicide resistance in weeds [J]. Weed technology, 14(2): 428-445.

BEKKER R M, LAMMERTS E J, SCHUTTER A, et al, 1999. Vegetation development in dune slacks: the role of persistent seed banks [J]. Journal of vegetation science, 10(5): 745-754.

RAMOS J, LÓPEZ M J, BENLLOCH M, 2004. Effect of NaCl

and KCl salts on the growth and solute accumulation of the halophyte *Atriplex nummularia* [J]. Plant and soil, 259: 163-168.

PANG Q Y, ZHANG A Q, ZANG W, et al, 2016. Integrated proteomics and metabolomics for dissecting the mechanism of global responses to salt and alkali stress in *Suaeda corniculata* [J]. Plant and soil, 402: 379-394.

SUI N, LI M, LI K, SONG J, et al, 2010. Increase in unsaturated fatty acids in membrane lipids of *Suaeda salsa* L. enhances protection of photosystem II under high salinity [J]. Photosynthetica, 48: 623-629.

（撰稿：江明喜、乔秀娟；审稿：朱金文）

杂草抗药性　herbicide resistance

杂草种群在接触到通常对其野生型致死的除草剂剂量后，仍能生存、繁衍的能力，这种能力是可遗传的。杂草对除草剂产生抗药性后，原本有效的除草剂防效明显下降，甚至基本失效，导致作物因杂草的竞争作用造成的产量损失增加，一些种植者会加大除草剂用药量，希望获得更好的防治效果，但是这种措施可能会带来作物药害、农产品农药残留超标、环境污染加重等不良后果。

除一种杂草生物型对一种除草剂的抗性外，还包括交叉抗药性和复合抗药性。交叉抗药性是指一种除草剂选择压下，一种杂草生物型对该种除草剂产生抗药性后，对相同作用机理的其他除草剂也产生抗性（见交叉抗药性）。交叉抗药性可在同类化学结构除草剂的不同品种之间发生，也可在不同类型化学结构除草剂之间发生。复合抗药性又称多重抗药性，是指多种除草剂选择压下，一种杂草生物型对两种或两种以上作用机理的除草剂产生了抗性（具体见复合抗药性）。

形成和发展过程

形成过程　杂草抗药性是伴随着除草剂应用产生的，抗药性杂草产生的条件一是杂草种群内存在遗传差异，二是存在除草剂选择压。杂草种群中本就存在极少数抗药性个体，随着除草剂的连续使用，敏感个体不断被杀死，使种群中抗药性个体的比例不断增加，当抗药性个体的比例达到一定程度时，除草剂对杂草种群的防治效果明显下降，即杂草种群进化出了对除草剂的抗药性。抗药性杂草种群形成的速度与杂草抗药性基因、生长繁殖特性、除草剂的应用等多种因素有关。在自然状态下，杂草抗药性基因频率是很低的，抗药性种群的形成需要相当的个体数量基础，因此农田中种群数量更大的杂草更容易进化出抗药性。在选择压力一定的情况下，抗药性基因起始频率越高，杂草种群越容易进化出抗药性。如果抗药性是由单基因控制且是显性遗传的，通常其进化速度会更快。如杂草对 ALS 抑制剂的抗药性多数是由 *ALS* 基因的点突变导致的，其起始频率可能高达 10^{-6}～10^{-5}，且是显性遗传的，所以 ALS 抑制剂抗药性发展较快。除了杂草内源的抗药性基因外，基因流会显著加速抗药性杂草的形成。美国西部苋是基因流加速抗药性进化的典型，这种杂草通过基因流接受了来自其他苋属植物的抗药性基因，迅速进化出了对多种除草剂的抗药性，从湿地杂草成为重要的农田杂草。此外，一些作物也可能去驯化成为杂草，并将其抗药性基因飘流至其野生型杂草。杂草的生长繁殖特性也会影响抗药性发展的速度。杂草结实量大、种子寿命长，土壤种子库中敏感杂草种子数量越大、比例越高，其缓冲作用越强，可以减缓抗药性的发展速度。在少、免耕条件下，杂草种子留存在土表，种子寿命短，抗性形成的速度更快。抗药性植株的适合度特别是繁殖能力的差异影响抗药性发展速度，抗药性个体适合度代价小，繁殖能力强，抗药性发展的速度较快。对于由显性基因控制的抗药性，异交显然会加快抗药性发展和传播的速度；但对于由隐性基因控制的抗药性，自交会加速抗药性的发展。对于某一特定杂草种群而言，除草剂的应用是推动其抗药性进化的最重要的原因，除草剂本身的特性和使用方式都是影响因素。作用位点单一、作用机理特异、效果好、土壤残留期长、使用频繁的除草剂具有更高的选择压力，如播后苗前应用长残效除草剂在全生长季控制杂草，抑制敏感杂草结实，因此选择压更高，抗药性产生的速度更快；除草剂使用越频繁，使用剂量越高，越容易在生长季杀死种群中的敏感个体和抗药性水平较低的个体，会显著加速抗药性的形成。

发展过程　抗药性杂草群体是随着除草剂应用发展起来的，合成激素类除草剂是应用最早的除草剂，也是最早产生抗药性的除草剂，早在 1957 年北美就发现的抗 2,4- 滴的野胡萝卜和铺散鸭跖草，自 1970 年后抗合成激素类除草剂的杂草种类缓慢增长，至 2021 年 12 月，全球共有 41 种杂草对 2,4- 滴等合成激素类除草剂产生了抗药性。1950 年代末期，西玛津、莠去津等作用于光系统 II（PhotoSystem II，PS II）的除草剂上市，并大规模推广使用，1970 年美国的欧洲千里光对西玛津产生了抗药性，此后十余年间，杂草对光系统抑制剂类除草剂的抗药性快速发展，到 2021 年国际抗药性杂草数据库记载的抗 PS II 抑制的杂草已有 103 种。1980 年代具有超高活性的乙酰乳酸合成酶（Acetolactate Synthase，ALS）抑制剂类除草剂开始在全球广泛使用，但 ALS 抑制剂作用位点单一，在应用仅仅几年后就出现了抗药性，1982 年澳大利亚报道了硬直黑麦草对甲磺隆的抗药性。进入 1990 年代后，抗 ALS 抑制剂的杂草数量迅猛增长，全球抗药性杂草调查网站记载的抗 ALS 抑制剂的杂草由 1990 年的 13 种上升至 2000 年的 81 种，截至 2021 年，抗 ALS 抑制剂的杂草已高达 169 种，是抗药性最严重的一类除草剂。在 ASL 抑制剂广泛应用的同时，另一类超高活性除草剂乙酰辅酶 A 羧化酶（Acetyl CoA Carboxylase，ACCase）抑制剂也开始大范围应用，这类除草剂同样因作用位点单一使杂草很快进化出了抗药性，1982 年英国报道大穗看麦娘对禾草灵产生了抗药性，至 2021 年全球已有 50 种杂草对 ACCase 抑制剂进化出了抗药性。5- 烯醇式丙酮酰莽草酸 -3- 磷酸合成酶（Enolpyruvyl Shikimate Phosphate Synthase，EPSPS）抑制剂是另一类抗药性比较严重的除草剂。灭生性除草剂草甘膦是 EPSPS 抑制剂的典型代表，于 1970 年代初上市，主要应用于防除非耕地杂草。1996 年在澳大利亚首先发现了硬直黑麦草对草甘膦的抗药性，

1997年马来西亚的牛筋草对草甘膦产生了抗药性。在近乎相同的时间，抗草甘膦转基因作物在北美上市推广并得到广泛种植，草甘膦使用范围、使用频率显著增加，极大加速了杂草对草甘膦抗药性进化的速度。转基因作物田的第一个抗药性杂草小蓬草于2000年在美国特拉华州抗草甘膦大豆田被发现，此后几年间，美国多个州发现抗草甘膦转基因作物田（包括大豆、玉米、棉花）的长芒苋、糙果苋、地肤、豚草、三裂叶豚草等陆续对草甘膦产生了抗药性。据统计，在草甘膦推广应用的前20年，全球仅有2种杂草对其产生了抗药性，而抗草甘膦作物大面积推广种植后，仅2001—2010年全球就新增了22种抗草甘膦的杂草，此后10年又有28种杂草对草甘膦产生了抗药性，目前，全球已有55种杂草对草甘膦产生了抗药性，涉及北美洲、南美洲、亚洲、欧洲、大洋洲共30个国家。国际抗药性杂草数据库资料显示，截至2021年12月23日，全球已有266种杂草对164种不同除草剂产生了抗药性。在已知作用机理的除草剂中，杂草对ALS抑制剂的抗药性最严重，已有169种杂草对该类除草剂产生了抗药性，占全球抗性杂草的63.53%；其次是PS II抑制剂、EPSPS抑制剂、ACCase抑制剂和合成激素类除草剂，分别有87、55、50、41种杂草进化出了抗药性。按照杂草所属的科来分析，禾本科共有88种抗药性杂草，居第一位，其次是菊科、十字花科、莎草科，分别有44、22、12、11种抗药性杂草，苋科、蓼科、玄参科、泽泻科、藜科、石竹科的抗药性杂草介于9～6种。各类作物中，小麦田、玉米田、水稻田中抗药性杂草种类最多，分别有74、46、43种。发生抗药性最严重的15种除草剂依次为莠去津66种、草甘膦51种、苯磺隆45种、咪唑乙烟酸44种、甲氧咪草烟40种、甲磺隆39种、氯磺隆38种、甲基碘磺隆钠盐38种、精噁唑禾草灵33种、百草枯31种、西玛津31种、苄嘧磺隆29种、甲基二磺隆26种、2,4-滴25种。

相对于西方发达国家，中国大规模应用除草剂较晚，抗药性杂草也出现较晚，1980年在台湾发现了抗百草枯的苏门白酒草，大陆地区1990年发现日本看麦娘和反枝苋分别对绿麦隆和莠去津产生了抗药性。杂草抗药性呈不断上升趋势，已有数十种杂草对除草剂产生了抗药性，遍及水稻、小麦、玉米、油菜、棉花、花生、大豆、甘蔗、柑橘、香蕉等作物田。水稻、小麦、玉米等主粮是中国遭受抗药性杂草为害最严重的作物。水稻田已有26（变）种杂草对ACCase合成抑制剂、乙酰乳酸合成酶（ALS）抑制剂、原卟啉原氧化酶（PPO）抑制剂、光系统II（PS II）抑制剂、长链脂肪酸合成抑制剂、脂质合成抑制剂、微管抑制剂、合成激素类等8种作用机理的除草剂产生了抗药性，包括稗、硬稃稗、无芒稗、水田稗、西来稗、长芒稗、光头稗、千金子、李氏禾、慈姑、野慈姑、爆米花慈姑、欧洲慈姑、异型莎草、藨草、扁秆藨草、牛毛毡、萤蔺、鸭舌草、雨久花、马唐、耳叶水苋、多花水苋、节节菜、眼子菜、鳢肠。其中20种杂草对ALS抑制剂、9种杂草对长链脂肪酸合成抑制剂、8种杂草对合成激素类除草剂有抗药性；稗属杂草对五氟磺草胺、双草醚等ALS抑制剂，丁草胺等长链脂肪酸抑制剂，二氯喹磷酸等合成激素类除草剂，氰氟草酯等ACCase抑制剂抗药性比较严重。小麦田杂草抗药性也比较突出，中国已公开报道了有18种麦田抗药性杂草，其中禾本科有10种，包括看麦娘、日本看麦娘、雀麦、旱雀麦、野燕麦、菵草、节节麦、耿氏假硬草、棒头草、多年生黑麦草，阔叶杂草8种，分别为播娘蒿、牛繁缕、繁缕、猪殃殃、荠菜、麦瓶草、麦家公、大巢菜。长江中下游地区日本看麦娘和菵草对炔草酯、精噁唑禾草灵等ACCase抑制剂和甲基二磺隆等ALS抑制剂，黄河中下游地区播娘蒿、荠菜对苯磺隆等ALS抑制剂等抗药性频率较高。玉米田共有狗尾草、虎尾草、牛筋草、稗、马唐、反枝苋、问荆、野黍、马泡瓜等9种抗药性杂草，这9种杂草均对ALS抑制剂烟嘧磺隆有抗药性，5种对PS II抑制剂莠去津有抗药性。水稻田稗草对二氯喹啉酸、五氟磺草胺、双草醚的复合抗药性，小麦田菵草、日本看麦娘对精噁唑禾草灵、甲基二磺隆的复合抗药性，玉米田牛筋草对烟嘧磺隆、莠去津的复合抗药性，果园牛筋草对草甘膦、草铵膦等灭生性除草剂的抗药性值得引起警惕。

杂草的抗药性机制 杂草抗药性可分为靶标抗药性机制（Target Site Resistance Mechanism）和非靶标抗药性机制（Non-target Site Resistance Mechanism）。靶标抗药性机制之一是靶标酶对除草剂敏感性下降和靶标酶过量表达。除草剂靶标酶特定氨基酸残基的改变使除草剂分子不能有效绑定靶标酶，导致其与作用靶标的亲合性显著降低，使杂草产生对除草剂的抗药性，如光系统II D1蛋白第264位丝氨酸替换为甘氨酸会使PS II抑制剂莠去津不能与D1蛋白有效结合，从而使杂草产生抗药性。ALS和ACCase均有多个导致抗药性产生的突变位点。根据目前的研究，杂草ALS酶有8个产生抗药性的突变位点，共有29种导致抗药性的突变形式，第122位丙氨酸、197位脯氨酸、205位丙氨酸、376位天冬氨酸、377位精氨酸、574位色氨酸、653位丝氨酸、654位甘氨酸的突变可能会使ALS酶与除草剂分子的亲合性下降；ACCase酶第1781位异亮氨酸、1999位色氨酸、2027位色氨酸、2041位异亮氨酸、2078位天冬氨酸、2088位半胱氨酸、2096位甘氨酸的突变可能会使ACCase转羧酶亚基与除草剂的结合能力下降。特定氨基酸的取代是靶标抗药性机制的常见形式，但杂草对PPO抑制剂的靶标抗性机制中存在一种特殊的情况，即特定氨基酸的丢失，糙果苋PPO第210位甘氨酸丢失后，可使其PPO与乳氟禾草灵的结合力显著下降，进而产生抗药性。除草剂作用靶标表达量增加也能使杂草产生抗药性，这种机制在抗草甘膦的杂草中尤为常见，长芒苋、刺苋、硬直黑麦草、小蓬草、假高粱等均可通过增加*EPSPS*基因的拷贝数和/或强启动子显著提高EPSPS的表达量对草甘膦产生抗药性。

杂草代谢解毒能力增强、减少除草剂吸收、限制除草剂转运、对除草剂进行屏蔽或隔离也能引起对除草剂的抗药性，它们统称为非靶标抗药性机制。杂草可通过细胞色素P450（Cytochrome P450）、谷胱甘肽转移酶（Glutathione S-transferase，GST）、ATP结合盒（ATP binding cassette，ABC）转运蛋白等多种酶系代谢除草剂，这些解毒酶活性增强，能帮助杂草加速代谢除草剂，甚至产生抗药性。细胞色素P450又称多功能氧化酶（Mixed Function Oxidase，

MFO），是植物最重要的I相代谢酶系，可将除草剂氧化增加其亲水性。水田稗可凭借P450的氧化活性快速代谢苄嘧磺隆、丙嗪嘧磺隆、五氟磺草胺、嘧氯磺草胺、禾草灵、肟草酮、唑啉草酯、异噁草松、硝磺草酮等9种除草剂并产生抗药性；硬直黑麦草可以通过相同的机制对禾草灵和氯磺隆产生抗药性。其他氧化还原酶也能参与杂草对除草剂的抗药性，如光头稗醛酮还原酶能将草甘膦代谢为氨甲基磷酸等无毒成分并产生抗药性。GST在植物体内催化谷胱甘肽与亲电分子结合，加速代谢作用，是杂草代谢除草剂重要的II相酶系，大穗看麦娘、黑麦草、长芒苋均可增强GST活性分别快速代谢精噁唑禾草酸、氟噻草胺、莠去津并产生抗药性。ABC转运蛋白是依赖ATP的跨膜转运载体，是植物重要的III相代谢酶系，光头稗ABC转运蛋白活性增强可产生对草甘膦的抗药性。一些杂草还能通过降低对除草剂的吸收和/或转运效率、将除草剂隔离到特定场所对除草剂产生抗药性。早熟禾、野燕麦分别通过大幅减少对莠去津、禾草灵的吸收对其产生抗药性；硬直黑麦草吸收草甘膦后可将其限制在叶片边缘，减少向分生组织的转运，从而产生抗药性；抗药性小蓬草则把进入到共质体系的草甘膦隔离至液泡这个植物特有的细胞器，避免输送到分生组织，消除除草剂的毒性。

杂草对除草剂的抗药性并不总是单一的机制，有时是多种机制共同作用的结果。如牛筋草可同时通过降低EPSPS酶的敏感性和增加EPSPS酶的表达量对草甘膦产生抗药性，西班牙南部地区的小蓬草可以通过限制草甘膦的转运和加速对草甘膦的代谢产生抗药性，对甲基二磺隆产生抗药性的日本看麦娘则同时存在靶标酶敏感性降低和代谢作用增强两种抗药性机制。有的杂草还能同时依靠多种机制分别对不同的除草剂产生复合抗药性，如美国大豆田的长芒苋通过ALS酶574位色氨酸被亮氨酸取代引起的靶标酶敏感性降低、PPO第210位甘氨酸丢失引起靶标酶敏感性下降和EPSPS的过量表达同时对氯嘧磺隆、氟磺胺草醚、草甘膦产生复合抗药性。

杂草抗药性的科学意义与应用价值 研究杂草对除草剂的抗药性，测定杂草对相应除草剂的抗性水平，明确其抗药性机理、交互抗药性模式等，在科学上可以解释杂草对除草剂产生抗药性的原因，在生产上可以预测抗药性的发生发展，并为提供替代除草剂，以及科学预防杂草抗药性的产生和治理抗药性杂草提供重要参考。另一方面，深入研究杂草抗药性的分子机理，明确杂草的抗药性基因，还可以为抗除草剂作物育种提供基因资源。

抗药性杂草的治理 中国农田杂草抗药性发展迅速，这与单一品种除草剂或相同作用机理除草剂的连续使用密不可分。因此，治理杂草抗药性提倡综合治理，尽可能的减少化学除草剂的使用，降低除草剂选择压力，逐步恢复杂草种群对除草剂的敏感性。

农业防治　即通过轮作、翻耕等农事操作防治抗药性杂草。轮作是治理抗药性杂草的有效手段，某种作物在特定的种植模式下，会逐渐形成结构相对稳定的杂草群落，导致单一除草剂的长期连续应用。轮作特别是水旱轮作可以打破杂草生长周期，降低杂草对环境的适应性，改变农田杂草群落结构和发生数量。翻耕、收获杂草种子、水田的断源、截流、耗库等措施都可以逐渐减少土壤种子库的数量，降低杂草发生的基数。间作、合理密植也能起到降低作物生育期杂草发生数量的作用。这些措施有利于减少除草剂用量或换用不同除草剂品种，能有效降低除草剂选择压力。

物理防治　通过热、光等物理措施防治杂草，目前农业生产多采用灼烧、覆盖等措施。灼烧多利用可燃气体燃烧产生的高温瞬时杀死杂草；覆盖则主要通过隔绝光线杀死杂草，可通过覆盖地布、遮光地膜、作物秸秆等达到目的。物理措施防治谱宽，无抗药性风险，在生产上有广泛应用。

生物防治　利用杂草的天敌（包括病原生物、食草动物）进行防治。天敌的取食作用具有较好的防治效果，稻—鸭共作可以有效控制水稻田杂草发生，在很多地方已经得到推广。

化学防治　除草剂是防治抗药性杂草的有效手段，但必须合理使用，交替使用或混合使用不同作用机理的除草剂能有效延缓抗药性发展的速度，是治理抗药性杂草常用的措施，但必须针对具体抗药性杂草种群，选用不存在交叉抗药性的药物。使用除草剂时，还应限定除草剂的使用剂量，在阈值水平上使用最佳除草剂浓度，既有效又降低除草剂用量，并有意识保留一些田间杂草和田边杂草，使之与抗药性杂草竞争，或形成基因流动，降低抗药性杂草发生频率。新型作用机理的除草剂，在杂草抗药性治理中有十分重要的作用，但也必须合理使用，以延缓抗药性的发生。

参考文献

张朝贤，黄红娟，崔海兰，等，2013. 抗药性杂草与治理[J]. 植物保护，39(5): 99-102.

张朝贤，倪汉文，魏守辉，等，2009. 杂草抗药性研究进展[J]. 中国农业科学，42(4): 1274-1289.

左平春，纪明山，臧晓霞，等，2017. 稻田稗草对噁唑酰草胺的抗药性水平和ACCase活性[J]. 植物保护学报，44(6): 1040-1045.

左平春，臧晓霞，陈仕红，等，2016. 稻稗对噁唑酰草胺的非靶标抗药性和对氰氟草酯的交互抗药性[J]. 杂草学报，34(4): 28-32.

BI Y L, LIU W T, LI L X, et al, 2013. Molecular basis of resistance to mesosulfuron-methyl in Japanese foxtail, *Alopecurus japonicus* [J]. Journal of pesticide science, 38(2): 74-77.

CHEN G Q, XU H L, ZHANG T, et al, 2018. Fenoxaprop-P-ethyl resistance conferred by cytochrome P450s and target site mutation in *Alopecurus japonicus* [J]. Pest management science, 74(7): 1694-1703.

CUMMINS I, MOSS S, COLE D, et al, Glutathione transferases in herbicide-resistant and herbicide-susceptible black-grass (*Alopecurus myosuroides*) [J]. Pest science, 51: 244-250.

DÜCKER R, ZOLLNER P, LÜMMEN P, et al, Glutathione transferase plays a major role in flufenacet resistance of ryegrass (*Lolium* spp.) field populations [J]. Pest management science, 75(1): 3084-3092.

GAINES T, DUKE S, MORRAN S, et al, 2020. Mechanisms of evolved herbicide resistance [J]. Journal of biological chemistry, 295(30): 10307-10330.

GE X, D'AVIGNON A, ACKERMA J, et al, 2010. Rapid vacuolar sequestration: the horseweed glyphosate resistance mechanism [J]. Pest management science, 66(4): 345-348.

GRESSEL J, 2009. Evolving understanding of the evolution of herbicide resistance [J]. Pest management science, 65(11): 1164-1173.

GUO F, IWAKAMI S, YAMAGUCHI T, et al, 2019. Role of CYP81A cytochrome P450s in clomazone metabolism in *Echinochloa phyllopogon* [J]. Plant science, 283: 312-328.

HAN H P, YU Q, BEFFA R, et al, 2021. Cytochrome P450 CYP81A10v7 in *Lolium rigidum* confers metabolic resistance to herbicides across at least five modes of action [J]. Plant journal, 105(1): 79-92.

JASIENIUK M, BRULE-BABLE A, MORRISON, 1996. The evolution and genetics of herbicide resistance in weeds [J]. Weed science, 44(1): 176-193.

JUGULAM M, SHYAM C, 2020. Non-target-site resistance to herbicides: recent developments [J]. Plants, 8: 417.

KONISHI T, SASAKI Y, 1994. Compartmentalization of two forms of acetyl-CoA carboxylase in plants and the origin of their tolerance toward herbicides [J]. Proceedings of the National Academy of Sciences of the United States of America, 91: 3598-3601.

LI L X, DU L, LIU W T, et al, 2014. Target-site mechanism of ACCase-inhibitors resistance in American sloughgrass (*Beckmannia syzigachne* Steud.) from China [J]. Pesticide biochemistry and physiology, 110: 57-62.

LI L X, LIU W T, CHI Y C, et al, 2015. Molecular mechanism of mesosulfuron-methyl resistance in multiply-resistant American sloughgrass (*Beckmannia syzigachne*) [J]. Weed science, 63(4): 781-787.

LIU W T, WU C X, GUO W L, et al, 2015. Resistance mechanisms to an acetolactate synthase (ALS) inhibitor in water starwort (*Myosoton aquaticum*) populations from China [J]. Weed science, 63(4): 770-780.

LIU X Y, MERCHANT A, XIANG S H, et al, 2020. Managing herbicide resistance in China [J]. Weed science, 69(1): 4-17.

MAO C J, XIE H J, CHEN S, et al, 2016. Multiple mechanism confers natural tolerance of three lilyturf species to glyphosate [J]. Planta, 243(2): 321-335.

MUHAMMAD Z U H, ZHANG Z, WEI J J, et al, 2021. Ethylene biosynthesis inhibition combined with cyanide degradation confer resistance to quinclorac in *Echinochloa crus-galli* var. *mitits* [J]. International journal of molecular sciences, 21(5): 1573-1595.

MURPHY B, TRANEL P K, 2020. Target-site mutations conferring herbicide resistance [J]. Plants, 8(10): 382.

NAKKA S, GODAR A, THOMPSON C, et al, 2017. Rapid detoxification via glutathione S-transferase (GST) conjugation confers a high level of atrazine resistance in Palmer amaranth (*Amaranthus palmeri*) [J]. Pest management science, 73(11): 2236-2243.

NANDULA V, MESSERSMITH C. 2003. Imazamethabenz-resistant wild oat (*Avena fatua* L.) is resistant to diclofop-methyl [J]. Pesticide biochemistry and physiology, 74(2): 53-61.

PAN L, YU Q, HAN H P, et al, 2019. Aldo-keto reductase metabolizes glyphosate and confers glyphosate resistance in *Echinochloa colona* [J]. Plant physiology, 181(4): 1519-1534.

PAN L, YU Q, WANG J Z, et al, 2021 An ABCC-type transporter endowing glyphosate resistance in plants [J]. Proceedings of the National Academy of Sciences of the United States of America, 118(16): e2100136118.

PATZOLDT W, HAGER A, MCCORMICK J, et al, 2006. A codon deletion confers resistance to herbicides inhibiting protoporphyrinogen oxidase [J]. Proceedings of the National Academy of Sciences of the United States of America, 103(33): 12329-12334.

POWLES STEPHEN, YU QIN, 2010. Evolution in action: plants resistant to herbicide [J]. Annual review of plant biology, 61: 317-347.

SINGH S, SINGH V, LAWTON-RAUH A, et al, 2018. EPSPS gene amplification primarily confers glyphosate resistance among Arkansas Palmer amaranth (*Amaranthus palmeri*) populations [J]. Weed science, 66(3): 293-300.

SUN Z H, LI X WI, WANG K, et al, 2021. Molecular basis of cross-resistance to acetohydroxy acid synthase-inhibiting herbicides in *Sagittaria trifolia* L [J]. Pesticide biochemistry and physiology, 173: 104795.

SVYANTEK A, ALDAHIR P, CHEN S, et al. Target and nontarget resistance mechanisms induce annual bluegrass (*Poa annua*) resistance to atrazine, amicarbazone, and diuron [J]. Weed technology, 30(3): 773-782.

YAN B J ZHANG Y H, LI J, et al, 2019. Transcriptome profiling to identify cytochrome P450 genes involved in penoxsulam resistance in *Echinochloa glabrescens* [J]. Pesticide biochemistry and physiology, 158: 112-120.

YANG Q, DENG W, LI X F, et al, 2016. Target-site and non-target-site based resistance to the herbicide tribenuron-methyl in flixweed (*Descurainia sophia* L.) [J]. BMC genomics, 17: 551.

YU Q, FRIESIN S, ZHANG X Q, et al, 2004. Tolerance to acetolactate synthase and acetyl-coenzyme A carboxylase inhibiting herbicides in *Vulpia bromoides* is conferred by two co-existing resistance mechanisms [J]. Pesticide biochemistry and physiology, 78: 21-30.

（撰稿：李凌绪；审稿：王金信、宋小玲）

杂草可塑性 weed plasticity

杂草在不同生境下对自身个体大小、数量和生长量的自我调节能力。它是杂草长期对自然条件适应和进化的反应。杂草适应多变的人工环境，产生不同程度的可塑性，反过来，可塑性使得杂草在不利环境条件下得以生存和延续。

表现 杂草的可塑性通常表现为不利环境条件下缩小个体大小，减少物质消耗，保证种子形成，或者种群密度较低时通过提高个体结实量来产生大量的种子，如藜和苋的株高最低 1cm，最高可达 300cm，结实少到 5 粒，多到百万粒以上。另外在个体形态、种子成熟度、萌发率、生长发育周期等方面也表现出可塑性，如湿润且遮阴环境中的的春蓼叶片面积大、叶片较薄、枝干分枝少，而在干旱且光照充足环境中的春蓼叶片小、厚、分枝多、根系发达。空心莲子草在水生环境下叶片变得细长，须根数量多，弱光下叶片增大、变薄。茼草等一年生杂草不仅营养生长与生殖生长可以同时进行，而且种子边成熟边脱落，种子成熟时间相差数十天甚至数月，滨藜甚至能结出 3 种类型的种子，不同类型的种子外形、成熟时间、休眠长短等差异显著，当土壤中杂草子实量很大时，其发芽率会明显降低，避免种内竞争激烈引起个体死亡率的增加。杂草的出苗期可在作物播种至收获整个生长季节持续出苗，8 月萌发的稗草可以调节自身生长发育周期，霜降前完成生活史并结实。通常杂草种子的萌发早于伴生的作物且持续整个生长季，例如灰绿藜、反枝苋在适宜生境中萌发且会持续数月，从早春到初秋都有萌发，萌发时间可能对表型可塑性有重要影响，萌发延迟可导致生殖生长提前和相对较高的繁殖效率，这种生活史特征可塑性对萌发时间的响应可能影响植物本身变异的频率和水平。可见杂草可塑性对提高杂草的环境适应性、种群的延续性具有非常重要的意义，进而为杂草的危害性提供了保证。

自 20 世纪末以来，植物表型可塑性成为植物生态、植物进化研究的中心议题，且大多研究集中于入侵植物，如空心莲子草、薇甘菊、南美蟛蜞菊、反枝苋等，同一种基因型表现为不同表型，具有可塑性，早期的研究局限于植株大小、分枝数等形态特征的简单描述，植物表型可塑性研究关注于植物生活史特征可塑性和生长发育速率可塑性，例如在自然或模拟环境梯度下植物生物量向植物不同部位的分配、繁殖的异速生长。这种可塑性被认为有助于入侵植物保持生长、存活或生育等多种适应性构成并最终全面适应各种环境，是适应异质生境的一种普遍策略。最新报道表明加拿大一枝黄花二倍体在夏季高温气候条件下胚胎败育导致花而不实，入侵地多倍体可以耐受高温使胚胎正常发育产生可育的种子，而且它们还显著延迟到秋季温度降低时旺盛开花，通过高温避让机制在更适宜的气候条件下产生巨量的种子,随风飘移，迅速扩散蔓延。此外，随着化学除草剂使用及抗除草剂作物种植，靶标抗性和非靶标抗性赋予了杂草更多的表型可塑性，例如抗草甘膦的长芒苋种群中，扩增的 EPSPS 基因拷贝以多种构象的染色体外环状 DNA 分子形式存在，这些染色体外环状 DNA 分子在细胞分裂过程中被转移至体细胞和生殖细胞中，有助于快速产生体细胞变异，扩增的 EPSPS 基因通过基因组可塑性和适应进化快速调节对草甘膦的抗性。

意义 通常认为可塑性强的物种不需要通过自然选择筛选就能适应多种新的生态位，因此入侵种通常具有较高可塑性；可塑性有助于物种经受环境的突然变化，所以杂草较作物具有更大的种群延续的机会。

管理 杂草可塑性给农田杂草有效治理造成极大的困难，实践中越来越多强调杂草的综合治理，减少对化学除草剂的依赖，综合化学、农艺、生物等措施清洁农田环境，延缓杂草抗药性。以生态调控为主导的“断源、截流、竭库”逐渐应用于生产实践，旨在切断杂草发生与转换的纽带，减少农田杂草发生基数和种子库输入量，降低土壤种子库规模甚至耗竭种子库，最终将杂草危害控制在生态经济阈值水平之下。

参考文献

耿宇鹏，张文驹，李博，等，2004. 表型可塑性与外来植物的入侵能力 [J]. 生物多样性，12(4): 447-455.

李淑钰，李传友，2016. 植物根系可塑性发育的研究进展与展望 [J]. 中国基础科学（植物科学专刊），18(2): 14-21.

强胜，2009. 杂草学 [M]. 2 版 . 北京：中国农业出版社：10-11.

Cheng J L, Li J, Zhang Z, et al, 2020. Autopolyploidy-driven range expansion of a temperate-originated plant to pan-tropic under global change[J]. Ecological monographs, 91(02): e01445.

DAL-HOE KOO, WILLIAM T M, CHRISTOPHER A S, et al, 2018. Extrachromosomal circular DNA-based amplification and transmission of herbicide resistance in crop weed *Amaranthus palmeri*[J]. PNAS, 115(13): 3332-3337.

（撰稿：李贵；审稿：宋小玲）

杂草枯黄期 weed senescence phase

杂草结实期后植株开始发黄直至枯萎的时期。此时期植株上存留有大量的子实，随植株枯萎全部反馈田间土壤种子库。杂草的衰亡不仅是杂草正常生长发育的环节，而且也是杂草应对外界胁迫的适应过程。此外，植株上残留的病虫害孢子或卵也一同进入田间土壤中。这是高留茬、秸秆还田等耕作栽培措施实施中须注意的问题。杂草叶变色期和枯黄期，需研究落粒和子实存留状况、子实的生活力和发芽率等内容。

基本内容 随着生长季节的结束或者气温下降等环境不利时，杂草进入衰亡阶段，其中一年生杂草和二年生杂草通过种子萌发到产生种子，直至衰亡，分别在一年中和二年中完成生活史全过程，如繁缕、波斯婆婆纳、狗尾草、牛筋草等。车前草、狗牙根、香附子、问荆等多年生杂草可存活两年以上，不但能通过种子传代，而且能通过地下变态器官生存繁衍，其开花结实后地上部分死亡，依靠根茎、根芽、块茎、鳞茎、球茎等地表或地下器官度过不良环境条件，待外界胁迫因素消失后，可从地下营养器官重新长出新的植株，所以，多年生杂草枯黄期并不意味植株的完全死亡。另外，一年生杂草或二年生杂草和多年生杂草之间在一定条件下可以相互转变，如多年生蓖麻发生于北方则成为一年生杂草，一年生或二年生的野塘蒿被不断刈割后可变成多年生杂草。这也反映出杂草本身不断繁衍持续的特性。一些杂草结实并不一定伴随落粒，而是一直存留于植株，连同植株枯萎将子实反馈土壤种子库，成为种子雨的另一种方式。此外，存留于枯黄植株上的子实可以在作物收获过程中，被收获机械收获混杂在粮食中污染粮食，还可随机械进行传播和扩散，研究这些杂草的子实存留规律，对杂草防治具有重要意义。

杂草进入衰亡阶段时，植株体内发生了各种生理生化变化，光合作用效率逐渐降低、停止，许多物质被分解，叶绿素被破坏，而叶黄素和胡萝卜素比较稳定，加上液泡中花青素的形成，植株茎叶逐渐变为枯黄色，有些可利用的物质被转运至种子或者其他储藏器官中，最终植株全株或地上部走向衰老和死亡。

管理策略　针对杂草枯黄期子实大量存留植株的特点，研究杂草结实期的存留规律，预防、阻止杂草子实通过收获机械传播扩散，应倡导机械收获过程中转田时，注意清洁收获仓和车轮或履带上的杂物，清除杂草子实。特别是产生了抗性的杂草以及难除外来杂草如节节麦、多花黑麦草、大穗看麦娘等。针对一年生杂草或二年生杂草的生长发育过程，应在其萌发期或幼苗期进行有效防除，或在其结实期前进行人工拔除，中断其生活史，降低土壤杂草种子库的输入。多年生杂草由于可种子繁殖，也可宿根繁殖，如蒲公英、酸模、车前等，或者借球茎、匍匐茎繁殖，如香附子、狗牙根、芦苇等，即使地上部枯死后，其地下无性繁殖器官可再次占据该区域而繁衍滋生，其幼苗的生长初期易受栽培措施或化学除草剂控制，但随着生长期延长，抗性和生存能力增强，防除难度很大，因此防止多年生杂草进入农田是控制其繁衍和危害的重要措施，通过耕翻后清除营养繁殖器官，配合水层管理、耕作栽培、化学除草等措施降低多年生杂草危害，切断其在农田的传播。

参考文献

李香菊，王贵启，段美生，2003. 免耕夏玉米田马唐的生物学特性与治理措施 [J]. 河北农业科学，7(1): 16-21.

李扬汉，1998. 中国杂草志 [M]. 北京：中国农业出版社.

强胜，2001. 杂草学 [M]. 北京：中国农业出版社.

王英姿，纪明山，祁之秋，等，2008. 辽宁省大豆田杂草群落分析及防除策略 [J]. 杂草科学 (1): 33-34.

GAO P L, ZHANG Z, SUN G J, et al, 2018. The within-field and between-field dispersal of weedy rice by combine harvesters[J]. Agronomy for sustainable development, 38: 55.

（撰稿：李贵；审稿：强胜）

杂草立苗期　weed seedling phase

在适宜条件下，杂草种子的胚由休眠状态转入萌动状态后，胚的子叶或幼叶出土形成幼苗的过程。可分为子叶出土期、第一真叶（或不完全叶）展开期、单子叶植物 3 叶 1 心期或双子叶植物 2～5 叶期。此期是杂草生理代谢系统较为脆弱的时期，也是多种杂草对除草剂最为敏感时期，因此该时期是杂草化学防治最佳时期之一。实际工作中可具体描述子叶色泽、形态、生长速度、真叶出叶速率、幼苗形态、生长叶色及其附属物等特征，统计分析各杂草发生密度、草情指数等。

基本内容　杂草对环境的强适应性在苗期通常表现为：①出苗时期不一且可塑性强，通常杂草可在作物整个生长季节持续出苗，播娘蒿种子从秋季小麦播种到翌年早春均有萌发；灰绿藜、反枝苋在适宜生境中萌发且会持续数月，从早春到初秋都有萌发；黄顶菊从 3 月下旬至 10 月初均可出苗，8 月底前出苗的植株均可产生成熟的种子。②通过自身调节延续种群，通常当土壤中杂草子实量很大时，其发芽率会明显降低，避免种内竞争激烈引起个体死亡率的增加；黄顶菊在田间有世代重叠现象，通过营养生长期的可塑性调节其生育期长短；8 月萌发的稗草可以调节自身生长发育周期，霜降前完成生活史并结实；环境胁迫时，已出苗杂草生长发育延缓甚至死亡，但后续种子萌发可延续杂草种群。③部分杂草自立苗期就表现出强烈的竞争优势，生长速率快、分蘖能力强，如杂草稻早期营养生长旺盛，分蘖能力明显强于直播水稻，有利于在与水稻竞争中占据优势。另外，杂草种子萌发通常早于伴生的作物，杂草稻一般比栽培稻提前 1～2 天发芽出苗，耐深播且生长迅速，植株较高，分蘖能力强，对环境的适应性和变异性较强，即使萌发延迟，也可通过旺盛的营养生长和较高的繁殖效率取得相对于作物的竞争优势。④通常，蟛蜞菊、互花米草、紫茎泽兰等外来入侵杂草在不同环境压力下具有较强的适应性、繁殖能力和传播能力，从而在一定的环境中获得比土著种更强的竞争优势，实现外来入侵植物在新生境的定殖、建群和扩散。⑤杂草的立苗过程受土壤条件、气候等环境因子的影响，土壤疏松透气、水分充足、温度适宜，有利于立苗，反之，则不利于立苗。

管理策略　杂草立苗期也是进行杂草防除的最佳时间，掌握立苗的规律，适时施用除草剂，有利于充分发挥除草剂防效。生产上通常利用水分管理、农业措施、化学除草等手段构建对杂草生长发育不利的胁迫条件，降低杂草生长势，提高作物生长势。

参考文献

高孝华，李风云，曲耀训，2010. 棉田阔叶杂草发生危害与化除应用 [J]. 中国棉花，37(6): 25.

李扬汉，1998. 中国杂草志 [M]. 北京：中国农业出版社.

强胜，2009. 杂草学 [M]. 2 版. 北京：中国农业出版社.

吴翠霞，刘伟堂，路兴涛，等，2016. 河南省 3 种麦田阔叶杂草对苯磺隆的抗性 [J]. 麦类作物学报，36(9): 1264-1268.

DAI L, SONG X L, HE B Y, et al, 2017. Enhanced photosynthesis endows seedling growth vigour contributing to the competitive dominance of weedy rice over cultivated rice [J]. Pest management science, 73(7): 1410-1420.

（撰稿：李贵；审稿：强胜）

杂草萌动期　weed germination phase

杂草种子或营养器官由休眠转变为代谢活跃、体积增大并长成幼苗的过程。主要表现为种子吸水膨胀，含水量增加，酶活性增强，胚乳或子叶储藏的营养物质发生分解，合成新的、复杂的有机物以构成新细胞，胚细胞数目增多，体积增大，胚根顶破种皮伸入土层，固定于土壤，随后长出胚芽。杂草萌动期可分为果皮或种皮膨胀期、胚根或胚芽突破果皮或种皮期、子叶或胚轴伸长生长期。种子萌发和幼苗生长阶段是子代植株建立、生长和繁育以及种群成功定植的关键时期。杂草防治过程中，可以有选择地采取多种措施，打破杂草休眠，诱发生长，集中防治，或者诱迫其再度休眠，为作物安全生长创造条件。

基本内容　通常，杂草选择在最适生长与发育季节的初始时期完成休眠解除与萌发，但不同杂草萌发所需要的适宜环境条件有所差异。

氧含量随土壤深度而下降，不同氧含量的要求决定了不同土壤深度杂草种子萌发出苗，如20%氧含量下看麦娘种子发芽率最高，而猪殃殃种子萌发最适宜的氧含量则较低。杂草种子萌发需要适宜的温度范围，稻田稗草、异型莎草等萌发起点温度在10～13℃，因而萌发较早，通常成为危害较重的前期杂草。牛毛毡萌发起点温度亦较低，能提前抢占空间。节节菜、水苋菜等萌发起点温度在16℃以上，因而萌发较迟，属中后期危害杂草。另外，多年生杂草地下根茎萌发的最低温度大都在15℃以下，因而萌发早，极具竞争优势；而种子萌发最低温度则较高，如眼子菜在20℃左右，萌发迟、生长弱，在稻田杂草中竞争弱。温度对杂草种子萌发的影响还表现为不同杂草种子或营养繁殖器官萌发所需积温不同，如稗草需积温100～120℃，鸭舌草需积温120～150℃。多年生杂草营养繁殖器官萌发所需积温也不同，如水莎草需积温100～120℃，矮慈姑需积温250℃，眼子菜需积温300℃，野荸荠需积温400℃，因此多年生杂草通常发生较迟。

光可打破杂草种子休眠，但也可能抑制胚根伸出，从而抑制杂草种子萌发，种子可能通过红光和远红光的比值（R/FR）来感受实际光环境，尤其对于需光性种子，主要通过R/FR判断光环境的适宜性，调节促进萌发与抑制萌发的转化。透过作物冠层的远红光将杂草种子的光敏色素转变为非活跃型，进而抑制下层杂草种子萌发。同时光促进种子萌发有时仅需几秒闪射，有时则需要较长时间照射或反复瞬时曝光，试验证明60秒的照射即能满足多数一年生杂草种子萌发的需求，甚至少于1秒的自然光闪射亦能促进某些种子萌发，但小子虉草和早熟禾种子萌发率在一定范围内随着光照时间增加而增加，当照光时间超过一定范围时，二者的萌发率均显著下降，表明它们对光强和光照时间的响应存在双重响应。一些种子的萌发还存在光周期依赖性，例如12h光照/12h黑暗、20℃为灰绿藜种子萌发的最佳条件，而24h全光照、30℃条件下中亚滨藜种子的萌发状况最佳。事实上，有些杂草种子只有在光照下才能较好萌发，如马齿苋、藜、繁缕、反枝苋、鳢肠、狗尾草等，而曼陀罗等的子实只有在黑暗条件下才能较好萌发，灯芯草等无论光照或黑暗条件下都能很好发芽。另外有些杂草种子萌发的需光性也存在光、温、水的耦合作用，反枝苋种子低温下的光需求明显高于高温，甚至温度的升高能够代替光的需求。

水分是种子萌发起始的重要条件之一，但不同种类杂草种子萌发所需的含水量范围和最适含水量各有差异。水分过多形成淹涝胁迫，使种子发芽延迟和发芽率下降，水分不足形成干旱胁迫，使种子发芽延迟，发芽速度减慢，进而导致发芽率下降。

管理策略　水分、光照和氧气是种子萌发过程中不可或缺的因素，由三者引发的非生物胁迫对杂草生长发育具有极大影响，因此，杂草萌动期也是进行防除的最佳时间，通过农业措施、耕作栽培、化学调控技术创造不利于优势种杂草萌发的环境条件，是萌动期杂草治理的重要环节，基于杂草种子萌发预测基础上的杂草管理策略通常可分为：①种植作物前耕作或化学防除。②预测杂草出苗高峰，利用作物早生快发占据竞争优势。③适当轮作或换茬，改变作物与杂草的竞争关系，轮换杂草防除措施。④杂草稻等的休眠性状可以用于防止穗发芽育种的材料。

参考文献

李扬汉，1998. 中国杂草志 [M]. 北京：中国农业出版社.

强胜，2009. 杂草学 [M]. 2 版. 北京：中国农业出版社.

薛静怡，彭亚军，杨浩娜，等，2019. 水分胁迫影响农田杂草生长发育的研究概述 [J]. 湖南农业科学 (9): 119-122.

MILBERG P, ANDERSSON L, NORONHA A, 1996. Seed germination after short-duration light exposure: Implications for the photo-control of weeds [J]. Journal of applied ecology, 33(6): 1469-1478.

（撰稿：李贵；审稿：强胜）

杂草萌发　weed seed germination

杂草种子的胚或营养繁殖器官芽由休眠状态转变为生理生化代谢活跃、胚体积增大并突出种皮、长成幼苗的过程。

杂草的萌发条件　杂草萌发是指种子从吸水作用开始的一系列有序的生理过程和形态发生过程。种子萌发需要适宜的温度、适量的水分和充足的氧气。种子萌发时，首先是吸水，种子吸水后种皮逐渐膨胀、软化，可以使更多的氧透过种皮进入种子内部，同时二氧化碳透过种皮排出，里面的物理状态发生变化；其次是氧气，种子在萌发过程中进行着一系列复杂的生命活动，只有种子不断地进行呼吸，得到能量，才能保证生命活动的正常进行；最后是温度，温度过低，呼吸作用受到抑制，种子内部营养物质的分解和其他一系列生理活动，都需要在适宜的温度下进行。

萌发影响因子

水分　杂草种子或营养繁殖器官吸水膨胀后，种子内部细胞的细胞质呈溶胶状态，从而启动活跃的生理生化代谢活动，种子水分含量大于14%时，才能确保这一过程。通常当土壤湿度达到田间持水量的40%～100%时，杂草子实发芽。杂草种子越大，需求的湿度一般也越高。旱地杂草萌发所要求的土壤湿度要显著低于水生或湿生杂草，过高的水分会导致某些种子缺氧、腐烂或死亡。

氧气　对氧的要求一般决定于O_2/CO_2两者的比例，如看麦娘种子在低氧分压或过高氧分压下，发芽率都不高，只在氧含量达20%时发芽率最高；猪殃殃萌发最适宜的氧含量是11.6%。氧含量通常随土壤的深度呈反比，这种对不同氧分压的要求，可以保证不同种杂草子实在不同土壤深度萌发出苗。

温度　杂草种子萌发需要适宜的温度，温度低于其下限温度或高于其上限温度，种子都不会萌发，在这个范围中有一个最适温度。

光照　有些杂草子实只有在光照条件下才能较好萌发，如马齿苋、藜、繁缕、麦瓶草、反枝苋、鳢肠、狗尾草和假高粱等。而曼陀罗等的子实只在黑暗条件下才能良好萌发。灯心草等无论在照光或黑暗条件下都能很好发芽。除了光照的有无会影响到发芽外，光照长短和光质对萌发也有影响，这是因为光对杂草种子萌发的影响主要是通过调节种子内部的活跃型（Pfr）和非活跃型（Pr）光敏色素比例而起作用的，前者促进种子萌发，后者则抑制萌发，而光质则影响这种转换。郁闭的作物田，杂草子实不再萌发出苗，就是由于作物冠层透过的光含更多的远红光，而将杂草种子中的光敏素促变为非活跃型。某些杂草种子对光的需求，会受到环境条件的影响，像变温、储藏等因素。如刚成熟的反枝苋种子发芽有需光性，在土壤中埋藏一年，需光性消失，而稗草种子与其恰恰相反。

此外，各种土壤条件也通过直接或间接的方式影响到杂草子实的萌发。种子的埋藏深度间接影响萌发，小粒种子杂草在土表或接近土表处萌发较好。重复翻耕土壤可以诱导杂草萌发，是农业控草的措施。土壤中的硝酸盐含量对杂草萌发有刺激作用，如狗尾草和藜的子实。土壤类型、pH 及土壤质地也影响杂草子实的萌发。

存在问题和发展趋势　杂草种子的萌发在自然界具有周期性的节律,其发芽盛期通常在生长最适时机来临时出现，可避免种子在不良生长季节来临前萌发，使种群造成灭顶之灾。这种特性为杂草提供了萌发、定植、生长发育和产生后代种子的良好机会。如看麦娘、野燕麦有秋冬和春季 2 个萌发盛期，荠菜、繁缕、早熟禾等均可常年萌发，而龙葵仅在夏季萌发，萹蓄仅在春秋萌发等。

杂草种子的萌发主要受 3 类植物生长激素的影响，包括促进种子萌发的赤霉素、抑制萌发的脱落酸和抗内生抑制剂的细胞分裂素。种子萌发通常依赖于这些激素物质间的平衡。此外，某些除草剂处理后也可以抑制杂草种子的萌发。环境因子对杂草种子萌发的影响通常是综合的，一个因子会影响到其他几个因子的变化，从而复合作用于杂草子实的萌发。杂草营养繁殖器官的萌发与杂草子实的萌发一样，受上述诸多因素的影响和制约，也有其周期节律性。

参考文献

付婷婷，程红焱，宋松泉，2009. 种子休眠的研究进展 [J]. 植物学报，44(5): 629-641.

强胜，2009. 杂草学 [M]. 2 版．北京：中国农业出版社．

颜安，吴敏洁，甘银波，2014. 光照和温度调控种子萌发的分子机理研究进展 [J]. 核农学报，28(1): 52-59.

杨荣超，张海军，王倩，等，2012. 植物激素对种子休眠和萌发调控机理的研究进展 [J]. 草地学报，20(1): 1-9.

BASKIN C C, BASKIN J M, 2014. Ecology, biogeography, and evolution of dormancy and germination [M]. Amsterdam: Elsevier.

BEWLEY J D, 1997. Seed germination and dormancy [J]. Plant cell, 9: 1055-1066.

BEWLEY J D, BRADFORD K J, HILHORST H W M, et al, 2013. Physiology of development, germination and dormancy [M]. New York: Springer.

（撰稿：魏守辉；审稿：强胜）

Z

杂草耐药性　herbicide tolerance

杂草在接触到除草剂之前就固有存在的、在经受常规剂量除草剂处理后仍能生存、繁衍的能力。

基本内容　耐药性的机理主要有如下途径：①耐药性杂草可通过与除草剂分子不敏感的靶标酶或过量表达靶标酶等靶标机制对除草剂产生耐药性。阔叶杂草普遍对芳氧苯氧基丙酸酯类除草剂具有耐药性，原因是阔叶杂草质体中的 ACCase 与禾本科杂草质体中的 ACCase 形式不同。目前已知的 ACCase 共有异质型和同质型两种，都包含有生物素羧基载体亚基（biotin carboxyl-carrier，BCC）、生物素羧化酶亚基（biotin carboxylase，BC）和羧基转移酶亚基（carboxyl transerase，CT）。异质型 ACCase 的 BCC、BC、α-CT 和 β-CT 位于两条肽链上，BCC、BC、α-CT 由核基因组编码，β-CT 由叶绿体基因组编码，分别合成后组装成多亚基复合体，也称为原核型 ACCase。异质型 ACCase 在活性状态下 BC 和 BCC 亚基表现为同型二聚体，而 α-CT 和 β-CT 亚基表现为异型二聚体，以共价键相连接。同质型 ACCase 的 4 个亚基位于同一条肽链上，在活性状态下表现为同型二聚体，也称真核型 ACCase。绝大多数植物同时具备同质型和异质型两种 ACCase，前者定位于胞质溶胶中，后者定位于质体中，但禾本科植物例外，其质体中的 ACCase 是同质型的。芳氧苯氧基丙酸酯类除草剂专一性地抑制禾本科杂草质体中的同质型 ACCase，而阔叶杂草质体中的 ACCase 是异质型，对芳氧苯氧基丙酸酯类除草剂不敏感，因而阔叶杂草对该类除草剂具有耐药性。田旋花对草甘膦具有耐药性，而同科的植物打碗花对草甘膦敏感，因田旋花 5- 烯醇式丙酮酰莽草酸 -3- 磷酸合成酶（EPSPS）在保守区 B 中第 101 位氨基酸为极性丝氨酸，而打碗花为非极性苯丙氨酸。由于田旋花 EPSPS 的保守区 101 位氨基酸与打碗花不同且极性相反，导致其对草甘膦的敏感性比打碗花低 2.8 倍，这可能是田旋花对草甘膦具有天然耐药性的原因。此外，田旋花还可能通过其 DNA 中的两个 EPSPS 基因拷贝，结合活性更强的启动子，使 EPSPS 酶过量表达 12 倍，对草甘膦产生耐药性。山麦冬对草甘膦的耐药性机制则包括靶标酶 EPSPS 的更低敏感性和过量表达。②通过减少对除草剂的吸收、限制除草剂在体内转运。除草剂喷施在杂草上，只有被杂草吸收的药剂才能起到作用，特别是茎叶处理除草剂。不同杂草的叶片大小及厚度、角质层厚度、气孔数量及结构、表皮细胞及附属物结构，以及内部解剖结构等存在差异，可能导致对除草剂吸收量的不同，从而引起除草剂的耐药性差异。叶片对除草剂的吸收分为经气孔吸收与经角质层吸收。气孔的分布特征、密度和面积等因素都影响除草剂的吸收。麦冬、土麦冬和阔叶土麦冬都对草甘膦具有较高的天然耐药性，其耐药性的主要机制是由于 EPSPS 基因结构差异、基因多拷贝以及高表达量，但是，靶标机制并不能完全解释阔叶土麦冬的耐药性最高，麦冬的耐药性最低，土麦冬居于中间。进一步研究发现麦冬叶片表皮细胞平周壁瘤状外突、气孔下陷最为明显，可能最有利于对草甘膦的吸收；土麦冬叶片表皮细胞平周壁也向外波浪状突起，也导致气孔一定程度的下陷，也会有利于对草甘膦的吸收；而阔叶土麦冬叶片表皮细胞平周壁突起不明显、气孔下陷也不明显，表面更加光滑，导致药液在叶表面存留减少，最终会导致对草甘膦吸收减少。这些结构特征差异与3种麦冬草对草甘膦的耐药性水平差异有一定的关系。角质层较厚的杂草通常具有较强耐药性，如鸭跖草叶面光滑，角质层较厚，因而对多种除草剂均有耐药性，是黑龙江大豆田危害严重的恶性杂草，且其叶龄愈大愈难防除。研究发现不同叶龄鸭跖草对咪唑乙烟酸的耐药性差异及其与叶片显微结构的关系，随着叶龄的增大，叶片表皮气孔密度显著下降；叶片厚度、叶片上下表皮厚度、栅栏组织及海绵组织厚度显著增大；10个栅栏组织细胞长度显著减小，栅栏组织排列由稀疏不规则向紧密规则的方向发展。这些变化是鸭跖草对咪唑乙烟酸耐药性增强的原因之一。限制在体内的转运输导也是杂草对除草剂耐药性的重要机制，结缕草对吡氟禾草灵具有耐药性，其ACCase不存在已知抗性突变，用^{14}C标记的吡氟禾草灵处理其叶片，发现叶片对吡氟禾草灵的吸收速率缓慢，且吸收后90%以上的药剂被截留，不能转运到其他组织，可见结缕草同时通过减少吸收和限制转运对吡氟禾草灵产生耐药性。③快速降解除草剂为无毒成分等非靶标的机制对除草剂产生耐药性。大狗尾草对硝磺草酮的耐药性高于金狗尾草，已获得两种狗尾草HPPD基因第80、81和131位氨基酸不同，分别为丙氨酸（Ala）和缬氨酸（Val）；缬氨酸和丙氨酸；亮氨酸（Leu）和丝氨酸（Ser）。此外，与它们在硝磺草酮处理后谷胱甘肽巯基转移酶（GSTs）活性变化也可能有关。金狗尾草GSTs活性升高的幅度较大狗尾草低，且下降速度较大狗尾快，上述不同点均可能是金狗尾草和大狗尾草对硝磺草酮耐受性差异的原因。禾本科杂草*Vulpia bromoides*对ACCase抑制剂禾草灵和ALS抑制剂氯磺隆都存在耐药性，对前者的耐药性是因为不敏感的靶标酶，对后者的耐药性则是通过快速的降解作用获得的，增效剂马拉硫磷预处理使*Vulpia bromoides*对氯磺隆的敏感性提高了15倍，可见这种快速代谢作用是由P450活性增强导致的。

杂草可以依靠一种机制获得对除草剂的耐药性，也能同时凭借多种机制对除草剂产生耐药性。如刺毛黧豆更是能通过减少吸收、限制转运、快速降解等三种机制对草甘膦产生耐药性。用同位素标记的草甘膦处理黧豆和反枝苋叶片，发现24小时后刺毛黧豆对草甘膦吸收率不足40%，而敏感的反枝苋吸收率超过90%；处理48小时后，反枝苋可将37.7%的已吸收药剂转运到其他部位，而刺毛黧豆仅能转运11%；在处理后24～72小时，草甘膦的无毒代谢产物AMPA在刺毛黧豆体内的含量持续快速增加，而反枝苋体内AMPA含量基本不变且显著低于刺毛黧豆，可见刺毛黛豆可同时通过减少吸收、限制转运、快速降解等三种机制对草甘膦产生耐受。

存在问题和发展趋势 在治理耐药性杂草时，除选择其不耐受除草剂的品种外，也可以通过非化学的措施，翻耕、间作、合理密植等农业措施可有效减少表层土壤中的种子库数量和耐药性杂草的发生数量，后期辅以中耕锄草可以取得较好的防效；火焰灼烧、覆盖黑色地膜等物理措施也可以取得满意的防治效果。

另一方面，杂草耐药性也有可利用之处。研究杂草的耐药性机理，发现其相关功能基因，可为转基因育种提供重要的基因资源。通过基因工程将外源耐药性基因转入作物体内稳定表达，或者通过基因组编辑改变除草剂靶标基因的特定碱基，可使作物获得对除草剂的耐药性，耐除草剂的转基因作物可以简化杂草化学防治模式，节约防治成本。除此之外，使用耐药性杂草营造园林景观，可为园林景观中的杂草防治提供更多选择，有利于维持人造景观的稳定性。

参考文献

刘士阳，2011. 金狗尾草和大狗尾草对硝磺草酮耐药性差异研究 [D]. 北京：中国农业科学院.

马红，关成宏，陶波，2009. 不同叶龄鸭跖草对咪唑乙烟酸的耐药性 [J]. 植物保护学报，36(5): 450-454.

毛婵娟，解洪杰，宋小玲，等，2016. 麦冬草对草甘膦耐药性的形态学机制 [J]. 杂草学报，34(1)：1-7.

张猛，2011. 田旋花 (*Convolvulus arvensis* L.) 对草甘膦耐药性机理研究 [D]. 北京：中国农业科学院.

HUANG Z F, LIU Y, ZHANG C X, et al, 2019. Molecular basis of natural tolerance to glyphosate in *Convolvulus arvensis* [J]. Scientific reports, 9(1): 8133.

LI C, ZONG Y, WANG Y, et al, 2018. Expanded base editing in rice and wheat using a Cas9-adenosine deaminase fusion [J]. Genome biology, 19(1): 1-9.

LIU W W, MACDONALD G, UNRUH B, et al, 2019. Variation in tolerance mechanisms to fluazifop-P-butyl among selected zoysiagrass lines [J]. Weed science, 67(3): 288-295.

MAO C J, XIE H J, CHEN S G, et al, 2016. Multiple mechanism confers natural tolerance of three lilyturf species to glyphosate [J]. Planta, 243(2): 321-335.

ROJANO-DELGADO A M, CRUZ-HIPOLITO H, DE PRADO R, et al, 2012. Limited uptake, translocation and enhanced metabolic degradation contribute to glyphosate tolerance in *Mucuna pruriens* var. utilis plants [J]. Phytochemistry, 73(1): 34-41.

SHAH D M, HORSCH R B, KLEE H J, et al, 1986. Engineering herbicide tolerance in transgenic plants [J]. Science, 233(4762): 478-481.

YU Q, FRIESEN L J S, ZHANG X, et al, 2004. Tolerance to acetolactate synthase and acetyl-coenzyme A carboxylase inhibiting herbicides in *Vulpia bromoides* is conferred by two co-existing resistance mechanisms [J]. Pesticide biochemistry and physiology, 78(1): 21-30.

（撰稿：李凌绪；审稿：王金信、宋小玲）

杂草强适应性 weed strong adaptability

杂草具有能在干扰频繁及环境恶劣的生境中持续生存下去的良好适应特性。全球和洲际尺度分类群的功能性状比较分析表明，杂草位于全球植物功能空间的边缘，使它们成为潜在的“功能性状异常值”，也被称为农业杂草适应综合征，表现在杂草的各种功能性状，特别是与繁殖相关的性状，对各种不利环境，如盐碱、人为干扰、干旱或水涝、高温或低温等多有很强的耐受能力，能够忍受复杂多变或者不良的环境条件，允许在不同条件下完成生命周期，从而具有了同农作物不断竞争的能力。

强适应性分类

形态适应性　某些杂草具有拟态性，与作物在形态、生长发育规律以及对生态因子的需求等有许多相似之处，很难将这些杂草从其伴生作物中分辨出来并加以清除，如稗是水稻的伴生杂草，野燕麦是小麦的伴生杂草。杂草的种子也会与伴生作物种子极为相似，混在作物种子中难以清除，如毒麦与小麦的颖果相似，假高粱与苏丹草的颖果十分相似。因此杂草可以在伴生作物中一代代延续下去。很多杂草还可以迅速进化出模拟作物的特性，从而在选择性限制的条件下生存下来。很多多年生杂草植物体极易断裂，很难将整个植株连根拔起，留下的部分又可以很快生长起来，如空心莲子草。

生理适应性　杂草利用光、水、肥的能力较作物强，且不少杂草幼苗阶段有高的叶面积指数，光合作用强，根系发育快，光合产物迅速向新叶传导与分配，因此生长速度快，且营养生长迅速向生殖生长过渡，如繁缕等一年生杂草。杂草中 C_4 植物比例较高，生长势强，如稗、马唐、狗尾草等，在光合作用上具有净光合效率高，对二氧化碳光合补偿点低、饱和点高、蒸腾系数低等特点，因此杂草表现出顽强的生命力，在和农作物的竞争中总是在某些方面占据优势的地位。

生殖适应性　杂草繁殖方式多样，既可以种子繁殖，也可以营养繁殖。杂草多具有远缘亲和性和自交亲和性，如旱雀麦和紫羊茅，异花授粉和自花授粉均可产生可育的种子。异花授粉有利于创造新的变异和生命力更强的变种，自花授粉保证了杂草单株情况下仍可以正常结实来保证基因延续。多数杂草种子结实率较高，能保证充足的子代数量，如牛筋草每株平均结实5000粒以上；即使环境不利，仍能产生种子，对环境的忍耐性强。杂草一般比作物开花早，种子成熟早，且易脱落，成熟度和萌发时期参差不齐且寿命长，深埋在土壤中的种子发芽能力能保持几年至数十年，藜等的种子最长可在土壤中存活 1700 年。杂草对传粉媒介要求不严格，其种子和果实一般具有适应广泛传播的结构，可借风、水以及动物和人类的活动等传播，如蒲公英种子有冠毛，可借助风力传播；苍耳果实表面有刺毛，可附着在人和动物身上传播。

生态适应性　杂草对环境条件的适应性强是杂草能繁衍滋生的重要的原因。首先体现在杂草种子萌发所需的生态因子，如温度、土壤湿度、pH 等与其所危害的作物类似，且具有更强的适应性。如中国发生的节节麦种子萌发最适温度为 15～25℃，和小麦主产区小麦播种时间的平均温度相符合，这是节节麦和小麦生长周期同步性的原因之一；节节麦种子在具有不同类型、质地、pH、以及不同盐分的土样中均能正常出苗和生长。杂草对逆境如盐碱、旱或涝、高温或低温，以及人工干扰等有很强的耐受能力，这也是杂草生态适应性的重要体现。如节节麦种子萌发也有着宽泛适应性，能够在一定程度的干旱和高盐胁迫下萌发生长。杂草子实在遇到不良条件时，会受到环境条件的诱导而产生诱导休眠，遇到合适环境时再萌芽生长。由于杂草可塑性大，对改变的环境具有高度适应性，使得杂草在多变的人工干扰环境条件下或在极端不利的环境条件下，能够缩减个体并减少物质的消耗，保证种子的形成以延续后代。许多杂草还存在化感作用，如加拿大一枝黄花、豚草、假高粱等，可以产生化感物质来抑制农作物的生长，从而使得自身在和农作物的竞争中获胜。

强适应性原因　杂草具有强适应性的重要原因是杂草的基因型具有杂合性，如葎草具有很高的遗传多样性。杂合性使得杂草的变异性得到提高，并可以快速进化，从而适应性加强，尤其在遭遇旱涝、极端气温及除草剂等恶劣环境的时候，杂合性避免了整个种群的覆灭，保证了物种延续。

参考文献

顾德兴，1988. 杂草繁殖生物学 [J]. 生物学杂志 (4): 3-6.

李扬汉，1964. 杂草种子检验方法 [J]. 植物保护 (5): 201-203.

强胜，2009. 杂草学 [M]. 2 版. 北京：中国农业出版社.

BAKER H G, 1962. Weeds-native and introduced [J]. Journal of California Horticultural Society, 23: 97-104.

BAKER H G, 1974. The evolution of weeds [J]. Annual review of ecology and systematics, 5: 1-24.

BASKIN, BASKIN C C, 1985. The annual dormancy cycle in buried weed seeds: a continuum [J]. Bioscience, 35(8): 492-498.

BATLLA D, BENECH-ARNOLD R L, 2005. Changes in the light sensitivity of buried *Polygonum aviculare* seeds in relation to cold-induced dormancy loss: development of a predictive model [J]. New phytologist, 165(2): 445-452.

BARRETT S H, 1983. Crop mimicry in weeds [J]. Economic botany, 37(3): 255-282.

BOURGEOIS B, MUNOZ F, FRIED G, et al, 2020. What makes a weed a weed? A large-scale evaluation of arable weeds through a functional lens [J]. American journal of botany, 106(1): 90-100.

CLEMENTS D R, DITOMMASO A, JORDAN N, et al, 2004. Adaptability of plants invading North American cropland [J]. Agriculture, ecosystems and environment, 104(3): 379-398.

CHUNG I M, AHN J K, YUN S J, 2001. Assessment of allelopathic potential of barnyard grass (*Echinochloa crusgalli*) on rice (*Oryza sativa* L.) cultivars [J]. Crop protection, 20(10): 921-928.

ELMORE C D, PAUL R N, 1983. Composite List of C_4 [J]. Weed science, 31(5): 686-692.

FRACHON L, LIBOUREL C, VILLOUTREIX R, et al, 2017. Intermediate degrees of synergistic pleiotropy drive adaptive evolution in ecological time [J]. Nature ecology and evolution, 1(10): 1551-1561.

FRANKS S J, 2016. A harvest of weeds yields insight into a case of contemporary evolution [J]. Molecular ecology, 25(18): 4421-4423.

GUO L, QIU J, LI L F, et al, 2018. Genomic clues for crop-weed interactions and evolution [J]. Trends in plant science, 23(12): 1102-1115.

GUO L, QIU J, YE C Y, et al, 2017. *Echinochloa crusgalli* genome analysis provides insight into its adaptation and invasiveness as a weed [J]. Nature communication, 8(1): 1-10.

KRAK K, HABIBI F, DOUDA J, et al, 2019. Human-mediated

dispersal of weed species during the Holocene: a case study of *Chenopodium album* agg. [J]. Journal of biogeography, 46(5): 1007-1019.

KUESTER A, FALL E, CHANG S M, et al, 2017. Shifts in outcrossing rates and changes to floral traits are associated with the evolution of herbicide resistance in the common morning glory [J]. Ecology letters, 20(1): 41-49.

LEVIS J, 1973. Longevity of crop and weed seeds: survival after 20 years in soil [J]. Weed research, 13(2): 179-191.

MAHAUT L, CHEPTOU P O, FRIED G, et al, 2020. Weeds: Against the Rules? [J]. Trends in plant science, 25(11): 1107-1116.

SMITH R G, 2006. Timing of tillage is an important filter on the assembly of weed communities [J]. Weed science, 54(4): 705-712.

SUTHERLAND S, 2004. What makes a weed a weed: life history traits and native and exotic plants in the USA [J]. Oecologia, 141(1): 24-39.

VIGUEIRA C C, OLSEN K, CAICEDO A, 2013. The red queen in the corn: agricultural weeds as models of rapid adaptive evolution [J]. Heredity, 110(4): 303-311.

（撰稿：江明喜、乔秀娟；审稿：朱金文）

杂草区系　weed flora

指某一特点区域或农田类型发生的杂草种类总称。一般主要是指被子植物包括禾本科杂草、莎草科杂草和阔叶杂草，也包括蕨类、苔藓和大型藻类植物。对杂草区系进行调查，是掌握杂草发生和分布规律的基础，对指导杂草防治实践具有极其重要的意义。

概念来源及形成发展过程　杂草区系是从生物区系沿用拓展的一个词汇。最早可以从文献系统中查阅到的使用杂草区系并开展研究是在 20 世纪 40 年代。到了 50～60 年代，随化学除草剂的推广应用，对杂草区系调查成为需求的驱动力，杂草区系的研究逐渐在各地开展，词频也随之逐渐提高。在 80 年代的国外杂草学专著中，专门劈出章节描述杂草区系。中国开展杂草区系调查最早是在 20 世纪 60 年代，李扬汉在大型国营农场开展。进入 80 年代，杂草区系在国内的文献中开始频繁出现。特别是以省或省下某一特定地理区域杂草区系调查报道增多。到 20 世纪末，《中国杂草志》出版。

基本内容　R P. Randall在*A Global Compendium of Weeds*专著中，记录世界杂草区系共有44 144种，隶属539科5808属，以下10科包含的种类最多，其中菊科5094种、禾本科4807种、豆科2581种、蔷薇科1522种、莎草科1380种、唇形科1196种、十字花科1168种、锦葵科757种、蓼科698种、石竹科686种。

《中国杂草志》记载全国田园杂草 1454 种（变种），隶属 106 科 591 属。

根据其发生危害的重要性，将那些分布发生范围广泛、群体数量巨大、防除相对较困难、对作物生产造成严重损失的杂草定为恶性杂草，有 37 种，包括空心莲子草、牛繁缕、藜、刺儿菜、鳢肠、泥胡菜、异型莎草、牛毛毡、水莎草、扁秆藨草、看麦娘、野燕麦、菵草、马唐、稗、牛筋草、千金子、狗尾草、鸭舌草等。

虽然群体数量巨大、但仅在局限地区发生或仅在一类或少数几种作物上发生，不易防治，对该地区或该类作物造成严重危害的杂草，定为区域性恶性杂草。定为区域性恶性杂草的有 96 种，如硬草主要发生危害于华东的土壤 pH 较高的稻茬麦或油菜田；鸭跖草虽分布较广，大量发生并造成较重危害的主要是在东北和华北的部分地区；菟丝子虽然是一种有害的寄生性杂草，在大豆田发生严重是会导致绝产，而且分布发生地理范围较广，但是其危害的作物只是大豆，因而被划作区域性恶性杂草。

那些发生频度较高、分布范围较为广泛，可对作物构成一定危害，但群体数量不大，一般不会形成优势的杂草定为常见杂草，共有 396 种。余下被划作一般性杂草，这些杂草不对作物生长构成危害或危害比较小,分布和发生范围较窄。

根据不同农田类型，又进一步可以分为水稻田杂草区系、夏熟作物田杂草区系、秋熟旱作田杂草区系、果园杂草区系、茶园杂草区系、人工林杂草区系等。

在国家内的行政级别单位的地区等的杂草区系。也可以以地理、地貌或气候区为单位的杂草区系。

杂草区系调查研究是杂草学最重要的研究内容之一。其调查研究的大致方法简略描述如下。在确定的地区范围内，选择不同的区域地形地段、土壤类型、作物种类、农田类型、耕作栽培特点等的代表地点进行调查。其研究程序大致包括杂草标本的调查和采集、当地相关资料的收集、标本的鉴定、名录的编制、资料的整理和分析比较等。

在杂草区系调查的基础上，如果再结合杂草群落及草害发生的定量调查研究，就可以做到定性和定量相结合。前者是定性研究，可以提示一个地区发生的杂草种类、组成特点等基本资料。而后者是基于定量研究的基础上，它不仅能够阐明杂草的种类组成而且还能揭示杂草发生的数量、危害程度、分布特点等信息。

将分布发生范围广泛、群体数量巨大、防除相对困难、对作物生产造成严重损失的杂草定为恶性杂草。虽然群体数量巨大，但仅在局部地区发生或仅在一类或少数几种作物上发生，不易防治，对该区或该类作物造成严重危害的杂草，定为区域性恶性杂草。发生频率高，分布范围较为广泛、可对作物构成一定危害。但群体数量不大，一般不会形成优势的杂草定为常见杂草。余下被划作一般性杂草，这些杂草不对作物生长构成危害或危害较小，分布和发生范围较窄。

存在问题及发展趋势　杂草区系资料的可靠性受调查精度和调查人素质的影响，因此，如果要精准掌握杂草区系的信息，需要多次持续开展调查研究工作。杂草区系是动态的，它受到全球气候变化、外来生物入侵、栽培耕作方式变化、农事操作的改变以及作物种植种类的改变而发生变化。特别是近半个多世纪以来，化学除草剂普遍使用，导致杂草区系发生显著变化，有些曾经发生严重的杂草逐渐从农田生态系统中减少，甚至完全消失。

参考文献

李扬汉，1998. 中国杂草志 [M]. 北京：中国农业出版社.

刘树华，1986. 李扬汉教授进行杂草区系调查和标本采集工作[J]. 江苏杂草科学 (4): 29.

强胜，李扬汉，1994. 安徽沿江圩丘农区水稻田杂草区系及草害的研究 [J]. 安徽农业科学 (2): 135-138.

强胜，李扬汉，1991. 甘肃省农田杂草区系的调查研究初报 [J]. 杂草科学 (4): 12-14.

强胜，2009. 杂草学 [M]. 2 版．北京：中国农业出版社．

苏少泉，1993. 杂草学 [M]. 北京：农业出版社．

唐洪元，1991. 中国农田杂草 [M]. 上海：上海科学技术教育出版社．

薛达元，李扬汉，1988. 江苏太湖农业区田园杂草区系的调查研究 [J]. 农村生态环境 (4): 22-26.

薛达元，李扬汉，1987. 太湖农业区麦田杂草区系研究 [J]. 江苏农业科学 (11): 22-24.

HOLM L G, 1980. The World's Worst Weeds—Distribution and Biology [M]. Honolulu, Howaii: The University Press of Hawaii.

HOLZNER W, NUMATA M, 1982. Biology and Ecology of Weeds [M]. The Hague: Dr W. Junk Publishers.

SINGH B N, CHALAM G V, A quantitative analysis of the weed flora on arable land [J]. Journal of ecology, 25(1): 213-221.

SPENCER C H B, SEAMAN D E, 1980. The weed flora of California rice fields [J]. Aquatic botany, 9(4): 351-376.

（撰稿：张峥；审稿：强胜）

杂草群落多样性　diversity of weed communities

农田中往往多种杂草同时发生，组成杂草群落，杂草群落的构成因素包括种类、密度、分布及生长状况等。不同杂草的生存环境不同，萌发和生长发育规律有别，其竞争能力以及对人工干扰的耐受力和对逆境的适应能力不同，导致杂草群落的多样性。杂草群落处于动态变化中，既因杂草遗传变异和种间竞争等导致自发演替，也可因外界生物与非生物因素引起异发演替。杂草群落多样性是危害多样性的基础，也是制订多元化杂草治理策略的依据。

环境因素影响

土壤因素　土壤是杂草生存的场所，土壤差异会引起杂草群落的不同。①土壤类型。不同的杂草适宜的土壤类型有别，如问荆多在轻质土壤中发生，猪毛蒿多分布在砂质土中。②土壤水分。水分是影响杂草群落结构的最基本要素之一，如旱地以猪殃殃、野燕麦为优势杂草种群，而水田条件下则以眼子菜、扁秆藨草、野慈姑等杂草为优势种群。③土壤 pH。pH 高的盐碱土多有藜、眼子菜、地肤、盐地碱蓬、硬草的发生和危害。节节麦等则能耐受pH 3的酸性环境。④土壤肥力。土壤的营养组成和肥力水平直接影响杂草的生物量和多样性。土壤含氮量高时，马齿苋、刺苋、藜等喜氮杂草生长旺盛；土壤缺磷时，反枝苋、牛繁缕则从群落中消失。田菁、野豌豆等则是喜钙植物。

气候海拔　①温度。不同种类杂草适宜生长的温度区间有别，温度是影响杂草种群地理分布的重要因素。热带地区多有 C_4 杂草如飞扬草、铺地黍等，亚热带冬麦田则以看麦娘、牛繁缕为主，温带及高寒春麦区主要杂草为野燕麦、藜等。②光照。光照充足的地方，C_4 植物稗属、马唐属、狗尾草属等的杂草生长旺盛，而鱼腥草等则更适宜一定程度的遮阴环境。③降雨。长期干旱条件下，C_4 杂草和寄生性杂草如独脚金的繁殖能力大幅度提高；降水量增加导致水生杂草等的危害加重。④海拔。不同海拔高度，由于气温、降水量、季风等因素的综合影响，杂草群落有很大差异，如在云南元谋海拔 950～1000m 处，杂草以马唐、龙爪茅为主，1800～2000m 的中海拔地区则有千金子、看麦娘的分布，2700～3000m 的高海拔地区主要为香薷、苦荞麦等。

人为因素影响

作物种类及种植方式　①作物种类。由于不同作物的竞争能力和生长条件不同，田间的杂草群落组成差异很大。东北地区水稻田多以稗、千金子、三棱草、野慈姑、萤蔺等水生杂草为优势种，随着杂交水稻种植，杂草稻已成为水田的恶性杂草。玉米田以稗、藜、野黍、反枝苋、苘麻等杂草为主。在长江中下游地区，夏熟（麦、油）作物田有看麦娘+牛繁缕+日本看麦娘+雀舌草稻茬田杂草群落、猪殃殃+野燕麦+波斯婆婆纳+大巢菜丘陵地区旱地杂草群落、猪殃殃+波斯婆婆纳+黏毛卷耳+大巢菜沿海滩涂旱地杂草群落、猪殃殃+麦仁珠+播娘蒿+麦家公温带旱地杂草群落。在夏秋季的水稻田中，有稗+节节菜+鸭舌草+矮慈姑早稻田杂草群落；无芒稗+千金子+丁香蓼+水虱草、稗+耳基水苋+鸭舌草+异型莎草、稗+长叶水苋菜+丁香蓼+异型莎草、稗+节节菜+鸭舌草+牛毛毡中稻、单季晚稻田杂草群落；节节菜+牛毛毡+鸭舌草+矮慈姑双季晚稻田杂草群落。②轮作制度。不同作物的竞争能力不同，导致群落结构发生变化，如连续6年玉米连作田稗为优势种，而玉米—小麦轮作田反枝苋变为优势杂草。特别是水旱轮作，土壤的水分含量剧烈变化，导致杂草群落结构完全不同。旱地的一年蓬等不能在水田存活，反之，鸭舌草、节节菜等在旱地会死亡。水旱轮作是治理杂草的有效方法。③间作套种。间（套）作是根据不同作物的生长特性充分利用空间，提高作物对杂草的竞争能力，进而影响杂草群落的多样性。如玉米与向日葵的间作可抑制苘麻、反枝苋、马齿苋等优势杂草。④土壤耕作方式。杂草对不同耕作方式的适应能力不同，杂草群落有明显差异。免耕田的杂草群落多样性高于常规耕作田，深耕使问荆、刺儿菜等多年生杂草明显减少，一年生杂草增多。

田间管理　①水分管理。不同灌溉模式影响田间杂草种类组成，如水稻田间歇灌溉有利于旱生型杂草的生长，而淹灌则有利于水生型杂草的生长。控制灌溉可有效地抑制部分杂草的暴发，维护田间杂草多样性及生态平衡。②杂草治理措施。长期连续使用单一除草剂，有效控制了靶标杂草，但非靶标杂草或耐药性杂草则会上升为主要杂草；同时，在除草剂的选择压力下，抗性杂草数量增加导致了杂草群落的变化。如春玉米田长期使用乙草胺、乙・莠、2, 4- 滴丁酯及其混剂等，使春玉米田中的鸭跖草、苣荬菜、问荆等杂草数量及密度逐年上升，成为春玉米田主要杂草；由于连年使用磺酰脲类和磺酰胺类除草剂，导致黑龙江稻田中的稗等靶标杂草种群密度不断下降，而李氏禾、野慈姑等宿根性杂草逐渐上升为优势种群；由于常年施用乙草胺，大豆田的阔叶杂草如鸭跖草、苘麻、苣荬菜等逐渐代替了稗、狗尾草等禾本科杂草成为主要杂草。采取稻鸭生态种养，使稻田杂草密度明显降低，杂草多样性明显增高。

其他因素影响

很多外来入侵杂草多为多年生杂草，种子量多、生长速度快、释放化感物质，入侵后改变了当地杂草群落的多样性。如豚草可释放化感物质，明显抑制禾本科、菊科等的一年生植物。上海郊区的加拿大一枝黄花，形成单一优势群落，致使其他植物难以生长。除此之外，杂草遗传变异、杂草病虫害危害、自然灾害、土壤微生物等因素也会影响杂草群落的多样性。

参考文献

付浩龙，罗玉峰，余琪，等，2017. 节水灌溉稻田杂草群落多样性分析 [J]. 中国农村水利水电 (2): 31-36.

黄红娟，张朝贤，姜翠兰，等，2020. 北疆棉田杂草多样性及群落组成 [J]. 杂草学报，38(1): 7-13.

焦子伟，张相峰，尚天翠，等，2015. 不同施肥水平对新疆伊犁有机大豆田杂草群落及作物产量的影响 [J]. 大豆科学，34(3): 449-457.

孙金秋，任相亮，胡红岩，等，2019. 农田杂草群落演替的影响因素综述 [J]. 杂草学报，37(2): 1-9.

GAO X, MEI L I, FANG F, et al, 2014. Biological activities of eight herbicides against four grass weeds of wheat fields [J]. Acta pratacultuae sinica, 22(3): 183-190.

HE Y H, QIANG S, 2014. Analysis of farmland weed species diversity and its changes in the different cropping systems [J]. Bulgarian journal of agricultural science, 20(4): 786-794.

QIANG S, 2002. Weed diversity of arable land in China [J]. Journal of Korean weed science, 22(3): 187-198.

TEASDALE J R, CAVIGELLI M A, 2010. Subplots facilitate assessment of corn yield losses from weed competition in a long-term systems experiment [J]. Agronomy for sustainable development, 30(2): 445-453.

YANG J, SHEN Y Y, NAN Z B, et al, 2010. Effects of conservation tillage on crop yield and carbon pool management index on top soil within a maize-wheat-soy rotation system in the Loess Plateau. [J]. Acta prataculturae sinica, 19(1): 75-82.

（撰稿：刘亚光、朱金文；审稿：宋小玲）

杂草群落分类 weed community classification

指根据杂草群落的结构、优势种、种类组成等对杂草群落进行分类。对于农田杂草群落而言，杂草群落的组成几乎全部为草本植物，不过，以作物的高度作为参照，也有上层、中层和下层之分，但是，相较于森林群落，其空间结构相对较为简单，因此，常根据群落优势种对杂草群落进行定性分类。随群落数量分类的兴起，杂草群落数量分类也被普遍采用。杂草群落分类是杂草研究的重要组成部分，是掌握杂草发生分布规律、制定杂草防除策略的基础。

概念来源及形成发展过程 杂草群落分类条目是在杂草群落被应用到杂草生态学研究中之后出现的。最早出现杂草群落这个词是20世纪50～60年代国外农田杂草调查研究的科技文献中，此外还出现杂草植被条目。特别是在化学除草剂广泛应用之后，对杂草草害发生规律了解有其实践需求的驱动力，杂草群落分类作为描述杂草发生分布规律的技术手段，开始广泛出现在文献中。植物群落分类已经有复杂的系统，但是，不同于自然植物群落的结构复杂性和多样性，杂草群落特别是农田杂草群落均是以一二年生杂草为主，较为简单，起初是以优势种进行分类。中国大约于20世纪60年开始在大型国营农场开展杂草调查，主要集中在杂草种类等区系研究上，直到80年代左右开始在文献中出现杂草群落及其分布规律的研究，特别是进行样方法和目测法数量调查，根据优势度对杂草群落进行分类。随着计算机技术的发展，数量分类兴起，最早在杂草群落分类中应用数量分类的是Streibig(1979)，采用系统聚类和主成分分析的数量方法对不同作物类型与杂草区系的关系进行了分析，该研究以样方法调查取样，收集杂草的频率为数量分析的数据。之后，20世纪80年代强胜和李扬汉利用七级目测法获得的数据进行杂草群落数量分类，除引用聚类和主成分分析外，还应用了模糊聚类和典范分析等多元统计分析方法。

基本内容 杂草群落优势种是造成作物危害的主导因素，因此是杂草防治的主要对象。此外，优势种的变化反映了群落结构变化及其所处环境的变迁，通过对农田杂草优势种的调查研究，可以针对性地指导杂草防控措施的实施。因此，依据杂草群落的优势种对杂草群落进行描述和分类，分析总结杂草群落发生分布规律。优势种的确定是根据群落中各杂草种群的优势度而定，这就需要进行杂草种群的数量调查，计算出优势度，最终确定优势种。早期统计方式是基于调查地区农田所有样方计算数量的平均值，或通过人为方式分别不同农田类型如水稻田、小麦田、油菜田、果园等进行主观地分类统计，较少考虑实际的群落类型。这种做法的最大问题是通过人为主观地进行所有样方的种群数量进行平均，可能弱化或甚至掩盖了不同杂草群落的优势种，更谈不上对不同杂草群落进行分类的目的。例如，根据20年前在安徽省夏熟作物（小麦、大麦和油菜）田杂草群落调查结果，按照所有样方的平均统计，优势度最大的前2种杂草是看麦娘和猪殃殃，杂草群落应该定义为看麦娘+猪殃殃为优势种的杂草群落类型。如果按照作物分开，则分成3种类型的杂草群落，其优势种顺序变化不大。

不过，进一步引入杂草群落的数量分类，这首先根据各样方所调查的杂草种群发生数据，利用系统聚类、主成分分析、典范分析等进行客观定量分类，分出不同类别后再分别统计各不同杂草群落的优势种，进一步定义杂草群落类型。结果将安徽夏熟作物田杂草群落分成了3个主要群落类型，猪殃殃＋麦仁珠＋播娘蒿＋麦家公杂草群落，分布发生于淮北小麦和油菜田；猪殃殃＋野燕麦＋阿拉伯婆婆纳＋大巢菜杂草群落分布发生于江淮之间和皖南的旱茬小麦和油菜田；看麦娘＋牛繁缕＋雀舌草＋日本看麦娘杂草群落江淮之间和皖南的稻茬小麦和油菜田。

以农田杂草优势种所代表的杂草群落是多方面因素的综合作用的结果，这些因素包括农田类型、耕作方式、轮作制度、除草剂使用、地理区域、海拔和地貌等。作物的生长季节不同，造成了要求与之相似生态条件的杂草生长。夏熟作物田，如麦类、油菜、蚕豆田等，主要发生的为冬春发生型杂草，构成夏熟作物田杂草，但是，由于耕作制度、地理区域所决定的气候土壤因子决定的杂草群落类型是不同的。杂草群落数量分类学是以样方间的相似性为基础，分类结果使得同一组样方间的相似性尽可能大（或相异性尽可能小），而不同组样方之间的相似性尽可能小（或相异性尽可能大）。进行数量分类时，首先将杂草的种类概念数量化，包括分类运算单位的确定，属性的编码，原始数据的标准化等，然后以数学方法实现分类运算，如相似系数计算（包括距离系数，信息系数）、聚类分析、信息分类、模糊分类等，其共同点是把相似的单位归在一起，而把性质不同的群落分开。数量分类方法为简化地描述杂草群落复杂性提供了有效途径，以便更加客观、准确地阐述杂草群落之间的相似或相异性，并分划为不同的类型。杂草数量分类要尽可能的揭示群落间断性的特性。

数量分类最基本的分类原理有 2 个：一是自下而上的聚合，即从分类单位开始聚合为分类群称为聚合的分类，首先计算样地间的物种相似或相异系数，以此系数为基础把样地不断归并为组，使得同在一组之间样地数据尽量相似，不同组间的样地数据尽量相异。另一个是自上而下的划分，先把被分类群看作是一个整体，再划分为分类群，称为划分的分类，即将所有的样地先看成一个大组，再对所有的样地进行计算分析，根据一些判断标准将其分成不同的几个组，然后再依次分析这些不同的组，使每一个组再分成小组，直到每小组包含的样地尽量相似不能再分为止。杂草数量分类学的分类方法常常采取聚合的分类。

杂草数量分类结果一般用分类图来表示，比较直观。分类图一般有 3 种类型：树状图、星座图、双向分类矩阵。树状图的结构反映等级分类的过程以及各组类之间的关系，其所反映的分类结果及各类型之间的关系非常直观，因而应用广泛。星座图用于表示非等级分类的结果，它不管分类过程如何，只是将最后的结果表示成星座图。双向分类矩阵对等级分类和非等级分类方法都适用，其需要样方分类结果和种类分类结果。其中，双向指示种分析（two-way indicators species analysis，TWINSPAN）能同时对样方和种进行分类，同时反映种类和样方与环境因子间的关系，自 20 世纪 80 年代以来一直在群落分类中占据主导地位；多元回归树（multivariate regression tree，MRT）在最近几年的研究中被较多使用。

与数量分类方法确定群落的间断分布相比，数量排序方法能揭示群落分布的连续关系，定量地确定植物群落的分布格局及组成变化与生境因子的生态关系。数量排序的方法很多，目前最为常用的有主成分分析（Principal Component Analysis，PCA）、除趋势对应分析（Detrended Canonical Correspondence，DCC）、典范对应分析（Canonical Correspondence Analysis，CCA）、除趋势典范对应分析（Detrended Canonical Correspondence Analysis，DCCA）等。

分类和排序是相互联系的，既可以共同分析又可以相互验证，在具体研究中，经常被结合起来使用，以便更好地解释植物群落与环境、植物群落内部的生态关系。

大多数的数量分析方法必须借助计算机方能完成，因而计算机软件显得尤为重要，它已成为数量方法能否广泛应用的内在决定因素。在中国植被分析领域广为流行的软件有 SAS、SPSS、MINITAB 等统计学软件，以及 PC-ORD、CANOCO、ECO 等生态学软件。

存在问题及发展趋势 杂草群落分类主要依赖于杂草群落的数量调查，这是耗时费工，且辛苦的劳动，通常样方调查的强度越大，其数据反映的越接近实际情况，但是，这需要付出的劳动就越多。此外，调查均需要人去完成，人员的专业素养不同，调查的数据质量就有差异，会一定程度上影响调查结果的准确性。因此，随信息技术和人工智能技术的发展，基于遥感的图像识别杂草并结合大数据分析，自动获得调查数据，进一步进行数量分类是发展方向。

参考文献

R. H. 惠特克，1985. 植物群落分类 [M]. 北京：科学出版社 .

强胜，胡金良，1999. 江苏省棉区棉田杂草群落发生分布规律的数量分析 [J]. 生态学报，19(6): 810-816.

强胜，李广英，2000. 南京市草坪夏季杂草分布特点及防除措施研究 [J]. 草业学报，9(1): 48-54.

强胜，李扬汉，1990. 安徽沿江圩丘农区夏收作物田杂草群落分布规律的研究 [J]. 植物生态学与地植物学报，14(3): 212-219.

强胜，李扬汉，1996. 模糊聚类分析在农田杂草群落分布和危害中的应用技术 [J]. 杂草科学，96(4): 32-35.

王开金，强胜，2007. 江苏麦田杂草群落的数量分析 [J]. 草业学报，16(1): 118-126.

张峰，张金屯，2000. 我国植被数量分类和排序研究进展 [J]. 山西大学学报（自然科学版），23(3): 278-282.

朱文达，魏守辉，张朝贤，2008. 湖北省油菜田杂草种类组成及群落特征 [J]. 中国油料作物学报，30(1): 100-105.

庄家文，张峥，强胜，2019. 浙江省水稻田杂草群落调查 [J]. 植物保护学报，46(2): 479-488.

STREIBIG J C, 1979. Numerical methods illustrating the phytosociology of crops in relation to weed flora [J]. Journal of applied ecology, 16(2): 577-587.

（撰稿：张峥；审稿：强胜）

杂草群落生态学 weed community ecology

是研究杂草群落组成、结构、动态及其与环境因子相互关系的科学。它涉及包括物质循环和能量流动在内的相互作用。杂草群落是在一定环境因素的综合影响下，构成一定杂草种群的有机组合。这种在特定环境条件下重复出现的杂草组合，就是杂草群落。通过研究杂草群落可以揭示杂草草害发生、分布规律，为制定防除策略提供科学依据。

概念来源及形成发展过程 众所周知，生活在地球的各种植物，无论是栽培的或野生的，都不是杂乱无章地堆积在一起，而是在一定的生境下相互作用、有规律地生长在一起，并与环境发生一定的相互关系，共同组成一个统一体，即植物群落。杂草是发生在农田作物群落中，受自然和人为因素的双重影响。因此，相当长时间农田杂草被作为作物群落中的一个层片，而不是作为单独的群落。不过，虽然杂草受农作活动的强力干扰，但是，其在农田生态系统中是自然延续的植物，有其自身的形成和发展规律，人类通过各种防治技术措施设法清除它，仍然“野火烧不尽，春风吹又生”。所以，随着杂草科学研究的深入和草害防治在农业生产中重要性的认识加深，由于作物是人类栽培的对象，通过各种农艺技术措施对其进行调控，因此将作物种群作为人为的环境因子，杂草作为农田生态系统中植物群落的主体，即杂草群落。杂草群落有其相对稳定的种类组成、结构特征以及随环境因子改变的动态变化规律等。在网络上可以查询的文献中，最早出现杂草群落这个词是20世纪50～60年代的日本农田杂草调查研究的科技文献中。在欧美杂草科技文献中还出现杂草植被（weed vegetation）。特别是在化学除草剂广泛应用之后，对杂草草害发生规律了解有其实践需求的驱动力，杂草群落开始广泛出现在文献中。中国晚10年左右开始在文献中出现杂草群落。

基本内容 杂草群落是杂草群落生态学研究的对象和核心内容之一。杂草群落的结构研究是研究杂草群落的种类组成、物种多样性、种群特性、外貌、垂直结构和水平结构等。而其中最为重要的内容则为物种多样性，杂草群落物种多样性就是指杂草群落在物种组成、结构、功能和动态方面表现出的丰富多彩的差异。

杂草群落的形成、结构、组成、分布、动态，直接受生态环境因子的制约和影响。主要环境因子包括土壤类型及酸碱度、水分、肥力、地形地貌、轮作和种植制度、土壤耕作、气候和海拔、季节和作物等。研究群落与其环境条件之间的相互关系，它涉及包括物质循环和能量流动在内的相互作用，以及群落对其生存的环境条件的适应。这是杂草群落生态的主要内容，也为杂草的生态防除提供理论依据。

作物的生长季节不同，造成了只允许与之相似生态条件的杂草生长。夏熟作物如麦类、油菜、蚕豆等田中，主要发生春夏发生型杂草如看麦娘、野燕麦、播娘蒿、猪殃殃、牛繁缕、荠菜、打碗花等。秋熟旱作物如玉米、棉花、大豆、甘薯等田中，主要发生夏秋发生型杂草如马唐、狗尾草、鳢肠、铁苋菜、牛筋草、马齿苋等。尽管这一类包括的作物种类远不止上述这些，但由于生长条件、管理方式和生长季节的生态条件趋于相似，故杂草种类发生较为相似或相同。夏熟和秋熟两类作物田杂草仅有少数例子是共同发生的，如香附子、刺儿菜和苣荬菜。不过，在北方一季作物区，这种交替和混合有发生的可能。

由于水分管理不同，水稻田杂草有其独特性。大多数种类为湿生或水生杂草，不同于前两类作物田。如稗、鸭舌草、节节菜、矮慈姑、扁秆藨草、水莎草、异型莎草、牛毛毡、眼子菜等，一般没有和夏熟作物田共同发生的杂草，只有少数种类和秋熟旱作物田是共同的，如空心莲子草、千金子、稗草、双穗雀稗等。

轮作制度会对土壤的性质、水分含量等生态因子产生较大影响，间接影响杂草群落结构。同时，也会直接作用于土壤杂草种子库，决定不同的杂草群落类型。稻茬夏熟作物田杂草是以看麦娘属的看麦娘或日本看麦娘和茼草为优势种的杂草群落。其亚优势种或伴生杂草主要有牛繁缕、雀舌草、猪殃殃、大巢菜、稻槎菜等。在旱茬夏熟作物田，北方地区和南方山坡地是以野燕麦为优势种的杂草群落，其亚优势种或伴生杂草多为阔叶杂草。播娘蒿、麦瓶草、麦蓝菜、麦仁珠喜温凉性气候条件，在秦岭和淮河一线以北地区的夏熟作物田发生和危害；西南高海拔地区，气候条件类似于北方，也有相似的发生规律。薄蒴草主要分布并发生于西北高海拔地区的麦类和油菜田。

扁秆藨草只发生危害偏盐碱性的水稻田，北方地区稻田较为普遍。圆叶节节菜喜暖性气候，主要发生分布于华南及长江以南山区的水稻田。胜红蓟、龙爪茅等适应热带、亚热带气候条件的杂草，主要分布发生于华南地区的旱地。

杂草群落的动态是杂草群落学的中心问题之一，包括群落的更新、波动、演替、进化等主要内容。杂草群落的演替又是杂草群落动态研究的核心内容，是杂草学家一直关注的焦点。因为，了解了杂草群落演替规律，就可以预测杂草草害，为杂草防治提供理论依据。自1916年克莱门茨（F. E. Clements）首次系统地提出演替学说以来，演替的理论和方法得到了迅速发展。国外的许多学者在群落演替的理论、方法、原因及其内在机制等方面进行了深入研究，并通过对不同地区群落演替动态的大量研究工作，提出了许多关于演替的过程和机制的理论和学说，并描述了演替过程的数学模型。中国植物生态学家对群落动态也进行了大量的定性研究。

杂草群落也和通常意义的植物群落一样，在农业措施作用下和环境条件变化的情况下，进行着演替，也就是一个杂草群落为另一个杂草群落所取代的过程。在自然界，植物群落演替是非常缓慢的过程，但是农田杂草群落的演替，由于频繁的农业耕作活动而变得较为迅速。农田杂草群落演替的动力即是农业耕作活动及农业生产措施的应用，通常其演替的趋势总是与农作物生长周期相一致的。也就是说，作物是一年一熟或一年多熟的农田，其杂草群落的演替总是趋向于以一年生杂草为主的方向，反之亦然。如黑龙江垦区农田杂草群落的演替情况是这样的：开垦初期以小叶樟、芦苇及蒿属等多年生植物为主；经7～8年耕作，则演变为以苣荬菜、鸭跖草为主的杂草群落；又经5～6年后，则变为以稗草为优势种的杂草群落等。再如，河北柏各庄垦区，开垦初期以藻类、碱蓬、芦苇等为主，盐碱较重；种稻后，经水洗盐，演变为以扁秆藨草为主的群落；继续洗盐、施肥的情况下，土壤含盐量降至更低，土壤结构改良，稗草群落代替扁秆藨草群落。

随着化学除草剂的普遍应用，杂草群落演替速度进一步加快，抗性杂草种群迅速演替为优势种群。中国华北地区长期使用苯磺隆防除阔叶杂草，导致抗磺酰脲类播娘蒿种群出现。美国抗除草剂大豆田广泛使用草甘膦，导致抗草甘膦长芒苋种群的出现。

外来植物入侵加剧了农田杂草群落演替速度。中国华北地区麦田受外来杂草节节麦、野燕麦、大穗看麦娘和多花黑麦草入侵，已经使一些地区以播娘蒿、猪殃殃等阔叶杂草为优势种杂草群落演替为以禾本科杂草为优势种的杂草群落。胜红蓟入侵中国华南地区秋熟旱作物田，逐渐演替为优势种。

杂草群落演替的结果，总是达到一种可以适应某种农业措施作用总和的动态稳定状态，即*顶极杂草群落*。水稻田中顶极杂草群落均为以稗草为优势种的杂草群落，尽管人类的汰除，由于稗草与水稻的伴生性，使之处于相对稳定状态。稻茬麦田的顶极杂草群落是以看麦娘属为优势种的杂草群落。北方旱茬麦田多是以野燕麦为优势种的顶极杂草群落。秋熟旱作物田的顶极杂草群落，大多是以马唐为优势种的杂草群落等等。

科学意义与应用价值 杂草作为有害生物总是以杂草群落形式引起危害，群落中优势种被控制，其他物种可能迅速得到发展成为新的优势种，研究控制单一杂草种群不足以完全解决杂草草害问题，因此，研究和控制杂草群落是防治杂草的主要目标。

研究揭示杂草群落形成、结构、发生分布、动态及其演替规律等成为杂草群落的主要内容，理解草害发生的关键，有助于科学制定防治策略，指导除草剂的市场和应用，精准预测杂草草害等。

存在问题及发展趋势 随着农业耕作栽培的改变、除草技术的进步、化学除草剂的大量应用，杂草群落发生显著的演替，面临新的草害问题，这就需要开展深入的杂草群落监测，开展相关的恶变机制研究，以应对杂草防除的新挑战。

外来植物入侵是导致杂草群落演替、杂草危害不断加剧的重要因素之一，深入开展外来植物杂草性演化规律的研究，对建立切实可行的预警防控技术及管理体制具有重要的指导意义。

利用现代信息技术和人工智能，开展杂草群落动态实时监控，并基于实时草情信息，精准实施相应的防除技术措施，如精准施药等。不过，识别和精准计量杂草群落结构和大小，仍然是需要深入研究的科学技术问题。

参考文献

李日红, 2000. 植物群落的特点和演替 [J]. 中山大学学报论丛, 20(5): 27-31.

刘振国, 李镇清, 董明, 2005. 植物群落动态模型分析 [J]. 生物多样性, 13(3): 269-277.

强胜, 2009. 杂草学 [M]. 2 版. 北京: 中国农业出版社: 25-35.

舒勇, 刘扬晶, 2008. 植物群落学研究综述 [J]. 江西农业学报, 20(6): 51-54.

孙儒泳, 李博, 诸葛阳, 等, 1993. 普通生态学 [M]. 北京: 高等教育出版社: 147.

杨志焕, 葛滢, 沈琪, 等, 2005. 亚热带人工湿地中配置植物与迁入植物多样性的季节变化 [J]. 生物多样性, 13(6): 58-65.

于海燕, 李香菊, 2018. 节节麦在中国的分布及其研究概况 [J]. 杂草学报, 36(1): 1-7.

张朝贤, 倪汉文, 魏守辉, 等, 2009. 杂草抗药性研究进展 [J]. 中国农业科学, 42(4): 1274-1289.

左大康, 1990. 现代地理学辞典 [M]. 北京: 商务印书馆: 856.

荒井正雄, 千坂英雄, 片岡孝義, 1959. 水田裏作圃における耕種条件による雑草群落の変化: 第 3 報春秋の耕起方法が雑草群落構造・雑草量に及ぼす影響 [J]. Japanese journal of crop science, 27(3): 387-390.

HOLZNER W, NUMATA M, 1982. Biology and ecology of weeds [M]. London: Dr. W. Junk Publisher.

RADOSEVICH S R, HOLT J S, GHERSA C, 1997. Weed ecology: implications for management [M]. Toronto: John Wiley & Sons, Inc.

（撰稿：李儒海；审稿：强胜）

杂草群落演替 weed community succession

杂草群落在农业措施和环境条件变化的作用下，一个杂草群落为另一个杂草群落所取代的过程。群落结构杂草群落发生演替的主要标志：群落在物种组成或者在物种的优势度上发生了变化。杂草群落演替，已经成为中国杂草成灾的主要原因。

杂草群落的演替是群落内部关系（包括种内和种间关系）与外界环境中各种生态因子综合作用的结果。农田杂草群落演替受到群落组成的物种特性以及多种环境因素和人为因素的影响。驱动演替的动力理论人为主要有生物和物理等两大驱动力。生物驱动力理论（biological driving force theory）意指在演替的过程中，总是由一些杂草种类通过竞争取代另一些种类，从而驱动了由一个群落取代另一个植被群落的演替发生，群落也由年轻演替阶段发展为成熟阶段。物理驱动力理论（physical driving force theory）指在演替的过程中，群落的发展总是导致群落生境的变化，结果适应生境变化的一些种类可以不断发展，而不适应生境变化的种类则消退，从而驱动了群落演替的发生。此后，有学者补充提出“演替化学驱动力假说”，认为演替是由生物、物理和化学 3 种驱动力共同推动演替的发展，即不同演替阶段优势种的化感作用，影响了种间竞争力和对群落内不断变化的生态要素的适应度，推进了种类更替和演替的进程。

驱动群落演替的主要因素包括 CO_2 浓度升高、全球变暖、外来植物入侵、降水量变化等气候因素，保护性耕作、轮作、地膜覆盖、间作等耕作模式和种植制度，以及施肥、灌溉和化学除草剂的使用等农事操作。在自然界，植物群落演替是非常缓慢的过程，但是农田杂草群落的演替，由于频繁的农业耕作活动，特别是化学除草剂应用导致的选择压，而较为迅速，且杂草群落的演替往往具有长期性和隐蔽性。杂草群落的演替主要表现为杂草区系种类多样化、杂草群落结构复杂化、恶性杂草种群密度加大等，大大增加了杂草防控的难度。

全球变化对农田杂草群落演替的影响 随人口增长、工业化程度提高以及国际交往的日益频繁，全球变化已经成为一种趋势。全球变化包括气候变化、外来物种入侵等方面。外来植物入侵导致农田杂草群落发生演替已经成为农田杂草群落演替的主要因素之一。在中国华北地区，野燕麦、节节麦、多花黑麦草以及大穗看麦娘入侵，使小麦田原以播娘蒿、猪殃殃阔叶杂草为优势种的杂草群落演替为以禾本科杂草为优势种的麦田杂草群落。全球气候变化包括 CO_2 浓度升高、全球变暖、降水模式的变化和全球干旱程度的增加等，已经引发了农田生态系统中杂草群落结构的改变。CO_2 浓度的增加可导致植物光合作用增强，从而刺激植物的营养生长，多年生杂草的营养繁殖器官生长将更加旺盛，其危害性增加，防除难度加大；另外，CO_2 浓度的增加将诱导植物的形态生理和解剖学变化，从而影响除草剂的吸收和转运速率，导致除草剂防效的下降。全球变暖则降低了农田生态系统中杂草的物种多样性。降水量的增加将导致水生杂草的危害程度进一步加深，同时，干旱或降水量也会影响除草剂药效的发挥。因此，需要关注气候变化对杂草群落的影响，以便在维持作物生产的同时制定有效的农田杂草防控策略。全球气候变化助推了外来入侵杂草胜红蓟不断由南向北入侵。

耕作模式及种植制度对农田杂草群落演替的影响 杂草是随着人类生产和生活活动逐渐演变的，人类的生产活动对杂草群落演替起十分关键的作用。随着农业技术的发展以及农村劳动力向城市转移，省工节本的轻型栽培耕作模式如免耕、少耕以及直播栽培得到大力推广，耕作制度和种植方式的改变也导致土壤水分、温度、部分理化性质以及周边环境生态因子的改变，进而影响杂草的群落结构、个体发育、发生规律等。最为明显的是由于旱直播栽培马唐、金狗尾、牛筋草等秋熟旱作田杂草成为稻田杂草群落优势种，导致群落演替。研究耕作制度和种植模式对杂草发生规律的影响，对杂草的有效防控具有重要意义。

合理的耕作可以破坏杂草在田间的传播循环，减少或降低杂草种子的有效性，而保护性耕作减少了对土壤的翻耕，提高了杂草种子库的密度，使得多年生杂草的危害程度进一步加深；轮作作为一种有效的生态控草措施，能有效减少土壤种子库中的杂草种子数量，降低翌年杂草危害；地膜覆盖改变了杂草的生存环境，不仅抑制了优势杂草的危害，而且使整个杂草群落处于一个稳定的水平，从而避免了恶性杂草的暴发；间作可以有效抑制杂草的发生，提高作物对杂草的竞争能力，或利用植物间的他感作用抑制杂草。

田间农事操作对农田杂草群落演替的影响 田间农事操作，包括施肥、灌溉、除草等，通过调节农田土壤养分、水分等环境因素，从而改变杂草与作物间的竞争作用，引起杂草群落的变化。化学除草剂的应用对杂草群落的影响十分强烈。

在长期相同施肥条件下，土壤的肥力呈周期性、稳定性的变化，杂草群落在长期适应土壤养分环境过程中，形成具有喜某种特定营养元素的相对优势的杂草种群。灌溉对旱地作物和水稻的生产都十分重要，对旱地作物田而言，滴灌作为节水灌溉技术，相比于其他灌溉方式能够降低杂草危害的发生，而早期水层管理是稻田杂草生态控制的重要措施。

化学除草作为田间除草的主要方式，具有省工、省力、经济方便、除草效果好的特点，被大面积推广应用。长期连续使用单一类的选择性除草剂，使得杂草群落受到单一的定向选择压力，从而在除去特定的一种或几种杂草的同时，使非靶性次要杂草上升为新的优势杂草，诱导杂草群落迅速发生演替。由于不同杂草种类发生抗性演化的速度不同，那些容易发生抗性的杂草则迅速演化为优势种，引起杂草群落的演替，农田杂草危害加剧，防治难度加大。中国长江中下游地区稻茬麦田菵草广泛产生抗性，导致其演替为群落优势种。在美国，转基因抗草甘膦大豆的种植，长期单一使用草甘膦，抗性长芒苋迅速演替为优势种。

针对杂草群落演替响应自然和人为影响因子的变化，需针对性地开展系统、长期地加强杂草危害的监测预警，加强抗药性杂草的监测和治理。研发生物、生态、化学等多种技术手段的综合杂草管理技术体系，特别是消减杂草群落的生态控草技术，降低对化学除草技术的过度依赖性，为杂草抗药性治理提供有效和可持续的办法，确保任一作用机理的除草剂对杂草的选择压最小化，延缓杂草群落演替的速度，实现杂草的可持续治理。

参考文献

李儒海，强胜，邱多生，等，2008. 长期不同施肥方式对稻油两熟制油菜田杂草群落多样性的影响 [J]. 生物多样性，16(2): 118-125.

李儒海，强胜，邱多生，等，2008. 长期不同施肥方式对稻油轮作制水稻田杂草群落的影响 [J]. 生态学报，28(7): 3236-3243.

强胜，沈俊明，等，2003. 种植制度对江苏省棉田杂草群落影响的研究 [J]. 植物生态学报，27(2): 278-282.

强胜，2010. 我国杂草学研究现状及其发展策略 [J]. 植物保护，36(4): 1-5.

孙金秋，任相亮，胡红岩，等，2019. 农田杂草群落演替的影响因素综述 [J]. 杂草学报，37(2): 1-9.

万开元，潘俊峰，陶勇，等，2012. 长期施肥对农田杂草的影响及其适应性进化研究进展 [J]. 生态学杂志，31(11): 2943-2949.

魏守辉，强胜，马波，等，2005. 不同作物轮作制度对土壤杂草种子库特征的影响 [J]. 生态学杂志，24(4): 385-389.

吴竞仑，李永丰，王一专，等，2006. 不同除草剂对稻田杂草群落演替的影响 [J]. 植物保护学报，33(2): 202-206.

HEAP I, DUKE S O, 2017. Overview of glyphosate-resistant weeds [J]. Pest management science, 74(5): 1040-1049.

（撰稿：张峥；审稿：强胜）

杂草生态学 weed ecology

是研究杂草与其他植物及环境之间相互关系的一门学科，主要包括杂草对环境的适应、杂草与杂草 / 作物的竞争、杂草种群和群落的形成与发展动态等。杂草生态学根据研究对象的组织水平可分为杂草个体生态、杂草种群生态和杂草群落生态 3 个层次。杂草生态学研究可以揭示杂草发生分布及其危害规律，为杂草可持续防治提供理论依据。

名称来源 杂草生态学是以杂草为研究对象的一门生态学科，是植物生态学的一个重要分支。早期的杂草生态学研究可以追溯到20世纪初期，特别是20世纪中期以来，随着化学除草剂的普及，化学除草剂的科学使用技术需要杂草生态学的理论指导。学者们围绕杂草分布与环境、种群动态及群落演替等生态学内容进行了大量研究。从20世纪末到21世纪初期，已有许多杂草生态学相关的著作出版，对杂草生态学的基本原理和核心内容进行了系统介绍或专题阐述。

1995年，Cousens和Mortimer合作编写了*Dynamics of Weed Populations*一书，将许多植物种群生态学的模型运用于杂草种群动态的研究，注重杂草在地理大区域和局部小尺度的空间分布动态，系统分析了杂草种群变化对治理措施的响应及影响杂草扩散、繁殖和死亡等的基本生态因素，该书对杂草种群生态学的发展起到了重要推动作用。之后，Zimdahl（2004）主编了*Weed-crop Competition*一书，对前人有关杂草－作物竞争的重要研究工作进行了系统总结，这是杂草生态学领域有关种群竞争的经典教科书式的著作，大大丰富了杂草生态学理论；Randall（2012）主编了*A Global Compendium of Weeds*一书，对全球杂草的生态习性和发生分布信息进行了非常全面地记录；Heap（2014）撰写了*Herbicide Resistant Weeds*一书，重点介绍了除草剂抗药性的演化及抗性产生机制，并对抗除草剂杂草进行了定义和分类，促进了杂草抗逆生态学的迅速发展。

在杂草生态学的研究和发展过程中，学者们逐渐认识到杂草生态学是杂草科学的重要理论基础，杂草的高效和精准治理需要建立在明确其生物学与生态学规律的基础上。Radosevich等（1997）在主编的*Weed Ecology: Implications for Management*一书中概述了基于生态的杂草治理的必要性，提出要采用植物生态学的基本原理和方法，从生态学的角度来治理杂草，研发相关生态防控新技术。此后，Monaco等（2002）主编的*Weed Science: Principles and Practices*、Hakansson（2003）主编的*Weeds and Weed Management on Arable Land: An Ecological Approach*及Inderjit（2004）主编的*Weed Biology and Management*等著作陆续对杂草生态学及相关原理在杂草科学理论与实践中的应用进行了阐述。基于前人的相关工作，Booth等（2003）主编了*Weed Ecology in Natural and Agricultural Systems*一书，从杂草科学和杂草治理的角度系统介绍了杂草生态学的基本原理及应用，这是一本有关杂草生态学的入门级教材，为杂草生态学的发展奠定了基础。

中国学者在杂草生态学方面也开展了许多工作，早在20世纪80年代初期，已围绕杂草的区系分布、种子休眠及种群消长动态等方面进行了一些研究。基于前期调查研究，李扬汉（1982）发表了《杂草生态和生态防除》的论文，系统探讨了杂草与生态因子间的互作和响应，首次提出了“以生态防除为中心，结合化学除草，实行田园杂草综合防除”的杂草治理策略，标志着中国杂草生态学研究的开始。此后，中国陆续开展了许多有关农田杂草个体生态学和群落生态学的研究。经过10余年的发展和研究积累，唐洪元（1991）主编了《中国农田杂草》，对中国主要农田杂草的发生分布、种群消长动态及对作物的产量损失进行了系统阐述；李扬汉（1998）主编了《中国杂草志》，这是中国杂草科学的一本巨著，全面总结了中国田园杂草的种类、区系分布及其生态习性，并从群落生态学的角度，对中国各地区杂草群落的结构组成进行了系统的划分。上述这些工作，为中国杂草生态学的发展奠定了良好的基础。强胜（2001）在全面总结已有杂草生态学研究的基础上，主编了《杂草学》一书，其中对杂草生态学进行了明确定义，并把杂草生态学分为杂草个体生态、种群生态和群落生态3个层次，这是系统阐述杂草生态学的全国性课程教材，由此确立了中国杂草生态学的学科体系。

主要内容 杂草生态学的研究目的在于阐明环境生态条件对杂草区系分布、休眠萌发、种群消长、竞争危害及群落形成和演替等的影响，以及杂草对农田生态环境、耕作制度、杂草管理措施及除草剂的适应机制，研发基于生态的杂草治理措施，减少农用化学品的投入，保障中国农业生产安全和环境生态安全。杂草生态学主要内容包括杂草个体生态学、种群生态学和群落生态学3个方面。

杂草个体生态学 主要从杂草个体的角度去研究杂草与环境的相互关系，探究各种环境因子对杂草个体生长的影响，以及杂草个体在形态、生理生化和生长习性方面的生态适应机制，阐明杂草个体与其生长环境之间的互作关系和规律。杂草个体生态学的研究内容主要包括环境条件与环境因子的分析，杂草个体的休眠萌发、营养生长、开花结实及传播扩散等阶段的形态、生理生化反应及其与环境的关系。

随着全球气候变化和耕作栽培制度改变，导致杂草所处生境的温度、湿度和光照等环境生态条件也发生改变，将显著影响杂草的发生和危害，基于杂草治理的目的开展相关工作将使杂草生态学研究更具有实际意义。杂草种子的休眠和萌发特性是杂草个体生态学的重要内容，受环境生态条件的影响较大。研究明确环境生态因子对杂草种子休眠和萌发的影响和调控机制，结合田间具体的温度、湿度、光照及养分等条件进行综合分析，可以对未来田间杂草的发生时间和发生数量进行预测。在此基础上，人们能够采取有针对性的措施对杂草进行治理。因此，杂草生态学研究是对杂草进行科学治理的重要前提。

杂草种群生态学 主要研究杂草种群的数量动态与环境之间的相互作用关系，涉及种群结构、种群生态对策、种内与种间关系、种群生态适应与进化等方面。具体包括地上杂草种群和土壤杂草种子库的空间分布格局、种群增长动态、杂草竞争临界期及经济阈值、杂草化感作用、杂草的适应性进化及抗药性等。杂草种群生态学研究的主要对象是杂草种群，其在农田生态系统中的时空动态、暴发成灾规律及与作物或除草剂的协同进化机制，对制定草害的可持续防控策略具有重要意义。

杂草在一定时间和空间范围内，通常会自然形成与其所处环境相适应的、具有一定规模的种群。杂草种群只有达到一定的群体数量，才会在田间对作物造成危害。特定的耕作制度、环境生态条件或农作控草措施，会对田间杂草种群形成选择压，影响不同生态对策杂草的种群数量和种间竞争，进而影响其经济阈值和竞争临界期；有时还会提高某些杂草的化感作用，使其在种群竞争中处于优势；若这种选择压作用于杂草种群内部，会使群体产生有方向的遗传性演化和分化，可能导致物种的形成与进化。在目前的农业生产系统中，除草剂的应用是影响杂草与作物种群竞争的重要因素，杂草如果长期处在特定除草剂的选择压下，种群个体就可能发生靶标基因的序列变化而产生抗药性，使种群得以延续。杂草抗药性方面的研究已成为当前杂草种群生态学研究的热点。

杂草群落生态学　主要研究杂草群落与环境之间的相互作用关系，即环境生态因子对杂草群落组成、结构特征、演替动态及地理分布的影响。具体内容涉及杂草群落的种类组成、数量特征、物种多样性、水平或垂直分布，杂草群落的形成及其影响因素、群落的演替规律，以及中国杂草群落的类型和区划分区等。

杂草群落是杂草群落生态学研究的主要对象，是在特定环境因子的综合作用下形成的多种杂草种群的有机组合。杂草通常以群落的形式造成危害，群落中优势杂草被控制，其他杂草可能迅速增长成为新的优势种。因此，研究控制单一杂草种群已不能完全解决草害问题，控制杂草群落才是杂草治理的主要目标。中国地域辽阔，农业生态环境复杂，杂草群落类型丰富。农田杂草群落的区域分布、种类组成、优势种数量特征及消长动态，明显受到环境生态条件和农作措施的影响。基于杂草群落对生态因子综合影响的反应，对杂草群落的形成和演替机理进行深入研究，从而系统揭示杂草区系组成、发生分布及演替规律，可为制定农田草害的综合防控策略提供科学依据。

杂草生态学研究为杂草科学防治提供了理论基础。优势杂草的萌发规律和种群动态规律的研究为除草剂适期使用提供了科学依据；基于杂草种群数量和杂草防除成本的经济阈值模型为杂草防治技术的科学实施提供理论指导；杂草群落发生分布规律的研究为区域杂草防治策略制定、除草剂的市场推广提供依据；基于稻—麦连作田杂草子实随水流传播扩散规律的研究，发展拦网网捞杂草子实的生态控技术，可以大幅降低杂草基数，减少化学除草剂的用量。

存在问题和发展趋势　自20世纪40年代2,4-滴被发现以来，化学除草因其省时、省力和经济高效而迅猛发展，逐渐取代传统的人工除草。但是，随着全球气候变化、除草剂长期使用及耕作栽培模式的改变，导致农业生产中出现杂草群落演替、残留药害严重和抗性杂草频发等突出问题，中国粮食生产更注重以健康、安全为前提的优质高产，提倡利用生物、生态的措施对杂草进行可持续治理，尽量减少化学除草剂的使用。基于杂草生物学与生态学规律对草害进行综合治理，是保障中国粮食安全和生态安全的重要途径，越来越受到杂草科学工作者的重视。

今后的杂草生态学研究应服务于杂草防除工作，需要将研究重心从原来为化学除草剂使用提供理论依据转移到提高杂草生态治理水平的目的上，为研发生态和谐、环境友好的草害防控技术提供科学依据。目前，在微观方面，随着生物化学、分子生物学及组学技术的发展，杂草生态学研究已深入到分子水平，解析了许多杂草的生态适应和抗性演化分子机制、休眠萌发机制及其调控信号通路。在宏观方面，杂草生态学研究已从简单的个体，扩展到种群和群落的研究，并且随着系统工程、计算机网络和遥感监测技术的发展，杂草生态学研究将从定性到定量、从人工分析到系统模拟、从实地调查到遥感监测转变，有望进入一个崭新的发展时期。在杂草生态学研究方面，需密切关注杂草种群的时空动态及其调节机制，种群灾变规律、种子休眠和萌发的调控、杂草—作物—除草剂的互作及协同进化、群落演替与气候变化的关系等。

参考文献

强胜, 2001. 杂草学 [M]. 北京: 中国农业出版社.

李扬汉, 1982. 杂草生态和生态防除 [J]. 生态学杂志 (3): 24-29.

李扬汉, 1998. 中国杂草志 [M]. 北京: 中国农业出版社.

唐洪元, 1991. 中国农田杂草 [M]. 上海: 上海科技教育出版社.

段昌群, 苏文华, 杨树华, 等, 2020. 植物生态学 [M]. 3版. 北京: 高等教育出版社.

龙文兴, 2016. 植物生态学 [M]. 北京: 科学出版社.

BOOTH B D, MURPHY S D, SWANTON C J, 2003. Weed ecology in natural and agricultural systems [M]. Wallingford, UK: CABI.

COUSENS R, MORTIMER M, 1995. Dynamics of weed populations [M]. New York: Cambridge University Press.

HAKANSSON S, 2003. Weeds and weed management on Arable Land: an ecological approach [M]. Wallingford, UK: CABI.

HEAP I M, 2014. Herbicide resistant weeds [M]//Pesticide problems. Vol. 3 of integrated pest management. The Netherlands: Springer.

INDERJIT, 2004. Weed biology and management [M]. The Netherlands: Kluwer Academic.

MONACO T J, WELLER S C, ASHTON F M, 2002. Weed science: principles and practices [M]. New York: Wiley.

RADOSEVICH S R, HOLT J S, GHERSA C, 1997. Weed ecology: implications for management [M]. New York: Wiley.

RANDALL R P, 2012. A global compendium of weeds [M]. 2nd ed. Australia: Department of Agriculture and Food.

ZIMDAHL R L, 2004. Weed-crop competition [M]. 2nd ed. Oxford: Blackwell.

ZHANG Z, LI R H, WANG D H, et al, 2019. Floating dynamics of *Beckmannia syzigachne* seed dispersal via irrigation water in a rice field [J]. Agriculture, ecosystems and environment, 277: 36-43.

ZHANG Z, LI R H, ZHAO C, et al, 2021. Reduction in weed infestation through integrated depletion of the weed seed bank in a rice-wheat cropping system [J]. Agronomy for sustainable development, 41(1): 1-14.

（撰稿：魏守辉；审稿：强胜）

杂草生物防治　biological control of weeds

谨慎地利用寄主范围较为专一的植食性动物或植物病原微生物，将影响人类经济活动的杂草种群控制在经济上、生态上或环境美化上可以容许的水平。生物防治与化学防治杂草相比具有投资少、收益大、不污染环境等优点。生物防治是防除对化学除草剂有抗性或者难以防治的杂草、发生在特殊环境如水域中的杂草、外来杂草、多年生杂草和有毒杂草的最理想的方法。

形成和发展过程 利用动物或微生物控制植物群体是一个已经进行了若干世纪的自然过程。由于农业生产的告诉发展，才使人们有意识地利用这一途径来治理草害。中国自古以来就有利用动物灭草的先例，东魏贾思勰《齐民要术》中记载“菅茅之地，宜纵牛羊践之，七月耕之即死”。唐代刘恂《岭表录异》中也有稻田养鱼防治杂草的记录。

杂草生物防治最早的记载是1795年，印度从巴西引进了胭脂虫成功地控制了霸王树仙人掌的危害，这是人类第一次有意识地引进外来物种防治杂草危害。此后至20世纪中叶，澳大利亚从阿根廷引进仙人掌穿孔螟蛾治理仙人掌，用食虫网蝽、夜蛾、野螟和茎钻孔虫等治理马樱丹等方面均取得了明显的成效。从20世纪中叶至90年代，以虫治草的研究和实践得到高度重视和迅速的发展，先后成功地利用昆虫对紫茎泽兰、豚草、空心莲子草、麝香飞廉以及矢车菊、柳穿鱼、槐叶苹等多种难除杂草进行了有效治理并取得显著成效。

利用微生物防治杂草的成功实践要比以虫治草晚。20世纪60年代，中国开发的胶孢炭疽菌“鲁保一号”防治大豆田菟丝子是世界上最早应用于生产实践的生物除草剂之一。20世纪70年代，澳大利亚引进了一种侵染力极强的锈菌有效地控制了灯芯草粉苞苣的蔓延，美国利用镰刀菌属的真菌和一种杆状细菌有效的控制了田蓟的生长与繁殖，为农业生产做出了贡献。20世纪80年代，中国新疆哈密植物保护站研制出“生防剂798”，用于控制西瓜地寄生杂草列当的生长。1981年，世界上第一个真菌除草剂De Vine™在美国获得正式登记和商业化，这具有划时代标志意义，开创了人类利用现代工程技术控制性地利用生物防治杂草的新时代。此外，利用植物病原菌的代谢物治理杂草也越来越受到人们的重视。

杂草生物防治已有100多年的历史，但直到1969年才真正作为一门新兴学科。20世纪70年代以来，杂草的生物防治由非耕地扩展到农田、水域及种植园。在1980年前利用无脊椎动物和真菌控制101种杂草的174个杂草生物防治项目中，有68个项目取得成功，利用了117种昆虫、2种螨类、1种线虫和4种真菌，有效地控制了49种杂草的危害。

基本内容 杂草的生物防治是在整个农业生态系统中利用杂草的生物天敌，如昆虫、病原真菌、细菌、病毒、线虫、食草动物或其他高等植物来控制杂草的发生、蔓延和危害的防除方法，包括以虫治草、以病原微生物治草、生物除草剂防治、动物治草等方式。动物治草由来已久，中国古书《岭表录异》上就有记载，选择合适的食草动物不仅能有效控制杂草，还能捕食害虫，培肥地力，从而减少农药化肥用量，保护环境，具有良好的综合效益。生物除草剂是指利用自然界中的生物（包括微生物、植物和动物）或其组织，通过生物工程技术大批量生产的用于除草的生物制剂，通过淹没式释放，迅速防治杂草的生物制剂产品，它是杂草生物防治的主要技术方法之一（见生物除草剂）。以病原微生物治草是指利用特定病原微生物对某种植物侵染的高度专一性，来侵染杂草使其发病，从而影响杂草生长发育和繁殖的一种防治杂草方法；以虫治草是指利用昆虫对杂草的相对专一的取食性来控制杂草的生长与蔓延的方法。以虫和以病原微生物治草属于经典生物防治。

理论上，杂草生物防治主要依据生物地理学、种群动态学及群落生态学的原理，在明确天敌—寄主—环境三者关系的基础上，对目标杂草进行调节控制。杂草生防作用物不必使寄主植物立即致死，而是通过降低寄主植物种子量，或通过天敌的压力，使其与其他植物的竞争力下降，最终被其他植物取代，或使其不能对抗环境所产生的压力增加死亡率，以达到降低种群密度的目的。杂草生物防治一般分为传统生物防治、淹没释放、助增释放和整个植物群落的管理四种方法。传统生物防治是从国外或者外地区（一般是杂草原产地）引进能持久建立种群的专一性天敌控制杂草的方法；助增释放是一种常规释放（特别是每年初春）外来或本地专一性天敌，增加其田间种群密度，达到控制目的的方法；淹没释放是指在实验室条件下，人工大量饲养天敌，在适当季节和地点进行大量释放的方法；植物群落管理是指人为操纵和调节天敌对植物群落的控制作用即控制区域，以达到对某种或几种杂草要控制的水平。从策略上讲，杂草生物防治可分为经典的方法和生物除草剂的方法。经典生物防治包括以虫治草和以病原微生物治草（见经典生物防治）。生物除草剂方法是指利用从当地杂草上分离得到的病原物作为除草剂使用后，使得目标杂草在最适合病原物侵染的时期被病原物重重包围，从而产生病害而死亡，最终控制杂草的方法（见生物除草剂）。

随着福建、湖南、湖北、江苏等地规模化的推广“稻-鸭”“稻—鱼”“稻—虾”“稻—鳖”和“稻—蟹”等立体种养模式，以动物治草，有效的减少杂草对水稻的危害，同时提高了农业生产经济效益和生态效益。现代稻田综合种养模式指利用稻田的浅水环境养殖鸭、鱼、虾、鳖、蟹等的生态农业模，它的构建与运行是基于“互利共生”生态学理论的指导，是对食物链理论和生态位理论的实践应用。在稻田综合种养系统中，水稻能够改善水质、为动物提供荫蔽，优化动物的生存环境。动物以稻田内的害虫和水草等为食，可以减少水稻农药施用量；其排泄物和剩余残饵又能为水稻提供生物肥料，从而减少化肥施用量。水生动物在生长过程中，会打通土壤深层与表层的通透性，增加土壤微生物数量和活性，提高微生物群落多样性，进而改善稻田土壤生态。

根据农业农村部的统计，中国稻田综合种养面积在2019年达到232万hm^2，其中“稻—鸭”和“稻—虾”占比超过一半。稻—鸭共作是将水稻种植和鸭子养殖置于同一时空内，利用二者的共生共长关系构建成一个立体种植与养殖的复合生态系统。稻田为鸭子提供活动、栖息等生长空间及杂草、昆虫、浮萍、田螺等天然食物来源，鸭子喜食除禾本科以外的水面浮游杂草和稻田植物，在田间活动践踏杂草，影响杂草和杂草种子库的数量、物种结构、丰富度和组成，具有控草的作用。现代稻—鸭共作继承和创新了中国具有数百年历史的稻田养鸭模式，改早放晚收为阶段共生，改流动放牧和区域巡牧为电网圈养，是具有质的飞跃的新技术。该模式具有降低综合温室效应、生物性抑制病虫草害、提高土壤质量、改善水体环境、稳定水稻产量和提高稻米品质等作用，具有良好的经济、社会和环境效益。

此外，“农牧一体化”理论指导下的玉米田养鹅生产模式借助放牧而有效利用田间杂草资源，在维持较高生物多样性的基础上实现农牧复合系统的生态经济效益，是杂草生物防治的全新尝试。玉米田养鹅复合种养模式下，日间放养，补饲，夜间归舍，鹅采食玉米秆底下的老叶、须根和杂草，这样不仅丰富了大鹅的食物种类，而且有助于控制玉米地里的杂草，提高玉米行间通风性，促进玉米扎根更深、植株生长更快，从而提高玉米产量和大鹅品质。

科学意义和应用价值 生物防治杂草的目的是通过干扰或破坏杂草的生长发育、形态建成、繁殖与传播，使杂草的种群数量和分布控制再经济阈值允许或人类的生产、经营活动不受其太大影响的水平之下。相较于化学防治，生物防治具有不污染环境、不产生药害、经济效益高等优点，而且比农业防治、物理防治更简便。

存在问题和发展趋势 传统杂草生物防治由于其杀草谱窄、收效慢、受气候等环境因子影响较大，存在一定的局限性。且生物防治计划实施前要考虑多方面的影响，这就需要科学评价其效果，走可持续发展道路。

杂草生物防治技术需要与时俱进，与现代科学技术相结合，从中开拓新思维和新方法。可以利用大数据对动物治草和以虫治草的潜力、生态风险和控制效果在引进前进行快速评估，在引进后进行长期监测和系统分析，从而建立安全、有效的杂草防除技术。基因工程尤其是基因编辑技术的介入，可以高效地改造病原微生物菌株，提高其对杂草的致病力和对环境的适应性；同时，现代工程学技术、新型纳米和生物材料在剂型研制中应用，可以突破生物除草剂产品环境适应性窄这个瓶颈问题，从而提高杂草的防除效果。随着人们环保意识逐渐增强和现代有机农业的快速发展，生物除草剂的应用也越来越受到关注。所以，大力加强生物除草剂研究既有动力又有必要。在化学生态学迅猛发展的今天，生物除草剂的研发与应用已成为杂草生物防治研究领域的重要内容之一。

RNA 干扰技术已成为当前生物学领域最炙手可热的研究工具，完全有潜力发展成为一种打破传统生物防治研发思路的杂草生物防治技术。因此，加强 RNA 干扰技术的理论研究，以主要草害为目标，加速开发基于小 RNA 干扰等技术的基因药物，是未来生物防治发展的重要方向。然而，RNA 干扰技术成功应用于除草之前必须解决以下几个关键的问题：①基因沉默靶标基因的选择，如何选取杂草靶标基因上的一个片段序列作为模版设计小干扰 RNA 序列是该技术的第一关键步骤。②如何选择小干扰 RNA 运载体系使其能够高效特异的进入植物细胞，并有效的进行目标基因的沉默。③如何保障外源 DNA 施用过程中的生物安全。由于维持植物细胞最基本生命活动的组分至关重要，在物种进化过程中这些组分在 DNA 序列水平上相对保守，可将这些保守序列作为靶标精确地沉默所有植物物种中的目标基因；另外，各物种之间的部分关键基因在序列上也具有一定的差异性，这些差异序列则可作为靶标用于清除特定种属的杂草。已有研究表明细菌和病毒都具有将外源 DNA 携带进入植物细胞的能力，但是它们具有物种、植物组织部位和发育时期的依赖性。因此，优化外源 DNA 能够在自然环境下高效进入各种杂草植物细胞中的途径，并高效地执行其沉默功能，是影响该技术实现的核心障碍之一。同时，在自然环境下广泛地使用携带特定 DNA 的细菌或病毒将对环境构成威胁，因此如何有效地清除所用的细菌或病毒，同时降解它们所携带的外源 DNA，消除生物安全隐患，将是影响该技术实现的另一核心障碍。

参考文献

陈世国，强胜，2015. 生物除草剂研究与开发的现状及未来的发展趋势 [J]. 中国生物防治学报，31(5): 770-779.

江佳富，王俊，蔡平等，2003. 杂草生物防治研究回顾与展望 [J]. 安徽农业大学学报，30(1): 61-65.

强胜，2009. 杂草学 [M]. 2 版 . 北京：中国农业出版社 .

苏少泉，宋顺祖，1996. 中国农田杂草化学防治 [M]. 北京：中国农业出版社 .

周敏砚，姜华丰，1994. 生物防治指南 [M]. 沈阳：东北大学出版社：355-369.

（撰稿：陈世国；审稿：强胜）

杂草生物学 weed biology

是研究植物演化成为杂草所具有的生物学特性及其内在机制，是杂草学最重要的组成部分，是理解杂草发生和危害以及制定杂草防除策略的基础。植物成为杂草的最关键要素是在人工生境（人类强烈干扰生态系统）中维持其种群延续的适应性特征，也常称之为杂草化特征，这是不同于一般意义上的野生植物和栽培植物的特征。这些杂草化特征涉及植物整个生活周期的各个阶段以及各个过程，包括种子休眠、萌发、幼苗定植、生长发育、形态、开花、结实、传播与扩散、生理生化代谢、细胞组织结构、遗传和变异、起源与适应演化等。其中，又有杂草物种生物学、杂草物候学等多个分支。

概念来源及形成发展过程 人类在长期农业劳作过程中，就意识到杂草不同于其他植物的特性，但是，对杂草生物学特性进行系统总结和归纳还是近代的事。早期关注并从理论上加以总结杂草生物学大多出现在耕作学教材或专著中。H.V. Harlan（1929）对野燕麦的杂草性开展专门研究。W. W. Robbins 等于 1942 年编写出版了杂草防治，是早期全面介绍杂草科学的书籍。英国生态学会 20 世纪 60 年代初专门编辑出版杂草生物学论文集。Barker（1965）在研究杂草生物学时系统总结归纳过杂草的特性。20 世纪中叶当杂草学独立成为一门科学时，杂草生物学才得到更深入的研究和理解。W. Holzner 和 M. Numata （1982）主编的 *Biology and Ecology of Weeds* 一书中有专门章节和内容讨论杂草的种群遗传演化、繁殖、生长以及持续性等生物学特性；R.L. Zimdahl（2013）主编的 *Fundamentals of Weed Science* 一书中系统总结了杂草的繁殖和传播特性。在中国，李扬汉（1981）

编写出版《田园杂草和草害——识别、防除与检疫》是国内最早开始系统总结杂草生物学特性的教材；随后有李孙荣的《杂草学》、苏少泉的《杂草学》以及强胜的《杂草学》等，均涉及到杂草生物学特性的归纳总结。起初杂草生物学主要是以观察和描述宏观特性为主，随着杂草防除技术进步的需求，杂草生物学研究在方法上也从观察到实验、在尺度上从宏观深入到微观，实验比较研究形态特征、生理生化指标、细胞学特征、遗传多样性，并进行多元统计分析，揭示遗传多样性及其起源演化规律，形成了杂草物种生物学。针对杂草生理生化研究，揭示除草剂作用靶标和作用机理，进一步研究杂草抗性形成演化的机理等。现代分子生物学和基因组学，从分子层面研究揭示杂草生物学特性形成的遗传学规律。

基本内容 杂草具有较强的适应能力，存在很多不同于一定意义上植物的特殊特性，不过只有那些有利于杂草在人工生境中延续种群的特性，才是杂草化特性。杂草生物学的主要任务就是研究这些特性如何决定一种植物成为杂草的形成和演化过程及其内在机制。此外，杂草的起源也是其重要的研究范畴。

杂草丰富的多样性赋予其更强的适应能力和在人工生境延续的机会 杂草多样性包括了3个层次的多样性：①杂草物种多样性。这是杂草多样性核心内容，使杂草具有更强的环境适应能力和抗人类农事活动的干扰能力。杂草形态结构多态性，是指杂草个体大小变化大。不同种类的杂草个体大小差异明显，可以分成高、中和低3类，大致在1m以上、30～60cm和30cm以下，分别处于作物的上层、中层和下层等,有利于杂草与作物竞争作物群落中的生存空间和资源。同种杂草在不同生境条件下，由于受资源的限制，个体大小变化大，称之为可塑性。可塑性使得杂草在多变的人工环境条件下，如在密度较低的情况下能通过其个体结实量的提高来产生足量的种子，或在极端不利的环境条件下，缩减个体并减少物质的消耗，保证种子的形成，确保其延续能力。藜和反枝苋的株高可矮小至5cm，高至300cm，结实数可少至5粒，多至百万粒。由于生长环境所致的根、茎、叶形态特征多变化。生长在阳光充足地带的杂草如马齿苋、反枝苋、土荆芥、繁缕等多数杂草茎秆粗壮、叶片厚实、根系发达，具有较强的耐旱耐热能力。相反，生长在阴湿地带杂草，即使上述同种杂草，其茎秆细弱，叶片宽薄、根系不发达，当进行生境互换时，后者的适应性明显下降。组织结构随生态环境变化。生长在水湿环境中的杂草通气组织发达，而机械组织薄弱，生长在陆地湿度低的地段的杂草则通气组织不发达，而机械组织、薄壁组织都很发达。杂草生活史的多型性。一般早发生的杂草生育期较长而晚发生的较短，但同类杂草成熟期则差不多，这有利于杂草充分利用生存资源或规避不利生存环境条件。杂草的生活史过程分为一年生、二年生和多年生类型,不过杂草总是适应与作物相类似的生活型节奏，确保在农田的延续。即使同种杂草，也会因生境条件改变其生活史发生改变。杂草光合自养、寄生性杂草包括全寄生（例如菟丝子）和半寄生（例如桑寄生）的多样营养方式，这有利于适应不同的生境和群落类型。②杂草群落多样性。指因生态环境和农作活动导致不同的杂草群落结构及发生分布规律，充分证明了杂草种群适应多变环境条件而以多样的群落实现在人工环境的延续。③遗传多样性。在广义上是指杂草种内或种间表现在分子、细胞、个体3个水平上的遗传变异度，狭义上则主要是指种内不同群体和个体间的遗传多样性或遗传多态性程度。通常遗传多样性越丰富，杂草对人工生境的适应能力就越强，延续的机会就越大。杂草多样性形成的内在机制一直是杂草生物学研究的重要内容之一。见杂草多样性。

强的生长势有利于在竞争中处于优势地位 杂草中的C_4植物比例明显较高，全世界18种恶性杂草中，C_4植物有14种占78%。C_4植物由于光能利用率高、CO_2补偿点和光补偿点低，其饱和点高、蒸腾系数低，而净光合速率高，因而能够充分利用光能、CO_2和水进行有机物的生产。所以，杂草要比作物表现出较强的竞争能力，这就是为什么C_3作物田中C_4杂草疯长成灾的原因。不过，即使是与水稻同为C_3的杂草稻，仍然表现出在苗期旺盛的生长势和强的光合作用能力，生长迅速，在早期竞争中处于优势地位。

拟态性使杂草与作物的伴生能力增强和汰除难度增大 稗草和杂草稻与水稻伴生、野燕麦或看麦娘与麦类作物伴生、亚麻荠与亚麻、狗尾草与谷子伴生等，这是因为它们在形态、生长发育规律以及对生态因子的需求等方面有许多相似之处，很难将这些杂草与其伴生的作物分开或从中清除。杂草的这种特性被称之为对作物的拟态性，这些杂草也被称之为伴生杂草。它们给除草，特别是人工除草带来了极大的困难。例如狗尾草经常混杂在谷子中，被一起播种、管理和收获，在脱皮后的小米中仍可找到许多狗尾草的子实。研究发现稗草有拟态型与非拟态型株型分化，比较基因组分析发现拟态群体中，发现大量与株型等苗期拟态相关基因与拟态性状相关同源基因包括重力感应、生长素合成、感应等相关基因（如*LAXY1*）受到明显选择，发生碱基突变、序列插入或删除等一系列变异。此外，杂草的拟态性还可以经与作物的杂交或形成多倍体等使杂草更具多态性。

杂草强的繁殖扩散能力维持了其在人工生境延续的物质基础 杂草通常以r-生存对策的多实性，总是尽可能多地繁殖种群的个体数量，以成功率来适应农田环境繁衍种族的特性。杂草强的结实能力是一年生和二年生杂草在长期的生存竞争中处于优势的基本保障。杂草子实的成熟总是参差不齐，呈梯递性、序列性。在同一种杂草种群中，有的植株已开花结实，而另一些植株则刚刚出苗；在同一植株上，边开花，边结实，边继续生长，种子成熟期延绵达数月之久。杂草与作物常同时结实，但成熟期一般会比作物早，边熟边落，逃避人工收获，实现在农田延续。杂草的早熟和落粒特性受相关开花、果实形成以及落粒基因调控，不过深入的机制还需要深入研究。由于成熟期不一致，对第二年的萌发时间也有一定影响，这也为清除杂草带来了困难。杂草子实具有长而不整齐的寿命，这是因为杂草种子具有多样的内在休眠特性，也具有环境条件所限的强迫休眠特性，杂草种子需经过后熟作用或需温度或光刺激才能萌发等，这实际上是杂草对生长环境的一种记忆，十分有利于杂草在最有利的环境条件下萌发。此外，由于不同时期、植株不同部位产生的杂草种子的结构和生理抑制性物质含量的差异，导致杂草种子萌发不整齐，有利于躲避不良环境或季节，确保在农田等人工生境的延续。

杂草具有多样的繁殖方式。杂草的繁殖方式总是与其发生的人工生境相适应。通常是以有性生殖为主，兼有营养繁殖。在生活史过程中实行有性生殖，但在营养生长期间，杂草以其营养器官根、茎、叶或其一部分传播、繁衍滋生。例如，马唐等的匍匐枝、蒲公英的根、香附子等的球茎、刺儿菜等的地下“生殖茎”、狗牙根等的根状茎都能产生大量的芽，并形成新的个体。仅以营养方式繁殖的空心莲子草可通过匍匐茎、根状茎和纺锤根等3种营养器官繁殖。杂草的营养繁殖特性使杂草保持了亲代或母体的遗传特性，生长势、抗逆性、适应性都很强。具这种特性的杂草给人类的有效治理造成极大的困难。杂草的有性生殖既可异花受精，又能自花或闭花受精，甚至是无融合生殖。且对传粉媒介要求不严格，其花粉一般均可通过风、水、昆虫、动物或人，从一朵花传到另一朵花上或从一株传到另一株上。多数杂草具有远缘亲合性和自交亲合性。自花授粉受精可保证其杂草在独处时仍能正常受精结实、繁衍滋生蔓延。异花传粉受精有利于为杂草种群创造新的变异和生命力更强的种子，具有这种生殖特性的杂草后代变异性、遗传背景复杂，杂草的多型性、多样性、多态性丰富。

子实具有适应广泛传播的结构和途径给其创造了无限的生存机会。杂草为拓展其生存空间演化出种子或果实脱落、散布的适应特性。通过果实自身的炸裂，弹射种子，如酢浆草、野老鹳草的蒴果自开裂。果实演化出适应传播的结构或附属物，借外力可以传播很远，分布很广。野燕麦的膝曲芒，在麦堆中感应空气中的湿度变化曲张，驱动子实运动，而在麦堆中均匀散布。菊科如蒲公英、刺儿菜等杂草的种子往往有冠毛，可借助风力传播。苍耳、鬼针草等果实表面有刺毛，可附着他物而传播。在稻田生态系统中，几乎主要的杂草均适应随灌溉水流传播种子，其演化出有适应性的结构特征，如菵草颖片发育成气囊状结构。稗草、反枝苋、繁缕等子实被动物吞食后，随粪便排出而传播等。随农作活动的机械传播。此外，杂草种子还可混杂在作物的种子内，或饲料、肥料中而传播，也可借交通工具或动物携带而传播。有些杂草种子和作物的种子相似，难以与作物种子分开，作物种子中掺杂有杂草种子，可使农田杂草传播危害更为广泛。

杂草快速适应性演化能力赋予其在人工生境的延续 由于作物大多是一年生周期的植物，为了快速适应农田环境，适应选择的杂草特点是恶性杂草大多是典型的r-对策生活史物种，这有助于其在遭遇环境突变时导致物种的快速进化，引起空间遗传结构的变异，提高杂草种群竞争能力。

细胞染色体加倍是杂草快速适应性演化的重要驱动力之一。杂草中多倍体比例要显著高于野生植物，全球危害最严重的18种恶性杂草绝大多数均是多倍体。例如，繁缕是一种常见的旱田杂草，在中欧与北美自然生境中生长的主要是二倍体，而生长于农田的则主要是四倍体；稗草中的水稗和水田稗分别是四倍体和六倍体；虎杖在原产地亚洲就是一种多倍性的杂草，有四倍体、六倍体和八倍体3种细胞型，入侵美洲与欧洲的虎杖主要是八倍体。成功入侵中国东亚的加拿大一枝黄花是多倍体。多倍体包括同源多倍体（autopolyploid）和异源多倍体（allopolyploid），前者可以固定杂合优势，而后者也可以增强其杂合性或多样性，增强适应性。加拿大一枝黄花通过多倍化驱动在热胁迫下演化出活性氧清除酶消除活性氧，增强了在高温下的结实能力，成功入侵。此外，还通过*ICE1*甲基化负调控*ICE1-CBF*冷响应通路和应对多倍化增加的拷贝数，降低耐寒能力的温度权衡适应。与此不同，向北和高海拔扩散的被子植物中，多数是通过多倍化增强冷适应能力实现的。因此，多倍化是植物生态位分化的重要驱动力。

基因突变是杂草适应性演化的另一个重要内在驱动力。杂草抗药性是除草剂长期重复使用的必然结果。靶标基因的突变是杂草抗药性形成最主要的原因之一。几乎绝大多数靶标基因均报道因突变产生抗性。长芒苋体内草甘膦靶标基因*EPSPS*倍增导致其产生极高抗药性。

杂草还通过除草剂非靶标生理生化演化产生抗性。提高谷胱甘肽-S-转移酶（GSTs）、细胞色素单加氧酶（P450）、抗氧化酶系统等的丰度或活性，促进了参与除草剂代谢降解的物质形成，增强除草剂降解代谢能力，增强抗性。杂草通过吸收和传导适应性演化屏蔽或隔离除草剂，阻止其到达作用位点而增强抗性。

在杂草快速适应性演化过程中，杂交–渐渗是不可忽视的途径之一。杂草通过与具有相同倍性（染色体数目）近缘种之间的杂交，导致遗传重组，改变杂种个体和群体的遗传基础，并影响物种或群体间的生殖隔离关系，为不同环境下的自然选择提供更丰富的新遗传类型，可以促使杂种优势的产生和固定，此外杂交—渐渗可以减轻入侵种群体在定居早期的遗传负荷。杂草稻通过与栽培水稻间的杂交和基因渐渗，获得更多拟态性状，维持其在稻田中延续。杂草稻与栽培稻具有几乎完全相同的纬度依赖的耐冷适应性演化，这种分化是由*ICE1*去甲基化正调控*ICE1-CBF*冷响应通路从低纬度向高纬度地理分化的结果，栽培稻是人工选育的产物，而自然形成的相应的杂草稻所具有的类似性状，最可能的途径就是栽培稻基因渐渗结果。

杂草的祖先及其起源 杂草如何演化起源一直是杂草生物学的科学问题。杂草是伴随着人工生境的产生而出现的，但作为杂草的许多植物，早在人类形成之前就已经产生了，人们已经在60万年前的中更新世地下沉积中发现了杂草植物繁缕、萹蓄等的化石。人类的各种活动破坏了原始植被，创造出了人工生境，给这些已存在的杂草植物提供了广阔的生存空间。人类活动所产生的选择压力，又进一步影响着这些杂草性植物，使其杂草性更趋稳定或增强，其间可能发生的进化方式包括自然杂交、染色体加倍、基因突变、种群基因型和表现型的多样化选择等。野生亚麻荠演变为亚麻田中的杂草亚麻荠是人类农作活动的选择作用产生杂草的例证。野生亚麻荠的种子轻于亚麻，而杂草亚麻荠的种子重量与亚麻相仿，是收获亚麻时的风选过程选择了那些种子较重的个体，汰除了较轻的个体，从而使野生亚麻荠向种子较重方向演化，形成了一种杂草——杂草亚麻荠。种子重量的这种变化从植物的进化角度并没有增强亚麻荠的适应能力，而是增强了在亚麻田中的延续能力。杂草亚麻荠不同于野生亚麻荠的本质特征是其能保存于亚麻种子中，得以在亚麻田中延续。这充分说明了在人工生境中的持续性是杂草最本质的特性。研究最多的是杂草稻起源问题，提出过多种起源假说。最近的比较基因组学研究结果显示其由栽培稻脱驯化起源。

科学意义与应用价值 杂草生物学是研究揭示杂草区别于其他植物的本质特性以及这些特性的演化过程和内在的遗传机制。这将为明确杂草学的范畴提供坚实的理论依据。主要还可以为新的杂草防除技术、特别是杂草可持续防除提供科学依据。

杂草的起源与演化实际上就是普通植物在人类活动及自然因子双重因素选择下，发生杂草性快速适应性演化的结果，其内在的快速演化机制，特别是外来植物快速适应性演化机制将丰富现代生物学理论。

存在问题及发展趋势 由于杂草生物学研究不够深入，限制了人们对植物杂草化本质特性的理解，至今对杂草的定义还建立在危害性的人为判断，影响人们对杂草的定义和范畴在认识上的统一。杂草种类繁多，大多不是模式生物，相关基因组测序资料有限，限制了利用现代组学技术开展大规模深入的杂草特性形成的内在遗传学机制研究。不过，联合多层次组学技术开展深入研究，揭示导致杂草特性演化的内在遗传学以及表观遗传学规律是未来杂草生物学研究的主要任务。这将对指导研发新的杂草可持续防治技术具有理论意义；还可以挖掘植物适应性新基因，应用于生物技术和作物育种等领域。在理论上，这对将杂草从植物中加以科学区分，明确杂草的科学范畴具有理论指导意义。揭示其中的内在机制也将有助于理解生物大灭绝现象，为全球生物多样性维持和保护提供理论基础。

外来植物入侵是全球变化的重要方面，深入研究外来植物的成功入侵及其发生快速适应性演化的机制，不仅对建立切实可行的预警防控技术及管理体制具有重要的指导意义，也将丰富生物学快速进化的基础理论。

参考文献

李君，强胜，2012. 多倍化是杂草起源与演化的驱动力 [J]. 南京农业大学学报，35(5)：64-76.

李扬汉，1981. 田园杂草和草害——识别、防除与检疫 [M]. 南京：江苏科学技术出版社.

BAKER H G, 1974. The evolution of weeds [J]. Annual review of ecological system, 5: 1-24.

BARKER H G, STEBBINS G L, 1965. Characteristics and mode of origin of weeds [M]//Barker H G, Stebbins G L. The genetics of colonizing species. New York: Academic.

CHENG J L, LI J, ZHANG Z, et al, 2021. Autopolyploidy-driven range expansion of a temperate-originated plant to pan-tropic under global change [J]. Ecological monographs, 91(2): e01445.

DAI L, SONG X L, HE B Y, et al, 2017. Enhanced photosynthesis endows seedling growth vigour contributing to the competitive dominance of weedy rice over cultivated rice [J]. Pest management science, 73(7): 1410-1420.

DEKKER J, 1997. Weed diversity and weed management [J]. Weed science, 45(3): 357-363.

HOLZNER W, NUMATA M, 1982. Biology and ecology of weeds [M]. The Hague: Dr W. Junk Publishers.

LU H, XUE L F, CHENG J L, et al, 2020. Polyploidization-driven differentiation of freezing tolerance in *Solidago canadensis* [J]. Plant cell and environment, 43(6): 1394-1403.

MONACO T J, WELLER S C, ASHTON F M, 2002. Weed science: principles and practices *(illustrated, revised ed.)* [M]. Hoboken: John Wiley & Sons.

QIU J, ZHOU Y, MAO L, et al, 2017. Genomic variation associated with local adaptation of weedy rice during de-domestication [J]. Nature communications, 8(5): 15323.

XIE H, HAN Y, LI X, et al, 2019. Climate-dependent variation in cold tolerance of weedy rice and rice mediated by *OsICE1* promoter methylation [J]. Molecular ecology, 29(1): 121-137.

YE C Y, TANG W, WU D Y, et al, 2019. Genomic evidence of human selection on Vavilovian mimicry [J]. Nature ecology & evolution, 3(10): 1474-1482.

ZHANG Z, LI R H, WANG D H, et al, 2019. Floating dynamics of *Beckmannia syzigachne* seed dispersal via irrigation water in a rice field [J]. Agriculture, ecosystems and environment, 277: 36-43.

ZIMDAHL R L, 2013. Fundamentals of weed science [M]. Pittsburgh: Academic Press.

（撰稿：强胜；审稿：宋小玲）

杂草生物学特性 weed biological characteristics

杂草对人类生产和生活活动所致的环境条件长期适应，形成的不断繁衍的特殊能力。杂草伴随农业生产活动而产生，并随农业的发展不断适应和演化。农业生产活动中的翻耕、整地、人为除草等田间管理，以及栽培植物的竞争作用，对于杂草生长都是不利因素。杂草经过长期的进化，在生长、繁殖以及抗逆性方面形成了区别于野生植物和栽培植物的特殊能力，以适应不断变化的农田环境。

概念来源及形成发展过程 杂草是指除了目标植物以外的或不希望出现的植物。10 000 年前人类开始耕作，杂草伴随人类生产和生活活动而逐渐演化形成，与作物的起源具有在时间和地域上的一致性。人类耕作地与自然环境的最大区别在于受到人类的频繁干扰，在这种多变化的环境得以生存并繁衍后代的植物种类，具备一些特殊的能力，即生物学特性（biological characteristics 或 biological features）。杂草生物学特性最早研究者之一，是达尔文（1859）把池塘中的泥土放到杯中，观察统计 6 个月时间里杂草的出苗数。生物往往能够对能量或资源进行“预算”，以完成其生命周期，这个过程被称为生物资源分配，这是自然界减少物种灭绝的一种适应。基于 Lotka 和 Volterrra（1925、1926）种群增长的逻辑方程，衍生出 r- 选择（适应变化的环境）和 k 选择（适应稳定的环境）2种极端的分配方式来描述生物学特性，大多数杂草处于 2 种极端策略之间的中间型，兼有两者的优点，在稳定的环境中竞争力很强，在频繁受干扰的环境中能快速生长和结实。当然，农业系统中的杂草更符合r选择性，Pianka（1970）对该内容进行了较全面概括。英国植物生态学家Grime在20世纪70年代，基于杂草生存r选择和k选择策略提出了C-S-R理论。认为在一个给定的环境，2个基本的外部因素限制了植物的数量。一是压力，即限制生产的外部因素，如水供应、养分、有限的光照以及基本适宜的温度。二是干扰，即植物体部分或全部被破坏，如刈割、耕作、放牧、火烧。植物适应压力和干扰有3种可能的组合策略：①压力耐受型（stress tolerators，S），该类型的特点是减少营养生长和繁殖的资源分配，注重维持和生存，确保在恶劣（限制）的环境中有相对成熟的个体存活。这种类型往往出现在持续的不适宜生存环境或在适宜生存环境的群落演替后期。②竞争型（Competitors，C），该类型的特点是在适宜生存但相对不受干扰的条件下最大限度地获取资源，有旺盛的营养生长阶段。往往出现在群落演替的早期和中期，种群庞大。③杂草型（Ruderals，R），该类型兼有C型和S型两者通常的特性。在高度干扰但潜在的适宜生存环境，出现在群落演替的最初阶段，通常是寿命短、种子产量高的草本植物。Grime用三角形（C、S、R）模型表示不同方式的生存策略，对于确定生存策略与生命形态（一年生、二年生、多年生、草本、灌木、乔木等）之间的关系具有价值。当然，完全的S、C和R型物种是极端情况，似乎很少见，更多的是中间型，如C-R型（豚草和苘麻等）。该理论较全面地阐述了农业系统中杂草区别于其他生境中的植物所具备的生物学特性。杂草的生物学特性是杂草学研究首先需明确的重要内容之一。

基本内容

杂草形态结构多样性　①杂草个体大小变化大。不同种类的杂草个体大小差异明显，高的可达2m以上，如假高粱、芦苇等；中等的有约1m的梵天花等；矮的仅有几厘米，如地锦等。就主要农田杂草而言，多数杂草的株高范围主要集中在几十厘米左右。同种杂草在不同生境条件下，个体大小变化亦较大。例如荠菜生长在空旷、土壤肥力充足、水湿光照条件好的地带，株高可达50cm以上，相反，生长在贫瘠、干燥的裸地上的荠菜，其高度仅为10cm以内。②根茎叶形态特征多变化。生长在阳光充足地带的杂草如马齿苋、反枝苋、土荆芥等多数杂草茎秆粗壮、叶片厚实、根系发达，具有较强的耐旱耐热能力。相反，生长在阴湿地带杂草，即使上述同种杂草，其茎秆细弱，叶片宽薄、根系不发达，当进行生境互换时，后者的适应性明显下降。③组织结构随生态环境变化。生长在水湿环境中的杂草通气组织发达，而机械组织薄弱，生长在陆地湿度低的地段的杂草则通气组织不发达，而机械组织、薄壁组织都很发达。同种杂草生长在不同环境时组织结构也会发生变化。

杂草生活史的多型性　一般早发生的杂草生育期较长、晚发生的较短，但同类杂草成熟期则差不多。根据杂草当年开花，一次成熟结实，隔年开花一次结实成熟和多年多次开花结实成熟的习性，可将杂草的生活史过程分为一年生类型、二年生类型和多年生类型。一年生杂草在一年中完成从种子萌发到产生种子直至死亡的生活史全过程，可分为春季一年生杂草和夏季一年生杂草；二年生杂草的生活史在跨年度中完成，有时也称为越年生杂草。多年生杂草可存活两年以上，这类杂草不但能结籽传代，而且能通过地下变态器官生存繁衍。一般春夏发芽生长，夏季开花结实，秋冬地上部枯死，但地下部不死，翌年春可重新抽芽生长。

杂草营养方式的多样性　绝大多数杂草是光合自养的，但亦有不少杂草属于寄生性的。寄生性杂草可分为全寄生（例如菟丝子）和半寄生（例如桑寄生）两类。全寄生杂草从寄主植物上获取它自身所需要的全部营养物质；半寄生杂草体内含有绿色组织，能通过光合作用制造有机营养物质，但是水分和无机盐的获得要依赖于寄主植物。寄生性杂草在其种子发芽后，历经一定时期生长，必须依赖于寄主的存在和寄主提供足够有效的养分才能完成生活史全过程。

繁殖方式多样　多数被子植物杂草只进行有性生殖，但不少杂草具有有性生殖和无性生殖两种繁殖方式，无性繁殖的杂草可通过营养器官根、茎、叶繁殖出新的个体，产生的后代具有母代的遗传特性，给人类治理杂草造成极大的困难。此外有的杂草具有无融合生殖能力，不发生雌雄配子融合仍可产生有胚的种子，此生殖方式使得杂草在少量、甚至单株情况下繁衍种群，便于定居新的生境，如菊科和禾本科部分杂草具有这种生殖方式，并具有更强的入侵性。

多实性、种子寿命长及成熟度与萌发时期参差不齐　杂草大量结实的能力是一年生杂草和二年生杂草在长期的竞争中处于优势的重要条件，也是其竞争中处于优势的重要原因。许多杂草都具有尽可能多地繁殖种群的个体数量，大量结实，来适应环境，繁衍种群。看麦娘每株结实达2000粒，荠菜2万粒，牛筋草多达135 000粒，每株瘤梗番薯产生8682个蒴果，16 285粒种子。裂叶月见草的种子量也很大，不包括分枝，每个主茎上的种子数可达6万多粒，而黄顶菊每年的种子量可高达36万粒/株，一株耳基水苋能结3800多个蒴果，每个蒴果种子量200多粒，一株的种子量可超过80万粒。绝大多数杂草的结实力高于作物几倍或几百倍，且边成熟边脱落，很难清除。

除结实量大外，许多杂草的种子埋于土壤中，历经多年仍能存活。这是因为大多数杂草的子实具有休眠性。如野燕麦、早熟禾、荠菜、泽漆、马齿苋、独行菜等都可存活数十年；羊蹄种子可存活50多年，藜、繁缕等种子可存活几百年。即使在耕作层中，杂草的种子仍能保持较长的寿命，野燕麦7年、狗尾草9年，繁缕和车前等10年以上，亦能保持发芽力。这些有活力的杂草种子是杂草土壤种子库的重要组成部分，当条件适宜就可萌发生长，危害作物。

此外，种子的成熟度与萌发时期参差不齐。耳基水苋等杂草可以边开花边结实边落粒（图1），种子成熟期延绵数月，从而延长传播扩散的时间。杂草种子由于成熟度差异等原因，发芽速度也往往区别较大，如牛膝菊种子28℃培养时，5天发芽率超过40%，萌发期长达15天。耳基水苋的出苗时间可从水稻直播后2天一直延续到40天，后期萌发的幼苗可能避开了除草剂的持效期而得以存活并蔓延。

落粒性　杂草种子或果实在成熟过程中或成熟后从植株上自然脱落的现象，有利于杂草种子或果实的传播和建立土壤种子库，这是杂草适应农田环境、繁衍后代的重要策略。

图1 耳基水苋同时进行开花、结实与落粒（朱金文摄）

落粒性有2种类型，一是果实脱落引起的落粒，如稗草、千金子等都是陆续成熟后落粒。二是果皮开裂引起的落粒，如酢浆草的蒴果在成熟后果皮会瞬间开裂，将其中的种子弹射出去。落粒性状是受多基因调控的数量性状。

子实具有适应广泛传播的结构和途径　①风力传播。风力传播的果实和种子一般小而轻，且常有翅和毛等附属物。如菊科植物的果实如蒲公英、小飞蓬等大多具冠毛，这些都是适应风力传播的结构，能随风飘扬传到远方。

②水力传播。一般水生和沼泽植物的果实或者种子，多形成有利于漂浮的结构，以便能借水力传播。沟渠边生长的很多杂草，例如苋属、藜属、酸模属等的果实，散落水中，能顺流漂至潮湿的土壤上萌发生长。南京农业大学杂草研究室在江苏南通和丹阳试验区进行了连续截流取样，研究灌溉和排水对稻麦两熟田杂草种子库动态影响，发现共有34种杂草子实可随灌溉输入或随排水输出农田，其中包括了稻田和小麦、油菜田的几乎所有优势和主要杂草，茵草、千金子、棒头草、水苋菜、牛繁缕、鸭舌草、异型莎草、鳢肠、稗草、日本看麦娘、看麦娘、稻槎菜、泥胡菜、小藜、马齿苋、牛筋草、硬草等。

③人类和动物的活动传播。这类植物的果实生有刺、钩或黏毛等，当人或动物经过时，可黏附于衣服或动物的皮毛上，被携带至远处。如鬼针草、苍耳和葎草等的果实有钩刺，土牛膝的果实有钩，窃衣有带钩黏毛等，马鞭草、鼠尾草属的一些种类的果实具有宿存黏萼。另外一些植物的果实和种子成熟后被鸟兽吞食，它们具有坚硬的种皮或者果皮，可以不受消化液的侵蚀，种子随粪便排出体外，传到各地仍能萌发生长，如稗草等种子。无脊椎动物和啮齿动物取食和搬运杂草子实，从而传播了杂草子实，其中蚂蚁或者其他小型无脊椎动物搬运的数量最大。作物轮作和收割等农事操作传播扩散杂草子实，影响其空间分布动态。联合收割机传播糜子和假高粱种子的距离超过45m，传播野燕麦种子的距离超过145m。

④果实弹力传播。有些杂草的果实属于干果类的裂果，果皮成熟干燥后，在某些基因调控下形成离层，导致果皮可发生爆裂而将种子弹出。如豆科杂草的荚果、十字花科的角果以及石竹科的蒴果等。

杂草适应环境能力强　①抗逆性和可塑性强。杂草具有强的生态适应性和抗逆性，表现在对盐碱、人工干扰、旱涝以及极端高低温等有很强的耐受能力。如藜、扁秆藨草和眼子菜有不同程度的耐盐碱能力；马唐在干旱和湿润的土壤生境中都生长良好。

由于长期对自然条件的适应和进化，植物在不同生境下对其个体大小、数量和生长量的自我调节能力被称之为可塑性。可塑性使得杂草在多变的人工环境条件下，如在密度较低的情况下能通过其个体结实量的提高来产生足量的种子，或在极端不利的环境条件下，缩减个体并减少物质的消耗，保证种子的形成，延续其后代。在营养条件或环境条件不利的情况下，杂草能快速地从营养生长进入生殖生长是其可塑性的重要体现，如稗草在南京地区于9月中下旬种植，仍可在10月中下旬完成开花结实的过程，目的是为延续其种族。

②生长势强。恶性杂草多是C_4植物，其叶片比C_3植物具有高效利用CO_2的解剖结构，以及不同的光合途径，具有净光合速率高、CO_2补偿点和光补偿点低、蒸腾系数低的特点，能充分利用光能、CO_2和水制造有机物。因此，杂草多表现出比作物更强的生长速率和干扰力，尤其是在高温、强光和干旱等逆境胁迫下，如禾本科稗属杂草、莎草科碎米莎草、香附子等。此外，即使是C_3杂草，相比于栽培作物也具有强的生长势，如杂草稻在苗期比栽培稻具有快速出苗和生长的特性；具有无性繁殖的杂草，靠营养繁殖器官大量繁衍滋生。

③杂合性。指杂草基因位点的杂合状态。基因位点在同源染色体上具有不同的等位基因，如果各等位基因序列不一致，那么这个基因位点就是杂合的。杂草基因位点很少是纯合的。由于杂草群落的混杂性、种内异花受粉、基因重组、基因突变和染色体数目的变异性等，导致基因型杂合性，这使得杂草具有较强的变异性、适应性和抗逆性。

④拟态性。杂草与作物在形态结构、生长发育规律等方面的相似性。如稗草和稻苗期的形态和分蘖、抽穗结实时间都十分相似，毒麦种子也与小麦种子相似，这是杂草长期适应作物生长环境的结果。

杂草生物学特性的分子基础　随着分子生物学技术的进步，如功能基因组学、蛋白质组学等技术的发展，为杂草的生物学特性研究带来了全新的模式，相关的分子机制逐渐被解析。从分子水平来看，所有表型都受基因控制，多数表型可塑性变异的发生与个体发育过程中由不同环境因素诱导的基因选择性表达有密切关系。随着发育进程和外界环境条件变化，表观基因组是环境修饰的重要对象，也是杂草适应性反应和表型可塑变异发生的重要基础。杂草通过一系列的信号分子对相关蛋白表达进行调节，引起某些物质的积累和代谢途径发生改变，进而改变自身的形态和生理生活水平来适应逆境。南京农业大学强胜团队发现，紫茎泽兰不断向北扩散蔓延是因为发生了种群的耐寒性分化，种群耐寒性与采样点的纬度呈显著正相关性，与极端最低温度和最冷月平均温度显著负相关。耐寒性较强的种群主要集中在采样点的北部，而冷敏感种群和中度耐寒种群主要集中在南部和中部。通过 *CBF* 转录途径关键基因的克隆、基因表达量分析及转基因功能验证发现，*CBF* 转录途径在调节紫茎泽兰的耐寒性过程中发挥关键作用。与冷敏感种群相比，耐寒性种群 *ICE1*、*CBF1*、*CBF3* 和 *COR* 显著上调，而负调节的 *CBF2* 显著下调。冷敏感种群超表达 *CBF1* 可以将紫茎泽兰的耐冷性提高到与耐冷性植株相近。用亚硫酸氢盐处理紫茎泽兰基因组 DNA，比较 39 个种群入侵地与原产地种群 *CBF* 转录途径中的各关键原件的甲基化水平，发现虽然主要基因均有不同程度的甲基化，但仅有 *ICE1* 甲基化水平在不同种群间存在显著差异。且南部种群甲基化水平普遍较高，而越往北甲基化水平越低，甲基化程度与种群耐冷性、入侵时间呈显著正相关。编码区 *ICE1* 胞嘧啶甲基化数分别具有 50、61～63、66～69 个等表观遗传单体型，分别对应着耐冷性种群、中度耐冷性种群和冷敏感种群。因此，*ICE1* 的去甲基化显著提高了 *ICE1* 及其 *CBF* 转录途径各基因的转录水平，导致植物种群耐冷性的增强，成功向北扩散入侵。该研究不仅是首个将单个具体基因的表观遗传变异与外来植物入侵后的迅速适应性演化联系起来的研究案例。而且还首次阐明了植物对低温响应的表型多态性是受 *CBF* 冷响应转录途径的 *ICE1* 甲基化水平的表观遗传变异所调节。因此，单个关键基因的甲基化变异，可能调节整个逆境响应转录通路，决定植物对不同环境因子响应的表型多态性。

其次，杂草通过基因拷贝数的增加来适应环境。稗草是稻田最主要的杂草之一，为异源六倍体，其祖先为另一种四倍体稗属杂草（*Echinochloa oryzicola*）和一未知二倍体稗属杂草。在稗草六倍化过程中，随着基因组倍性增加，非生物胁迫响应相关基因拷贝数随之扩增，环境适应能力提高。同时，稗草形态多样，与水稻拟态和非拟态的均有发生。拟态稗和栽培稻在苗期的相似表型主要包括分蘖角小、茎节直、茎基部绿色和叶片倾角小；非拟态稗通常为松散或匍匐的株形，常伴随膝状节、红色或紫色的茎基部以及叶片倾角大，其中拟态群体是从非拟态群体中演变而来。结合遗传多态性、Tajima'D 中性检验及基因组分化 Fst 分析，相对于非拟态稗，拟态稗在全基因组水平上遗传多态性降低，表明稗在拟态过程中受到了定向选择。

再者，杂草通过增加某些基因的表达量，以获得更强的杂草性。危害严重的杂草稻大多数具有较强的落粒性，在开花 9 天后便开始落粒，在 30 天后落粒率可达 65%。*qSH1*、*SH5*、*SHAT1*、*OsSh1*、*SH3* 和 *SNB* 会正向调控栽培稻的离层发育，*sh-h* 负向调控栽培稻的离层发育，会抑制栽培稻中离层细胞的发育，最新研究表明调控栽培稻离层发育的基因网络中的关键基因同样会调控杂草稻种群的离层发育，且杂草稻种群与其伴生的栽培稻种群基因表达量的差异决定了杂草稻与栽培稻离层发育完整性的不同。

科学意义与应用价值 杂草学是实践性很强的一门学科，研究杂草生物学特性需从特定的自然和人为条件选择下形成的各种适应特性的表现着手。其中，环境因子特别是与温度、光照、水分、养分以及与田间管理密切相关的因素对杂草生长发育的影响，是杂草发生危害预测预报的生物学基础，也是新传入杂草和外来入侵杂草以及抗药性杂草风险评估的基础。

明晰杂草危害的生物学原因 杂草危害常导致农作物大幅度减产，降低农产品品质。通过研究杂草的生物学特性就可获得原因，为杂草防治提供坚实的理论基础。如 C_4 杂草虎尾草利用水的效率比 C_3 牧草羊草高，同时，虎尾草在与羊草的竞争中光合性能不受影响，导致虎尾草竞争力比羊草强，在养分、水分和光等资源竞争中往往占优势。稗草、千金子、杂草稻、丁香蓼、长叶水苋菜、异型莎草等株高均显著高于栽培稻，捕获光的能力更强。稗草、杂草稻等恶性杂草的根系发达，吸肥能力往往比作物强。许多杂草通过释放化感物质抑制作物种子发芽和生长，以削弱作物的竞争力，如豚草可释放酚酸类等化感物质，对禾本科、菊科的一些作物有明显的抑制作用。

解析杂草治理困难的生物学因素 人类生存不得不与杂草斗争，人类采取各种方法长期防治杂草，但是田间杂草依然存在，甚至有越来越猖獗之势，杂草治理困难的根本原因在于杂草的特殊适应能力。农田与自然环境的最大区别在于频繁受到人工干扰，经过几千年的进化，杂草对农田等环境有非常强的适应性。通过研究杂草的生物学特性，弄清杂草治理困难的生物学因素，有助于更好的制定杂草防除策略。如空心莲子草在冬季温度降至 0℃时，其水面或地上部分已冻死，但水中和地下的根茎仍保持活力，翌年春季温度回升至 10℃时即可萌芽，因此在制定防治策略上应重点在冬季清除水中和地下的根茎。再如红花酢浆草的耐旱性极强，其鳞茎在 3 月初晾放 1 个月左右发芽率仍达 50% 以上，因此应重点清除和销毁其鳞茎。

杂草的自我调节能力是其适应性的基础。在不同干扰水平下，具有较高形态可塑性的植物能够同时表现出更强的竞争性和胁迫忍耐性。杂草具有很强的可塑性，通常能够改变根、茎、叶的形态来响应环境因子的变化，如耳基水苋等杂草在弱光下其茎伸长，并减少分枝和根系生物量，这是耳基水苋在稻田蔓延的主要原因之一。可塑性与选择性进化密切相关，羽绒狼尾草通过形态和生理上的变化，在美国夏威夷的海拔分布比其他任何一种草都要大。在沿海地带，该草具有较大的基部面积、地上生物量和花序数；在中等海拔地带，其分蘖数最多和光合速率最高；在海拔较高处，该草具有较高的光合速率和电导率，较低的比叶面积。再如，空心莲子草能通过灵活的生理调节机制抵御环境胁迫，在干旱胁迫下，空心莲子草可以通过提高体内超氧化物歧化酶、过氧化物酶的活性以及谷胱甘肽、绿原酸和类黄酮等抗氧化物质的含量来消除过多氧自由基，维持活性氧代谢平衡，阻止或减弱膜脂过氧化的伤害。

揭示杂草扩散蔓延和入侵的生物学基础 通过研究杂草的生物学特点，可揭示杂草的传播方式和入侵机制。杂草子实多种多样，能随风、水流、农作物种子和农机具，以及人和动物的活动，进行短距离和远距离传播，甚至扩散到世界各地。如在中国扩散蔓延的外来杂草紫茎泽兰、薇甘菊的瘦果上具有冠毛，并且千粒重分别仅为 0.045g 和 0.0892g，很容易通过风力等途径传播扩散。如杂草稻之所以能成为稻田恶性杂草与其早熟性和落粒性有密切关系，杂草稻比栽培水稻早熟，并具有较强的落粒性，子实会在水稻收获之前脱落，逃脱人工收获。

再如杂草能合理进行有性繁殖与无性繁殖的资源分配，迅速在异质生境中传播扩散。有些杂草无性繁殖能力很强，如空心莲子草只需1节茎段就可以扦插成活，在生长环境适宜时，其茎节、肉质根上均可以生长出不定芽，甚至一张叶片扦插后也能成活（图2）。该草水中的茎容易折断，可以茎节和叶片随水流四处蔓延，这是空心莲子草泛滥成灾的重要生物学基础。有些杂草具备有性繁殖与无性繁殖结合策略，如银毛龙葵侧根可以在距母体2m处产生克隆株，即使侧根断裂不足1cm，仍能在地下20cm处发出新枝，此外，其种子量多达1500～7200粒。加拿大一枝黄花不仅地下茎可以克隆生长，植株还能大量结实，其种子具有冠毛，可随风远距离传播。

为制订杂草综合治理策略提供重要依据　研究杂草的生物学特性，发现其延续过程中的薄弱环节，这是制订杂草综合治理策略的重要依据，在当前杂草抗药性日趋严重的背景下更有十分重要的战略意义。如假高粱的根茎丧失了耐寒性和耐热性，将根茎暴露在-3.5℃就会被冻死，在50～60℃的温度下2～3天也会死亡。千金子幼苗不耐淹水。耳基水苋种子在土壤含水量15%以下不能出苗，在含水量25%～40%条件下出苗率可达77.9%～91.1%，其种子在0.2～6.4cm水层下均可以正常萌发，但水下的幼苗经过

图2 空心莲子草的繁殖特性（朱金文摄）

①根茎繁殖；②叶片繁殖

60天既不长高，也不死亡。而且，其种子覆盖0.8cm土层就不能出苗。因此，可在水稻直播或移栽后适当时间上水，保持耳基水苋幼苗淹水状态，或通过水旱轮作或翻耕等措施可有效控制该草的危害。此外，根据杂草具有多实性，应特别加强检疫，否则容易短时间内大规模传播扩散。鉴于杂草种子寿命较长，杂草种子需深埋土中足够的时间才能有效抑制其活力。根据多数杂草种子小的特点，应尽量避免农业机械跨区作业时携带扩散，尤其是已有抗药性杂草的区域。针对许多杂草可借风力、水流等多种方式传播，应十分重视田边地头和附近区域杂草的统一防治，以及国内和国际合作。

存在问题及发展趋势　中国杂草学研究有了明显进步，在农田杂草群落组成及动态，杂草稻起源、危害以及环境适应性，杂草抗药性监测及其分子机制，紫茎泽兰、空心莲子草、加拿大一枝黄花、列当、菟丝子等外来入侵植物的环境适应性及其分子机制等方面取得了可喜的进展。但与发达国家相比，中国在杂草生物学特性方面的研究显得薄弱，许多危害严重、治理困难的土著的或外来入侵的杂草，其竞争危害、传播扩散、抗逆演变等方面的研究缺乏系统的积累，导致杂草的治理手段多样性研发困难，除草剂用量居高不下，与绿色发展目标的要求还有很大差距，在可持续农业发展进程中杂草生物学特性研究亟待加强。

杂草的生物学特性是杂草治理首先需明确的基础性内容。根据中国农业的发展历史、发展方向以及国际农业发展趋势，众多方面的研究值得关注或超前研究。例如，杂草与外来入侵植物的标本与形态（尤其是幼苗）基础数据库建设，轻型栽培、机械化种植和免耕种植模式下杂草的发生危害规律，全球变暖、土壤酸化以及设施栽培条件下杂草区系的变化，旱地杂草（如马唐、牛筋草、乱草等）在水稻田的发生危害规律，抗药性杂草（如稗草、千金子、耳基水苋、看麦娘、播娘蒿、野慈姑等）的适合度变化，危害严重或新入侵或可能入侵的外来杂草的繁殖、传播及适生性，非化学控草条件下（如机械除草、覆盖控草、生物防治等）杂草可塑性与适应性等。这些方面的系统深入研究积累，有助于全面认识恶性杂草与危险性外来入侵植物，为其危害和/或风险评估以及综合治理奠定坚实的基础。

参考文献

林金成，强胜，2004. 空心莲子草营养繁殖特性研究[J]. 上海农业学报，20(4): 96-101.

刘华，吴国荣，陆长梅，等，2003. 不同生境下喜旱莲子草营养器官中抗氧化物质含量的比较[J]. 广西植物，23(3): 279-281.

刘蕊，2012. 耳叶水苋对苄嘧磺隆的抗药性及生物学特性研究[D]. 哈尔滨：东北农业大学.

强胜，2009. 杂草学[M]. 2版. 北京：中国农业出版社.

唐洪元，王学鹗，胡亚琴，1988. 杂草种子寿命的研究[J]. 植物生态学与地植物学学报(1): 72-78.

许凯扬，叶万辉，段学武，等，2004. PEG诱导水分胁迫下喜旱莲子草的生理适应性[J]. 浙江大学学报（农业与生命科学版），30(3): 37-43.

朱金文，董祺瑞，刘冰，等，2014. 土壤水分、淹水深度与盖

土厚度对抗药性耳叶水苋种子出苗的影响[J]. 杂草科学, 32(1): 39-41.

BARRETT S H, 1983. Crop mimicry in weeds [J]. Economic botany, 37(3): 255-282.

DECHAINE J M, JOHNSTON J A, BROCK M T, et al, 2007. Constraints on the evolution of adaptive plasticity: Costs of plasticity to density are expressed in segregating progenies [J]. New phytologist, 176(4): 874-882.

GAO L X, GENG Y P, LI B, et al, 2010. Genome-wide DNA methylation alterations of *Alternanthera philoxeroides* in natural and manipulated habitats: implications for epigenetic regulation of rapid responses to environmental fluctuation and phenotypic variation [J]. Plant cell and environment, 33(11): 1820-1827.

GRIME J P, 1977. Evidence for the existence of three primary strategies in plants and its relevance to ecological and evolutionary theory [J]. American naturalist, 111: 1169-1194.

GRIME J P, 1979. Plant strategies and vegetation processes [M]. New York: John Wiley & Sons.

GUO L B, QIU J, YE C Y, et al, 2017. *Echinochloa crus-galli* genome analysis provides insight into its adaptation and invasiveness as a weed [J]. Nature communications, 8(1): 1-10.

LI C B, ZHOU A L, SANG T, 2006. Rice domestication by reducing shattering [J]. Science, 311(5769): 1936-1939.

LI H, QIANG S, QIAN Y L, 2008. Physiological response of different croftonweed (*Eupatorium adenophorum*) populations to low temperature [J]. Weed science, 56(2): 196-202.

PIANKA E R, 1970. On r- and K- Selection [J]. American naturalist, 104(940): 592-597.

THURBER C S, REAGON M, GROSS B L, et al, 2010. Molecular evolution of shattering loci in U. S. weedy rice [J]. Molecular ecology, 19(16): 3271-3284.

XIE H J, LI H, LIU D, et al, 2015. ICE1 demethylation drives the range expansion of a plant invader through cold tolerance divergence [J]. Molecular ecology, 24(4): 835-850.

YE C Y, TANG W, WU D Y, et al, 2019. Genomic evidence of human selection on Vavilovian mimicry [J]. Nature ecology & evolution, 3(10): 1474-1482.

（撰稿：朱金文；审稿：宋小玲）

杂草生长的生理生态 physiology and ecology of weed growth

杂草生长是指杂草植株个体或部分组织器官在体积、重量或细胞数目等方面不断增长的过程，是一种量的变化。通常杂草生长和发育紧密相联，发育是指杂草在萌发、生长、开花和结实等生活史过程中，植株个体的构造和机能从简单到复杂的质变过程，主要表现为各种细胞、组织和器官的分化。杂草生长的生理生态学是指用生理学的观点和方法来分析杂草生长和发育过程中的生态学现象，重点研究各种生态因子和杂草生理现象之间的关系。

名称来源 杂草生长的生理生态是植物生理生态学的重要组成部分，其研究内容和体系是随着植物生理生态学的不断发展而完善的。植物生理生态学作为植物生理学和植物生态学的交叉学科，是一门实验性较强的分支学科。20世纪初期，许多学者就环境因子对植物生长的影响进行了大量研究，但这些实验均在室内进行，无法表现自然环境中多种因素对植物生长的综合影响。进而，相关实验纷纷走向野外，促进了植物生理生态学作为一门独立学科的问世。20世纪60年代以来，随着野外监测手段的不断改进和计算机模拟技术的运用，植物生理生态学研究发展迅速。1975年，奥地利学者Larcher编著的《植物生理生态学》出版，宣告了这门学科的正式形成。1980年，科学出版社出版了李博翻译Larcher的《植物生理生态学》，为该学科在中国的迅速发展奠定了基础。其后，以农田杂草为研究对象的杂草生长的生理生态研究得到了长足发展。

基本内容 杂草生长的生理生态注重杂草生态学与生理学的结合，涉及的内容主要包括杂草的生长过程、杂草生长与环境的相互作用以及杂草对环境因子变化的适应。杂草生长的生理生态研究可以在不同的尺度上展开，从分子、细胞、组织、器官，到个体甚至种群等，但无论哪个尺度上的研究，都要围绕杂草个体的基本性状表现来进行，运用生理学方法分析杂草生长发育过程中的生态学现象，阐明环境生态因子与杂草内在生理反应之间的关系。

杂草的生长从种子最初萌发出苗开始，经过营养生长、生殖生长包括开花、传粉和受精、结实等阶段，直至衰老和死亡，完成杂草生活史的全过程。杂草生长的强弱体现在植株的株高、鲜重、面积或体积等方面，甚至包括机体中某些特定成分的变化。杂草个体在不同时期的生长速度是不均匀的，表现出慢－快－慢的基本规律，即开始生长缓慢，随后逐渐加快并达到最高点，呈现指数式的增长，最后生长速度又减缓直至停止。不过，杂草幼苗较作物有时表现出更快的生长速度，杂草稻幼苗的生长速度大多会较栽培水稻迅速，是因为其具有更高的光合速率。

杂草的生长发育主要受内源生理因子和外源生态因子的影响。内源因子不仅在分子和细胞水平上是活跃的，而且还可以通过植物激素的作用在植株内起调节作用，并与外界环境因子共同启动杂草的生长发育进程，使杂草生长与季节性变化同步。另外，它们还调节生长的强度和方向、代谢活性以及营养物质的运输、贮存和转化。外界因子诸如光强、持续时间和光谱分布，温度、水分及各种化学因素等，均以不同的方式影响杂草的生长发育。如光通过诱导、启动和终止发育过程，可实现对生长发育的暂时调节，影响杂草生长的速度和范围。又如生长素不仅能够响应生长信号，而且能够介导多种环境信号，通过生长素的极性运输和信号转导，参与杂草向地性、向光性和庇荫反应的调控，生长素也可参与营养元素的转运，进而介导根的伸长生长和侧根形成，在杂草根系的生长调控中发挥重要作用。开花是杂草营养生长向生殖生长转换的重要环节，受环境中光周期、温度和植物激素等多个因子诱导。杂草响应各种内源生理因子和外源生态因子启动开花的途径主要有光周期途径、春化途径、自主途径、赤霉素途径和年龄途径等。杂草开花通常是多条途径共同作用的结果，由许多开花相关的基因参与调控。

存在问题和发展趋势 在杂草完成生活史的全过程中，内源生理因子和外源生态因子对杂草生长的影响是紧密联系的，有时相互交叉、重叠或协同发挥作用。杂草一方面通过细胞分裂不断产生新的细胞，另一方面通过细胞生长和分化形成不同的组织和器官，使杂草植株完成营养生长到生殖生长的过渡，在此过程中，杂草要受到一系列内部和外部因素的调节和控制，相关协同调控机制目前尚不完全明晰。并且，由于全球气候变化和新型农作制度的实施，杂草生长对环境变化的生理生态响应，杂草的抗逆性、适应性和进化机理，多种生态因子如光、温、水、气、养分等对杂草生长的影响互作等，也是杂草生理生态研究亟待解决的主要问题。

参考文献

蒋高明, 2004. 植物生理生态学 [M]. 北京 : 高等教育出版社 .

刘永平 , 杨静 , 杨明峰 , 2015. 植物开花调控途径 [J]. 生物工程学报 , 31(11): 1553-1566.

强胜 , 2009. 杂草学 [M]. 2 版 . 北京 : 中国农业出版社 .

DAI L, SONG X L, HE B Y, et al, 2017. Enhanced photosynthesis endows seedling growth vigour contributing to the competitive dominance of weedy rice over cultivated rice [J]. Pest management science, 73(7): 1410-1420.

LARCHER W, 1975. Physiological plant ecology [M]. 4th ed. Berlin: Springer-Verlag.

Wilkins M B, 1969. Physiology of plant growth and development [M]. London: McGraw-Hill.

（撰稿：魏守辉；审稿：强胜）

杂草适应演化 adaptive evolution of weed

生物的形态结构和生理机能与其赖以生存的一定环境条件相适合的现象。演化（evolution）是指生物在长期适应环境过程中其后代遗传组成发生了变化，演化的主要机制是生物的可遗传变异，以及生物对环境的适应和物种间的竞争。许多杂草主要分布于农田系统，与自然生态系统不同，农田生态系统中农事活动频繁，如作物种植制度、土壤耕作措施和杂草防控途径等，而且这些农事活动频繁变更（年内或年际间），杂草生命活动过程产生深刻影响。为了应对这些高强度的干扰和保持高的存活率和繁殖率，杂草的形态结构和生理机能将产生变化，并逐渐产生适应演化。适应演化能够提高杂草适合度（存活率和繁殖率），从而使其能在多变环境或胁迫生境找到适合的生态位，能更好地存活和繁衍。

生物适应环境主要通过表型可塑性和遗传分化 2 种方式。表型可塑性是生物体对环境变化产生响应而改变其表型的能力；遗传分化则是生物在适应环境过程中其种群内和种群间产生遗传变异。表型可塑性对生物的适应意义可以通过影响适合度来实现，具体表现为 2 种方式：一种是“使表现最大化”，即在资源较为充足的情况下尽可能地增加总体适合度；另一种是“使表现维持一定水平”，即在资源受到限制、存在胁迫的条件下仍然维持必要的生理功能，确保生物仍有一定的适合度。对于杂草来说，由于其固着生长的特性，这种“表现最大化和表现维持”有着重要生态学意义，使得杂草能较快地改变形态、生理和发育，从而使杂草表型与所生长环境相适应。

杂草是具有高表型可塑性特性的植物类群，杂草的表型可塑性适应响应具体表现在以下几个方面：①形态可塑性适应，表现在杂草的株高、冠幅、分枝长、分枝数等结构特性上。如当环境营养或光照强度降低时，某些杂草会减弱其株高、冠幅等形态学特征从而提高对环境的适合度。②营养生长可塑性适应，表现在杂草对根、茎、叶各器官的资源分配比例在不同环境中（如光、养分条件和密度条件）响应有差异。③繁殖可塑性适应，表现在杂草的种子繁殖数量多，传播方式多样化，且传播距离适应于其生长环境的差异。④生活史可塑性适应，表现在生活史周期缩短，在较短时间完成生长发育和繁殖，以适应农业活动的频繁干预。

表型可塑性与适合度密切关系，上述杂草的表型可塑性适应在杂草对环境适应的过程中发挥了重要的作用，使杂草能够在一系列多变的环境中维持其生长和适合度。一方面杂草作为表型可塑性高的植物类群，可以在多样化的生境尤其是在胁迫环境和高强度干扰的环境中生存和繁衍，使其具有更宽的生态幅和更好的耐受性，因而许多杂草种类地理范围广阔，并占据不同类型的生境。另一方面杂草高的表型可塑性，使杂草能在强烈变化环境中具有快速适应的特性，使其能长期生存在频繁干扰的农田环境，并产生适应性演化。

遗传变异的程度和结构是杂草适应环境潜力的基础，研究发现杂草种群内部和种群之间的遗传变异程度很高。杂草对环境变化的适应可能来自于新突变（即自发突变）的选择或常态遗传变异的等位基因的选择。“新突变”是指适应性状在施加选择压力后的杂草种群中出现，而“常态遗传变异”是指适应性状在未受到选择压力的种群中出现。适应性状的遗传变异来源对选择过程的结果可能是最重要的，并可能决定可采用的最佳杂草管理策略。当适应源于常态遗传变异时，一个等位基因的固定概率取决于它在环境变化前后的有害和有利影响。相反，种群中“新突变”的进化轨迹取决于与适应性等位基因相关的净适合度效应。

杂草适应环境主要是受到当地气候和环境条件以及农作物和杂草管理实践的影响。其中，气候和 / 或环境选择可能会导致杂草种群之间区域或边缘的分化模式；而杂草的管理，特别是除草剂的使用，对杂草的适应施加了极大的选择压力，使杂草快速发生适应性演化。此外，外来杂草入侵也是杂草产生快速适应演化的主要影响因素之一。

参考文献

万开元 , 潘俊峰 , 陶勇 , 等 , 2012. 长期施肥对农田杂草的影响及其适应性进化研究进展 [J]. 生态学杂志 , 31(11): 2943-2949.

CAMPBELL L G, SNOW A A, RIDLEY C E. 2006. Weed evolution after crop gene introgression: greater survival and fecundity of hybrids in a new environment [J]. Ecology letters, 9(11): 1198-1209.

NEVE P, BARNEY J N, BUCKLEY Y, et al, 2018. Reviewing

research priorities in weed ecology, evolution and management: A horizon scan [J]. Weed research, 58(4): 250-258.

NEVE P, VILA-AIUB M, ROUX F, 2009. Evolutionary-thinking in agricultural weed management [J]. New phytologist, 184(4): 783-793.

ROBERT R, RICK R, 2014. Ecology—The economy of nature [M]. 7th ed. W. H. Freeman and Company.

SUN Y, RODERICK G K, 2019. Rapid evolution of invasive traits facilitates the invasion of common ragweed, *ambrosia Artemisiifolia* [J]. Journal of ecology, 107(6): 2673-2687.

（撰稿：陈欣；审稿：宋小玲）

杂草特殊物质的利用 utilization of weed special material

将杂草中含有的药用成分、纤维、油脂、色素等物质通过一定的工艺提取、加工之后进行利用。杂草种类多样、群体数量巨大资源丰富，其中蕴含复杂多样的代谢产物，作为特殊的物质资源，可以开发利用。

杂草特殊物质的开发利用方向有：①药用类。包括对人类或动物具有药用和保健功能的中草药与兽药类杂草；可提取各种作为药用的粉末、结晶、浸膏等原料药物的化学药品原料类杂草；可用于防治病虫草害或提取有效成分并配制成生物农药的植物源农药类杂草。中草药是中医用来与疾病作斗争的重要武器之一，也是中医赖以生存的物质基础，在《中国农田杂草》杂草名录中，有59种具有药用和保健功能的药用杂草。最典型的例子就是黄花蒿，含挥发油、青蒿素、黄酮类化合物等，具有清热、解暑、截疟、凉血的作用。中国科学工作者于20世纪70年代首次从黄花蒿中分离出青蒿素，为抗疟的主要有效成分，中国科学家屠呦呦因发现青蒿素获得2015年诺贝尔生理学或医学奖。蒲公英富含黄酮类、倍半萜类、香豆素类及酚酸类等多种化学成分，有明显的抗炎、抗氧化、抗过敏和抗肿瘤等生物活性，具清热解毒、消痈散经之功能，为清热解毒的传统药物。鳢肠含三萜皂苷、挥发油成分、甾体生物碱、鳢肠中最具特征的化学成分多联噻吩和香豆草醚类化合物，具有滋肝补肾、凉血止血之功效，临床上可用于治疗菌痢、生殖泌尿系统炎症和肝硬化等症，还具有保肝、抗蛇毒、免疫调节、抗诱变等多种药理活性；黄鹌菜富含三萜类和倍半萜类、黄酮（苷）类以及甾醇类化合物，具有清热解毒、利尿消肿、止痛之功效，主治咽炎、乳腺炎、牙痛、小便不利、肝硬化腹水、感冒、结膜炎、风湿性关节炎等症，在抗癌及抗病毒方面也有显著效果。火炭母属广东地产药材，具有清热利湿、凉血解毒、平肝明目、活血舒筋等功效，用于痢疾、泄泻、咽喉肿痛、肺热咳嗽、肝炎等，从火炭母中分离出多种化合物，包括黄酮类化合物槲皮苷、异槲皮苷、柚皮素等10余种，还有酚酸类、挥发油以及甾体类物质，具有抗氧化、抑菌、抗炎和抗肿瘤的活性。酢浆草主要含黄酮类、酚酸类和生物碱等化学成分，全草入药，能解热利尿，消肿散淤，临床观察发现酢浆草对肝炎、肾盂肾炎、病毒性疱疹等有较好疗效，还具有祛痰平喘，止痛的作用。狭叶母除含有药用物质β-谷甾醇和齐墩果酸外，还含有绿原酸，绿原酸具有抗菌消炎、抗病毒、保肝利胆、保护心血管、抗突变及抗癌的临床药理作用，全草可入药，中药名为羊角桃，具有清热解毒、化瘀消肿的功效，主治急性胃肠炎、痢疾、肝炎、咽炎；外用治跌打损伤。除这些常见的用于药用的杂草外，据研究莎草科的香附子、异型莎草、水莎草和碎米莎草；阔叶类的丁香蓼茎叶、青萍全草；雨久花科鸭舌草茎叶和四叶萍全草；苋科的空心莲子草全草均含有茶多酚，可见杂草含有丰富的抗氧化物质，有待进一步深入开发。杂草作为药用的另一种形式是驱杀害虫，从公元前1世纪开始，艾即被用于种子储藏，此措施一直沿用至今。除艾之外，苍耳、辣蓼等也被用于种子储藏。许多有毒植物如苦豆子、龙葵、乌头等的水浸滤液，可用作生物农药防治红蜘蛛、菜青虫、蚜虫、地老虎等农业害虫，马齿苋可防治棉蚜虫，打碗花可防治红蜘蛛，泽漆可防治小麦吸浆虫、粘虫、麦蚜等。黄花蒿挥发性油对赤拟谷盗成虫和幼虫具有触杀活性和明显的趋避作用。还有的可以抑制杂草种子的萌发，如黄花蒿提取物可抑制反枝苋、苘麻、狗尾草和稗草杂草种子的萌发；还可诱导向日葵列当和瓜列当种子萌发，促使列当种子"自杀性萌发"。②纤维类。植株体内含有大量纤维组织，可为衣物、编织品、纸浆等提供原料的杂草。田菁、芒、宽叶香蒲等均是优良的纤维类杂草资源。芦苇茎秆粗而韧，可作造纸和人造丝、人造棉原料，也可编织席、帘、筐、炊具、渔具和手提包等。③油脂类。处于野生状态或半野生状态，有一定含油量（包括食用油脂和工业油脂）的杂草。油脂多存在于杂草的果实、种子、花、茎、叶、根等器官中，但一般以种子和果实含油量最为丰富。紫苏、荠菜、地肤等杂草的种子中均有较高的含油率。④香料类。含有芳香油、挥发油或精油，可广泛用于观赏、调味和制药等的杂草。香根草、艾蒿、草木樨等杂草均可作为香料进行开发利用。⑤色素类。含有丰富着色能力的化学衍生物的杂草，可提取用作食品、饮料的添加剂或作工业染料。紫草、紫花地丁、龙葵等均是优质的天然色素资源，具有开发利用价值。外来入侵杂草五爪金龙花色素紫红色，颜色鲜艳，且常年开花，具有色素原料来源广泛，成本低廉，提取工艺简便，多种理化性质良好等优点，是一种极具开发前景的天然食用色素。

利用代谢组学、基因组学、蛋白组学、酯组学等技术系统开展杂草特殊物质成分的研究，在弄清同科或同属杂草所含有的特殊化学成分的基础上，建立杂草特殊成分数据库，促进杂草特殊成分的开发和利用。

参考文献

强胜，2009. 杂草学 [M]. 2版. 北京：中国农业出版社.

任笑传，程凤银，2013. 墨旱莲的化学成分、药理作用及其临床应用 [J]. 解放军预防医学杂志，31(6): 559-561.

沈健英，吴骏，2012. 田野草本植物资源 [M]. 上海：上海交通大学出版社.

唐洪元，1991. 中国农田杂草 [M]. 上海：上海科技教育出版社.

王振宇，2006. 植物资源学教程 [M]. 哈尔滨：东北林业大学出版社.

徐国熙，杨永利，郭守军，等，2009. 杂草五爪金龙花色素的提

取及稳定性研究 [J]. 食品研究与开发 , 30(12): 187-192.

张无敌 , 刘士清 , 1995. 有害杂草的利用观 [J]. 生命科学 , 7(1): 30-33.

朱学文 . 1996. 简谈野生杂草的开发利用与保护 [J]. 河南科学 (S1): 163-165.

（撰稿：田志慧；审稿：王金信、宋小玲）

杂草危害多样性　diversity of weed damages

杂草不仅影响农作物等目标植物的生长发育，也对人类的生活和动物的生存以及生态环境造成各种影响。需充分认识杂草危害多样性，重视危险性杂草风险预测以及草害的预防、监测和治理。

降低农产品产量和品质　①竞争水。杂草根系庞大，生产 1kg 干物质所需的水分，小麦和谷子分别为 490kg 和 250kg，而藜和马齿苋则分别高达 720kg 和 900kg，易引起作物缺水。②竞争肥。杂草吸肥能力强，如在紫茎泽兰入侵 210 天后，土壤中的速效氮、速效磷和速效钾分别下降 56%～95%、46%～53% 和 6%～33%，肥力大幅度下降。③竞争光。大多数杂草与作物同时出苗或早于作物出苗，生长快，遮阴导致作物生长受到抑制。如稻田的稗、千金子、耳基水苋、丁香蓼等都高过稻。此外，杂草丛生会使地温下降。④争夺空间。杂草会挤占作物生长空间，使作物的枝叶生长受到限制；杂草根系生长很快，占据地下空间，妨碍作物根系生长。另外，杂草密度高导致通风不良，农田湿度提高。⑤化感作用。不少杂草植株或其残体向环境中释放化学物质，会影响作物种子发芽、生成畸形株、破坏根系细胞、抑制根系生长，如豚草可释放酚酸类、聚乙炔及甾醇等化感物质，对禾本科、菊科等的一年生草本植物有明显的抑制作用。⑥寄生作物。寄生性杂草从寄主作物夺取自身所需要的营养物质或水分和无机盐。寄主被寄生后，植株生长缓慢，矮化、黄化萎蔫或枯死。如被菟丝子寄生的大豆，轻者减产 10%～20%，重者减产 40%～50%，甚至绝产。总体上，田间每平方米有杂草 10～200 株时，每亩谷物减产 50kg 以上。由于杂草危害，全球每年造成农作物减产约 10%。另一方面，降低农产品品质，如杂草稻种子的芒、含色素的颖壳以及红色的米粒，对稻米的等级与商品价值都有一定的影响。

增加农业生产成本　杂草危害影响农事操作，具有根茎的杂草，如荻、芦苇常常造成翻耕困难。混生大量杂草的农作物，往往会给收获带来极大的不便，影响收割进度，浪费大量人工与燃料，甚至会损坏收割机械。河道池塘长满凤眼莲、空心莲子草等杂草，会严重影响水产捕捞。每年因除草投入的药剂、机械以及人工的费用仍是农业生产的主要支出之一，2019 年全球除草剂的销售额超过 250 亿美元，占农药销售总额的 43.75%。

病虫中间寄主　杂草与病虫害的发生密切相关，田间和农田周围的许多杂草是作物病虫的中间寄主，有利于病虫的发生、繁殖和蔓延，部分杂草及寄生的病虫如表所示：

以杂草为中间寄主的部分作物病原菌与害虫

寄主杂草	病原菌	寄主杂草	虫害
鸡眼草、剪股颖、茵草、	水稻纹枯病病菌	紫花地丁、荠菜、夏枯草、蒲公英、车前、益母草	棉蚜
牛筋草、马唐	稻瘟病病菌	酸模、苜蓿、藜、蒲公英	苹果叶蝉
萹蓄	甜菜黄萎病病菌	鹅观草	小麦吸浆虫
独行菜	十字花科根肿病病菌	芦苇、酸模	稻苞虫
金色狗尾草	玉米枯萎病病菌	狗尾草、稗、马唐	黏虫
荠菜	甘蓝菌核病病菌	小旋花、马唐	温室白粉虱
假稻、稗	水稻白叶枯病病菌	苍耳、毛地黄	红蜘蛛
野燕麦	小麦赤霉病病菌	稗	叶蝉、稻飞虱

毒害或伤害人畜　某些杂草含有毒物质，被人和动物误食或吸入后，会引起不同程度的中毒。例如，食用含有 4% 毒麦（含毒麦碱）的面粉会有生命危险。吸入豚草花粉会引起哮喘、鼻炎。紫茎泽兰花粉和冠毛吸入后，刺激黏膜，过量则引发头晕、胸闷、过敏等症状，牲畜吸入过量则引发哮喘等症状。此外，刺苋、金樱子有锋利的刺，五节芒叶缘有锐利的锯齿，也容易伤人和动物。

影响人类生活与安全

杂草无处不在，影响人类的生活方方面面　①影响居住环境。房前屋后，杂草丛生，易滋生蚊虫与老鼠。②影响交通出行。乡村小道、机耕路、高速公路以及水路两旁也易长杂草，影响出行与货物运输，甚至因阻挡视线引发交通事故。在机场缓冲区杂草过高，影响飞机起降安全。③影响景观与植被功能。公园绿地、花园草坪滋生杂草，影响景观美化，降低球场等功能。④易引发火灾。秋冬季节许多杂草地上部死亡后，枯枝落叶，容易着火，导致火灾蔓延，影响森林防火带功能。

破坏水利设施，危害生态环境　水分充足的地方很容易长草，水渠与河道长满杂草，会使水流减速，甚至淤塞河道，从而妨碍排水泄洪，易引起水灾。此外，泥沙淤积，为鼠类栖息提供条件，导致沟渠使用寿命缩短。另一方面，中国外来入侵杂草如加拿大一枝黄花、紫茎泽兰、凤眼莲等往往形成单一优势群落，导致群落内物种丰富度明显下降，破坏生物多样性。空心莲子草可在水面形成厚达 30cm 的植毡层，阻止水中气体交换，导致缺氧，鱼虾等水生生物可能窒息而死，此外，杂草死后植株腐烂，产生多种有毒物质，使水质恶化，破坏生态环境。

参考文献

姜铁军 , 2015. 关于新疆新源县寄生性杂草列当危害油葵的田间调查报告 [J]. 北京农业 (22): 69-70.

蒋智林 , 2007. 入侵杂草紫茎泽兰与非入侵草本植物竞争的生理生态机理研究 [D]. 北京 : 中国农业科学院 .

强胜, 2009. 杂草学 [M]. 2 版 . 北京 : 中国农业出版社 .

桑晓清, 孙永艳, 杨文杰, 等, 2013. 寄生杂草研究进展 [J]. 江西农业大学学报, 35(1): 84-91, 96.

孙永军, 施保国, 唐才尧, 等, 2012. 生态杀手——加拿大一枝黄花的传播危害与防控措施 [J]. 现代农药, 11(3): 54-56.

COLBACH N, GARDARIN A, MOREAU D, 2019. The response of weed and crop species to shading: Which parameters explain weed impacts on crop production [J]. Field crops research, 238: 45-55.

ZHANG K P, YU Z H, JIANG S X, et al, 2018. Association of host plant growth and weed occurrence with armyworm (Mythimna separata) damage in corn fields [J]. Journal of integrative agriculture 17(7): 1538-1544.

（撰稿：刘亚光、朱金文；审稿：宋小玲）

杂草物候学 weed phenology

研究杂草和环境条件（气候、水文、土壤条件）的周期变化之间相互关系的科学。通过对杂草发育时期的研究，评价环境因子对杂草生长发育规律的影响以及两者的相互作用，所以杂草物候学属植物生态学的范畴。杂草物候期可划分为萌动期、立苗期、营养生长期、开花期、结实期和枯黄期等 6 个时期。

研究目的 通过对杂草的物候观测，记录各生长发育时期启动时间和持续天数，了解杂草周期性生长发育过程对外界环境特别是气候的依赖关系，并以此预测当地农田作物和杂草的物候学进程，制定区域性的农田杂草治理方案，精准实施杂草有效防治措施，提高对作物的安全性。

研究方法 通过定点观察，记录杂草生长发育过程中的各主要关键时期启动时间、持续过程等动态规律，特别是与温度、降水量、光照和农事活动密切相关的生长发育规律。其具体研究方法：根据不同环境条件和农艺操作，选择适宜的靶标杂草，观察记录杂草萌动期、立苗期、营养生长期、开花期、结实期和枯黄期，并配合记录田间管理措施和环境气象条件，进行总结、综合、分析和比较，通过数理统计分析，定量分析和描述杂草生长发育规律及其与环境因子的相互关系。例如结合气候资料结合的分析比较，揭示气候因素对杂草发生规律的影响；结合历史资料对比分析和研究，阐明杂草发生的一般规律。其中出苗期是最为关键和重要的时期，不仅可以由此判断特定农田杂草发生密度，而且该时期有利于化学除草剂的药效表达和抗性杂草的早期治理，对杂草综合治理有重要的参考价值。

预报杂草物侯期的方法有很多种，如积温法、回归分析法、平均温度法等。因为温度和光照是调节植物物候学响应的主要因素，每种杂草的发芽、生长要求一定的温度，适当温度范围是杂草萌发的条件，如水稻田稗草平均温度 12℃以上即能萌发，最适发芽温度 25～35℃，萌发需要积温 100～120℃；千金子萌发起点温度 16℃，因此预测杂草发生时也常采用积温法。

研究进展 国内外对于杂草物候学的研究主要集中在环境因子对杂草不同物候期的影响以及杂草对环境因子的生态适应，其中温度、光照、降水及农业防治对杂草物候影响方面的研究报道较多。通常杂草的春季物候表现为随温度升高而提前，但由于气候、地理条件不均一以及不同物种不同物候期对关键影响因子响应不同，因此温度对不同区域、不同物种物候影响的规律性并不明显；光照条件、水分对杂草物候期的影响也因杂草种类不同而千差万别，有些杂草发芽对光照要求十分迫切，如菟丝子种子在无光条件下不能发芽。稻田在有水层时，稗草因缺氧而很少发生，田间缺水时稗草可从 2～5cm 或更深土层中出苗。相反，在长期进化过程中，杂草也逐渐适应不同地区的光、温、水、肥等自然条件和农耕作业，形成不同地域、海拔和地貌及农耕背景下的杂草形态结构、生活史、生长发育规律和种群延续策略，由于农田耕作过程频繁，农田杂草多以一二年生种子繁殖的短生命周期的杂草种类，其中水田杂草群落结构具有普遍的相似性，而秋熟旱作田杂草和夏熟作物田杂草因生态环境条件不同有显著差异。

植物物候模型是用数学语言描述环境因子与植物物候发育规律间的关系，实现对物候的动态模拟。其中对外来入侵杂草如紫茎泽兰、一年蓬和田间恶性杂草如杂草稻、牛筋草等的萌发特性和生长发育开展了大量研究，进而建立了一些化学防治和生态防治的技术措施。但相对于作物和森林木本植物，杂草多样性、较强生态适应性、抗逆性以及表型可塑性给杂草物候模型研究带来困难，目前的研究结果机理性不强、研究物种较单一、适用范围窄。

参考文献

符瑜, 潘学标, 2011. 草本植物物候及其物候模拟模型的研究进展 [J]. 中国农业气象, 32(3): 319-325.

李扬汉, 1998. 中国杂草志 [M]. 北京 : 中国农业出版社 .

强胜, 2009. 杂草学 [M]. 2 版 . 北京 : 中国农业出版社 .

（撰稿：李贵；审稿：强胜）

杂草物理防治 physical control of weeds

利用物理方法如火焰、高温、电力、辐射等手段控制杂草的方法。物理除草包括火力除草、电力除草、薄膜覆盖抑草等治草方式。

基本内容

火力除草 是利用火焰或火烧产生的高温使杂草被灼伤致死的一种除草方法。在撂荒耕作地、矿山、铁路的空旷地带、草原和林地更新中，往往用放火烧荒或用火焰喷射器发射火焰的方法清除地表杂草，以利耕作、种植或其他生产、经营活动。火烧过程中产生的蒸汽也可杀灭土层中的杂草种子及当年生和多年生杂草的营养体，有效降低生长季节中杂草对作物的竞争性。火焰除草机是将机械驱动和物理除草相结合，采用动力机械驱动火焰发生器来治理杂草。因为火焰除草不铲除杂草因而不扰动土层，因此不受田间土壤类型和土壤湿度，也不受杂草抗药性的影响，具有其特殊的优点。但它对作物的要求比较高，耐热性作物才不易受高温损伤。

但即使是耐性作物不同时期耐性也存在差异，如5叶期的玉米耐性最强，而2叶期最敏感，在敏感期采用火焰除草导致作物受伤害，干生物量和产量降低。由于作物行内杂草通常较难防除，火焰除草在精准农业中可以用于耐受作物如洋葱、大蒜等行内除草，也可用于宽行耐受作物如玉米、大豆、向日葵和高粱的行内除草。火焰除草通常可以通过调整燃烧机的类型、热剂量以及根据杂草和作物的生长期等因素来减少对作物的损伤。已有不同种类的火焰除草机在农业生产中应用，最常见的燃烧机是明火燃烧机，常采用丙烷或液化气（气相或液相）作为能源。例如，日本研制的火焰除草器（以煤油为燃料），利用气化燃烧所发生的火焰和热量，进行选择性或非选择性地除草。可用于防治铁路或公路两旁、沟岸、废弃地的杂草，以及根据作物与杂草空间位置的不同用于玉米、棉花田杂草防治。新型火力除草机通过传感器和驱动系统来确定火焰到作物的精确距离，而且火焰根据是否有杂草可自动关闭和启动，并根据杂草发生量自动改变热量传递的程度。

蒸汽除草　指利用蒸汽杀死杂草种子的方法。蒸汽通过传递热能杀死大多数杂草种子，包括休眠的种子，通过减少土壤中杂草种子基数来治理杂草，可以有效解决株间杂草治理问题，杂草防治效果好且持效期长，对降低杂草土壤种子库有重要作用。国外先后开发出一些蒸汽除草机，例如移动式土壤蒸汽除草机。除使用蒸汽外，还在土壤中通过旋耕添加某些化合物如氧化钙、氢氧化钾提高杂草死亡率。该方法的缺点是产生蒸汽耗能多，成本高。

电力和微波除草　电力和微波除草是通过瞬时高压（或强电流）及微波辐射等破坏杂草组织、细胞结构而杀灭杂草的方法。由于不同植物体（杂草或作物）中器官、组织、细胞分化和结构的差异，植物体对电流或微波辐射的敏感性不同。高压电流或微波辐射在一定的强度下，能极大地伤害某些植物，而对其他植物安全。美国已成功地研制和开发出了一种电子装置（系统），通过拖拉机牵引的安全装置控制电能的输出（电力为50kW），该放电系统的一端接于犁刀与土壤接触，另一端则通过操作器与高于作物的杂草接触，当系统放电后，杂草茎叶的细胞、组织被灼伤，数日内干枯死亡。可用于防治棉田和甜菜田阔叶杂草，防效可达97%～99%，还可用于果园和非耕地除草。

微波除草则是利用高频电场振动引起植物体内极性分子高速旋转和摩擦而产生热能，高频振动和高温使得杂草细胞破裂失水，导致杂草种子死亡或降低种子活力，减少萌发，或使幼苗遭受损伤或死亡，达到除草的目的。据测定，波长为12cm的微波辐射，在很短时间内即可穿透并加热土壤，土深可达10～12m，所用能量为6kW。微波除草的效果和微波辐射时间、微波功率有密切关系。据试验1250W微波辐射90秒时，土壤温度最低76℃，最高97℃，可以抑制土壤88%杂草种子萌发，而1000W微波辐射需要180秒，微波辐射功率小于1000W，对杂草种子萌发没有明显的抑制作用。微波对不同种植物的种子发芽率影响不同。杂草幼苗对微波的反应比种子更为敏感，种子不同吸水状态的反应亦有差异。例如，对土壤表面的欧白芥种子，未吸水种子的致死能量为1.55kJ/cm^2，吸水和发芽种子的致死能量为1.2kJ/cm^2，而对幼苗的致死能量仅为0.2kJ/cm^2。微波首先适用于处理堆肥、厩肥、园艺土壤、试验用土壤等，以杀死其中的杂草种子以及病虫等有害生物因子。

近些年发展了激光除草技术。该技术只需要处理杂草的生长点即植物的分生组织，就能杀死整株杂草。激光除草通过杂草吸收能量后转化成热能破坏杂草的分生组织。影响除草效果的因素主要有激光的波长、辐射强度、杂草种类和生育期等。如在高能量下能杀死单子2叶期杂草但不能杀死4叶期杂草；但在中等能量下能杀死4叶期双子叶杂草。激光除草能提高劳动效率，解决劳动力短缺问题，保护农业生产环境，减少能源浪费，提高资源利用率。但目前尚没有激光除草机商业化生产，仅限于研究。

薄膜覆盖除草　地膜化栽培已广泛应用于棉花、玉米、大豆和蔬菜。常规无色薄膜覆盖主要是保湿、增温，能部分抑制杂草的生长发育。生产上采用有色薄膜覆盖，不仅能有效抑制刚出土的杂草幼苗生长，而且通过有色膜的遮光能极大地削弱已有一定生长年龄的杂草的光合作用，在薄膜覆盖条件下，高温、高湿，杂草又是弱苗，能有效地控抑或杀灭杂草。在三叶鬼针草发生的林区，冬季进行稻秆覆盖，春季在稻秆覆盖的基础上覆盖薄膜，导致浅层土壤高温干燥、近地表空气高温高湿，使三叶鬼针草种子全部死亡。黑膜可以在抑制杂草生长的同时，吸收较多的太阳能，促进低温升高，降低土壤水分散失，提高土壤墒情，促进作物生长。在藏药匙叶翼首草人工栽培地中进行黑膜覆盖除草，其杂草生物量较人工除草和不除草对照大幅降低。在藏药唐古特红景天田中，覆黑膜处理后杂草不仅数量减少，种类较不除草对照和人工除草处理明显减少，同时残留杂草的株高也受到显著抑制。

园艺地布在园艺领域杂草防除上已有应用。园艺地布采用聚乙烯粒料为原料，经各种工艺一步法生产而成。在防草保湿的同时能透水、透气，不影响土壤换气，不影响农作物生长，解决了传统地膜不透气不透水的缺点。地布覆盖栽培不但有显著的杂草抑制效果，同时能起到保墒、减少地面径流、减少养分流失的作用；高温季节能降低土壤温度，提高土壤湿度，可明显改善根系生长的微环境，有利于枝梢生长、果实膨大。特别是新建果园和幼年果园，根系入土不深，覆盖园艺地布对改善根际环境效果更明显，有促进新梢生长、迅速扩大树冠的功效，可使树体提早进入结果期。研究表明，在幼龄苹果园中采用园艺地布除草效果明显大于普通地膜和可降解地膜，提高幼龄苹果树的新梢长度、提高新梢生长速度、以及改变土壤养分含量的效果也最明显。在中草药金银花田中采用园艺地布能够有效地防治杂草的生长，提高土壤含水量，且可使金银花田产量和经济效益显著提高。在橘园中覆盖园艺地布防草效果达100%，

药膜（含除草剂，例如乙草胺、甲草胺、都尔等）或双降解药（色）膜的推广应用，对农作物的早生快发和杂草的有效治理发挥着越来越大的作用。据试验，乙草胺、甲草胺、都尔、地乐胺等多种药膜均有良好的除草效果。持续期多数可达60～70天，其中以乙草胺药膜的持续期较短，约5天，但其对阔叶杂草的防除效果好于都尔，且对棉花等作物的幼苗安全，尤其是对出苗率无明显影响。为了保证药效，

Z

防止要害，使用除草剂药膜时墒情要好，必须做到：①地面要整平，使地膜与地面充分接触。②保证播种时墒情要好，药膜破洞要小，注意用土封口。③尽量减少作物幼苗与除草药膜有直接接触，以防药害。但该法近些年没有明显的发展和应用。

存在问题和发展趋势 火力除草消耗大量的有机物，不利于提高土壤肥力、改善土壤结构，也不符合持续高效农业的要求。此外，烧荒产生的强烈热浪，可使田边种植的其他植物受伤，甚至枯死，或引发火灾等，因此只能在特定情况下使用。电力除草主要利用杂草和作物的位差，只适于矮秆作物中的高于作物的杂草植株，而不能达到治理全部田间杂草的目的；其次，电力除草器结构复杂，价格昂贵，输出功率大，费电耗能源，对操作者素质和安全操作的要求较高，应用中存在一定的难度。目前只在甜菜、大豆、棉花等少数作物上应用成功，尚未能在生产上得到广泛推广和应用。微波除草适用范围有限，基本只能用于堆肥、厩肥、园艺土壤、试验用土壤等。薄膜覆盖的除草范围有限，瓜类秧苗一般情况不适用该法除草。相比而言，由于蒸汽除草可消灭土壤种子库，值的在中国推广利用。激光除草有其特定的优势，可进一步研究和研制相应的机械，投入农业生产。

随着科学技术的迅速发展，各个领域都在积极与除草技术结合，热、力、电相关技术与除草技术高效的结合，研发更为高效、安全的除草设备，为中国寻找更完善的除草方式提供思路，更多的除草方式等待人们不断去探索、发现，从而不断促进现代农业的发展。

参考文献

关鹏, 2019. 中药材火焰除草机关键技术研究与实现 [D]. 太谷 : 山西农业大学 .

李琳 , 董静 , 刘凯 , 等 , 2012. 不同除草方式对金银花田杂草控制及产量的影响 [J]. 作物杂志 (5): 82-85.

马令法 , 何淑玲 , 常毓巍 , 等 , 2016. 除草措施对人工栽培藏药唐古特红景天产量、品质及除草效果的影响 [J]. 北方园艺 (7): 144-148.

强胜 , 2009. 杂草学 [M]. 2 版 . 北京 : 中国农业出版社

孙永明 , 李小飞 , 俞素琴 , 等 , 2017. 茶园不同控草措施效果比较 [J]. 南方农业学报 , 48(10): 1832-1837.

许永强 , 安红梅 , 袁芳 , 等 , 2016. 藏药匙叶翼首草人工栽培杂草生态特点和防控效果的分析 [J]. 中国农业大学学报 , 21(9): 105-114.

杨宝玲 , 王庆杰 , 邱宇光 , 等 , 2009. 保护性耕作模式下的除草技术的研究 [J]. 农机化研究 , 31(7): 50-52, 58.

杨清华 , 黄俊 , 胡光灿 , 等 , 2019. 防草布在不同桔园应用试验初报 [J]. 中国南方果树 , 48(3): 37-40.

FONTANELLI M, FRASCONI C, MARTELLONI L, et al, 2015. Innovative strategies and machines for physical weed control in organic and integrate vegetable crops [J]. Chemical engineering transactions, 44: 211-216.

PERUZZI A, MARTELLONI L, FRASCONI, et al, 2017. Machines for non-chemical intra-row weed control in narrow and wide-row crops: a review [J]. Journal of agricultural engineering, 48(2): 57-70.

（撰稿：陈勇、安静；审稿：宋小玲）

杂草形态结构多型性 polymorphism of weed morphology and structure

指杂草在根、茎、叶等器官的形态和结构表现出的多样性。这是杂草具有较强的环境适应能力和危害性的形态学基础。

杂草形态结构多种多样，其主要表现如下。

不同种类的杂草个体大小差异显著 杂草不同种类的个体大小差异很大是物种本身的特性，如假高粱株高 2m 以上，牛毛毡等高仅几厘米。就主要农作物田间杂草而言，多数杂草的株高范围主要集中在几十厘米左右。杂草的个体大小也是对其生存环境的适应，如草坪中的杂草地锦贴地面生长，是为避免人的踩踏；不同种类的杂草个体差异显著能使在同一生境中的杂草处于不同的生存空间，共同对作物造成危害。如稻田杂草中稗草最高，处于最上层；莎草类碎米莎草、阔叶类丁香蓼、耳基水苋菜、鸭舌草等处于中层；而相当矮小的节节菜处于下层空间。

杂草的根、茎、叶、花、果形态特征多变化 杂草根的形态有直根、须根、不定根以及肉质直根和块根等。茎的形态有直立茎、匍匐茎、攀缘茎、缠绕茎以及地下的根状茎、块茎、球茎和鳞茎。如马齿苋等茎秆粗壮、叶片厚实、根系发达，具较强的耐旱、耐热、耐强光能力。菟丝子的茎适应寄生，特化为丝状，缠绕寄主，且叶绿体极度退化。许多杂草能以其地下根、茎的变态器官避开劣境，繁衍扩散，如刺儿菜、香附子、鸭跖草等。不同杂草花器的结构也是多种多样的，可以利用不同种类的传粉媒介，提高其结实的可能性。特别是杂草果实的类型较多，如禾本科的颖果，莎草科、唇形科、紫草科的小坚果，菊科、蓼科的瘦果，十字花科的角果，豆科的荚果，以及玄参科、石竹科、马齿苋科、旋花科、鸭跖草科、大戟科、酢浆草科的蒴果等。果实的多样性为杂草传播提供了各种适应性特点，如带有冠毛的瘦果可随风传播；蒴果的开裂可把种子弹射离开母株。

杂草自身组织结构多种多样 杂草在不同生境中的组织结构会发生改变，如空心莲子草水湿生型通气组织发达、茎秆中空，机械组织薄弱，陆生型茎秆多实心，机械组织和输导组织发达。这是杂草适应于不同生境的表型可塑性强的体现，这种表型可塑性受表观遗传调控。另外杂草中 C_4 植物 14 种占 78%，C_4 杂草在解剖结构上具有大型薄壁细胞组成的维管束鞘，以及由周围叶肉细胞构成的花环状结构，体内的淀粉主要贮存在维管束周围，不易被草食动物利用，免除了食草动物的更多啃食。

杂草形态的可塑性强 不同生境下，杂草个体大小、数量和生物量等均不同。如藜和反枝苋等，其株高从几厘米至 300 多厘米，结实数从几粒至百万粒。杂草在生存环境不利的条件下往往降低营养生长分配，把资源最大程度分配给生殖生长，使种族得以繁衍。杂草较强的形态可塑性是其重要的生物学特性，也是杂草蔓延、危害的基础。

参考文献

李扬汉 , 1998. 中国杂草志 [M]. 北京 : 中国农业出版社 .

强胜 , 2009. 杂草学 [M]. 2 版 . 北京 : 中国农业出版社 .

强胜, 2005. 外来入侵杂草紫茎泽兰入侵性的研究进展 [C]// 农业生物灾害预防与控制研究 : 100-108.

翁伯琦, 林嵩, 王义祥, 2006. 空心莲子草在中国的适应性及入侵机制 [J]. 生态学报, 26(7): 2373-2381.

（撰稿：金银根、朱金文；审稿：宋小玲）

杂草性 weediness

指杂草不同于普通植物所具有的强的适应性、持续性和生存竞争能力以致引起有害性的生物学特性，是杂草长期生长于农田以及其他人类活动生境，适应和演化出的特殊生物学特性。研究和了解杂草性，就可以根据杂草特性制定科学合理的杂草防治策略。

概念来源及形成发展过程 杂草性概念的形成发展史与农业形成和发展史一样悠久，大约可以追溯到距今12 000年前的新石器时期，人类开始有意识的种植业活动时，就面临杂草的危害，产生对杂草的认识。至春秋战国时代，《吕氏春秋》中专门记述农业生产中的“三盗”即3种弊害，其中之一即是草害。在欧洲，于19世纪下半叶就开始杂草生物学和生态学的研究。杂草的适应性和持续性等其他生物学特性可能到近代才逐渐被人们总结和归纳。Barker(1965)系统总结归纳过杂草的特性。20世纪中叶当杂草学独立成为一门科学时，杂草性才得到更深入的研究和理解。

基本内容 杂草之所以从植物类群中独立出来，是因为杂草不但具有强的生存竞争能力而抑制作物生长，干扰人工活动导致其现实的危害性，而且还具有强的适应性、繁殖能力以及逃避人类防除能力，在人工生境中的持续性，引起持久危害性，统称为杂草性。

杂草适应性 指杂草与环境表现相适合的现象。在人为和自然的双重选择压力下，杂草演化出多种多样的对环境的适应方式。

形态结构的多态性 不同种类的杂草个体大小差异明显，在作物田形成高、中、低不同的片层，有机组合构成杂草群落，与作物竞争抑制作物生长。生长于干旱、盐碱生境演化出叶片肉质化、茎秆多数实心、薄壁组织发达、细胞含水量高等旱生或盐生的形态特征，生长于湿生、水生生境的则中空、通气组织不发达。同一植物种类不同个体由于生境不同也表现出形态的显著差异。

生活史多型性 杂草具有一年生、二年生和多年生等多种生活型。一年生杂草在一年中完成从种子萌发到产生种子直至死亡的生活史全过程，可分为春季一年生杂草和夏季一年生杂草。春季一年生杂草是指在春季萌发，经低温春化，初夏开花结实并形成种子，如繁缕、波斯婆婆纳等。夏季一年生杂草是指初夏杂草种子发芽，不必低温春化，生长发育时经过夏季高温，当年秋季产生种子并成熟越冬，如大豆田中的狗尾草、牛筋草等。一般说来，春播作物的栽培对上年秋季萌发的杂草有破坏性，而秋播作物对来年春季萌发的杂草有竞争上的优势。

二年生杂草的生活史在跨年度中完成。第一年秋季杂草萌发生长产生莲座叶丛，耐寒能力强，第二年抽茎、开花、结籽、死亡，如野胡萝卜等。这类杂草主要分布于温带，其莲座叶丛期对除草剂敏感，易于防除。

多年生杂草可存活两年以上。这类杂草不但能结籽传代，而且能通过地下变态器官生存繁衍。一般春夏发芽生长，夏秋开花结实，秋冬地上部枯死，但地下部不死，翌年春可重新抽芽生长。多年生杂草可分为下述两种类型：简单多年生杂草和匍匐多年生杂草。

但是，不同类型之间在一定条件下是可以相互转变的。这也反映出杂草本身的不断繁衍持续的特性。

营养方式多样性 绝大多数杂草是光合自养的，但亦有不少杂草属于寄生性的。寄生性杂草分全寄生和半寄生两类。寄生性杂草在其种子发芽后，历经一定时期的生长，其必须依赖于寄主的存在和寄主提供足够有效的养分才能完成生活史全过程。全寄生性杂草是完全依赖寄主提供生长需要的物质，而半寄生性仅是依赖寄主提供水和无机盐，自身营光合作用。

抗逆性强 杂草抗逆性强，表现在对盐碱、人工干扰、旱涝、极端高低温等有很强的耐受能力。C_4植物杂草体内的淀粉主要贮存在维管束周围，不易被草食动物利用，故也免除了食草动物的更多啃食。还有耐人类干扰和具有刺毛以及散发趋避物质趋避禽畜和昆虫的啃食等。

可塑性大 杂草具有适应不同生境下生存资源的可利用性而自我调节其个体大小、数量和生长量的能力被称之为可塑性。可塑性使得杂草在多变的人工环境条件下，如在密度较低的情况下能通过其个体结实量的提高来产生足量的种子，或在极端不利的环境条件下，缩减个体并减少物质的消耗，保证种子的形成，延续其后代。当土壤中杂草子实量很大时，其发芽率会大大降低，以避免由于群体过大而导致个体的死亡率的增加。

生长势强 相对于作物，杂草中的C_4植物比例明显较高，全世界18种恶性杂草中，C_4植物有14种占78%。C_4杂草具有光能利用率高、CO_2补偿点和光补偿点低，其饱和点高、蒸腾系数低，而净光合速率高，因而能够充分利用光能、CO_2和水进行有机物的生产。所以，杂草要比C_3作物表现出较强的竞争能力，并疯长成灾。

杂合性 由于杂草群落的混杂性、种内异花受粉、基因重组、基因突变和染色体数目加倍，一般杂草基因型都具有杂合性，且多倍体比例高。杂合性增加了杂草的变异性，从而大大增强了抗逆性能，特别是在遭遇恶劣环境条件如低温、旱、涝以及使用除草剂治理杂草时，可以避免整个种群的覆灭，使物种得以延续。这也是保证杂草具有较强适应性的重要因素。

拟态性 杂草与危害的作物在形态、生长发育规律、生理生化代谢以及对生态因子的需求等方面有较多相似之处，很难将这些杂草与其伴生的作物分开或从中清除。杂草的这种特性被称之为对作物的拟态性（crop mimicry），这些杂草也被称之为伴生杂草。它们给除草，特别是人工除草带来了极大的困难。此外，杂草的拟态性还可以经与作物的杂交或形成多倍体等使杂草更具多态性。

杂草持续性 指杂草在适应人工生境中生长并不断繁

殖，保持种群延续的特性。

多实性 农田杂草是一类适应性广、繁殖能力强的特殊类型的植物。杂草大多为 r- 对策者，都具有尽可能多地繁殖种群的个体数量，来适应环境繁衍种族的特性。绝大多数杂草的结实力高于作物的几倍或几百倍，千粒重则小于作物的种子。常常一株杂草往往能结出成千上万甚至数十万粒细小的种子。杂草大量结实的能力，是一年生和二年生杂草在长期农田环境，抵抗人类农作特别是除草活动持续产生危害的基本条件。多年生杂草除了可以产生种子外，还能以其地下根、茎的变态器官繁衍扩散，当其地上部分受伤或地下部分被切断后，能迅速恢复生长、传播繁殖。

种子边熟边落 杂草的种子或果实有容易脱落的特性，一般是边成熟边脱落，有的杂草在同一植株上，一面开花，一面继续生长，种子成熟期延绵达数月之久。作物的种子一般都是同时成熟的，而杂草种子的成熟却参差不齐，种子继续成熟，分期分批散落田间，呈梯递性、序列性。杂草与作物常同时结实，但成熟期比作物早。由于成熟期不一致，对第二年的萌发时间也有一定影响，这增强了杂草在农田的持续性，也增加了清除杂草的难度。甚至有些杂草种子没有完全成熟就脱落，但仍然具有活力。很多杂草被连根拔出后，其植株上的未成熟种子仍能继续成熟。同一种杂草的不同个体，有的已开花结实，而另一些植株则刚刚出苗。

种子的寿命长且萌发时期参差不齐 相对于作物而言，绝大多数杂草种子均具有休眠性，因而有较长的寿命（longevity）。杂草种子在土壤中的寿命因种类不同而差异较大，除了受杂草本身的遗传特性影响外，还受到土壤类型、土壤含水量、所处的深度及耕作措施等外界因素的影响。杂草种子萌发不整齐与休眠性有关。而休眠是因为某些特殊的结构或物质，从而在形态和生理上抑制其萌发。杂草种子基因型的多样性，对逆境的适应性差异、种子休眠程度以及田间水、湿、温、光条件的差异和对萌发条件要求和反应的不同等都是田间杂草出草不齐的重要因素。

种子休眠性 在杂草中，大多数种类的种子甚至营养繁殖器官都具有休眠的特点。休眠是有活力的子实及地下营养繁殖器官暂时处于停止萌动和生长状态。休眠可以保证种子在一年中固有的时期萌发出苗，如遇不利生态因素，还可以使子实萌发推迟数年，从而确保种族的繁衍。杂草子实的休眠有内外两方面因素的作用，都是杂草本身所固有的生理学特性决定的，故也被称之原生休眠。与之相对的还有外界环境因素诱导产生的休眠，这是外因，也被称作诱导休眠或强迫休眠。

土壤种子库 存留于土壤中的杂草种子或营养繁殖体总体上称之为杂草种子库（或称繁殖体库）（weed seed bank）。杂草种子成熟后散落在地上，经翻耕等农事操作被埋在土中，年复一年的输入，在土壤中积存大量的各种杂草种子。在任何时候，田间土壤中都包含有产生于过去生长季节的杂草种子，也包括营养繁殖器官。这些作为繁殖体的缓冲，是形成杂草持续性的主要因素之一。土壤是杂草种子保存的良好场所，它可以提供贮存场所，可以防止动物的觅食、提供适宜的休眠或萌发条件等。杂草种子库中只有那些具有萌发能力，且处在浅表土层中的杂草种子才萌发出苗，这是活跃种子库。其他的种子是处于原生休眠状态不能萌发；有的由于被埋在较深的土层中，氧含量不够，使种子处于强迫休眠状态。它们统称为休眠种子库。

繁殖方式多样 杂草可以行营养繁殖和有性繁殖等多种繁殖方式。杂草的营养繁殖是指以其根、茎、叶营养器官或其变态传播、繁衍滋生的方式。杂草的营养繁殖特性可以使杂草保持亲代或母体的强生长势、抗逆性、适应性遗传特性。使杂草持续能力增强，给人类的有效治理造成极大的困难。

杂草的有性生殖是指杂草经一定时期的营养生长后，历经花芽分化，开花授粉、受精，合子发育出胚，产生种子（或果实）传播繁殖后代的方式。有性生殖是杂草普遍进行的一种生殖方式。杂草授粉方式多样，既可异花授粉，又能自花或闭花授粉，且对传粉媒介要求不严格，其花粉一般均可通过风、水、昆虫、动物或人，从一朵花传到另一朵花上或从一株传到另一株上。多数杂草具有远缘亲和性和自交亲和性。异花传粉受精有利于为杂草种群创造新的变异和生命力更强的种子，自花授粉受精可保证其杂草在独处时仍能正常受精结实、繁衍滋生蔓延。具有这种生殖特性的杂草其后代的变异性、遗传背景复杂，杂草的多型性、多样性、多态性丰富，是化学药剂控制杂草难以长期稳定有效的根本原因所在。不过，杂草中存在普遍的不经过精卵结合的无融合生殖产生种子的现象。

子实具有适应广泛传播的结构和途径 杂草通常营固着生活，但是，杂草的子实演化出适应于种子散布的结构或附属物，借外力或自身进行传播，蔓延扩散。果实开裂时，自身力量弹射出种子。果实发育出冠毛或翅或种子发育出表皮毛可借助风力传播。果实发育出囊状结构、木栓质或通气腔等，可随水漂流。果实表面有刺毛或黏液，可附着交通工具或动物而传播。子实坚硬内核，被动物吞食后，随粪便排出而传播等。杂草种子还可混杂在作物的种子内，或饲料、肥料中而传播，可借交通工具或动物携带而传播。然而，杂草种子的人为传播和扩散则是上述所有杂草种子的传播扩散（尤其是远距离的传播和扩散）途径中，影响最大、造成的危害最重的一种方式，理应引起人们的高度重视。杂草子实所具有的超强传播扩散能力是构成持续性的重要方面。

杂草危害性 指杂草与作物的竞争过程中占据优势，导致作物产量和品质受到影响和损失的现象。

杂草的危害性是源自杂草与作物间的竞争，这是指它们之间在资源（光、CO_2、水、养分）有限的情形下，为争夺较多资源的生存斗争，杂草与作物竞争中，往往处于优势地位。竞争有地上竞争，主要指对光的竞争。杂草与作物竞争光是非常普遍的现象，杂草和作物叶片相互遮盖，导致对方的光合作用下降，干物质积累减少，最终降低产量。杂草与作物对光的竞争能力主要取决于它们对地上空间的优先占有的能力、株高、叶面积及叶片的着生方式。作物早发、早封行，就可能优先占有空间，抑制杂草的生长。在无风条件下，植物冠层特别茂密时，冠层内空气不流通，被植物光合作用消耗的 CO_2 不能及时补充，而造成植物冠层内 CO_2 浓度下降，此时，杂草与作物间可能发生 CO_2 的竞争。杂草多是 C_4 植物，

而大多数作物是 C_3 植物，C_4 植物的 CO_2 的补偿点比 C_3 植物低，此时，C_4 杂草仍能进行正常的光合作用，而 C_3 作物的则受到抑制。

地下竞争主要是营养竞争和水分竞争。杂草和作物的地下竞争常常严重于地上竞争。作物生产中的一个很重要的限制因子是土壤中的养分不足，特别是3种大量元素氮、磷和钾。很多杂草吸收养分的速度比作物快，而且吸收量大，降低土壤中作物可利用营养元素的含量，这样加剧了作物营养缺乏。在旱地，作物生长常常遭到水分胁迫的影响，由于杂草吸收大量水分，降低水分的供应，从而加重水分胁迫程度。往往杂草比作物更能较好地利用水分，叶片保持较高的水势。C_4 植物的杂草水分利用率高于 C_3 植物的作物而处于竞争优势。杂草和作物对地下资源的竞争能力受它们的根长度、密度、分布、吸收水肥能力的影响。竞争能力强的杂草通常具有更发达的根系。杂草和作物间竞争不同的资源是同时发生的。由于不同的资源间相互联系，竞争地上资源必然影响到地下资源的竞争。一般来说，竞争一种资源将加剧对另一种资源的竞争；对一种资源竞争占优势，将导致对另一种资源的竞争也占优势。

杂草竞争造成的作物产量损失可以用杂草密度和作物产量损失模型进行描述，呈S型曲线或双曲线关系。杂草与作物间竞争受杂草和作物的种类和密度、相对出苗时间、水肥管理、环境条件等因素影响。作物对杂草竞争敏感的时期。在临界期，杂草对作物产量的损失将非常显著。

杂草还可以通过向环境中释放某些影响作物生理生化代谢及生长过程的化学物质，达到抑制作物使自身处于竞争优势地位。

杂草发生总是与作物发生竞争，使作物的产量降低和品质下降。杂草导致的作物产量损失是巨大的。据统计，全球每年因杂草危害造成的农作物减产9.7%，达2亿t。而在中国杂草导致作物的减产约3700万t，经济损失达2200亿元。杂草对作物的危害是渐进的和微妙的，具有隐蔽性。

杂草侵染草原和草地，使草场产草量下降，草的品质降低，从而使载畜量降低。混生有大量杂草的农作物，在收获时，会给收获机械或人工带来极大的不方便，轻者影响收割的进度，浪费大量的动力燃料和人工，重者可损坏收割机械。水渠及其两旁长满了杂草，会使渠水流速减缓，影响正常的灌溉，且淤积泥沙，使沟渠使用寿命减短。河道长满凤眼莲、水花生等杂草，会严重阻塞水上船运。

夹杂杂草子实的农产品品质会明显下降。混杂有杂草稻的大米，等级降低，煮成的米饭会发红，严重影响品质。染上龙葵浆果汁液的大豆、棉花其等级将降低。

杂草给人类带来的危害性还体现在所投入的大量人力、物力和财力用于防除杂草。传统农业中，除草是农业生产活动中用工最多（约占田间劳动量1/2～1/3）的技术环节，是最为艰苦的农作劳动之一。用化学除草取代人工除草以来，除草剂已占到全球农药市场的约50%。

杂草的危害性是一种人为属性，杂草也具有有益的一面。杂草具有强竞争优势、抗逆性强、遗传变异类型丰富的特点，可以将这些优良基因用于改良作物。许多杂草是中草药的重要原植物，约占药材种类的1/3～1/4；杂草是野菜的主要来源；猪、牛、羊、兔等上好的青饲料；用于建制草坪等。

科学意义与应用价值 杂草性是杂草区别于其他植物的本质特性，是受其内在的遗传机制所控制的，杂草性的研究是杂草学研究的最主要内容，揭示其强的生存竞争能力，就可以为新的杂草防除技术、杂草防除适期确定、特别是杂草可持续防除提供科学依据。还为利用杂草抗逆性等特性进行育种提供潜在的优良资源。

杂草的起源与演化实际上就是普通植物在人类活动及自然因子双重因素选择下，发生杂草性演化的结果，相对于一般意义上的植物学特性所经历的漫长演化历史不同，杂草性演化经历的时间十分短暂，其内在的快速演化机制，特别是外来植物快速适应性演化机制均是现代生物学尚待阐明的重要科学问题。

存在问题及发展趋势 随着农业耕作栽培的改变、除草技术的进步、化学除草剂的大量应用，杂草群落发生显著的演替，面临着新的草害问题，这就需要开展深入的与杂草性相关的恶变机制研究，以应对杂草防除的新挑战。

外来植物入侵是导致杂草危害不断加剧的重要因素之一，而外来植物的入侵是其发生快速适应性演化出杂草性的结果，深入开展外来植物杂草性演化规律的研究，对建立切实可行的预警防控技术及管理体制具有重要的指导意义。

植物具有杂草性的内在机制大多还没有阐明，而杂草的经济重要性远低于作物和其他有经济价值的植物，因此，大多杂草种类缺乏基因组测序的信息资料，也难成为模式植物，这对研究杂草性的遗传机制十分不利。此外，表观遗传学可能也在其中发挥作用，甚至是主要作用，更少有涉及。但是，随着测序技术的发展，测序成本的降低，未来杂草基因组和表观基因组学研究将为揭示杂草性的机制提供强有力的生物信息基础。

参考文献

强胜, 2001. 杂草学 [M]. 北京：中国农业出版社.

BARKER H G, STEBBINS G L, 1965. Characteristics and mode of origin of weeds [M]//Barker H G, Stebbins G L. The genetics of colonizing species. New York: Academic.

BAKER H G, 1974. The evolution of weeds [J]. Annual review of ecological system, 5:1-24.

MONACO T J, WELLER S C, ASHTON F M, 2002. Weed science: Principles and Practices (illustrated, revised ed.)[M]. Hoboken: John Wiley & Sons.

ZIMDAHL R L, 2013. Fundamentals of weed science [M]. New York: Academic Press.

（撰稿：强胜；审稿：宋小玲）

杂草休眠性 weed seed dormancy

指在一定时间内，具有活力的杂草种子、孢子或营养繁殖器官在适宜的环境条件下暂时不能萌发生长的现象。

休眠意义 休眠是杂草在长期系统进化过程中形成的一种对环境的适应性，是调节杂草出苗时间和发生分布的重要手段。休眠能够防止种子或营养繁殖器官在不适宜的季节萌发，确保以种子形式度过恶劣的环境条件或非适宜季节，能够使土壤种子库中的杂草种子保持持续萌发的能力。此外，休眠还有利于减少同种杂草个体之间的竞争。杂草如果遇到不良环境条件，休眠可以使种子萌发推迟数年，从而确保杂草种群的延续。具有休眠的杂草种子在母株上成熟后，遇到适宜环境条件也不会立即萌发，可以有充足的时间通过风、水流或各种生物媒介进行长距离传播扩散，避免种子聚集到母株周围，可以缓解种群个体之间的竞争，扩大发生分布范围。

休眠的原因和类型 杂草种子休眠的原因可分为 2 大类：第一类是胚本身的因素造成的，包括胚发育不完全、生理上未成熟、存在萌发抑制物质或缺少必要的激素，这类休眠可以用低温层积、变温储藏、干燥、激素处理等方法解除休眠。第二类是种壳（种皮或果皮等）限制造成的，包括种壳的机械阻碍、不透水、不透气以及种壳中存在抑制萌发的物质等原因，这类休眠可用物理、化学方法破坏种皮或去除种壳（颖壳）来解除休眠。

根据种子休眠产生的时间可分为原生休眠和诱导休眠。前者指离开母体时即已具有的休眠，后者指原来无休眠或解除休眠后的种子受高温、高湿、干旱、缺氧或缺乏光照等不良环境条件的影响而诱发的休眠。根据休眠的形态和生理特性，可以进一步将种子休眠分为 5 种类型，分别为生理休眠（physiological dormancy，PD）、形态休眠（morphological dormancy，MD）、形态生理休眠（morphophysiological dormancy，MPD）、物理休眠（physical dormancy，PY）和复合休眠（combinational dormancy，PY+PD）等，上述休眠类型还可细分为不同的亚类和水平。

基本内容 大多数杂草种子或营养繁殖器官都具有休眠的特性，只有少数种类的子实是成熟脱落后不久即萌发出苗。杂草种子的休眠受种子结构及胚发育程度的影响，而胚的发育程度又取决于母体环境和胚自身产生的一些物质。

激素是种子发育过程中胚产生的重要物质，其中脱落酸（ABA）和赤霉素（GA）在杂草种子的休眠过程中起着非常重要的作用。ABA 参与诱导种子的休眠和维持种子的休眠，而 GA 在种子萌发中起到解除休眠和促进萌发的作用。ABA 和 GA 的生物学功能存在拮抗作用，二者在种子内含量的动态平衡及不同杂草对这两种激素反应的差异决定了种子休眠的状态。ABA 和 GA 通过信号传导对种子内各种生理变化做出响应，调节一系列蛋白质和酶的代谢，从而调控种子的休眠水平。环境信号通过调节生物合成及代谢酶的表达水平来调控激素的平衡状态。种子休眠的解除需要多种环境信号的诱导，主要是通过调节 ABA 和 GA 相对含量和敏感性的变化，导致细胞壁的降解或扩张，最终胚根突破种皮。

虽然 ABA 和 GA 在杂草种子休眠过程中起着非常重要的作用，但它们不是决定种子休眠的唯一调控因子。其他有调控作用的植物激素还包括细胞分裂素（CTK）、乙烯（ETH）、油菜素内酯（BR）和独脚金内酯（SL）等，这几种植物激素之间可以通过不同的信号途径相互调节，共同控制种子休眠这一复杂的生理生化过程。

存在问题和发展趋势 杂草休眠是一种非常复杂的生理生化现象，除了受植物激素和环境因子的影响外，在遗传上还受许多基因的调控。随着分子生物学技术的发展，人们对杂草种子休眠的遗传调控机理有了更深入的了解，目前已鉴定了大量编码种子休眠调控的基因。这些基因分为诱导休眠、维持休眠以及解除休眠的基因，但是，杂草种子的休眠一般由多基因控制，与许多基因家族的基因有关。ABA 诱导杂草休眠，GA 和乙烯解除休眠并拮抗 ABA 的作用，在杂草休眠的诱导和解除过程中，这些信号途径及相关基因又是如何相互作用的？这些问题的研究对于明确杂草休眠的形成和解除机制，研发基于休眠调控的杂草防控策略，保障农业安全生产和粮食安全具有重要的理论和实践意义。

参考文献

付婷婷，程红焱，宋松泉，2009. 种子休眠的研究进展 [J]. 植物学报，44(5): 629-641.

强胜，2009. 杂草学 [M]. 2 版 . 北京：中国农业出版社 .

杨荣超，张海军，王倩，等，2012. 植物激素对种子休眠和萌发调控机理的研究进展 [J]. 草地学报，20(1): 1-9.

BASKIN C C, BASKIN J M, 2014. Seeds: ecology, biogeography, and evolution of dormancy and germination [M]. 2nd ed. Amsterdam: Elsevier.

BASKIN J M, BASKIN C C, 2004. A classification system for seed dormancy [J]. Seed science research, 14(1): 1-16.

BEWLEY J D, 1997. Seed germination and dormancy [J]. Plant cell, 9: 1055-1066.

BEWLEY J D, BRADFORD K J, HILHORST H W M, et al, 2013. Seeds: Physiology of development, germination and dormancy [M]. 3rd ed. New York: Springer.

（撰稿：魏守辉；审稿：强胜）

杂草学 weed science

是研究杂草发生危害规律及其防除方法和原理的综合性应用型学科。杂草学是植物保护学重要的分支，其研究对象包含杂草及其防除技术 2 个主体，杂草是重要的农业有害生物之一，杂草防除是种植业生产中不可或缺的农艺环节。研究其生物学规律是学科的理论基础，防除技术研究则主要包括防除技术及其原理，是面向应用和实践。杂草是其中的核心问题，没有杂草引起的危害，也就不用进行杂草防除。而杂草防除技术极大地丰富了杂草学的内涵并赋予了学科的生命力，从某种意义上说是杂草防除技术的发展才推动了该学科的形成和发展。杂草防除技术越发展，对前者的要求就越高，杂草综合防除技术和草害的长效管理原理与实践是完全建立在杂草生物生态学的理论基础上的。

词源 杂草学是源自杂草科学，英文 weed science，20 世纪中叶首先在美国提出，成立专门的学会，后该学会出版的杂志就用 *Weed Science*。该词是由杂草及其防治 2 个方面内容逐渐融合发展而来。中文是于 20 世纪 80 年代出现。

学科或分支学科（行业、产业）的起源、发展和现状　杂草科学的发展史就是人类与杂草危害作斗争的历史。在距今12 000年前的新石器时期，人类就用刀耕、火种的方式进行农作，即用“火烧”除草。并制作专门工具石铲用于铲除杂草。最早的除草文字记载是在甲骨文中见到的，“夗”（yuàn）字有双脚踩踩除草之意。西周至春秋，《周礼·秋官司寇》记载“薙（tì）矢，掌杀草……则以水火变之”，薙即除草，当时已有专司除草之人；《礼记·月令》的“烧薙行水，利以杀草”，即不仅以火烧亦以水淹除草。《诗·周颂·良耜》的“……其镈斯赵，以薅荼蓼，荼蓼朽止，黍稷茂止……”，薅、耘、锄等除草动作名词广泛出现于文献中，“薅”就是除草。镈和锄等金属锄草的工具，普遍使用。公元前300，古希腊就有作物变杂草的记载，反映朴素的杂草演化思想。北魏的《齐民要术》中的《耕田第一》篇：“凡开荒山泽田，皆七月芟艾之。草干，即放火。至春而开”，文字大意描述了铲除、烧荒、春耕等三道工序，达到除草垦荒的目的一整套技术体系。《水稻十一》还阐述了育秧移栽种稻的目的之一，就是为了防除杂草，这是农业防除杂草的思想。唐代的《岭表录异》述叙了稻田养鱼除草的方法。这可能是世界上最早的生物除草的文字报道，开生态农业的先河。明代的《菽园杂记》记述用石灰或蛎灰除草，有无机除草剂的萌芽。

杂草科学近现代的发展，主要体现在对杂草特性认知和化学除草技术的发展。在欧洲，于19世纪下半叶就开始注意研究杂草生物学和生态学，这是人们寻求杂草防除有效方法的突破口，是人类在与杂草作斗争中由必然王国向自由王国迈进的开始。21世纪初，机械除草便在许多工业发达国家普遍应用。杂草科学发展的最重要的里程碑事件是于20世纪中叶，2,4-滴作为化学除草剂的发明，成为利用有机化合物防除杂草的起点，开创了杂草化学防除的新纪元。杂草的化学防除彻底改变了杂草防除耗工耗时耗能的劳动方式，极大地提高了除草的劳动生产力，推动了农业的发展和进步。之后，杂草学开始正式作为一门学科从植物学、农学、耕作学等分离出来。80年代以来，一批高效、超高效、低毒、安全、经济的除草剂品种研制开发并投入生产和应用，使化学除草剂进入了超高效的发展阶段。化学除草剂的研制水平更步入了针对特定靶标的分子模拟和设计的智能化阶段。但是，杂草防治过度依赖化学除草剂技术，也带来抗性杂草问题的负面影响。杂草抗性形成和演化机制成为了杂草科学的研究热点，也成为推动新型除草剂研发的技术驱动力。研究杂草生物学和生态学规律，特别是分子生物学在杂草学研究中的应用，发展杂草可持续防除技术，成为杂草学研究的主要内容。

中国于20世纪50年代随着各地垦荒而建起的大型农场，开始利用除草机械除草，使除草技术有了较大的发展。自50年代末始，化学除草剂也开始用于这些农场。70年代中后期开始至今，化学除草技术得到迅速稳步的发展，化学除草已经成为主导技术手段。进入90年代以来，除草剂的产量以平均约18%的速度增长，中国发展为全球最大的除草剂生产国。

与此同时，杂草科学研究和学术交流也得到了快速发展。大范围开展以化学除草剂试验推广为主要内容的研究活动方兴未艾。发表了大量的研究结果和文章。出版发行了一批杂草化除手册和有关专著，《田园杂草和草害——识别、防除和检疫》《作物草害及其防除》《化学除草应用指南》《化学除草技术手册》《除草剂概论》《中国农田杂草》和《农田杂草化除大全》等等。杂草发生、分布、危害的调查研究在全国和许多地区广泛开展，揭示了全国杂草分布和发生危害规律，明确了主要危害性杂草和防除的对象。特别是将目测法调查取样和数量统计分析结合起来用于农田杂草群落和草害发生和分布规律的研究，使全国范围杂草草害发生的调查研究定量化。杂草生物学的研究也涉及到中国发生的许多重要杂草种类。大量研究论文发表。鉴定图鉴和专著陆续出版，如《中国农田杂草图册》（第一、二集）、《中国农田杂草原色图谱》《中国农田杂草》《中国东北地区主要杂草图谱》等。特别要指出的，由李扬汉教授主编的巨著《中国杂草志》由中国农业出版社出版，该书收录了全国田园杂草1380种、11亚种、60变种、3变型，是目前收录杂草最多，涉及范围最广的杂草研究专著。

杂草科学教育也得到相应发展。各个农业院校相继开设了杂草科学课程。国内最早的杂草学教材是李扬汉的《田园杂草和草害——识别、防除和检疫》，随后有李孙荣的《杂草学》、苏少泉的《杂草学》以及强胜的《杂草学》等。培养出杂草科学专业的硕士和博士等高级专门人才。各种各样的杂草短训班对普及杂草科学知识，培养杂草科学人才也起到了重要作用。

创立人、奠基人、主要代表人物　W. W. Robbins等于1942年编写出版了杂草防治，是最早全面介绍杂草科学的书籍。C. L. Hamner和H. B. Tukey首先发现了2,4-滴和2,4,5-丁的除草活性，成为有机化学除草的先驱。H. G. Barker和G. L. Stebbins最早系统总结了杂草性。

在中国，李扬汉于20世纪50年代就开始在国营农场开展农田杂草调查，并于60年代初针对毒麦的危害，设立检疫杂草试验站，后改为杂草研究室成为国内最早的杂草专门研究机构。率先在大学开设杂草及其防治课程，编写出版《田园杂草和草害——识别、防除与检疫》教材。作为发起者成立江苏省和中国杂草科学研究组织，并作为首任主编编辑出版《杂草科学》杂志。80年代组织开展农田杂草调查，主编出版迄今收录杂草种类最多的《中国杂草志》。

涂鹤龄、张泽溥、唐洪元、李溥、屠乐平等于80年代组织杂草防除攻关协作组，开展杂草防除研究，推动化学除草剂的普及。与此同时，唐洪元、王枝荣组织开展农田杂草普查，编写出版杂草种类和发生分布规律的专著。李孙荣、苏少泉分别编写杂草学教材，用于杂草科学专门人才培养。

马晓渊也是早期中国杂草科学活动家，是许多重要的发展事件亲历者。

学科或分支学科（行业、产业）的基本内容　杂草学所涉及的杂草方面的研究内容包括：杂草生物学特性、生长发育规律、生理生态、分类与鉴别、种群生态、群落结构与演替、分布和危害规律、杂草的起源与演化等，伴随着化学除草剂兴起和发展，围绕化学除草剂开发与应用也极大地拓展杂草学的范畴，例如在除草剂的研发涉及到化合物除草活性、化感作用、除草剂作用机制和靶标等，在应用阶段涉及到作物安全性机制及应用范围、除草剂剂型与施用器械、环境毒理、抗性杂草演化及形成机制等也成为杂草学的热点领域，杂草的综合防除则涉及到植物检疫、检疫杂草、外来杂草及其入侵生物学、利用农业栽培与耕作措施的农业与生态防除、利用天敌的生物防除等。总之，杂草学是涉及无机及有机化学、植物生理与生态学、植物化学及生物化学、植物形态解剖及分类学、土壤学、微生物学、耕作与栽培学、农药化学、农业机械工程，甚至植物遗传与育种学、昆虫学、植物病理学等多学科交叉的边缘科学。

与邻近学科或分支学科（行业、产业）的相互关系 为了研究杂草生物学及其发生危害规律以及研发杂草防除技术及其原理，杂草学可以采用野外调查及数据分析、实验验证和模型分析等多种手段开展研究。

杂草生物学 杂草生物学是研究杂草的萌发、定植、生长发育、开花结实、生理生化、细胞组织结构、遗传和变异及其传播与扩散规律的科学。杂草物候学观察包括观察与记载杂草生长发育过程中的主要关键时期启始时间、持续过程，以及杂草生长发育与季节、温度、降雨、耕作过程等之间的相互关系。其中，出苗期和花果期是最为关键和重要的时期。杂草物种生物学研究的大致方法如下述，选择变异丰富的典型代表性的杂草种群，分单株比较观察和检测形态学特征、生理生化指标、细胞学特征、遗传多样性，利用多元统计分析方法进行统计分析，最终明确该物种种下各种群的遗传多样性及其演化规律。

杂草生态学 杂草种子库是杂草从上一个生长季节向下一个生长季节过渡的纽带，是杂草种群得以不断延续的重要环节。水洗和诱萌检测，分析土壤杂草种子库结构，建立动态模型，分析和预测输入输出动态规律；研究杂草与作物之间竞争的过程及其结果。常用的方法有添加试验法、替代试验法、系统试验法、动态计算机模拟，确定杂草竞争临界期。利用生测法和物质分离分析研究杂草化感作用。杂草区系群落分布和草害发生规律的调查研究，定性研究进行杂草标本的调查和采集、当地相关资料的收集、标本的鉴定、名录的编制、资料的整理和分析比较等。定量研究采用样方法、样线法及目测法调查杂草种群数量，多样统计分析杂草群落结构、分布和危害发生规律。

杂草化学防治技术研发 除草剂作用机理和靶标及其抗性研究则涉及细胞生物学、植物生理生化学和植物分子生物学研究方法；除草剂的研制涉及活性物质的合成和筛选，需要有机化学和植物化学、生物测定的毒理学研究方法，剂型研制则需要农药学的研究方法，其应用技术涉及土壤学、环境毒理学研究方法。生物工程技术结合植物遗传与育种学应用在研制转基因和靶标基因修饰的抗耐除草剂作物上。基因组学、蛋白组学、代谢组学等多组学研究技术也应用到杂草适应性演化、抗药性机理以及新型除草剂研制的研究中。

杂草综合防除技术研发 杂草综合防除技术是多种防除手段的综合应用，特别强调杂草绿色防控。生物防除需要借用昆虫学和植物病理学的研究方法；杂草农业防除需要作物栽培学、耕作学以及农机学的研究方法等。

重要学术机构和刊物 国际性的杂草专门学术组织相继成立。如国际杂草学会（IWSS）、亚太地区杂草学会（APWSS）和欧洲杂草研究会（EWRS）等。针对杂草科学的专门领域，还有许多专业委员会，如国际生物除草剂协作组（IBG）等。许多发达国家如美国、英国、加拿大和日本等都有专门的杂草研究学会。20世纪80年代中国植物保护学会杂草学分会成立，江苏、上海、辽宁以及其他地区也陆续成立杂草学术组织。杂草科学队伍得到了壮大。

国际影响较大的学术刊物，如 *Weed Science*（杂草科学）、*Weed Research*（杂草研究）、*Weed Technology*（杂草技术）和 *Weed Biology and Management*（杂草生物学与管理）以及 *Advances in Weed Science*（杂草学进展）。中国于1983年创办的《杂草科学》现改为《杂草学报》，是杂草学专门学术刊物，已有自己鲜明的特色。还有专门的 *Weed Abstract*（杂草文摘），是杂草科学专业索引工具书。

学科或分支学科（行业、产业）与社会政治经济的关系 种植作物就必滋生杂草，控制杂草危害是农业中必不可少的技术环节，传统的人工除草已经完全不能适应现代农业的需求，发展综合防除技术，实现杂草的可持续管理是杂草学主要的目标，这对农业的可持续发展，人类的食品安全，甚至人类的生存和发展均具有极其重要的意义。相关防除新技术的发展将极大地丰富相关的交叉学科。

除草剂作用机制及靶标的发现为植物生理学和生物化学研究提供了强有力的技术和手段，推动了人类对植物生理、生化及其代谢途径的发现与理解；*bar* 基因及抗草甘膦基因常作为标记基因在分子生物学与生物工程研究领域发挥及其重要的角色。

杂草是人类农作活动与自然选择双重作用下迅速演化发展起来的一类具有杂草特性的特殊植物种群，其演化与起源的原理及机制对人类理解植物的快速进化是一个极好的研究材料，甚至成为经典的遗传学研究材料，如拟南芥、盐芥等，将丰富植物遗传及进化理论。

主要学术争议，有待解决的重要课题，以及发展趋向 杂草是一类具有杂草特性的特殊的植物类群，但是，长期以来人类对杂草的定义还主要是基于危害性的判断，带有浓厚的人文色彩。虽然，杂草学界一直试图基于杂草性定义杂草。不过，杂草特性的研究还不够深入，导致对其认识不足，很难将杂草与其他植物类群确切分开，因此，对杂草的范畴界定一直存在争议。未来需要加强杂草特性的研究，特别是从遗传角度深入开展研究，揭示导致杂草特性演化的内在遗传学规律，从而可以将杂草从植物中科学地加以区分。

随着化学防除成为当今杂草防除的主要手段，其给环境带来的污染，已构成了生态危机。因此，生物除草剂的研制与开发得到广泛的认可和关注；利用生物工程技术已培育出的抗除草剂作物品种投放市场，特别是抗草甘膦和草丁膦除草剂作物的大面积推广应用，使除草剂市场正在发生着悄然的变化，广谱、低残毒、高效、低成本除草剂的需求数量及范围在明显扩大，草甘膦已经成为销量最大的除草剂品种；降低化学除草剂使用量的杂草防除技术日益受到重视；强调农业及生态防除措施，配合其他的防除方法的杂草综合治理已成为杂草科学研究的主流思想。

杂草及其防除作为一门独立的学科，还在迅速的发展。转基因作物的应用带来了环境安全问题，转基因抗除草剂作物的杂草化、抗性基因向野生近缘种飘流等成为杂草科学的新问题。对外来生物入侵的关注，入侵性杂草问题远超出检疫杂草的范畴，探索外来杂草的入侵机制，依此建立外来杂草安全性评价体系，防止外来植物入侵事件的发生，已经成为杂草科学研究的新领域。

杂草防除过度依赖化学除草剂也引起了杂草抗性、药害、残留污染及食品安全等问题。甚至出现抗多种除草剂的超级杂草，使得杂草防除面临新的挑战。深入开展杂草生物学研究，在深刻了解其特性的基础上，发展杂草的生态防除、生物防除、化感抑草等可持续防除技术，与化学除草等措施配合，综合应用到杂草管理体系中，是解决草害问题的根本途径。

参考文献

李扬汉, 1981. 田园杂草和草害——识别、防除与检疫 [M]. 南京 : 江苏科学技术出版社 .

强胜, 2001. 杂草学 [M]. 北京 : 中国农业出版社 .

APPLEBY A P, 2005. A history of weed control in the United States and Canada—A sequel [J]. Weed science, 53(6): 748-761.

BREEN J, OGASAWARA M, 2011. A vision for weed science in the twenty-first century [J]. Weed biology and management, 11(3): 113-117

BARKER H G, STEBBINS G L, 1965. The Genetics of Colonizing species [M]. New York: Academic Press: 588.

HOLM L, 1971. The role of weeds in human affairs [J]. Weed science, 19(5): 485-490.

HOLZNER W, NUMATA M, 1982 Biology and Ecology of Weeds [M]. The Hague: Dr W. Junk Publishers.

MONACO T J, WELLER S C, ASHTON F M, 2002. Weed science: principles and practices (illustrated, revised ed.)[M]. Hoboken: John Wiley & Sons.

TIMMONS F L, 1970. A history of weed control in the United States and Canada [J]. Weed science, 18(2): 294-307.

ZIMDAHL R L, 2013. Fundamentals of weed science [M]. New York: Academic Press.

（撰稿：强胜；审稿：宋小玲）

《杂草学报》 *Journal of Weed Science*

该刊在中国杂草科学事业的开拓者和奠基人李扬汉先生的大力帮助和亲切指导下于 1983 年创刊，刊名为《江苏杂草科学》，季刊，李扬汉先生撰写发刊词；1988 年更名为《杂草科学》，季刊；2016 年更名为《杂草学报》，英文刊名为 *Journal of Weed Science*，季刊，全铜版纸印刷，内文增加精美的彩色图片。期刊设置的栏目有综述与专论、杂草生物学与生物安全、杂草抗药性研究、杂草综合治理、除草剂研发与应用等。

30 多年来，编辑出版约 150 期，刊登近 3000 篇文章，发行面遍及中国 31 个省（自治区、直辖市）。

主办单位：江苏省农学会杂草研究分会，江苏省农业科学院植物保护研究所。

国内统一刊号：CN32-1861/S；国际标准刊号：ISSN1003-935X

组建了由杂草学领域国内外 60 名知名专家组成的编委会，体现了开放办刊的理念。

刊载杂草科学领域研究新进展、新技术、新成果，促进该领域的学术交流，推动该领域科研成果转化，提高中国杂草科学研究水平和防除技术水平，提升杂草科学研究的社会影响和显示度。作为中国唯一的杂草研究领域的专业性学术期刊，《杂草学报》着力反映中国杂草科学研究的前沿，成为杂草科学研究工作者的交流平台。

《杂草学报》是中国科技核心期刊、中国农林核心期刊、科学引文数据库（SCD）源期刊、江苏省科协精品科技期刊，并被国内外众多重要期刊数据库收录，包括 CABI、AGRIS 等国际数据库，以及清华同方的中国学术期刊全文数据库、北京万方的数字化期刊群、重庆维普的中文科技期刊数据库、龙源期刊网、博看网、超星域出版等国内数据库。

《杂草学报》的总被引频次和期刊影响因子稳步提升，2021 年的影响因子达到 1.77，在中国植物保护类学术期刊中位居第四。作者的地区分布数已覆盖中国 20 个省（自治区、直辖市），基金论文比达到 0.932。

（撰稿：邝文国；审稿：强胜）

杂草遗传多样性 weed genetic diversity

一个杂草物种所有个体或一个杂草群体内所有个体的遗传变异总和。杂草遗传多样性是长期进化的产物，在突变、选择、基因流和遗传漂变等进化驱动力作用下，特别是在适应人类活动干扰的环境中，杂草产生了丰富的遗传多样性。自然界的各种杂草，会不断产生基因突变，概率在 10^{-7}～10^{-4}，在长期进化过程中，有害基因突变被自然和人工选择淘汰，有益基因突变则会通过选择被保留下来，基因频率会逐渐提高，甚至达到 100%（被固定），一些中性基因突变则处于较低的频率，或在不同环境条件下处于波动状态。基因频率会因为杂草群体之间或作物与同种杂草（如杂草稻）之间的基因流而产生变化，从而导致杂草群体遗传多样性改变。在某些条件下，遗传漂变和自然 / 人工选择会通过清除中性和有害遗传变异，导致杂草群体遗传多样性降低。此外，表观遗传修饰等也会影响杂草的遗传多样性，上述各种原因造成了不同杂草群体的遗传多样性差异。

概念来源及形成发展过程 遗传多样性的概念由生物多样性这一概念衍生而来。1992 年 6 月，在巴西里约热内卢召开的联合国环境与发展大会上通过了“生物多样性公约”，其序言中明确了生物多样性的含义：“在一定时间和一定地区所有生物（动物、植物、微生物）物种及其遗传变异和生态系统的复杂性总称"。同时还指出生物多样性主要包括3个层次，即遗传多样性、物种多样性及生态系统多样性。在有些学术刊物和教材中，还在这3个层次上增加了景观多样性。

杂草遗传多样性这一概念的形成和发展与生物多样性和遗传多样性概念的形成密不可分。李家瑶（1988）认为生物多样性是活的有机物的种类和变异及其生态系统的复杂性，其中包括生态系统多样性，种属多样性和遗传多样性。施立明（1990）认为遗传多样性指种内形态、染色体和基因水平的多态性。国际重大文体中心于1988—1990年，组织多国专家针对生物多样性问题进行了3次讨论，并于1992年6月在"生物多样性公约"中将生物多样性的概念进行了正式定义，自此遗传多样性有了其新的内涵。胡志昂和张亚平（1997）认为遗传多样性是"物种的种内或种间个体间的基因变化"。由此可见，遗传多样性代表了地球上所有生物遗传信息的总和，是生物多样性的3个组成部分之一，是物种和生态系统多样性的重要基础，将遗传多样性的概念运用于杂草物种和群体，就逐渐形成了杂草遗传多样性的概念。

基本内容

杂草遗传多样性及其检测　杂草群体的遗传变异来源于基因突变、自然与人工选择、基因流、遗传漂变以及表观遗传修饰等过程，这些过程使遗传变异在不同的环境条件下处于一种动态平衡，也是杂草遗传多样性的基础。在自然界，具有特定时空分布的群体被认为是进化的基本单位，故群体的遗传多样性不仅包括遗传变异水平高低，也包括遗传变异的分布格局（结构），群体遗传结构的差异也是遗传多样性的重要体现。一个杂草物种的进化潜力和抵御不良环境的能力取决于种内群体的遗传变异水平以及遗传结构。对于杂草遗传多样性的检测主要包括遗传多样性丰富度、分布以及遗传结构。常用于衡量遗传多样性的参数包括：①平均等位基因数目（N_a）。②有效等位基因数目（N_e）。③期望杂合度（H_e）。④多态位点百分率（P）。⑤香农指数（I）等。通常，对于一个杂草物种或群体而言，遗传多样性水平越高，其适应环境的能力就越强，分布也越广。

杂草遗传多样性研究方法　随着遗传学和分子生物学的迅速发展，研究杂草遗传多样性的方法也不断进步，已经从形态学水平、染色体水平、同工酶水平进入到分子水平。这些研究方法可以揭示杂草群体内和群体间的遗传多样性、遗传结构及其变化规律。

①形态学水平。利用形态学或表型性状，如植物株高、叶形和果实颜色等来分析杂草的遗传变异，是较为传统和简便易行的方法。例如，Cho等（1995）通过形态变异与生理特征鉴定，将24份韩国的杂草稻分为2大类。Tang等（1997）对采自不同国家的24份杂草稻种子落粒性、休眠性、千粒重进行了分析，将杂草稻分为与野生稻和栽培稻相似的2大类型。这些都是形态学水平研究杂草的典型例子。利用形态性状来估测遗传变异简单可行，尤其是需要在短期内对杂草变异有所了解，又无其他方法可立即使用时，形态学研究可以作为初步的研究方法。但形态特征的分类标准有时存在一定主观性，表型性状易受环境影响而难以作为多样性评判的依据。

②染色体水平。染色体是遗传物质的载体，能反映杂草遗传多样性变化，主要包括染色体数目变异（整倍性或非整倍性）和染色体结构变异。染色体的数目变化广泛存在于植物中，除了整倍性变化外，还会有非整倍性变化，即非整倍性变异，例如单体、双体与三体等。染色体结构变异，例如倒位、缺失、重复和易位等在植物中更为常见，这些变异都可以用作研究杂草的遗传多样性。此外，染色体水平的多样性还包括染色体的形态、缢痕和随体等核型的特征变化，这些特征变异使杂草种内出现细胞型的多样性。染色体水平的变化是杂草遗传变异的重要来源，对于研究杂草遗传多样性具有重要意义。例如Ainouche等（1999）和Yang等（2012）就利用染色体水平的变异研究了不同杂草的遗传多样性。

③同工酶水平。同工酶是有机体产生的催化同一反应但具不同分子形式的酶，而等位酶是同一基因位点的不同等位基因所编码同一种酶的不同形式，是一种特殊的同工酶。随着生物技术的发展，同工酶分析方法逐渐用于杂草的遗传多样性分析，由于同工酶呈共显性遗传方式，在生物界中广泛存在，而且材料来源丰富，结果易于比较，并且同工酶分析结果可以有效揭示群体内、种内、种间乃至种以上分类单元的遗传变异以及遗传结构，成为一种有效的遗传标记并用于杂草遗传多样性研究。例如，Horak和Holt（1986）利用8种同工酶标记对美国加利福尼亚州10个油莎草群体的遗传多样性进行分析，发现这些群体的同工酶多样性远低于有性繁殖所应该具有的正常水平，从而推测这些杂草群体主要是通过块茎进行繁殖。另外，Hou和Sterling利用10种同工酶标记对新墨西哥州扫帚蛇舌草进行了分析，发现这些群体具有很高的遗传多样性，并集中于群体之间，因此将这些群体分成2大类群。同功酶分析同样有其局限性，主要表现在实验结果可能随发育时期、器官及环境的不同而有较大变化，可利用的基因位点数量比较少，对用于电泳分析的样品要求较高，代表性和变异水平有限等。

④DNA水平。DNA是遗传信息的载体，因此对DNA碱基序列的直接分析与比较是揭示遗传多样性最理想的方法。从原理上可分为2类：一类是基因组测序，通过分析特定基因或DNA片段的DNA序列，分析其遗传变异；另一类是检测基因组的特异片段，开发分子标记，从而估测基因组的变异。方法包括：限制性片段长度DNA多态（RFLP），随机扩增DNA多态（RAPD），DNA扩增指纹（DAF），扩增片段长度多态（AFLP），微卫星（SSR）等。例如，Xu等（2006）利用108对RAPD引物分析了中国喜旱莲子草的遗传多样性，发现入侵中国的喜旱莲子草群体多样性水平较低，主要是通过营养繁殖进行扩张。Yao等（2021）利用叶绿体基因组DNA测序以及核基因组SSR分子标记分析了世界杂草稻，发现其多途径起源、多样性分布以及与野生稻和栽培稻的基因渐渗关系。DNA水平分析的优点在于稳定性高，灵敏性好，因而得到广泛的应用。利用全基因组或叶绿体基因组测序来分析杂草的遗传多样性以及解决杂草起源和遗传分化等科学问题，是研究杂草遗传多样性的一个新兴领域。在表观遗传修饰影响杂草的遗传多样性方面，*CBF*转录途径调节紫茎泽兰的耐寒性是一个典型例子，在耐冷性

种群、中度耐冷性种群和冷敏感种群中 *ICE1* 胞嘧啶甲基化数分别具有 50、61～63、66～69 个表观遗传单体型，因此，*ICE* 的去甲基化显著提高了 *ICE1* 及其 *CBF* 转录途径各基因的转录水平，导致种群耐冷性的增强，成功向北扩散。

科学意义与应用价值 杂草群体具有较丰富的遗传多样性和产生新遗传变异的机会，广泛适应于不同的生态环境，丰富的遗传变异和广泛的适应性使杂草群体容易入侵不同生境，并避过人类的防除而迅速生长繁殖与扩散，造成不同程度的杂草危害。遗传多样性高的杂草群体对人类活动干扰（如使用除草剂、耕作技术改变及新品种引进）和全球气候环境变化等的胁迫具有更好的适应性，从而加大了治理难度。因此，对遗传多样性的研究有利于针对具体的杂草发生原因，制定科学合理的杂草防治措施。此外，某些作为栽培作物野生近缘种的杂草种类，如杂草稻和杂草油菜等，不仅是研究进化的理想材料，也是作物育种的重要遗传资源。杂草经过长期的自然与人工选择，具有较强的适应性和抗逆性，如耐寒、抗旱和抗病虫等，因此，杂草遗传多样性为发掘抗逆基因和改善作物品质提供了重要的育种材料，也应考虑开发和利用杂草资源的遗传多样性。

存在问题及发展趋势 对于杂草遗传多样性的研究已经积累了大量实验数据和结果，但是相关的研究结果主要集中于中性分子标记，只能反映杂草遗传多样性的基本情况，但很难获得中性标记与杂草性状之间的联系，因此得到的结果难以应用到杂草治理的实践中。目前还不清楚杂草的遗传多样性与其表型、适应性以及环境之间的具体关系，这也导致在实际工作中难以结合遗传多样性的结果来指导杂草防治。此外，可用于研究的表型性状及分子标记数量有限，很难提供足够的信息来真正代表杂草的遗传多样性。

因此在进行杂草遗传多样性研究时，应该将分子标记所揭示的遗传多样性与表型性状相结合，针对杂草的适应性和入侵性相关的性状，例如杂草性、种子落粒性，休眠性等进行研究，提出有针对性的杂草治理方法。在探索中还应该结合杂草的表观遗传和表型可塑性等方面的研究结果，因地制宜，制定适合不同环境不同地域的杂草治理方案。对于常用分子鉴定方法中提供信息不足的缺点，应结合新技术，从全基因组、转录组、蛋白组及代谢组等多组学方面完善信息，挖掘与杂草适应性相关基因的信息，以此建立有效的杂草防治方案。同时还应该结合多组学方法挖掘杂草中的优良基因，为作物的育种改良提供遗传资源。

此外，利用生物技术已经培育出了大量经过遗传修饰的转基因农作物，其中有一些转基因作物已经获得安全证书进入商品化应用。作物中的转基因可以随着传粉介导的基因流转移到与作物属于同一物种的杂草，例如杂草稻、杂草油菜和杂草高粱等。作物与同种杂草的基因流，也会在一定程度上影响杂草群体的遗传多样性及进化潜力，使杂草更加难以控制，甚至导致潜在环境风险，对于这个领域的深入研究也必须继续进行。

参考文献

胡志昂，张亚平，1997. 中国动植物的遗传多样性 [M]. 杭州：浙江科学技术出版社.

李家瑶，1988. 保持生物遗传种群的多样性 [J]. 全球科技经济瞭望 (7): 49-50.

施立明，1990. 遗传多样性及其保存 [J]. 生命科学信息 (4): 158-164.

AINOUCHE M L, BAYER R J, GOURRET J P, et al, 1999. The allotetraploid invasive weed *Bromus hordeaceus* L. (Poaceae): Genetic diversity, origin and molecular evolution [J]. Folia geobotanica, 34(4): 405-419.

CHO Y C, CHUNG T Y, SUH H S, 1995. Genetic characteristics of Korean weedy rice (*Oryza sativa* L.) by RFLP analysis [J]. Euphytica, 86(2): 103-110.

HORAK M J, HOLT J S, 1986. Isozyme variability and breeding systems in populations of yellow nutsedge (*Cyperus esculentus*) [J]. Weed science, 34(4): 538-543.

TANG L H, MORISHIMA H, 1997. Genetic characterization of weedy rices and the inference on their origins [J]. Breeding science, 47(2): 153-160.

XIE H J, LI H, LIU D, et al, 2015. *ICE1* demethylation drives the range expansion of a plant invader through cold tolerance divergence [J]. Molecular ecology, 24(4): 835-850.

XU C Y, ZHANG W J, FU C Z, et al, 2003. Genetic diversity of alligator weed in China by RAPD analysis [J]. Biodiversity and conservation, 12(4): 637-645.

YANG J, TANG L, GUAN Y L, et al, 2012. Genetic diversity of an alien invasive plant Mexican sunflower (*Tithonia diversifolia*) in China [J]. Weed science, 60(4): 552-557.

YAO N, WANG Z, SONG Z J, et al, 2021. Origins of weedy rice revealed by polymorphisms of chloroplast DNA sequences and nuclear microsatellites [J]. Journal of systematics and evolution, 59(2): 316-325.

（撰稿：卢宝荣；审稿：宋小玲）

杂草营养成分的利用 utilization of weed nutrient component

将杂草的根、茎、叶、花、果实等各器官中重要的营养成分直接或间接利用。

杂草营养成分的开发利用方向有：①野菜类。有些杂草富含维生素和矿物质，以及微量元素，具有调节体内酸碱平衡，促进肠胃蠕动，帮助消化等多种功能，在维持人体正常生理活动和增进健康上有重要营养价值，集药用、食用、美味于一体，具有独特野味和清香的杂草。统计《中国农田杂草》中杂草名录，615 种杂草中有 54 种以“菜”命名，如荠菜、蕺菜、遏蓝菜、薞菜等。查阅《本草纲目》和《农政全书》，两本著作均称这些物种为“救荒草本”，即在食不果腹的年代，这些杂草曾作为救荒野菜使无数生灵从死亡线上挣扎出来。如今，随着人们生活水平的日益提高，“饥荒”这个词已很少再被人们提到，但在回归大自然的潮流中，一股悄然兴起的“绿色”风也正在逐渐影响着现代人的观念和生活，吃野菜更成为人们的一种时尚。如马齿苋富含蛋白质、多糖、有机酸、矿质元素，其鲜品、干品均可做菜、当粮，可炒、炖、腌、做汤或凉拌，有“天然绿色佳蔬”的美称，被誉为21世纪最有开发前景的绿色食品之一；蒲公英富含维生素A、维生素B、维生素C等多种维生素及钾、铁、钙、铜等微量元素，还含有蒲公英醇、蒲公英素、胆碱、有机酸、菊糖、叶黄素、肌醇、天冬酰胺等多种健康营养成分，其嫩叶、茎、花蕾、根状茎均可食用。有些杂草不仅从野外采集作为野菜，还人工栽培种植作为蔬菜。如荠菜和蒌蒿。②饮料类。根据杂草营养器官的不同和所含营养成分的不同，选取压榨法、溶剂萃取法、超声波法、超临界流体萃取法和微生物发酵法等不同方法和工艺，提取一种或多种可作为原料加工成饮料的杂草。如利用甘草、野菊花、白花碎米荠等加工的饮料，不仅清香可口，而且还含有多种营养成分，如多种维生素、胡萝卜素、叶酸、氨基酸、蛋白质、糖类、微量元素等，甚至具有一定的药用功能，不失为上等饮品。如野薄荷气味有强劲的穿透力，清凉且醒脑，可提神解郁、消除疲劳，少量使用还可镇定安神，有助眠功效，且具有散热解毒、消炎止痒、防腐去腥等功效，用在饮料中可改善风味，增强口感，也可配酒、冲茶用；车前子性味甘、寒，具有清热利尿、祛痰止咳的功效，可做茶饮用，车前草还可与其他杂草配合做茶饮，使原料营养互补、增效，如车前草忍冬复合保健饮料、车前草白花蛇舌草复合保健饮料、马齿苋车前草复合保健饮料等。③饲料类。通过一边生长一边为牲畜食用或通过刈割保存等方式，能为家畜、禽类等动物所食用，提供碳水化合物、维生素、蛋白质等的杂草。根据不同的饲用方法可分为3类：一是富含水分的、新鲜的青绿饲料；二是采用一定方法将青饲料加以调制、可贮存较长时间的青贮饲料；三是将各种青绿饲料经自然或人工干燥调制而成的青干草。自新中国成立以来，对饲料植物开展了大量研究工作，对饲用植物的认识也逐步深入，从资源的调查、驯化、选育，化学成分的分析，应用价值的评定,生物学和生态学特性的观测等方面均取得了丰硕的成果。杂草中禾草类饲用资源丰富且营养丰富，如稗属植物，其子实的粗蛋白和氨基酸含量与玉米、高粱、大麦相近，具有等同于精饲料的价值，狗尾草含有钙、磷、镁、钾、钠、硫等元素，且钙的含量异常高，为奶牛牧草。其他如喜旱莲子草、凤眼莲、一年蓬等营养丰富，均可用作畜禽饲料或鱼类饵料。

参考文献

李时珍, 2006. 本草纲目 [M]. 李智谋, 译. 重庆: 重庆出版社.

唐洪元, 1991. 中国农田杂草 [M]. 上海: 上海科技教育出版社.

徐光启, 2002. 农政全书 [M]. 陈焕良, 罗文华, 校注. 长沙: 岳麓书社.

朱橚著, 周自恒, 2008. 中国的野菜 [M]. 海南: 南海出版公司.

（撰稿：田志慧；审稿：王金信、宋小玲）

杂草优良基因的利用 utilization of weed valuable genes

指的是通过基因工程技术等将杂草中的优良基因转入目标植物，使作物获得杂草的优良性状，如抗除草剂、抗虫等性状，从而提高其产量或品质。

由于杂草具有高敏感性、强可塑性的特点，可通过改变自身的形态、生理和行为，自我调节其在不同生境下的个体大小、数量和生长量，表现出强烈的生态适应性和抗逆性。同时，由于杂草的种内异花授粉、基因重组、基因突变和染色体数目的变异性，其基因型具有很好的杂合性，遗传变异类型丰富。而作物在驯化过程中，丢失了一些其他优良品性，比如，抗病、抗虫、抗逆性等。因此可将杂草优良的抗除草剂基因、抗虫基因、抗病害基因、抗旱和抗盐碱等环境胁迫基因、改良品质基因等加以利用，培育抗性作物品种。

杂草优良基因成功的应用有：①抗（耐）除草剂育种。通过筛选和研究寻找出杂草中的抗除草剂基因，利用转基因技术将抗除草剂基因转入到作物中，使作物产生抗性，从而使除草剂安全地在作物生长期间使用。如将龙葵中的抗莠去津的基因导入大豆叶绿体基因组中，获得了转基因的抗除草剂大豆植株，而且这种抗性基因可遗传给子代。还可以采用获得杂草靶标抗性基因的多样性和非靶标抗性的除草剂代谢基因作为参考，通过基因编辑技术可对作物内源目的基因序列进行插入、删除或替换等操作，使定点核苷酸序列发生突变，达到精准修饰基因的目的，而不需要引入外源基因。抗（耐）除草剂育种的推广，可通过简化除草作业，提高作物产量，节约能源、化肥和水的使用，减少除草剂开发成本等途径产生较大的经济和社会效益，但也应重视其对人、畜和其他生物的安全性问题。②抗虫基因的利用。将杂草中对害虫具有抗性的优良基因加以利用，用于提高栽培品种的抗性或达到防控害虫的目标。如水苏提取物对粘虫和小菜蛾具有毒力作用，特别对小菜蛾体重的影响较明显，可为开发植物源杀虫剂提供植物材料；香根草能有效诱集水稻螟虫产卵，且孵化的幼虫取食香根草一定时间后会死亡，可用于水稻螟虫的田间防控。③抗病害基因的利用。通过充分挖掘、利用杂草优良的抗病毒基因、抗真菌病害基因、抗细菌病害基因等，从而增强目标作物的抗病性。如美国和加拿大在20世纪80年代将野生燕麦对大麦黄矮病毒的抗性转到一些燕麦品种中，并进行了大面积的推广。④抗环境胁迫和改良品质基因育种。利用杂草优良的抗性基因进行育种，以改良目标作物的相关性状、性能。节节麦是禾本科山羊草属一年生草本植物，起源于亚洲西部里海沿岸，在中国分布于陕西、河南、山东等地。具有着超强的繁殖和适应能力，是麦田恶性杂草。但节节麦也是六倍体小麦D亚基因组的野生祖先种。研究人员对节节麦进行了系统研究，完成了代表性节节麦高质量参考基因组图谱，构建了节节麦基因组和表型组数据库，结合远缘杂交和快速渐渗方法，实现了节节麦99%以上遗传多样性向普通小麦的转移，创制了节节麦－小麦的人工合成八倍体和渐渗系库，为实现小麦D基因组“从头驯化”奠定了系统的方法学和遗传材料基础。狗尾草是谷子的祖先，两者属于禾本科狗尾草属一年生草本植物，是二倍体生物（2n=18），谷子和狗尾草的基因组测序工作已于2012年完成。由于狗尾草植株矮小、易于种植、容易转化、基因组小、二倍体、能产生大量自交系种子等优点，是优良的单子叶模式植物。又由于具有C_4光合作用系统，与谷子、玉米、高粱、甘蔗、薏苡以及重要能源草类亲缘关系接近，是优秀的C_4植物模型。狗尾草对非生物胁迫耐受能力强，抗性基因丰富，可挖掘其抗性基因培育抗性作物。再如黑麦抗寒、抗病虫及抗逆性强，植株高大，耐贫瘠、酸性土壤，可作为粮饲兼用的作物，研究人员挖掘了大量黑麦驯化与遗传改良基因位点，为黑麦及小麦遗传育种提供了重要基因资源。黄花苜蓿具有很强的抗寒、耐旱、耐盐碱、抗病虫害、寿命长等优良特性，具有栽培种紫花苜蓿所不具备的抗性基因，对于苜蓿品种改良和新品种选育具有重要的价值和应用前景；野慈姑花单性、雌雄同株，花序含多数花且雌花先于雄花开放，存在不严格的花序内雌雄异熟，可能对同种的自花/异花花粉竞争或雄配子体选择起作用，可将其利用于慈姑属植物性状的改良。⑤植物生化化感育种。利用杂草与杂草、杂草与作物间的化感作用和竞争，通过系统育种，将化感作用基因引入到有希望的栽培品种中，培育出抑制杂草生长或促进产量提高的作物新品种，或利用生物技术和基因工程手段，将控制化感性状的基因导入丰产、优质作物品种基因组中，培育出既能实现高产、优质、高效，又能在田间条件下自动抑制杂草的优良作物品种。如麦仙翁能产生一种含麦仙翁素的化合物，一定浓度施用于麦田可增加小麦产量。

随着分子育种、人工智能育种，包括基因编辑方面的技术进一步成熟发展，杂草优良基因对作物的从头驯化和遗传改良将起到重要贡献，有望能选育出高抗、稳产、高产的“超级品种”，为作物品种的原始创新做出重要贡献。

参考文献

强胜, 2010. 杂草学 [M]. 北京 : 中国农业出版社 .

沈健英, 吴骏, 2012. 田野草本植物资源 [M]. 上海 : 上海交通大学出版社 .

解新明, 2009. 草资源学 [M]. 广州 : 华南理工大学出版社 .

夏国军, 1997. 杂草的利用价值 [J]. 生物学杂志, 14(1): 31-32.

BENNETZEN J L, SCHMUTZ J, WANG H, et al, 2012. Reference genome sequence of the model plant Setaria [J]. Nature biotechnology, 30(6): 555-561.

ZHOUY, BAI S L, LI H, et al, 2021. Introgressing the Aegilops tauschii genome into wheat as a basis for cereal improvement [J]. Nature plants, 7(6): 774-786 .

（撰稿：田志慧；审稿：王金信、宋小玲）

杂草植被 weed vegetation

杂草群落在人工植被中的叠加覆盖。从实践的角度，杂草植被就是指在人工植被生境中杂草的发生、分布和危害状况。农田杂草群落分布即杂草植被，农田杂草群落是在一定环境因素和农事活动的综合影响下，构成一定杂草种群的有机结合。影响杂草群落分布的主要因素有土壤特征（包括类型、肥力、水分、酸碱度等）、地形地貌、轮作和种植制度、季节、气候和海拔、作物及其栽培、农事操作等。由此，杂草植被有一定规律可循的。研究揭示杂草植被规律是指导制定杂草防除策略的理论基础。

概念来源及形成发展过程 杂草植被这个概念是引用自自然植被和人工植被的概念。不同于自然植被也不同于人工植被，前两者分别是受自然环境条件和人工栽培条件作用的产物，而杂草植被是农田生态环境如气候、土壤、水分状况和人类农作活动共同作用的半自然、半人工的产物。自然植被指未受到人为的影响，在自然状态下发育的植物群落覆盖，它是一地区的植物与当地环境互作长期演化发展的产物。而人工植被又称“栽培植被”，指人类利用自然、改造自然，经长期选择而栽培的植物群落的泛称。人工植被包括农田作物群落、果园果树群落、草场牧草群落、人造林群落和城市绿地观赏植物群落等。杂草植被为伴随着上述人工植被，并在其生境中不断自然适应演化延续的杂草群落，其叠加发生在人工植被中并影响到这种人工植被状态的维持。

国际上在文献中最早出现杂草植被（weed vegetation）这个词是在20世纪50年代。国内，则于20世纪80年代在苗圃杂草调查研究中首次用到杂草植被这个词；90年代将这个词用到农田杂草调查研究中。期间全国农田杂草考察组提出了中国农田杂草区划，根据作物种植区划分区大致将杂草分为5大区。此后，强胜根据全国杂草植被自身特点为依据将全国分为5大区、下设8个亚区。中国植被志在描述人工植被时，将杂草群落作为农田栽培植被的一个片层。

基本内容 杂草群落的发生分布规律即杂草植被是由其所处生境的气候、土壤、作物等环境条件以及农事活动综合影响的结果。气候条件限制了杂草种类的分布范围，这在旱地作物田的杂草区系中十分明显，特别是夏熟作物，其生长季节跨冬春季，由于不同气候条件下冬春季的温度差异特别悬殊，导致其杂草群落结构的气候地理区域的差异十分明显。相对而言，秋熟旱作物均在夏秋季生长，这2个季节的气候相对较小，因此，杂草群落差异性又不如夏熟作物田的大。对于水田杂草，由于水田中水层的维持，高热饱和度的水对环境温度调整作用明显，气候限制就不那么明显。这正如水稻从热带一直分布到北温带一样的道理，其中的杂草植被变化最小。所以，作物对杂草植被的影响往往不如气候环境因子的影响大。总之，杂草植被受地理区域的气候环境因素的制约，在一定地段上某一地区内，杂草群落的分布是有一致性规律的。依据杂草群落的分布规律及其地理区域特征的差异，划分出各级彼此有区别，而其内部具有相对一致的杂草分布及其有规律的组合的杂草植被地理区，即为杂草分区，杂草分区也称为杂草区划。

杂草分区有着重要的理论意义，它必须在对杂草区系、杂草与环境的相互关系、杂草的历史发展以及杂草分类的基础上进行，因此它是关于地区杂草植被地理的规律性的总结。杂草分区同样具有重要的实践意义，它对区域土地利用和大农业的发展、杂草的区域防治均具有指导意义。

中国幅员辽阔、农业自然资源丰富多样、作物及种植结构复杂，不同地区之间差异明显。南方水热资源丰富，实施一年多熟，而北方相对水热资源匮乏，仅能实施一年一熟。农田杂草长期适应作物生长环境，具有与作物相类似的生长节律，形成了由连作—轮作种植制度决定的杂草群落结构的时间多样性，以及作物布局的差异引起的空间多样性。根据各地组成杂草群落的优势种，以及杂草群落在时间和空间上的组合规律作为分区的基础，再结合各区系的主要特征成分、主要杂草的生物学特性和生活型、农业自然条件和耕作制度的特点，把中国农田杂草区系和杂草植被划分成5个杂草区，下属8个杂草亚区。

东北湿润气候带：稗草、野燕麦、狗尾草、春麦、大豆、玉米、水稻一年一熟作物杂草区　主要杂草群落有稗草+狗尾草杂草群落、马唐+稗草+狗尾草群落、野燕麦+卷茎蓼群落和野燕麦+稗杂草群落。稗草、狗尾草、野燕麦、马唐为主要群落的优势种。野燕麦为优势种的群落越向西北发生越普遍，而马唐为优势种越向东南越多。春夏型杂草野燕麦和夏秋型杂草稗等同在一块田中出现。其他重要杂草有卷茎蓼、刺蓼、香薷、鼬瓣花、苣荬菜、鸭跖草、反枝苋、苍耳、藜、问荆、扁秆藨草、眼子菜等。

华北暖温带：马唐—播娘蒿、猪殃殃冬小麦—玉米、棉、油料一年两熟作物杂草区　在麦类等夏熟作物田，杂草群落优势种多为阔叶杂草。且有时2个种以上共优。播娘蒿、猪殃殃和麦仁珠、麦蓝菜等为优势种。其他重要杂草有野燕麦、大婆婆纳、荠菜、麦家公、麦瓶草、藜、小藜、遏蓝菜、离蕊芥、小花糖芥、离子草、打碗花等。野燕麦有越来越多的趋势。

在秋熟旱作物田，以单子叶杂草为优势种，有马唐、稗草、牛筋草、狗尾草、香附子等。其他主要杂草有马齿苋、刺儿菜、龙葵、反枝苋、铁苋菜等。

该区根据特征性主要杂草的不同，分成2个亚区。

黄、淮、海平原冬麦—玉米、棉一年两熟作物杂草亚区：主要特征杂草有麦仁珠、离子草、离蕊芥、大巢菜、马齿苋、刺儿菜、牛筋草和反枝苋。

黄土高原冬麦一小杂粮二年三熟或一年一熟作物杂草亚区：主要杂草有问荆、篱天剑、藜、大刺儿菜等。

西北高原盆地干旱半干旱气候带：野燕麦春麦或油菜、棉、小杂粮一年一熟作物杂草区　野燕麦是杂草群落的优势种，有藜属的藜、小藜、灰绿藜等与之共优。其他主要杂草有萹蓄、苣荬菜、大刺儿菜、卷茎蓼、薄蒴草、密花香薷等。该区根据特征性主要杂草以及地理和气候特征等的不同，分成以下3个亚区。

蒙古高原小杂粮、甜菜一年一熟作物杂草亚区：蒙山莴苣、紫花莴苣、苣荬菜、问荆、西伯利亚蓼、鸭跖草、鼬瓣花为主要特征杂草。

西北盆地绿洲春麦、棉、甜菜一年一熟作物杂草亚区：藜、芦苇、扁秆藨草、稗草、灰绿碱蓬、西伯利亚滨藜等为特征种。

青藏高原青稞、春麦、油菜一年一熟作物杂草亚区：薄蒴草、萹蓄、微孔草、平卧藜、密花香薷、田旋花、苣荬菜、二裂叶委陵菜等为特征杂草。

在上述3个杂草区中，有少部的水稻，其稻田的主要杂草群落是稗草+扁秆藨草+眼子菜+野慈姑。

中南亚热带：稗草—看麦娘—马唐冬季作物—双季稻—年二或三熟作物杂草区　在冬季作物田，看麦娘为稻茬水稻土田的杂草群落优势种，而在旱茬冬季作物田，猪殃殃为优势种。稻田以稗草为优势种，占据群落的上层空间，在下层有鸭舌草、节节菜、牛毛毡、矮慈姑等。在秋熟旱作物田，马唐为优势种，其他重要杂草是牛筋草、鳢肠、铁苋菜、千金子、狗尾草、旱型稗如光头稗、小旱稗等。该区根据夏熟作物田亚优势杂草的不同，分成3个亚区。

长江流域牛繁缕冬季作物—单季稻一年两熟作物杂草亚区：在冬季作物田中，除看麦娘为优势种外，牛繁缕为亚优势种或主要杂草。该亚区向北，则逐渐过渡到看麦娘和猪殃殃及大巢菜组合的群落。沿江和沿海棉茬冬季作物田，有波斯婆婆纳和黏毛卷耳为优势种的杂草群落。该亚区其他特征杂草有稻槎菜、硬草、肉根毛茛、鳢肠和节节菜。

南方丘陵雀舌草绿肥—双季稻一年三熟作物杂草亚区：雀舌草为冬季作物田仅次于看麦娘的重要杂草。其他特征杂草有裸柱菊、芫荽菊、圆叶节节菜、水竹叶、水蓼和酸模叶蓼等。

云贵高原棒头草冬季作物—稻、玉米、烟草二年三熟作物杂草亚区：棒头草和长芒棒头草为仅次于看麦娘的重要冬季作物田杂草。其他重要特征杂草有早熟禾、尼泊尔蓼、遏蓝菜、千里光和辣子草等。

华南热带亚热带稗草—马唐双季稻—热带作物一年三熟作物杂草区　稗草和马唐分别为稻田和热带旱作物田杂草群落优势种。在稻田，其他重要杂草有鸭舌草、圆叶节节菜、节节菜、异型莎草、茧蔺、草龙、尖瓣花和蛇眼等。在旱田，胜红蓟、两耳草、水蓼、酸模叶蓼、香附子、含羞草、飞扬草、千金子、光头稗、龙爪茅、铺地黍、牛筋草等为主要或特征杂草。

存在问题及发展趋势　由于全球变化导致的外来植物入侵和全球气候因素变化，以及耕作栽培制度改变、杂草防控技术革新、除草剂的大量使用等人为因素，导致农田杂草群落演替加快，主要表现为杂草区系种类多样化、杂草群落结构复杂化、难治杂草种群密度加大等。加强杂草植被监控，掌握杂草动态变化规律，尽早采取相应的防控策略主动应对其变化。

参考文献

聂绍荃, 1984. 黑龙江省林业苗圃杂草植被 [J]. 自然资源研究 (4): 40-46.

强胜, 胡金良, 1999. 江苏省棉区棉田杂草群落发生分布规律的数量分析 [J]. 生态学报, 19(6): 810-816.

强胜, 李扬汉, 1990. 安徽沿江圩丘农区夏收作物田杂草群落分布规律的研究 [J]. 植物生态学与地植物学学报, 14(3): 212-219.

强胜, 刘家旺, 1996. 皖南皖北夏收作物田间杂草植被特点及生态分析 [J]. 南京农业大学学报, 19(2): 17-21.

强胜, 2009. 杂草学 [M]. 2 版 . 北京 : 中国农业出版社 .

全国农田杂草考察组, 1989. 中国农田杂草区划 [J]. 杂草学报, 3(2): 1-10.

苏少泉, 1993. 杂草学 [M]. 北京 : 农业出版社 .

唐洪元, 1991. 中国农田杂草 [M]. 上海 : 上海科技教育出版社 .

王开金, 强胜, 2007. 江苏麦田杂草群落的数量分析 [J]. 草业学报, 16(1): 118-126.

中国植被编辑委员会, 1980. 中国植被 [M]. 北京 : 科学出版社。

庄家文, 张峥, 强胜, 2019. 浙江省水稻田杂草群落调查 [J]. 植物保护学报, 46(2): 479-488.

OPPENHEIMER H R, 1949. Sand, swamp and weed vegetation at the estuary of the Rubin River (Palestine) [J]. Vegetatio, 1(2/3): 155-174.

QIANG S, 2002. Weed diversity of arable land in China [J]. Journal of Korean weed science, 22(3): 187-198.

QIANG S, 2005. Multivariate analysis, description, and ecological interpretation of weed vegetation in the summer crop fields of Anhui Province, China [J]. Journal of integrative plant biology, 47(10): 1193-1210.

（撰稿：张峥；审稿：强胜）

杂草种类多样性 weed species diversity

杂草种类的丰富程度。有区域物种多样性和群落物种多样性 2 种表述：杂草的区域物种多样性是指一定区域内杂草物种的总和；杂草的群落物种多样性是指生态学方面的杂草物种分布的均匀程度。

杂草种类多样性的研究方法和评价指标 研究杂草的区域物种多样性时主要是从分类学、系统学和生物地理学角度对一个区域内杂草物种的状况进行研究，一般通过区域调查来完成。2009—2012 年，中国杂草科学工作者开展了中国 15 种主要农作物的田间杂草种类及其发生的调查，查明现有杂草 641 种，隶属于 89 科 374 属，其中孢子植物杂草 14 科 14 属 19 种，被子植物杂草 75 科 360 属 622 种。

研究杂草的群落物种多样性时主要是采用样方调查法，从群落水平上进行研究。评价杂草种类多样性可采用 Shannon-Wiener 多样性指数（H）、Margalef 物种丰富度指数（D_{MG}）和 Simpson 多样性指数（D）等指标。Shannon-Wiener 多样性指数来源于信息理论，其计算公式为：$H=-\sum(P_i \times \log P_i)$，式中，$P_i=N_i/N$，表示第 i 个种第一次被抽中的概率，H 值越大则杂草种类多样性就越丰富，其数值一般在 1.5～3.5。Margalef 物种丰富度指数的计算公式是：$D_{MG}=(S-1)/\lg N$，式中，S 为物种数目；N 为所有物种个体数之总和。Simpson 多样性指数的计算公式是：$D=1-\sum(P_i)^2$，式中，$P_i=N_i/N$，表示第 i 个种第一次被抽中的概率。

影响杂草种类多样性的因素 杂草种类多样性受到气候、土壤、作物种类、耕作方式和除草剂使用等许多因素的影响。

杂草种类多样性受到各地气候条件的影响 温度是影响杂草分布和种类多样性的一个主要因素。有些杂草适于低温条件下生长，而有些杂草则适宜在温暖的条件下生长。长江以南地区高温多雨，喜温喜湿杂草如通泉草、节节菜等较多；而在长江以北地区比较干旱和寒冷，通泉草等杂草不生长，少数杂草如假稻和旋覆花等只在北方生长。纬度每升高 1°和海拔每升高 100m 则温度降低 0.6℃，不同纬度和不同海拔高度通过改变温度来影响杂草的种类多样性，有时纬度和海拔不同的地区却分布着相似的杂草，如云贵高原与长江流域有马齿苋、马唐、牛繁缕等许多相似的杂草种类，原因就是纬度、海拔和温度的共同作用。

水分是影响杂草分布和种类多样性的另一主要因素。在雨水多的地区喜湿杂草牛繁缕严重发生；在干旱地区耐干旱的杂草如田旋花、狗尾草等危害严重；田边杂草如半边莲、水蜈蚣等只生长在潮湿土壤上，不耐水淹，也不耐旱。经度主要通过改变湿度来影响杂草的种类多样性。

光照也是影响杂草分布和种类多样性的主要因素之一。野燕麦、田旋花等喜光杂草在阳光充足的地方生长良好，发生于作物的上层并进行危害；问荆等耐阴杂草多生长于阳光较弱的地方，发生于作物的下层，危害较轻。

同一地区不同季节的温度、湿度和光照条件都有不同，杂草种类的多样性也随之发生变化。如江苏不同季节危害作物的杂草种类差异较大，在夏熟作物麦田中以猪殃殃、阿拉伯婆婆纳、刺儿菜、大巢菜、小巢菜、看麦娘、打碗花、棒头草、通泉草、酸模叶蓼、宝盖草、遏蓝菜、繁缕、牛繁缕等杂草为主，而在秋熟作物的棉花、玉米、大豆和花生的田间主要以马唐、香附子、狗尾草、马齿苋、铁苋菜、画眉草、牛筋草、稗等杂草为主。一般冬季杂草显著少于夏季杂草。

杂草种类多样性受到土壤因子的影响 土壤的种类、质地、酸碱性和土壤肥力等因素都会影响杂草的种类多样性。如分布于暖温带的褐土为旱作土壤类型，有喜凉耐旱杂草分布；亚热带地区的红壤系列干湿变化明显，喜暖耐旱杂草较多；东北黑土是发展农业的重要土壤，杂草危害很严重；分布于北方的栗钙土上喜凉耐旱杂草较多；猪毛菜、碱蓬等杂草在盐碱地发生，藜、马齿苋等杂草多分布在肥沃的农田。

杂草种类多样性受到作物种类的影响 不同作物种类在株高、株幅、根系特性等方面存在差异，导致它们与杂草在竞争光照、水分和土壤养分等方面表现出差异，引起不同作物田杂草种类多样性的差异。如水稻田有杂草 41 科 88 属 143 种，其中藻类杂草 2 科 2 属 3 种，苔藓类杂草 1 科 1 属 1 种，蕨类杂草 5 科 5 属 6 种，双子叶杂草 22 科 38 属 55 种，单子叶杂草 11 科 42 属 78 种，以水生杂草或喜潮湿的杂草为主。小麦田有杂草 49 科 200 属 318 种，其中蕨类杂草 3 科 3 属 3 种，双子叶杂草 40 科 154 属 246 种，单子叶杂草 6 科 43 属 69 种。玉米田有杂草 53 科 142 属 201 种，其中蕨类杂草 1 科 1 属 2 种，双子叶杂草 47 科 113 属 157 种，单子叶杂草 5 科 28 属 42 种。油菜田有杂草 51 科 189 属 295 种，其中蕨类杂草 3 科 3 属 3 种，双子叶杂草 48 科 186 属 292 种，单子叶杂草 6 科 41 属 62 种。大豆田有杂草 30 科 73 属 91 种，其中蕨类杂草 1 科 1 属 1 种，双子叶杂草 24 科 55 属 71 种，单子叶杂草 5 科 17 属 19 种。花生田有杂草 22 科 59 属 76 种，其中蕨类杂草 1 科 1 属 1 种，双子叶杂草 18 科 42 属 54 种，单子叶杂草 3 科 16 属 21 种。马铃薯田有杂草 20 科 50 属 60 种，其中蕨类杂草 1 科 1 属 1 种，双子叶杂草 15 科 33 属 39 种，单子叶杂草 4 科 16 属 20 种。甘蔗田有杂草 31 科 92 属 129 种，其中蕨类杂草 2 科 2 属 2 种，双子叶杂草 26 科 68 属 91 种，单子叶杂草 3 科 22 属 36 种。甜菜田有杂草 16 科 41 属 45 种，其中蕨类杂草 1 科 1 属 1 种，双子叶杂草 13 科 30 属 33 种，单子叶杂草 2 科 10 属 11 种。棉花田有杂草 30 科 92 属 108 种，其中蕨类杂草 1 科 1 属 1 种，双子叶杂草 24 科 69 属 78 种，单子叶杂草 5 科 22 属 29 种。麻类田有杂草 17 科 35 属 41 种，其中蕨类杂草 1 科 1 属 1 种，双子叶杂草 13 科 19 属 24 种，单子叶杂草 3 科 15 属 16 种。烟草田有杂草 62 科 292 属 532 种，其中蕨类杂草 4 科 4 属 6 种，裸子植物杂草 1 科 1 属 1 种，双子叶杂草 48 科 233 属 425 种，单子叶杂草9科54属100种。柑橘园有杂草49科144属191种，其中蕨类杂草2科2属2种，双子叶杂草42科116属155种，单子叶杂草4科26属33种。苹果园有杂草30科83属104种，其中蕨类杂草1科1属1种，双子叶杂草26科66属84种，单子叶杂草3科16属19种。梨园有杂草32科97属107种，其中蕨类杂草1科1属1种，双子叶杂草28科67属84种，单子叶杂草3科19属22种。茶园有杂草46科132属170种，其中蕨类杂草6科6属6种，双子叶杂草36科91属119种，单子叶杂草4科35属45种。

杂草种类多样性受到耕作方式的影响　耕作栽培也是影响杂草种类多样性的重要因素。如在青海进行合理轮作，在绿肥压青后种麦可使杂草发生减轻70%以上；马铃薯或大豆与小麦轮作，田间草害大为减轻，而小麦连作田杂草种类多且危害重。不同类型棉田在单、双子叶杂草的种类和数量占比上有明显的差异，水旱轮作棉田和连作棉田单子叶杂草种类明显多于双子叶杂草，而麦棉套作棉田则双子叶杂草种类多于单子叶杂草。长期稻—稻—紫云英轮作能够明显降低田间杂草密度，减少早稻期间田间杂草的种类，但对晚稻时期田间杂草种类的影响不明显。在冬闲苎麻田套种黑麦草等牧草能降低苎麻田杂草的密度和物种多样性指数。耕作可以根除、斩断或深埋杂草，从而消灭许多杂草植株，但间断性的耕作可能会加剧某些多年生杂草的发生，因为它将杂草的根茎或块茎斩成断节，使每节都有可能长成新的植株。免耕使土壤表面的作物残茬增加，作物残体通过改变与杂草萌芽有关的环境条件、对杂草幼苗生长的物理阻止以及通过植物间的化感作用来抑制杂草；免耕往往也会增加土壤微生物、土壤动物区系和蚯蚓的数量和多样性，这些微生物能够直接或间接地影响杂草种子生存、萌芽以及杂草生长。

杂草种类多样性受到除草剂使用的影响　除草剂的大规模使用深刻地影响着农田杂草物种的多样性，一个明显的趋势是农田中杂草种类在减少，特别是像麦仙翁一类的史前期杂草已难在农田里发现，而少数适应变化了的农田环境的杂草个体数特别多。使用除草剂的棉田由于常用防除单子叶杂草的高效药剂，造成双子叶杂草种类增多。长期重复使用某一种或某一类型除草剂会导致农田杂草群落结构发生变化，原杂草群落中占优势的靶标杂草得以控制，抗、耐药性杂草兴起，杂草群落发生演替。

参考文献

陈克农，苏旭，2014. 生物地理学[M]. 北京：科学出版社.

李扬汉，1998. 中国杂草志[M]. 北京：中国农业出版社.

梁帝允，强胜，2014. 中国主要农作物杂草名录[M]. 北京：中国农业科学技术出版社.

（撰稿：郭凤根；审稿：宋小玲）

杂草种群动态　weed population dynamics

杂草种群生长中的总体数量变化情况，即种群数量在时间和空间中的变化。影响种群数量变化的主要参数为：出生、死亡、迁入和迁出。在不同种群中，各参数对种群数量变化的作用不同。种群生长动态研究在时间和空间上的变动规律，主要包括种群的数量和密度、种群的分布、种群的数量变动和扩散迁移以及种群调节。基本方法主要有野外调查、实验验证、数学模型模拟等。对种群生长动态及影响种群数量和分布的生态因素的研究，为科学实施杂草防治措施特别是除草剂使用提供理论指导。杂草种群动态可用动态数学模型进行描述。将具有确定生物学意义的行为特征参数导入模型，可将种群动态、个体空间分布形式、物种进化特征联系起来。运用丰富的非线性分析方法进行分析，种群动态可阐述种群极端动态产生的条件和行为特征对其的影响，并揭示种群暴发和农林杂草空间分布变化之间的关系以及物种行为特征、繁殖特征对种群长期动态的影响规律。

杂草种群动态模型是指种群的消长和种群消长与种群参数（出生、死亡、迁入、迁出等）间的数量关系，其一些简单的、具有典型性的动态变化可以用数学模型预测。数学模型包括模型建立、根据模型预测、实际预测以及原有模型修正。通过对模型的不断完善，最终更加接近实际情况。模型不仅有助于预测，也可对无法实验的大规模生态系统进行计算机模拟。常见的数学模型有2种。

单种种群模型　种群在无限环境中的指数增长。

①在种群世代不重叠的情况下的模式。假定初始种群大小为N_0，并恰好在一年或一个世代以后，所有的亲代个体都平均倍增为原来的λ倍，那么在一个季节以后，种群的大小（N_1）将为：

$N_1=\lambda N_0$

$N_2=\lambda N_1=\lambda(\lambda^2 N_0)=\lambda N_0$

$N_3=\lambda^3 N_0$

$N^t=\lambda^t N_0$

这种增长模式在相继世代之间没有重叠，种群增长属于离散型，适用于季节性繁殖的杂草。

②在种群世代数有重叠的情况下的模式。对于在无限环境中瞬时增长率保持恒定的种群，种群增长仍表现指数式增长，即J型增长，接近连续增长型。

两种种群相互作用模型　在有竞争的条件下，种群按照逻辑斯蒂方程增长。种群在一个有限的空间中增长时，随着种群密度的上升，种内竞争加剧，必然影响种群的繁殖率和存活率，从而降低种群的实际增长率，可以设想有一个环境条件允许的最大值，当种群数量达到最大时，数量将不再增长。另外，种群增长率降低的影响，是随着种群密度上升而逐渐地、按比例增加。故种群的增长曲线将是“S”型的。

在农业生产中，杂草是长期制约作物产量和质量的因素。为保障作物的生产需要采用合理有效的策略来控制杂草危害。在经济和气候的外在限制，以及杂草和作物生物学的内在限制下，虽然短期内的最佳控制策略可以通过多因素实地试验来探索，但对长期管理策略的评估需要一个种群动态模型来描述，以结合经验观察和数学模拟。

杂草种群在时间上是动态变化的，包括在季节内和季节之间；在空间的动态变化，包括在田块内和田块间。因此，杂草模型应该沿着这2个轴模拟种群动态。种内和种间竞争是杂草种群动态的关键过程，生态生理模型被认为是探索这些相互作用最合适的工具。然而，人们不应忽视种群增长，因为空间扩散可能比本地倍增造成的种群增长更快。如果杂草进化获得除草剂抗性，将使遗传特征成为杂草种群动态模型的重要组成部分。实践中需要杂草种群模型来帮助制定杂草防控策略，但不准确的参数估计可能导致非常具有误导性的结论，特别是在杂草种群遗传学模型中。

一年生杂草的生命周期及其主要过程为：种子在土壤中的种子库中萌发和出苗、杂草植株的建立和生长、种子的生产、种子脱落及种子在土壤中的死亡。竞争在杂草生命周期的不同阶段起着重要的作用，因此强烈地影响着杂草的种群动态。对于多年生杂草或无性系杂草，另外一个重要的过程是杂草地下繁殖结构的形成及芽的再生。因此，在杂草种群动态中需要考虑以下因素，以期获得适用的模型。

密度依赖 如果杂草的增长的速率随种群密度而变化，则称该种群为动态密度相关的。排除密度依赖的模型将不切实际地预测，种群密度将永远减少或增加。非密度依赖（密度无关）的模型在用于杂草密度低的农田系统时被认为是有效。密度依赖的杂草繁殖力是限制种群增长的最常见机制。对于多年生植物，块茎的繁殖可以被模拟成密度依赖性。

竞争 在田间，植物为共享资源（光、水、营养）而竞争，但通常模型只考虑作物对杂草的竞争效应，很少考虑杂草种类之间的竞争。作物竞争通常被模拟为杂草繁殖力的降低。作物竞争也会影响杂草幼苗的存活率以及杂草种子萌发。

种群空间动态 杂草在田间往往是成群分布的。这是由于环境因素的异质性和杂草的生物学特性。大多数杂草种群模型忽略了种群的空间属性，只是简单地用平均密度来模拟；然而，如果在一个田块存在不同的子栖息地，可以单独对杂草种群建模，而不会增加模型的复杂性。

杂草抗性 除草剂抗性的杂草种群动态模型的开发往往是为了制定管理策略，以推迟除草剂抗性的进化。大多数模型用于单基因靶点抗性，模拟易感亚群和抗性亚群在不同除草剂使用情景下的动态。

外在因素 真实的杂草种群动态模型必须包括影响作物、杂草及其相互作用的外部因素。在某些情况下，外部生物因素也必须包括在内，例如生物防治除草剂。人类活动是系统管理的外在因素，模型可以帮助整合不同的杂草控制方法。其中，自然的非生物环境是主要的外在因素。

非生物环境包括通常限制生长的自然资源（光、水和营养）是种内和种间竞争的基础。尽管这些因素很重要，但它们在杂草动态种群模型中常常被忽略。

自然生物环境，草食动物（如节肢动物、鸟类、啮齿动物）和植物病害可能对杂草种群动态产生巨大影响。然而，与非生物因子相比，它们有自己的种群动态，并与杂草的种群动态或多或少有联系，因此很难以纳入模型。

管理因素，在只关注杂草生物学的模型中，有可能忽略管理措施的影响。除草剂处理时机、处理强度等是影响杂草种群动态最强烈的外在因素之一；非化学防治方法，包括人工除草，生态控草都是需考虑的因素，这些管理措施最终都会导致杂草种群增长率的降低。田间农事操作，包括土壤耕作、收获作业、灌溉等也需要考虑在杂草种群模型中。

综合考虑各种因素，利用合适的杂草种群动态模型，可以更好地预测杂草的发生和危害，为杂草防控策略的制定提供依据。随着信息技术和人工智能技术的发展，借助于遥感和大数据分析，实时监测杂草种群动态，为杂草防控精准化提供技术支撑。

参考文献

韩博平，林鹏，1994. 两种种群动态模型的比较研究 [J]. 厦门大学学报（自然科学版），33(2): 253-258.

强胜，2009. 杂草学 [M]. 2 版. 北京：中国农业出版社。

席唱白，迟瑶，钱天陆，等，2019. 动物种群动态模型研究的进展与展望 [J]. 生态科学，38(2): 225-232.

FRECKLETON R P, STEPHENS P A, 2009. Predictive models of weed population dynamics [J]. Weed research, 49(3), 225-232.

WATKINSON F, 2002. Are weed population dynamics chaotic? [J]. Journal of applied ecology, 39(5), 699-707.

（撰稿：张峥；审稿：强胜）

杂草种群生态 weed population ecology

主要研究杂草种群的数量动态与环境之间的相互作用关系。包括种群结构动态、种群生态对策、种内与种间关系、种群生态适应与进化等方面。

名称来源 杂草种群是指在特定时间内出现在特定生境中的同种杂草个体的总和。杂草种群生态的研究主要起源于植物种群生态学。Harper 在继承动物种群一般原理的基础上发展了植物种群的基本理论和研究方法，基于当时植物种群研究相关工作的归纳和系统总结，提出了以植物生活史为纲的植物种群动态模型，1977 年，其《植物种群生物学》的出版是植物生态学划时代的标志，为植物种群生态学的理论和方法奠定了坚实的基础。之后，Solbring 的《植物种群生命统计与进化》、Silvertown 的《植物种群生态学导论》等则是这门学科的继续、发展和普及。在此期间，杂草种群生态的相关研究也得以不断发展。

基本内容

种群结构动态 通常指在特定条件下，杂草生物量和株形（株高和直径）随种群大小或密度的增加所呈现的变化。杂草在一定时间和空间范围内，通常会自然形成与其所处环境相适应的、具有一定规模的种群。从理论上来讲，在环境资源（光、水、养分、CO_2）及空间充足的条件下，一个种群如按它固有的增长率（r）增长，其个体数或生物量（N）可按几何级数增长。但在环境资源有限的情况下，种群按逻辑斯蒂（Logistic）曲线增长，即起初增长缓慢，接着有一个迅速增长期；当种群个体数量达到一定程度后，个体之间出现竞争，种群的增长速度放慢；最终当种群个体数达到环境载有量（K）时，增长率变为零。杂草作为农业生态系统的组成之一，其种群动态除了受自身特性（如生长、传播、繁殖特性、种子寿命、最大种群密度等）影响外，从萌发、出苗、成熟结实，到土壤杂草种子库的整个生活史中每一环节都受到气候、人类农事活动（包括除草措施）及其他生物因素的影响。由于人类活动，使农田生境时刻处于动态变化的状态，导致杂草种群也随时变化。在特定耕作制度下，杂草的种群大小相对稳定。

杂草种群除了数量结构动态外，还存在空间结构动态和年龄结构动态。空间结构动态包括种群的水平分布和垂直分布，其中水平分布动态主要指种群的地理区系分布和具体分布地块的分布类型，如均匀分布、随机分布和聚集分布等；种群的垂直分布主要指不同海拔的数量分布和土壤种子库中种子在不同土层的分布状况。杂草种群的年龄结构主要指土壤种子库中不同年份种子的年龄组成，也涉及地上杂草种群不同生育期或不同株龄（多年生杂草）的结构组成及动态。

种群生态对策　生态对策是杂草适应生境过程中形成的自我调节种群动态的一种生存机制，反映了杂草种群的生态学抉择和生存策略。生态对策是杂草长期演化形成的对环境的不同适应方式，目前尚未有成熟的理论体系。有学者按栖息环境和进化对策把生物分为 r 对策者和 K 对策者两大类。杂草作为一年生或多年生草本植物，在生存策略方面总体趋向于 r 生态对策，主要采用缩短生活史周期和产生小而多的种子来繁衍种群后代，通常萌发率高、植株个体小，具有较强的扩散能力，一有机会就入侵新的栖息生境，并通过高增长率而迅速增殖。种子是潜在的种群，是杂草生活史中个体唯一有移动能力的阶段，土壤杂草种子库组成、动态及其更替是形成种群生态对策的重要基础。杂草种群的生态对策主要涉及种子库中种子的时空分布、幼苗的时空动态、种群的有性繁殖和无性繁殖、种子雨动态等内容。例如，在有性或无性繁殖的生殖策略上，不同杂草采取的方式也有差异，田旋花、空心莲子草等多年生杂草会把较多的能量用于营养结构的生长，分配给花和种子的能量较少，因此其种子产量少，主要靠根茎繁殖；相反，藜、反枝苋等一年生杂草则把更多的能量分配到生殖生长，以产生大量的种子。

种内与种间关系　杂草种群在农业生态系统中时间和空间上所占据的位置及其与相关种群之间的功能关系与作用，称为杂草生态位，可以用来表示特定生态系统中每种杂草生存所必需的生境最小阈值。生态位宽度是指被一种杂草所利用的各种不同资源的总和。杂草在环境资源（光、CO_2、水、养分）有限的情况下，会与同种个体或其他杂草 / 作物竞争生存资源。这样的种内或种间竞争，导致杂草不可能利用其生境中的全部资源。竞争一般对双方均不利，在资源充足条件下不存在竞争，在资源有限条件下，资源越有限，竞争越激烈。杂草与作物间的竞争包括地上竞争和地下竞争。地上部分主要是对光的竞争，杂草和作物叶片相互覆盖，竞争能力主要取决于对地上空间的优先占有能力，株高、叶面积、叶片着生方式及田间的早发和封行能力是反映光竞争能力的重要指标，叶片多，叶面积指数大，则竞争能力强。地下竞争主要包括营养竞争和水分竞争，主要限制因子是土壤养分不足（氮、磷和钾），杂草通常吸收养分的速度快且吸收量大，加剧了作物营养缺乏。地下资源的竞争受根系长度、密度、分布、吸收水肥能力的影响，如竞争能力强的稗草具有发达的根系。竞争还可以通过化感作用实现，即杂草向环境释放化学物质，影响周围其他植株生理生化代谢及生长发育的过程。总之，竞争是杂草导致作物危害减产的主要因素。

种群生态适应与进化　杂草改变自身的结构或功能以与其生存环境相协调的过程称为生态适应。杂草种群因处于特定耕作制度或环境选择压下，种内会产生有方向的遗传性演化和分化，这是物种形成与进化的重要前奏，也是种群动态调节控制的基础。生态适应有利于杂草在新环境下的生存和发展，分为短期适应和长期适应两类。杂草的短期适应发生在环境选择压施加的早期，其当代种群在形态、功能或代谢过程上表现出的异常变化。杂草如果长期适应特定的环境选择压力，就可能引起基因型的相应改变，使新个体被一代代保留下来。例如，夏播作物田长期施用靶点单一、高效低毒的 ALS 抑制型除草剂，导致田间优势杂草藜和反枝苋产生抗药性，分化形成了对咪唑啉酮类除草剂咪唑乙烟酸抗性倍数达 20 倍的藜种群，同时该抗性种群还表现出对噻吩磺隆、唑嘧磺草胺等 ALS 抑制剂的交互抗性，通过基因测序比对发现，其 ALS 第 122 位氨基酸发生了可遗传的突变（Ala-122-Thr）。

存在问题和发展趋势　杂草种群是杂草种群生态研究的主要对象，是物种存在和进化的基本单位，也是杂草群落和农田生态系统的基本组成。今后在杂草种群生态研究方面，需密切关注杂草种群在时间和空间上的动态变化规律及其调节机制，如种群的暴发成灾规律、种群变动的遗传机制、杂草与作物或除草剂的协同进化、种群的传播与扩散、种群动态与气候变化的关系等。

参考文献

蒋高明, 2004. 植物生理生态学 [M]. 北京 : 高等教育出版社 .

强胜, 2009. 杂草学 [M]. 2 版 . 北京 : 中国农业出版社 .

钟章成, 曾波, 2001. 植物种群生态研究进展 [J]. 西南师范大学学报 (自然科学版), 26(2): 230-236.

钟章成, 1992. 中国植物种群生态研究的成就与展望 [J]. 生态学杂志, 11(1): 4-8.

GIBSON D J, 2015. Methods in comparative plant population ecology [M]. 2nd ed. Oxford: Oxford University Press.

HARPER J L, 1977. Population biology of plant [M]. New York: Academic Press.

HUANG Z F, ZHOU X X, ZHANG C X, et al, 2020. First report of molecular basis of resistance to imazethapyr in common lambsquarters (*Chenopodium album*) [J]. Weed science, 68(1): 63-68.

（撰稿：魏守辉；审稿：强胜）

杂草种子库　weed seed bank

存留于土壤表面及土层中具有活力的杂草种子或营养繁殖体的总称。又名繁殖体库。通常用单位面积土壤中有活力的杂草种子数量来表示。

杂草种子库的影响因素　杂草种子库是农田中潜在的杂草群落，其大小、组成及结构特点决定了将来田间杂草的发生危害情况。杂草种子库是农田杂草发生危害的主要根源，明确其组成和动态变化对于杂草的综合管理具有非常重要的意义，为预测杂草的发生危害，在精准农业中定时、定点和定量使用除草剂及其他控草措施提供了重要依据。杂草种子库的密度和组成变化很大，主要受作物种类、控草措施、耕作栽培方式以及土壤生态因素影响。耕作方式影响杂草种子在土壤中的垂直分布，从而间接影响种子库的密度和种类组成；作物轮作使杂草的生存环境趋于多样化，能够限制某些对单一种植系统有良好适应性的杂草生长，作物轮作对杂草种子库种类组成和丰富度的影响要大于耕作方式；不同杂草防控措施能够大大降低田间杂草的结实，从而减小杂草种子库的规模；土壤湿度影响存留其中的种子寿命。

杂草种子库的特征

杂草种子库的大小　杂草结实量一般比较大，能输入大量种子到土壤种子库中，并且由于杂草种子的休眠期长短不一，不会集中大量萌发。因此，土壤杂草种子库的密度通常比较大，一般介于 0～1 000 000 粒 /m^2 的范围，在不同轮作序列的小麦、玉米、豆类作物田中，杂草种子库的密度多在 2600～52 000 粒 /m^2。在不同除草方式的玉米—麦类作物田中，杂草种子库的大小相似，介于 2765～43 274 粒 /m^2。而在玉米连作田，杂草种子库的种子数量可达 100 000 粒 /m^2 以上。

杂草种子库的种类组成　杂草种子库一般由一年生或二年生杂草种子组成，包括夏季杂草和冬季杂草，其中又以阔叶杂草种子占绝大多数。在冬小麦—高粱轮作的旱作田中，土壤杂草种子库主要由反枝苋、马齿苋、狗尾草等杂草组成。而在长期进行稻作的水田中，土壤杂草种子库主要由母草属、节节菜属和莎草属等杂草组成。各地区农田由于受不同环境条件和栽培管理措施的影响，土壤种子库中的杂草种类常常有一定差异。Cardina 等对美国俄亥俄州 Wooster 和 Hoytville 2 个样点的杂草种子库进行调查发现，Wooster 点的杂草种子库中有杂草 47 种，而 Hoytville 点有 45 种，其中有 37 种相同。娄群峰等研究了江苏旱茬和稻茬油菜田杂草种子库的组成，发现旱茬油菜田杂草种子库主要由猪殃殃、泽漆和野老鹳草等杂草组成，而稻茬油菜田主要由日本看麦娘、牛繁缕和菵草等杂草组成。不过，何云核等在安徽沿江地区农田杂草种子库调查研究发现，稻田、小麦和油菜夏熟作物田、以及玉米、棉花等秋熟作物田的杂草种子库在总共 173 种种子中共有的种类占 71 种，它们占了 91.71% 优势度，说明种子库结构与作物种类的关系不大。

杂草种子库的空间分布格局　杂草种子在土壤中的空间分布格局分为垂直分布和水平分布。种子的垂直分布主要受耕作方式的影响，因为耕作能形成不同的土壤孔隙，将杂草种子在农田土壤中上下翻动，从而影响其在土壤中的垂直分布。不同耕作方式对杂草种子的垂直分布影响有差异，在免耕、耙耕和犁耕方式下，0～5cm 土层的杂草种子数量在种子库中所占的比例分别为 90%、27%、12%，其中免耕方式的杂草种子主要分布在 0～5cm 的土壤表层，耙耕方式主要分布在 5～10cm（66%）土层，犁耕方式则集中在 10～15cm 土层（63%）。种子的垂直分布还受土壤类型的影响，但耕作方式的影响是最主要的。杂草种子在土壤中的水平分布极不均匀，对于条播作物来说，行内和行间的差异尤为显著。Shaukat 和 Siddiqui 研究了土壤中杂草种子的 3 种分布型指数（扩散系数、Lloyd 平均拥挤度指数和 Morisita 聚集指数），发现大多数杂草种子在土壤中的水平分布趋于聚集分布。土壤中杂草种子的水平分布主要受种子传播途径和耕作方式的影响。

存在问题和发展趋势　杂草的发生危害在很大程度上依赖于土壤杂草种子库。地上杂草植被由地下杂草种子库结构做决定，杂草群落结实产生的种子又反馈土壤，二者相互联系、相互作用。长期监测主要农田杂草种子库结构组成与田间群落的数量关系，明确温度、光照、降雨、土壤湿度、农作措施等因素对种子萌发的影响，可以建立基于土壤种子库的杂草发生预测模型。在此基础上，可以准确掌握田间杂草的未来发生危害情况及其动态变化规律，从而制定适宜的草害防控策略，使杂草治理更为精准和有效。

中国农业生产对土地的利用比较频繁，很多地区都是一年两熟或三熟。在研究多熟制农田的杂草种子库特征时，应全面了解夏季和冬春季作物田杂草种子库的结构、年际消长动态及相互关系，为杂草治理提供更准确的信息。如研究夏季作物田（稻田、玉米、大豆等）杂草种子库时还应考虑冬春季作物田（油菜或麦类等）发生的杂草，不能仅研究单季作物田的杂草种子库。

杂草种子通常有休眠特性，导致种子库中的杂草萌发输出仅 3%～7%。如果明确了杂草种子的休眠萌发机制，就可以筛选和利用调控种子萌发的化学物质或天然提取物，加快整个杂草种子库的耗竭输出。同时，研究各种生物因素如动物、真菌对杂草种子的噬食和侵染作用，以及各种环境因子对种子寿命的影响，此外，还可以利用生态和物理技术减少杂草种子反馈土壤，也可促进整个杂草种子库的耗竭。

杂草种子库拥有丰富的记忆，其中保存了不同年龄结构的种子和多样的基因型，可以用来研究杂草种子的年龄谱系和种群性状遗传。如对于抗逆性杂草来说，种子库中不同年龄结构的杂草种子，是抗逆性进化过程的记忆，可以借此分析杂草的抗逆性产生机制。

参考文献

强胜, 2009. 杂草学 [M]. 2 版 . 北京 : 中国农业出版社 .

魏守辉, 强胜, 马波, 等, 2005. 土壤杂草种子库与杂草综合管理 [J]. 土壤, 37(2): 121-128.

颜安, 吴敏洁, 甘银波, 2014. 光照和温度调控种子萌发的分子机理研究进展 [J]. 核农学报, 28(1): 52-59.

BASKIN C C, BASKIN J M, 2014. Seeds: ecology, biogeography, and evolution of dormancy and germination [M]. 2nd ed. Amsterdam: Elsevier.

HE Y H, GAO P L, QIANG S, 2019. An investigation of weed seed banks reveals similar potential weed community diversity among three different farmland types in Anhui Province, China [J]. Journal of integrative agriculture, 18(4): 927-937.

SHAUKAT S S, SIDDIQUI I A. 2003. Spatial pattern analysis of seeds of an arable soil seed bank and its relationship with above-ground vegetation in an arid region [J]. Journal of arid environments, 57(3): 311-327.

SWANTON C J, SHRESTHA A, KNEZEVIC S Z, et al, 2000. Influence of tillage type on vertical weed seedbank distribution in a sandy soil [J]. Canadian journal of plant science, 80: 455-457.

ZHANG Z, LI R H, ZHAO C, et al, 2021. Reduction in weed infestation through integrated depletion of the weed seed bank in a rice-wheat cropping system [J]. Agronomy for sustainable development, 41, 10.

（撰稿：魏守辉；审稿：强胜）

杂草资源的利用途径 methods of weed resource utilization

利用杂草资源的方式和方法。杂草的资源化利用是化害为利，是杂草防治的另一种途径。以保护生态系统中各物种平衡，符合经济开发中物尽其用、综合开发、经济效益最大为原则，采取合理的方法对杂草资源进行开发利用。

杂草资源分类同其他分类一样，通常用等级的方法表示每一种杂草资源的系统地位和归属。以杂草资源被利用的植物体特点为第一级分类原则，以杂草资源的利用大方向作为中级分类原则，以杂草资源的具体用途作为杂草资源分类的基本单位，具体的分类系统可如下：①成分功用杂草资源型，包括饮食用杂草资源类、医药用杂草资源类、工业用杂草资源类和农业用杂草资源类。②株体功用植物资源型，包括株体自身功用杂草资源类和株体效益杂草资源类。

杂草资源的利用应做到：①充分利用杂草资源分布广泛的优势，进行有计划的采收和挖掘，在对其利用的同时保证其正常生长、繁殖，以利其资源的不断恢复和可持续利用。②充分利用农业和生物技术及其他先进手段，进行引种、驯化、人工栽培、组织培养以及采用遗传工程技术，使一些稀少的杂草资源迅速增加数量、提高质量，为其开发与利用建立或扩大原料基地。③通过提取、加工、精制等工业措施，使杂草资源按市场需要形成名优产品，并采取一物多用的综合开发模式，对其所余废料进一步利用，使其废弃物再资源化，形成更多的产品，进行综合开发利用，提高杂草资源利用率，同时提高经济效益。

杂草资源的开发利用，需统筹规划，坚持保护、发展和合理利用的方针，开发利用原则有：①杂草资源增长量与杂草资源开发利用量相一致原则。②综合开发利用，提高资源效益的原则。③积极开发新资源，提高资源商品率的原则。④摸清资源，立足发展本地优势的原则。⑤从长计议，保护和利用并举的原则。杂草资源开发利用需按照一定的步骤进行：①进行全面的杂草资源调查，包括杂草资源种类的调查鉴定和杂草营养成分的测定、杂草资源蕴藏量的调查和杂草资源消长变化及生态调查。②对有开发利用价值的杂草资源，做全面分析，包括有效成分、含量、特性、功能等。③在杂草资源调查的基础上，按照开发利用原则，根据资源蕴藏量、资源集中程度、资源的可再生程度等制定杂草资源开发利用的详细规划。④建立栽培基地，进行人工栽培和引种驯化，增加资源数量、提高资源质量。⑤研究加工工艺，做到多层次开发，综合利用，实现最大的经济效益和生态效益。⑥制定保护措施，加强杂草资源的保护。

杂草资源是可直接或间接提供物质原料、以满足人们生产和生活需要的可利用杂草。可从优良基因、营养成分、特殊物质等方面对杂草资源进行开发利用。

参考文献

陈欣，唐建军，赵惠明，2003. 农业生态系统中杂草资源的可持续利用 [J]. 自然资源学报，18(3): 340-346.

董世林，1994. 植物资源学 [M]. 哈尔滨：东北林业大学出版社.

解新明，2009. 草资源学 [M]. 广州：华南理工大学出版社.

王振宇，2006. 植物资源学教程 [M]. 哈尔滨：东北林业大学出版社.

张无敌，刘士清，1995. 有害杂草的利用观 [J]. 生命科学，7(1): 30-33.

（撰稿：田志慧；审稿：王金信、宋小玲）

杂草资源利用 weed resource utilization

联合国环境规划署对资源的定义：“所谓资源特别是自然资源，是指一定时间、地点的条件下能够产生经济价值的、以提高人类当前和将来福利的自然环境因素和条件”。对植物资源的定义有广义和狭义之分，广义的植物资源是指地球上或生物圈内一切植物的统称。狭义的植物资源是指经过人类生活或生产实践活动，筛选出来的某些植物种类，可为人类提供各种原料，并在国民经济中占有一定地位，具有生产价值的再生资源。

形成和发展过程 人类对杂草资源的利用具有悠久的历史。公元前10世纪的《诗经》中即有对杂草开发利用的记载。人类认识并利用杂草资源作为食物、衣料、草药等，在《神农本草》《农政全书》《救荒草本》等中国古籍中均有记载。杂草资源作为人类赖以生存的基础资源，与人类的生活和生产息息相关，随着工业的发展，杂草资源更成为经济得以持续发展最基本的物质基础，纤维、油脂、香料、橡胶、染料等的原料无一不与杂草资源有关。随着人类文明程度、科学发达程度和技术手段的不断提高，对杂草资源的开发和利用也在进一步扩大和加强，特别是21世纪全球环境变化和经济全球化进程的加快，资源—环境—人类健康发展面临的问题不断加深，对杂草资源的开发、利用和保护具有巨大的推动作用，必将使其不断向深度和广度发展。

基本内容 杂草资源利用包括五方面程序：①搜集。包括查明资源本底，了解资源的利用和保护价值；采集或搜集植物标本、分析样品、种子等，为进一步研究利用和异地保存提供遗传材料；从外地引进有栽培和育种价值的优良种质，丰富基因库。杂草资源的搜集是一项基础工作，其目的在于更好地对资源加以有效保护和充分利用。②保存和保护。建立各类保存、保护设施，有效保护资源的多样性，也是杂草资源研究和利用的基础工作之一。③研究。研究是杂草资源有效利用的前提条件。研究要深入浅出，通过从田间到室内、从宏观到微观、从表型到基因型、从一般到重点、从初步评价到深入分析、从理论到实践的研究，明确被研究对象的农艺性状、遗传特性、生理生化特性、抗逆性等特征特性的优劣性，栽培和育种价值的大小、同时预测其利用潜力和前景，为进一步筛选利用提供依据。④创新。在对杂草资源进行系统评价和深入研究的基础上，通过创新，一方面培育新的优良品种，另一方面创造可被利用的新种质，扩大种质资源的遗传基础和育种材料的来源。⑤利用。利用是杂草资源工作的最终目标。杂草资源是一类可再生资源，在利用的过程中不浪费，做到充分利用、反复利用、多途径利用，并实现资源利用的可持续发展。

在充分了解杂草资源特性的基础上对杂草资源进行开发利用，可做到有的放矢。杂草资源除了具有植物本身的生物学特性、生态学特性、生理学特性、化学特性和遗传学特性外，从资源开发利用的角度，还具有作为植物资源的一些特性，这些特性是进行杂草资源开发利用的重要理论基础。①杂草资源的再生性。即杂草自身具有繁衍种族的能力，包括无性繁殖和有性繁殖方式。杂草资源的再生性是人类开发利用杂草资源的基础，也是杂草资源开发利用时首先应注意的问题。在开发利用前，应在野外调查的基础上测算出所开发利用的杂草资源的贮量，以确定适当的保护措施，促进其天然繁育，并创造人工栽培条件，保障实现杂草资源的永续利用。②杂草资源分布的区域性。由于受气候因子、土壤因子、地形因子、生物因素、历史因子、人为因子等环境影响，杂草资源呈现区域性分布的特性。杂草资源分布的区域性是杂草资源开发利用和保护的重要理论基础，特别是研究某种杂草资源的分布区中心，掌握该杂草最适宜的生境，对该资源的人工栽培和引种驯化有重要参考价值。③杂草资源近缘种化学成分的相似性。具有亲缘关系的杂草，其代谢产物也具有相似性，这可为杂草资源开发利用上寻找具有相似特性的新资源提供线索。根据杂草资源近缘种化学成分相似性的指引，去寻找具有相同化学成分的新物种，可以节省人力、物力、财力，缩短研究时间，对杂草资源的开发利用具有重要的指导意义。④杂草资源开发利用的时间性。杂草资源开发利用有严格的时间限制，即具有确定的时间性，包括采集时间性、收获物保鲜时间性和产品的保存时间性。采集时间直接关系到收获物的产量和品质，必须根据利用目的的不同，有选择地在杂草资源最佳采收期内采收，才能获得最大的收货量，取得最佳的经济效益；资源在采集后，保鲜时间是有限的，一般在采集后采取各种措施，通过对原料进行冷藏、盐腌、酸渍、干燥等处理延长保鲜时间；杂草资源开发利用的产品种类繁多，不同的种类，由于其性质和加工方式的不同，保存时间也不同。杂草资源开发利用过程中，必须认识到杂草资源的时间特性，认真制定开发利用规划，严格按照杂草资源本身的生物学特性所要求的最佳采收时间，在收获物保鲜及产品保存上进行科学研究，改进生产工艺，以便使资源达到最大的利用率，获得最大的经济效益。⑤杂草资源用途的多样性。杂草种类的多样性，营养器官结构和功能的完善性，体内所含化学成分的丰富性，决定了杂草资源用途的多样性。杂草资源用途的多样性，是开展多种经营的基础，也是杂草资源开发利用中进行多层次开发、系列开发的理论依据。多层次开发中以原料为主要目标的杂草资源开发属于一级开发，应用的手段侧重于生物学、农学和林学等方面。其次是以发展产品为主要目的的二级开发，再者是以发展新产品为主要内容的三级开发。

科学意义与应用价值 植物是自然界的第一生产力，是人类维持和延续生命的基本物质条件，也是人类赖以生存的环境和生产建设的重要原料来源。植物的合理开发和利用，对工业、医药、食品等发展有极其重要的意义。杂草资源按其利用的方向与途径可分为：①食用价值。可直接或间接食用的杂草。有3种类型：野菜类，具有较高的营养价值和一定的药用功效，具有特殊野味和清香的杂草；饮料类，在某个器官中，有一种或多种可作为原料加工成饮料的杂草；饲料类，能为家畜、禽类等动物所食用，提供碳水化合物、维生素、蛋白质等的杂草。具体可见*杂草营养成分的利用*。②药用价值。可直接或间接入药的杂草。有3种类型：中草药与兽药类，对人类或动物具有药用和保健功能的杂草；化学药品原料类，可提取各种作为药用的粉末、结晶、浸膏等原料药物的杂草；植物源农药类，可用于防治病虫草害或提取有效成分并配制成生物农药的杂草。具体可见*杂草特殊物质的利用*。③生态价值。杂草具有生态适应性和抗逆性的特点，可用于各种需要防护及绿化的生境。有4种类型：绿化观赏类，包括可用于建植草坪和地被、用于城市立体绿化、开发为草本花卉应用于园林绿化等美化环境的杂草。如*阿拉伯婆婆纳*植株低矮而密集，盖度大，叶色翠绿期长，花冠淡蓝色，花柄长于苞片，观赏性强，可做草坪和地被观赏用；*通泉草*植株低矮，适应性强，花朵小巧可爱，可点缀于草坪中增添自然韵味，也可与其他花草搭配栽植于花盆中作盆景观赏用；*打碗花*具蔓性茎，攀缘能力强，缠绕性好，且生命力旺盛，生长迅速，是庭院花架、花窗、花门、花篱、花墙等立体绿化的优良绿化植物，也可栽植于不同造型的构架处，使其向上攀附，形成造型各异的小品景观。水土保持与环境修复类，包括可用于高速公路、水库、采石场、垃圾填埋场等地的边坡治理和生态环境修复的杂草。如*狗牙根*具有植株低矮、耐干旱、耐践踏、繁殖能力及再生能力强等特点，可广泛用于公路、铁路、水库、各种运动场等，不仅具有景观绿化功能，还具有固土护坡作用；白三叶侧根发达、细长，每节根可生出不定根，且具有匍匐茎，茎节可生不定根，能迅速覆盖地面，草丛浓厚，抗逆性强，具根瘤，是很好的水土保持植物，在坡地、堤坝、公路种植，对有效防止水土流失、减少尘埃均有良好作用。土壤改良类，包括可用于果园生草、绿肥种植等改良土壤的豆科、禾本科等杂草。如紫云英，富含蛋白质、各种矿物质和维生素，既可作很好的青饲料，又是氮、磷、钾等养分齐全的优质有机肥，具有增加土壤矿质养分、提高耕层土壤有机质含量、降低土壤容重、改善土壤物理性状、活化和富集土壤养分、增加土壤微生物活性的作用，*大巢菜*、苜蓿等杂草也具有类似功能。环境监测与抗污染类，包括对生态环境有良好指示作用和能够富集、清除环境中污染物的杂草。如*小藜*是一种嗜盐性的碱性植物，可吸收或带走土壤中的盐分，从而减少耕作层盐分的积累，起到改良盐碱土的作用，小藜也是铅的富集植物，适用于铅及其与其他重金属复合污染土壤的修复；此外，*石龙芮*可用于城市生活污水中氮、磷等富营养化物质的去除及净化，*丁香蓼*可用于重金属铜、锌污染土壤的修复等。④工业价值。可作为工业原料来源的杂草。有4种类型：纤维类，植株体内含有大量纤维组织，可为衣物、编织品、纸浆等提供原料的杂草；油脂类，处于野生状态或半野生状态，有一定含油量的杂草，包括食用油脂和工业油脂；香料类，含有芳香油、挥发油或精油的杂草，可广泛用于观赏、调味和制药等；色素类，含有丰富的具有着色能力的化学衍生物的杂草，可提取用作食品、饮料的添加剂或用作工业染料。具体可见杂草特殊物质的利用。⑤育种价值。许多杂草具有双重基因和多倍性，可通过倍性化、杂交以及无融合生殖来增加种内变异并保持这种变异，增强农作物对环境的适应性和抗逆性，可作为育种工作中极有利用潜力的基因库，直接或间接地用于农作物的遗传改良，包括光合效率、养分利用效率、抗病虫能力、抗不良环境能力以及品质的遗传改良等。

杂草具有重要的食用价值、药用价值、生态价值、工业价值和育种价值，随着杂草资源人工栽培技术的研究开发和应用，杂草资源的利用将更加广泛。同时，将杂草作为资源化利用，并纳入到农田杂草的防控体系中，不仅可降低其在农田中对农作物的危害性，还为农田杂草的防除开辟了新的途径，可有效降低化学除草剂的使用量，既能降低农业生产成本，又能有效保护农田生态环境，维持农田生态系统的良性循环与丰富的物种多样性，对农业可持续发展具有重要意义。

存在问题和发展趋势 杂草是大自然赋予人类的宝贵财富，杂草资源的开发看似简单，实际上仍存在较大的难度，如杂草资源食用、药用价值的开发过程中如何确保其安全性？杂草资源绿化价值开发过程中如何避免入侵杂草造成的“生态灾难”等等。此外，耕作方式的变更、选种技术的提高、除草剂的长期单一使用等人为干扰的影响，必然使得有些农田杂草不能适应新的环境而数量锐减，甚至有面临濒危的境地，作为生物多样性的重要组成部分，这些“濒危”的杂草又如何进行利用和保护？因此，只有在摸清现有杂草物种的多样性及分布特点，并对其生物学、生态学特性进行深入研究，才能有的放矢进行杂草资源的开发利用及保护，使其发挥出更大的功能和价值。

参考文献

董世林，1994. 植物资源学 [M]. 哈尔滨：东北大学出版社 .

沈健英，吴骏，2012. 田野草本植物资源 [M]. 上海：上海交通大学出版社 .

田志慧，沈国辉，2012. 杂草资源的开发与利用 [J]. 上海农业学报，28: 152-155.

解新明，2009. 草资源学 [M]. 广州：华南理工大学出版社 .

（撰稿：田志慧；审稿：王金信、宋小玲）

杂草综合防治 integrated weed management

是在对杂草的生物学、种群生态学、杂草发生与危害规律、杂草—作物生态系统、环境与生物因子间相互作用关系等全面充分认识的基础上，因地制宜地运用物理的、化学的、生物的、生态学的手段和方法，有机地组合成防治的综合体系，将有危害性杂草有效地控制在生态经济阈值水平之下。保障农业生产，促进经济繁荣。农田杂草的综合治理是以生态系统学理论为依据，了解生态系统的结构特点及各因素之间的相互关系，对杂草的综合治理有重要作用。

农业生态系统是一个有机整体，杂草的综合治理就是要保持在这个系统内的杂草与其他生物之间、杂草与非生物因子之间的相互作用动态平衡关系。把各种防除措施结合起来，取长补短，协调起来，使其经济有效地把杂草控制在危害水平以下，并对农业生态系统内外不产生或少产生不良影响。在农田内，每种杂草都有其生理生态特性，当这些特性所需要的环境得到满足时，杂草便会猖獗，因此要在杂草的防治上采取针对性的防治措施，从整体的观点出发，采用综合防治手段，发挥各措施的优点，克服单一措施的局限，把杂草控制在危害水平之下。杂草的综合防治还体现在了经济观点。“安全、经济、有效”既是选择防治措施的准则，也反映了综合治理的发展趋势。杂草的综合治理就是以最廉价的投入换取最优惠的效益，既包括社会经济效益，也包含了生态效益。

形成和发展过程 综合防治源自 Integrated pest management（IPM）20 世纪中叶提出的一种以害虫生物学为导向的减少化学农药的害虫控制策略。70 年代 G. A. Buchanon 提出了 Integrated weed management（IWM）的概念：基于经济、生态和社会效益，整合实施精准有效的杂草防治技术。毫无疑问杂草综合防治强调了在农田生态系统角度整合有效的杂草防治技术，实现杂草有效防治。

中国在 20 世纪 60～70 年代提出“预防为主、综合治理”植物保护策略的理念，80 年代，开始提出杂草综合防治的概念。国家科委从“七五”开始立项，研究耕作、轮作与化学除草相结合的农田杂草综合治理技术。

自中国开始从事农业活动到现在，杂草防治方法也在逐渐发生变化。从人工除草到使用除草工具，到 20 世纪 40 年代又开始使用化学除草，标志着人类对杂草的治理进入新纪元。但是由于化学除草剂的大量使用，导致一些常见的杂草消失或者濒临灭绝，以及杂草耐药性的蔓延。因此，人类关注的焦点从化学防除逐渐转向杂草的生物防治等手段。纵观人类的治草历史，杂草防治方式大致可以分为物理防治、农业治草、化学除草、生物防治、生态治草、杂草检疫等。但是，以上任何一种方法或措施都不能完全有效地防治杂草，只有坚持“预防为主、综合治理”的生态防除方针才能真正积极、安全、有效地控制杂草，保障农业生产和人类经济活动顺利进行。于是，可持续农业这种具有划时代意义的观念应运而生，而与之相适应的杂草综合治理成为了现代农业必不可少的工具。为此，国家科技攻关计划为中国农田杂草综合治理提供了坚实的技术支撑，奠定了中国杂草科学研究的良好基础。

杂草综合防治的首要目标是通过增加作物产量，并且减少经济损失和对人类以及对动植物的潜在伤害来改善现有的农田系统。杂草综合防治须充分发挥农田生态系统内外各因子的作用，来达到相互促进和相互制衡的目的。它是建立在生态学的基础上，以缓和人与自然的矛盾为核心内容，保护土地、能源、生态环境等多种资源，延缓其耗散，减少其退化。通过协调人与自然因素的关系，持续地获得农业的高产、优质、高效，实现最佳的生态、经济与社会效益。

基本内容 杂草防除是将杂草对人类生产和经济活动的有害性减低到人们能够承受的范围之内。杂草的防治不是消灭杂草，而是在一定的范围内控制杂草。实际上“除草务尽”，从经济学、生态学观点看，既没有必要也不可能。

综合防治的原理与策略 以大量施用化学药物为标志的现代农业是掠夺（土地、能源和环境等资源）式的、高污染（环境、食品、卫生和生物等）的和生硬的——将人与自然的关系完全对立起来，同时也是低效的、劣质的和不可持续的农业，资源不能再生。农业的可持续发展要求有节制地使用和保护土地、能源、物种和生态环境等难以再生、或不能再生的各种资源，延缓耗损、减少退化、防止物种灭绝，缓和人与自然的矛盾，最终使人真正成为自然中与其相容的、不可缺少的一员，建立起人与自然的互依共存的动态平衡关系，农业才能实现真正意义上的持续高产、优质、高效，实现最佳生态的、经济的和社会的效益。

杂草的综合治理是一个草害的管理系统，它允许杂草在一定的密度和生物量之下生长，并不是铲草除根。在该系统中，各种防治措施是协调使用、合理安排，有目的、有步骤地对系统进行调节、削弱杂草群体、增强作物群体，充分发挥各措施的优势，形成一个以作物为中心，以生态治草为基础，以人为直接干预为辅，多项措施相互配合和补充且与持续农业相适应相统一的、高效低耗的杂草防除体系，把杂草防除提高到一个崭新的水平。

农田杂草综合治理的实质是一个生态学问题，其目的在于建立良好的农业生态系统。因此，生态系统的观点，是杂草综合治理的核心。

综合防治的基本原则与目标

综合防治的前提条件 建立杂草综合治理体系必须做好以下工作：①调查主要农田杂草的分布、发生和种类与动态规律，明确优势种、恶性杂草的生物学、生态学特性、杂草的危害程度和治理的经济阈值。②摸清本地区传统的防治习惯、措施，现行杂草防治的技术、经济条件以及进一步提高杂草综合防治水平的条件。③在确定主要农作物高产、优质、低耗的持续农业种植制度和栽培技术体系基础上，找出有利于控制杂草的措施环节，加以强化并与杂草防除体系相衔接。④各项防治措施的可行性分析和综合效益评估，制定适合本地区技术、经济、自然条件和生产者文化习俗的杂草综合治理体系，并在实践中检验、逐步优化和完善。

综合防治的基本原则 在杂草综合防治的过程中，应确立以下几项基础原则：①在作物生长前期，将杂草有效治理好，在作物—杂草系统中，明确杂草竞争的临界持续期和最低允许杂草密度或生物量。如水稻移栽后30天内杂草的危害对产量的损失最明显，在此期限内，有效治理杂草可使杂草丧失竞争优势或使其延后竞争，把杂草的危害减少到最低程度。②创造一个不利杂草发生和生长的农田生态环境。此外，任何栽培措施的失策都会导致杂草危害的猖獗。如直播稻田过早播种和不良的前期水肥管理技术将利于杂草取得竞争优势、防治工作难度增加或处于被动。因此，必须明确栽培措施是否与杂草防除相协调，是否与高产栽培相适应。③积极开展化学除草。化学除草是综合防治措施中的重要环节，可以为作物的前期生长排除杂草的干扰和威胁，促进作物早发，早建群体优势，抑制中后期杂草的生长和危害。应当指出：杂草的综合治理包括对象的综合、措施的综合和安排上的综合，不同的防治对象杂草在不同的时期、不同的作物田间和不同的耕作、栽培措施影响下，其生物学、生态学特性不同。不同的防治措施在不同的作物和作物生长的不同时期的作用和效果不同。不同的地区、不同的经济水平、不同的除草习惯，对杂草综合治理的认同程度、协调应用效果以及产生的社会、经济效益亦不同。

综合防治的目标 制定杂草综合防治体系必须明确防治的近期目标和远期目标，充分利用农田生态系统的自组织功能，充分发挥系统内外各因子间的相互促进、相互制衡作用，解决好作物—杂草—环境间协调、平衡和发展的关系。

杂草综合防治的近期目标是改进现行生产方式，建立适合于生态治草的耕作制度和栽培技术。科学地使用除草剂，包括合理搭配使用除草剂品种、不同作用机理的除草剂复配、改进除草剂剂型和使用技术等；充分认识杂草的生物学和生态学特性，明确治理优势杂草或恶性杂草的经济阈值，协调有关防治措施与田管措施间的关系，防止杂草的传播和侵染，将草害控制在所能承受的水平之下。

杂草综合治理的远期目标是弄清“作物—杂草”系统的自组织作用，研究杂草对除草剂的抗（耐）性，开发新的除草剂品种，发展新的除草技术，开展生物工程育种研究和应用，研究杂草发生和危害的预测预报，开展计算机和卫星定位系统对草害管理的研究和应用，因地制宜地建立本地区最佳综合防治模型。

综合防治的主要环节 杂草控制的关键在于增强农田作物的生长势，削弱杂草的生长势，来减少杂草的生物量、有效控制杂草生长。在漫长的农业实践中，人们已积累了各种预防及控制杂草的经验（见图）。

增强作物群体生长势 适期栽培或种植作物 覆盖、耕翻防治等能防治或延缓杂草的生育进程，诱杀除草可以适当降低生长季节内有效杂草的基数，育苗移栽和适期播种能使作物早建覆盖层。当杂草大量萌发时，作物已形成较好的群体优势，大大增强了与杂草竞争的能力，同时也为诱杀杂草提供了农时上的保证。

增加覆盖强度 ①合理密植。科学的合理密植作物，利用作物自身的群体优势抑制杂草生长。比如在稻田适当加大水稻的种植密度，可加快植株形成冠层以郁闭荫蔽杂草生长，有效降低稗草等杂草的发生密度。很多地区推广提高棉花高密度栽培可有效控制棉田中后期杂草的生长。②选择生长快、群体遮阴能力强的作物品种，如高秆作物、豆科作物等，以尽快形成群体优势，荫蔽控制杂草生长。③合理施用肥水、防治病虫害、加强田间管理、促进作物生长。④改善农田基本条件，合理茬口布局和种植方式，确保作物更好地生长。

减少萌发层杂草繁殖器官有效贮量 截流断源。①加强植物检疫。防止外源性恶性杂草或其子实随作物种子苗木引进或调运传播扩散、侵染当地农田。②精选种子。汰除作

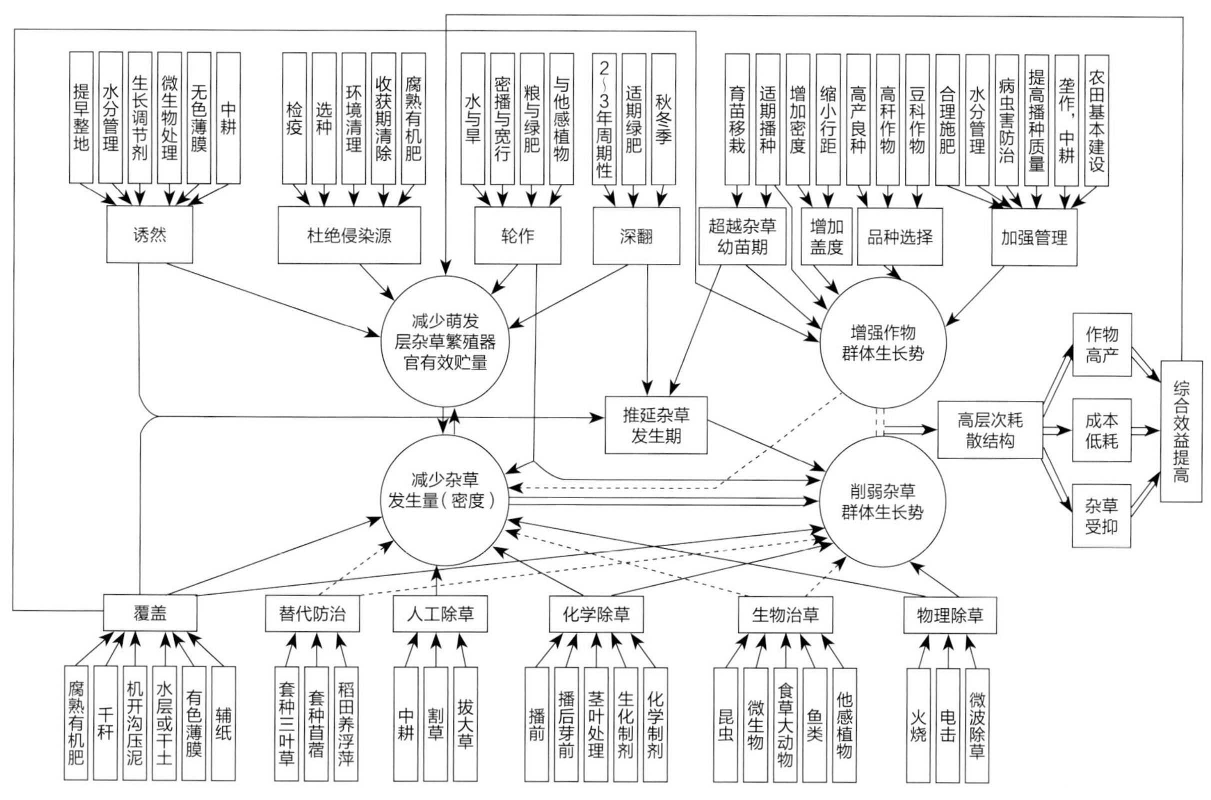

农田杂草综合治理体系（王健，1997）

（虚线表示通过系统的自组织作用起作用）

物种子中混杂的杂草种子。③清理水源。严防田边、路埂、沟渠或隙地上的杂草子实再侵染。④以草抑草。在农田生态系统的大环境内防治沟边、路边、田边等处种植匍匐性多年生植物，如三叶草、小冠花、苜蓿等，以抑制杂草。⑤腐熟有机肥。通过堆置或沤制，产生高温或缺氧环境，杀死绝大部分杂草种子。

诱杀杂草。①提早整地。诱使土表草籽萌发，播种前耕耙杀除或化除。②水分管理。水稻播种前上水整地，诱发湿生杂草萌发，播种或插秧前集中杀除；稻茬麦于水稻收获前提早排水，使麦田湿生杂草于秋播前萌发并杀除。③施用生长调节剂。在杂草生长后期喷施植物生长调节剂，防止种子休眠，刺激发芽，使其自然死亡或便于药剂杀除。④无色薄膜覆盖。增加土温，使杂草集中迅速出苗，可通过窒息、高温杀死，也便于使用除草剂一次杀灭。⑤中耕。打破杂草种子休眠，促进萌发，破坏或切断多年生杂草繁殖体，抑制杂草生长。

轮作。合理轮作可创造一个适宜作物生长而不利杂草生存延续的生境，削弱杂草群体生长势，增强作物群体竞争能力。①水旱轮作。通过土壤水分急剧变化，破坏稻田杂草和旱生杂草的生活环境，使杂草种子丧失活力。②密播宽行作物轮作。以利于中耕除草、改变生境条件、减少杂草发生和繁殖。③与绿肥轮作。绿肥群体茂密可抑制杂草萌发和生长；及时翻压绿肥，可切断其种子繁殖环节。④禾本科作物与阔叶作物轮作。可轮用不同选择性除草剂，全面减少杂草发生和种子繁殖。猪殃殃、牛繁缕等油菜田中较难防除的双子叶杂草，可采取油、麦轮作方式来防除。

深翻。使已发芽的杂草埋入土层或者浅表土层中的杂草种子深埋几年后丧失活力，或将地下茎翻出地面使之冻死或者干死。合理深翻能减少萌发层杂草繁殖器官有效贮量，增加杂草出苗深度，延缓杂草出苗期，削弱杂草群体生长势，利于作物生长。①间隙耕翻。将集中在土表层的杂草种子翻入深土层（20～25cm），3～5年后可大部分丧失活力，再翻上来，有效杂草种子大大减少。例如棉田通过深翻，将前一年散落于土表的杂草种子翻埋于土壤深层，使其当年不能萌发出苗，同时又可防除苣荬菜、刺儿菜、田旋花、芦苇、扁秆藨草等多年生杂草。②适期深翻。在杂草种子成熟前翻压。③秋冬季耕翻。将多年生杂草地下根茎和草籽翻到土表，以利干、冻、鸟类和大动物取食，使其丧失活力，可减少土壤种子库有效贮量。

减少杂草群体密度　减少萌发层杂草繁殖器官有效贮量则杂草密度下降。郁闭的作物群体通过系统的自组织作用也能减少杂草发生。①覆盖治草。覆盖通过遮光或窒息减少杂草萌发，并抑制其生长，能延长杂草种子解除休眠的时间，推迟杂草发生期，从而削弱杂草群体生长势。覆盖的方式包括作物群体自身覆盖、替代植物覆盖（此两种形式还兼有与杂草的竞争效应，属系统自组织作用）、作物秸秆覆盖、有色薄膜、纸（用于苗床或秧田）覆盖、基本不含有活力草籽的有机肥以及开沟压泥、河泥、蒙头土覆盖、水层覆盖等。如利用水层抑制杂草，稗草种子小，贮存养分少，因此其幼苗耐水淹的能力特别弱。其他非沉水型禾本科杂草也能利用淹水得到有效的控制。②以草抑草。作物田里间、套作或轮作三叶草、苜蓿、蚕豆等，通过系统的自组织作用抑制杂草。例如黑麦草能有效抑制茶园行间杂草种类、密度、株高、盖度、干重及发生频率。③人工除草。包括中耕锄草、割草和拔大草等。这是一种最原始、最简便的除草方法。虽然人工除草费工、费时，劳动强度大，除草效率低，但在一些欠发达地区，人工除草仍是一种主要的除草方式。在发达或者较发达地区，由于某些特种作物的需要，人工除草也会被作为一种补救措施来除草。如稻田中人工除草主要应在收获前，人工去除田间杂草，避免秸秆还田时，把杂草种子还到田中，增加杂草种子数量；收获后应人工及时清理田边、地头杂草，避免通过其他途径传播到田块中。④机械除草。包括机械中耕除草、耙、耢、耥、深松、旋耕等形式。该方法是疏松土壤、提高地温、防止水分蒸发、促进作物生长发育和消灭杂草的重要方法之一。而在苗期进行人工或机械中耕，一则灭草，二则松土保墒，有利于作物生长。⑤化学除草。包括播前施药、播后芽前施药、茎叶喷雾、防护罩等定向喷雾和涂抹法施药等，已经成为农田杂草防治主导的技术措施。例如在水稻田使用二氯喹啉酸、氰氟草酯、噁唑酰草胺等防除稗草；在小麦田用苯磺隆、氯氟吡氧乙酸防除阔叶杂草，用精噁唑禾草灵、甲基二磺隆、炔草酯等防除禾本科杂草；二甲戊灵、扑草净、乙氧氟草醚 3 种除草剂混用对防治棉田中藜、反枝苋、马齿苋、马唐、牛筋草、稗等杂草均能起到一定效果；莠去津、乙草胺、二甲戊灵、烟嘧磺隆、2,4- 滴丁酯、硝磺草酮等除草剂能有效防治玉米田杂草。⑥生物防治。是利用杂草的天敌，如动物、昆虫、病原微生物等将杂草种群密度压低到经济允许损失程度以下，属生态系统的自组织作用，包括以虫治草、以菌治草、利用动物治草和化感作用除草等。水田杂草生物治理可选择与养殖结合，如在稻田中养鱼、放鸭鹅、螃蟹等，可达到生物控草的目的。⑦物理除草。包括火烧、电击和微波除草等。利用覆盖、遮光、高温等原理，根据不同情况和条件因地制宜进行除草，均能起到很好的防除效果。例如，免耕种植中的覆盖物及地膜覆盖中的塑料薄膜本身就有遮光、抑制部分杂草发芽的作用，以及地膜覆盖栽培中的塑料薄膜夏天能使地面土温上升到 50 ℃以上，可将大部分杂草幼芽杀死。⑧阻断杂草种子回馈种子库。基于杂草随灌溉水流传播子实的生态学规律，通过在水田进水口拦网和在田间网捞漂浮的杂草子实，减少种子库回馈土壤，消减杂草群落，实现杂草的绿色防控。

上述防治体系仅试图说明杂草综合治理各项措施和环节间的关系及其防治原理，在制定切实可行的防治体系时，尚需因地制宜，并与当地的农作物栽培体系相衔接；制定切实可行的防治体系需对各项防治措施进行调查、试验、示范和论证筛选，采用除草效果好、效益高的关键措施，同时还应注意措施的简化和灵活掌握。

存在问题和发展趋势　杂草综合防治强调的是选择经济高效、生态友好的防治技术，整合应用到杂草防治中。不过，伴随城市化和农村劳动力向城市转移，栽培轻简化成为趋势，曾经生产上一直沿用的农业防治方法，由于繁琐复杂逐渐弃用，杂草防治几乎完全依赖化学防治，对化学除草剂的过度依赖，导致了杂草抗药性、药害及环境污染等问题。因此，粮食安全和农业可持续发展角度，需要加强杂草综合防治技术的研究和应用。

首先，要深入开展杂草生物学和生态学规律的研究，特别是农田杂草群落消减动态，研发基于现代信息技术、视觉识别技术、大数据分析和人工智能的远程杂草定量监测技术，并与无人机、除草机器人喷药或除草结合，实现杂草防控的定量化合和信息化。

在实施农业洁净生产工程中，通过农田标准化建设、整治农田环境，减少杂草种源；秸秆绿色还田；净化灌溉水源，实现农业生产过程的洁净化。

适应市场经济和社会发展的趋势，研发经济高效、绿色环保的杂草防治技术。研发新型高效低毒化学除草剂、生物除草剂、RNAi 除草剂；利用现代生物工程技术培育抗草作物新品种；利用人工智能、大数据、机器视觉技术和全球定位技术，研发融合环境分析、路径导航、视觉识别和运动控制等多技术精准可靠的智能除草机器人，实现农业生产中的精准除草作业。

中国杂草综合防治取得了较大的成绩，但与发达国家相比，还存在一定差距。根据国内外的科技发展动向和生产上的要求，可从以下几个方面加以发展：①研制新的除草剂类型或者复配品种，以适应不同耕作制度作物的杂草防控需要。②运用转基因技术培育抗除草剂的作物新品种。这一技术在国内外的研究中也已取得了很好较好的研发成果。③根据植物的化感作用选育对杂草有克生作用的新材料，譬如国内已发现小麦的分泌物能克生白茅草。④培育生物学性状生长强于杂草的作物品种，生长势上胜过杂草并将其抑制下去。⑤培养高水平的杂草科技人才，进一步研究阐明杂草的生物学与生态学特性及其危害机理，并探索出杂草综合治理的有效措施。

参考文献

林冠伦，1988. 生物防治导论 [M]. 南京：江苏科学技术出版社 .

刘谦，朱鑫泉，2001. 生物安全 [M]. 北京：科学出版社 .

强胜，2009. 杂草学 [M]. 2 版 . 北京： 中国农业出版社 .

苏少泉，宋顺祖，1996. 中国农田杂草化学防治 [M]. 北京： 中国农业出版社 .

苏少泉，1993. 杂草学 [M]. 北京：农业出版社 .

王健，1997. 杂草治理 [M]. 北京：中国农业出版社 .

闫新甫，2003. 转基因植物 [M]. 北京：科学出版社 .

CHARUDATTAN R, WALKER H L, 1982. Biological control of weeds with plant Pathogens [M]. Hoboken: John Wiley & Sons.

HANCE R J, HOLLY K, 1990. Weed Control Handbook: Principles [M]. 8th ed. Oxford: Blackwell Scientific Publications.

KINGMAN G C, ASHTON F M, 1982. Weed science: Principles and Practices [M]. New York: John Wiley.

KOMATSU H, MIURA K, 2017. Targeted base editing in rice and tomato using a CRISPR-Cas9 cytidine deaminase fusion [J]. Nature biotechnology, 35:441-443.

SHI X L, LI R H, ZHANG Z, 2021. Microstructure determines

floating ability of weed seeds [J]. Pest management science, 77(1): 440-454.

ZHU J W, LIANG W S, YANG Y, et al, 2020. DiTommaso. Safety of oilseed rape straw mulch of different lengths to rice and its suppressive effects on weeds [J]. Agronomy-basel, 10(2): 201.

ZHU J W, WANG J, DITOMMASO A, 2020. Weed research status, challenges, and opportunities in China [J]. Crop protection, 134: 104449.

ZHANG Z, LI R, WANG D, et al, 2019. Floating dynamics of Beckmannia syzigachne seed dispersal via irrigation water in a rice field [J]. Agriculture, ecosystems & environment, 277: 36-43.

ZHANG Z, LI R H, ZHAO C, et al, 2021. Reduction in weed infestation through integrated depletion of the weed seed bank in a rice-wheat cropping system [J]. Agronomy for sustainable development, 41: 10.

（撰稿：李兰、周伟军；审稿：强胜）

杂合性　heterozygosity

杂草基因位点的杂合状态。基因位点在同源染色体上具有不同的等位基因，如果各等位基因序列不一致，那么这个基因位点就是杂合的，其对应的是纯合。例如，对于二倍体的某个位点，它其中一个等位基因部分序列为“AATACCTCCCTACAACTCATG”，如果同源染色体上的另一个等位基因对应序列也是“AATACCTCCCTACAACTCATG”，那么这个位点是纯合的，如果对应的另一个等位基因有变异，如序列中的第3个位置发生了点突变，由“T”变为“A”，那么这段序列就变成“AAAACCTCCCTACAACTCATG”，那么这个位点就是杂合的，同时也说明这个位点具有2个等位基因。一个位点可以有很多等位基因。

点突变（如上面的例子）是造成位点杂合性的主要原因，其他造成位点杂合性的因素包括碱基插入（缺失）、染色体的倒位、易位和重组。一般说来，杂合性高的物种具有高的遗传变异，表型多态性丰富，也表现出较强的环境适应能力。杂草通常被认为具有高的杂合性，如绿穗苋总体杂合性为8.6%。但杂草杂合性有可能并不表现在整个基因组上（如小蓬草总体杂合性仅为0.203%），而会因自然选择作用出现在杂草某个染色体（区段）或特定位点上。例如，以粳稻为参考基因，杂草稻在第5染色体有一段4.4Mb的区域杂合性高于栽培稻，这段区域包含了132个自然选择程度高的基因，其中一些基因与杂草稻的抗性和繁殖相关；而对特定位点而言，杂合性在杂草的除草剂靶标基因普遍存在，如acetyl-coenzyme A carboxylase基因（*ACCase*）的杂合性，导致杂草对除草剂的抗性。

对于杂草而言，其交配系统和繁殖方式是影响其杂合性的重要因素。从交配系统看，自交不亲和系统有利于种间杂交，形成物种杂合性，带来竞争优势，这在苋属杂草中均有表现。当然，对于并非完全自交不亲和杂草，如杂草稻、假高粱，它们分别与近缘栽培作物间偶发的种间杂交也是它们杂合性形成、适应性强的重要因素。从繁殖方式看，无性繁殖有利于固定杂合性，维持杂草的适应性，例如香附子、凤眼莲、大米草等。这是由于突变等产生新的遗传变异之初，这些遗传变异的频率会较低。如果杂草主要行有性繁殖，在缺乏较强自然选择的生境中，低频率的遗传变异在交配过程中很容易被稀释掉，但如果杂草行无性繁殖，新的遗传变异有更大的可能被很快固定下来。

参考文献

CLOUSE J W, ADHIKARY D, PAGE J T, et al, 2016. The amaranth genome: Genome, transcriptome, and physical map assembly [J]. Plant genome, 9(1): 1-14.

FRANKHAM R, BALLOU J D, BRISCOE D A, 2010. Introduction to conservation genetics [M]. 2nd ed. Cambridge: Cambridge University Press.

GAINES T A, DUKE S O, MORRAN S, et al, 2020. Mechanisms of evolved herbicide resistance [J]. The journal of biological chemistry, 295(30): 10307-10330.

GUO L, QIU J, LI L F, et al, 2018. Genomic clues for crop-weed interactions and evolution [J]. Trends in plant science, 23 (12): 1102-1115.

LAFOREST M, MARTIN S L, BISAILLON K, et al, 2020. A chromosome-scale draft sequence of the Canada fleabane genome [J]. Pest management science, 76(6): 2158-2169.

LI C, COUSENS D R, MESGARAN M B, 2019. How can natural hybridisation between self-compatible and self-incompatible species be bidirectional [J]. Weed research, 59(5): 339-348.

MAROLI A S, GAINES T A, FOLEY M E, et al, 2018. Omics in weed science: A perspective from genomics, transcriptomics, and metabolomics approaches [J]. Weed science, 66(6): 681-695.

QIU J, ZHOU Y J, MAO L F, et al, 2017. Genomic variation associated with local adaptation of weedy rice during de-domestication [J]. Nature communications, 8(5): 15323.

（撰稿：王峥峰；审稿：朱金文）

早熟禾　*Poa annua* L.

夏熟作物田、草坪一二年生杂草。又名稍草、小青草、小鸡草、绒球草。英文名annual bluegrass。禾本科早熟禾属。

形态特征

成株　株高8～30cm（图①②）。植株矮小，秆丛生，直立或基部稍倾斜。叶鞘光滑无毛，稍压扁，常自中部以下闭合，长于节间；叶舌薄膜质，圆头形，长1～3mm；叶片扁平或对折，长2～12cm、宽1～4mm，质地柔软，光滑细长，先端急尖呈船形，边缘微粗糙。圆锥花序开展，绿色，每节有1～3个分枝，分枝光滑，小穗含花3～5朵（图③），颖有宽膜质边缘；第一颖长1.5～2mm，具1脉，第二颖长2～5mm，具3脉；外稃卵圆形，先端钝，先端有宽膜质边缘，具明显的5脉，脊及边脉中部以下有长柔毛，间脉近基部有柔毛，基盘无绵毛；第一外稃长3～4mm；内稃与外稃近等长或稍短，两脊上具长而密的柔毛；花药黄色，长0.6～0.8mm。

子实　颖果纺锤形（图④），具三棱，黄褐色，长约2mm、宽约0.5mm，顶部钝圆。胚小，椭圆形，略突起；种脐圆形，腹面凹陷。

幼苗　子叶留土。胚芽鞘膜质，透明；初生叶线状披针形，先端舟形，长1～3cm、宽0.5cm，有3条直出平行脉，从主脉处对折，不内卷，叶色深绿，叶舌膜质，三角形，无叶耳。

生物学特性　早熟禾通过种子繁殖，以幼苗或种子越冬，对不同土壤和环境的适应性较强。一般在9～11月或翌年2～3月发生，10～11月为发生高峰期，早春抽穗开花，果期3～5月。

种子萌发适宜温度为10～25℃，土壤pH5～9时，90%以上的种子均能萌发，种子寿命在10年以上。种子在土壤中的出苗深度为0～3cm，土壤深度达3.5cm时，早熟禾种子几乎不能出苗。早熟禾在水田、旱田中寿命不同，水田第一年发芽率为86.7%，旱田为41%；第二年水田为3.3%，旱田为8%。在小麦生产区由于耕作制度的变化，以及栽培轻简化技术的推广应用，除草剂长期单一使用等原因，早熟禾已成为小麦田常见的禾本科杂草，在一些地区已出现严重危害的态势。

早熟禾的抗药性发展迅速，20世纪80～90年代，法国、德国、美国、英国等相继报道了抗莠去津、西玛津、百草枯、敌草隆等的早熟禾生物型，随后又发现了二硝基苯胺类除草剂和有机膦类抗性生物型。早熟禾对精噁唑禾草灵具有天然抗药性。

分布与危害　早熟禾是一种世界性的危害杂草，几乎全球都有分布，在中国主要分布于长江流域各地的低湿地。据报道，上海、江苏靖江和南通、贵州贵阳等地麦田中早熟禾发生量大，湖南常德、四川夹江、江苏如皋、安徽安庆等

早熟禾植株形态（①马小艳摄；其余张治摄）

①②植株；③花序；④子实

油菜田杂草以早熟禾等为优势种。

据报道，上海地区稻茬田小麦播种或油菜移栽前的15～20天，出草量40～200株/0.11m²，11月中旬达600多株，翌春3月初形成出草高峰，发生严重的田块每0.11m²达2000多株。如遇阴雨天气，则出草更快，草量更多，生长中后期，早熟禾遍布全田，直至作物收获，并在夏初开花成熟草籽掉入土中进行下一循环危害。高产油菜田，当早熟禾密度达255株/m²以上时，即要进行化学防除。

防除技术

农业防治　小麦播种前，对田边、沟渠边、池塘边的杂草进行一次彻底清除，并带离农田，以降低早熟禾发生基数。翻耕播种小麦可将早熟禾种子翻耕入土，对减少种子萌发压低发生基数有一定的效果。

化学防治　在小麦播后苗前合理用药封闭除草，有利于控制早熟禾的危害。小麦播种后至1叶1心期前，可用异丙隆、绿麦隆及两者的复配剂，或酰胺类氟噻草胺、呋草酮和吡氟酰草胺的复配剂进行土壤封闭处理，喷药时麦田不能有积水，避免出现积水性药害。播后苗前，或麦苗2～3叶期，用异丙隆茎叶处理，但施药前后不能出现最低气温低于5℃的霜冻天气。小麦3～6叶期，早熟禾3～5叶期时，用甲基二磺隆、啶磺草胺可较好地防除早熟禾，小麦拔节或株高达13cm以上后严禁使用甲基二磺隆。早熟禾1～3叶期用氟唑磺隆，对小麦安全性高，在低温期也可使用，但最好施药后短期内无强降温及低温霜冻天气，尽量避免小麦出现药害。

早熟禾危害较重的油菜田，在杂草3～4叶期，用烯草酮茎叶喷雾处理。或油菜移栽后，选用敌草胺进行土壤喷雾处理。

参考文献

曹立耘，2020. 小麦田禾本科杂草早熟禾的化学防除[J]. 农药市场信息(3): 54.

孟祥民，宋爱颖，孙家峰，等，2010. 甲基二磺隆等防除麦田早熟禾效果[J]. 杂草学报(4): 56-57.

孙雪梅，张洪进，易红娟，等，2004. 稻茬免耕油菜田早熟禾危害损失及生态经济阈值研究[J]. 杂草学报(4): 23-24.

唐洪元，1991. 中国农田杂草[M]. 上海：上海科技教育出版社.

王红春，2012. 早熟禾(*Poa annua* L.)生物学生态学特性及对精噁唑禾草灵耐药性的研究[D]. 南京：南京农业大学.

王红春，娄元来，2009. 早熟禾研究现状[J]. 杂草科学(3): 19-20.

BINKHOLDER K M. 2010. Identification and management of glyphosate-resistant annual bluegrass (*Poa annua* L.) [D]. Columbia: University of Missouri.

EELEN H, BULCKE R, DEBUSSCHE B, et al, 1999. Annual bluegrass (*Poa annua* L.): A challenging weed [C]//12th Australian Weeds Conference, Papers and Proceedings, Hobart, Tasmania, Australia: 62-66.

MCELROY J S, WALKER R H, WEHTJE G R, et al, 2004. Annual bluegrass (*Poa annua*) populations exhibit variation in germination response to temperature, photoperiod, and fenarimol [J]. Weed science, 52(1): 47-52.

（撰稿：马小艳；审稿：宋小玲）

蚤缀　*Arenaria serpyllifolia* L.

夏熟作物田一二年生杂草。又名无心菜、鹅不食草、鹅肠子草、谷精草等。英文名thymeleaf sandwort。石竹科无心菜属。

形态特征

成株　高10～30cm（图①②）。全株被白色短柔毛。茎丛生，自基部起假二叉状分枝，下部平卧，上部直立，节间长1～3cm，密生倒毛。单叶互生，叶小，卵形，无柄，长3～6mm、宽2～3mm，两面疏生柔毛，边缘有睫毛及细乳头状腺点。聚伞花序疏生枝端（图③）；苞片和小苞片草质，卵形，密生柔毛；花梗细长，长6～8mm，有时达1cm，密生柔毛及腺毛；萼片5枚，披针形，有3脉，背面有短柔毛，边缘膜质；花瓣5，倒卵形，白色，全缘。雄蕊10，较萼片短；子房卵形，有3个花柱。

子实　蒴果卵形（图④），与萼片近等长，成熟时6瓣裂。种子肾形（图⑤），径0.6～0.8mm，淡褐色，密生小疣状突起。

幼苗　幼苗矮小，细弱。子叶出土，阔卵形，先端钝尖，叶基近圆形，具长柄，光滑无毛。下胚轴细长，上胚轴短，具有短柔毛。2片初生叶阔卵形，先端突尖，叶基圆形，有长叶柄，两柄基部连合微抱茎，叶上均被有疏生短柔毛。后生叶和初生叶相近。

生物学特性　种子繁殖。种子边成熟边落入土中，多在11月左右出苗，或延迟至翌年春。花期4～5月，果期5月，出苗后10天左右开始分枝，一般分3～6个不等，分枝长至3～7cm时产生二次分枝，冬前不开花，翌年4月上旬开花并在中旬进入盛花期，5月下旬种子成熟。蚤缀为二倍体植物，染色体2n=10、11、20。

分布与危害　中国自东北经黄河和长江流域到华南各区都有分布；也广布于温带欧洲、亚洲、北非和北美洲。常生于荒地、路旁和地边等。多发生于麦类及油菜等夏熟作物田，在果园、茶园、蔬菜地、桑园中亦有其踪迹。尤其以砂性土壤，如河漫滩地发生密度较大，有一定的危害，但其个体较小，危害性较小。

防除技术

化学防治　小麦田可用扑草净、异丙隆在播后苗前做土壤封闭处理；出苗后的蚤缀可用双氟磺草胺与2甲4氯异辛酯或氯吡嘧磺隆的复配剂茎叶喷雾处理有较好的防效。油菜田可用草除灵、二氯吡啶酸在杂草3～5叶期时进行茎叶喷雾处理。

综合利用　全草可作药用，具有清热、解毒、明目的功效。

参考文献

李扬汉，1998. 中国杂草志[M]. 北京：中国农业出版社：163.

刘启新，2015. 江苏植物志：第2卷[M]. 南京：江苏凤凰科学技术出版社：262-263.

王顺建，张玉，朱良备，2002. 安徽淮北地区麦田蚤缀生物学特性及生态经济阈值研究[J]. 杂草科学(3): 25-28.

朱文达，颜冬冬，李林，等，2020. 双氟磺草胺·氯吡嘧磺隆

蚤缀植株形态（③郝建华摄；其余张治摄）
①植株及生境；②叶；③花；④果实；⑤种子

防除小麦田杂草的效果及对养分、产量的影响 [J]. 湖北农业科学，59(6): 96-99, 103.

（撰稿：郝建华；审稿：宋小玲）

泽漆 *Euphorbia helioscopia* L.

夏熟作物田一二年生杂草。又名五朵云、猫眼草、五凤草。英文名 sun spurge。大戟科大戟属。

形态特征

成株 株高 10～30cm（图①②）。有白色乳汁。茎基部分枝，直立或斜生，无毛或仅分枝略具疏毛，基部紫红色，上部淡绿色。叶互生，叶片倒卵形或匙形，长 1～3.5cm、宽 5～15mm，先端钝或微凹，基部楔形，在中部以上边缘有细齿。杯状聚伞花序顶生（图③），伞梗 5，每伞梗再分生 2～3 小梗，每小伞梗又第三回分裂为 2 叉，伞梗基部具 5 片轮生叶状苞片，与下部叶同形而较大，长 3～4cm、宽 8～14mm；总苞杯状，高约 2.5mm，直径约 2mm，光滑无毛，边缘 5 裂，裂片半圆形，边缘和内侧具柔毛；与 4 个肾形肉质腺体互生，盘状，中部内凹，基部具短柄；杯状总苞内有雄花数朵，雌花 1 朵；花单性，无花被，雄花仅有一枚雄蕊；雌花子房有长柄，伸出总苞外，花柱 3，子房 3 心皮复雌蕊，中轴胎座。

子实 蒴果三棱状阔圆形，光滑，无毛；具明显的 3 纵沟，长 2.5～3mm、直径 3～4.5mm；成熟时分裂为 3 个分果瓣。种子倒卵形（图④），长约 2mm，暗褐色，无光泽，表面有凸起的网纹，种阜大而显著，肾形，黄褐色。

幼苗 子叶出土（图⑤），椭圆形，全缘，具短柄。初生叶对生，倒卵形，上半部叶缘有小锯齿。全株光滑无毛。

生物学特性 泽漆以种子或幼苗越冬，一般 9 月上中旬开始出苗，9 月下旬至 10 月上中旬为出苗高峰期，子叶期历时 7～10 天。泽漆一般在小麦播种后 5～6 天开始出苗，冬前以营养生长为主，12 月下旬基本停止生长，与小麦的越冬期同步。越冬后于翌年 2 月上旬开始返青，4 月上旬为初蕾期，4 月中旬为盛蕾期，4 月下旬为盛花期，5 月上中旬结果，5 月底种子成熟，整个生育期约 220 天。

泽漆出苗能力随土壤深度增加而减小，在 0～5cm 土层中的种子萌发率达 90% 以上，当埋深大于 15cm 时，泽漆种子不能萌发。

分布与危害 中国除新疆、西藏外，其他地方均有分布。近些年由于耕作制度的改变等，泽漆逐渐由田边、沟边向旱田内扩散，并上升为麦田主要恶性杂草之一。其生态适应性很强，在水旱轮作麦田等不适宜的环境下也能大量发生；生

泽漆植株形态（③马小艳摄；其余张治摄）

①②成株；③花序；④种子；⑤幼苗

命力强，被人为断茎后还能再生。

泽漆种子主要借助风力和动物携带的方式进行传播，由于种子重力和泽漆自身的毒性不利于种子的远距离传播，种子主要散落在母株的周围，因此，泽漆种群易形成聚集分布格局。

由于泽漆种子的抗逆性强，适应范围广，麦种的频繁调运加重人为传播，同时，泽漆种子重量轻、比重小、随水（灌溉）随风传播，因此，泽漆在稻茬麦田发生危害要重于旱茬麦田。当泽漆发生量达 5.48 株 $/m^2$ 时，小麦有效穗数下降 20.4%，产量损失 10.3%；当泽漆发生量达 10.22 株 $/m^2$ 时，产量损失达 14.2%。泽漆对小麦造成的产量损失，主要表现在对小麦分蘖成穗的影响，导致有效穗数减少，对每穗实粒数和千粒重的影响不明显。

防除技术

农业防治　一是在泽漆发生量大的地方，每隔 1～2 年深翻土壤，将草籽量大的表层土壤深翻至 10cm 以下，以降低泽漆的出苗基数。二是适当增加小麦的播种量，早施苗肥及微肥，提高小麦植株本身竞争力，以苗压草。三是有条件的可进行水旱轮作，当泽漆种子淹水 70 天以上时，发芽率极低，从而形成不利于泽漆发生蔓延的环境。四是及时清除农田及其周围的泽漆植株，结合化学防除泽漆幼苗，以防止泽漆的聚集生长和危害。

化学防治　小麦田选用唑嘧磺草胺和双氟磺草胺的复配剂进行茎叶处理，对泽漆有较好的防效。2 甲 4 氯钠、氯氟吡氧乙酸或其复配剂，唑草酮或者双氟磺草胺与唑草酮的复配剂进行茎叶喷雾处理，也可有效杀死泽漆。对泽漆的化学防除应以冬前苗后早期，即麦苗 3 叶期以上、寒流到来之前进行为主，春季仅作补治措施。

综合利用　泽漆作为中药材，具有利水消肿、化痰止咳、散结等功效。泽漆具有较好的杀虫、抑菌和除草活性，其水提液可防除黏虫、蚜虫、菜青虫、叶螨等，其不同溶剂提取物对小麦赤霉病菌、小麦根腐病菌、苹果腐烂病菌、葡萄白腐病菌等具有较好的抑菌作用，泽漆叶乙醇提取物对杂草生长具有明显的抑制作用。

参考文献

冯图，曾冉，黎云祥，2005. 麦田泽漆群落物种多样性及种群分布格局研究 [J]. 杂草科学 (2): 14-17.

李扬汉，1998. 中国杂草志 [M]. 北京：中国农业出版社：498-499.

马霖，杜春华，成光辉，等，2015. 泽漆叶提取物的除草和抑真菌活性 [J]. 江苏农业科学，43(4): 154-155.

王云，黄建韶，钟玉鹏，等，2012. 3 种除草剂不同配比对泽漆的防除效果 [J]. 西北农林科技大学学报，40(10): 141-148.

邢小霞，罗兰，任俊达，2013. 泽漆农药生物活性研究 [J]. 青岛农业大学学报（自然科学版），30(3): 192-194.

（撰稿：马小艳；审稿：宋小玲）

增效作用　synergism

指 2 种或 3 种除草剂混用后的实际除草效果大于根据

有关模型计算出的各除草剂单用的除草之和。一般化学结构不同、作用机制不同的除草剂混用时，表现为增效作用的可能性比较大，生产中这类除草剂的相混，可以提高除草效果，降低除草剂用量。

根据文献报道，具有增效作用的除草剂复配主要有：乙草胺和莠去津；氟噻草胺与扑草净；异丙甲草胺与莠谷隆；此外，丁草胺与乙氧氟草醚复配对稗草及阔叶杂草具有明显的协同增效作用；草甘膦与2,4-滴混配后对薇甘菊具有增效作用；烟嘧磺隆与2,4-滴丁酯或溴苯腈混用对苘麻表现出显著增效作用；喹草酮与辛酰溴苯腈混配对播娘蒿和麦家公具有显著的增效作用；草甘膦与草铵膦复配对靶标杂草增效作用明显；草铵膦与乙羧氟草醚/2甲4氯二甲胺盐/高效氟吡甲禾灵复配对反枝苋、马齿苋、狗尾草、马唐等一年生杂草增效作用明显。

增效作用除草剂混用优缺点分析　优点：①省时省力。②一次用药又能防治多种草害。③降低用量，提高防效。④延缓抗性。缺点：①药液浓度增大，易发生药害。②可能毒性提升，对人畜产生危害。③药剂混配在发生毒害时增加解毒难度。

混用效果的判断方法　除草剂混用后增效作用的判定主要有Gowing法、Colby法、Sun & Johnson法与等效线法。例如，采用Gowing法发现，氟咯草酮（有效成分15g/hm^2）与二甲戊灵（有效成分25～50g/hm^2）复配对马唐和反枝苋的实际鲜重抑制率与理论鲜重抑制率之差在12.51%～21.29%之间，大于10%，具有明显的增效作用。采用Sun & Johnson法研究发现，苯噻酰草胺、苄嘧磺隆、乙草胺以20∶1∶3、33.4∶3.6∶3比例复配对稗草、鳢肠的生长抑制及鲜重抑制均表现出不同程度的增效作用，共毒系数分别为151.68和275.76。采用等效线法研究发现，苯磺隆和氟唑磺隆混用对敏感杂草猪殃殃具有增效作用，在苯磺隆和氟唑磺隆（15, 23.50）到（25.97, 15）两等效线坐标点之间范围增效作用最明显；采用该方法明确了草甘膦与2,4-滴混配后防治薇甘菊的最佳配比，研究表明：2种药剂混用对薇甘菊具有增效作用，在草甘膦和2,4-滴（153.75, 175）到（170.65, 161）两等效线坐标点之间范围地上部增效作用最明显。

增效作用除草剂混用原则　①具有增效作用，能克服或延缓抗性。②扩大杀草谱，达到一药多治。③通过合理配比增加药效，降低成本。

参考文献

高兴祥，安传信，李美，等，2021. 喹草酮与辛酰溴苯腈复配应用于小麦田的除草效果及对小麦的安全性[J]. 植物保护学报，48(2): 407-414.

高旭华，方越，沈雪峰，等，2012. 草甘膦与2, 4-D复配对薇甘菊防效的研究[J]. 中国农学通报，28(21): 237-241.

顾祖维，2005. 现代毒理学概论[M]. 北京：化学工业出版社.

郭文磊，王兆振，谭金妮，等，2016. 氟咯草酮与二甲戊灵或乙草胺复配的联合除草作用及其对棉花的安全性[J]. 农药学学报，18(5): 605-611.

胡尊纪，范金勇，庄占兴，等，2017. 草铵膦与高效氟吡甲禾灵复配对一年生禾本科杂草的联合作用和非耕地除草效果研究[J]. 山东化工，46(15): 25-27.

胡尊纪，范金勇，庄占兴，等，2018. 草铵膦与乙羧氟草醚复配对一年生杂草的联合作用和非耕地除草效果研究[J]. 山东化工，47(6): 40-42.

胡尊纪，庄占兴，庄治国，等，2019. 草铵膦与2甲4氯二甲胺盐复配对一年生杂草的联合作用和非耕地除草效果研究[J]. 农业灾害研究，9(01): 6-8.

林长福，杨玉廷，2002. 除草剂混用、混剂及其药效评价[J]. 农药，43(8): 5-7.

屈双婷，金晨钟，李四军，等，2009. 三元复配除草剂对稗草和鳢肠的室内药效研究[J]. 湖南农业科学(11): 73-74.

台文俊，徐小燕，刘燕君，等，2008. 等效线法评价氟唑磺隆与苯磺隆相互作用关系[J]. 农药，47(2): 136-137.

王恒亮，吴仁海，张永超，等，2010. 烟嘧磺隆与几种除草剂联合作用效果研究[J]. 河南农业科学(10): 76-79.

王义生，张伟，贾娇，等，2021. 氟噻草胺与扑草净配比筛选及其复配制剂应用效果评价[J]. 农药，60(3): 226-229.

韦小燕，成家壮，黄炳球，2004. 丁草胺、乙氧氟草醚对杂草的毒力及混配的协同增效作用[J]. 农药学学报，6(2): 32-36.

姚湘江，许良忠，1995. 除草剂混配联合作用的评估[J]. 植物保护，21(5): 38-40.

张法颜，1985. 除草剂混用与相互作用[J]. 世界农药(3): 32-37.

（撰稿：张乐乐；审稿：刘伟堂、宋小玲）

张泽溥　Zhang Zepu

张泽溥（1924—2020），著名杂草学家，中国农业科学院研究员。

个人简介　四川成都人，生于1924年5月2日。1945年考入金陵大学农学院，就读园艺专业。1949年毕业后曾先后在华北农业科学研究所、中国农业科学院植物保护研究所、中国农业科学院科研管理部、中国农业科学院分析测试中心从事研究工作，历任技术员、助理研究员、副研究员、研究员。

张泽溥先生历任国家科委化工专业组成员，南开大学元素有机研究所顾问，中国农业科学院第二届学术委员会委员，中国化工学会农药学会副理事长（1979—1983），北京农药学会副理事长（1979—1988）、理事长（1988—1995），中国植物保护学会常务理事（1985—2009）、副理事长（1989—1997），杂草学分会主任委员（1985—2001）、名誉主任委员（2002—2020），亚太杂草学会第13～23届执行委员会委员（1989—2011）、理事长（1999—2001），《中国农业百科全书·农药卷》分支主编及《杂草学报》编辑委员会主任。

成果贡献 是中国植物保护科学领域农药、杂草学科的带头人之一，在农药生物测定、新农药药效试验、生物统计、抗药性、杂草治理等方面做出了突出贡献。

20世纪50年代初期，开始农药生物测定研究工作。在提高生物测定准确度，开展供试昆虫饲养标准化和定量喷雾、喷粉技术等方面取得了系统的科研成果。配合六六六农药合成研究，应用生物测定方法确证了六六六原粉中丙体六六六对黏虫等鳞翅目昆虫的毒力比纯丙体六六六高出一倍，发现了六六六原粉所含有的七氯环已烷对丙体六六六具有增效作用，提出了用80%以上高纯度的丙体含量六六六原粉代替进口纯丙体六六六原粉加工为六六六可湿性粉剂，明确了可湿性粉剂加工质量与药效关系研究，为六六六大批量投产提供了科学依据。在棉花红蜘蛛和棉蚜防治研究工作中，提出了采用纸片印压棉叶检测红蜘蛛虫口密度，进行点片防治；提出了六六六可湿性粉剂与棉油皂混合使用防治棉蚜，以提高药效，减少用药量，打破了当时认为六六六不能与碱性皂类混用的论点。针对内吸磷(E.1059)在叶用作物的残留问题，进行"E.1059在烟叶上残留量测定"的研究，提出了E.1059安全使用间隔期，解决了烟叶农药残留问题。针对敌百虫原粉易吸潮黏结，不便销售、使用的问题，将原粉加工成粉剂，通过大量生物测定，比较敌百虫原粉同敌百虫加工成粉剂的药效试验结果，提出了将敌百虫原粉加工成2.5%敌百虫粉剂，用喷粉代替用原粉加水喷雾的施药方法，经农业部采纳，并在中国推广。

在20世纪60年代初，率先针对棉花红蜘蛛的抗药性发生、发展、遗传学和生态学及防治技术在湖北天门进行研究，确定了棉花红蜘蛛对"对硫磷"产生了抗药性，提出使用"三氯杀螨砜"等替代药剂来防治抗性红蜘蛛的对策。

1962年，组建了中国农药大田药效试验网，连续17年主持中国农药大田药效试验、示范，组织中国化工、农业科研、生产单位大协作，召开中国农药大田药效试验、示范会议14次。在掌握国内外农药发展动态的基础上，他建议引进、研制新品种农药进行大田药效试验、示范，明确其药效、药害及其使用发展前途，并向化工、商业部门建议投产或进口用于农作物病、虫、草害防治的农药品种，如甲胺膦、杀虫脒、久效磷、磷胺、二嗪农、叶蝉散、克瘟散、稻瘟净、叶枯净、托布津、甲基托布津、敌克松、炭疽福美、杀草丹、草枯醚、利谷隆、氟草隆等，其中年生产量达千吨以上的有甲胺膦、久效磷、杀虫脒、稻瘟净等，年进口量达千吨以上的有磷胺、叶蝉散、托布津、甲基托布津、杀草丹等。这些农药中有不少种类长期在中国病、虫、草害防治中发挥着重要作用。农药大田药效试验网的建设与运作，不仅对中国有害生物的化学防治起到了极大的推动作用，同时为中国农药管理打下了坚实的基础。

1972年，全力以赴地转向中国杂草科学研究工作。主持研究试验、举办培训，组织全国性学术会议和示范现场会，深化农田杂草防控技术研究。通过组织水稻、小麦、棉花、大豆等主要农作物的化学除草全国协作，精心筛选，建议引进了一批适合中国需要的新除草剂品种，推动了农田化学除草面积的迅速扩大。积极支持推动水、旱直播稻田化学除草不中耕和棉花高密度种植化学除草不中耕，以及在农田化学除草的基础上实行耕作方法的改革。

20世纪80年代中期，主持了"七五"国家重点科技攻关课题"农田草害、鼠害综合治理技术研究"，并担任"农田杂草综合治理技术研究"专题的主持人。在稻、麦、棉、大豆田主要杂草生物学特性，新除草剂筛选和经济、安全、有效的合理使用除草剂，以及农田主要杂草综合治理技术的研究方面，取得了重大的进展。全面系统深入地研究了扁秆藨草、稗草、野燕麦、看麦娘、香附子、蓼、苋等恶性杂草的主要生物学特性及发生消长规律，扁秆藨草、香附子地下块茎和野燕麦、看麦娘土壤种子库的消长规律。特别是针对棉田难治杂草香附子，在明确其主要生物学和生态学特性的基础上，提出了长江流域地区棉田实行趁寒冬期深翻不耙，春旱期耙晒，以冻死和干死香附子越冬块茎，在棉花播种前使用莎扑隆药剂混土处理的断源、截流、竭库、治本的关键防控技术，解决了棉田香附子的严重危害问题。并且，试验筛选出国内外除草剂新品种、新配方16种，并研究出使用技术。对除草剂高活性、低用量有重大进展，使除草剂用量从原来每亩几百克、几十克降低到几克，扩大了杀草范围。改革稻、麦、棉、大豆4种作物的传统耕作、轮作、栽培技术措施，使之与除草剂应用紧密结合，形成了农田杂草综合治理技术体系。课题实施期间示范推广农田杂草综合治理技术1500余亩；除草效果90%以上；增产粮豆棉共1.6亿kg；节省除草用工1500余万个；新增总产值1亿万元；经济效益1∶7.3。其研究成果"农田杂草综合治理技术"获1993农业部科技进步三等奖。

作为中国植物保护学会杂草学分会（原中国植物保护学会杂草研究会）创始人之一，张泽溥为推动中国杂草学会的发展和杂草科学事业做出了重要贡献。1982年，参与组织了在昆明市召开的第一次中国杂草学术讨论会，大会分析了中国杂草科学的形势，提出进一步扩大杂草科研协作，开展杂草普查，农田草害调查和农田杂草防除工作的意见。1984年，参与组织了在南京召开的第二次中国杂草学术讨论会杂草科学讲习班，与国外同行进行了学术交流，回顾了中国杂草科学事业的发展历程和展望杂草科学事业的发展远景，培训了来自农业教育、科研、推广和农垦部门30位从事杂草科技工作的教学、科研或技术推广的骨干，对后来推动中国杂草学科的发展有很好的作用。1985—2001年间，主持召开了第3～6次中国杂草学术讨论会，极大地推进了中国杂草科学事业的进步和发展。1988年，举办了中国杂草科学短训班，来自国内12名从事杂草科研、教学和农垦部门的专家，为135名从事农田杂草科研和技术推广的技术骨干系统讲授了农田杂草区系、分类、识别、除草剂种类、作用特点及发展现状，农田杂草防除技术和新除草剂田间药效、药害试验内容。1989—2007年，带领中国杂草科技工作者赴韩国、泰国、菲律宾、越南、斯里兰卡，参加了第12、第17、第19～21届亚太杂草科学大会，2000年率领中国代表团赴巴西出席了第3届国际杂草科学大会，积极宣传中国杂草科学事业取得的成就以及第18届亚太杂草科学大会的筹备进展。2001 年在北京成功组织举办了第 18 届亚太杂草科学大会，来自美国、澳大利亚、新西兰、日本、韩国等 26 个国家的 203 名代表和国内 27 省（自治区、直辖市）的 200 余名杂草科学工作者参加了盛会。

从业 70 余年，始终理论联系实际，以开拓性的科学服务产业发展。其间，发表相关科技论文 150 多篇，著有《杀虫剂杀菌剂生物测定》《除虫药剂》《生物测定统计》《中国杂草原色图鉴》；译有《有机杀虫剂化学及作用方式》等书。

所获奖誉 一生倾心中国植物保护和杂草科学事业并奉献了他的智慧和才能，为中国农药研制、加工生产、应用和杂草科学研究作出了突出贡献，在农药新品种评价、引进和推动中国农田化学除草的发展中发挥了重要作用，赢得了国际、国内同行的尊重和高度赞誉。1992 年开始享受国务院政府特殊津贴，1993 年获农业部科技进步三等奖，2012 年获中国植物保护学会终身成就奖、国际杂草学会终身成就奖，2017 年获亚太杂草学会特殊贡献奖。

性情爱好 笃信实事求是，为人率直诚实，治学严谨、崇真求实、勤于探索、勇于实践，深受植保人、众多弟子和杂草科学工作者爱戴。

（撰稿：张朝贤；审稿：强胜）

沼生蔊菜 *Rorippa palustris* (L.) Besser

夏熟作物田二或多年生草本杂草。又名风花菜、大荠菜、野萝卜菜。异名 *Rorippa islandica* (Oed.) Borb.。英文名 marsh yellowcress。十字花科蔊菜属。

形态特征

成株 株高 10～50cm（图①②）。光滑无毛或稀有单毛。茎直立，单一或分枝，下部常带紫色，具棱。基生叶多数，具柄；叶片羽状深裂或大头羽裂，长圆形至狭长圆形，长 5～10cm、宽 1～3cm，裂片 3～7 对，边缘不规则浅裂或呈深波状，顶端裂片较大，基部耳状抱茎，有时有缘毛；茎生叶向上渐小，近无柄，叶片羽状深裂或具齿，基部耳状抱茎。总状花序顶生或腋生（图③④），果期伸长；花小，多数，黄色或淡黄色，具纤细花梗，长 3～5mm；花萼 4，离生，萼片长椭圆形，长 1.2～2mm、宽约 0.5mm；花瓣 4，长倒卵形至楔形，等于或稍短于萼片。雄蕊 6，近等长，花丝线状。

子实 种子每室 2 行（图⑤），多数，褐色，细小，近卵形而扁，一端微凹，表面具细网纹。

幼苗 子叶近圆形（图⑥⑦），长、宽各 3mm，具长柄。下胚轴很发达，上胚轴不发育。初生叶 1 片，阔卵形，全缘。

生物学特性 种子繁殖。种子在春季、夏季、秋季均能萌发，但只有越冬的种子萌发率最高，春季和夏季的种子萌发率都很低；同时，变温和光照有利于沼生蔊菜种子的萌发，黑暗和恒温条件下种子不萌发或极少萌发。沼生蔊菜花期 4～7 月，果期 6～8 月，且在整个生活史中开 2 次花，结 2 次果实。

沼生蔊菜为广布种，随环境和地区不同在叶形和果实大小幅度上变化较大，如辽宁、吉林及新疆的部分植株果实很小。沼生蔊菜属耐寒性植物，冷凉和晴朗的气候条件下生长良好。生长适温为 12～20℃，低于 10℃或高于 22℃时生长缓慢。沼生蔊菜调节水分平衡的能力较强，具有明显的恒水植物水分代谢方面的生理生态学特征，但停止水分供应时叶片抵抗失水的能力差，表明其抗旱能力低，因此，其常生长分布在水分条件较好的生境中。沼生蔊菜具有一定耐水淹性，汛期河滩地漫水，只要水淹没不到茎顶，浸水茎秆可迅速生长不定根，柱体大量增生分枝，营养体生长快，枝叶繁茂。沼生蔊菜具有一定的再生能力，经放牧和刈割，腋芽可再生萌发。

分布与危害 沼生蔊菜为世界广布种，中国主要分布于东北、华北、西北、华东、西南等地区；北半球温暖地区皆有分布。其生态类型为湿生、耐阴、喜氮植物，常生于潮湿环境或近水处、溪岸、路旁、田边、山坡草地及草场。在夏熟作物小麦、油菜、蔬菜田边及田间常见，危害性较小。

防除技术

化学防治 小麦田可选用含有双氟磺草胺、啶磺草胺、氟唑磺隆、唑嘧磺草胺、唑草酮、2 甲 4 氯、氯氟吡氧乙酸等有效成分的除草剂进行喷雾处理。唑草酮在杂草密度过大或草龄过大时需适当加大用药量，同时加大用水量，喷匀喷透，不重喷漏喷，以提高除草效果，防止在麦苗形成药斑。蔬菜等田块若沼生蔊菜发生严重，可在作物播种 / 移栽前或播后苗前，用扑草净、二甲戊灵、乙氧氟草醚等进行土壤封闭处理。

综合利用 沼生蔊菜种子含油量约 30%，可榨油供食用及工业用；作为药用植物，含皂苷和维生素等，全草入药，具清热利尿、解毒的功效；幼苗及嫩株质地细嫩，类似荠菜的风味，可食用；嫩植物可作家畜家禽的优良饲料。沼生蔊菜为喜氮植物，在生活污水渠和污水库周围生长茂盛，对污水中的氮有去除作用。

参考文献

邓琳, 2008. 黄河三角洲优势盐生饲用植物——风花菜及肾叶打碗花 [J]. 安徽农业科学, 36(16): 6835-6836, 6856.

李强, 马玉心, 崔大练, 2006. 沼生蔊菜与荠菜的形态学特征比较研究 [J]. 北方园艺 (5): 20-21.

田玉梅, 张义科, 1990. 沼生蔊菜生理生态学特征的研究 [J]. 四川草原 (2): 25-30.

中国科学院中国植物志编辑委员会, 1987. 中国植物志: 第三十三卷 第三分册 [M]. 北京: 科学出版社.

MATSUO K, NOGUCHI K, NARA M, 1984. Ecological studies on *Rorippa islandica* (Oeder) Borb. 1. dormancy and external conditions inducing seed germination [J]. Journal of weed science & technology, 29(3): 220-225.

SOSNOVÁ M, KLIMEŠOVÁ J, 2013. The effects of flooding and injury on vegetative regeneration from roots: A case study with *Rorippa palustris* [J]. Plant ecology, 214(8): 999-1006.

（撰稿：马小艳；审稿：宋小玲）

沼生蔊菜植株形态（⑥马小艳提供；其余张治摄）

①②成株；③④花果序；⑤种子；⑥⑦幼苗

珍珠菜　*Lysimachia clethroides* Duby

夏熟作物田、茶园多年生杂草。又名矮桃、山柳珍珠叶、尾脊草、调经草等。英文名 clethra loosestrife。报春花科珍珠菜属。

形态特征

成株　高 40～100cm（图①）。全株多少被黄褐色卷曲柔毛。根茎横走，淡红色。茎直立，圆柱形，基部带红色，不分枝。叶互生，长椭圆形或阔披针形，长 6～16cm、宽 2～5cm，先端渐尖，基部渐狭，两面散生黑色粒状腺点，近无柄或具长 2～10mm 的柄。总状花序顶生（图②），盛花期长约 6cm，花密集，常转向一侧，后渐伸长，果时长 20～40cm；苞片线状钻形，比花梗稍长；花梗长 4～6mm；

珍珠菜植株形态（⑤唐伟摄；其余张治摄）

①植株群体；②花序；③果序；④种子；⑤幼株

花萼长 2.5～3mm，5 裂，分裂近达基部，裂片卵状椭圆形，先端圆钝，周边膜质，有腺状缘毛；花冠白色，长 5～6mm，基部合生部分长约 1.5mm，5 深裂，裂片狭长圆形，先端圆钝。雄蕊内藏，花丝基部约 1mm 连合并贴生于花冠基部，分离部分长约 2mm，被腺毛；花药长圆形，长约 1mm；花粉粒具 3 孔沟，长球形 29.5～36.5μm×22～26μm，表面近于平滑；子房卵珠形，花柱稍粗，长 3～3.5mm。

子实　蒴果近球形（图③），直径 2.5～3mm, 5 瓣裂。种子黑色，长约 1.5mm、宽约 1mm（图④）。

生物学特性　花期 5～7 月，果期 7～10 月。以根状茎及种子繁殖。

分布状况　中国产于东北、华中、华东、西南、华南以及河北、陕西等地；朝鲜、日本也有分布。生于茶园、果园、杂木林下、山坡林缘和草丛中。常发生于新开垦山坡的小麦、油菜田、茶园、果园及撂荒田中，对农作物影响较小。

防除技术

农业防治　对油菜田的珍珠菜，可采用轮作换茬的方式，连续种两年小麦，用小麦田除草剂将该草防治后，再种油菜。

化学防治　小麦田可在冬前或早春小麦拔节前，选用 2 甲 4 氯、苯磺隆、氯氟吡氧乙酸、双氟磺草胺、苯达松或其复配剂进行喷雾处理。油菜田可用草除灵、二氯吡啶酸进行茎叶喷雾处理。

综合利用　全草入药，有活血调经、解毒消肿、治水肿、小儿疳积的功效。嫩叶可食或作牲畜饲料。种子含脂肪约 32%，油可制皂。

参考文献

李扬汉, 1998. 中国杂草志 [M]. 北京 : 中国农业出版社 : 819-920.

中国科学院中国植物志编辑委员会, 1989. 中国植物志 : 第五十九卷 第一分册 [M]. 北京 : 科学出版社 : 102.

（撰稿：唐伟；审稿：宋小玲）

整株水平测定　whole plant level bioassay

通过植物地上部分或地下部分的生长量、形态特征、生理指标变化的大小来测定除草剂活性或毒力的测定方法。生物体的生长量或伸长度在一定范围内与药剂剂量呈现相关性，因此可用作除草剂活性的定量测定，并具有较高的灵敏度。一般是在温室、人工气候室或培养箱内培养供试植物，根据药剂特性选择播前、播后苗前或苗后施药。在植株测定中，评价的指标可以是出苗率、株高、地上部分鲜重或干重、地下部分鲜重或干重，也可以根据植物受害的症状分级，再计算综合药害指数。根据供试植物出现的除草剂作用的症状目测进行等级划分，从无明显症状到症状最明显可以分为5～7级，分级后统计每一培养皿或杯内供试生物的药害症状并记录，之后计算药害综合指数，最后根据药害综合指数确定除草剂活性。对于已知作用机制的除草剂，可以测定药剂处理后植物的生理指标，如叶绿素含量、电导率、CO_2释放量等。

整株植物测定法常用的容器为盆钵、培养皿、小烧杯等。供试材料个体大的用大盆钵培养，采用测定株高、重量或分级方法进行评价可以取得较好的结果，而采用培养皿或小烧杯进行培养的供试材料，由于苗较小，多采用目测法。

盆栽法　将供试植物种植在盆钵等容器中测定除草剂效力的一种方法。选择适宜的营养钵，摆放于搪瓷盘中，内装从农田采回经风干过筛的表层土壤或与一定基质混配的土壤（4/5处），加水待土壤完全湿润。挑选籽粒饱满均一的供试植物种子，如杂草种子（一般催芽），将种子均匀摆放在土壤表面，然后根据种子出土深度覆土。药剂处理后置于可控日光温室内或人工气候室内培养，定期在搪瓷盘中加入一定量的水，保持土壤湿润。根据除草剂特性选择施药方法，采用定量喷雾装置使用药剂。该方法简单易行，缺点是需要占用较大的面积，测定的周期较其他测定方法可能过长等。

小杯法　是利用药剂浓度与植物幼苗生长的抑制程度正相关的原理，来检测除草剂活性和安全性的生物测定方法。此法通常在50ml或100ml小烧杯内进行，故称小杯法。在小烧杯底部放入一层直径为0.5cm的玻璃珠或短玻璃棒，再铺一张圆滤纸片；使用丙酮或二甲苯等有机溶剂溶解待测化合物，并配制成5～7个等比系列质量浓度，吸取1ml药液于烧杯内滤纸上，待有机溶剂挥发至干。选取10粒大小一致、刚发芽的待测作物种子，排放在滤纸上，加入2～3ml蒸馏水。分别设置空白对照及溶剂对照，每个处理重复4次。将全部小杯转移至27～29℃恒温室中培养，定期补充水分。待植物幼苗症状明显时，测量芽长、幼苗株高、根长或鲜物质量，计算抑制中浓度（IC_{50}）。本方法可以测定醚类、酰胺类和氨基甲酸酯类等除草剂，具有操作简便、测定周期短、测定范围较广的优点，但小杯法不适合用于光合作用抑制剂的生物测定。

此外，还有以特定的指示生物建立起的对除草剂生物活性测定的整株检测方法，如：

黄瓜幼苗形态法　由匈牙利植物生理学家Sudi所建立，它可以测定激素类型的除草剂，具有反应灵敏、测定的浓度范围较大（0.1～1000mg/L）、操作简便等优点。是利用在一定范围内药剂浓度与黄瓜幼苗生长受抑制程度相关的原理，根据幼苗受抑后的形态来检测除草剂活性的生物测定方法。

去胚乳小麦幼苗法　这是一个测定抑制光合作用除草剂的专一方法，1964年由上海植物生理研究所激素室除草组建立。该方法是利用去胚乳小麦幼苗高度与除草剂浓度呈负相关的原理，来检测药剂活性的生物测定方法。与测定此类药剂的其他生物测定法相比，它具有操作简便、测定周期短，专一性好等优点。

高粱幼苗法　是利用药剂浓度与高粱幼苗生长的抑制程度成正相关的原理，来检测除草剂活性的生物测定方法。高粱幼苗法适合于大多数非光合作用抑制剂类除草剂的生物活性测定。它具有操作简便、试验周期短、测定范围广、重现性好（待测定化合物和指示植物在同样密闭的小环境中，减少了其他因子的干扰）、适用于易挥发、易淋溶化合物的测试等优点，还可改用燕麦、黄瓜等材料来扩大测试范围。在除草剂的生物测定中，本方法占有相当重要的地位。

浮萍法　Funderburk建立的浮萍法，是以敌草快(diquat)和百草枯对某些水生植物的高度敏感性为基础的。此法可测定出0.0005mg/L的敌草快和0.00075mg/L的百草枯。尤其值得提出的是，Parker根据灭草隆和其他一些取代脲类除草剂在较低剂量下有拮抗敌草快和百草枯的作用，建立了抑制光合作用除草剂的快速生物测定法。

单细胞藻类法　是利用除草剂处理后藻类的细胞数、叶绿素含量等指标的变化来检测药剂活性的生物测定方法。常用小球藻作为试材进行测定，也称为“小球藻法”。小球藻对抑制光合作用和呼吸作用的除草剂特别灵敏，很适合用于均三氮苯类及取代脲类等除草剂的生物测定，灵敏度在10μga.i./ml以下。其特点是操作简便、测定周期短、比较精确。

植株测定法中还有许多快速简便的方法，如稗草胚轴法、小麦根长法、燕麦幼苗法、番茄水培法、燕麦叶鞘点滴法等。

参考文献

慕立义, 1994. 植物化学保护研究方法[M]. 北京: 中国农业出版社.

沈晋良, 2013. 农药生物测定[M]. 北京: 中国农业出版社.

宋小玲, 马波, 皇甫超河, 等, 2004. 除草剂生物测定方法[J]. 杂草科学(3): 1-6.

谢娜, 2017. 除草剂生物测定方法及操作方法[J]. 吉林农业(18): 73-74.

（撰稿：王金信；审稿：刘伟堂、宋小玲）

芝麻菜　*Eruca vesicaria* (L.) Cav. subsp. *sativa* (Miller) Thellung

夏熟作物田常见一二年生杂草。又名香油罐、臭芥、芸芥、臭萝卜。异名*Eruca sativa* Mill.。英文名rocket salads、arugula。十字花科芝麻菜属。

形态特征

成株　株高20～90cm（图①）。茎直立，上部常分枝，疏生长毛或近无毛。基生叶及下部叶大头羽状分裂或不裂，顶部裂片近圆形或短卵形，有细齿，侧裂片卵形或三角状卵形，全缘，下面脉上疏生柔毛；叶柄长2～4cm；上部叶无柄，具1～3对裂片，顶裂片卵形，侧裂片长圆形。总状花序有多数疏生花（图②）；花梗长2～3mm，具长柔毛；萼片4，长圆形，带棕紫色，外面有蛛丝状长柔毛；花瓣4，黄色，靠下部变白，带紫褐色脉纹，短倒卵形，基部有窄线形长爪。

子实　长角果圆柱形，果瓣无毛，有1隆起中脉，喙剑形，扁平，顶端尖，有 5 纵脉；果梗长 2～3mm。种子近球形或卵形，直径 1.5～2mm，棕色，有棱角。

幼苗　子叶出土，卵圆形，全缘，先端钝圆或稍凹陷。初生叶 1，长卵形，全缘；具长柄，被柔毛。

生物学特性　对环境具有广泛的适应性，具有较强的抗旱和耐瘠能力，在路旁、荒地及旱地均可生长。夏季一年生，地下、地上部分不形成连合体，莲座叶残留，直立茎上具叶。种子繁殖。种子成熟后随重力自然散落在植株四周；10℃种子可发芽，发芽的最适宜温度为 15～20℃。土壤相对含水量 70%～80% 生长更好。全生育期为 50～60 天。

分布与危害　芝麻菜原产欧洲南部。在中国黑龙江、辽宁、内蒙古、河北、山西、陕西、甘肃、青海、新疆、四川等地分布。适应性广，可生长在海拔 1400～3100m。欧洲北部、亚洲西部及北部、非洲西北部均有分布。发生于麦类、油菜、马铃薯、玉米、胡麻、莜麦等作物田，为常见杂草，危害不严重。但在内蒙古、河北、山西部分胡麻种植区芝麻菜发生危害严重，造成胡麻减产 10%～30%。其种子虽可榨油，但油有辣味，与胡麻籽一起榨油会降低胡麻油的品质、风味和口感。在田间与胡麻混生，株高显著高于胡麻，因此增加了胡麻机械或人工收获的难度。

芝麻菜植株形态（郭怡卿摄）

①成株；②花

防除技术　应采取农业防治与化学防治相结合进行防控，同时应考虑综合利用。

农业防治　清除田边、沟渠的杂草，减少杂草的自然传播和扩散。翻耕、晒垡，消灭杂草幼芽、植株，切断多年生杂草营养繁殖器官，减少杂草来源。结合作物栽培管理特点，通过中耕培土、作物间套种、轮作、覆盖等栽培管理中创造有利于作物生长、不利于杂草生长的环境。通过作物轮作减少伴生性杂草的发生。通过增加作物种植密度提高作物的群体竞争能力，抑制杂草的生长。利用秸秆覆盖、织物覆盖，如除草地膜、药膜及有色地膜等，控制芝麻菜的发生。

化学防治　应根据作物生育期、芝麻菜发生消长规律选择除草剂及适当的用量，采用适当的用药时间和方法。在作物播前或播后苗前进行土壤封闭处理，可根据作物不同选择酰胺类除草剂甲草胺、乙草胺、异丙甲草胺，或扑草净，或氟乐灵、二甲戊灵、仲丁灵，或乙氧氟草醚进行土壤封闭处理。出苗后的芝麻菜可选择 2 甲 4 氯、麦草畏、氨氯吡啶酸，苯达松、乙羧氟草醚、氟磺胺草醚、乳氟禾草灵、莠去津、苯磺隆、砜嘧磺隆、烟嘧磺隆等进行茎叶喷雾处理。胡麻田用灭草松或 2 甲 4 氯与辛酰溴苯腈混配剂苗期茎叶喷雾处理对胡麻安全，对芝麻菜具优良防效。

综合利用　药食同源。其茎叶可作蔬菜亦可作饲料；种子含油量达 30%，可榨油食用。芝麻菜种子、芽和成熟的茎叶中含有芝麻菜素，芥末味浓厚，具有兴奋、利尿和健胃的功效，对久咳也有特效。芝麻菜所含的芝麻菜素能诱导Ⅱ相酶的表达，起到解毒、抑制癌细胞增殖、诱导细胞凋亡、保护 DNA 免受外源化合物破坏、抗氧化等作用，有可能成为新的抗癌物质。中国已经开展了逆流色谱分离提纯芝麻菜苷的研究。芝麻菜对于重金属具有超耐性，其中镉积累能力最大，在修复重金属土壤方面具有很大的利用空间，是植物提取修复重金属污染土壤的一个新颖且具有发展潜力的重要植物。

参考文献

付克和，赵峰，牛树君，等，2020. 除草剂苗期茎叶喷雾对胡麻田芝麻菜的防除效果 [J]. 安徽农业科学，48(20): 140-143, 159.

高鑫，颜蒙蒙，曾希柏，等，2018. 京津冀地区设施土壤中不同蔬菜对镉的累积特征 [J]. 农业环境科学学报，37(11): 2541-2548.

李磊，杨霞，周昇昇，2012. 植物化学物芝麻菜素的研究进展 [J]. 食品科学，33(19): 344-348.

沈莲清，许明峰，2007. 高速逆流色谱分离芝麻菜种子中的硫代葡萄糖苷 [J]. 食品与生物技术学报，26(6): 13-16.

智渊，2016. 芝麻菜对重金属的耐性及富集效应的研究 [D]. 武汉：湖北大学 .

中国科学院中国植物志编辑委员会，1987. 中国植物志：第三十三卷 [M]. 北京：科学出版社：34.

LI J W, FAN I P, DING S D, et al, 2007. Nutritional composition of five cultivars of Chinese jujube [J]. Food chemistry, 103(2): 454-460.

MELCHINI A, TRAKA M H, 2010. Biological profile of erucin: a new promising anticancer agent from cruciferous vegetables [J]. Toxins, 2: 593-612.

（撰稿：郭怡卿；审稿：宋小玲）

直立婆婆纳 *Veronica arvensis* L.

夏熟作物田一二年生杂草。又名脾寒草、玄桃。英文名wall speedwell、common speedwell。玄参科婆婆纳属。

形态特征

成株 高10～30cm（图①）。全体有细软毛。茎直立或下部斜生，略伏地，基部分枝，枝斜上伸长，有2列多细胞白色长柔毛。叶对生，3～5对，卵圆状或三角状卵形，长1～1.5cm、宽5～8mm，边缘有钝锯齿，两面被硬毛；基部圆形。下部叶有极短的柄，上部叶无柄。总状花序长而多花，各部分被白色腺毛（图②）；苞片互生，下部的长卵形而疏具圆齿，上部的长椭圆形而全缘，花柄极短，长约1.5mm；花萼裂片狭椭圆形或披针形，前方2枚长，后方2枚短，长于蒴果；花冠蓝紫色或蓝色，长约2mm，4深裂，裂片圆形至长椭圆形；雄蕊2，短于花冠。

子实 蒴果广倒扁心形（图③～④），扁状，长2.5～3.5mm，宽大于长，边缘有腺毛，果实顶端凹口极深，宿存花柱长略超出凹口，果皮有细毛而边毛较长，成熟时2瓣开裂，内含多数种子。种子细小、光滑（图⑤），阔椭圆形，长0.8～1.2mm、宽0.5～0.9mm，背面拱形，腹面微凹，其中央隆起呈椭圆状突起；种皮黄色，背面近平滑或具微皱纹；种脐椭圆形，黄褐色，有时有残存的株柄存在；种皮薄，内含有肉质胚乳，胚直生。

幼苗 子叶近肾形，长3mm、宽3.5mm，先端微凹，叶基圆形，具长柄（图⑥）。下胚轴很发达，上胚轴亦较发达，紫红色，均密生横出直生毛。初生叶2片，对生，阔卵形，先端钝圆，叶缘具圆锯齿，叶基近圆形，三出脉，具长柄；后生叶与初生叶相似。

生物学特性 主要为种子繁殖。在江苏，出苗有冬前和春后麦子返青后2个时期，在10～12月初发生期较长，麦田一般在麦播后1周左右开始出苗，生长高峰在11月上中旬，12月初以后生长停滞。

分布与危害 直立婆婆纳原产欧洲，现广布东半球。1910年在江西庐山采集到标本，1956年在武汉采到标本。在华东和华中地区分布广泛，主要是在山东、河南、江苏、安徽、上海、浙江、江西、台湾、广东、广西、湖北、湖南、重庆、四川等地。无意引进，人类和动物活动裹挟传播。生长于海拔2000m以下的路边及荒野草地，为夏熟作物田常见杂草，主要危害麦类、油菜、草坪、蔬菜、茶、花卉、苗木等作物和经济作物，但发生量少，一般危害不重。

防除技术

农业防治 由于该杂草处于作物的下层，通过作物的适度密植，可在一定程度上控制这种杂草的发生。将旱田轮作改为水田轮作，可有效控制这种杂草的发生；制定合理的种植轮作制度，将旱—旱轮作改为旱—水轮作，可以控制直立婆婆纳等喜旱性杂草的发生。

化学防治 见阿拉伯婆婆纳。

直立婆婆纳植株形态（①④⑤吴海荣摄；②③⑥强胜摄）

①成株；②花；③④果实；⑤种子；⑥幼苗

参考文献

陈贤兴, 余晓微, 吴林琴, 2001. 温州市区常见草坪杂草调查初报 [J]. 浙江师大学报 (自然科学版), 24(4): 381-384.

李扬汉, 1998. 中国杂草志 [M]. 北京: 中国农业出版社: 930-931.

万方浩, 刘全儒, 谢明, 等, 2012. 生物入侵: 中国外来入侵植物图鉴 [M]. 北京: 科学出版社.

王开金, 强胜, 2002. 江苏省长江以北地区麦田杂草群落的定量分析 [J]. 江苏农业学报, 18(3): 147-153.

徐海根, 强胜, 2018. 中国外来入侵生物 [M]. 修订版. 北京: 科学出版社.

于胜祥, 陈瑞辉, 2020. 中国口岸外来入侵植物彩色图鉴 [M]. 郑州: 河南科学技术出版社.

（撰稿：吴海荣、李盼畔；审稿：宋小玲）

《中国农田杂草原色图谱》 *Farmland Weeds in China, A Collection of Coloured Illustrative Plates*

由王枝荣任主编，辛明远、马德慧任副主编的中国第一部关于农田杂草分类、识别、分布和危害的专业性大型彩色图谱工具书。由《中国农田杂草原色图谱》编委会组织，在1980—1985年中国农垦系统农田杂草普查的基础上，继《中国农垦农田杂草及防除》一书基础上，组织编辑出版的一部巨著。1990年由农业出版社出版发行。全书共收集中国各地常见和较常见的农田杂草562种（包括变种），隶属73科309属。所录大部分杂草附有单株或群体、花或花序、果实或种子、幼苗或根部的原色图片3～5幅，突出杂草种的识别特征和繁殖特性、形态描述、繁殖方式、发生动态、分布、生境及危害性简述和英文摘要，书后附录有常见农田杂草敏感性除草剂名称表和中文、拉丁学名杂草名称索引。全书为16开铜版纸彩色印刷，共506页，约75万字，收集图片近1900幅。该书的出版发行，有力推动了中国杂草科学和杂草化学防除技术的推广和普及。

参考文献

《中国农田杂草原色图谱》编委会, 1990. 中国农田杂草原色图谱 [M]. 北京: 农业出版社.

（撰稿：张宗俭；审稿：强胜）

中国菟丝子 *Cuscuta chinensis* Lam.

秋熟作物大豆田的恶性一年生茎寄生杂草。又名大豆菟丝子、菟丝子、黄丝、无根草、金丝藤等。英文名 Chinese dodder。旋花科菟丝子属。

形态特征

成株 茎缠绕，淡黄色，纤细，直径约1mm，多分枝（图①）。无叶。花多数簇生成团伞花序（图②③）；花萼杯状，中部以下连合，裂片三角形，长约1.5mm，背面具脊；花冠白色或略带黄色，钟形，长2～3.5mm，4～5裂，

中国菟丝子植株形态（强胜摄）

①植株；②③花

裂片三角状卵形，先端锐尖或稍钝，常内折；雄蕊着生于花冠裂片弯曲处稍下方，比花冠裂片短；鳞片较大，长圆形，与冠筒等长，边缘具长流苏；子房近球形，花柱2，等长，柱头球形。

子实　蒴果球形，直径约3mm，几乎全为宿存花冠所包，成熟时周裂。种子卵圆形，有喙，长约1.5mm、宽约1.1mm，种皮赤褐色至淡褐色；种脐线形，隆起。

幼苗　淡黄色，早期具极短的初生根，在土壤中起短期吸水作用，当固着于寄主的茎后即停止生长，逐渐萎蔫死亡。胚轴和幼茎纤细，与寄主接触后在茎上产生吸器，侵入寄主体内吸收水分和养料。

生物学特性　一年生茎寄生和全寄生性杂草。以种子繁殖为主，种子有休眠现象，在环境条件不适宜萌发时，种子进入休眠，休眠时间可长达5～8年。花果期6～9月。断茎有很强的再生能力，能进行营养繁殖。10℃低温储藏30～40天，可以有效地解除种子休眠。种子在10℃以上即可萌芽，在20～30℃范围内温度越高萌芽越快，温度达到40℃以上时基本不发芽，种子处于休眠状态；萌芽不整齐，以5～8天内萌芽最多，也有经过数月仍有继续萌芽的情况；土壤相对含水量在20%～25%时最宜萌芽，多雨或积水对萌芽不利。出苗率与种子在土壤中的深度呈负相关，随着土壤的加深，出苗率呈下降趋势，处于地表的种子出苗率最高，当土深达到6cm时出苗率仅为1%，当土深达到7cm以上时，基本不出苗。

分布与危害　在中国的黑龙江、吉林、辽宁、内蒙古、河北、山西、河南、山东、甘肃、宁夏、新疆、安徽、江苏、浙江、福建、江西、湖南、湖北、四川、云南、广东、台湾等地均有分布；亚洲的中部、南部和东部也有分布。最喜欢寄生在大豆上，被寄生的大豆植株生长矮小，轻者结荚数量减少，子粒瘦秕，重者植株早期死亡，颗粒无收。除大豆外，中国菟丝子还对花生、蚕豆、绿豆、黑豆、红小豆、芸豆、苜蓿、马铃薯、山药、玉米、谷子、黍子、高粱、菊花、白术、黄芪、党参等作物造成危害，也能寄生在节节草、箭叶蓼、藜、反枝苋、牛膝、马齿苋、蒺藜、田旋花、苍耳、苣荬菜、芦苇、稗草、狗尾草、马唐等野生植物上。其危害与南方菟丝子相似。中国菟丝子对大豆不同品种的危害存在差异，在寄生关系确立前，受危害重的大豆品种植株的光合色素含量和净光合速率、总黄酮和植株全氮的含量比受危害轻的品种高，而可溶性糖的含量则相反。在寄生关系确立后，危害重的品种植株光合色素含量和净光合速率、总黄酮和植株全氮的含量下降，但可溶性糖含量则是危害程度越重，升幅越大。

防除技术　见南方菟丝子。

综合利用　中国菟丝子的种子为《中华人民共和国药典》收载的滋养性强壮收敛药，有滋补肝肾、固精缩尿、安胎、明目、止泻、调节免疫力、保护心血管、抗氧化、抗衰老等众多功效。用其种子作原料生产的妇宁康片对治疗妇女更年期综合征有良好疗效；种子还能治疗男性不育症、多种妇科病和糖尿病。种子磨粉外用能治带状疱疹，茎和种子制成的酊剂外用能治白癜风，茎汁外用能治痤疮。中国菟丝子的花粉可开发保健食品；藤茎有发酵生产沼气的潜力；还可利用中国菟丝子的寄生能力来防控黄顶菊和薇甘菊等外来入侵杂草。

参考文献

杜晓莉，陆荣生，马跃峰，等，2013. 中国菟丝子种子休眠解除方法研究[J]. 江西农业学报，25(11): 79-82.

国家药典委员会，2015. 中华人民共和国药典：2015年版　一部[M]. 北京：中国医药科技出版社.

李树学，胡飞，孔垂华，等，2007. 不同品种大豆(*Glycine max* L.)对中国菟丝子(*Cuscuta chinensis*)寄生的生理生态响应[J]. 生态学报，27(7): 2748-2755.

李扬汉，1998. 中国杂草志[M]. 北京：中国农业出版社：484-485.

王刚云，文家富，陈光华，等，2007. 中国菟丝子生物学特性观察及控制措施[J]. 植物检疫，21(6): 351-352.

张付斗，岳英，申时才，等，2017. 菟丝子属植物在云南对薇甘菊的控制效果及其安全性调查评价[J]. 生态环境学报，26(3): 365-370.

赵姗姗，杨俊，2017. 中药菟丝子的研究现状与展望[J]. 植物学研究，6(3): 175-184.

（撰稿：郭凤根、宋小玲；审稿：黄春艳）

《中国杂草志》 *Weed Flora in China*

由南京农业大学李扬汉教授主编、受国家自然科学基金和中华农业科教基金资助的农业科学重点专著。中国农业出版社于1998年7月出版发行。

该书的主编李扬汉（1913—2004），多年来一直从事中国杂草及进境杂草的调查、鉴定、防治和检疫等研究与教学工作。曾担任中国植物保护学会第三届理事会副理事长，曾受聘为中国杂草研究会主任，曾任联合国粮农组织改进杂草管理专家组成员，在国内外杂草科学学术界享有盛名。另外，杨人俊、杨宝珍、吴万春、章毓英和强胜为副主编，其他编委7人以及工作人员10余人参与。

从1984年开始，在国家自然科学基金资助下，李扬汉教授组织带领课题组成员与研究生赴川、陕、豫、皖、甘、青、新、藏等13个省（自治区、直辖市）20多个市，对中国各大区杂草区系进行了全面深入的调查和采集工作，特别是指导研究生在江苏、安徽、浙江等地开展了系统的数量调查研究，采集杂草标本约25 000余份。他又与中国农业院校和植物保护系统近百名专家学者进行交流，了解杂草发生分布及防除情况。在对中国杂草组织实地调查、采集、鉴定基础上，将中国田园杂草分为恶性杂草、区域性恶性杂草、常见杂草等几大类，为防除策略制定奠定了理论基础。

历时10年，四易其稿，编纂完成了这部集识别、防治、检疫杂草于一体的权威科学著作。该书的“前言”和“绪论”部分列举了调查研究的对象、范围和主要内容，中国自然条件和杂草区系分布，调查研究工作的起点、进程和草害调查方法，以及中国各地区有关杂草的调查研究。正文包括孢子植物中的藻类、苔藓、蕨类植物杂草共15个科和种子植物杂草中的裸子植物及被子植物杂草共 91 个科，主要恶性杂草及检疫性杂草和分布，杂草防除概况；杂草综合防除理论的探索（举例）；中国田园主要杂草防除技术指南；杂草综合防除；以及植物形态术语简释和参考文献。全书所列杂草共 106 个科、591 属、1380 种、11 亚种、60 变种、3 变型，累计杂草总数为 1454 种（亚种、变种或变型）。除个别及少数亚种或变种外，均配有黑白墨线图或彩色插图。书中编有植物界大类群杂草分类检索表，以及各分科、分属和分种的描述及检索表。各科、属、种（变种）的描述，包括种的形态特征，子实及大部分杂草的幼苗，生物学特性、生境、危害及分布。本着“化害为利”，开发利用野杂植物资源的要求，书中列有杂草的主要用途。

该书是中国迄今第一部中国田园（含非耕地）杂草和进境及检疫性杂草志书，是系统介绍中国田园杂草种类、危害、分布与利用的书籍，是迄今为止收集中国田园杂草种类最多、涉及杂草内容最广的杂草科学专著。在农业领域具有重要地位，不仅是杂草科学研究工作者必备的专业书籍，而且是从事植物保护、植物检疫和植物利用工作者的参考用书。

参考文献

李扬汉，1998. 中国杂草志 [M]. 北京：中国农业出版社 .

（撰稿：强胜；审稿：宋小玲）

中国植物保护学会杂草学分会　Weed Science Society of China, CSPP

中国植物保护学会分会之一。创建于 1981 年 10 月，原名杂草研究会。1992 年 1 月 21 日，经第五届中国植物保护学会第六次常务理事会讨论通过，改称杂草学分会。中国植物保护学会杂草学分会的任务是为杂草生物学、生态学及其发生危害规律，以及杂草防除新技术研究和知识及技术普及提供交流平台，以促进杂草防治技术进步，保障农业可持续发展及粮食生产安全，推动农业现代化为使命。历任杂草学分会的理事长分别为李扬汉、张泽溥、张朝贤，现任理事长李香菊。

自成立以来，中国植物保护学会杂草学分会于 1982 年、1984 年、1988 年、1990 年、1994 年、1999 年、2004 年、2007 年、2009 年、2011 年，2013 年、2015 年、2017 年、2019 年分别在昆明、南京、天津、石家庄、昆明、南宁、哈尔滨、海口、西宁、昆明、长沙、太原、贵阳、乌鲁木齐组织召开了第一届至第十四届中国杂草科学大会。2021 年，第十五届中国杂草科学大会在广东珠海召开。分会多次组织举办杂草科学讲习班，为各地农业科研和农业技术推广部门培养了一批杂草科技人才，为推动中国杂草学科的发展发挥了积极作用。

1989 年以来，分会组织国内杂草科学工作者多次参加了亚太杂草科学大会和国际杂草科学大会，通过学术交流，向世界同行展示了中国杂草科学研究成果和杂草防控技术，增进了了解，促进了合作。2001 年和 2012 年分会分别在北京和杭州成功主办了第十八届亚太杂草科学大会和第六届国际杂草科学大会，赢得了国际同行的高度评价和赞扬。分会将再次承办第二十九届亚太杂草科学大会。

分会建立以来，在推动杂草科学发展，宣传推广杂草科学基础知识和发展化学除草为主体的农田杂草综合防除技术及人才培养方面做了大量工作。各地的杂草科技工作者结合当地杂草防除和科技研究需要以及国内外除草剂产品的开发工作，培养了一批经验丰富的技术人员，农业院校和农业科研单位也培养出高层次的杂草科学专业人才，促进了中国杂草科学的发展，推动了杂草防除技术的进步，加强了地区间、国际间杂草科技合作。

（撰稿：张朝贤、黄红娟；审稿：强胜）

中华苦荬菜　*Ixeris chinensis* (Thunb.) Nakai

棉花、玉米、蔬菜、果园和茶园多年生杂草。又名山苦荬、苦菜、中华小苦麦、兔儿菜、黄鼠草、活血草、小苦荬。英文名 Chinese ixeris。菊科苦荬菜属。

形态特征

成株　株高 10～40cm（图①②）。根垂直直伸，通常不分枝。根状茎极短缩。茎基部多分枝，基部直径 1～3mm；全株含乳白色汁液，无毛。基生叶丛生，线状披针形或倒披针形、线形或舌形，包括叶柄长 2.5～15cm，顶端钝或急尖或向上渐窄，基部渐狭成有翼的短或长柄，全缘、或边缘有尖齿或凹齿，或羽状浅裂、半裂或深裂，侧裂片 2～7 对，长三角形、线状三角形或线形，自中部向上或向下的侧裂片渐小，向基部的侧裂片常为锯齿状，有时为半圆形；茎生叶互生，2～4 枚，极少 1 枚或无茎叶，长披针形或长椭圆状披针形，不裂，边缘全缘，顶端渐狭，基部扩大，耳状抱茎；全部叶两面无毛。头状花序排列成疏生的伞房花序（图③），含舌状小花 21～25 枚；总苞在花未开时成圆筒状，长 8～9mm；总苞片 3～4 层，外层宽卵形，长 1.5mm、宽 0.8mm，顶端急尖，内层长椭圆状倒披针形，长 8～9mm、宽 1～1.5mm，顶端急尖；花全部为舌状花，白色、淡紫红色，花药墨绿色。

子实　瘦果狭披针形（图④⑤），棕褐色，长 2.2mm、宽 0.3mm，有 10 条高起的钝肋，肋上有上指的小刺毛，顶端急尖成细喙，喙细，细丝状，长约 3mm；冠毛白色，刚毛状，长约 6mm。瘦果的喙与瘦果的长度相等。

幼苗　茎、叶具乳汁，光滑无毛。子叶卵圆形，具短柄。初生叶 1 片，卵圆形，叶缘有不明显的小齿，下具长柄（图⑥）。

生物学特性　以根和种子进行繁殖，但以营养繁殖为主。中华苦荬菜的生长周期较长，以生长在内蒙古草原的中华苦荬菜为例，大多是在 4 月上中旬返青，4～5 月为营养期，5～6 月为花期，每株山苦荬从形成花蕾到花朵开放需要 7 天左右，6～7 月为结实期，随后为果后营养期，开放的花朵经过授粉，果实会在 7 天左右成熟，种子随风散落。10 月开始枯萎，冬季地上部分死亡。

中华苦荬菜种子属于小粒种子，其千粒重约为 0.1528g。

中华苦荬菜植株形态（强胜摄）

①群体；②开花植株；③花序；④⑤子实；⑥幼苗

种子内胚乳较小，储藏营养物质较少，若储藏时间过长，因自身呼吸作用可造成营养物质大量消耗，种子生活力降低。光照有利于促进中华苦荬菜种子的萌发；赤霉素和吲哚丁酸可促进种子发芽。

分布与危害 中国分布于各地，以北方最普遍，生于农田、山坡、沟渠边及荒地。中华苦荬菜抗旱耐寒，生长在中国东北和内蒙古等地区的植株，能够较早返青，而在晚秋霜冻之后也可以存活。即使在中国北方干旱地区的固定、半固定沙丘及环境更加恶劣的砂质土地上也有生长。常危害小麦、油菜、向日葵以及果园等，为夏熟作物田、果园常见杂草。

防除技术

农业防治 精选作物种子，清除杂草的种子。通过耕翻、整地，消灭土表的杂草种子，同时将根翻出并集中销毁，减少翌年杂草基数。实行定期的水旱轮作，减少杂草的发生。秸秆覆盖可以抑制出苗，达到良好的防治效果。

化学防治 在冬前或早春小麦田可选用氯氟吡氧乙酸、2甲4氯、二氯吡啶酸、苯磺隆、双氟磺草胺、唑草酮或其复配制剂进行茎叶喷雾处理。在向日葵田覆膜播种前，选用二硝基苯胺类仲丁灵进行土壤封闭处理可有效防除中华苦荬菜，且对向日葵安全。

综合利用 中华苦荬菜枝叶常常作为野菜，或者作为家畜饲料使用。中华山苦荬含有萜类、三萜类、甾体化学物、黄酮类及其苷类等多种化学成分，全草可入药，具有保肝、降血脂、抗氧化、抗肿瘤、止咳祛痰及保健作用。

参考文献

刘计权，裴妙荣，王彦梅，2009. 中华苦荬菜种子特性的研究[J]. 中南药学，7(2): 85-87.

王璐璐，2011. 中华苦荬菜生长发育规律及有效成分积累动态研究[D]. 长春：吉林农业大学.

希古日干，哈力嘎，白淑珍，等，2020. 山苦荬化学成分及药理研究进展[J]. 天然产物研究与开发，32: 1259-1267.

张垠，2011. 藏药山苦荬化学成分的研究[D]. 成都：西南交通大学.

SHIH K N, HUANG W T, CHANG C L, et al, 2014. Effects of *Ixeris chinensis* (Thunb.) Nakai boiling water extract on hepatitis B viral activity and hepatocellular carcinoma [J]. African journal of traditional, complementary and alternative medicines, 11(1): 187-193.

（撰稿：马小艳；审稿：宋小玲）

中亚滨藜 *Atriplex centralasiatica* Iljin

旱地一年生杂草。又名软蒺藜、马灰条。异名 *Obione centralasiatica* (Iljin) Kitag.。英文名 wild saltbush、Central Asia saltbush。藜科滨藜属。

形态特征

成株 高15～50cm（见图）。茎直立，通常自基部分枝。

中亚滨藜植株形态（周小刚摄）

枝钝四棱形，黄绿色，有粉或下部近无粉。叶有短柄，枝上部的叶近无柄；单叶互生，叶片卵状三角形至菱状卵形，长2～3cm、宽1～2.5cm，边缘具疏锯齿，近基部的1对锯齿较大而呈裂片状，或仅有1对浅裂片而其余部分全缘，先端微钝，基部圆形至宽楔形，上面灰绿色，无粉或稍有粉，下面灰白色，有密粉；叶柄长2～6mm。团伞花序簇生叶腋；雄花花被5深裂，裂片宽卵形。雄蕊5，花丝扁平，基部连合，花药宽卵形至短矩圆形，长约0.4mm；雌花无花被，具2苞片，苞片扇形至扁钟形，边缘近基部以下合生，果时长6～8mm、宽7～10mm，近基部的中心部鼓胀并木质化，表面具多数疣状或肉棘状附属物，缘部草质或硬化，边缘具不等大的三角形牙齿；苞柄长1～3mm。

子实　胞果扁平，宽卵形或圆形，果皮膜质，白色，与种子贴伏。种子圆形，直立，黑色、红褐色或黄褐色，直径2～3mm。

生物学特性　属C_4植物。种子繁殖。花期7～8月，果期8～9月。中亚滨藜果实可分为2种类型：一种果皮外表凹凸不平，驼峰带刺，一种果皮外表较为光滑，扁平不带刺，种子扁圆形；根据种皮分为棕、黑2种颜色。因此中亚滨藜多型性种子分为4类，这与它们的扩散能力、萌发时间、竞争能力、种子库动态和幼苗建成等方面都有很大的关系，种子（或果实）多型性是中亚滨藜适应不良环境的一种重要形式。

中亚滨藜属于泌盐植物，植物叶表面具备盐囊泡，能够通过将体内的盐分临时贮存在盐囊泡中适应盐渍环境，盐囊泡将体内过多的盐分排出体外以适应盐碱地环境。中亚滨藜属于盐生植物，能够在200～500mmol/L NaCl条件下继续生长。NaCl能够使中亚滨藜的生殖分配显著增加，并且提高整株的种子数量和各级分枝每个节点上的种子数。随着处理的NaCl浓度的升高，中亚滨藜二级分枝的数目会明显减少，一级分枝数目没有明显变化，由此把更多的资源调配给一级分枝，使其产生更多的果实和种子繁殖后代，植株的各级分枝、各个节点上的平刺苞片种子数、棕黑种子数目也明显增加。植株的扁平苞片种子数显著高于带刺苞片种子数，棕色种子数也明显高于黑色种子数。这种结实格局和生殖分配策略有利于中亚滨藜更好地在各种不良生境中成功定居，可以提高中亚滨藜在盐渍环境下的适应性和生存能力。中亚滨藜的耐冷性较强，冷害临界温度在3℃左右，冷胁迫下中亚滨藜的膜脂过氧化程度轻。

中亚滨藜具有一定的再生性能，经放牧采食或刈割，腋芽可再分枝，在高温高湿、水热条件适宜营养体生长的夏季，再生株高可达20～30cm，能形成较大的再生生物量。

分布与危害　中国吉林、辽宁、内蒙古、河北、山西北部、陕西北部、宁夏、甘肃、青海、新疆至西藏均有分布，中亚滨藜是中国新疆巴音郭楞蒙古自治州塔里木垦区常见的农田杂草。在盐碱较重的农田中，其发生量分别占麦田杂草总数的9%和23%。中亚滨藜对小麦产量影响很大，又严重妨碍机械收割，而且收获时，中亚滨藜胞果一同混入谷物之中，不仅影响小麦质量，还易引起霉烂现象发生。在山西西北部的麦田和马铃薯田、宁夏的中药材田、河北坝上农田也有发生，危害程度较轻。

防除技术　应采取包括农业防治、化学防治、综合利用相结合的方法。

农业防治　精选作物种子，汰除杂草种子。施用通过发酵腐熟的有机肥，以防止杂草种子带入麦田。深耕深翻，将草籽翻入深土层，减少其出土发芽概率。进行水旱轮作，脱盐改土，可直接控制中亚滨藜发生量。及时开展机械中耕除草；发生量不大的田块可人工锄草。

化学防治　小麦田可用噻吩磺隆、异丙隆或两者的复配剂以及吡氟酰草胺在播后苗前进行土壤封闭处理。对于没有完全封闭住的残存个体，小麦田选用激素类2,4-滴二甲胺盐、2甲4氯、氯氟吡氧乙酸、双氟磺草胺、唑草酮或它们的复配剂等进行茎叶处理。马铃薯田可用乙草胺、精异丙甲草胺或者它们与异噁草松的复配剂，或者嗪草酮在播后苗前进行土壤封闭处理。没有完全封闭的残存个体，选用灭草松进行茎叶处理。氟乐灵对中亚滨藜也有较高的活性，但不能在麦田直接施用，可通过棉—稻—麦轮作，先在棉田应用，通过轮作和化除相互配合防治杂草。

综合利用　中亚滨藜茎叶为多数家畜所喜食，鲜草、干草均可作猪饲料。带苞的果实称“软蒺藜”，为明目、强壮、缓和药。中亚滨藜种植在盐碱荒地上可以显著改善土壤性质，使土壤含盐量明显降低，土壤中的有机质显著增加。

参考文献

冯缨，段士民，牟书勇，等，2012. 新疆荒漠地区 C4 植物的生态分布与区系分析 [J]. 干旱区地理，35(1): 145-153.

黄文娟，张越，梁继业，等，2012. 光－温耦合条件对 2 种藜科植物种子萌发特性的影响 [J]. 黑龙江生态工程职业学院学报，25(6): 35-37.

李扬汉，1998. 中国杂草志 [M]. 北京：中国农业出版社：194-195.

王菊，2020. 中亚滨藜多型性种子萌发及苗期抗盐性分析 [D]. 济南：山东师范大学.

邢虎田，栗素芬，1986. 中亚滨藜和野滨藜及其防除 [J]. 新疆农垦科技 (1): 29-30.

殷晓晓，2020. 中亚滨藜耐冷机理研究 [D]. 济南：山东师范大学.

于德花，2011. 滨海盐土中亚滨藜栽培技术 [J]. 中国种业 (7): 58.

张科，田长彦，李春俭，2009. 一年生盐生植物耐盐机制研究进展 [J]. 植物生态学报，33(6): 1220-1231.

中国科学院中国植物志编辑委员会，1979. 中国植物志：第二十五卷 第二分册 [M]. 北京：科学出版社：40.

（撰稿：刘胜男；审稿：宋小玲）

种间竞争　interspecific competition

不同杂草与作物或不同杂草物种个体之间的竞争。物种之间的任何竞争都会影响两者的适合度。在竞争或避免竞争中投入的资源（能量、时间和物质）会降低这些资源的可用性，并对种群的繁殖成功产生不利影响。当一个种群完全或部分耗尽有限资源时，其竞争对手的这种资源的可用性就会降低。由于竞争导致每个个体付出适合度下降的代价，因此各方避免竞争是有利的，这导致自然选择有利于生态位分化、专一化和多样化。

在农田生态系统中，杂草与作物或不同杂草间争夺共同资源（光、CO_2、水、养分）。杂草与作物竞争光是非常普遍的现象，杂草和作物叶片相互遮盖，导致对方的光合作用下降，干物质积累减少，最终降低产量。杂草与作物对光的竞争能力主要取决于它们对地上空间的优先占有能力、株高、叶面积及叶片的着生方式。作物早发、早封行，就可能优先占有空间，抑制杂草的生长。反之，作物苗生长慢，被快速生长的杂草所遮盖，吸收阳光就少，生长就受到抑制，出现草欺苗现象。不过，有些杂草如杂草稻从苗期开始就表现出出苗快，苗期光合能力强，生长迅速，竞争性常常会处于优势地位。杂草和作物的叶面积指数（leaf area index）是反映它们光竞争能力的一个很重要的指标，叶片多、叶面积指数大，接收光多，竞争力就强。在杂草与作物竞争 CO_2 时，作物常常处于劣势。因为，很多杂草是 C_4 植物，而大多数作物是 C_3 植物，C_4 植物的 CO_2 的补偿点比 C_3 植物低，在 CO_2 浓度较低时，C_4 植物仍能进行正常的光合作用，而 C_3 植物的光合作用则受到抑制。在土壤水分含量较低时，杂草比作物更能较好地利用水分，叶片保持较高的水势。C_4 植物的杂草水分利用率高于 C_3 植物的作物而处于竞争优势。作物生产中的一个很重要的限制因子是土壤中的养分不足，特别是 3 种大量元素氮、磷和钾。很多杂草吸收养分的速度比作物快，而且吸收量大，降低土壤中作物可利用的营养元素的含量，这样加剧了作物营养缺乏。杂草和作物间竞争不同的资源是同时发生的。由于不同的资源间相互联系，因此，它们竞争不同的资源是一个很复杂的过程。竞争地上资源必然影响到地下资源的竞争。一般来说，竞争一种资源将加剧对另一种资源的竞争；对一种资源竞争占优势，将导致对另一种资源的竞争也占优势；对于弱竞争者来说，同时与强竞争者竞争 2 种资源的产量损失远大于分开竞争这两种资源产量损失之和。

杂草与作物的竞争能够通过影响作物的叶面积、干物质积累等指标，最终作用于产量性状指标而导致作物减产。杂草与作物间的化感作用也是种间竞争的表现之一，最终影响作物产量。杂草与作物竞争导致作物产量损失，可用产量损失模型进行描述。杂草密度和作物产量损失之间不是直线关系，而是呈“S”型曲线或双曲线关系。至于是呈“S”型曲线，还是呈双曲线，因杂草和作物的种类而定。当作物的竞争力比杂草强时，杂草密度和作物产量损失的关系为“S”型曲线，反之则为双曲线（见图）。杂草密度和作物产量损失之间的直线关系是一种特例，即在杂草密度很低时才呈直线关系。然而，杂草生物量和作物产量损失则呈直线关系。

种间竞争的能力取决于不同种类作物或杂草的生态习性、生活型和生态幅等。具有相似生态习性的植物，在资源

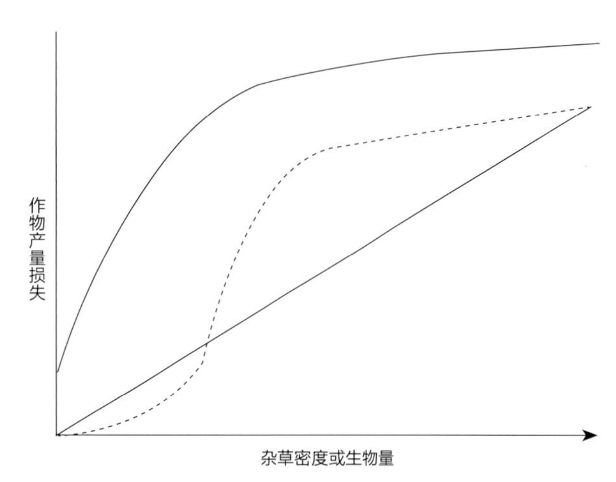

杂草密度或生物量与作物产量损失的关系

的需求和资源获取上均竞争十分激烈，尤其是密度大的种群更是如此。植物的生长速率、个体大小、抗逆性及营养器官的数目等都会影响竞争的能力。例如，有研究表明杂交水稻在与稗草等农田杂草的竞争中显示出比常规稻更强的竞争优势，这主要是由于杂交水稻具有分蘖力强、叶面积增长快、净光合作用强之特性。

参考文献

林文雄，姚文辉，金吉雄，等，1998. 杂交水稻与稗草种间竞争的优势表现Ⅱ. 水稻与稗草在混播栽培中的种间竞争分析 [J]. 福建农业大学学报 (4): 393-396.

强胜，2009. 杂草学 [M]. 2 版 . 北京：中国农业出版社 .

杨持，2014. 生态学 [M]. 3 版 . 北京：高等教育出版社 .

CADOTTE M W, 2004. Ecological niches: Linking classical and contemporary approaches [J]. Biodiversity and conservation, 13: 1791–1793.

（撰稿：郭辉；审稿：强胜）

种内竞争　intraspecific competition

来自同一杂草物种的不同个体之间的竞争，是常见且重要的相互作用类型之一。种内竞争既可以是主动的也可以是被动的。竞争对同一杂草物种不同个体的影响主要取决于发生的竞争类型。在分摊型竞争中，同一物种不同个体等量的利用资源直至资源耗尽，这种竞争是个体之间的间接相互作用，最终可能会导致该物种中的所有个体由于资源短缺而灭亡。而在争夺型种内竞争中，物种内某一个体通过竞争赢得资源，并利用该资源继续生存，其他个体因资源缺乏，生长受到抑制甚至死亡。种内竞争是密度依赖性的，其能够通过影响密度依赖性的死亡率，进而控制种群动态。在低密度下，不存在种内竞争，资源竞争对个体的存活没有影响。随着个体密度增加，资源的可用性逐渐降低，当个体密度达到一定的阈值时，种群的死亡率不断提高，最终导致整个种群的个体密度下降。

在农田生态系统中，种内竞争通常是指在植物间竞争有限资源（光、CO_2、水、养分）的情形下，同种杂草不同个体之间为争夺共同资源的生存竞争。如稻田中不同稗草个体间的竞争。同种杂草不同个体由于要求相同的生活条件，相互之间竞争十分激烈，其激烈程度随种群密度增大而加剧。尤其当种群密度接近环境负荷量极限时，竞争就更加剧烈；其结果是使种群数量的增长受到抑制。例如，有研究表明在高密度条件下，稗草的种间竞争加剧，而由于环境资源的不足，导致稗草植株对穗的营养供应不足以及对分株间的资源分配出现不均衡。在种内竞争方面的重要理论有最后产量恒值法则和自疏法则。前者是指当一个种群的密度增加到一定程度时，如果再增加密度，最后的产量总是基本相同。后者则是指随着播种密度的提高，种内竞争不仅影响到植株生长发育的速度，也导致植株的存活率降低。植物种群自疏过程中，其个体平均重量与种群密度呈 –3/2 直线斜率的变化。

参考文献

牛翠娟，娄安如，孙儒泳，等，2015. 基础生态学 [M]. 北京：高等教育出版社 .

潘星极，2011. 不同单因素条件下稗草生殖分配及生殖分株数量特征研究 [D]. 沈阳：沈阳农业大学 .

ADLER P B, SMULL D, BEARD K H, et al, 2018. Competition and coexistence in plant communities: Intraspecific competition is stronger than interspecific competition [J]. Ecology letters, 21: 1319–1329.

（撰稿：郭辉；审稿：强胜）

种子库动态　dynamics of seed bank

存在于土壤中和土壤表面全部存活的杂草种子和营养繁殖体（见杂草种子库）。时刻都处于输入和输出的动态变化之中。

杂草种子的输入主要受杂草的结实形成的种子雨及种子传播输入机制影响；杂草种子的输出主要受杂草种子的寿命、捕食、休眠萌发特性及杂草种子传播输出机制影响（见图）。杂草种子库是杂草发生的根源，研究杂草种子库动态，就可以了解和掌握杂草发生规律，就可能采取精准防除技术，特别是针对消减杂草种子库的技术方法。因此，杂草种子库动态的研究是当前种群生态学及群落生态学的一个热点。

土壤杂草种子库分为瞬时土壤种子库（种子存活少于 1 年）与持久土壤种子库（种子在土壤中可存活 1 年以上，由保持休眠的种子组成）。土壤种子库是土壤中种子聚集和持续的结果，其形成的原因主要为植物种子成熟后通过不同媒介方式散布至土壤表层，其中大部分通过生物或非生物因素进入土壤并被埋藏。杂草种子库的种子输入的来源很多，其中田间每年杂草的种子成熟后脱落形成的种子雨为最主要的来源。多实性是许多杂草种类所具有的显著的生物学特性之一。一般而言，杂草植株的结实量非常大，因而每年都有大量的新种子补充进入土壤杂草种子库中。杂草种子具有各异的休眠特性，种子休眠的时间长短不同，避免杂草种子在短时间内大量萌发。因此，土壤中存留的杂草种子数量非常庞大。在农田，由于杂草的生长受到作物的竞争抑制及农田除

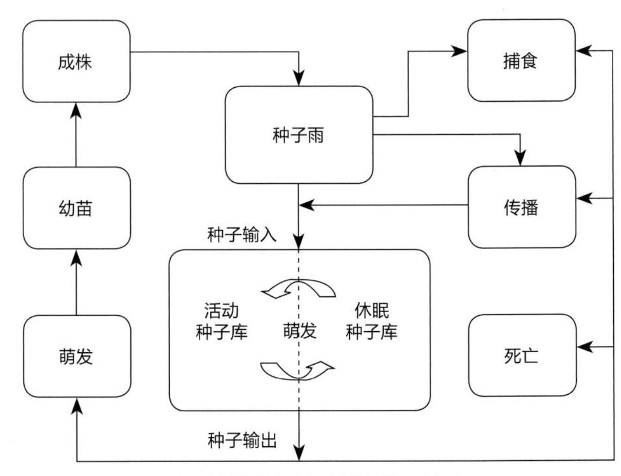

农田杂草种子库的输入输出动态

草等因素的影响，杂草的结实量会受到不同程度的影响，但每年杂草仍然会产生足够多的种子补充到土壤中，从而使土壤种子库的大小随时间延长而不断扩大。杂草种子库的输入还有其他方式，如带有杂草种子的农业机械和不纯的作物种子、风和水以及动物的携带，此外，未腐熟的有机肥也会带来一定量的杂草种子。杂草种子可通过农用机械在田间的移动而传播，其中联合收割机及其他收获器械对杂草种子的传播作用特别显著。而水旱轮作模式中，灌溉水流对杂草种子的传播具有显著的甚至是关键性的作用。

杂草种子库的输出包括杂草种子的萌发、休眠、死亡、迁移，其中萌发和死亡是最主要的输出方式。萌发和死亡是影响作物产量的重要因素，也是评价杂草控制力度的重要指标。影响杂草种子萌发和出苗的因素很多，主要包括温度、土壤水分含量、耕作条件、埋藏深度、土壤pH以及土壤中氮、磷、钾元素的比例及含量等。喜湿性杂草如看麦娘、日本看麦娘、菵草种子在旱田中，经3年后几乎100%死亡，而喜旱性杂草阿拉伯婆婆纳种子在水田中，经2年便全部死亡，大巢菜、猪殃殃经3年全部死亡。影响杂草种子库输出的因素还包括种子的病虫害、动物的取食，环境的胁迫也会造成杂草种子的死亡。种子库中的杂草种子还能随水流、耕作活动或收获机械而损耗。实践上，如果控制输入（如减少子实产生量，堵截传播途径）、促使其加快输出（如诱导萌发、改变土壤环境使其不利于杂草种子的保存等）、截流竭库，可使杂草种子库缩小，达到良性可持续管理杂草的目的。

此外，土壤种子库动态的研究还包括空间格局和时间动态的变化。其中空间格局分为水平与垂直分布两个方面。种子库的物种呈现出明显的垂直分布格局，物种种类与密度分布趋于浅层土壤。这种分布趋势会随着不同环境发生变化，呈现动态变化。时间动态主要包括季节动态和年际变化，与物种成熟节律和种子散落规律密切相关。土壤种子库的组成和种子密度具有明显的季节性。部分物种的种子在土壤种留存较短时间后萌发，而有些物种的种子会进行休眠，等到条件适宜时再萌发。年际变化主要是由于降水量等气候因子的变化、群落的演替和植物结实的周期性等原因造成的。

对于种子库动态的研究，通常利用小区多样点法、随机法、样线法进行取样，同时需要考虑样方数量、面积和土层深度等。取样的同时需要考虑到季节性和年际变化的特性，种子的输入与输出会改变种子库的种子密度和物种组成。对于种子库种类鉴定，主要采用种子萌发法和物理分离法两种方式进行鉴定。种子萌发法需要土壤种子能够在适宜条件下萌发良好。若种子处于休眠状态不能萌发或萌发率很低时，土壤种子库物种储量无法被准确判断统计。物理分离法对于种子较大的物种能够快速鉴别，但对于种子较小的物种或含有较多器官残留物的土壤鉴定并不理想，同时需要耗费大量时间和精力分析种子活性。在实际应用中，需根据实际情况具体判断鉴定方法。

参考文献

何云核，强胜，2008. 安徽沿江农区秋熟田杂草种子库特征 [J]. 中国生态农业学报，16(3): 624-629.

何云核，强胜，2007. 安徽沿江水稻田杂草种子库研究 [J]. 武汉植物学研究，25(4): 343-349.

强胜，2001. 杂草学 [M]. 北京：中国农业出版社.

魏守辉，强胜，马波，等，2005. 土壤杂草种子库与杂草综合管理 [J]. 土壤，37(2): 121-128.

GAO P, ZHANG Z, SUN G, et al, 2018 The within-field and between-field dispersal of weedy rice by combine harvesters [J]. Agronomy for sustainable development, 38(6): 55.

MULUGERA D, STOLTENBERG D E, 1997. Increased weed emergence and seed bank depletion by soil disturbance in no-tillage systems [J]. Weed science, 45: 234-241.

PLEASANT J M, SCHLATHER K J, 1994. Incidence of weed seed in cow (Bos sp.) manure and its importance as a weed source for cropland [J]. Weed technology, 8: 304-310.

ZHANG Z, LI R, WANG D, et al, 2019. Floating dynamics of *Beckmannia syzigachne* seed dispersal via irrigation water in a rice field [J]. Agriculture, ecosystems & environment, 277: 36-43.

（撰稿：张峥；审稿：强胜）

种子雨 seed rain

在特定的时间和特定的空间，杂草种子从母株上散落的过程。这是对杂草的繁殖体（种子和果实）散布的形象描述，种子等繁殖体的散布就像下雨一样，“雨”表示数量多而集中，因此被称为种子雨，又被称为种子流。种子雨中既有成熟种子，又有未成熟种子，还有死亡的种子。种子雨是杂草生命周期过程中一个关键的环节，只有在作物收获前形成种子雨的子代，才有机会回馈到农田土壤种子库中存留延续成为下一代的杂草群落组成成员。所以，杂草对农田生态环境长期适应，总是早于作物开花结实形成子实，边熟边落，形成较早且持续较长时间的种子雨。种子雨是杂草土壤种子库最主要的来源，是以新鲜的种子补充和更新种子库，维持种子库的持久活力。

种子雨的组成和大小具有时空异质性。种子雨的空间异质性（也称空间动态性）表现在种子雨的组成和大小因群落而异，种群间的种子雨因种群而异，种群内部的种子雨因个体而异；造成种子雨空间异质性的因素可分为生物和环境因素。生物因素主要包括植株高度、种子重量、种子附属物、群落组成和捕食作用等；环境因素主要为地形、坡位、坡向、风速、风向等。种子雨的时间异质性（也称时间动态性）表现在不管是群落、种群还是种群内部的个体，其种子雨既具有季节动态，又具有年际变化。种子雨的时间动态性，与杂草本身的生物学特性、扩散方式、动物和昆虫捕食、病害及所处的环境相关。由于杂草自身的特点和生态环境的异质性，不同杂草群落和种群的种子雨在发生时间、雨量、强度及散布特征等方面存在很大差异。种子雨的大小决定于各种杂草的种子产量，通常用种子雨强度（seed rain intensity）进行定义。由于不同杂草物种之间的种子产量的千差万别，不同种群之间的种子雨强度也会相差较大；由于环境条件如土壤深度、地形、土壤养分以及在群落中所处地位等的差异，相同杂草种群内部不同个体之间的种子雨也有差异。

种子雨和种子库关系密切，种子雨是土壤种子库的主要来源，不断补充和更新土壤种子库，因而，由种子雨补充更新的种子库是下一生长季杂草幼苗的主要来源。种子雨空间分布的异质性和时间动态对种子库有一定影响。种子雨较短时间内的大量降落有利于种子存留在土壤种子库中。

杂草与农作物一起进化，适应了它们的生长和生活周期，往往在作物成熟前，杂草种子就成熟并脱落，形成大量的种子雨补充到土壤杂草种子库中。其中的优势杂草种群，能够产生大规模的种子雨从而维持其优势地位，特别是根据种子雨或土壤种子库来准确预测下一季杂草危害情况，可以帮助农民选择适当的防治措施。

通过有效的杂草防控措施，能够大量地减少杂草种子雨，从而显著降低杂草种子库的输入。其中除草剂是重要的防控措施之一，虽然除草剂不能防除所有杂草，但可以部分地减少杂草植株数量，从而减少杂草成熟种子数量，降低种子雨规模。当杂草种子雨对种子库的输入被有效的控草措施减少或阻断时，杂草种子库的规模将快速下降。在没有种子雨输入时，由于存在休眠杂草种子库，也需要几年时间才能完全耗竭杂草种子库。但杂草多是 r- 生存对策者，加上种子的休眠特性，当杂草防控措施效率不高时，幸存的杂草能够产生新的种子，即使是少数的杂草也能产生相当规模的杂草种子雨；同时种子库中储存的杂草种子也将会在条件适宜时萌发、成熟、繁殖，从而在短时间内就能够产生大量的种子雨补充进入杂草种子库中，维持杂草种子库的动态平衡。

参考文献

于顺利，郎南军，彭明俊，等，2007. 种子雨研究进展 [J]. 生态学杂志，26(10): 1646-1652.

BUHLER D D, HARTZLER R G, FORCELLA F, 1997. Implications of weed seedbank dynamics to weed management [J]. Weed science, 45(3): 329-336.

HARPER J L, 1977. Population biology of plants [M]. London: Academic Press: 83-147.

WILLSON M F, TRAVESETA 2000. The ecology of seed dispersal [M]//Fenner M. Seed: the ecology of regeneration in plant communities. New York: CAB international.

（撰稿：张峥；审稿：强胜）

种植前土壤处理　pre-emergence treatment before sowing

除草剂使用方法中土壤处理的一种方法。指作物播种或移栽前将除草剂加水喷施或拌成毒土撒施于土壤表层，或喷洒后通过混土操作，将除草剂拌入土壤中，以杀死未出土杂草的除草剂使用方法。

种植前土壤处理除利用生理生化选择性外，主要利用的是时差选择性。土壤处理剂施用于土壤中后，在土表形成一层除草剂封闭层，封闭层中的杂草萌芽或穿过封闭层时可通过根、胚芽鞘或下胚轴等部位吸收除草剂而死亡，此时因作物尚未播种或移栽，因此作物不受药害。种植前土壤处理的药效和对作物的安全性受土壤质地、有机质含量、土壤含水量和土壤微生物等多种因素的影响，因此施药时应根据土壤的特性确定施用量，才能获得取得良好的防除效果。如在质地黏重的土壤上施用时，使用高剂量；在疏松的土壤上施用时，使用低剂量；干旱气候不利于药效发挥，在土壤墒情较差时，有些除草剂可在施药后浅混土 2～3cm；有些药剂淋溶性较强，在低洼地或砂壤土使用时，如遇雨容易发生淋溶药害。

具体施药方法可分为 2 种。

土表处理　作物种植前将除草剂喷洒于或拌干细土（肥）施于土壤表面。如西瓜移栽前施用异丙甲草胺土壤均匀喷雾处理防除一年生杂草。在水稻田进行种植前土壤处理时特别注意水层管理，在施药时应排干田水，药后需要合理保持水层，才能起到良好的防除效果。例如水直播稻田采用噁草酮进行播前土壤处理，应在整田结束后，趁泥浆还未沉淀的浑水状态下甩施全田，施药前灌足水，确保保水时间不少于 3～5 天。待田间水落干或排水后播种，畦面要求做到不积水。稻田插秧或抛秧前施用噁草酮防除一年生杂草，于水稻移栽前 2～3 天，在整地后趁水浑浊状态时，拌干细土均匀撒施，保持 3～5cm 深的水层。施药与插秧至少间隔 2 天；水稻移栽田施用丙炔噁草酮防除一年生杂草，于水稻移栽前 3～7 天，稻田灌水整平后呈泥水或清水状时兑水喷雾处理。施药后 2 天内不排水，移栽后保持 3～5cm 水层 10 天以上，避免淹没稻苗心叶。

混土处理　作物种植前施用除草剂于土表，并均匀地混入浅土层中的方法称种植前混土处理法。为了药剂能均匀地混入土层内，可用钉齿耙、圆盘耙与旋转耙等混拌。用圆盘耙交叉耙两次，耙深 10cm 就能将药剂均匀地分散到 3～5cm 的土层内。当药层内的杂草萌芽或穿过药层时，则杂草吸收药剂而死亡。这种处理法的特点是：①能够减少易挥发与光解的除草剂的流失，例如挥发性强的茵草敌与燕麦敌等硫代氨基甲酸酯类，易挥发与光解的氟乐灵与仲丁灵等二硝基苯胺类除草剂，采用土表处理效果较差，而混土处理则能维持较长的持效期。②土壤深层也能萌发的杂草如野燕麦等，采用土表处理常表现药效差，而混土处理法能发挥较高的药效。③在土壤墒情差的情况下，由于苗前土壤处理药剂不能淋溶下渗接触杂草种子，故药效较差；而采用播前混土处理则药剂能接触到杂草种子，故可获得较好的效果。例如土壤墒情差的条件下使用西玛津防除玉米田杂草，利用播前混土处理就能提高药效。

采用播前混土处理应注意：首先是药剂如果混入作物种子层内，降低了药剂的选择性，因此要求所用的除草剂必须具有足够的选择性，否则可能出现药害。其次，当除草剂从表层被分散到较深土层后，不一定都能增加除草效果，有些除草剂反而可能因土壤中的药剂浓度被稀释而降低了药效，因此采用混土处理前应考虑除草剂的作用特性。

参考文献

倪汉文，姚锁平，2004. 除草剂使用的基本原理 [M]. 北京：化学工业出版社 .

强胜，2001. 杂草学 [M]. 北京：中国农业出版社 .

徐汉虹，2018. 植物化学保护学 [M]. 5 版 . 北京：中国农业出版社 .

（撰稿：郭文磊；审稿：王金信、宋小玲）

重要外来及检疫杂草 important exotic and quarantine weeds

以立法形式确立的、在国家或地区间限制或禁止输入或输出的非本国或非本地起源的危险性有毒有害杂草。制定检疫杂草名录，实施杂草检疫的主要目的是保护国家或地区的农业生产，从历史和现实看均是如此。因此，检疫杂草及杂草检疫主要针对极难根除的农田杂草，尤其是麦类、豆类作物和果园等旱作地恶性杂草。检疫杂草都是非本地起源的杂草，不包括本国或本地起源的杂草，无论它们危害多么严重，因为它们的危害已经发生，不存在也没必要"防止输入"。检疫杂草可以是国家或地区尚未发现，或虽有分布但仅局部发生，并在原产地或其他国家已经危害农业生产的非本地杂草；也可以是分布广泛、危害十分严重、铲除非常困难的非本地杂草。从检疫杂草的提出目的看，针对尚无分布或仅局部分布的检疫杂草开展杂草检疫更有意义。非本地起源的杂草不等于外来杂草，前者所指范围更广，含所有已经传入和尚未传入（潜在杂草）国家或地区的杂草，后者仅指已经传入的杂草。

检疫杂草是非本地起源的杂草，包括外来杂草和潜在的外来杂草（尚未传入），但外来杂草不都是检疫杂草。有些外来杂草危害并不十分严重，未被列入检疫杂草，如牛筋草、洋野黍、芒颖大麦草等；有些外来杂草传入较早，有上百年历史，分布十分广泛，已成为归化植物，也未列入检疫杂草，如大麻等。对于外来水生杂草，包括中国在内的多数国家未列入检疫杂草，尽管它们对水田或渔业生产造成巨大损失，并严重影响生态环境和水上交通等，如凤眼莲、空心莲子草、互花米草等。但有些国家也将水生外来杂草列入检疫杂草，如斯里兰卡、马来西亚等国把凤眼莲等列为检疫杂草，澳大利亚等国把凤眼莲、空心莲子草、禾叶慈姑等列为检疫杂草。

20 世纪 70 年代 Baker 认为，在某一特定地理区域，危害栽培植物生长的植物即为杂草。杂草生活力强，适生范围广，既能危害农作物的生长发育，还可助长农作物病虫害的发生与蔓延，降低作物产量和品质，防除困难。有的杂草为害虫寄主，有的为病原物寄主，有的是病虫害的共同寄主，有的又是危险性病虫害的寄主和传播者。例如，豚草除影响农作物生长，花粉还能导致人类过敏；刺萼龙葵不仅能与作物竞争养分，也是马铃薯叶甲的寄主；欧洲检疫植物小檗是小麦秆锈病的转主寄主。

1660 年，法国里昂颁布关于铲除小檗并禁止其传入以防小麦秆锈病的法令，植物检疫从此诞生。1911 年，米丘林提出危险性的豚草可能随农业活动传入苏联的警告；1931—1932 年，病虫草害普查时发现 40 多种外来杂草；

中国 4 种常见外来检疫杂草（曲波摄）

①刺萼龙葵 *Sdanum rostratum* Duna.；②瘤突苍耳 *Xanthium strumarium* L.；③毒莴苣 *Lactuca serriola* L.；④假苍耳 *Cyclachaena Xanthiifolia*（Nutt）Fresen

1935年，苏联拟定第一份包括杂草在内的检疫生物名单；1952—1953年，截获输入苏联的检疫性杂草1851起。随着恶性杂草在全球范围的广泛传播并造成严重危害，一些国家开始重视杂草检疫和检疫杂草研究工作。1912年，美国国会颁布了植物检疫法案，之后美国农业部陆续发布多项植物检疫法令。1950年前后，美国农业部在北卡罗来纳州东部发现危害严重的独脚金，1956年，北卡罗来纳州和南卡罗来纳州将该植物定为玉米"寄生性病害"，并列为检疫植物。随即，这两州建立独脚金研究机构，制定防治措施并对其发生危害区域进行监测，这是最早的杂草检疫措施。1973年，美国首次公布了含26种（属）的恶性杂草名单。1974年，美国国会通过了《联邦恶性杂草法令》，从法律上确立了杂草检疫的地位。

为了出口需要，1963年中国开始了杂草检疫工作，仅将毒麦确定为对外检疫对象。1986年1月18日，农牧渔业部公布修订的《中华人民共和国进出口植物检疫对象名单》，检疫对象共61种，其中杂草3种，即五角菟丝子、毒麦和假高粱。1992年4月1日，《中华人民共和国进出境动植物检疫法》正式实施，同年7月25日，农业部颁布了《中华人民共和国进境植物检疫危险性病、虫、杂草名录》，包括杂草4种（属），即菟丝子属、毒麦、列当属、假高粱（含黑高粱）。1997年12月3日，国家动植物检疫局发布《中华人民共和国进境植物检疫潜在危险性病、虫、杂草（三类有害生物）名录（试行）》，包括34种杂草。2007年，农业部和国家质量监督检验检疫总局共同制定了《中华人民共和国进境植物检疫性有害生物名录》，含杂草41种（属），全部保留了1992年公布的二类检疫杂草名录，取消了1997年公布的三类有害杂草中的田蓟和田旋花，新增加了硬雀麦、铺散矢车菊、刺亦模、紫茎泽兰、飞机草、黄顶菊、薇甘菊和宽叶酢浆草8种杂草。2011年6月20日，国家质量监督检验检疫总局和农业部发布联合公告，将进口大豆等粮食作物中可能携带的危险性杂草异株苋亚属增补列入《中华人民共和国进境植物检疫性有害生物名录》。

目前中国检疫杂草有42种（属、亚属），其中双子叶杂草32种（属、亚属），单子叶杂草10种（属）。草本植物占绝大多数，共41种（属、亚属），其中一年生草本29种（属、亚属），二年生草本2种，即疣果匙荠和铺散矢车菊，多年生草本9种，半灌木1种（属）；木本植物仅1种灌木，即刺茄。多数为自养植物，共39种（属、亚属）；全寄生2种（属），即列当（属）和菟丝子（属）；半寄生1种（属），即独脚金（属）（非中国种）。2种藤本植物，即薇甘菊和菟丝子（属），其他均为直立草本或灌木。菊科种类最多，共13种（属），占30.95%，禾本科植物次之，共10种（属），占23.81%，第三为茄科，共4种，占9.52%。伞形科、旋花科和蓼科各有2种，豆科、川续断科、大戟科、蒺藜科、列当科、十字花科、玄参科、苋科和酢浆草科各有1种（属）。检疫杂草绝大多数随作物种子传播，也可混杂在饲料食品等农副产品中，有些种类还可黏附在衣物上或皮毛及其他包装物上传播。有些检疫杂草在中国尚无分布，如翅蒺藜和异株苋亚属等12种（属、亚属）。有些在中国虽有分布但仅局部发生，如齿裂大戟、毒莴苣、北美刺龙葵和硬雀麦等22种；但有些在中国分布广泛，危害十分严重，铲除非常困难，如弯管列当、豚草、三裂叶豚草、刺萼龙葵、紫茎泽兰、飞机草、薇甘菊、毒麦、少花蒺藜草等8种。

检疫杂草在中国的分布受环境适应性和传播能力，也有人类生产和生活活动的影响。原产热带地区的检疫杂草主要发生在广东、海南、云南和广西等地，并向北延扩散到贵州、四川、重庆等地，如紫茎泽兰、飞机草等。一些来源于热带地区，但生态幅较宽的种类，其分布区可扩展至温带，如少花蒺藜草等。一些温带起源的检疫杂草，有的只局限于温带地区，如疣果匙荠、节节麦，也有的分布区扩大到亚热带，如毒麦、豚草和三裂叶豚草等。

参考文献

郭立新，段维军，段丽君，等，2018. 2015—2017年我国进境植物检疫性有害生物截获情况及建议 [J]. 植物检疫，32(2): 58-63.

郭琼霞，2014. 重要检疫杂草鉴定、化感与风险研究 [M]. 北京：科学出版社.

黄华，郭水良，强胜，2003. 中国境内外来杂草的特点危害及其综合治理对策 [J]. 农业环境科学学报，22(4): 509-512

强胜，曹学章，2000. 中国异域杂草的考察与分析 [J]. 植物资源与环境学报，9(4): 34-38.

魏霜，袁俊杰，刘玉莉，等，2014. 检疫性杂草分子鉴定研究进展 [J]. 检验检疫学刊，24(5): 71-74.

吴海荣，钟国强，胡学难，等，2008. 浅析我国新颁布进境检疫杂草名录的特点 [J]. 植物检疫，22(4): 231-233.

徐海根，强胜，2018. 中国外来入侵生物 [M]. 修订版. 北京：科学出版社.

（撰稿：曲波；审稿：冯玉龙）

皱果苋 *Amaranthus viridis* L.

秋熟旱作田一年生杂草。又名绿苋、野苋菜、皱皮苋。英文名 slender amaranth、wild amaranth、wrinkled fruit amaranth。苋科苋属。

形态特征

成株　高40～80cm（图①）。全体无毛。茎直立，有不显明棱角，稍有分枝，绿色或带紫色。叶互生，卵形、卵状矩圆形或卵状椭圆形，长3～9cm、宽2.5～6cm，先端凹缺，少数圆钝，有1芒尖，基部宽楔形或近截形，全缘或微呈波状缘；叶柄长3～6cm，绿色或带紫红色。花小，排列成细长腋生的穗状花序，或于茎顶形成圆锥花序（图②），后者长6～12cm、宽1.5～3cm，有分枝，圆柱形，细长，直立，顶生花穗比侧生者长；苞片及小苞片披针形，长不及1mm，顶端具突尖，干膜质；花被片3，矩圆形或宽倒披针形，长1.2～1.5mm，内曲，顶端急尖，背部有1绿色隆起中脉；雄蕊3，比花被片短；柱头3或2。

子实　胞果扁球形（图③④上），直径约2mm，绿色，不裂，极皱缩，超出花被片。种子近球形（图④下），直径约1mm，黑色或黑褐色，具薄且锐的环状边缘。

幼苗　子叶披针形（图⑤），长7mm、宽2mm，先端渐尖，基部楔形，全缘，有短柄；下胚轴发达，淡红色，上胚轴极短；初生叶1片，阔卵形，先端钝尖，并具凹缺，叶基阔楔形，具长柄；后生叶与初生叶相似。全株光滑无毛，暗绿色。

生物学特性 一年生草本。苗期7～8月，果期8～10月。种子繁殖，经人和动物活动传播种子。皱果苋可通过鸟类的摄食随排泄物传播。研究表明，皱果苋随着土壤水分胁迫强度的增加，结实量降低，当田间持水量为100%时，单株能产生1740粒种子，当田间持水量为25%时，单株只能产生290粒种子。

分布与危害 中国分布于东北、华北、华东、华南和云南等地；原产热带非洲，广泛分布在温带、亚热带和热带地区。1864年在中国台湾发现；20世纪20年代在江苏南京、河南郑州、河北邯郸、广东高州和香港最早有标本记录；30～40年代皱果苋开始从已经入侵的地区向临近的地区扩散，在云南也有了入侵记录；50年代是皱果苋快速扩散阶段；目前在中国的入侵仍然处在扩散阶段。皱果苋主要通过种子繁殖，种子于8～10月成熟，生长在路边和农田中的种子可能会随着人类活动和收获等农事操作得到扩散。为菜地和秋熟旱作物棉花、玉米、大豆、花生等多种农田以及果园的杂草，影响作物和果树的正常生长发育，造成减产，还可沿道路侵入自然生态系统。喜生于疏松的干燥土壤。

防除技术 因皱果苋仍处于扩散阶段，因此应加强检疫，严防其种子传入尚未入侵的区域，如湖南和贵州是皱果苋的潜在入侵区，在这些区域更应加强检疫。

其他防治方法见反枝苋。

综合利用 皱果苋营养价值丰富，可作为蔬菜食用，也可作为猪、鸡的饲料。全草入药，具有清热解毒、利尿止痛和治痢疾的功效。研究表明，皱果苋具有抗氧化活性以及抗癌和抗糖尿病的作用，对大肠杆菌、金黄色葡萄球菌和沙门氏菌皆有抑制作用，可进一步开发为药物。

参考文献

李扬汉, 1998. 中国杂草志 [M]. 北京: 中国农业出版社: 92-93.

刘旭, 2012. 皱果苋提取物的抗氧化作用和抗癌作用研究 [D]. 扬州: 扬州大学.

皱果苋植株形态（张治摄）

①植株；②花序；③果序；④子实（上为果实，下为种子）；⑤幼苗

王瑞, 2006. 中国严重威胁性外来入侵植物入侵与扩散历史过程重建及其潜在分布区的预测 [D]. 北京 : 中国科学院植物研究所 .

张帅, 2020. 我国主要农作物田杂草防控技术 [J]. 杂草学报 (2): 50-55.

KHAN A M, MOBLI A, WERTH J A, et al, 2020. Effect of soil moisture regimes on the growth and fecundity of Slender Amaranth (*Amaranthus viridis*) and Redroot Pigweed (*Amaranthus retroflexus*) [J]. Weed science, 69(1): 82-87.

（撰稿：黄兆峰；审稿：宋小玲）

皱叶狗尾草 *Setaria plicata* (Lam.) T. Cooke

果园、橡胶园、林地多年生草本杂草。又名风打草、延脉狗尾草、大马草、烂衣草、马草、破布草、小船叶。英文名 wrinkledleaf bristlegrass。禾本科狗尾草属。

形态特征

成株 高 45～130cm（图①）。秆直立或基部倾斜，基部有鳞芽，无毛或疏生毛。叶片质薄，披针形，基部渐狭呈柄状，长 4～43cm、宽 0.5～3cm，先端渐尖，具较浅的纵向皱折，两面或一面具疏疣毛，或具极短毛而粗糙，或光滑无毛，边缘无毛；叶鞘背脉常呈脊，密或疏生较细疣毛或短毛，毛易脱落，边缘常密生纤毛或基部叶鞘边缘无毛而近膜质；节和叶鞘与叶片交接处，常具白色短毛；叶舌边缘密生长 1～2mm 纤毛。圆锥花序狭长圆形或线形（图②），长 15～25cm，分枝斜向上，长 1～13cm，上部者排列紧密，下部者具分枝，排列疏松而开展，主轴具棱角，有极细短毛而粗糙。小穗着生小枝一侧，卵状披针形，绿色或微紫色，长 3～4mm，部分小穗下托以 1 枚细的刚毛，长 1～2cm 或有时不显著；颖薄纸质，第一颖宽卵形，顶端钝圆，边缘膜质，长为小穗的 1/4～1/3，具 3（5）脉，第二颖长为小穗的 1/2～3/4，先端钝或尖，具 5～7 脉；第一小花通常中性或具 3 雄蕊，第一外稃与小穗等长或稍长，具 5 脉，内稃膜质，狭短或稍狭于外稃，边缘稍内卷，具 2 脉；第二小花两性，第二外稃等长或稍短于第一外稃，具明显的横皱纹；鳞被 2；花柱基部联合。

皱叶狗尾草植株形态（强胜摄）

①植株；②花序

子实 颖果狭长卵形，具明显的横皱纹，先端具硬而小的尖头。

生物学特性 喜暖热湿润气候，对土壤要求不严，喜肥沃的阴湿生境，几乎常绿。竞争能力较强，野生状态下，常形成单一群落。栽培条件下，干物质产量 4～5t/hm^2。营养价值较高，抽穗期粗蛋白 15.2%、粗脂肪 1.2%、粗纤维 39%、灰分 13.9%、无氮浸出物 30.7%。可作为牧草资源。分布于长江流域以南各地。花期 4～6 月；果期 9～10 月。

分布与危害 中国主要分布于华南、西南、华中和华东地区。生长于山坡人工林下、沟谷地、阴湿地或路边杂草地上。

防除技术 可用精喹禾灵乳油、草甘膦水剂或草铵膦水剂茎叶喷雾进行防治。嫩草期喷施。

参考文献

奎嘉祥, 钟声, 匡崇义, 2003. 云南牧草品种与资源 [M]. 昆明 : 云南科技出版社 .

中科院中国植物志编辑委员会, 2013. 中国植物志 : 第十卷 [M]. 北京 : 科学出版社 .

（撰稿：张付斗；审稿：张志翔）

株防效 weed number control efficacy

指各种杂草防治措施实施后，如施用除草剂、生态控草措施等，对杂草防除效果评价的定量评价指标。在措施实施后，取样调查处理区存活的每种杂草种类和株数，通过与空白对照区或处理前对应样方内每种杂草株数进行比较，计算杂草株数死亡率、灭除率或抑制率，即为株防效。

按下式计算株防效：

$$株防效（\%）=\left(\frac{对照区杂草数-处理区药后杂草残株数}{对照区杂草数}\right)\times100$$

当田间杂草分布不匀时，株防效则建议调查杂草基数，采用杂草基数进行校正计算株防效。如下：

$$校正株防效（\%）=\left(1-\frac{对照区杂草基数\times处理区药后杂草残株}{对照区杂草残株数\times处理区药前杂草基}\right)\times100$$

作用 在防治试验或示范应用中，评价杂草防除效果的调查分为绝对值调查法和目测调查法两种方法。在初步判断评价除草效果和大面积示范试验采用目测法即可，但在需要精确判断防治措施除草效果的试验中，则需要采用绝对值调查法，株防效是绝对值调查法的主要指标。在评价杂草防效，前期的调查评价，特别是杂草处于苗期时，一般采用株防效的指标，到试验评价调查中后期，在采用株防效的同时，还可以结合采用鲜重防效和目测防效等。总之，株防效始终是评价杂草防治效果最重要的指标。

株防效的调查时间和方法 株防效的调查取样时间是根据防除措施的类型和要求不同而有所差异。不过通常在药前或处理当天，首先需要进行杂草基数调查，通常用样方法进行，记录每小区样方中杂草种类、株数，以及主要杂草和作物的生育期、覆盖度等情况。施药后第一次调查，处理后3～5天进行目测；第二次、第三次、第四次调查，如除草剂药效评价，触杀型除草剂常在药后7～10天、15～20天、45～60天进行，内吸传导型除草剂常在药后10～15天、20～30天、45～90天进行。调查时，在各个试验小区内随机选择3～5个样方，调查各种杂草的株数。取样样方的多少和每样方面积的大小根据试验区面积和杂草分布而定，通常采取对角线方式定点，尽量能够反映出田间杂草的实际情况，一般每点面积常为0.25～1m^2。调查时需要对样方内所有杂草进行调查，但以靶标杂草为重点考察对象，记录样方内各种杂草的情况，包括杂草种类、株数、株高、叶龄等。药后分草种记载点内残存杂草的株数。计算试验结果用邓肯氏新复极差法进行方差分析。

优缺点及注意事项 株防效通常是评价杂草防治技术中最准确的一种方法，特别是在苗期。但是，在作物生长中后期调查，则不然。因为，不同种类杂草个体大小差异较大；有些杂草，特别是禾本科杂草还存在节处生根难以判断株数的问题，参杂一起按照株数统计的防效，不能完全反映实际的效果，因此，还需要配合鲜重防效指标。

对非目标杂草或试验药剂不能防除的杂草不作具体调查，但应作记录，以便与综合评价试验药剂的田间表现和适用范围。

参考文献

强胜, 2009. 杂草学 [M]. 2版. 北京: 中国农业出版社.

农业部农药检定所, 2004. 农药田间药效试验准则: GB/T 17980[S]. 北京: 中国标准出版社.

（撰稿：陈杰；审稿：宋小玲）

猪毛草 *Schoenoplectiella wallichii* (Nees) Lye

水田一年生杂草。又名善鸡尾草、小凤尾草。异名 *Scirpus wallichii* Nees。英文名 wallich bulrush。莎草科水葱属。

形态特征

成株 高10～40cm（图①）。丛生，无根状茎。秆细弱，平滑。无叶片，叶鞘管状，2～3枚着生于秆的基部，近膜质，长3～9cm，上端开口处为斜截形，口部边缘干膜质，顶端

猪毛草植株形态（徐晔春提供）

①群落及成株；②花

钝圆或具短尖。苞片1枚，为秆的延长，直立，顶端急尖，长4.5～13cm，基部稍扩大；小穗单生或2～3个成簇（图②），假侧生，长圆状卵形，顶端急尖，长7～17mm、宽3～6mm，淡绿色或淡棕绿色，具10至多数花；鳞片长圆状卵形，顶端渐尖，近于革质，长4～5.5mm，背面较宽部分为绿色，具一条中脉延伸出顶端呈短尖，两侧淡棕色、淡棕绿色或近于白色半透明，具深棕色短条纹；下位刚毛4条，长于小坚果，上部生有倒刺；雄蕊3枚，花药长圆形，药隔稍突出；花柱中等长，柱头2。

子实 小坚果宽椭圆形，平凸状，长约2mm，黑褐色，有不明显的皱纹，稍具光泽。刚脱落时带有倒刺的下位刚毛4条，长于坚果。

幼苗 第1～3片叶片线形，边缘波状、无毛，长10～20mm、宽0.5～8mm，横切面半圆形，中间有横膈膜；自第3～5片线形叶生出后，秆才抽出。

生物学特性 有时常和谷精草属（*Eriocaulon*）植物长在一起。花果期9～11月，繁殖能力强，繁殖方式以种子繁殖为主，发芽深度距土面2～10cm。

分布与危害 中国分布于安徽、福建、江西、台湾、广东、广西、贵州、云南；朝鲜、日本及印度也有分布。多生长在稻田中，或溪边、河旁近水处，对水稻有危害；也是作物病虫寄藏越冬的场所，又是稻根叶虫的中间寄主。

防除技术

农业防治 主要以人工拔除为主。

化学防治 可用苯达松、2甲4氯等除草剂常规剂量进行防除。

综合利用 全草药用，有清热利尿之效。

参考文献

李扬汉，1998. 中国杂草志 [M]. 北京：中国农业出版社.

沈贤，1998. 防除稻田猪毛草试验初报 [J]. 上海农业科技 (4): 24-25.

颜玉娟，孙建月，2011. 湖南省藨草属植物资源及其园林应用前景 [J]. 北方园艺 (4): 131-134.

《中国农田杂草原色图谱》编委会，1990. 中国农田杂草原色图谱 [M]. 北京：农业出版社：468.

（撰稿：陈勇；审稿：刘宇婧）

猪殃殃 *Galium spurium* L.

夏熟作田一二年生恶性杂草。又名麦珠珠、拉拉殃、拉拉藤、锯子草、锯耳草等。异名 *Galium aparine* L. var. *tenerum* (Gren. et Godr.) Rchb.。英文名 catchweed bedstraw。茜草科拉拉藤属。

形态特征

成株 株高30～90cm（图①②）。茎四棱，多分枝，棱、叶缘及叶下面中脉上生倒钩刺毛，触之粗糙。叶6～8片轮生，稀为4～5片，带状倒披针形或长圆状倒披针形，长1～3cm、宽2～4mm。顶端有刺尖，表面疏生细刺毛（图③）。聚伞花序腋生或顶生，有花2～10朵，有纤细的花梗；花小，花萼细小，长约1mm，上生钩刺毛；花冠4，黄绿色，幅状，裂片长圆形；雄蕊4；子房下位，被毛，花柱2裂至中部，柱头头状；果柄在果时直生。

子实 果实双头形，密被钩刺毛，果柄直，长可达2.5cm，每一瓣有1颗平凸的种子（图④⑤）。

幼苗 子叶椭圆形（图⑥），长约7mm、宽约5mm，先端微凹，基部近圆形，全缘，中脉1条；具长柄。初生叶4片轮生，卵形，先端钝尖，叶缘有睫毛，中脉明显；具叶柄。

生物学特性 种子繁殖，以幼苗或种子越冬。喜生于较肥沃的麦田，在土壤湿润、肥力充足的环境生长旺盛。早播麦田10月初开始发生，10月上中旬即出现高峰期。早春发生数量较少，晚播麦田主要集中在早春发生，1～4月屡见幼苗。花果期4～5月。猪殃殃属于越夏休眠、秋冬发生类型。土壤绝对含水量15%～30%都能出苗，适宜含水量15%～25%。发芽适宜温度为11～16℃，种子发芽适宜深度为0.2～6cm。中国河南、陕西、安徽、江苏和山东等地部分麦田猪殃殃种群对苯磺隆产生了抗性，抗性机制是靶标位点的突变。

分布与危害 中国分布于辽宁、河北、北京、天津、山西、山东、陕西、甘肃、青海、新疆、江苏、安徽、浙江、江西、福建、台湾、湖北、湖南、广东、广西、四川、重庆、贵州、云南、西藏；东亚、南亚、欧洲、北美等地区也有分布。主要危害夏熟作物小麦、大麦、油菜等作物，在中国分布广泛，以华北、西北、长江流域的旱茬以及部分稻茬麦田和油菜田发生普遍，危害严重，成为恶性杂草。猪殃殃常攀缘作物，不仅和作物争阳光、争空间，而且可引起作物的倒伏，造成较大减产，并影响作物收割。种子可通过作物种子夹带而远距离传播，或依靠流水和粪肥传播种子。猪殃殃种子边熟边落，种子随水流传入下游农田。另外，农户通常用猪殃殃作饲草，种子也可随畜禽的粪肥传入农田。农户之间相互换种也会导致猪殃殃种子的传播。

防除技术

猪殃殃在10月下旬到11月上旬有一个出苗高峰期，出苗数占总数的90%～95%，是防治的重点时期。

农业防治 ①采用人工拔除，化学除草不能完全防除的植株，应在种子成熟之前进行人工拔除，防止种子成熟后落入土壤。冬春灌溉过的麦（油）田，在小麦返青拔节期或油菜苗期进行人工除草，拔除的杂草应集中烧毁。②轮作倒茬，猪殃殃为旱生性杂草，冬小麦或油菜的前茬作物如为玉米、大豆等旱作，可种水稻，抑制其发生。油菜田危害严重时改种小麦，再使用防除小麦田阔叶杂草的除草剂防除猪殃殃，为下茬轮作的油菜减少田间阔叶杂草的种子来源。③深翻整地：通过深翻，将散落于土表的杂草种子翻埋于土壤深层。

化学防治 麦田常用除草剂包括磺酰脲类（苯磺隆、噻吩磺隆、苄嘧磺隆等）、苯氧羧酸（2甲4氯）、苯甲酸类（麦草畏）、吡啶类（氯氟吡氧乙酸）和嘧啶类（双氟磺草胺、唑嘧磺草胺）等。苯磺隆在3叶期之前喷雾防治，对以猪殃殃为主要优势种群的一年生阔叶杂草有很好的防除效果；若草龄和杂草密度较大，使用剂量可加大。甲基碘磺隆钠盐·酰嘧磺隆在杂草2～4叶期喷洒，对猪殃殃有特效，且对作物安全。此外，用苯磺隆·唑草酮或苯磺隆·唑草酮·2甲4

猪殃殃植株形态（①～④魏守辉摄；⑤⑥张治摄）

①生境及危害状；②成株；③花；④⑤果实；⑥幼苗

氯钠或麦草畏，加水喷雾，对以猪殃殃为主的麦田杂草有较好的防效。某些地区猪殃殃对苯磺隆产生了抗药性，因此，同类型除草剂不能连续反复使用，应该用不同作用机制的除草剂进行轮换防除。直播油菜在播种前可用氟乐灵、精异丙甲草胺进行土壤封闭处理，移栽油菜在移栽后可用乙草胺、精异丙甲草胺、敌草胺进行土壤封闭处理；油菜田出苗后的猪殃殃可用草除灵、二氯吡啶酸茎叶喷雾处理。

综合利用　可作牲畜饲料。

参考文献

李扬汉，1998. 中国杂草志 [M]. 北京：中国农业出版社：867-868.

张朝贤，张跃进，倪汉文，等，2000. 农田杂草防除手册 [M]. 北京：中国农业出版社.

中国科学院中国植物志编辑委员会，1999. 中国植物志：第七十一卷 第二分册 [M]. 北京：科学出版社：235-237.

中华人民共和国农业部农药检定所，日本国（财）日本植物调节剂研究协会，2000. 中国杂草原色图鉴 [M]. 日本国世德印刷股份公司.

（撰稿：魏守辉；审稿：贾春虹）

紫萼蝴蝶草 *Torenia violacea* (Azaola) Pennell

秋熟旱作田一年生草本杂草。又名紫色翼萼。英文名purplecalyx torenia。玄参科蝴蝶草属。

形态特征

成株　高 8～35cm（图①）。茎四方形，直立或基部多分枝而披散，茎叶稀被硬毛，叶对生，叶柄长 5～20mm；叶片卵形或长卵形，先端渐尖，基部楔形或截形，长 2～4cm、宽 1～2cm，向上逐渐变小，边缘具钝齿，两面稀被柔毛。伞形花序顶生或侧生，花梗长约 1.5cm，果期时梗长可达 3cm（图②）；萼长圆状纺锤形（图③），翅宽 2～3mm，果期变紫红色，顶部裂成 5 小齿；花冠唇形，淡蓝色或白色，长近 2mm，上唇截形，下唇 3 浅裂，彼此近于相等，各有一枚蓝紫色斑块，中裂片中央有一黄色斑块，花丝基部不具附属物。

子实　蒴果藏于宿存萼内。

生物学特性　生于海拔 200～2000m 的山坡林地、林下、田边及路边潮湿处。种子繁殖。花果期 8～11 月。

分布与危害　中国分布于华东、华南、华中、西南等地。紫色翼萼多生于田边路旁、山坡草地、林下潮湿处，一般性杂草，危害轻。紫色翼萼在玉米、大豆、烟草、蔬菜田和草坪等发生，危害轻或不造成危害。在果园发生，但基本不造成危害。

防除技术　见狭叶母草。

综合利用　全草入药，消积化食、解暑、清肝。此外可作饲草。

紫萼蝴蝶草植株形态（周小刚摄）
①植株；②花序；③花萼；④幼苗

参考文献

李扬汉, 1998. 中国杂草志 [M]. 北京: 中国农业出版社: 928-929.

马丰蕾, 贾克功, 2007. 果园杂草的栽培学分类研究 [J]. 中国农业科技导报, 9(2): 134-138.

周小刚, 杨兴有, 阳苇丽, 等, 2016. 达州市烟田杂草种类及群落数量分析 [J]. 杂草学报, 34(2): 12-16.

（撰稿：周小刚、赵浩宇；审稿：黄春艳）

Z

紫堇 *Corydalis edulis* Maxim.

夏熟作物田一年生杂草。又名蝎子花、麦黄草、断肠草、闷头花。英文名 common corydalis。罂粟科紫堇属。

形态特征

成株　高 20～50cm（图①②）。具主根。茎分枝，花枝花葶状，常与叶对生。基生叶具长柄，叶片近三角形，长 5～9cm，上面绿色，下面苍白色，一至二回羽状全裂，一回羽片 2～3 对，具短柄，二回羽片近无柄，倒卵圆形，羽状分裂，裂片狭卵圆形，顶端钝，近具短尖。茎生叶互生，与基生叶同形。总状花序疏具 3～10 花（图③④）。苞片狭卵圆形至披针形，渐尖，全缘，有时下部的疏具齿，约与花梗等长或稍长；花梗长约 5mm；萼片 2，小，近圆形，直径约 1.5mm，具齿；花粉红色至紫红色，平展；花瓣 4，外花瓣较宽展，顶端微凹，无鸡冠状突起；上花瓣长 1.5～2cm，距圆筒形，基部稍下弯，约占花瓣全长的 1/3，蜜腺体长，

紫堇植株形态（①涂杰、贺俊英摄；其余张治摄）
①群体；②成株；③④花序；⑤种子；⑥幼苗

近伸达距末端，大部分与距贴生，末端不变狭；下花瓣近基部渐狭；内花瓣具鸡冠状突起，爪纤细，稍长于瓣片；柱头横向纺锤形，两端各具1乳突，上面具沟槽，槽内具极细小的乳突。

子实　蒴果线形，下垂，长3～3.5cm，具1列种子。种子直径约1.5mm，密生环状小凹点；种阜小，紧贴种子（图⑤）。

生物学特性　种子繁殖。花果期4～7月。

分布与危害　中国分布于辽宁、北京、河北、山西、河南、陕西、甘肃、四川、云南、贵州、湖北、江西、安徽、江苏、浙江、福建等地。适应性强，生于海拔400～1200m的丘陵、沟边或多石地。果园、苗圃、草坪常见杂草，偶见农田，发生量小，危害轻。

防除技术

农业防治　人工防除。

综合利用　全草入药，具有清热解毒、收敛止痒、润肺止咳等功效，主治疮疡肿毒、聤耳流脓、咽喉疼痛、顽癣、秃疮、毒蛇咬伤等。

参考文献

李扬汉, 1998. 中国杂草志 [M]. 北京 : 中国农业出版社 : 736-737.

彭治添, 晁凌会, 王超超, 2020. 紫堇中1个新的降倍半萜苷类化合物 [J]. 中国中药杂志, 45(3): 579-583.

强胜, 2009. 杂草学 [M]. 2版. 北京 : 中国农业出版社.

《中国高等植物彩色图鉴》编辑委员会, 2016. 中国高等植物彩色图鉴 [M]. 北京 : 科学出版社.

中国科学院中国植物志编辑委员会, 1999. 中国植物志 [M]. 北京 : 科学出版社.

（撰稿：贺俊英；审稿：宋小玲）

紫茎泽兰　*Ageratina adenophora* (Spreng.) R. M. King & H. Robinson

原产中美洲的林地多年生草本或亚灌木外来入侵杂草，为中国进境检疫性杂草。又名解放草、破坏草。异名 *Eupatorium adenophorum* Spreng.。英文名 crofton weed、mistflower eupatorium。菊科紫茎泽兰属。

形态特征

成株　株高30～200cm（图①）。浅根系，主根粗壮。根茎粗壮，横走；茎直立丛生，生长多年的茎下部逐渐木质化，呈半灌木状，分枝对生，斜上；全部茎枝暗紫褐色，被白色或锈色短柔毛。叶对生，叶片质薄，卵形、三角形或三角状菱形，腹面绿色，背面色浅，两面被稀疏短柔毛，在背面及沿叶脉处毛稍密；基部平截或稍心形，顶端急尖，基出三脉，边缘有稀疏粗大而不规则的锯齿，在花序下方则为波状浅锯齿或近全缘；叶长3.5～7.5cm、宽4～5cm，叶柄长4～5cm。头状花序小，在枝端排列成伞房或复伞房花序，

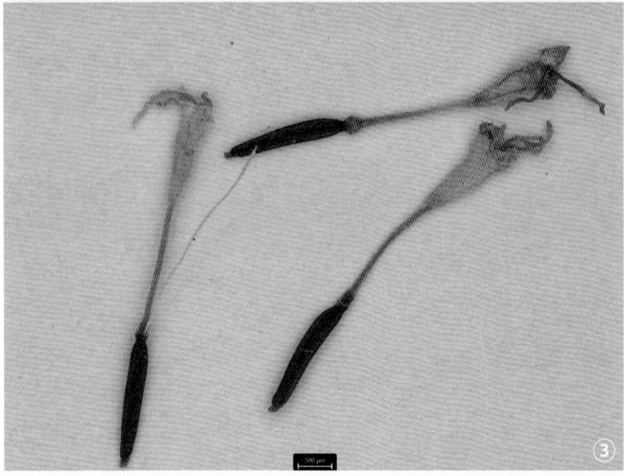

紫茎泽兰植株形态（吴海荣摄）
①开花植株；②花序；③④瘦果

花序直径为 2～4cm（图②）。总苞宽钟形，长 3mm、宽 4～5mm，含 40～50 朵小花；总苞片 1～2 层，线形或线状披针形，长 3mm，先端渐尖，花序托凸起，呈圆锥状。管状花两性，幼时中心带淡紫色，开花时白色，长约 5mm，下部纤细，上部膨大，开花时裂片平展反曲；雌蕊伸出花冠管约 3mm，花药基部钝。

子实　瘦果黑褐色，长条状稍弯曲（图③④），长 1.2～2.3mm、宽和厚均为 0.18～0.3mm，有 5 条纵棱外突较锐，沿棱有稀疏白色紧贴的短柔毛。瘦果表面细颗粒状粗糙，顶端平截，具明显的淡黄白色衣领状环，环中央具高高超出的花柱残基。基部稍收缩，钝圆。冠毛白色，纤细易落，一层，长约 3mm，细长芒状，上有短柔毛。果脐位于基底，淡黄白色，碗状，中央常有果柄残余。果实内含种子 1 粒。胚大而直立，黄褐色。种子无胚乳。

幼苗　子叶卵圆形，柄短；初生叶对生，长卵圆形，无柄；基出三脉，两面被稀疏短柔毛，边缘有稀疏而不规则的圆锯齿。

生物学特性　紫茎泽兰分布于海拔 1000～2000m 的热带和亚热带地区，为喜肥喜湿的阳性偏阴 C_3 植物，光照适宜范围宽，光补偿点低，光合速率高。紫茎泽兰可以在西南贫瘠的山坡成功入侵的重要机制是种群利用有限氮素满足叶绿体维持光合作用构建的需要，增强了光合效率。其种子萌发严格需光，而幼苗耐阴。可在年平均气温大于 10℃、最冷月平均气温大于 6℃，绝对最低温度不低于 -11.5℃和最高气温 35℃以下的气候中生长。在中国西南地区，紫茎泽兰 2 月初现蕾，2 月上中旬始花，3 月中旬为盛花期，3 月底至 4 月初种子大部分成熟，4 月中下旬种子散落。主要以种子繁殖，也有强的克隆繁殖能力。茎秆下部可产生气生根，根上也能产生不定芽，均可形成新的克隆株。紫茎泽兰为无融合生殖的三倍体，3n=51（30m+21sm），通常形成无配子种子，单株种子数量 70 多万粒，种子质量轻且具冠毛，可随气流及水流等快速传播，扩散范围广，并能随风向高处扩散。紫茎泽兰具有高的叶面积，在寒冬季节仍能保持大面积的具有光合活性的绿色叶片，维持生长，促进成功入侵。不同种群紫茎泽兰的形态学性状可塑性高，同时能响应入侵地气候特点，表现独特的物候特征，迅速适应多样的环境。紫茎泽兰能够迅速向北扩张的主要原因是通过迅速甲基化表观遗传变异，其冷响应信号通路的 *ICE1* 基因的去甲基化显著提高了 *ICE1* 及其 *CBF* 转录途径各基因的转录水平，导致植物种群耐寒性的增强，成功向北扩散入侵。

分布与危害　原产于美洲，现广泛分布于世界热带和亚热带地区。中国于 1935 年在云南南部首次发现，现已广泛入侵云南、贵州、广西、四川、重庆和台湾等地，紫茎泽兰常形成大面积的单一优势种群，为中国最严重的入侵杂草之一。2003 年被列入《中国第一批外来入侵物种名单》，2013 年被列入《中国首批重点管理外来入侵物种名录》。紫茎泽兰生长旺盛，适应力强，常入侵农田、草地、牧场和林地等，能与当地植物争夺土壤资源和生存空间，降低土地可耕性，严重影响农林牧业生产和群落更替。紫茎泽兰植株和花粉均含有芳香物质、辛辣化学物质及其他有毒物质，通过根系分泌和地上部淋溶等方式释放到环境中，抑制本地植物生长，破坏当地生物多样性；其茎叶一旦被误食，常导致牲畜腹泻和气喘，鱼类死亡，用其垫圈，可导致羊蹄腐烂；带刺的冠毛能刺激牲畜的眼角膜，甚至致瞎；其种子和花粉一旦进入气管、肺、眼睛和鼻腔，可引起牲畜哮喘、眼鼻糜烂流脓、组织坏死，乃至死亡；其花粉也能引起人类过敏性疾病，威胁人类健康，造成巨大经济损失。

防除技术 紫茎泽兰的防治方法包括农业防治、化学防治、生物防治和综合防治等，也可综合利用。

农业防治 人工防除是目前最有效的防除方法之一。在冬季，人工挖除紫茎泽兰全株，晒干烧毁；有条件的地区可采用轮式或履带式拖拉机驱动旋转式刀具进行机械防除。然而，残留在土壤中的紫茎泽兰的断根和茎仍可长出幼苗，难以根除。

化学防治 草甘膦喷雾对营养生长旺期紫茎泽兰有良好防治效果。草铵膦、氨氯吡啶酸等均可有效防除紫茎泽兰，其中草铵膦药效作用快，持效期相对短，而氨氯吡啶酸在施药 360 天后药效仍能维持在 90% 以上。甲嘧磺隆和苯嘧磺草胺能有效抑制紫茎泽兰的生长和开花结实，也能很好地控制紫茎泽兰的发生密度。

生物防治 泽兰实蝇（*Procecidoc haresutilis*）是紫茎泽兰的原产地天敌，其产卵并寄生于紫茎泽兰的茎中部和顶端，取食生长点的幼嫩组织，可阻碍寄主植株的物质循环，削弱植株的高度优势和生长。然而，由于紫茎泽兰的高入侵性，尤其种群扩散速度远大于泽兰实蝇的寄生速度，常限制该天敌的控制效率。当地自然天敌可能对紫茎泽兰的控制效果更好。在中国云南，科学家发现东方行军蚁（*Dorylus orientalis*）啃食紫茎泽兰的根和茎，中断其根—冠间物质交换，导致大片植株死亡。东方行军蚁喜食有腥臭味和芳香气味的植物，被群落中的紫茎泽兰独特和强烈的气味吸引，具有潜在的生物控制价值。

综合利用 紫茎泽兰精油对米象（*Sitophilus oryzae*）、玉米象（*Sitophilus zeamais*）、绿豆象（*Callosobruchus chinensis*）和蚕豆象（*Bruchus rufimanus*）等仓储害虫有抑虫活性，对原生节杆菌（*Arthrobacter protophormiae*）、大肠杆菌（*Escherichia coli*）、藤黄微球菌（*Micrococcus luteus*）、红球菌（*Rhodococcus rhodochrous*）和金黄色葡萄球菌（*Staphyloccocus aureus*）有抗菌活性；紫茎泽兰提取物对烟草花叶病毒有抑制作用；同时具有较强的杀螨活性，可有效控制兔螨、牛螨及动物疥癣，可开发为植物源杀螨剂；紫茎泽兰植株可制备活性炭和富氢燃气；也可发酵产生沼气。

参考文献

冯玉龙，王跃华，刘元元，等，2006. 入侵物种飞机草和紫茎泽兰的核型研究 [J]. 植物研究，26(3): 356-360.

黄振，郭琼霞，2017. 检疫性杂草紫茎泽兰的形态特征、分布与危害 [J]. 武夷科学，33: 113-117.

李霞霞，张钦弟，朱珣之，2017. 近十年入侵植物紫茎泽兰研究进展 [J]. 草业科学，34(2): 283-292.

罗瑛，刘壮，高玲，等，2009. 紫茎泽兰的有机肥品质评价 [J]. 中国农学通报，25(7): 179-182.

强胜，1998. 世界性恶性杂草－紫茎泽兰研究的历史及现状 [J]. 武汉植物学研究，16(4): 366-372.

吴海荣，胡学难，秦新生，等，2009. 泽兰属检疫杂草快速鉴定研究 [J]. 杂草科学 (1): 27-28, 45.

印丽萍，2018. 中国进境植物检疫性有害生物：杂草卷 [M]. 北京：中国农业出版社.

朱文达，曹坳程，颜冬冬，等，2013. 除草剂对紫茎泽兰防治效果及开花结实的影响 [J]. 生态环境学报，22(5): 820-825.

FENG Y L, LEI Y B, WANG R F, et al, 2009. Evolutionary tradeoffs for nitrogen allocation to photosynthesis versus cell walls in an invasive plant [J]. Proceedings of National Academy of Sciences of the United States of America, 106: 1853-1856.

FENG Y L, LI Y P, WANG R F, et al, 2011. A quicker return energy-use strategy by populations of a subtropical invader in the non-native range: a potential mechanism for the evolution of increased competitive ability [J]. Journal of ecology, 99: 1116-1123.

WANG R, WANG J F, QIU Z J, et al, 2011. Multiple mechanisms underlie rapid expansion of an invasive alien plant [J]. New phytologist, 191: 828-839.

XIE H J, LI H, LIU D, et al, 2015. *ICE1* demethylation drives the range expansion of a plant invader through cold tolerance divergence [J]. Molecular ecology, 24: 835-850.

（撰稿：吴海荣；审稿：王维斌）

紫苜蓿 *Medicago sativa* L.

夏熟作物田多年生草本杂草。又名紫花苜蓿。英文名 alfalfa。豆科苜蓿属。

形态特征

成株 高 30～100cm（图①②）。根系发达，主根粗壮。茎自基部分枝，直立或斜上，四棱形，无毛或微被柔毛，枝叶茂盛。羽状三出复叶互生；托叶大，卵状披针形，先端锐尖，基部全缘或具 1～2 齿裂，脉纹清晰；叶柄比小叶短；小叶长卵形、倒长卵形至线状卵形，等大，或顶生小叶稍大，长（5）10～25（40）mm、宽 3～10mm，纸质，先端钝圆，具由中脉伸出的长齿尖，基部狭窄，楔形，边缘 1/3 以上具锯齿，上面无毛，深绿色，下面被贴伏柔毛；顶生小叶柄比侧生小叶柄略长。花序总状或头状（图③④），具花 5～30 朵；总花梗挺直，比叶长；苞片线状锥形，比花梗长或等长；花长 6～12mm；花梗短，长约 2mm；萼钟形，长 3～5mm，萼齿线状锥形，比萼筒长，被贴伏柔毛；蝶形花冠淡黄、深蓝至暗紫色，花瓣均具长瓣柄，旗瓣长圆形，先端微凹，明显较翼瓣和龙骨瓣长，翼瓣较龙骨瓣稍长；子房线形，具柔毛，花柱短阔，上端细尖，柱头点状，胚珠多数。

子实 荚果螺旋状紧卷 2～4（6）圈，中央无孔或近无孔（图⑤），径 5～9mm，被柔毛或渐脱落，脉纹细，不清晰，熟时棕色；有种子 8 粒。种子肾形或宽椭圆形，两侧扁，不平，有棱角，黄色至淡黄褐色。

幼苗 子叶椭圆形，长约 5mm，光滑无毛，具短柄。下胚轴较发达，上胚轴有毛。初生叶 1 片，单叶，近圆形，先端具突尖，基部心形，叶缘有不明显的小齿，叶柄与叶片

紫苜蓿植株形态（①③周小刚摄；②④⑤张治摄）
①生境；②植株；③④花序；⑤果实

几等长，托叶披针形，均有毛。后生叶为三出羽状复叶。

生物学特性 多年生栽培植物，逸生为杂草。种子繁殖。花期 5～7 月，果期 6～8 月。

紫苜蓿植株甲醇提取液对马唐的种子萌发和幼苗生长存在低促高抑的化感效应。不同品种之间差异较大。

紫苜蓿对污染土壤中铜和铅均具有明显的富集作用，并随浓度的增加而增加，且铜、铅均主要累积在植物根部。紫苜蓿对可交换态、碳酸盐结合态铜、铅具有较好的提取作用，并可促进土壤中铜、铅向残渣态等生物活性毒性较低的形态转化。

分布与危害 中国分布于东北、华北、华东、西北、西南，中国各地都有栽培或呈半野生状态。喜光、耐寒、耐旱，适生于中性和微酸性土壤。生于田边、路旁、旷野、草原、河岸及沟谷等地。紫苜蓿主要作为优良牧草和绿肥，常逸生路埂、草地，偶有侵入夏熟作物田，造成的损失较小。

防治技术 如需防除，见天蓝苜蓿。

综合利用 紫苜蓿既可作绿肥，也可作禽畜饲草。全草入药，具有健胃、清热、利尿的功效。紫苜蓿根系非常发达，固氮能力强，不但能提高土壤有机质的含量，且改善土壤的理化性质，增强土壤的持水性和透水性，同时紫苜蓿再生能力强，因此可作物山区优良的水土保持植物；也可作物重金属污染土壤修复的植物。

参考文献

白倩，苗福泓，高峰，等，2020. 紫花苜蓿甲醇提取液对马唐种子萌发和幼苗生长的影响 [J]. 青岛农业大学学报 (自然科学版), 37(3): 183-189.

寇建村，杨文权，张雪莲，等，2007. 苜蓿根际土壤水提液化感作用的研究 [J]. 西北植物学报 (12): 2502-2506.

李扬汉，1998. 中国杂草志 [M]. 北京：中国农业出版社：636-637.

吕力欣，闫霄珂，郭后庆，等，2020. 紫花苜蓿对铜铅复合污染土壤的修复效应研究 [J]. 金属矿山 (10): 209-214.

中国科学院中国植物志编辑委员会，1998. 中国植物志：第四十二卷 第二分册 [M]. 北京：科学出版社：323.

（撰稿：刘胜男；审稿：宋小玲）

紫萍 *Spirodela polyrhiza* (L.) Schleiden

水田常见的多年生浮生杂草。又名紫背萍、红紫萍、水萍。异名 *Lemna polyrhiza* L.。英文名 purple back herba spirodelae、common ducksmeat。紫萍科紫萍属。

形态特征

成株　叶状体扁平，广倒卵形（图①②），长5～8mm、宽4～6mm，表面绿色，背面紫色，先端钝圆，具掌状脉5～11条。背面中央生5～11条根（图③），根长3～5cm，白绿色，根冠尖，脱落。

幼苗　根基附近的一侧囊内形成圆形新芽，萌发后，幼小叶状体渐从囊内浮出，由一细弱的柄与母体相连，常3～4个簇生。

生物学特性　紫萍以芽繁殖，花期6～7月，但很少开花。生于水田、水塘、浅水池沼、水沟，形成覆盖水面的漂浮植物群落。

分布与危害　中国南北各地均有分布；全球各温带及热带地区广布。水稻田、莲藕田均有发生，紫萍铺满水面，会影响氧气进入水、土壤中，同时紫萍呼吸作用也会消耗水中的大量溶氧，从而造成水体、土壤缺氧，影响鱼类、水稻和莲藕根系的生长；紫萍铺满水面会遮挡光照，影响水温的提高，降低了莲藕的有效积温，藕带生长延缓；紫萍的快速繁殖生长需要吸收水体中的氮、磷等肥料养分，会与水稻和莲藕争肥。

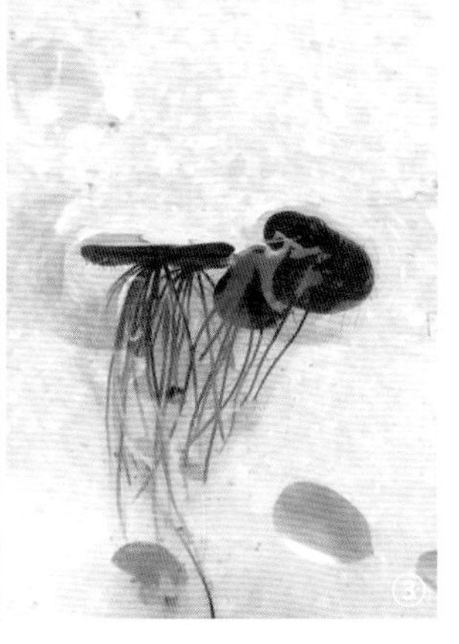

紫萍植株形态（周振荣摄）

①危害状；②植株；③根

防除技术

农业防治　紫萍生殖方式为出芽生殖，当紫萍生物量较高时，主要受空间限制，因此物理打捞后，只能增加紫萍的生长空间，导致越捞越多。利用鸭子、草鱼会食用紫萍的特点，既可以控制紫萍的发生，又能利用鸭、鱼排泄物作为肥料，促进莲藕生长，一举两得。要注意的是，紫萍大量发生后不宜放养草鱼，因为水质变差、水体中的氧气很少，放养鱼会被闷死，宜在紫萍少量发生时进行。

化学防治　常用的化学制剂主要有硫酸铜、高锰酸盐、硫酸铝、高铁酸盐复合药剂、液氯、臭氧和过氧化氢等。利用化学制剂无疑是一种效果显著、见效快的有效途径，但也会引起水体污染和抑制水稻和莲藕生长，必须慎重使用。中国目前登记使用的水田除草剂中，对紫萍有较好防效的包括扑草净、西草净等除草剂。也可在莲藕栽种前或莲藕3～5片立叶使用苄・乙防除莲藕田杂草，对紫萍有一定的效果。

综合利用　可作猪饲料，鸭也喜食，为放养草鱼的良好饵料。全草入药，发汗、利尿，治感冒发热无汗、斑疹不透、水肿、小便不利、皮肤湿热。

参考文献

李扬汉，1998. 中国杂草志 [M]. 北京：中国农业出版社 .

鲁传涛，等，2014. 农田杂草识别与防治原色图鉴 [M]. 北京：中国农业科学技术出版社 .

（撰稿：周振荣；审稿：纪明山）

紫苏 *Perilla frutescens* (L.) Britton

果园、茶园常见一年生草本杂草。又名白苏、青苏（浙江）、香苏（东北、河北）等。英文名 common perilla、beefsteak plant、shiso。唇形科紫苏属。回回苏、野生紫苏、耳齿紫苏是该种变种。

形态特征

成株　高0.3～2m（图①②）。茎绿色或紫色，钝四棱形，具4槽，密被长柔毛。叶对生，阔卵形或圆形，长7～13cm、宽4.5～10cm，先端短尖或突尖，基部圆形或阔楔形，边缘在基部以上有粗锯齿，膜质或草质，两面绿色或紫色，或仅下面紫色，上面被疏柔毛，下面被贴生柔毛，侧脉7～8对，位于下部者稍靠近，斜上升，与中脉在上面微突起下面明显突起，色稍淡；叶柄长3～5cm，背腹扁平，密被长柔毛。轮伞花序2花，组成长1.5～15cm、密被长柔毛、偏向一侧的顶生及腋生总状花序（图③④）；苞片宽卵圆形或近圆形，长、宽均约4mm，先端具短尖，外被红褐色腺点，无毛，边缘膜质；花梗长1.5mm，密被柔毛。花萼钟形，10脉，长约3mm，直伸，下部被长柔毛，夹有黄色腺点，内面喉部有疏柔毛环，结果时增大，长至1.1cm，平伸或下垂，基部一边肿胀，萼檐二唇形，上唇宽大，3齿，中齿较小，下唇比上唇稍长，2齿，齿披针形。花冠唇形，白色至紫红色，

紫苏植株形态（①李晓霞、范志伟摄；其余强胜摄）

①②植株及所处生境；③④花序；⑤果实

长3～4mm，外面略被微柔毛，内面在下唇片基部略被微柔毛，冠筒短，长2～2.5mm，藏于萼内，喉部斜钟形，冠檐近二唇形，上唇微缺，下唇3裂，中裂片较大，侧裂片与上唇相近似。雄蕊4，几不伸出，前对稍长，离生，插生喉部，花丝扁平，花药2室，室平行，其后略叉开或极叉开。花柱先端相等2浅裂。花盘前方呈指状膨大。

子实　小坚果近球形，灰褐色，具网纹，直径约1.5mm（图⑤）。

幼苗　子叶倒肾形，长5mm、宽6.5mm，先端微凹，基部截形，上、下胚轴均发达，紫红色，被柔毛；初生叶阔卵形，先端急尖，叶基圆形，边缘有粗锯齿，叶片红色或紫红色，有油点，具长柄；后生叶与初生叶相似。

生物学特性　种子繁殖。早春出苗，花期8～11月，果期8～12月。种子在地温5℃以上即可萌发，发芽适宜气温18～23℃，苗期可耐1～2℃低温；植株适宜生长气温22～30℃，开花适宜气温21.4～23.4℃，适宜空气相对湿度75%～80%；适宜土壤pH6～7。紫苏耐湿、耐旱、耐阴、耐瘠薄，很少发生病虫害。在人工种植下，紫苏植株高大，平均株高约167cm，最高可达190cm；主茎分枝数平均15.9个，最多为20个；单株小花总数平均约1378个，最高可达约4100个；单株产种量平均10.24g，最高为30.64g。

分布与危害　在中国福建、广东、广西、贵州、河北、湖北、江苏、江西、浙江、山西、陕西、四川、云南、西藏、台湾等地均有发生危害。中国各地广泛栽培并逸生为杂草，生于荒地、路旁，常于果茶园、烟田、草坪中，发生量较大，危害较重。

防除技术　见石荠苎。

综合利用　食药两用植物，在中国已有2000多年的种植历史。紫苏籽、根茎、叶片均富含多种营养成分和萜类、花青素、酚酸类及抗氧化活性物质，具有抗过敏、抑菌、消炎、保肝护脾、降血脂、改善记忆力、抗氧化、预防细胞衰老癌变等多种功效。叶有发汗、镇咳、镇痛、健胃利尿、解毒作用，治风寒感冒及鱼蟹肿毒；茎有平气安胎作用，治胸闷不舒、气滞腹胀、胎动不安等；子实有降气定喘的特点，治咳嗽痰多及气喘，还可榨油，紫苏油品质优良，不饱和脂肪酸占总含油量的90%以上，尤其是α亚麻酸含量高达50%～70%，供食用、工业用，有防腐作用。紫苏叶片中氨基酸种类齐全，蛋白质、微量元素，特别是钙、铁和硒含量均显著高于常见叶菜，还含有丰富的维生素 C 和 β- 胡萝卜素，食用不但调味调色，也能补充营养物质。茎叶可提取紫苏醛，制紫苏甜素，其反式的甜度比蔗糖高 2000 倍。紫苏相关产品可广泛应用于食品、香料、化妆品、药品等领域。紫苏花粉泌蜜丰富，是优良的蜜源植物。紫苏提取物可抑菌防虫，紫苏与其他作物间种可驱虫。

参考文献

李会珍, 张雲龙, 张红娇, 等, 2021. 紫苏籽营养及产品加工研究进展 [J]. 中国油脂, 46(9): 120-124.

李扬汉, 1998. 中国杂草志 [M]. 北京: 中国农业出版社: 570-571.

孙春梅, 纪力, 章安康, 等, 2021. 施肥对紫苏生长与产种量的影响分析 [J]. 金陵科技学院学报, 37(2): 88-92.

王仙萍, 商志伟, 沈奇, 等, 2021. 两种紫苏叶主要营养及药用成分评价 [J]. 植物生理学报, 57(7): 1419-1426.

颜玉树, 1989. 杂草幼苗识别图谱 [M]. 南京: 江苏科学技术出版社: 219.

中国科学院中国植物志编辑委员会, 1977. 中国植物志: 第六十六卷 [M]. 北京: 科学出版社: 282.

（撰稿：范志伟；审稿：宋小玲）

紫筒草 *Stenosolenium saxatile* (Pallas) Turcz.

夏熟作物田多年生草本杂草。英文名 gliff stenosolenium。紫草科紫筒草属。

形态特征

成株　高 10～30cm。根圆柱状，细长，根皮紫褐色，稍含紫红色物质；茎自基部分枝，直立或斜升，密生开展的瘤基硬毛（图①②）；叶互生，基生叶和下部叶倒披针状条形，近花序的叶披针状线形，长 1.5～4.5cm、宽 3～8mm，两面密生硬毛，先端钝或微钝，无柄。聚伞花序顶生，逐渐延长，密生硬毛（图③）；苞片叶状，花具长约 1mm 的花梗；花萼长约 7mm，密生长硬毛，5 深裂，裂片钻形，果期直立，基部包围果实；花冠蓝紫色或近白色，有深色斑，筒长 1～1.4cm，外面有稀疏短伏毛，明显较檐部长，基部有褐色毛环，喉部无附属物；檐部 5 裂，裂片短而钝；雄蕊 5，在花筒内螺旋状着生，不整齐排列；子房 4 裂，花柱长约为花冠筒的 1/2，先端 2 裂，柱头球形。

子实　小坚果 4，三角状卵形，长约 2mm，有瘤状突起，腹面基部具短柄（图④）。

紫筒草植株形态（林秦文摄）

①②植株及生境；③花序；④果实

Z

生物学特性 种子或根茎繁殖，根芽晚秋或早春萌发。花期4～5月，果期6～7月。紫筒草单粒果实重量约2mg，果实上的瘤状突起具有增加繁殖体对水分吸收的潜力，对其适应干旱具有重要的生态学意义。

分布与危害 在中国分布于东北、华北及山西、内蒙古、甘肃等地。生于低山、丘陵及平原地区的草地、路旁、渠旁、田边或田间等处。多生于砂质土，极耐旱。干旱半干旱夏熟农作物田如小麦、苜蓿、果园及苗圃常见，但数量不多，危害不重。蒙古及俄罗斯的西伯利亚也有分布。

防除技术

农业防治 精选种子，对清选出的草籽及时收集处理，切断种子传播；施用经过高温堆沤处理的堆肥和厩肥；及时清理田边、路边、沟渠边的紫筒草，防止传入田间；适时晚播，作物推迟数天播种，可使土壤中的杂草种子提前萌发，通过耕翻措施暴晒在阳光下，杀死部分杂草。小麦收获后及时翻耕晒垡，翻后耙地捡拾紫筒草的根状茎，消灭越冬杂草。合理施肥灌水，作物生长期间适时早追肥灌水，促进作物早封行，增强抑草力，同时改变紫筒草的生存环境。

化学防治 小麦田可选用2甲4氯、麦草畏、氯氟吡氧乙酸、苯达松、苯磺隆、唑嘧磺草胺等进行茎叶喷雾处理。苜蓿地可用苯达松茎叶喷雾处理。

综合利用 全株及根入药，性味甘、微苦，凉，具清热凉血、止血、止咳功效。常用于治疗吐血、肺热咳嗽、感冒、关节疼痛。

参考文献

李秉华，李香菊，王勤，1995. 衡水地区冬小麦田和夏玉米田的杂草群落组成 [J]. 河北农业科学 (4): 31-33.

李扬汉，1998. 中国杂草志 [M]. 北京：中国农业出版社：141.

林建海，许瑞轩，项敏，等，2013. 春播紫花苜蓿苗期杂草的化学防治研究 [J]. 草地学报，21(4): 714-719

马丰蕾，贾克功，2007. 果园杂草的栽培学分类研究 [J]. 中国农业科技导报，9(2): 134-138.

王东丽，张小彦，焦菊英，等，2013. 黄土丘陵沟壑区80种植物繁殖体形态特征及其物种分布 [J]. 生态学报，33(22): 7230-7242.

王枝荣，王权，李作栋，等，1982. 陕西渭南垦区旱田杂草调查及草害的研究 [J]. 西北农学院学报 (2): 5-32.

杨涛，2014. 一种治疗火热炽盛型放射性唾液腺损伤的中药制剂 [P]. 11-19.

中国科学院中国植物志编辑委员会，1985. 中国植物志：第六十四卷 第二册 [M]. 北京：科学出版社：44-45.

（撰稿：宋小玲、付卫东；审稿：贯春虹）

作物化感育种

在众多的作物品种资源中有少数品种能自身合成并释放特定的化学物质来抑制共存的杂草，这意味着作物自身能产生“化学除草剂”调控杂草从而减少杂草的危害。遗憾的是，这些从众多品种资源筛选的少数作物化感品种的产量、品质和农艺性状等已不能满足目前商业种植生产的要求，但是，可以用这些品种作为抗原材料，采用传统杂交或分子育种等手段将它们的化感特性导入高产优质和优良农艺性状的商业品种中以培育出高产优质的作物化感新品种，即所谓的作物化感育种。

形成和发展过程 少数作物品种抑制杂草的化感作用现象是1970年代初美国科学家在更新黄瓜种质资源时发现的，随后水稻、小麦和高粱等许多作物具有化感特性的品种陆续从各国的作物种质资源中被筛选鉴定，尤其野生种和早期品种的化感作用明显优于现代的商业品种。作物的原始野生祖先具有化感能力以便与其共存植物的竞争，只是经千百年的驯化培育，大多数作物品种的化感特性已丧失或特征基因不再表达，只有极少数作物品种的化感特性被无意识地保留下来。因此，以筛选的作物化感品种（系）为抗原材料和当前商业品种杂交选育具有高产和品质优良且抑草的作物化感新品种是可行的。自2000年以来，作物化感育种在世界范围展开，目前中国和美国的水稻化感育种以及欧盟的小麦化感育种均已取得积极的进展，尤其是中国第一个可在生产上使用的水稻化感新品种‘化感稻3号’于2009年通过广东省农作物品种审定委员水稻新品种审定，并于2015年获得国家作物新品种权证书。

基本内容 作物化感育种首先要从众多的作物种质资源中筛选出一系列不同遗传背景和农艺性状的化感品种（系），以获得抗原材料化感种质（基因）供体。其次确定作物化感特性的基因及遗传关系，在此基础上，利用传统育种和现代分子技术选育出作物化感新品系。最后，选育的作物化感新品系必须提交至政府主管部门进行作物新品种审定。由于作物的化感特性属数量遗传，受多基因控制，而且迄今为止作物化感作用的分子调控机制认识还不够深入，这为利用分子技术培育作物化感新品种增加了难度。因此，目前的作物化感育种大多采用传统的杂交和回交育种方法。

科学意义与应用价值 作物化感育种不仅能拓宽作物育种和进（驯）化生态学的视野，而且可以重新审视作物和杂草的相互作用关系。尤其是作物化感新品种的选育成功能够建立以种植化感品种为中心、辅以必要的生态调控和栽培管理措施的杂草控制新技术，以减少对化学除草剂的依赖。如水稻化感新品种‘化感稻3号’结合田间综合管理包括适度密植（4万穴/亩），10cm深度淹水10天以及移栽后15天供氮等措施能有效地控制稻田杂草，至少可以减量50%

水稻化感品种对稻田杂草的调控（孔垂华摄）

左：水稻普通品种　右：水稻化感品种

以上化学除草剂，这无疑对水稻生产和稻田杂草控制具有积极意义。

存在问题和发展趋势 作物化感育种主要存在的问题是目前选育的大多数作物化感新品系难以满足政府主管部门作物新品种审定所需的增产要求，事实上，作物化感品种对杂草的抑制作用是其应对杂草竞争的化学防御策略，而这一化学防御必然消耗能量从而影响作物产量。面对这一问题一方面是要从分子生物学阐明作物化感新品种化学防御和产量构成关系，在此基础上利用分子育种技术培育作物化感新品种。另一方面要揭示并充分利用作物化感品种亲缘识别机制，通过强化个体和种群的合作行为以降低作物化感品种防御成本，实现对杂草的有效调控。

参考文献

孔垂华，胡飞，王朋，2016. 植物化感（相生相克）作用 [M]. 北京：高等教育出版社.

BERTHOLDSSON N O, 2010. Breeding spring wheat for improved allelopathic potential [J]. Weed research, 50: 49-57.

KONG C H, CHEN X H, HU F, et al, 2011. Breeding of commercially acceptable allelopathic rice cultivars in China [J]. Pest management science, 67: 1100-1106.

PUTNAM A R, DUKE W B,1974. Biological suppression of weeds: Evidence for allelopathy in accessions of cucumber [J]. Science, 185: 370-372.

（撰稿：孔垂华；审稿：强胜）

作物苗后土壤处理 soil application after crop planting

是除草剂使用方法中土壤处理的一种方法，指的是作物生育期内或移栽缓苗后将除草剂加水喷施或拌成毒土撒施于土壤表层，以杀死未出土杂草的除草剂的使用方法。

作物苗后土壤处理除利用生理生化选择性外，主要是利用位差与施药方法等的综合选择性达到安全除草的目的。如应用西玛津防除成年梨树园或苹果园杂草，主要是利用土壤处理剂在土壤中的位差，土壤处理剂施用后在土表形成一层除草剂封闭层，封闭层中的浅根杂草萌芽或穿过封闭层时可通过根、幼芽、胚芽鞘或下胚轴等部位吸收除草剂而死亡，而果树根系较深，与封闭层中的除草剂接触较少，因此避免受害。水稻移栽缓苗后可安全有效地施用丁草胺、噁草酮等除草剂，其原因主要有3点：①杂草处在敏感的萌芽期，此时，秧苗已生长健壮，对药剂有较强的耐药性。②除草剂采用颗粒剂或混土撒施，药剂不容易黏附在秧苗上，从而避免受害。③药剂固着在杂草萌芽的表土层，能杀死杂草，而插秧后的水稻根系与生长点在药层下，不易接触到药剂，因此比较安全。

根据其选择性原理，作物苗后土壤处理应注意：①在作物缓苗后施药。处在缓苗期的作物对除草剂耐药性差，易产生药害。如水稻移栽田或抛秧田使用丁草胺、禾草丹等除草剂，应在移栽或抛秧后5～7天（缓苗后）用药。②所选用的除草剂必须对作物苗期安全或采取适宜的施药方法，如水稻田移栽后丁草胺等药剂不能喷洒施药，因为丁草胺喷洒到水稻茎叶上对水稻不安全，应将丁草胺与细土、沙混匀后撒施。③杂草尚未出土时施药。多数土壤处理剂主要是通过杂草根、胚芽、胚轴吸收起作用，一旦杂草出苗后效果大大降低。因此，水稻移栽田进行苗后土壤处理，用药时期非常关键，即要在水稻缓苗后、杂草出苗前的窗口期用药。④水层深度不应浸没上部秧苗，但最好将已出苗杂草淹没，且应保持适宜深度（3～5cm左右）的水层7天以上。⑤采用毒土法撒施时，降雨过后或有露水时易黏附毒土，引起药害。⑥深根作物田生育期内土壤处理，应注意对后茬作物的影响，且不宜套种蔬菜、豆类等敏感作物。

参考文献

倪汉文，姚锁平，2004. 除草剂使用的基本原理 [M]. 北京：化学工业出版社.

强胜，2001. 杂草学 [M]. 北京：中国农业出版社.

徐汉虹，2018. 植物化学保护学 [M]. 5版. 北京：中国农业出版社.

（撰稿：郭文磊；审稿：王金信、宋小玲）

其他

C_3和C_4杂草

植物利用光反应中形成的NADPH（还原型烟酰胺腺嘌呤二核苷酸磷酸）和ATP将CO_2转化成糖类中稳定的化学能的过程称为CO_2同化或碳同化（CO_2 assimilation）。它是光合作用过程中的一个重要方面，可在较长时间内供给生命活动所需。从物质生产角度讲，占植物体重干重90%以上的有机物质，都是通过碳同化转化而成的，该过程在叶绿体基质中进行，有多种酶参与反应。根据碳同化过程中最初产物所含碳原子的数目及碳代谢的特点，可将碳同化途径分为3类：C_3途径，C_4途径和CAM（景天科酸酸代谢）途径。

C_3途径 也称卡尔文循环（the Calvin cycle）或光合环（photosynthetic cycle），由于此循环中的二氧化碳受体是一种戊糖（核酮糖二磷酸），故此途径还称为还原戊糖磷酸途径（reductive pentose phosphate pathway，RPPP）。此途径是卡尔文（M. Calvin）等利用放射性同位素示踪和纸层析等方法，经过10年系统研究，在20世纪50年代提出的CO_2同化的循环途径，是光合碳代谢中最基本的途径，也是所有放氧光合生物所共有的同化CO_2的途径。在各种碳同化途径中，只有C_3途径具备合成淀粉等产物的能力，其他两条途径只能起固定和运转CO_2的作用。一般将CO_2同化的最初产物是光合碳循环中的三碳化合物：3-磷酸甘油酸的植物，称为碳三植物（C_3植物）或三碳植物，如小麦、大豆、烟草、棉花等。C_3途径大致可分为3个阶段：羧化阶段、还原阶段和更新阶段。

羧化阶段（carboxylation phase）：CO_2必须经过羧化阶段，固定成羧酸，然后才可被还原。核酮糖-1,5-二磷酸（ribulose-1,5-bisphosphate，RuBP）是CO_2受体，在核酮糖-1,5-二磷酸羧化酶（RuBP carboxylase，RuBP C）作用下，它和CO_2作用形成2分子的3-磷酸甘油酸（3-phosphoglyceric acid, PGA）。

还原阶段（reduction phase）：3-磷酸甘油酸被ATP磷酸化，在3-磷酸甘油酸激酶（3-phosphoglycerate kinase）催化下，形成1,3-二磷酸甘油酸（1,3-diphosphoglycericacid，DPGA），然后在甘油醛-3-磷酸脱氢酶（glyceralde hyde-3-phosphate dehydrogenase）作用下被NADPH+H^+还原，形成3-磷酸甘油醛（3-phosphoglyceraldehyde，PGAld）。从3-磷酸甘油酸到3-磷酸甘油醛过程中，光合作用生成的ATP与NADPH均被利用掉。CO_2一旦被还原为3-磷酸甘油醛，光合作用的贮能过程便完成。3-磷酸甘油醛等三碳糖可进一步在叶绿体内合成淀粉，也可透出叶绿体，在细胞质中合成蔗糖。

更新阶段（regeneration phase）：为PGAld经过一系列转变后再形成RuBP的过程。PGAld在丙糖磷酸异构酶（triose phosphate isomerase）作用下，转变为二羟丙酮磷酸（dihydroxyacetone phosphate，DHAP）。在果糖二磷酸醛缩酶（fructose diphosphate aldolase）催化下，合成果糖-1,6-二磷酸（fructose-1,6-bisphosphate, FBP），再借果糖-1,6-二磷酸磷酸酶（fructose-1,6-bisphosphate phosphatase）作用放出磷酸，形成果糖-6-磷酸（fructose-6- phosphate，F6P）。F6P的一部分转变为葡萄糖-6-磷酸（glucose-6-phosphate, G6P），在叶绿体内进一步形成淀粉，另一部分则继续转变下去。F6P与PGAld在转酮酶（transketolase）作用下，形成赤藓糖-4-磷酸（erythrose-4-phosphate，E4P）和木酮糖-5-磷酸（xylulose-5-phosphate，Xu5P），这个反应是被硫胺素焦磷酸（thiamine pyrophosphate，TPP）和Mg^{2+}活化的。在果糖二磷酸醛缩酶（fructose diphosphate aldolase）催化下，E4P和DHAP形成景天庚酮糖-1,7-二磷酸（sedoheptulose-1,7-bisphosphate,SBP），后者进一步去磷酸成为景天庚酮糖-7-磷酸（sedoheptulose-7-phosphate，S7P），此反应是由景天庚酮糖-1,7-二磷酸酶（sedoheptulose-1,7-bisphosphatase）催化的。S7P又与PGAld在转酮酶再次催化下，形成核糖-5-磷酸（ribose-5-phosphate，R5P）和木酮糖-5-磷酸（Xu5P）。R5P被核糖磷酸异构酶（ribose phosphate isomerase）催化形成Ru5P，而Xu5P被核酮糖-5-磷酸差向异构酶（ribulose-5-phosphate epimerase）催化形成Ru5P。最后，Ru5P在ATP和核酮糖-5-磷酸激酶（ribulose-5- phosphate kinase）催化下磷酸化形成RuBP，再生阶段到此结束，RuBP又可以继续参加反应，固定新的CO_2分子。

20世纪60年代中期，人们对光合碳循环的酶调节已有较深入的了解，这为提高光合效率和培育作物新品种提供了新线索。卡尔文循环的调节主要有以下3个方面内容：

光调节：通过光反应改变叶绿体内部环境，间接影响酶活性。如光促进H^+从叶绿体基质进入类囊体腔，同时交换出Mg^{2+}，基质的pH由7左右升至8，Mg^{2+}浓度由1～3 mmol/L升至3～6 mmol/L。这样的H^+和Mg^{2+}浓度正适合核酮糖-1,5-二磷酸羧化酶、果糖-1,6-二磷酸磷酸酶、景天庚酮糖-1,7-二磷酸酶、3-磷酸甘油醛脱氢酶和核酮糖-5-磷酸激酶等的活性，暗环境下酶活性会下降。

转运调节：光合作用最初产物——磷酸丙糖从叶绿体运到细胞质的数量，受细胞质Pi数量所控制。磷酸丙糖合成为蔗糖时会释放 Pi，而细胞质 Pi 浓度的增加，有利于 Pi 重新进入叶绿体，也有利于磷酸丙糖从叶绿体运出，加快光合速率。蔗糖合成减慢后，Pi 释放也随之缓慢，低 Pi 含量将减少磷酸丙糖外运，减慢光合速率。

质量作用调节：代谢物浓度会影响反应的方向和速率。如 C_3 循环中 PGA 还原为 PGAld 的反应受质量作用的调节。这个反应分两步进行：PGA+ATP；DPGA+ADP；DPGA+NADPH+H^+；PGAld+NADP+Pi。这两步反应是可逆的（此反应在糖酵解中就是逆方向进行），增加 ATP 的生成可推动反应朝着 PGAld 方向进行。

C_4 途径 20 世纪 60 年代，科学家研究发现某些起源于热带的植物，如甘蔗、玉米、高粱等除了具有 C_3 循环外，还有一条以草酰乙酸（四碳化合物）为最初产物的碳素同化途径，即 C_4 途径（C_4 pathway）。此途径中植物以叶绿体中 PEP （phosphoenol pyruvate，磷酸烯醇式丙酮酸）作为 CO_2 受体，在 PEP 羧化酶催化下，将 CO_2 固定并合成为草酰乙酸，具有这种途径固定同化碳素的植物就称为 C_4 植物。在磷酸烯醇式丙酮酸羧化酶（PEPC）催化下，固定 HCO^{3-}（CO_2 溶解于水），生成草酰乙酸（OAA）。草酰乙酸是含 4 个碳原子的二羧酸，所以这个反应途径又称为四碳双羧酸途径（C4-dicarboxylic acid pathway），此途径是由澳大利亚 M. D. Hatch 和 C. R. Slack 发现的，故也称作 Hatch-Slack 途径（the Hatch-Slack pathway）。

草酰乙酸经过苹果酸脱氢酶作用被还原为苹果酸，此过程是在叶肉细胞的叶绿体中进行的。但在有些植物中，草酰乙酸是与谷氨酸在天冬氨酸转氨酶作用下，形成天冬氨酸和 α- 酮戊二酸，然后被运到维管束鞘细胞中去。四碳双羧酸在维管束鞘中脱羧后变为丙酮酸（pyruvic acid），后者再从维管束鞘细胞运回叶肉细胞，在叶绿体中经丙酮酸磷酸二激酶催化和 ATP 作用，变为 PEP 和焦磷酸，PEP 又可作为 CO_2 受体，使反应循环进行。

C_4 途径的酶活性受光、效应剂和二价金属离子等的调节。光可激活苹果酸脱氢酶和丙酮酸磷酸二激酶（PPDK），其活化程度与光强度成正比。实验表明，苹果酸和天冬氨酸抑制 PEP 羧化酶的活性，而 G6P 会增加其活性，这些调节作用在低 pH、低 Mg^{2+} 和低 PEP 条件下十分突出。二价金属离子是 C_4 植物脱羧酶的活化剂，NADP 苹果酸酶需要 Mg^{2+} 或 Mn^{2+}，NAD 苹果酸酶需要 Mn^{2+}，PEP 羧化激酶需要 Mn^{2+} 和 Mg^{2+}。

根据维管束鞘细胞催化释放 CO_2 酶的不同，可将 C_4 植物分为 3 个亚类：三磷酸吡啶核苷酸－苹果酸酶亚类（NADP-ME），二磷酸砒啶核苷酸－苹果酸酶亚类（NAD-ME）和磷酸烯醇式丙酮酸羧化激酶（PCK）亚类。NADP-ME 亚类是由叶肉细胞向维管束鞘细胞传导苹果酸，另外 2 个亚类传导天冬氨酸。有些苹果酸由 NAD-ME 和 PCK 型传导，有些天冬氨酸由 NADP-ME 型传导。当把某些植物归属于产生天冬氨酸和苹果酸的 C_4 植物时，该类植物主要产生 C_4 有机酸。在 C_4 单子叶植物中，NADP-ME 亚类具有缺乏质体基粒、离心排列的维管束鞘叶绿体，NAD-ME 型的维管束细胞含有质体基粒发育完全、向心排列的叶绿体，PCK 类（已知仅存在于禾本科中）具有质体基粒发育完全、离心排列的维管束鞘叶绿体。研究表明，维管束鞘叶绿体中质体基粒是否存在，与天冬氨酸或者是苹果酸传导维管束鞘细胞有关。带有还原能力的苹果酸可进入维管束鞘细胞，天冬氨酸则不能。因此，PCK 和 NAD-ME 亚类将更依赖于光系统 II 的还原力，光系统 II 需要质体基粒叶绿体，同时也有实验证明传导维管束鞘细胞的天冬氨酸 / 苹果酸的相对量直接与质体基粒的形成有关。C_4 植物的生物学特性主要如下。

特有的固定 CO_2 的羧化酶　C_4 植物叶肉细胞中有一些特有酶，如磷酸烯醇式丙酮酸羧化酶、天冬氨酸转氨酶、苹果酸脱氢酶、磷酸丙酮酸双激酶、腺苷酸激酶、苹果酸酶等。这些特有酶的存在，是因为 C_4 植物通过磷酸烯醇式丙酮酸羧化酶的催化作用，固定 CO_2，形成草酰乙酸后，进一步转移到维管束鞘薄壁细胞中脱羧释放 CO_2，在维管束鞘薄壁细胞中再经 C_3 途径合成糖，并就近输入维管束，增加 CO_2 利用率。

CO_2 补偿点较 C_3 植物低　植物在光照下光合作用吸收的 CO_2 量与呼吸作用释放的 CO_2 量达动态平衡时环境中的 CO_2 浓度称作 CO_2 补偿点。C_4 植物 CO_2 补偿点仅为 $0 \sim 10 \times 10^{-6}$，表明较 C_3 植物而言，C_4 植物可以利用更低浓度的 CO_2，甚至可在气孔关闭时，利用细胞间隙的 CO_2 继续生长。

光呼吸速率不同　C_4 植物光合作用速度不受气相氧浓度的影响。C_4 植物的 PEPC 活性较强，对 CO_2 亲和力大，并以草酰乙酸的形式将 CO_2 运输到维管束鞘薄壁细胞中，从而增加了维管束鞘细胞的 CO_2/O_2 的比率，有利于 RuDP 羧化酶的羧化反应，使乙醇酸的产生受到抑制，光呼吸速率非常低。C_4 植物的光呼吸消耗很少，只占光合新形成有机物的 2%～5%。

在热带、亚热带地区，C_4 植物在任何强光照射的陆地上都能生长，C_4 植物占禾草种数的 75%，但在树冠密闭的热带雨林内却很难找到 C_4 植物。在温带，由于其他环境因素的相互作用，变数很大，生长季最低温度在 16～18℃的强光照射环境中，C_4 植物仍占优势，而生长季最低温度在 6～12℃时，或者晴天的日照水平低于 20% 时，C_4 植物很难生存。降水集中于冬季，而夏季干燥的典型地中海气候环境中也难以找到 C_4 植物，高纬度地区（超过 45°～50°）C_4 植物也极少见。除纬度分布特征外，C_4 植物也有明显的高度分布特征，一般而言，C_4 植物的种属随海拔高度的增加而减少，海拔超过 2000～3000m 时，C_4 植物很快消失，表明 C_4 植物的分布是受温度和光照格局控制的，高温和强光照是 C_4 植物出现的重要条件，C_4 植物可生长在严峻的高温和干燥地区，而降水、N 素和盐度只起第二位作用。

C_3 植物和 C_4 植物的光合特征

C_4 植物的种属分布　C_4 植物仅见于被子植物，分属 18 科 487 属，约 7600 种，为已知 5 万多种被子植物中的少数。C_4 光合作用途径对全球 C_4 生物量起最重要作用的还是单子叶的禾本科植物。据估计，在 1 万多种禾本科草类中，有接近一半的物种行使 C_4 光合作用途径。单子叶植物中，禾本科的 C_4 植物种数最多，占整个 C_4 植物的 61%；莎草科（Cyperaceae）C_4 植物约 1330 种，占 18%；其他单子叶 C_4

植物只剩水鳖科 1 种。双子叶植物中 C_4 植物物种数较多的有藜科、大戟科、苋科、菊科、蓼科、爵床科、马齿苋科、石竹科和蒺藜科，均在 50 种以上。物种数较少的有番杏科和玄参科，在 10～30 种。其余在 10 种以下的有：紫草科、紫茉莉科、粟米草科和白花菜科。

C_4 植物的光合作用途径　C_4 植物叶片的维管束鞘薄壁细胞更大，叶绿体无基粒或基粒发育不良；维管束鞘的外侧密接一层环状或近环状排列的叶肉细胞，组成“花环型”（Kranz type）结构。这种结构是 C_4 植物的特征。叶肉细胞内的叶绿体数目少、个体小、有基粒。维管束鞘薄壁细胞与其邻近的叶肉细胞之间有大量的胞间连丝相连。C_3 植物的维管束鞘薄壁细胞较小，不含或含有很少叶绿体，没有“花环型”结构，维管束鞘周围的叶肉细胞排列松散。C_4 植物通过磷酸烯醇式丙酮酸羧化酶固定 CO_2 的反应是在叶肉细胞的细胞质中进行的，生成的四碳双羧酸转移到维管束鞘薄壁细胞中，放出 CO_2，参与 C_3 循环，形成糖类。甘蔗、玉米等 C_4 植物进行光合作用时，只在维管束鞘薄壁细胞内形成淀粉，在叶肉细胞中无淀粉。而水稻等 C_3 植物由于仅有叶肉细胞含有叶绿体，整个光合过程都是在叶肉细胞里进行，淀粉亦只是积累在叶肉细胞中，维管束鞘薄壁细胞不积存淀粉。

C_3 与 C_4 植物的 CO_2 利用效率　C_3 植物的 CO_2 利用率与光合作用效率低，在 CO_2 含量低的情况下，其存活率较 C_4 植物低。这与 C_4 植物的磷酸烯醇式丙酮酸（PEP）羧化酶活性较强及光呼吸较弱有关。C_3 循环的 CO_2 固定是通过 RuBP 羧化酶的作用来实现的，而 C_4 途径的 CO_2 固定最初是由 PEP 羧化酶催化来完成的。RuBP 羧化酶和 PEP 羧化酶都可使 CO_2 固定，但它们对 CO_2 的亲和力却差异很大。PEP 羧化酶对 CO_2 的 Km 值（米氏常数）是 7μmol，RuBP 羧化酶的 Km 值是 450μmol。前者对 CO_2 的亲和力比后者大很多。试验表明，C_4 植物 PEP 羧化酶的活性比 C_3 植物强 60 倍，因此，C_4 植物的光合速率比 C_3 植物快许多，尤其是在 CO_2 浓度低的环境下，相差更悬殊。PEP 羧化酶对 CO_2 的亲和力大，C_4 植物可利用低浓度的 CO_2，而 C_3 植物却不能，所以 C_4 植物的 CO_2 补偿点比较低（<10mg/L），而 C_3 植物的 CO_2 补偿点比较高（50～150mg/L），因此 C_4 植物亦称为低补偿植物，C_3 植物亦称为高补偿植物。由于 C_4 植物能利用低浓度的 CO_2，当外界干旱、气孔部分关闭时，C_4 植物可利用低含量的 CO_2 继续生长，C_3 植物就没有这种本领。所以，在干旱环境中，C_4 植物生长比 C_3 植物好。C_4 植物的 PEP 羧化酶活性较强，对 CO_2 的亲和力很大，加之四碳双羧酸是由叶肉细胞进入维管束鞘，这种酶起到“CO_2 泵”的作用，把外界的 CO_2“压”进维管束鞘薄壁细胞中去，增加维管束鞘薄壁细胞的 CO_2/O_2 比率，改变 RuBP 羧化酶–加氧酶（Rubisco）的作用方向。因为该酶是双功能酶，在不同的 CO_2 和 O_2 浓度中可产生不同的作用，具双重性。在 CO_2 浓度高的环境中，这种酶主要使核酮糖 -1,5- 二磷酸进行羧化反应，起羧化酶作用，形成磷酸甘油酸，乙醇酸积累少；在 O_2 浓度高的环境中，这种酶主要使核酮糖 -1,5- 二磷酸进行氧化反应，起加氧酶作用，形成磷酸乙醇酸和磷酸甘油酸，产生较多的乙醇酸。由于 C_4 植物具有“CO_2 泵”的特点，C_4 植物在光照下只产生少量的乙醇酸，光呼吸速率非常低。CO_2 泵 C_4 泵被 ATP 驱动，把叶肉细胞内的 CO_2 压入维管束鞘 Kranz 细胞，进行 C_3 循环。C_4 植物的光呼吸酶系主要集中在维管束鞘薄壁细胞中，光呼吸仅局限在维管束鞘内进行。在它外面的叶肉细胞，具有对 CO_2 亲和力很大的 PEP 羧化酶，所以，即使光呼吸在维管束鞘放出 CO_2，也很快被叶肉细胞再次吸收利用，不易“漏出”。

总体而言，C_3 植物细胞分工较 C_4 植物不明确，在一定程度上可认为 C_3 植物是植物中的“原核生物”，而 C_4 植物则更像“真核生物”。

C_3 杂草和 C_4 杂草　研究发现，杂草中 C_4 植物比例明显较高。在全世界 18 种恶性杂草中，C_4 植物有 14 种，占 78%。在全世界 16 种主要作物中，只有玉米、谷子、高粱等是 C_4 植物，占比不足 20%。恶性杂草多是 C_4 类植物，具有 C_4 光合途径，刚出苗时，株高低于或接近作物，但出苗后 4～6 周，株高显著超出作物而在竞争上处于优势。C_4 植物由于净光合效率高、CO_2 补偿点和光补偿点低、蒸腾系数低，能够充分利用光能、CO_2 和水进行物质生产，因此，杂草多表现出比作物更强的生长速率和干扰力，尤其是在高温、强光和干旱等逆境胁迫下，这也解释了 C_3 作物田中 C_4 杂草疯长成灾的原因。如稻田中的稗属杂草、碎米莎草、香附子，花生田中的马唐、狗尾草、反枝苋、马齿苋等。

农田中常见 C_4 类杂草主要分属 7 科 23 属，包括禾本科（狗尾草属：狗尾草、金狗尾草、大狗尾草；马唐属：升马唐、马唐、止血马唐；稗属：稗草、光头稗；牛筋草属：牛筋草；白茅属：白茅、丝茅、印度丝茅；黍属：大黍、铺地黍；画眉草属：画眉草、大画眉草、小画眉草；狗牙根属：狗牙根；虎尾草属：虎尾草；雀稗属：毛花雀稗；狼尾草属：狼尾草；罗氏草属：罗氏草；高粱属：假高粱；臂形草属：臂形草）、唇形科（鼠尾草属：鼠尾草）、苋科（苋属：白苋、反枝苋、刺苋、绿穗苋、皱果苋、苋）、藜科（滨藜属：密叶滨藜；蒺藜科蒺藜属：蒺藜；地肤属：地肤）、莎草科（莎草属：碎米莎草、香附子；荸荠属：铁荸荠）、大戟科（大戟属：毛果地锦、千金子、飞扬草、毛果大戟）、马齿苋科（马齿苋属：马齿苋）。

一般情况下，环境中的 CO_2 是充足的，作物与杂草间不存在对 CO_2 的竞争。但在无风条件下，植物冠层特别茂密时，冠层内空气不流通，被植物光合作用消耗的 CO_2 不能及时补充，而造成植物冠层内 CO_2 浓度下降，此时，杂草与作物间可能发生 CO_2 的竞争。一般来说，杂草在与作物竞争 CO_2 时处于优势，因为大多数杂草是 C_4 植物，而大多数作物是 C_3 植物。C_4 植物的 CO_2 补偿点比 C_3 植物低，在 CO_2 浓度较低时，C_4 植物仍能进行正常的光合作用，而 C_3 植物的光合作用则受到抑制。

旱地作物生长常受水分胁迫的影响，由于杂草吸收大量水分，会加重水分胁迫程度。研究发现土壤水分含量较低时，杂草可比作物更好地利用水分，使叶片保持较高的水势。C_4 杂草比 C_3 植物对水分的利用率高而在竞争中处于优势。

C_3 作物中的 C_4 杂草多具备比 C_3 作物更优越的特殊光合性状，如玉米田中的马齿苋、马唐，其 CO_2 和光补偿点低于玉米，因而在高大的玉米株丛的荫蔽下仍能正常生长发育。

（撰稿：刘金祥、霍平慧；审稿：宋小玲）

条目标题汉字笔画索引

说明

1. 本索引供读者按条目标题的汉字笔画查检条目。
2. 条目标题按第一字的笔画由少到多的顺序排列。笔画数相同的，按起笔笔形横（一）、竖（丨）、撇（丿）、点（丶）、折（乛，包括亅、乚、ㄑ等）的顺序排列。第一字相同的，依次按后面各字的笔画数和起笔笔形顺序排列。
3. 以外文字母、罗马数字和阿拉伯数字开头的条目标题，依次排在汉字条目标题的后面。

一画

二画

三画

四画

五画

六画

七画

八画

九画

十画

十一画

十二画

十三画

十四画

十五画

十六画

十七画

十八画

二十一画

二十二画

其他

条目标题外文索引

说 明

1. 本索引按照条目标题外文的逐词排列法顺序排列。无论是单词条目，还是多词条目，均以单词为单位，按字母顺序、按单词在条目标题外文中所处的先后位置，顺序排列。如果第一个单词相同，再依次按第二个、第三个，余类推。
2. 条目标题外文中英文以外的字母，按与其对应形式的英文字母排序排列。
3. 条目标题外文中如有括号，括号内部分一般不纳入字母排列顺序；条目标题外文相同时，没有括号的排在前；括号外的条目标题外文相同时，括号内的部分按字母顺序排列。

A

B

C

D

E

F

G

H

I

J

K

L

M

N

O

P

Q

R

S

T

U

V

W

X

Y

Z

内容中文索引

说明

1. 本索引是全书条目内重要关键名词的索引。索引主题按汉语拼音字母的顺序并辅以汉字笔画、起笔笔形顺序排列。同音同调时按汉字笔画由少到多的顺序排列；笔画数相同时按起笔笔形横（一）、竖（丨）、撇（丿）、点（丶）、折（乛，包括㇆、乚、𡿨等）的顺序排列。第一字相同时按第二字，余类推。
2. 设有条目的主题用黑体字，未设条目的主题用宋体字。
3. 索引主题之后的阿拉伯数字是主题内容所在的页码，数字之后的小写拉丁字母表示索引内容所在的版面区域。本书正文的版面区域划分4区，如右图。

a	c
b	d

A

B

C

D

E

F

G

H

J

K

L

M

N

O

P

Q

R

S

T

W

X

Y

Z

其他

内容外文索引

说 明

1. 本索引是全书条目中重要外文名称（包括物种拉丁名和英文名）的索引。
2. 索引主题之后的阿拉伯数字是主题内容所在的页码，数字之后的小写拉丁字母表示索引内容所在的版面区域。本书正文的版面区域划分 4 区，如右图。

a	c
b	d

A

B

C

D

E

F

G

H

I

J

K

L

M

N

O

P

Q

R

S

T

U

V

W

Y

后 记

《中国植物保护百科全书》（以下称《全书》）是国家重点图书出版规划项目、国家辞书编纂出版规划项目，并获得了国家出版基金的重点资助。《全书》共分为《综合卷》《植物病理卷》《昆虫卷》《农药卷》《杂草卷》《鼠害卷》《生物防治卷》《生物安全卷》8卷，是一部全面梳理我国农林植物保护领域知识的重要工具书。《全书》的出版填补了我国植物保护领域百科全书的空白，事关国家粮食安全、生态安全、生物安全战略的工作成果，对促进我国农业、林业生产具有重要意义。

《全书》由时任农业部副部长、中国农业科学院院长李家洋和中国林业科学研究院院长张守攻担任总主编，副总主编为吴孔明、方精云、方荣祥、朱有勇、康乐、钱旭红、陈剑平、张知彬等8位知名专家。8个分卷设分卷编委会，作者队伍由中国科学院、中国农业科学院、中国林业科学研究院等科研院所及相关高校、政府、企事业单位的专家组成。

《全书》历时近10年，篇幅宏大，作者众多，审改稿件标准要求高。3000余名相关领域专家撰稿、审稿，保证了本领域知识的专业性、权威性。中国林业出版社编辑团队怀着对出版事业的责任心和职业情怀，坚守精品出版追求，攻坚克难，力求铸就高质量的传世精品。

在《中国植物保护百科全书》面世之际，要感谢所有为《全书》出版做出贡献的人。

感谢李家洋、张守攻两位总主编，他们总揽全面，确定了《全书》的大厦根基和分卷谋划。8位副总主编对《全书》内容精心设计以及对分卷各分支卓有成效的组织，特别是吴孔明副总主编为推动编纂工作顺利进展付出的智慧和汗水令人钦佩。感谢各分卷主编对编纂工作的责任担当，感谢各分卷副主编、分支负责人、编委会秘书的辛勤努力。感谢所有撰稿人、审稿人克服各种困难，保证了各自承担的任务高质量完成。

最后，感谢国家出版基金对此书出版的资助。

《中国植物保护百科全书》项目工作组

2022年5月

《中国植物保护百科全书》

项目工作组

项目总负责人、组长：邵权熙

副 组 长：何增明　　贾麦娥

成　　员：（按姓氏拼音排序）

李美芬　李　娜　邵晓娟　盛春玲　孙　瑶
王　全　王思明　王　远　印　芳　于界芬
袁　理　张　东　张　华　郑　蓉　邹　爱

项目组秘书：

袁　理　孙　瑶　王　远　张　华　盛春玲
苏亚辉

审稿人员：（按姓氏拼音排序）

杜建玲　杜　娟　高红岩　何增明　贾麦娥
康红梅　李　敏　李　伟　刘家玲　刘香瑞
沈登峰　盛春玲　孙　瑶　田　苗　王　全
温　晋　肖　静　杨长峰　印　芳　于界芬
袁　理　张　华　张　锴　邹　爱

责任校对：许艳艳　梁翔云　曹　慧

策划编辑：何增明

特约编审：陈英君

书名篆刻：王利明

装帧设计：北京王红卫设计有限公司

设计排版：北京美光设计制版有限公司
中林科印文化发展（北京）有限公司
北京八度印象图文设计有限公司